당신도 이번에 반드시 합격합니다!

찐합격
▶ 공하성 교수님 직강

7개년 과년도 소방설비기사 전기 ❶-7 필기

7개년 과년도 출제문제

소방공학박사
우석대학교 소방방재학과 교수 **공하성** 지음

BM (주)도서출판 **성안당**

깜짝 알림

원퀵으로 기출문제를 보내고 원퀵으로 소방책을 받자!!

2026 소방설비산업기사, 소방설비기사 시험을 보신 후 기출문제를 재구성하여 성안당 출판사에 15문제 이상 보내주신 분에게 공하성 교수님의 소방시리즈 책 중 한 권을 무료로 보내드립니다.

독자 여러분들이 보내주신 재구성한 기출문제는 보다 더 나은 책을 만드는 데 큰 도움이 됩니다.

✉ 이메일 coh@cyber.co.kr(최옥현) ※메일을 보내실 때 성함, 연락처, 주소를 꼭 기재해 주시기 바랍니다.

- 무료로 제공되는 책은 독자분께서 보내주신 기출문제를 공하성 교수님이 검토 후 보내드립니다.
- 책 무료 증정은 조기에 마감될 수 있습니다.

■ 도서 A/S 안내

성안당에서 발행하는 모든 도서는 저자와 출판사, 그리고 독자가 함께 만들어 나갑니다.

좋은 책을 펴내기 위해 많은 노력을 기울이고 있습니다. 혹시라도 내용상의 오류나 오탈자 등이 발견되면 **"좋은 책은 나라의 보배"**로서 우리 모두가 함께 만들어 간다는 마음으로 연락주시기 바랍니다. 수정 보완하여 더 나은 책이 되도록 최선을 다하겠습니다.

성안당은 늘 독자 여러분들의 소중한 의견을 기다리고 있습니다. 좋은 의견을 보내주시는 분께는 성안당 쇼핑몰의 포인트(3,000포인트)를 적립해 드립니다.

잘못 만들어진 책이나 부록 등이 파손된 경우에는 교환해 드립니다.

저자 문의 : Ch http://pf.kakao.com/_TZKbxj
　　　　　 Daum cafe.daum.net/firepass
　　　　　 NAVER cafe.naver.com/fireleader

본서 기획자 e-mail : coh@cyber.co.kr(최옥현)

홈페이지 : http://www.cyber.co.kr　　전화 : 031) 950-6300

소방설비기사 필기 (전기분야)

머리말

God loves you, and has a wonderful plan for you.

안녕하십니까?
우석대학교 소방방재학과 교수 공하성입니다.
지난 31년간 보내주신 독자 여러분의 아낌없는 찬사에 진심으로 감사드립니다.
앞으로도 변함없는 성원을 부탁드리며, 여러분들의 성원에 힘입어 항상 더 좋은 책으로 거듭나겠습니다.
본 책의 특징은 학원 강의를 듣듯 정말 자세하게 설명해 놓았다는 것입니다.
시험의 기출문제를 분석해 보면 문제은행식으로 과년도 문제가 매년 거듭 출제되고 있음을 알 수 있습니다. 그러므로 과년도 문제만 충실히 풀어보아도 쉽게 합격할 수 있을 것입니다.
그런데, 2004년 5월 29일부터 소방관련 법령이 전면 개정됨으로써 "소방관계법규"는 2005년부터 신법에 맞게 새로운 문제들이 출제되고 있습니다.
본 서는 여기에 중점을 두어 국내 최다의 과년도 문제와 신법에 맞는 출제 가능한 문제들을 최대한 많이 수록하였습니다.
또한, 각 문제마다 아래와 같이 중요도를 표시하였습니다.

| 별표 없는 것 출제빈도 10% | ★ 출제빈도 30% |
| ★★ 출제빈도 70% | ★★★ 출제빈도 90% |

그리고 해답의 근거를 다음과 같이 약자로 표기하여 신뢰성을 높였습니다.

- 기본법 : 소방기본법
- 기본령 : 소방기본법 시행령
- 기본규칙 : 소방기본법 시행규칙
- 소방시설법 : 소방시설 설치 및 관리에 관한 법률
- 소방시설법 시행령 : 소방시설 설치 및 관리에 관한 법률 시행령
- 소방시설법 시행규칙 : 소방시설 설치 및 관리에 관한 법률 시행규칙
- 화재예방법 : 화재의 예방 및 안전관리에 관한 법률
- 화재예방법 시행령 : 화재의 예방 및 안전관리에 관한 법률 시행령
- 화재예방법 시행규칙 : 화재의 예방 및 안전관리에 관한 법률 시행규칙
- 공사업법 : 소방시설공사업법
- 공사업령 : 소방시설공사업법 시행령
- 공사업규칙 : 소방시설공사업법 시행규칙
- 위험물법 : 위험물안전관리법
- 위험물령 : 위험물안전관리법 시행령
- 위험물규칙 : 위험물안전관리법 시행규칙
- 건축령 : 건축법 시행령
- 위험물기준 : 위험물안전관리에 관한 세부기준
- 피난·방화구조 : 건축물의 피난·방화구조 등의 기준에 관한 규칙

본 책에는 잘못된 부분이 있을 수 있으며, 잘못된 부분에 대해서는 발견 즉시 성안당(www.cyber.co.kr) 또는 예스미디어(www.ymg.kr)에 올리도록 하고, 새로운 책이 나올 때마다 늘 수정·보완하도록 하겠습니다.
이 책의 집필에 도움을 준 이종화·안재천 교수님, 임수란님에게 고마움을 표합니다.
끝으로 이 책에 대한 모든 영광을 그 분께 돌려 드립니다.

공하성 올림

출제경향분석

소방설비기사 필기(전기분야) 출제경향분석

제1과목 소방원론

1. 화재의 성격과 원인 및 피해 — 9.1% (2문제)
2. 연소의 이론 — 16.8% (4문제)
3. 건축물의 화재성상 — 10.8% (2문제)
4. 불 및 연기의 이동과 특성 — 8.4% (1문제)
5. 물질의 화재위험 — 12.8% (3문제)
6. 건축물의 내화성상 — 11.4% (2문제)
7. 건축물의 방화 및 안전계획 — 5.1% (1문제)
8. 방화안전관리 — 6.4% (1문제)
9. 소화이론 — 6.4% (1문제)
10. 소화약제 — 12.8% (3문제)

제2과목 소방전기일반

1. 직류회로 — 19.9% (4문제)
2. 정전계 — 4.8% (1문제)
3. 자기 — 13.4% (2문제)
4. 교류회로 — 31.2% (6문제)
5. 비정현파 교류 — 1.1% (1문제)
6. 과도현상 — 1.1% (1문제)
7. 자동제어 — 10.8% (2문제)
8. 유도전동기 — 17.7% (3문제)

제3과목 소방관계법규

1. 소방기본법령 — 20% (4문제)
2. 소방시설 설치 및 관리에 관한 법령 — 14% (3문제)
3. 화재의 예방 및 안전관리에 관한 법령 — 21% (4문제)
4. 소방시설공사업법령 — 30% (6문제)
5. 위험물안전관리법령 — 15% (3문제)

제4과목 소방전기시설의 구조 및 원리

1. 자동화재 탐지설비 — 22% (5문제)
2. 자동화재 속보설비 — 6% (1문제)
3. 비상경보설비 및 비상방송설비 — 15% (3문제)
4. 누전경보기 — 8% (2문제)
5. 가스누설경보기 — 3% (1문제)
6. 유도등 · 유도표지 및 비상조명등 — 18% (4문제)
7. 비상콘센트설비 — 6% (1문제)
8. 무선통신 보조설비 — 10% (2문제)
9. 피난기구 — 6% (1문제)
10. 간선설비 · 예비전원설비 — 6% (1문제)

차 례

♣ 초스피드 기억법

제1편 소방원론 ·· 3
    제1장 화재론 ·· 3
    제2장 방화론 ·· 12

제2편 소방관계법규 ·· 17

제3편 소방전기일반 ·· 40
    제1장 직류회로 ·· 40
    제2장 정전계 ·· 41
    제3장 자 기 ·· 43
    제4장 교류회로 ·· 45
    제5장 자동제어 ·· 48

제4편 소방전기시설의 구조 및 원리 ···················· 50
    제1장 경보설비의 구조 및 원리 ···················· 50
    제2장 피난구조설비 및 소화활동설비 ·········· 55
    제3장 소방전기시설 ······································ 56

♣ 과년도 기출문제(CBT기출복원문제 포함)

- 소방설비기사(2025. 2. 7 시행) ······················ 25- 2
- 소방설비기사(2025. 5. 21 시행) ···················· 25-28
- 소방설비기사(2025. 9. 1 시행) ······················ 25-56

- 소방설비기사(2024. 3. 1 시행) ······················ 24- 2
- 소방설비기사(2024. 5. 9 시행) ······················ 23-29
- 소방설비기사(2024. 7. 5 시행) ······················ 24-57

- 소방설비기사(2023. 3. 1 시행) ······················ 23- 2
- 소방설비기사(2023. 5. 13 시행) ···················· 23-28
- 소방설비기사(2023. 9. 2 시행) ······················ 23-54

- 소방설비기사(2022. 3. 5 시행) ······················ 22- 2
- 소방설비기사(2022. 4. 24 시행) ···················· 22-31
- 소방설비기사(2022. 9. 14 시행) ···················· 22-58

CONTENTS

- 소방설비기사(2021. 3. 7 시행) ···································· 21- 2
- 소방설비기사(2021. 5. 15 시행) ·································· 21-30
- 소방설비기사(2021. 9. 12 시행) ·································· 21-59

- 소방설비기사(2020. 6. 6 시행) ···································· 20- 2
- 소방설비기사(2020. 8. 22 시행) ·································· 20-29
- 소방설비기사(2020. 9. 27 시행) ·································· 20-55

- 소방설비기사(2019. 3. 3 시행) ···································· 19- 2
- 소방설비기사(2019. 4. 27 시행) ·································· 19-26
- 소방설비기사(2019. 9. 21 시행) ·································· 19-53

찾아보기 ·· 1

책선정시유의사항

- **첫째** 저자의 지명도를 보고 선택할 것
  (저자가 책의 모든 내용을 집필하기 때문)
- **둘째** 문제에 대한 100% 상세한 해설이 있는지 확인할 것
  (해설이 없을 경우 문제 이해에 어려움이 있음)
- **셋째** 과년도문제가 많이 수록되어 있는 것을 선택할 것
  (국가기술자격시험은 대부분 과년도문제에서 출제되기 때문)

이 책의 특징

1. 문제

각 문제마다 중요도를 표시하여 ★이 많은 것은 특별히 주의깊게 볼 수 있도록 하였음.

08 ★★★ 자기연소를 일으키는 가연물질로만 짝지어진 것은?
① 나이트로셀룰로오즈, 황, 등유
② 질산에스터, 셀룰로이드, 나이트로화합물
③ 셀룰로이드, 발연황산, 목탄
④ 질산에스터, 황린, 염소산칼륨

각 문제마다 100% 상세한 해설을 하고 꼭 알아야 될 사항은 고딕체로 구분하여 표시하였음.

해설 위험물 제4류 제2석유류(등유, 경유)의 특성
(1) 성질은 **인화성 액체**이다.
(2) 상온에서 안정하고, 약간의 자극으로는 쉽게 폭발하지 않는다.
(3) 용해하지 않고, **물보다 가볍다**.
(4) 소화방법은 **포말소화**가 좋다.   답 ①

용어에 대한 설명을 첨부하여 문제를 쉽게 이해하여 답안작성이 용이하도록 하였음.

• **소방력** : 소방기관이 소방업무를 수행하는 데 필요한 인력과 장비

2. 초스피드 기억법

해설 **분말소화약제**(질식효과)

종 별	분자식	착 색	적응 화재	비 고
제**1**종	탄산수소나트륨 (NaHCO₃)	백색	BC급	**식용유** 및 **지방질유**의 화재에 적합
제**2**종	탄산수소칼륨 (KHCO₃)	담자색 (담회색)	BC급	-
제**3**종	제1인산암모늄 (NH₄H₂PO₄)	담홍색	ABC급	**차고·주차**장에 적합
제4종	탄산수소칼륨 + 요소 (KHCO₃ + (NH₂)₂CO)	회(백)색	BC급	-

기억법 1식분(**일식 분식**)
3분 차주(**삼보**컴퓨터 **차주**)

시험에 자주 출제되는 내용들은 초스피드 기억법을 적용하여 한번에 기억할 수 있도록 하였음.

이 책의 공부방법

소방설비기사 필기(전기분야)의 가장 효율적인 공부방법을 소개합니다. 이 책으로 이대로만 공부하면 반드시 한 번에 합격할 수 있습니다.

첫째, 초스피드 기억법을 읽고 숙지한다.
(특히 혼동되면서 중요한 내용들은 기억법을 적용하여 쉽게 암기할 수 있도록 하였으므로 꼭 기억한다.)

둘째, 본 책의 출제문제 수를 파악하고, 시험 때까지 3번 정도 반복하여 공부할 수 있도록 1일 공부 분량을 정한다.

셋째, Key Point란에 특히 관심을 가지며 부담없이 한 번 정도 읽은 후, 처음부터 차근차근 문제를 풀어 나간다.
(해설을 보며 암기할 사항이 있으면 그것을 다시 한번 보고 여백에 기록한다.)

넷째, 시험 전날에는 책 전체를 한 번 쭉 훑어보며 문제와 답만 체크(check)하며 보도록 한다.
(가능한 한 시험 전날에는 책 전체 내용을 밤을 세우더라도 꼭 점검하기 바란다. 시험 전날 본 문제가 의외로 많이 출제된다.)

다섯째, 시험장에 갈 때에도 책은 반드시 지참한다.
(가능한 한 대중교통을 이용하여 시험장으로 향하는 동안에도 책을 계속 본다.)

여섯째, 시험장에 도착해서는 책을 다시 한번 훑어본다.
(마지막 5분까지 최선을 다하면 반드시 한 번에 합격할 수 있다.)

시험안내

소방설비기사 필기(전기분야) 시험내용

1. **필기시험**

구 분	내 용
시험 과목	1. 소방원론 2. 소방전기일반 3. 소방관계법규 4. 소방전기시설의 구조 및 원리
출제 문제	과목당 20문제(전체 80문제)
합격 기준	과목당 40점 이상 평균 60점 이상
시험 시간	2시간
문제 유형	객관식(4지선택형)

2. **실기시험**

구 분	내 용
시험 과목	소방전기시설 설계 및 시공실무
출제 문제	9~18 문제
합격 기준	60점 이상
시험 시간	3시간
문제 유형	필답형

단위환산표

단위환산표(전기분야)

명 칭	기 호	크 기	명 칭	기 호	크 기
테라(tera)	T	10^{12}	피코(pico)	p	10^{-12}
기가(giga)	G	10^{9}	나노(nano)	n	10^{-9}
메가(mega)	M	10^{6}	마이크로(micro)	μ	10^{-6}
킬로(kilo)	k	10^{3}	밀리(milli)	m	10^{-3}
헥토(hecto)	h	10^{2}	센티(centi)	c	10^{-2}
데카(deka)	D	10^{1}	데시(deci)	d	10^{-1}

〈보기〉
- $1km=10^{3}m$
- $1mm=10^{-3}m$
- $1pF=10^{-12}F$
- $1\mu m=10^{-6}m$

단위읽기표(전기분야)

여러분들이 고민하는 것 중 하나가 단위를 어떻게 읽느냐 하는 것일 듯 합니다. 그 방법을 속시원하게 공개해 드립니다.

(알파벳 순)

단위	단위 읽는법	단위의 의미(물리량)
[Ah]	암페어 아워(Ampere hour)	축전지의 용량
[AT/m]	암페어 턴 퍼 미터(Ampere Turn per meter)	자계의 세기
[AT/Wb]	암페어 턴 퍼 웨버(Ampere Turn per Weber)	자기저항
[atm]	에이 티 엠(atmosphere)	기압, 압력
[AT]	암페어 턴(Ampere Turn)	기자력
[A]	암페어(Ampere)	전류
[BTU]	비티유(British Thermal Unit)	열량
[C/m^2]	쿨롱 퍼 제곱미터(Coulomb per meter square)	전속밀도
[cal/g]	칼로리 퍼 그램(calorie per gram)	융해열, 기화열
[cal/g℃]	칼로리 퍼 그램 도씨(calorie per gram degree Celsius)	비열
[cal]	칼로리(calorie)	에너지, 일
[C]	쿨롱(Coulomb)	전하(전기량)
[dB/m]	데시벨 퍼 미터(deciBel per meter)	감쇠정수
[dyn], [dyne]	다인(dyne)	힘
[erg]	에르그(erg)	에너지, 일
[F/m]	패럿 퍼 미터(Farad per meter)	유전율
[F]	패럿(Farad)	정전용량(커패시턴스)
[gauss]	가우스(gauss)	자화의 세기
[g]	그램(gram)	질량
[H/m]	헨리 퍼 미터(Henry per meter)	투자율
[HP]	마력(Horse Power)	일률
[Hz]	헤르츠(Hertz)	주파수
[H]	헨리(Henry)	인덕턴스
[h]	아워(hour)	시간
[J/m^3]	줄 퍼 세제곱 미터(Joule per meter cubic)	에너지 밀도
[J]	줄(Joule)	에너지, 일
[kg/m^2]	킬로그램 퍼 제곱미터(kilogram per meter square)	화재하중
[K]	케이(Kelvin temperature)	켈빈온도
[lb]	파운드(pound)	중량
[m^{-1}]	미터 마이너스 일제곱(meter−)	감광계수
[m/min]	미터 퍼 미뉴트(meter per minute)	속도
[m/s], [m/sec]	미터 퍼 세컨드(meter per second)	속도
[m^2]	제곱미터(meter square)	면적

단위읽기표

단위	단위 읽는법	단위의 의미(물리량)
[maxwell/m^2]	맥스웰 퍼 제곱미터(maxwell per meter square)	자화의 세기
[mol], [mole]	몰(mole)	물질의 양
[m]	미터(meter)	길이
[N/C]	뉴턴 퍼 쿨롱(Newton per Coulomb)	전계의 세기
[N]	뉴턴(Newton)	힘
[N·m]	뉴턴 미터(Newton meter)	회전력
[PS]	미터마력(PferdeStarke)	일률
[rad/m]	라디안 퍼 미터(radian per meter)	위상정수
[rad/s], [rad/sec]	라디안 퍼 세컨드(radian per second)	각주파수, 각속도
[rad]	라디안(radian)	각도
[rpm]	알피엠(revolution per minute)	동기속도, 회전속도
[S]	지멘스(Siemens)	컨덕턴스
[s], [sec]	세컨드(second)	시간
[V/cell]	볼트 퍼 셀(Volt per cell)	축전지 1개의 최저 허용전압
[V/m]	볼트 퍼 미터(Volt per meter)	전계의 세기
[Var]	바르(Var)	무효전력
[VA]	볼트 암페어(Volt Ampere)	피상전력
[vol%]	볼륨 퍼센트(volume percent)	농도
[V]	볼트(Volt)	전압
[W/m^2]	와트 퍼 제곱미터(Watt per meter square)	대류열
[W/m^2·K^3]	와트 퍼 제곱미터 케이 세제곱(Watt per meter square kelvin cubic)	스테판 볼츠만 상수
[W/m^2·℃]	와트 퍼 제곱미터 도씨(Watt per meter square degree Celsius)	열전달률
[W/m^3]	와트 퍼 세제곱 미터(Watt per meter cubic)	와전류손
[W/m·K]	와트 퍼 미터 케이(Watt per meter Kelvin)	열전도율
[W/sec], [W/s]	와트 퍼 세컨드(Watt per second)	전도열
[Wb/m^2]	웨버 퍼 제곱미터(Weber per meter square)	자화의 세기
[Wb]	웨버(Weber)	자극의 세기, 자속, 자화
[Wb·m]	웨버 미터(Weber meter)	자기모멘트
[W]	와트(Watt)	전력, 유효전력(소비전력)
[℉]	도에프(degree Fahrenheit)	화씨온도
[°R]	도알(degree Rankine temperature)	랭킨온도
[Ω^{-1}]	옴 마이너스 일제곱(ohm-)	컨덕턴스
[Ω]	옴(ohm)	저항
[℧]	모(mho)	컨덕턴스
[℃]	도씨(degree Celsius)	섭씨온도

소방설비기사 필기 (전기분야)

시험안내 연락처

기관명	주소	전화번호
서울지역본부	02512 서울 동대문구 장안벚꽃로 279(휘경동 49-35)	02-2137-0590
서울서부지사	03302 서울 은평구 진관3로 36(진관동 산100-23)	02-2024-1700
서울남부지사	07225 서울시 영등포구 버드나루로 110(당산동)	02-876-8322
서울강남지사	06193 서울시 강남구 테헤란로 412 알레르망타워 15층(대치동)	02-2161-9100
인천지사	21634 인천시 남동구 남동서로 209(고잔동)	032-820-8600
경인지역본부	16626 경기도 수원시 권선구 호매실로 46-68(탑동)	031-249-1201
경기동부지사	13313 경기 성남시 수정구 성남대로 1214(수진동)	031-750-6200
경기서부지사	14488 경기도 부천시 길주로 463번길 69(춘의동)	032-719-0800
경기남부지사	17561 경기 안성시 공도읍 공도로 51-23	031-615-9000
경기북부지사	11801 경기도 의정부시 바대논길 21 해인프라자 3~5층(고산동)	031-850-9100
강원지사	24408 강원특별자치도 춘천시 동내면 원창 고개길 135(학곡리)	033-248-8500
강원동부지사	25440 강원특별자치도 강릉시 사천면 방동길 60(방동리)	033-650-5700
부산지역본부	46519 부산시 북구 금곡대로 441번길 26(금곡동)	051-330-1910
부산남부지사	48518 부산시 남구 신선로 454-18(용당동)	051-620-1910
경남지사	51519 경남 창원시 성산구 두대로 239(중앙동)	055-212-7200
경남서부지사	52733 경남 진주시 남강로 1689(초전동 260)	055-791-0700
울산지사	44538 울산광역시 중구 종가로 347(교동)	052-220-3277
대구지역본부	42704 대구시 달서구 성서공단로 213(갈산동)	053-580-2300
경북지사	36616 경북 안동시 서후면 학가산 온천길 42(명리)	054-840-3000
경북동부지사	37580 경북 포항시 북구 법원로 140번길 9(장성동)	054-230-3200
경북서부지사	39371 경상북도 구미시 산호대로 253(구미첨단의료 기술타워 2층)	054-713-3000
광주지역본부	61008 광주광역시 북구 첨단벤처로 82(대촌동)	062-970-1700
전북지사	54852 전북 전주시 덕진구 유상로 69(팔복동)	063-210-9200
전북서부지사	54098 전북 군산시 공단대로 197번지 풍산빌딩 2층(수송동)	063-731-5500
전남지사	57948 전남 순천시 순광로 35-2(조례동)	061-720-8500
전남서부지사	58604 전남 목포시 영산로 820(대양동)	061-288-3300
대전지역본부	35000 대전광역시 중구 서문로 25번길 1(문화동)	042-580-9100
충북지사	28456 충북 청주시 흥덕구 1순환로 394번길 81(신봉동)	043-279-9000
충북북부지사	27480 충북 충주시 호암수청2로 14 충주농협 호암행복지점 3~4층(호암동)	043-722-4300
충남지사	31081 충남 천안시 서북구 상고1길 27(신당동)	041-620-7600
세종지사	30128 세종특별자치시 한누리대로 296(나성동)	044-410-8000
제주지사	63220 제주 제주시 복지로 19(도남동)	064-729-0701

※ 청사이전 및 조직변동 시 주소와 전화번호가 변경, 추가될 수 있음

응시자격

📖 **기사** : 다음 각 호의 어느 하나에 해당하는 사람

1. **산업기사** 등급 이상의 자격을 취득한 후 응시하려는 종목이 속하는 동일 및 유사 직무분야에서 **1년 이상** 실무에 종사한 사람
2. **기능사** 자격을 취득한 후 응시하려는 종목이 속하는 동일 및 유사 직무분야에서 **3년 이상** 실무에 종사한 사람
3. 응시하려는 종목이 속하는 동일 및 유사 직무분야의 다른 종목의 기사 등급 이상의 자격을 취득한 사람
4. 관련학과의 대학졸업자 등 또는 그 졸업예정자
5. **3년제 전문대학** 관련학과 졸업자 등으로서 졸업 후 응시하려는 종목이 속하는 동일 및 유사 직무분야에서 **1년 이상** 실무에 종사한 사람
6. **2년제 전문대학** 관련학과 졸업자 등으로서 졸업 후 응시하려는 종목이 속하는 동일 및 유사 직무분야에서 **2년 이상** 실무에 종사한 사람
7. 동일 및 유사 직무분야의 **기사** 수준 기술훈련과정 이수자 또는 그 이수예정자
8. 동일 및 유사 직무분야의 **산업기사** 수준 기술훈련과정 이수자로서 이수 후 응시하려는 종목이 속하는 동일 및 유사 직무분야에서 **2년 이상** 실무에 종사한 사람
9. 응시하려는 종목이 속하는 동일 및 유사 직무분야에서 **4년 이상** 실무에 종사한 사람
10. 외국에서 동일한 종목에 해당하는 자격을 취득한 사람

📖 **산업기사** : 다음 각 호의 어느 하나에 해당하는 사람

1. **기능사** 등급 이상의 자격을 취득한 후 응시하려는 종목이 속하는 동일 및 유사 직무분야에 **1년 이상** 실무에 종사한 사람
2. 응시하려는 종목이 속하는 동일 및 유사 직무분야의 다른 종목의 산업기사 등급 이상의 자격을 취득한 사람
3. 관련학과의 **2년제** 또는 **3년제 전문대학**졸업자 등 또는 그 졸업예정자
4. 관련학과의 대학졸업자 등 또는 그 졸업예정자
5. 동일 및 유사 직무분야의 산업기사 수준 기술훈련과정 이수자 또는 그 이수예정자
6. 응시하려는 종목이 속하는 동일 및 유사 직무분야에서 **2년 이상** 실무에 종사한 사람
7. 고용노동부령으로 정하는 기능경기대회 입상자
8. 외국에서 동일한 종목에 해당하는 자격을 취득한 사람

※ 세부사항은 한국산업인력공단 **1644-8000**으로 문의바람

초스피드 기억법

제 1 편	소방원론
제 2 편	소방관계법규
제 3 편	소방전기일반
제 4 편	소방전기시설의 구조 및 원리

상대성 원리

아인슈타인이 '상대성 원리'를 발견하고 강연회를 다니기 시작했다. 많은 단체 또는 사람들이 그를 불렀다.

30번 이상의 강연을 한 어느날이었다. 전속 운전기사가 아인슈타인에게 장난스럽게 이런말을 했다.

"박사님! 전 상대성 원리에 대한 강연을 30번이나 들었기 때문에 이제 모두 암송할 수 있게 되었습니다. 박사님은 연일 강연하시느라 피곤하실텐데 다음번에는 제가 한번 강연하면 어떨까요?"

그 말을 들은 아인슈타인은 아주 재미있어 하면서 순순히 그 말에 응하였다.

그래서 다음 대학을 향해 가면서 아인슈타인과 운전기사는 옷을 바꿔입었.

운전기사는 아인슈타인과 나이도 비슷했고 외모도 많이 닮았다.

이때부터 아인슈타인은 운전을 했고 뒷자석에는 운전기사가 앉아 있게 되었다.

학교에 도착하여 강연이 시작되었다.

가짜 아인슈타인 박사의 강의는 정말 훌륭했다. 말 한마디, 얼굴표정, 몸의 움직임까지도 진짜 박사와 흡사했다.

성공적으로 강연을 마친 가짜 박사는 많은 박수를 받으며 강단에서 내려오려고 했다. 그 때 문제가 발생했다. 그 대학의 교수가 질문을 한 것이다.

가슴이 '쿵'하고 내려앉은 것은 가짜박사보다 진짜 박사쪽이었다.

운전기사 복장을 하고 있으니 나서서 질문에 답할 수도 없는 상황이었다.

그런데 단상에 있던 가짜 박사는 조금도 당황하지 않고 오히려 빙그레 웃으며 이렇게 말했다.

"아주 간단한 질문이오. 그 정도는 제 운전기사도 답할 수 있습니다."

그러더니 진짜 아인슈타인 박사를 향해 소리쳤다.

"여보게나? 이 분의 질문에 대해 어서 설명해 드리게나!"

그말에 진짜 박사는 안도의 숨을 내쉬며 그 질문에 대해 차근차근 설명해 나갔다.

인생을 살면서 아무리 어려운 일이 닥치더라도 결코 당황하지 말고 침착하고 지혜롭게 대처하는 여러분들이 되시길 바랍니다.

제1편 소방원론

제1장 화재론

1 화재의 발생현황 (눈을 크게 뜨고 보라!)

① 발화요인별 : 부주의>전기적 요인>기계적 요인>화학적 요인>교통사고>방화의심>방화>자연적 요인>가스누출
② 장소별 : 근린생활시설>공동주택>공장 및 창고>복합건축물>업무시설>숙박시설>교육연구시설
③ 계절별 : 겨울>봄>가을>여름

※ **화재**
자연 또는 인위적인 원인에 의하여 불이 물체를 연소시키고, 인명과 재산의 손해를 주는 현상

2 화재의 종류

구분 \ 등급	A급	B급	C급	D급	K급
화재종류	일반화재	유류화재	전기화재	금속화재	주방화재
표시색	**백**색	**황**색	**청**색	**무**색	—

 초스피드 기억법

백황청무(**백**색 **황**새가 **청**나라 **무**서워한다.)

※ 요즘은 표시색의 의무규정은 없음

※ **일반화재**
연소 후 재를 남기는 가연물

※ **유류화재**
연소 후 재를 남기지 않는 가연물

3 연소의 색과 온도

색	온도(℃)
암적색(**진**홍색)	**7**00~750
적색	**8**50
휘적색(**주**황색)	**9**25~950
황적색	1100
백적색(백색)	1200~1300
휘백색	1500

 초스피드 기억법

진7 (**진**출), 적8 (저팔개), 주9 (주먹**구**구)

4 전기화재의 발생원인

① **단락**(합선)에 의한 발화
② **과부하**(과전류)에 의한 발화
③ **절연저항 감소**(누전)로 인한 발화

※ **전기화재가 아닌 것**
① 승압
② 고압전류

Key Point

❋ **단락**
두 전선의 피복이 녹아서 전선과 전선이 서로 접촉되는 것

❋ **누전**
전류가 전선 이외의 다른 곳으로 흐르는 것

❋ **폭발한계와 같은 의미**
① 폭발범위
② 연소한계
③ 가연한계
④ 가연범위

❋ **분진폭발을 일으키지 않는 물질**
① 시멘트
② 석회석
③ 탄산칼슘($CaCO_3$)
④ 생석회(CaO)

❋ **폭굉**
화염의 전파속도가 음속보다 빠르다.

④ 전열기기 과열에 의한 발화
⑤ 전기불꽃에 의한 발화
⑥ 용접불꽃에 의한 발화
⑦ 낙뢰에 의한 발화

5 공기중의 폭발한계 (일사천리로 나와야 한다.)

가 스	하한계(vol%)	상한계(vol%)
아세틸렌(C_2H_2)	2.5	81
<u>수</u>소(H_2)	<u>4</u>	<u>75</u>
일산화탄소(CO)	12	75
암모니아(NH_3)	15	25
메탄(CH_4)	5	15
에탄(C_2H_6)	3	12.4
프로판(C_3H_8)	2.1	9.5
<u>부</u>탄(C_4H_{10})	<u>1</u>.8	<u>8</u>.4

● 초스피드 기억법

수475 (**수**사후 **치료**하세요.)
부18 (**부**자의 **일**반적인 **팔**자)

6 폭발의 종류 (물 흐르듯 나와야 한다.)

① 분해폭발 : **아**세틸렌, **과**산화물, **다**이너마이트
② 분진폭발 : 밀가루, 담뱃가루, 석탄가루, 먼지, 전분, 금속분
③ 중합폭발 : 염화비닐, 시안화수소
④ 분해・중합폭발 : 산화에틸렌
⑤ 산화폭발 : 압축가스, 액화가스

● 초스피드 기억법

아과다해(**아**세틸렌이 **과다해**)

7 폭굉의 연소속도

1000~3500m/s

8 가연물이 될 수 없는 물질

구 분	설 명
주기율표의 0족 원소	헬륨(He), 네온(Ne), 아르곤(Ar), 크립톤(Kr), 크세논(Xe), 라돈(Rn)
산소와 더이상 반응하지 않는 물질	물(H_2O), 이산화탄소(CO_2), 산화알루미늄(Al_2O_3), 오산화인(P_2O_5)
흡열반응 물질	**질**소(N_2)

※ **질소**
복사열을 흡수하지 않는다.

● 초스피드 기억법

질흡(진흙탕)

9 점화원이 될 수 없는 것

① **흡**착열
② **기**화열
③ **융**해열

● 초스피드 기억법

흡기 융점없(호**흡기**의 **융**점은 없다.)

※ **점화원과 같은 의미**
① 발화원
② 착화원

10 연소의 형태 (다 외웠는가? 훌륭하다!)

연소 형태	종 류
표면연소	숯, 코크스, 목탄, 금속분
분해연소	**아**스팔트, **플**라스틱, **중**유, **고**무, **종**이, **목**재, **석**탄
증발연소	황, 왁스, 파라핀, 나프탈렌, 가솔린, 등유, 경유, 알코올, 아세톤
자기연소	나이트로글리세린, 나이트로셀룰로오스(질화면), **T**NT, **피**크린산
액적연소	벙커C유
확산연소	메탄(CH_4), 암모니아(NH_3), 아세틸렌(C_2H_2), 일산화탄소(CO), 수소(H_2)

● 초스피드 기억법

아플 중고종목 분석(아플땐 **중고종목**을 **분석**해)
자T피(쟈니윤이 **티피**코시를 입었다.)

11 연소와 관계되는 용어

연소 용어	설 명
발화점	가연성 물질에 불꽃을 접하지 아니하였을 때 연소가 가능한 **최저온도**
인화점	휘발성 물질에 불꽃을 접하여 연소가 가능한 **최저온도**
연소점	어떤 인화성 액체가 공기중에서 열을 받아 점화원의 존재하에 **지**속적인 연소를 일으킬 수 있는 온도

※ **물질의 발화점**
① 황린 : 30~50℃
② 황화인·이황화탄소 : 100℃
③ 나이트로셀룰로오스 : 180℃

Key Point

* **융해잠열**
  고체에서 액체로 변할 때의 잠열

* **기화잠열**
  액체에서 기체로 변할 때의 잠열

* **증기밀도**
  $$증기밀도 = \frac{분자량}{22.4}$$
  여기서,
  22.4 : 기체 1몰의 부피[l]

* **일산화탄소**
  화재시 인명피해를 주는 유독성 가스

● 초스피드 기억법

연지(**연지** 곤지)

12 물의 잠열

구 분	열 량
융해잠열	80cal/g
기화(증발)잠열	539cal/g
0℃의 물 1g이 100℃의 수증기로 되는 데 필요한 열량	639cal
0℃의 **얼음** 1g이 100℃의 수증기로 되는 데 필요한 열량	719cal

● 초스피드 기억법

융8(**왕파**리), 5기(**오기**가 생겨서)

13 증기비중

$$증기비중 = \frac{분자량}{29}$$

여기서, 29 : 공기의 평균 분자량

14 증기-공기밀도

$$증기-공기밀도 = \frac{P_2 d}{P_1} + \frac{P_1 - P_2}{P_1}$$

여기서, P_1 : 대기압
P_2 : 주변온도에서의 증기압
d : 증기밀도

15 일산화탄소의 영향

농 도	영 향
0.2%	1시간 호흡시 생명에 위험을 준다.
0.4%	1시간 내에 사망한다.
1%	2~3분 내에 실신한다.

16 스테판-볼츠만의 법칙

$$Q = aAF(T_1^4 - T_2^4)$$

여기서, Q : 복사열[W]
a : 스테판-볼츠만 상수[W/m² · K⁴]

F : 기하학적 factor
A : 단면적 $[m^2]$
T_1 : 고온 [K]
T_2 : 저온 [K]

> **스테판 - 볼츠만의 법칙** : 복사체에서 발산되는 복사열은 복사체의 절대온도의 **4제곱**에 비례한다.

스4(**수사**하라.)

17 보일 오버(boil over)

① 중질유의 탱크에서 장시간 조용히 연소하다 탱크 내의 잔존기름이 갑자기 분출하는 현상
② 유류탱크에서 탱크바닥에 물과 기름의 **에멀전**이 섞여 있을 때 이로 인하여 화재가 발생하는 현상
③ 연소유면으로부터 100℃ 이상의 열파가 탱크 저부에 고여 있는 물을 비등하게 하면서 연소유를 탱크 밖으로 비산시키며 연소하는 현상

※ **에멀전**
물의 미립자가 기름과 섞여서 기름의 증발능력을 떨어뜨려 연소를 억제하는 것

18 열전달의 종류

① **전**도
② **복**사 : 전자파의 형태로 열이 옮겨지며, 가장 크게 작용한다.
③ **대**류

전복열대(**전복**은 **열대**어다.)

19 열에너지원의 종류 (이 내용은 자다가도 말할 수 있어야 한다.)

(1) 전기열

① 유도열 : 도체주위의 자장에 의해 발생
② 유전열 : **누설전류**(절연감소)에 의해 발생
③ 저항열 : 백열전구의 발열
④ 아크열
⑤ 정전기열
⑥ 낙뢰에 의한 열

(2) 화학열

① **연**소열 : 물질이 완전히 산화되는 과정에서 발생

※ **자연발화의 형태**
(1) 분해열
  ① 셀룰로이드
  ② 나이트로셀룰로오스
(2) 산화열
  ① 건성유(정어리유, 아마인유, 해바라기유)
  ② 석탄
  ③ 원면
  ④ 고무분말
(3) **발**효열
  ① **먼**지
  ② **곡**물
  ③ **퇴**비
(4) 흡착열
  ① 목탄
  ② 활성탄

| 기억법 |
자면곡발퇴(자네 먼 곳에서 오느라 발이 불어텄나)

소방원론

② **분**해열
③ **용**해열 : 농황산
④ **자**연발열(자연발화) : 어떤 물질이 외부로부터 열의 공급을 받지 아니하고 온도가 상승하는 현상
⑤ **생**성열

● 초스피드 기억법

연분용 자생화(연분홍 자생화)

20 자연발화의 방지법

① 습도가 높은 곳을 피할 것(건조하게 유지할 것)
② 저장실의 **온도**를 **낮출** 것
③ 통풍이 잘 되게 할 것
④ 퇴적 및 수납시 열이 쌓이지 않게 할 것

21 보일-샤를의 법칙

기체가 차지하는 부피는 **압력**에 **반비례**하며, **절대온도**에 **비례**한다.

$$\frac{P_1 V_1}{T_1} = \frac{P_2 V_2}{T_2}$$

여기서, P_1, P_2 : 기압[atm]
V_1, V_2 : 부피[m³]
T_1, T_2 : 절대온도[K]

※ **샤를의 법칙**
압력이 일정할 때 기체의 부피는 절대온도에 비례한다.

22 목재 건축물의 화재진행과정

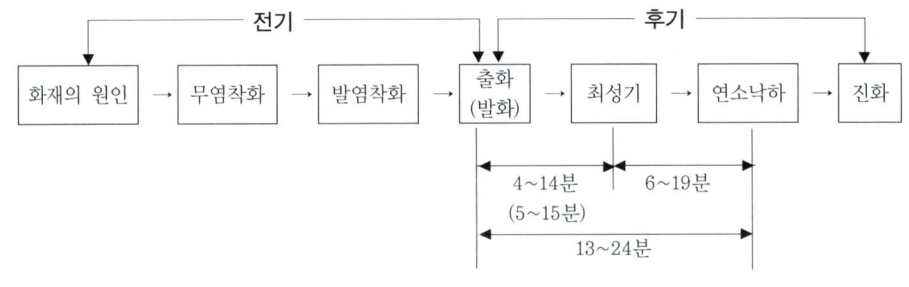

※ **무염착화**
가연물이 재로 덮힌 숯불 모양으로 불꽃 없이 착화하는 현상

※ **발염착화**
가연물이 불꽃이 발생되면서 착화하는 현상

23 건축물의 화재성상(다 중요! 참 중요!)

(1) 목재 건축물

① 화재성상 : 고온 단기형
② 최고온도 : 1300℃

고단목(고단할 땐 목캔디가 최고야!)

(2) 내화 건축물

① 화재성상 : 저온 장기형
② 최고온도 : 900~1000℃

✳ 내화건축물의
   표준 온도
① 30분 후 : 840℃
② 1시간 후 :
   925~950℃
③ 2시간 후 : 1010℃

24 플래시 오버(flash over)

(1) 정의

① 폭발적인 착화현상
② 순발적인 연소확대현상
③ 화재로 인하여 실내의 온도가 급격히 상승하여 화재가 순간적으로 실내전체에 확산되어 연소되는 현상

(2) 발생시점

성장기~최성기(성장기에서 최성기로 넘어가는 분기점)

소방원론

(3) 실내온도 : 약 800~900℃

• 초스피드 기억법

내플89 (내풀팔고 네플쓰자)

※ 플래시 오버와 같은 의미
① 순발연소
② 순간연소

25 플래시 오버에 영향을 미치는 것
① 내장재료(내장재료의 제성상, 실내의 내장재료)
② 화원의 크기
③ 개구율

• 초스피드 기억법

내화플개 (내화구조를 풀게나)

26 연기의 이동속도

구 분	이동속도
수평방향	0.5~1m/s
수직방향	2~3m/s
계단실 내의 수직 이동속도	3~5m/s

※ 연기의 형태
(1) 고체 미립자계 : 일반적인 연기
(2) 액체 미립자계
① 담배연기
② 훈소연기

• 초스피드 기억법

연직23 (연구직은 이상해)

27 연기의 농도와 가시거리 (아주 중요! 정말 중요!)

감광계수[m⁻¹]	가시거리[m]	상 황
0.1	20~30	연기감지기가 작동할 때의 농도
0.3	5	건물내부에 익숙한 사람이 피난에 지장을 느낄 정도의 농도
0.5	3	어두운 것을 느낄 정도의 농도
1	1~2	거의 앞이 보이지 않을 정도의 농도
10	0.2~0.5	화재 최성기 때의 농도
30	–	출화실에서 연기가 분출할 때의 농도

• 초스피드 기억법

연1 2030 (연일 20~30℃까지 올라간다.)

28 위험물의 일반 사항 (술술 나오도록 외우자!)

위험물	성 질	소화방법
제1류	**강**산화성 물질(산화성 고체)	물에 의한 **냉각소화** (단, **무기과산화물**은 **마른모래** 등에 의한 질식소화)
제2류	환원성 물질(가연성 고체)	물에 의한 **냉각소화** (단, **금속분**은 마른모래 등에 의한 **질식소화**)
제3류	금수성 물질 및 자연발화성 물질	마른모래 등에 의한 질식소화 (단, **칼륨·나트륨**은 연소확대 방지)
제**4**류	**인**화성 물질(인화성 액체)	포·분말·CO_2·할론소화약제에 의한 **질식소화**
제**5**류	**폭**발성 물질(**자**기 반응성 물질)	화재 초기에만 대량의 물에 의한 **냉각소화**(단, 화재가 진행되면 자연진화 되도록 기다릴 것)
제6류	산화성 물질(산화성 액체)	마른모래 등에 의한 **질식소화** (단, **과산화수소**는 다량의 **물**로 **희석소화**)

※ **금수성 물질**
① 생석회
② 금속칼슘
③ 탄화칼슘

※ **마른모래**
예전에는 '건조사'라고 불리어졌다.

● 초스피드 기억법

1강산(**일**류, **강산**)
4인(**싸인**해)
5폭자(**오폭**으로 **자**멸하다.)

29 물질에 따른 저장장소

물 질	저장장소
황린, **이**황화탄소(CS_2)	**물**속
나이트로셀룰로오스	알코올 속
칼륨(K), 나트륨(Na), 리튬(Li)	석유류(등유) 속
아세틸렌(C_2H_2)	디메틸포름아미드(DMF), 아세톤에 용해

황물이(**황**토색 **물이** 나온다.)

30 주수소화시 위험한 물질

구 분	주수소화시 현상
무기 과산화물	**산**소발생
금속분·마그네슘·알루미늄·칼륨·나트륨	수소발생
가연성 액체의 유류화재	연소면(화재면) 확대

※ **주수소화**
물을 뿌려 소화하는 것

● 초스피드 기억법

무산(**무산** 됐다.)

소방원론

31 최소 정전기 점화에너지

① 수소(H_2) : 0.02mJ
② 메탄(CH_4) ⎫
③ 에탄(C_2H_6) ⎬ 0.3mJ
④ 프로판(C_3H_8) ⎮
⑤ 부탄(C_4H_{10}) ⎭

● 초스피드 기억법

002점수(국제전화 002의 점수)

Key Point

✽ 최소 정전기 점화 에너지
국부적으로 온도를 높이는 전기불꽃과 같은 점화원에 의해 점화될 때의 에너지 최소값

제2장 방화론

32 공간적 대응

① 도피성
② 대항성 : 내화성능·방연성능·초기소화 대응 등의 화재사상의 저항능력
③ 회피성

● 초스피드 기억법

도대회공(도에서 대회를 개최하는 것은 공무수행이다.)

✽ 회피성
불연화·난연화·내장제한·구획의 세분화·방화훈련(소방훈련)·불조심 등 출화유발·확대 등을 저감시키는 예방조치 강구사항을 말한다.

33 연소확대방지를 위한 방화계획

① 수평구획(면적단위)
② 수직구획(층단위)
③ 용도구획(용도단위)

● 초스피드 기억법

연수용(연수용 건물)

34 내화구조 · 불연재료 (진짜 중요!)

내화구조	불연재료
① **철**근 콘크리트조 ② **석**조 ③ **연**와조	① 콘크리트 · 석재 ② 벽돌 · 기와 ③ 석면판 · 철강 ④ 알루미늄 · 유리 ⑤ 모르타르 · 회

● 초스피드 기억법

철석연내(**철석** 소리가 나더니 **연내** 무너졌다.)

* 내화구조
공동주택의 각 세대간의 경계벽의 구조

35 내화구조의 기준

내화구분	기 준
벽 · **바**닥	철골 · 철근 콘크리트조로서 두께가 10cm 이상인 것
기둥	철골을 두께 5cm 이상의 콘크리트로 덮은 것
보	두께 5cm 이상의 콘크리트로 덮은 것

● 초스피드 기억법

벽바내1(**벽**을 **바**라보면 **내일**이 보인다.)

36 방화구조의 기준

구조내용	기 준
● **철망모르타르** 바르기	두께 2cm 이상
● 석고판 위에 시멘트모르타르를 바른 것 ● 석고판 위에 회반죽을 바른 것 ● 시멘트모르타르 위에 타일을 붙인 것	두께 2.5cm 이상
● 심벽에 흙으로 맞벽치기 한 것	모두 해당

* 방화구조
화재시 건축물의 인접 부분에로의 연소를 차단할 수 있는 구조

37 방화문의 구분

60분+방화문	60분 방화문	30분 방화문
연기 및 불꽃을 차단할 수 있는 시간이 60분 이상이고, 열을 차단할 수 있는 시간이 30분 이상인 방화문	연기 및 불꽃을 차단할 수 있는 시간이 60분 이상인 방화문	연기 및 불꽃을 차단할 수 있는 시간이 30분 이상 60분 미만인 방화문

* 방화문
① 직접 손으로 열 수 있을 것
② 자동으로 닫히는 구조(자동폐쇄 장치)일 것

38 주요 구조부(정말 중요!)

① **주**계단(옥외계단 제외)
② **기**둥(사잇기둥 제외)
③ **바**닥(최하층 바닥 제외)
④ **지**붕틀(차양 제외)
⑤ **벽**(내력벽)
⑥ **보**(작은보 제외)

● 초스피드 기억법

주기바지벽보(**주기**적으로 **바지**가 그려져 있는 **벽보**를 보라.)

39 피난행동의 성격

① **계단** 보행속도
② **군집** 보행속도 ─ 자유보행 : 0.5~2m/s
　　　　　　　　　└ 군집보행 : 1m/s
③ 군집 **유**동계수

● 초스피드 기억법

계단 군보유(그 **계단**은 **군**이 **보유**하고 있다.)

40 피난동선의 특성

① 가급적 **단순형태**가 좋다.
② **수평동선**과 **수직동선**으로 구분한다.
③ 가급적 상호 반대방향으로 다수의 출구와 연결되는 것이 좋다.
④ 어느 곳에서도 2개 이상의 방향으로 피난할 수 있으며, 그 말단은 화재로부터 안전한 장소이어야 한다.

41 제연방식

① 자연 제연방식 : **개구부** 이용
② 스모크타워 제연방식 : **루프 모니터** 이용
③ 기계 제연방식 ─ 제1종 기계 제연방식 : **송풍기 + 배연기**
　　　　　　　　├ 제**2**종 기계 제연방식 : **송풍기**
　　　　　　　　└ 제**3**종 기계 제연방식 : **배연기**

※ **주요 구조부**
건물의 주요 골격을 이루는 부분

※ **피난동선**
'피난경로'라고도 부른다.

※ **제연방법**
① 희석
② 배기
③ 차단

※ **모니터**
창살이나 넓은 유리창이 달린 지붕 위의 구조물

송2(송이 버섯), 배3(배삼룡)

42 제연구획 (NFPC 501 4·7조, NFTC 501 2.1.2.2, 2.4.2)

구 분	설 명
제연경계의 폭	0.6m 이상
제연경계의 수직거리	2m 이내
예상제연구역~배출구의 수평거리	10m 이내

43 건축물의 안전계획

(1) 피난시설의 안전구획

안전구획	설 명
1차 안전구획	복도
2차 안전구획	부실(계단전실)
3차 안전구획	계단

복부계(복부인 계하나 더세요.)

(2) 패닉(Panic)현상을 일으키는 피난형태

① H형
② CO형

* 패닉현상
인간이 극도로 긴장되어 돌출행동을 하는 것

패H(피해), Panic C(Panic C)

44 적응 화재

화재의 종류	적응 소화기구
A급	• 물 • 산알칼리
AB급	• 포
BC급	• 이산화탄소 • 할론 • 1, 2, 4종 분말
ABC급	• 3종 분말 • 강화액

소방원론

45 주된 소화작용(참 중요!)

소화제	주된 소화작용
• 물	• **냉**각효과
• 포 • 분말 • 이산화탄소	• **질**식효과
• **할**론	• **부**촉매효과(연쇄반응**억**제)

● 초스피드 기억법

물냉(**물냉**면)
할부억(**할**아**버**지 **억**지부리지 마세요.)

46 분말 소화약제

종 별	소화약제	약제의 착색	적응 화재	비 고
제**1**종	중탄산나트륨 (NaHCO$_3$)	백색	BC급	**식**용유 및 지방질유의 화재에 적합
제2종	중탄산칼륨 (KHCO$_3$)	담자색 (담회색)	BC급	—
제**3**종	제1인산암모늄 (NH$_4$H$_2$PO$_4$)	담홍색	ABC급	**차**고·**주**차장에 적합
제4종	중탄산칼륨＋요소 (KHCO$_3$＋(NH$_2$)$_2$CO)	회(백)색	BC급	—

● 초스피드 기억법

1식분(**일식 분식**)
3분 차주(**삼**보컴퓨터 **차주**)

※ **질식효과**
공기중의 산소농도를 16%(10~15%) 이하로 희박하게 하는 방법

※ **할론 1301**
① 할론 약제 중 소화효과가 가장 좋다.
② 할론 약제 중 독성이 가장 약하다.
③ 할론 약제 중 오존파괴지수가 가장 높다.

※ **중탄산나트륨**
"탄산수소나트륨"이라고도 부른다.

※ **중탄산칼륨**
"탄산수소칼륨"이라고도 부른다.

제2편 소방관계법규

1 기 간 (30분만 눈에 불을 켜고 보라!)

(1) 1일
제조소 등의 변경신고(위험물법 6조)

> ※ **제조소**
> 위험물을 제조할 목적으로 지정수량 이상의 위험물을 취급하기 위하여 허가를 받은 장소

(2) 2일
① 소방시설공사 착공·변경신고처리(공사업규칙 12조)
② 소방공사감리자 지정·변경신고처리(공사업규칙 15조)

(3) 3일
① **하**자보수기간(공사업법 15조)
② 소방시설업 등록증 **분**실 등의 **재**발급(공사업규칙 4조)
③ 소방시설 등의 자체점검 면제 또는 연기신청(소방시설법 시행규칙 22조)
④ 소방안전관리자 선임연기신청서 관계인 통보(화재예방법 시행규칙 14조)

● 초스피드 기억법

3하분재(**상하**이에서 **분재**를 가져왔다.)

> ※ **소방시설업**
> ① 소방시설설계업
> ② 소방시설공사업
> ③ 소방공사감리업
> ④ 방염처리업

(4) 4일
건축허가 등의 **동**의 요구서류 보완(소방시설법 시행규칙 3조)

(5) 5일
① 일반적인 **건축허가** 등의 **동**의여부 회신(소방시설법 시행규칙 3조)
② 소방시설업 등록증 **변**경신고 등의 **재**발급(공사업규칙 6조)

● 초스피드 기억법

5변재(**오**이로 **변제**해)

> ※ **건축허가 등의 동의 요구**
> ① 소방본부장
> ② 소방서장

(6) 7일
① 옮긴 물건 등의 **보관**기간(화재예방법 시행령 17조)
② 건축허가 등의 취소통보(소방시설법 시행규칙 3조)
③ 소방공사 감리원의 배치통보일(공사업규칙 17조)
④ 소방공사 감리결과 통보·보고일(공사업규칙 19조)

(7) 10일
① 화재예방강화지구 안의 소방훈련·교육 통보일(화재예방법 시행령 20조)

> ※ **화재예방강화지구**
> 화재발생 우려가 크거나 화재가 발생할 경우 피해가 클 것으로 예상되는 지역에 대하여 화재의 예방 및 안전관리를 강화하기 위해 지정·관리하는 지역

소방관계법규

② **50층** 이상(지하층 제외) 또는 **200m** 이상인 아파트의 건축허가 등의 동의 여부 회신 (소방시설법 시행규칙 3조)
③ **30층** 이상(지하층 포함) 또는 **120m** 이상의 건축허가 등의 동의 여부 회신(소방시설법 시행규칙 3조)
④ 연면적 **10만m²** 이상의 건축허가 등의 동의 여부 회신(소방시설법 시행규칙 3조)
⑤ 소방안전교육 통보일(화재예방법 시행규칙 40조)
⑥ 소방기술자의 **실무교육** 통지일(공사업규칙 26조)
⑦ **실무교육** 교육계획의 변경보고일(공사업규칙 35조)
⑧ 소방기술자 **실무교육기관** 지정사항 변경보고일(공사업규칙 33조)
⑨ 소방시설업의 등록신청서류 보완일(공사업규칙 2조 2)
⑩ 제조소 등의 재발급 완공검사합격확인증 제출일(위험물령 10조)

(8) 14일

① 옮긴 물건 등을 보관하는 경우 공고기간(화재예방법 시행령 17조)
② 소방기술자 실무교육기관 휴폐업신고일(공사업규칙 34조)
③ **제**조소 등의 용도**폐**지 신고일(위험물법 11조)
④ 위험물안전관리자의 **선**임신고일(위험물법 15조)
⑤ 소방안전관리자의 **선**임신고일(화재예방법 26조)

● 초스피드 기억법

14제폐선(**일사천리**로 **제패**하여 **성공**하라.)

※ 위험물안전관리자
와 소방안전관리자
① 위험물안전관리자
 제조소 등에서 위험
 물의 안전관리에 관
 한 직무를 수행하는 자
② 소방안전관리자
 특정소방대상물에서
 화재가 발생하지 않
 도록 관리하는 사람

(9) 15일

① 소방기술자 **실무교육기관** 신청서류 **보**완일(공사업규칙 31조)
② 소방시설업 등록증 발급(공사업규칙 3조)

● 초스피드 기억법

실 15보(**실**제 **일**과는 **오**전에 **보**라!)

(10) 20일

소방안전관리자의 **강**습실시공고일(화재예방법 시행규칙 25조)

● 초스피드 기억법

강2(**강**의)

(11) 30일

① 소방시설업 등록사항 변경신고(공사업규칙 6조)
② 위험물안전관리자의 **재선임**(위험물법 15조)
③ 소방안전관리자의 **재선임**(화재예방법 시행규칙 14조)
④ 소방안전관리자의 **실무교육** 통보일(화재예방법 시행규칙 29조)

⑤ **도급계약** 해지(공사업법 23조)
⑥ 소방시설공사 중요사항 변경시의 신고일(공사업규칙 12조)
⑦ 소방기술자 실무교육기관 지정서 발급(공사업규칙 32조)
⑧ 소방공사감리자 변경서류제출(공사업규칙 15조)
⑨ **승계**(위험물법 10조)
⑩ 위험물안전관리자의 직무대행(위험물법 15조)
⑪ 탱크시험자의 변경신고일(위험물법 16조)

(12) **90일**

① 소방시설업 **등**록신청 자산평가액·기업진단보고서 **유**효기간(공사업규칙 2조)
② 위험물 임시저장기간(위험물법 5조)
③ 소방시설관리사 시험공고일(소방시설법 시행령 42조)

> ● 초스피드 기억법
>
> 등유9(**등유 구**해와.)

2 횟수

(1) **월 1회 이상** : 소방용수시설 및 **지**리조사(기본규칙 7조)

※ **소방용수시설**
① 소화전
② 급수탑
③ 저수조

> ● 초스피드 기억법
>
> 월1지(**월**요**일**이 **지**났다.)

(2) **연 1회 이상**

① 화재예방강화지구 안의 화재안전조사·훈련·교육(화재예방법 시행령 20조)
② 특정소방대상물의 소방훈련·교육(화재예방법 시행규칙 36조)
③ 제조소 등의 **정**기점검(위험물규칙 64조)
④ **종**합점검(특급 소방안전관리대상물은 반기별 1회 이상)(소방시설법 시행규칙 〔별표 3〕)
⑤ 작동점검(소방시설법 시행규칙 〔별표 3〕)

※ **종합점검자의 자격**
① 소방안전관리자(소방시설관리사·소방기술사)
② 소방시설관리업자(소방시설관리사)

> ● 초스피드 기억법
>
> 연1정종(**연**일 **정종**술을 마셨다.)

(3) **2년마다 1회 이상**

① 소방대원의 소방교육·훈련(기본규칙 9조)
② **실**무교육(화재예방법 시행규칙 29조)

> ● 초스피드 기억법
>
> 실2(**실리**)

소방관계법규

* **소방활동구역**
  화재, 재난·재해 그 밖의 위급한 상황이 발생한 현장에 정하는 구역

3 담당자(모두 시험에 쩍! 잘 나온다.)

(1) 소방대장

소방활동**구**역의 설정(기본법 23조)

● 초스피드 기억법

대구활(**대구**의 **활**동)

(2) 소방본부장 · 소방서장

① 소방용수시설 및 지리조사(기본규칙 7조)
② 건축허가 등의 동의(소방시설법 6조)
③ 소방안전관리자·소방안전관리보조자의 선임신고(화재예방법 26조)
④ 소방훈련의 지도·감독(화재예방법 37조)
⑤ 소방시설 등의 자체점검 결과 보고(소방시설법 23조)
⑥ 소방계획의 작성·실시에 관한 지도·감독(화재예방법 시행령 27조)
⑦ 소방안전교육 실시(화재예방법 시행규칙 40조)
⑧ 소방시설공사의 착공신고·완공검사(공사업법 13·14조)
⑨ 소방공사 감리결과 보고서 제출(공사업법 20조)
⑩ 소방공사 감리원의 배치통보(공사업규칙 17조)

* **소방본부장과 소방대장**
  ① 소방본부장
  시·도에서 화재의 예방·경계·진압·조사·구조·구급 등의 업무를 담당하는 부서의 장
  ② 소방대장
  소방본부장 또는 소방서장 등 화재, 재난·재해 그 밖의 위급한 상황이 발생한 현장에서 소방대를 지휘하는 자

(3) 소방본부장 · 소방서장 · 소방대장

① 소방활동 **종**사명령(기본법 24조)
② **강**제처분(기본법 25조)
③ **피**난명령(기본법 26조)

● 초스피드 기억법

소대종강피(**소방대**의 **종강파**티)

* **소방체험관**
  화재현장에서의 피난 등을 체험할 수 있는 체험관

(4) 시 · 도지사

① 제조소 등의 설치**허**가(위험물법 6조)
② 소방업무의 지휘·감독(기본법 3조)
③ 소방체험관의 설립·운영(기본법 5조)
④ 소방업무에 관한 세부적인 종합계획수립 및 소방업무 수행(기본법 6조)
⑤ 소방시설업자의 지위**승**계(공사업법 7조)
⑥ 제조소 등의 **승**계(위험물법 10조)
⑦ 소방력의 기준에 따른 계획 수립(기본법 8조)
⑧ **화**재예방강화지구의 지정(화재예방법 18조)

* **소방력 기준**
  행정안전부령

초스피드 기억법

⑨ 소방시설관리업의 **등**록(소방시설법 29조)
⑩ 탱크시험자의 **등**록(위험물법 16조)
⑪ 소방시설관리업의 과징금 부과(소방시설법 36조)
⑫ 탱크안전**성**능검사(위험물법 8조)
⑬ 제조소 등의 **완공검사**(위험물법 9조)
⑭ 제조소 등의 용도 폐지(위험물법 11조)
⑮ **예**방규정의 제출(위험물법 17조)

● 초스피드 기억법

허시승화예(농구선수 **허**재가 차 **시승**장에서 나와 **화해**했다.)

(5) 시·도지사·소방본부장·소방서장

① 소방**시**설업의 **감**독(공사업법 31조)
② 탱크시험자에 대한 명령(위험물법 23조)
③ **무**허가장소의 위험물 조치명령(위험물법 24조)
④ 소방기본법령상 **과**태료부과(기본법 56조)
⑤ 제조**소** 등의 수리·개조·이전명령(위험물법 14조)

● 초스피드 기억법

감무시소과(**감**나무 아래에 있는 **시소**에서 **과**일 먹기)

(6) 소방청장

① 소방업무에 관한 종합계획의 수립·시행(기본법 6조)
② **방**염성능 **검**사(소방시설법 21조)
③ 소방박물관의 설립·운영(기본법 5조)
④ 한국소방안전원의 정관 변경(기본법 43조)
⑤ 한국소방안전원의 **감**독(기본법 48조)
⑥ 소방대원의 소방교육·훈련 정하는 것(기본규칙 9조)
⑦ 소방박물관의 설립·운영(기본규칙 4조)
⑧ 소방용품의 형식승인(소방시설법 37조)
⑨ 우수품질제품 인증(소방시설법 43조)
⑩ 시공능력평가의 공시(공사업법 26조)
⑪ 실무교육기관의 지정(공사업법 29조)
⑫ 소방기술자의 실무교육 필요사항 제정(공사업규칙 26조)

● 초스피드 기억법

검방청(**검**사는 **방청**객)

※ **시·도지사**
제조소 등의 완공검사

※ **소방본부장·소방서장**
소방시설공사의 착공신고·완공검사

※ **한국소방안전원**
소방기술과 안전관리 기술의 향상 및 홍보 그 밖의 교육훈련 등 행정기관이 위탁하는 업무를 수행하는 기관

※ **우수품질인증**
소방용품 가운데 품질이 우수하다고 인정되는 제품에 대하여 품질인증 마크를 붙여주는 것

소방관계법규

* **119 종합상황실**
화재·재난·재해·구조·구급 등이 필요한 때에 신속한 소방활동을 위한 정보를 수집·분석과 판단·전파, 상황관리, 현장지휘 및 조정·통제 등의 업무수행

(7) **소방청장 · 소방본부장 · 소방서장(소방관서장)**

① 119 **종**합상황실의 설치·운영(기본법 4조)
② 소방활동(기본법 16조)
③ 소방대원의 소방교육·훈련 실시(기본법 17조)
④ 특정소방대상물의 화재안전조사(화재예방법 7조)
⑤ 화재안전조사 결과에 따른 조치명령(화재예방법 14조)
⑥ 화재의 예방조치(화재예방법 17조)
⑦ 옮긴 물건 등을 보관하는 경우 공고기간(화재예방법 시행령 17조)
⑧ 화재위험경보발령(화재예방법 20조)
⑨ 화재예방강화지구의 화재안전조사·소방훈련 및 교육(화재예방법 시행령 20조)

● **초스피드 기억법**

종청소(종로구 **청소)**

(8) **소방청장(위탁 : 한국소방안전원장)**

① 소방안전관리자의 **실**무교육(화재예방법 48조)
② 소방안전관리자의 **강**습(화재예방법 48조)

● **초스피드 기억법**

실강원(실강이 벌이지 말고 **원**망해라.)

(9) **소방청장 · 시 · 도지사 · 소방본부장 · 소방서장**

① 소방시설 설치 및 관리에 관한 법령상 과태료 부과권자(소방시설법 61조)
② 화재의 예방 및 안전관리에 관한 법령상 과태료 부과권자(화재예방법 52조)
③ 제조소 등의 출입·검사권자(위험물법 22조)

4 관련법령

(1) **대통령령**

* **특수가연물**
화재가 발생하면 불길이 빠르게 번지는 물품

* **방염성능**
화재의 발생 초기단계에서 화재 확대의 매개체를 단절시키는 성질

* **위험물**
인화성 또는 발화성 등의 성질을 가지는 것으로서 대통령령으로 정하는 물질

① 소방**장**비 등에 대한 **국**고보조 기준(기본법 9조)
② 불을 사용하는 설비의 관리사항 정하는 기준(화재예방법 17조)
③ **특**수가연물 저장·취급(화재예방법 17조)
④ **방**염성능 기준(소방시설법 20조)
⑤ 건축허가 등의 동의대상물의 범위(소방시설법 6조)
⑥ 소방시설관리업의 등록기준(소방시설법 29조)
⑦ 화재의 예방조치(화재예방법 17조)
⑧ 소방시설업의 업종별 영업범위(공사업법 4조)
⑨ 소방공사감리의 종류 및 대상에 따른 감리원 배치, 감리의 방법(공사업법 16조)
⑩ 위험물의 정의(위험물법 2조)

⑪ 탱크안전성능검사의 내용(위험물법 8조)
⑫ 제조소 등의 안전관리자의 자격(위험물법 15조)

● 초스피드 기억법

대국장 특방(**대구** 시**장**에서 **특수 방**한복 지급)

(2) 행정안전부령

① 119 종합상황실의 설치·운영에 관하여 필요한 사항(기본법 4조)
② 소방**박**물관(기본법 5조)
③ 소방**력** 기준(기본법 8조)
④ 소방**용**수시설의 기준(기본법 10조)
⑤ 소방대원의 소방교육·훈련 실시규정(기본법 17조)
⑥ 소방신호의 종류와 방법(기본법 18조)
⑦ 소방활동장비 및 설비의 종류와 규격(기본령 2조)
⑧ 소방용품의 형식승인의 방법(소방시설법 36조)
⑨ 우수품질제품 인증에 관한 사항(소방시설법 43조)
⑩ 소방공사감리원의 세부적인 배치기준(공사업법 18조)
⑪ 시공능력평가 및 공시방법(공사업법 26조)
⑫ 실무교육기관 지정방법·절차·기준(공사업법 29조)
⑬ 탱크안전성능검사의 실시 등에 관한 사항(위험물법 8조)

● 초스피드 기억법

용력행박(**용역**할 사람이 **행실**이 반듯한 **박**씨)

※ 소방신호의 목적
① 화재예방
② 소방활동
③ 소방훈련

※ 시공능력의 평가 기준
① 소방시설공사 실적
② 자본금

(3) 시·도의 조례

① 소방**체**험관(기본법 5조)
② 지정수량 **미**만의 위험물 취급(위험물법 4조)

● 초스피드 기억법

시체미(**시체미** 육체미)

※ 조례
지방자치단체가 고유사무와 위임사무 등을 지방의회의 결정에 의하여 제정하는 것

※ 지정수량
제조소 등의 설치허가 등에 있어서 최저의 기준이 되는 수량

5 인가·승인 등 (꼭! 외워야 합지니라.)

(1) 인가
한국소방안전원의 **정**관변경(기본법 43조)

● 초스피드 기억법

인정(**인정**사정)

(2) 승인
한국소방안전원의 **사**업계획 및 예산(기본령 10조)

소방관계법규

● 초스피드 기억법

승사(성사)

(3) 등록
① 소방시설관리업(소방시설법 29조)
② 소방시설업(공사업법 4조)
③ 탱크안전성능시험자(위험물법 16조)

(4) 신고
① 위험물안전관리자의 **선**임(위험물법 15조)
② 소방안전관리자·소방안전관리보조자의 **선**임(화재예방법 28조)
③ 제조소 등의 **승**계(위험물법 10조)
④ 제조소 등의 용도폐지(위험물법 11조)

※ 승계
직계가족으로부터 물려받음

● 초스피드 기억법

신선승(신선이 승천했다.)

(5) 허가
제조소 등의 설치(위험물법 6조)

● 초스피드 기억법

허제(농구선수 허재)

6 용어의 뜻

(1) **소방대상물** : 건축물·차량·선박(매어둔 것)·선박건조구조물·산림·인공구조물·물건(기본법 2조)

※ 인공구조물
전기설비, 기계설비 등의 각종 설비를 말한다.

> 비교
> 위험물의 저장·운반·취급에 대한 적용 제외(위험물법 3조)
> ① 항공기   ② 선박   ③ 철도   ④ 궤도

※ 소화설비
물, 그 밖의 소화약제를 사용하여 소화하는 기계·기구 또는 설비

(2) **소방시설**(소방시설법 2조)
① **소**화설비
② **경**보설비
③ **소**화용수설비
④ **소**화활동설비
⑤ **피**난구조설비

※ 소화용수설비
화재를 진압하는 데 필요한 물을 공급하거나 저장하는 설비

※ 소화활동설비
화재를 진압하거나 인명구조활동을 위하여 사용하는 설비

● 초스피드 기억법

소경소피(소경이 소피본다.)

(3) 소방용품(소방시설법 2조)
소방시설 등을 구성하거나 소방용으로 사용되는 제품 또는 기기로서 **대통령령**으로 정하는 것

(4) 관계지역(기본법 2조)
소방대상물이 있는 **장소** 및 그 **이웃지역**으로서 화재의 예방·경계·진압, 구조·구급 등의 활동에 필요한 지역

(5) 무창층(소방시설법 시행령 2조)
지상층 중 개구부의 면적의 합계가 해당 층의 바닥 면적의 $\frac{1}{30}$ 이하가 되는 층

(6) 개구부(소방시설법 시행령 2조)
① 개구부의 크기가 지름 **50cm** 이상의 원이 통과할 수 있을 것
② 해당 층의 바닥면으로부터 개구부 밑부분까지의 높이가 **1.2m** 이내일 것
③ 개구부는 **도로** 또는 **차량**이 진입할 수 있는 **빈터**를 향할 것
④ 화재시 건축물로부터 쉽게 피난할 수 있도록 개구부에 창살, 그 밖의 장애물이 설치되지 않을 것
⑤ 내부 또는 외부에서 **쉽게 부수**거나 **열** 수 있을 것

※ **개구부**
화재시 쉽게 피난할 수 있는 출입문, 창문 등을 말한다.

(7) 피난층(소방시설법 시행령 2조)
곧바로 지상으로 갈 수 있는 출입구가 있는 층

7 특정소방대상물의 소방훈련의 종류(화재예방법 37조)
① **소**화훈련 ② **피**난훈련 ③ **통**보훈련

● 초스피드 기억법

소피통훈(**소**의 **피**는 **통 훈**기가 없다.)

8 특정소방대상물의 관계인과 소방안전관리대상물의 소방안전관리자의 업무(화재예방법 24조)

특정소방대상물(관계인)	소방안전관리대상물(소방안전관리자)
① 피난시설·방화구획 및 방화시설의 관리 ② 소방시설, 그 밖의 소방관련시설의 관리 ③ **화기취급**의 감독 ④ 소방안전관리에 필요한 업무 ⑤ 화재발생시 초기대응	① 피난시설·방화구획 및 방화시설의 관리 ② 소방시설, 그 밖의 소방관련시설의 관리 ③ **화기취급**의 감독 ④ 소방안전관리에 필요한 업무 ⑤ **소방계획서**의 작성 및 시행(대통령령으로 정하는 사항 포함) ⑥ **자위소방대** 및 **초기대응체계**의 구성·운영·교육 ⑦ 소방훈련 및 교육 ⑧ 소방안전관리에 관한 업무수행에 관한 기록·유지 ⑨ 화재발생시 초기대응

※ **자위소방대 vs 자체소방대**
① 자위소방대
    빌딩·공장 등에 설치한 사설소방대
② 자체소방대
    다량의 위험물을 저장·취급하는 제조소에 설치하는 소방대

9 제조소 등의 설치허가 제외장소 (위험물법 6조)

① 주택의 난방시설(공동주택의 **중앙난방시설**은 제외)을 위한 **저장소** 또는 **취급소**
② 지정수량 **20**배 이하의 **농**예용·**축**산용·**수**산용 난방시설 또는 건조시설의 **저장소**

● 초스피드 기억법

농축수2

10 제조소 등 설치허가의 취소와 사용정지 (위험물법 12조)

① **변경허가**를 받지 아니하고 제조소 등의 위치·구조 또는 설비를 변경한 경우
② **완공검사**를 받지 아니하고 제조소 등을 사용한 경우
③ **안전조치 이행명령**을 따르지 아니할 때
④ 수리·개조 또는 이전의 **명령**에 **위반**한 경우
⑤ **위험물안전관리자**를 선임하지 아니한 경우
⑥ 안전관리자의 직무를 대행하는 **대리자**를 지정하지 아니한 경우
⑦ **정기점검**을 하지 아니한 경우
⑧ **정기검사**를 받지 아니한 경우
⑨ 저장·취급기준 준수명령에 위반한 경우

※ 소방시설업의 종류
① 소방시설설계업
   소방시설공사에 기본이 되는 공사계획·설계도면·설계설명서·기술계산서 등을 작성하는 영업
② 소방시설공사업
   설계도서에 따라 소방시설을 신설·증설·개설·이전·정비하는 영업
③ 소방공사감리업
   소방시설공사가 설계도서 및 관계법령에 따라 적법하게 시공되는지 여부의 확인과 기술지도를 수행하는 영업
④ 방염처리업
   방염대상물품에 대하여 방염처리하는 영업

11 소방시설업의 등록기준 (공사업법 4조)

① **기**술인력
② **자**본금

● 초스피드 기억법

기자등(**기자**가 **등**장했다.)

12 소방시설업의 등록취소 (공사업법 9조)

① **거짓**, 그 밖의 **부정한 방법**으로 등록을 한 경우
② **등록결격사유**에 해당된 경우
③ 영업정지 기간 중에 소방시설공사 등을 한 경우

13 하도급범위 (공사업법 22조)

(1) 도급받은 소방시설공사의 일부를 다른 공사업자에게 하도급할 수 있다. 하도급인은 제3자에게 다시 하도급 불가

초스피드 기억법

(2) 소방시설공사의 시공을 하도급할 수 있는 경우(공사업령 12조 ①항)
  ① 주택건설사업
  ② 건설업
  ③ 전기공사업
  ④ 정보통신공사업

14 소방기술자의 의무(공사업법 27조)
2 이상의 업체에 취업금지(1개 업체에 취업)

❋ 소방기술자
① 소방시설관리사
② 소방기술사
③ 소방설비기사
④ 소방설비산업기사
⑤ 위험물기능장
⑥ 위험물산업기사
⑦ 위험물기능사

15 소방대(기본법 2조)
  ① 소방공무원   ② 의무소방원
  ③ 의용소방대원

16 의용소방대의 설치(기본법 37조, 의용소방대법 2조)
  ① 특별시   ② 광역시, 특별자치시, 특별자치도, 도
  ③ 시   ④ 읍
  ⑤ 면

❋ 의용소방대의 설치권자
① 시·도지사
② 소방서장

17 무기 또는 5년 이상의 징역(위험물법 33조)
제조소 등 또는 허가를 받지 않고 지정수량 이상의 위험물을 저장 또는 취급하는 장소에서 위험물을 유출·방출 또는 확산시켜 사람을 **사망**에 이르게 한 자

18 무기 또는 3년 이상의 징역(위험물법 33조)
제조소 등 또는 허가를 받지 않고 지정수량 이상의 위험물을 저장 또는 취급하는 장소에서 위험물을 유출·방출 또는 확산시켜 사람을 **상해**에 이르게 한 자

19 1년 이상 10년 이하의 징역(위험물법 33조)
제조소 등 또는 허가를 받지 않고 지정수량 이상의 위험물을 저장 또는 취급하는 장소에서 위험물을 유출·방출 또는 확산시켜 사람의 생명·신체 또는 재산에 대하여 **위험**을 발생시킨 자

20 5년 이하의 징역 또는 1억원 이하의 벌금(위험물법 34조 2)
제조소 등의 설치허가를 받지 아니하고 제조소 등을 설치한 자

❋ 벌금
범죄의 대가로서 부과하는 돈

21 5년 이하의 징역 또는 5000만원 이하의 벌금
  ① 소방시설에 폐쇄·차단 등의 행위를 한 자(소방시설법 56조)
  ② 소방자동차의 출동 방해(기본법 50조)
  ③ 사람구출 방해(기본법 50조)
  ④ 소방용수시설 또는 비상소화장치의 효용 방해(기본법 50조)

❋ 소방용수시설
화재진압에 사용하기 위한 물을 공급하는 시설

22 벌칙(소방시설법 56조)

5년 이하의 징역 또는 5천만원 이하의 벌금	7년 이하의 징역 또는 7천만원 이하의 벌금	10년 이하의 징역 또는 1억원 이하의 벌금
소방시설 폐쇄·차단 등의 행위를 한 자	소방시설 폐쇄·차단 등의 행위를 하여 사람을 **상해**에 이르게 한 자	소방시설 폐쇄·차단 등의 행위를 하여 사람을 **사망**에 이르게 한 자

23 3년 이하의 징역 또는 3000만원 이하의 벌금

① 화재안전조사 결과에 따른 조치명령(화재예방법 50조)
② **소방시설관리업** 무등록자(소방시설법 57조)
③ **형식승인**을 받지 않은 소방용품 제조·수입자(소방시설법 57조)
④ **제품검사**를 받지 않은 사람(소방시설법 57조)
⑤ 거짓이나 그 밖의 **부정한 방법**으로 제품검사 전문기관의 지정을 받은 사람(소방시설법 57조)
⑥ 소방용품을 판매·진열하거나 소방시설공사에 사용한 자(소방시설법 57조)
⑦ 구매자에게 명령을 받은 사실을 알리지 아니하거나 필요한 조치를 하지 아니한 자(소방시설법 57조)
⑧ 소방활동에 필요한 소방대상물 및 토지의 강제처분을 방해한 자(기본법 51조)
⑨ 소방시설업 무등록자(공사업법 35조)
⑩ 부정한 청탁을 받고 재물 또는 재산상의 이익을 취득하거나 부정한 청탁을 하면서 재물 또는 재산상의 이익을 제공한 자(공사업법 35조)
⑪ 제조소 등이 아닌 장소에서 위험물을 저장·취급한 자(위험물법 34조 3)

● 초스피드 기억법

33관(**삼삼**하게 **관리**하기!)

24 1년 이하의 징역 또는 1000만원 이하의 벌금

① 소방시설의 **자체점검** 미실시자(소방시설법 58조)
② **소방시설관리사증** 대여(소방시설법 58조)
③ **소방시설관리업**의 등록증 또는 등록수첩 대여(소방시설법 58조)
④ 화재안전조사시 관계인의 정당업무방해 또는 **비밀누설**(화재예방법 50조)
⑤ **제품검사** 합격표시 위조(소방시설법 58조)
⑥ **성능인증** 합격표시 위조(소방시설법 58조)
⑦ **우수품질** 인증표시 위조(소방시설법 58조)
⑧ 제조소 등의 정기점검 기록 허위 작성(위험물법 35조)
⑨ **자체소방대**를 두지 않고 제조소 등의 허가를 받은 자(위험물법 35조)
⑩ 위험물 운반용기의 검사를 받지 않고 유통시킨 자(위험물법 35조)
⑪ 제조소 등의 긴급 사용정지 위반자(위험물법 35조)
⑫ 영업정지처분 위반자(공사업법 36조)
⑬ 거짓 감리자(공사업법 36조)

* **소방시설관리업**
소방안전관리업무의 대행 또는 소방시설 등의 점검 및 유지·관리업

* **우수품질인증**
소방용품 가운데 품질이 우수하다고 인정되는 제품에 대하여 품질인증마크를 붙여주는 것

* **감리**
소방시설공사가 설계도서 및 관계법령에 적법하게 시공되는지 여부의 확인과 품질·시공관리에 대한 기술지도를 수행하는 것

⑭ 공사감리자 미지정자(공사업법 36조)
⑮ 소방시설 설계 · 시공 · 감리 하도급자(공사업법 36조)
⑯ 소방시설공사 재하도급자(공사업법 36조)
⑰ 소방시설업자가 아닌 자에게 **소방시설공사** 등을 도급한 관계인(공사업법 36조)
⑱ 공사업법의 명령에 따르지 않은 소방기술자(공사업법 36조)

25 1500만원 이하의 벌금(위험물법 36조)

① 위험물의 저장 · 취급에 관한 중요기준 위반
② 제조소 등의 무단 변경
③ 제조소 등의 **사용정지** 명령 위반
④ **안전관리자**를 **미선임**한 관계인
⑤ 대리자를 미지정한 관계인
⑥ 탱크시험자의 업무정지 명령 위반
⑦ **무허가장소**의 위험물 조치 명령 위반

26 1000만원 이하의 벌금(위험물법 37조)

① **위험물 취급**에 관한 안전관리와 감독하지 않은 자
② **위험물 운반**에 관한 중요기준 위반
③ 위험물운반자 요건을 갖추지 아니한 위험물운반자
④ 위험물안전관리자 또는 그 대리자가 참여하지 아니한 상태에서 위험물을 취급한 자
⑤ 변경한 예방규정을 제출하지 아니한 관계인으로서 제조소 등의 설치허가를 받은 자
⑥ 위험물 저장 · 취급장소의 출입 · 검사시 관계인의 정당업무 방해 또는 **비밀누설**
⑦ 위험물 운송규정을 위반한 위험물 운송자

27 300만원 이하의 벌금

① 관계인의 **화재안전조사**를 정당한 사유없이 거부 · 방해 · 기피(화재예방법 50조)
② 방염성능검사 합격표시 위조 및 거짓시료제출(소방시설법 59조)
③ 소방안전관리자, 총괄소방안전관리자 또는 소방안전관리보조자 미선임(화재예방법 50조)
④ 위탁받은 업무종사자의 **비밀누설**(화재예방법 50조, 소방시설법 59조)
⑤ 다른 자에게 자기의 성명이나 상호를 사용하여 소방시설공사 등을 수급 또는 시공하게 하거나 소방시설업의 등록증 · 등록수첩을 빌려준 자(공사업법 37조)
⑥ 감리원 미배치자(공사업법 37조)
⑦ 소방기술인정 자격수첩을 빌려준 자(공사업법 37조)
⑧ <u>2 이상</u>의 업체에 취업한 자(공사업법 37조)
⑨ 소방시설업자나 관계인 감독시 관계인의 업무를 방해하거나 **비밀누설**(공사업법 37조)
⑩ 화재의 예방조치명령 위반(화재예방법 50조)

※ 관계인
① 소유자
② 관리자
③ 점유자

소방관계법규

28 100만원 이하의 벌금

1. **피난 명령** 위반(기본법 54조)
2. 위험시설 등에 대한 긴급조치 방해(기본법 54조)
3. 소방활동을 하지 않은 **관계인**(기본법 54조)
4. 정당한 사유없이 **물**의 **사용**이나 **수도**의 **개폐장치**의 사용 또는 조작을 하지 못하게 하거나 **방해**한 자(기본법 54조)
5. 거짓 보고 또는 자료 미제출자(공사업법 38조)
6. 관계공무원의 출입 또는 검사·조사를 거부·방해 또는 기피한 자(공사업법 38조)
7. 소방대의 생활안전활동을 방해한 자(기본법 54조)

● 초스피드 기억법

피1(차일**피일**)

> 비교
>
> **비밀누설**
>
> | 1년 이하의 징역 또는
1000만원 이하의 벌금 | 1000만원 이하의 벌금 | 300만원 이하의 벌금 |
> |---|---|---|
> | • 화재안전조사시 관계인의 정당업무방해 또는 **비밀누설** | • 위험물 저장·취급장소의 출입·검사시 관계인의 정당업무방해 또는 **비밀누설** | ① 위탁받은 업무종사자의 **비밀누설**
② 소방시설업자나 관계인 감독시 관계인의 업무를 방해하거나 **비밀누설** |

29 500만원 이하의 과태료

1. **화재** 또는 **구조·구급**이 필요한 상황을 **거짓**으로 알린 사람(기본법 56조)
2. 정당한 사유없이 화재, 재난·재해, 그 밖의 위급한 상황을 소방본부, 소방서 또는 관계행정기관에 알리지 아니한 관계인(기본법 56조)
3. 위험물의 임시저장 미승인(위험물법 39조)
4. 위험물의 운반에 관한 세부기준 위반(위험물법 39조)
5. 제조소 등의 지위 승계 거짓신고(위험물법 39조)
6. 예방규정을 준수하지 아니한 자(위험물법 39조)
7. 제조소 등의 **점검결과**를 기록·보존하지 아니한 자(위험물법 39조)
8. 위험물의 **운송기준** 미준수자(위험물법 39조)
9. 제조소 등의 폐지 허위신고(위험물법 39조)

30 300만원 이하의 과태료

1. 소방시설을 화재안전기준에 따라 설치·관리하지 아니한 자(소방시설법 61조)
2. **피난시설·방화구획** 또는 **방화시설**의 폐쇄·훼손·변경 등의 행위를 한 자(소방시설법 61조)
3. 임시소방시설을 설치·관리하지 아니한 자(소방시설법 61조)

---

* **시·도지사**
  화재예방강화지구의 지정

* **소방대장**
  소방활동구역의 설정

* **피난시설**
  인명을 화재발생장소에서 안전한 장소로 신속하게 대피할 수 있도록 하기 위한 시설

* **방화시설**
  ① 방화문
  ② 비상구

④ 관계인의 소방안전관리 업무 미수행(화재예방법 52조)
⑤ **소방훈련** 및 **교육** 미실시자(화재예방법 52조)
⑥ 관계인의 거짓 자료제출(소방시설법 61조)
⑦ 소방시설의 점검결과 미보고(소방시설법 61조)
⑧ 공무원의 출입 또는 검사를 거부·방해 또는 기피한 자(소방시설법 61조)

31 200만원 이하의 과태료

① 소방용수시설·소화기구 및 설비 등의 설치명령 위반(화재예방법 52조)
② 특수가연물의 저장·취급 기준 위반(화재예방법 52조)
③ 한국119청소년단 또는 이와 유사한 명칭을 사용한 자(기본법 56조)
④ 소방활동구역 출입(기본법 56조)
⑤ 소방자동차의 출동에 지장을 준 자(기본법 56조)
⑥ 한국소방안전원 또는 이와 유사한 명칭을 사용한 자(기본법 56조)
⑦ 관계서류 미보관자(공사업법 40조)
⑧ 소방기술자 미배치자(공사업법 40조)
⑨ 하도급 미통지자(공사업법 40조)
⑩ 완공검사를 받지 아니한 자(공사업법 40조)
⑪ 방염성능기준 미만으로 방염한 자(공사업법 40조)
⑫ 관계인에게 지위승계·행정처분·휴업·폐업 사실을 거짓으로 알린 자(공사업법 40조)

32 100만원 이하의 과태료

전용구역에 차를 주차하거나 전용구역의 진입을 가로막는 등의 방해행위를 한 자(기본법 56조)

33 20만원 이하의 과태료

화재로 오인할 만한 불을 피우거나 연막 소독을 하려는 자가 신고를 하지 아니하여 소방자동차를 출동하게 한 자(기본법 57조)

34 건축허가 등의 동의대상물(소방시설법 시행령 7조)

① 연면적 400m²(학교시설 : 100m², 수련시설·노유자시설 : 200m², 정신의료기관·장애인의료재활시설 : 300m²) 이상
② 6층 이상인 건축물
③ 차고·주차장으로서 바닥면적 200m² 이상(자동차 20대 이상)
④ **항공기격납고, 관망탑, 항공관제탑, 방송용 송수신탑**
⑤ 지하층 또는 무창층의 바닥면적 150m²(공연장은 100m²) 이상
⑥ 위험물저장 및 처리시설
⑦ **결핵환자**나 **한센인**이 24시간 생활하는 **노유자시설**
⑧ 지하구
⑨ 전기저장시설, 풍력발전소

※ 항공기격납고
항공기를 안전하게 보관하는 장소

소방관계법규

⑩ 공동주택·숙박시설
⑪ 조산원, 산후조리원, 의원(입원실 또는 인공신장실이 있는 것)
⑫ 요양병원(의료재활시설 제외)
⑬ 노인주거복지시설·노인의료복지시설 및 재가노인복지시설, 학대피해노인 전용쉼터, 아동복지시설, 장애인거주시설
⑭ 정신질환자 관련시설(공동생활가정을 제외한 재활훈련시설과 종합시설 중 24시간 주거를 제공하지 않는 시설 제외)
⑮ 노숙인자활시설, 노숙인재활시설 및 노숙인요양시설
⑯ 공장 또는 창고시설로서 지정하는 수량의 750배 이상의 특수가연물을 저장·취급하는 것
⑰ 가스시설로서 지상에 노출된 탱크의 저장용량의 합계가 100t 이상인 것

35 관리의 권원이 분리된 특정소방대상물의 소방안전관리 (화재예방법 35조, 화재예방법 시행령 35조)

① 복합건축물(지하층을 제외한 11층 이상 또는 연면적 3만m² 이상 건축물)
② 지하가
③ 도매시장, 소매시장, 전통시장

36 소방안전관리자의 선임 (화재예방법 시행령 〔별표 4〕)

(1) 특급 소방안전관리대상물의 소방안전관리자 선임조건

자격	경력	비고
• 소방기술사 • 소방시설관리사	경력 필요 없음	특급 소방안전관리자 자격증을 받은 사람
• 1급 소방안전관리자(소방설비기사)	5년	
• 1급 소방안전관리자(소방설비산업기사)	7년	
• 소방공무원	20년	
• 소방청장이 실시하는 특급 소방안전관리대상물의 소방안전관리에 관한 시험에 합격한 사람	경력 필요 없음	

(2) 1급 소방안전관리대상물의 소방안전관리자 선임조건

자격	경력	비고
• 소방설비기사·소방설비산업기사	경력 필요 없음	1급 소방안전관리자 자격증을 받은 사람
• 소방공무원	7년	
• 소방청장이 실시하는 1급 소방안전관리대상물의 소방안전관리에 관한 시험에 합격한 사람	경력 필요 없음	
• 특급 소방안전관리대상물의 소방안전관리자 자격이 인정되는 사람		

※ 복합건축물
하나의 건축물 안에 둘 이상의 특정소방대상물로서 용도가 복합되어 있는 것

※ 특급소방안전관리대상물(동식물원, 불연성 물품 저장·취급 창고, 지하구, 위험물제조소 등 제외)
① 50층 이상(지하층 제외) 또는 지상 200m 이상 아파트
② 30층 이상(지하층 포함) 또는 지상 120m 이상(아파트 제외)
③ 연면적 10만m² 이상(아파트 제외)

(3) 2급 소방안전관리대상물의 소방안전관리자 선임조건

자격	경력	비고
• 위험물기능장·위험물산업기사·위험물기능사	경력 필요 없음	
• 소방공무원	3년	2급 소방안전관리자 자격증을 받은 사람
• 소방청장이 실시하는 2급 소방안전관리대상물의 소방안전관리에 관한 시험에 합격한 사람	경력 필요 없음	
• 「기업활동 규제완화에 관한 특별조치법」에 따라 소방안전관리자로 선임된 사람(소방안전관리자로 선임된 기간으로 한정)		
• **특급** 또는 **1급** 소방안전관리대상물의 소방안전관리자 자격이 인정되는 사람		

(4) 3급 소방안전관리대상물의 소방안전관리자 선임조건

자격	경력	비고
• 소방공무원	1년	
• 소방청장이 실시하는 3급 소방안전관리대상물의 소방안전관리에 관한 시험에 합격한 사람	경력 필요 없음	3급 소방안전관리자 자격증을 받은 사람
• 「기업활동 규제완화에 관한 특별조치법」에 따라 소방안전관리자로 선임된 사람(소방안전관리자로 선임된 기간으로 한정)		
• **특급** 소방안전관리대상물, **1급** 소방안전관리대상물 또는 **2급** 소방안전관리대상물의 소방안전관리자 자격이 인정되는 사람		

37 특정소방대상물의 방염

(1) 방염성능기준 이상 적용 특정소방대상물(소방시설법 시행령 30조)

① 체력단련장, 공연장 및 종교집회장
② 문화 및 집회시설
③ 종교시설
④ 운동시설(수영장 제외)
⑤ 의료시설(종합병원, 정신의료기관)
⑥ 의원, 치과의원, 한의원, 조산원, 산후조리원
⑦ 교육연구시설 중 합숙소
⑧ 노유자시설
⑨ 숙박이 가능한 수련시설
⑩ 숙박시설
⑪ 방송국 및 촬영소
⑫ 다중이용업소(단란주점영업, 유흥주점영업, 노래연습장의 영업장 등)
⑬ 층수가 11층 이상인 것(아파트 제외 : 2026. 12. 1. 삭제)

※ 2급 소방안전관리대상물
① 지하구
② 가스제조설비를 갖추고 도시가스사업 허가를 받아야 하는 시설 또는 가연성 가스를 100~1000t 미만 저장·취급하는 시설
③ 스프링클러설비 또는 물분무등소화설비 설치대상물(호스릴 제외)
④ 옥내소화전설비 설치대상물
⑤ 공동주택(옥내소화전설비 또는 스프링클러설비가 설치된 공동주택 한정)
⑥ 목조건축물(국보·보물)

※ 방염
연소하기 쉬운 건축물의 실내장식물 등 또는 그 재료에 어떤 방법을 가하여 연소하기 어렵게 만든 것

(2) 방염대상물품(소방시설법 시행령 31조)

제조 또는 가공 공정에서 방염처리를 한 물품	건축물 내부의 천장이나 벽에 부착하거나 설치하는 것
① 창문에 설치하는 **커튼류**(블라인드 포함) ② **카펫** ③ **벽지류**(두께 2mm 미만인 **종이벽지** 제외) ④ **전시용** 합판·목재 또는 **섬유판** ⑤ **무대용** 합판·목재 또는 **섬유판** ⑥ **암막·무대막**(영화상영관·가상체험 체육시설업의 **스크린** 포함) ⑦ 섬유류 또는 합성수지류 등을 원료로 하여 제작된 소파·의자(단란주점영업, 유흥주점영업 및 노래연습장업의 영업장에 설치하는 것만 해당)	① **종이류**(두께 2mm 이상), **합성수지류** 또는 **섬유류**를 주원료로 한 물품 ② **합판**이나 **목재** ③ 공간을 구획하기 위하여 설치하는 **간이칸막이** ④ **흡음재**(흡음용 커튼 포함) 또는 **방음재**(방음용 커튼 포함) 가구류(옷장, 찬장, 식탁, 식탁용 의자, 사무용 책상, 사무용 의자, 계산대)와 너비 10cm 이하인 반자돌림대, 내부 마감재료 제외

※ **잔염시간**
버너의 불꽃을 제거한 때부터 불꽃을 올리며 연소하는 상태가 그칠 때까지의 시간

(3) 방염성능기준(소방시설법 시행령 31조)

① 버너의 불꽃을 올리며 연소하는 상태가 그칠 때까지의 시간 **20초** 이내
② 버너의 불꽃을 올리지 않고 연소하는 상태가 그칠 때까지의 시간 **30초** 이내
③ 탄화한 면적 **50cm²** 이내(길이 **20cm** 이내)
④ 불꽃의 접촉횟수는 **3회** 이상
⑤ 최대 연기밀도 **400** 이하

※ **잔진시간(잔신시간)**
버너의 불꽃을 제거한 때부터 불꽃을 올리지 않고 연소하는 상태가 그칠 때까지의 시간

● 초스피드 기억법

올2(올리다.)

38 자체소방대의 설치제외 대상인 일반취급소(위험물규칙 73조)

① 보일러·버너로 위험물을 소비하는 일반취급소
② 이동저장탱크에 위험물을 주입하는 일반취급소
③ 용기에 위험물을 옮겨 담는 일반취급소
④ 유압장치·윤활유순환장치로 위험물을 취급하는 일반취급소
⑤ 광산안전법의 적용을 받는 일반취급소

※ **광산안전법**
광산의 안전을 유지하기 위해 제정해 놓은 법

39 소화활동설비(소방시설법 시행령 〔별표 1〕)

① **연**결송수관설비
② **연**결살수설비
③ **연**소방지설비
④ **무**선통신보조설비

※ **연소방지설비**
지하구에 헤드를 설치하여 지하구의 화재시 소방차에 의해 물을 공급받아 헤드를 통해 방사하는 설비

⑤ 제연설비
⑥ 비상콘센트설비

● 초스피드 기억법

3연 무제비(3년에 한 번은 제비가 오지 않는다.)

※ 제연설비
화재시 발생하는 연기를 감지하여 화재의 확대 및 연기의 확산을 막기 위한 설비

40 소화설비(소방시설법 시행령 〔별표 4〕)

(1) 소화설비의 설치대상

종 류	설치대상
소화기구	① 연면적 33m² 이상 ② 국가유산 ③ 가스시설, 전기저장시설 ④ 터널 ⑤ 지하구
주거용 주방자동소화장치	① 아파트 등(모든 층) ② 오피스텔(모든 층)

● 초스피드 기억법

아자(아자!)

※ 주거용 주방자동 소화장치
가스레인지 후드에 고정 설치하여 화재시 100℃의 열에 의해 자동으로 소화약제를 방출하며 가스자동차단, 화재경보 및 가스누출 경보 기능을 함

(2) 옥내소화전설비의 설치대상

설치대상	조 건
① 차고 · 주차장	● 200m² 이상
② 근린생활시설 ③ 업무시설(금융업소 · 사무소)	● 연면적 1500m² 이상
④ 문화 및 집회시설, 운동시설 ⑤ 종교시설	● 연면적 3000m² 이상
⑥ 특수가연물 저장 · 취급	● 지정수량 750배 이상
⑦ 터널길이	● 1000m 이상

※ 근린생활시설
사람이 생활을 하는 데 필요한 여러 가지 시설

(3) 옥외소화전설비의 설치대상

설치대상	조 건
① 목조건축물	● 국보 · 보물
② 지상 1 · 2층	● 바닥면적 합계 9000m² 이상
③ 특수가연물 저장 · 취급	● 지정수량 750배 이상

● 초스피드 기억법

지9외(지구의)

(4) 스프링클러설비의 설치대상

설치대상	조 건

① 문화 및 집회시설, 운동시설
② 종교시설
	• 수용인원 – 100명 이상
	• 영화상영관 – 지하층·무창층 500m² (기타 1000m²) 이상
	• 무대부
	  ① 지하층·무창층·4층 이상 300m² 이상
	  ② 1~3층 500m² 이상

③ 판매시설 ④ 운수시설 ⑤ 물류터미널	• 수용인원 – 500명 이상 • 바닥면적 합계 5000m² 이상
⑥ 노유자시설 ⑦ 정신의료기관 ⑧ 수련시설(숙박 가능한 것) ⑨ 종합병원, 병원, 치과병원, 한방병원 및 요양병원(정신병원 제외) ⑩ 숙박시설	• 바닥면적 합계 600m² 이상
⑪ 지하층·무창층·4층 이상	• 바닥면적 1000m² 이상
⑫ 창고시설(물류터미널 제외)	• 바닥면적 합계 5000m² 이상 – 전층
⑬ 지하상가	• 연면적 1000m² 이상
⑭ 10m 넘는 랙식 창고	• 연면적 1500m² 이상
⑮ 복합건축물 ⑯ 기숙사	• 연면적 5000m² 이상 – 전층
⑰ 6층 이상	• 전층
⑱ 보일러실·연결통로	• 전부
⑲ 특수가연물 저장·취급	• 지정수량 1000배 이상
⑳ 발전시설 중 전기저장시설	• 전부

(5) 물분무등소화설비의 설치대상

설치대상	조 건
① 차고·주차장	• 바닥면적 합계 200m² 이상
② 전기실·발전실·변전실 ③ 축전지실·통신기기실·전산실	• 바닥면적 300m² 이상
④ 주차용 건축물	• 연면적 800m² 이상
⑤ 기계식 주차장치	• 20대 이상
⑥ 항공기격납고	• 전부(규모에 관계없이 설치)

41 비상경보설비의 설치대상 (소방시설법 시행령 〔별표 4〕)

설치대상	조 건
① 지하층·무창층	• 바닥면적 150m² (공연장 100m²) 이상
② 전부	• 연면적 400m² 이상
③ 터널	• 길이 500m 이상
④ 옥내작업장	• 50인 이상 작업

✽ **노유자시설**
① 아동관련시설
② 노인관련시설
③ 장애인관련시설

✽ **랙식 창고**
① 물품보관용 랙을 설치하는 창고시설
② 선반 또는 이와 비슷한 것을 설치하고 승강기에 의하여 수납을 운반하는 장치를 갖춘 것

✽ **물분무등소화설비**
① 물분무소화설비
② 미분무소화설비
③ 포소화설비
④ 이산화탄소 소화설비
⑤ 할론소화설비
⑥ 분말소화설비
⑦ 할로겐화합물 및 불활성기체 소화설비
⑧ 강화액 소화설비

42 인명구조기구의 설치장소 (소방시설법 시행령 〔별표 4〕)

① 지하층을 포함한 **7층** 이상의 **관광호텔**[방열복, 방화복(안전모, 보호장갑, 안전화 포함), 인공소생기, 공기호흡기]
② 지하층을 포함한 **5층** 이상의 **병원**[방열복, 방화복(안전모, 보호장갑, 안전화 포함), 공기호흡기]

● 초스피드 기억법

5병(**오병**이어의 기적)

43 제연설비의 설치대상 (소방시설법 시행령 〔별표 4〕)

설치대상	조건
① 문화 및 집회시설, 운동시설 ② 종교시설	• 바닥면적 200m² 이상
③ 기타	• 1000m² 이상
④ 영화상영관	• 수용인원 100인 이상
⑤ 터널	• 예상교통량, 경사도 등 터널의 특성을 고려하여 **행정안전부령**으로 정하는 터널
⑥ 특별피난계단 ⑦ 비상용 승강기의 승강장 ⑧ 피난용 승강기의 승강장	• 전부

44 소방용품 제외 대상 (소방시설법 시행령 6조)

① 주거용 주방자동소화장치용 소화약제
② 가스자동소화장치용 소화약제
③ 분말자동소화장치용 소화약제
④ 고체에어로졸자동소화장치용 소화약제
⑤ 소화약제 외의 것을 이용한 간이소화용구
⑥ 휴대용 비상조명등
⑦ 유도표지
⑧ 벨용 푸시버튼스위치
⑨ 피난밧줄
⑩ 옥내소화전함
⑪ 방수구
⑫ 안전매트
⑬ 방수복

45 화재예방강화지구의 지정지역 (화재예방법 18조)

① **시장**지역
② **공장·창고** 등이 밀집한 지역

Key Point

✽ **인명구조기구와 피난기구**

(1) 인명구조기구
① **방**열복
② 방화복(안전모, 보호장갑, 안전화 포함)
③ **공**기호흡기
④ **인**공소생기

[기억법]
방공인(방공인)

(2) 피난기구
① 피난사다리
② 구조대
③ 완강기
④ 소방청장이 정하여 고시하는 화재안전성능기준으로 정하는 것(미끄럼대, 피난교, 공기안전매트, 피난용트랩, 다수인 피난장비, 승강식 피난기, 간이완강기, 하향식 피난구용 내림식 사다리)

✽ **제연설비**
화재시 발생하는 연기를 감지하여 방연 및 제연함은 물론 화재의 확대, 연기의 확산을 막아 연기로 인한 탈출로 차단 및 질식으로 인한 인명피해를 줄이는 등 피난 및 소화활동상 필요한 안전설비

✽ **화재예방강화지구**
화재발생 우려가 크거나 화재가 발생할 경우 피해가 클 것으로 예상되는 지역에 대하여 화재의 예방 및 안전관리를 강화하기 위해 지정·관리하는 지역

③ 목조건물이 밀집한 지역
④ 노후·불량건축물이 밀집한 지역
⑤ 위험물의 저장 및 처리시설이 밀집한 지역
⑥ 석유화학제품을 생산하는 공장이 있는 지역
⑦ 소방시설·소방용수시설 또는 소방출동로가 없는 지역
⑧ 「산업입지 및 개발에 관한 법률」에 따른 산업단지
⑨ 「물류시설의 개발 및 운영에 관한 법률」에 따른 물류단지
⑩ 소방청장, 소방본부장 또는 소방서장이 화재예방강화지구로 지정할 필요가 있다고 인정하는 지역

46 근린생활시설(소방시설법 시행령 〔별표 2〕)

면 적	적용장소
150m² 미만	• 단란주점
300m² 미만	• 종교시설 • 비디오물 감상실업 • 공연장 • 비디오물 소극장업
500m² 미만	• 탁구장 • 테니스장 • 체육도장 • 사무소 • 학원 • 당구장 • 서점 • 볼링장 • 금융업소 • 부동산 중개사무소 • 골프연습장
1000m² 미만	• 자동차영업소 • 일용품 • 의약품 판매소 • 슈퍼마켓 • 의료기기 판매소
전부	• 기원 • 이용원·미용원·목욕장 및 세탁소 • 휴게음식점·일반음식점, 제과점 • 안마원(안마시술소 포함) • 의원, 치과의원, 한의원, 침술원, 접골원 • 독서실 • 조산원(산후조리원 포함)

* 의원과 병원
① 의원 : 근린생활시설
② 병원 : 의료시설

* 결핵 및 한센병 요양시설과 요양병원
① 결핵 및 한센병 요양시설 : 노유자시설
② 요양병원 : 의료시설

* 공동주택
① 아파트등 : 5층 이상인 주택
② 기숙사

● 초스피드 기억법

종3(중세시대)

* 업무시설
오피스텔

47 업무시설(소방시설법 시행령 〔별표 2〕)

면적	적용장소
전부	• 주민자치센터(동사무소)　• 경찰서 • 소방서　• 우체국 • 보건소　• 공공도서관 • 국민건강보험공단 • 금융업소·오피스텔·신문사

48 위험물(위험물령 〔별표 1〕)

① 과산화수소 : 농도 36wt% 이상
② 황 : 순도 60wt% 이상
③ 질산 : 비중 1.49 이상

3과(**삼가** 인사올립니다.)
질49(제일 **싸구려**)

49 소방시설공사업(공사업령 [별표 1])

종 류	자본금	영업범위
전문	• 법인 : 1억원 이상 • 개인 : 1억원 이상	• 특정소방대상물
일반	• 법인 : 1억원 이상 • 개인 : 1억원 이상	• 연면적 10000m^2 미만 • 위험물제조소 등

50 소방용수시설의 설치기준(기본규칙 [별표 3])

거리기준	지 역
100m 이하	• **주**거지역 • **공**업지역 • **상**업지역
140m 이하	• 기타지역

주공 100상(**주공**아파트에 **백상**어가 그려져 있다.)

51 소방용수시설의 저수조의 설치기준(기본규칙 [별표 3])

① 낙차 : 4.5m 이하
② 수심 : 0.5m 이상
③ 투입구의 길이 또는 지름 : 60cm 이상
④ 소방 펌프 자동차가 쉽게 접근할 수 있도록 할 것
⑤ 흡수에 지장이 없도록 **토사** 및 **쓰레기** 등을 제거할 수 있는 설비를 갖출 것
⑥ 저수조에 물을 공급하는 방법은 **상수도**에 연결하여 **자동**으로 **급수**되는 구조일 것

52 소방신호표(기본규칙 [별표 4])

신호방법 종 별	타종신호	사이렌신호
경계신호	1타와 **연** 2타를 반복	5초 간격을 두고 30초씩 3회
발화신호	난타	5초 간격을 두고 5초씩 3회
해제신호	상당한 간격을 두고 1타씩 반복	1분간 1회
훈련신호	**연** 3타 반복	10초 간격을 두고 1분씩 3회

Key Point

* **소방시설공사업의 보조기술인력**
① 전문공사업 : 2명 이상
② 일반공사업 : 1명 이상

* **소방용수시설**
화재진압에 사용하기 위한 물을 공급하는 시설

* **경계신호**
화재예방상 필요하다고 인정되거나 화재위험경보시 발령

* **발화신호**
화재가 발생한 때 발령

* **해제신호**
소화활동이 필요 없다고 인정되는 때 발령

* **훈련신호**
훈련상 필요하다고 인정되는 때 발령

제3편 소방전기일반

제1장 직류회로

1 전력

$$P = VI = I^2 R = \frac{V^2}{R} \text{ [W]}$$

여기서, P : 전력[W], V : 전압[V], I : 전류[A], R : 저항[Ω]

2 줄의 법칙(Joule's law)

$$H = 0.24 Pt = 0.24 VIt = 0.24 I^2 Rt = 0.24 \frac{V^2}{R} t \text{ [cal]}$$

여기서, H : 발열량[cal], P : 전력[W], t : 시간[s],
V : 전압[V], I : 전류[A], R : 저항[Ω]

3 전열기의 용량

$$860 P \eta t = M(T_2 - T_1)$$

여기서, P : 용량[kW], η : 효율,
t : 소요시간[h], M : 질량[l],
T_2 : 상승후 온도[℃], T_1 : 상승전 온도[℃]

4 단위환산

① 1W = 1J/s
② 1J = 1N · m
③ 1kg = 9.8N
④ 1Wh = 860cal
⑤ 1BTU = 252cal

5 물질의 종류

물 질	종 류
도체	구리(Cu), 알루미늄(Al), 백금(Pt), 은(Ag)
반도체	**실리콘**(Si), **게르마늄**(Ge), **탄**소(C), **아**산화동
절연체	유리, 플라스틱, 고무, 페놀수지

Key Point

* **전력**
  전기장치가 행한 일

* **줄의 법칙**
  전류의 열작용

* **옴의 법칙**
  $$I = \frac{V}{R} \text{ [A]}$$
  여기서, I : 전류[A]
  V : 전압[V]
  R : 저항[Ω]

* **전압**
  $$V = \frac{W}{Q} \text{ [V]}$$
  여기서, V : 전압[V]
  W : 일[J]
  Q : 전기량[C]

* **실리콘**
  '규소'라고도 부른다.

● **초스피드** 기억법

반실계탄아(**반**듯하고 **실**하게 **탄**생한 **아**기)

6 여러 가지 법칙

① 플레밍의 **오**른손 법칙 : **도**체운동에 의한 **유**기기전력의 **방**향 결정
② 플레밍의 **왼**손 법칙 : **전**자력의 방향 결정
③ **렌**츠의 법칙 : 전자유도현상에서 코일에 생기는 **유**도기전력의 **방**향 결정
④ **패**러데이의 법칙 : **유**기기전력의 **크**기 결정
⑤ **앙**페르의 법칙 : **전**류에 의한 **자**계의 방향을 결정하는 법칙

● **초스피드** 기억법

방유도오(**방**에 **우**유를 **도**로 갔다 놓게!)
왼전(**왠** 전쟁이냐?)
렌유방(**오**렌지가 **유**일한 **방**법이다.)
패유크(**폐유**를 버리면 **큰**일난다.)
앙전자(**양**전자)

※ 플레밍의 오른손 법칙
발전기에 적용

| 기억법 |
오발(오발탄)

※ 플레밍의 왼손 법칙
전동기에 적용

※ 앙페르의 법칙
'암페어의 오른나사 법칙'이라고도 한다.

7 전지의 작용

전지의 작용	현상
국부작용	① 전극의 **불**순물로 인하여 기전력이 감소하는 현상 ② 전지를 쓰지 않고 오래두면 **못**쓰게 되는 현상
분극작용 (**성**극작용)	① 일정한 전압을 가진 전지에 부하를 걸면 **단**자전압이 저하하는 현상 ② 전지에 부하를 걸면 양극 표면에 **수**소가스가 생겨 전류의 흐름을 방해하는 현상

※ 전류의 3대 작용
① **발**열작용(열작용)
② **자**기작용
③ **화**학작용

| 기억법 |
발전자화
(발전체가 자화됐다.)

● **초스피드** 기억법

불못국(**불못**에 들어가면 **국**물도 없다.)
성분단수(**성분**이 나빠서 **단수**시켰다.)

제2장 정전계

8 정전용량

$$C = \frac{\varepsilon A}{d} \text{ [F]}$$

여기서, A : 극판의 면적[m²]
d : 극판 간의 간격[m]
ε : 유전율[F/m]($\varepsilon = \varepsilon_o \cdot \varepsilon_s$)

※ 정전용량
'커패시턴스(capacitance)' 라고도 부른다.

9 정전계와 자기

정전력
전하 사이에 작용하는 힘

자기력
자석이 금속을 끌어당기는 힘

정전계	자 기
(1) 정전력 $$F = \frac{Q_1 Q_2}{4\pi\varepsilon r^2} = QE \,[\text{N}]$$ 여기서, F : 정전력[N] Q_1, Q_2 : 전하[C] ε : 유전율[F/m] ($\varepsilon = \varepsilon_o \cdot \varepsilon_s$) r : 거리[m] E : 전계의 세기[V/m] ※ 진공의 유전율 : $\varepsilon_o = 8.855 \times 10^{-12}$ [F/m]	(1) 자기력 $$F = \frac{m_1 m_2}{4\pi\mu r^2} = mH \,[\text{N}]$$ 여기서, F : 자기력[N] m_1, m_2 : 자하[Wb] μ : 투자율[H/m] ($\mu = \mu_o \cdot \mu_s$) r : 거리[m] H : 자계의 세기[A/m] ※ 진공의 투자율 : $\mu_o = 4\pi \times 10^{-7}$ [H/m]
(2) 전계의 세기 $$E = \frac{Q}{4\pi\varepsilon r^2} \,[\text{V/m}]$$ 여기서, E : 전계의 세기[V/m] Q : 전하[C] ε : 유전율[F/m] ($\varepsilon = \varepsilon_o \cdot \varepsilon_s$) r : 거리[m]	(2) 자계의 세기 $$H = \frac{m}{4\pi\mu r^2} \,[\text{AT/m}]$$ 여기서, H : 자계의 세기[AT/m] m : 자하[Wb] μ : 투자율[H/m] ($\mu = \mu_o \cdot \mu_s$) r : 거리[m]
(3) P점에서의 전위 $$V_P = \frac{Q}{4\pi\varepsilon r} \,[\text{V}]$$ 여기서, V_P : P점에서의 전위[V] Q : 전하[C] ε : 유전율[F/m] ($\varepsilon = \varepsilon_o \cdot \varepsilon_s$) r : 거리[m]	(3) P점에서의 자위 $$U_m = \frac{m}{4\pi\mu r} \,[\text{AT}]$$ 여기서, U_m : P점에서의 자위[AT] m : 자극의 세기[Wb] μ : 투자율[H/m] ($\mu = \mu_o \cdot \mu_s$) r : 거리[m]
(4) 전속밀도 $$D = \varepsilon_o \varepsilon_s E \,[\text{C/m}^2]$$ 여기서, D : 전속밀도[C/m²] ε_o : 진공의 유전율[F/m] ε_s : 비유전율(단위없음) E : 전계의 세기[V/m]	(4) 자속밀도 $$B = \mu_o \mu_s H \,[\text{Wb/m}^2]$$ 여기서, B : 자속밀도[Wb/m²] μ_o : 진공의 투자율[H/m] μ_s : 비투자율(단위없음) H : 자계의 세기[AT/m]

전속밀도
단면을 통과하는 전속의 수

자속밀도
자속으로서 자기장의 크기 및 철의 내부의 자기적인 상태를 표시하기 위하여 사용한다.

정전계	자기
(5) 정전에너지 $$W = \frac{1}{2}QV = \frac{1}{2}CV^2 = \frac{Q^2}{2C} \text{[J]}$$ 여기서, W : 정전에너지[J] 　　　　Q : 전하[C] 　　　　V : 전압[V] 　　　　C : 정전용량[F]	**(5) 코일에 축적되는 에너지** $$W = \frac{1}{2}LI^2 = \frac{1}{2}IN\phi \text{[J]}$$ 여기서, W : 코일의 축적에너지[J] 　　　　L : 자기 인덕턴스[H] 　　　　I : 전류[A] 　　　　N : 코일권수 　　　　ϕ : 자속[Wb]
(6) 에너지밀도 $$W_o = \frac{1}{2}ED = \frac{1}{2}\varepsilon E^2 = \frac{D^2}{2\varepsilon} \text{[J/m}^3\text{]}$$ 여기서, W_o : 에너지밀도[J/m³] 　　　　E : 전계의 세기[V/m] 　　　　D : 전속밀도[C/m²] 　　　　ε : 유전율[F/m] ($\varepsilon = \varepsilon_o \cdot \varepsilon_s$)	**(6) 단위체적당 축적되는 에너지** $$W_m = \frac{1}{2}BH = \frac{1}{2}\mu H^2 = \frac{B^2}{2\mu} \text{[J/m}^3\text{]}$$ 여기서, W_m : 단위체적당 축적에너지[J/m³] 　　　　B : 자속밀도[Wb/m²] 　　　　H : 자계의 세기[AT/m] 　　　　μ : 투자율[H/m] ($\mu = \mu_o \cdot \mu_s$)

제3장 자 기

10 자석이 받는 회전력

$$T = MH\sin\theta = mHl\sin\theta \text{[N·m]}$$

여기서, T : 회전력[N·m]
　　　　M : 자기 모멘트[Wb·m]
　　　　H : 자계의 세기[AT/m]
　　　　θ : 이루는 각[rad]
　　　　m : 자극의 세기[Wb]
　　　　l : 자석의 길이[m]

11 기자력

$$F = NI = Hl = R_m\phi \text{[AT]}$$

여기서, F : 기자력[AT]
　　　　N : 코일 권수
　　　　I : 전류[A]
　　　　H : 자계의 세기[AT/m]
　　　　l : 자로의 길이[m]
　　　　R_m : 자기저항[AT/Wb]
　　　　ϕ : 자속[Wb]

※ 정전에너지
콘덴서를 충전할 때 발생하는 에너지, 다시 말하면 콘덴서를 충전할 때 짧은 시간이지만 콘덴서에 나타나는 역전압과 반대로 전류를 흘리는 것이므로 에너지가 주입되는데 이 에너지를 말한다.

※ 자기
자기력이 생기는 원인이 되는 것 즉, 자석이 금속을 끌어당기는 성질을 말한다.

※ 자기력
자속을 발생시키는 원동력 즉, 철심에 코일을 감고 전류를 흘릴 때 이 코일권수와 전류의 곱을 말한다.

12 자계

(1) 무한장 직선전류의 자계

$$H = \frac{I}{2\pi r} \text{[AT/m]}$$

여기서, H : 자계의 세기[AT/m], I : 전류[A], r : 거리[m]

* **원형코일**
코일내부의 자장의 세기는 모두 같다.

(2) 원형코일 중심의 자계

$$H = \frac{NI}{2a} \text{[AT/m]}$$

여기서, H : 자계의 세기[AT/m], N : 코일권수, I : 전류[A], a : 반지름[m]

* **솔레노이드**
도체에 코일을 일정하게 감아놓은 것

(3) 무한장 솔레노이드에 의한 자계

① 내부 자계 : $H_i = nI$ [AT/m]

② 외부 자계 : $H_e = 0$

여기서, n : 1m당 권수, I : 전류[A]

무솔외 0(**무솔**을 익히려면 **외워**라!)

(4) 환상 솔레노이드에 의한 자계

① 내부 자계 : $H_i = \dfrac{NI}{2\pi a}$ [AT/m]

② 외부 자계 : $H_e = 0$

여기서, N : 코일권수, I : 전류[A], a : 반지름[m]

환솔 외0(**한솔**에 취직하려면 **외워**라!)

* **유도기전력**
전자유도에 의해 발생된 기전력으로서 '유기기전력'이라고도 부른다.

13 유도기전력

$$e = -N\frac{d\phi}{dt} = -L\frac{di}{dt} = Bl\,v\sin\theta \text{ [V]}$$

여기서, e : 유기기전력[V]
N : 코일권수[s]
$d\phi$: 자속의 변화량[Wb]
dt : 시간의 변화량[s]
L : 자기 인덕턴스[H]

* **자속**
자극에서 나오는 전체의 자기력선의 수

di : 전류의 변화량[A]
B : 자속밀도[Wb/m²]
l : 도체의 길이[m]
v : 도체의 이동속도[m/s]
θ : 이루는 각[rad]

14 상호 인덕턴스

$$M = K\sqrt{L_1 L_2} \ [\text{H}]$$

여기서, M : 상호 인덕턴스[H]
　　　　K : 결합계수
　　　　L_1, L_2 : 자기 인덕턴스[H]

- 이상결합·완전결합시 : $K = 1$
- 두 코일 직교시 : $K = 0$

● 초스피드 **기억법**

1이완상(일반적인 **이완상**태)
0직상(**영**문도 없이 **직상**층에서 발화했다.)

※ **상호 인덕턴스**
1차 전류의 시간변화량과 2차 유도전압의 비례상수

※ **결합계수**
누설자속에 의한 상호 인덕턴스의 감소비율

제4장　교류회로

15 순시값·평균값·실효값

순시값	평균값	실효값
$v = V_m \sin \omega t$ $\quad = \sqrt{2}\, V \sin \omega t$ [V]	$V_{av} = \dfrac{2}{\pi} V_m = 0.637\, V_m$ [V]	$V = \dfrac{V_m}{\sqrt{2}} = 0.707\, V_m$ [V]
여기서, v : 전압의 순시값[V] V_m : 전압의 최대값[V] ω : 각주파수[rad/s] t : 주기[s] V : 실효값[V]	여기서, V_{av} : 전압의 평균값[V] V_m : 전압의 최대값[V]	여기서, V : 전압의 실효값[V] V_m : 전압의 최대값[V]

● 초스피드 **기억법**

평637(**평**소에 **육삼**선수는 **칠**칠맞다.)
실707(**실**제로 **칠공주**는 **칠**면조를 좋아한다.)

※ **순시값**
교류의 임의의 시간에 있어서 전압 또는 전류의 값

※ **평균값**
순시값의 반주기에 대하여 평균을 취한 값

※ **실효값**
교류의 크기를 교류와 동일한 일을 하는 직류의 크기로 바꿔 나타냈을 때의 값. 일반적으로 사용되는 값이다.

16 RLC의 접속

회로의 종류		위상차	전류	역률 및 무효율
직렬회로	$R-L$	$\theta = \tan^{-1}\dfrac{\omega L}{R}$	$I = \dfrac{V}{Z} = \dfrac{V}{\sqrt{R^2+X_L^2}}$	$\cos\theta = \dfrac{R}{\sqrt{R^2+X_L^2}}$ $\sin\theta = \dfrac{X_L}{\sqrt{R^2+X_L^2}}$
	$R-C$	$\theta = \tan^{-1}\dfrac{1}{\omega CR}$	$I = \dfrac{V}{Z} = \dfrac{V}{\sqrt{R^2+X_C^2}}$	$\cos\theta = \dfrac{R}{\sqrt{R^2+X_C^2}}$ $\sin\theta = \dfrac{X_C}{\sqrt{R^2+X_C^2}}$
	$R-L-C$	$\theta = \tan^{-1}\dfrac{X_L-X_C}{R}$	$I = \dfrac{V}{Z} = \dfrac{V}{\sqrt{R^2+(X_L-X_C)^2}}$	$\cos\theta = \dfrac{R}{Z}$ $\sin\theta = \dfrac{X_L-X_C}{Z}$
병렬회로	$R-L$	$\theta = \tan^{-1}\dfrac{R}{\omega L}$	$I = YV = \sqrt{\left(\dfrac{1}{R}\right)^2+\left(\dfrac{1}{X_L}\right)^2}\cdot V$	$\cos\theta = \dfrac{X_L}{\sqrt{R^2+X_L^2}}$ $\sin\theta = \dfrac{R}{\sqrt{R^2+X_L^2}}$
	$R-C$	$\theta = \tan^{-1}\omega CR$	$I = YV = \sqrt{\left(\dfrac{1}{R}\right)^2+\left(\dfrac{1}{X_C}\right)^2}\cdot V$	$\cos\theta = \dfrac{X_C}{\sqrt{R^2+X_C^2}}$ $\sin\theta = \dfrac{R}{\sqrt{R^2+X_C^2}}$
	$R-L-C$	$\theta = \tan^{-1}R\left(\dfrac{1}{X_C}-\dfrac{1}{X_L}\right)$	$I = YV = \sqrt{\left(\dfrac{1}{R}\right)^2+\left(\dfrac{1}{X_C}-\dfrac{1}{X_L}\right)^2}\cdot V$	$\cos\theta = \dfrac{\frac{1}{R}}{Y}$ $\sin\theta = \dfrac{\frac{1}{X_C}-\frac{1}{X_L}}{Y}$

✽ 저항(R)
동상

✽ 인덕턴스(L)
전압이 전류보다 90°
앞선다.

✽ 커패시턴스(C)
전압이 전류보다 90°
뒤진다.

17 전력

구분	단상	3상
유효전력	$P = VI\cos\theta = I^2R$[W] 여기서, P : 유효전력[W] V : 전압[V] I : 전류[A] θ : 이루는 각[rad] R : 저항[Ω]	$P = 3V_PI_P\cos\theta = \sqrt{3}\,V_lI_l\cos\theta$ $= 3I_P^2R$[W] 여기서, P : 유효전력[W] V_P, I_P : 상전압[V]·상전류[A] V_l, I_l : 선간전압[V]·선전류[A] R : 저항[Ω]

✽ 유효전력
전원에서 부하로 실제
소비되는 전력

구분	단상	3상
무효 전력	$P_r = VI\sin\theta = I^2 X \,[\text{Var}]$ 여기서, P_r : 무효전력[Var] 　　　V : 전압[V] 　　　I : 전류[A] 　　　θ : 이루는 각[rad] 　　　X : 리액턴스[Ω]	$P_r = 3V_P I_P \sin\theta = \sqrt{3}\,V_l I_l$ 　　$= 3I_P^{\,2} X\,[\text{Var}]$ 여기서, P_r : 무효전력[Var] 　　　V_P, I_P : 상전압[V]·상전류[A] 　　　V_l, I_l : 선간전압[V]·선전류[A] 　　　X : 리액턴스[Ω]
피상 전력	$P_a = VI = \sqrt{P^2 + P_r^{\,2}} = I^2 Z\,[\text{VA}]$ 여기서, P_a : 피상전력[VA] 　　　V : 전압[V] 　　　I : 전류[A] 　　　P : 유효전력[W] 　　　P_r : 무효전력[Var] 　　　Z : 임피던스[Ω]	$P_a = 3V_P I_P = \sqrt{3}\,V_l I_l = \sqrt{P^2 + P_r^{\,2}}$ 　　$= 3I_P^{\,2} Z\,[\text{VA}]$ 여기서, P_a : 피상전력[VA] 　　　V_P, I_P : 상전압[V]·상전류[A] 　　　V_l, I_l : 선간전압[V]·선전류[A] 　　　Z : 임피던스[Ω]

18 Y결선·△결선

구분	선간전압	선전류
Y결선	$V_l = \sqrt{3}\,V_P$ 여기서, V_l : 선간전압[V] 　　　V_P : 상전압[V]	$I_l = I_P$ 여기서, I_l : 선전류[A] 　　　I_P : 상전류[A]
△결선	$V_l = V_P$ 여기서, V_l : 선간전압[V] 　　　V_P : 상전압[V]	$I_l = \sqrt{3}\,I_P$ 여기서, I_l : 선전류[A] 　　　I_P : 상전류[A]

19 분류기·배율기

분류기	배율기
$I_o = I\left(1 + \dfrac{R_A}{R_S}\right)[\text{A}]$ 여기서, I_o : 측정하고자 하는 전류[A] 　　　I : 전류계의 최대눈금[A] 　　　R_A : 전류계 내부저항[Ω] 　　　R_S : 분류기 저항[Ω]	$V_o = V\left(1 + \dfrac{R_m}{R_v}\right)[\text{V}]$ 여기서, V_o : 측정하고자 하는 전압[V] 　　　V : 전압계의 최대눈금[V] 　　　R_v : 전압계 내부저항[Ω] 　　　R_m : 배율기 저항[Ω]

Key Point

※ 무효전력
실제로는 아무런 일을 하지 않아 부하에서는 전력으로 이용될 수 없는 전력

※ 피상전력
교류의 부하 또는 전원의 용량을 표시하는 전력

※ 선간전압
부하에 전력을 공급하는 선들 사이의 전압

※ 선전류
3상 교류회로에서 단자로부터 유입 또는 유출되는 전류를 말한다.

※ 분류기
전류계의 측정범위를 확대하기 위해 전**류**계와 **병**렬로 접속하는 저항

기억법
분류병
(분류하여 병에 담아)

※ 배율기
전압계의 측정범위를 확대하기 위해 전**압**계와 **직**렬로 접속하는 저항

기억법
배압직
(배에 압정이 직접 꽂혔다.)

제5장 자동제어

20 제어량에 의한 분류

① <u>프</u>로세스제어(process control) : <u>온</u>도, <u>압</u>력, <u>유</u>량, <u>액</u>면
② <u>서</u>보기구(servo mechanism) : <u>위</u>치, <u>방</u>위, <u>자</u>세
③ 자동조정(automatic regulation) : 전압, 전류, 주파수, 회전속도, 장력

● 초스피드 기억법

프온압유액(<u>프레온</u>의 <u>압</u>력으로 우<u>유액</u>이 쏟아졌다.)
서위방자(<u>스위</u>스는 <u>방자</u>하다.)

✽ **불대수**
임의의 회로에서 일련의 기능을 수행하기 위한 가장 최적의 방법을 결정하기 위하여 이를 수식적으로 표현하는 방법

21 불대수의 정리

논리합	논리곱	비 고
$X+0=X$	$X \cdot 0 = 0$	–
$X+1=1$	$X \cdot 1 = X$	–
$X+X=X$	$X \cdot X = X$	–
$X+\overline{X}=1$	$X \cdot \overline{X} = 0$	–
$X+Y=Y+X$	$X \cdot Y = Y \cdot X$	교환법칙
$X+(Y+Z)=(X+Y)+Z$	$X(YZ)=(XY)Z$	결합법칙
$X(Y+Z)=XY+XZ$	$(X+Y)(Z+W)$ $=XZ+XW+YZ+YW$	분배법칙
$X+XY=X$	$X+\overline{X}Y=X+Y$	흡수법칙
$\overline{(X+Y)}=\overline{X}\cdot\overline{Y}$	$\overline{(X \cdot Y)}=\overline{X}+\overline{Y}$	드모르간의 정리

22 시퀀스회로와 논리회로

✽ **논리회로**
집적회로를 논리기호를 사용하여 알기 쉽도록 표현해 놓은 회로

✽ **진리표**
논리대수에 있어서 ON, OFF 또는 동작, 부동작의 상태를 1과 0으로 나타낸 표

명 칭	시퀀스회로	논리회로	진리표
AND 회로	(회로도)	$X = A \cdot B$ 입력신호 A, B가 동시에 1일 때만 출력신호 X가 1이 된다.	A B X 0 0 0 0 1 0 1 0 0 1 1 1

명 칭	시퀀스회로	논리회로	진리표
OR 회로		$X = A + B$ 입력신호 A, B 중 어느 하나라도 1이면 출력신호 X가 1이 된다.	A B X 0 0 0 0 1 1 1 0 1 1 1 1
NOT 회로		$X = \overline{A}$ 입력신호 A가 0일 때만 출력신호 X가 1이 된다.	A X 0 1 1 0
NAND 회로		$X = \overline{A \cdot B}$ 입력신호 A, B가 동시에 1일 때만 출력신호 X가 0이 된다. (AND 회로의 부정)	A B X 0 0 1 0 1 1 1 0 1 1 1 0
NOR 회로		$X = \overline{A + B}$ 입력신호 A, B가 동시에 0일 때만 출력신호 X가 1이 된다. (OR회로의 부정)	A B X 0 0 1 0 1 0 1 0 0 1 1 0
EXCLUSIVE OR 회로		$X = A \oplus B = \overline{A}B + A\overline{B}$ 입력신호 A, B 중 어느 한쪽만이 1이면 출력신호 X가 1이 된다.	A B X 0 0 0 0 1 1 1 0 1 1 1 0
EXCLUSIVE NOR 회로		$X = \overline{A \oplus B} = AB + \overline{A}\,\overline{B}$ 입력신호 A, B가 동시에 0이거나 1일 때만 출력신호 X가 1이 된다.	A B X 0 0 1 0 1 0 1 0 0 1 1 1

※ NAND 회로
AND 회로의 부정

※ NOR 회로
OR 회로의 부정

제4편
소방전기시설의 구조 및 원리

제1장 경보설비의 구조 및 원리

1 경보설비의 종류

경보설비 ─┬─ **자**동화재 탐지설비·시각경보기
　　　　　├─ **자**동화재 속보설비
　　　　　├─ **가**스누설경보기
　　　　　├─ **비**상방송설비
　　　　　├─ **비**상경보설비(비상벨설비, 자동식 사이렌설비)
　　　　　├─ **누**전경보기
　　　　　├─ **단**독경보형 감지기
　　　　　├─ 통합감시시설
　　　　　└─ 화재알림설비

● 초스피드 기억법

경자가비누단(**경자가 비누**를 **단**독으로 쓴다.)

2 정온식 감지선형 감지기의 고정방법

구 분	감지선형 감지기
단자부와 마감고정금구	10cm 이내
굴곡반경	5cm 이상

3 감지기의 부착높이

부착높이	감지기의 종류
<u>8</u>~<u>15</u>m 미만	• **차**동식 **분**포형 • 이온화식 1종 또는 2종 • 광전식(스포트형·분리형·공기흡입형) 1종 또는 2종 • 연기복합형 • 불꽃감지기
15~20m 미만	• 이온화식 1종 • 광전식(스포트형·분리형·공기흡입형) 1종 • 연기복합형 • 불꽃감지기

❋ **자동화재탐지설비**
① 감지기
② 수신기
③ 발신기
④ 중계기
⑤ 음향장치
⑥ 표시등
⑦ 전원
⑧ 배선

❋ **공기관식의 구성요소**
① 공기관
② 다이어프램
③ 리크구멍
④ 접점
⑤ 시험장치

❋ **공기관**
① 두께 : 0.3mm 이상
② 바깥지름 : 1.9mm 이상

❋ **연기복합형 감지기**
이온화식+광전식을 겸용한 것으로 두 가지 기능이 동시에 작동되면 신호를 발함

● 초스피드 기억법

차분815(**차분**히 **815** 광복절을 맞이하자!)

4 반복시험 횟수

횟 수	기 기
1000회	**속**보기
2000회	**중**계기
5000회	**전**원스위치 · **발**신기
6000회	감지기
10000회	비상조명등, 스위치접점, 기타의 설비 및 기기 (수신기)

● 초스피드 기억법

속1
중2(**중이**염)
5발전(**5**개 **발**에 **전**을 부치자.)

5 대상에 따른 음압

음 압	대 상
40dB 이하	**유**도등 · **비**상조명등의 소음
60dB 이상	① **고**장표시장치용 ② **전**화용 부저 ③ 단독경보형 감지기(건전지 교체 **음성안내**)
70dB 이상	① 가스누설경보기(단독형·영업용) ② 누전경보기 ③ 단독경보형 감지기(건전지 교체 **음향경보**)
85dB 이상	단독경보형 감지기(화재경보음)
90dB 이상	① 가스누설경보기(**공**업용) ② **자**동화재탐지설비의 음향장치 ③ 비상벨설비의 음향장치

● 초스피드 기억법

유비음4(**유비**는 **음**식 중 **사**발면을 좋아한다.)
고전음6(**고전음**악을 **유**창하게 해.)
9공자

※ 반복시험 횟수
유도등 : 2500회

※ 속보기
감지기 또는 P형발신기로부터 발신하는 신호나 중계기를 통하여 송신된 신호를 수신하여 관계인에게 화재발생을 경보함과 동시에 소방관서에 자동적으로 전화를 통한 해당 특정소방대상물의 위치 및 화재발생을 음성으로 통보하여 주는 것

※ 유도등
평상시에 상용전원에 의해 점등되어 있다가 비상시에 비상전원에 의해 점등된다.

※ 비상조명등
평상시에 소등되어 있다가 비상시에 점등된다.

수평거리
최단거리·직선거리 또는 반경을 의미한다.

6 수평거리·보행거리·수직거리

(1) 수평거리

수평거리	기 기
25m 이하	• **발**신기 • **음**향장치(확성기) • **비**상콘센트(**지**하상가·**지**하층 바닥면적 합계 3000m² 이상)
50m 이하	• 비상콘센트(기타)

  초스피드 기억법

발음2비지(발음이 비슷하지)

보행거리
걸어서 가는 거리

(2) 보행거리

보행거리	기 기
15m 이하	• 유도표지
20m 이하	• 복도**통**로유도등 • 거실**통**로유도등 • 3종 연기감지기
30m 이하	• 1·2종 연기감지기

  초스피드 기억법

보통2(보통이 아니네요!)

(3) 수직거리

수직거리	기 기
15m 이하	• 1·2종 연기감지기
10m 이하	• 3종 연기감지기

7 비상전원 용량

비상전원
상용전원 정전시에 사용하기 위한 전원

예비전원
상용전원 고장시 또는 용량부족시 최소한의 기능을 유지하기 위한 전원

설비의 종류	비상전원 용량
• **자**동화재탐지설비 • 비상**경**보설비 • **자**동화재속보설비	10분 이상
• 유도등 • 비상콘센트설비 • 제연설비 • 물분무소화설비 • 옥내소화전설비(30층 미만) • 특별피난계단의 계단실 및 부속실 제연설비(30층 미만)	20분 이상
• 무선통신보조설비의 **증**폭기	30분 이상

설비의 종류	비상전원 용량
• 옥내소화전설비(30~49층 이하) • 특별피난계단의 계단실 및 부속실 제연설비(30~49층 이하) • 연결송수관설비(30~49층 이하) • 스프링클러설비(30~49층 이하)	40분 이상
• 유도등·비상조명등(지하상가 및 11층 이상) • 옥내소화전설비(50층 이상) • 특별피난계단의 계단실 및 부속실 제연설비(50층 이상) • 연결송수관설비(50층 이상) • 스프링클러설비(50층 이상)	60분 이상

● 초스피드 기억법

경자비1(**경자**라는 이름은 **비일**비재하게 많다).
3증(**3중**고)

8 주위온도 시험

주위온도	기 기
$-35\pm2\sim70\pm2\,℃$	경종(옥내·옥외형), 발신기(옥내·옥외형)
$-20\pm2\sim55\pm2\,℃$	변류기(옥외형)
$-10\pm2\sim50\pm2\,℃$	경종(옥내형), 가스누설경보기(분리형), 속보기
$-10\pm2\sim55\pm2\,℃$	발신기(옥내형), 변류기(옥내형)

※ **변류기**
누설전류를 검출하는 데 사용하는 기기

● 초스피드 기억법

분04(**분양소**)

9 스포트형 감지기의 바닥면적

(단위 : [m²])

부착높이 및 소방대상물의 구분		감지기의 종류				
		차동식·보상식 스포트형		정온식 스포트형		
		1종	2종	특종	1종	2종
4m 미만	내화구조	90	70	70	60	20
	기타구조	50	40	40	30	15
4m 이상 8m 미만	내화구조	45	35	35	30	-
	기타구조	30	25	25	15	-

※ **정온식 스포트형 감지기**
일국소의 주위 온도가 일정한 온도 이상이 되는 경우에 작동하는 것으로서 외관이 전선으로 되어 있지 않은 것

10 연기감지기의 바닥면적

(단위 : [m²])

부착높이	감지기의 종류	
	1종 및 2종	3종
4m 미만	150	50
4~20m 미만	75	설치할 수 없다.

※ **연기감지기**
화재시 발생하는 연기를 이용하여 작동하는 것으로서 주로 계단, 경사로, 복도, 통로, 엘리베이터, 전산실, 통신기기실에 쓰인다.

11 절연저항시험 (절대!절대!중요!)

절연저항계	절연저항	대 상
직류 250V	0.1MΩ 이상	• 1경계구역의 절연저항
직류 500V	5MΩ 이상	• 누전경보기 • 가스누설경보기 • 수신기(10회로 미만, 절연된 충전부와 외함간) • 자동화재속보설비 • 비상경보설비 • 유도등(교류입력측과 외함간 포함) • 비상조명등(교류입력측과 외함간 포함)
	20MΩ 이상	• 경종 • 발신기 • 중계기 • 비상콘센트 • 기기의 절연된 선로간 • 기기의 충전부와 비충전부간 • 기기의 교류입력측과 외함간(유도등·비상조명등 제외)
	50MΩ 이상	• 감지기(정온식 감지선형 감지기 제외) • 가스누설경보기(10회로 이상) • 수신기(10회로 이상, 교류입력측과 외함간 제외)
	1000MΩ 이상	• 정온식 감지선형 감지기

※ 경계구역
자동화재탐지설비의 1회선이 화재발생을 유효하게 탐지할 수 있는 구역

※ 정온식 감지선형 감지기
일국소의 주위 온도가 일정한 온도 이상이 되는 경우에 작동하는 것으로서 외관이 전선으로 되어 있는 것

12 소요시간

기 기	시 간
• P형 · P형 복합식 · R형 · R형 복합식 · GP형 · GP형 복합식 · GR형 · GR형 복합식 수신기 • **중**계기	**5**초 이내
비상방송설비	10초 이하
가스누설경보기	**6**0초 이내

시중5 (**시중**을 드시오!), 6가 (**육**체미**가** 아름답다.)

중요

축적형 수신기

전원차단시간	축적시간	화재표시감지시간
1~3초 이하	30~60초 이하	60초(1회 이상 반복)

13 수신기의 적합기준

① 해당 특정소방대상물의 경계구역을 각각 표시할 수 있는 회선수 이상의 수신기를 설치할 것

② 해당 특정소방대상물에 가스누설탐지설비가 설치된 경우에는 가스누설탐지설비로부터 가스누설신호를 수신하여 가스누설경보를 할 수 있는 수신기를 설치할 것(가스누설탐지설비의 수신부를 별도로 설치한 경우에는 제외한다)

14 설치높이

기 기	설치높이
기타기기	0.8~1.5m 이하
시각경보장치	2~2.5m 이하(단, 천장의 높이가 2m 이하인 경우에는 천장으로부터 0.15m 이내의 장소에 설치)

15 누전경보기의 설치방법

정격전류	경보기 종류
60A 초과	1급
60A 이하	1급 또는 2급

① 변류기는 옥외인입선의 **제1지점**의 **부하측** 또는 **제2종**의 **접지선측**에 설치할 것
② 옥외전로에 설치하는 변류기는 **옥외형**을 사용할 것

 초스피드 기억법

1부접2누(**일부**는 **접**이식 의자에 **누**워있다.)

※ 변류기의 설치
① 옥외인입선의 제1 지점의 부하측
② 제2종의 접지선측

16 누전경보기

① **공**칭작동전류치 : **200mA** 이하
② **감**도조정장치의 조정범위 : **1A** 이하(1000mA)

 초스피드 기억법

누공2(**누**구나 **공**짜이면 좋아해.)
누감1(**누**가 **감**히 일부러 그럴까?)

※ 공칭작동 전류치
누전경보기를 작동시키기 위하여 필요한 누설전류의 값으로서 제조자에 의하여 표시된 값

 참고

검출누설전류 설정치 범위
① 경계전로 : 100~400mA
② 제2종 접지선 : 400~700mA

제2장 피난구조설비 및 소화활동설비

17 설치높이

유도등·유도표지	설치높이
• 복도통로유도등 • 계단통로유도등 • 통로유도표지	1m 이하

※ 조도
① 객석유도등 : 0.2 lx 이상
② 통로유도등 : 1 lx 이상
③ 비상조명등 : 1 lx 이상

• 피난구유도등 • 거실통로유도등	1.5m 이상

18 설치개수

(1) 복도·거실 통로유도등

$$개수 \geq \frac{보행거리}{20} - 1$$

(2) 유도표지

$$개수 \geq \frac{보행거리}{15} - 1$$

(3) 객석유도등

$$개수 \geq \frac{직선부분\ 길이}{4} - 1$$

19 비상콘센트 전원회로의 설치기준

구 분	전 압	용 량	플러그접속기
단상 교류	220V	1.5kVA 이상	접지형 2극

① 1 전용회로에 설치하는 비상콘센트는 <u>10</u>개 이하로 할 것
② 풀박스는 1.6mm 이상의 철판을 사용할 것

● 초스피드 기억법

10콘(시큰둥!)

제3장 소방전기시설

20 감지기의 적용장소

정온식 스포트형 감지기	연기감지기
① <u>영</u>사실 ② <u>주</u>방·주조실 ③ <u>용</u>접작업장 ④ <u>건</u>조실 ⑤ <u>조</u>리실 ⑥ <u>스</u>튜디오 ⑦ <u>보</u>일러실 ⑧ <u>살</u>균실	① 계단·경사로 ② 복도·통로 ③ 엘리베이트 권상기실 ④ 린넨슈트 ⑤ 파이프덕트 ⑥ 전산실 ⑦ 통신기기실

✽ **통로유도등**
백색바탕에 녹색문자

✽ **피난구유도등**
녹색바탕에 백색문자

✽ **풀박스**
배관이 긴 곳 또는 굴곡부분이 많은 곳에서 시공을 용이하게 하기 위하여 배선도중에 사용하여 전선을 끌어들이기 위한 박스

✽ **린넨슈트**
병원, 호텔 등에서 세탁물을 구분하여 실로 유도하는 통로

● 초스피드 기억법

영주용건 정조스 보살(영주의 용건이 정말 죠스와 보살을 만나는 것이냐?)

21 전원의 종류

1. 상용전원
2. 비상전원 : 상용전원 정전 때를 대비하기 위한 전원
3. 예비전원 : 상용전원 고장시 또는 용량부족시 최소한의 기능을 유지하기 위한 전원

22 부동충전방식의 2차 전류

$$2차전류 = \frac{축전지의 정격용량}{축전지의 공칭용량} + \frac{상시부하}{표준전압} [A]$$

※ **부동충전방식**
축전지와 부하를 충전기에 병렬로 접속하여 충전과 방전을 동시에 행하는 방식

23 부동충전방식의 축전지의 용량

$$C = \frac{1}{L}KI [Ah]$$

여기서, C : 축전지용량
L : 용량저하율(보수율)
K : 용량환산시간[h]
I : 방전전류[A]

※ **용량저하율(보수율)**
축전지의 용량저하를 고려하여 축전지의 용량산정시 여유를 주는 계수로서, 보통 0.8을 적용한다.

24 옥내소화전설비, 자동화재탐지설비의 공사방법

1. **가**요전선관공사
2. **합**성수지관공사
3. **금**속관공사
4. **금**속덕트공사
5. **케**이블공사

● 초스피드 기억법

옥자가 합금케(옥자가 합금을 캐냈다.)

25 경계구역

(1) 경계구역의 설정기준

1. 1경계구역이 2개 이상의 **건축물**에 미치지 않을 것
2. 1경계구역이 2개 이상의 **층**에 미치지 않을 것
3. 1경계구역의 면적은 **600㎡** 이하로 하고, 1변의 길이는 **50m** 이하로 할 것

(2) 1경계구역 높이 : **45m** 이하

※ **지하구**
지하의 케이블 통로

※ **경계구역**
화재신호를 발신하고 그 신호를 수신 및 유효하게 제어할 수 있는 구역

26 대상에 따른 전압

전 압	대 상
0.5V 이하	누전경보기 경계전로의 전압강하
0.6V 이하	완전방전
60V 이하	약전류회로
60V 초과	접지단자 설치
300V 이하	• 전원변압기의 1차 전압 • 유도등 · 비상조명등의 사용전압
600V 이하	누전경보기의 경계전로전압

● 초스피드 기억법

05경전(공오경전), 변3(변상해), 누6(누룩)

27 전선 단면적의 계산

전기방식	전선 단면적
단상 2선식	$A = \dfrac{35.6LI}{1000e}$
3상 3선식	$A = \dfrac{30.8LI}{1000e}$

여기서, A : 전선의 단면적[mm²]
　　　　L : 선로길이[m]
　　　　I : 전부하전류[A]
　　　　e : 각 선간의 전압강하[V]

※ 소방펌프 : 3상 3선식, 기타 : 단상 2선식

● 초스피드 기억법

33펌(삼삼하게 펌프질한다.)

※ **예비전원**
상용전원 고장시 또는 용량부족시 최소한의 기능을 유지하기 위한 전원

※ **기전력**
전류를 연속해서 흘리기 위해 전압을 연속적으로 만들어 주는 힘

28 축전지의 비교표

구 분	연축전지	알칼리축전지
기전력	2.05~2.08V	1.32V
공칭전압	2.0V	1.2V
공칭용량	10Ah	5Ah
충전시간	길다	짧다
수 명	5~15년	15~20년
종 류	클래드식, 페이스트식	소결식, 포켓식

● 초스피드 기억법

연2 10(연이어 열차가 온다.)

CBT 기출복원문제

2025년

소방설비기사 필기(전기분야)

■ 2025. 2. 7 시행 ·············· 25- 2
■ 2025. 5. 21 시행 ·············· 25-28
■ 2025. 9. 1 시행 ·············· 25-56

** 수험자 유의사항 **

1. 문제지를 받는 즉시 **본인**이 **응시한 종목**이 맞는지 확인하시기 바랍니다.
2. 문제지 표지에 본인의 **수험번호**와 **성명**을 기재하여야 합니다.
3. 문제지의 **총면수, 문제번호 일련순서, 인쇄상태, 중복 및 누락 페이지 유무**를 확인하시기 바랍니다.
4. 답안은 각 문제마다 요구하는 가장 적합하거나 가까운 답 1개만을 선택하여야 합니다.
5. 답안카드는 뒷면의 「수험자 유의사항」에 따라 작성하시고, 답안카드 작성 시 형별누락, 마킹착오로 인한 불이익은 전적으로 수험자에게 책임이 있음을 알려드립니다.
6. 문제지는 시험 종료 후 본인이 가져갈 수 있습니다.

** 안내사항 **

• 가답안/최종정답은 큐넷(www.q-net.or.kr)에서 확인하실 수 있습니다. 가답안에 대한 의견은 큐넷의 [가답안 의견 제시]를 통해 제시할 수 있으며, 확정된 답안은 최종정답으로 갈음합니다.
• 공단에서 제공하는 자격검정서비스에 대해 개선할 점이 있으시면 고객참여(http://hrdkorea.or.kr/7/1/1)를 통해 건의하여 주시기 바랍니다.

2025. 2. 7 시행

2025년 기사 제1회 필기시험 CBT 기출복원문제

자격종목	종목코드	시험시간	형별	수험번호	성명
소방설비기사(전기분야)		2시간			

※ 각 문항은 4지택일형으로 질문에 가장 적합한 보기 항을 선택하여 체크하여야 합니다.

제 1 과목 소방원론

01 탄화칼슘이 물과 반응할 때 발생되는 기체는?
① 일산화탄소
② 아세틸렌
③ 황화수소
④ 수소

해설
(1) 탄화칼슘과 물의 반응식 [보기 ②]

$$CaC_2 + 2H_2O \rightarrow Ca(OH)_2 + C_2H_2 \uparrow$$
탄화칼슘   물   수산화칼슘   아세틸렌

(2) 탄화알루미늄과 물의 반응식

$$Al_4C_3 + 12H_2O \rightarrow 4Al(OH)_3 + 3CH_4 \uparrow$$
탄화알루미늄   물   수산화알루미늄   메탄

(3) 인화칼슘과 물의 반응식

$$Ca_3P_2 + 6H_2O \rightarrow 3Ca(OH)_2 + 2PH_3 \uparrow$$
인화칼슘   물   수산화칼슘   포스핀

(4) 수소화리튬과 물의 반응식

$$LiH + H_2O \rightarrow LiOH + H_2$$
수소화리튬   물   수산화리튬   수소

답 ②

02 분말소화약제로서 ABC급 화재에 적용성이 있는 소화약제의 종류는?
① $NH_4H_2PO_4$
② $NaHCO_3$
③ Na_2CO_3
④ $KHCO_3$

해설 분말소화약제

종별	분자식	착색	적응 화재	비고
제1종	탄산수소나트륨 ($NaHCO_3$)	백색	BC급	**식용유** 및 **지방질유**의 화재에 적합 **기억법** 1식분(일식 분식)
제2종	탄산수소칼륨 ($KHCO_3$)	담자색 (담회색)	BC급	–
제3종	제1인산암모늄 ($NH_4H_2PO_4$) 보기 ①	담홍색	ABC급	**차고·주차장**에 적합 **기억법** 3분 차주 (삼보 컴퓨터 차주)
제4종	탄산수소칼륨 +요소 ($KHCO_3$ + $(NH_2)_2CO$)	회(백)색	BC급	–

답 ①

03 Fourier법칙(전도)에 대한 설명으로 틀린 것은?
① 이동열량은 전열체의 단면적에 비례한다.
② 이동열량은 전열체의 두께에 비례한다.
③ 이동열량은 전열체의 열전도도에 비례한다.
④ 이동열량은 전열체 내·외부의 온도차에 비례한다.

해설
② 비례 → 반비례

공식
(1) 전도

$$Q = \frac{kA(T_2 - T_1)}{l} \quad \begin{matrix} \leftarrow 비례 \\ \leftarrow 반비례 \end{matrix}$$

여기서, Q : 전도열[W]
k : 열전도율[W/m·K]
A : 단면적[m²]
$(T_2 - T_1)$: 온도차[K]
l : 벽체 두께[m]

(2) 대류

$$Q = h(T_2 - T_1)$$

여기서, Q : 대류열[W/m²]
h : 열전달률[W/m²·℃]
$(T_2 - T_1)$: 온도차[℃]

(3) 복사

$$Q = aAF(T_1^4 - T_2^4)$$

여기서, Q : 복사열[W]
a : 스테판-볼츠만 상수[W/m² · K⁴]
A : 단면적[m²]
F : 기하학적 Factor
T_1 : 고온[K]
T_2 : 저온[K]

중요

열전달의 종류

종류	설명	관련 법칙
전도 (conduction)	하나의 물체가 다른 물체와 직접 **접촉**하여 열이 이동하는 현상	**푸리에**(Fourier)의 법칙
대류 (convection)	**유체**의 흐름에 의하여 열이 이동하는 현상	**뉴턴**의 법칙
복사 (radiation)	① 화재시 화원과 격리된 인접 가연물에 불이 옮겨 붙는 현상 ② 열전달 **매질**이 **없이** 열이 전달되는 형태 ③ 열에너지가 **전자파**의 형태로 옮겨지는 현상으로, **가장 크게 작용**한다.	스테판-볼츠만의 법칙

답 ②

04 탄산가스에 대한 일반적인 설명으로 옳은 것은?
14.03.문16
10.09.문14
① 산소와 반응시 흡열반응을 일으킨다.
② 산소와 반응하여 불연성 물질을 발생시킨다.
③ 산화하지 않으나 산소와는 반응한다.
④ 산소와 반응하지 않는다.

해설 **가연물**이 **될 수 없는 물질**(불연성 물질)

특징	불연성 물질
주기율표의 0족 원소	• 헬륨(He) • 네온(Ne) • 아르곤(Ar) • 크립톤(Kr) • 크세논(Xe) • 라돈(Rn)
산소와 더 이상 반응하지 않는 물질	• 물(H_2O) • 이산화탄소(CO_2) 보기 ④ • 산화알루미늄(Al_2O_3) • 오산화인(P_2O_5)
흡열반응 물질	질소(N_2)

• 탄산가스=이산화탄소(CO_2)

답 ④

05 같은 원액으로 만들어진 포의 특성에 관한 설명
15.09.문16 으로 옳지 않은 것은?
① 발포배율이 커지면 환원시간은 짧아진다.
② 환원시간이 길면 내열성이 떨어진다.
③ 유동성이 좋으면 내열성이 떨어진다.
④ 발포배율이 작으면 유동성이 떨어진다.

해설 ② 떨어진다 → 좋아진다

포의 특성
(1) 발포배율이 커지면 환원시간은 짧아진다. 보기 ①
(2) 환원시간이 길면 내열성이 **좋아진다**. 보기 ②
(3) 유동성이 좋으면 내열성이 떨어진다. 보기 ③
(4) 발포배율이 작으면 유동성이 떨어진다. 보기 ④

• 발포배율=팽창비

용어

용어	설명
발포배율	수용액의 포가 팽창하는 비율
환원시간	발포된 포가 원래의 포수용액으로 되돌아가는 데 걸리는 시간
유동성	포가 잘 움직이는 성질

답 ②

06 메탄 80vol%, 에탄 15vol%, 프로판 5vol%인 혼
23.09.문08 합가스의 공기 중 폭발하한계는 약 몇 vol%인
22.09.문15
21.05.문20 가? (단, 메탄, 에탄, 프로판의 공기 중 폭발하한
17.05.문03 계는 5.0vol%, 3.0vol%, 2.1vol%이다.)

① 4.28 ② 3.61
③ 3.23 ④ 4.02

해설 (1) 기호
• V_1 : 80vol%
• V_2 : 15vol%
• V_3 : 5vol%
• L_1 : 5.0vol%
• L_2 : 3.0vol%
• L_3 : 2.1vol%

(2) **혼합가스**의 **폭발하한계**

$$\frac{100}{L} = \frac{V_1}{L_1} + \frac{V_2}{L_2} + \frac{V_3}{L_3}$$

여기서, L : 혼합가스의 폭발하한계[vol%]
L_1, L_2, L_3 : 가연성 가스의 폭발하한계[vol%]
V_1, V_2, V_3 : 가연성 가스의 용량[vol%]

$$\frac{100}{L} = \frac{V_1}{L_1} + \frac{V_2}{L_2} + \frac{V_3}{L_3}$$

$$\frac{100}{L} = \frac{80}{5.0} + \frac{15}{3.0} + \frac{5}{2.1}$$

$$\frac{100}{\frac{80}{5.0} + \frac{15}{3.0} + \frac{5}{2.1}} = L$$

$$L = \frac{100}{\frac{80}{5.0} + \frac{15}{3.0} + \frac{5}{2.1}} ≒ 4.28 vol\%$$

• 단위가 원래는 [vol%] 또는 [v%], [vol.%]인데 줄여서 [%]로 쓰기도 한다.

답 ①

07 할로겐원소의 소화효과가 큰 순서대로 배열된 것은?

23.09.문16
17.09.문15
15.03.문16
12.03.문04

① I > Br > Cl > F
② Br > I > F > Cl
③ Cl > F > I > Br
④ F > Cl > Br > I

해설 할론소화약제

부촉매효과(소화효과) 크기	전기음성도(친화력) 크기
I > Br > Cl > F 보기 ①	F > Cl > Br > I

• 소화효과=소화능력
• 전기음성도 크기=수소와의 결합력 크기

중요
할로젠족 원소
(1) 불소 : **F**
(2) 염소 : **Cl**
(3) 브로민(취소) : **Br**
(4) 아이오딘(옥소) : **I**

기억법 FClBrI

답 ①

08 연면적이 1000m² 이상인 건축물에 설치하는 방화벽이 갖추어야 할 기준으로 틀린 것은?

18.03.문14
17.09.문16
13.03.문16
12.03.문10
08.09.문05

① 내화구조로서 홀로 설 수 있는 구조일 것
② 방화벽의 양쪽 끝과 위쪽 끝을 건축물의 외벽면 및 지붕면으로부터 0.1m 이상 튀어나오게 할 것
③ 방화벽에 설치하는 출입문의 너비는 2.5m 이하로 할 것
④ 방화벽에 설치하는 출입문의 높이는 2.5m 이하로 할 것

해설 ② 0.1m → 0.5m

건축령 57조, 피난·방화구조 21조
방화벽의 구조

대상 건축물	주요구조부가 내화구조 또는 불연재료가 아닌 연면적 1000m² 이상인 건축물
구획단지	연면적 1000m² 미만마다 구획
방화벽의 구조	① **내화구조**로서 홀로 설 수 있는 구조일 것 보기 ① ② 방화벽의 양쪽 끝과 위쪽 끝을 건축물의 외벽면 및 지붕면으로부터 **0.5m** 이상 튀어나오게 할 것 보기 ② ③ 방화벽에 설치하는 출입문의 **너비** 및 높이는 각각 **2.5m** 이하로 하고 해당 출입문에는 60분+방화문 또는 60분 방화문을 설치할 것 보기 ③④

답 ②

09 주요구조부가 내화구조로 된 건축물에서 거실 각 부분으로부터 하나의 직통계단에 이르는 보행거리는 피난자의 안전상 몇 m 이하이어야 하는가?

99.08.문10

① 50
② 60
③ 70
④ 80

해설 건축령 34조
직통계단의 설치거리
(1) 일반건축물 : 보행거리 **30m** 이하
(2) 16층 이상인 공동주택 : 보행거리 **40m** 이하
(3) 내화구조 또는 불연재료로 된 건축물 : **50m** 이하
보기 ①

답 ①

10 할론(Halon) 1301의 분자식은?

19.09.문07
17.03.문05
16.10.문08
15.03.문16
14.09.문04
14.03.문02

① CH_3Cl
② CH_3Br
③ CF_3Cl
④ CF_3Br

해설 할론소화약제의 약칭 및 분자식

종류	약칭	분자식
할론 1011	CB	CH_2ClBr
할론 104	CTC	CCl_4
할론 1211	BCF	CF_2ClBr
할론 1301	BTM	CF_3Br 보기 ④
할론 2402	FB	$C_2F_4Br_2$

답 ④

11 물체의 표면온도가 250℃에서 650℃로 상승하면 열복사량은 약 몇 배 정도 상승하는가?

18.04.문15
17.05.문11
14.09.문14
13.06.문08

① 2.5
② 5.7
③ 7.5
④ 9.7

해설 스테판-볼츠만의 법칙(Stefan-Boltzman's law)

$$\frac{Q_2}{Q_1} = \frac{(273+t_2)^4}{(273+t_1)^4} = \frac{(273+650)^4}{(273+250)^4} ≒ 9.7배$$

• 열복사량은 복사체의 **절대온도**의 **4제곱**에 **비례**하고, **단면적**에 **비례**한다.

> **참고**
>
> **스테판-볼츠만의 법칙**(Stefan-Boltzman's law)
>
> $$Q = aAF(T_1^4 - T_2^4)$$
>
> 여기서, Q : 복사열(W)
> a : 스테판-볼츠만 상수(W/m² · K⁴)
> A : 단면적(m²)
> F : 기하학적 Factor
> T_1 : 고온(273+t_1)(K)
> T_2 : 저온(273+t_2)(K)
> t_1 : 저온(℃)
> t_2 : 고온(℃)

답 ④

★★★ 12 화재의 분류방법 중 유류화재를 나타낸 것은?

21.09.문17
19.03.문08
17.09.문07
16.05.문09
15.09.문19
13.09.문07

① A급 화재
② B급 화재
③ C급 화재
④ D급 화재

해설 화재의 종류

구 분	표시색	적응물질
일반화재(A급)	백색	• 일반가연물 • 종이류 화재 • 목재·섬유화재
유류화재(B급) 보기 ②	황색	• 가연성 액체 • 가연성 가스 • 액화가스화재 • 석유화재
전기화재(C급)	청색	• 전기설비
금속화재(D급)	무색	• 가연성 금속
주방화재(K급)	-	• 식용유화재

• 요즘은 표시색의 의무규정은 없음

답 ②

★★★ 13 가연물이 연소가 잘 되기 위한 구비조건으로 틀린 것은?

20.06.문04
17.05.문18
08.03.문11

① 열전도율이 클 것
② 산소와 화학적으로 친화력이 클 것
③ 표면적이 클 것
④ 활성화에너지가 작을 것

해설 ① 클 것 → 작을 것

가연물이 **연소**하기 쉬운 **조건**
(1) 산소와 **친화력**이 클 것 보기 ②
(2) **발열량**이 클 것
(3) **표면적**이 넓을 것 보기 ③
(4) **열전도율**이 작을 것 보기 ①
(5) **활성화에너지**가 작을 것 보기 ④

(6) **연쇄반응**을 일으킬 수 있을 것
(7) 산소가 포함된 **유기물**일 것

• **활성화에너지** : 가연물이 처음 연소하는 데 필요한 열

답 ①

★★★ 14 화재 표면온도(절대온도)가 2배로 되면 복사에너지는 몇 배로 증가되는가?

14.09.문14
13.09.문01
13.06.문08

① 2
② 4
③ 8
④ 16

해설 스테판-볼츠만의 법칙(Stefan-Boltzman's law)

$$\frac{Q_2}{Q_1} = \frac{(273+T_2)^4}{(273+T_1)^4} = (2배)^4 = 16배$$

• 열복사량은 복사체의 **절대온도**의 **4제곱**에 **비례**하고, **단면적**에 비례한다.

답 ④

★★★ 15 연기감지기가 작동할 정도이고 가시거리가 20~30m에 해당하는 감광계수는 얼마인가?

17.03.문10
16.10.문16
16.03.문03
14.05.문06
13.09.문11

① 0.1m^{-1}
② 1.0m^{-1}
③ 2.0m^{-1}
④ 10m^{-1}

해설 감광계수와 가시거리

감광계수 (m⁻¹)	가시거리 (m)	상 황
0.1 보기 ①	20~30	연기**감**지기가 작동할 때의 농도(연기감지기가 작동하기 직전의 농도)
0.3	5	건물 내부에 **익**숙한 사람이 피난에 지장을 느낄 정도의 농도
0.5	3	**어**두운 것을 느낄 정도의 농도
1	1~2	앞이 거의 **보**이지 않을 정도의 농도
10	0.2~0.5	화재 **최**성기 때의 농도
30	-	출화실에서 연기가 **분**출할 때의 농도

기억법
0123   감
035   익
053   어
112   보
100205 최
30   분

답 ①

16. 물속에 저장할 때 안전한 물질은?

① 나트륨
② 수소화칼슘
③ 탄화칼슘
④ 이황화탄소

해설 물질에 따른 저장장소

물 질	저장장소
황린, 이황화탄소(CS_2) 〈보기 ④〉	물속
나이트로셀룰로오스	알코올 속
칼륨(K), 나트륨(Na), 리튬(Li)	석유류(등유) 속
알킬알루미늄	벤젠액 속
아세틸렌(C_2H_2)	디메틸포름아미드(DMF), 아세톤에 용해
수소화칼슘	환기가 잘 되는 내화성 냉암소에 보관
탄화칼슘(칼슘카바이드)	습기가 없는 밀폐용기에 저장하는 곳

기억법 황물이(황토색 물이 나온다.)

중요
산화프로필렌, 아세트알데하이드
구리, 마그네슘, 은, 수은 및 그 합금과 저장 금지
기억법 구마은수

답 ④

17. 물에 황산을 넣어 묽은 황산을 만들 때 발생되는 열은?

① 연소열
② 분해열
③ 용해열
④ 자연발열

해설 화학열

종 류	설 명
연소열	어떤 물질이 완전히 **산**화되는 과정에서 발생하는 열
용해열	어떤 물질이 액체에 **용해**될 때 발생하는 열(농**황산**, **묽은 황산**) 〈보기 ③〉
분해열	화합물이 **분해**할 때 발생하는 열
생성열	발열반응에 의한 화합물이 **생성**될 때의 열
자연열 (자연발화)	어떤 물질이 **외**부로부터 열의 공급을 받지 아니하고 온도가 상승하는 현상

기억법 연산, 용황, 자외

답 ③

18. 다음 중 자연발화의 방지방법이 아닌 것은 어느 것인가?

① 통풍이 잘 되도록 한다.
② 퇴적 및 수납시 열이 쌓이지 않게 한다.
③ 높은 습도를 유지한다.
④ 저장실의 온도를 낮게 한다.

해설 ③ 높은 습도를 → 건조하게(낮은 습도를)

(1) **자연발화의 방지법**
　㉠ **습**도가 높은 곳을 **피**할 것(건조하게 유지할 것) 〈보기 ③〉
　㉡ 저장실의 온도를 낮출 것 〈보기 ④〉
　㉢ 통풍이 잘 되게 할 것(**환기**를 원활히 시킨다) 〈보기 ①〉
　㉣ 퇴적 및 수납시 열이 쌓이지 않게 할 것(**열축적 방지**) 〈보기 ②〉
　㉤ 산소와의 접촉을 차단할 것(**촉매물질**과의 접촉을 피한다)
　㉥ **열전도성**을 좋게 할 것

기억법 자습피

(2) **자연발화 조건**
　㉠ 열전도율이 작을 것
　㉡ 발열량이 클 것
　㉢ 주위의 온도가 높을 것
　㉣ 표면적이 넓을 것

답 ③

19. 표준상태에서 44.8m³의 용적을 가진 이산화탄소가스를 모두 액화하면 몇 kg인가? (단, 이산화탄소의 분자량은 44이다.)

① 88
② 44
③ 22
④ 11

해설 (1) 주어진 값
　• 용적: $44.8m^3 = 44800L (1m^3 = 1000L)$
　• 질량: ?
　• 분자량: 44

(2) 증기밀도

$$증기밀도[g/L] = \frac{분자량}{22.4}$$

여기서, 22.4 : 공기의 부피[L]

$$증기밀도[g/L] = \frac{분자량}{22.4}$$

$$\frac{g(질량)}{44800L} = \frac{44}{22.4}$$

$$g(질량) = \frac{44}{22.4} \times 44800L = 88000g = 88kg$$

• 단위를 보고 계산하면 쉽다.

답 ①

20 인화점이 낮은 것부터 높은 순서로 옳게 나열된 것은?

21.03.문14
18.04.문05
15.09.문02
14.05.문05
14.03.문10
12.03.문01
11.06.문09
11.03.문12
10.05.문11

① 에틸알코올<이황화탄소<아세톤
② 이황화탄소<에틸알코올<아세톤
③ 에틸알코올<아세톤<이황화탄소
④ 이황화탄소<아세톤<에틸알코올

해설

물 질	인화점	착화점
• 프로필렌	−107℃	497℃
• 에틸에터 • 다이에틸에터	−45℃	180℃
• 가솔린(휘발유)	−43℃	300℃
• **이황화탄소**	**−30℃**	**100℃**
• 아세틸렌	−18℃	335℃
• **아세톤**	**−18℃**	**538℃**
• 벤젠	−11℃	562℃
• 톨루엔	4.4℃	480℃
• **에틸알코올**	**13℃**	**423℃**
• 아세트산	40℃	−
• 등유	43~72℃	210℃
• 경유	50~70℃	200℃
• 적린	−	260℃

답 ④

제 2 과목 소방전기일반

21 그림과 같이 전류계 A_1, A_2를 접속할 경우 A_1은 25A, A_2는 5A를 지시하였다. 전류계 A_2의 내부저항은 몇 Ω인가?

① 0.05 ② 0.08
③ 0.12 ④ 0.15

해설
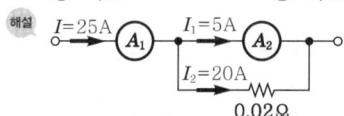

(1) 기호
- I : 25A
- I_1 : 5A
- R : 0.02Ω

(2) 전류
A_2와 0.02Ω이 병렬회로이므로
$$I = I_1 + I_2$$ 에서
$I_2 = I - I_1 = 25 - 5 = 20\text{A}$

(3) 전압
$$V = IR$$
여기서, V : 전압[V]
 I : 전류[A]
 R : 저항[Ω]

0.02Ω에 가해지는 전압 V는
$V = I_2 R = 20 \times 0.02 = 0.4\text{V}$

A_2의 내부저항 R은
$R = \dfrac{V}{I_1} = \dfrac{0.4}{5} = 0.08\text{Ω}$

답 ②

22 회로의 전압과 전류를 측정하기 위한 계측기의 연결방법으로 옳은 것은?

19.09.문24
19.03.문22
17.09.문24
16.03.문26
14.09.문36
08.03.문30
04.09.문98
03.03.문37

① 전압계 : 부하와 직렬, 전류계 : 부하와 병렬
② 전압계 : 부하와 직렬, 전류계 : 부하와 직렬
③ 전압계 : 부하와 병렬, 전류계 : 부하와 병렬
④ 전압계 : 부하와 병렬, 전류계 : 부하와 직렬

해설 **전압계**와 **전류계**의 **연결** 보기 ④

전압계	전류계
부하와 **병렬**연결	부하와 **직렬**연결

비교

배율기와 **분류기**

배율기	전압계와 **직렬연결**

여기서, V_0 : 측정하고자 하는 전압[V]
 V : 전압계의 최대눈금[A]
 R_v : 전압계 내부저항[Ω]
 R_m : 배율기[Ω]

여기서, I_0 : 측정하고자 하는 전류[A]
I : 전류계의 최대눈금[A]
I_s : 분류기에 흐르는 전류[A]
R_A : 전류계 내부저항[Ω]
R_s : 분류기[Ω]

답 ④

23 열팽창식 온도계가 아닌 것은?
17.03.문39
① 열전대 온도계 ② 유리 온도계
③ 바이메탈 온도계 ④ 압력식 온도계

해설 온도계의 종류

열팽창식 온도계	열전 온도계
• **유**리 온도계 보기 ②	• 열전대 온도계 보기 ①
• **압**력식 온도계 보기 ④	
• **바**이메탈 온도계 보기 ③	
• 알코올 온도계	
• 수은 온도계	

기억법 유압바

답 ①

24 자기인덕턴스 L_1, L_2가 각각 4mH, 9mH인 두
16.10.문25 코일이 이상적인 결합이 되었다면 상호인덕턴스
14.05.문36
13.03.문40 는 몇 mH인가? (단, 결합계수는 1이다.)
① 6 ② 12
③ 24 ④ 36

해설 (1) 기호
- L_1 : 4mH
- L_2 : 9mH
- M : ?
- K : 1

(2) 상호인덕턴스(Mutual inductance)
$$M = K\sqrt{L_1 L_2}$$
여기서, M : 상호인덕턴스[H]
K : 결합계수
L_1, L_2 : 자기인덕턴스[H]

상호인덕턴스 M은
$M = K\sqrt{L_1 L_2} = 1\sqrt{4 \times 9} = 6$mH

중요

결합계수	
$K=0$	$K=1$
두 코일 직교시	이상결합 · 완전결합시

답 ①

25 어떤 회로에 $v(t) = 150\sin\omega t$ [V]의 전압을 가하
21.03.문34 니 $i(t) = 12\sin(\omega t - 30°)$ [A]의 전류가 흘렀
19.09.문34
12.03.문31 다. 이 회로의 소비전력(유효전력)은 약 몇 W인가?
① 390 ② 450
③ 780 ④ 900

해설 **중요**

cos → sin 변경	sin → cos 변경
+90° 붙임	-90° 붙임

$v(t) = V_m \sin\omega t = 150\sin\omega t = 150\cos(\omega t - 90°)$ [V]
$i(t) = I_m \sin\omega t = 12\sin(\omega t - 30°)$
$\quad = 12\cos(\omega t - 30° - 90°) = 12\cos(\omega t - 120°)$ [A]

(1) **전압의 최대값**
$$V_m = \sqrt{2} V$$
여기서, V_m : 전압의 최대값[V]
V : 전압의 실효값[V]

전압의 실효값 V는
$V = \dfrac{V_m}{\sqrt{2}} = \dfrac{150}{\sqrt{2}}$ V

(2) **전류의 최대값**
$$I_m = \sqrt{2} I$$
여기서, I_m : 전류의 최대값[A]
I : 전류의 실효값[A]

전류의 실효값 I는
$I = \dfrac{I_m}{\sqrt{2}} = \dfrac{12}{\sqrt{2}}$ A

(3) **소비전력**
$$P = VI\cos\theta$$
여기서, P : 소비전력[W]
V : 전압의 실효값[V]
I : 전류의 실효값[A]
θ : 위상차[rad]

소비전력 P는
$P = VI\cos\theta$
$\quad = \dfrac{150}{\sqrt{2}} \times \dfrac{12}{\sqrt{2}} \times \cos(-90 - (-120))°$
$\quad = \dfrac{150}{\sqrt{2}} \times \dfrac{12}{\sqrt{2}} \times \cos 30° ≒ 780$W

• 소비전력=유효전력=부하전력

답 ③

26 테브난의 정리를 이용하여 그림 (a)의 회로를 그림 (b)와 같은 등가회로로 만들고자 할 때 V_{th}[V] 와 R_{th}[Ω]은?

① 5V, 2Ω ② 5V, 3Ω
③ 6V, 2Ω ④ 6V, 3Ω

해설 테브난의 정리에 의해 2.4Ω에는 전압이 가해지지 않으므로

$$V_{th} = \frac{R_2}{R_1+R_2}V = \frac{1.2}{1.2+1.2} \times 10 = 5V$$

전압원을 단락하고 회로망에서 본 저항 R_{th}은

$$R_{th} = \frac{1.2 \times 1.2}{1.2+1.2} + 2.4 = 3Ω$$

용어
테브난의 정리(테브낭의 정리)
2개의 독립된 회로망을 접속하였을 때의 전압·전류 및 임피던스의 관계를 나타내는 정리

답 ②

27 다음 중 강자성체에 속하지 않는 것은?
① 니켈
② 알루미늄
③ 코발트
④ 철

해설 ② 알루미늄 : 상자성체

자성체의 종류

자성체	종류
상자성체 (paramagnetic material)	① 알루미늄(Al) 보기 ② ② 백금(Pt) 기억법 상알백
반자성체 (diamagnetic material)	① 금(Au) ② 은(Ag) ③ 구리(동)(Cu) ④ 아연(Zn) ⑤ 탄소(C)
강자성체 (ferromagnetic material)	① 니켈(Ni) 보기 ① ② 코발트(Co) 보기 ③ ③ 망가니즈(Mn) ④ 철(Fe) 보기 ④ 기억법 강니코망철

• 자기차폐와 관계 깊음

답 ②

28 PNPN 4층 구조로 되어 있는 소자가 아닌 것은?
① SCR   ② TRIAC
③ Diode ④ GTO

해설

PN 2층 구조	PNP 또는 NPN 3층 구조	PNPN 4층 구조
• Diode(다이오드) 보기 ③	• Transistor (트랜지스터)	• SCR 보기 ① • TRIAC(트라이액) 보기 ② • GTO 보기 ④

답 ③

29 그림과 같은 다이오드 게이트 회로에서 출력전압 은? (단, 다이오드 내의 전압강하는 무시한다.)

① 10V   ② 5V
③ 1V   ④ 0V

해설 OR 게이트이므로 입력신호 중 5V, 0V, 5V 중 어느 하나라도 5V이면 출력신호 X가 5가 된다.

논리회로

답 ②

30 회로에서 저항 5Ω의 양단전압 V_R[V]은?

21.09.문28
21.05.문40
14.09.문39
08.03.문21

① -10
② -7
③ 7
④ 10

<해설> 중첩의 원리
(1) 전압원 단락시

$V = IR = 2 \times 5 = 10V$ (전류와 전압 V_R의 방향의 반대 이므로 **-10V**)

(2) 전류원 개방시

회로가 **개방**되어 있으므로 5Ω에는 전압이 인가되지 않음

∴ 5Ω 양단전압은 **-10V**

• 중첩의 원리=전압원 단락시 값+전류원 개방시 값

답 ①

31 그림의 시퀀스회로와 등가인 논리게이트는?

17.09.문25
16.05.문36
16.03.문39
15.09.문23
13.09.문30
13.06.문35

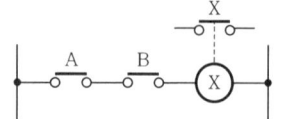

① OR 게이트
② AND 게이트
③ NOT 게이트
④ NOR 게이트

<해설> 시퀀스회로와 논리회로

명 칭	시퀀스회로	논리회로
AND 회로 (**직렬회로**) 보기②	A, B 직렬 스위치	A─┐ B─┤ AND ├─X $X = A \cdot B$ 입력신호 A, B가 동시에 1일 때만 출력신호 X가 1이 된다.
OR 회로 (**병렬회로**)	A, B 병렬 스위치	A─┐ B─┤ OR ├─X $X = A + B$ 입력신호 A, B 중 어느 하나라도 1이면 출력신호 X가 1이 된다.
NOT 회로 (**b접점**)	A b접점	A─▷○─X $X = \overline{A}$ 입력신호 A가 0일 때만 출력신호 X가 1이 된다.
NAND 회로	A, B NAND	A─┐ B─┤ NAND ├─X $X = \overline{A \cdot B}$ 입력신호 A, B가 동시에 1일 때만 출력신호 X가 0이 된다(AND회로의 부정).

NOR 회로		A B ─▷○─ X X = $\overline{A+B}$ 입력신호 A, B가 동시에 0일 때만 출력신호 X가 1이 된다(OR회로의 부정).
EXCL-USIVE OR 회로		A B ─▷─ X X = A⊕B = $\overline{A}B + A\overline{B}$ 입력신호 A, B 중 어느 한쪽만이 1이면 출력신호 X가 1이 된다.
EXCL-USIVE NOR 회로		A B ─▷○─ X X = $\overline{A⊕B}$ = AB + $\overline{A}\,\overline{B}$ 입력신호 A, B가 동시에 0이거나 1일 때만 출력신호 X가 1이 된다.

- 회로 = 게이트
- 시퀀스회로는 해설과 같이 세로로 그려도 된다.

답 ②

32 [18.09.문34, 14.09.문37]

평행한 왕복전선에 10A의 전류가 흐를 때 전선 사이에 작용하는 전자력[N/m]은? (단, 전선의 간격은 40cm이다.)

① 5×10^{-5} N/m, 서로 반발하는 힘
② 5×10^{-5} N/m, 서로 흡인하는 힘
③ 7×10^{-5} N/m, 서로 반발하는 힘
④ 7×10^{-5} N/m, 서로 흡인하는 힘

해설 (1) 기호
- $I_1 = I_2$: 10A
- F : ?
- r : 40cm = 0.4m (100cm = 1m)

(2) 평행도체 사이에 작용하는 힘

$$F = \frac{\mu_0 I_1 I_2}{2\pi r} \text{[N/m]}$$

여기서, F : 평행전류의 힘[N/m]
μ_0 : 진공의 투자율($4\pi \times 10^{-7}$)[H/m]
I_1, I_2 : 전류[A]
r : 거리[m]

평행도체 사이에 작용하는 힘 F는

$F = \frac{\mu_0 I_1 I_2}{2\pi r}$

$= \frac{(4\pi \times 10^{-7}) \times 10 \times 10}{2\pi \times 0.4} = 5 \times 10^{-5}$ N/m

- μ_0 : $4\pi \times 10^{-7}$ [H/m]

힘의 방향은 전류가 **같은 방향**이면 **흡인력**, 다른 방향이면 **반발력**이 작용한다.

| 평행전류의 힘 |

평행 왕복전선은 두 전선의 전류방향이 다른 방향이므로 **반발력**

용어
반발력
서로 반발하는 힘

답 ①

33 [16.03.문33, 12.09.문31]

저항 R_1[Ω], 저항 R_2[Ω], 인덕턴스 L[H]의 직렬회로가 있다. 이 회로의 시정수[s]는?

① $-\frac{R_1 + R_2}{L}$

② $\frac{R_1 + R_2}{L}$

③ $-\frac{L}{R_1 + R_2}$

④ $\frac{L}{R_1 + R_2}$

해설 시정수

(1) ─R─L─ : $\tau = \frac{L}{R}$ [s]

(2) ─R_1─R_2─L─ : $\tau = \frac{L}{R_1 + R_2}$ [s] 보기 ④

비교
RC 직렬회로

$$\tau = RC$$

여기서, τ : 시정수[s]
R : 저항[Ω]
C : 정전용량[F]

용어
시정수(Time constant)
과도상태에 대한 변화의 속도를 나타내는 척도가 되는 상수

답 ④

34
그림의 블록선도에서 $\dfrac{C(s)}{R(s)}$ 을 구하면?

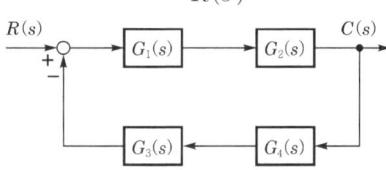

① $\dfrac{G_1(s)+G_2(s)}{1+G_1(s)G_2(s)+G_3(s)G_4(s)}$

② $\dfrac{G_1(s)G_2(s)}{1+G_1(s)G_2(s)G_3(s)G_4(s)}$

③ $\dfrac{G_3(s)G_4(s)}{1+G_1(s)G_2(s)G_3(s)G_4(s)}$

④ $\dfrac{G_1(s)G_2(s)}{1+G_1(s)G_2(s)+G_3(s)G_4(s)}$

해설

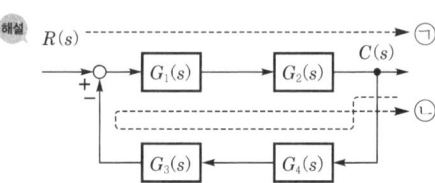

계산 편의를 위해 잠시 (s)를 생략하고 계산하면
$RG_1G_2 - CG_1G_2G_3G_4 = C$
$RG_1G_2 = C + CG_1G_2G_3G_4$
$RG_1G_2 = C(1+G_1G_2G_3G_4)$
$\dfrac{G_1G_2}{1+G_1G_2G_3G_4} = \dfrac{C}{R}$
$\dfrac{C}{R} = \dfrac{G_1G_2}{1+G_1G_2G_3G_4}$ ← (s)를 다시 붙이면
$\dfrac{C(s)}{R(s)} = \dfrac{G_1(s)G_2(s)}{1+G_1(s)G_2(s)G_3(s)G_4(s)}$

용어
블록선도(block diagram)
제어계에서 신호가 전달되는 모양을 표시하는 선도

답 ②

35
아날로그와 디지털 통신에서 데시벨의 단위로 나타내는 SN비를 올바르게 풀어쓴 것은?

① SIGN TO NUMBER RATING
② SIGNAL TO NOISE RATIO
③ SOURCE NULL RESISTANCE
④ SOURCE NETWORK RANGE

해설 SN비 또는 SNR비(Signal-to-Noise Ratio, 신호 대 잡음비) 아날로그와 디지털 통신에서, 즉 신호 대 잡음의 상대적인 크기를 나타내는 것으로서 단위는 **데시벨**[dB]이다.

답 ②

36
가동철편형 계기의 구조형태가 아닌 것은?

① 흡인형
② 회전자장형
③ 반발형
④ 반발흡인형

해설 가동철편형 계기의 **구조형태**
(1) **흡**인형(attraction type) 보기 ①
(2) **반**발형(repulsion type) 보기 ③
(3) **반**발흡인형(repulsion attraction type) 보기 ④

기억법 흡반철

참고
유도형 계기의 **구조형태**
(1) 회전자장형(revolving field type) 보기 ②
(2) 이동자장형(shifting field type)

답 ②

37
다음의 회로에서 V_1, V_2는 몇 V인가?

① $V_1 = 4.5\text{V}$, $V_2 = 2.5\text{V}$
② $V_1 = 5\text{V}$, $V_2 = 2\text{V}$
③ $V_1 = 4.5\text{V}$, $V_2 = 2\text{V}$
④ $V_1 = 5\text{V}$, $V_2 = 2.5\text{V}$

해설 그림을 변형하면

(1) 점 V_1
$$I_1 = \dfrac{V_1}{R_1} = \dfrac{V_1}{2}$$
$$I_3 = \dfrac{V_1 - V_2}{R_3} = \dfrac{V_1 - V_2}{5}$$
(V_1을 기준으로 보면 V_2의 방향이 반대이므로 V_2에 -를 붙임)

점 $V_1 = I_1 + I_3 = 3\text{A}$
$= \dfrac{V_1}{2} + \dfrac{V_1 - V_2}{5} = 3\text{A}$
$= \dfrac{5V_1}{5 \times 2} + \dfrac{2(V_1 - V_2)}{2 \times 5} = 3\text{A}$

(공통분모 10을 만들기 위해 한 쪽 분자, 분모에 5 또는 2를 곱함)

$= \dfrac{5V_1}{10} + \dfrac{2V_1 - 2V_2}{10} = 3\text{A}$
$= \dfrac{5V_1 + 2V_1 - 2V_2}{10} = 3\text{A}$
$= \dfrac{7V_1 - 2V_2}{10} = 3\text{A}$
$= 7V_1 - 2V_2 = 3 \times 10\text{A}$
$= 7V_1 - 2V_2 = 30\text{A} \cdots ①$

(2) 점 V_2

$I_2 = \dfrac{V_2}{R_2} = \dfrac{V_2}{1}$

$I_3 = \dfrac{-V_1 + V_2}{R_3} = \dfrac{-V_1 + V_2}{5}$

(V_2를 기준으로 보면 V_1의 방향이 반대이므로 V_1에 $-$를 붙임)

점 $V_2 = I_2 + I_3 = 2\text{A}$
$= \dfrac{V_2}{1} + \left(\dfrac{-V_1 + V_2}{5}\right) = 2\text{A}$
$= \dfrac{5V_2}{5 \times 1} + \left(\dfrac{-V_1 + V_2}{5}\right) = 2\text{A}$

(공통분모 5를 만들기 위해 한 쪽 분자, 분모에 5를 곱함)

$= \dfrac{5V_2}{5} + \left(\dfrac{-V_1 + V_2}{5}\right) = 2\text{A}$
$= \dfrac{5V_2 - V_1 + V_2}{5} = 2\text{A}$
$= \dfrac{6V_2 - V_1}{5} = 2\text{A}$
$= 6V_2 - V_1 = 2 \times 5\text{A}$
$= 6V_2 - V_1 = 10\text{A}$
$= -V_1 + 6V_2 = 10\text{A} \cdots ②$ ← V_1, V_2 위치 바꿈

(3) ①식 ②식 적용(계산편의를 위해 단위 생략)

$\begin{cases} 7V_1 - 2V_2 = 30 & \cdots ①' \\ -V_1 + 6V_2 = 10 & \cdots ②' \end{cases}$

①'식 V_2값을 ②'식과 일치시켜서 생략하기 위해 ①'식에 3을 곱함

$\begin{cases} (3 \times 7)V_1 - (3 \times 2)V_2 = 3 \times 30 & \cdots ①' \\ -V_1 + 6V_2 = 10 & \cdots ②' \end{cases}$

$\begin{cases} 21V_1 - 6V_2 = 90 & \cdots ①' \\ -V_1 + 6V_2 = 10 & \cdots ②' \end{cases}$

$20V_1 = 100$

$V_1 = \dfrac{100}{20} = 5\text{V}$

$-V_1 + 6V_2 = 10 \cdots ②'$ ($V_1 = 5$ 대입)
$-5 + 6V_2 = 10$
$6V_2 = 10 + 5$

$V_2 = \dfrac{10+5}{6} = 2.5\text{V}$

답 ④

38

정전용량이 각각 $1\mu\text{F}$, $2\mu\text{F}$, $3\mu\text{F}$이고, 내압이 모두 동일한 3개의 커패시터가 있다. 이 커패시터들을 직렬로 연결하여 양단에 전압을 인가한 후 전압을 상승시키면 가장 먼저 절연이 파괴되는 커패시터는? (단, 커패시터의 재질이나 형태는 동일하다.)

① $1\mu\text{F}$ ② $2\mu\text{F}$
③ $3\mu\text{F}$ ④ 3개 모두

해설 ① 전기량이 **작은 콘덴서**가 가장 먼저 **파괴됨**

(1) 기호
- $C_1 : 1\mu\text{F} = 1 \times 10^{-6}\text{F}(1\mu\text{F} = 10^{-6}\text{F})$
- $C_2 : 2\mu\text{F} = 2 \times 10^{-6}\text{F}(1\mu\text{F} = 10^{-6}\text{F})$
- $C_3 : 3\mu\text{F} = 3 \times 10^{-6}\text{F}(1\mu\text{F} = 10^{-6}\text{F})$
- $V_1 = V_2 = V_3$(내압이 모두 동일)

내압을 1000V로 가정하면

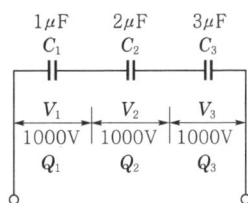

(2) 전기량

$$Q = CV$$

여기서, Q : 전기량(전하)[C]
C : 정전용량[F]
V : 전압[V]

$Q_1 = C_1 V_1 = (1 \times 10^{-6}) \times 1000 = 1 \times 10^{-3}\text{C}$
$Q_2 = C_2 V_2 = (2 \times 10^{-6}) \times 1000 = 2 \times 10^{-3}\text{C}$
$Q_3 = C_3 V_3 = (3 \times 10^{-6}) \times 1000 = 3 \times 10^{-3}\text{C}$

$Q_1(1\mu\text{F})$이 전기량이 가장 작으므로 **가장 먼저 파괴**된다.

답 ①

39 ★★★

그림과 같은 회로에 평형 3상 전압 200V를 인가한 경우 소비된 유효전력〔kW〕은? (단, $R=20\Omega$, $X=10\Omega$)

① 1.6　② 2.4
③ 2.8　④ 4.8

해설 (1) 기호
- V_L : 200V
- R : 20Ω
- X : 10Ω
- P : ?

(2) △결선 선전류

△결선	Y결선
$I_L = \dfrac{\sqrt{3}\,V_L}{Z}$ $I_L = \sqrt{3}\,I_P$	$I_L = I_P = \dfrac{V_L}{\sqrt{3}\,Z}$

여기서, I_L : 선전류〔A〕
　　　V_L : 선간전압〔V〕
　　　Z : 임피던스〔Ω〕
　　　I_P : 상전류〔A〕

여기서, I_L : 선전류〔A〕
　　　I_P : 상전류〔A〕
　　　V_L : 선간전압〔V〕
　　　Z : 임피던스〔Ω〕

△결선 선전류 I_L는
$I_L = \dfrac{\sqrt{3}\,V_L}{Z} = \dfrac{\sqrt{3} \times 200}{20+j10} = \dfrac{\sqrt{3} \times 200}{\sqrt{20^2+10^2}} ≒ 15.491\text{A}$

(3) △결선 상전류
$I_P = \dfrac{I_L}{\sqrt{3}}$, $I_L = \sqrt{3}\,I_P$

여기서, I_P : 상전류〔A〕
　　　I_L : 선전류〔A〕

△결선 상전류 I_P는
$I_P = \dfrac{I_L}{\sqrt{3}} = \dfrac{15.491}{\sqrt{3}} ≒ 8.943\text{A}$

(4) 3상 유효전력
$P = 3V_P I_P \cos\theta = \sqrt{3}\,V_L I_L \cos\theta = 3I_P^2 R \text{〔W〕}$

여기서, P : 3상 유효전력〔W〕
　　　V_P, I_P : 상전압〔V〕, 상전류〔A〕
　　　V_L, I_L : 선간전압〔V〕, 선전류〔A〕
　　　R : 저항〔Ω〕

3상 유효전력 P는
$P = 3I_P^2 R$
　$= 3 \times 8.943^2 \times 20 = 4798 ≒ 4800\text{W} = 4.8\text{kW}$

- 1000W = 1kW

답 ④

40 ★

자기용량이 10kVA인 단권변압기를 그림과 같이 접속하였을 때 역률 80%의 부하에 몇 kW의 전력을 공급할 수 있는가?

① 8　② 54
③ 80　④ 88

해설 (1) 기호
- V_1 : 3000V
- V_2 : 3300V
- P : 10kVA = 10000VA
- $\cos\theta$: 80% = 0.8
- P_L : ?

(2) 부하전류
$$I_2 = \dfrac{P}{V_2 - V_1}$$

여기서, I_2 : 부하전류〔A〕
　　　P : 자기용량〔VA〕
　　　V_2 : 부하전압〔V〕
　　　V_1 : 입력전압〔V〕

부하전류 I_2는
$I_2 = \dfrac{P}{V_2 - V_1} = \dfrac{10000}{(3300-3000)} ≒ 33.33\text{A}$

(3) 부하측 소비전력(공급전력)
$$P_L = V_2 I_2 \cos\theta$$

여기서, P_L : 부하측 소비전력〔VA〕
　　　V_2 : 부하전압〔V〕
　　　I_2 : 부하전류〔A〕
　　　$\cos\theta$: 역률

부하측 소비전력 P_L는
$P_L = V_2 I_2 \cos\theta = 3300 \times 33.33 \times 0.8$
　　$≒ 87991\text{W} ≒ 88000\text{W} = 88\text{kW}$

답 ④

제3과목 소방관계법규

41 소방시설 설치 및 관리에 관한 법령상 간이스프링클러설비를 설치하여야 하는 특정소방대상물의 기준으로 옳은 것은?

① 근린생활시설로 사용하는 부분의 바닥면적 합계가 $1000m^2$ 이상인 것은 모든 층
② 교육연구시설 내에 있는 합숙소로서 연면적 $500m^2$ 이상인 것
③ 의료재활시설을 제외한 요양병원으로 사용되는 바닥면적의 합계가 $300m^2$ 이상 $600m^2$ 미만인 시설
④ 정신의료기관 또는 의료재활시설로 사용되는 바닥면적의 합계가 $600m^2$ 미만인 시설

해설 소방시설법 시행령 〔별표 4〕
간이스프링클러설비의 설치대상

설치대상	조건
교육연구시설 내 합숙소	• 연면적 $100m^2$ 이상 보기 ②
노유자시설 · 정신의료기관 · 의료재활시설	• 창살설치 : $300m^2$ 미만 • 기타 : $300m^2$ 이상 $600m^2$ 미만 보기 ④
숙박시설	• 바닥면적 합계 $300m^2$ 이상 $600m^2$ 미만
종합병원, 병원, 치과병원, 한방병원 및 요양병원 (의료재활시설 제외)	• 바닥면적 합계 $600m^2$ 미만 보기 ③
근린생활시설	• 바닥면적 합계 $1000m^2$ 이상은 전층 보기 ① • 의원, 치과의원 및 한의원으로서 입원실 또는 인공신장실이 있는 시설 • 조산원 및 산후조리원으로서 연면적 $600m^2$ 미만
연립주택, 다세대주택	• 주택 전용 간이스프링클러설비 설치

② $500m^2$ 이상 → $100m^2$ 이상
③ $300m^2$ 이상 $600m^2$ 미만 → $600m^2$ 미만
④ $600m^2$ 미만 → $300m^2$ 이상 $600m^2$ 미만

답 ①

42 위험물안전관리법령상 인화성 액체 위험물(이황화탄소를 제외)의 옥외탱크저장소의 탱크 주위에 설치하여야 하는 방유제의 기준 중 틀린 것은?

① 방유제의 용량은 방유제 안에 설치된 탱크가 하나인 때에는 그 탱크용량의 110% 이상으로 할 것
② 방유제의 용량은 방유제 안에 설치된 탱크가 2기 이상인 때에는 그 탱크 중 용량이 최대인 것의 용량의 110% 이상으로 할 것
③ 방유제는 높이 1m 이상 2m 이하, 두께 0.2m 이상, 지하매설깊이 0.5m 이상으로 할 것
④ 방유제 내의 면적은 $80000m^2$ 이하로 할 것

해설 ③ 1m 이상 2m 이하 → 0.5m 이상 3m 이하, 0.5m → 1m

위험물규칙 〔별표 6〕
(1) 옥외탱크저장소의 방유제

구분	설명
높이	0.5~3m 이하(두께 0.2m 이상, 지하매설깊이 1m 이상) 보기 ③
탱크	10기(모든 탱크용량이 20만L 이하, 인화점이 70~200℃ 미만은 20기) 이하
면적	$80000m^2$ 이하 보기 ④
용량	① 1기 이상 : **탱크용량**×110% 이상 보기 ① ② 2기 이상 : **최대탱크용량**×110% 이상 보기 ②

(2) 높이가 1m를 넘는 방유제 및 간막이 둑의 안팎에는 방유제 내에 출입하기 위한 계단 또는 경사로를 약 50m마다 설치할 것

답 ③

43 소방기본법령상 소방안전교육사의 배치대상별 배치기준으로 틀린 것은?

① 소방청 : 2명 이상 배치
② 소방본부 : 2명 이상 배치
③ 소방서 : 1명 이상 배치
④ 한국소방안전원(본회) : 1명 이상 배치

해설 ④ 1명 이상 → 2명 이상

기본령 〔별표 2의 3〕
소방안전교육사의 배치대상별 배치기준

배치대상	배치기준
소방서	• 1명 이상 보기 ③
한국소방안전원	• 시 · 도지부 : 1명 이상 • 본회 : 2명 이상 보기 ④
소방본부	• 2명 이상 보기 ②
소방청	• 2명 이상 보기 ①
한국소방산업기술원	• 2명 이상

답 ④

44. 소방안전관리자 및 소방안전관리보조자에 대한 실무교육의 교육대상, 교육일정 등 실무교육에 필요한 계획을 수립하여 매년 누구의 승인을 얻어 교육을 실시하는가?

① 한국소방안전원장
② 소방본부장
③ 소방청장
④ 시·도지사

해설 공사업법 33조
권한의 위탁

업무	위탁	권한
• 실무교육 [보기 ③]	• 한국소방안전원 • 실무교육기관	• 소방청장
• 소방기술과 관련된 자격·학력·경력의 인정 • 소방기술자 양성·인정 교육훈련 업무	• 소방시설업자협회 • 소방기술과 관련된 법인 또는 단체	• 소방청장
• 시공능력평가	• 소방시설업자협회	• 소방청장 • 시·도지사

답 ③

45. 소방기본법령상 용어의 정의로 옳은 것은?

① 소방서장이란 시·도에서 화재의 예방·진압·조사 및 구조·구급 등의 업무를 담당하는 부서의 장을 말한다.
② 관계인이란 소방대상물의 소유자·관리자 또는 점유자를 말한다.
③ 소방대란 화재를 진압하고 화재, 재난·재해, 그 밖의 위급한 상황에서 구조·구급 활동 등을 하기 위하여 소방공무원으로만 구성된 조직체를 말한다.
④ 소방대상물이란 건축물과 공작물만을 말한다.

해설
① 소방서장 → 소방본부장
③ 소방공무원으로만 → 소방공무원, 의무소방원, 의용소방대원
④ 건축물과 공작물만을 → 건축물, 차량, 선박(매어둔 것), 선박건조구조물, 산림, 인공구조물, 물건

(1) 기본법 2조 6호 [보기 ①]
소방본부장
시·도에서 화재의 예방·진압·조사 및 구조·구급 등의 업무를 담당하는 **부서의 장**

(2) 기본법 2조 [보기 ②]
관계인
㉠ **소**유자
㉡ **관**리자
㉢ **점**유자
[기억법] 소관점

(3) 기본법 2조 [보기 ③]
소방대
㉠ 소방**공**무원
㉡ **의무**소방원
㉢ **의용**소방대원
[기억법] 소공의

(4) 기본법 2조 1호 [보기 ④]
소방대상물 : 소방차가 출동해서 불을 끌 수 있는 범위
㉠ **건**축물
㉡ **차**량
㉢ **선**박(매어둔 것)
㉣ 선박건조구조물
㉤ **산**림
㉥ **인**공구조물
㉦ **물**건
[기억법] 건차선 산인물

답 ②

46. 화재의 예방 및 안전관리에 관한 법령상 시·도지사는 화재가 발생할 우려가 높거나 화재가 발생하는 경우 그로 인하여 피해가 클 것으로 예상되는 지역을 화재예방강화지구로 지정할 수 있는데 다음 중 지정대상지역에 대한 기준으로 틀린 것은? (단, 소방청장·소방본부장 또는 소방서장이 화재예방강화지구로 지정할 필요가 있다고 별도로 인정하는 지역은 제외한다.)

① 소방출동로가 없는 지역
② 석유화학제품을 생산하는 공장이 있는 지역
③ 석조건물이 2채 이상 밀집한 지역
④ 공장이 밀집한 지역

 ③ 해당 없음

화재예방법 18조
화재예방강화지구의 지정
(1) **지정권자** : 시·도지사
(2) **지정지역**
㉠ **시장**지역
㉡ **공장·창고** 등이 밀집한 지역 [보기 ④]
㉢ **목조건물**이 밀집한 지역
㉣ **노후·불량** 건축물이 밀집한 지역

- ⑪ 위험물의 **저장** 및 **처리시설**이 **밀집**한 지역
- ⑭ **석유화학제품**을 생산하는 공장이 있는 지역 보기②
- ⓐ **소방시설·소방용수시설** 또는 **소방출동로**가 **없는** 지역 보기①
- ⓞ 「산업입지 및 개발에 관한 법률」에 따른 산업단지
- ⓩ 「물류시설의 개발 및 운영에 관한 법률」에 따른 **물류단지**
- ⓩ **소방청장·소방본부장·소방서장**(소방관서장)이 화재예방강화지구로 지정할 필요가 있다고 인정하는 지역

※ **화재예방강화지구**: 화재발생 우려가 크거나 화재가 발생할 경우 피해가 클 것으로 예상되는 지역에 대하여 화재의 예방 및 안전관리를 강화하기 위해 지정·관리하는 지역

비교

기본법 19조
화재로 오인할 만한 불을 피우거나 연막소독시 신고 지역
(1) **시장**지역
(2) **공장·창고**가 밀집한 지역
(3) **목조건물**이 밀집한 지역
(4) **위험물**의 **저장** 및 **처리시설**이 **밀집**한 지역
(5) **석유화학제품**을 생산하는 공장이 있는 지역
(6) 그 밖에 **시·도**의 **조례**로 정하는 지역 또는 장소

답 ③

47 제조소 등의 위치·구조 및 설비의 기준 중 위험물을 취급하는 건축물의 환기설비 설치기준으로 다음 ( ) 안에 알맞은 것은?

급기구는 당해 급기구가 설치된 실의 바닥면적 (㉠)m²마다 1개 이상으로 하되, 급기구의 크기는 (㉡)cm² 이상으로 할 것

① ㉠ 100, ㉡ 800
② ㉠ 150, ㉡ 800
③ ㉠ 100, ㉡ 1000
④ ㉠ 150, ㉡ 1000

해설 위험물규칙 〔별표 4〕
위험물제조소의 환기설비
(1) 환기는 **자연배기방식**으로 할 것
(2) 급기구는 바닥면적 **150m²**마다 1개 이상으로 하되, 그 크기는 **800cm²** 이상일 것 보기㉠㉡

바닥면적	급기구의 면적
60m² 미만	150cm² 이상
60~90m² 미만	300cm² 이상
90~120m² 미만	450cm² 이상
120~150m² 미만	600cm² 이상

(3) 급기구는 **낮은 곳**에 설치하고, **인화방지망**을 설치할 것
(4) 환기구는 지붕 위 또는 지상 2m 이상의 높이에 **회전식 고정 벤틸레이터** 또는 **루프팬방식**으로 설치할 것

답 ②

48 다음 중 소방신호의 종류가 아닌 것은?
① 경계신호   ② 발화신호
③ 경보신호   ④ 훈련신호

해설 ③ 해당 없음

기본규칙 10조
소방신호의 종류

소방신호	설명
경계신호 보기①	화재예방상 필요하다고 인정되거나 화재위험경보시 발령
발화신호 보기②	화재가 발생한 때 발령
해제신호	소화활동이 필요없다고 인정되는 때 발령
훈련신호 보기④	훈련상 필요하다고 인정되는 때 발령

중요

기본규칙 〔별표 4〕
소방신호표

신호방법 종별	타종신호	사이렌 신호
경계신호	1타와 연 2타를 반복	5초 간격을 두고 30초씩 3회
발화신호	난타	5초 간격을 두고 5초씩 3회
해제신호	상당한 간격을 두고 1타씩 반복	1분간 1회
훈련신호	연 3타 반복	10초 간격을 두고 1분씩 3회

기억법	타	사
경계	1+2	5+30=3
발	난	5+5=3
해	1	1=1
훈	3	10+1=3

답 ③

49 위험물안전관리법령에 따라 위험물안전관리자를 해임하거나 퇴직한 때에는 해임하거나 퇴직한 날부터 며칠 이내에 다시 안전관리자를 선임하여야 하는가?
① 30일   ② 35일
③ 40일   ④ 55일

해설 30일
(1) 소방시설업 등록사항 변경신고(공사업규칙 6조)
(2) **위험물안전관리자의 재선임**(위험물안전관리법 15조) 보기 ①
(3) 소방안전관리자의 재선임(화재예방법 시행규칙 14조)
(4) **도급계약 해지**(공사업법 23조)
(5) 소방시설공사 중요사항 변경시의 신고일(공사업규칙 12조)
(6) 소방기술자 실무교육기관 지정서 발급(공사업규칙 32조)
(7) 소방공사감리자 변경서류 제출(공사업규칙 15조)
(8) **승계**(위험물법 10조)
(9) 위험물안전관리자의 직무대행(위험물법 15조)
(10) 탱크시험자의 변경신고일(위험물법 16조)

답 ①

50 ★★★
19.03.문58
17.03.문54
16.10.문55
09.08.문43

소방용수시설 중 소화전과 급수탑의 설치기준으로 틀린 것은?

① 급수탑 급수배관의 구경은 100mm 이상으로 할 것
② 소화전은 상수도와 연결하여 지하식 또는 지상식의 구조로 할 것
③ 소방용 호스와 연결하는 소화전의 연결금속구의 구경은 65mm로 할 것
④ 급수탑의 개폐밸브는 지상에서 1.5m 이상 1.8m 이하의 위치에 설치할 것

해설 ④ 1.8m 이하 → 1.7m 이하

기본규칙 [별표 3]
소방용수시설별 설치기준

소화전	급수탑
• 65mm : 연결금속구의 구경 보기 ③	• 100mm : 급수배관의 구경 보기 ①
	• 1.5~1.7m 이하 : 개폐밸브 높이 보기 ④
	기억법 57탑(57층 탑)

답 ④

51 ★
소방시설 설치 및 관리에 관한 법률상 주택의 소유자가 설치하여야 하는 소방시설의 설치대상으로 틀린 것은?

① 다세대주택 ② 다가구주택
③ 아파트   ④ 연립주택

해설 소방시설법 10조
주택의 소유자가 설치하는 소방시설의 설치대상
(1) 단독주택
(2) 공동주택(아파트 및 기숙사 제외) : **연립주택**, **다세대주택**, **다가구주택** 보기 ①②④

답 ③

52 ★★★
19.04.문53
17.03.문41
17.03.문55
15.09.문48
15.03.문58
14.05.문41
12.09.문52

위험물안전관리법령상 관계인이 예방규정을 정하여야 하는 위험물을 취급하는 제조소의 지정수량 기준으로 옳은 것은?

① 지정수량의 10배 이상
② 지정수량의 100배 이상
③ 지정수량의 150배 이상
④ 지정수량의 200배 이상

해설 위험물령 15조
예방규정을 정하여야 할 제조소 등

배 수	제조소 등
10배 이상	• **제**조소 보기 ① • **일**반취급소
1**0**0배 이상	• 옥**외**저장소
1**5**0배 이상	• 옥**내**저장소
200배 이상	• 옥외**탱**크저장소
모두 해당	• 이송취급소 • 암반탱크저장소

기억법	1	제일
	0	외
	5	내
	2	탱

※ **예방규정** : 제조소 등의 화재예방과 화재 등 재해발생시의 비상조치를 위한 규정

답 ①

53 ★★★
19.03.문59
16.10.문54
16.03.문55
11.03.문56

특정소방대상물의 관계인이 소방안전관리자를 해임한 경우 재선임을 해야 하는 기준은? (단, 해임한 날부터를 기준일로 한다.)

① 10일 이내   ② 20일 이내
③ 30일 이내   ④ 40일 이내

해설 화재예방법 시행규칙 14조
소방안전관리자의 재선임
30일 이내

답 ③

54 ★★★
23.03.문56
22.04.문59
15.09.문09
13.09.문52
13.06.문53
12.09.문46
12.05.문46
12.03.문44

소방시설 설치 및 관리에 관한 법령상 제조 또는 가공공정에서 방염처리를 한 물품 중 방염대상물품이 아닌 것은?

① 카펫
② 전시용 합판
③ 창문에 설치하는 커튼류
④ 두께 2mm 미만인 종이벽지

해설 ④ 종이벽지 → 종이벽지 제외

소방시설법 시행령 31조
방염대상물품

제조 또는 가공 공정에서 방염처리를 한 물품	건축물 내부의 천장이나 벽에 부착하거나 설치하는 것
① 창문에 설치하는 **커튼류**(블라인드 포함) 보기 ③ ② **카펫** 보기 ① ③ **벽지류**(두께 2mm 미만인 **종이벽지 제외**) 보기 ④ ④ **전시용 합판·목재** 또는 **섬유판** 보기 ② ⑤ **무대용 합판·목재** 또는 **섬유판** ⑥ **암막·무대막**(영화상영관·가상체험 체육시설업의 **스크린** 포함) ⑦ 섬유류 또는 합성수지류 등을 원료로 하여 제작된 소파·의자(단란주점영업, 유흥주점영업 및 노래연습장업의 영업장에 설치하는 것만 해당)	① 종이류(두께 **2mm 이상**), **합성수지류** 또는 **섬유류**를 주원료로 한 물품 ② **합판**이나 **목재** ③ 공간을 구획하기 위하여 설치하는 **간이칸막이** ④ **흡음재**(흡음용 커튼 포함) 또는 **방음재**(방음용 커튼 포함) ※ 가구류(옷장, 찬장, 식탁, 식탁용 의자, 사무용 책상, 사무용 의자, 계산대)와 너비 10cm 이하인 반자돌림대, 내부 마감재료 제외

답 ④

55 ★★★
18.03.문43 / 17.05.문46 / 14.05.문44 / 13.09.문60 / 06.03.문58

위험물안전관리법상 시·도지사의 허가를 받지 아니하고 당해 제조소 등을 설치할 수 있는 기준 중 다음 ( ) 안에 알맞은 것은?

농예용·축산용 또는 수산용으로 필요한 난방시설 또는 건조시설을 위한 지정수량 ( )배 이하의 저장소

① 20 ② 30
③ 40 ④ 50

해설 **위험물법 6조**
제조소 등의 설치허가
(1) **설치허가자**: **시·도지사**
(2) 설치허가 제외장소
 ㉠ 주택의 난방시설(공동주택의 중앙난방시설은 제외)을 위한 **저장소** 또는 **취급소**
 ㉡ 지정수량 **20**배 이하의 **농예용·축산용·수산용** 난방시설 또는 건조시설의 **저장소** 보기 ①
(3) **제조소** 등의 **변경신고**: 변경하고자 하는 날의 **1일** 전까지

기억법 농축수2

참고
시·도지사
(1) 특별시장
(2) 광역시장
(3) 특별자치시장
(4) 도지사
(5) 특별자치도지사

답 ①

56 ★★★
20.08.문52 / 18.04.문51 / 14.09.문50

소방시설공사업법령상 공사감리자 지정대상 특정소방대상물의 범위가 아닌 것은?

① 물분무등소화설비(호스릴방식의 소화설비는 제외)를 신설·개설하거나 방호·방수구역을 증설할 때
② 제연설비를 신설·개설하거나 제연구역을 증설할 때
③ 연소방지설비를 신설·개설하거나 살수구역을 증설할 때
④ 캐비닛형 간이스프링클러설비를 신설·개설하거나 방호·방수구역을 증설할 때

해설 ④ 캐비닛형 간이스프링클러설비를 → 스프링클러설비(캐비닛형 간이스프링클러설비 제외)를

공사업령 10조
소방공사감리자 지정대상 특정소방대상물의 범위
(1) **옥내소화전설비**를 신설·개설 또는 **증설**할 때
(2) **스프링클러설비** 등(캐비닛형 간이스프링클러설비 제외)을 신설·개설하거나 방호·**방수구역을 증설**할 때 보기 ④
(3) **물분무등소화설비**(호스릴방식의 소화설비 제외)를 신설·개설하거나 방호·방수구역을 **증설**할 때 보기 ①
(4) **옥외소화전설비**를 신설·개설 또는 **증설**할 때
(5) **자동화재탐지설비**를 신설 또는 개설할 때
(6) **화재알림설비**를 신설 또는 개설할 때
(7) **비상방송설비**를 신설 또는 개설할 때
(8) **통합감시시설**을 신설 또는 **개설**할 때
(9) **소화용수설비**를 신설 또는 **개설**할 때
(10) 다음의 **소화활동설비**에 대하여 시공할 때
 ㉠ **제연설비**를 신설·개설하거나 제연구역을 증설할 때 보기 ②
 ㉡ 연결송수관설비를 신설 또는 개설할 때
 ㉢ 연결살수설비를 신설·개설하거나 송수구역을 증설할 때
 ㉣ 비상콘센트설비를 신설·개설하거나 전용회로를 증설할 때
 ㉤ 무선통신보조설비를 신설 또는 개설할 때
 ㉥ **연소방지설비**를 신설·개설하거나 살수구역을 증설할 때 보기 ③

답 ④

57. 소방시설 설치 및 관리에 관한 법령상 무창층으로 판정하기 위한 개구부가 갖추어야 할 요건으로 틀린 것은?

① 크기는 반지름 30cm 이상의 원이 통과할 수 있을 것
② 해당 층의 바닥면으로부터 개구부 밑부분까지 높이가 1.2m 이내일 것
③ 도로 또는 차량이 진입할 수 있는 빈터를 향할 것
④ 화재시 건축물로부터 쉽게 피난할 수 있도록 창살이나 그 밖의 장애물이 설치되지 않을 것

해설

① 반지름 → 지름, 30cm 이상 → 50cm 이상

소방시설법 시행령 2조
무창층의 개구부의 기준
(1) 개구부의 크기는 지름 **50cm** 이상의 원이 통과할 수 있을 것 보기 ①
(2) 해당 층의 바닥면으로부터 개구부 밑부분까지의 높이가 **1.2m 이내**일 것 보기 ②
(3) 개구부는 **도로** 또는 **차량**이 진입할 수 있는 **빈터**를 향할 것 보기 ③
(4) 화재시 건축물로부터 **쉽게 피난**할 수 있도록 개구부에 창살, 그 밖의 장애물이 설치되지 않을 것 보기 ④
(5) 내부 또는 외부에서 **쉽게 부수거나 열 수** 있을 것

용어

소방시설법 시행령 2조
무창층
지상층 중 기준에 의해 개구부의 면적의 합계가 해당 층의 바닥면적의 $\frac{1}{30}$ 이하가 되는 층

답 ①

58. 위험물안전관리법령상 위험물을 취급함에 있어서 정전기가 발생할 우려가 있는 설비에 설치할 수 있는 정전기 제거설비 방법이 아닌 것은?

① 접지에 의한 방법
② 공기를 이온화하는 방법
③ 자동적으로 압력의 상승을 정지시키는 방법
④ 공기 중의 상대습도를 70% 이상으로 하는 방법

해설

위험물규칙〔별표 4〕
정전기 제거방법
(1) **접지**에 의한 방법 보기 ①
(2) 공기 중의 상대습도를 **70%** 이상으로 하는 방법 보기 ④
(3) **공기**를 **이온화**하는 방법 보기 ②

비교

위험물규칙〔별표 4〕
위험물을 가압하는 설비 또는 그 취급하는 위험물의 압력이 상승할 우려가 있는 설비에 설치하는 안전장치
(1) 자동적으로 **압력**의 **상승**을 **정지**시키는 장치 보기 ③
(2) 감압측에 **안전밸브**를 부착한 **감압밸브**
(3) **안전밸브**를 겸하는 **경보장치**
(4) **파괴판**

답 ③

59. 화재의 예방 및 안전관리에 관한 법령상 특수가연물의 저장 및 취급기준이 아닌 것은? (단, 석탄·목탄류를 발전용으로 저장하는 경우는 제외)

① 품명별로 구분하여 쌓는다.
② 쌓는 높이는 20m 이하가 되도록 한다.
③ 쌓는 부분의 바닥면적 사이는 실내의 경우 1.2m 또는 쌓는 높이의 $\frac{1}{2}$ 중 큰 값 이상이 되도록 한다.
④ 특수가연물을 저장 또는 취급하는 장소에는 품명·최대저장수량, 단위부피당 질량 또는 단위체적당 질량, 관리책임자 성명, 직책, 연락처 및 화기취급의 금지표지를 설치해야 한다.

해설

② 20m 이하 → 10m 이하

화재예방법 시행령〔별표 3〕
특수가연물의 저장·취급기준
(1) **품명별**로 구분하여 쌓을 것 보기 ①
(2) 쌓는 높이는 **10m** 이하가 되도록 할 것 보기 ②
(3) 쌓는 부분의 바닥면적은 **50m²**(석탄·목탄류는 **200m²**) 이하가 되도록 할 것(단, 살수설비를 설치하거나 대형 수동식 소화기를 설치하는 경우에는 높이 **15m** 이하, 바닥면적 **200m²**(석탄·목탄류는 **300m²**) 이하)
(4) 쌓는 부분의 바닥면적 사이는 실내의 경우 **1.2m** 또는 쌓는 높이의 $\frac{1}{2}$ 중 **큰 값**(실외 3m 또는 쌓는 높이 중 **큰 값**) 이상으로 간격을 둘 것 보기 ③

(5) 취급장소에는 **품명, 최대저장수량, 단위부피당 질량 또는 단위체적당 질량, 관리책임자 성명·직책·연락처** 및 **화기취급**의 **금지표지** 설치 보기 ④

답 ②

60 소방기본법령상 저수조의 설치기준으로 틀린 것은?

16.10.문52
16.05.문44
16.03.문41
13.03.문49

① 지면으로부터의 낙차가 4.5m 이상일 것
② 흡수부분의 수심이 0.5m 이상일 것
③ 흡수에 지장이 없도록 토사 및 쓰레기 등을 제거할 수 있는 설비를 갖출 것
④ 흡수관의 투입구가 사각형의 경우에는 한 변의 길이가 60cm 이상, 원형의 경우에는 지름이 60cm 이상일 것

① 4.5m 이상 → 4.5m 이하

기본규칙 〔별표 3〕
소방용수시설의 **저수조**에 대한 **설치기준**
(1) **낙차** : **4.5m** 이하 보기 ①
(2) **수심** : **0.5m** 이상 보기 ②
(3) 투입구의 길이 또는 지름 : **60cm** 이상 보기 ④
(4) 소방펌프자동차가 **쉽게 접근**할 수 있도록 할 것
(5) 흡수에 지장이 없도록 **토사** 및 **쓰레기** 등을 제거할 수 있는 설비를 갖출 것 보기 ③
(6) 저수조에 물을 공급하는 방법은 **상수도**에 연결하여 **자동**으로 **급수**되는 구조일 것

기억법 수5(수호천사)

| 저수조의 깊이 |

답 ①

제4과목 소방전기시설의 구조 및 원리

61 무선통신보조설비를 설치하여야 할 특정소방대상물의 기준 중 다음 ( ) 안에 알맞은 것은?

18.04.문75
17.09.문79

층수가 30층 이상인 것으로서 ( )층 이상 부분의 모든 층

① 11 ② 15
③ 16 ④ 20

무선통신보조설비의 **설치대상**(소방시설법 시행령 〔별표 4〕)

설치대상	조 건
지하상가	• 연면적 **1000m²** 이상
지하층의 모든 층	• 지하층 바닥면적합계 **3000m²** 이상 • 지하 **3층** 이상이고 지하층 바닥면적합계 **1000m²** 이상
터널	• 길이 **500m** 이상
모든 층	• **30층** 이상으로서 **16층** 이상의 부분 보기 ③
지하구	• 공동구

답 ③

62 유도등의 우수품질인증 기술기준에서 정하는 유도등의 일반구조에 적합하지 않은 것은?

21.09.문71
20.09.문78
20.08.문77
13.09.문67

① 축전지에 배선 등은 직접 납땜하여야 한다.
② 충전부가 노출되지 아니한 것은 사용전압이 300V를 초과할 수 있다.
③ 외함은 기기 내의 온도상승에 의하여 변형, 변색 또는 변질되지 아니하여야 한다.
④ 전선의 굵기는 인출선인 경우에는 단면적이 0.75mm² 이상이어야 한다.

① 납땜하여야 한다. → 납땜하지 아니하여야 한다.

비상조명등·유도등의 **일반구조**(유도등의 우수품질인증 기술기준 2조)
(1) 전선의 굵기 및 길이 보기 ④

인출선 굵기	인출선 길이
0.75mm² 이상	150mm 이상

기억법 인75(인(사람) 치료)

(2) 축전지에 배선 등을 직접 납땜하지 아니할 것 보기 ①

• 직접 납땜하지 않는 이유 : 납땜시 **축전지**의 **교체**가 어려움

(3) 사용전압은 **300V 이하**이어야 한다(단, 충전부가 노출되지 아니한 것은 300V 초과 가능). 보기 ②
(4) 예비전원을 **병렬**로 접속하는 경우는 **역충전방지** 등의 조치를 강구할 것
(5) 유도등에는 **점멸**, **음성** 또는 이와 유사한 방식 등에 의한 **유도장치** 설치 가능
(6) 외함은 **기기 내의 온도 상승**에 의하여 **변형**, **변색** 또는 **변질**되지 아니하여야 한다. 보기 ③

답 ①

63 ★★★

22.09.문67
19.04.문68
18.09.문77
18.03.문73
16.10.문69
16.05.문67
16.03.문68
15.09.문66
15.05.문76
15.03.문62
14.05.문63
14.05.문75
14.03.문61
13.09.문70
13.06.문62
13.06.문80
11.06.문79

비상방송설비의 화재안전기준에 따라 음량조정기를 설치하는 경우 음량조정기의 배선은 3선식으로 하여야 한다. 음량조정기의 각 배선의 용도를 나타낸 것으로 옳은 것은?

① 전원선, 음량조정용, 접지선
② 전원선, 통신선, 예비용
③ 공통선, 업무용, 긴급용
④ 업무용, 긴급용, 접지선

해설

비상방송설비 3선식 배선 보기 ③	유도등 3선식 배선
● 공통선 ● 업무용 배선 ● 긴급용 배선(비상용 배선)	● 공통선 ● 상용선 ● 충전선

중요

비상방송설비의 **설치기준**(NFPC 202 4조, NFTC 202 2.1)
(1) 확성기의 음성입력은 실내 **1W 이상**, 실외 **3W 이상**일 것

실 내	실 외
1W 이상	3W 이상

(2) 확성기는 **각 층**마다 설치하되, 각 부분으로부터의 수평거리는 **25m 이하**일 것
(3) 음량조정기는 **3선식** 배선일 것

(4) 조작스위치는 바닥으로부터 **0.8~1.5m 이하**의 높이에 설치할 것
(5) 다른 전기회로에 의하여 **유도장애**가 생기지 않을 것
(6) 비상방송 개시시간은 **10초** 이하일 것

답 ③

64 ★★★

19.03.문68
14.09.문68
12.05.문71
12.03.문68
09.08.문69
07.09.문64

자동화재탐지설비 및 시각경보장치의 화재안전기준에 따라 특정소방대상물 중 화재신호를 발신하고 그 신호를 수신 및 유효하게 제어할 수 있는 구역을 무엇이라 하는가?

① 방호구역
② 방수구역
③ 경계구역
④ 화재구역

해설 **경계구역**
(1) 정의
특정소방대상물 중 **화재신호**를 **발신**하고 그 **신호**를 **수신** 및 유효하게 **제어**할 수 있는 구역 보기 ③
(2) 경계구역의 설정기준
㉠ 1경계구역이 2개 이상의 **건축물**에 미치지 않을 것
㉡ 1경계구역이 2개 이상의 **층**에 미치지 않을 것
㉢ 1경계구역의 면적은 **600m²** 이하로 하고, 1변의 길이는 **50m** 이하로 할 것(내부 전체가 보이면 **1000m²** 이하)
(3) 1경계구역의 높이 : **45m** 이하

답 ③

65 ★★★

19.03.문78
15.03.문66
10.09.문67

누전경보기의 화재안전기준에 따라 경계전로의 누설전류를 자동적으로 검출하여 이를 누전경보기의 수신부에 송신하는 것은 어느 것인가?

① 변류기
② 변압기
③ 음향장치
④ 과전류차단기

해설 **누전경보기**

용 어	설 명
수신부	변류기로부터 검출된 **신호**를 **수신**하여 누전의 발생을 해당 소방대상물의 **관계인**에게 **경보**하여 주는 것(**차단기구**를 갖는 것 포함)
변류기	경계전로의 **누설전류**를 자동적으로 **검출**하여 이를 누전경보기의 수신부에 송신하는 것 보기 ①

기억법 수수변누

비교

누전경보기의 **구성요소**(세부적인 구분)	
구성요소	설 명
변류기	**누설전류**를 **검출**한다.
수신기	**누설전류**를 **증폭**한다.
음향장치	**경보**한다.
차단기	차단릴레이 포함

답 ①

66
무선통신보조설비의 화재안전기준에 따라 무선통신보조설비의 누설동축케이블 및 동축케이블은 화재에 따라 해당 케이블의 피복이 소실된 경우에 케이블 본체가 떨어지지 아니하도록 몇 m 이내마다 금속제 또는 자기제 등의 지지금구로 벽·천장·기둥 등에 견고하게 고정시켜야 하는가? (단, 불연재료로 구획된 반자 안에 설치하지 않은 경우이다.)

① 1
② 1.5
③ 2.5
④ 4

해설 누설동축케이블의 설치기준(NFPC 505 5조, NFTC 505 2.2.1)
(1) 소방전용 주파수대에서 전파의 **전송** 또는 **복사**에 적합한 것으로서 소방전용의 것
(2) 누설동축케이블과 이에 접속하는 안테나 또는 동축케이블과 이에 접속하는 안테나
(3) 누설동축케이블 및 동축케이블은 화재에 따라 해당 케이블의 피복이 소실된 경우에 케이블 본체가 떨어지지 아니하도록 **4m** 이내마다 금속제 또는 자기제 등의 지지금구로 벽·천장·기둥 등에 견고하게 고정시킬 것(단, 불연재료로 구획된 반자 안에 설치하는 경우 제외) 보기 ④
(4) **누설동축케이블** 및 **안테나**는 **고압**전로로부터 **1.5m** 이상 떨어진 위치에 설치(단, 해당 전로에 **정전기 차폐장치**를 유효하게 설치한 경우에는 제외)
(5) 누설동축케이블의 끝부분에는 **무반사종단저항**을 설치

기억법 누고15

용어
무반사종단저항
전송로로 전송되는 전자파가 전송로의 종단에서 반사되어 **교신**을 **방해**하는 것을 막기 위한 저항

답 ④

67
비상콘센트설비의 화재안전기준에 따라 비상콘센트용의 풀박스 등은 방청도장을 한 것으로서, 두께 몇 mm 이상의 철판으로 하여야 하는가?

① 1.0   ② 1.2
③ 1.5   ④ 1.6

해설 비상콘센트설비(NFPC 504 4조, NFTC 504 2.1)

구분	전압	용량	플러그접속기
단상 교류	220V	1.5kVA 이상	접지형 2극

(1) 하나의 전용 회로에 설치하는 비상콘센트는 **10개** 이하로 할 것(전선의 용량은 최대 **3개**)

설치하는 비상콘센트 수량	전선의 용량산정시 적용하는 비상콘센트 수량	단상 전선의 용량
1개	1개 이상	1.5kVA 이상
2개	2개 이상	3.0kVA 이상
3~10개	3개 이상	4.5kVA 이상

(2) 전원회로는 각 층에 있어서 **2 이상**이 되도록 설치할 것(단, 설치하여야 할 층의 콘센트가 **1개**인 때에는 하나의 회로로 할 수 있다.)
(3) 플러그접속기의 칼받이 접지극에는 **접지공사**를 하여야 한다.
(4) 풀박스는 **1.6mm** 이상의 철판을 사용할 것 보기 ④
(5) 절연저항은 **전원부**와 **외함** 사이를 **직류 500V** 절연저항계로 측정하여 20MΩ 이상일 것
(6) 전원으로부터 각 층의 비상콘센트에 분기되는 경우에는 **분기배선용 차단기**를 보호함 안에 설치할 것
(7) 바닥으로부터 **0.8~1.5m** 이하의 높이에 설치할 것
(8) 전원회로는 주배전반에서 **전용 회로**로 하며, 배선의 종류는 **내화배선**이어야 한다.

답 ④

68
유도등 및 유도표지의 화재안전기준에 따라 지하층을 제외한 층수가 11층 이상인 특정소방대상물의 유도등의 비상전원을 축전지로 설치한다면 피난층에 이르는 부분의 유도등을 몇 분 이상 유효하게 작동시킬 수 있는 용량으로 하여야 하는가?

① 10
② 20
③ 50
④ 60

해설 비상전원 용량

설비의 종류	비상전원 용량
• **자**동화재탐지설비 • 비상**경**보설비 • **자**동화재속보설비	**10분** 이상
• 유도등 • 비상콘센트설비 • 제연설비 • 물분무소화설비 • 옥내소화전설비(**30층** 미만) • 특별피난계단의 계단실 및 부속실 제연설비(**30층** 미만)	**20분** 이상
• 무선통신보조설비의 **증**폭기	**30분** 이상

• 옥내소화전설비(30~49층 이하) • 특별피난계단의 계단실 및 부속실 제연설비(30~49층 이하) • 연결송수관설비(30~49층 이하) • 스프링클러설비(30~49층 이하)	40분 이상
• 유도등 · 비상조명등(지하상가 및 11층 이상) 보기 ④ • 옥내소화전설비(50층 이상) • 특별피난계단의 계단실 및 부속실 제연설비(50층 이상) • 연결송수관설비(50층 이상) • 스프링클러설비(50층 이상)	60분 이상

기억법 경자비1(경자라는 이름은 비일비재하다.)
3증(3중고)

중요

비상전원의 종류

소방시설	비상전원
유도등	축전지
비상콘센트설비	① 자가발전설비 ② 축전지설비 ③ 비상전원수전설비 ④ 전기저장장치
옥내소화전설비, 물분무소화설비	① 자가발전설비 ② 축전지설비 ③ 전기저장장치

답 ④

69 누전경보기의 구성요소에 해당하지 않는 것은?
① 차단기
② 영상변류기(ZCT)
③ 음향장치
④ 발신기

해설 누전경보기의 구성요소

구성요소	설명
영상**변류기**(ZCT) 보기 ②	누설전류를 **검**출한다. 기억법 변검(변검술)
수신기	누설전류를 증폭한다.
음향장치 보기 ③	경보를 발한다.
차단기 보기 ①	차단릴레이를 포함한다.

기억법 변수음차

• 소방에서는 변류기(CT)와 영상변류기(ZCT)를 혼용하여 사용한다.

답 ④

70 비상방송설비의 화재안전기준에 따라 기동장치에 따른 화재신고를 수신한 후 필요한 음량으로 화재발생 상황 및 피난에 유효한 방송이 자동으로 개시될 때까지의 소요시간은 몇 초 이하로 하여야 하는가?
① 3
② 5
③ 7
④ 10

해설 소요시간

기기	시간
• P형 · P형 복합식 · R형 · R형 복합식 · GP형 · GP형 복합식 · GR형 · GR형 복합식 수신기 • **중**계기	**5**초 이내
비상방송설비	10초 이하 보기 ④
가스누설경보기	**6**0초 이내

기억법 시중5(시중을 드시오!)
6가(육체미가 뛰어나다.)

중요

축적형 수신기

전원차단시간	축적시간	화재표시감지시간
1~3초 이하	30~60초 이하	60초(1회 이상 반복)

답 ④

71 수신기를 나타내는 소방시설 도시기호로 옳은 것은?
①
②
③
④

해설 ① 소방시설 도시기호가 아님

도시기호

명칭	그림기호	적요
수신기	보기 ②	• 가스누설경보설비와 일체인 것 • 가스누설경보설비 및 방배연 연동과 일체인 것
부수신기 (표시기)		—
중계기		—
제어반		
표시반		• 창이 3개인 표시반:

답 ②

72. 부착높이가 3m, 바닥면적 50m²인 주요구조부를 내화구조로 한 소방대상물에 1종 열반도체식 차동식 분포형 감지기를 설치하고자 할 때 감지부의 최소 설치개수는?

① 1개
② 2개
③ 3개
④ 4개

해설 열반도체식 감지기

(단위 : m²)

부착높이 및 소방대상물의 구분		감지기의 종류	
		1종	2종
8m 미만	내화구조 →	65	36
	기타구조	40	23
8~15m 미만	내화구조	50	36
	기타구조	30	23

1종 감지기 1개가 담당하는 바닥면적은 **65m²**이므로

$\dfrac{50}{65} = 0.77 ≒ 1개$

- 하나의 검출기에 접속하는 감지부는 **2~15개** 이하이지만 부착높이가 **8m** 미만이고 바닥면적이 **기준면적 이하**인 경우 1개로 할 수 있다. 그러므로 최소 개수는 2개가 아닌 **1개**가 되는 것이다. **주의!**

답 ①

73. 정온식 감지선형 감지기에 관한 설명으로 옳은 것은?

① 일국소의 주위온도 변화에 따라서 차동 및 정온식의 성능을 갖는 것을 말한다.
② 일국소의 주위온도가 일정한 온도 이상이 되었을 때 작동하는 것으로서 외관이 전선으로 되어 있는 것을 말한다.
③ 그 주위온도가 일정한 온도상승률 이상이 되었을 때 작동하는 것으로서 일국소의 열효과에 의해서 동작하는 것을 말한다.
④ 그 주위온도가 일정한 온도상승률 이상이 되었을 때 작동하는 것으로서 광범위한 열효과의 누적에 의하여 동작하는 것을 말한다.

해설
① 보상식 스포트형 감지기 또는 열복합형 감지기
② 정온식 감지선형 감지기
③ 차동식 스포트형 감지기
④ 차동식 분포형 감지기

감지기

종류	설명
차동식 분포형 감지기 보기 ④	넓은 범위에서의 열효과의 누적에 의하여 작동
차동식 스포트형 감지기 보기 ③	일국소에서의 열효과에 의하여 작동
이온화식 연기감지기	이온전류가 변화하여 작동
광전식 연기감지기	광량의 변화로 작동
보상식 스포트형 감지기 보기 ①	차동식+정온식을 겸용한 것으로 한 가지 기능이 작동되면 신호를 발함
열복합형 감지기 보기 ①	차동식+정온식을 겸용한 것으로 두 가지 기능이 동시에 작동되면 신호를 발하거나 또는 두 개의 화재신호를 각각 발신
정온식 감지선형 감지기 보기 ②	외관이 전선으로 되어 있는 것
단독경보형 감지기	감지기에 음향장치가 내장되어 일체로 되어 있는 것

답 ②

74. 경종의 우수품질인증 기술기준에 따른 기능시험에 대한 내용이다. 다음 ( )에 들어갈 내용으로 옳은 것은?

경종은 정격전압을 인가하여 경종의 중심으로부터 1m 떨어진 위치에서 (㉠)dB 이상이어야 하며, 최소청취거리에서 (㉡)dB을 초과하지 아니하여야 한다.

① ㉠ 90, ㉡ 110
② ㉠ 90, ㉡ 130
③ ㉠ 110, ㉡ 90
④ ㉠ 110, ㉡ 130

해설 경종의 기능시험(경종의 우수품질인증 기술기준 4조)

구분	설명
적합기능 보기 ①	① 중심으로부터 1m 떨어진 위치에서 **90dB** 이상 ② 최소청취거리에서 **110dB**을 초과하지 아니할 것
소비전류	50mA 이하

답 ①

75. 무선통신보조설비의 화재안전기준에 따라 분배기·분파기 및 혼합기 등의 임피던스는 몇 Ω의 것으로 하여야 하는가?

① 10 ② 20
③ 50 ④ 75

해설 무선통신보조설비의 분배기·분파기·혼합기 설치기준 (NFPC 505 7조, NFTC 505 2.4)
(1) 먼지·습기·부식 등에 이상이 없을 것
(2) 임피던스 **50**Ω의 것 보기 ③
(3) 점검이 편리하고 화재 등의 피해 우려가 없는 장소

비교
증폭기 및 무선중계기의 설치기준 (NFPC 505 8조, NFTC 505 2.5.1)
(1) 전원은 축전지설비, 전기저장장치 또는 교류전압 옥내간선으로 하고, 전원까지의 배선은 전용으로 할 것
(2) 증폭기의 전면에는 전원확인 표시등 및 전압계를 설치할 것
(3) 증폭기의 비상전원 용량은 30분 이상일 것
(4) 증폭기 및 무선중계기를 설치하는 경우 전파법에 따른 적합성 평가를 받은 제품으로 설치하고 임의로 변경하지 않도록 할 것
(5) 디지털방식의 무전기를 사용하는 데 지장이 없도록 설치할 것

용어
전기저장장치
외부 전기에너지를 저장해 두었다가 필요할 때 전기를 공급하는 장치

답 ③

76. 경종의 형식승인 및 제품검사의 기술기준에 따라 경종은 전원전압이 정격전압의 ± 몇 % 범위에서 변동하는 경우 기능에 이상이 생기지 않아야 하는가?

① 5 ② 10
③ 20 ④ 30

해설 경종의 형식승인 및 제품검사의 기술기준 4조
전원전압변동시의 기능
경종은 전원전압이 정격전압의 **±20%** 범위에서 변동하는 경우 기능에 이상이 생기지 않아야 한다. 다만, 경종에 내장된 건전지를 전원으로 하는 경종은 건전지의 전압이 건전지 교체전압 범위(제조사 설계값)의 하한값으로 낮아진 경우에도 기능에 이상이 없어야 한다. 보기 ③

비교
비상조명등의 일반구조
상용전원전압의 110% 범위 안에서는 비상조명등 내부의 온도상승이 그 기능에 지장을 주거나 위해를 발생시킬 염려가 없을 것

답 ③

77. 비상벨설비 또는 자동식 사이렌설비에는 그 설비에 대한 감시상태를 몇 시간 지속한 후 유효하게 10분 이상 경보할 수 있는 축전지설비(수신기에 내장하는 경우를 포함)를 설치하여야 하는가?

① 1시간
② 2시간
③ 4시간
④ 6시간

해설 축전지설비·자동식 사이렌설비·자동화재탐지설비·비상방송설비·비상벨설비

감시시간	경보시간
60분(1시간) 이상 보기 ①	10분 이상(30층 이상 : 30분)

기억법 6감

답 ①

78. 누전경보기의 화재안전기준에 따라 누전경보기의 수신부를 설치할 수 있는 장소는? (단, 해당 누전경보기에 대하여 방폭·방식·방습·방온·방진 및 정전기 차폐 등의 방호조치를 하지 않은 경우이다.)

① 옥내의 건조한 장소
② 화약류를 제조하거나 저장 또는 취급하는 장소
③ 부식성의 증기·가스 등이 다량으로 체류하는 장소
④ 온도의 변화가 급격한 장소

해설 누전경보기 수신부의 설치장소
옥내의 점검이 편리한 **건조**한 장소(옥내의 건조한 장소) 보기 ①

비교
누전경보기의 수신부 설치 제외 장소
(1) **온**도변화가 급격한 장소
(2) **습**도가 높은 장소
(3) **가**연성의 증기, 가스 등 또는 부식성의 증기, 가스 등의 다량 체류장소
(4) **대**전류회로, 고주파 발생회로 등의 영향을 받을 우려가 있는 장소
(5) **화**약류 제조, 저장, 취급 장소

기억법 온습누가대화(온도·습도가 높으면 누가 대화하냐?)

답 ①

79. 자동화재탐지설비 및 시각경보장치의 화재안전기준에 따른 발신기의 시설기준에 대한 내용이다. 다음 ( )에 들어갈 내용으로 옳은 것은?

> 발신기의 위치를 표시하는 표시등은 함의 상부에 설치하되, 그 불빛은 부착면으로부터 (㉠)° 이상의 범위 안에서 부착지점으로부터 (㉡)m 이내의 어느 곳에서도 쉽게 식별할 수 있는 적색등으로 하여야 한다.

① ㉠ 10, ㉡ 10
② ㉠ 15, ㉡ 10
③ ㉠ 25, ㉡ 15
④ ㉠ 25, ㉡ 20

해설 자동화재탐지설비의 발신기 설치기준(NFPC 203 9조, NFTC 203 2.6)

(1) 조작이 **쉬운 장소**에 설치하고, 조작스위치는 바닥으로부터 **0.8~1.5m** 이하의 높이에 설치할 것
(2) 특정소방대상물의 **층**마다 설치하되, 해당 특정소방대상물의 각 부분으로부터 하나의 발신기까지의 **수평거리가 25m** 이하가 되도록 할 것. 다만, 복도 또는 별도로 구획된 실로서 **보행거리가 40m** 이상일 경우에는 추가로 설치할 것
(3) (2)의 기준을 초과하는 경우로서 기둥 또는 벽이 설치되지 아니한 대형공간의 경우 발신기는 설치대상 장소의 가장 가까운 장소의 벽 또는 기둥 등에 설치할 것
(4) 발신기의 **위치표시등**은 함의 **상부**에 설치하되, 그 불빛은 부착면으로부터 **15°** 이상의 범위 안에서 부착지점으로부터 **10m** 이내의 어느 곳에서도 쉽게 식별할 수 있는 **적색등**으로 할 것 [보기 ②]

∥위치표시등의 식별∥

답 ②

80. 자동화재탐지설비 및 시각경보장치의 화재안전기준에 따른 자동화재탐지설비의 중계기의 시설기준으로 틀린 것은?

① 조작 및 점검에 편리하고 화재 및 침수 등의 재해로 인한 피해를 받을 우려가 없는 장소에 설치할 것
② 수신기에서 직접 감지기회로의 도통시험을 행하지 아니하는 것에 있어서는 수신기와 감지기 사이에 설치할 것
③ 감지기에 따라 감시되지 아니하는 배선을 통하여 전력을 공급받는 것에 있어서는 전원입력측의 배선에 누전경보기를 설치할 것
④ 수신기에 따라 감시되지 아니하는 배선을 통하여 전력을 공급받는 것에 있어서는 해당 전원의 정전이 즉시 수신기에 표시되는 것으로 할 것

해설 ③ 감지기 → 수신기, 누전경보기 → 과전류차단기

중계기의 설치기준(NFPC 203 6조, NFTC 203 2.3.1)

(1) 수신기에서 직접 감지기회로의 도통시험을 행하지 않는 경우에는 **수신기**와 **감지기** 사이에 설치할 것 [보기 ②]

∥중계기의 설치위치∥

(2) **조작** 및 **점검**이 편리하고 화재 및 침수 등의 재해로 인한 피해를 받을 우려가 없는 장소에 설치할 것 [보기 ①]
(3) **수신기**에 따라 감시되지 아니하는 배선을 통하여 전력을 공급받는 것에 있어서는 **전원입력측**의 배선에 **과전류차단기**를 설치하고 해당 전원의 정전이 즉시 수신기에 표시되는 것으로 하며, **상용전원** 및 **예비전원**의 시험을 할 수 있도록 할 것 [보기 ③④]

답 ③

2025. 5. 21 시행

2025년 기사 제2회 필기시험 CBT 기출복원문제

자격종목	종목코드	시험시간	형별	수험번호	성명
소방설비기사(전기분야)		2시간			

※ 각 문항은 4지택일형으로 질문에 가장 적합한 보기 항을 선택하여 체크하여야 합니다.

제1과목 소방원론

01 (24.05.문13 / 23.09.문08 / 22.09.문15 / 21.05.문20 / 17.05.문03)

프로판 50vol%, 부탄 40vol%, 프로필렌 10vol%로 된 혼합가스의 폭발한계는 약 몇 vol%인가? (단, 각 가스의 폭발한계는 프로판은 2.2vol%, 부탄은 1.9vol%, 프로필렌은 2.4vol%이다.)

① 0.83
② 2.09
③ 5.05
④ 9.44

해설 (1) 기호
- V_1 : 50vol%
- V_2 : 40vol%
- V_3 : 10vol%
- L_1 : 2.2vol%
- L_2 : 1.9vol%
- L_3 : 2.4vol%

(2) 혼합가스의 폭발한계

$$\frac{100}{L} = \frac{V_1}{L_1} + \frac{V_2}{L_2} + \frac{V_3}{L_3}$$

여기서, L : 혼합가스의 폭발한계[vol%]
L_1, L_2, L_3 : 가연성 가스의 폭발한계[vol%]
V_1, V_2, V_3 : 가연성 가스의 용량[vol%]

$$\frac{100}{L} = \frac{V_1}{L_1} + \frac{V_2}{L_2} + \frac{V_3}{L_3}$$

$$\frac{100}{L} = \frac{50}{2.2} + \frac{40}{1.9} + \frac{10}{2.4}$$

$$\frac{100}{\frac{50}{2.2} + \frac{40}{1.9} + \frac{10}{2.4}} = L$$

$$L = \frac{100}{\frac{50}{2.2} + \frac{40}{1.9} + \frac{10}{2.4}} ≒ 2.09 \text{vol\%}$$

• 단위가 원래는 [vol%] 또는 [v%], [vol.%]인데 줄여서 [%]로 쓰기도 한다.

답 ②

02 (24.03.문05 / 23.09.문16 / 17.09.문15 / 15.03.문16 / 12.03.문04)

할로젠원소의 소화효과가 큰 순서대로 배열된 것은?

① I > Br > Cl > F
② Br > I > F > Cl
③ Cl > F > I > Br
④ F > Cl > Br > I

해설 할론소화약제

부촉매효과(소화효과) 크기	전기음성도(친화력) 크기
I > Br > Cl > F 보기①	F > Cl > Br > I

• 소화효과=소화능력
• 전기음성도 크기=수소와의 결합력 크기

중요

할로젠족 원소
(1) 불소 : F
(2) 염소 : Cl
(3) 브로민(취소) : Br
(4) 아이오딘(옥소) : I

기억법 FClBrI

답 ①

03 (24.03.문07 / 19.04.문44 / 16.05.문46 / 16.05.문52 / 15.09.문03 / 15.09.문18 / 15.05.문10 / 15.05.문42 / 15.03.문51 / 14.09.문18 / 14.03.문18 / 11.06.문54)

위험물의 유별에 따른 대표적인 성질의 연결이 옳지 않은 것은?

① 제1류 : 산화성 고체
② 제2류 : 가연성 고체
③ 제4류 : 인화성 액체
④ 제5류 : 산화성 액체

해설 ④ 산화성 액체 → 자기반응성 물질

위험물령 [별표 1]
위험물

유별	성질	품명
제1류	산화성 고체 보기①	• 아염소산염류 • 염소산염류(**염소산나트륨**) • 과염소산염류 • 질산염류 • 무기과산화물 **기억법** 1산고염나
제2류	가연성 고체 보기②	• 황화인 • 적린 • 황 • 마그네슘
제3류	자연발화성 물질 및 금수성 물질	• **황**린 • **칼**륨 • **나**트륨 • **알**칼리토금속 • **트**리에틸알루미늄 **기억법** 황칼나알트

제4류	인화성 액체 [보기 ③]	• 특수인화물 • 석유류(벤젠) • 알코올류 • 동식물유류
제5류	**자**기반응성 물질 [보기 ④]	• 유기과산화물 • 나이트로화합물 • 나이트로소화합물 • 아조화합물 • 질산에스터류(셀룰로이드) [기억법] 5**자**(**오자**탈**자**)
제6류	산화성 액체	• 과염소산 • 과산화수소 • 질산

답 ④

04 물과 반응하여 가연성 기체를 발생하지 않는 것은?

20.09.문17
18.04.문13
15.05.문03
13.03.문03
12.09.문17

① 칼륨
② 인화아연
③ 산화칼슘
④ 탄화알루미늄

[해설] **분진폭발**을 일으키지 않는 **물질**
물과 반응하여 가연성 기체를 발생하지 않는 것
(1) **시**멘트
(2) **석**회석
(3) **탄**산칼슘($CaCO_3$)
(4) **생**석회(CaO)=**산화칼슘** [보기 ③]

[기억법] 분시석탄생

답 ③

05 화재의 종류에 따른 분류가 틀린 것은?

24.07.문11
20.08.문03
19.03.문08
17.09.문07
16.05.문09
15.09.문19
13.09.문07

① A급 : 일반화재
② B급 : 유류화재
③ C급 : 가스화재
④ D급 : 금속화재

[해설] ③ 가스화재 → 전기화재

화재의 종류

구 분	표시색	적응물질
일반화재(A급) [보기 ①]	백색	• 일반가연물 • 종이류 화재 • 목재·섬유화재
유류화재(B급) [보기 ②]	황색	• 가연성 액체 • 가연성 가스 • 액화가스화재 • 석유화재
전기화재(C급) [보기 ③]	청색	• 전기설비
금속화재(D급) [보기 ④]	무색	• 가연성 금속
주방화재(K급)	–	• 식용유화재

• 요즘은 표시색의 의무규정은 없음

답 ③

06 폭굉(detonation)에 관한 설명으로 틀린 것은?

23.09.문13
22.04.문13
16.05.문14
03.05.문10

① 연소속도가 음속보다 느릴 때 나타난다.
② 온도의 상승은 충격파의 압력에 기인한다.
③ 압력상승은 폭연의 경우보다 크다.
④ 폭굉의 유도거리는 배관의 지름과 관계가 있다.

[해설] ① 느릴 때 → 빠를 때

연소반응(전파형태에 따른 분류)

폭연(deflagration)	폭굉(detonation)
연소속도가 음속보다 느릴 때 발생	① 연소속도가 음속보다 **빠를 때** 발생 [보기 ①] ② 온도의 상승은 **충격파**의 압력에 기인한다. [보기 ②] ③ 압력상승은 **폭연**의 경우보다 **크다**. [보기 ③] ④ 폭굉의 유도거리는 배관의 **지름**과 관계가 있다. [보기 ④]

※ **음속** : 소리의 속도로서 약 **340m/s**이다.

답 ①

07 다음 중 화학적 에너지에 해당하지 않는 것은?

22.03.문13
15.05.문15

① 분해열
② 산화열
③ 연소열
④ 압축열

[해설] ④ 압축열 → 기계열

열에너지원의 종류

기계열 (기계적 에너지)	전기열 (전기적 에너지)	화학열 (화학적 에너지)
압축열, **마**찰열, 마찰 스파크 [기억법] 기압마	유도열, 유전열, 저항열, 아크열, 정전기열, 낙뢰에 의한 열	**연**소열, **용**해열, **분**해열, **생**성열, **자**연발화열 [기억법] 화연용분생자

• 기계열=기계적 에너지=기계에너지
• 전기열=전기적 에너지=전기에너지
• 화학열=화학적 에너지=화학에너지
• 유도열=유도가열
• 유전열=유전가열

답 ④

08. 독성이 매우 높은 가스로서 석유제품, 유지(油脂) 등이 연소할 때 생성되는 알데하이드계통의 가스는?

① 시안화수소 ② 암모니아
③ 포스겐   ④ 아크롤레인

해설 연소가스

구 분	설 명
일산화탄소 (CO)	화재시 흡입된 일산화탄소(CO)의 화학적 작용에 의해 헤모글로빈(Hb)이 혈액의 산소운반작용을 저해하여 사람을 질식·사망하게 한다.
이산화탄소 (CO_2)	연소가스 중 **가장 많은 양**을 차지하고 있으며 가스 그 자체의 독성은 거의 없으나 다량이 존재할 경우 호흡속도를 증가시키고, 이로 인하여 화재가스에 혼합된 유해가스의 혼입을 증가시켜 위험을 가중시키는 가스이다.
암모니아 (NH_3)	나무, 페놀수지, 멜라민수지 등의 **질소함유물**이 연소할 때 발생하며, 냉동시설의 **냉매**로 쓰인다.
포스겐 ($COCl_2$)	매우 독성이 강한 가스로서 소화제인 **사염화탄소**(CCl_4)를 화재시에 사용할 때도 발생한다.
황화수소 (H_2S)	달걀 썩는 냄새가 나는 특성이 있다.
아크롤레인 ($CH_2=CHCHO$) 보기 ④	독성이 매우 높은 가스로서 **석유제품**, **유지** 등이 연소할 때 생성되는 가스이다.

기억법 유아석

용어 유지(油脂) : 들기름 및 지방을 통틀어 일컫는 말

답 ④

09. 제3종 분말소화약제의 주성분은?

① 인산암모늄
② 탄산수소칼륨
③ 탄산수소나트륨
④ 탄산수소칼륨과 요소

해설 (1) 분말소화약제

종 별	주성분	착 색	적응화재	비 고
제**1**종	중탄산나트륨 ($NaHCO_3$)	백색	BC급	**식용유** 및 **지방질유**의 화재에 적합
제2종	중탄산칼륨 ($KHCO_3$)	담자색 (담회색)	BC급	–
제**3**종	제1인산암모늄 ($NH_4H_2PO_4$) 보기 ①	담홍색 (황색)	ABC급	차고·**주**차장에 적합
제4종	중탄산칼륨 + 요소 ($KHCO_3$ + $(NH_2)_2CO$)	회(백)색	BC급	–

기억법 1식분(일식 분식)
3분 차주(삼보컴퓨터 차주)

• 제1인산암모늄=인산암모늄=인산염

(2) 이산화탄소 소화약제

주성분	적응화재
이산화탄소(CO_2)	BC급

답 ①

10. 가연성 액체로부터 발생한 증기가 액체표면에서 연소범위의 하한계에 도달할 수 있는 최저온도를 의미하는 것은?

① 비점
② 연소점
③ 발화점
④ 인화점

해설 발화점, 인화점, 연소점

구 분	설 명
발화점 (ignition point)	• 가연성 물질에 불꽃을 접하지 아니하였을 때 연소가 가능한 **최저온도** • 점화원 **없이** 스스로 불이 붙는 **최저온도**
인화점 (flash point)	• 휘발성 물질에 **불꽃**을 접하여 연소가 가능한 **최저온도** • 가연성 증기를 발생하는 액체가 공기와 혼합하여 기상부에 다른 불꽃이 닿았을 때 연소가 일어나는 **최저온도** • 점화원에 의해 불이 붙는 **최저온도** • 연소범위의 **하**한계 보기 ④
연소점 (fire point)	• 인화점보다 **10**℃ 높으며 연소를 **5초** 이상 지속할 수 있는 온도 • 어떤 인화성 액체가 공기 중에서 열을 받아 점화원의 존재하에 **지속**적인 연소를 일으킬 수 있는 온도 • 가연성 액체에 점화원을 가져가서 인화된 후에 점화원을 제거하여도 가연물이 **계속** 연소되는 **최저온도**

기억법 불인하(불임하면 안돼!)

기억법 연105초지계

답 ④

11 소화에 필요한 CO_2의 이론소화농도가 공기 중에서 37vol%일 때 한계산소농도는 약 몇 vol% 인가?

① 13.2　　② 14.5
③ 15.5　　④ 16.5

해설 CO_2의 농도(이론소화농도)

$$CO_2 = \frac{21-O_2}{21} \times 100$$

여기서, CO_2 : CO_2의 이론소화농도[vol%]
　　　　O_2 : 한계산소농도[vol%]

$CO_2 = \frac{21-O_2}{21} \times 100$

$37 = \frac{21-O_2}{21} \times 100$, $\frac{37}{100} = \frac{21-O_2}{21}$

$0.37 = \frac{21-O_2}{21}$, $0.37 \times 21 = 21-O_2$

$O_2 + (0.37 \times 21) = 21$
$O_2 = 21 - (0.37 \times 21) ≒ 13.2 vol\%$

용어
vol%
어떤 공간에 차지하는 부피를 백분율로 나타낸 것

답 ①

12 물소화약제를 어떠한 상태로 주수할 경우 전기화재의 진압에서도 소화능력을 발휘할 수 있는가?

① 물에 의한 봉상주수
② 물에 의한 적상주수
③ 물에 의한 무상주수
④ 어떤 상태의 주수에 의해서도 효과가 없다.

해설 전기화재(변전실화재) 적응방법
(1) 무상주수　보기 ③
(2) 할론소화약제 방사
(3) 분말소화설비
(4) 이산화탄소 소화설비
(5) 할로겐화합물 및 불활성기체 소화설비

참고
물을 주수하는 방법

주수방법	설명
봉상주수	화점이 멀리 있을 때 또는 고체가연물의 대규모 화재시 사용 예 옥내소화전
적상주수	일반 고체가연물의 화재시 사용 예 스프링클러헤드
무상주수	화점이 가까이 있을 때 또는 질식효과, 에멀션효과를 필요로 할 때 사용 예 물분무헤드

답 ③

13 포소화약제가 갖추어야 할 조건이 아닌 것은?

① 부착성이 있을 것
② 유동성과 내열성이 있을 것
③ 응집성과 안정성이 있을 것
④ 소포성이 있고 기화가 용이할 것

해설 ④ 있고 → 없고, 용이할 것 → 용이하지 않을 것

포소화약제의 구비조건
(1) **부착성**이 있을 것　보기 ①
(2) **유동성**을 가지고 **내열성**이 있을 것　보기 ②
(3) **응집성**과 **안정성**이 있을 것　보기 ③
(4) **소포성**이 **없고** 기화가 용이하지 않을 것　보기 ④
(5) **독성**이 적을 것
(6) 바람에 견디는 힘이 클 것
(7) 수용액의 침전량이 **0.1%** 이하일 것

용어
수용성과 소포성

용어	설명
수용성	어떤 물질이 물에 녹는 성질
소포성	포가 깨지는 성질

답 ④

14 포소화약제 중 고팽창포로 사용할 수 있는 것은?

① 단백포
② 불화단백포
③ 내알코올포
④ 합성계면활성제포

해설 포소화약제

저팽창포	고팽창포
• 단백포소화약제 • 수성막포소화약제 • 내알코올형포소화약제 • 불화단백포소화약제 • 합성계면활성제포소화약제	• **합**성계면활성제포소화약제　보기 ④ **기억법** 고합(고합그룹)

• 저팽창포=저발포
• 고팽창포=고발포

중요
포소화약제의 특징

약제의 종류	특징
단백포	• 흑갈색이다. • 냄새가 지독하다. • 포안정제로서 **제1철염**을 첨가한다. • 다른 포약제에 비해 **부식성**이 **크다**.

수성막포	• 안전성이 좋아 장기보관이 가능하다. • 내약품성이 좋아 **분말소화약제**와 **겸용** 사용이 가능하다. • 석유류 표면에 신속히 피막을 형성하여 유류증발을 억제한다. • 일명 **AFFF**(**A**queous **F**ilm **F**orming **F**oam)라고 한다. • 점성이 작기 때문에 가연성 기름의 표면에서 쉽게 피막을 형성한다. • 단백포 소화약제와도 병용이 가능하다. **기억법** 분수
내알코올형포 (내알코올포)	• 알코올류 위험물(**메탄올**)의 소화에 사용한다. • 수용성 유류화재(**아세트알데하이드, 에스터류**)에 사용한다. • 가연성 액체에 사용한다.
불화단백포	• 소화성능이 가장 우수하다. • 단백포와 수성막포의 결점인 열안정성을 보완시킨다. • **표면하 주입방식**에도 적합하다.
합성계면 활성제포	• **저**팽창포와 **고**팽창포 모두 사용 가능하다. • 유동성이 좋다. • 카바이트 저장소에는 부적합하다. **기억법** 합저고

답 ④

15 ★ 다음 중 건축물의 방재기능 설정요소로 틀린 것은?
24.05.문03
① 배치계획 ② 굴토계획
③ 단면계획 ④ 평면계획

해설 (1) 건축물의 **방재기능** 설정요소(건물을 지을 때 내·외부 및 부지 등의 방재계획을 고려한 계획)

구 분	설 명
부지선정, 배치계획 보기 ①	소화활동에 지장이 없도록 적합한 **건물 배치**를 하는 것
평면계획 보기 ④	**방연구획**과 **제연구획**을 설정하여 화재예방·소화·피난 등을 유효하게 하기 위한 계획
단면계획 보기 ③	불이나 연기가 **다른 층**으로 이동하지 않도록 구획하는 계획
입면계획	불이나 연기가 **다른 건물**로 이동하지 않도록 구획하는 계획(입면계획의 가장 큰 요소 : 벽과 개구부)
재료계획	불연성능·내화성능을 가진 재료를 사용하여 화재를 예방하기 위한 계획

(2) 건축물 내부의 **연소확대방지**를 위한 **방화계획**
㉠ 수평구획
㉡ 수직구획
㉢ 용도구획

답 ②

16 ★★★ 목조건축물의 온도와 시간에 따른 화재특성으로 옳은 것은?
22.04.문01
21.05.문01
19.09.문11
① 저온단기형 ② 저온장기형
③ 고온단기형 ④ 고온장기형

해설

목조건물의 화재온도 표준곡선	내화건물의 화재온도 표준곡선
• 화재성상 : **고온단**기형 보기 ③ • 최고온도(최성기온도) : 1300℃	• 화재성상 : 저온장기형 • 최고온도(최성기온도) : 900~1000℃

기억법 목고단 13

• 목조건물=목재건물

답 ③

17 ★★★ 프로판가스의 공기 중 폭발범위는 약 몇 vol% 인가?
24.03.문06
24.05.문05
23.05.문16
① 2.1~9.5
② 15~25.5
③ 20.5~32.1
④ 33.1~63.5

해설 (1) 공기 중의 **폭발범위**(상온 1atm)

가 스	하한계 [vol%]	상한계 [vol%]
아세틸렌(C_2H_2)	2.5	81
수소(H_2)	4	75
일산화탄소(CO)	12	75
에틸렌(C_2H_4)	2.7	36
암모니아(NH_3)	15	25
메탄(CH_4)	5	15
에탄(C_2H_6)	3	12.4
프로판(C_3H_8) 보기 ①	2.1	9.5
부탄(C_4H_{10})	1.8	8.4

기억법	아	25	81(이오 팔 하나)
	수	4	75(수사 후 치료하세요.)
	일	12	75
	에	27	36
	암	15	25
	메	5	15
	에	3	124
	프	21	95(둘 하나 구오)
	부	18	84(부자의 일반적인 팔자)

(2) 폭발한계와 같은 의미
  ㉠ 폭발범위
  ㉡ 연소한계
  ㉢ 연소범위
  ㉣ 가연한계
  ㉤ 가연범위

답 ①

18 ★★★

표준상태에서 44.8m³의 용적을 가진 이산화탄소가스를 모두 액화하면 몇 kg인가? (단, 이산화탄소의 분자량은 44이다.)

① 88 ② 44
③ 22 ④ 11

해설 (1) 주어진 값
- 용적 : 44.8m³=44800L(1m³=1000L)
- 질량 : ?
- 분자량 : 44

(2) 증기밀도

$$\text{증기밀도}[g/L] = \frac{\text{분자량}}{22.4}$$

여기서, 22.4 : 공기의 부피[L]

$$\text{증기밀도}[g/L] = \frac{\text{분자량}}{22.4}$$

$$\frac{g(\text{질량})}{44800L} = \frac{44}{22.4}$$

$$g(\text{질량}) = \frac{44}{22.4} \times 44800L = 88000g = 88kg$$

● 단위를 보고 계산하면 쉽다.

답 ①

19 ★★★

기체상태의 Halon 1301은 공기보다 약 몇 배 무거운가? (단, 공기의 평균분자량은 28.84이다.)

① 4.05배 ② 5.17배
③ 6.12배 ④ 7.01배

해설 (1) 원자량

원소	원자량
H	1
C	→ 12
N	14
O	16
F	→ 19
S	32
Cl	35
Br	→ 80

(2) 분자량
Halon 1301(CF₃Br)=12+19×3+80=149

(3) 증기비중

$$\text{증기비중} = \frac{\text{분자량}}{28.84} ≒ \frac{\text{분자량}}{29}$$

여기서, 29 : 공기의 평균분자량

$$\text{증기비중} = \frac{\text{분자량}}{29} = \frac{149}{28.84} ≒ 5.17$$

비교

증기밀도

$$\text{증기밀도}[g/L] = \frac{\text{분자량}}{22.4}$$

여기서, 22.4 : 기체 1몰의 부피[L]

중요

할론소화약제의 약칭 및 분자식

종류	약칭	분자식
Halon 1011	CB	CH₂ClBr
Halon 104	CTC	CCl₄
Halon 1211	BCF	CF₂ClBr(CF₂BrCl, CBrClF₂)
Halon 1301	BTM	CF₃Br
Halon 2402	FB	C₂F₄Br₂

답 ②

20 ★★★

감광계수에 따른 가시거리 및 상황에 대한 설명으로 틀린 것은?

① 감광계수 $0.1m^{-1}$는 연기감지기가 작동할 정도의 연기농도이고, 가시거리는 20~30m이다.
② 감광계수 $0.5m^{-1}$는 거의 앞이 보이지 않을 정도의 농도이고, 가시거리는 1~2m이다.
③ 감광계수 $10m^{-1}$는 화재 최성기 때의 연기농도를 나타낸다.
④ 감광계수 $30m^{-1}$는 출화실에서 연기가 분출할 때의 농도이다.

해설
② 0.5m⁻¹ → 1m⁻¹

감광계수에 따른 가시거리 및 상황

감광계수 [m⁻¹]	가시거리 [m]	상 황
0.1	20~30	연기감지기가 작동할 때의 농도 보기①
0.3	5	건물 내부에 익숙한 사람이 피난에 지장을 느낄 정도의 농도
0.5	3	어두운 것을 느낄 정도의 농도
1	1~2	거의 앞이 보이지 않을 정도의 농도 보기②
10	0.2~0.5	화재 최성기 때의 농도 보기③
30	-	출화실에서 연기가 분출할 때의 농도 보기④

답 ②

제2과목 소방전기일반

21 개루프 제어와 비교하여 폐루프 제어에서 반드시 필요한 장치는?
① 안정도를 좋게 하는 장치
② 제어대상을 조작하는 장치
③ 동작신호를 조절하는 장치
④ 기준입력신호와 주궤환신호를 비교하는 장치

해설 **피드백제어**(feedback control=**폐루프제어**)
(1) 출력신호를 입력신호로 되돌려서 **입력**과 **출력**을 비교함으로써 **정확한 제어**가 가능하도록 한 제어
(2) **기준입력신호**와 **주궤환신호**를 **비교**하는 장치가 있는 제어 보기④

중요
피드백제어의 특징
(1) **정확도**(정확성)가 **증가**한다.
(2) **대역폭**이 **크다**(대역폭이 **증가**한다).
(3) 계의 특성 변화에 대한 입력 대 출력비의 감도가 감소한다.
(4) 구조가 **복잡**하고 설치비용이 고가이다.
(5) 폐회로로 구성되어 있다.
(6) 입력과 출력을 비교하는 장치가 있다.
(7) 오차를 **자동정정**한다.
(8) **발진**을 일으키고 **불안정한 상태**로 되어가는 경향성이 있다.
(9) 비선형과 왜형에 대한 효과가 **감소**한다.

∥피드백제어∥

답 ④

22 정현파 전압의 평균값이 150V이면 최대값은 약 몇 V인가?
① 235.6
② 212.1
③ 106.1
④ 95.5

해설 (1) 기호
• V_{av} : 150V
• V_m : ?

(2) **전압의 평균값**
$$V_{av} = 0.637\, V_m$$
여기서, V_{av} : 전압의 평균값[V]
V_m : 전압의 최대값[V]

전압의 최대값 V_m 은
$$V_m = \frac{V_{av}}{0.637} = \frac{150}{0.637} ≒ 235.47\text{V}(∴ 235.6\text{V 정답})$$

답 ①

23 절연저항을 측정할 때 사용하는 계기는?
① 전류계
② 전위차계
③ 메거
④ 휘트스톤브리지

해설 **계측기**

구 분	용 도
메거 (megger) 보기③	절연저항 측정 ∥메거∥
어스테스터 (earth tester)	접지저항 측정 ∥어스테스터∥

코올라우시 브리지 (Kohlrausch bridge)	전지(축전지)의 내부저항 측정
C.R.O. (Cathode Ray Oscilloscope)	음극선을 사용한 오실로스코프
휘트스톤 브리지 (Wheatstone bridge)	$0.5 \sim 10^5 \Omega$의 중저항 측정

비교

코올라우시 브리지
(1) 축전지의 내부저항 측정
(2) 전해액의 저항 측정
(3) 접지저항 측정

답 ③

24. 반지름 20cm, 권수 50회인 원형 코일에 2A의 전류를 흘려주었을 때 코일 중심에서 자계(자기장)의 세기[AT/m]는?

① 70
② 100
③ 125
④ 250

해설 (1) 기호
- a : 20cm=0.2m(100cm=1m)
- N : 50
- I : 2A
- H : ?

(2) 원형 코일 중심의 **자계**

$$H = \frac{NI}{2a} \text{[AT/m]}$$

여기서, H : 자계의 세기[AT/m]
N : 코일권수
I : 전류[A]
a : 반지름[m]

자계의 세기 H는

$$H = \frac{NI}{2a} = \frac{50 \times 2}{2 \times 0.2} = 250 \text{AT/m}$$

답 ④

25. 반파정류회로를 통해 정현파를 정류하여 얻은 반파정류파의 최대값이 1일 때, 실효값과 평균값은?

① $\frac{1}{\sqrt{2}}, \frac{2}{\pi}$
② $\frac{1}{2}, \frac{\pi}{2}$
③ $\frac{1}{\sqrt{2}}, \frac{\pi}{2\sqrt{2}}$
④ $\frac{1}{2}, \frac{1}{\pi}$

해설 최대값·실효값·평균값

파 형	최대값	실효값	평균값
① 정현파 ② 전파정류파	1	$\frac{1}{\sqrt{2}}$	$\frac{2}{\pi}$
③ 반구형파	1	$\frac{1}{\sqrt{2}}$	$\frac{1}{2}$
④ 삼각파(3각파) ⑤ 톱니파	1	$\frac{1}{\sqrt{3}}$	$\frac{1}{2}$
⑥ 구형파	1	1	1
⑦ 반파정류파 보기 ④	1	$\frac{1}{2}$	$\frac{1}{\pi}$

답 ④

26. 제어량이 압력, 온도 및 유량 등과 같은 공업량일 경우의 제어는?

① 시퀀스제어
② 프로세스제어
③ 추종제어
④ 프로그램제어

해설 **제어량**에 의한 **분류**

분류방법	제어량	
프로세스제어 (공정제어) 보기 ②	• **온**도 • **유**량	• **압**력 • **액**면
	기억법 프온압유액	
서보기구	• **위**치 • **자**세	• **방**위
	기억법 서위방자	
자동조정	• **전**압 • **주**파수 • **장**력	• **전**류 • **회**전속도(발전기의 속도조절기)
	기억법 전전주회장	

용어

프로세스제어(공정제어)
공업공정의 상태량을 제어량으로 하는 제어

답 ②

27. 저항이 R, 유도리액턴스가 X_L, 용량리액턴스가 X_C인 RLC 직렬회로에서의 $\dot{Z}$와 Z값으로 옳은 것은?

① $\dot{Z} = R + j(X_L - X_C)$
　$Z = \sqrt{R^2 + (X_L - X_C)^2}$

② $\dot{Z} = R + j(X_L + X_C)$
　$Z = \sqrt{R + (X_L + X_C)^2}$

③ $\dot{Z} = R + j(X_C - X_L)$
　$Z = \sqrt{R^2 + (X_C - X_L)^2}$

④ $\dot{Z} = R + j(X_C + X_L)$
　$Z = \sqrt{R^2 + (X_C + X_L)^2}$

해설 임피던스

RLC 직렬회로	RLC 병렬회로
$\dot{Z} = R + j(X_L - X_C)$ $Z = \sqrt{R^2 + (X_L - X_C)^2}$ 보기 ①	$\dot{Z} = \dfrac{1}{R} + j\left(\dfrac{1}{X_C} - \dfrac{1}{X_L}\right)$ $Z = \sqrt{\left(\dfrac{1}{R}\right)^2 + \left(\dfrac{1}{X_C} - \dfrac{1}{X_L}\right)^2}$

여기서, $\dot{Z}$: 임피던스(벡터)[Ω]
　　　　Z : 임피던스[Ω]
　　　　R : 저항[Ω]
　　　　j : 허수($=\sqrt{-1}$)
　　　　X_L : 유도리액턴스[Ω]
　　　　X_C : 용량리액턴스[Ω]

답 ①

28. 논리식 $\overline{X} + XY$를 간략화한 것은?

① $\overline{X} + Y$
② $X + \overline{Y}$
③ $\overline{X}\,Y$
④ $X\overline{Y}$

해설 불대수의 정리

논리합	논리곱	비고
$X + 0 = X$	$X \cdot 0 = 0$	-
$X + 1 = 1$	$X \cdot 1 = X$	-
$X + X = X$	$X \cdot X = X$	-
$X + \overline{X} = 1$	$X \cdot \overline{X} = 0$	-
$X + Y = Y + X$	$X \cdot Y = Y \cdot X$	교환법칙
$X + (Y + Z)$ $= (X + Y) + Z$	$X(YZ) = (XY)Z$	결합법칙
$X(Y + Z)$ $= XY + XZ$	$(X + Y)(Z + W)$ $= XZ + XW + YZ + YW$	분배법칙
$X + XY = X$	$\overline{X} + XY = \overline{X} + Y$ 보기 ① $\overline{X + XY} = \overline{X} + \overline{Y}$ $X + \overline{X}Y = X + Y$ $X + \overline{X}\,\overline{Y} = X + \overline{Y}$	흡수법칙
$\overline{(X + Y)}$ $= \overline{X} \cdot \overline{Y}$	$\overline{(X \cdot Y)} = \overline{X} + \overline{Y}$	드모르간 의 정리

답 ①

29. 전기기기에서 생기는 손실 중 권선의 저항에 의하여 생기는 손실은?

① 철손
② 동손
③ 표유부하손
④ 히스테리시스손

해설

동 손 보기 ②	철 손
권선의 저항에 의하여 생기는 손실	철심 속에서 생기는 손실

기억법 권동철철

중요
무부하손
(1) 철손
(2) 저항손
(3) 유전체손

답 ②

30. 어떤 계를 표시하는 미분방정식이 $5\dfrac{d^2}{dt^2}y(t) + 3\dfrac{d}{dt}y(t) - 2y(t) = x(t)$라고 한다. $x(t)$는 입력신호, $y(t)$는 출력신호라고 하면 이 계의 전달함수는?

① $\dfrac{1}{(s+1)(s-5)}$
② $\dfrac{1}{(s-1)(s+5)}$
③ $\dfrac{1}{(5s-1)(s+2)}$
④ $\dfrac{1}{(5s-2)(s+1)}$

해설 전달함수

$$G(s) = \dfrac{Y(s)}{X(s)}$$

여기서, $G(s)$: 전달함수
　　　　$Y(s)$: 출력신호
　　　　$X(s)$: 입력신호

- $5\dfrac{d^2}{dt^2} \to 5s^2$, $3\dfrac{d}{dt} \to 3s$, $2 \to 2$

라플라스 변환하면
$(5s^2+3s-2)Y(s) = X(s)$
전달함수
$$G(s) = \dfrac{Y(s)}{X(s)} = \dfrac{1}{(5s^2+3s-2)} = \dfrac{1}{(5s-2)(s+1)}$$

용어
전달함수
모든 초기값을 0으로 하였을 때 출력신호의 라플라스 변환과 입력신호의 라플라스 변환의 비

답 ④

31 ★★★
테브난의 정리를 이용하여 그림 (a)의 회로를 그림 (b)와 같은 등가회로로 만들고자 할 때 V_{th}[V]와 R_{th}[Ω]은?

23.03.문30
22.04.문33
21.03.문25

(a)   (b)

① 5V, 2Ω   ② 5V, 3Ω
③ 6V, 2Ω   ④ 6V, 3Ω

해설 기호
- R_1 : 1.2Ω
- R_2 : 1.2Ω
- V : 10V
- V_{th} : ?
- R_{th} : ?

테브난의 정리에 의해 2.4Ω에는 전압이 가해지지 않으므로

이해하기 쉽게 회로를 변형하면

$$V_{th} = \dfrac{R_2}{R_1+R_2}V = \dfrac{1.2}{1.2+1.2} \times 10 = 5\text{V}$$

전압원을 단락하고 회로망에서 본 저항 R_{th}은
$$R_{th} = \dfrac{1.2 \times 1.2}{1.2+1.2} + 2.4 = 3\,\Omega$$

용어
테브난의 정리(테브낭의 정리)
2개의 독립된 회로망을 접속하였을 때의 전압·전류 및 임피던스의 관계를 나타내는 정리

답 ②

32 ★★★
$R=4\,\Omega$, $\dfrac{1}{\omega C}=9\,\Omega$인 RC 직렬회로에 전압 $e(t)$를 인가할 때, 제3고조파 전류의 실효값 크기는 몇 A인가? (단, $e(t) = 50 + 10\sqrt{2}\sin\omega t + 120\sqrt{2}\sin 3\omega t$[V])

23.09.문28
20.09.문29
19.09.문34
13.03.문28
12.03.문31

① 4.4
② 12.2
③ 24
④ 34

해설 (1) 기호
- R : 4Ω
- $\dfrac{1}{\omega C}$: 9Ω
- I_3 : ?
- $e(t) = 50 + \underbrace{10\sqrt{2}\sin\omega t}_{\text{기본파}} + \underbrace{120\sqrt{2}\sin 3\omega t}_{\text{3고조파}}$
  (직류분)

제3고조파 성분만 계산하면 되므로 리액턴스 $\left(\dfrac{1}{\omega C}\right)$의 주파수 부분에 ω 대신 3ω 대입

$$\dfrac{1}{\omega C} : 9 = \dfrac{1}{3\omega C} : X$$

$$X = \dfrac{9}{3} = 3$$

(2) 임피던스
$$Z = R + jX$$

여기서, Z : 임피던스[Ω]
　　　　R : 저항[Ω]
　　　　X : 리액턴스[Ω]
제3고조파 임피던스 Z는
$Z = R + jX = 4 + j3$

(3) 순시값

$$v = V_m \sin\omega t$$

여기서, v : 전압의 순시값[V]
V_m : 전압의 최대값[V]
ω : 각주파수[rad/s]
t : 주기[s]

제3고조파만 고려하면
$$v = V_m \sin\omega t$$
$$= 120\sqrt{2}\sin 3\omega t \;(\therefore V_m = 120\sqrt{2})$$

(4) 전압의 최대값

$$V_m = \sqrt{2}\,V$$

여기서, V_m : 전압의 최대값[V]
V : 전압의 실효값[V]

전압의 실효값 V는
$$V = \frac{V_m}{\sqrt{2}} = \frac{120\sqrt{2}}{\sqrt{2}} = 120\text{V}$$

(5) 전류

$$I = \frac{V}{Z} = \frac{V}{R+jX} = \frac{V}{\sqrt{R^2+X^2}}$$

여기서, I : 전류[A]
V : 전압[V]
Z : 임피던스[Ω]
R : 저항[Ω]
X : 리액턴스[Ω]

전류 I는
$$I = \frac{V}{\sqrt{R^2+X^2}} = \frac{120}{\sqrt{4^2+3^2}} = 24\text{A}$$

답 ③

33 아날로그와 디지털 통신에서 데시벨의 단위로 나타내는 SN비를 올바르게 풀어쓴 것은?

① SIGN TO NUMBER RATING
② SIGNAL TO NOISE RATIO
③ SOURCE NULL RESISTANCE
④ SOURCE NETWORK RANGE

해설 SN비 또는 SNR비(Signal-to-Noise Ratio, 신호 대 잡음비)
아날로그와 디지털 통신에서, 즉 신호 대 잡음의 상대적인 크기를 나타내는 것으로서, 단위는 **데시벨**(dB)이다.

답 ②

34 100V에서 500W를 소비하는 전열기가 있다. 이 전열기에 90V의 전압을 인가했을 때 소비되는 전력[W]은?

① 81   ② 90
③ 405   ④ 450

해설 (1) 기호
- V : 100V
- P : 500W
- V' : 90V
- P' : ?

(2) 전력

$$P = VI = I^2R = \frac{V^2}{R}$$

여기서, P : 전력[W], V : 전압[V]
I : 전류[A], R : 저항[Ω]

저항 R은
$$R = \frac{V^2}{P} = \frac{100^2}{500} = 20\,\Omega$$

90V의 전압사용시 **소비전력** P'는
$$P' = \frac{V'^2}{R} = \frac{90^2}{20} = 405\text{W}$$

• 이 문제에서 저항(R)이 일정하므로 위 식에서 $P=VI$ 공식을 사용할 수 없고, $P=I^2R$ $=\frac{V^2}{R}$ 공식을 사용해야 한다.

답 ③

35 진공 중에서 원점에 10^{-8}C의 전하가 있을 때 점 (1, 2, 2)m에서의 전계의 세기는 약 몇 V/m인가?

① 0.1   ② 1
③ 10   ④ 100

해설 (1) 기호
- Q : 10^{-8}C
- r : $\sqrt{1^2+2^2+2^2}=3$m[점 (1, 2, 2)m]
- E : ?

(2) 전계의 세기(intensity of electric field)

$$E = \frac{Q}{4\pi\varepsilon r^2}$$

여기서, E : 전계의 세기[V/m]
Q : 전하[C]
ε : 유전율[F/m]($\varepsilon = \varepsilon_0 \cdot \varepsilon_s$)
$\begin{pmatrix}\varepsilon_0 : \text{진공의 유전율[F/m]} \\ \varepsilon_s : \text{비유전율}\end{pmatrix}$
r : 거리[m]

전계의 세기(전장의 세기) E는
$$E = \frac{Q}{4\pi\varepsilon r^2} = \frac{Q}{4\pi\varepsilon_0\varepsilon_s r^2} = \frac{Q}{4\pi\varepsilon_0 r^2}$$
$$= \frac{10^{-8}}{4\pi\times(8.855\times10^{-12})\times 3^2}$$
$$\fallingdotseq 10\text{V/m}$$

- 진공의 유전율: $\varepsilon_0 = 8.855 \times 10^{-12} F/m$
- ε_s(비유전율): 진공 중 또는 공기 중 ε_s ≒ 1이므로 생략

답 ③

36

0.1H인 코일의 리액턴스가 377Ω일 때 주파수 [Hz]는?

① 100 ② 200
③ 400 ④ 600

해설 (1) 기호

- L : 0.1H
- X_L : 377Ω
- f : ?

(2) 유도리액턴스

$$X_L = \omega L = 2\pi f L$$

여기서, X_L : 유도리액턴스(Ω)
 ω : 각주파수(rad/s)
 L : 인덕턴스(H)
 f : 주파수(Hz)

주파수 f 는

$$f = \frac{X_L}{2\pi L} = \frac{377}{2\pi \times 0.1} ≒ 600Hz$$

비교

용량리액턴스

$$X_C = \frac{1}{\omega C} = \frac{1}{2\pi f C}$$

여기서, X_C : 용량리액턴스(Ω)
 ω : 각주파수(rad/s)
 C : 정전용량(커패시턴스)(F)
 f : 주파수(Hz)

답 ④

37

6F와 4F의 커패시터가 직렬로 접속된 회로에 전압 30V를 가했을 때, 6F의 커패시터 단자전압 V_1은 몇 V인가?

① 10
② 12
③ 15
④ 18

해설 각각의 전압

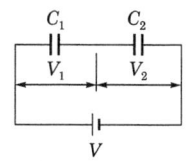

$$V_1 = \frac{C_2}{C_1+C_2}V, \quad V_2 = \frac{C_1}{C_1+C_2}V$$

여기서, V_1 : C_1에 걸리는 전압(V)
 V_2 : C_2에 걸리는 전압(V)
 C_1, C_2 : 각각의 정전용량(F)
 V : 전체 전압(V)

$$V_1 = \frac{C_2}{C_1+C_2}V = \frac{4}{6+4} \times 30 = 12V$$

답 ②

38

그림에서 스위치 S를 개폐하여도 검류계 G의 지침이 흔들리지 않았을 때, 저항 X의 값은 얼마인가? (단, 그림에서 저항의 단위는 모두 Ω이다.)

① 1.3Ω
② 8.0Ω
③ 12.5Ω
④ 22.5Ω

해설 휘트스톤브리지

$PR = QX$
$10 \times 125 = 100X$
$100X = 10 \times 125$
$\therefore X = \frac{10 \times 125}{100} = 12.5Ω$

휘트스톤브리지
- $I_1 P = I_2 Q$
- $I_1 X = I_2 R$
- $\therefore PR = QX$ (마주보는 변의 곱은 서로 같다.)

답 ③

★★★
39 그림의 블록선도에서 $\dfrac{C(s)}{D(s)}$는?

24.07.문40
24.05.문32
24.03.문28

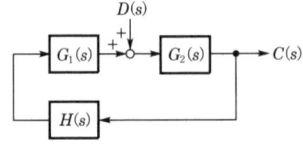

① $\dfrac{G_2(s)}{1 - G_1(s)G_2(s)H(s)}$

② $\dfrac{G_1(s)G_2(s)}{H(s)}$

③ $\dfrac{H(s)}{G_1(s)G_2(s)}$

④ $\dfrac{G_1(s)}{1 - G_1(s)G_2(s)H(s)}$

해설

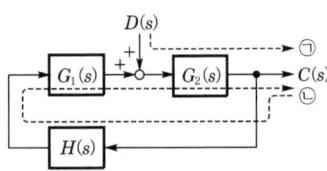

$D(s)G_2(s) + CG_1(s)G_2(s)H(s) = C(s)$
$DG_2 + CG_1G_2H = C$ ← 계산편의를 위해 (s) 생략
$DG_2 = C - CG_1G_2H$
$DG_2 = C(1 - G_1G_2H)$
$\dfrac{G_2}{1 - G_1G_2H} = \dfrac{C}{D}$
$\dfrac{C}{D} = \dfrac{G_2}{1 - G_1G_2H}$
$\dfrac{C(s)}{D(s)} = \dfrac{G_2(s)}{1 - G_1(s)G_2(s)H(s)}$ ← (s) 다시 붙임

용어
블록선도
제어계에서 신호전송상태를 나타내는 계통도

답 ①

★★★
40 다음 그림과 같은 다이오드 게이트회로에서 출력전압은 약 몇 V인가? (단, 다이오드 내의 전압강하는 무시한다.)

23.03.문29
18.09.문27

① 0   ② 5
③ 10 ④ 20

해설 OR gate이므로 3개의 입력신호 중 **어느 하나라도** 1(5V)이면 출력신호가 1(5V)이 된다.

명 칭	회 로
OR 게이트 보기 ②	+5V, +5V, 0V 입력 → 출력 5V, 전압 0
AND 게이트	5V, +5V, +5V, 0V → 출력 0V

논리회로

명 칭	회 로
AND 게이트	+5V, A, B → 출력 / A, B → 출력
OR 게이트 보기 ②	A, B → 출력 / +5V, A, B → 출력

답 ②

제3과목 소방관계법규

41 위험물안전관리법상 위험물의 정의 중 다음 ( ) 안에 알맞은 것은?

24.03.문01
23.09.문03
23.05.문04
17.03.문52
13.03.문47

> 위험물이라 함은 (㉠) 또는 발화성 등의 성질을 가지는 것으로서 (㉡)이/가 정하는 물품을 말한다.

① ㉠ 인화성, ㉡ 대통령령
② ㉠ 휘발성, ㉡ 국무총리령
③ ㉠ 인화성, ㉡ 국무총리령
④ ㉠ 휘발성, ㉡ 대통령령

해설 **위험물법 2조**
용어의 정의

용어	뜻
위험물	**인화성** 또는 **발화성** 등의 성질을 가지는 것으로서 **대통령령**이 정하는 물품 보기 ①
지정수량	위험물의 종류별로 위험성을 고려하여 대통령령이 정하는 수량으로서 제조소 등의 설치허가 등에 있어서 **최저의 기준**이 되는 **수량**
제조소	위험물을 제조할 목적으로 **지정수량 이상**의 위험물을 취급하기 위하여 허가를 받은 장소
저장소	지정수량 이상의 위험물을 저장하기 위한 **대통령령**이 정하는 장소
취급소	지정수량 이상의 위험물을 제조 외의 목적으로 취급하기 위한 대통령령이 정하는 장소
제조소 등	제조소·저장소·취급소

답 ①

42 소방시설 설치 및 관리에 관한 법령상 대통령령 또는 화재안전기준이 변경되어 그 기준이 강화되는 경우 기존 특정소방대상물의 소방시설 중 강화된 기준을 적용하여야 하는 소방시설은?

24.05.문45
21.03.문45
17.03.문48

① 비상경보설비
② 비상방송설비
③ 비상콘센트설비
④ 옥내소화전설비

해설 **소방시설법 13조**
변경강화기준 적용설비
(1) 소화기구
(2) **비**상**경**보설비 보기 ①
(3) **자**동화재탐지설비
(4) **자**동화재**속**보설비
(5) **피**난구조설비
(6) 소방시설(공동구 설치용, 전력 및 통신사업용 지하구)
(7) **노**유자시설
(8) 의료시설

기억법 강비경 자속피노

중요

소방시설법 시행령 13조
변경강화기준 적용설비

공동구, 전력 및 통신사업용 지하구	노유자시설에 설치하여야 하는 소방시설	의료시설에 설치하여야 하는 소방시설
• 소화기 • 자동소화장치 • 자동화재탐지설비 • 통합감시시설 • 유도등 및 연소방지설비	• 간이스프링클러설비 • 자동화재탐지설비 • 단독경보형 감지기	• 간이스프링클러설비 • 스프링클러설비 • 자동화재탐지설비 • 자동화재속보설비

답 ①

43 위험물안전관리법령상 위험물 및 지정수량에 대한 기준 중 다음 ( ) 안에 알맞은 것은?

24.05.문51
22.03.문57

> 금속분이라 함은 알칼리금속·알칼리토류금속·철 및 마그네슘 외의 금속의 분말을 말하고, 구리분·니켈분 및 (㉠)마이크로미터의 체를 통과하는 것이 (㉡)중량퍼센트 미만인 것은 제외한다.

① ㉠ 150, ㉡ 50
② ㉠ 53, ㉡ 50
③ ㉠ 50, ㉡ 150
④ ㉠ 50, ㉡ 53

해설
위험물령 [별표 1]
금속분
알칼리금속·알칼리토류금속·철 및 마그네슘 외의 금속의 분말을 말하고, **구리분·니켈분** 및 150μm의 체를 통과하는 것이 **50wt%** 미만인 것은 제외한다. 보기 ①

- μm = 마이크로미터
- wt% = 중량퍼센트

답 ①

44 소방기본법에 따른 출동한 소방대의 소방장비를 파손하거나 그 효용을 해하여 화재진압·인명구조 또는 구급활동을 방해하는 행위를 한 사람에 대한 벌칙기준은?

24.07.문41
21.05.문47
18.09.문42
17.03.문49
16.05.문57
15.09.문43
15.05.문58
11.10.문51
10.09.문54

① 5년 이하의 징역 또는 5000만원 이하의 벌금
② 5년 이하의 징역 또는 3000만원 이하의 벌금
③ 3년 이하의 징역 또는 3000만원 이하의 벌금
④ 3년 이하의 징역 또는 1500만원 이하의 벌금

해설
기본법 50조
5년 이하의 징역 또는 **5000만원** 이하의 벌금
(1) 소방자동차의 **출**동 방해
(2) 사람**구**출 방해(화재진압, 구급활동 방해) 보기 ①
(3) **소**방**용**수시설 또는 비상소화장치의 효용 방해

기억법 출구용5

답 ①

45 소방용수시설 중 소화전과 급수탑의 설치기준으로 틀린 것은?

24.07.문43
19.03.문58
17.03.문54
16.10.문55
09.08.문43

① 소화전은 상수도와 연결하여 지하식 또는 지상식의 구조로 할 것
② 소방용 호스와 연결하는 소화전의 연결금속구의 구경은 65mm로 할 것
③ 급수탑 급수배관의 구경은 100mm 이상으로 할 것
④ 급수탑의 개폐밸브는 지상에서 1.5m 이상 1.8m 이하의 위치에 설치할 것

해설
④ 1.5m 이상 1.8m 이하 → 1.5m 이상 1.7m 이하

기본규칙 [별표 3]
소방용수시설별 설치기준

소화전	급수탑
● 65mm : 연결금속구의 구경	● 100mm : 급수배관의 구경 ● 1.5~1.7m 이하 : 개폐밸브 높이 보기 ④

답 ④

46 다음 중 소방시설 설치 및 관리에 관한 법령상 소방시설관리업을 등록할 수 있는 자는?

24.07.문45
23.09.문46
20.08.문57
15.09.문45
15.03.문41
12.09.문44

① 피성년후견인
② 소방시설관리업의 등록이 취소된 날부터 2년이 경과된 자
③ 금고 이상의 형의 집행유예를 선고받고 그 유예기간 중에 있는 자
④ 금고 이상의 실형을 선고받고 그 집행이 면제된 날부터 2년이 지나지 아니한 자

해설
소방시설법 30조
소방시설관리업의 등록결격사유
(1) 피성년후견인 보기 ①
(2) 금고 이상의 실형을 선고받고 그 집행이 끝나거나 집행이 면제된 날부터 **2년**이 지나지 아니한 사람 보기 ④
(3) 금고 이상의 형의 집행유예를 선고받고 그 유예기간 중에 있는 사람 보기 ③
(4) 관리업의 등록이 취소된 날부터 **2년**이 지나지 아니한 자

답 ②

47 관리의 권원이 분리된 특정소방대상물의 기준이 아닌 것은?

24.07.문59
22.04.문48
18.09.문58
18.03.문53
16.03.문42

① 판매시설 중 도매시장 및 소매시장
② 복합건축물로서 층수가 11층 이상인 것(단, 지하층 제외)
③ 지하층을 제외한 층수가 7층 이상인 고층건축물
④ 복합건축물로서 연면적이 30000m² 이상인 것

해설
③ 7층 이상 고층건축물 → 11층 이상 복합건축물

화재예방법 35조, 화재예방법 시행령 35조
관리의 권원이 분리된 특정소방대상물의 소방안전관리
(1) **복합건축물**(지하층을 제외한 **11층** 이상, 또는 연면적 **30000m²** 이상인 건축물) 보기 ②③④
(2) 지하가
(3) **도매시장, 소매시장, 전통시장** 보기 ①

답 ③

48 위험물안전관리법령상 제조소 등의 관계인은 위험물의 안전관리에 관한 직무를 수행하게 하기 위하여 제조소 등마다 위험물의 취급에 관한 자격이 있는 자를 위험물안전관리자로 선임하여야 한다. 이 경우 제조소 등의 관계인이 지켜야 할 기준으로 틀린 것은?

① 제조소 등의 관계인은 안전관리자를 해임하거나 안전관리자가 퇴직한 때에는 해임하거나 퇴직한 날부터 15일 이내에 다시 안전관리자를 선임하여야 한다.
② 제조소 등의 관계인이 안전관리자를 선임한 경우에는 선임한 날부터 14일 이내에 소방본부장 또는 소방서장에게 신고하여야 한다.
③ 제조소 등의 관계인은 안전관리자가 여행·질병, 그 밖의 사유로 인하여 일시적으로 직무를 수행할 수 없는 경우에는 국가기술자격법에 따른 위험물의 취급에 관한 자격취득자 또는 위험물안전에 관한 기본지식과 경험이 있는 자를 대리자로 지정하여 그 직무를 대행하게 하여야 한다. 이 경우 대행하는 기간은 30일을 초과할 수 없다.
④ 안전관리자는 위험물을 취급하는 작업을 하는 때에는 작업자에게 안전관리에 관한 필요한 지시를 하는 등 위험물의 취급에 관한 안전관리와 감독을 하여야 하고, 제조소 등의 관계인은 안전관리자의 위험물안전관리에 관한 의견을 존중하고 그 권고에 따라야 한다.

해설 ① 15일 이내 → 30일 이내

위험물안전관리법 15조
위험물안전관리자의 재선임
30일 이내 〔보기 ①〕

중요

30일
(1) 소방시설업 등록사항 변경신고(공사업규칙 6조)
(2) **위험물안전관리자의 재선임**(위험물안전관리법 15조)
(3) **소방안전관리자의 재선임**(화재예방법 시행규칙 14조)
(4) 도급계약 해지(공사업법 23조)
(5) 소방시설공사 중요사항 변경시의 신고일(공사업규칙 12조)
(6) 소방기술자 실무교육기관 지정서 발급(공사업규칙 32조)
(7) 소방공사감리자 변경서류 제출(공사업규칙 15조)
(8) **승계**(위험물법 10조)
(9) 위험물안전관리자의 직무대행(위험물법 15조)
(10) 탱크시험자의 변경신고일(위험물법 16조)

답 ①

49 다음 중 중급기술자의 학력·경력자에 대한 기준으로 옳은 것은? (단, "학력·경력자"란 고등학교·대학 또는 이와 같은 수준 이상의 교육기관의 소방관련학과의 정해진 교육과정을 이수하고 졸업하거나 그 밖의 관계법령에 따라 국내 또는 외국에서 이와 같은 수준 이상의 학력이 있다고 인정되는 사람을 말한다.)

① 일반 고등학교를 졸업 후 10년 이상 소방관련업무를 수행한 자
② 학사학위를 취득한 후 5년 이상 소방관련업무를 수행한 자
③ 석사학위를 취득한 후 1년 이상 소방관련업무를 수행한 자
④ 박사학위를 취득한 후 1년 이상 소방관련업무를 수행한 자

해설
① 10년 → 12년
③ 1년 → 2년
④ 박사학위만 소지해도 중급(1년 이상 경력이 필요없음) 기술자

공사업규칙 〔별표 4의 2〕
소방기술자

구분	기술자격	학력·경력	경력
특급 기술자	① 소방기술사 ② 소방시설관리사+5년 ③ 건축사, 건축기계설비기술사, 건축전기설비기술사, 건설기계기술사, 공조냉동기계기술사, 화공기술사, 가스기술사+5년 ④ 소방설비기사+8년 ⑤ 소방설비산업기사+11년 ⑥ 위험물기능장+13년	① 박사+3년 ② 석사+7년 ③ 학사+11년 ④ 전문학사+15년	
고급 기술자	① 소방시설관리사 ② 건축사, 건축기계설비기술사, 건축전기설비기술사, 건설기계기술사, 공조냉동기계기술사, 화공기술사, 가스기술사+3년 ③ 소방설비기사+5년 ④ 소방설비산업기사+8년 ⑤ 위험물기능장+11년 ⑥ 위험물산업기사+13년	① 박사+1년 ② 석사+4년 ③ 학사+7년 ④ 전문학사+10년 ⑤ 고등학교(소방)+13년 ⑥ 고등학교(일반)+15년	① 학사+12년 ② 전문학사+15년 ③ 고등학교+18년 ④ 실무경력+22년

중급 기술자	① 건축사, 건축기계설비기술사, 건축전기설비기술사, 건설기계기술사, 공조냉동기계기술사, 화공기술사, 가스기술사 ② 소방설비기사 ③ 소방설비산업기사+3년 ④ 위험물기능장+5년 ⑤ 위험물산업기사+8년	① 박사 보기 ④ ② 석사+2년 보기 ③ ③ 학사+5년 보기 ② ④ 전문학사+8년 ⑤ 고등학교(소방)+10년 ⑥ 고등학교(일반)+12년 보기 ①	① 학사+9년 ② 전문학사+12년 ③ 고등학교+15년 ④ 실무경력+18년	
초급 기술자	① 소방설비산업기사 ② 위험물기능장+2년 ③ 위험물산업기사+4년 ④ 위험물기능사+6년	① 석사 ② 학사 ③ 전문학사+2년 ④ 고등학교(소방)+3년 ⑤ 고등학교(일반)+5년	① 학사+3년 ② 전문학사+5년 ③ 고등학교+7년 ④ 실무경력+9년	

답 ②

50 화재의 예방 및 안전관리에 관한 법령상 화재가 발생할 우려가 높거나 화재가 발생하는 경우 그로 인하여 피해가 클 것으로 예상되는 지역을 화재예방강화지구로 지정할 수 있는 자는?

① 한국소방안전협회장
② 소방시설관리사
③ 소방본부장
④ 시·도지사

해설 화재예방법 18조
화재예방강화지구의 지정
(1) 지정권자 : 시·도지사 보기 ④
(2) 지정지역
   ㉠ 시장지역
   ㉡ 공장·창고 등이 밀집한 지역
   ㉢ 목조건물이 밀집한 지역
   ㉣ 노후·불량 건축물이 밀집한 지역
   ㉤ 위험물의 저장 및 처리시설이 밀집한 지역
   ㉥ 석유화학제품을 생산하는 공장이 있는 지역
   ㉦ 소방시설·소방용수시설 또는 소방출동로가 없는 지역
   ㉧ 「산업입지 및 개발에 관한 법률」에 따른 산업단지
   ㉨ 「물류시설의 개발 및 운영에 관한 법률」에 따른 물류단지
   ㉩ 소방청장·소방본부장·소방서장(소방관서장)이 화재예방강화지구로 지정할 필요가 있다고 인정하는 지역

용어
소방관서장
소방청장·소방본부장·소방서장

답 ④

51 제3류 위험물 중 금수성 물품에 적응성이 있는 소화약제는?

① 물　　　　② 강화액
③ 팽창질석　　④ 인산염류분말

해설 금수성 물품에 적응성이 있는 소화약제
(1) 마른모래

(2) 팽창질석 보기 ③
(3) 팽창진주암

참고
위험물령 [별표 1]
금수성 물품(금수성 물질)
(1) **칼륨**
(2) **나트륨**
(3) **알킬알루미늄**
(4) **알킬리튬**
(5) 알칼리금속(칼륨 및 나트륨 제외) 및 알칼리토금속
(6) 유기금속화합물(알킬알루미늄 및 알킬리튬 제외)
(7) 금속의 수소화물
(8) 금속의 인화물
(9) **칼슘** 또는 **알루미늄**의 **탄화물**

답 ③

52 산화성 고체인 제1류 위험물에 해당되지 않는 것은?

① 질산염류
② 과염소산염류
③ 과염소산
④ 아염소산염류

해설 ③ 제6류 위험물

위험물령 [별표 1]
위험물

유별	성질	품명
제1류	산화성 고체	• 아염소산**염류** • 염소산**염류** 보기 ④ • 과염소산**염류** 보기 ② • 질산**염류** 보기 ① • 무기과산화물 기억법 1산고(일산GO), ～염류, 무기과산화물
제2류	가연성 고체	• **황화인** • **적**린 • **황** • **마**그네슘 • 금속분 기억법 2황화적황마
제3류	자연발화성 물질 및 금수성 물질	• **황**린 • **칼**륨 • **나**트륨 • 트리에틸**알**루미늄 • 금속의 수소화물 기억법 황칼나트알
제4류	인화성 액체	• 특수인화물 • 석유류(벤젠) • 알코올류 • 동식물유류

제5류	자기반응성 물질	• 유기과산화물 • 나이트로화합물 • 나이트로소화합물 • 아조화합물 • 질산에스터류(셀룰로이드)
제6류	산화성 액체	• 과염소산 보기 ③ • 과산화수소 • 질산

답 ③

53 ★★
화재의 예방 및 안전관리에 관한 법령상 특수가연물의 저장 및 취급기준이 아닌 것은? (단, 석탄·목탄류를 발전용으로 저장하는 경우는 제외)

21.05.문45
19.03.문55
18.03.문60
14.05.문46
14.03.문46
13.03.문60

① 품명별로 구분하여 쌓는다.
② 쌓는 높이는 20m 이하가 되도록 한다.
③ 쌓는 부분의 바닥면적 사이는 실내의 경우 1.2m 또는 쌓는 높이의 $\frac{1}{2}$ 중 큰 값 이상이 되도록 한다.
④ 특수가연물을 저장 또는 취급하는 장소에는 품명, 최대저장수량, 단위부피당 질량 또는 단위체적당 질량, 관리책임자 성명·직책·연락처 및 화기취급의 금지표지를 설치해야 한다.

 ② 20m 이하 → 10m 이하

화재예방법 시행령 [별표 3]
특수가연물의 저장·취급기준
(1) **품명별**로 구분하여 쌓을 것 보기 ①
(2) 쌓는 높이는 **10m** 이하가 되도록 할 것 보기 ②
(3) 쌓는 부분의 바닥면적은 **50m²**(석탄·목탄류는 **200m²**) 이하가 되도록 할 것(단, 살수설비를 설치하거나 대형 수동식 소화기를 설치하는 경우에는 높이 **15m** 이하, 바닥면적 **200m²**(석탄·목탄류는 **300m²**) 이하)
(4) 쌓는 부분의 바닥면적 사이는 실내의 경우 **1.2m** 또는 쌓는 높이의 $\frac{1}{2}$ 중 **큰 값**(실외 3m 또는 쌓는 높이 중 **큰 값**) 이상으로 간격을 둘 것 보기 ③

■ 살수·설비 대형 수동식 소화기 200m² (석탄·목탄류 300m²) 이하 ■

(5) 취급장소에는 **품명, 최대저장수량, 단위부피당 질량** 또는 단위체적당 질량, 관리책임자 성명·직책·**연락처** 및 화기취급의 **금지표지** 설치 보기 ④

답 ②

54 ★★
제4류 위험물제조소의 경우 사용전압이 22kV인 특고압가공전선이 지나갈 때 제조소의 외벽과 가공전선 사이의 수평거리(안전거리)는 몇 m 이상이어야 하는가?

24.07.문49
15.09.문55
11.10.문59

① 2
② 3
③ 5
④ 10

위험물규칙 [별표 4]
위험물제조소의 안전거리

안전거리	대상
3m 이상	• 7~35kV 이하의 특고압가공전선 보기 ②
5m 이상	• 35kV를 초과하는 특고압가공전선
10m 이상	• **주거용**으로 사용되는 것
20m 이상	• 고압가스 **제조**시설(용기에 충전하는 것 포함) • 고압가스 **사용**시설(1일 30m³ 이상 용적 취급) • 고압가스 **저장**시설 • 액화산소 **소비**시설 • 액화석유가스 제조·저장시설 • 도시가스 공급시설
30m 이상	• 학교 • 병원급 의료기관 • 공연장 ┐ 300명 이상 수용시설 • 영화상영관 ┘ • 아동복지시설 • 노인복지시설 • 장애인복지시설 • 한부모가족 복지시설 ┐ • 어린이집 │ 20명 이상 • 성매매 피해자 등을 위한 지원시설 │ 수용시설 • 정신건강증진시설 │ • 가정폭력 피해자 보호시설 ┘
50m 이상	• 지정문화유산 • 천연기념물 등

답 ②

55 ★★★
화재의 예방 및 안전관리에 관한 법령상 소방안전관리대상물의 소방안전관리자의 업무가 아닌 것은?

23.03.문51
21.03.문47
19.09.문01
18.04.문45
14.09.문52
14.03.문53
13.06.문48

① 자위소방대의 구성·운영·교육
② 소방시설공사
③ 소방계획서의 작성 및 시행
④ 소방훈련 및 교육

해설
② 소방시설공사 : 소방시설공사업체

화재예방법 24조 ⑤항
관계인 및 소방안전관리자의 업무

특정소방대상물 (관계인)	소방안전관리대상물 (소방안전관리자)
① **피난**시설·**방화**구획 및 방화시설의 관리 ② **소방**시설, 그 밖의 소방관련 시설의 관리 ③ **화기**취급의 감독 ④ 소방안전관리에 필요한 업무 ⑤ 화재발생시 초기대응	① **피난**시설·**방화**구획 및 방화시설의 관리 ② **소방**시설, 그 밖의 소방관련 시설의 관리 ③ **화기**취급의 감독 ④ 소방안전관리에 필요한 업무 ⑤ **소방계획서**의 작성 및 시행(대통령령으로 정하는 사항 포함) 보기 ③ ⑥ **자위소방대** 및 **초기대응체계**의 구성·운영·교육 보기 ① ⑦ 소방훈련 및 교육 보기 ④ ⑧ 소방안전관리에 관한 업무 수행에 관한 기록·유지 ⑨ 화재발생시 초기대응

용어

특정소방대상물	소방안전관리대상물
① 다수인이 출입하는 곳으로서 소방시설 설치장소 ② 건축물 등의 규모·용도 및 수용인원 등을 고려하여 소방시설을 설치하여야 하는 소방대상물로서 대통령령으로 정하는 것	① 특급, 1급, 2급 또는 3급 소방안전관리자를 배치하여야 하는 건축물 ② **대통령령**으로 정하는 특정소방대상물

답 ②

★★★
56 소방시설 설치 및 관리에 관한 법령상 방염성능기준 이상의 실내장식물 등을 설치하여야 하는 특정소방대상물의 기준으로 틀린 것은?
22.09.문55
22.04.문47
18.04.문50
16.10.문48
16.03.문58
15.09.문54
15.05.문54
14.05.문48

① 층수가 11층 이상인 아파트
② 건축물의 옥내에 있는 시설로서 종교시설
③ 의료시설 중 종합병원
④ 노유자시설

해설 ① 아파트 제외

소방시설법 시행령 30조
방염성능기준 이상 적용 특정소방대상물
(1) 체력단련장, 공연장 및 종교집회장
(2) 문화 및 집회시설
(3) **종**교시설 보기 ②
(4) 운동시설(수영장은 제외)
(5) 의료시설(종합병원, 정신의료기관) 보기 ③
(6) 의원, 치과의원, 한의원, 조산원, 산후조리원
(7) 교육연구시설 중 합숙소
(8) **노**유자시설 보기 ④
(9) **숙**박이 가능한 **수**련시설
(10) **숙**박시설
(11) 방송국 및 촬영소
(12) 다중이용업소(단란주점영업, 유흥주점영업, 노래연습장업의 연습장 등)
(13) 층수가 11층 이상인 것(아파트는 제외 : 2026. 12. 1. 삭제)

기억법 방숙 노종수

답 ①

★★★
57 위험물안전관리법령상 제4류 위험물 중 경유의 지정수량은 몇 리터인가?
21.09.문47
20.09.문46
17.09.문42

① 1500   ② 2000
③ 500   ④ 1000

해설 **위험물령〔별표 1〕**
제4류 위험물

성질	품 명		지정수량	대표물질
인화성 액체	특수인화물		50L	•다이에틸에터 •이황화탄소
	제1석유류	비수용성	200L	•휘발유 •콜로디온
		수용성	400L	•아세톤
	알코올류		400L	•변성알코올
	제2석유류	비수용성	1000L	•등유 •경유 보기 ④
		수용성	2000L	•아세트산
	제3석유류	비수용성	2000L	•중유 •크레오소트유
		수용성	4000L	•글리세린
	제4석유류		6000L	•기어유 •실린더유
	동식물유류		10000L	•아마인유

답 ④

★★
58 소방시설공사업법상 소방시설공사 결과 소방시설의 하자발생시 통보를 받은 공사업자는 며칠 이내에 하자를 보수해야 하는가?
24.03.문41
23.05.문56
20.08.문56
17.03.문51
11.06.문59

① 3   ② 5
③ 7   ④ 10

해설 공사업법 15조
소방시설공사의 하자보수기간 : 3일 이내

중요

3일
(1) **하**자보수기간(공사업법 15조)
(2) 소방시설업 **등**록증 **분**실 등의 **재**발급(공사업규칙 4조)
(3) 소방시설 등의 자체점검 면제 또는 연기신청(소방시설법 시행규칙 22조)
(4) 소방안전관리자 선임연기신청서 관계인 통보(화재예방법 시행규칙 14조)

기억법 3하등분재(**상하**이에서 **동**생이 **분재**를 가져왔다.)

답 ①

59 소방시설 설치 및 관리에 관한 법률상 무창층 여부 판단시 개구부 요건에 대한 기준으로 맞는 것은?
22.04.문53
19.09.문43
18.09.문09
14.03.문48
12.09.문54
11.06.문49
05.09.문46

① 도로 또는 차량이 진입할 수 없는 빈터를 향할 것
② 내부 또는 외부에서 쉽게 부수거나 열 수 없을 것
③ 크기는 지름 50cm 이상의 원이 통과할 수 있을 것
④ 해당 층의 바닥면으로부터 개구부 밑부분까지의 높이가 1.5m 이내일 것

해설
① 없는 → 있는
② 없을 것 → 있을 것
④ 1.5m 이내 → 1.2m 이내

소방시설법 시행령 2조
무창층의 개구부의 기준
(1) 개구부의 크기는 지름 **50cm** 이상의 원이 통과할 수 있을 것 보기 ③
(2) 해당 층의 바닥면으로부터 개구부 밑부분까지의 높이가 **1.2m** 이내일 것 보기 ④
(3) 개구부는 **도**로 또는 **차**량이 진입할 수 있는 **빈**터를 향할 것 보기 ①
(4) 화재시 건축물로부터 **쉽**게 **피**난할 수 있도록 개구부에 창살, 그 밖의 장애물이 설치되지 않을 것
(5) 내부 또는 외부에서 **쉽**게 부수거나 열 수 있을 것 보기 ②

기억법 무125

답 ③

60 위험물안전관리법상 제조소 등을 설치하고자 하는 자는 누구의 허가를 받아 설치할 수 있는가?
23.05.문45
21.03.문49
20.06.문56
19.04.문47
14.03.문58

① 소방서장
② 소방청장
③ 시·도지사
④ 안전관리자

해설 위험물법 6조
제조소 등의 설치허가
(1) 설치허가자 : 시·도지사 보기 ③
(2) 설치허가 제외장소
  ㉠ 주택의 난방시설(공동주택의 중앙난방시설은 제외)을 위한 **저**장소 또는 **취**급소
  ㉡ 지정수량 **20배** 이하의 **농**예용·**축**산용·**수**산용 난방시설 또는 건조시설의 **저**장소
(3) 제조소 등의 변경신고 : 변경하고자 하는 날의 **1일** 전까지

참고

시·도지사
(1) 특별시장
(2) 광역시장
(3) 특별자치시장
(4) 도지사
(5) 특별자치도지사

답 ③

제 4 과목 — 소방전기시설의 구조 및 원리

61 비상방송설비의 음향장치는 정격전압의 몇 % 전압에서 음향을 발할 수 있는 것으로 하여야 하는가?
22.04.문77
20.08.문66
19.03.문77
18.09.문68
18.04.문74
16.05.문63
15.03.문67
14.09.문65
11.03.문72
10.09.문70
09.05.문75

① 80
② 90
③ 100
④ 110

해설 비상방송설비 음향장치의 **구조** 및 **성능**기준(NFPC 202 4조, NFTC 202 2.1.1.12)
(1) 정격전압의 **80%** 전압에서 음향을 발할 것 보기 ①
(2) **자동화재탐지**설비의 작동과 연동하여 작동할 것

비교

자동화재탐지설비 음향장치의 구조 및 성능 기준
(1) 정격전압의 **80%** 전압에서 음향을 발할 것
(2) 음량은 **1m** 떨어진 곳에서 **90dB** 이상일 것
(3) **감**지기 · **발**신기의 작동과 **연동**하여 작동할 것

답 ①

62 비상콘센트설비의 화재안전기준에 따라 비상콘센트설비의 전원부와 외함 사이의 절연저항은 전원부와 외함 사이를 500V 절연저항계로 측정할 때 몇 MΩ 이상이어야 하는가?
24.03.문62
21.05.문72
18.03.문64
11.06.문73

① 10
② 20
③ 30
④ 50

해설 **절연저항시험**

절연 저항계	절연저항	대상
직류 250V	0.1MΩ 이상	• 1경계구역의 절연저항
직류 500V	5MΩ 이상	• 누전경보기 • 가스누설경보기 • 수신기(10회로 미만, 절연된 충전부와 외함 간) • 자동화재속보설비 • 비상경보설비 • 유도등(교류입력측과 외함 간 포함) • 비상조명등(교류입력측과 외함 간 포함)
	20MΩ 이상	• 경종 • 발신기 • 중계기 • 비상**콘**센트 보기 ② • 기기의 절연된 선로 간 • 기기의 충전부와 비충전부 간 • 기기의 교류입력측과 외함 간(유도등·비상조명등 제외) 기억법 **2콘(이크)**
	50MΩ 이상	• 감지기(정온식 감지선형 감지기 제외) • 가스누설경보기(10회로 이상) • 수신기(10회로 이상, 교류입력측과 외함 간 제외)
	1000MΩ 이상	• 정온식 감지선형 감지기

답 ②

★
63 비상경보설비 및 단독경보형 감지기의 화재안전
24.03.문65 기준에 따라 비상벨설비 또는 자동식 사이렌설
20.06.문78 비의 전원회로 배선 중 내열배선에 사용하는 전
선의 종류가 아닌 것은?

① 버스덕트(bus duct)
② 0.6/10kV 1종 비닐절연전선
③ 0.6/1kV EP 고무절연 클로로프렌 시스 케이블
④ 450/750V 저독성 난연 가교 폴리올레핀 절연전선

해설 ② 해당없음

(1) **비상벨설비** 또는 **자동식 사이렌설비**의 **배선**(NFTC 201
2.1.8.1)
전원회로의 배선은「옥내소화전설비의 화재안전기술기준
[NFTC 102 2.7.2(1)]」에 따른 **내화배선**에 의하고 그 밖의 배선
은「옥내소화전설비의 화재안전기술기준[NFTC 102 2.7.2(1),
2.7.2(2)]」에 따른 **내화배선** 또는 **내열배선**에 따를 것

(2) **옥내소화전설비**의 **화재안전기술기준**(NFTC 102 2.7.2)
㉠ **내화배선**

사용전선의 종류	공사방법
① 450/750V 저독성 난연 가교 폴리올레핀 절연전선 ② 0.6/1kV 가교 폴리에틸렌 절연 저독성 난연 폴리올레핀 시스 전력 케이블 ③ 6/10kV 가교 폴리에틸렌 절연 저독성 난연 폴리올레핀 시스 전력용 케이블 ④ 가교 폴리에틸렌 절연 비닐시스 트레이용 난연 전력 케이블 ⑤ 0.6/1kV EP 고무절연 클로로프렌 시스 케이블 ⑥ 300/500V 내열성 실리콘 고무절연전선(180℃) ⑦ 내열성 에틸렌-비닐 아세테이트 고무절연 케이블 ⑧ 버스덕트(bus duct)	**금속관**·**2종 금속제 가요전선관** 또는 **합성수지관**에 수납하여 내화구조로 된 벽 또는 바닥 등에 벽 또는 바닥의 표면으로부터 **25**mm 이상의 깊이로 매설하여야 한다. 기억법 **금2가합25** 단, 다음의 기준에 적합하게 설치하는 경우에는 그러하지 아니하다. ① 배선을 **내**화성능을 갖는 배선**전**용실 또는 배선용 **샤**프트·**피**트·**덕**트 등에 설치하는 경우 ② 배선전용실 또는 배선용 샤프트·피트·덕트 등에 **다**른 설비의 배선이 있는 경우에는 이로부터 **15**cm 이상 떨어지게 하거나 소화설비의 배선과 이웃하는 다른 설비의 배선 사이에 배선지름(배선의 지름이 다른 경우에는 가장 큰 것을 기준으로 한다)의 **1.5**배 이상의 높이의 **불연성 격벽**을 설치하는 경우 기억법 **내전샤피덕 다15**
내화전선	케이블공사

㉡ **내열배선**

사용전선의 종류	공사방법
① 450/750V 저독성 난연 가교 폴리올레핀 절연전선 보기 ④ ② 0.6/1kV 가교 폴리에틸렌 절연 저독성 난연 폴리올레핀 시스 전력 케이블 ③ 6/10kV 가교 폴리에틸렌 절연 저독성 난연 폴리올레핀 시스 전력용 케이블 ④ 가교 폴리에틸렌 절연 비닐시스 트레이용 난연 전력 케이블	**금속관**·**금속제 가요전선관**·**금속덕트** 또는 **케이블**(불연성 덕트에 설치하는 경우에 한한다) **공사**방법에 따라야 한다. 단, 다음의 기준에 적합하게 설치하는 경우에는 그러하지 아니하다. ① 배선을 내화성능을 갖는 배선전용실 또는 배선용 샤프트·피트·덕트 등에 설치하는 경우

⑤ 0.6/1kV EP 고무절연 클로로프렌 시스 케이블 보기 ③ ⑥ 300/500V 내열성 실리콘 고무절연전선 (180℃) ⑦ 내열성 에틸렌-비닐 아세테이트 고무절연 케이블 ⑧ 버스덕트(bus duct) 보기 ①	② 배선전용실 또는 배선용 샤프트·피트·덕트 등에 다른 설비의 배선이 있는 경우에는 이로부터 **15cm** 이상 떨어지게 하거나 소화설비의 배선과 이웃하는 다른 설비의 배선 사이에 배선지름(배선의 지름이 다른 경우에는 지름이 가장 큰 것을 기준으로 한다)의 **1.5배** 이상의 높이의 **불연성 격벽**을 설치하는 경우
내화전선	케이블공사

답 ②

64 자동화재속보설비의 속보기의 기능에 대한 설명으로 틀린 것은?

24.03.문68
17.05.문66
16.10.문77
16.05.문62

① 연동 또는 수동으로 소방관서에 화재발생 음성정보를 속보 중인 경우에도 송수화장치를 이용한 통화가 우선적으로 가능하여야 한다.
② 주전원이 정지한 경우에는 자동적으로 예비전원으로 전환되고, 주전원이 정상상태로 복귀한 경우에는 자동적으로 예비전원에서 주전원으로 전환되어야 한다.
③ 화재신호를 수신하거나 속보기를 수동으로 동작시키는 경우 자동적으로 적색 화재표시등이 점등되고 음향장치로 화재를 경보하여야 한다.
④ 자동으로 동작시키는 경우 20초 이내에 소방관서에 자동적으로 신호를 발하여 알리되, 3회 이상 속보할 수 있어야 한다.

해설 ④ 자동으로 → 수동으로

속보기의 적합기능(자동화재속보설비의 속보기 성능인증 및 제품검사의 기술기준 5조)
(1) **예비전원**은 **감시상태**를 **60분간** 지속한 후 **10분** 이상 **동작**이 지속될 수 있는 용량일 것
(2) 속보기는 연동 또는 수동 작동에 의한 다이얼링 후 소방관서와 전화접속이 이루어지지 않는 경우에는 최초 **다**이얼링을 포함하여 **10회** 이상 반복적으로 접속을 위한 다이얼링이 이루어져야 한다. 이 경우 매회 다이얼링 완료 후 호출은 **30초** 이상 지속될 것

기억법 다10(**다 쉽다.**)

(3) 예비전원을 **병렬**로 접속하는 경우 **역충전방지** 등의 조치를 할 것
(4) **연동** 또는 **수동**으로 소방관서에 화재발생 음성정보를 속보 중인 경우에도 송수화장치를 이용한 통화가 우선적으로 가능 보기 ①
(5) 속보기의 송수화장치가 정상위치가 아닌 경우에도 **연동** 또는 **수동**으로 속보가 가능할 것
(6) 주전원이 정지한 경우에는 자동적으로 예비전원으로 전환되고, 주전원이 정상상태로 복귀한 경우에는 자동적으로 예비전원에서 주전원으로 전환 보기 ②
(7) 화재신호를 수신하거나 속보기를 수동으로 동작시키는 경우 **자동**적으로 **적색 화재표시등**이 점등되고 음향장치로 화재경보 보기 ③
(8) **수동**으로 동작시키는 경우 20초 이내에 소방관서에 자동적으로 신호를 발하여 알리되, 3회 이상 속보 보기 ④

답 ④

65 피난구유도등의 설치 제외 기준 중 틀린 것은?

23.03.문69
20.08.문73
17.03.문76
11.06.문76

① 거실 각 부분으로부터 하나의 출입구에 이르는 보행거리가 20m 이하이고 비상조명등과 유도표지가 설치된 거실의 출입구
② 바닥면적이 1000m² 미만인 층으로서 옥내로부터 직접 지상으로 통하는 출입구(외부의 식별이 용이한 경우에 한함)
③ 출입구가 2 이상 있는 거실로서 그 거실 각 부분으로부터 하나의 출입구에 이르는 보행거리가 10m 이하인 경우에는 주된 출입구 2개소 외의 출입구(유도표지가 부착된 출입구)
④ 대각선 길이가 15m 이내인 구획된 실의 출입구

해설 ③ 2 이상 → 3 이상, 10m 이하 → 30m 이하

피난구유도등의 **설치 제외 장소**(NFTC 303 2.8.1)
(1) 옥내에서 직접 지상으로 통하는 출입구(바닥면적 **1000m²** 미만 층) 보기 ②
(2) **대각선** 길이가 **15m 이내**인 구획된 실의 출입구 보기 ④
(3) 비상조명등·유도표지가 설치된 거실 출입구(거실 각 부분에서 출입구까지의 **보행거리 20m** 이하) 보기 ①
(4) 출입구가 **3 이상**인 거실(거실 각 부분에서 출입구까지의 **보행거리 30m** 이하는 주된 출입구 **2개소** 외의 출입구) 보기 ③

비교

(1) **휴**대용 비상조명등의 설치 제외 장소 : 복도·통로·창문 등을 통해 **피**난이 용이한 경우(지상 1층·피난층)

> **기억법** 휴피(휴지로 피닦아!)

(2) 통로유도등의 설치 제외 장소(NFTC 303 2.8.2)
   ㉠ 길이 **30m** 미만의 **복**도·**통**로(구부러지지 않은 복도·통로)
   ㉡ 보행거리 **20m** 미만의 복도·통로(출입구에 **피**난구유도등이 설치된 복도·통로)

(3) 객석유도등의 설치 제외 장소(NFTC 303 2.8.3)
   ㉠ **채**광이 충분한 **객**석(**주**간에만 사용)
   ㉡ **통**로유도등이 설치된 객석(거실 각 부분에서 거실 출입구까지의 **보**행거리 20m 이하)

> **기억법** 채객보통(채소는 객관적으로 보통이다.)

(4) 피난구유도등의 설치장소(NFPC 303 5조, NFTC 303 2.2.1)

설치장소	도 해
옥내로부터 직접 지상으로 통하는 출입구 및 그 부속실의 출입구	(옥외/실내 그림)
직통계단·직통계단의 **계단실** 및 그 부속실의 출입구	(복도/계단 그림)
출입구에 이르는 **복**도 또는 **통**로로 통하는 출입구	(거실/복도 그림)
안전구획된 거실로 통하는 출입구	(출구/방화문 그림)

> **기억법** 피옥직안출

답 ③

66 누전경보기의 형식승인 및 제품검사의 기술기준에서 정하는 누전경보기의 공칭작동전류치(누전경보기를 작동시키기 위하여 필요한 누설전류의 값으로서 제조자에 의하여 표시된 값을 말한다.)는 몇 mA 이하이어야 하는가?

① 50 ② 100
③ 150 ④ 200

해설 누전경보기

공칭작동전류치	감도조정장치의 조정범위
200mA 이하 보기 ④	1A(1000mA) 이하

> **기억법** 공2

참고
검출누설전류 설정치 범위

경계전로	중성점 접지선
100~400mA	400~700mA

답 ④

67 비상경보설비 및 단독경보형 감지기의 화재안전기준에 따른 비상벨설비 또는 자동식 사이렌설비에 대한 설명이다. 다음 ( )의 ㉠, ㉡에 들어갈 내용으로 옳은 것은?

> 비상벨설비 또는 자동식 사이렌설비에는 그 설비에 대한 감시상태를 (㉠)분간 지속한 후 유효하게 (㉡)분 이상 경보할 수 있는 축전지설비(수신기에 내장하는 경우를 포함한다) 또는 전기저장장치(외부 전기에너지를 저장해 두었다가 필요한 때 전기를 공급하는 장치)를 설치하여야 한다.

① ㉠ 30, ㉡ 10 ② ㉠ 60, ㉡ 10
③ ㉠ 30, ㉡ 20 ④ ㉠ 60, ㉡ 20

해설 축전지설비·자동식 사이렌설비·자동화재탐지설비·비상방송설비·비상벨설비

감시시간	경보시간
60분(1시간) 이상 보기 ㉠	10분 이상 보기 ㉡ (30층 이상 : 30분)

> **기억법** 6감(육감)

답 ②

68 부착높이 3m, 바닥면적 50m^{2}인 주요구조부를 내화구조로 한 소방대상물에 1종 열반도체식 차동식 분포형 감지기를 설치하고자 할 때 감지부의 최소 설치개수는?

① 1개
② 2개
③ 3개
④ 4개

해설 **열반도체식 감지기**

(단위 : m²)

부착높이 및 소방대상물의 구분		감지기의 종류	
		1종	2종
8m 미만	내화구조	65	36
	기타구조	40	23
8~15m 미만	내화구조	50	36
	기타구조	30	23

1종 감지기 1개가 담당하는 바닥면적은 65m²이므로
$\frac{50}{65} = 0.77 ≒ 1개$

- 하나의 검출기에 접속하는 감지부는 **2~15개 이하**이지만 부착높이가 8m 미만이고 바닥면적이 **기준면적 이하**인 경우 1개로 할 수 있다. 그러므로 최소 개수는 2개가 아닌 **1개**가 되는 것이다. 주의!

답 ①

69 누전경보기의 구성요소에 해당하지 않는 것은?

24.07.문78
23.05.문79
22.03.문38
19.03.문37
17.09.문69
15.09.문21
14.09.문69
13.03.문62

① 차단기
② 영상변류기(ZCT)
③ 음향장치
④ 발신기

해설 ④ 발신기 : 자동화재탐지설비의 구성요소

누전경보기의 구성요소

구성요소	설 명
영상**변**류기(ZCT)	**누설전류**를 **검출**한다. 보기 ②
	기억법 변검(변검술)
수신기	**누설전류**를 증폭한다.
음향장치	경보를 발한다. 보기 ③
차단기	차단릴레이를 포함한다. 보기 ①

기억법 변수음차

- 소방에서는 변류기(CT)와 영상변류기(ZCT)를 혼용하여 사용한다.

답 ④

70 비상콘센트설비의 성능인증 및 제품검사의 기술기준에 따른 표시등의 구조 및 기능에 대한 내용이다. 다음 ( )에 들어갈 내용으로 옳은 것은?

23.09.문74
21.03.문79
20.08.문80

적색으로 표시되어야 하며 주위의 밝기가
(㉠)lx 이상인 장소에서 측정하여 앞면으로부터 (㉡)m 떨어진 곳에서 켜진 등이 확실히 식별되어야 한다.

① ㉠ 100, ㉡ 1
② ㉠ 300, ㉡ 3
③ ㉠ 500, ㉡ 5
④ ㉠ 1000, ㉡ 10

해설 **비상콘센트설비** 부품의 **구조** 및 **기능**
(1) 배선용 차단기는 KS C 8321(**배선용 차단기**)에 적합할 것
(2) 접속기는 KS C 8305(**배선용 꽂음 접속기**)에 적합할 것
(3) **표시등**의 구조 및 기능
  ㉠ 전구는 사용전압의 **130%**인 교류전압을 **20시간** 연속하여 가하는 경우 **단선, 현저한 광속변화, 흑화, 전류의 저하** 등이 발생하지 아니할 것
  ㉡ 소켓은 접속이 확실하여야 하며 쉽게 전구를 교체할 수 있도록 부착할 것
  ㉢ 전구에는 적당한 **보호커버**를 설치할 것(단, **발광다이오드** 제외)
  ㉣ 적색으로 표시되어야 하며 주위의 밝기가 **300 lx** 이상인 장소에서 측정하여 앞면으로부터 **3m** 떨어진 곳에서 켜진 등이 확실히 식별될 것 보기 ②
(4) 단자는 충분한 **전류용량**을 갖는 것으로 하여야 하며 단자의 접속이 정확하고 확실할 것

답 ②

71 자동화재탐지설비 및 시각경보장치의 화재안전기준에 따라 감지기 상호간 또는 감지기로부터 수신기에 이르는 감지기회로의 배선 중 전자파 방해를 받지 아니하는 쉴드선 등을 사용하지 않아도 되는 것은?

22.04.문80
14.03.문66
06.09.문79

① R형 수신기용으로 사용되는 것
② 차동식 감지기
③ 다신호식 감지기
④ 아날로그식 감지기

해설 **쉴드선**을 **사용**해야 하는 **감지기**(NFTC 203 2.8.1.2.1)
(1) **아**날로그식 감지기 보기 ④
(2) **다**신호식 감지기 보기 ③
(3) **R**형 수신기용으로 사용되는 감지기 보기 ①

기억법 쉴아다R

중요

쉴드선의 단면 및 외형

(a) 단면

답 ②

(b) 외형

| 쉴드선 |

답 ②

72 자동화재탐지설비 및 시각경보장치의 화재안전기준에 따른 공기관식 차동식 분포형 감지기의 설치기준으로 틀린 것은?

① 검출부는 3° 이상 경사되지 아니하도록 부착할 것
② 공기관의 노출부분은 감지구역마다 20m 이상이 되도록 할 것
③ 하나의 검출부분에 접속하는 공기관의 길이는 100m 이하로 할 것
④ 공기관과 감지구역의 각 변과의 수평거리는 1.5m 이하가 되도록 할 것

해설 ① 3° 이상 → 5° 이상

감지기 설치기준 (NFPC 203 7조, NFTC 203 2.4.3.3~2.4.3.7)
(1) 공기관의 노출부분은 감지구역마다 20m 이상이 되도록 할 것 보기 ②
(2) 하나의 검출부분에 접속하는 공기관의 길이는 100m 이하로 할 것 보기 ③
(3) 공기관과 감지구역의 각 변과의 수평거리는 1.5m 이하가 되도록 할 것 보기 ④
(4) 감지기(**차동식 분포형** 및 **특수한 것** 제외)는 실내로의 공기유입구로부터 **1.5m** 이상 떨어진 위치에 설치
(5) 감지기는 천장 또는 반자의 옥내의 면하는 부분에 설치
(6) **보상식 스포트형 감지기**는 정온점이 감지기 주위의 평상시 최고온도보다 **20℃** 이상 높은 것으로 설치
(7) **정온식 감지기**는 주방·**보일러실** 등으로 다량의 화기를 단속적으로 취급하는 장소에 설치하되, 공칭작동온도가 최고주위온도보다 **20℃** 이상 높은 것으로 설치
(8) 스포트형 감지기는 **45°** 이상 경사지지 않도록 부착
(9) **공기관식** 차동식 분포형 감지기 설치시 공기관은 **도중**에서 **분기**하지 않도록 부착
(10) **공기관식** 차동식 분포형 감지기의 검출부는 **5°** 이상 경사되지 않도록 설치 보기 ①

중요

경사제한각도

공기관식 감지기의 검출부	스포트형 감지기
5° 이상	45° 이상

답 ①

73 누전경보기의 형식승인 및 제품검사의 기술기준에 따라 외함은 불연성 또는 난연성 재질로 만들어져야 하며, 누전경보기 외함의 두께는 몇 mm 이상이어야 하는가? (단, 직접 벽면에 접하여 벽 속에 매립되는 외함의 부분은 제외한다.)

① 1   ② 1.2
③ 2.5   ④ 3

해설 **누전경보기의 외함두께** (누전경보기의 형식승인 및 제품검사의 기술기준 3조)

일반적인 경우	직접 벽면에 접하여 벽 속에 매립되는 외함부분
1mm 이상 보기 ①	1.6mm 이상

답 ①

74 자동화재탐지설비 및 시각경보장치의 화재안전기준에 따라 제2종 연기감지기를 부착높이가 4m 미만인 장소에 설치시 기준 바닥면적은?

① 30m²
② 50m²
③ 75m²
④ 150m²

해설 **연기감지기의 설치기준**
(1) 연기감지기 1개의 유효바닥면적

(단위 : m²)

부착높이	감지기의 종류	
	1종 및 2종	3종
4m 미만	→150 보기 ④	50
4~20m 미만	75	설치할 수 없다.

(2) 복도 및 통로는 보행거리 **30m**(3종은 **20m**)마다 1개 이상으로 할 것
(3) 계단 및 경사로는 수직거리 **15m**(3종은 **10m**)마다 1개 이상으로 할 것
(4) 천장 또는 반자가 **낮은 실내** 또는 **좁은 실내**는 **출입구**의 가까운 부분에 설치할 것
(5) 천장 또는 반자 부근에 **배기구**가 있는 경우에는 그 부근에 설치할 것
(6) 감지기는 벽 또는 보로부터 **0.6m** 이상 떨어진 곳에 설치할 것

답 ④

75 수신기를 나타내는 소방시설 도시기호로 옳은 것은?

20.06.문76
15.05.문75

① 　② ⊠
③ ▯▯　④ ▭

해설 ① 소방시설 도시기호가 아님

도시기호

명칭	그림기호	적요
수신기	보기②	• 가스누설경보비와 일체인 것 ⊠ • 가스누설경보설비 및 방배연 연동과 일체인 것 ⊠
부수신기 (표시기)	보기③	—
중계기	▯ 보기④	—
제어반	✠	—
표시반	⊞	• 창이 3개인 표시반: ⊞

답 ②

76 무선통신보조설비의 화재안전기준에 따른 옥외안테나의 설치기준으로 옳지 않은 것은?

23.03.문72
20.08.문63

① 건축물, 지하가, 터널 또는 공동구의 출입구 및 출입구 인근에서 통신이 가능한 장소에 설치할 것
② 다른 용도로 사용되는 안테나로 인한 통신장애가 발생하지 않도록 설치할 것
③ 옥외안테나는 견고하게 설치하며 파손의 우려가 없는 곳에 설치하고 그 가까운 곳의 보기 쉬운 곳에 "옥외안테나"라는 표시와 함께 통신가능거리를 표시한 표지를 설치할 것
④ 수신기가 설치된 장소 등 사람이 상시 근무하는 장소에는 옥외안테나의 위치가 모두 표시된 옥외안테나 위치표시도를 비치할 것

해설 ③ "옥외안테나" → "무선통신보조설비 안테나"

무선통신보조설비 옥외안테나 설치기준(NFPC 505 6조, NFTC 505 2.3)

(1) **건축물**, **지하가**, **터널** 또는 공동구의 출입구 및 출입구 인근에서 통신이 가능한 장소에 설치할 것 보기①
(2) 다른 용도로 사용되는 안테나로 인한 **통신장애**가 발생하지 않도록 설치할 것 보기②
(3) 옥외안테나는 견고하게 설치하며 파손의 우려가 없는 곳에 설치하고 그 가까운 곳의 보기 쉬운 곳에 "**무선통신보조설비 안테나**"라는 표시와 함께 통신가능거리를 표시한 표지를 설치할 것 보기③
(4) 수신기가 설치된 장소 등 사람이 상시 근무하는 장소에는 옥외안테나의 위치가 모두 표시된 옥외안테나 **위치표시도**를 비치할 것 보기④

답 ③

77 비상조명등의 화재안전기준에 따라 비상조명등의 조도는 비상조명등이 설치된 장소의 각 부분의 바닥에서 몇 lx 이상이 되도록 하여야 하는가?

22.09.문72
21.05.문61
20.06.문62

① 1　② 3
③ 5　④ 10

해설 **비상조명등**의 **설치기준**(NFPC 304 4조, NFTC 304 2.1)

(1) 소방대상물의 각 거실과 지상에 이르는 복도·계단·통로에 설치할 것
(2) 조도는 각 부분의 바닥에서 1 lx 이상일 것 보기①
(3) **점검스위치**를 설치하고 **20분** 이상 작동시킬 수 있는 용량의 **축전지**와 **예비전원 충전장치**를 내장할 것

비교

유도등의 형식승인 및 제품검사의 **기술기준 23조** 조도시험

유도등의 종류	시험방법
계단 통로 유도등	바닥면에서 2.5m 높이에 유도등을 설치하고 수평거리 10m 위치에서 법선조도 0.5lx 이상 기억법 계2505
복도 통로 유도등	바닥면에서 1m 높이에 유도등을 설치하고 중앙으로부터 0.5m 위치에서 조도 1lx 이상 복도통로유도등

거실 통로 유도등	바닥면에서 **2m** 높이에 유도등을 설치하고 중앙으로부터 **0.5m** 위치에서 조도 **1lx** 이상
객석 유도등	바닥면에서 **0.5m** 높이에 유도등을 설치하고 바로 밑에서 **0.3m** 위치에서 수평조도 **0.2lx** 이상

기억법 객532

답 ①

78 비상방송설비의 설치기준에 관한 다음 ( ) 안에 알맞은 것은?

24.07.문62
23.09.문78
23.03.문67

기동장치에 따른 화재신고를 수신한 후 필요한 음량으로 화재발생 상황 및 피난에 유효한 방송이 자동으로 개시될 때까지의 소요시간은 ( )초 이하로 할 것

① 5
② 10
③ 20
④ 30

해설 **소요시간**

기기	시간
• P형 · P형 복합식 · R형 · R형 복합식 · GP형 · GP형 복합식 · GR형 · GR형 복합식 수신기 • 중계기	5초 이내
비상방송설비	→10초 이하 보기 ②
가스누설경보기	60초 이내
축적형 수신기	• 축적시간 : 30~60초 이하 • 화재표시감지시간 : 60초

중요

비상방송설비의 **설치기준**(NFPC 202 4조, NFTC 202 2.1.1)
(1) 확성기의 음성입력은 실내 **1W**, 실외 **3W** 이상일 것
(2) 확성기는 각 **층**마다 설치하되, 각 부분으로부터의 수평거리는 **25m** 이하일 것
(3) 음량조정기는 **3선식** 배선일 것
(4) 조작스위치는 바닥으로부터 **0.8~1.5m** 이하의 높이에 설치할 것
(5) 다른 전기회로에 의하여 **유도장애**가 생기지 않을 것
(6) 비상방송 개시시간은 **10초** 이하일 것
(7) 엘리베이터 내부에는 **별도**의 **음향장치**를 설치할 수 있다.
(8) 2 이상의 조작부가 설치된 경우 동시통화가 가능하고 전 구역에 방송할 수 있을 것

답 ②

79 발신기의 형식승인 및 제품검사의 기술기준에 따라 다음 ( )에 들어갈 내용으로 옳은 것은?

21.03.문76
17.05.문73

발신기의 조작부는 작동스위치의 동작방향으로 가하는 힘이 (㉠)kg을 초과하고 (㉡)kg 이하인 범위에서 확실하게 동작되어야 하며, (㉠)kg의 힘을 가하는 경우 동작되지 아니하여야 한다.

① ㉠ 3, ㉡ 8
② ㉠ 2, ㉡ 5
③ ㉠ 3, ㉡ 5
④ ㉠ 2, ㉡ 8

해설 **발신기**의 **작동기능**(발신기의 형식승인 및 제품검사의 기술기준 4조의 2)
작동스위치의 동작방향으로 가하는 힘이 **2kg**을 초과하고 **8kg** 이하인 범위에서 확실하게 동작(단, **2kg**의 힘을 가하는 경우 동작하지 않을 것) 보기 ④

답 ④

80 비상방송설비의 화재안전기준에 따라 확성기는 각 층마다 설치하되, 그 층의 각 부분으로부터 하나의 확성기까지의 수평거리가 몇 m 이하가 되도록 하여야 하는가?

24.07.문69
23.05.문67
21.03.문69

① 15
② 30
③ 25
④ 20

해설 **비상방송설비**의 **설치기준**(NFPC 202 4조, NFTC 202 2.1)
(1) 확성기의 음성입력은 실내 **1W** 이상, 실외 **3W** 이상일 것
(2) 확성기는 **각 층**마다 설치하되, 각 부분으로부터의 **수평거리**는 **25m** 이하일 것 보기 ③
(3) 음량조정기는 **3선식 배선**일 것
(4) 조작스위치는 바닥으로부터 **0.8~1.5m** 이하의 높이에 설치할 것
(5) 다른 전기회로에 의하여 **유도장애**가 생기지 않을 것
(6) 비상방송 개시시간은 **10초** 이하일 것
(7) 엘리베이터 내부에는 별도의 음향장치를 설치할 수 있다.

중요

(1) 수평거리

수평거리	적용대상
수평거리 25m 이하	• 발신기 • 음향장치(확성기) 보기 ③ • 비상콘센트(지하상가·지하층 바닥면적 합계 **3000m²** 이상)
수평거리 50m 이하	• 비상콘센트(기타)

(2) 보행거리

보행거리	적용대상
보행거리 15m 이하	• 유도표지
보행거리 20m 이하	• 복도통로유도등 • 거실통로유도등 • 3종 연기감지기
보행거리 30m 이하	• 1·2종 연기감지기

(3) 수직거리

수직거리	적용대상
수직거리 10m 이하	• 3종 연기감지기
수직거리 15m 이하	• 1·2종 연기감지기

답 ③

2025. 9. 1 시행

2025년 기사 제3회 필기시험 CBT 기출복원문제

자격종목	종목코드	시험시간	형별
소방설비기사(전기분야)		2시간	

※ 각 문항은 4지택일형으로 질문에 가장 적합한 보기 항을 선택하여 체크하여야 합니다.

제1과목 소방원론

01 건물의 주요구조부에 해당되지 않는 것은?

17.09.문19
15.03.문18
13.09.문18

① 바닥 ② 천장
③ 기둥 ④ 주계단

해설 주요구조부
(1) 내력**벽**
(2) **보**(작은 보 제외)
(3) **지**붕틀(차양 제외)
(4) **바**닥(최하층 바닥 제외) 보기 ①
(5) **주**계단(옥외계단 제외) 보기 ④
(6) **기**둥(사잇기둥 제외) 보기 ③

기억법 벽보지 바주기

답 ②

02 제1종 분말소화약제의 열분해반응식으로 옳은 것은?

19.03.문01
18.04.문06
17.09.문10
16.10.문06
16.10.문11
16.05.문15
16.05.문17
16.03.문09
15.09.문01
15.05.문08
14.09.문10

① $2NaHCO_3 \rightarrow Na_2CO_3 + CO_2 + H_2O$
② $2KHCO_3 \rightarrow K_2CO_3 + CO_2 + H_2O$
③ $2NaHCO_3 \rightarrow Na_2CO_3 + 2CO_2 + H_2O$
④ $2KHCO_3 \rightarrow K_2CO_3 + 2CO_2 + H_2O$

해설 분말소화기(질식효과)

종별	소화약제	약제의 착색	화학반응식	적응 화재
제1종	탄산수소 나트륨 ($NaHCO_3$)	백색	$2NaHCO_3 \rightarrow$ $Na_2CO_3 + CO_2 + H_2O$ 보기 ①	BC급
제2종	탄산수소 칼륨 ($KHCO_3$)	담자색 (담회색)	$2KHCO_3 \rightarrow$ $K_2CO_3 + CO_2 + H_2O$	BC급
제3종	인산암모늄 ($NH_4H_2PO_4$)	담홍색	$NH_4H_2PO_4 \rightarrow$ $HPO_3 + NH_3 + H_2O$	AB C급
제4종	탄산수소 칼륨+요소 ($KHCO_3+$ $(NH_2)_2CO$)	회(백)색	$2KHCO_3+$ $(NH_2)_2CO \rightarrow$ K_2CO_3+ $2NH_3+2CO_2$	BC급

- 탄산수소나트륨=중탄산나트륨
- 탄산수소칼륨=중탄산칼륨
- 제1인산암모늄=인산암모늄=인산염
- 탄산수소칼륨+요소=중탄산칼륨+요소

답 ①

03 다음 중 연기에 의한 감광계수가 0.1m⁻¹, 가시거리가 20~30m일 때의 상황으로 옳은 것은?

22.04.문15
21.09.문02
20.06.문01
17.03.문10
16.10.문16
16.03.문03
14.05.문06
13.09.문11

① 건물 내부에 익숙한 사람이 피난에 지장을 느낄 정도
② 연기감지기가 작동할 정도
③ 어두운 것을 느낄 정도
④ 앞이 거의 보이지 않을 정도

해설 감광계수와 가시거리

감광계수 (m^{-1})	가시거리 (m)	상황
0.1	20~30	연기**감**지기가 작동할 때의 농도(연기감지기가 작동하기 직전의 농도) 보기 ②
0.3	5	건물 내부에 **익**숙한 사람이 피난에 지장을 느낄 정도의 농도 보기 ①
0.5	3	**어**두운 것을 느낄 정도의 농도 보기 ③
1	1~2	앞이 거의 **보**이지 않을 정도의 농도 보기 ④
10	0.2~0.5	화재 **최**성기 때의 농도
30	-	출화실에서 연기가 **분**출할 때의 농도

기억법
0123 감
035   익
053   어
112   보
100205 최
30   분

답 ②

04. 화재하중 계산시 목재의 단위 발열량은 약 몇 kcal/kg인가?

① 3000
② 4500
③ 9000
④ 12000

해설

$$q = \frac{\Sigma G_t H_t}{HA} = \frac{\Sigma Q}{4500A}$$

여기서, q : 화재하중 [kg/m²]
G_t : 가연물의 양 [kg]
H_t : 가연물의 단위 발열량 [kcal/kg]
H : 목재의 단위 발열량 [kcal/kg]
A : 바닥면적 [m²]
ΣQ : 가연물의 전체 발열량 [kcal]

- 목재의 단위발열량 : 4500kcal/kg

답 ②

05. 물의 물리·화학적 성질로 틀린 것은?

① 증발잠열은 539.6cal/g으로 다른 물질에 비해 매우 큰 편이다.
② 대기압하에서 100℃의 물이 액체에서 수증기로 바뀌면 체적은 약 1603배 정도 증가한다.
③ 수소 1분자와 산소 1/2분자로 이루어져 있으며 이들 사이의 화학결합은 극성 공유결합이다.
④ 분자 간의 결합은 쌍극자-쌍극자 상호작용의 일종인 산소결합에 의해 이루어진다.

해설

④ 산소결합 → 수소결합

물 분자의 결합
(1) 물 분자 간 결합은 분자 간 인력인 **수소결합**이다. 보기 ④
(2) 물 분자 내의 결합은 수소원자와 산소원자 사이의 결합인 **공유결합**이다.
(3) **공유결합**은 수소결합보다 **강한 결합**이다.

답 ④

06. 불연성 물질로만 이루어진 것은?

① 황린, 나트륨
② 적린, 황
③ 이황화탄소, 나이트로글리세린
④ 과산화나트륨, 질산

해설 불연성 물질

제1류 위험물	제6류 위험물
• 과산화칼륨 • 과산화나트륨 보기 ④ • 과산화바륨	• 과염소산 • 과산화수소 • 질산 보기 ④

중요

(1) **과산화나트륨**(Na_2O_2)
① 제1류 위험물(무기과산화물)
② 자신은 **불연성** 물질이지만 **산소공급원** 역할을 하는 물질

기억법 과나불산

(2) **질산**
① 제6류 위험물
② **부식성**이 있다.
③ **불연성** 물질이다.
④ **산화제**이다.
⑤ 산화성 물질과의 접촉을 피할 것

답 ④

07. 플래시오버(flash over)현상에 대한 설명으로 옳은 것은?

① 실내에서 가연성 가스가 축적되어 발생되는 폭발적인 착화현상
② 실내에서 에너지가 느리게 집적되는 현상
③ 실내에서 가연성 가스가 분해되는 현상
④ 실내에서 가연성 가스가 방출되는 현상

해설 플래시오버(flash over) : 순발연소
(1) **실내**에서 폭발적인 착화현상 보기 ①
(2) 폭발적인 **화재확대현상**
(3) 건물화재에서 발생한 가연성 가스가 일시에 인화하여 화염이 **충**만하는 단계
(4) 실내의 가연물이 연소됨에 따라 생성되는 가연성 가스가 실내에 누적되어 **폭**발적으로 연소하여 실 전체가 순간적으로 불길에 싸이는 현상
(5) 옥내화재가 서서히 진행하여 열이 축적되었다가 일시에 화염이 크게 발생하는 상태
(6) **다량**의 **가연성 가스**가 동시에 연소되면서 **급**격한 온도상승을 유발하는 현상
(7) 건축물에서 한순간에 폭발적으로 화재가 확산되는 현상

기억법 플확충 폭급

• 플래시오버=플래쉬오버

비교

(1) **패닉**(panic)**현상**
인간의 비이성적인 또는 부적합한 **공포반응행동**으로서 무모하게 높은 곳에서 뛰어내리는 행위라든지, 몸이 굳어서 움직이지 못하는 행동

(2) **굴뚝효과**(stack effect)
㉠ 건물 내외의 **온도차**에 따른 공기의 흐름현상이다.
㉡ 굴뚝효과는 **고층건물**에서 주로 나타난다.
㉢ 평상시 건물 내의 기류분포를 지배하는 중요 요소이며 화재시 **연기**의 **이동**에 큰 영향을 미친다.

ⓔ 건물 외부의 온도가 내부의 온도보다 높은 경우 저층부에서는 내부에서 외부로 공기의 흐름이 생긴다.
(3) **블레비(BLEVE)=블레이브(BLEVE)현상**
과열상태의 탱크에서 내부의 액화가스가 분출하여 기화되어 폭발하는 현상
ⓐ 가연성 액체
ⓑ 화구(fire ball)의 형성
ⓒ 복사열의 대량 방출

답 ①

08 자연발화 방지대책에 대한 설명 중 틀린 것은?
① 저장실의 온도를 낮게 유지한다.
② 저장실의 환기를 원활히 시킨다.
③ 촉매물질과의 접촉을 피한다.
④ 저장실의 습도를 높게 유지한다.

해설 ④ 높게 → 낮게

(1) **자연발화의 방지법**
ⓐ **습**도가 높은 곳을 **피**할 것(건조하게 유지할 것) 보기 ④
ⓑ **저**장실의 온도를 낮출 것 보기 ①
ⓒ 통풍이 잘 되게 할 것(**환기**를 원활히 시킨다) 보기 ②
ⓓ 퇴적 및 수납시 열이 쌓이지 않게 할 것(**열축적 방지**)
ⓔ 산소와의 접촉을 차단할 것(**촉매물질**과의 접촉을 피한다) 보기 ③
ⓕ **열전도성**을 좋게 할 것

기억법 자습피

(2) **자연발화 조건**
ⓐ 열전도율이 작을 것
ⓑ 발열량이 클 것
ⓒ 주위의 온도가 높을 것
ⓓ 표면적이 넓을 것

답 ④

09 인화점이 낮은 것부터 높은 순서로 옳게 나열된 것은?
① 에틸알코올<이황화탄소<아세톤
② 이황화탄소<에틸알코올<아세톤
③ 에틸알코올<아세톤<이황화탄소
④ 이황화탄소<아세톤<에틸알코올

해설

물 질	인화점	착화점
● 프로필렌	-107℃	497℃
● 에틸에터 ● 다이에틸에터	-45℃	180℃
● 가솔린(휘발유)	-43℃	300℃
● **이황화탄소**	**-30℃**	**100℃**
● 아세틸렌	-18℃	335℃
● **아세톤**	**-18℃**	**538℃**
● 벤젠	-11℃	562℃
● 톨루엔	4.4℃	480℃
● **에틸알코올**	**13℃**	**423℃**
● 아세트산	40℃	-
● 등유	43~72℃	210℃
● 경유	50~70℃	200℃
● 적린	-	260℃

답 ④

10 촛불의 주된 연소 형태에 해당하는 것은?
① 표면연소   ② 분해연소
③ 증발연소   ④ 자기연소

해설 **연소의 형태**

연소 형태	종 류	
표면연소	● **숯** ● **목**탄	● **코**크스 ● **금**속분
분해연소	● **석**탄 ● **플**라스틱 ● **고**무 ● **아**스팔트	● **종**이 ● **목**재 ● **중**유
증발연소 보기 ③	● **황** ● **파**라핀(양초) ● **가**솔린(휘발유) ● **경**유 ● **아**세톤	● **왁**스 ● **나**프탈렌 ● **등**유 ● **알**코올
자기연소	● 나이트로글리세린 ● 나이트로셀룰로오스(질화면) ● TNT ● 피크린산	
액적연소	● 벙커C유	
확산연소	● 메탄(CH_4) ● 암모니아(NH_3) ● 아세틸렌(C_2H_2) ● 일산화탄소(CO) ● 수소(H_2)	

기억법 표숯코 목탄금, 분석종플 목고중아, 증황왁파양 나가등경알아

※ **파라핀**: 양초(초)의 주성분

답 ③

11 상온, 상압에서 액체상태인 할론소화약제는?
① 할론 2402   ② 할론 1301
③ 할론 1211   ④ 할론 1400

해설
④ 할론 1400 : 이런 소화약제는 없음

상온에서의 상태

기체상태	액체상태
① 할론 1301 보기②	① 할론 1011
② 할론 1211 보기③	② 할론 104
③ 탄산가스(CO_2)	③ 할론 2402 보기①

기억법 132탄기

답 ①

12 비수용성 유류의 화재시 물로 소화할 수 없는 이유는?
19.03.문04
15.09.문06
15.09.문13
14.03.문06
12.09.문16
12.05.문05

① 인화점이 변하기 때문
② 발화점이 변하기 때문
③ 연소면이 확대되기 때문
④ 수용성으로 변하여 인화점이 상승하기 때문

해설 경유화재시 주수소화가 부적당한 이유
물보다 비중이 가벼워 물 위에 떠서 **화재면 확대**의 우려가 있기 때문이다(연소면 확대).

중요

주수소화(물소화)시 위험한 물질

위험물	발생물질
• 무기과산화물	**산소**(O_2) 발생
• 금속분 • 마그네슘 • 알루미늄 • 칼륨 • 나트륨 • 수소화리튬	**수소**(H_2) 발생
• 가연성 액체의 유류화재 (경유)	**연소면**(화재면) 확대 보기③

답 ③

13 소화방법 중 제거소화에 해당되지 않는 것은?
17.03.문16
16.10.문07
16.03.문12
11.03.문04

① 산불이 발생하면 화재의 진행방향을 앞질러 벌목
② 방 안에서 화재가 발생하면 이불이나 담요로 덮음
③ 가스화재시 밸브를 잠궈 가스흐름을 차단
④ 불타고 있는 장작더미 속에서 아직 타지 않은 것을 안전한 곳으로 운반

해설 ② **질식소화** : 방 안에서 화재가 발생하면 이불이나 담요로 덮는다.

중요

제거소화의 예
(1) **가연성 기체**화재시 **주밸브**를 **차단**한다.
(2) **가연성 액체**화재시 펌프를 이용하여 **연료**를 제거한다.
(3) **연료탱크**를 **냉각**하여 가연성 가스의 발생속도를 작게 하여 연소를 억제한다.
(4) 금속화재시 **불활성 물질**로 가연물을 덮는다.
(5) **목재**를 **방염처리**한다.
(6) 전기화재시 **전원**을 **차단**한다.
(7) 산불이 발생하면 화재의 진행방향을 앞질러 **벌목**한다. 보기①
(8) 가스화재시 **밸브**를 **잠궈** 가스흐름을 차단한다. 보기③
(9) 불타고 있는 장작더미 속에서 아직 타지 않은 것을 안전한 곳으로 **운반**한다. 보기④
(10) 유류탱크화재시 주변에 있는 유류탱크의 유류를 다른 곳으로 이동시킨다.
(11) **양초**를 입으로 불어서 끈다.

※ **제거효과** : 가연물을 반응계에서 제거하든지 또는 반응계로의 공급을 정지시켜 소화하는 효과

답 ②

14 나이트로셀룰로오스의 용도, 성상 및 위험성과 저장·취급에 대한 설명 중 틀린 것은?
16.10.문02

① 질화도가 낮을수록 위험성이 크다.
② 운반시 물, 알코올을 첨가하여 습윤시킨다.
③ 무연화약의 원료로 사용된다.
④ 햇빛에서 황갈색으로 변하고 물에 녹지 않지만 아세톤, 초산에스터, 나이트로벤젠에 녹는다.

해설 ① 질화도가 클수록 위험성이 크다.

중요

질화도

구 분	설 명
정의	나이트로셀룰로오스의 질소 함유율이다.
특징	질화도가 높을수록 위험하다. 보기①

답 ①

15 연소시 불꽃의 온도가 가장 높을 때 불꽃의 색상은 무엇인가?

① 암적색
② 휘적색
③ 황적색
④ 휘백색

해설 연소의 색과 온도

색	온도[℃]
암적색(진홍색)	700~750 보기 ①
적색	850
휘적색(주황색)	925~950 보기 ②
황적색	1100 보기 ③
백적색(백색)	1200~1300
휘백색	1500 보기 ④

답 ④

16 공기의 평균 분자량이 29일 때 이산화탄소 기체의 증기비중은 얼마인가?

19.03.문18
16.03.문01
15.03.문05
14.09.문15
12.09.문18
07.05.문17

① 1.44 ② 1.52
③ 2.88 ④ 3.24

해설 (1) 분자량

원 소	원자량
H	1
C	→ 12
N	14
O	→ 16

이산화탄소(CO_2) : $12 + 16 \times 2 = 44$

(2) 증기비중

$$증기비중 = \frac{분자량}{29}$$

여기서, 29 : 공기의 평균 분자량[g/mol]

이산화탄소 증기비중 = $\frac{분자량}{29} = \frac{44}{29} ≒ 1.52$

비교

증기밀도

$$증기밀도 = \frac{분자량}{22.4}$$

여기서, 22.4 : 기체 1몰의 부피[L]

중요

이산화탄소의 물성

구 분	물 성
임계압력	72.75atm
임계온도	31.35℃(약 31.1℃)
3중점	**-56**.3℃(약 -56℃)
승화점(**비**점)	**-78**.5℃
허용농도	0.5%
증기비중	**1.5**29
수분	0.05% 이하(함량 99.5% 이상)

기억법 이356, 이비78, 이증15

답 ②

17 할로겐화합물 소화약제에 관한 설명으로 옳지 않은 것은?

20.06.문09
19.09.문13
18.09.문19
17.05.문06
16.03.문08
15.03.문17
14.03.문19
11.10.문19
03.08.문11

① 연쇄반응을 차단하여 소화한다.
② 할로겐족(할로젠족) 원소가 사용된다.
③ 전기에 도체이므로 전기화재에 효과가 있다.
④ 소화약제의 변질분해 위험성이 낮다.

해설 ③ 도체 → 부도체(불량도체)

할론소화설비(할로겐화합물 소화약제)의 특징

(1) **연쇄반응**을 **차단**하여 소화한다. 보기 ①
(2) **할로겐족(할로젠족)** 원소가 사용된다. 보기 ②
(3) 전기에 **부도체**이므로 전기화재에 효과가 있다. 보기 ③
(4) 소화약제의 **변질분해** 위험성이 **낮**다. 보기 ④
(5) **오존층**을 **파괴**한다.
(6) 연소 **억제작용**이 크다(가연물과 산소의 화학반응을 억제한다).
(7) **소화능력**이 **크**다(소화속도가 빠르다).
(8) 금속에 대한 **부식성**이 **작**다.

답 ③

18 다음 중 발화점이 가장 높은 물질은?

20.08.문06
19.09.문02
18.03.문07
15.09.문02

① 이황화탄소 ② 황린
③ 가솔린   ④ 메탄

해설

물 질	인화점	발화점
• **황린** 보기 ②	20℃ 미만	**30~50℃**
• 아세트산	40℃	-
• **이황화탄소** 보기 ①	-30℃	**100℃**
• 에틸에터 다이에틸에터	-45℃	180℃
• 아세트알데하이드	-37.8℃	185℃
• 경유	50~70℃	200℃
• 등유	43~72℃	210℃
• 적린	-	260℃
• **가솔린(휘발유)** 보기 ③	-43℃	**300℃**
• 아세틸렌	-18℃	335℃
• 에틸알코올	13℃	423℃
• 메틸알코올	11℃	464℃
• 산화프로필렌	-37℃	465℃
• 톨루엔	4.4℃	480℃
• 프로필렌	-107℃	497℃
• 아세톤	-18℃	538℃
• **메탄** 보기 ④	-188℃	**540℃**
• 벤젠	-11℃	562℃

- 착화점=발화점=착화온도=발화온도
- 인화점=인화온도

답 ④

19
메탄 80vol%, 에탄 15vol%, 프로판 5vol%인 혼합가스의 공기 중 폭발하한계는 약 몇 vol%인가? (단, 메탄, 에탄, 프로판의 공기 중 폭발하한계는 5.0vol%, 3.0vol%, 2.1vol%이다.)

① 4.28
② 3.61
③ 3.23
④ 4.02

해설 (1) 기호
- V_1 : 80vol%
- V_2 : 15vol%
- V_3 : 5vol%
- L_1 : 5.0vol%
- L_2 : 3.0vol%
- L_3 : 2.1vol%

(2) 혼합가스의 폭발하한계

$$\frac{100}{L} = \frac{V_1}{L_1} + \frac{V_2}{L_2} + \frac{V_3}{L_3}$$

여기서, L : 혼합가스의 폭발하한계[vol%]
L_1, L_2, L_3 : 가연성 가스의 폭발하한계[vol%]
V_1, V_2, V_3 : 가연성 가스의 용량[vol%]

$$\frac{100}{L} = \frac{V_1}{L_1} + \frac{V_2}{L_2} + \frac{V_3}{L_3}$$

$$\frac{100}{L} = \frac{80}{5.0} + \frac{15}{3.0} + \frac{5}{2.1}$$

$$\frac{100}{\frac{80}{5.0} + \frac{15}{3.0} + \frac{5}{2.1}} = L$$

$$L = \frac{100}{\frac{80}{5.0} + \frac{15}{3.0} + \frac{5}{2.1}} ≒ 4.28\text{vol}\%$$

- 단위가 원래는 vol% 또는 v%, vol.%인데 줄여서 %로 쓰기도 한다.

답 ①

20
유류탱크 화재시 기름 표면에 물을 살수하면 기름이 탱크 밖으로 비산하여 화재가 확대되는 현상은?

① 슬롭오버(Slop over)
② 플래시오버(Flash over)
③ 프로스오버(Froth over)
④ 블레비(BLEVE)

해설 유류탱크, 가스탱크에서 발생하는 현상

구 분	설 명
블래비=블레비 (BLEVE)	• 과열상태의 탱크에서 내부의 액화가스가 분출하여 기화되어 폭발하는 현상
보일오버 (Boil over)	• 중질유의 석유탱크에서 장시간 조용히 연소하다 탱크 내의 잔존기름이 갑자기 분출하는 현상 • 유류탱크에서 **탱크바닥**에 **물**과 기름의 **에멀션**이 섞여 있을 때 이로 인하여 화재가 발생하는 현상 • 연소유면으로부터 100℃ 이상의 열파가 탱크 저부에 고여 있는 물을 비등하게 하면서 연소유를 탱크 밖으로 비산시키며 연소하는 현상
오일오버 (Oil over)	• 저장탱크에 저장된 유류저장량이 내용적의 **50%** 이하로 충전되어 있을 때 화재로 인하여 탱크가 폭발하는 현상
프로스오버 (Froth over)	• 물이 점성의 뜨거운 기름표면 아래에서 끓을 때 화재를 수반하지 않고 용기가 넘치는 현상
슬롭오버 (Slop over)	• **유류탱크 화재시** 기름 표면에 물을 살수하면 **기름**이 **탱크** 밖으로 **비산**하여 화재가 확대되는 현상(연소유가 비산되어 탱크 외부까지 화재가 확산) 보기 ① • 물이 연소유의 뜨거운 표면에 들어갈 때 기름 표면에서 화재가 발생하는 현상 • 유화제로 소화하기 위한 물이 수분의 급격한 증발에 의하여 액면이 거품을 일으키면서 열유층 밑의 냉유가 급히 열팽창하여 기름의 일부가 불이 붙은 채 탱크벽을 넘어서 일출하는 현상 • 연소면의 온도가 100℃ 이상일 때 물을 주수하면 발생 • 소화시 외부에서 방사하는 포에 의해 발생

답 ①

제2과목　소방전기일반

21
3상 농형 유도전동기의 기동법이 아닌 것은?

① Y-△기동법
② 기동보상기법
③ 2차 저항기동법
④ 리액터 기동법

해설 3상 유도전동기의 기동법

농형	권선형
① 전전압기동법(직입기동법)	① 2차 저항법(2차 저항 기동법) 보기 ③
② Y-△기동법 보기 ①	② 게르게스법
③ 리액터법(리액터 기동법) 보기 ④	
④ 기동보상기법 보기 ②	
⑤ 콘도르퍼기동법	

기억법 권2(권위)

답 ③

22

그림과 같은 회로의 A, B 양단에 전압을 인가하여 서서히 상승시킬 때 제일 먼저 파괴되는 콘덴서는? (단, 유전체의 재질 및 두께는 동일한 것으로 한다.)

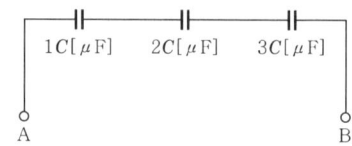

① $1C$ ② $2C$
③ $3C$ ④ 모두

해설

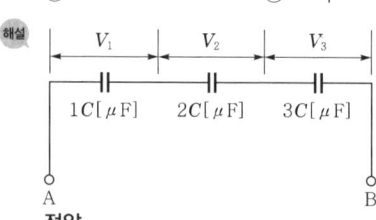

전압

$$V = IX_C = I\frac{1}{2\pi fC} \propto \frac{1}{C}$$

여기서, V : 전압[V]
I : 전류[A]
X_C : 용량리액턴스[Ω]
f : 주파수[Hz]
C : 정전용량[F]

전압(V)과 **정전용량**(C)은 **반비례**하므로 각 콘덴서에 걸리는 전압을 V_1, V_2, V_3[V]라 하면

$V_1 : V_2 : V_3 = \frac{1}{1} : \frac{1}{2} : \frac{1}{3} = 1 : 0.5 : 0.33$

• 용량이 제일 작은 $1C$[μF]이 전압이 가장 높으므로 제일 먼저 파괴된다.

답 ①

23 열동계전기(thermal relay)의 설치 목적은?

① 전동기의 과부하 보호
② 감전사고 예방
③ 자기유지
④ 인터록유지

해설

계전기	설명
• 접지계전기	• 지락전류 검출
• 거리계전기	• 계전기 입력전압과 전류의 비에 따라 작동하는 계전기
• 비율차동계전기 • 브흐홀츠계전기	• 발전기나 변압기의 내부고장 보호용
• 열동계전기	• **전동기**의 **과**부하 보호용 보기 ①

기억법 열전과

답 ①

24

3상 유도전동기를 기동하기 위하여 권선을 Y결선하면 △결선하였을 때보다 토크는 어떻게 되는가?

① $\frac{1}{\sqrt{3}}$로 감소 ② $\frac{1}{3}$로 감소
③ 3배로 증가 ④ $\sqrt{3}$배로 증가

해설 (1) 3상 전력

$$P = \sqrt{3}\, V_l I_l \cos\theta = 9.8\omega\tau$$

여기서, P : 3상 전력[W]
V_l : 선간전압[V]
I_l : 선전류[A]
$\cos\theta$: 역률
ω : 각속도[rad/s]
τ : 토크[kg·m]

(2) Y결선, △결선의 선전류

$$I_l \propto \tau$$

$$I_Y = \frac{V}{\sqrt{3}\,R},\quad I_\triangle = \frac{\sqrt{3}\,V}{R}$$

여기서, I_Y : Y결선의 선전류[A]
V : 선간전압[V]
R : 저항[Ω]
$I_\triangle$: △결선의 선전류[A]

$$\frac{I_Y}{I_\triangle} = \frac{\frac{V}{\sqrt{3}\,R}}{\frac{\sqrt{3}\,V}{R}} = \frac{1}{3}$$

답 ①

- 선전류(I_l)와 토크(τ)에 비례하므로 △결선에서 Y 결선으로 바꾸면 기동토크는 $\dfrac{1}{3}$로 감소한다.

답 ②

25
23.03.문25
22.03.문34
21.05.문26
18.03.문29

유도전동기의 슬립이 5.6%이고 회전자속도가 1700rpm일 때, 이 유도전동기의 동기속도는 약 몇 rpm인가?

① 1000   ② 1200
③ 1500   ④ 1800

해설

- 회전자속도=회전속도

(1) 기호
- N : 1700rpm
- s : 5.6%=0.056
- N_s : ?

(2) 동기속도 …… ㉠
$$N_s = \dfrac{120f}{P}$$

여기서, N_s : 동기속도[rpm], f : 주파수[Hz]
P : 극수

(3) 회전속도 …… ㉡
$$N = \dfrac{120f}{P}(1-s)\text{[rpm]}$$

여기서, N : 회전속도[rpm], P : 극수
f : 주파수[Hz], s : 슬립

㉠식을 ㉡식에 대입하면
$$N = N_s(1-s)$$

동기속도 N_s는
$$N_s = \dfrac{N}{(1-s)} = \dfrac{1700}{(1-0.056)} ≒ 1800\text{rpm}$$

답 ④

26
23.05.문30
20.06.문22
19.09.문30
17.03.문21

100V의 전압계가 있다. 이 전압계를 써서 300V 의 전압을 측정하려면 배율기의 저항은 몇 Ω이어야 하는가? (단, 전압계의 내부저항은 6000Ω이라고 한다.)

① 6000   ② 8000
③ 10000 ④ 12000

해설 (1) 기호
- V : 100V
- V_0 : 300V
- R_m : ?
- R_v : 6000Ω

(2) 배율기
$$V_0 = V\left(1 + \dfrac{R_m}{R_v}\right)\text{[V]}$$

여기서, V_0 : 측정하고자 하는 전압[V]
V : 전압계의 최대눈금[V]
R_v : 전압계의 내부저항[Ω]
R_m : 배율기 저항[Ω]

$$V_0 = V\left(1 + \dfrac{R_m}{R_v}\right)$$

$$\dfrac{V_0}{V} = 1 + \dfrac{R_m}{R_v}$$

$$1 + \dfrac{R_m}{R_v} = \dfrac{V_0}{V}$$

$$\dfrac{R_m}{R_v} = \dfrac{V_0}{V} - 1$$

$$R_m = \left(\dfrac{V_0}{V} - 1\right)R_v = \left(\dfrac{300}{100} - 1\right) \times 6000 = 12000\text{Ω}$$

비교

분류기
$$I_0 = I\left(1 + \dfrac{R_A}{R_S}\right)\text{[A]}$$

여기서, I_0 : 측정하고자 하는 전류[A]
I : 전류계의 최대눈금[A]
R_A : 전류계 내부저항[Ω]
R_S : 분류기 저항[Ω]

답 ④

27
16.03.문33
12.09.문31

저항 R_1[Ω], 저항 R_2[Ω], 인덕턴스 L[H]의 직렬회로가 있다. 이 회로의 시정수[s]는?

① $-\dfrac{R_1 + R_2}{L}$ ② $\dfrac{R_1 + R_2}{L}$
③ $-\dfrac{L}{R_1 + R_2}$ ④ $\dfrac{L}{R_1 + R_2}$

해설 시정수

(1) R L : $\tau = \dfrac{L}{R}\text{[s]}$

(2) R_1 R_2 L : $\tau = \dfrac{L}{R_1 + R_2}\text{[s]}$ 보기 ④

비교

RC 직렬회로
$$\tau = RC$$

여기서, τ : 시정수[s]
R : 저항[Ω]
C : 정전용량[F]

용어

시정수(time constant)
과도상태에 대한 변화의 속도를 나타내는 척도가 되는 상수

답 ④

28. 계전기 접점의 불꽃을 소거할 목적으로 사용하는 것은?

① 터널다이오드
② 버랙터다이오드
③ 바리스터
④ 서미스터

해설 반도체소자

명칭	심벌
제너다이오드(zener diode) ① 주로 정전압 전원회로에 사용된다. ② **전원전압**을 **일정**하게 **유지**한다.	
서미스터(thermistor): 부온도특성을 가진 저항기의 일종으로서 주로 **온도보정용**(온도보상용)으로 쓰인다. 보기 ④ 기억법 서온(서운해)	Th
SCR(Silicon Controlled Rectifier): 단방향 대전류 스위칭소자로서 제어를 할 수 있는 정류소자이다.	A K G
바리스터(varistor) 보기 ③ ① 주로 **서**지전압에 대한 회로보호용(과도전압에 대한 회로보호) ② **계**전기접점의 불꽃제거 기억법 바리서계	
UJT(Unijunction Transistor, **단일접합 트랜지스터**): 증폭기로는 사용이 불가능하며 톱니파나 펄스발생기로 작용하며 SCR의 트리거소자로 쓰인다.	B₁ E B₂
가변용량 다이오드(버랙터다이오드) 보기 ② ① **가변용량** 특성을 FM 변조 AFC 동조에 이용 ② 제너현상을 이용한 다이오드	
터널다이오드: 음저항 특성을 **마이크로파 발진**에 이용 보기 ①	
쇼트키다이오드: N형 반도체와 금속을 접합하여 금속부분이 반도체와 같은 기능을 하도록 만들어진 다이오드	

답 ③

29. 각 상의 임피던스가 $Z = 6 + j8\,\Omega$인 △결선의 평형 3상 부하에 선간전압이 220V인 대칭 3상 전압을 가했을 때 이 부하로 흐르는 선전류의 크기는 약 몇 A인가?

① 13   ② 22
③ 38   ④ 66

해설 (1) 기호

- $Z : 6 + j8\,\Omega$
- $V_L : 220V$
- $I_L : ?$

(2) △결선 vs Y결선

△결선	Y결선
$I_L = \dfrac{\sqrt{3}\,V_L}{Z} = \dfrac{\sqrt{3}\,V_P}{Z}$ $I_L = \sqrt{3}\,I_P$	$I_L = I_P = \dfrac{V_L}{\sqrt{3}\,Z}$ $I_L = I_P$

여기서, I_L : 선전류[A]
V_L : 선간전압[V]
Z : 임피던스[Ω]
I_P : 상전류[A]
V_P : 상전압[V]

여기서, I_L : 선전류[A]
I_P : 상전류[A]
V_L : 선간전압[V]
Z : 임피던스[Ω]

△결선 선전류 I_L는

$$I_L = \frac{\sqrt{3}\,V_L}{Z}$$
$$= \frac{\sqrt{3} \times 220}{6 + j8} = \frac{\sqrt{3} \times 220}{\sqrt{6^2 + 8^2}} ≒ 38A$$

답 ③

30. 그림과 같은 시퀀스회로의 논리식은?

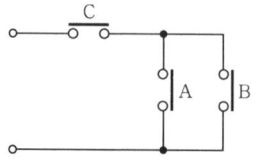

① A+B-C   ② (A+B)·C
③ A·B·C   ④ A·B+C

해설 시퀀스회로에서 직렬은 (·), 병렬은 (+)로 나타내므로 논리식은 (A+B)·C이다.

시퀀스회로와 논리회로

명칭	시퀀스회로	논리식
AND회로 (직렬회로)	A B X_-a	X = A·B

OR회로 (병렬회로)		X = A + B
NOT회로		X = $\overline{A}$
NAND회로		X = $\overline{A \cdot B}$
NOR회로		X = $\overline{A + B}$

답 ②

31 테브난의 정리를 이용하여 그림 (a)의 회로를 그림 (b)와 같은 등가회로로 만들고자 할 때 V_{th} [V] 와 R_{th} [Ω]은?

22.04.문33
21.03.문25

① 5V, 2Ω
② 5V, 3Ω
③ 6V, 2Ω
④ 6V, 3Ω

해설 테브난의 정리에 의해 2.4Ω에는 전압이 가해지지 않으므로

$V_{th} = \dfrac{R_2}{R_1+R_2}V = \dfrac{1.2}{1.2+1.2} \times 10 = 5V$

전압원을 **단락**하고 회로망에서 본 저항 R_{th}은
$R_{th} = \dfrac{1.2 \times 1.2}{1.2+1.2}+2.4 = 3Ω$

> **용어**
> **테브난의 정리**(테브낭의 정리)
> 2개의 독립된 회로망을 접속하였을 때의 전압·전류 및 임피던스의 관계를 나타내는 정리

답 ②

32 그림과 같이 전압계 V_1, V_2, V_3와 5Ω의 저항 R을 접속하였다. 전압계의 지시가 $V_1=20V$, $V_2=40V$, $V_3=50V$라면 부하전력은 몇 W 인가?

18.03.문27
15.09.문32
08.09.문39
07.05.문39

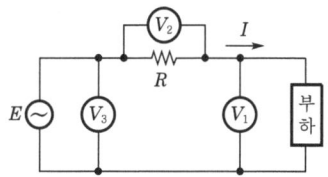

① 50
② 100
③ 150
④ 200

해설 (1) 기호

- V_1 : 20V
- V_2 : 40V
- V_3 : 50V
- R : 5Ω
- P : ?

(2) 3전압계법

$P = \dfrac{1}{2R}(V_3^2 - V_1^2 - V_2^2)$

여기서, P : 유효전력(소비전력)[W]
R : 저항[Ω]
V_1, V_2, V_3 : 전압계의 지시값[V]

유효전력 P는
$P = \dfrac{1}{2R}(V_3^2 - V_1^2 - V_2^2)$
$= \dfrac{1}{2 \times 5} \times (50^2 - 20^2 - 40^2)$
$= 50W$

비교

3전류계법

$$P = \frac{R}{2}(I_3{}^2 - I_1{}^2 - I_2{}^2) \text{[W]}$$

여기서, P : 유효전력[W]
R : 저항[Ω]
I_1, I_2, I_3 : 전류계의 지시값[A]

답 ①

33. 그림과 같은 회로에서 전압계 ⓥ가 10V일 때 단자 A-B 간의 전압은 몇 V인가?

① 50 ② 85
③ 100 ④ 135

해설 문제 조건에 의해 회로를 일부 수정하면 다음과 같다.

(1) 전류

$$I = \frac{V}{R}$$

여기서, I : 전류[A]
V : 전압[V]
R : 저항[Ω]

전류 I_3는

$$I_3 = \frac{V}{R_3} = \frac{10}{5} = 2\text{A}$$

같은 선에 전류가 흐르므로

$$I_2 = I_3$$

전압 V_2는
$V_2 = I_2 R_2 = 2 \times 20 = 40\text{V}$

전류 I_4는

$$I_4 = \frac{V}{R_4} = \frac{50}{10} = 5\text{A}$$

전압 V_1은
$V_1 = I_1 R_1 = 7 \times 5 = 35\text{V}$
단자 A-B 간 전압 $V = 35 + 50 = 85\text{V}$

답 ②

34. 그림의 블록선도와 같이 표현되는 제어시스템의 전달함수 $G(s)$는?

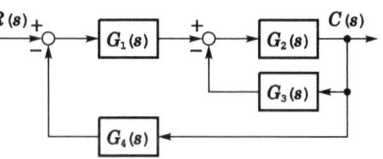

① $\dfrac{G_1(s)G_2(s)}{1 + G_2(s)G_3(s) + G_1(s)G_2(s)G_4(s)}$

② $\dfrac{G_3(s)G_4(s)}{1 + G_2(s)G_3(s) + G_1(s)G_2(s)G_4(s)}$

③ $\dfrac{G_1(s)G_2(s)}{1 + G_1(s)G_2(s) + G_1(s)G_2(s)G_3(s)}$

④ $\dfrac{G_3(s)G_4(s)}{1 + G_1(s)G_2(s) + G_1(s)G_2(s)G_3(s)}$

해설

$C = R(s)G_1(s)G_2(s) - CG_1(s)G_2(s)G_4(s)$
$\quad - CG_2(s)G_3(s)$

계산편의를 위해 잠시 (s)를 생략하고 계산하면
$C = RG_1G_2 - CG_1G_2G_4 - CG_2G_3$
$C + CG_1G_2G_4 + CG_2G_3 = RG_1G_2$
$C(1 + G_1G_2G_4 + G_2G_3) = RG_1G_2$
$\dfrac{C}{R} = \dfrac{G_1G_2}{1 + G_1G_2G_4 + G_2G_3}$
$G = \dfrac{C}{R} = \dfrac{G_1G_2}{1 + G_2G_3 + G_1G_2G_4}$
$G(s) = \dfrac{C(s)}{R(s)} = \dfrac{G_1(s)G_2(s)}{1 + G_2(s)G_3(s) + G_1(s)G_2(s)G_4(s)}$

🔑 용어

전달함수
모든 초기값을 **0**으로 하였을 때 출력신호의 라플라스 변환과 입력신호의 라플라스변환의 **비**

답 ①

35. 그림과 같은 브리지회로의 평형 조건은?
16.03.문24
13.06.문23

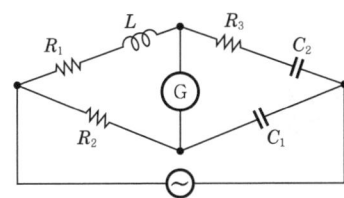

① $R_1C_1 = R_2C_2$, $R_2R_3 = C_1L$
② $R_1C_1 = R_2C_2$, $R_2R_3C_1 = L$
③ $R_1C_2 = R_2C_1$, $R_2R_3 = C_1L$
④ $R_1C_2 = R_2C_1$, $L = R_2R_3C_1$

해설 **교류브리지 평형 조건**

$I_1Z_1 = I_2Z_2$, $I_1Z_3 = I_2Z_4$ ∴ $Z_1Z_4 = Z_2Z_3$
$Z_1 = R_1 + j\omega L$
$Z_2 = R_2$

$Z_3 = R_3 + \dfrac{1}{j\omega C_2} = \dfrac{j\omega C_2 R_3}{j\omega C_2} + \dfrac{1}{j\omega C_2} = \dfrac{j\omega C_2 R_3 + 1}{j\omega C_2}$

$Z_4 = \dfrac{1}{j\omega C_1}$

$Z_1Z_4 = Z_2Z_3$

$(R_1 + j\omega L) \times \dfrac{1}{j\omega C_1} = R_2 \times \dfrac{j\omega C_2 R_3 + 1}{j\omega C_2}$

$\dfrac{R_1 + j\omega L}{j\omega C_1} = R_2 \times \dfrac{j\omega C_2 R_3 + 1}{j\omega C_2}$

$\dfrac{R_1 + j\omega L}{j\omega C_1} = \dfrac{j\omega C_2 R_2 R_3 + R_2}{j\omega C_2}$

$\dfrac{R_1 + j\omega L}{j\omega C_1} = \dfrac{R_2 + j\omega C_2 R_2 R_3}{j\omega C_2}$

$L = C_2R_2R_3$, $C_1 = C_2$, $R_1 = R_2$

$L = C_2R_2R_3 = R_2R_3C_2$

$C_1 = C_2$ 이므로
∴ $L = R_2R_3C_1$
$R_2R_3C_2 = R_2R_3C_1$

$R_1 = R_2$ 이므로
$R_1R_3C_2 = R_2R_3C_1$
∴ $R_1C_2 = R_2C_1$

답 ④

36. 어떤 측정계기의 지시값을 M, 참값을 T라 할 때 보정률은?
24.07.문31
21.03.문40
16.10.문29
16.03.문31
15.09.문36

① $\dfrac{T-M}{M} \times 100\%$ ② $\dfrac{M}{M-T} \times 100\%$

③ $\dfrac{T-M}{T} \times 100\%$ ④ $\dfrac{T}{M-T} \times 100\%$

해설 **전기계기의 오차**

오차율	보정률
오차율 = $\dfrac{M-T}{T} \times 100\%$	보정률 = $\dfrac{T-M}{M} \times 100\%$
기억법 오MTT	기억법 보TMM
	보기 ①

여기서, T : 참값
$\quad\quad M$: 측정값(지시값)

답 ①

37. 전자유도현상에서 코일에 생기는 유도기전력의 방향을 정의한 법칙은?
18.09.문29
12.03.문29
11.10.문29
00.07.문28

① 플레밍의 오른손법칙
② 플레밍의 왼손법칙
③ 렌츠의 법칙
④ 패러데이의 법칙

해설 여러 가지 법칙

법 칙	설 명
플레밍의 **오**른손법칙	**도**체운동에 의한 **유**도기전력의 **방**향 결정 [기억법] **방유도오** (**방**에 **우유**를 **도로** 갖다 놓게!)
플레밍의 **왼**손법칙	**전**자력의 방향 결정 [기억법] **왼전** (**왠 전**쟁이냐?)
렌츠의 법칙 (렌쯔의 법칙) 보기 ③	자속변화에 의한 **유**도기전력의 **방**향 결정 [기억법] **렌유방** (**오렌**지가 **유**일한 **방**법이다.)
패러데이의 전자유도법칙 (페러데이의 법칙)	① 자속변화에 의한 **유**기기전력의 **크**기 결정 ② 전자유도현상에 의하여 생기는 **유도기전력**의 **크기**를 정의하는 법칙 [기억법] **패유크** (**폐유**를 버리면 **큰**일난다.)
앙페르의 오른나사법칙 (앙페에르의 법칙)	**전**류에 의한 **자**기장의 방향 결정 [기억법] **앙전자** (**양전자**)
비오-사바르의 법칙	**전**류에 의해 발생되는 **자**기장의 크기 결정 [기억법] **비전자** (**비전공자**)

• 유도기전력 = 유기기전력

답 ③

38 ★★★
21.05.문39
18.04.문40
16.03.문22

길이 1cm마다 감은 권선수가 50회인 무한장 솔레노이드에 500mA의 전류를 흘릴 때 솔레노이드 내부에서의 자계의 세기는 몇 AT/m인가?

① 2500   ② 1250
③ 12500   ④ 25000

해설 (1) 기호

- n : 1cm당 50회
1cm당 권수 50회이므로
1m=100cm당 권수는
1cm : 100cm=50회 : n
n=100×50
- I : 500mA=0.5A(1000mA=1A)
- H_i : ?

(2) 무한장 솔레노이드
  ㉠ 내부자계

$$H_i = nI \text{(AT/m)}$$

여기서, H_i : 내부자계의 세기(AT/m)
       n : 단위길이당 권수(1m당 권수)
       I : 전류(A)

  ㉡ 외부자계

$$H_e = 0$$

여기서, H_e : 외부자계의 세기(AT/m)
내부자계이므로
무한장 솔레노이드 내부의 자계
$H_i = nI = (100 \times 50) \times 0.5 = 2500$AT/m

답 ①

39 ★★★
15.03.문30
04.09.문23

간선의 굵기를 결정하는 데 고려하지 않아도 되는 것은?

① 허용전류
② 전압강하
③ 전선관의 굵기
④ 기계적 강도

해설 **전선**의 **굵기**를 **결정**하는 요소

(1) **허**용전류 보기 ①
(2) **전**압강하 보기 ②   ┐3요소
(3) **기**계적 강도 보기 ④ ┘
(4) 역률
(5) 수용률
(6) 부하용량

[기억법] **허전기**

답 ③

40 ★★★
17.03.문35
16.05.문21
15.05.문22
11.06.문24

개루프 제어와 비교하여 폐루프 제어에서 반드시 필요한 장치는?

① 안정도를 좋게 하는 장치
② 제어대상을 조작하는 장치
③ 동작신호를 조절하는 장치
④ 기준입력신호와 주궤환신호를 비교하는 장치

해설 **피드백제어**(feedback control=**폐루프제어**)

(1) 출력신호를 입력신호로 되돌려서 **입력**과 **출력**을 **비교**함으로써 **정확한 제어**가 가능하도록 한 제어
(2) 기준입력신호와 주궤환신호를 비교하는 장치가 있는 제어 보기 ④

중요

피드백제어의 특징
(1) **정확도**(정확성)가 **증가**한다.
(2) **대역폭**이 **크다**(대역폭이 **증가**한다).
(3) 계의 특성 변화에 대한 입력 대 출력비의 감도가 감소한다.
(4) 구조가 **복잡**하고 설치비용이 고가이다.
(5) 폐회로로 구성되어 있다.
(6) 입력과 출력을 비교하는 장치가 있다.
(7) 오차를 **자동정정**한다.
(8) **발진**을 일으키고 **불안정한 상태**로 되어가는 경향성이 있다.
(9) 비선형과 왜형에 대한 효과가 **감소**한다.

| 피드백제어 |

답 ④

제3과목 소방관계법규

41 화재의 예방 및 안전관리에 관한 법령상 시·도지사는 화재가 발생할 우려가 높거나 화재가 발생하는 경우 그로 인하여 피해가 클 것으로 예상되는 지역을 화재예방강화지구로 지정할 수 있는데 다음 중 지정대상지역에 대한 기준으로 틀린 것은? (단, 소방청장·소방본부장 또는 소방서장이 화재예방강화지구로 지정할 필요가 있다고 별도로 인정하는 지역은 제외한다.)

① 소방용수시설이 없는 지역
② 시장지역
③ 목조건물이 밀집한 지역
④ 섬유공장이 분산되어 있는 지역

해설 ④ 분산되어 있는 → 밀집한

화재예방법 18조
화재예방강화지구의 지정
(1) **지정권자**: 시·도지사
(2) **지정지역**
  ㉠ **시장**지역 보기 ②
  ㉡ **공장**·**창고** 등이 밀집한 지역 보기 ④
  ㉢ **목조건물**이 밀집한 지역 보기 ③
  ㉣ **노후**·**불량** 건축물이 밀집한 지역
  ㉤ **위험물**의 **저장** 및 **처리시설**이 **밀집**한 지역
  ㉥ **석유화학제품**을 생산하는 공장이 있는 지역

  ㉦ **소방시설**·**소방용수시설** 또는 **소방출동로**가 **없**는 지역 보기 ①
  ㉧ 「**산업입지 및 개발에 관한 법률**」에 따른 산업단지
  ㉨ 「**물류시설의 개발 및 운영에 관한 법률**」에 따른 **물류단지**
  ㉩ **소방청장**·**소방본부장**·**소방서장**(소방관서장)이 화재예방강화지구로 지정할 필요가 있다고 인정하는 지역

  ※ **화재예방강화지구**: 화재발생 우려가 크거나 화재가 발생할 경우 피해가 클 것으로 예상되는 지역에 대하여 화재의 예방 및 안전관리를 강화하기 위해 지정·관리하는 지역

비교

기본법 19조
화재로 오인할 만한 불을 피우거나 연막소독시 신고지역
(1) **시장**지역
(2) **공장**·**창고**가 밀집한 지역
(3) **목조건물**이 밀집한 지역
(4) **위험물**의 **저장** 및 **처리시설**이 밀집한 지역
(5) **석유화학제품**을 생산하는 공장이 있는 지역
(6) 그 밖에 **시**·**도**의 **조례**로 정하는 지역 또는 장소

답 ④

42 소방시설공사업법령상 하자를 보수하여야 하는 소방시설과 소방시설별 하자보수 보증기간으로 옳은 것은?

① 유도등 : 1년
② 자동소화장치 : 3년
③ 자동화재탐지설비 : 2년
④ 소화용수설비 : 2년

해설 ① 2년
③, ④ 3년

공사업령 6조
소방시설공사의 하자보수 보증기간

보증기간	소방시설
2년	① **유**도등·**피**난기구 보기 ① ② **비상조**명등·비상**경**보설비·비상**방**송설비 ③ **무**선통신보조설비
3년	① 자동소화장치 보기 ② ② 옥내·외소화전설비 ③ 스프링클러설비 ④ 물분무등소화설비·소화용수설비 보기 ④ ⑤ 자동화재탐지설비·소화활동설비(무선통신보조설비 제외) 보기 ③ ⑥ 화재알림설비

기억법 유비 조경방무피2

답 ②

43

화재의 예방 및 안전관리에 관한 법령상 특수가연물의 저장기준 중 ㉠, ㉡, ㉢에 알맞은 것은? (단, 석탄·목탄류를 발전용으로 저장하는 경우는 제외한다.)

쌓는 높이는 10m 이하가 되도록 하고, 쌓는 부분의 바닥면적은 (㉠)m² 이하가 되도록 할 것. 다만, 살수설비를 설치하거나, 방사능력 범위에 해당 특수가연물이 포함되도록 대형 수동식 소화기를 설치하는 경우에는 쌓는 높이를 (㉡)m 이하, 쌓는 부분의 바닥면적을 (㉢)m² 이하로 할 수 있다.

① ㉠ 200, ㉡ 20, ㉢ 400
② ㉠ 200, ㉡ 15, ㉢ 300
③ ㉠ 50, ㉡ 20, ㉢ 100
④ ㉠ 50, ㉡ 15, ㉢ 200

해설 화재예방법 시행령 [별표 3]
특수가연물의 저장 및 취급의 기준
(1) 특수가연물을 저장 또는 취급하는 장소에는 품명, 최대저장수량, 단위부피당 질량 또는 단위체적당 질량, 관리책임자 성명·직책·연락처 및 화기취급의 금지표지가 포함된 특수가연물 표지를 설치할 것
(2) 쌓아 저장하는 기준(단, 석탄·목탄류를 발전용으로 저장하는 것 제외)
 ㉠ 품명별로 구분하여 쌓을 것
 ㉡ 쌓는 높이는 10m 이하가 되도록 하고, 쌓는 부분의 바닥면적은 50m²(석탄·목탄류는 200m²) 이하가 되도록 할 것(단, 살수설비를 설치하거나, 방사능력 범위에 해당 특수가연물이 포함되도록 대형 수동식 소화기를 설치하는 경우에는 쌓는 높이를 15m 이하, 쌓는 부분의 바닥면적을 200m²(석탄·목탄류는 300m²) 이하로 할 수 있다) 보기 ④
 ㉢ 쌓는 부분 바닥면적의 사이는 실내의 경우 1.2m 또는 쌓는 높이의 $\frac{1}{2}$ 중 **큰 값** 이상으로 간격을 두어야 하며, **실외**의 경우 3m 또는 쌓는 높이 중 큰 값 이상으로 간격을 둘 것

답 ④

44

위험물안전관리법령에 따른 정기점검의 대상인 제조소 등의 기준 중 틀린 것은?

① 암반탱크저장소
② 지하탱크저장소
③ 이동탱크저장소
④ 지정수량의 150배 이상의 위험물을 저장하는 옥외탱크저장소

해설 ④ 150배 → 200배

위험물령 15·16조
정기점검의 대상인 제조소 등
(1) 예방규정을 정하여야 할 제조소 등
 ㉠ **10**배 이상의 **제조소**·**일반취급소**
 ㉡ **100**배 이상의 **옥외저장소**
 ㉢ **150**배 이상의 **옥내저장소**
 ㉣ **200**배 이상의 **옥외탱크저장소** 보기 ④
 ㉤ 이송취급소
 ㉥ 암반탱크저장소 보기 ①

(2) **지하탱크**저장소 보기 ②
(3) **이동탱크**저장소 보기 ③
(4) 위험물을 취급하는 탱크로서 지하에 매설된 탱크가 있는 **제조소**·**주유취급소** 또는 **일반취급소**

기억법 정 지이

답 ④

45

소방기본법령에 따른 소방용수시설의 설치기준상 소방용수시설을 주거지역·상업지역 및 공업지역에 설치하는 경우 소방대상물과의 수평거리를 몇 m 이하가 되도록 해야 하는가?

① 280 ② 100
③ 140 ④ 200

해설 기본규칙 [별표 3]
소방용수시설의 설치기준

거리기준	지 역
수평거리 100m 이하 보기 ②	• **공업**지역 • **상업**지역 • **주거**지역 **기억법** 주상공100(주상공 백지에 사인을 하시오.)
수평거리 140m 이하	• 기타지역

답 ②

46

화재의 예방 및 안전관리에 관한 법령상 소방대상물의 개수·이전·제거, 사용의 금지 또는 제한, 사용폐쇄, 공사의 정지 또는 중지, 그 밖의 필요한 조치로 인하여 손실을 받은 자가 손실보상청구서에 첨부하여야 하는 서류로 틀린 것은?

① 손실보상합의서
② 손실을 증명할 수 있는 사진
③ 손실을 증명할 수 있는 증빙자료
④ 소방대상물의 관계인임을 증명할 수 있는 서류(건축물대장은 제외)

해설 ① 해당없음

화재예방법 시행규칙 6조
손실보상 청구자가 제출하여야 하는 서류
(1) 소방대상물의 **관계인**임을 증명할 수 있는 서류(건축물대장 제외) 보기 ④
(2) 손실을 증명할 수 있는 **사진**, 그 밖의 **증빙자료** 보기 ②③

기억법 사증관손(사정관의 손)

답 ①

47 소방시설공사업법령상 전문 소방시설공사의 등록기준 및 영업범위의 기준에 대한 설명으로 틀린 것은?
24.07.문51
22.04.문54
16.10.문58

① 법인인 경우 자본금은 최소 1억원 이상이다.
② 개인인 경우 자산평가액은 최소 1억원 이상이다.
③ 주된 기술인력 최소 1명 이상, 보조기술인력 최소 3명 이상을 둔다.
④ 영업범위는 특정소방대상물에 설치되는 기계분야 및 전기분야 소방시설의 공사·개설·이전 및 정비이다.

해설 ③ 3명 이상 → 2명 이상

공사업령 [별표 1]
소방시설공사업

종류	기술인력	자본금	영업범위
전문	• 주된 기술인력 : **1명** 이상 • 보조기술인력 : **2명** 이상 보기 ③	• 법인 : **1억원** 이상 • 개인 : **1억원** 이상	특정소방대상물
일반	• 주된 기술인력 : **1명** 이상 • 보조기술인력 : **1명** 이상	• 법인 : **1억원** 이상 • 개인 : **1억원** 이상	• 연면적 10000m² 미만 • 위험물제조소 등

답 ③

48 소방시설공사업법령상 소방공사감리를 실시함에 있어 용도와 구조에서 특별히 안전성과 보안성이 요구되는 소방대상물로서 소방시설물에 대한 감리를 감리업자가 아닌 자가 감리할 수 있는 장소는?
23.03.문46
20.06.문54

① 정보기관의 청사
② 교도소 등 교정관련시설
③ 국방 관계시설 설치장소
④ 원자력안전법상 관계시설이 설치되는 장소

해설 (1) **공사업법 시행령 8조**
감리업자가 아닌 자가 감리할 수 있는 보안성 등이 요구되는 소방대상물의 시공장소 「**원자력안전법**」 제2조 제10호에 따른 **관계시설**이 설치되는 장소 보기 ④
(2) **원자력안전법 2조 10호**
"**관계시설**"이란 **원자로**의 **안전**에 **관계**되는 **시설**로서 **대통령령**으로 정하는 것을 말한다.

답 ④

49 다음 중 소방신호의 종류가 아닌 것은?
22.04.문56
21.03.문44
12.03.문48

① 경계신호
② 발화신호
③ 경보신호
④ 훈련신호

해설 **기본규칙 10조**
소방신호의 종류

소방신호	설명
경계신호 보기 ①	화재예방상 필요하다고 인정되거나 화재위험경보시 발령
발화신호 보기 ②	화재가 발생한 때 발령
해제신호	소화활동이 필요없다고 인정되는 때 발령
훈련신호 보기 ④	훈련상 필요하다고 인정되는 때 발령

중요

기본규칙 [별표 4]
소방신호표

신호방법 종별	타종신호	사이렌 신호
경계신호	**1**타와 연 **2**타를 반복	**5**초 간격을 두고 **30**초씩 **3**회
발화신호	**난**타	**5**초 간격을 두고 **5**초씩 **3**회
해제신호	상당한 간격을 두고 **1**타씩 반복	**1**분간 **1**회
훈련신호	연 **3**타 반복	**10**초 간격을 두고 **1**분씩 **3**회

기억법
	타	사
경계	1+2	5+30=3
발	난	5+5=3
해	1	1=1
훈	3	10+1=3

답 ③

50 소방기본법령상 이웃하는 다른 시·도지사와 소방업무에 관하여 시·도지사가 체결할 상호응원협정 사항이 아닌 것은?

① 화재조사활동
② 응원출동의 요청방법
③ 소방교육 및 응원출동훈련
④ 응원출동 대상지역 및 규모

해설
③ 소방교육은 해당없음

기본규칙 8조
소방업무의 상호응원협정
(1) 다음의 **소방활동**에 관한 사항
　㉠ 화재의 경계·진압활동
　㉡ 구조·구급업무의 지원
　㉢ 화재**조**사활동 〔보기 ①〕
(2) **응**원출동 대상지역 및 **규**모 〔보기 ④〕
(3) **소**요경비의 부담에 관한 사항
　㉠ 출동대원의 수당·식사 및 의복의 수선
　㉡ 소방장비 및 기구의 정비와 연료의 보급
(4) **응**원출동의 **요**청방법 〔보기 ②〕
(5) 응원출동 훈련 및 평가

기억법 조응(조아?)

답 ③

51 소방시설 설치 및 관리에 관한 법령상 스프링클러설비를 설치하여야 하는 특정소방대상물의 기준으로 틀린 것은? (단, 위험물 저장 및 처리 시설 중 가스시설 또는 지하구는 제외한다.)

① 복합건축물로서 연면적 3500m² 이상인 경우에는 모든 층
② 창고시설(물류터미널은 제외)로서 바닥면적 합계가 5000m² 이상인 경우에는 모든 층
③ 숙박이 가능한 수련시설 용도로 사용되는 시설의 바닥면적의 합계가 600m² 이상인 것은 모든 층
④ 판매시설, 운수시설 및 창고시설(물류터미널에 한정)로서 바닥면적의 합계가 5000m² 이상이거나 수용인원이 500명 이상인 경우에는 모든 층

해설
① 3500m² → 5000m²

소방시설법 시행령 〔별표 4〕
스프링클러설비의 설치대상

설치대상	조건
① 문화 및 집회시설, 운동시설 ② 종교시설	• 수용인원 : 100명 이상 • 영화상영관 : 지하층·무창층 500m²(기타 1000m²) 이상 • 무대부 　- 지하층·무창층·**4층** 이상 300m² 이상 　- 1~3층 500m² 이상
③ 판매시설 ④ 운수시설 ⑤ 물류터미널	• 수용인원 : 500명 이상 • 바닥면적 합계 : 5000m² 이상 　〔보기 ④〕
⑥ 노유자시설 ⑦ 정신의료기관 ⑧ 수련시설(숙박 가능한 것) ⑨ 종합병원, 병원, 치과병원, 한방병원 및 요양병원(정신병원 제외) ⑩ 숙박시설	• 바닥면적 합계 600m² 이상 　〔보기 ③〕
⑪ 지하층·무창층·**4층** 이상	• 바닥면적 1000m² 이상
⑫ 창고시설(물류터미널 제외)	• 바닥면적 합계 : 5000m² 이상 : 전층 〔보기 ②〕
⑬ 지하상가	• 연면적 1000m² 이상
⑭ 10m 넘는 랙식 창고	• 연면적 1500m² 이상
⑮ 복합건축물 ⑯ 기숙사	• 연면적 5000m² 이상 : 전층 　〔보기 ①〕
⑰ **6층** 이상	• 전층
⑱ 보일러실·연결통로	• 전부
⑲ 특수가연물 저장·취급	• 지정수량 1000배 이상
⑳ 발전시설	• 전기저장시설 : 전부

답 ①

52 소방시설 설치 및 관리에 관한 법령상 제조 또는 가공공정에서 방염처리를 한 물품 중 방염대상 물품이 아닌 것은?

① 카펫
② 전시용 합판
③ 창문에 설치하는 커튼류
④ 두께 2mm 미만인 종이벽지

해설
④ 두께 2mm 미만인 종이벽지 → 두께 2mm 미만인 종이벽지 제외

소방시설법 시행령 31조
방염대상물품

제조 또는 가공 공정에서 방염처리를 한 물품	건축물 내부의 천장이나 벽에 부착하거나 설치하는 것
① 창문에 설치하는 **커튼류**(블라인드 포함) 보기 ③ ② 카펫 보기 ① ③ 벽지류(두께 2mm 미만인 종이벽지 제외) 보기 ④ ④ 전시용 합판·목재 또는 섬유판 보기 ② ⑤ 무대용 합판·목재 또는 섬유판 ⑥ **암막**·**무대막**(영화상영관·가상체험 체육시설업의 **스크린** 포함) ⑦ 섬유류 또는 합성수지류 등을 원료로 하여 제작된 소파·의자(단란주점영업, 유흥주점영업 및 노래연습장업의 영업장에 설치하는 것만 해당)	① 종이류(두께 2mm 이상), 합성수지류 또는 섬유류를 주원료로 한 물품 ② 합판이나 목재 ③ 공간을 구획하기 위하여 설치하는 **간이칸막이** ④ **흡음재**(흡음용 커튼 포함) 또는 **방음재**(방음용 커튼 포함) ※ 가구류(옷장, 찬장, 식탁, 식탁용 의자, 사무용 책상, 사무용 의자, 계산대)와 너비 10cm 이하인 반자돌림대, 내부 마감재료 제외

답 ④

---

53 피난시설, 방화구획 및 방화시설을 폐쇄·훼손·변경 등의 행위를 3차 이상 위반한 자에 대한 과태료는?

21.09.문52
19.04.문49
18.04.문58
15.09.문57
10.03.문57

① 200만원 ② 300만원
③ 500만원 ④ 1000만원

해설 소방시설법 61조
300만원 이하의 과태료
(1) 소방시설을 **화재안전기준**에 따라 설치·관리하지 아니한 자
(2) 피난시설, 방화구획 또는 방화시설의 **폐쇄·훼손·변경** 등의 행위를 한 자 보기 ②
(3) **임시소방시설**을 설치·관리하지 아니한 자
(4) **점검기록표**를 기록하지 아니하거나 특정소방대상물의 출입자가 쉽게 볼 수 있는 장소에 게시하지 아니한 관계인

 비교

소방시설법 시행령 〔별표 10〕
피난시설, 방화구획 또는 방화시설을 폐쇄·훼손·변경 등의 행위

1차 위반	2차 위반	3차 이상 위반
100만원	200만원	300만원

답 ②

---

54 소방시설 설치 및 관리에 관한 법령상 스프링클러설비를 설치하여야 하는 특정소방대상물의 기준으로 틀린 것은? (단, 위험물 저장 및 처리 시설 중 가스시설 또는 지하구를 제외한다.)

24.07.문54
23.09.문41
20.08.문47
19.03.문48
15.03.문56

① 물류터미널로서 바닥면적 합계가 2000m² 이상인 경우에는 모든 층
② 숙박이 가능한 수련시설에 해당하는 용도로 사용되는 시설의 바닥면적의 합계가 600m² 이상인 것은 모든 층
③ 종교시설(주요구조부가 목조인 것은 제외)로서 수용인원이 100명 이상인 것에 해당하는 경우에는 모든 층
④ 지하상가로서 연면적 1000m² 이상인 것

 해설

① 2000m² → 5000m²

소방시설법 시행령 〔별표 4〕
스프링클러설비의 설치대상

설치대상	조건

• 문화 및 집회시설, 운동시설
• 종교시설 보기 ③
	• 수용인원 : **100명** 이상
	• 영화상영관 : 지하층·무창층 **500m²**(기타 **1000m²**) 이상
	• 무대부
	  – 지하층·무창층·**4층** 이상 : **300m²** 이상
	  – 1~3층 : **500m²** 이상

• 판매시설 • 운수시설 • 물류터미널 보기 ①	• 수용인원 : **500명** 이상 • 바닥면적 합계 **5000m²** 이상
창고시설(물류터미널 제외)	바닥면적 합계 **5000m²** 이상 : 전층
• 노유자시설 • 정신의료기관 • 수련시설(숙박 가능한 곳) 보기 ② • 종합병원, 병원, 치과병원, 한방병원 및 요양병원(정신병원 제외) • 숙박시설	바닥면적 합계 **600m²** 이상
지하상가 보기 ④	연면적 **1000m²** 이상
지하층·무창층·4층 이상	바닥면적 **1000m²** 이상
10m 넘는 랙식 창고	연면적 **1500m²** 이상

• 복합건축물 • 기숙사	연면적 5000m² 이상 : 전층
6층 이상	전층

중요

6층 이상	
① 건축허가 동의 ② 자동화재탐지설비 ③ 스프링클러설비	전층

보일러실·연결통로	전부
특수가연물 저장·취급	지정수량 1000배 이상
발전시설	전기저장시설 : 전층

중요

지정수량 500배 이상	지정수량 750배 이상	지정수량 1000배 이상
① 자동화재탐지 설비 ② 스프링클러설비 (지붕 또는 외벽이 불연재료가 아니거나 내화구조가 아닌 공장 또는 창고시설)	① 옥내·외 소화 전설비 ② 물분무등소화 설비 ③ 건축허가 동의	스프링클러설비 (공장 또는 창고 시설)

답 ①

55 다음 중 한국소방안전원의 업무에 해당하지 않는 것은?

13.03.문41

① 소방용품의 형식승인
② 소방업무에 관하여 행정기관이 위탁하는 업무
③ 화재예방과 안전관리의식 고취를 위한 대국민 홍보
④ 소방기술과 안전관리에 관한 교육, 조사·연구 및 각종 간행물 발간

해설 ① 한국소방산업기술원의 업무

기본법 41조
한국소방안전원의 업무
(1) 소방기술과 안전관리에 관한 **교육** 및 **조사·연구** 보기 ④
(2) 소방기술과 안전관리에 관한 각종 **간행물의 발간** 보기 ④
(3) 화재예방과 안전관리의식의 고취를 위한 **대국민 홍보** 보기 ③
(4) 소방업무에 관하여 **행정기관**이 위탁하는 **사업** 보기 ②
(5) 소방안전에 관한 **국제협력**
(6) **회원**에 대한 **기술지원** 등 정관이 정하는 사항

답 ①

56 소방시설공사업법령에 따른 소방시설업 등록이 가능한 사람은?

15.03.문41
12.09.문44
11.03.문53

① 피성년후견인
② 위험물안전관리법에 따른 금고 이상의 형의 집행유예를 선고받고 그 유예기간 중에 있는 사람
③ 등록하려는 소방시설업 등록이 취소된 날부터 3년이 지난 사람
④ 소방기본법에 따른 금고 이상의 실형을 선고받고 그 집행이 면제된 날부터 1년이 지난 사람

해설 ③ 2년이 지났으므로 등록 가능

공사업법 5조
소방시설업의 등록결격사유
(1) 피성년후견인 보기 ①
(2) 금고 이상의 실형을 선고받고 그 집행이 끝나거나 집행이 면제된 날부터 **2년**이 지나지 아니한 사람 보기 ④
(3) 금고 이상의 형의 집행유예를 선고받고 그 유예기간 중에 있는 사람 보기 ②
(4) 시설업의 등록이 취소된 날부터 **2년**이 지나지 아니한 자 보기 ③
(5) **법인**의 **대표자**가 위 (1)~(4)에 해당되는 경우
(6) **법인**의 **임원**이 위 (2)~(4)에 해당되는 경우

비교

소방시설법 30조
소방시설관리업의 등록결격사유
(1) 피성년후견인
(2) 금고 이상의 실형을 선고받고 그 집행이 끝나거나 집행이 면제된 날부터 **2년**이 지나지 아니한 사람
(3) 금고 이상의 형의 집행유예를 선고받고 그 유예기간 중에 있는 사람
(4) 관리업의 등록이 취소된 날부터 **2년**이 지나지 아니한 자

답 ③

57 소방안전교육사를 배치하지 않아도 되는 곳은 어느 것인가?

24.05.문53
22.03.문51
21.09.문42

① 소방청
② 한국소방안전원
③ 소방체험관
④ 한국소방산업기술원

해설 기본령 〔별표 2의 3〕
소방**안**전교육사의 배치대상별 배치기준

배치대상	배치기준
소방**서**	• 1명 이상
한국소방안전원 보기 ②	• 시·도지부 : 1명 이상 • 본회 : 2명 이상
소방**본**부	• 2명 이상
소방청 보기 ①	• 2명 이상
한국소방산업**기**술원 보기 ④	• 2명 이상

기억법 서본기안

답 ③

58 화재의 예방 및 안전관리에 관한 법령상 소방청장, 소방본부장 또는 소방서장은 관할구역에 있는 소방대상물에 대하여 화재안전조사를 실시할 수 있다. 화재안전조사 대상과 거리가 먼 것은? (단, 개인 주거에 대하여는 관계인의 승낙을 득한 경우이다.)

19.09.문56
14.09.문60
14.03.문41
13.06.문54

① 화재예방강화지구 등 법령에서 화재안전조사를 하도록 규정되어 있는 경우
② 관계인이 법령에 따라 실시하는 소방시설 등, 방화시설, 피난시설 등에 대한 자체점검 등이 불성실하거나 불완전하다고 인정되는 경우
③ 화재가 발생할 우려는 없으나 소방대상물의 정기점검이 필요한 경우
④ 국가적 행사 등 주요 행사가 개최되는 장소에 대하여 소방안전관리 실태를 조사할 필요가 있는 경우

 ③ 해당없음

화재예방법 7조
화재안전조사 실시대상
(1) **관계인**이 이 법 또는 다른 법령에 따라 실시하는 소방시설 등, 방화시설, 피난시설 등에 대한 자체점검이 불성실하거나 불완전하다고 인정되는 경우 보기 ②
(2) **화재예방강화지구** 등 법령에서 화재안전조사를 하도록 규정되어 있는 경우 보기 ①
(3) 화재예방안전진단이 불성실하거나 불완전하다고 인정되는 경우
(4) **국가적 행사** 등 주요 행사가 개최되는 장소 및 그 주변의 관계지역에 대하여 소방안전관리 실태를 조사할 필요가 있는 경우 보기 ④

(5) 화재가 **자주 발생**하였거나 발생할 우려가 뚜렷한 곳에 대한 조사가 필요한 경우
(6) **재난예측정보, 기상예보** 등을 분석한 결과 소방대상물에 화재의 발생 위험이 크다고 판단되는 경우
(7) 화재, 그 밖의 긴급한 상황이 발생할 경우 인명 또는 재산피해의 우려가 현저하다고 판단되는 경우

기억법 화관국안

중요

화재예방법 7·8조
화재안전조사
소방대상물에 대한 화재예방을 위하여 관계인에게 필요한 자료제출을 명하거나 위치·구조·설비 또는 관리의 상황을 조사하는 것
(1) 실시자 : 소방청장·소방본부장·소방서장
(2) 관계인의 승낙이 필요한 곳 : **주거**(주택)

답 ③

59 위험물안전관리법령상 제조소의 기준에 따라 건축물의 외벽 또는 이에 상당하는 공작물의 외측으로부터 제조소의 외벽 또는 이에 상당하는 공작물의 외측까지의 안전거리기준으로 틀린 것은? (단, 제6류 위험물을 취급하는 제조소를 제외하고, 건축물에 불연재료로 된 방화상 유효한 담 또는 벽을 설치하지 않은 경우이다.)

19.03.문50
08.05.문52

① 의료법에 의한 종합병원에 있어서는 30m 이상
② 도시가스사업법에 의한 가스공급시설에 있어서는 20m 이상
③ 사용전압 35000V를 초과하는 특고압가공전선에 있어서는 5m 이상
④ 문화유산의 보존 및 활용에 관한 법률에 따른 지정문화유산과 자연유산의 보존 및 활용에 관한 법률에 따른 천연기념물 등에 있어서는 30m 이상

해설 ④ 30m → 50m

위험물규칙 〔별표 4〕
위험물제조소의 안전거리

안전거리	대 상
3m 이상	• 7~35kV 이하의 특고압가공전선
5m 이상	• 35kV를 초과하는 특고압가공전선 보기 ③
10m 이상	• **주거용**으로 사용되는 것

20m 이상	• 고압가스 **제조**시설(용기에 충전하는 것 포함) • 고압가스 **사용**시설(1일 30m³ 이상 용적 취급) • 고압가스 **저장**시설 • 액화산소 **소비**시설 • 액화석유가스 제조 · 저장시설 • 도시가스 공급시설 보기 ②
30m 이상	• 학교 • 병원급 의료기관 보기 ① • 공연장 ┐ • 영화상영관 ┘ 300명 이상 수용시설 • 아동복지시설 • 노인복지시설 • 장애인복지시설 • 한부모가족 복지시설 ┐ 20명 이상 • 어린이집 ┤ 수용시설 • 성매매 피해자 등을 위한 지원시설 • 정신건강증진시설 • 가정폭력 피해자 보호시설
50m 이상	• 지정문화유산 • 천연기념물 등 보기 ④

답 ④

60 소방용수시설 저수조의 설치기준으로 틀린 것은?

① 지면으로부터의 낙차가 4.5m 이하일 것
② 흡수부분의 수심이 0.3m 이상일 것
③ 흡수관의 투입구가 사각형의 경우에는 한 변의 길이가 60cm 이상일 것
④ 흡수관의 투입구가 원형의 경우에는 지름이 60cm 이상일 것

② 0.3m 이상 → 0.5m 이상

기본규칙〔별표 3〕
소방용수시설의 저수조에 대한 설치기준
(1) **낙차** : **4.5m** 이하 보기 ①
(2) **수심** : **0.5m** 이상 보기 ②
(3) 투입구의 길이 또는 지름 : **60cm** 이상 보기 ③④
(4) 소방펌프자동차가 **쉽게 접근**할 수 있도록 할 것
(5) 흡수에 지장이 없도록 **토사** 및 **쓰레기** 등을 제거할 수 있는 설비를 갖출 것
(6) 저수조에 물을 공급하는 방법은 **상수도**에 연결하여 **자동**으로 **급수**되는 구조일 것

기억법 수5(수호천사)

답 ②

제 4 과목 소방전기시설의 구조 및 원리

61 무선통신보조설비의 화재안전기준에 따라 서로 다른 주파수의 합성된 신호를 분리하기 위하여 사용하는 장치는?

① 분배기
② 혼합기
③ 증폭기
④ 분파기

무선통신보조설비(NFPC 505 3조, NFTC 505 1.7)

용 어	설 명
누설동축 케이블	동축케이블의 외부도체에 가느다란 홈을 만들어서 **전파**가 외부로 새어나갈 수 있도록 한 케이블
분배기	신호의 전송로가 분기되는 장소에 설치하는 것으로 **임피던스 매칭**(matching)과 **신호균 등분배**를 위해 사용하는 장치 기억법 배임(배임죄)
분파기 보기 ④	서로 다른 **주**파수의 합성된 **신**호를 **분리**하기 위해서 사용하는 장치 기억법 파주
혼합기	**두 개 이상**의 **입력신호**를 원하는 비율로 **조합**한 **출력**이 발생하도록 하는 장치
증폭기	신호전송시 신호가 약해져 수신이 불가능해지는 것을 방지하기 위해서 **증폭**하는 장치
무선중계기	안테나를 통하여 수신된 무전기 신호를 증폭한 후 음영지역에 재방사하여 무전기 상호간 송수신이 가능하도록 하는 장치
옥외안테나	감시제어반 등에 설치된 무선중계기의 입력과 출력포트에 연결되어 송수신 신호를 원활하게 방사 · 수신하기 위해 옥외에 설치하는 장치

답 ④

62 유도등 및 유도표지의 화재안전기준에 따라 지하층을 제외한 층수가 11층 이상인 특정소방대상물의 유도등의 비상전원을 축전지로 설치한다면 피난층에 이르는 부분의 유도등을 몇 분 이상 유효하게 작동시킬 수 있는 용량으로 하여야 하는가?

① 10
② 20
③ 50
④ 60

해설 비상전원 용량

설비의 종류	비상전원 용량
• **자**동화재탐지설비 • 비상**경**보설비 • **자**동화재속보설비	**10분** 이상
• 유도등 • 비상콘센트설비 • 제연설비 • 물분무소화설비 • 옥내소화전설비(30층 미만) • 특별피난계단의 계단실 및 부속실 제연설비(30층 미만)	**20분** 이상
• 무선통신보조설비의 **증**폭기	**30분** 이상
• 옥내소화전설비(30~49층 이하) • 특별피난계단의 계단실 및 부속실 제연설비(30~49층 이하) • 연결송수관설비(30~49층 이하) • 스프링클러설비(30~49층 이하)	**40분** 이상
• 유도등·비상조명등(지하상가 및 **11층** 이상) 보기 ④ • 옥내소화전설비(50층 이상) • 특별피난계단의 계단실 및 부속실 제연설비(50층 이상) • 연결송수관설비(50층 이상) • 스프링클러설비(50층 이상)	**60분** 이상

기억법 경자비1(경자라는 이름은 **비일**비재하게 많다.) 3증(3중고)

중요
비상전원의 종류

소방시설	비상전원
유도등	축전지
비상콘센트설비	① 자가발전설비 ② 축전지설비 ③ 비상전원수전설비 ④ 전기저장장치
옥내소화전설비, 물분무소화설비	① 자가발전설비 ② 축전지설비 ③ 전기저장장치

답 ④

63 ★★★
소방시설용 비상전원수전설비의 화재안전기준에 따라 소방시설용 비상전원수전설비에서 소방회로 및 일반회로 겸용의 것으로서 수전설비, 변전설비, 그 밖의 기기 및 배선을 금속제 외함에 수납한 것은?

① 공용분전반　　② 전용배전반
③ 공용큐비클식　④ 전용큐비클식

해설 소방시설용 비상전원수전설비(NFPC 602 3조, NFTC 602 1.7)

용어	설명
소방회로	소방부하에 전원을 공급하는 전기회로
일반회로	소방회로 이외의 전기회로
수전설비	전력수급용 **계기용 변성기·주차단장치** 및 그 **부속기기**
변전설비	**전력용 변압기** 및 그 **부속장치**
전용 **큐**비클식	소방회로용의 것으로 **수**전설비, **변**전설비, 그 밖의 기기 및 배선을 금속제 외함에 수납한 것 기억법 큐수변
공용 **큐**비클식 ← 보기 ③	**소방회로** 및 **일반회로 겸용**의 것으로서 **수**전설비, **변**전설비, 그 밖의 기기 및 배선을 금속제 외함에 수납한 것 기억법 공큐겸수변
전용 배전반	소방회로 전용의 것으로서 개폐기, 과전류차단기, 계기, 그 밖의 배선용 기기 및 배선을 금속제 외함에 수납한 것
공용 배전반	**소방회로** 및 **일반회로 겸용**의 것으로서 개폐기, 과전류차단기, 계기, 그 밖의 배선용 기기 및 배선을 금속제 외함에 수납한 것
전용 분전반	소방회로 전용의 것으로서 분기개폐기, 분기과전류차단기, 그 밖의 배선용 기기 및 배선을 금속제 외함에 수납한 것
공용 분전반	**소방회로** 및 **일반회로 겸용**의 것으로서 분기개폐기, 분기과전류차단기, 그 밖의 배선용 기기 및 배선을 금속제 외함에 수납한 것

답 ③

64 ★★★
누전경보기의 형식승인 및 제품검사의 기술기준에서 정하는 누전경보기의 공칭작동전류치(누전경보기를 작동시키기 위하여 필요한 누설전류의 값으로서 제조자에 의하여 표시된 값을 말한다.)는 몇 mA 이하이어야 하는가?

① 50　　② 100
③ 150　④ 200

해설 누전경보기(누전경보기의 형식승인 및 제품검사의 기술기준 7·8조)

공칭작동전류치	감도조정장치의 조정범위
200mA 이하 보기 ④	**1A**(1000mA) 이하

기억법 공2

참고
검출누설전류 설정치 범위

경계전로	중성점 접지선
100~400mA	400~700mA

답 ④

65. 공연장 및 집회장에 설치해야 할 유도등 및 유도표지의 종류에 해당하지 않는 것은?

① 객석유도등
② 통로유도등
③ 피난구유도표지
④ 대형 피난구유도등

해설 유도등 및 유도표지의 종류(NFPC 303 4조, NFTC 303 2.1.1)

설치장소	유도등 및 유도표지의 종류
• **공**연장 · **집**회장 · **관**람장 · **운**동시설 • 유흥주점 영업시설(카바레, 나이트클럽)	• **대**형 피난구유도등 보기 ④ • **통**로유도등 보기 ② • **객**석유도등 보기 ① 기억법 공집관운 대통객
• 위락시설 · 판매시설 • 관광숙박업 · 의료시설 · 방송통신시설 • 전시장 · 지하상가 · 지하철역사 • 운수시설 · 장례식장	• 대형 피난구유도등 • 통로유도등
• 숙박시설 · 오피스텔 • 지하층 · 무창층 및 11층 이상의 부분	• 중형 피난구유도등 • 통로유도등
• 근린생활시설 · 노유자시설 · 업무시설 • 종교시설 · 교육연구시설 · 공장 • 교정 및 군사시설 • 자동차정비공장 · 운전학원 및 정비학원 • 다중이용업소 • 수련시설 · 발전시설 • 복합건축물	• 소형 피난구유도등 • 통로유도등
• 그 밖의 것	• 피난구유도표지 • 통로유도표지

답 ③

66. 자동화재탐지설비 및 시각경보장치의 화재안전기준에 따라 전화기기실, 통신기기실 등과 같은 훈소화재의 우려가 있는 장소에 적응성이 없는 감지기는?

① 광전식 스포트형
② 광전아날로그식 분리형
③ 광전아날로그식 스포트형
④ 이온아날로그식 스포트형

해설 연기감지기를 설치할 수 있는 경우(NFTC 203 2.4.6(2)) 훈소화재
(1) **광**전식 스포트형 보기 ①
(2) **광**전아날로그식 스포트형 보기 ③
(3) **광**전식 분리형
(4) **광**전아날로그식 분리형 보기 ②

기억법 광훈

답 ④

67. 비상방송설비의 특징에 대한 설명으로 틀린 것은?

① 다른 방송설비와 공용하는 경우에는 화재시 비상경보 외의 방송을 차단할 수 있는 구조로 하여야 한다.
② 비상방송설비의 축전지는 감시상태를 10분간 지속한 후 유효하게 60분 이상 경보할 수 있어야 한다.
③ 확성기의 음성입력은 실외에 설치한 경우 3W 이상이어야 한다.
④ 음량조정기의 배선은 3선식으로 한다.

해설 ② 감시상태를 10분간 → 감시상태를 60분간, 60분 이상 경보 → 10분 이상 경보

비상방송설비 · 비상벨설비 · 자동식 사이렌설비(NFPC 202 8조, NFTC 202 2.3.2)

감시시간	경보시간
60분	10분 이상(30층 이상 : 30분)

기억법 6감

답 ②

68. 자동화재탐지설비의 음향장치 설치기준 중 옳은 것은?

① 지구음향장치는 해당 소방대상물의 각 부분으로부터 하나의 음향장치까지의 수평거리가 30m 이하가 되도록 한다.
② 정격전압의 80% 전압에서 음향을 발할 수 있어야 한다.
③ 음량은 부착된 음향장치의 중심으로부터 1m 떨어진 위치에서 80dB 이상이 되도록 하여야 한다.
④ 8층으로서 연면적이 3000m²를 초과하는 소방대상물에 있어서는 2층 이상의 층에서 발화시 발화층 및 직상층에 경보를 발하여야 한다.

해설
① 수평거리 30m 이하 → 수평거리 25m 이하
③ 80dB 이상 → 90dB 이상
④ 발화층 및 직하층 → 전층에 일제히

자동화재탐지설비의 음향장치의 구조 및 성능기준(NFPC 203 8조, NFTC 203 2.5)

(1) 정격전압의 **80%** 전압에서 음향을 발할 것(단, **건전지를 주전원**으로 사용한 음향장치는 제외) 보기 ②
(2) 음량은 **1m** 떨어진 곳에서 **90dB** 이상일 것 보기 ③
(3) **감지기·발신기**의 작동과 **연동**하여 작동할 것
(4) **자동화재탐지설비의 직상 4개층 우선경보방식 소방대상물** : **11층**(공동주택 **16층**) 이상의 특정소방대상물의 경보

자동화재탐지설비 직상 4개층 우선경보방식

발화층	경보층	
	11층(공동주택 16층) 미만 보기 ④	11층(공동주택 16층) 이상
2층 이상 발화	전층 일제경보	• 발화층 • 직상 4개층
1층 발화	전층 일제경보	• 발화층 • 직상 4개층 • 지하층
지하층 발화		• 발화층 • 직상층 • 기타의 지하층

(5) 지구음향장치는 수평거리 25m 이하가 되도록 설치 보기 ①

답 ②

69 ★★★
11.10.문61

비상방송설비의 화재안전기준에 따라 부속회로의 전로와 대지 사이 및 배선 상호간의 절연저항은 1경계구역마다 직류 250V의 절연저항측정기를 사용하여 측정한 절연저항이 몇 MΩ 이상이 되도록 하여야 하는가?

① 0.1   ② 0.2
③ 10   ④ 20

해설 **절연저항시험**

절연저항계	절연저항	대상
직류 250V	0.1MΩ 이상	• 1경계구역의 절연저항 보기 ①
직류 500V	5MΩ 이상	• 누전경보기 • 가스누설경보기 • 수신기(10회로 미만, 절연된 충전부와 외함간) • 자동화재속보설비 • 비상경보설비 • 유도등(교류입력측과 외함 간 포함) • 비상조명등(교류입력측과 외함 간 포함)
직류 500V	20MΩ 이상	• 경종 • 발신기 • 중계기 • 비상콘센트 • 기기의 절연된 선로 간 • 기기의 충전부와 비충전부 간 • 기기의 교류입력측과 외함 간(유도등·비상조명등 제외)
	50MΩ 이상	• 감지기(정온식 감지선형 감지기 제외) • 가스누설경보기(10회로 이상) • 수신기(10회로 이상, 교류입력측과 외함간 제외)
	1000MΩ 이상	• 정온식 감지선형 감지기

답 ①

70 ★★★
23.05.문63
21.05.문64
20.08.문76
18.03.문65
17.09.문71

자동화재탐지설비 배선의 설치기준 중 다음 (   ) 안에 알맞은 것은?

자동화재탐지설비의 감지기회로의 전로저항은 (㉠)Ω 이하가 되도록 하여야 하며, 수신기의 각 회로별 종단에 설치되는 감지기에 접속되는 배선의 전압은 감지기 정격전압의 (㉡)% 이상이어야 할 것

① ㉠ 5, ㉡ 60   ② ㉠ 5, ㉡ 80
③ ㉠ 50, ㉡ 60   ④ ㉠ 50, ㉡ 80

해설 **자동화재탐지설비의 배선**(NFPC 203 11조, NFTC 203 2.8)
(1) P형 수신기 및 GP형 수신기의 감지기회로의 배선에 있어서 하나의 공통선에 접속할 수 있는 경계구역은 **7개** 이하로 할 것
(2) 자동화재탐지설비의 감지기회로의 전로저항은 **50Ω** 이하가 되도록 하여야 하며, 수신기의 각 회로별 종단에 설치되는 감지기에 접속되는 배선의 전압은 감지기 정격전압의 **80%** 이상이어야 할 것 보기 ④

중요

자동화재탐지설비

전로저항	감지기 접속 배선전압
50Ω 이하	정격전압의 **80%** 이상

기억법 **5전(오전)**

비교

속보기의 전압변동기준(자동화재속보설비의 속보기의 성능인증 및 제품검사의 기술기준 7조)
80% 및 **120%** 전압을 인가하는 경우 정상일 것

답 ④

71. 비상콘센트설비의 화재안전기준에 따라 비상콘센트용의 풀박스 등은 방청도장을 한 것으로서, 두께 몇 mm 이상의 철판으로 하여야 하는가?

① 1.0
② 1.2
③ 1.5
④ 1.6

해설 비상콘센트설비(NFPC 504 4조, NFTC 504 2.1)

구 분	전 압	용 량	플러그접속기
단상 교류	220V	1.5kVA 이상	접지형 2극

(1) 하나의 전용 회로에 설치하는 비상콘센트는 **10개** 이하로 할 것(전선의 용량은 최대 **3개**)

설치하는 비상콘센트 수량	전선의 용량산정시 적용하는 비상콘센트 수량	단상 전선의 용량
1개	1개 이상	1.5kVA 이상
2개	2개 이상	3.0kVA 이상
3~10개	3개 이상	4.5kVA 이상

(2) 전원회로는 각 층에 있어서 **2 이상**이 되도록 설치할 것(단, 설치하여야 할 층의 콘센트가 1개인 때에는 하나의 회로로 할 수 있다.)
(3) 플러그접속기의 칼받이 접지극에는 **접지공사**를 하여야 한다.
(4) 풀박스는 **1.6mm** 이상의 철판을 사용할 것 보기 ④
(5) 절연저항은 **전원부**와 **외함** 사이를 **직류 500V 절연저항계**로 측정하여 20MΩ 이상일 것
(6) 전원으로부터 각 층의 비상콘센트에 분기되는 경우에는 **분기배선용 차단기**를 보호함 안에 설치할 것
(7) 바닥으로부터 **0.8~1.5m** 이하의 높이에 설치할 것
(8) 전원회로는 주배전반에서 **전용 회로**로 하며, 배선의 종류는 **내화배선**이어야 한다.

답 ④

72. 누전경보기의 구성요소에 해당하지 않는 것은?

① 차단기
② 영상변류기(ZCT)
③ 음향장치
④ 발신기

해설 ④ 발신기 : 자동화재탐지설비의 구성요소

누전경보기의 구성요소

구성요소	설 명
영상**변**류기(ZCT)	**누**설전류를 **검**출한다. 보기 ②
	기억법 변검(변검술)
수신기	누설전류를 **증**폭한다.
음향장치	경보를 발한다. 보기 ③
차단기	차단릴레이를 포함한다. 보기 ①

기억법 변수음차

• 소방에서는 변류기(CT)와 영상변류기(ZCT)를 혼용하여 사용한다.

답 ④

73. 소방대상물의 설치장소별 피난기구의 적응성 기준 중 노유자시설의 4층 이상 10층 이하에 적응성을 가진 피난기구가 아닌 것은?

① 피난교
② 다수인 피난장비
③ 피난용 트랩
④ 승강식 피난기

해설 ③ 해당없음

피난기구의 적응성(NFTC 301 2.1.1)

층별 / 설치장소별 구분	1층	2층	3층	4층 이상 10층 이하
노유자시설	• 미끄럼대 • 구조대 • 피난교 • 다수인 피난장비 • 승강식 피난기	• 미끄럼대 • 구조대 • 피난교 • 다수인 피난장비 • 승강식 피난기	• 미끄럼대 • 구조대 • 피난교 • 다수인 피난장비 • 승강식 피난기	• 구조대[1] • 피난교 보기 ① • 다수인 피난장비 보기 ② • 승강식 피난기 보기 ④
의료시설·입원실이 있는 의원·접골원·조산원	–	–	• 미끄럼대 • 구조대 • 피난교 • 피난용 트랩 • 다수인 피난장비 • 승강식 피난기	• 구조대 • 피난교 • 피난용 트랩 • 다수인 피난장비 • 승강식 피난기
영업장의 위치가 4층 이하인 다중이용업소	–	• 미끄럼대 • 피난사다리 • 구조대 • 완강기 • 다수인 피난장비 • 승강식 피난기	• 미끄럼대 • 피난사다리 • 구조대 • 완강기 • 다수인 피난장비 • 승강식 피난기	• 미끄럼대 • 피난사다리 • 구조대 • 완강기 • 다수인 피난장비 • 승강식 피난기
그 밖의 것	–	–	• 미끄럼대 • 피난사다리 • 구조대 • 완강기 • 피난교 • 피난용 트랩 • 간이완강기[2] • 공기안전매트 • 다수인 피난장비 • 승강식 피난기	• 피난사다리 • 구조대 • 완강기 • 피난교 • 간이완강기[2] • 공기안전매트 • 다수인 피난장비 • 승강식 피난기

[비고] 1) **구조대**의 적응성은 **장애인관련시설**로서 주된 사용자 중 **스스로 피난**이 불가한 자가 있는 경우 추가로 설치하는 경우에 한한다.
2) 간이완강기의 적응성은 **숙박시설**의 **3층 이상**에 있는 객실에 추가로 설치하는 경우에 한한다.

중요

의무관리대상 공동주택(NFPC 608 13조, NFTC 608 2.9.1.3)
공동주택 구역마다 공기안전매트 1개 이상을 추가로 설치할 것

비교

피난기구 적응성

간이완강기	공기안전매트	구조대
숙박시설의 3층 이상에 있는 객실	공동주택	장애인관련시설

답 ③

74
비상경보설비 및 단독경보형 감지기의 화재안전기준에 따라 비상경보설비의 발신기 설치시 복도 또는 별도로 구획된 실로서 보행거리가 몇 m 이상일 경우에는 추가로 설치하여야 하는가?

① 25
② 30
③ 40
④ 50

해설 비상경보설비의 발신기 설치기준(NFPC 201 4조, NFTC 201 2.1.5)

(1) **전원** : **축전지설비**, **전기저장장치**, **교류전압**의 **옥내간선**으로 하고 배선은 **전용**
(2) 감시상태 : **60분**, 경보시간 : **10분**
(3) 조작이 **쉬운 장소**에 설치하고, 조작스위치는 바닥으로부터 **0.8~1.5m** 이하의 높이에 설치할 것
(4) 특정소방대상물의 **층**마다 설치하되, 해당 소방대상물의 각 부분으로부터 하나의 발신기까지의 **수평거리**가 **25m** 이하가 되도록 할 것(단, 복도 또는 별도로 구획된 실로서 **보행거리**가 **40m** 이상일 경우에는 추가로 설치할 것) 보기 ③
(5) 발신기의 **위치표시등**은 함의 **상부**에 설치하되, 그 불빛은 부착면으로부터 **15°** 이상의 범위 안에서 부착지점으로부터 **10m** 이내의 어느 곳에서도 쉽게 식별할 수 있는 **적색등**으로 할 것

위치표시등의 식별

용어

전기저장장치
외부 전기에너지를 저장해 두었다가 필요할 때 전기를 공급하는 장치

답 ③

75
비상조명등의 설치제외 기준 중 다음 ( ) 안에 알맞은 것은?

거실의 각 부분으로부터 하나의 출입구에 이르는 보행거리가 ( )m 이내인 부분

① 2
② 5
③ 15
④ 25

해설 비상조명등의 설치제외 장소

(1) 거실 각 부분에서 출입구까지의 **보행거리 15m** 이내 보기 ③

(2) **공동주택·경기장·의원·의료시설·학교·거실**

기억법	조공 경의학

비교

(1) **휴대용 비상조명등**의 설치제외 장소
  ㉠ **복도·통로·창문** 등을 통해 **피난**이 용이한 경우(지상 1층·피난층)
  ㉡ **숙박시설**로서 **복도**에 비상조명등을 설치한 경우

기억법	휴피(휴지로 피닦아!), 휴숙복

(2) **통로유도등**의 설치제외 장소
  ㉠ 길이 **30m** 미만의 복도·통로(구부러지지 않은 복도·통로)
  ㉡ 보행거리 **20m** 미만의 복도·통로(출입구에 **피난구유도등**이 설치된 복도·통로)
(3) **객석유도등**의 설치제외 장소
  ㉠ **채광**이 충분한 객석(**주간**에만 사용)
  ㉡ **통로유도등**이 설치된 객석(거실 각 부분에서 거실 출입구까지의 **보행거리 20m** 이하)

기억법	채객보통(채소는 객관적으로 보통이다.)

답 ③

76
누전경보기의 화재안전기준 중 누전경보기의 설치방법 및 전원기준으로 틀린 것은?

① 경계전로의 정격전류가 60A를 초과하는 전로에 있어서는 1급 누전경보기를 설치할 것
② 경계전로의 정격전류가 60A 이하의 전로에 있어서는 1급 또는 2급 누전경보기를 설치할 것
③ 전원은 분전반으로부터 전용회로로 하고, 각 극에 개폐기 및 20A 이하의 과전류차단기를 설치할 것
④ 전원을 분기할 때에는 다른 차단기에 따라 전원이 차단되지 아니하도록 할 것

해설 ③ 20A 이하 → 15A 이하

누전경보기의 설치방법(NFPC 205 4·6조, NFTC 205 2.1, 2.3.1.1)

60A 초과	60A 이하
1급 누전경보기 설치	1급 또는 2급 누전경보기 설치
보기 ①	보기 ②

(1) 변류기는 옥외인입선의 **제1지점**의 **부하측** 또는 제2종 **접지선측**의 점검이 쉬운 위치에 설치할 것
(2) 옥외전로에 설치하는 변류기는 **옥외형**으로 설치할 것
(3) 각 극에 **개폐기** 및 **15A** 이하의 **과전류차단기**를 설치할 것(**배선용 차단기**는 **20A** 이하) 보기 ③

과전류차단기	배선용 차단기
개폐기 및 15A 이하	20A 이하

답 ③

77 자동화재탐지설비 및 시각경보장치의 화재안전기준에 따른 발신기의 시설기준에 대한 내용이다. 다음 ( )에 들어갈 내용으로 옳은 것은?

> 발신기의 위치를 표시하는 표시등은 함의 상부에 설치하되, 그 불빛은 부착면으로부터 (㉠)° 이상의 범위 안에서 부착지점으로부터 (㉡)m 이내의 어느 곳에서도 쉽게 식별할 수 있는 적색등으로 하여야 한다.

① ㉠ 10, ㉡ 10 ② ㉠ 15, ㉡ 10
③ ㉠ 25, ㉡ 15 ④ ㉠ 25, ㉡ 20

해설 자동화재탐지설비의 발신기 설치기준(NFPC 203 9조, NFTC 203 2.6)
(1) 조작이 **쉬운 장소**에 설치하고, 조작스위치는 바닥으로부터 **0.8~1.5m** 이하의 높이에 설치할 것
(2) 특정소방대상물의 **층**마다 설치하되, 해당 특정소방대상물의 각 부분으로부터 하나의 발신기까지의 **수평거리**가 25m 이하가 되도록 할 것. 다만, 복도 또는 별도로 구획된 실로서 **보행거리**가 40m 이상일 경우에는 추가로 설치할 것
(3) (2)의 기준을 초과하는 경우로서 기둥 또는 벽이 설치되지 아니한 대형공간의 경우 발신기는 설치대상 장소의 가장 가까운 장소의 벽 또는 기둥 등에 설치할 것
(4) 발신기의 **위치표시등**은 **함**의 **상부**에 설치하되, 그 불빛은 부착면으로부터 **15°** 이상의 범위 안에서 부착지점으로부터 **10m** 이내의 어느 곳에서도 쉽게 식별할 수 있는 **적색등**으로 할 것 보기 ②

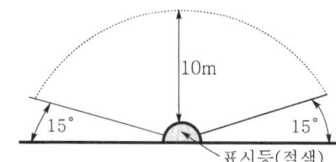

| 위치표시등의 식별 |

답 ②

78 자동화재속보설비의 속보기의 성능인증 및 제품검사의 기술기준에 따른 속보기의 기능으로 틀린 것은?

① 예비전원은 자동적으로 충전되어야 하며, 자동과충전방지장치가 있어야 한다.
② 예비전원을 병렬로 접속하는 경우에는 역충전 방지 등의 조치를 하여야 한다.
③ 화재신호를 수신하거나 속보기를 수동으로 동작시키는 경우 자동적으로 녹색 화재표시등이 점등되어야 한다.
④ 연동 또는 수동으로 소방관서에 화재발생 음성정보를 속보 중인 경우에도 송수화장치를 이용한 통화가 우선적으로 가능하여야 한다.

해설 ③ 녹색 화재표시등 → 적색 화재표시등
자동화재속보설비의 속보기의 성능인증 및 제품검사의 기술기준 5조
(1) **자동화재속보설비의 기능**

구 분	설 명
연동설비	자동화재탐지설비
속보대상	소방관서
속보방법	20초 이내에 3회 이상
다이얼링	10회 이상, 30초 이상 지속

(2) 예비전원을 **병렬**로 접속하는 경우에는 **역충전 방지** 등의 조치 보기 ②
(3) 속보기의 송수화장치가 정상위치가 아닌 경우에도 **연동** 또는 **수동**으로 속보가 가능할 것
(4) 예비전원은 자동적으로 충전되어야 하며 **자동과충전 방지장치**가 있어야 한다. 보기 ①
(5) 화재신호를 수신하거나 속보기를 **수동**으로 동작시키는 경우 자동적으로 **적색 화재표시등**이 점등되고 음향장치로 화재를 경보하여야 하며 화재표시 및 경보는 **수동**으로 **복구** 및 **정지**시키지 않는 한 **지속**되어야 한다. 보기 ③
(6) **연동** 또는 **수동**으로 **소방관서**에 화재발생 음성정보를 속보 중인 경우에도 **송수화장치**를 이용한 **통화**가 **우선적**으로 **가능**하여야 한다. 보기 ④

답 ③

79 누전경보기의 화재안전기준에 따라 누전경보기의 수신부를 설치할 수 있는 장소는? (단, 해당 누전경보기에 대하여 방폭·방식·방습·방온·방진 및 정전기 차폐 등의 방호조치를 하지 않은 경우이다.)

① 습도가 낮은 장소
② 온도의 변화가 급격한 장소
③ 화약류를 제조하거나 저장 또는 취급하는 장소
④ 부식성의 증기·가스 등이 다량으로 체류하는 장소

해설 누전경보기의 수신부 설치 제외 장소(NFPC 205 5조, NFTC 205 2.2.2)
(1) **온**도변화가 급격한 장소 보기 ②
(2) **습**도가 높은 장소 보기 ①
(3) **가**연성의 증기, 가스 등 또는 **부식성**의 증기, 가스 등의 다량 체류장소 보기 ④

(4) **대**전류회로, **고**주파 발생회로 등의 영향을 받을 우려가 있는 장소
(5) **화**약류 제조, 저장, 취급 장소 보기③

기억법 온습누가대화(온도·습도가 높으면 누가 대화하냐?)

비교
누전경보기 수신부의 설치장소
옥내의 점검이 편리한 건조한 장소

답 ①

80 무선통신보조설비를 설치하여야 할 특정소방대상물의 기준 중 다음 ( ) 안에 알맞은 것은?

18.04.문75
17.09.문79

층수가 30층 이상인 것으로서 ( )층 이상 부분의 모든 층

① 11
② 15
③ 16
④ 20

해설 무선통신보조설비의 설치대상(소방시설법 시행령 [별표 4])

설치대상	조건
지하상가	• 연면적 1000m² 이상
지하층의 모든 층	• 지하층 바닥면적합계 3000m² 이상 • 지하 3층 이상이고 지하층 바닥면적합계 1000m² 이상
터널길이	• 길이 500m 이상
모든 층	• 30층 이상으로서 16층 이상의 부분 보기③

답 ③

발건강에 좋은 신발 고르기

1. 신발을 신은 뒤 엄지손가락을 엄지발가락 끝에 놓고 눌러본다. (엄지손가락으로 가볍게 약간 눌려지는 것이 적당)
2. 신발을 신어본 뒤 볼이 조이지 않는지 확인한다. (신발의 볼이 여유가 있어야 발이 편하다)
3. 신발 구입은 저녁 무렵에 한다. (발은 아침 기상시 가장 작고 저녁 무렵에는 0.5~1cm 커지기 때문)
4. 선 상태에서 신발을 신어본다. (서면 의자에 앉았을 때보다 발길이가 1cm까지 커지기 때문)
5. 양 발 중 큰 발의 크기에 따라 맞춘다.
6. 신발 모양보다 기능에 초점을 맞춘다.
7. 외국인 평균치에 맞춘 신발을 살 때는 발등 높이·발너비를 잘 살핀다. (한국인은 발등이 높고 발너비가 상대적으로 넓다)
8. 앞쪽이 뽀족하고 굽이 3cm 이상인 하이힐은 가능한 한 피한다.
9. 통굽·뽀빠이 구두는 피한다. (보행이 불안해지고 보행시 척추·뇌에 충격)

자료 : 을지병원 족부클리닉

CBT 기출복원문제
2024년
소방설비기사 필기(전기분야)

■ 2024. 3. 1 시행 ·················· 24- 2
■ 2024. 5. 9 시행 ·················· 24-29
■ 2024. 7. 5 시행 ·················· 24-57

** 수험자 유의사항 **

1. 문제지를 받는 즉시 **본인**이 **응시한 종목**이 맞는지 확인하시기 바랍니다.
2. 문제지 표지에 본인의 **수험번호**와 **성명**을 기재하여야 합니다.
3. 문제지의 **총면수, 문제번호 일련순서, 인쇄상태, 중복 및 누락 페이지 유무**를 확인하시기 바랍니다.
4. 답안은 각 문제마다 요구하는 가장 적합하거나 가까운 답 1개만을 선택하여야 합니다.
5. 답안카드는 뒷면의 「수험자 유의사항」에 따라 작성하시고, 답안카드 작성 시 형별누락, 마킹착오로 인한 불이익은 전적으로 수험자에게 책임이 있음을 알려드립니다.
6. 문제지는 시험 종료 후 본인이 가져갈 수 있습니다.

** 안내사항 **

- 가답안/최종정답은 큐넷(www.q-net.or.kr)에서 확인하실 수 있습니다. 가답안에 대한 의견은 큐넷의 [가답안 의견제시]를 통해 제시할 수 있으며, 확정된 답안은 최종정답으로 갈음합니다.
- 공단에서 제공하는 자격검정서비스에 대해 개선할 점이 있으시면 고객참여(http://hrdkorea.or.kr/7/1/1)를 통해 건의하여 주시기 바랍니다.

2024. 3. 1 시행

2024년 기사 제1회 필기시험 CBT 기출복원문제

자격종목	종목코드	시험시간	형별	수험번호	성명
소방설비기사(전기분야)		2시간			

※ 각 문항은 4지택일형으로 질문에 가장 적합한 보기 항을 선택하여 체크하여야 합니다.

제1과목 소방원론

01 위험물안전관리법상 위험물의 정의 중 다음 ( ) 안에 알맞은 것은?

23.09.문03
23.05.문04
13.03.문47

위험물이라 함은 (㉠) 또는 발화성 등의 성질을 가지는 것으로서 (㉡)이/가 정하는 물품을 말한다.

① ㉠ 인화성, ㉡ 대통령령
② ㉠ 휘발성, ㉡ 국무총리령
③ ㉠ 인화성, ㉡ 국무총리령
④ ㉠ 휘발성, ㉡ 대통령령

해설 위험물법 2조
용어의 정의

용어	뜻
위험물	**인화성** 또는 **발화성** 등의 성질을 가지는 것으로서 **대통령령**이 정하는 물품 보기 ①
지정수량	위험물의 종류별로 위험성을 고려하여 대통령령이 정하는 수량으로서 제조소 등의 설치허가 등에 있어서 **최저**의 기준이 되는 **수량**
제조소	위험물을 제조할 목적으로 **지정수량 이상**의 위험물을 취급하기 위하여 허가를 받은 장소
저장소	지정수량 이상의 위험물을 저장하기 위한 **대통령령**이 정하는 장소
취급소	지정수량 이상의 위험물을 제조 외의 목적으로 취급하기 위한 대통령령이 정하는 장소
제조소 등	제조소・저장소・취급소

답 ①

02 인화점이 낮은 것부터 높은 순서로 옳게 나열된 것은?

23.09.문04
21.03.문14
18.04.문05
15.09.문02
14.05.문05
14.03.문10
12.03.문01
11.06.문09
11.03.문12
10.05.문11

① 에틸알코올 < 이황화탄소 < 아세톤
② 이황화탄소 < 에틸알코올 < 아세톤
③ 에틸알코올 < 아세톤 < 이황화탄소
④ 이황화탄소 < 아세톤 < 에틸알코올

 해설

물질	인화점	착화점
● 프로필렌	-107℃	497℃
● 에틸에터 ● 다이에틸에터	-45℃	180℃
● 가솔린(휘발유)	-43℃	300℃
● 이황화탄소 보기 ④	-30℃	100℃
● 아세틸렌	-18℃	335℃
● 아세톤 보기 ④	-18℃	538℃
● 벤젠	-11℃	562℃
● 톨루엔	4.4℃	480℃
● 에틸알코올 보기 ④	13℃	423℃
● 아세트산	40℃	-
● 등유	43~72℃	210℃
● 경유	50~70℃	200℃
● 적린	-	260℃

답 ④

03 분말소화약제의 열분해 반응식 중 옳은 것은?

19.03.문01
17.03.문04
16.10.문06
16.10.문10
16.05.문15
16.03.문09
16.03.문11
15.05.문08
14.05.문17
12.03.문13

① $2KHCO_3 \rightarrow K_2CO_3 + 2CO_2 + H_2O$
② $2NaHCO_3 \rightarrow Na_2CO_3 + 2CO_2 + H_2O$
③ $NH_4H_2PO_4 \rightarrow HPO_3 + NH_3 + H_2O$
④ $KHCO_3 + (NH_2)_2CO \rightarrow K_2CO_3 + NH_2 + CO_2$

해설
① $2CO_2 \rightarrow CO_2$
② $2CO_2 \rightarrow CO_2$
④ $NH_2 \rightarrow 2NH_3, CO_2 \rightarrow 2CO_2$

분말소화기 : 질식효과

종별	소화약제	약제의 착색	화학반응식	적응화재
제1종	탄산수소 나트륨 (NaHCO₃)	백색	$2NaHCO_3 \rightarrow$ $Na_2CO_3 + CO_2 + H_2O$ 보기 ②	BC급
제2종	탄산수소 칼륨 (KHCO₃)	담자색 (담회색)	$2KHCO_3 \rightarrow$ $K_2CO_3 + CO_2 + H_2O$ 보기 ①	
제3종	인산암모늄 (NH₄H₂PO₄)	담홍색	$NH_4H_2PO_4 \rightarrow$ $HPO_3 + NH_3 + H_2O$ 보기 ③	ABC급

제4종	탄산수소 칼륨+요소 (KHCO₃+ (NH₂)₂CO)	회(백)색	2KHCO₃+ (NH₂)₂CO → K₂CO₃+ 2NH₃+2CO₂ 보기 ④	BC급

- 탄산수소나트륨=중탄산나트륨
- 탄산수소칼륨=중탄산칼륨
- 제1인산암모늄=인산암모늄=인산염
- 탄산수소칼륨+요소=중탄산칼륨+요소

답 ③

04 제4류 위험물의 물리·화학적 특성에 대한 설명으로 틀린 것은?

① 증기비중은 공기보다 크다.
② 정전기에 의한 화재발생위험이 있다.
③ 인화성 액체이다.
④ 인화점이 높을수록 증기발생이 용이하다.

해설 ④ 높을수록 → 낮을수록

제4류 위험물
(1) 증기비중은 공기보다 크다. 보기 ①
(2) 정전기에 의한 화재발생위험이 있다. 보기 ②
(3) 인화성 액체이다. 보기 ③
(4) 인화점이 **낮을수록** 증기발생이 용이하다. 보기 ④
(5) 상온에서 **액체상태**이다(**가연성 액체**).
(6) 상온에서 **안정**하다.

답 ④

05 할로젠원소의 소화효과가 큰 순서대로 배열된 것은?

① I > Br > Cl > F
② Br > I > F > Cl
③ Cl > F > I > Br
④ F > Cl > Br > I

해설 **할론소화약제**

부촉매효과(소화효과) 크기	전기음성도(친화력) 크기
I > Br > Cl > F 보기 ①	F > Cl > Br > I

- 소화효과=소화능력
- 전기음성도 크기=수소와의 결합력 크기

중요
할로젠족 원소
(1) 불소 : **F**
(2) 염소 : **Cl**
(3) 브로민(취소) : **Br**
(4) 아이오딘(옥소) : **I**

기억법 FClBrI

답 ①

06 프로판가스의 연소범위[vol%]에 가장 가까운 것은?

① 9.8~28.4
② 2.5~81
③ 4.0~75
④ 2.1~9.5

해설 (1) 공기 중의 폭발한계

가 스	하한계 (하한점, [vol%])	상한계 (상한점, [vol%])
아세틸렌(C₂H₂)	2.5	81
수소(H₂)	4	75
일산화탄소(CO)	12	75
에터(C₂H₅OC₂H₅)	1.7	48
이황화탄소(CS₂)	1	50
에틸렌(C₂H₄)	2.7	36
암모니아(NH₃)	15	25
메탄(CH₄)	5	15
에탄(C₂H₆)	3	12.4
프로판(C₃H₈) 보기 ④	2.1	9.5
부탄(C₄H₁₀)	1.8	8.4

(2) 폭발한계와 같은 의미
 ㉠ 폭발범위
 ㉡ 연소한계
 ㉢ 연소범위
 ㉣ 가연한계
 ㉤ 가연범위

답 ④

07 위험물의 유별에 따른 대표적인 성질의 연결이 옳지 않은 것은?

① 제1류 : 산화성 고체
② 제2류 : 가연성 고체
③ 제4류 : 인화성 액체
④ 제5류 : 산화성 액체

해설 ④ 산화성 액체 → 자기반응성 물질

위험물령 [별표 1]
위험물

유별	성질	품명
제1류	산화성 고체 보기 ①	• 아염소산염류 • 염소산염류(**염소산나트륨**) • 과염소산염류 • 질산염류 • 무기과산화물

기억법 1산고염나

제2류	가연성 고체 [보기 ②]	• 황화인 • 적린 • 황 • 마그네슘
제3류	자연발화성 물질 및 금수성 물질	• **황**린 • **칼**륨 • **나**트륨 • **알**칼리토금속 • **트**리에틸알루미늄 [기억법] 황칼나알트
제4류	인화성 액체 [보기 ③]	• 특수인화물 • 석유류(벤젠) • 알코올류 • 동식물유류
제5류	**자**기반응성 물질 [보기 ④]	• 유기과산화물 • 나이트로화합물 • 나이트로소화합물 • 아조화합물 • 질산에스터류(셀룰로이드) [기억법] 5자(오자탈자)
제6류	산화성 액체	• 과염소산 • 과산화수소 • 질산

답 ④

08 ★★★
21.03.문03
17.03.문09
12.03.문06
08.05.문20

중앙코어방식으로 피난자들의 집중으로 패닉(panic) 현상이 발생할 우려가 있는 피난형태는?

① X형
② T형
③ Z형
④ CO형

해설 피난형태

형 태	피난방향	상 황
X형		**확실한 피난통로**가 보장되어 신속한 피난이 가능하다.
Y형		
CO형		피난자들의 집중으로 **패닉**(Panic)**현상**이 일어날 수 있다. [보기 ④]
H형		

• 보기에 H형이 있다면 H형도 정답

중요

패닉(Panic)의 **발생원인**
(1) 연기에 의한 시계제한
(2) 유독가스에 의한 호흡장애
(3) 외부와 단절되어 고립

답 ④

09 ★★★
20.06.문02
19.03.문08
17.09.문07
16.05.문09
15.09.문19
13.09.문07

종이, 나무, 섬유류 등에 의한 화재에 해당하는 것은?

① A급 화재
② B급 화재
③ C급 화재
④ D급 화재

해설 화재의 종류

구 분	표시색	적응물질
일반화재(A급) [보기 ①]	백색	• 일반가연물 • 종이류 화재 • 목재(나무)·섬유 화재(섬유류)
유류화재(B급)	황색	• 가연성 액체 • 가연성 가스 • 액화가스화재 • 석유화재
전기화재(C급)	청색	• 전기설비
금속화재(D급)	무색	• 가연성 금속
주방화재(K급)	–	• 식용유화재

※ 요즘은 표시색의 의무규정은 없음

답 ①

10 ★★★
22.09.문06
20.09.문14
14.05.문18
14.03.문11
13.06.문17
11.06.문11

플래시오버(flash over)현상에 대한 설명으로 옳은 것은?

① 실내에서 가연성 가스가 축적되어 발생되는 폭발적인 착화현상
② 실내에서 에너지가 느리게 집적되는 현상
③ 실내에서 가연성 가스가 분해되는 현상
④ 실내에서 가연성 가스가 방출되는 현상

해설 플래시오버(flash over) : 순발연소
(1) **실내**에서 폭발적인 착화현상 [보기 ①]
(2) 폭발적인 **화재확대현상**
(3) 건물화재에서 발생한 가연성 가스가 일시에 인화하여 화염이 **충**만하는 단계
(4) 실내의 가연물이 연소됨에 따라 생성되는 가연성 가스가 실내에 누적되어 **폭**발적으로 연소하여 실 전체가 순간적으로 불길에 싸이는 현상
(5) **옥내화재**가 서서히 진행하여 열이 축적되었다가 일시에 화염이 크게 발생하는 상태
(6) **다량**의 **가연성 가스**가 동시에 연소되면서 **급**격한 온도상승을 유발하는 현상
(7) 건축물에서 한순간에 폭발적으로 화재가 확산되는 현상

[기억법] 플확충 폭급

• 플래시오버=플래쉬오버

비교

(1) 패닉(panic)현상
인간의 비이성적인 또는 부적합한 **공포반응행동**으로서 무모하게 높은 곳에서 뛰어내리는 행위라든지, 몸이 굳어서 움직이지 못하는 행동

(2) 굴뚝효과(stack effect)
㉠ 건물 내외의 **온도차**에 따른 공기의 흐름현상이다.
㉡ 굴뚝효과는 **고층건물**에서 주로 나타난다.
㉢ 평상시 건물 내의 기류분포를 지배하는 중요 요소이며 화재시 **연기**의 **이동**에 큰 영향을 미친다.
㉣ 건물 외부의 온도가 내부의 온도보다 높은 경우 저층부에서는 내부에서 외부로 공기의 흐름이 생긴다.

(3) 블레비(BLEVE)=블레이브(BLEVE)현상
과열상태의 탱크에서 내부의 액화가스가 분출하여 기화되어 폭발하는 현상
㉠ 가연성 액체
㉡ 화구(fire ball)의 형성
㉢ 복사열의 대량 방출

답 ①

11. 화재발생시 인간의 피난특성으로 틀린 것은?

① 본능적으로 평상시 사용하는 출입구를 사용한다.
② 최초로 행동을 개시한 사람을 따라서 움직인다.
③ 공포감으로 인해서 빛을 피하여 어두운 곳으로 몸을 숨긴다.
④ 무의식 중에 발화장소의 반대쪽으로 이동한다.

 해설

③ 공포감으로 인해서 빛을 따라 외부로 달아나려는 경향이 있다.

화재발생시 인간의 피난 특성

구 분	설 명
귀소본능	• **친숙한 피난경로**를 선택하려는 행동 • 무의식 중에 **평상시 사용**하는 출입구나 통로를 사용하려는 행동 보기 ①
지광본능	• **밝은 쪽**을 지향하는 행동 • 화재의 공포감으로 인하여 **빛**을 따라 외부로 달아나려고 하는 행동 보기 ③
퇴피본능	• 화염, 연기에 대한 공포감으로 발화의 **반대방향**으로 이동하려는 행동 보기 ④
추종본능	• 많은 사람이 달아나는 방향으로 쫓아가려는 행동 • 화재시 최초로 행동을 개시한 사람 따라 전체가 움직이려는 행동 보기 ②

좌회본능	• **좌측통행**을 하고 **시계반대방향**으로 회전하려는 행동
폐쇄공간 지향본능	• 가능한 **넓은 공간**을 찾아 **이동**하다가 위험성이 높아지면 의외의 좁은 공간을 찾는 본능
초능력 본능	• 비상시 **상상**도 **못할 힘**을 내는 본능
공격본능	• **이상심리현상**으로서 구조용 헬리콥터를 부수려고 한다든지 무차별적으로 주변사람과 구조인력 등에게 공격을 가하는 본능
패닉 (panic) 현상	• 인간의 비이성적인 또는 부적합한 **공포반응행동**으로서 무모하게 높은 곳에서 뛰어내리는 행위라든지, 몸이 굳어서 움직이지 못하는 행동

답 ③

12. 화재시 이산화탄소를 방출하여 산소농도를 13vol%로 낮추어 소화하기 위한 공기 중 이산화탄소의 농도는 약 몇 vol%인가?

① 9.5
② 25.8
③ 38.1
④ 61.5

해설

(1) 주어진 값
- O_2 농도 : 13vol%
- CO_2 농도 : ?

(2) 이산화탄소의 농도

$$CO_2 = \frac{21-O_2}{21} \times 100$$

여기서, CO_2 : CO_2의 농도[vol%]
O_2 : O_2의 농도[vol%]

$$CO_2 = \frac{21-O_2}{21} \times 100 = \frac{21-13}{21} \times 100 ≒ 38.1 vol\%$$

중요

이산화탄소 소화설비와 관련된 식

$$CO_2 = \frac{방출가스량}{방호구역체적 + 방출가스량} \times 100$$
$$= \frac{21-O_2}{21} \times 100$$

여기서, CO_2 : CO_2의 농도[vol%]
O_2 : O_2의 농도[vol%]

$$방출가스량 = \frac{21-O_2}{O_2} \times 방호구역체적$$

여기서, O_2 : O_2의 농도[vol%]

답 ③

13. 건축물의 피난·방화구조 등의 기준에 관한 규칙상 불연재료에 대한 설명이다. 다음 중 빈칸에 들어가지 않는 것은?

( )·( )·( )·( )·( )·( )·( )·시멘트모르타르 및 회, 이 경우 시멘트모르타르 또는 회 등 미장재료를 사용하는 경우에는 「건설기술 진흥법」 제44조 제1항 제2호에 따라 제정된 건축공사표준시방서에서 정한 두께 이상인 것에 한한다.

① 콘크리트 ② 석재
③ 벽돌   ④ 철근

해설 ④ 철근 → 철강

건축령 2조, 피난·방화구조 5~7조
불연·준불연재료·난연재료

구분	불연재료	준불연재료	난연재료
정의	불에 타지 않는 재료	불연재료에 준하는 방화성능을 가진 재료	불에 잘 타지 아니하는 성능을 가진 재료
종류	① 콘크리트 [보기①] ② 석재 [보기②] ③ 벽돌 [보기③] ④ 기와 ⑤ 유리(그라스울) ⑥ 철강 [보기④] ⑦ 알루미늄 ⑧ 모르타르(시멘트 모르타르) ⑨ 회	① 석고보드 ② 목모시멘트판	① 난연 합판 ② 난연 플라스틱판

용어

철강	철근
철에 탄소나 다른 합금원소를 첨가해 만든 합금	철강을 특정한 형태로 가공한 것

답 ④

14. 휘발유 화재시 물을 사용하여 소화할 수 없는 이유로 가장 옳은 것은?

① 인화점이 물보다 낮기 때문이다.
② 비중이 물보다 작아 연소면이 확대되기 때문이다.
③ 수용성이므로 물에 녹아 폭발이 일어나기 때문이다.
④ 물과 반응하여 수소가스를 발생하기 때문이다.

해설 주수소화(물소화)시 위험한 물질

구분	현상
• 무기과산화물	산소 발생
• 금속분 • 마그네슘 • 알루미늄 • 칼륨 • 나트륨 • 수소화리튬 • 부틸리튬	수소 발생
• 가연성 액체(휘발유)의 유류화재	연소면(화재면) 확대 [보기②]

기억법 금마수

답 ②

15. 백드래프트(back draft)에 관한 설명으로 틀린 것은?

① 내화조건물의 화재 초기에 주로 발생한다.
② 새로운 공기가 공급되면 화염이 숨 쉬듯이 분출되는 현상이다.
③ 화재진압 과정에서 갑작스러운 폭발의 위험이 있다.
④ 공기가 지속적으로 원활하게 공급되는 경우에는 발생 가능성이 낮다.

해설 ① 초기 → 감쇠기

백드래프트(back draft)
(1) 내화조건물의 화재 **감쇠기**에 주로 발생한다. [보기①]

플래시오버	백드래프트
성장기~최성기	감쇠기

(2) 새로운 공기가 공급되면 **화염**이 **숨** 쉬듯이 분출되는 현상이다. [보기②]
(3) **화재진압** 과정에서 갑작스러운 **폭발**의 위험이 있다. [보기③]
(4) **공기**가 지속적으로 **원활**하게 공급되는 경우에는 발생 가능성이 **낮**다. [보기④]
(5) **산소**의 **공급**이 **원활하지 못한** 화재실에 급격히 **산소**가 **공급**이 될 경우 순간적으로 연소하여 화재가 폭풍을 동반하여 **실외**로 **분출**하는 현상
(6) 소방대가 소화활동을 위하여 화재실의 문을 개방할 때 신선한 공기가 유입되어 실내에 축적되었던 가연성 가스가 **단시간**에 **폭발적**으로 **연소**함으로써 화재가 폭풍을 동반하며 **실외**로 분출되는 현상으로 **감쇠기**에 나타난다.
(7) 화재로 인하여 **산소**가 **부족**한 건물 내에 산소가 새로 유입된 때 **고열가스**의 **폭발** 또는 급속한 **연소**가 발생하는 현상
(8) **통기력**이 좋지 않은 상태에서 연소가 계속되어 산소가 심히 부족한 상태가 되었을 때 **개구부**를 통하여 산소가 공급되면 실내의 가연성 혼합기가 공급되는 **산소**의 **방향**과 **반대**로 흐르며 급격히 연소하는 현상으로서 "**역화현상**"이라고 하며 이때에는 **화염**이 산소의 공급통로로 분출되는 현상을 눈으로 확인할 수 있다.

기억법 백감

‖ 백드래프트와 플래시오버의 발생시기 ‖

답 ①

16 CO₂ 소화약제의 장점으로 틀린 것은?

① 한랭지에서도 사용이 가능하다.
② 자체압력으로도 방사가 가능하다.
③ 전기적으로 비전도성이다.
④ 인체에 무해하고 GWP가 0이다.

해설 ④ 무해 → 유해, 0 → 1

이산화탄소 소화설비

구분	설명
장점	• **한랭지**에서도 사용이 가능하다. 보기 ① • **자체압력**으로도 방사가 가능하다. 보기 ② • 화재진화 후 깨끗하다. • **심부화재**에 적합하다. • 증거보존이 **양호**하여 화재원인조사가 쉽다. • 전기의 **부도체**(비전도성)로서 전기절연성이 높다(**전기설비**에 사용 가능). 보기 ③ • 화학적으로 안정하다. • 불연성이다. • **전기절연성**이 우수하다. • **비전도성**이다. 보기 ③ • **장시간 저장**이 가능하다. • 소화약제에 의한 **오손**이 **없다**. • **무색**이고 **무취**이다.
단점	• 인체의 **질식**이 **우려**된다. 보기 ④ • 소화약제의 방출시 인체에 닿으면 **동상**이 **우려**된다. • 소화약제의 방사시 **소리**가 요란하다.

용어

GWP

지구온난화지수
(GWP; Glrobal Warming Potential)

• 지구온난화에 기여하는 정도를 나타내는 지표로 CO₂(이산화탄소)의 GWP를 1로 하여 다음과 같이 구한다. 보기 ④

$$GWP = \frac{어떤\ 물질\ 1kg이\ 기여하는\ 온난화\ 정도}{CO_2의\ 1kg이\ 기여하는\ 온난화\ 정도}$$

• 지구온난화지수가 **작을수록 좋은** 소화약제이다.

답 ④

17 수소의 공기 중 폭발한계는 약 몇 vol.%인가?

① 1.05~6.7 ② 4~75
③ 5~15 ④ 12.5~54

해설 (1) 공기 중의 폭발한계 (*암기천러로 나와야 한다.*)

가 스	하한계 [vol%]	상한계 [vol%]
아세틸렌(C₂H₂)	2.5	81
수소(H₂) 보기 ②	**4**	**75**
일산화탄소(CO)	12	75
암모니아(NH₃)	15	25
메탄(CH₄)	5	15
에탄(C₂H₆)	3	12.4
프로판(C₃H₈)	2.1	9.5
부탄(C₄H₁₀)	**1.8**	**8.4**

vol%=vol.%

기억법 **수475**(**수사** 후 **치료**하세요.)
부18(**부자**의 일반적인 팔자)

(2) 폭발한계와 같은 의미
㉠ 폭발범위
㉡ 연소한계
㉢ 연소범위
㉣ 가연한계
㉤ 가연범위

답 ②

18 유류탱크의 화재시 탱크 저부의 물이 뜨거운 열류층에 의하여 수증기로 변하면서 급작스런 부피팽창을 일으켜 유류가 탱크 외부로 분출하는 현상을 무엇이라고 하는가?

① 보일오버 ② 프로스오버
③ 블래비 ④ 플래시오버

해설 유류탱크, 가스탱크에서 발생하는 현상

구분	설명
블래비=블레비 (BLEVE)	• 과열상태의 탱크에서 내부의 액화가스가 분출하여 기화되어 폭발하는 현상
보일오버 (boil over)	• 중질유의 석유탱크에서 장시간 조용히 연소하다 탱크 내의 잔존기름이 갑자기 분출하는 현상 • 유류탱크에서 **탱크바닥**에 물과 기름의 **에멀션**이 섞여 있을 때 이로 인하여 화재가 발생하는 현상 • 연소유면으로부터 100℃ 이상의 열파가 **탱크 저부**에 고여 있는 물을 비등하게 하면서 연소유를 탱크 밖으로 비산시키며 연소하는 현상 보기 ①

현상	
오일오버 (oil over)	• 저장탱크에 저장된 유류저장량이 내용적의 50% 이하로 충전되어 있을 때 화재로 인하여 탱크가 폭발하는 현상
프로스오버 (froth over)	• 물이 점성의 뜨거운 기름표면 아래에서 끓을 때 화재를 수반하지 않고 용기가 넘치는 현상
슬롭오버 (slop over)	• 유류탱크 화재시 기름 표면에 물을 살수하면 **기름**이 **탱크** 밖으로 **비산**하여 화재가 확대되는 현상(연소유가 비산되어 탱크 외부까지 화재 확산) • 물이 연소유의 뜨거운 표면에 들어갈 때 기름 표면에서 화재가 발생하는 현상 • 유화제로 소화하기 위한 물이 수분의 급격한 증발에 의하여 액면이 거품을 일으키면서 열유층 밑의 냉유가 급히 열팽창하여 기름의 일부가 불이 붙은 채 탱크벽을 넘어서 일출하는 현상 • 연소면의 온도가 100℃ 이상일 때 물을 주수하면 발생 • 소화시 외부에서 방사하는 포에 의해 발생

중요

건축물 내에서 발생하는 현상

현상	정의
플래시오버 (flash over)	• 화재로 인하여 실내의 온도가 급격히 상승하여 화재가 순간적으로 실내 전체에 확산되어 연소되는 현상
백드래프트 (back draft)	• **통기력**이 좋지 않은 상태에서 연소가 계속되어 산소가 심히 부족한 상태가 되었을 때 **개구부**를 통하여 산소가 공급되면 실내의 가연성 혼합기가 공급되는 **산소**의 **방향**과 **반대**로 흐르며 급격히 연소하는 현상 • 소방대가 소화활동을 위하여 화재실의 문을 개방할 때 신선한 공기가 유입되어 실내에 축적되었던 가연성 가스가 **단시간**에 **폭발적**으로 **연소**함으로써 화재가 폭풍을 동반하며 **실외**로 **분출**되는 현상

답 ①

19 방화구조의 기준으로 틀린 것은?

16.05.문 05
15.05.문 02
14.05.문 12
07.05.문 19

① 심벽에 흙으로 맞벽치기한 것
② 철망모르타르로서 그 바름 두께가 2cm 이상인 것
③ 시멘트모르타르 위에 타일을 붙인 것으로서 그 두께의 합계가 1.5cm 이상인 것
④ 석고판 위에 시멘트모르타르 또는 회반죽을 바른 것으로서 그 두께의 합계가 2.5cm 이상인 것

해설 ③ 1.5cm 이상 → 2.5cm 이상

피난·방화구조 4조
방화구조의 기준

구조 내용	기 준
① **철망모르타르** 바르기 보기 ②	두께 2cm 이상
② 석고판 위에 시멘트모르타르를 바른 것 보기 ④ ③ 석고판 위에 회반죽을 바른 것 보기 ④ ④ 시멘트모르타르 위에 타일을 붙인 것 보기 ③	두께 2.5cm 이상
⑤ 심벽에 흙으로 맞벽치기 한 것 보기 ①	모두 해당

비교

피난·방화구조 3조
내화구조의 기준

내화 구분	기 준
벽·**바**닥	철골·철근 콘크리트조로서 두께가 10cm 이상인 것
기둥	철골을 두께 5cm 이상의 콘크리트로 덮은 것
보	두께 5cm 이상의 콘크리트로 덮은 것

기억법 벽바내1(**벽**을 **바**라보면 **내일**이 보인다.)

답 ③

20 연소시 암적색 불꽃의 온도는 약 몇 ℃인가?

① 700℃
② 950℃
③ 1100℃
④ 1300℃

해설 **연소**의 **색**과 **온도**

색	온도[℃]
암적색(진홍색)	700~750 보기 ①
적색	850
휘적색(주황색)	925~950
황적색	1100
백적색(백색)	1200~1300
휘백색	1500

답 ①

제2과목 소방전기일반

21 이미터전류를 1mA 증가시켰더니 컬렉터전류는 0.98mA 증가되었다. 이 트랜지스터의 증폭률 β는?

① 4.9 ② 9.8
③ 49.0 ④ 98.0

해설 (1) 기호
- I_E : 1mA
- I_C : 0.98mA
- β : ?

(2) 이미터접지(트랜지스터) 전류증폭률

$$\beta = \frac{I_C}{I_B} = \frac{I_C}{I_E - I_C}$$

여기서, β : 이미터접지 전류증폭률(이미터접지 전류증폭정수)
I_C : 컬렉터전류(mA)
I_B : 베이스전류(mA)
I_E : 이미터전류(mA)

이미터접지 전류증폭률 β는

$$\beta = \frac{I_C}{I_E - I_C} = \frac{0.98}{1 - 0.98} = 49$$

- 분자, 분모의 단위만 일치시켜 주면 mA → A로 환산하지 않아도 된다. 그래도 의심되면 mA → A로 환산하자. 값은 동일하게 나온다.

$$\beta = \frac{I_C}{I_E - I_C} = \frac{0.98 \times 10^{-3}}{(1 - 0.98) \times 10^{-3}} = 49$$

비교

베이스접지 전류증폭률

$$\alpha = \frac{\beta}{1+\beta}$$

여기서, α : 베이스접지 전류증폭률
β : 이미터접지 전류증폭률

- 이상적인 트랜지스터의 베이스접지 전류증폭률 α는 1이다.
- 전류증폭률=전류증폭정수
- 베이스접지=베이스접지 증폭기

답 ③

22 부궤환증폭기의 장점에 해당되는 것은?

① 전력이 절약된다.
② 안정도가 증진된다.
③ 증폭도가 증가된다.
④ 능률이 증대된다.

해설 **부궤환증폭기**

장점	단점
① **안**정도 **증**진 보기 ②	
② 대역폭 확장	이득 감소
③ 잡음 감소	
④ 왜곡 감소	

기억법 부안증

답 ②

23 100V, 1kW의 니크롬선을 3/4의 길이로 잘라서 사용할 때 소비전력은 약 몇 W인가?

① 1000 ② 1333
③ 1430 ④ 2000

해설 (1) 기호
- V : 100V
- P : 1kW=1000W
- L : $\frac{3}{4}$
- P' : ?

(2) 전력

$$P = VI = I^2 R = \frac{V^2}{R}$$

여기서 P : 전력(W)
V : 전압(V)
I : 전류(A)
R : 저항(Ω)

저항 R은

$$R = \frac{V^2}{P} = \frac{100^2}{1000} = 10\,Ω$$

(3) 고유저항

$$R = \rho\frac{L}{A} = \rho\frac{L}{\pi r^2}$$

여기서, R : 저항(Ω)
ρ : 고유저항(Ω·m)
A : 도체의 단면적(m²)
L : 도체의 길이(m)
r : 도체의 반지름(m)

$R = \rho\frac{L}{A} \propto L$ 이므로 니크롬선을 $\frac{3}{4}$ 길이로 자르면 저항(R')도 $\frac{3}{4}$으로 줄어든다. 이것을 식으로 나타내면 다음과 같다.

$$R' = \frac{3}{4}R$$

(4) 전력

$$P' = \frac{V^2}{R'} = \frac{V^2}{\frac{3}{4}R} = \frac{100^2}{\frac{3}{4} \times 10} ≒ 1333\text{W}$$

답 ②

24

반지름 20cm, 권수 50회인 원형 코일에 2A의 전류를 흘려주었을 때 코일 중심에서 자계(자기장)의 세기[AT/m]는?

① 70 ② 100
③ 125 ④ 250

해설 (1) 기호
- a : 20cm=0.2m(100cm=1m)
- N : 50
- I : 2A
- H : ?

(2) 원형 코일 중심의 자계

$$H = \frac{NI}{2a} \text{[AT/m]}$$

여기서, H : 자계의 세기[AT/m]
N : 코일권수
I : 전류[A]
a : 반지름[m]

자계의 세기 H는

$$H = \frac{NI}{2a} = \frac{50 \times 2}{2 \times 0.2} = 250\text{AT/m}$$

답 ④

25

다음 시퀀스회로를 논리식으로 나타내시오.

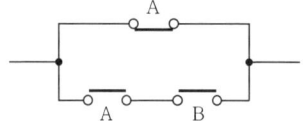

① $(A+B) \cdot \overline{A}$ ② $AB + \overline{A}$
③ $(A+B) \cdot A$ ④ $AB + A$

해설 논리식 · 시퀀스회로

시퀀스	논리식	시퀀스회로(스위칭회로)
직렬회로	$Z = A \cdot B$ $Z = AB$	A B Z
병렬회로	$Z = A + B$	B / A Z
a접점	$Z = A$	A Z
b접점	$Z = \overline{A}$	$\overline{A}$ Z

$\therefore \overline{A} + AB = AB + \overline{A}$

답 ②

26

3상 농형 유도전동기의 기동법이 아닌 것은?

① Y-△기동법 ② 기동보상기법
③ 2차 저항기동법 ④ 리액터 기동법

해설 3상 유도전동기의 기동법

농 형	권선형
① 전전압기동법(직입기동법)	① 2차 저항법(2차 저항기동법) 보기 ③
② Y-△기동법 보기 ①	② 게르게스법
③ 리액터법(리액터 기동법) 보기 ④	
④ 기동보상기법 보기 ②	
⑤ 콘도르퍼기동법	

기억법 권2(권위)

답 ③

27

3상 유도전동기를 기동하기 위하여 권선을 Y결선하면 △ 결선하였을 때 보다 토크는 어떻게 되는가?

① $\frac{1}{\sqrt{3}}$로 감소 ② $\frac{1}{3}$로 감소
③ 3배로 증가 ④ $\sqrt{3}$ 배로 증가

해설 (1) 3상 전력

$$P = \sqrt{3} V_l I_l \cos\theta = 9.8\omega\tau$$

여기서, P : 3상 전력[W]
V_l : 선간전압[V]
I_l : 선전류[A]
$\cos\theta$: 역률
ω : 각속도[rad/s]
τ : 토크[kg · m]

(2) Y결선, △결선의 선전류

$$I_l \propto \tau$$

$$I_Y = \frac{V}{\sqrt{3}R}, \quad I_\Delta = \frac{\sqrt{3}V}{R}$$

여기서, I_Y : Y결선의 선전류[A]
V : 선간전압[V]
R : 저항[Ω]
I_Δ : △결선의 선전류[A]

$$\frac{I_Y}{I_\Delta} = \frac{\frac{V}{\sqrt{3}R}}{\frac{\sqrt{3}V}{R}} = \frac{1}{3}$$

선전류(I_l)와 토크(τ)에 비례하므로 △결선에서 Y결선으로 바꾸면 기동토크는 $\frac{1}{3}$로 감소한다.

답 ②

28 그림의 블록선도와 같이 표현되는 제어시스템의 전달함수 $G(s)$는?

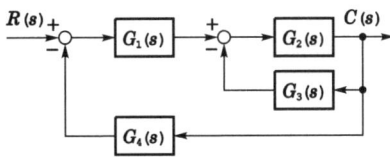

① $\dfrac{G_1(s)G_2(s)}{1+G_2(s)G_3(s)+G_1(s)G_2(s)G_4(s)}$

② $\dfrac{G_3(s)G_4(s)}{1+G_2(s)G_3(s)+G_1(s)G_2(s)G_4(s)}$

③ $\dfrac{G_1(s)G_2(s)}{1+G_1(s)G_2(s)+G_1(s)G_2(s)G_3(s)}$

④ $\dfrac{G_3(s)G_4(s)}{1+G_1(s)G_2(s)+G_1(s)G_2(s)G_3(s)}$

해설
$C = R(s)G_1(s)G_2(s) - CG_1(s)G_2(s)G_4(s)$
$\quad - CG_2(s)G_3(s)$

계산편의를 위해 잠시 (s)를 생략하고 계산하면
$C = RG_1G_2 - CG_1G_2G_4 - CG_2G_3$
$C + CG_1G_2G_4 + CG_2G_3 = RG_1G_2$
$C(1+G_1G_2G_4+G_2G_3) = RG_1G_2$
$\dfrac{C}{R} = \dfrac{G_1G_2}{1+G_1G_2G_4+G_2G_3}$
$G = \dfrac{C}{R} = \dfrac{G_1G_2}{1+G_2G_3+G_1G_2G_4}$
$G(s) = \dfrac{C(s)}{R(s)} = \dfrac{G_1(s)G_2(s)}{1+G_2(s)G_3(s)+G_1(s)G_2(s)G_4(s)}$

용어
전달함수
모든 초기값을 0으로 하였을 때 출력신호의 라플라스 변환과 입력신호의 라플라스변환의 **비**

답 ①

29 SCR(Silicon-Controlled Rectifier)에 대한 설명으로 틀린 것은?

① PNPN 소자이다.
② 스위칭 반도체소자이다.
③ 양방향 사이리스터이다.
④ 교류의 전력제어용으로 사용된다.

해설
③ 양방향 → 단방향

SCR(실리콘제어 정류소자)의 특징
(1) **과전압**에 비교적 **약하다.**
(2) 게이트에 신호를 인가한 때부터 도통시까지 시간이 짧다.
(3) **순방향** 전압강하는 **작게** 발생한다.
(4) **역방향** 전압강하는 **크게** 발생한다.
(5) **열**의 발생이 **적은** 편이다.
(6) **PNPN**의 구조를 하고 있다(PNPN 소자). 보기 ①
(7) 특성곡선에 **부저항부분**이 있다.
(8) **게이트전류**에 의하여 방전개시전압을 제어할 수 있다.
(9) 단방향성 사이리스터 보기 ③
(10) 직류 및 교류의 **전력제어용** 또는 위상제어용으로 사용한다. 보기 ④
(11) 스위칭소자(스위칭 반도체소자) 보기 ②

기억법 실순작

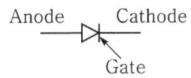

답 ③

30 입력 $r(t)$, 출력 $c(t)$인 제어시스템에서 전달함수 $G(s)$는? (단, 초기값은 0이다.)

$$\dfrac{d^2c(t)}{dt^2} + 3\dfrac{dc(t)}{dt} + 2c(t) = \dfrac{dr(t)}{dt} + 3r(t)$$

① $\dfrac{3s+1}{2s^2+3s+1}$ ② $\dfrac{s^2+3s+2}{s+3}$

③ $\dfrac{s+1}{s^2+3s+2}$ ④ $\dfrac{s+3}{s^2+3s+2}$

해설
- $\dfrac{d^2}{dt^2} \to s^2$, $3\dfrac{d}{dt} \to 3s$, $2 \to 2$
- $\dfrac{d}{dt} \to s$, $3 \to 3$

라플라스 변환하면
$\dfrac{d^2c(t)}{dt^2} + 3\dfrac{dc(t)}{dt} + 2c(t) = \dfrac{dr(t)}{dt} + 3r(t)$
$(s^2+3s+2)c(s) = (s+3)r(s)$

전달함수 $G(s)$는
$G(s) = \dfrac{c(s)}{r(s)} = \dfrac{s+3}{s^2+3s+2}$

용어
전달함수
모든 초기값을 0으로 하였을 때 출력신호의 라플라스 변환과 입력신호의 라플라스 변환의 비

답 ④

31

각 상의 임피던스가 $Z = 6 + j8\,\Omega$인 △결선의 평형 3상 부하에 선간전압이 220V인 대칭 3상 전압을 가했을 때 이 부하로 흐르는 선전류의 크기는 약 몇 A인가?

① 13
② 22
③ 38
④ 66

해설

(1) 기호
- $Z : 6 + j8\,\Omega$
- $V_L : 220V$
- $I_L : ?$

(2) △결선 vs Y결선

△결선	Y결선
$I_L = \dfrac{\sqrt{3}\,V_L}{Z} = \dfrac{\sqrt{3}\,V_P}{Z}$ $I_L = \sqrt{3}\,I_P$	$I_L = I_P = \dfrac{V_L}{\sqrt{3}\,Z}$ $I_L = I_P$
여기서, I_L : 선전류[A] V_L : 선간전압[V] Z : 임피던스[Ω] I_P : 상전류[A] V_P : 상전압[V]	여기서, I_L : 선전류[A] I_P : 상전류[A] V_L : 선간전압[V] Z : 임피던스[Ω]

△결선 선전류 I_L 는

$I_L = \dfrac{\sqrt{3}\,V_L}{Z} = \dfrac{\sqrt{3} \times 220}{6+j8} = \dfrac{\sqrt{3} \times 220}{\sqrt{6^2+8^2}} \fallingdotseq 38A$

답 ③

32

유도전동기의 슬립이 5.6%이고 회전자속도가 1700rpm일 때, 이 유도전동기의 동기속도는 약 몇 rpm인가?

① 1000
② 1200
③ 1500
④ 1800

해설

(1) 기호
- $N : 1700$rpm
- $s : 5.6\% = 0.056$
- $N_s : ?$

(2) 동기속도 …… ㉠

$$N_s = \dfrac{120f}{P}$$

여기서, N_s : 동기속도[rpm], f : 주파수[Hz]
P : 극수

(3) 회전속도 …… ㉡

$$N = \dfrac{120f}{P}(1-s)\,[\text{rpm}]$$

여기서, N : 회전속도[rpm], P : 극수
f : 주파수[Hz], s : 슬립

㉠식을 ㉡식에 대입하면

$$N = N_s(1-s)$$

동기속도 N_s 는

$N_s = \dfrac{N}{(1-s)} = \dfrac{1700}{(1-0.056)} \fallingdotseq 1800$rpm

답 ④

33

한 변의 길이가 L[m]인 정사각형 도체 회로에 전류 I[A]를 흘릴 때 회로의 중심점에서의 자계의 세기는 몇 AT/m인가?

① $\dfrac{2I}{\pi L}$
② $\dfrac{I}{\sqrt{2}\,\pi L}$
③ $\dfrac{\sqrt{2}\,I}{\pi L}$
④ $\dfrac{2\sqrt{2}\,I}{\pi L}$

해설 정사각형 중심의 자계

$$H = \dfrac{2\sqrt{2}\,I}{\pi L}\,[\text{AT/m}]$$

여기서, H : 자계의 세기[AT/m]
I : 전류[A]
L : 한 변의 길이[m]

- 정사각형 = 정방형

답 ④

34

회로에서 a와 b 사이에 나타나는 전압 V_{ab}[V]는?

① 20
② 23
③ 26
④ 28

해설

(1) 기호
- R_1 : 20Ω
- R_2 : 5Ω
- V_1 : 10V
- V_2 : 30V
- V_{ab} : ?

(2) 밀만의 정리

$$V_{ab} = \frac{\frac{V_1}{R_1} + \frac{V_2}{R_2}}{\frac{1}{R_1} + \frac{1}{R_2}} [V]$$

여기서, V_{ab} : 단자전압(V)
V_1, V_2 : 각각의 전압(V)
R_1, R_2 : 각각의 저항(Ω)

밀만의 정리에 의해

$$V_{ab} = \frac{\frac{V_1}{R_1} + \frac{V_2}{R_2}}{\frac{1}{R_1} + \frac{1}{R_2}} = \frac{\frac{10}{20} + \frac{30}{5}}{\frac{1}{20} + \frac{1}{5}} = 26V$$

답 ③

35 ★★★

21.05.문34
08.09.문26

0℃에서 저항이 10Ω이고, 저항의 온도계수가 0.0043인 전선이 있다. 30℃에서 이 전선의 저항은 약 몇 Ω인가?

① 0.013   ② 0.68
③ 1.4   ④ 11.3

해설 (1) 기호
- t_1 : 0℃
- R_1 : 10Ω
- α_{t_1} : 0.0043
- t_2 : 30℃
- R_2 : ?

(2) 저항의 온도계수

$$R_2 = R_1\{1 + \alpha_{t_1}(t_2 - t_1)\}[\Omega]$$

여기서, R_2 : t_2의 저항(Ω)
R_1 : t_1의 저항(Ω)
α_{t_1} : t_1의 온도계수
t_2 : 상승 후의 온도(℃)
t_1 : 상승 전의 온도(℃)

t_2의 저항 R_2는
$R_2 = R_1\{1 + \alpha_{t_1}(t_2 - t_1)\}$
$= 10\{1 + 0.0043(30 - 0)\}$
$= 11.29$
$≒ 11.3Ω$

답 ④

36 ★★★

22.04.문22
21.03.문39
20.09.문23
19.09.문22
17.09.문27
16.03.문25
09.05.문32
08.03.문39

그림과 같은 블록선도의 전달함수 $\left(\frac{C(s)}{R(s)}\right)$는?

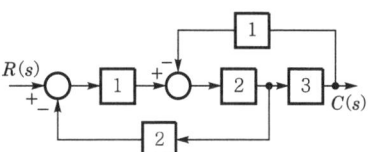

① $\frac{6}{23}$ ② $\frac{6}{17}$

③ $\frac{6}{15}$ ④ $\frac{6}{11}$

해설 분기점 이동원리

① 지점은 블록이 아무것도 없으므로 1로 가정하면 분기점 이동시 ② 지점은 ① 지점과 값이 같아야 하므로 $3 \times \frac{1}{3} = 1$이 되므로 $\frac{1}{3}$을 삽입해야 함

피드백되는 분기점 재배치

계산의 편의를 위해 (s)를 잠시 떼어놓고 계산

$R1 \times 2 \times 3 - C1 \times 2 \times 3 - C\frac{1}{3} \times 2 \times 1 \times 2 \times 3 = C$

$6R - 6C - 4C = C$
$6R = 6C + 4C + C$
$6R = 11C$
$\frac{6}{11} = \frac{C}{R}$

답 ④

37. 그림의 회로에서 a와 c 사이의 합성저항은?

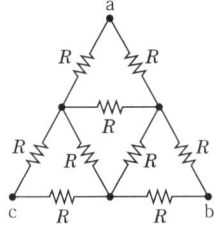

① $\dfrac{9}{10}R$
② $\dfrac{10}{9}R$
③ $\dfrac{7}{10}R$
④ $\dfrac{10}{7}R$

해설

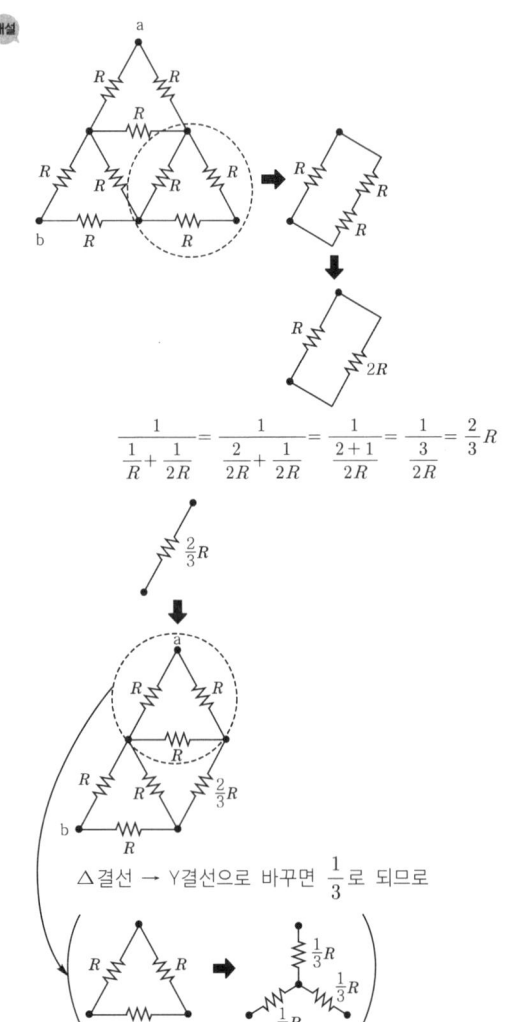

$$\dfrac{1}{\dfrac{1}{R}+\dfrac{1}{2R}}=\dfrac{1}{\dfrac{2}{2R}+\dfrac{1}{2R}}=\dfrac{1}{\dfrac{2+1}{2R}}=\dfrac{1}{\dfrac{3}{2R}}=\dfrac{2}{3}R$$

△결선 → Y결선으로 바꾸면 $\dfrac{1}{3}$로 되므로

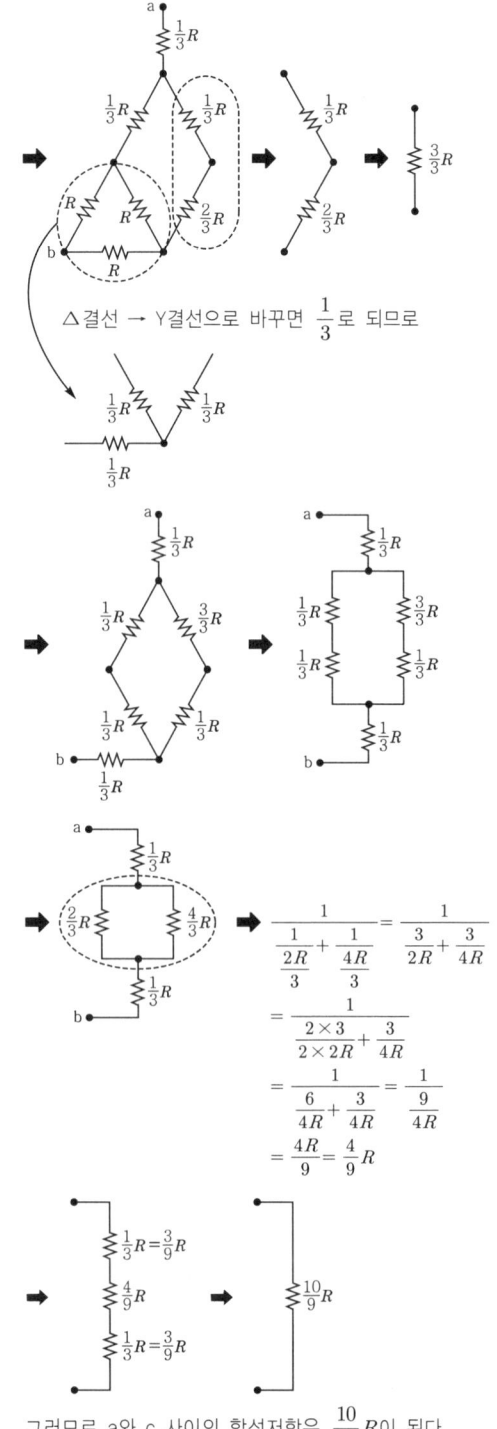

$$\dfrac{1}{\dfrac{1}{\dfrac{2R}{3}}+\dfrac{1}{\dfrac{4R}{3}}}=\dfrac{1}{\dfrac{3}{2R}+\dfrac{3}{4R}}$$

$$=\dfrac{1}{\dfrac{2\times 3}{2\times 2R}+\dfrac{3}{4R}}$$

$$=\dfrac{1}{\dfrac{6}{4R}+\dfrac{3}{4R}}=\dfrac{1}{\dfrac{9}{4R}}$$

$$=\dfrac{4R}{9}=\dfrac{4}{9}R$$

그러므로 a와 c 사이의 합성저항은 $\dfrac{10}{9}R$이 된다.

답 ②

38

5Ω의 저항과 2Ω의 유도성 리액턴스를 직렬로 접속한 회로에 5A의 전류를 흘렸을 때 이 회로의 복소전력(VA)은?

① $25 + j10$
② $10 + j25$
③ $125 + j50$
④ $50 + j125$

해설 (1) 기호
- $R : 5\Omega$
- $X_L : 2\Omega$
- $I : 5A$
- $P : ?$

문제 지문을 회로로 바꾸면

$$\underset{5A}{I} \quad \underset{5\Omega}{R} \quad \underset{2\Omega}{X_L}$$

(2) 전압

$$V = IZ = I(R + X_L)$$

여기서, V : 전압(VA)
I : 전류(A)
Z : 임피던스(Ω)
R : 저항(Ω)
X_L : 유도리액턴스(Ω)

전압 V는
$V = I(R + X_L) = 5(5 + j2) = 25 + 10j\,V$

(3) 복소전력

$$P = V\overline{I}$$

여기서, P : 복소전력(VA)
V : 전압(V)
$\overline{I}$: 허수에 반대부호를 취한 전류(A)

복소전력 $P = V\overline{I}$
$= (25 + 10j) \times 5$
$= 125 + 50j = 125 + j50\,VA$

용어

복소전력
(1) 전압과 전류 중 어느 한 곳의 **허수**에 **반대부호**를 붙인 것
(2) **유효전력**과 **무효전력**의 조합으로 구성
(3) 전력의 **효율** 분석가능

답 ③

39

전지의 자기방전을 보충함과 동시에 상용부하에 대한 전력공급은 충전기가 부담하도록 하되, 충전기가 부담하기 어려운 일시적인 대전류부하는 축전지로 하여금 부담하게 하는 충전방식은?

① 급속충전   ② 부동충전
③ 균등충전   ④ 세류충전

해설 충전방식

구분	설 명
보통충전	필요할 때마다 **표준시간율**로 충전하는 방식
급속충전	보통 충전전류의 **2배**의 **전류**로 충전하는 방식
부동충전	• 전지의 자기방전을 보충함과 동시에 상용부하에 대한 전력공급은 충전기가 부담하되 부담하기 어려운 일시적인 대전류부하는 축전지가 부담하도록 하는 방식 보기 ② • 축전지와 **부하**를 충전기에 **병렬**로 접속하여 사용하는 충전방식 | 부동충전방식 |
균등충전	1~3개월마다 1회 정전압으로 충전하는 방식
세류충전 (트리클 충전)	자기방전량만 항상 충전하는 방식

답 ②

40

피드백제어계의 일반적인 특성으로 옳은 것은?

① 계의 정확성이 떨어진다.
② 계의 특성변화에 대한 입력 대 출력비의 감도가 감소된다.
③ 비선형과 왜형에 대한 효과가 증대된다.
④ 대역폭이 감소된다.

해설
① 정확성 **증가**
③ 비선형과 왜형에 대한 효과의 **감소**
④ 대역폭 **증가**

피드백제어(feedback control)
출력신호를 입력신호로 되돌려서 **입력**과 **출력**을 비교함으로써 **정확한 제어**가 가능하도록 한 제어

중요

피드백제어의 특징
(1) **정확도**(정확성)가 **증가**한다. 보기 ①
(2) **대역폭**이 **크다**. 보기 ④
(3) 계의 특성변화에 대한 입력 대 출력비의 감도가 감소한다. 보기 ②
(4) 구조가 **복잡**하고 설치비용이 고가이다.
(5) 폐회로로 구성되어 있다.
(6) 입력과 출력을 비교하는 장치가 있다.
(7) 오차를 **자동정정**한다.
(8) 발진을 일으키고 **불안정 상태**로 되어가는 경향성이 있다.
(9) 비선형과 왜형에 대한 효과가 **감소**한다. 보기 ③

∥ 피드백제어 ∥

답 ②

제3과목 소방관계법규

41 소방시설의 하자가 발생한 경우 통보를 받은 공사업자는 며칠 이내에 이를 보수하거나 보수일정을 기록한 하자보수계획을 관계인에게 서면으로 알려야 하는가?

① 3일
② 7일
③ 14일
④ 30일

해설 3일
(1) **하**자보수기간(공사업법 15조) 보기 ①
(2) 소방시설업 등록증 **분**실 등의 **재**발급(공사업규칙 4조)
(3) 소방시설 등의 자체점검 면제 또는 연기신청(소방시설법 시행규칙 22조)
(4) 소방안전관리자 선임연기신청서 관계인 통보(화재예방법 시행규칙 14조)

기억법 3하분재(**상하**이에서 **분재**를 가져왔다.)

답 ①

42 소방시설 설치 및 관리에 관한 법령상 자동화재탐지설비를 설치하여야 하는 특정소방대상물의 기준으로 틀린 것은?

① 공장 및 창고시설로서 「소방기본법 시행령」에서 정하는 수량의 500배 이상의 특수가연물을 저장·취급하는 것
② 지하상가로서 연면적 600m² 이상인 것
③ 숙박시설이 있는 수련시설로서 수용인원 100명 이상인 것
④ 장례시설 및 복합건축물로서 연면적 600m² 이상인 것

해설
② 600m² 이상 → 1000m² 이상

소방시설법 시행령 〔별표 4〕
자동화재탐지설비의 설치대상

설치대상	조건
① 정신의료기관·의료재활시설	• 창살설치 : 바닥면적 300m² 미만 • 기타 : 바닥면적 300m² 이상
② 노유자시설	• 연면적 400m² 이상
③ **근**린생활시설·**위**락시설	• 연면적 600m² 이상
④ **의**료시설(정신의료기관, 요양병원 제외)	
⑤ **복**합건축물·장례시설 보기 ④	

기억법 근위의복6

⑥ 목욕장·문화 및 집회시설, 운동시설	• 연면적 1000m² 이상
⑦ 종교시설	
⑧ 방송통신시설·관광휴게시설	
⑨ 업무시설·판매시설	
⑩ 항공기 및 자동차 관련시설·공장·창고시설	
⑪ 지하가·운수시설·발전시설·위험물 저장 및 처리시설 보기 ②	
⑫ 교정 및 군사시설 중 국방·군사시설	
⑬ **교**육연구시설·**동**식물관련시설	• 연면적 2000m² 이상
⑭ **자**원순환관련시설·**교**정 및 군사시설(국방·군사시설 제외)	
⑮ **수**련시설(숙박시설이 있는 것 제외)	
⑯ 묘지관련시설	

기억법 교동자교수 2

⑰ 터널	• 길이 1000m 이상
⑱ 지하구	• 전부
⑲ 노유자생활시설	
⑳ 아파트 등 기숙사	
㉑ 숙박시설	
㉒ 6**층** 이상인 건축물	
㉓ 조산원 및 산후조리원	
㉔ 전통시장	
㉕ 요양병원(정신병원, 의료재활시설 제외)	
㉖ 특수가연물 저장·취급 보기 ①	• 지정수량 500배 이상
㉗ 수련시설(숙박시설이 있는 것) 보기 ③	• 수용인원 100명 이상
㉘ 발전시설	• 전기저장시설

답 ②

43 소방기본법령상 소방대장은 화재, 재난·재해 그 밖의 위급한 상황이 발생한 현장에 소방활동구역을 정하여 소방활동에 필요한 자로서 대통령령으로 정하는 사람 외에는 그 구역에의 출입을 제한할 수 있다. 다음 중 소방활동구역에 출입할 수 없는 사람은?

① 소방활동구역 안에 있는 소방대상물의 소유자·관리자 또는 점유자
② 전기·가스·수도·통신·교통의 업무에 종사하는 사람으로서 원활한 소방활동을 위하여 필요한 사람
③ 시·도지사가 소방활동을 위하여 출입을 허가한 사람
④ 의사·간호사 그 밖에 구조·구급업무에 종사하는 사람

③ 시·도지사 → 소방대장

기본령 8조
소방활동구역 출입자
(1) **소방활동구역** 안에 있는 **소유자·관리자** 또는 **점유자** 보기①
(2) **전기·가스·수도·통신·교통**의 업무에 종사하는 자로서 원활한 **소방활동**을 위하여 필요한 자 보기②
(3) **의사·간호사**, 그 밖에 구조·구급업무에 종사하는 자 보기④
(4) **취재인력** 등 보도업무에 종사하는 자
(5) **수사업무**에 종사하는 자
(6) **소방대장**이 소방활동을 위하여 **출입**을 **허가**한 **자** 보기③

용어
소방활동구역
화재, 재난·재해 그 밖의 위급한 상황이 발생한 현장에 정하는 구역

답 ③

44 특정소방대상물의 소방시설 등에 대한 자체점검 기술자격자의 범위에서 '행정안전부령으로 정하는 기술자격자'는?

① 소방안전관리자로 선임된 소방설비산업기사
② 소방안전관리자로 선임된 소방설비기사
③ 소방안전관리자로 선임된 전기기사
④ 소방안전관리자로 선임된 소방시설관리사 및 소방기술사

소방시설법 시행규칙 19조
소방시설 등 자체점검 기술자격자
(1) 소방안전관리자로 선임된 **소방시설관리사** 보기④
(2) 소방안전관리자로 선임된 **소방기술사** 보기④

답 ④

45 화재의 예방 및 안전관리에 관한 법령상 특정소방대상물 중 1급 소방안전관리대상물의 해당기준이 아닌 것은?

① 연면적이 1만 5천m^2 이상인 것(아파트 및 연립주택 제외)
② 층수가 11층 이상인 것(아파트는 제외)
③ 가연성 가스를 1천톤 이상 저장·취급하는 시설
④ 10층 이상이거나 지상으로부터 높이가 40m 이상인 아파트

④ 10층 이상이거나 지상으로부터 높이가 40m 이상인 아파트 → 30층 이상(지하층 제외) 또는 120m 이상 아파트

화재예방법 시행령 [별표 4]
소방안전관리자를 두어야 할 특정소방대상물
(1) **특급 소방안전관리대상물** : 동식물원, 철강 등 불연성 물품 저장·취급창고, 지하구, 위험물제조소 등 제외
  ㉠ **50층** 이상(지하층 제외) 또는 지상 **200m** 이상 **아파트**
  ㉡ **30층** 이상(지하층 포함) 또는 지상 **120m** 이상(아파트 제외)
  ㉢ 연면적 **10만m^2** 이상(아파트 제외)
(2) **1급 소방안전관리대상물** : 동식물원, 철강 등 불연성 물품 저장·취급창고, 지하구, 위험물제조소 등 제외
  ㉠ **30층** 이상(지하층 제외) 또는 지상 **120m** 이상 아파트
  ㉡ 연면적 **15000m^2** 이상인 것(아파트 및 연립주택 제외) 보기①
  ㉢ **11층** 이상(아파트 제외) 보기②
  ㉣ 가연성 가스를 1000t 이상 저장·취급하는 시설 보기③
(3) **2급 소방안전관리대상물**
  ㉠ 지하구
  ㉡ 가스제조설비를 갖추고 도시가스사업 허가를 받아야 하는 시설 또는 가연성 가스를 100~1000t 미만 저장·취급하는 시설
  ㉢ 옥내소화전설비·스프링클러설비 설치대상물
  ㉣ 물분무등소화설비(호스릴방식의 물분무등소화설비만을 설치한 경우 제외) 설치대상물
  ㉤ **공동주택**(옥내소화전설비 또는 스프링클러설비가 설치된 공동주택 한정)
  ㉥ **목조건축물**(국보·보물)
(4) 3급 소방안전관리대상물
  ㉠ **자동화재탐지설비** 설치대상물
  ㉡ 간이스프링클러설비(주택전용 간이스프링클러설비 제외) 설치대상물

답 ④

46 화재의 예방 및 안전관리에 관한 법령상 소방안전관리대상물의 소방안전관리자의 업무가 아닌 것은?

① 자위소방대의 구성·운영·교육
② 소방시설공사
③ 소방계획서의 작성 및 시행
④ 소방훈련 및 교육

② 소방시설공사 : 소방시설공사업체

화재예방법 24조 ⑤항
관계인 및 소방안전관리자의 업무

특정소방대상물 (관계인)	소방안전관리대상물 (소방안전관리자)
① **피난시설·방화구획** 및 **방화시설**의 관리	① **피난시설·방화구획** 및 방화시설의 관리
② **소방시설**, 그 밖의 소방관련 시설의 관리	② **소방시설**, 그 밖의 소방관련 시설의 관리
③ **화기취급**의 감독	③ **화기취급**의 감독
④ 소방안전관리에 필요한 업무	④ 소방안전관리에 필요한 업무
⑤ 화재발생시 초기대응	⑤ **소방계획서**의 작성 및 시행(대통령령으로 정하는 사항 포함) 보기③
	⑥ **자위소방대** 및 **초기대응체계**의 구성·운영·교육 보기①
	⑦ 소방훈련 및 교육 보기④
	⑧ 소방안전관리에 관한 업무수행에 관한 기록·유지
	⑨ 화재발생시 초기대응

24. 03. 시행 / 기사(전기)

용어	
특정소방대상물	소방안전관리대상물
① 다수인이 출입하는 곳으로서 소방시설 설치장소 ② 건축물 등의 규모·용도 및 수용인원 등을 고려하여 소방시설을 설치하여야 하는 소방대상물로서 **대통령령**으로 정하는 것	① 특급, 1급, 2급 또는 3급 소방안전관리자를 배치하여야 하는 건축물 ② **대통령령**으로 정하는 특정소방대상물

답 ②

47 ★★
18.03.문58
12.05.문42

화재의 예방 및 안전관리에 관한 법률상 소방안전특별관리시설물의 대상기준 중 틀린 것은?

① 수련시설
② 항만시설
③ 전력용 및 통신용 지하구
④ 지정문화유산인 시설(시설이 아닌 지정문화유산을 보호하거나 소장하고 있는 시설을 포함)

  ① 해당없음

화재예방법 40조
소방안전특별관리시설물의 안전관리
(1) 공항시설
(2) 철도시설
(3) 도시철도시설
(4) **항만시설** 보기 ②
(5) **지정문화유산** 및 **천연기념물** 등인 시설(시설이 아닌 지정문화유산 및 천연기념물 등을 보호하거나 소장하고 있는 시설 포함) 보기 ④
(6) 산업기술단지
(7) 산업단지
(8) 초고층 건축물 및 지하연계 복합건축물
(9) 영화상영관 중 수용인원 **1000명** 이상인 영화상영관
(10) **전력용 및 통신용 지하구** 보기 ③
(11) 석유비축시설
(12) 천연가스 인수기지 및 공급망
(13) 전통시장(**대통령령**으로 정하는 전통시장)

답 ①

48 ★
23.03.문42

위험물안전관리법령상 제조소 또는 일반취급소의 위험물취급탱크 노즐 또는 맨홀을 신설하는 경우, 노즐 또는 맨홀의 직경이 몇 mm를 초과하는 경우에 변경허가를 받아야 하는가?

① 250   ② 300
③ 450   ④ 600

위험물규칙 [별표 1의 2]
제조소 또는 일반취급소의 변경허가
(1) **제조소** 또는 **일반취급소**의 **위치**를 **이전**하는 경우
(2) 건축물의 벽·기둥·바닥·보 또는 지붕을 **증설** 또는 **철거**하는 경우
(3) **배출설비**를 **신설**하는 경우
(4) 위험물취급탱크를 신설·교체·철거 또는 보수(탱크의 본체를 절개)하는 경우

(5) 위험물취급탱크의 **노즐** 또는 **맨홀**을 신설하는 경우(노즐 또는 맨홀의 직경이 **250mm**를 초과하는 경우) 보기 ①

|맨홀 변경허가|

(6) 위험물취급탱크의 **방유제**의 **높이** 또는 방유제 내의 **면적**을 **변경**하는 경우
(7) 위험물취급탱크의 탱크전용실을 **증설** 또는 **교체**하는 경우
(8) **300m**(지상에 설치하지 아니하는 배관은 **30m**)를 초과하는 위험물배관을 신설·교체·철거 또는 보수(배관 절개)하는 경우
(9) 불활성기체의 봉입장치를 **신설**하는 경우

기억법 노맨 250mm

답 ①

49 ★★★
22.04.문56
21.03.문44
12.03.문48

다음 중 소방기본법령에 따라 화재예방상 필요하다고 인정되거나 화재위험경보시 발령하는 소방신호의 종류로 옳은 것은?

① 경계신호   ② 발화신호
③ 경보신호   ④ 훈련신호

기본규칙 10조
소방신호의 종류

소방신호	설 명
경계신호 보기 ①	**화재예방**상 필요하다고 인정되거나 화재위험경보시 발령
발화신호	**화재**가 발생한 때 발령
해제신호	**소화활동**이 필요없다고 인정되는 때 발령
훈련신호	훈련상 필요하다고 인정되는 때 발령

중요

기본규칙 [별표 4]
소방신호표

신호방법 종 별	타종신호	사이렌 신호
경계신호	**1**타와 연 **2**타를 반복	**5초** 간격을 두고 **30초**씩 **3회**
발화신호	난타	**5초** 간격을 두고 **5초**씩 **3회**
해제신호	상당한 간격을 두고 **1**타씩 반복	**1분간 1회**
훈련신호	연 **3**타 반복	**10초** 간격을 두고 **1분**씩 **3회**

기억법	타	사
경계	1+2	5+30=3
발	난	5+5=3
해	1	1=1
훈	3	10+1=3

답 ①

50. 소방기본법령상 소방안전교육사의 배치대상별 배치기준에서 소방본부의 배치기준은 몇 명 이상인가?

① 1
② 2
③ 3
④ 4

해설 기본령 〔별표 2의 3〕
소방안전교육사의 배치대상별 배치기준

배치대상	배치기준
소방서	• 1명 이상
한국소방안전원	• 시·도지부 : 1명 이상 • 본회 : 2명 이상
소방본부	• 2명 이상 보기 ②
소방청	• 2명 이상
한국소방산업기술원	• 2명 이상

답 ②

51. 소방시설공사업법령상 일반 소방시설설계업(기계분야)의 영업범위에 대한 기준 중 ( )에 알맞은 내용은? (단, 공장의 경우는 제외한다.)

연면적 ( )m² 미만의 특정소방대상물(제연설비가 설치되는 특정소방대상물은 제외한다)에 설치되는 기계분야 소방시설의 설계

① 10000
② 20000
③ 30000
④ 50000

해설 공사업령 〔별표 1〕
소방시설설계업

종류	기술인력	영업범위
전문	• 주된기술인력 : 1명 이상 • 보조기술인력 : 1명 이상	• 모든 특정소방대상물
일반	• 주된기술인력 : 1명 이상 • 보조기술인력 : 1명 이상	• 아파트(기계분야 제연설비 제외) • 연면적 30000m²(공장 10000m²) 미만(기계분야 제연설비 제외) 보기 ③ • 위험물제조소 등

답 ③

52. 화재의 예방 및 안전관리에 관한 법령상 옮긴 물건 등의 보관기간은 해당 소방관서의 인터넷 홈페이지에 공고하는 기간의 종료일 다음 날부터 며칠로 하는가?

① 3 ② 4
③ 5 ④ 7

해설 7일
(1) 옮긴 물건 등의 보관기간(화재예방법 시행령 17조) 보기 ④
(2) 건축허가 등의 취소통보(소방시설법 시행규칙 3조)
(3) **소방공사 감리원의 배치통보일**(공사업규칙 17조)
(4) 소방공사 감리결과 통보·보고일(공사업규칙 19조)

기억법 감배7(감 배치)

7일	14일
옮긴 물건 등의 보관기간	옮긴 물건 등의 공고기간

답 ④

53. 화재의 예방 및 안전관리에 관한 법령상 소방대상물의 개수·이전·제거, 사용의 금지 또는 제한, 사용폐쇄, 공사의 정지 또는 중지, 그 밖의 필요한 조치로 인하여 손실을 받은 자가 손실보상청구서에 첨부하여야 하는 서류로 틀린 것은?

① 손실보상합의서
② 손실을 증명할 수 있는 사진
③ 손실을 증명할 수 있는 증빙자료
④ 소방대상물의 관계인임을 증명할 수 있는 서류(건축물대장은 제외)

해설 ① 해당없음

화재예방법 시행규칙 6조
손실보상 청구자가 제출하여야 하는 서류
(1) 소방대상물의 **관계인**임을 증명할 수 있는 서류(건축물대장 제외) 보기 ④
(2) 손실을 증명할 수 있는 **사진**, 그 밖의 **증빙자료** 보기 ②③

기억법 사증관손(사정관의 손)

답 ①

54. 소방시설 설치 및 관리에 관한 법령상 시·도지사가 실시하는 방염성능검사 대상으로 옳은 것은?

① 설치현장에서 방염처리를 하는 합판·목재
② 제조 또는 가공공정에서 방염처리를 한 카펫
③ 제조 또는 가공공정에서 방염처리를 한 창문에 설치하는 블라인드
④ 설치현장에서 방염처리를 하는 암막·무대막

해설 소방시설법 시행령 32조
시·도지사가 실시하는 방염성능검사
설치현장에서 방염처리를 하는 **합판·목재류** 보기 ①

중요

소방시설법 시행령 31조 방염대상물품	
제조 또는 가공 공정에서 방염처리를 한 물품	건축물 내부의 천장이나 벽에 부착하거나 설치하는 것
① 창문에 설치하는 **커튼류**(블라인드 포함) ② 카펫 ③ 벽지류(두께 2mm 미만인 종이벽지 제외) ④ 전시용 합판·목재 또는 섬유판 ⑤ 무대용 합판·목재 또는 섬유판 ⑥ 암막·무대막(영화상영관·가상체험 체육시설업의 스크린 포함) ⑦ 섬유류 또는 합성수지류 등을 원료로 하여 제작된 소파·의자(단란주점영업, 유흥주점영업 및 노래연습장업의 영업장에 설치하는 것만 해당)	① 종이류(두께 **2mm 이상**, 합성수지류 또는 섬유류를 주원료로 한 물품 ② 합판이나 목재 ③ 공간을 구획하기 위하여 설치하는 간이칸막이 ④ 흡음재(흡음용 커튼 포함) 또는 방음재(방음용 커튼 포함) ※ 가구류(옷장, 찬장, 식탁, 식탁용 의자, 사무용 책상, 사무용 의자, 계산대)와 너비 10cm 이하인 반자 돌림대, 내부 마감재료 제외

답 ①

55 ★★★ 복도통로유도등의 설치기준으로 틀린 것은?

19.09.문69
16.10.문64
14.09.문66
14.05.문67
14.03.문80
11.03.문68
08.05.문69

① 바닥으로부터 높이 1.5m 이하의 위치에 설치할 것
② 구부러진 모퉁이 및 입체형 또는 바닥에 설치된 통로유도등을 기점으로 보행거리 20m마다 설치할 것
③ 지하역사, 지하상가인 경우에는 복도·통로 중앙부분의 바닥에 설치할 것
④ 바닥에 설치하는 통로유도등은 하중에 따라 파괴되지 아니하는 강도의 것으로 할 것

해설 ① 1.5m 이하 → 1m 이하

(1) 설치높이

구 분	설치높이
• 계단통로유도등 • 복도통로유도등 보기① • 통로유도표지	바닥으로부터 높이 **1m** 이하
• 피난구유도등	피난구의 바닥으로부터 높이 **1.5m 이상**
• 거실통로유도등	바닥으로부터 높이 **1.5m 이상** (단, 거실통로의 기둥은 1.5m 이하)
• 피난구유도표지	출입구 상단

기억법 계복1, 피유15상

(2) 설치거리

구 분	설치거리
복도통로유도등	구부러진 모퉁이 및 피난구유도등 등이 설치된 출입구의 맞은편 복도에 입체형 또는 바닥에 설치한 통로유도등을 기점으로 보행거리 20m마다 설치
거실통로유도등	구부러진 모퉁이 및 **보행거리 20m**마다 설치
계단통로유도등	각 층의 **경사로참** 또는 **계단참**마다 설치

답 ①

56 ★★★ 다음 위험물 중 자기반응성 물질은 어느 것인가?

23.09.문53
21.09.문11
19.04.문44
16.05.문46
15.09.문03
15.09.문18
15.05.문10
15.05.문42
15.03.문51
14.09.문18

① 황린
② 염소산염류
③ 특수인화물
④ 질산에스터류

해설 위험물령 〔별표 1〕
위험물

유 별	성 질	품 명
제1류	산화성 고체	• 아염소산염류 • 염소산염류 보기② • 과염소산염류 • 질산염류 • 무기과산화물
제2류	가연성 고체	• 황화인 • **적린** • **황** • **철분** • 마그네슘
제3류	자연발화성 물질 및 금수성 물질	• 황린 보기① • 칼륨 • 나트륨
제4류	**인화성 액체**	• 특수인화물 보기③ • 알코올류 • 석유류 • 동식물유류
제5류	자기반응성 물질	• 나이트로화합물 • 유기과산화물 • 나이트로소화합물 • 아조화합물 • 질산에스터류(셀룰로이드) 보기④
제6류	산화성 액체	• 과염소산 • 과산화수소 • 질산

답 ④

57

위험물안전관리법령상 제조소와 사용전압이 35000V를 초과하는 특고압가공전선에 있어서 안전거리는 몇 m 이상을 두어야 하는가? (단, 제6류 위험물을 취급하는 제조소는 제외한다.)

① 3
② 5
③ 20
④ 30

해설 위험물규칙〔별표 4〕
위험물제조소의 안전거리

안전거리	대상
3m 이상	7000~35000V 이하의 특고압가공전선
5m 이상 보기②	35000V를 초과하는 특고압가공전선
10m 이상	주거용으로 사용되는 것
20m 이상	• 고압가스 제조시설(용기에 충전하는 것 포함) • 고압가스 사용시설(1일 30m³ 이상 용적 취급) • 고압가스 저장시설 • 액화산소 소비시설 • 액화석유가스 제조·저장시설 • 도시가스 공급시설
30m 이상	• 학교 • 병원급 의료기관 • 공연장 ┐ 300명 이상 수용시설 • 영화상영관 ┘ • 아동복지시설 • 노인복지시설 • 장애인복지시설 • 한부모가족복지시설 • 어린이집 • 성매매피해자 등을 위한 지원시설 • 정신건강증진시설 • 가정폭력피해자 보호시설 20명 이상 수용시설
50m 이상	• 지정**문**화유산 • 천연기념물 등

기억법 문5(문어)

답 ②

58

다음 중 소방시설 설치 및 관리에 관한 법령상 소방시설관리업을 등록할 수 있는 자는?

① 피성년후견인
② 소방시설관리업의 등록이 취소된 날부터 2년이 경과된 자
③ 금고 이상의 형의 집행유예를 선고받고 그 유예기간 중에 있는 자
④ 금고 이상의 실형을 선고받고 그 집행이 면제된 날부터 2년이 지나지 아니한 자

해설 ② 2년이 경과된 자는 등록 가능

소방시설법 30조
소방시설관리업의 등록결격사유
(1) 피성년후견인 보기①
(2) 금고 이상의 실형을 선고받고 그 집행이 끝나거나 집행이 면제된 날부터 2년이 지나지 아니한 사람 보기④
(3) 금고 이상의 형의 집행유예를 선고받고 그 유예기간 중에 있는 사람 보기③
(4) 관리업의 등록이 취소된 날부터 2년이 지나지 아니한 자

용어

피성년후견인
사무처리능력이 지속적으로 결여된 사람

답 ②

59

일반공사감리대상의 경우 감리현장 연면적의 총 합계가 10만m² 이하일 때 1인의 책임감리원이 담당하는 소방공사감리현장은 몇 개 이하인가?

① 2개
② 3개
③ 4개
④ 5개

해설 공사업규칙 16조
소방공사감리원의 세부배치기준

감리대상	책임감리원
일반공사감리대상	• 주 1회 이상 방문감리 • 담당감리현장 5개 이하로서 연면적 총 합계 100000m² 이하 보기④

답 ④

60

위험물안전관리법령에 따른 정기점검의 대상인 제조소 등의 기준 중 틀린 것은?

① 암반탱크저장소
② 지하탱크저장소
③ 이동탱크저장소
④ 지정수량의 150배 이상의 위험물을 저장하는 옥외탱크저장소

해설 ④ 해당없음

위험물령 15 · 16조
정기점검의 대상인 제조소 등
(1) 예방규정을 정하여야 할 제조소 등
  ㉠ **10**배 이상의 **제**조소 · **일**반취급소
  ㉡ **100**배 이상의 **옥외**저장소
  ㉢ **150**배 이상의 **옥내**저장소
  ㉣ **200**배 이상의 **옥외탱크**저장소
  ㉤ 이송취급소
  ㉥ 암반탱크저장소 보기①

기억법
0 제일
0 외
5 내
2 탱

(2) **지하탱크**저장소 보기②
(3) **이동탱크**저장소 보기③
(4) 위험물을 취급하는 탱크로서 지하에 매설된 탱크가 있는 **제조소 · 주유취급소** 또는 **일반취급소**

기억법 정 지이

답 ④

제4과목 소방전기시설의 구조 및 원리

61 비상조명등의 형식승인 및 제품검사의 기술기준에 따른 비상조명등의 일반구조에 대한 내용이다. 다음 ( )에 들어갈 내용으로 옳은 것은?

> 상용전원전압의 ( )% 범위 안에서는 비상조명등 내부의 온도상승이 그 기능에 지장을 주거나 위해를 발생시킬 염려가 없어야 한다.

① 90 ② 80
③ 100 ④ 110

해설 비상조명등의 일반구조(비상조명등의 형식승인 및 제품검사의 기술기준 3조)

(1) 전선의 굵기 및 길이

인출선 굵기	인출선 길이
0.75mm² 이상 기억법 인75(인(사람) 치료)	150mm 이상

(2) 상용전원전압의 **110%** 범위 안에서는 비상조명등 내부의 온도상승이 그 기능에 지장을 주거나 위해를 발생시킬 염려가 없을 것 보기 ④

비교
속보기의 **전압변동 기준**(자동화재속보설비의 속보기의 성능인증 및 제품검사의 기술기준 7조)
80% 및 **120%** 전압을 인가하는 경우 정상일 것

답 ④

62 비상콘센트설비의 화재안전기준에 따라 비상콘센트설비의 전원부와 외함 사이의 절연저항은 전원부와 외함 사이를 500V 절연저항계로 측정할 때 몇 MΩ 이상이어야 하는가?

① 10 ② 20
③ 30 ④ 50

해설 절연저항시험

절연 저항계	절연저항	대 상
직류 250V	0.1MΩ 이상	●1경계구역의 절연저항
직류 500V	5MΩ 이상	●누전경보기 ●가스누설경보기 ●수신기(10회로 미만, 절연된 충전부와 외함간) ●자동화재속보설비 ●비상경보설비 ●유도등(교류입력측과 외함 간 포함) ●비상조명등(교류입력측과 외함 간 포함)
직류 500V	20MΩ 이상	●경종 ●발신기 ●중계기 ●비상**콘**센트 보기 ② ●기기의 절연된 선로 간 ●기기의 충전부와 비충전부 간 ●기기의 교류입력측과 외함 간(유도등·비상조명등 제외) 기억법 2콘(이크)
	50MΩ 이상	●감지기(정온식 감지선형 감지기 제외) ●가스누설경보기(10회로 이상) ●수신기(10회로 이상, 교류입력측과 외함간 제외)
	1000MΩ 이상	●정온식 감지선형 감지기

답 ②

63 비상콘센트설비의 화재안전기준에 따라 하나의 전용회로에 설치하는 비상콘센트는 최대 몇 개 이하로 하여야 하는가?

① 2 ② 3
③ 10 ④ 20

해설 비상콘센트설비 전원회로의 설치기준(NFPC 504 4조, NFTC 504 2.1)

구 분	전 압	용 량	플러그 접속기
단상 교류	**2**20V	1.5kVA 이상	**접**지형 **2**극

(1) 1전용회로에 설치하는 비상콘센트는 **10**개 이하로 할 것 보기 ③
(2) 풀박스는 **1.6**mm 이상의 **철**판을 사용할 것

기억법 단2(단위), 10콘(시큰둥!), 16철콘, 접2(접이식)

(3) 전원회로는 주배전반에서 **전용**회로로 할 것
(4) 전원으로부터 각 층의 비상콘센트에 분기되는 경우 **분기배선용 차단기**를 보호함 안에 설치할 것
(5) 콘센트마다 **배선용 차단기**(KS C 8321)를 설치하여야 하며, 충전부는 노출되지 않도록 할 것

답 ③

64 비상경보설비 및 단독경보형 감지기의 화재안전기준에 따른 단독경보형 감지기의 시설기준에 대한 내용이다. 다음 ( )에 들어갈 내용으로 옳은 것은?

> 단독경보형 감지기는 바닥면이 (㉠)m²를 초과하는 경우에는 (㉡)m²마다 1개 이상을 설치하여야 한다.

① ㉠ 100, ㉡ 100 ② ㉠ 100, ㉡ 150
③ ㉠ 150, ㉡ 150 ④ ㉠ 150, ㉡ 200

해설 단독경보형 감지기의 설치기준(NFPC 201 5조, NFTC 201 2.2.1)

(1) 각 실(이웃하는 실내의 바닥면적이 각각 **30m²** 미만이고 벽체의 상부의 전부 또는 일부가 개방되어 이웃하는 실내와 공기가 상호 유통되는 경우에는 이를 1개의 실로 본다)마다 설치하되, 바닥면적이 **150m²**를 초과하는 경우에는 **150m²**마다 1개 이상 설치할 것 보기 ③
(2) 최상층의 계단실의 **천장**(외기가 상통하는 계단실의 경우 제외)에 설치할 것
(3) 건전지를 주전원으로 사용하는 단독경보형 감지기는 정상적인 작동상태를 유지할 수 있도록 건전지를 교환할 것
(4) 상용전원을 주전원으로 사용하는 단독경보형 감지기의 **2차 전지**는 제품검사에 합격한 것을 사용할 것

용어

단독경보형 감지기
화재발생 상황을 단독으로 **감지**하여 자체에 내장된 **음향장치**로 경보하는 감지기

답 ③

65 ★ (20.06.문78)

비상경보설비 및 단독경보형 감지기의 화재안전기준에 따라 비상벨설비 또는 자동식 사이렌설비의 전원회로 배선 중 내열배선에 사용하는 전선의 종류가 아닌 것은?

① 버스덕트(bus duct)
② 0.6/10kV 1종 비닐절연전선
③ 0.6/1kV EP 고무절연 클로로프렌 시스 케이블
④ 450/750V 저독성 난연 가교 폴리올레핀 절연전선

해설 ② 해당없음

(1) **비상벨설비** 또는 **자동식 사이렌설비**의 배선(NFTC 201 2.1.8.1)

전원회로의 배선은「옥내소화전설비의 화재안전기술기준[NFTC 102 2.7.2(1)]」에 따른 내화배선에 의하고 그 밖의 배선은「옥내소화전설비의 화재안전기술기준[NFTC 102 2.7.2(1), 2.7.2(2)]」에 따른 **내화배선** 또는 **내열배선**에 따를 것

(2) 옥내소화전설비의 화재안전기술기준(NFTC 102 2.7.2)
ⓐ 내화배선

사용전선의 종류	공사방법
① 450/750V 저독성 난연 가교 폴리올레핀 절연전선	**금속관 · 2종 금속제 가요전선관** 또는 **합성수지관**에 수납하여 내화구조된 벽 또는 바닥 등에 벽 또는 바닥의 표면으로부터 **25mm** 이상의 깊이로 매설하여야 한다. 기억법 금2가합25 단, 다음의 기준에 적합하게 설치하는 경우에는 그러하지 아니하다.
② 0.6/1kV 가교 폴리에틸렌 절연 저독성 난연 폴리올레핀 시스 전력 케이블	
③ 6/10kV 가교 폴리에틸렌 절연 저독성 난연 폴리올레핀 시스 전력용 케이블	
④ 가교 폴리에틸렌 절연 비닐시스 트레이용 난연 전력 케이블	① 배선을 **내화**성능을 갖는 배선**전용실** 또는 배선용 **샤프트 · 피트 · 덕트** 등에 설치하는 경우
⑤ 0.6/1kV EP 고무절연 클로로프렌 시스 케이블	② 배선전용실 또는 배선용 샤프트 · 피트 · 덕트 등에 **다른** 설비의 배선이 있는 경우에는 이로부터 **15cm** 이상 떨어지게 하거나 소화설비의 배선과 이웃하는 다른 설비의 배선 사이에 배선지름(배선의 지름이 다른 경우에는 가장 큰 것을 기준으로 한다)의 **1.5배** 이상의 높이의 **불연성 격벽**을 설치하는 경우
⑥ 300/500V 내열성 실리콘 고무절연전선 (180℃)	
⑦ 내열성 에틸렌-비닐 아세테이트 고무절연 케이블	
⑧ 버스덕트(bus duct)	
	기억법 내전샤피덕 다15
내화전선	케이블공사

ⓑ 내열배선

사용전선의 종류	공사방법
① 450/750V 저독성 난연 가교 폴리올레핀 절연전선 보기 ④	**금속관 · 금속제 가요전선관 · 금속덕트** 또는 **케이블**(불연성 덕트에 설치하는 경우에 한한다) **공사**방법에 따라야 한다. 단, 다음의 기준에 적합하게 설치하는 경우에는 그러하지 아니하다.
② 0.6/1kV 가교 폴리에틸렌 절연 저독성 난연 폴리올레핀 시스 전력 케이블	
③ 6/10kV 가교 폴리에틸렌 절연 저독성 난연 폴리올레핀 시스 전력용 케이블	
④ 가교 폴리에틸렌 절연 비닐시스 트레이용 난연 전력 케이블	① 배선을 내화성능을 갖는 배선전용실 또는 배선용 샤프트 · 피트 · 덕트 등에 설치하는 경우
⑤ 0.6/1kV EP 고무절연 클로로프렌 시스 케이블 보기 ③	② 배선전용실 또는 배선용 샤프트 · 피트 · 덕트 등에 다른 설비의 배선이 있는 경우에는 이로부터 **15cm** 이상 떨어지게 하거나 소화설비의 배선과 이웃하는 다른 설비의 배선 사이에 배선지름(배선의 지름이 다른 경우에는 지름이 가장 큰 것을 기준으로 한다)의 **1.5배** 이상의 높이의 **불연성 격벽**을 설치하는 경우
⑥ 300/500V 내열성 실리콘 고무절연전선 (180℃)	
⑦ 내열성 에틸렌-비닐 아세테이트 고무절연 케이블	
⑧ 버스덕트(bus duct) 보기 ①	
내화전선	케이블공사

답 ②

24. 03. 시행 / 기사(전기)

66 경종의 형식승인 및 제품검사의 기술기준에 따라 경종은 전원전압이 정격전압의 ± 몇 % 범위에서 변동하는 경우 기능에 이상이 생기지 않아야 하는가?

① 5 ② 10
③ 20 ④ 30

해설 **전원전압변동시의 기능**(경종의 형식승인 및 제품검사의 기술기준 4조)
경종은 전원전압이 정격전압의 **±20%** 범위에서 변동하는 경우 기능에 이상이 생기지 않아야 한다. 다만, 경종에 내장된 건전지를 전원으로 하는 경종은 건전지의 전압이 건전지 교체전압 범위(제조사 설계값)의 하한값으로 낮아진 경우에도 기능에 이상이 없어야 한다. 보기 ③

답 ③

67 누전경보기의 화재안전기준에 따라 누전경보기의 수신부를 설치할 수 있는 장소는? (단, 해당 누전경보기에 대하여 방폭·방식·방습·방온·방진 및 정전기 차폐 등의 방호조치를 하지 않은 경우이다.)

① 습도가 낮은 장소
② 온도의 변화가 급격한 장소
③ 화약류를 제조하거나 저장 또는 취급하는 장소
④ 부식성의 증기·가스 등이 다량으로 체류하는 장소

해설 **누전경보기의 수신부 설치 제외 장소**(NFPC 205 5조, NFTC 205 2.2.2)
(1) **온**도변화가 급격한 장소 보기 ②
(2) **습**도가 높은 장소 보기 ①
(3) **가**연성의 증기, 가스 등 또는 **부**식성의 증기, 가스 등의 다량 체류장소 보기 ④
(4) **대**전류회로, **고**주파 발생회로 등의 영향을 받을 우려가 있는 장소
(5) **화**약류 제조, 저장, 취급 장소 보기 ③

기억법 온습누가대화(온도·습도가 높으면 **누가** **대화**하나?)

비교
누전경보기 수신부의 설치장소
옥내의 점검이 편리한 **건조**한 장소

답 ①

68 자동화재속보설비의 속보기의 기능에 대한 설명으로 틀린 것은?

① 연동 또는 수동으로 소방관서에 화재발생 음성정보를 속보 중인 경우에도 송수화장치를 이용한 통화가 우선적으로 가능하여야 한다.

② 주전원이 정지한 경우에는 자동적으로 예비전원으로 전환되고, 주전원이 정상상태로 복귀한 경우에는 자동적으로 예비전원에서 주전원으로 전환되어야 한다.
③ 화재신호를 수신하거나 속보기를 수동으로 동작시키는 경우 자동적으로 적색 화재표시등이 점등되고 음향장치로 화재를 경보하여야 한다.
④ 자동으로 동작시키는 경우 20초 이내에 소방관서에 자동적으로 신호를 발하여 알리되, 3회 이상 속보할 수 있어야 한다.

해설 ④ 자동 → 수동

속보기의 **적합기능**(자동화재속보설비의 속보기의 성능인증 및 제품검사의 기술기준 5조)
(1) **예비전원**은 **감시상태**를 **60분**간 지속한 후 **10분** 이상 **동작**이 지속될 수 있는 용량일 것
(2) 속보기는 연동 또는 수동 작동에 의한 다이얼링 후 소방관서와 전화접속이 이루어지지 않는 경우에는 최초 다이얼링을 포함하여 **10회** 이상 반복적으로 접속을 위한 다이얼링이 이루어져야 한다. 이 경우 매회 다이얼링 완료 후 호출은 **30초** 이상 지속될 것

기억법 다10(다 쉽다.)

(3) 예비전원을 **병렬**로 접속하는 경우 **역충전방지** 등의 조치를 할 것
(4) **연동** 또는 **수동**으로 소방관서에 화재발생 음성정보를 속보 중인 경우에도 송수화장치를 이용한 통화가 우선적으로 가능 보기 ①
(5) 속보기의 송수화장치가 정상위치가 아닌 경우에도 **연동** 또는 **수동**으로 속보가 가능할 것
(6) 주전원이 정지한 경우에는 자동적으로 예비전원으로 전환되고, 주전원이 정상상태로 복귀한 경우에는 자동적으로 예비전원에서 주전원으로 전환 보기 ②
(7) 화재신호를 수신하거나 속보기를 수동으로 동작시키는 경우 **자동**적으로 **적색 화재표시등**이 점등되고 음향장치로 화재 경보 보기 ③
(8) **수동**으로 동작시키는 경우 **20초** 이내에 **소방관서**에 자동적으로 신호를 발하여 알리되, **3회** 이상 속보 보기 ④

답 ④

69 유도등의 형식승인 및 제품검사의 기술기준에 따라 유도등의 교류입력측과 외함 사이, 교류입력측과 충전부 사이 및 절연된 충전부와 외함 사이의 각 절연저항을 DC 500V의 절연저항계로 측정한 값이 몇 MΩ 이상이어야 하는가?

① 0.1 ② 5
③ 20 ④ 50

해설 절연저항시험

절연저항계	절연저항	대상
직류 250V	0.1MΩ 이상	• 1경계구역의 절연저항
직류 500V	5MΩ 이상	• 누전경보기 • 가스누설경보기 • 수신기(10회로 미만, 절연된 충전부와 외함간) • 자동화재속보설비 • 비상경보설비 • 유도등(교류입력측과 외함 간 포함) 보기 ② • 비상조명등(교류입력측과 외함 간 포함)
직류 500V	20MΩ 이상	• 경종 • 발신기 • 중계기 • 비상콘센트 • 기기의 절연된 선로 간 • 기기의 충전부와 비충전부 간 • 기기의 교류입력측과 외함 간(유도등·비상조명등 제외)
	50MΩ 이상	• 감지기(정온식 감지선형 감지기 제외) • 가스누설경보기(10회로 이상) • 수신기(10회로 이상, 교류입력측과 외함간 제외)
	1000MΩ 이상	• 정온식 감지선형 감지기

답 ②

70. 자동화재탐지설비 및 시각경보장치의 화재안전기준에 따라 특정소방대상물 중 화재신호를 발신하고 그 신호를 수신 및 유효하게 제어할 수 있는 구역을 무엇이라 하는가?

① 방호구역 ② 방수구역
③ 경계구역 ④ 화재구역

해설 경계구역
(1) 정의(NFPC 203 3조, NFTC 203 1.7)
특정소방대상물 중 **화재신호**를 **발신**하고 그 **신호**를 **수신** 및 유효하게 **제어**할 수 있는 구역 보기 ③
(2) **경계구역**의 **설정기준**(NFPC 203 4조, NFTC 203 2.1)
㉠ 1경계구역이 2개 이상의 **건축물**에 미치지 않을 것
㉡ 1경계구역이 2개 이상의 **층**에 미치지 않을 것
㉢ 1경계구역의 면적은 **600m²** 이하로 하고, 1변의 길이는 **50m** 이하로 할 것(내부 전체가 보이면 **1000m²** 이하)
(3) 1경계구역의 **높이** : **45m** 이하

답 ③

71. 자동화재탐지설비 및 시각경보장치의 화재안전기준에 따라 전화기기실, 통신기기실 등과 같은 훈소화재의 우려가 있는 장소에 적응성이 없는 감지기는?

① 광전식 스포트형
② 광전아날로그식 분리형
③ 광전아날로그식 스포트형
④ 이온아날로그식 스포트형

해설 연기감지기를 설치할 수 있는 **경우**(NFTC 203 2.4.6(2))
훈소화재
(1) **광**전식 스포트형 보기 ①
(2) **광**전아날로그식 스포트형 보기 ③
(3) **광**전식 분리형
(4) **광**전아날로그식 분리형 보기 ②

기억법 광훈

답 ④

72. 객석유도등을 설치하지 아니하는 경우의 기준 중 다음 (   ) 안에 알맞은 것은?

거실 등의 각 부분으로부터 하나의 거실 출입구에 이르는 보행거리가 (   )m 이하인 객석의 통로로서 그 통로에 통로유도등이 설치된 객석

① 15 ② 20
③ 30 ④ 50

해설 (1) **휴대용 비상조명등**의 설치 제외 장소(NFPC 304 5조, NFTC 304 2.2.2) : 복도·통로·창문 등을 통해 **피난**이 용이한 경우(**지상 1층·피난층**)

기억법 휴피(휴지로 피닦아!)

(2) **통로유도등**의 설치 제외 장소(NFPC 303 11조, NFTC 303 2.8.2)
㉠ 길이 **30m** 미만의 복도·통로(구부러지지 않은 복도·통로)
㉡ 보행거리 **20m** 미만의 복도·통로(출입구에 **피난구유도등**이 설치된 복도·통로)
(3) **객석유도등**의 설치 제외 장소(NFPC 303 11조, NFTC 303 2.8.3)
㉠ **채광**이 충분한 객석(**주간**에만 사용)
㉡ **통로유도등**이 설치된 객석(거실 각 부분에서 거실 출입구까지의 **보행거리 20m** 이하) 보기 ②

기억법 채객보통(채소는 객관적으로 보통이다.)

답 ②

73. 누전경보기에서 감도조정장치의 조정범위는 최대 몇 mA인가?

① 1 ② 20
③ 1000 ④ 1500

해설 **누전경보기**(누전경보기의 형식승인 및 제품검사의 기술기준 7·8조)

공칭작동전류치	감도조정장치의 조정범위
200mA 이하	1A(1000mA) 이하 보기 ③

기억법 공2

참고
검출누설전류 설정치 범위
(1) 경계전로: 100~400mA
(2) 제2종 접지선: 400~700mA

답 ③

74 무선통신보조설비의 화재안전기준에 따라 금속제 지지금구를 사용하여 무선통신보조설비의 누설동축케이블을 벽에 고정시키고자 하는 경우 몇 m 이내마다 고정시켜야 하는가? (단, 불연재료로 구획된 반자 안에 설치하는 경우는 제외한다.)

20.08.문65
19.03.문80
16.10.문72
15.09.문78
14.05.문78
12.05.문78
10.05.문76
08.09.문70

① 2   ② 3
③ 4   ④ 5

해설 **누설동축케이블**의 **설치기준**(NFPC 505 5조, NFTC 505 2.2.1)
(1) 소방전용 주파수대에서 전파의 **전송** 또는 **복사**에 적합한 것으로서 소방전용의 것
(2) 누설동축케이블과 이에 접속하는 **안테나** 또는 **동축케이블** 및 이에 접속하는 안테나
(3) 누설동축케이블 및 동축케이블은 화재에 따라 해당 케이블의 피복이 소실된 경우에 케이블 본체가 떨어지지 아니하도록 **4m** 이내마다 금속제 또는 자기제 등의 지지금구로 벽·천장·기둥 등에 견고하게 고정시킬 것(단, **불연재료**로 구획된 반자 안에 설치하는 경우 제외) 보기 ③
(4) **누설동축케이블** 및 **안테나**는 **고압전로**로부터 **1.5m** 이상 떨어진 위치에 설치(단, 해당 전로에 **정전기 차폐장치**를 유효하게 설치한 경우에는 제외)
(5) 누설동축케이블의 끝부분에는 **무반사종단저항**을 설치

기억법 누고15

용어
무반사종단저항
전송로로 전송되는 전자파가 전송로의 종단에서 반사되어 **교신**을 **방해**하는 것을 막기 위한 저항

답 ③

75 자동화재속보설비의 설치기준에 관한 사항이다. ( ) 안의 ㉠, ㉡에 들어갈 내용으로 옳은 것은?

24.03.문68
17.05.문66
16.10.문77
16.05.문62

자동화재속보설비는 (㉠)와 연동으로 작동하여 자동적으로 화재신호를 (㉡)에 전달되는 것으로 할 것

① ㉠ 자동소화설비, ㉡ 종합방재센터
② ㉠ 비상방송설비, ㉡ 소방관서
③ ㉠ 비상경보설비, ㉡ 종합방재센터
④ ㉠ 자동화재탐지설비, ㉡ 소방관서

해설 ④ 자동화재속보설비는 **자동화재탐지설비**와 연동으로 작동하여 **소방관서**에 전달되는 것으로 할 것

자동화재속보설비의 **설치기준**(자동화재속보설비의 속보기의 성능인증 및 제품검사의 기술기준 5조, NFPC 204 4조, NFTC 204 2.1.1.1)

구 분	설 명
연동설비	자동화재탐지설비 보기 ④
속보대상	소방관서 보기 ④
속보방법	20초 이내에 3회 이상
다이얼링	10회 이상

답 ④

76 비상방송설비의 특징에 대한 설명으로 틀린 것은?

19.09.문63
19.03.문64
16.03.문66
15.09.문67
13.06.문63
10.05.문69

① 다른 방송설비와 공용하는 경우에는 화재시 비상경보 외의 방송을 차단할 수 있는 구조로 하여야 한다.
② 비상방송설비의 축전지는 감시상태를 10분간 지속한 후 유효하게 60분 이상 경보할 수 있어야 한다.
③ 확성기의 음성입력은 실외에 설치한 경우 3W 이상이어야 한다.
④ 음량조정기의 배선은 3선식으로 한다.

해설 ② 감시상태를 10분간 → 감시상태를 60분간
60분 이상 경보 → 10분 이상 경보

비상방송설비·비상벨설비·자동식 사이렌설비(NFPC 202 6조, NFTC 202 2.3.2)

감시시간 보기 ②	경보시간 보기 ②
60분	10분 이상(30층 이상 : 30분)

기억법 6감

답 ②

77

자동화재탐지설비 및 시각경보장치의 화재안전기준에 따른 열전대식 차동식 분포형 감지기의 시설기준이다. 다음 ( )에 들어갈 내용으로 옳은 것은? (단, 주요구조부가 내화구조로 된 특정소방대상물이 아닌 경우이다.)

> 열전대부는 감지구역의 바닥면적 (㉠)m² 마다 1개 이상으로 할 것. 다만, 바닥면적이 (㉡)m² 이하인 특정소방대상물에 있어서는 (㉢)개 이상으로 하여야 한다.

① ㉠ 22, ㉡ 88, ㉢ 7
② ㉠ 18, ㉡ 80, ㉢ 5
③ ㉠ 18, ㉡ 72, ㉢ 4
④ ㉠ 22, ㉡ 88, ㉢ 20

해설 열전대식 감지기의 설치기준(NFPC 203 제7조, NFTC 203 2.4.3.8)

(1) 하나의 검출부에 접속하는 열전대부는 **4~20개** 이하로 할 것(단, **주소형 열전대식 감지기**는 제외)
(2) 바닥면적

분류	열전대식 1개 바닥면적	바닥면적	설치개수
내화구조	22m²	88m² 이하 (22m²×4개=88m²)	4개 이상
기타구조 (내화구조로 된 특정소방대상물이 아닌 경우) 보기㉠	18m²	72m² 이하 보기㉡ (18m²×4개=72m²)	4개 이상 보기㉢

비교

열반도체식 감지기	열전대식 감지기
2~15개 이하	4~20개 이하

답 ③

78

무창층의 도매시장에 설치하는 비상조명등용 비상전원은 해당 비상조명등을 몇 분 이상 유효하게 작동시킬 수 있는 용량으로 하여야 하는가?

① 10
② 20
③ 40
④ 60

해설 비상조명등의 설치기준(NFPC 304 4조, NFTC 304 2.1.1)

(1) 특정소방대상물의 각 거실과 지상에 이르는 복도·계단·통로에 설치할 것
(2) 조도는 각 부분의 바닥에서 1lx 이상일 것
(3) **점검스위치**를 설치하고 **20분** 이상 작동시킬 수 있는 용량의 **축전지**와 **예비전원 충전장치**를 내장할 것

예외규정
비상조명등의 60분 이상 작동용량
(1) 11층 이상(지하층 제외)
(2) 지하층·무창층으로서 **도매시장·소매시장·여객자동차터미널·지하역사·지하상가** 보기 ④

중요

비상전원 용량	
설비의 종류	비상전원 용량
• **자**동화재탐지설비 • 비상**경**보설비 • **자**동화재속보설비	**10분** 이상
• 유도등 • 비상콘센트설비 • 제연설비 • 물분무소화설비 • 옥내소화전설비(30층 미만) • 특별피난계단의 계단실 및 부속실 제연설비(30층 미만)	**20분** 이상
• 무선통신보조설비의 **증**폭기	**30분** 이상
• 옥내소화전설비(30~49층 이하) • 특별피난계단의 계단실 및 부속실 제연설비(30~49층 이하) • 연결송수관설비(30~49층 이하) • 스프링클러설비(30~49층 이하)	**40분** 이상
• 유도등·비상조명등(지하상가 및 11층 이상) • 옥내소화전설비(50층 이상) • 특별피난계단의 계단실 및 부속실 제연설비(50층 이상) • 연결송수관설비(50층 이상) • 스프링클러설비(50층 이상)	**60분** 이상

기억법 경자비1(경자라는 이름은 비일비재하게 많다.) 3증(3중고)

답 ④

79

총 길이가 2800m인 터널에 자동화재탐지설비를 설치하는 경우 최소경계구역 수는?

① 26개
② 27개
③ 28개
④ 29개

해설 터널의 자동화재탐지설비 경계구역

$= \dfrac{\text{터널 길이}}{100\text{m}} = \dfrac{2800\text{m}}{100\text{m}} = 28\text{개}$ 보기 ③

• 터널의 하나의 경계구역의 길이는 **100m** 이하로 하여야 한다. (NFPC 603 9조, NFTC 603 2.5.2)

중요

터널에 설치하는 자동화재탐지설비 감지기의 설치기준
(NFPC 603 9조, NFTC 603 2.5.3)

(1) 감지기의 감열부와 감열부 사이의 이격거리는 **10m** 이하로, 감지기와 터널 좌우측 벽면과의 이격거리는 **6.5m** 이하로 설치할 것
(2) 터널 천장의 구조가 **아치형** 터널에 감지기를 터널 진행방향으로 설치하고자 하는 경우에는 감열부와 감열부 사이의 이격거리를 **10m** 이하로 하여 **아치형** 천장의 **중앙 최상부**에 **1열**로 감지기를 설치하여야 하며, 감지기를 **2열** 이상으로 설치하고자 하는 경우에는 감열부와 감열부 사이의 이격거리는 **10m** 이하로, 감지기 간의 이격거리는 **6.5m** 이하로 설치할 것
(3) 감지기를 천장면(터널 안 도로 등에 면한 부분 또는 상층의 바닥 하부면)에 설치하는 경우에는 감지기가 천장면에 밀착되지 않도록 **고정금구** 등을 사용하여 설치할 것
(4) 하나의 경계구역의 길이는 **100m** 이하로 할 것
(5) 감지기의 작동에 의하여 다른 소방시설 등이 연동되는 경우로서 해당 소방시설 등의 작동을 위한 정확한 **발화위치**를 확인할 필요가 있는 경우에는 경계구역의 길이가 해당 설비의 **방호구역** 등에 포함되도록 설치하여야 한다.

답 ③

중요

조명도(조도)

기기	조명
통로유도등	1 lx 이상
비상조명등	1 lx 이상
객석유도등	0.2 lx 이상

답 ①

80 ★★ 비상조명등의 화재안전기준에 따른 비상조명등의 시설기준에 적합하지 않은 것은? [20.06.문62]

① 조도는 비상조명등이 설치된 장소의 각 부분의 바닥에서 0.5 lx가 되도록 하였다.
② 특정소방대상물의 각 거실과 그로부터 지상에 이르는 복도·계단 및 그 밖의 통로에 설치하였다.
③ 예비전원을 내장하는 비상조명등에 평상시 점등여부를 확인할 수 있는 점검스위치를 설치하였다.
④ 예비전원을 내장하는 비상조명등에 해당 조명등을 유효하게 작동시킬 수 있는 용량의 축전지와 예비전원 충전장치를 내장하도록 하였다.

해설 ① 0.5 lx → 1 lx 이상

비상조명등의 설치기준(NFPC 304 4조, NFTC 304 2.1.1)
(1) 특정소방대상물의 각 거실과 지상에 이르는 **복도·계단·통로**에 설치할 것
(2) 조도는 각 부분의 바닥에서 **1 lx** 이상일 것 보기 ①
(3) **점검스위치**를 설치하고 **20분** 이상 작동시킬 수 있는 용량의 **축전지**와 **예비전원 충전장치**를 내장할 것

2024. 5. 9 시행

2024년 기사 제2회 필기시험 CBT 기출복원문제

자격종목	종목코드	시험시간	형별	수험번호	성명
소방설비기사(전기분야)		2시간			

※ 각 문항은 4지택일형으로 질문에 가장 적합한 보기 항을 선택하여 체크하여야 합니다.

제1과목 소방원론

01 촛불의 주된 연소 형태에 해당하는 것은?
14.09.문01
10.03.문17
① 표면연소
② 분해연소
③ 증발연소
④ 자기연소

연소의 형태

연소 형태	종 류
표면연소	• 숯 • 목탄 • 코크스 • 금속분
분해연소	• 석탄 • 플라스틱 • 고무 • 아스팔트 • 종이 • 목재 • 중유
증발연소 보기 ③	• 황 • 파라핀(양초) • 가솔린(휘발유) • 경유 • 아세톤 • 왁스 • 나프탈렌 • 등유 • 알코올
자기연소	• 나이트로글리세린 • 나이트로셀룰로오스(질화면) • TNT • 피크린산
액적연소	• 벙커C유
확산연소	• 메탄(CH_4) • 암모니아(NH_3) • 아세틸렌(C_2H_2) • 일산화탄소(CO) • 수소(H_2)

기억법 표숯코 목탄금, 분석종플 목고중아, 증황왁파양 나가등경알아

※ **파라핀** : 양초(초)의 주성분

답 ③

02 다음 중 상온 · 상압에서 액체인 것은?
20.06.문05
18.03.문04
13.09.문04
12.03.문17
① 이산화탄소
② 할론 1301
③ 할론 2402
④ 할론 1211

해설

상온 · 상압에서 **기체상태**	상온 · 상압에서 **액체상태**
• 할론 1301 • 할론 1211 • 이산화탄소(CO_2)	• 할론 1011 • 할론 104 • **할론 2402** 보기 ③

※ **상온 · 상압** : 평상시의 온도 · 평상시의 압력

답 ③

03 다음 중 건축물의 방재기능 설정요소로 틀린 것은?
① 배치계획
② 국토계획
③ 단면계획
④ 평면계획

해설 (1) **건축물의 방재기능 설정요소**(건물을 지을 때 내 · 외부 및 부지 등의 방재계획을 고려한 계획)

구 분	설 명
부지선정, 배치계획 보기 ①	소화활동에 지장이 없도록 적합한 **건물 배치**를 하는 것
평면계획 보기 ④	**방연구획**과 **제연구획**을 설정하여 화재예방 · 소화 · 피난 등을 유효하게 하기 위한 계획
단면계획 보기 ③	불이나 연기가 **다른 층**으로 이동하지 않도록 구획하는 계획
입면계획	불이나 연기가 **다른 건물**로 이동하지 않도록 구획하는 계획(입면계획의 가장 큰 요소 : 벽과 개구부)
재료계획	불연성능 · 내화성능을 가진 재료를 사용하여 화재를 예방하기 위한 계획

(2) **건축물 내부**의 **연소확대방지**를 위한 **방화계획**
  ㉠ 수평구획
  ㉡ 수직구획
  ㉢ 용도구획

답 ②

04 다음 원소 중 전기음성도가 가장 큰 것은?

① F ② Br
③ Cl ④ I

해설 할론소화약제

부촉매효과(소화능력) 크기	전기음성도(친화력, 결합력) 크기 보기 ①
I > Br > Cl > F	F > Cl > Br > I

• 전기음성도 크기=수소와의 결합력 크기

중요
할로젠족 원소
(1) 불소 : F
(2) 염소 : Cl
(3) 브로민(취소) : Br
(4) 아이오딘(옥소) : I

기억법 FClBrI

답 ①

05 프로판가스의 연소범위[vol%]에 가장 가까운 것은?

① 9.8~28.4
② 2.5~81
③ 4.0~75
④ 2.1~9.5

해설 (1) 공기 중의 폭발한계

가 스	하한계 (하한점, [vol%])	상한계 (상한점, [vol%])
아세틸렌(C_2H_2)	2.5	81
수소(H_2)	4	75
일산화탄소(CO)	12	75
에터($C_2H_5OC_2H_5$)	1.7	48
이황화탄소(CS_2)	1	50
에틸렌(C_2H_4)	2.7	36
암모니아(NH_3)	15	25
메탄(CH_4)	5	15
에탄(C_2H_6)	3	12.4
프로판(C_3H_8) 보기 ④	2.1	9.5
부탄(C_4H_{10})	1.8	8.4

(2) 폭발한계와 같은 의미
  ㉠ 폭발범위
  ㉡ 연소한계
  ㉢ 연소범위
  ㉣ 가연한계
  ㉤ 가연범위

답 ④

06 가연물이 연소가 잘 되기 위한 구비조건으로 틀린 것은?

① 열전도율이 클 것
② 산소와 화학적으로 친화력이 클 것
③ 표면적이 클 것
④ 활성화에너지가 작을 것

해설 ① 클 것 → 작을 것

가연물이 연소하기 쉬운 조건
(1) 산소와 친화력이 클 것 보기 ②
(2) 발열량이 클 것
(3) 표면적이 넓을 것 보기 ③
(4) 열전도율이 작을 것 보기 ①
(5) 활성화에너지가 작을 것 보기 ④
(6) 연쇄반응을 일으킬 수 있을 것
(7) 산소가 포함된 유기물일 것

※ 활성화에너지 : 가연물이 처음 연소하는 데 필요한 열

답 ①

07 석유, 고무, 동물의 털, 가죽 등과 같이 황성분을 함유하고 있는 물질이 불완전연소될 때 발생하는 연소가스로 계란 썩는 듯한 냄새가 나는 기체는?

① H_2S ② $COCl_2$
③ SO_2 ④ HCN

해설 연소가스

구 분	특 징
일산화탄소 (CO)	화재시 흡입된 일산화탄소(CO)의 화학적 작용에 의해 **헤모글로빈**(Hb)이 혈액의 산소운반작용을 저해하여 사람을 질식·사망하게 한다.
이산화탄소 (CO_2)	연소가스 중 **가장 많은 양**을 차지하고 있으며 가스 그 자체의 독성은 거의 없으나 다량이 존재할 경우 호흡속도를 증가시키고, 이로 인하여 화재가스에 혼합된 유해가스의 혼입을 증가시켜 위험을 가중시키는 가스이다.
암모니아 (NH_3)	나무, 페놀수지, 멜라민수지 등의 **질소함유물**이 연소할 때 발생하며, 냉동시설의 **냉매**로 쓰인다.
포스겐 ($COCl_2$)	매우 독성이 강한 가스로서 소화제인 **사염화탄소**(CCl_4)를 화재시에 사용할 때도 발생한다.
황화수소 (H_2S) 보기 ①	**달걀**(계란) **썩는 냄새**가 나는 특성이 있다. **기억법** 황달
아크롤레인 ($CH_2=CHCHO$)	독성이 매우 높은 가스로서 **석유제품, 유지** 등이 연소할 때 생성되는 가스이다.

답 ①

08 화재의 분류방법 중 유류화재를 나타낸 것은?

① A급 화재
② B급 화재
③ C급 화재
④ D급 화재

해설 화재의 종류

구 분	표시색	적응물질
일반화재(A급)	백색	• 일반가연물 • 종이류 화재 • 목재·섬유화재
유류화재(B급) 보기 ②	황색	• 가연성 액체 • 가연성 가스 • 액화가스화재 • 석유화재
전기화재(C급)	청색	• 전기설비
금속화재(D급)	무색	• 가연성 금속
주방화재(K급)	–	• 식용유화재

※ 요즘은 표시색의 의무규정은 없음

답 ②

09 일반적으로 공기 중 산소농도를 몇 vol% 이하로 감소시키면 연소속도의 감소 및 질식소화가 가능한가?

① 15
② 21
③ 25
④ 31

해설 소화의 방법

구 분	설 명
냉각소화	다량의 물 등을 이용하여 **점화원을 냉각**시켜 소화하는 방법
질식소화	공기 중의 **산소농도를 16%** 또는 **15%** (10~15%) 이하로 희박하게 하여 소화하는 방법 보기 ①
제거소화	가연물을 제거하여 소화하는 방법
화학소화 (부촉매효과)	연쇄반응을 차단하여 소화하는 방법, **억제작용**이라고도 함
희석소화	고체·기체·액체에서 나오는 **분해가스**나 **증기**의 **농도**를 낮추어 연소를 중지시키는 방법
유화소화	물을 무상으로 방사하여 유류표면에 **유화층**의 막을 형성시켜 공기의 접촉을 막아 소화하는 방법
피복소화	비중이 공기의 **1.5배** 정도로 무거운 소화약제를 방사하여 가연물의 구석구석까지 침투·피복하여 소화하는 방법

답 ①

10 위험물 탱크에 압력이 0.3MPa이고, 온도가 0℃인 가스가 들어 있을 때 화재로 인하여 100℃까지 가열되었다면 압력은 약 몇 MPa인가? (단, 이상기체로 가정한다.)

① 0.41
② 0.52
③ 0.63
④ 0.74

해설 보일-샤를의 법칙(Boyle-Charl's law)

$$\frac{P_1 V_1}{T_1} = \frac{P_2 V_2}{T_2}$$

여기서, P_1, P_2 : 기압(MPa)
V_1, V_2 : 부피(m³)
T_1, T_2 : 절대온도(273+℃)(K)

기압 P_2 는

$$P_2 = P_1 \times \frac{V_1}{V_2} \times \frac{T_2}{T_1}$$

$$= 0.3\text{MPa} \times \frac{(273+100)\text{K}}{(273+0)\text{K}}$$

$$\approx 0.41\text{MPa}$$

• 이상기체이므로 **부피**는 **일정**하여 무시한다.

답 ①

11 실내 화재시 발생한 연기로 인한 감광계수(m⁻¹)와 가시거리에 대한 설명 중 틀린 것은?

① 감광계수가 0.1일 때 가시거리는 20~30m이다.
② 감광계수가 0.3일 때 가시거리는 15~20m이다.
③ 감광계수가 1.0일 때 가시거리는 1~2m이다.
④ 감광계수가 10일 때 가시거리는 0.2~0.5m이다.

해설
② 15~20m → 5m

감광계수와 가시거리

감광계수 [m⁻¹]	가시거리 [m]	상 황
0.1	20~30 보기①	연기감지기가 작동할 때의 농도(연기 감지기가 작동하기 직전의 농도)
0.3	5 보기②	건물 내부에 익숙한 사람이 피난에 지장을 느낄 정도의 농도
0.5	3	어두운 것을 느낄 정도의 농도
1	1~2 보기③	앞이 거의 보이지 않을 정도의 농도
10	0.2~0.5 보기④	화재 최성기 때의 농도
30	-	출화실에서 연기가 분출할 때의 농도

기억법
0123   감
035   익
053   어
112   보
100205 최
30   분

답 ②

12 위험물의 저장방법으로 틀린 것은?

① 금속나트륨 – 석유류에 저장
② 이황화탄소 – 수조에 저장
③ 알킬알루미늄 – 벤젠액에 희석하여 저장
④ 산화프로필렌 – 구리용기에 넣고 불연성 가스를 봉입하여 저장

해설 물질에 따른 저장장소

물 질	저장장소
황린, **이**황화탄소(CS₂)	**물**속 보기②
나이트로셀룰로오스	알코올 속
칼륨(K), 나트륨(Na), 리튬(Li)	석유류(등유) 속 보기①
알킬알루미늄	벤젠액 속 보기③
아세틸렌(C₂H₂)	디메틸포름아미드(DMF), 아세톤에 용해

기억법 황물이(황토색 물이 나온다.)

중요
산화프로필렌, 아세트알데하이드 보기④
구리, 마그네슘, 은, 수은 및 그 합금과 저장 금지
기억법 구마은수

답 ④

13 메탄 80vol%, 에탄 15vol%, 프로판 5vol%인 혼합가스의 공기 중 폭발하한계는 약 몇 vol%인가? (단, 메탄, 에탄, 프로판의 공기 중 폭발하한계는 5.0vol%, 3.0vol%, 2.1vol%이다.)

① 4.28
② 3.61
③ 3.23
④ 4.02

해설 혼합가스의 폭발하한계

$$\frac{100}{L} = \frac{V_1}{L_1} + \frac{V_2}{L_2} + \frac{V_3}{L_3}$$

여기서, L : 혼합가스의 폭발하한계[vol%]
L_1, L_2, L_3 : 가연성 가스의 폭발하한계[vol%]
V_1, V_2, V_3 : 가연성 가스의 용량[vol%]

$$\frac{100}{L} = \frac{V_1}{L_1} + \frac{V_2}{L_2} + \frac{V_3}{L_3}$$

$$\frac{100}{L} = \frac{80}{5.0} + \frac{15}{3.0} + \frac{5}{2.1}$$

$$\frac{100}{\frac{80}{5.0} + \frac{15}{3.0} + \frac{5}{2.1}} = L$$

$$L = \frac{100}{\frac{80}{5.0} + \frac{15}{3.0} + \frac{5}{2.1}} ≒ 4.28 \text{vol}\%$$

● 단위가 원래는 vol% 또는 v%, vol.%인데 줄여서 %로 쓰기도 한다.

답 ①

14 위험물의 유별에 따른 분류가 잘못된 것은?

① 제1류 위험물 : 산화성 고체
② 제3류 위험물 : 자연발화성 물질 및 금수성 물질
③ 제4류 위험물 : 인화성 액체
④ 제6류 위험물 : 가연성 액체

해설 ④ 가연성 액체 → 산화성 액체

위험물령〔별표 1〕
위험물

유 별	성 질	품 명
제1류	**산**화성 **고**체 보기①	● 아염소산염류 ● 염소산염류(**염소산나트륨**) ● 과염소산염류 ● 질산염류 ● 무기과산화물

기억법 1산고염나

제2류	가연성 고체	• **황**화인 • **적**린 • **황** • **마**그네슘 [기억법] 황화적마
제3류	자연발화성 물질 및 금수성 물질 [보기 ②]	• **황**린 • **칼**륨 • **나**트륨 • **알**칼리토금속 • **트**리에틸알루미늄 [기억법] 황칼나알트
제4류	인화성 액체 [보기 ③]	• 특수인화물 • 석유류(벤젠) • 알코올류 • 동식물유류
제5류	**자**기반응성 물질	• 유기과산화물 • 나이트로화합물 • 나이트로소화합물 • 아조화합물 • 질산에스터류(셀룰로이드) [기억법] 5자(오자탈자)
제6류	산화성 액체 [보기 ④]	• 과염소산 • 과산화수소 • 질산

답 ④

15. 인화점이 낮은 것부터 높은 순서로 옳게 나열된 것은?

① 에틸알코올 < 이황화탄소 < 아세톤
② 이황화탄소 < 에틸알코올 < 아세톤
③ 에틸알코올 < 아세톤 < 이황화탄소
④ 이황화탄소 < 아세톤 < 에틸알코올

 해설

물 질	인화점	착화점
• 프로필렌	-107℃	497℃
• 에틸에터 • 다이에틸에터	-45℃	180℃
• 가솔린(휘발유)	-43℃	300℃
• **이황화탄소** [보기 ④]	-30℃	100℃
• 아세틸렌	-18℃	335℃
• **아세톤** [보기 ④]	-18℃	538℃
• 벤젠	-11℃	562℃
• 톨루엔	4.4℃	480℃
• **에틸알코올** [보기 ④]	13℃	423℃
• 아세트산	40℃	-
• 등유	43~72℃	210℃
• 경유	50~70℃	200℃
• 적린	-	260℃

답 ④

16. 건물의 주요구조부에 해당되지 않는 것은?

① 바닥
② 천장
③ 기둥
④ 주계단

해설 **주요구조부**
(1) 내력**벽**
(2) **보**(작은 보 제외)
(3) **지**붕틀(차양 제외)
(4) **바**닥(최하층 바닥 제외)
(5) **주**계단(옥외계단 제외)
(6) **기**둥(사잇기둥 제외)
[기억법] 벽보지 바주기

답 ②

17. 제2종 분말소화약제의 열분해반응식으로 옳은 것은?

① $2NaHCO_3 \rightarrow Na_2CO_3 + CO_2 + H_2O$
② $2KHCO_3 \rightarrow K_2CO_3 + CO_2 + H_2O$
③ $2NaHCO_3 \rightarrow Na_2CO_3 + 2CO_2 + H_2O$
④ $2KHCO_3 \rightarrow K_2CO_3 + 2CO_2 + H_2O$

해설 **분말소화기**(질식효과)

종 별	소화약제	약제의 착색	화학반응식	적응 화재
제1종	탄산수소 나트륨 ($NaHCO_3$)	백색	$2NaHCO_3 \rightarrow$ $Na_2CO_3 + CO_2 + H_2O$	BC급
제2종	탄산수소 칼륨 ($KHCO_3$)	담자색 (담회색)	$2KHCO_3 \rightarrow$ $K_2CO_3 + CO_2 + H_2O$ [보기 ②]	BC급
제3종	인산암모늄 ($NH_4H_2PO_4$)	담홍색	$NH_4H_2PO_4 \rightarrow$ $HPO_3 + NH_3 + H_2O$	AB C급
제4종	탄산수소 칼륨+요소 ($KHCO_3$+ $(NH_2)_2CO$)	회(백)색	$2KHCO_3 +$ $(NH_2)_2CO \rightarrow$ $K_2CO_3 +$ $2NH_3 + 2CO_2$	BC급

• 탄산수소나트륨=중탄산나트륨
• 탄산수소칼륨=중탄산칼륨
• 제1인산암모늄=인산암모늄=인산염
• 탄산수소칼륨+요소=중탄산칼륨+요소

답 ②

18. 표준상태에서 메탄가스의 밀도는 몇 g/L인가?

① 0.21
② 0.41
③ 0.71
④ 0.91

[해설] (1) 원자량

원소	원자량
H →	1
C →	12
N	14
O	16

메탄(CH_4)분자량 = 12+1×4 = 16

(2) 증기밀도

$$증기밀도(g/L) = \frac{분자량}{22.4}$$

여기서, 22.4 : 공기의 부피(L)

증기밀도$(g/L) = \frac{분자량}{22.4} = \frac{16}{22.4} ≒ 0.71$

● 단위를 보고 계산하면 쉽다.

[비교] 증기비중

$$증기비중 = \frac{분자량}{29}$$

여기서, 29 : 공기의 평균 분자량(g/mol)

답 ③

★★★
19 화재하중의 단위로 옳은 것은?

20.08.문14
19.03.문20
16.10.문18
15.09.문17
01.06.문06
97.03.문19

① kg/m^2
② $℃/m^2$
③ $kg \cdot L/m^3$
④ $℃ \cdot L/m^3$

[해설] 화재하중
(1) 가연물 등의 **연소시** 건축물의 **붕괴** 등을 고려하여 설계하는 하중
(2) 화재실 또는 화재구획의 **단위면적당 가연물**의 **양**
(3) 일반건축물에서 가연성의 건축구조재와 **가연성 수용물**의 **양**으로서 건물화재시 발열량 및 화재위험성을 나타내는 용어
(4) 화재하중이 크면 단위면적당의 발열량이 크다.
(5) 화재하중이 같더라도 물질의 상태에 따라 가혹도는 달라진다.
(6) 화재하중은 화재구획실 내의 가연물 총량을 목재 중량당비로 환산하여 면적으로 나눈 수치이다.
(7) 건물화재에서 가열온도의 정도를 의미한다.
(8) 건물의 내화설계시 고려되어야 할 사항이다.
(9) $$q = \frac{\Sigma G_t H_t}{HA} = \frac{\Sigma Q}{4500A}$$

여기서, q : 화재하중(kg/m^2) 또는 (N/m^2)
G_t : 가연물의 양(kg)
H_t : 가연물의 단위발열량(kcal/kg)

H : 목재의 단위발열량(kcal/kg) (4500kcal/kg)
A : 바닥면적(m^2)
ΣQ : 가연물의 전체 발열량(kcal)

[비교] 화재가혹도
화재로 인하여 건물 내에 수납되어 있는 재산 및 건물 자체에 손상을 주는 능력의 정도

답 ①

★★★
20 물체의 표면온도가 250℃에서 650℃로 상승하면 열복사량은 약 몇 배 정도 상승하는가?

18.04.문15
17.05.문11
14.09.문14
13.06.문08

① 2.5
② 5.7
③ 7.5
④ 9.7

[해설] (1) 기호
● t_1 : 250℃
● t_2 : 650℃
● Q : ?

(2) 스테판–볼츠만의 법칙(Stefan–Boltzman's law)

$$\frac{Q_2}{Q_1} = \frac{(273+t_2)^4}{(273+t_1)^4} = \frac{(273+650)^4}{(273+250)^4} ≒ 9.7$$

● 열복사량은 복사체의 **절대온도**의 **4제곱**에 **비례**하고, **단면적**에 **비례**한다.

[참고] 스테판–볼츠만의 법칙(Stefan–Boltzman's law)

$$Q = aAF(T_1^4 - T_2^4)$$

여기서, Q : 복사열(W)
a : 스테판–볼츠만 상수($W/m^2 \cdot K^4$)
A : 단면적(m^2)
F : 기하학적 Factor
T_1 : 고온(273+t_1)(K)
T_2 : 저온(273+t_2)(K)
t_1 : 저온(℃)
t_2 : 고온(℃)

답 ④

제 2 과목 소방전기일반

★★★
21 논리식 $\overline{X} + XY$를 간략화한 것은?

19.03.문24
18.04.문38
17.09.문33
17.03.문23
16.05.문36
16.03.문39
15.09.문23
13.09.문30
13.06.문35

① $\overline{X} + Y$
② $X + \overline{Y}$
③ $\overline{X}Y$
④ $X\overline{Y}$

해설 **불대수의 정리**

논리합	논리곱	비 고
X+0=X	X·0=0	–
X+1=1	X·1=X	–
X+X=X	X·X=X	–
X+$\overline{X}$=1	X·$\overline{X}$=0	–
X+Y=Y+X	X·Y=Y·X	교환법칙
X+(Y+Z) =(X+Y)+Z	X(YZ)=(XY)Z	결합법칙
X(Y+Z) =XY+XZ	(X+Y)(Z+W) =XZ+XW+YZ+YW	분배법칙
X+XY=X	$\overline{X}$+XY=$\overline{X}$+Y 〈보기 ①〉 $\overline{X}+\overline{XY}=\overline{X}+\overline{Y}$ X+$\overline{X}$Y=X+Y X+$\overline{X}\overline{Y}$=X+$\overline{Y}$	흡수법칙
$\overline{(X+Y)}$ =$\overline{X}\cdot\overline{Y}$	$\overline{(X\cdot Y)}=\overline{X}+\overline{Y}$	드모르간 의 정리

답 ①

22
제어량이 압력, 온도 및 유량 등과 같은 공업량일 경우의 제어는?
① 시퀀스제어
② 프로세스제어
③ 추종제어
④ 프로그램제어

해설 **제어량에 의한 분류**

분류방법	제어량	
프로세스제어 (공정제어) 〈보기 ②〉	•온도 •유량	•압력 •액면
	기억법 프온압유액	
서보기구	•위치 •자세	•방위
	기억법 서위방자	
자동조정	•전압 •주파수 •장력	•전류 •회전속도(발전 기의 속도조절기)
	기억법 전전주회장	

용어
프로세스제어(공정제어)
공업공정의 상태량을 제어량으로 하는 제어

답 ②

23
반파정류회로를 통해 정현파를 정류하여 얻은 반파정류파의 최대값이 1일 때, 실효값과 평균값은?

① $\frac{1}{\sqrt{2}}$, $\frac{2}{\pi}$
② $\frac{1}{2}$, $\frac{\pi}{2}$
③ $\frac{1}{\sqrt{2}}$, $\frac{\pi}{2\sqrt{2}}$
④ $\frac{1}{2}$, $\frac{1}{\pi}$

해설 **최대값·실효값·평균값**

파 형	최대값	실효값	평균값
① 정현파 ② 전파정류파	1	$\frac{1}{\sqrt{2}}$	$\frac{2}{\pi}$
③ 반구형파	1	$\frac{1}{\sqrt{2}}$	$\frac{1}{2}$
④ 삼각파(3각파) ⑤ 톱니파	1	$\frac{1}{\sqrt{3}}$	$\frac{1}{2}$
⑥ 구형파	1	1	1
⑦ 반파정류파 〈보기 ④〉	1	$\frac{1}{2}$	$\frac{1}{\pi}$

답 ④

24
어떤 계를 표시하는 미분방정식이 $5\frac{d^2}{dt^2}y(t)+3\frac{d}{dt}y(t)-2y(t)=x(t)$ 라고 한다. $x(t)$는 입력신호, $y(t)$는 출력신호라고 하면 이 계의 전달함수는?

① $\frac{1}{(s+1)(s-5)}$
② $\frac{1}{(s-1)(s+5)}$
③ $\frac{1}{(5s-1)(s+2)}$
④ $\frac{1}{(5s-2)(s+1)}$

해설 **전달함수**

$$G(s)=\frac{Y(s)}{X(s)}$$

여기서, $G(s)$: 전달함수
$Y(s)$: 출력신호
$X(s)$: 입력신호

• $5\frac{d^2}{dt^2} \to 5s^2$, $3\frac{d}{dt} \to 3s$, $2 \to 2$

라플라스 변환하면
$(5s^2+3s-2)Y(s)=X(s)$
전달함수
$G(s)=\frac{Y(s)}{X(s)}=\frac{1}{(5s^2+3s-2)}=\frac{1}{(5s-2)(s+1)}$

> **[용어] 전달함수**
> 모든 초기값을 0으로 하였을 때 출력신호의 라플라스 변환과 입력신호의 라플라스 변환의 비

답 ④

25 회로에서 a와 b 사이에 나타나는 전압 V_{ab}[V]는?

① 20 ② 23
③ 26 ④ 28

해설

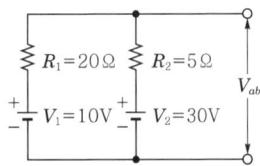

(1) 기호
- R_1 : 20Ω
- V_1 : 10V
- R_2 : 5Ω
- V_2 : 30V
- V_{ab} : ?

(2) 밀만의 정리

$$V_{ab} = \frac{\frac{V_1}{R_1} + \frac{V_2}{R_2}}{\frac{1}{R_1} + \frac{1}{R_2}} [\text{V}]$$

여기서, V_{ab} : 단자전압[V]
V_1, V_2 : 각각의 전압[V]
R_1, R_2 : 각각의 저항[Ω]

밀만의 정리에 의해

$$V_{ab} = \frac{\frac{V_1}{R_1} + \frac{V_2}{R_2}}{\frac{1}{R_1} + \frac{1}{R_2}} = \frac{\frac{10}{20} + \frac{30}{5}}{\frac{1}{20} + \frac{1}{5}} = 26\text{V}$$

답 ③

26 저항이 R, 유도리액턴스가 X_L, 용량리액턴스가 X_C인 RLC 직렬회로에서의 $\dot{Z}$ 와 Z값으로 옳은 것은?

① $\dot{Z} = R + j(X_L - X_C)$
   $Z = \sqrt{R^2 + (X_L - X_C)^2}$

② $\dot{Z} = R + j(X_L + X_C)$
   $Z = \sqrt{R + (X_L + X_C)^2}$

③ $\dot{Z} = R + j(X_C - X_L)$
   $Z = \sqrt{R^2 + (X_C - X_L)^2}$

④ $\dot{Z} = R + j(X_C + X_L)$
   $Z = \sqrt{R^2 + (X_C + X_L)^2}$

해설 임피던스

RLC 직렬회로	RLC 병렬회로
$\dot{Z} = R + j(X_L - X_C)$ $Z = \sqrt{R^2 + (X_L - X_C)^2}$ 보기 ①	$\dot{Z} = \frac{1}{R} + j\left(\frac{1}{X_C} - \frac{1}{X_L}\right)$ $Z = \sqrt{\left(\frac{1}{R}\right)^2 + \left(\frac{1}{X_C} - \frac{1}{X_L}\right)^2}$

여기서, $\dot{Z}$: 임피던스(벡터)[Ω]
Z : 임피던스[Ω]
R : 저항[Ω]
j : 허수($=\sqrt{-1}$)
X_L : 유도리액턴스[Ω]
X_C : 용량리액턴스[Ω]

답 ①

27 $R=4Ω$, $\frac{1}{\omega C}=9Ω$인 RC 직렬회로에 전압 $e(t)$를 인가할 때, 제3고조파 전류의 실효값 크기는 몇 A인가? (단, $e(t) = 50 + 10\sqrt{2}\sin\omega t + 120\sqrt{2}\sin 3\omega t$[V])

① 4.4
② 12.2
③ 24
④ 34

해설 (1) 기호
- R : 4Ω
- $\frac{1}{\omega C}$: 9Ω
- I_3 : ?
- $e(t) = \underbrace{50}_{\text{직류분}} + \underbrace{10\sqrt{2}\sin\omega t}_{\text{기본파}} + \underbrace{120\sqrt{2}\sin 3\omega t}_{\text{3고조파}}$

제3고조파 성분만 계산하면 되므로 리액턴스$\left(\frac{1}{\omega C}\right)$의 주파수 부분에 ω대신 3ω 대입

$$\frac{1}{\omega C} : 9 = \frac{1}{3\omega C} : X$$

$$X = \frac{9}{3} = 3 \left(\therefore \frac{1}{3\omega C} = 3Ω\right)$$

(2) 임피던스

$$Z = R + jX$$

여기서, Z: 임피던스[Ω]
R: 저항[Ω]
X: 리액턴스[Ω]

제3고조파 임피던스 Z는

$$Z = R + jX$$
$$= R + j\frac{1}{3\omega C}$$
$$= 4 + j3$$

(3) 순시값

$$v = V_m \sin\omega t$$

여기서, v: 전압의 순시값[V]
V_m: 전압의 최대값[V]
ω: 각주파수[rad/s]
t: 주기[s]

제3고조파만 고려하면
$$v = V_m \sin\omega t$$
$$= 120\sqrt{2} \sin3\omega t \; (\therefore V_m = 120\sqrt{2})$$

(4) 전압의 최대값

$$V_m = \sqrt{2}\,V$$

여기서, V_m: 전압의 최대값[V]
V: 전압의 실효값[V]

전압의 실효값 V는
$$V = \frac{V_m}{\sqrt{2}} = \frac{120\sqrt{2}}{\sqrt{2}} = 120\text{V}$$

(5) 전류

$$I = \frac{V}{Z} = \frac{V}{R+jX} = \frac{V}{\sqrt{R^2+X^2}}$$

여기서, I: 전류[A]
V: 전압[V]
Z: 임피던스[Ω]
R: 저항[Ω]
X: 리액턴스[Ω]

전류 I는
$$I = \frac{V}{\sqrt{R^2+X^2}} = \frac{120}{\sqrt{4^2+3^2}} = 24\text{A} \quad \boxed{보기 ③}$$

답 ③

★★★
28 그림과 같은 회로에서 각 계기의 지시값이 ⓥ는 180V, Ⓐ는 5A, W는 720W라면 이 회로의 무효전력[Var]은?

23.09.문29
19.04.문26
10.09.문27
06.03.문32
98.10.문22
97.10.문35

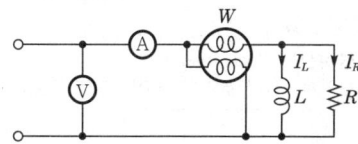

① 480　　② 540
③ 960　　④ 1200

해설 (1) 기호
- V: 180V
- I: 5A
- P: 720W
- P_r: ?

(2) 피상전력

$$P_a = VI = \sqrt{P^2 + P_r^2} = I^2 Z$$

여기서, P_a: 피상전력[VA]
V: 전압[V]
I: 전류[A]
P: 유효전력[W]
P_r: 무효전력[Var]
Z: 임피던스[Ω]

피상전력 P_a는
$P_a = VI = 180 \times 5 = 900\text{VA}$
$P_a = \sqrt{P^2 + P_r^2}$ 에서
$P_a^2 = (\sqrt{P^2 + P_r^2})^2$
$P_a^2 = P^2 + P_r^2$
$P_a^2 - P^2 = P_r^2$
$P_r^2 = P_a^2 - P^2$
$\sqrt{P_r^2} = \sqrt{P_a^2 - P^2}$
$P_r = \sqrt{P_a^2 - P^2}$

무효전력 P_r은
$P_r = \sqrt{P_a^2 - P^2}$
$= \sqrt{900^2 - 720^2} = 540\text{Var}$ 　$\boxed{보기 ②}$

답 ②

★★★
29 다음의 단상 유도전동기 중 기동토크가 가장 큰 것은?

23.09.문34
21.09.문38
18.09.문35
14.05.문26
05.03.문25
03.08.문33

① 셰이딩 코일형
② 콘덴서 기동형
③ 분상 기동형
④ 반발 기동형

해설 기동토크가 큰 순서
반발 기동형 > 반발 유도형 > 콘덴서 기동형 > 분상 기동형 > 셰이딩 코일형

| 기억법 | 반기큰 |

- 셰이딩 코일형＝세이딩 코일형

답 ④

30. 반도체를 이용한 화재감지기 중 서미스터(Thermistor)는 무엇을 측정하기 위한 반도체소자인가?

① 온도
② 연기농도
③ 가스농도
④ 불꽃의 스펙트럼 강도

해설 반도체소자

명 칭	심 벌
① **제너다이오드**(Zener diode) : 주로 **정**전압 전원회로에 사용된다. 기억법 제정(재정이 풍부)	
② **서미스터**(Thermistor) : 부온도특성을 가진 저항기의 일종으로서 주로 **온**도보상용으로 쓰인다. 보기 ① 기억법 서온(서운해)	Th
③ **SCR**(Silicon Controlled Rectifier) : 단방향 대전류 스위칭소자로서 제어를 할 수 있는 정류소자이다.	A K G
④ **바리스터**(Varistor) • 주로 **서**지전압에 대한 회로보호용(과도전압에 대한 회로보호) • **계**전기 접점의 불꽃제거 기억법 바리서계	
⑤ **UJT**(UniJunction Transistor) =**단일접합 트랜지스터** : 증폭기로는 사용이 불가능하고 톱니파나 펄스발생기로 작용하며 SCR의 트리거소자로 쓰인다.	B₁ E B₂
⑥ **바랙터**(Varactor) : 제너현상을 이용한 다이오드	–

답 ①

31. 교류전압계의 지침이 지시하는 전압은 다음 중 어느 것인가?

① 실효값
② 평균값
③ 최대값
④ 순시값

해설 ① 문제에서 교류이므로 실효값

교류 표시	설 명
실효값	① 일반적으로 사용되는 값으로 교류의 각 순시값의 제곱에 대한 **1주기**의 **평균**의 **제곱근**을 말함 ② **교류전압계**의 지침이 지시하는 값 보기 ①
최대값	교류의 순시값 중에서 가장 큰 값
순시값	교류의 임의의 시간에 있어서 전압 또는 전류의 값
평균값	순시값의 반주기에 대하여 평균한 값

중요

실효값	평균값
교류	직류

답 ①

32. 블록선도에서 외란 $D(s)$의 압력에 대한 출력 $C(s)$의 전달함수 $\left(\dfrac{C(s)}{D(s)}\right)$는?

① $\dfrac{G(s)}{H(s)}$ ② $\dfrac{1}{1+G(s)H(s)}$

③ $\dfrac{H(s)}{G(s)}$ ④ $\dfrac{G(s)}{1+G(s)H(s)}$

해설

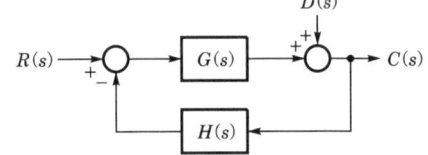

계산편의를 위해 (s)를 삭제하고 계산하면
$D - CGH = C$
$D = C + CGH$
$D = C(1+GH)$
$\dfrac{1}{1+GH} = \dfrac{C}{D}$
$\dfrac{C}{D} = \dfrac{1}{1+GH}$ ← 좌우 위치 바꿈
$\dfrac{C(s)}{D(s)} = \dfrac{1}{1+G(s)H(s)}$ ← 삭제한 (s)를 다시 붙임

용어

블록선도(Block diagram)
제어계에서 신호가 전달되는 모양을 표시하는 선도

답 ②

33. 다음의 내용이 설명하는 법칙은 무엇인가?

두 자극 사이에 작용하는 자기력의 크기는 두 자극의 세기의 곱에 비례하고 두 자극 사이 거리의 제곱에 반비례한다.

① 비오사바르의 법칙
② 쿨롱의 법칙
③ 렌츠의 법칙
④ 줄의 법칙

해설 여러 가지 법칙

법칙	설명
플레밍의 오른손 법칙	• **도**체운동에 의한 **유**기기전력의 **방**향 결정 **[기억법]** 방유도오(방에 우유를 도로 갔다 놓게!)
플레밍의 왼손 법칙	• **전**자력의 방향 결정 **[기억법]** 왼전(왠 전쟁이냐?)
렌츠의 법칙 [보기 ③]	• 자속변화에 의한 **유**도기전력의 **방**향 결정 **[기억법]** 렌유방(오렌지가 유일한 방법이다.)
패러데이의 전자유도 법칙	• 자속변화에 의한 **유**기기전력의 **크**기 결정 **[기억법]** 패유크(패유를 버리면 큰일난다.)
앙페르(암페어)의 오른나사 법칙	• **전**류에 의한 **자**기장의 방향을 결정하는 법칙 **[기억법]** 앙전자(양전자)
비오-사바르의 법칙 [보기 ①]	• **전**류에 의해 발생되는 **자**기장의 크기(전류에 의한 자계의 세기) **[기억법]** 비전자(비전공자)
키르히호프의 법칙	• 옴의 법칙을 응용한 것으로 복잡한 회로의 전류와 전압계산에 사용 • 회로망의 임의의 접속점에 유입하는 여러 전류의 **총**합은 0이라고 하는 법칙 **[기억법]** 키총 • 회로망 내 임의의 폐회로(closed circuit)에서, 그 폐회로를 따라 한 방향으로 일주하면서 생기는 전압강하의 합은 그 폐회로 내에 포함되어 있는 기전력의 합과 같음

줄의 법칙 [보기 ④]	• 어떤 도체에 일정시간 동안 전류를 흘리면 도체에는 열이 발생되는데 이에 관한 법칙 • 전류의 **열**작용과 관계있는 법칙 **[기억법]** 줄열
쿨롱의 법칙 [보기 ②]	• 두 **자**극 사이에 작용하는 힘은 두 **자**극의 **세**기의 **곱**에 **비례**하고, 두 자극 사이의 **거리**의 **제곱**에 **반비례**한다는 법칙 $$F = \frac{m_1 m_2}{4\pi\mu r^2} = \text{mH}[N]$$

여기서, F : 자기력[N]
m_1, m_2 : 자하(자극)[Wb]
μ : 투자율[H/m]($\mu = \mu_0, \mu_s$)
r : 거리[m]
H : 자계의 세기[A/m]

답 ②

34. 직류전원이 연결된 코일에 10A의 전류가 흐르고 있다. 이 코일에 연결된 전원을 제거하는 즉시 저항을 연결하여 폐회로를 구성하였을 때 저항에서 소비된 열량이 24cal이었다. 이 코일의 인덕턴스는 약 몇 H인가?

① 0.1 ② 0.5
③ 2.0 ④ 24

해설 (1) 기호
• I : 10A
• W : 24cal = $\frac{24\text{cal}}{0.24}$ = 100J (1J = 0.24cal)
• L : ?

(2) 코일에 축적되는 에너지
$$W = \frac{1}{2}LI^2 = \frac{1}{2}IN\phi \, [J]$$

여기서, W : 코일의 축적에너지[J]
L : 자기인덕턴스[H]
N : 코일권수
ϕ : 자속[Wb]
I : 전류[A]

자기인덕턴스 L은
$$L = \frac{2W}{I^2} = \frac{2 \times 100}{10^2} = 2\text{H} \quad \text{[보기 ③]}$$

답 ③

35. 적분시간이 3s이고, 비례감도가 5인 PI(비례적분)제어요소가 있다. 이 제어요소의 전달함수는?

① $\dfrac{5s+5}{3s}$ ② $\dfrac{15s+3}{5s}$

③ $\dfrac{15s+5}{3s}$ ④ $\dfrac{3s+3}{5s}$

해설 (1) 기호
- $T : 3$
- $k : 5$
- $G(s) : ?$

(2) 비례적분(PI)제어 전달함수
$$G(s) = k\left(1 + \dfrac{1}{Ts}\right)$$

여기서, $G(s)$: 비례적분(PI)제어 전달함수
 k : 비례감도
 Ts : 적분시간[s]

PI제어 전달함수 $G(s)$는
$$G(s) = k\left(1 + \dfrac{1}{Ts}\right) = 5\left(1 + \dfrac{1}{3s}\right) = 5\left(\dfrac{3s}{3s} + \dfrac{1}{3s}\right)$$
$$= 5\left(\dfrac{3s+1}{3s}\right) = \dfrac{15s+5}{3s} \quad \boxed{보기 ③}$$

답 ③

36 ★★★
22.04.문23 20.09.문29 19.09.문34 13.03.문28 12.03.문31

다음 그림의 단상 반파정류회로에서 R에 흐르는 전류의 평균값은 약 몇 A인가? (단, $v(t) = 220\sqrt{2}\sin\omega t$[V], $R = 16\sqrt{2}\,\Omega$, 다이오드의 전압강하는 무시한다.)

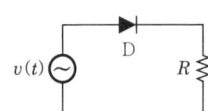

① 3.2 ② 3.8
③ 4.4 ④ 5.2

해설 (1) 기호
- $I_{av} : ?$
- $V_m : 220\sqrt{2}$ V
- $R : 16\sqrt{2}\,\Omega$

(2) 순시값
$$v = V_m \sin\omega t$$

여기서, v : 전압의 순시값[V]
 V_m : 전압의 최대값[V]
 ω : 각주파수[rad/s]
 t : 주기[s]

$v(t) = V_m \sin\omega t = \boxed{220\sqrt{2}}\sin\omega t$

(3) 전압의 최대값
$$V_m = \sqrt{2}\,V$$

여기서, V_m : 전압의 최대값[V]
 V : 전압의 실효값[V]

전압의 실효값 V는
$$V = \dfrac{V_m}{\sqrt{2}} = \dfrac{220\sqrt{2}}{\sqrt{2}} = 220\text{V}$$

(4) 직류 평균전압

단상 반파정류회로	단상 전파정류회로
$V_{av} = 0.45\,V$	$V_{av} = 0.9\,V$
여기서, V_{av} : 직류 평균전압[V] V : 교류 실효값(교류전압)[V]	여기서, V_{av} : 직류 평균전압[V] V : 교류 실효값(교류전압)[V]

단상 반파정류회로 직류 평균전압 V_{av}는
$V_{av} = 0.45\,V = 0.45 \times 220 = 99$V

(5) 전류의 평균값
전류의 평균값 I_{av}는
$$I_{av} = \dfrac{V_{av}}{R} = \dfrac{99}{16\sqrt{2}} \fallingdotseq 4.4\text{A} \quad \boxed{보기 ③}$$

답 ③

37 ★★★
19.09.문25 16.09.문26 16.03.문36 13.09.문28 12.09.문21

변압기의 내부고장 보호에 사용되는 계전기는 다음 중 어느 것인가?

① 비율차동계전기
② 저전압계전기
③ 고전압계전기
④ 압력계전기

해설 계전기

구 분	역 할
• **비**율차동계전기(차동계전기) 보기 ① • 브흐홀츠계전기	**발**전기나 **변**압기의 내부고장 보호용
• 역상**과**전류계전기	발전기의 부하 **불**평형 방지
• 접지계전기	지락전류 검출

기억법 비발변, 역과불

답 ①

38 ★★★
21.05.문34 17.05.문39 08.09.문26

0℃에서 저항이 10Ω이고, 저항의 온도계수가 0.0043인 전선이 있다. 30℃에서 이 전선의 저항은 약 몇 Ω인가?

① 0.013 ② 0.68
③ 1.4 ④ 11.3

해설 (1) 기호
- $t_1 : 0℃$
- $R_1 : 10\,\Omega$
- $\alpha_{t_1} : 0.0043$
- $t_2 : 30℃$
- $R_2 : ?$

(2) 저항의 온도계수
$$R_2 = R_1\{1 + \alpha_{t_1}(t_2 - t_1)\}[\Omega]$$

여기서, R_2 : t_2의 저항[Ω]
R_1 : t_1의 저항[Ω]
α_{t_1} : t_1의 온도계수
t_2 : 상승 후의 온도[℃]
t_1 : 상승 전의 온도[℃]

t_2의 저항 R_2는
$R_2 = R_1\{1 + \alpha_{t_1}(t_2 - t_1)\}$
$= 10\{1 + 0.0043(30 - 0)\}$
$= 11.29$
$≒ 11.3$ Ω   보기 ④

답 ④

39 대칭 n상의 환상결선에서 선전류와 상전류(환상전류) 사이의 위상차는?

① $\dfrac{n}{2}\left(1 - \dfrac{2}{\pi}\right)$ ② $\dfrac{n}{2}\left(1 - \dfrac{\pi}{2}\right)$

③ $\dfrac{\pi}{2}\left(1 - \dfrac{2}{n}\right)$ ④ $\dfrac{\pi}{2}\left(1 - \dfrac{n}{2}\right)$

해설 환상결선 n상의 위상차

$$\theta = \dfrac{\pi}{2} - \dfrac{\pi}{n}$$

여기서, θ : 위상차
n : 상

• 환상결선 = △결선

n상의 위상차 θ는
$\theta = \dfrac{\pi}{2} - \dfrac{\pi}{n} = \dfrac{\pi}{2}\left(1 - \dfrac{2}{n}\right)$ 보기 ③

비교

환상결선 n상의 선전류

$$I_l = \left(2 \times \sin\dfrac{\pi}{n}\right) \times I_p$$

여기서, I_l : 선전류[A]
n : 상
I_p : 상전류[A]

답 ③

40 두 개의 코일 a, b가 있다. 두 개를 직렬로 접속하였더니 합성인덕턴스가 120mH이었고, 극성을 반대로 접속하였더니 합성인덕턴스가 20mH이었다. 코일 a의 자기인덕턴스가 20mH라면 결합계수 K는 얼마인가?

① 0.6 ② 0.7
③ 0.8 ④ 0.9

해설 (1) 기호
• L : 120mH(동일방향)
• L : 20mH(반대방향)
• L_1 : 20mH
• K : ?

(2) **가극성**(코일이 동일방향)

$$L = L_1 + L_2 + 2M$$

여기서, L : 합성인덕턴스[H]
L_1, L_2 : 자기인덕턴스[H]
M : 상호인덕턴스[H]

(3) **감극성**(코일이 반대방향)

$$L = L_1 + L_2 - 2M$$

여기서, L : 합성인덕턴스[H]
L_1, L_2 : 자기인덕턴스[H]
M : 상호인덕턴스[H]

동일방향 합성인덕턴스 120mH
반대방향 합성인덕턴스 20mH이므로

$\begin{aligned} 120 &= L_1 + L_2 + 2M \\ -\ 20 &= L_1 + L_2 - 2M \end{aligned}$
$\overline{\quad 100 = 4M \quad}$
$\dfrac{100}{4} = M$
$25\text{mH} = M$
∴ $M = 25$mH

(4) **가극성**(코일이 동일방향) 식에서

$$L = L_1 + L_2 + 2M$$

$120 = 20 + L_2 + (2 \times 25)$
$120 - 20 - (2 \times 25) = L_2$
$50 = L_2$
∴ $L_2 = 50$mH

• L_1 : 20mH(문제에서 주어짐)

(5) **상호인덕턴스**(mutual inductance)

$$M = K\sqrt{L_1 L_2}\,[\text{H}]$$

여기서, M : 상호인덕턴스[H]
K : 결합계수
L_1, L_2 : 자기인덕턴스[H]

결합계수 K는
$K = \dfrac{M}{\sqrt{L_1 L_2}} = \dfrac{25}{\sqrt{20 \times 50}} = 0.79 ≒ 0.8$ 보기 ③

답 ③

제 3 과목 소방관계법규

41 위험물안전관리법령상 제조소 등의 관계인은 위험물의 안전관리에 관한 직무를 수행하게 하기 위하여 제조소 등마다 위험물의 취급에 관한 자격이 있는 자를 위험물안전관리자로 선임하여야 한다. 이 경우 제조소 등의 관계인이 지켜야 할 기준으로 틀린 것은?

22.03.문58
19.09.문46
18.09.문55
16.03.문55
13.09.문47
11.03.문56

① 제조소 등의 관계인은 안전관리자를 해임하거나 안전관리자가 퇴직한 때에는 해임하거나 퇴직한 날부터 15일 이내에 다시 안전관리자를 선임하여야 한다.
② 제조소 등의 관계인이 안전관리자를 선임한 경우에는 선임한 날부터 14일 이내에 소방본부장 또는 소방서장에게 신고하여야 한다.
③ 제조소 등의 관계인은 안전관리자가 여행·질병 그 밖의 사유로 인하여 일시적으로 직무를 수행할 수 없는 경우에는 국가기술자격법에 따른 위험물의 취급에 관한 자격취득자 또는 위험물안전에 관한 기본지식과 경험이 있는 자를 대리자로 지정하여 그 직무를 대행하게 하여야 한다. 이 경우 대행하는 기간은 30일을 초과할 수 없다.
④ 안전관리자는 위험물을 취급하는 작업을 하는 때에는 작업자에게 안전관리에 관한 필요한 지시를 하는 등 위험물의 취급에 관한 안전관리와 감독을 하여야 하고, 제조소 등의 관계인은 안전관리자의 위험물안전관리에 관한 의견을 존중하고 그 권고에 따라야 한다.

해설 ① 15일 이내 → 30일 이내

위험물안전관리법 15조
위험물안전관리자의 재선임
30일 이내

중요

30일
(1) 소방시설업 등록사항 변경신고 (공사업규칙 6조)
(2) **위험물안전관리자**의 **재선임** (위험물안전관리법 15조)
  보기 ①
(3) **소방안전관리자**의 **재선임** (화재예방법 시행규칙 14조)
(4) 도급계약 해지 (공사업법 23조)
(5) 소방시설공사 중요사항 변경시의 신고일 (공사업규칙 12조)
(6) 소방기술자 실무교육기관 지정서 발급 (공사업규칙 32조)
(7) 소방공사감리자 변경서류 제출 (공사업규칙 15조)
(8) **승계** (위험물법 10조)
(9) 위험물안전관리자의 직무대행 (위험물법 15조)
(10) 탱크시험자의 변경신고일 (위험물법 16조)

답 ①

42 화재의 예방 및 안전관리에 관한 법령상 소방안전관리대상물의 소방안전관리자의 업무가 아닌 것은?

23.03.문51
21.03.문47
19.09.문01
18.04.문45
14.09.문52
14.03.문53
13.06.문48

① 자위소방대의 구성·운영·교육
② 소방시설공사
③ 소방계획서의 작성 및 시행
④ 소방훈련 및 교육

해설 ② 소방시설공사 : 소방시설공사업체

화재예방법 24조 ⑤항
관계인 및 소방안전관리자의 업무

특정소방대상물 (관계인)	소방안전관리대상물 (소방안전관리자)
① **피난시설·방화구획** 및 방화시설의 관리	① **피난시설·방화구획** 및 방화시설의 관리
② **소방시설**, 그 밖의 소방관련 시설의 관리	② **소방시설**, 그 밖의 소방관련 시설의 관리
③ **화기취급**의 감독	③ **화기취급**의 감독
④ 소방안전관리에 필요한 업무	④ 소방안전관리에 필요한 업무
⑤ 화재발생시 초기대응	⑤ **소방계획서**의 작성 및 시행(대통령령으로 정하는 사항 포함) 보기 ③
	⑥ **자위소방대** 및 **초기대응체계**의 구성·운영·교육 보기 ①
	⑦ 소방훈련 및 교육 보기 ④
	⑧ 소방안전관리에 관한 업무 수행에 관한 기록·유지
	⑨ 화재발생시 초기대응

용어

특정소방대상물	소방안전관리대상물
① 다수인이 출입하는 곳으로서 소방시설 설치장소 ② 건축물 등의 규모·용도 및 수용인원 등을 고려하여 소방시설을 설치하여야 하는 소방대상물로서 대통령령으로 정하는 것	① 특급, 1급, 2급 또는 3급 소방안전관리자를 배치하여야 하는 건축물 ② **대통령령**으로 정하는 특정소방대상물

답 ②

43. 화재의 예방 및 안전관리에 관한 법령상 1급 소방안전관리대상물에 해당되지 않는 건축물은?

① 지하구
② 가연성 가스를 2000톤 저장·취급하는 시설
③ 연면적 15000m² 이상인 금융업소
④ 30층 이상 또는 지상으로부터 높이가 120m 이상 아파트

해설
① 2급 소방안전관리대상물
② 1000톤 이상이므로 2000톤은 1급 소방안전관리 대상물

화재예방법 시행령 [별표 4]
소방안전관리자를 두어야 할 특정소방대상물
(1) 특급 소방안전관리대상물 : 동식물원, 철강 등 불연성 물품 저장·취급창고, 지하구, 위험물제조소 등 제외
  ㉠ 50층 이상(지하층 제외) 또는 지상 200m 이상 아파트
  ㉡ 30층 이상(지하층 포함) 또는 지상 120m 이상(아파트 제외)
  ㉢ 연면적 10만m² 이상(아파트 제외)
(2) 1급 소방안전관리대상물 : 동식물원, 철강 등 불연성 물품 저장·취급창고, 지하구, 위험물제조소 등 제외
  ㉠ 30층 이상(지하층 제외) 또는 지상 120m 이상 아파트 보기 ④
  ㉡ 연면적 15000m² 이상인 것(아파트 및 연립주택 제외) 보기 ③
  ㉢ 11층 이상(아파트 제외)
  ㉣ 가연성 가스를 1000t 이상 저장·취급하는 시설 보기 ②
(3) 2급 소방안전관리대상물
  ㉠ 지하구 보기 ①
  ㉡ 가스제조설비를 갖추고 도시가스사업 허가를 받아야 하는 시설 또는 가연성 가스를 100~1000t 미만 저장·취급하는 시설
  ㉢ 옥내소화전설비·스프링클러설비 설치대상물
  ㉣ 물분무등소화설비(호스릴방식의 물분무등소화설비만을 설치한 경우 제외) 설치대상물
  ㉤ 공동주택(옥내소화전설비 또는 스프링클러설비가 설치된 공동주택 한정)
  ㉥ 목조건축물(국보·보물)
(4) 3급 소방안전관리대상물
  ㉠ 자동화재탐지설비 설치대상물
  ㉡ 간이스프링클러설비(주택전용 간이스프링클러설비 제외) 설치대상물

답 ①

44. 소방시설 설치 및 관리에 관한 법령상 특정소방대상물의 소방시설 설치의 면제기준에 따라 연결살수설비를 설치 면제받을 수 있는 경우는?

① 송수구를 부설한 간이스프링클러설비를 설치하였을 때
② 송수구를 부설한 옥내소화전설비를 설치하였을 때
③ 송수구를 부설한 옥외소화전설비를 설치하였을 때
④ 송수구를 부설한 연결송수관설비를 설치하였을 때

해설 **소방시설법 시행령 [별표 5]**
소방시설 면제기준

면제대상	대체설비
스프링클러설비	• 물분무등소화설비
물분무등소화설비	• 스프링클러설비
간이스프링클러설비	• 스프링클러설비 • 물분무소화설비 • 미분무소화설비
비상**경**보설비 또는 **단**독경보형 감지기	• 자동화재탐지설비 [기억법] 탐경단
비상**경**보설비	• **2**개 이상 **단**독경보형 감지기 연동 [기억법] 경단2
비상방송설비	• 자동화재탐지설비 • 비상경보설비
연결살수설비	• 스프링클러설비 • 간이스프링클러설비 보기 ① • 물분무소화설비 • 미분무소화설비
제연설비	• 공기조화설비
연소방지설비	• 스프링클러설비 • 물분무소화설비 • 미분무소화설비
연결송수관설비	• 옥내소화전설비 • 스프링클러설비 • 간이스프링클러설비 • 연결살수설비
자동화재탐지설비	• 자동화재탐지설비의 기능을 가진 스프링클러설비 • 물분무등소화설비
옥내소화전설비	• 옥외소화전설비 • 미분무소화설비(호스릴방식)

> **중요**
>
> **물분무등소화설비**
> (1) **분**말소화설비
> (2) **포**소화설비
> (3) **할**론소화설비
> (4) **이**산화탄소 소화설비
> (5) **할**로겐화합물 및 불활성기체 소화설비
> (6) **강**화액소화설비
> (7) **미**분무소화설비
> (8) 물분무소화설비
> (9) **고**체에어로졸 소화설비
>
> 기억법 분포할이 할강미고

답 ①

45 소방시설 설치 및 관리에 관한 법령상 대통령령 또는 화재안전기준이 변경되어 그 기준이 강화되는 경우 기존 특정소방대상물의 소방시설 중 강화된 기준을 적용하여야 하는 소방시설은?

21.03.문45
17.03.문48

① 비상경보설비 ② 비상방송설비
③ 비상콘센트설비 ④ 옥내소화전설비

해설 소방시설법 13조
변경**강**화기준 적용설비
(1) 소화기구
(2) **비**상**경**보설비 보기①
(3) 자동화재탐지설비
(4) **자**동화재**속**보설비
(5) **피**난구조설비
(6) 소방시설(공동구 설치용, 전력 및 통신사업용 지하구)
(7) **노**유자시설
(8) 의료시설

기억법 강비경 자속피노

> **중요**
>
> 소방시설법 시행령 13조
> 변경강화기준 적용설비
>
> | 공동구, 전력 및 통신사업용 지하구 | 노유자시설에 설치하여야 하는 소방시설 | 의료시설에 설치하여야 하는 소방시설 |
> |---|---|---|
> | • 소화기
• 자동소화장치
• 자동화재탐지설비
• 통합감시시설
• 유도등 및 연소방지설비 | • 간이스프링클러설비
• 자동화재탐지설비
• 단독경보형 감지기 | • 간이스프링클러설비
• 스프링클러설비
• 자동화재탐지설비
• 자동화재속보설비 |

답 ①

46 다음 중 소방신호의 종류가 아닌 것은?

22.04.문56
21.03.문44
12.03.문48

① 경계신호 ② 발화신호
③ 경보신호 ④ 훈련신호

해설 기본규칙 10조
소방신호의 종류

소방신호	설 명
경계신호 보기①	화재예방상 필요하다고 인정되거나 화재위험경보시 발령
발화신호 보기②	화재가 발생한 때 발령
해제신호	소화활동이 필요없다고 인정되는 때 발령
훈련신호 보기③	훈련상 필요하다고 인정되는 때 발령

> **중요**
>
> 기본규칙 [별표 4]
> 소방신호표
>
> | 신호방법
종 별 | 타종신호 | 사이렌 신호 |
> |---|---|---|
> | **경**계신호 | 1**타**와 연 2타를 반복 | 5초 간격을 두고 30초씩 3회 |
> | **발**화신호 | 난타 | 5초 간격을 두고 5초씩 3회 |
> | **해**제신호 | 상당한 간격을 두고 1타씩 반복 | 1분간 1회 |
> | **훈**련신호 | 연 3타 반복 | 10초 간격을 두고 1분씩 3회 |
>
> | 기억법 | 타 | 사 |
> |---|---|---|
> | 경계 | 1+2 | 5+30=3 |
> | 발 | 난 | 5+5=3 |
> | 해 | 1 | 1=1 |
> | 훈 | 3 | 10+1=3 |

답 ③

47 화재안전조사 결과 화재예방을 위하여 필요한 때 관계인에게 소방대상물의 개수·이전·제거, 사용의 금지 또는 제한 등의 필요한 조치를 명할 수 있는 사람이 아닌 것은?

19.04.문54
19.03.문57
15.05.문56
15.03.문57
13.06.문42
05.05.문46

① 소방서장
② 소방본부장
③ 소방청장
④ 시·도지사

해설 화재예방법 14조
화재안전조사 결과에 따른 조치명령
(1) **명령권자**: 소방청장·소방본부장·소방서장-소방관서장
(2) **명령사항**
 ㉠ 화재안전조사 조치명령
 ㉡ **개수**명령
 ㉢ **이전**명령
 ㉣ **제거**명령
 ㉤ **사용**의 **금지** 또는 제한명령, 사용폐쇄
 ㉥ **공사**의 **정지** 또는 중지명령

답 ④

48. 소방기본법에서 정의하는 용어에 대한 설명으로 틀린 것은?

① "소방대상물"이란 건축물, 차량, 항해 중인 모든 선박과 산림 그 밖의 인공구조물 또는 물건을 말한다.
② "관계지역"이란 소방대상물이 있는 장소 및 그 이웃지역으로서 화재의 예방·경계·진압, 구조·구급 등의 활동에 필요한 지역을 말한다.
③ "소방본부장"이란 특별시·광역시·도 또는 특별자치도에서 화재의 예방·경계·진압·조사 및 구조·구급 등의 업무를 담당하는 부서의 장을 말한다.
④ "소방대장"이란 소방본부장 또는 소방서장 등 화재, 재난·재해 그 밖의 위급한 상황이 발생한 현장에서 소방대를 지휘하는 사람을 말한다.

해설
① 항해 중인 모든 선박 → 항해 중인 선박 제외

기본법 2조
소방대상물: 소방차가 출동해서 불을 끌 수 있는 범위
(1) **건**축물
(2) **차**량
(3) **선**박(항구에 매어둔 것) 보기 ①
(4) **선**박건조구조물
(5) **산**림
(6) **인**공구조물
(7) **물**건

기억법 건차선 산인물

답 ①

49. 화재의 예방 및 안전관리에 관한 법령상 시·도지사는 화재가 발생할 우려가 높거나 화재가 발생하는 경우 그로 인하여 피해가 클 것으로 예상되는 지역을 화재예방강화지구로 지정할 수 있는데 다음 중 지정대상지역에 대한 기준으로 틀린 것은? (단, 소방청장·소방본부장 또는 소방서장이 화재예방강화지구로 지정할 필요가 있다고 별도로 인정하는 지역은 제외한다.)

① 소방용수시설이 없는 지역
② 시장지역
③ 목조건물이 밀집한 지역
④ 섬유공장이 분산되어 있는 지역

해설
④ 분산되어 있는 → 밀집한

화재예방법 18조
화재예방강화지구의 지정
(1) **지정권자**: 시·도지사
(2) **지정지역**
  ㉠ **시장**지역 보기 ②
  ㉡ **공장·창고** 등이 밀집한 지역 보기 ④
  ㉢ **목조건물**이 밀집한 지역 보기 ③
  ㉣ **노후·불량** 건축물이 밀집한 지역
  ㉤ **위험물**의 **저장** 및 **처리시설**이 밀집한 지역
  ㉥ **석유화학제품**을 생산하는 공장이 있는 지역
  ㉦ **소방시설·소방용수시설** 또는 **소방출동로**가 **없**는 지역 보기 ①
  ㉧ 「**산업입지 및 개발에 관한 법률**」에 따른 산업단지
  ㉨ 「**물류시설의 개발 및 운영에 관한 법률**」에 따른 물류단지
  ㉩ **소방청장·소방본부장·소방서장**(소방관서장)이 화재예방강화지구로 지정할 필요가 있다고 인정하는 지역

※ **화재예방강화지구**: 화재발생 우려가 크거나 화재가 발생할 경우 피해가 클 것으로 예상되는 지역에 대하여 화재의 예방 및 안전관리를 강화하기 위해 지정·관리하는 지역

비교

기본법 19조
화재로 오인할 만한 불을 피우거나 연막소독시 신고지역
(1) **시장**지역
(2) **공장·창고**가 밀집한 지역
(3) **목조건물**이 밀집한 지역
(4) **위험물**의 **저장** 및 **처리시설**이 밀집한 지역
(5) **석유화학제품**을 생산하는 공장이 있는 지역
(6) 그 밖에 **시·도**의 **조례**로 정하는 지역 또는 장소

답 ④

50. 소방시설 설치 및 관리에 관한 법령상 제조 또는 가공공정에서 방염처리를 한 물품 중 방염대상물품이 아닌 것은?

① 카펫
② 전시용 합판
③ 창문에 설치하는 커튼류
④ 두께 2mm 미만인 종이벽지

해설
④ 종이벽지 → 종이벽지 제외

소방시설법 시행령 31조
방염대상물품

제조 또는 가공 공정에서 방염처리를 한 물품	건축물 내부의 천장이나 벽에 부착하거나 설치하는 것
① 창문에 설치하는 **커튼류**(블라인드 포함) 〔보기 ③〕 ② 카펫 〔보기 ①〕 ③ 벽지류(두께 2mm 미만인 종이벽지 제외) 〔보기 ④〕 ④ 전시용 합판·목재 또는 섬유판 〔보기 ②〕 ⑤ 무대용 합판·목재 또는 섬유판 ⑥ **암막·무대막**(영화상영관·가상체험 체육시설업의 스크린 포함) ⑦ 섬유류 또는 합성수지류 등을 원료로 하여 제작된 소파·의자(단란주점영업, 유흥주점영업 및 노래연습장업의 영업장에 설치하는 것만 해당)	① 종이류(두께 2mm 이상), 합성수지류 또는 섬유류를 주원료로 한 물품 ② **합판**이나 **목재** ③ 공간을 구획하기 위하여 설치하는 간이칸막이 ④ **흡음재**(흡음용 커튼 포함) 또는 **방음재**(방음용 커튼 포함) ※ 가구류(옷장, 찬장, 식탁, 식탁용 의자, 사무용 책상, 사무용 의자, 계산대)와 너비 10cm 이하인 반자돌림대, 내부 마감재료 제외

답 ④

---

51 위험물안전관리법령상 위험물 및 지정수량에 대한 기준 중 다음 ( ) 안에 알맞은 것은?

[22.03.문57]

> 금속분이라 함은 알칼리금속·알칼리토류금속·철 및 마그네슘 외의 금속의 분말을 말하고, 구리분·니켈분 및 (㉠)마이크로미터의 체를 통과하는 것이 (㉡)중량퍼센트 미만인 것은 제외한다.

① ㉠ 150, ㉡ 50
② ㉠ 53, ㉡ 50
③ ㉠ 50, ㉡ 150
④ ㉠ 50, ㉡ 53

해설 위험물령 〔별표 1〕
금속분
알칼리금속·알칼리토류 금속·철 및 마그네슘 외의 금속의 분말을 말하고, **구리분·니켈분** 및 **150μm**의 체를 통과하는 것이 **50wt%** 미만인 것은 제외한다. 〔보기 ①〕

- μm = 마이크로 미터
- wt% = 중량퍼센트

답 ①

---

52 화재의 예방 및 안전관리에 관한 법령상 옮긴 물건 등의 보관기간은 해당 소방관서의 인터넷 홈페이지에 공고하는 기간의 종료일 다음 날부터 며칠로 하는가?

[21.09.문55]
[19.04.문48]
[19.04.문56]
[18.04.문56]
[16.05.문49]
[14.03.문58]
[11.06.문49]

① 3 ② 4
③ 5 ④ 7

해설 **7일**
(1) 옮긴 물건 등의 **보관기간**(화재예방법 시행령 17조) 〔보기 ④〕
(2) 건축허가 등의 취소통보(소방시설법 시행규칙 5조)
(3) **소방공사 감리원**의 **배치통보일**(공사업규칙 17조)
(4) 소방공사 감리결과 통보·보고일(공사업규칙 19조)

기억법 감배7(감 배치)

중요

7일	14일
옮긴 물건 등의 보관기간	옮긴 물건 등의 공고기간

답 ④

---

53 소방시설 설치 및 관리에 관한 법령상 음료수 공장의 충전을 하는 작업장 등과 같이 화재안전기준을 적용하기 어려운 특정소방대상물에 설치하지 않을 수 있는 소방시설의 종류가 아닌 것은?

[21.05.문55]
[18.03.문50]
[17.03.문53]
[16.03.문43]

① 상수도소화용수설비 ② 스프링클러설비
③ 연결송수관설비 ④ 연결살수설비

해설 소방시설법 시행령 〔별표 6〕
소방시설을 설치하지 않을 수 있는 특정소방대상물 및 소방시설의 범위

구 분	특정소방대상물	소방시설
화재위험도가 낮은 특정소방대상물	**석재, 불연성 금속, 불연성 건축재료** 등의 가공공장·기계조립공장 또는 불연성 물품을 저장하는 창고	① 옥외소화전설비 ② 연결살수설비 **기억법** 석불금외
화재안전기준을 적용하기 어려운 특정소방대상물	**펄프공장의 작업장, 음료수 공장**의 세정 또는 충전을 하는 작업장, 그 밖에 이와 비슷한 용도로 사용하는 것	① 스프링클러설비 〔보기 ②〕 ② 상수도소화용수설비 〔보기 ①〕 ③ 연결살수설비 〔보기 ④〕
	정수장, 수영장, 목욕장, 어류양식용 시설, 그 밖에 이와 비슷한 용도로 사용되는 것	① 자동화재탐지설비 ② 상수도소화용수설비 ③ 연결살수설비

화재안전기준을 달리 적용해야 하는 특수한 용도 또는 구조를 가진 특정소방대상물	원자력발전소, 중·저준위 방사성 폐기물의 저장시설	① 연결송수관설비 ② 연결살수설비
자체소방대가 설치된 특정소방대상물	자체소방대가 설치된 위험물제조소 등에 부속된 사무실	① 옥내소화전설비 ② 소화용수설비 ③ 연결살수설비 ④ 연결송수관설비

중요

소방시설법 시행령 [별표 6]
소방시설을 설치하지 않을 수 있는 소방시설의 범위
(1) **화재위험도**가 낮은 특정소방대상물
(2) 화재안전기준을 적용하기가 어려운 특정소방대상물
(3) 화재안전기준을 달리 적용하여야 하는 특수한 **용도·구조**를 가진 특정소방대상물
(4) **자체소방대**가 설치된 특정소방대상물

답 ③

54

소방서장은 소방대상물에 대한 위치·구조·설비 등에 관하여 화재가 발생하는 경우 인명피해가 클 것으로 예상되는 때에는 소방대상물의 개수·사용의 금지 등의 필요한 조치를 명할 수 있는데 이때 그 손실에 따른 보상을 하여야 하는 바, 해당되지 않은 사람은?

① 특별시장 ② 도지사
③ 행정안전부장관 ④ 광역시장

해설 소방기본법 49조의 2
소방대상물의 개수명령 손실보상
소방청장, 시·도지사

중요

시·도지사
(1) 특별시장 [보기 ①]
(2) 광역시장 [보기 ④]
(3) 도지사 [보기 ②]
(4) 특별자치도지사
(5) 특별자치시장

답 ③

55

일반 소방시설설계업(기계분야)의 영업범위는 공장의 경우 연면적 몇 m² 미만의 특정소방대상물에 설치되는 기계분야 소방시설의 설계에 한 하는가? (단, 제연설비가 설치되는 특정소방대상물은 제외한다.)

① 10000m² ② 20000m²
③ 30000m² ④ 40000m²

해설 공사업령 [별표 1]
소방시설설계업

종류	기술인력	영업범위
전문	• 주된기술인력 : 1명 이상 • 보조기술인력 : 1명 이상	• 모든 특정소방대상물
일반	• 주된기술인력 : 1명 이상 • 보조기술인력 : 1명 이상	• **아파트**(기계분야 제연설비 제외) • 연면적 30000m²(공장 10000m²) 미만(기계분야 제연설비 제외) [보기 ①] • **위험물제조소** 등

답 ①

56

소방시설 설치 및 관리에 관한 법령상 자동화재탐지설비를 설치하여야 하는 특정소방대상물 기준으로 틀린 것은?

① 연면적 2000m² 이상인 수련시설
② 특수가연물을 저장·취급하는 곳으로서 지정수량 500배 이상
③ 연면적 500m² 이상인 판매시설
④ 연면적 1000m² 이상인 군사시설

해설 ③ 500m² 이상 → 1000m² 이상

소방시설법 시행령 [별표 4]
자동화재탐지설비의 설치대상

설치대상	조건
① 정신의료기관·의료재활시설	• 창살설치 : 바닥면적 300m² 미만 • 기타 : 바닥면적 300m² 이상
② 노유자시설	• 연면적 400m² 이상
③ **근**린생활시설·**위**락시설	• 연면적 600m² 이상
④ **의**료시설(정신의료기관, 요양병원 제외), 숙박시설	
⑤ **복**합건축물·장례시설	
⑥ 목욕장·문화 및 집회시설, 운동시설	• 연면적 1000m² 이상
⑦ 종교시설	
⑧ 방송통신시설·관광휴게시설	
⑨ 업무시설·판매시설 [보기 ③]	
⑩ 항공기 및 자동차 관련시설·공장·창고시설	
⑪ 지하상가·운수시설·발전시설·위험물 저장 및 처리시설	
⑫ 교정 및 군사시설 중 국방·군사시설 [보기 ④]	

⑬ **교**육연구시설·**동**식물관련시설	• 연면적 2000m² 이상	
⑭ **자**원순환관련시설·교정 및 군사시설(국방·군사시설 제외)		
⑮ **수**련시설(숙박시설이 있는 것 제외) 보기①		
⑯ 묘지관련시설		
⑰ 터널	• 길이 1000m 이상	
⑱ 지하구	• 전부	
⑲ 노유자생활시설		
⑳ 아파트 등 기숙사		
㉑ 숙박시설		
㉒ 6층 이상인 건축물		
㉓ 조산원 및 산후조리원		
㉔ 전통시장		
㉕ 요양병원(정신병원, 의료재활시설 제외)		
㉖ 특수가연물 저장·취급 보기②	• 지정수량 500배 이상	
㉗ 수련시설(숙박시설이 있는 것)	• 수용인원 100명 이상	
㉘ 발전시설	• 전기저장시설	

기억법 근위의복6, 교동자교수2

답 ③

57. 제조소 등의 위치·구조 및 설비의 기준 중 위험물을 취급하는 건축물의 환기설비 설치기준으로 다음 ( ) 안에 알맞은 것은?

급기구는 당해 급기구가 설치된 실의 바닥면적 (㉠)m²마다 1개 이상으로 하되, 급기구의 크기는 (㉡)cm² 이상으로 할 것

① ㉠ 100, ㉡ 800   ② ㉠ 150, ㉡ 800
③ ㉠ 100, ㉡ 1000   ④ ㉠ 150, ㉡ 1000

해설 위험물규칙 [별표 4]
위험물제조소의 환기설비
(1) 환기는 **자연배기방식**으로 할 것
(2) 급기구는 바닥면적 **150m²**마다 1개 이상으로 하되, 그 크기는 **800cm²** 이상일 것 보기 ㉠㉡

바닥면적	급기구의 면적
60m² 미만	150cm² 이상
60~90m² 미만	300cm² 이상
90~120m² 미만	450cm² 이상
120~150m² 미만	600cm² 이상

(3) 급기구는 **낮은 곳**에 설치하고, **인화방지망**을 설치할 것
(4) 환기구는 지붕 위 또는 지상 2m 이상의 높이에 회전식 고정 벤틸레이터 또는 루프팬방식으로 설치할 것

답 ②

58. 소방기본법령상 소방안전교육사의 배치대상별 배치기준으로 틀린 것은?

① 소방청 : 2명 이상 배치
② 소방본부 : 2명 이상 배치
③ 소방서 : 1명 이상 배치
④ 한국소방안전원(본회) : 1명 이상 배치

해설 ④ 1명 이상 → 2명 이상

기본령 [별표 2의 3]
소방안전교육사의 배치대상별 배치기준

배치대상	배치기준
소방서	• **1명** 이상 보기③
한국소방안전원	• 시·도지부 : **1명** 이상 • 본회 : **2명** 이상 보기④
소방본부	• **2명** 이상 보기②
소방청	• **2명** 이상 보기①
한국소방산업기술원	• **2명** 이상

답 ④

59. 소방기본법령상 소방대장은 화재, 재난·재해 그 밖의 위급한 상황이 발생한 현장에 소방활동구역을 정하여 소방활동에 필요한 자로서 대통령령으로 정하는 사람 외에는 그 구역에의 출입을 제한할 수 있다. 다음 중 소방활동구역에 출입할 수 없는 사람은?

① 소방활동구역 안에 있는 소방대상물의 소유자·관리자 또는 점유자
② 전기·가스·수도·통신·교통의 업무에 종사하는 사람으로서 원활한 소방활동을 위하여 필요한 사람
③ 시·도지사가 소방활동을 위하여 출입을 허가한 사람
④ 의사·간호사 그 밖에 구조·구급업무에 종사하는 사람

해설 ③ 시·도지사 → 소방대장

기본령 8조
소방활동구역 출입자
(1) **소방활동구역** 안에 있는 **소유자·관리자** 또는 **점유자** 보기①

(2) **전기·가스·수도·통신·교통**의 업무에 종사하는 자로서 원활한 **소방활동**을 위하여 필요한 자 보기 ②
(3) **의사·간호사**, 그 밖에 구조·구급업무에 종사하는 자 보기 ④
(4) **취재인력** 등 보도업무에 종사하는 자
(5) **수사업무**에 종사하는 자
(6) **소방대장**이 소방활동을 위하여 **출입**을 **허가**한 자 보기 ③

용어
소방활동구역
화재, 재난·재해 그 밖의 위급한 상황이 발생한 현장에 정하는 구역

답 ③

60 소방시설 설치 및 관리에 관한 법령상 소방청장 또는 시·도지사가 청문을 하여야 하는 처분이 아닌 것은?
22.04.문58
19.04.문60
16.10.문41
15.05.문46

① 소방시설관리사 자격의 정지
② 소방안전관리자 자격의 취소
③ 소방시설관리업의 등록취소
④ 소방용품의 형식승인취소

해설 **소방시설법 49조**
청문실시 대상
(1) 소방시설**관리사** 자격의 **취소** 및 **정지** 보기 ①
(2) 소방시설**관리업**의 **등록취소** 및 영업정지 보기 ③
(3) **소방용품**의 **형식승인취소** 및 제품검사중지 보기 ④
(4) 소방용품의 **제품검사 전문기관**의 **지정취소** 및 업무정지
(5) 우수품질인증의 취소
(6) 소방용품의 성능인증 취소

기억법 청사 용업(청사 용역)

답 ②

제4과목   소방전기시설의 구조 및 원리

61 누전경보기의 형식승인 및 제품검사의 기술기준에서 정하는 누전경보기의 공칭작동전류치(누전경보기를 작동시키기 위하여 필요한 누설전류의 값으로서 제조자에 의하여 표시된 값을 말한다.)는 몇 mA 이하이어야 하는가?
23.03.문61
22.04.문74
21.05.문78
16.03.문77
15.05.문79
10.03.문76

① 50   ② 100
③ 150   ④ 200

해설 **누전경보기**(누전경보기의 형식승인 및 제품검사의 기술기준 7·8조)

공칭작동전류치	감도조정장치의 조정범위
200mA 이하 보기 ④	**1A(1000mA)** 이하

기억법 공2

참고
검출누설전류 설정치 범위

경계전로	중성점 접지선
100~400mA	400~700mA

답 ④

62 자동화재탐지설비 및 시각경보장치의 화재안전기준에 따라 지하층·무창층 등으로서 환기가 잘 되지 아니하거나 실내면적이 40m² 미만인 장소에 설치하여야 하는 적응성이 있는 감지기가 아닌 것은?
20.08.문62
17.09.문66
17.03.문79
09.03.문69

① 불꽃감지기
② 광전식 분리형 감지기
③ 정온식 스포트형 감지기
④ 아날로그방식의 감지기

해설 ③ 정온식 스포트형 → 정온식 감지선형

지하층·무창층 등으로서 환기가 잘 되지 아니하거나 실내면적이 **40m²** 미만인 장소, 감지기의 부착면과 실내바닥과의 거리가 **2.3m 이하**인 곳으로서 일시적으로 발생한 열·연기 또는 먼지 등으로 인하여 화재신호를 발신할 우려가 있는 장소의 적응감지기(NFPC 203 7조, NFTC 203 2.2.2)
(1) **불꽃**감지기 보기 ①
(2) **정온식 감지선형** 감지기 보기 ③
(3) **분포형** 감지기
(4) **복합형** 감지기
(5) **광전식 분리형** 감지기 보기 ②
(6) **아날로그방식의** 감지기 보기 ④
(7) **다신호방식의** 감지기
(8) **축적방식의** 감지기

기억법 불정감 복분 광아다축

답 ③

63 수신기를 나타내는 소방시설 도시기호로 옳은 것은?
20.06.문76
15.05.문75

①   ②
③   ④

해설 ① 소방시설 도시기호가 아님

도시기호

명 칭	그림기호	적 요
수신기	⊠ 보기②	• 가스누설경보설비와 일체인 것 ⊠ • 가스누설경보설비 및 방배연 연동과 일체인 것 ⊠⊠
부수신기 (표시기)	⊞	–
중계기	▯	–
제어반	✕	–
표시반	☰	• 창이 3개인 표시반 : ☰☰

답 ②

 64 유도등 및 유도표지의 화재안전기준에 따라 광원점등방식 피난유도선의 설치기준으로 틀린 것은?

① 구획된 각 실로부터 주출입구 또는 비상구까지 설치할 것
② 피난유도표시부는 바닥으로부터 높이 1m 이하의 위치 또는 바닥면에 설치할 것
③ 피난유도제어부는 조작 및 관리가 용이하도록 바닥으로부터 0.8m 이상 1.5m 이하의 높이에 설치할 것
④ 피난유도표시부는 50cm 이내의 간격으로 연속되도록 설치하되 실내장식물 등으로 설치가 곤란할 경우 2m 이내로 설치할 것

해설
④ 2m 이내 → 1m 이내

광원점등방식의 **피난유도선 설치기준**(NFPC 303 9조, NFTC 303 2.6.2)
(1) 구획된 각 실로부터 **주출입구** 또는 **비상구**까지 설치 보기①
(2) 피난유도표시부는 바닥으로부터 높이 **1m 이하**의 위치 또는 바닥면에 설치 보기②
(3) 피난유도표시부는 **50cm 이내**의 간격으로 연속되도록 설치하되 실내장식물 등으로 설치가 곤란할 경우 **1m 이내**로 설치 보기④
(4) 수신기로부터의 **화재신호** 및 **수동조작**에 의하여 광원이 점등되도록 설치
(5) 비상전원이 **상시 충전상태**를 유지하도록 설치
(6) 바닥에 설치되는 피난유도표시부는 **매립**하는 방식을 사용
(7) 피난유도제어부는 조작 및 관리가 용이하도록 바닥으로부터 **0.8~1.5m** 이하의 높이에 설치 보기③

비교
축광방식의 **피난유도선 설치기준**(NFPC 303 9조, NFTC 303 2.6.1)
(1) 구획된 각 실로부터 **주출입구** 또는 **비상구**까지 설치
(2) 바닥으로부터 높이 50cm 이하의 위치 또는 바닥면에 설치
(3) 피난유도표시부는 50cm 이내의 간격으로 연속되도록 설치
(4) 부착대에 의하여 견고하게 설치
(5) **외부의 빛** 또는 **조명장치**에 의하여 상시 조명이 제공되거나 비상조명등에 따른 조명이 제공되도록 설치

답 ④

 65 비상경보설비 및 단독경보형 감지기의 화재안전기준에 따라 비상벨설비 또는 자동식 사이렌설비의 전원회로 배선 중 내열배선에 사용하는 전선의 종류가 아닌 것은?

① 버스덕트(bus duct)
② 600V 1종 비닐절연전선
③ 0.6/1kV EP 고무절연 클로로프렌 시스 케이블
④ 450/750V 저독성 난연 가교 폴리올레핀 절연전선

해설
② 해당 없음

(1) **비상벨설비** 또는 **자동식 사이렌설비**의 **배선**(NFTC 201 2.1.8.1)

전원회로의 배선은 「옥내소화전설비의 화재안전기술기준[NFTC 102 2.7.2(1)]」에 따른 내화배선에 의하고 그 밖의 배선은 「옥내소화전설비의 화재안전기술기준[NFTC 102 2.7.2(1), 2.7.2(2)]」에 따른 **내화배선** 또는 **내열배선**에 따를 것

(2) **옥내소화전설비**의 **화재안전기술기준**(NFTC 102 2.7.2)

내열배선	
사용전선의 종류	공사방법
① 450/750V 저독성 난연 가교 폴리올레핀 절연전선 보기④ ② 0.6/1kV 가교 폴리에틸렌 절연 저독성 난연 폴리올레핀 시스 전력 케이블 ③ 6/10kV 가교 폴리에틸렌 절연 저독성 난연 폴리올레핀 시스 전력용 케이블 ④ 가교 폴리에틸렌 절연 비닐시스 트레이용 난연 전력 케이블	**금속관·금속제 가요전선관·금속덕트** 또는 **케이블**(불연성 덕트에 설치하는 경우에 한한다) **공사방법**에 따라야 한다. 단, 다음의 기준에 적합하게 설치하는 경우에는 그러하지 아니하다. ① 배선을 내화성능을 갖는 배선전용실 또는 배선용 샤프트·피트·덕트 등에 설치하는 경우

⑤ 0.6/1kV EP 고무절연 클로로프렌 시스 케이블 [보기 ③]
⑥ 300/500V 내열성 실리콘 고무절연전선 (180℃)
⑦ 내열성 에틸렌-비닐 아세테이트 고무절연 케이블
⑧ 버스덕트(bus duct) [보기 ①]

② 배선전용실 또는 배선용 샤프트·피트·덕트 등에 다른 설비의 배선이 있는 경우에는 이로부터 **15cm** 이상 떨어지게 하거나 소화설비의 배선과 이웃하는 다른 설비의 배선 사이에 배선지름(배선의 지름이 다른 경우에는 지름이 가장 큰 것을 기준으로 한다)의 **1.5배** 이상의 높이의 **불연성 격벽**을 설치하는 경우

| 내화전선 | 케이블공사 |

비교

내화배선

사용전선의 종류	공사방법
① 450/750V 저독성 난연 가교 폴리올레핀 절연전선 ② 0.6/1kV 가교 폴리에틸렌 절연 저독성 난연 폴리올레핀 시스 전력 케이블 ③ 6/10kV 가교 폴리에틸렌 절연 저독성 난연 폴리올레핀 시스 전력용 케이블 ④ 가교 폴리에틸렌 절연 비닐시스 트레이용 난연 전력 케이블 ⑤ 0.6/1kV EP 고무절연 클로로프렌 시스 케이블 ⑥ 300/500V 내열성 실리콘 고무절연전선 (180℃) ⑦ 내열성 에틸렌-비닐 아세테이트 고무절연 케이블 ⑧ 버스덕트(bus duct)	**금속관·2종 금속제 가요 전선관** 또는 **합성수지관**에 수납하여 내화구조로 된 벽 또는 바닥 등에 벽 또는 바닥의 표면으로부터 **25mm** 이상의 깊이로 매설하여야 한다. [기억법] 금2가합25 단, 다음의 기준에 적합하게 설치하는 경우에는 그러하지 아니하다. ① 배선을 **내화**성능을 갖는 배선**전**용실 또는 배선용 **샤**프트·**피**트·**덕**트 등에 설치하는 경우 ② 배선전용실 또는 배선용 샤프트·피트·덕트 등에 **다**른 설비의 배선이 있는 경우에는 이로부터 **15cm** 이상 떨어지게 하거나 소화설비의 배선과 이웃하는 다른 설비의 배선 사이에 배선지름(배선의 지름이 다른 경우에는 가장 큰 것을 기준으로 한다)의 **1.5배** 이상의 높이의 **불연성 격벽**을 설치하는 경우 [기억법] 내전샤피덕 다15
내화전선	케이블공사

답 ②

66

자동화재탐지설비 및 시각경보장치의 화재안전기준에 따른 배선의 시설기준으로 틀린 것은?

① 감지기 사이의 회로의 배선은 송배선식으로 할 것
② 자동화재탐지설비의 감지기 회로의 전로저항은 50Ω 이하가 되도록 할 것
③ 수신기의 각 회로별 종단에 설치되는 감지기에 접속되는 배선의 전압은 감지기의 정격전압의 80% 이상이어야 할 것
④ P형 수신기 및 GP형 수신기의 감지기 회로의 배선에 있어서 하나의 공통선에 접속할 수 있는 경계구역은 10개 이하로 할 것

해설

④ 10개 → 7개

자동화재탐지설비 배선의 **설치기준**(NFPC 203 11조, NFTC 203 2.8)

(1) 감지기 사이의 회로배선 : **송배선식** [보기 ①]
(2) P형 수신기 및 GP형 수신기의 감지기 회로의 배선에 있어서 하나의 공통선에 접속할 수 있는 경계구역은 **7개** 이하 [보기 ④]
(3) ⊙ 감지기 회로의 전로저항 : **50Ω 이하** [보기 ②]
   ⓒ 감지기에 접속하는 배선전압 : 정격전압의 **80% 이상** [보기 ③]
(4) 자동화재탐지설비의 배선은 다른 전선과 **별도**의 관·덕트·몰드 또는 풀박스 등에 설치할 것(단, 60V 미만의 약전류회로에 사용하는 전선으로서 각각의 전압이 같을 때는 제외)
(5) 감지기 회로의 도통시험을 위한 종단저항은 감지기 회로의 끝부분에 설치할 것

답 ④

67

무선통신보조설비의 화재안전기준에 따라 무선통신보조설비의 누설동축케이블 또는 동축케이블의 임피던스는 몇 Ω으로 하여야 하는가?

① 5
② 10
③ 30
④ 50

해설

누설동축케이블·동축케이블의 **임피던스** : **50Ω** (NFPC 505 5조, NFTC 505 2.2.2) [보기 ④]

참고

무선통신보조설비의 **분배기·분파기·혼합기** 설치기준(NFPC 505 7조, NFTC 505 2.4)
(1) 먼지·습기·부식 등에 이상이 없을 것
(2) 임피던스 **50Ω**의 것
(3) 점검이 편리하고 화재 등의 피해 우려가 없는 장소

답 ④

68 비상조명등의 화재안전기준에 따른 휴대용 비상조명등의 설치기준이다. 다음 ( )에 들어갈 내용으로 옳은 것은?

> 지하상가 및 지하역사에는 보행거리 (㉠)m 이내마다 (㉡)개 이상 설치할 것

① ㉠ 25, ㉡ 1 ② ㉠ 25, ㉡ 3
③ ㉠ 50, ㉡ 1 ④ ㉠ 50, ㉡ 3

해설 휴대용 비상조명등의 설치기준 (NFPC 304 4조, NFTC 304 2.1.2)

설치개수	설치장소
1개 이상	• **숙박시설** 또는 **다중이용업소**에는 객실 또는 영업장 안의 구획된 실마다 잘 보이는 곳(외부에 설치시 출입문 손잡이로부터 **1m 이내** 부분)
3개 이상 〈보기②〉	• **지하상가** 및 **지하역사**의 보행거리 **25m** 이내마다 〈보기②〉 • **대규모점포**(백화점 · 대형점 · 쇼핑센터) 및 **영화상영관**의 보행거리 **50m** 이내마다

(1) 바닥으로부터 0.8~1.5m 이하의 높이에 설치할 것
(2) 어둠 속에서 **위치**를 확인할 수 있도록 할 것
(3) 사용시 **자동**으로 **점등**되는 구조일 것
(4) 외함은 **난연성능**이 있을 것
(5) 건전지를 사용하는 경우에는 **방전방지조치**를 하여야 하고, **충전식 배터리**의 경우에는 **상시 충전**되도록 할 것
(6) 건전지 및 충전식 배터리의 용량은 **20분** 이상 유효하게 사용할 수 있는 것으로 할 것

답 ②

69 비상콘센트설비의 화재안전기준에 따른 용어의 정의 중 옳은 것은?

① "저압"이란 직류는 1.5kV 이하, 교류는 1kV 이하인 것을 말한다.
② "저압"이란 직류는 700V 이하, 교류는 600V 이하인 것을 말한다.
③ "고압"이란 직류는 700V를, 교류는 600V를 초과하는 것을 말한다.
④ "고압"이란 직류는 750V를, 교류는 600V를 초과하는 것을 말한다.

해설 전압 (NFTC 504 1.7)

구분	설명
저압 〈보기①〉	직류 1.5kV 이하, 교류 1kV 이하
고압	저압의 범위를 초과하고 7kV 이하
특고압	7kV를 초과하는 것

답 ①

70 비상방송설비의 화재안전기준에 따라 음량조정기를 설치하는 경우 음량조정기의 배선은 3선식으로 하여야 한다. 음량조정기의 각 배선의 용도를 나타낸 것으로 옳은 것은?

① 전원선, 음량조정용, 접지선
② 전원선, 통신선, 예비용
③ 공통선, 업무용, 긴급용
④ 업무용, 긴급용, 접지선

해설

비상방송설비 3선식 배선 〈보기③〉	유도등 3선식 배선
• 공통선 • 업무용 배선 • 긴급용 배선(비상용 배선)	• 공통선 • 상용선 • 충전선

중요

비상방송설비의 설치기준 (NFPC 202 4조, NFTC 202 2.1)
(1) 확성기의 음성입력은 실내 **1W 이상**, 실외 **3W 이상**일 것

실내	실외
1W 이상	3W 이상

(2) 확성기는 **각 층**마다 설치하되, 각 부분으로부터의 수평거리는 **25m** 이하일 것
(3) 음량조정기는 **3선식** 배선일 것

(4) 조작스위치는 바닥으로부터 0.8~1.5m 이하의 높이에 설치할 것
(5) 다른 전기회로에 의하여 **유도장애**가 생기지 않을 것
(6) 비상방송 개시시간은 **10초** 이하일 것

답 ③

71. 비상경보설비 및 단독경보형 감지기의 화재안전기준에 따른 비상벨설비 또는 자동식 사이렌설비에 대한 설명이다. 다음 ( )의 ㉠, ㉡에 들어갈 내용으로 옳은 것은?

비상벨설비 또는 자동식 사이렌설비에는 그 설비에 대한 감시상태를 (㉠)분간 지속한 후 유효하게 (㉡)분 이상 경보할 수 있는 축전지설비(수신기에 내장하는 경우를 포함한다) 또는 전기저장장치(외부 전기에너지를 저장해 두었다가 필요한 때 전기를 공급하는 장치)를 설치하여야 한다.

① ㉠ 30, ㉡ 10
② ㉠ 60, ㉡ 10
③ ㉠ 30, ㉡ 20
④ ㉠ 60, ㉡ 20

해설 축전지설비·자동식 사이렌설비·자동화재탐지설비·비상방송설비·비상벨설비(NFPC 201 4조, NFTC 201 2.1.7)

감시시간	경보시간
60분(1시간) 이상 보기 ㉠	10분 이상 보기 ㉡ (30층 이상 : 30분)

기억법 6감(육감)

답 ②

72. 누전경보기의 전원은 분전반으로부터 전용 회로로 하고 각 극에 개폐기와 몇 A 이하의 과전류차단기를 설치하여야 하는가?

① 5
② 15
③ 25
④ 35

해설 누전경보기의 설치기준(NFPC 205 6조, NFTC 205 2.3.1)

과전류차단기	배선용 차단기
15A 이하 보기 ②	20A 이하
	기억법 2배(이 배에 탈 사람!)

(1) 각 극에 개폐기 및 **15A 이하**의 **과전류차단기**를 설치할 것(**배선용 차단기**는 20A 이하) 보기 ②
(2) 분전반으로부터 **전용 회로**로 할 것
(3) 개폐기에는 누전경보기임을 표시할 것

중요

누전경보기(NFPC 205 4조, NFTC 205 2.1.1.1)

60A 이하	60A 초과
•1급 누전경보기 •2급 누전경보기	•1급 누전경보기

답 ②

73. 비상벨설비 음향장치의 음량은 부착된 음향장치의 중심으로부터 1m 떨어진 위치에서 몇 dB 이상이 되는 것으로 하여야 하는가?

① 90
② 80
③ 70
④ 60

해설 비상경보설비(비상벨 또는 자동식 사이렌설비)의 설치기준(NFPC 201 4조, NFTC 201 2.1)

(1) 음향장치의 음량은 부착된 음향장치의 중심으로부터 1m 떨어진 위치에서 **90dB** 이상이 되는 것으로 할 것 보기 ①

∥음향장치의 음량측정∥

(2) 발신기의 위치표시등은 바닥으로부터 **0.8m 이상 1.5m 이하**의 높이에 설치할 것
(3) 발신기는 각 소방대상물의 각 부분으로부터 **수평거리 25m 이하**가 되도록 할 것
(4) 지구음향장치는 **수평거리 25m 이하**가 되도록 할 것

중요

대상에 따른 음압

음압	대 상
40dB 이하	① **유**도등·**비**상조명등의 소음
60dB 이상	① **고**장표시장치용 ② **전**화용 부저 ③ 단독경보형 감지기(건전지 교체 음성안내)
70dB 이상	① 가스누설경보기(단독형·영업용) ② 누전경보기 ③ 단독경보형 감지기(건전지 교체 음향경보)
85dB 이상	① 단독경보형 감지기(화재경보음)
90dB 이상	① 가스누설경보기(**공**업용) ② **자**동화재탐지설비의 음향장치 ③ 비상경보설비

기억법 유비음4(유비는 음식 중 사발면을 좋아한다.)
고전음6(고전음악을 유창하게 해)
9공자

답 ①

74. 무선통신보조설비의 누설동축케이블의 설치기준으로 틀린 것은?

① 끝부분에는 반사종단저항을 견고하게 설치할 것
② 고압의 전로로부터 1.5m 이상 떨어진 위치에 설치할 것
③ 금속판 등에 따라 전파의 복사 또는 특성이 현저하게 저하되지 아니하는 위치에 설치할 것
④ 누설동축케이블 및 동축케이블은 불연 또는 난연성의 것으로서 습기 등의 환경조건에 따라 전기의 특성이 변질되지 아니하는 것으로 하고, 노출하여 설치한 경우에는 피난 및 통행에 장애가 없도록 할 것

해설
① 반사 → 무반사

누설동축케이블의 **설치기준**(NFPC 505 5조, NFTC 505 2.2.1)
(1) 소방전용 주파수대에서 전파의 **전송** 또는 **복사**에 적합한 것으로서 소방전용의 것일 것
(2) 누설동축케이블과 이에 접속하는 안테나 또는 동축케이블과 이에 접속하는 안테나일 것
(3) 누설동축케이블 및 동축케이블은 불연 또는 난연성의 것으로서 **습기** 등의 환경조건에 따라 전기의 특성이 변질되지 아니하는 것으로 하고, 노출하여 설치한 경우에는 피난 및 통행에 장애가 없도록 할 것 보기 ④
(4) 누설동축케이블 및 동축케이블은 화재에 따라 해당 케이블의 피복이 소실된 경우에 케이블 본체가 떨어지지 아니하도록 **4m** 이내마다 금속제 또는 자기제 등의 지지금구로 벽·천장·기둥 등에 견고하게 고정시킬 것(단, **불연재료**로 구획된 반자 안에 설치하는 경우 제외)
(5) 누설동축케이블 및 안테나는 **금속판** 등에 따라 전파의 **복사** 또는 **특성**이 현저하게 저하되지 않는 위치에 설치할 것 보기 ③
(6) 누설동축케이블 및 안테나는 **고**압전로로부터 **1.5m** 이상 떨어진 위치에 설치할 것(해당 전로에 **정전기 차폐장치**를 유효하게 설치한 경우에는 제외) 보기 ②

기억법 누고15

(7) 누설동축케이블의 끝부분에는 **무반사종단저항**을 설치할 것 보기 ①
(8) 누설동축케이블 및 동축케이블의 임피던스는 50Ω으로 하고, 이에 접속하는 **안테나**, **분배기** 기타의 장치는 해당 임피던스에 적합한 것으로 해야 한다.

용어
무반사종단저항
전송로로 전송되는 전자파가 전송로의 종단에서 반사되어 교신을 방해하는 것을 막기 위한 저항

답 ①

75. 객석통로의 직선부분의 길이가 25m인 영화관의 통로에 객석유도등을 설치하는 경우 최소설치개수는?

① 5 ② 6
③ 7 ④ 8

해설 설치개수(NFPC 303 7조, NFTC 303 2.4.2)
(1) 복도·거실 통로유도등

$$개수 \geq \frac{보행거리}{20} - 1$$

(2) 유도표지

$$개수 \geq \frac{보행거리}{15} - 1$$

(3) 객석유도등

$$개수 \geq \frac{직선부분\ 길이}{4} - 1$$

$$= \frac{25m}{4} - 1 = 5.25 ≒ 6개(절상)$$

보기 ②

용어
절상
'소수점 이하는 무조건 올린다.'는 뜻

답 ②

76. 비상방송설비 음향장치 설치기준 중 층수가 11층 이상으로서 연면적 3000m²를 초과하는 특정소방대상물의 1층에서 발화한 때의 경보기준으로 옳은 것은?

① 발화층에 경보를 발할 것
② 발화층 및 그 직상층에 경보를 발할 것
③ 발화층·그 직상층 및 기타의 지하층에 경보를 발할 것
④ 발화층·그 직상 4개층 및 지하층에 경보를 발할 것

해설 비상방송설비·자동화재탐지설비의 **우선경보방식**(NFPC 202 4조, NFTC 202 2.1.1.7)
11층(공동주택 16층) 이상의 특정소방대상물의 경보

음향장치의 경보

발화층	경보층	
	11층 (공동주택 16층) 미만	11층 (공동주택 16층) 이상
2층 이상 발화	전층 일제경보	• 발화층 • 직상 4개층
1층 발화		• 발화층 • 직상 4개층 보기 ④ • 지하층
지하층 발화		• 발화층 • 직상층 • 기타의 지하층

기억법 21 14개층

답 ④

77 일반전기사업자로부터 특고압 또는 고압으로 수전하는 비상전원수전설비의 형식 중 틀린 것은?

① 큐비클(Cubicle)형
② 옥내개방형
③ 옥외개방형
④ 방화구획형

해설 ② 옥내개방형 → 옥외개방형

비상전원수전설비(NFPC 602 5·6조/NFTC 602 2.2.1, 2.3.1)

저압수전	특·고압수전
① 전용배전반(1·2종)	① 방화구획형 보기 ④
② 전용분전반(1·2종)	② 옥외개방형 보기 ③
③ 공용분전반(1·2종)	③ 큐비클형 보기 ①

답 ②

78 노유자시설 1층에 적응성을 가진 피난기구가 아닌 것은?

① 미끄럼대
② 다수인 피난장비
③ 피난교
④ 피난용 트랩

해설 **피난기구의 적응성**(NFTC 301 2.1.1)

설치 장소별 구분	1층	2층	3층	4층 이상 10층 이하
노유자시설	•미끄럼대 보기 ① •구조대 •피난교 보기 ③ •다수인 피난장비 보기 ② •승강식 피난기	•미끄럼대 •구조대 •피난교 •다수인 피난장비 •승강식 피난기	•미끄럼대 •구조대 •피난교 •다수인 피난장비 •승강식 피난기	•구조대¹⁾ •피난교 •다수인 피난장비 •승강식 피난기
의료시설· 입원실이 있는 의원·접골 원·조산원	–	–	•미끄럼대 •구조대 •피난교 •피난용 트랩 •다수인 피난장비 •승강식 피난기	•구조대 •피난교 •피난용 트랩 •다수인 피난장비 •승강식 피난기
영업장의 위치가 4층 이하인 다중 이용업소	–	•미끄럼대 •피난사다리 •구조대 •완강기 •다수인 피난장비 •승강식 피난기	•미끄럼대 •피난사다리 •구조대 •완강기 •다수인 피난장비 •승강식 피난기	•미끄럼대 •피난사다리 •구조대 •완강기 •다수인 피난장비 •승강식 피난기
그 밖의 것	–	–	•미끄럼대 •피난사다리 •구조대 •완강기 •피난교 •피난용 트랩 •간이완강기²⁾ •공기안전매트 •다수인 피난장비 •승강식 피난기	•피난사다리 •구조대 •완강기 •피난교 •간이완강기²⁾ •공기안전매트 •다수인 피난장비 •승강식 피난기

[비고] 1) **구조대**의 적응성은 **장애인관련시설**로서 주된 사용자 중 **스스로 피난**이 **불가**한 자가 있는 경우 추가로 설치하는 경우에 한한다.
2) 간이완강기의 적응성은 **숙박시설**의 **3층 이상**에 있는 객실에 추가로 설치하는 경우에 한한다.

중요

의무관리대상 공동주택(NFPC 608 13조, NFTC 608 2.9.1.3)
공동주택 구역마다 공기안전매트 1개 이상을 추가로 설치할 것

비교

피난기구 적응성

간이완강기	공기안전매트	구조대
숙박시설의 **3층 이상**에 있는 객실	공동주택	장애인관련시설

답 ④

79 누전경보기의 기능검사 항목이 아닌 것은?

① 단락전압시험
② 절연저항시험
③ 온도특성시험
④ 단락전류 강도시험

해설 **시험항목**

중계기	속보기의 예비전원	누전경보기
•주위온도시험 •반복시험 •방수시험 •절연저항시험 •절연내력시험 •충격전압시험 •충격시험 •진동시험 •습도시험 •전자파 내성시험	•충·방전시험 •안전장치시험	•전원전압 변동시험 •온도특성시험 보기 ③ •과입력 전압시험 •개폐기의 조작시험 •반복시험 •진동시험 •**충**격시험 •방**수**시험 •**절**연저항시험 보기 ② •**절**연내력시험 •**충**격파 내전압시험 •단락전류 **강**도시험 보기 ④

기억법 누수 충수 절충 강

답 ①

80 유도등 및 유도표지의 화재안전기준에 따라 운동시설에 설치하지 아니할 수 있는 유도등은?

19.09.문69
16.05.문75
15.03.문77
14.03.문68
12.05.문62
11.03.문64

① 통로유도등
② 객석유도등
③ 대형 피난구유도등
④ 중형 피난구유도등

해설 유도등 및 유도표지의 종류(NFPC 303 4조, NFTC 303 2.1.1)

설치장소	유도등 및 유도표지의 종류

• **공**연장 · **집**회장 · **관**람장 · **운**동시설
• 유흥주점 영업시설(카바레, 나이트클럽)
	• **대**형 피난구유도등
	  보기 ③
	• **통**로유도등
	  보기 ①
	• **객**석유도등
	  보기 ②

• 위락시설 · 판매시설 • 관광숙박업 · 의료시설 · 방송통신시설 • 전시장 · 지하상가 · 지하철역사 • 운수시설 · 장례식장	• 대형 피난구유도등 • 통로유도등
• 숙박시설 · 오피스텔 • 지하층 · 무창층 및 11층 이상의 부분	• 중형 피난구유도등 보기 ④ • 통로유도등

기억법 공집관운 대통객

답 ④

2024. 7. 5 시행

2024년 기사 제3회 필기시험 CBT 기출복원문제

수험번호	성명

자격종목	종목코드	시험시간	형별
소방설비기사(전기분야)		**2시간**	

※ 각 문항은 4지택일형으로 질문에 가장 적합한 보기 항을 선택하여 체크하여야 합니다.

제1과목 소방원론

01 화재시 이산화탄소를 방출하여 산소농도를 13vol%로 낮추어 소화하기 위한 공기 중 이산화탄소의 농도는 약 몇 vol%인가?

19.09.문10
15.05.문13
14.05.문07
13.09.문16
12.05.문14

① 9.5
② 25.8
③ 38.1
④ 61.5

해설 이산화탄소의 농도

$$CO_2 = \frac{21 - O_2}{21} \times 100$$

여기서, CO_2 : CO_2의 농도〔vol%〕
 O_2 : O_2의 농도〔vol%〕

$$CO_2 = \frac{21 - O_2}{21} \times 100 = \frac{21 - 13}{21} \times 100 ≒ 38.1 vol\%$$

중요

이산화탄소 소화설비와 관련된 식

$$CO_2 = \frac{방출가스량}{방호구역체적 + 방출가스량} \times 100$$
$$= \frac{21 - O_2}{21} \times 100$$

여기서, CO_2 : CO_2의 농도〔vol%〕
 O_2 : O_2의 농도〔vol%〕

$$방출가스량 = \frac{21 - O_2}{O_2} \times 방호구역체적$$

여기서, O_2 : O_2의 농도〔vol%〕

답 ③

02 할론(Halon) 1301의 분자식은?

23.05.문09
19.09.문07
17.03.문05
16.10.문08
15.03.문04
14.09.문11
14.03.문02

① CH_3Cl
② CH_3Br
③ CF_3Cl
④ CF_3Br

해설 할론소화약제의 약칭 및 분자식

종류	약칭	분자식
할론 1011	CB	CH_2ClBr
할론 104	CTC	CCl_4
할론 1211	BCF	CF_2ClBr
할론 1301	BTM	CF_3Br 보기 ④
할론 2402	FB	$C_2F_4Br_2$

답 ④

03 같은 원액으로 만들어진 포의 특성에 관한 설명으로 옳지 않은 것은?

15.09.문16

① 발포배율이 커지면 환원시간은 짧아진다.
② 환원시간이 길면 내열성이 떨어진다.
③ 유동성이 좋으면 내열성이 떨어진다.
④ 발포배율이 작으면 유동성이 떨어진다.

해설 ② 떨어진다 → 좋아진다

포의 특성
(1) 발포배율이 커지면 환원시간은 짧아진다. 보기 ①
(2) 환원시간이 길면 내열성이 **좋아진다**. 보기 ②
(3) 유동성이 좋으면 내열성이 떨어진다. 보기 ③
(4) 발포배율이 작으면 유동성이 떨어진다. 보기 ④

• 발포배율 = 팽창비

용어

용어	설명
발포배율	수용액의 포가 팽창하는 비율
환원시간	발포된 포가 원래의 포수용액으로 되돌아가는 데 걸리는 시간
유동성	포가 잘 움직이는 성질

답 ②

04 건축물의 피난·방화구조 등의 기준에 관한 규칙상 방화구획의 설치기준 중 스프링클러를 설치한 10층 이하의 층은 바닥면적 몇 m^2 이내마다 방화구획을 구획하여야 하는가?

23.05.문03
22.03.문11
19.03.문15
18.04.문04

① 1000
② 1500
③ 2000
④ 3000

해설 ④ 스프링클러소화설비를 설치했으므로 1000m²× 3배=3000m²

건축령 46조, 피난·방화구조 14조
방화구획의 기준

대상 건축물	대상 규모	층 및 구획방법	구획부분의 구조
주요 구조부가 내화구조 또는 불연재료로 된 건축물	연면적 1000m² 넘는 것	10층 이하	• 바닥면적 1000m² 이내마다	• 내화구조로 된 바닥·벽 • 60분+방화문, 60분 방화문 • 자동방화셔터
		매 층마다	• 지하 1층에서 지상으로 직접 연결하는 경사로 부위는 제외	
		11층 이상	• 바닥면적 200m² 이내마다(실내마감을 불연재료로 한 경우 500m² 이내마다)	

• **스프링클러**, 기타 이와 유사한 **자동식 소화설비**를 설치한 경우 바닥면적은 위의 **3배** 면적으로 산정한다.
• **필로티**나 그 밖의 비슷한 구조의 부분을 주차장으로 사용하는 경우 그 부분은 건축물의 다른 부분과 구획할 것

답 ④

★★★ 05 건축물의 내화구조에서 바닥의 경우에는 철근콘크리트의 두께가 몇 cm 이상이어야 하는가?

20.08.문04
16.05.문05
14.05.문12

① 7
② 10
③ 12
④ 15

해설 피난·방화구조 3조
내화구조의 기준

구 분	기 준
벽·바닥	철골·철근콘크리트조로서 두께가 **10cm** 이상인 것 〈보기②〉
기둥	철골을 두께 5cm 이상의 콘크리트로 덮은 것
보	두께 5cm 이상의 콘크리트로 덮은 것

기억법 벽바내1(벽을 바라보면 내일이 보인다.)

비교
피난·방화구조 4조
방화구조의 기준

구조 내용	기 준
• **철망모르타르** 바르기	두께 2cm 이상
• 석고판 위에 시멘트모르타르를 바른 것 • 석고판 위에 회반죽을 바른 것 • 시멘트모르타르 위에 타일을 붙인 것	두께 2.5cm 이상
• 심벽에 흙으로 맞벽치기 한 것	모두 해당

답 ②

★★★ 06 할로젠원소의 소화효과가 큰 순서대로 배열된 것은?

23.09.문16
17.09.문15
15.03.문16
12.03.문04

① I > Br > Cl > F
② Br > I > F > Cl
③ Cl > F > I > Br
④ F > Cl > Br > I

해설 할론소화약제

부촉매효과(소화효과) 크기	전기음성도(친화력) 크기
I > Br > Cl > F 〈보기①〉	F > Cl > Br > I

• 소화효과=소화능력
• 전기음성도 크기=수소와의 결합력 크기

중요
할로젠족 원소
(1) 불소 : **F**
(2) 염소 : **Cl**
(3) 브로민(취소) : **Br**
(4) 아이오딘(옥소) : **I**

기억법 FClBrI

답 ①

★★★ 07 경유화재가 발생했을 때 주수소화가 오히려 위험할 수 있는 이유는?

18.09.문17
15.09.문13
15.09.문06
14.03.문06
12.09.문16
04.05.문06
03.03.문15

① 경유는 물과 반응하여 유독가스를 발생하므로
② 경유의 연소열로 인하여 산소가 방출되어 연소를 돕기 때문에
③ 경유는 물보다 비중이 가벼워 화재면의 확대 우려가 있으므로
④ 경유가 연소할 때 수소가스를 발생하여 연소를 돕기 때문에

해설 경유화재시 주수소화가 부적당한 이유
물보다 비중이 가벼워 물 위에 떠서 **화재 확대**의 우려가 있기 때문이다. 보기 ③

중요

주수소화(물소화)시 위험한 물질

위험물	발생물질
• 무기과산화물	**산소**(O_2) 발생
• 금속분 • 마그네슘 • 알루미늄 • 칼륨 • 나트륨 • 수소화리튬	**수소**(H_2) 발생
• 가연성 액체의 유류화재(경유)	**연소면**(화재면) 확대

답 ③

중요

열전달의 종류

종류	설명	관련 법칙
전도 (conduction)	하나의 물체가 다른 물체와 직접 **접촉**하여 열이 이동하는 현상	**푸리에**(Fourier)의 법칙
대류 (convection)	**유체**의 흐름에 의하여 열이 이동하는 현상	**뉴턴**의 법칙
복사 (radiation)	① 화재시 화원과 **격리된** 인접 가연물에 불이 옮겨 붙는 현상 ② 열전달 **매질**이 **없이** 열이 전달되는 형태 ③ 열에너지가 **전자파**의 형태로 옮겨지는 현상으로, **가장 크게 작용**한다.	**스테판-볼츠만**의 법칙

답 ②

08 Fourier법칙(전도)에 대한 설명으로 틀린 것은?
23.09.문18
18.03.문13
① 이동열량은 전열체의 단면적에 비례한다.
② 이동열량은 전열체의 두께에 비례한다.
③ 이동열량은 전열체의 열전도도에 비례한다.
④ 이동열량은 전열체 내·외부의 온도차에 비례한다.

해설 ② 비례 → 반비례

공식
(1) **전도**

$$Q = \frac{kA(T_2 - T_1)}{l} \begin{array}{l} \leftarrow \text{비례} \\ \leftarrow \text{반비례} \end{array}$$

여기서, Q : 전도열[W]
k : 열전도율[W/m·K]
A : 단면적[m²]
$(T_2 - T_1)$: 온도차[K]
l : 벽체 두께[m]

(2) **대류**

$$Q = h(T_2 - T_1)$$

여기서, Q : 대류열[W/m²]
h : 열전달률[W/m²·℃]
$(T_2 - T_1)$: 온도차[℃]

(3) **복사**

$$Q = aAF(T_1^4 - T_2^4)$$

여기서, Q : 복사열[W]
a : 스테판-볼츠만 상수[W/m²·K⁴]
A : 단면적[m²]
F : 기하학적 Factor
T_1 : 고온[K]
T_2 : 저온[K]

09 폭굉(detonation)에 관한 설명으로 틀린 것은?
23.09.문13
16.05.문14
03.05.문10
① 연소속도가 음속보다 느릴 때 나타난다.
② 온도의 상승은 충격파의 압력에 기인한다.
③ 압력상승은 폭연의 경우보다 크다.
④ 폭굉의 유도거리는 배관의 지름과 관계가 있다.

해설 ① 느릴 때 → 빠를 때

연소반응(전파형태에 따른 분류)

폭연(deflagration)	폭굉(detonation)
연소속도가 음속보다 느릴 때 발생	① 연소속도가 음속보다 **빠를 때** 발생 보기 ① ② 온도의 상승은 **충격파**의 압력에 기인한다. 보기 ② ③ 압력상승은 **폭연**의 경우보다 **크다**. 보기 ③ ④ 폭굉의 **유도거리**는 배관의 **지름**과 관계가 있다. 보기 ④

※ **음속** : 소리의 속도로서 약 **340m/s**이다.

답 ①

10 대체 소화약제의 물리적 특성을 나타내는 용어 중 지구온난화지수를 나타내는 약어는?
23.03.문03
17.09.문06
16.10.문12
15.03.문20
14.03.문15
① ODP
② GWP
③ LOAEL
④ NOAEL

용 어	설 명
오존파괴지수 (**O**DP ; Ozone Depletion Potential)	오존파괴지수는 어떤 물질의 **오존파괴능력**을 상대적으로 나타내는 지표
지구**온**난화지수 〈보기②〉 (**G**WP ; Global Warming Potential)	지구온난화지수는 **지구온난화**에 기여하는 정도를 나타내는 지표
LOAEL (Least Observable Adverse Effect Level)	인체에 **독성**을 주는 **최소농도**
NOAEL (No Observable Adverse Effect Level)	인체에 **독성**을 주지 않는 **최대농도**

기억법 G온O오(**지온!오온!**)

중요

공식

오존파괴지수(ODP)	지구온난화지수(GWP)
ODP= $\dfrac{어떤\ 물질\ 1kg이\ 파괴하는\ 오존량}{CFC\ 11의\ 1kg이\ 파괴하는\ 오존량}$	GWP= $\dfrac{어떤\ 물질\ 1kg이\ 기여하는\ 온난화\ 정도}{CO_2\ 1kg이\ 기여하는\ 온난화\ 정도}$

답 ②

11 화재의 종류에 따른 분류가 틀린 것은?

20.08.문03
19.03.문08
17.09.문07
16.05.문09
15.09.문19
13.09.문07

① A급 : 일반화재
② B급 : 유류화재
③ C급 : 가스화재
④ D급 : 금속화재

해설 ③ 가스화재 → 전기화재

화재의 종류

구 분	표시색	적응물질
일반화재(A급)	백색	• 일반가연물 • 종이류 화재 • 목재·섬유화재
유류화재(B급)	황색	• 가연성 액체 • 가연성 가스 • 액화가스화재 • 석유화재
전기화재(C급)	청색	• 전기설비
금속화재(D급)	무색	• 가연성 금속
주방화재(K급)	–	• 식용유화재

• 요즘은 표시색의 의무규정은 없음

답 ③

12 방호공간 안에서 화재의 세기를 나타내고 화재가 진행되는 과정에서 온도에 따라 변하는 것으로 온도-시간 곡선으로 표시할 수 있는 것은?

23.09.문01
19.04.문16
02.03.문19

① 화재저항
② 화재가혹도
③ 화재하중
④ 화재플럼

구 분	화재하중 (fire load)	화재가혹도 (fire severity)
정의	화재실 또는 화재구획의 단위바닥면적에 대한 등가 가연물량값	① 화재의 양과 질을 반영한 화재의 강도 ② 방호공간 안에서 화재의 세기를 나타냄 〈보기②〉
계산식	화재하중 $q = \dfrac{\Sigma G_t H_t}{HA}$ $= \dfrac{\Sigma Q}{4500A}$ 여기서, q : 화재하중[kg/m²] G_t : 가연물의 양[kg] H_t : 가연물의 단위발열량〔kcal/kg〕 H : 목재의 단위발열량〔kcal/kg〕 A : 바닥면적[m²] ΣQ : 가연물의 전체 발열량〔kcal〕	화재가혹도 =지속시간×최고온도 〈보기②〉 화재시 지속시간이 긴 것은 가연물량이 많은 양적 개념이며, 연소시 최고온도는 최성기 때의 온도로서 화재의 질적 개념이다.
비교	① 화재의 **규모**를 판단하는 척도 ② **주수시간**을 결정하는 인자	① 화재의 **강도**를 판단하는 척도 ② **주수율**을 결정하는 인자

용어

화재플럼	화재저항
상승력이 커진 부력에 의해 연소가스와 유입공기가 상승하면서 화염이 섞인 연기기둥형태를 나타내는 현상	화재시 최고온도의 지속시간을 견디는 내력

답 ②

13 다음은 위험물의 정의이다. 다음 ( ) 안에 알맞은 것은?

23.05.문04
13.03.문47

"위험물"이라 함은 (㉠) 또는 발화성 등의 성질을 가지는 것으로서 (㉡)이 정하는 물품을 말한다.

① ㉠ 인화성, ㉡ 국무총리령
② ㉠ 휘발성, ㉡ 국무총리령
③ ㉠ 휘발성, ㉡ 대통령령
④ ㉠ 인화성, ㉡ 대통령령

해설 위험물법 2조
"위험물"이라 함은 **인화성** 또는 **발화성** 등의 성질을 가지는 것으로서 **대통령령**이 정하는 물품

답 ④

14. 가스 A가 40vol%, 가스 B가 60vol%로 혼합된 가스의 연소하한계는 몇 vol%인가? (단, 가스 A의 연소하한계는 4.9vol%이며, 가스 B의 연소하한계는 4.15vol%이다.)

① 1.82
② 2.02
③ 3.22
④ 4.42

해설 폭발하한계

$$\frac{100}{L} = \frac{V_1}{L_1} + \frac{V_2}{L_2} + \cdots + \frac{V_n}{L_n}$$

여기서, L : 혼합가스의 폭발하한계[vol%]
L_1, L_2, L_n : 가연성 가스의 폭발하한계[vol%]
V_1, V_2, V_n : 가연성 가스의 용량[vol%]

폭발하한계 L은

$$L = \frac{100}{\frac{V_1}{L_1} + \frac{V_2}{L_2} + \cdots + \frac{V_n}{L_n}}$$

$$= \frac{100}{\frac{40}{4.9} + \frac{60}{4.15}}$$

$$\fallingdotseq 4.42\,\text{vol}\%$$

연소하한계 = 폭발하한계

답 ④

15. 인화알루미늄의 화재시 주수소화하면 발생하는 물질은?

① 수소
② 메탄
③ 포스핀
④ 아세틸렌

해설 인화알루미늄과 물과의 반응식
$$AlP + 3H_2O \rightarrow Al(OH)_3 + PH_3$$
인화알루미늄 물   수산화알루미늄 포스핀=인화수소

비교
(1) 인화칼슘과 물의 반응식
$$Ca_3P_2 + 6H_2O \rightarrow 3Ca(OH)_2 + 2PH_3 \uparrow$$
인화칼슘 물   수산화칼슘   포스핀

(2) 탄화알루미늄과 물의 반응식
$$Al_4C_3 + 12H_2O \rightarrow 4Al(OH)_3 + 3CH_4 \uparrow$$
탄화알루미늄 물   수산화알루미늄 메탄

답 ③

16. 고비점 유류의 탱크화재시 열류층에 의해 탱크 아래의 물이 비등·팽창하여 유류를 탱크 외부로 분출시켜 화재를 확대시키는 현상은?

① 보일오버(Boil over)
② 롤오버(Roll over)
③ 백드래프트(Back draft)
④ 플래시오버(Flash over)

해설 보일오버(Boil over)
(1) **중**질유의 탱크에서 장시간 조용히 연소하다 탱크 내의 잔존기름이 갑자기 분출하는 현상
(2) 유류탱크에서 탱크바닥에 물과 기름의 **에멀션**이 섞여 있을 때 이로 인하여 화재가 발생하는 현상
(3) 연소유면으로부터 100℃ 이상의 **열**파가 탱크 저부에 고여 있는 물을 비등하게 하면서 연소유를 탱크 밖으로 비산시키며 연소하는 현상
(4) **고비점 유류**의 탱크화재시 열류층에 의해 **탱크 아래의 물**이 비등·팽창하여 유류를 탱크 외부로 분출시켜 화재를 확대시키는 현상

※ **에멀션** : 물의 미립자가 기름과 섞여서 기름의 증발능력을 떨어뜨려 연소를 억제하는 것

기억법 보중에열

중요

유류탱크, 가스탱크에서 발생하는 현상	
여러 가지 현상	정 의
블래비 (BLEVE)	• 과열상태의 탱크에서 내부의 액화가스가 분출하여 기화되어 폭발하는 현상
보일오버 (Boil over)	• 중질유의 탱크에서 장시간 조용히 연소하다 탱크 내의 잔존기름이 갑자기 분출하는 현상 • 유류탱크에서 탱크바닥에 물과 기름의 **에멀션**이 섞여 있을 때 이로 인하여 화재가 발생하는 현상 • 연소유면으로부터 100℃ 이상의 열파가 탱크 저부에 고여 있는 물을 비등하게 하면서 연소유를 탱크 밖으로 비산시키며 연소하는 현상 • 탱크 **저부**의 물이 급격히 증발하여 기름이 탱크 밖으로 화재를 동반하여 방출하는 현상

기억법 보저(보자기)

오일오버 (Oil over)	• 저장탱크에 저장된 유류저장량이 내용적의 **50%** 이하로 충전되어 있을 때 화재로 인하여 탱크가 폭발하는 현상
프로스오버 (Froth over)	• 물이 점성의 뜨거운 **기름표면 아래에서 끓을** 때 화재를 수반하지 않고 용기가 넘치는 현상
슬롭오버 (Slop over)	• 물이 연소유의 뜨거운 표면에 들어갈 때 기름표면에서 화재가 발생하는 현상 • 유화제로 소화하기 위한 물이 수분의 급격한 증발에 의하여 액면이 거품을 일으키면서 **열유층** 밑의 냉유가 급히 열팽창하여 **기름의 일부**가 불이 붙은 채 탱크벽을 넘어서 일출하는 현상

답 ①

17
화재의 지속시간 및 온도에 따라 목재건물과 내화건물을 비교했을 때, 목재건물의 화재성상으로 가장 적합한 것은?

① 저온장기형이다. ② 저온단기형이다.
③ 고온장기형이다. ④ 고온단기형이다.

해설 (1) **목조건물(목재건물)**
　　㉠ 화재성상 : **고온단기형**
　　㉡ 최고온도(최성기온도) : **1300**℃

　　기억법 목고단 13

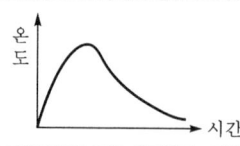

| 목조건물의 표준 화재온도 – 시간곡선 |

(2) **내화건물**
　　㉠ 화재성상 : 저온장기형
　　㉡ 최고온도(최성기온도) : 900~1000℃

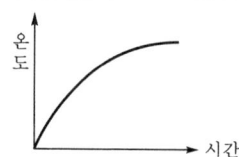

| 내화건물의 표준 화재온도 – 시간곡선 |

답 ④

18
물체의 표면온도가 250℃에서 650℃로 상승하면 열복사량은 약 몇 배 정도 상승하는가?

① 2.5 ② 5.7
③ 7.5 ④ 9.7

해설 **스테판-볼츠만의 법칙**(Stefan–Boltzman's law)

$$\frac{Q_2}{Q_1} = \frac{(273+t_2)^4}{(273+t_1)^4} = \frac{(273+650)^4}{(273+250)^4} ≒ 9.7$$

● 열복사량은 복사체의 **절대온도**의 **4제곱**에 **비례**하고, **단면적**에 **비례**한다.

고

스테판-볼츠만의 법칙(Stefan–Boltzman's law)

$$Q = aAF(T_1^{\,4} - T_2^{\,4})$$

여기서, Q : 복사열(W)
　　　　a : 스테판-볼츠만 상수(W/m²·K⁴)
　　　　A : 단면적(m²)
　　　　F : 기하학적 Factor
　　　　T_1 : 고온(273+t_1)[K]
　　　　T_2 : 저온(273+t_2)[K]
　　　　t_1 : 저온[℃]
　　　　t_2 : 고온[℃]

답 ④

19
유류탱크 화재시 기름 표면에 물을 살수하면 기름이 탱크 밖으로 비산하여 화재가 확대되는 현상은?

① 슬롭오버(Slop over)
② 플래시오버(Flash over)
③ 프로스오버(Froth over)
④ 블레비(BLEVE)

해설 **유류탱크, 가스탱크**에서 **발생**하는 **현상**

구분	설 명
블래비=블레비 (BLEVE)	● 과열상태의 탱크에서 내부의 액화가스가 분출하여 기화되어 폭발하는 현상
보일오버 (Boil over)	● 중질유의 석유탱크에서 장시간 조용히 연소하다 탱크 내의 잔존기름이 갑자기 분출하는 현상 ● 유류탱크에서 **탱크바닥**에 **물**과 기름의 **에멀션**이 섞여 있을 때 이로 인하여 화재가 발생하는 현상 ● 연소유면으로부터 100℃ 이상의 열파가 탱크 저부에 고여 있는 물을 비등하게 하면서 연소유를 탱크 밖으로 비산시키며 연소하는 현상
오일오버 (Oil over)	● 저장탱크에 저장된 유류저장량이 내용적의 50% 이하로 충전되어 있을 때 화재로 인하여 탱크가 폭발하는 현상
프로스오버 (Froth over)	● 물이 점성의 뜨거운 기름표면 아래에서 끓을 때 화재를 수반하지 않고 용기가 넘치는 현상
슬롭오버 (Slop over)	● **유류탱크 화재시** 기름 표면에 물을 살수하면 **기름**이 **탱크** 밖으로 **비산**하여 화재가 확대되는 현상(연소유가 비산되어 탱크 외부까지 화재가 확산) **보기** ① ● 물이 연소유의 뜨거운 표면에 들어갈 때 기름 표면에서 화재가 발생하는 현상 ● 유화제로 소화하기 위한 물이 수분의 급격한 증발에 의하여 액면이 거품을 일으키면서 열유층 밑의 냉유가 급히 열팽창하여 기름의 일부가 불이 붙은 채 탱크벽을 넘어서 일출하는 현상 ● 연소면의 온도가 100℃ 이상일 때 물을 주수하면 발생 ● 소화시 외부에서 방사하는 포에 의해 발생

답 ①

20 다음 중 할론소화약제의 가장 주된 소화효과에 해당하는 것은?

① 냉각효과 ② 제거효과
③ 부촉매효과 ④ 분해효과

해설 소화약제의 소화작용

소화약제	소화효과	주된 소화효과
• 물(스프링클러)	• 냉각효과 • 희석효과	• 냉각효과 (냉각소화)
• 물(무상)	• 냉각효과 • 질식효과 • 유화효과 • 희석효과	• 질식효과 (질식소화)
• 포	• 냉각효과 • 질식효과	
• 분말	• 질식효과 • 부촉매효과 (억제효과) • 방사열 차단 효과	
• 이산화탄소	• 냉각효과 • 질식효과 • 피복효과	
• 할론	• 질식효과 • 부촉매효과 (억제효과)	• **부촉매효과** (연쇄반응차단 소화)

기억법 할부(할아버지)

답 ③

제2과목 소방전기일반

21 그림과 같은 회로의 A, B 양단에 전압을 인가하여 서서히 상승시킬 때 제일 먼저 파괴되는 콘덴서는? (단, 유전체의 재질 및 두께는 동일한 것으로 한다.)

① $1C$ ② $2C$
③ $3C$ ④ 모두

해설

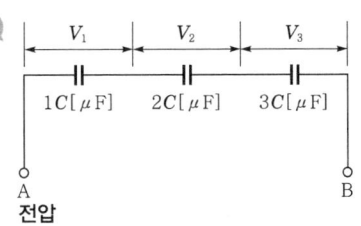

전압

$$V = IX_C = I\frac{1}{2\pi fC} \propto \frac{1}{C}$$

여기서, V : 전압[V]
I : 전류[A]
X_C : 용량리액턴스[Ω]
f : 주파수[Hz]
C : 정전용량[F]

전압(V)과 **정전용량**(C)은 **반비례**하므로 각 콘덴서에 걸리는 전압을 V_1, V_2, V_3[V]라 하면

$$V_1 : V_2 : V_3 = \frac{1}{1} : \frac{1}{2} : \frac{1}{3} = 6 : 3 : 2$$

양단에 가한 전압을 1000V라 하면

$$V_1 = \frac{6}{6+3+2}V = \frac{6}{11} \times 1000 ≒ 545.4\text{V}$$

$$V_2 = \frac{3}{6+3+2}V = \frac{3}{11} \times 1000 ≒ 272.7\text{V}$$

$$V_3 = \frac{2}{6+3+2}V = \frac{2}{11} \times 1000 ≒ 181.8\text{V}$$

• 용량이 제일 작은 $1C[\mu F]$이 제일 먼저 파괴된다.

답 ①

22 $i = I_m \sin\omega t$의 정현파에서 순시값과 실효값이 같아지는 위상은 몇 도인가?

① 30° ② 45°
③ 50° ④ 60°

해설 (1) 기호

• i : 전류의 순시값[A]
• I_m : 전류의 최대값[A]

$$I_m = \sqrt{2}I$$

여기서, I_m : 전류의 최대값[A]
I : 전류의 실효값[A]

(2) **순시값**과 **실효값**이 같은 경우

$$I_m \sin\omega t = I$$

$$\sin\omega t = \frac{I}{I_m}$$

$$\sin\omega t = \frac{\cancel{I}}{\sqrt{2}\cancel{I}}$$

$$\sin\omega t = \frac{1}{\sqrt{2}}$$

$$\omega t = \sin^{-1}\left(\frac{1}{\sqrt{2}}\right) = 45°$$

답 ②

23 다음 그림과 같은 브리지 회로의 평형조건은?

① $R_1C_1 = R_2C_2$, $R_2R_3 = C_1L$
② $R_1C_1 = R_2C_2$, $R_2R_3C_1 = L$
③ $R_1C_2 = R_2C_1$, $R_2R_3 = C_1L$
④ $R_1C_2 = R_2C_1$, $L = R_2R_3C_1$

해설 교류브리지 평형조건

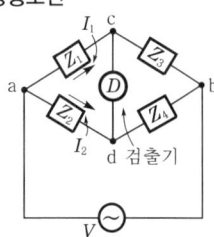

$I_1Z_1 = I_2Z_2$
$I_1Z_3 = I_2Z_4$
∴ $Z_1Z_4 = Z_2Z_3$

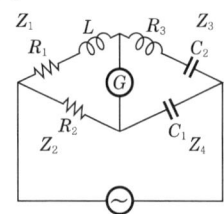

$Z_1 = R_1 + j\omega L$
$Z_2 = R_2$
$Z_3 = R_3 + \dfrac{1}{j\omega C_2} = \boxed{\dfrac{j\omega C_2 R_3}{j\omega C_2}} + \dfrac{1}{j\omega C_2} = \dfrac{1 + j\omega C_2 R_3}{j\omega C_2}$
$Z_4 = \dfrac{1}{j\omega C_1}$

$Z_1Z_4 = Z_2Z_3$이므로

$(R_1 + j\omega L) \times \dfrac{1}{j\omega C_1} = R_2 \times \dfrac{1 + j\omega C_2 R_3}{j\omega C_2}$

$\dfrac{R_1 + j\omega L}{j\omega C_1} = \dfrac{R_2 + j\omega C_2 R_2 R_3}{j\omega C_2}$

계산 편의를 위해 분모, 분자에 각각 $\dfrac{1}{R_1}$, $\dfrac{1}{R_2}$을 곱해 줌

$\dfrac{\dfrac{1}{R_1}(R_1 + j\omega L)}{j\omega C_1 \times \dfrac{1}{R_1}} = \dfrac{\dfrac{1}{R_2}(R_2 + j\omega C_2 R_2 R_3)}{j\omega C_2 \times \dfrac{1}{R_2}}$

분자에 있는 $\dfrac{1}{R_1}$, $\dfrac{1}{R_2}$을 각각 곱해 주고,
분모에 있는 $\dfrac{1}{R_1}$, $\dfrac{1}{R_2}$을 서로 이항하면

$\dfrac{1 + j\omega \boxed{L\dfrac{1}{R_1}}}{j\omega \boxed{C_1 R_2}} = \dfrac{1 + j\omega \boxed{C_2 R_3}}{j\omega \boxed{C_2 R_1}}$

$C_1R_2 = C_2R_1$ $L\dfrac{1}{R_1} = C_2R_3$
⬇
$\boxed{R_1C_2 = R_2C_1}$ $L = C_2R_3R_1$

$C_2 = \dfrac{R_2C_1}{R_1}$ $L = \left(\dfrac{R_2C_1}{R_1}\right)R_3R_1 = R_2R_3C_1$

∴ $\boxed{L = R_2R_3C_1}$

답 ④

24 그림과 같이 전압계 V_1, V_2, V_3 와 5Ω의 저항 R을 접속하였다. 전압계의 지시가 $V_1 = 20V$, $V_2 = 40V$, $V_3 = 50V$라면 부하전력은 몇 W인가?

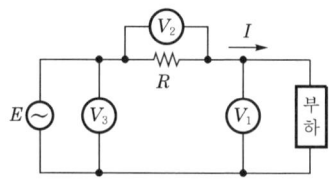

① 50
② 100
③ 150
④ 200

해설 (1) 기호
 • V_1 : 20V
 • V_2 : 40V
 • V_3 : 50V
 • R : 5Ω
 • P : ?

(2) 3전압계법

$$P = \dfrac{1}{2R}(V_3^2 - V_1^2 - V_2^2)$$

여기서, P : 유효전력(소비전력)[W]
 R : 저항[Ω]
 V_1, V_2, V_3 : 전압계의 지시값[V]

유효전력 P는
$P = \dfrac{1}{2R}(V_3^2 - V_1^2 - V_2^2)$
$= \dfrac{1}{2 \times 5} \times (50^2 - 20^2 - 40^2)$
$= 50W$

비교

3전류계법

$$P = \frac{R}{2}(I_3^2 - I_1^2 - I_2^2) \text{[W]}$$

여기서, P : 유효전력[W]
R : 저항[Ω]
I_1, I_2, I_3 : 전류계의 지시값[A]

답 ①

25 제어량을 어떤 일정한 목표값으로 유지하는 것을 목적으로 하는 제어법은?

19.03.문32
19.04.문28
17.09.문22
17.09.문39
17.05.문29
16.10.문35
16.05.문22
16.03.문32
15.05.문23
15.05.문37
14.09.문23
13.09.문27
11.03.문30

① 추종제어
② 비례제어
③ 정치제어
④ 프로그래밍제어

해설 제어의 종류

종류	설명
정치제어 (fixed value control)	• 일정한 **목표값**을 **유**지하는 것으로 **프로세스제어, 자동조정**이 이에 해당된다. 예 연속식 압연기 보기 ③ • 목표값이 시간에 관계없이 항상 일정한 값을 가지는 제어이다. 기억법 유목정
추종제어 (follow-up control)	미지의 시간적 변화를 하는 목표값에 제어량을 추종시키기 위한 제어로 **서보기구**가 이에 해당된다. 예 대공포의 포신
비율제어 (ratio control)	둘 이상의 제어량을 소정의 비율로 제어하는 것이다.
프로그램제어 (program control)	목표값이 미리 정해진 시간적 변화를 하는 경우 제어량을 그것에 추종시키기 위한 제어이다. 예 열차·산업로봇의 무인운전

중요

제어량에 의한 분류

분류	종류
프로세스제어	• **온**도 • **압**력 • **유**량 • **액**면 기억법 프온압유액

서보기구 (서보제어, 추종제어)	• **위**치 • **방**위 • **자**세 기억법 서위방자
자동조정	• **전**압 • **전**류 • **주**파수 • 회전속도(**발**전기의 **속**도조절기) • 장력 기억법 자발속

※ 프로세스제어(공정제어) : 공업공정의 상태량을 제어량으로 하는 제어

답 ③

26 논리식 $(X+Y)(X+\overline{Y})$ 을 간단히 하면?

21.09.문40
21.03.문21
20.09.문28
19.03.문24
18.04.문38
17.09.문33
17.03.문23
16.05.문36
16.03.문39
15.09.문23
13.09.문30
13.06.문35

① 1
② XY
③ X
④ Y

해설
$(X+Y)(X+\overline{Y}) = \underline{XX} + X\overline{Y} + XY + Y\overline{Y}$
$\quad X \cdot X = X \quad\quad X \cdot \overline{X} = 0$
$= X + X\overline{Y} + XY$
$= X(1 + \overline{Y} + Y)$
$\quad X+1=1$
$= \underline{X \cdot 1} = X$
$\quad X \cdot 1 = X$

중요

불대수의 정리

논리합	논리곱	비고
$X+0=X$	$X \cdot 0 = 0$	-
$X+1=1$	$X \cdot 1 = X$	-
$X+X=X$	$X \cdot X = X$	-
$X+\overline{X}=1$	$X \cdot \overline{X}=0$	-
$X+Y=Y+X$	$X \cdot Y = Y \cdot X$	교환법칙
$X+(Y+Z)$ $=(X+Y)+Z$	$X(YZ)=(XY)Z$	결합법칙
$X(Y+Z)$ $=XY+XZ$	$(X+Y)(Z+W)$ $=XZ+XW+YZ+YW$	분배법칙
$X+XY=X$	$\overline{X}+XY=\overline{X}+Y$ $X+\overline{X}Y=X+Y$ $X+\overline{X}\overline{Y}=X+\overline{Y}$	흡수법칙
$\overline{(X+Y)}$ $=\overline{X} \cdot \overline{Y}$	$\overline{(X \cdot Y)}=\overline{X}+\overline{Y}$	드모르간의 정리

답 ③

27. 그림의 논리회로와 등가인 논리게이트는?

① NOR ② NOT
③ NAND ④ OR

해설 치환법

논리회로	치환	명칭
		NOR 회로
		OR 회로
		NAND 회로 [보기 ③]
		AND 회로

- AND 회로 → OR 회로, OR 회로 → AND 회로로 바꾼다.
- 버블(bubble)이 있는 것은 버블을 없애고, 버블이 없는 것은 버블을 붙인다[버블(bubble)이란 작은 동그라미를 말함].

답 ③

28. 다이오드를 사용한 정류회로에서 과전압 방지를 위한 대책으로 가장 알맞은 것은?

① 다이오드를 직렬로 추가한다.
② 다이오드를 병렬로 추가한다.
③ 다이오드의 양단에 적당한 값의 저항을 추가한다.
④ 다이오드의 양단에 적당한 값의 콘덴서를 추가한다.

해설
① 과전압 방지 : 다이오드를 **직렬**로 **추가**한다.

다이오드 접속
(1) **직렬접속** : **과전압**으로부터 보호 [보기 ①]

[기억법] 직압(지갑)

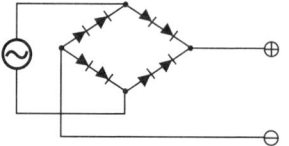

(2) **병렬접속** : **과전류**로부터 보호

답 ①

29. 그림과 같은 트랜지스터를 사용한 정전압회로에서 Q_1의 역할로서 옳은 것은?

① 증폭용 ② 비교부용
③ 제어용 ④ 기준부용

해설
- Q_1 : 제어용
- Q_2 : 증폭용
- R_L : 부하(load)

답 ③

30. 열팽창식 온도계가 아닌 것은?

① 열전대 온도계
② 유리 온도계
③ 바이메탈 온도계
④ 압력식 온도계

해설 온도계의 종류

열팽창식 온도계	열전 온도계
• **유**리 온도계 [보기 ②]	• 열전대 온도계 [보기 ①]
• **압**력식 온도계 [보기 ④]	
• **바**이메탈 온도계 [보기 ③]	
• 알코올 온도계	
• 수은 온도계	

[기억법] 유압바

답 ①

31 어떤 측정계기의 지시값을 M, 참값을 T라 할 때 보정률[%]은?

① $\dfrac{T-M}{M}\times 100\%$

② $\dfrac{M}{M-T}\times 100\%$

③ $\dfrac{T-M}{T}\times 100\%$

④ $\dfrac{T}{M-T}\times 100\%$

해설 전기계기의 오차

오차율	보정률
$\dfrac{M-T}{T}\times 100\%$	$\dfrac{T-M}{M}\times 100\%$

여기서, T : 참값
　　　　M : 측정값(지시값)

- 오차율 = 백분율 오차
- 보정률 = 백분율 보정

답 ①

32 회로에서 전류 I는 약 몇 A인가?

① $7.69 + j11.5$ ② $7.69 - j11.5$
③ $11.5 + j7.69$ ④ $11.5 - j7.69$

해설 (1) 기호
- $V : 100 \angle 0° \text{V}$
- $R+jX : 2\Omega + 3\Omega + 1\Omega + j8\Omega + (-j4\Omega)$
  $= 6+j4\Omega$
- $I : ?$

(2) 벡터로 복소수 표시하는 방법
$v = V(\text{실효값})\angle\theta$
　$= V(\text{실효값})(\cos\theta + j\sin\theta)$

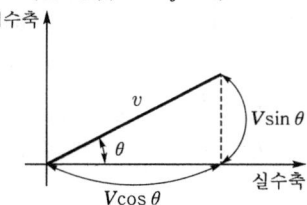

$v = 100\angle 0°$
　$= 100(\cos 0° + j\sin 0°) = 100\text{V}$

(3) 전류

$$I = \dfrac{V}{Z} = \dfrac{V}{R+jX}$$

여기서, I : 전류[A], V : 전압[V]
　　　　Z : 임피던스[Ω], X : 리액턴스[Ω]

전류 I는
$I = \dfrac{V}{R+jX}$
　$= \dfrac{100}{6+j4}$
　$= \dfrac{100(6-j4)}{(6+j4)(6-j4)}$　　분모의 허수를 없애기 위해 분자, 분모에 허수부호를 반대로 하여 $(6-j4)$ 곱함
　$= \dfrac{600-j400}{36-j24+j24-(j\times j)16}$　$-j\times j = -1$
　$= \dfrac{600-j400}{36-(-1)16}$　($\because j = \sqrt{-1}$이기 때문)
　$= \dfrac{600-j400}{36+16}$
　$= \dfrac{600-j400}{52} \fallingdotseq 11.5 - j7.69\text{A}$

답 ④

33 60Hz, 4극의 3상 유도전동기가 정격출력일 때 슬립이 2%이다. 이 전동기의 동기속도[rpm]는?

① 1200　② 1764
③ 1800　④ 1836

해설 (1) 기호
- f : 60Hz
- P : 4
- s : 2% = 0.02
- N_s : ?

(2) 동기속도

$$N_s = \dfrac{120f}{P}$$

여기서, N_s : 동기속도[rpm]
　　　　f : 주파수[Hz]
　　　　P : 극수

동기속도 N_s는
$N_s = \dfrac{120f}{P} = \dfrac{120\times 60}{4} = 1800\text{rpm}$

- 동기속도이므로 슬립은 적용할 필요 없음

비교

회전속도

$$N = \dfrac{120f}{P}(1-s)\text{[rpm]}$$

여기서, N : 회전속도[rpm]
　　　　P : 극수
　　　　f : 주파수[Hz]
　　　　s : 슬립

용어
슬립(slip)
유도전동기의 **회전자속도**에 대한 **고정자**가 만든 **회전자계**의 늦음의 **정도**를 말하며, 평상운전에서 슬립은 **4~8%** 정도 되며, 슬립이 클수록 회전속도는 느려진다.

답 ③

---

34 대칭 n상의 환상결선에서 선전류와 상전류(환상전류) 사이의 위상차는?

① $\dfrac{n}{2}\left(1-\dfrac{2}{\pi}\right)$ ② $\dfrac{n}{2}\left(1-\dfrac{\pi}{2}\right)$
③ $\dfrac{\pi}{2}\left(1-\dfrac{2}{n}\right)$ ④ $\dfrac{\pi}{2}\left(1-\dfrac{n}{2}\right)$

해설 환상결선 n상의 위상차

$$\theta = \dfrac{\pi}{2} - \dfrac{\pi}{n}$$

여기서, θ : 위상차
  n : 상

- 환상결선 = △결선

n상의 위상차 θ는
$\theta = \dfrac{\pi}{2} - \dfrac{\pi}{n} = \dfrac{\pi}{2}\left(1-\dfrac{2}{n}\right)$ 보기 ③

비교 환상결선 n상의 선전류

$$I_l = \left(2\times\sin\dfrac{\pi}{n}\right)\times I_p$$

여기서, I_l : 선전류[A]
  n : 상
  I_p : 상전류[A]

답 ③

---

35 50kW의 전력이 안테나에서 사방으로 균일하게 방사될 때, 안테나에서 1km 거리에 있는 점에서의 전계의 실효값은 약 몇 V/m인가?

① 0.87 ② 1.22
③ 1.73 ④ 3.98

해설 (1) 기호
- P : 50kW
- E : ?
- r : 1km = 1×10^3m = 1000m

(2) 구의 단위면적당 전력
$W = \dfrac{E^2}{377} = \dfrac{P}{4\pi r^2}$

여기서, W : 구의 단위면적당 전력[W/m²]
  E : 전계의 실효값[V/m]
  P : 전력[W]
  r : 거리[m]

$\dfrac{E^2}{377} = \dfrac{P}{4\pi r^2}$

$E^2 = \dfrac{P}{4\pi r^2}\times 377$

$E = \sqrt{\dfrac{P}{4\pi r^2}\times 377} = \sqrt{\dfrac{50\times 10^3}{4\pi\times(1\times 10^3)^2}\times 377} ≒ 1.22$

- P(50kW) : k = 10^3이므로 50kW = 50×10^3W
- r(1km) : k = 10^3이므로 1km = 1×10^3m

답 ②

---

36 입력이 $r(t)$이고, 출력이 $c(t)$인 제어시스템이 다음의 식과 같이 표현될 때 이 제어시스템의 전달함수$\left(G(s) = \dfrac{C(s)}{R(s)}\right)$는? (단, 초기값은 0이다.)

$$2\dfrac{d^2c(t)}{dt^2}+3\dfrac{dc(t)}{dt}+c(t)=3\dfrac{dr(t)}{dt}+r(t)$$

① $\dfrac{3s+1}{2s^2+3s+1}$ ② $\dfrac{2s^2+3s+1}{s+3}$
③ $\dfrac{3s+1}{s^2+3s+2}$ ④ $\dfrac{s+3}{s^2+3s+2}$

해설 미분방정식
$2\dfrac{d^2c(t)}{dt^2}+3\dfrac{dc(t)}{dt}+c(t)=3\dfrac{dr(t)}{dt}+r(t)$
라플라스 변환하면
$(2s^2+3s+1)C(s)=(3s+1)R(s)$
전달함수 $G(s)$는
$G(s) = \dfrac{C(s)}{R(s)} = \dfrac{3s+1}{2s^2+3s+1}$

용어
전달함수
모든 초기값을 **0**으로 하였을 때 출력신호의 라플라스 변환과 입력신호의 라플라스 변환의 비

답 ①

---

37 다음 시퀀스회로를 논리식으로 나타내시오.

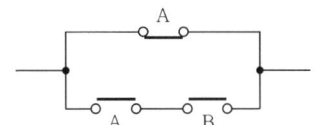

① $(A+B)\cdot\overline{A}$ ② $AB+\overline{A}$
③ $(A+B)\cdot A$ ④ $AB+A$

해설 논리식 · 시퀀스회로

시퀀스	논리식	시퀀스회로(스위칭회로)
직렬회로	$Z = A \cdot B$ $Z = AB$	A—B—Z
병렬회로	$Z = A + B$	B / A — Z
a접점	$Z = A$	A—Z
b접점	$Z = \overline{A}$	$\overline{A}$—Z

$\therefore \overline{A} + AB = AB + \overline{A}$

답 ②

38. 다음의 회로에서 V_1, V_2는 몇 V인가?

23.09.문33

① $V_1 = 4.5\text{V}$, $V_2 = 2.5\text{V}$
② $V_1 = 5\text{V}$, $V_2 = 2\text{V}$
③ $V_1 = 4.5\text{V}$, $V_2 = 2\text{V}$
④ $V_1 = 5\text{V}$, $V_2 = 2.5\text{V}$

해설 그림을 변형하면

(1) 점 V_1

$$I_1 = \frac{V_1}{R_1} = \frac{V_1}{2}$$

$$I_3 = \frac{V_1 - V_2}{R_3} = \frac{V_1 - V_2}{5}$$

(V_1을 기준으로 보면 V_2의 방향이 반대이므로 V_2에 −를 붙임)

점 $V_1 = I_1 + I_3 = 3\text{A}$

$= \frac{V_1}{2} + \frac{V_1 - V_2}{5} = 3\text{A}$

$= \frac{5V_1}{5 \times 2} + \frac{2(V_1 - V_2)}{2 \times 5} = 3\text{A}$

(공통분모 10을 만들기 위해 한 쪽 분자, 분모에 5 또는 2를 곱함)

$= \frac{5V_1}{10} + \frac{2V_1 - 2V_2}{10} = 3\text{A}$

$= \frac{5V_1 + 2V_1 - 2V_2}{10} = 3\text{A}$

$= \frac{7V_1 - 2V_2}{10} = 3\text{A}$

$= 7V_1 - 2V_2 = 3 \times 10\text{A}$

$= 7V_1 - 2V_2 = 30\text{A} \cdots$ ①

(2) 점 V_2

$$I_2 = \frac{V_2}{R_2} = \frac{V_2}{1}$$

$$I_3 = \frac{-V_1 + V_2}{R_3} = \frac{-V_1 + V_2}{5}$$

(V_2를 기준으로 보면 V_1의 방향이 반대이므로 V_1에 −를 붙임)

점 $V_2 = I_2 + I_3 = 2\text{A}$

$= \frac{V_2}{1} + \left(\frac{-V_1 + V_2}{5}\right) = 2\text{A}$

$= \frac{5V_2}{5 \times 1} + \left(\frac{-V_1 + V_2}{5}\right) = 2\text{A}$

(공통분모 5를 만들기 위해 한 쪽 분자, 분모에 5를 곱함)

$= \frac{5V_2}{5} + \left(\frac{-V_1 + V_2}{5}\right) = 2\text{A}$

$= \frac{5V_2 - V_1 + V_2}{5} = 2\text{A}$

$= \frac{6V_2 - V_1}{5} = 2\text{A}$

$= 6V_2 - V_1 = 2 \times 5\text{A}$

$= 6V_2 - V_1 = 10\text{A}$

$= -V_1 + 6V_2 = 10\text{A} \cdots$ ② ← V_1, V_2 위치 바꿈

(3) ①식 ②식 적용(계산편의를 위해 단위 생략)

$\begin{cases} 7V_1 - 2V_2 = 30 & \cdots ①' \\ -V_1 + 6V_2 = 10 & \cdots ②' \end{cases}$

①′식 V_2값을 ②′식과 일치시켜서 생략하기 위해 ①′식에 3을 곱함

$\begin{cases} (3 \times 7)V_1 - (3 \times 2)V_2 = 3 \times 30 & \cdots ①' \\ -V_1 + 6V_2 = 10 & \cdots ②' \end{cases}$

$\begin{cases} 21V_1 - 6V_2 = 90 & \cdots ①' \\ -V_1 + 6V_2 = 10 & \cdots ②' \end{cases}$

$20V_1 = 100$

$$V_1 = \frac{100}{20} = 5\text{V}$$

$-V_1 + 6V_2 = 10 \cdots ②'$ ($V_1 = 5$ 대입)

$$-5 + 6V_2 = 10$$
$$6V_2 = 10 + 5$$
$$V_2 = \frac{10+5}{6} = 2.5\text{V}$$

답 ④

39
동선의 저항이 20℃일 때 0.8Ω이라 하면 60℃일 때의 저항은 약 몇 Ω인가? (단, 동선의 20℃의 온도계수는 0.0039이다.)

① 0.034 ② 0.925
③ 0.644 ④ 2.4

해설 (1) 기호
- R_1 : 0.8Ω
- R_2 : ?
- α_{t_1} : 0.0039
- t_1 : 20℃
- t_2 : 60℃

(2) 저항의 온도계수
$$R_2 = R_1[1 + \alpha_{t_1}(t_2 - t_1)]\,[\Omega]$$

여기서, R_2 : t_2의 저항〔Ω〕
R_1 : t_1의 저항〔Ω〕
α_{t_1} : t_1의 온도계수
t_2 : 상승 후의 온도〔℃〕
t_1 : 상승 전의 온도〔℃〕

t_2의 저항 R_2는
$$R_2 = R_1[1 + \alpha_{t_1}(t_2 - t_1)]$$
$$= 0.8[1 + 0.0039(60 - 20)]$$
$$≒ 0.925\,\Omega$$

답 ②

40
그림의 블록선도에서 $\dfrac{C(s)}{R(s)}$을 구하면?

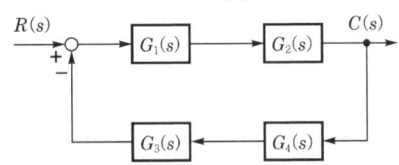

① $\dfrac{G_1(s) + G_2(s)}{1 + G_1(s)G_2(s) + G_3(s)G_4(s)}$

② $\dfrac{G_1(s)G_2(s)}{1 + G_1(s)G_2(s)G_3(s)G_4(s)}$

③ $\dfrac{G_3(s)G_4(s)}{1 + G_1(s)G_2(s)G_3(s)G_4(s)}$

④ $\dfrac{G_1(s)G_2(s)}{1 + G_1(s)G_2(s) + G_3(s)G_4(s)}$

해설

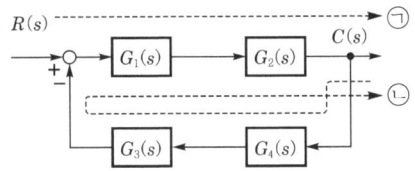

계산 편의를 위해 잠시 (s)를 생략하고 계산하면
$$RG_1G_2 - CG_1G_2G_3G_4 = C$$
$$RG_1G_2 = C + CG_1G_2G_3G_4$$
$$RG_1G_2 = C(1 + G_1G_2G_3G_4)$$
$$\frac{G_1G_2}{1 + G_1G_2G_3G_4} = \frac{C}{R}$$
$$\frac{C}{R} = \frac{G_1G_2}{1 + G_1G_2G_3G_4} \quad \Leftarrow (s)를\ 다시\ 붙이면$$
$$\frac{C(s)}{R(s)} = \frac{G_1(s)G_2(s)}{1 + G_1(s)G_2(s)G_3(s)G_4(s)}$$

용어
블록선도(block diagram)
제어계에서 신호가 전달되는 모양을 표시하는 선도

답 ②

제3과목 소방관계법규

41
소방기본법에 따른 출동한 소방대의 소방장비를 파손하거나 그 효용을 해하여 화재진압·인명구조 또는 구급활동을 방해하는 행위를 한 사람에 대한 벌칙기준은?

① 5년 이하의 징역 또는 5000만원 이하의 벌금
② 5년 이하의 징역 또는 3000만원 이하의 벌금
③ 3년 이하의 징역 또는 3000만원 이하의 벌금
④ 3년 이하의 징역 또는 1500만원 이하의 벌금

해설 **기본법 50조**
5년 이하의 징역 또는 **5000**만원 이하의 벌금
(1) 소방자동차의 **출**동 방해   보기 ①
(2) 사람**구**출 방해(화재진압, 구급활동 방해)
(3) **소방용수시설** 또는 **비상소화장치**의 효용 방해

기억법 출구용5

답 ①

42. 소방기본법령상 인접하고 있는 시·도 간 소방업무의 상호응원협정을 체결하고자 할 때, 포함되어야 하는 사항으로 틀린 것은?

① 소방교육·훈련의 종류에 관한 사항
② 화재의 경계·진압활동에 관한 사항
③ 출동대원의 수당·식사 및 의복의 수선의 소요경비의 부담에 관한 사항
④ 화재조사활동에 관한 사항

 ① 소방교육·훈련의 종류는 해당없음

기본규칙 8조
소방업무의 상호응원협정
(1) 다음의 **소방활동**에 관한 사항
  ㉠ 화재의 경계·진압활동 [보기 ②]
  ㉡ 구조·구급업무의 지원
  ㉢ 화재조사활동 [보기 ④]
(2) 응원출동 대상지역 및 규모
(3) 소요경비의 부담에 관한 사항
  ㉠ 출동대원의 수당·식사 및 의복의 수선 [보기 ③]
  ㉡ 소방장비 및 기구의 정비와 연료의 보급
(4) 응원출동의 요청방법
(5) 응원출동 훈련 및 평가

답 ①

43. 소방용수시설 중 소화전과 급수탑의 설치기준으로 틀린 것은?

① 소화전은 상수도와 연결하여 지하식 또는 지상식의 구조로 할 것
② 소방용 호스와 연결하는 소화전의 연결금속구의 구경은 65mm로 할 것
③ 급수탑 급수배관의 구경은 100mm 이상으로 할 것
④ 급수탑의 개폐밸브는 지상에서 1.5m 이상 1.8m 이하의 위치에 설치할 것

해설 ④ 1.5m 이상 1.8m 이하 → 1.5m 이상 1.7m 이하

기본규칙〔별표 3〕
소방용수시설별 설치기준

소화전	급수탑
• 65mm : 연결금속구의 구경	• 100mm : 급수배관의 구경 • 1.5~1.7m 이하 : 개폐밸브 높이 [보기 ④]

답 ④

44. 소방시설공사업법령상 소방공사감리를 실시함에 있어 용도와 구조에서 특별히 안전성과 보안성이 요구되는 소방대상물로서 소방시설물에 대한 감리를 감리업자가 아닌 자가 감리할 수 있는 장소는?

① 정보기관의 청사
② 교도소 등 교정관련시설
③ 국방 관계시설 설치장소
④ 원자력안전법상 관계시설이 설치되는 장소

해설 (1) **공사업법 시행령 8조**
감리업자가 아닌 자가 감리할 수 있는 보안성 등이 요구되는 소방대상물의 시공장소「**원자력안전법**」제2조 제10호에 따른 **관계시설**이 설치되는 장소 [보기 ④]

(2) 원자력안전법 2조 10호
"관계시설"이란 원자로의 안전에 관계되는 시설로서 대통령령으로 정하는 것을 말한다.

답 ④

45. 다음 중 소방시설 설치 및 관리에 관한 법령상 소방시설관리업을 등록할 수 있는 자는?

① 피성년후견인
② 소방시설관리업의 등록이 취소된 날부터 2년이 경과된 자
③ 금고 이상의 형의 집행유예를 선고받고 그 유예기간 중에 있는 자
④ 금고 이상의 실형을 선고받고 그 집행이 면제된 날부터 2년이 지나지 아니한 자

 소방시설법 30조
소방시설관리업의 등록결격사유
(1) 피성년후견인 [보기 ①]
(2) 금고 이상의 실형을 선고받고 그 집행이 끝나거나 집행이 면제된 날부터 **2년**이 지나지 아니한 사람 [보기 ④]
(3) 금고 이상의 형의 집행유예를 선고받고 그 유예기간 중에 있는 사람 [보기 ③]
(4) 관리업의 등록이 취소된 날부터 **2년**이 지나지 아니한 자

답 ②

46. 화재의 예방 및 안전관리에 관한 법령상 특수가연물의 저장 및 취급의 기준 중 ( )에 들어갈 내용으로 옳은 것은? (단, 석탄·목탄류의 경우는 제외한다.)

22.04.문49
21.05.문46
19.03.문55
18.03.문60
14.05.문46
14.03.문46
13.03.문60

쌓는 높이는 (㉠)m 이하가 되도록 하고, 쌓는 부분의 바닥면적은 (㉡)m² 이하가 되도록 할 것

① ㉠ 15, ㉡ 200 ② ㉠ 15, ㉡ 300
③ ㉠ 10, ㉡ 30   ④ ㉠ 10, ㉡ 50

해설 화재예방법 시행령 〔별표 3〕
특수가연물의 저장·취급기준
(1) **품명별**로 구분하여 쌓을 것
(2) 쌓는 높이는 **10m** 이하가 되도록 할 것 보기 ④
(3) 쌓는 부분의 바닥면적은 **50m²**(석탄·목탄류는 **200m²**) 이하가 되도록 할 것(단, 살수설비를 설치하거나 대형 수동식 소화기를 설치하는 경우에는 높이 **15m** 이하, 바닥면적 **200m²**(석탄·목탄류는 **300m²**) 이하) 보기 ④
(4) 쌓는 부분의 바닥면적 사이는 실내의 경우 **1.2m** 또는 쌓는 높이의 $\frac{1}{2}$ 중 **큰 값**(실외 **3m** 또는 쌓는 높이 중 **큰 값**) 이상으로 간격을 둘 것
(5) 취급장소에는 **품명, 최대저장수량, 단위부피당 질량** 또는 **단위체적당 질량, 관리책임자 성명·직책, 연락처** 및 **화기취급의 금지표지** 설치

답 ④

47. 소방기본법령에 따른 소방용수시설의 설치기준상 소방용수시설을 주거지역·상업지역 및 공업지역에 설치하는 경우 소방대상물과의 수평거리를 몇 m 이하가 되도록 해야 하는가?

22.09.문45
20.06.문46
17.09.문56
10.05.문41

① 280   ② 100
③ 140   ④ 200

해설 기본규칙 〔별표 3〕
소방용수시설의 설치기준

거리기준	지역
수평거리 100m 이하 보기 ②	•공업지역 •상업지역 •주거지역 기억법 주상공100(주상공 백지에 사인을 하시오.)
수평거리 140m 이하	•기타지역

답 ②

48. 위험물안전관리법령상 정기점검의 대상인 제조소 등의 기준으로 틀린 것은?

23.09.문56
21.09.문46
20.09.문48
17.09.문51
16.10.문45

① 지하탱크저장소
② 이동탱크저장소
③ 지정수량의 10배 이상의 위험물을 취급하는 제조소
④ 지정수량의 20배 이상의 위험물을 저장하는 옥외탱크저장소

해설 ④ 20배 이상 → 200배 이상

위험물령 15·16조
정기점검의 대상인 제조소 등
(1) 제조소 등(이송취급소·암반탱크저장소)
(2) 지하탱크저장소 보기 ①
(3) 이동탱크저장소 보기 ②
(4) 위험물을 취급하는 탱크로서 지하에 매설된 탱크가 있는 제조소·주유취급소 또는 일반취급소

기억법 정이암 지이

(5) 예방규정을 정하여야 할 제조소 등

배수	제조소 등
10배 이상	•제조소 보기 ③ •일반취급소
100배 이상	•옥외저장소
150배 이상	•옥내저장소
200배 이상 ←	•옥외탱크저장소 보기 ④
모두 해당	•이송취급소 •암반탱크저장소

기억법 1 제일
       0 외
       5 내
       2 탱

※ **예방규정**: 제조소 등의 화재예방과 화재 등 재해발생시의 비상조치를 위한 규정

답 ④

49. 제4류 위험물제조소의 경우 사용전압이 22kV인 특고압가공전선이 지나갈 때 제조소의 외벽과 가공전선 사이의 수평거리(안전거리)는 몇 m 이상이어야 하는가?

15.09.문55
11.10.문59

① 2   ② 3
③ 5   ④ 10

해설 위험물규칙〔별표 4〕
위험물제조소의 안전거리

안전거리	대상
3m 이상	• 7~35kV 이하의 특고압가공전선 보기②
5m 이상	• 35kV를 초과하는 특고압가공전선
10m 이상	• **주거용**으로 사용되는 것
20m 이상	• 고압가스 **제조**시설(용기에 충전하는 것 포함) • 고압가스 **사용**시설(1일 30m³ 이상 용적 취급) • 고압가스 **저장**시설 • 액화산소 **소비**시설 • 액화석유가스 제조·저장시설 • 도시가스 공급시설
30m 이상	• 학교 • 병원급 의료기관 • 공연장 ┐ • 영화상영관 ┤ 300명 이상 수용시설 • 아동복지시설 ┐ • 노인복지시설 │ • 장애인복지시설 │ • 한부모가족 복지시설 ┤ 20명 이상 수용시설 • 어린이집 │ • 성매매 피해자 등을 위한 지원시설 │ • 정신건강증진시설 │ • 가정폭력 피해자 보호시설 ┘
50m 이상	• 지정문화유산 • 천연기념물 등

답 ②

50 화재의 예방 및 안전관리에 관한 법률상 소방안전관리대상물의 소방안전관리자 업무가 아닌 것은?
23.09.문50
19.03.문51
15.03.문12
14.09.문52
14.09.문53
13.06.문48
08.05.문53

① 소방훈련 및 교육
② 피난시설, 방화구획 및 방화시설의 관리
③ 자위소방대 및 본격대응체계의 구성·운영·교육
④ 피난계획에 관한 사항과 대통령령으로 정하는 사항이 포함된 소방계획서의 작성 및 시행

해설 ③ 본격대응체계 → 초기대응체계

화재예방법 24조 ⑤항
관계인 및 소방안전관리자의 업무

특정소방대상물 (관계인)	소방안전관리대상물 (소방안전관리자)
• 피난시설·방화구획 및 방화시설의 관리 • 소방시설, 그 밖의 소방관련 시설의 관리 • **화기취급**의 감독 • 소방안전관리에 필요한 업무 • 화재발생시 초기대응	• 피난시설·방화구획 및 방화시설의 관리 보기② • 소방시설, 그 밖의 소방관련 시설의 관리 • **화기취급**의 감독 • 소방안전관리에 필요한 업무

• **소방계획서**의 작성 및 시행(대통령령으로 정하는 사항 포함) 보기④
• **자위소방대** 및 **초기대응체계**의 구성·운영·교육 보기③
• 소방훈련 및 교육 보기①
• 소방안전관리에 관한 업무 수행에 관한 기록·유지
• 화재발생시 초기대응

 용어

특정소방대상물	소방안전관리대상물
건축물 등의 규모·용도 및 수용인원 등을 고려하여 소방시설을 설치하여야 하는 소방대상물로서 대통령령으로 정하는 것	대통령령으로 정하는 특정소방대상물

답 ③

51 소방시설공사업법령상 일반 소방시설설계업(기계분야)의 영업범위에 대한 기준 중 ( )에 알맞은 내용은? (단, 공장의 경우는 제외한다.)
22.04.문54
16.10.문58
05.05.문44

연면적 ( )m² 미만의 특정소방대상물(제연설비가 설치되는 특정소방대상물은 제외한다)에 설치되는 기계분야 소방시설의 설계

① 10000
② 20000
③ 30000
④ 50000

해설 공사업령〔별표 1〕
소방시설설계업

종류	기술인력	영업범위
전문	• 주된기술인력: 1명 이상 • 보조기술인력: 1명 이상	• 모든 특정소방대상물
일반	• 주된기술인력: 1명 이상 • 보조기술인력: 1명 이상	• **아파트**(기계분야 제연설비 제외) • 연면적 **30000m²**(공장 10000m²) 미만(기계분야 제연설비 제외) 보기③ • **위험물제조소** 등

답 ③

52 ★★★

화재의 예방 및 안전관리에 관한 법령상 시·도지사는 화재가 발생할 우려가 높거나 화재가 발생하는 경우 그로 인하여 피해가 클 것으로 예상되는 지역을 화재예방강화지구로 지정할 수 있는데 다음 중 지정대상지역에 대한 기준으로 틀린 것은? (단, 소방청장·소방본부장 또는 소방서장이 화재예방강화지구로 지정할 필요가 있다고 별도로 인정하는 지역은 제외한다.)

① 소방출동로가 없는 지역
② 석유화학제품을 생산하는 공장이 있는 지역
③ 석조건물이 2채 이상 밀집한 지역
④ 공장이 밀집한 지역

해설 ③ 해당 없음

화재예방법 18조
화재예방강화지구의 지정
(1) **지정권자** : 시·도지사
(2) **지정지역**
　㉠ **시장**지역
　㉡ **공장·창고** 등이 밀집한 지역 [보기 ④]
　㉢ **목조건물**이 밀집한 지역
　㉣ **노후·불량** 건축물이 밀집한 지역
　㉤ **위험물**의 **저장** 및 **처리시설**이 **밀집**한 지역
　㉥ **석유화학제품**을 생산하는 공장이 있는 지역 [보기 ②]
　㉦ **소방시설·소방용수시설** 또는 **소방출동로**가 **없는** 지역 [보기 ①]
　㉧ 「산업입지 및 개발에 관한 법률」에 따른 산업단지
　㉨ 「물류시설의 개발 및 운영에 관한 법률」에 따른 **물류단지**
　㉩ **소방청장·소방본부장·소방서장**(소방관서장)이 화재예방강화지구로 지정할 필요가 있다고 인정하는 지역

※ **화재예방강화지구** : 화재발생 우려가 크거나 화재가 발생할 경우 피해가 클 것으로 예상되는 지역에 대하여 화재의 예방 및 안전관리를 강화하기 위해 지정·관리하는 지역

 비교

기본법 19조
화재로 오인할 만한 불을 피우거나 연막소독시 신고지역
(1) **시장**지역
(2) **공장·창고**가 밀집한 지역
(3) **목조건물**이 밀집한 지역
(4) **위험물**의 **저장** 및 **처리시설**이 **밀집**한 지역
(5) **석유화학제품**을 생산하는 공장이 있는 지역
(6) 그 밖에 **시·도**의 **조례**로 정하는 지역 또는 장소

답 ③

53 ★★★

위험물안전관리법령상 제조소 또는 일반 취급소의 위험물취급탱크 노즐 또는 맨홀을 신설하는 경우, 노즐 또는 맨홀의 직경이 몇 mm를 초과하는 경우에 변경허가를 받아야 하는가?

① 500　　② 450
③ 250　　④ 600

해설 위험물규칙〔별표 1의 2〕
제조소 등의 변경허가를 받아야 하는 경우
(1) 제조소 또는 일반취급소의 위치를 이전
(2) 건축물의 벽·기둥·바닥·보 또는 지붕을 증설 또는 철거
(3) 배출설비를 신설
(4) 위험물취급탱크를 신설·교체·철거 또는 보수
(5) 위험물취급탱크의 노즐 또는 맨홀의 직경이 **250mm**를 초과하는 경우에 신설 [보기 ③]
(6) 위험물취급탱크의 방유제의 높이 또는 방유제 내의 면적을 변경
(7) 위험물취급탱크의 탱크전용실을 증설 또는 교체
(8) **300m**(지상에 설치하지 아니하는 배관의 경우에는 **30m**)를 초과하는 위험물배관을 신설·교체·철거 또는 보수(배관을 절개하는 경우에 한한다)하는 경우

답 ③

54 ★★★

소방시설 설치 및 관리에 관한 법령상 스프링클러설비를 설치하여야 하는 특정소방대상물의 기준으로 틀린 것은? (단, 위험물 저장 및 처리 시설 중 가스시설 또는 지하구는 제외한다.)

① 복합건축물로서 연면적 3500m² 이상인 경우에는 모든 층
② 창고시설(물류터미널은 제외)로서 바닥면적 합계가 5000m² 이상인 경우에는 모든 층
③ 숙박이 가능한 수련시설 용도로 사용되는 시설의 바닥면적의 합계가 600m² 이상인 것은 모든 층
④ 판매시설, 운수시설 및 창고시설(물류터미널에 한정)로서 바닥면적의 합계가 5000m² 이상이거나 수용인원이 500명 이상인 경우에는 모든 층

해설 ① 3500m² → 5000m²

소방시설법 시행령 [별표 4]
스프링클러설비의 설치대상

설치대상	조 건

① 문화 및 집회시설, 운동시설
② 종교시설
	• 수용인원 : 100명 이상
	• 영화상영관 : 지하층·무창층 500m²(기타 1000m²) 이상
	• 무대부
	  - 지하층·무창층·4층 이상 300m² 이상
	  - 1~3층 500m² 이상

③ 판매시설 ④ 운수시설 ⑤ 물류터미널	• 수용인원 : 500명 이상 • 바닥면적 합계 : 5000m² 이상 보기 ④
⑥ 노유자시설 ⑦ 정신의료기관 ⑧ 수련시설(숙박 가능한 것) ⑨ 종합병원, 병원, 치과병원, 한방병원 및 요양병원(정신병원 제외) ⑩ 숙박시설	• 바닥면적 합계 600m² 이상 보기 ③
⑪ 지하층·무창층·4층 이상	• 바닥면적 1000m² 이상
⑫ 창고시설(물류터미널 제외)	• 바닥면적 합계 : 5000m² 이상 : 전층 보기 ②
⑬ 지하상가	• 연면적 1000m² 이상
⑭ 10m 넘는 랙식 창고	• 연면적 1500m² 이상
⑮ 복합건축물 ⑯ 기숙사	• 연면적 5000m² 이상 : 전층 보기 ①
⑰ 6층 이상	• 전층
⑱ 보일러실·연결통로	• 전부
⑲ 특수가연물 저장·취급	• 지정수량 1000배 이상
⑳ 발전시설	• 전기저장시설 : 전부

답 ①

55 소방기본법령상 소방안전교육사의 배치대상별 배치기준에서 소방본부의 배치기준은 몇 명 이상인가?

23.03.문44
22.09.문56
20.09.문57
13.09.문46

① 1 ② 2
③ 3 ④ 4

해설 기본령 [별표 2의 3]
소방안전교육사의 배치대상별 배치기준

배치대상	배치기준
소방서	• 1명 이상
한국소방안전원	• 시·도지부 : 1명 이상 • 본회 : 2명 이상
소방본부	• 2명 이상 보기 ②
소방청	• 2명 이상
한국소방산업기술원	• 2명 이상

답 ②

56 소방기본법령상 소방대상물에 해당하지 않는 것은?

23.09.문60
21.03.문58
15.05.문54
12.05.문48

① 차량 ② 운항 중인 선박
③ 선박건조구조물 ④ 건축물

해설 ② 운항 중인 → 매어둔

기본법 2조 1호
소방대상물 : 소방차가 출동해서 불을 끌 수 있는 범위
(1) **건**축물 보기 ④
(2) **차**량 보기 ①
(3) **선**박(매어둔 것) 보기 ②
(4) **선**박건조구조물 보기 ③
(5) **인**공구조물
(6) **물**건
(7) **산**림

기억법 건차선 인물산

비교
위험물법 3조
위험물의 저장·운반·취급에 대한 적용 제외
(1) 항공기 (2) 선박
(3) 철도(기차) (4) 궤도

답 ②

57 하자보수대상 소방시설 중 하자보수 보증기간이 3년인 것은?

22.09.문60
21.09.문49
21.05.문59
17.05.문51
16.10.문56
15.05.문59
15.03.문52
12.05.문59

① 유도등
② 피난기구
③ 비상방송설비
④ 스프링클러설비

해설 ①, ②, ③ 2년
④ 3년

공사업령 6조
소방시설공사의 하자보수 보증기간

보증기간	소방시설
2년	① **유**도등·**피**난기구 보기 ①② ② 비상**조**명등·비상**경**보설비·비상**방**송설비 보기 ③ ③ **무**선통신보조설비 기억법 유비조경방무피2
3년	① 자동소화장치 ② 옥내·외소화전설비 ③ 스프링클러설비 보기 ④ ④ 물분무등소화설비·소화용수설비 ⑤ 자동화재탐지설비·소화활동설비(무선통신보조설비 제외) ⑥ 화재알림설비

답 ④

58 소방기본법령상 소방서 종합상황실의 실장이 서면·모사전송 또는 컴퓨터통신 등으로 소방본부의 종합상황실에 지체 없이 보고하여야 하는 화재의 기준으로 틀린 것은?

① 이재민이 50인 이상 발생한 화재
② 재산피해액이 50억원 이상 발생한 화재
③ 층수가 11층 이상인 건축물에서 발생한 화재
④ 사망자가 5인 이상 발생하거나 사상자가 10인 이상 발생한 화재

해설
① 50인 → 100인

기본규칙 3조
종합상황실 실장의 보고화재
(1) 사망자 **5인** 이상 화재 보기 ④
(2) 사상자 **10인** 이상 화재 보기 ④
(3) 이재민 **100인** 이상 화재 보기 ①
(4) 재산피해액 **50억원** 이상 화재 보기 ②
(5) 관광호텔, 층수가 11층 이상인 건축물, 지하상가, 시장, 백화점 보기 ③
(6) 5층 이상 또는 객실 30실 이상인 **숙박시설**
(7) 5층 이상 또는 병상 30개 이상인 **종합병원·정신병원·한방병원·요양소**
(8) 1000t 이상인 선박(항구에 매어둔 것), 철도차량, 항공기, 발전소 또는 변전소
(9) 지정수량 **3000배** 이상의 위험물 제조·저장·취급소
(10) 연면적 **15000m²** 이상인 **공장** 또는 **화재예방강화지구**에서 발생한 화재
(11) 가스 및 **화약류**의 폭발에 의한 화재
(12) 관공서·학교·정부미 도정공장·문화재·지하철 또는 지하구의 화재
(13) 다중이용업소의 화재

※ **종합상황실**: 화재·재난·재해·구조·구급 등이 필요한 때에 신속한 소방활동을 위한 정보를 수집·전파하는 소방서 또는 소방본부의 지령관제실

답 ①

59 관리의 권원이 분리된 특정소방대상물의 기준이 아닌 것은?

① 판매시설 중 도매시장 및 소매시장
② 복합건축물로서 층수가 11층 이상인 것(단, 지하층 제외)
③ 지하층을 제외한 층수가 7층 이상인 고층건축물
④ 복합건축물로서 연면적이 30000m² 이상인 것

해설
③ 7층 이상 고층건축물 → 11층 이상 복합건축물

화재예방법 35조, 화재예방법 시행령 35조
관리의 권원이 분리된 특정소방대상물의 소방안전관리

(1) 복합건축물(지하층을 제외한 11층 이상, 또는 연면적 30000m² 이상인 건축물) 보기 ②③④
(2) 지하가
(3) 도매시장, 소매시장, 전통시장 보기 ①

답 ③

60 소방시설 설치 및 관리에 관한 법률상 지방소방기술심의위원회의 심의사항은?

① 화재안전기준에 관한 사항
② 소방시설의 성능위주설계에 관한 사항
③ 소방시설에 하자가 있는지의 판단에 관한 사항
④ 소방시설의 설계 및 공사감리의 방법에 관한 사항

해설
③ 지방소방기술심의위원회의 심의사항

소방시설법 18조
소방기술심의위원회의 심의사항

중앙소방기술심의위원회	지방소방기술심의위원회
① 화재안전기준에 관한 사항 보기 ① ② 소방시설의 구조 및 원리 등에서 공법이 특수한 설계 및 시공에 관한 사항 보기 ② ③ 소방시설의 설계 및 공사감리의 방법에 관한 사항 보기 ④ ④ **소방시설공사**의 하자를 판단하는 기준에 관한 사항 ⑤ 신기술·신공법 등 검토평가에 고도의 기술이 필요한 경우로서 중앙위원회에 심의를 요청한 상태	**소방시설**에 하자가 있는지의 판단에 관한 사항 보기 ③

답 ③

제 4 과목 소방전기시설의 구조 및 원리

61 비상콘센트설비의 외함(수납형 부품지지판) 전면에 표시해야 할 사항으로 틀린 것은?

① 종별(함표면에 "비상콘센트"표기 별도) 및 성능인증번호
② 제조년월일, 제조번호 및 로트번호
③ 제조업체명
④ 정격전력

해설
④ 정격전력 → 전력전압 및 정격전류

비상콘센트설비 외함의 **표시사항**(비상콘센트설비의 성능인증 및 제품검사의 기술기준 9조)
비상콘센트설비의 외함(수납형은 부품지지판) 전면에 쉽게 지워지지 아니하도록 표시하여야 한다.

(1) 종별(함표면에 "비상콘센트" 표기 별도) 및 성능인증번호 보기 ①
(2) 제조년월일, 제조번호 및 로트번호 보기 ②
(3) 제조업체명 보기 ③
(4) 정격전압 및 정격전류 보기 ④

답 ④

62 ★★
비상방송설비의 화재안전기준에 따라 기동장치에 따른 화재신고를 수신한 후 필요한 음량으로 화재발생 상황 및 피난에 유효한 방송이 자동으로 개시될 때까지의 소요시간은 몇 초 이하로 하여야 하는가?

23.03.문67
20.09.문64
12.03.문64

① 3
② 5
③ 7
④ 10

해설 소요시간

기 기	시 간
• P형·P형 복합식·R형·R형 복합식·GP형·GP형 복합식·GR형·GR형 복합식 수신기 • 중계기	5초 이내
비상방송설비	10초 이하 보기 ④
가스누설경보기	60초 이내

기억법 시중5(시중을 드시오!)
6가(육체미가 뛰어나다.)

 중요

축적형 수신기

전원차단시간	축적시간	화재표시감지시간
1~3초 이하	30~60초 이하	60초(1회 이상 반복)

답 ④

63 ★★★
자동화재탐지설비 및 시각경보장치의 화재안전기준에 따라 부착높이 20m 이상에 설치되는 광전식 중 아날로그방식의 감지기는 공칭감지농도 하한값이 감광률 몇 %/m 미만인 것으로 하는가?

23.05.문73
21.09.문60
16.10.문66
15.05.문74
08.03.문75

① 5
② 10
③ 15
④ 20

해설 ① 부착높이 **20m** 이상에 설치되는 광전식 중 아날로그방식의 감지기는 공칭감지농도 하한값이 감광률 **5%/m** 미만인 것으로 한다. 보기 ①

감지기의 부착높이 (NFPC 203 7조, NFTC 203 2.4.1)

부착높이	감지기의 종류
8~15m 미만	• 차동식 분포형 • 이온화식 1종 또는 2종 • 광전식(스포트형, 분리형, 공기흡입형) 1종 또는 2종 • 연기복합형 • 불꽃감지기
15~20m 미만	• 이온화식 1종 • 광전식(스포트형, 분리형, 공기흡입형) 1종 • 연기복합형 • 불꽃감지기
20m 이상	• 불꽃감지기 • 광전식(분리형, 공기흡입형) 중 아날로그 방식

답 ①

64 ★★★
누전경보기의 정격전압이 몇 V를 넘는 기구의 금속제 외함에는 접지단자를 설치해야 하는가?

16.05.문80
12.03.문76

① 30V
② 60V
③ 70V
④ 100V

해설 ② 정격전압이 **60V**를 넘는 기구의 금속제 외함에는 **접지단자**를 설치하여야 한다.

대상에 따른 전압

전 압	대 상
0.5V 이하	• 누전경보기의 **경**계전로 **전**압강하
0.6V 이하	• 완전방전
60V 이하	• 약전류회로
60V 초과	• 접지단자 설치
300V 이하	• 전원**변**압기의 1차전압 • 유도등·비상조명등의 사용전압
600V 이하	• **누**전경보기의 경계전로전압

기억법 05경전(공오경전), 변3(변상해), 누6(누룩)

답 ②

65 ★
비상방송설비의 화재안전기준에 따라 전원회로의 배선으로 사용할 수 없는 것은?

22.03.문65
20.06.문78

① 450/750V 비닐절연전선
② 0.6/1kV EP 고무절연 클로로프렌 시스 케이블
③ 450/750V 저독성 난연 가교 폴리올레핀 절연전선
④ 내열성 에틸렌-비닐 아세테이트 고무절연 케이블

해설 ① 해당없음

(1) **비상방송설비**의 **배선** (NFPC 202 5조, NFTC 202 2.2.1.2)
전원회로의 배선은 「옥내소화전설비의 화재안전기술기준[NFTC 102 2.7.2(1)]에 따른 **내화배선**에 따르고, 그 밖의 배선은 「옥내소화전설비의 화재안전기술기준[NFTC 102 2.7.2(1), 2.7.2(2)]에 따른 **내화배선** 또는 **내열배선**에 따라 설치할 것

(2) **옥내소화전설비**의 화재안전기술기준(NFTC 102 2.7.2)
  ㉠ **내화배선**

사용전선의 종류	공사방법
① 450/750V 저독성 난연 가교 폴리올레핀 절연전선 보기 ③ ② 0.6/1kV 가교 폴리에틸렌 절연 저독성 난연 폴리올레핀 시스 전력 케이블 ③ 6/10kV 가교 폴리에틸렌 절연 저독성 난연 폴리올레핀 시스 전력용 케이블 ④ 가교 폴리에틸렌 절연 비닐시스 트레이용 난연 전력 케이블 ⑤ 0.6/1kV EP 고무절연 클로로프렌 시스 케이블 보기 ② ⑥ 300/500V 내열성 실리콘 고무절연전선(180℃) ⑦ 내열성 에틸렌-비닐 아세테이트 고무절연 케이블 보기 ④ ⑧ 버스덕트(bus duct)	**금속관·2종 금속제 가요전선관** 또는 **합성수지관**에 수납하여 내화구조로 된 벽 또는 바닥 등에 벽 또는 바닥의 표면으로부터 **25mm** 이상의 깊이로 매설하여야 한다. 기억법 **금2가합25** 단, 다음의 기준에 적합하게 설치하는 경우에는 그러하지 아니하다. ① 배선을 **내**화성능을 갖는 배선**전**용실 또는 배선용 **샤**프트·**피**트·**덕**트 등에 설치하는 경우 ② 배선용실 또는 배선용 샤프트·피트·덕트 등에 **다**른 설비의 배선이 있는 경우에는 이로부터 **15cm** 이상 떨어지게 하거나 소화설비의 배선과 이웃하는 다른 설비의 배선 사이에 배선지름(배선의 지름이 다른 경우에는 가장 큰 것을 기준으로 한다)의 **1.5배** 이상의 높이의 **불연성 격벽**을 설치하는 경우 기억법 **내전샤피덕 다15**
내화전선	**케이블공사**

  ㉡ **내열배선**

사용전선의 종류	공사방법
① 450/750V 저독성 난연 가교 폴리올레핀 절연전선 ② 0.6/1kV 가교 폴리에틸렌 절연 저독성 난연 폴리올레핀 시스 전력 케이블 ③ 6/10kV 가교 폴리에틸렌 절연 저독성 난연 폴리올레핀 시스 전력용 케이블	**금속관·금속제 가요전선관·금속덕트** 또는 **케이블**(불연성 덕트에 설치하는 경우에 한한다) **공사**방법에 따라야 한다. 단, 다음의 기준에 적합하게 설치하는 경우에는 그러하지 아니하다.

| ④ 가교 폴리에틸렌 절연 비닐시스 트레이용 난연 전력 케이블
⑤ 0.6/1kV EP 고무절연 클로로프렌 시스 케이블
⑥ 300/500V 내열성 실리콘 고무절연전선(180℃)
⑦ 내열성 에틸렌-비닐 아세테이트 고무절연 케이블
⑧ 버스덕트(bus duct) | ① 배선을 내화성능을 갖는 배선전용실 또는 배선용 샤프트·피트·덕트 등에 설치하는 경우
② 배선전용실 또는 배선용 샤프트·피트·덕트 등에 다른 설비의 배선이 있는 경우에는 이로부터 15cm 이상 떨어지게 하거나 소화설비의 배선과 이웃하는 다른 설비의 배선 사이에 배선지름(배선의 지름이 다른 경우에는 지름이 가장 큰 것을 기준으로 한다)의 1.5배 이상의 높이의 불연성 격벽을 설치하는 경우 |
| **내화전선** | **케이블공사** |

답 ①

66 시각경보장치의 성능인증 및 제품검사의 기술기준에 따라 시각경보장치의 전원부 양단자 또는 양선을 단락시킨 부분과 비충전부를 DC 500V의 절연저항계로 측정하는 경우 절연저항이 몇 MΩ 이상이어야 하는가?

① 0.1 ② 5
③ 10   ④ 20

해설 절연저항시험

절연저항계	절연저항	대상
직류 250V	0.1MΩ 이상	● 1경계구역의 절연저항
직류 500V	5MΩ 이상	● 누전경보기 ● 가스누설경보기 ● 수신기(10회로 미만, 절연된 충전부와 외함간) ● 자동화재속보설비 ● 비상경보설비 ● 유도등(교류입력측과 외함 간 포함) ● 비상조명등(교류입력측과 외함 간 포함) ● 시각경보장치 보기 ②
	20MΩ 이상	● 경종 ● 발신기 ● 중계기 ● 비상콘센트 ● 기기의 절연된 선로 간 ● 기기의 충전부와 비충전부 간 ● 기기의 교류입력과 외함 간(유도등·비상조명등 제외)

직류 500V	50MΩ 이상	• 감지기(정온식 감지선형 감지기 제외) • 가스누설경보기(10회로 이상) • 수신기(10회로 이상, 교류입력측과 외함간 제외)
	1000MΩ 이상	• 정온식 감지선형 감지기

답 ②

67 경종의 형식승인 및 제품검사의 기술기준에 따라 경종은 전원전압이 정격전압의 ± 몇 % 범위에서 변동하는 경우 기능에 이상이 생기지 않아야 하는가?

① 5   ② 10
③ 20   ④ 30

해설 전원전압변동시의 기능(경종의 형식승인 및 제품검사의 기술기준 4조)
경종은 전원전압이 정격전압의 **±20%** 범위에서 변동하는 경우 기능에 이상이 생기지 않아야 한다. 다만, 경종에 내장된 건전지를 전원으로 하는 경종은 건전지의 전압이 건전지 교체전압 범위(제조사 설계값)의 하한값으로 낮아진 경우에도 기능에 이상이 없어야 한다. 보기 ③

답 ③

68 무선통신보조설비의 화재안전기준에 따라 지하층으로서 특정소방대상물의 바닥부분 2면 이상이 지표면과 동일하거나 지표면으로부터의 깊이가 몇 m 이하인 경우에는 해당층에 한하여 무선통신보조설비를 설치하지 않을 수 있는가?

① 0.5   ② 1.0
③ 1.5   ④ 2.0

해설 무선통신보조설비의 설치 제외(NFPC 505 4조, NFTC 505 2.1)
(1) **지하층**으로서 특정소방대상물의 바닥부분 **2면** 이상이 지표면과 동일한 경우의 해당층
(2) 지하층으로서 지표면으로부터의 깊이가 **1m** 이하인 경우의 해당층 보기 ②

기억법 2면무지(이면 계약의 무지)

답 ②

69 비상벨설비 또는 자동식 사이렌설비의 지구음향장치는 특정소방대상물의 층마다 설치하되, 해당 특정소방대상물의 각 부분으로부터 하나의 음향장치까지의 수평거리가 몇 m 이하가 되도록 하여야 하는가?

① 15   ② 25
③ 40   ④ 50

해설 (1) 수평거리

구 분	기 기
25m 이하	• 발신기 • **음**향장치(확성기) : 비상벨설비, 자동식 사이렌설비 등 보기 ② • 비상콘센트(지하상가 · 지하층 바닥면적 3000m² 이상)
50m 이하	• 비상콘센트(기타)

(2) 보행거리

구 분	기 기
15m 이하	• 유도표지
20m 이하	• 복도통로유도등 • 거실통로유도등 • 3종 연기감지기
30m 이하	• 1 · 2종 연기감지기

(3) 수직거리

구 분	기 기
15m 이하	• 1 · 2종 연기감지기
10m 이하	• 3종 연기감지기

기억법 음25(음이온)

답 ②

70 특정소방대상물의 그 부분에서 피난층에 이르는 부분의 비상조명등을 60분 이상 유효하게 작동시킬 수 있는 용량으로 하여야 하는 경우가 아닌 것은?

① 지하층을 제외한 층수가 11층 이상의 층
② 지하층 또는 무창층으로서 용도가 도매시장 · 소매시장
③ 지하층 또는 무창층으로서 용도가 여객자동차터미널 · 지하역사 또는 지하상가
④ 터널로서 길이 500m 이상

해설 ④ 해당없음

비상조명등의 60분 이상 작동용량(NFPC 304 4조, NFTC 304 2.1.1.5)
(1) **11층** 이상(지하층 제외) 보기 ①
(2) 지하층 · 무창층으로서 **도매시장 · 소매시장 · 여객자동차터미널 · 지하역사 · 지하상가** 보기 ②③

비상전원 용량

설비의 종류	비상전원 용량
• **자**동화재탐지설비 • 비상**경**보설비 • **자**동화재속보설비	**10분** 이상
• 유도등 • 비상콘센트설비 • 제연설비 • 물분무소화설비 • 옥내소화전설비(30층 미만) • 특별피난계단의 계단실 및 부속실 제연설비(30층 미만)	**20분** 이상

• 무선통신보조설비의 **증폭기**	**30분** 이상	
• 옥내소화전설비(30~**49층** 이하) • 특별피난계단의 계단실 및 부속실 제연설비(30~**49층** 이하) • 연결송수관설비(30~**49층** 이하) • 스프링클러설비(30~**49층** 이하)	**40분** 이상	
• 유도등 · 비상조명등(지하상가 및 11층 이상) • 옥내소화전설비(**50층** 이상) • 특별피난계단의 계단실 및 부속실 제연설비(**50층** 이상) • 연결송수관설비(**50층** 이상) • 스프링클러설비(**50층** 이상)	**60분** 이상	

기억법 경자비1(경자라는 이름은 **비일**비재하게 많다.)
3증(3중고)

답 ④

71 비상조명등의 설치 제외 장소가 아닌 것은?
① 의원의 거실   ② 경기장의 거실
③ 의료시설의 거실 ④ 종교시설의 거실

해설 **비상조명등**의 **설치 제외 장소**(NFPC 304 5조, NFTC 304 2.2.1)
(1) 거실 각 부분에서 출입구까지의 **보행거리 15m** 이내
(2) **공동주택 · 경기장 · 의원 · 의료시설 · 학교 · 거실**

기억법 조공 경의학

비교
(1) **휴대용 비상조명등**의 **설치 제외 장소**(NFPC 304 5조, NFTC 304 2.2.2)
  ㉠ 복도 · 통로 · 창문 등을 통해 **피**난이 용이한 경우(지상 1층 · 피난층)
  ㉡ **숙**박시설로서 복도에 비상조명등을 설치할 경우

기억법 휴피(휴지로 피닦아.)

(2) **통로유도등**의 **설치 제외 장소**(NFPC 303 11조, NFTC 303 2.8.2)
  ㉠ 길이 **30m** 미만의 복도 · 통로(구부러지지 않은 복도 · 통로)
  ㉡ 보행거리 **20m** 미만의 복도 · 통로(출입구에 **피난구유도등**이 설치된 복도 · 통로)

(3) **객석유도등**의 **설치 제외 장소**(NFPC 303 11조, NFTC 303 2.8.3)
  ㉠ **채광**이 충분한 객석(**주간**에만 사용)
  ㉡ **통로유도등**이 설치된 객석(거실 각 부분에서 거실 출입구까지의 **보행거리 20m** 이하)

기억법 채객보통(채소는 객관적으로 보통이다.)

답 ④

72 비상경보설비 및 단독경보형 감지기의 화재안전기준에 따른 비상벨설비에 대한 설명으로 옳은 것은?
① 비상벨설비는 화재발생 상황을 사이렌으로 경보하는 설비를 말한다.
② 비상벨설비는 부식성 가스 또는 습기 등으로 인하여 부식의 우려가 없는 장소에 설치

하여야 한다.
③ 음향장치의 음량은 부착된 음향장치의 중심으로부터 1m 떨어진 위치에서 60dB 이상이 되는 것으로 하여야 한다.
④ 특정소방대상물의 층마다 설치하되, 해당 특정소방대상물의 각 부분으로부터 하나의 발신기까지의 수평거리가 30m 이하가 되도록 하여야 한다.

해설
① 사이렌 → 경종
③ 60dB 이상 → 90dB 이상
④ 30m 이하 → 25m 이하

비상경보설비의 **발신기 설치기준**(NFPC 201 4조, NFTC 201 2.1.5)
(1) 전원 : **축전지설비, 전기저장장치, 교류전압**의 **옥내간선**으로 하고 배선은 **전용**
(2) 감시상태 : **60분**, 경보시간 : **10분**
(3) 조작이 **쉬운 장소**에 설치하고, 조작스위치는 바닥으로부터 **0.8~1.5m** 이하의 높이에 설치할 것
(4) 특정소방대상물의 **층**마다 설치하되, 해당 소방대상물의 각 부분으로부터 하나의 발신기까지의 **수평거리**가 **25m** 이하가 되도록 할 것(단, 복도 또는 별도로 구획된 실로서 **보행거리**가 **40m** 이상일 경우에는 추가로 설치할 것) 보기 ④
(5) 발신기의 **위치표시등**은 함의 **상부**에 설치하되, 그 불빛은 부착면으로부터 **15°** 이상의 범위 안에서 부착지점으로부터 **10m** 이내의 어느 곳에서도 쉽게 식별할 수 있는 **적색등**으로 할 것

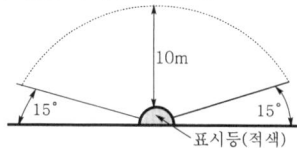

‖ 위치표시등의 식별 ‖

(6) 음향장치의 음량은 부착된 음향장치의 중심으로부터 **1m** 떨어진 위치에서 **90dB** 이상이 되는 것으로 할 것 보기 ③

‖ 음향장치의 음량측정 ‖

(7) 비상벨설비는 **부식성 가스** 또는 **습기** 등으로 인하여 **부식**의 우려가 없는 장소에 설치 보기 ②

용어
(1) **전기저장장치**
외부 전기에너지를 저장해 두었다가 필요한 때 전기를 공급하는 장치
(2) **비상벨설비** vs **자동식 사이렌설비**

비상벨설비	자동식 사이렌설비
화재발생 상황을 **경종**으로 경보하는 설비 보기 ①	화재발생 상황을 **사이렌**으로 경보하는 설비

답 ②

73 경종의 우수품질인증 기술기준에 따른 기능시험에 대한 내용이다. 다음 ( )에 들어갈 내용으로 옳은 것은?

경종은 정격전압을 인가하여 경종의 중심으로부터 1m 떨어진 위치에서 (㉠)dB 이상이어야 하며, 최소청취거리에서 (㉡)dB을 초과하지 아니하여야 한다.

① ㉠ 90, ㉡ 110
② ㉠ 90, ㉡ 130
③ ㉠ 110, ㉡ 90
④ ㉠ 110, ㉡ 130

해설 경종의 **기능시험**(경종의 우수품질인증 기술기준 4조)

구 분	설 명
적합기능 보기 ①	① 중심으로부터 1m 떨어진 위치에서 90dB 이상 ② 최소청취거리에서 110dB을 초과하지 아니할 것
소비전류	50mA 이하

답 ①

74 비상방송설비의 화재안전기준에 따라 음량조정기를 설치하는 경우 음량조정기의 배선은 3선식으로 하여야 한다. 음량조정기의 각 배선의 용도를 나타낸 것으로 옳은 것은?

① 전원선, 음량조정용, 접지선
② 전원선, 통신선, 예비용
③ 공통선, 업무용, 긴급용
④ 업무용, 긴급용, 접지선

해설

비상방송설비 3선식 배선 보기 ③	유도등 3선식 배선
• 공통선 • 업무용 배선 • 긴급용 배선	• 공통선 • 상용선 • 충전선

중요

비상방송설비의 **설치기준**(NFPC 202 4조, NFTC 202 2.1)
(1) 확성기의 음성입력은 실내 **1W 이상**, 실외 **3W 이상**일 것

실 내	실 외
1W 이상	3W 이상

(2) 확성기는 **각 층**마다 설치하되, 각 부분으로부터의 수평거리는 **25m** 이하일 것
(3) 음량조정기는 **3선식** 배선일 것
(4) 조작스위치는 바닥으로부터 **0.8~1.5m** 이하의 높이에 설치할 것
(5) 다른 전기회로에 의하여 **유도장애**가 생기지 않을 것
(6) 비상방송 개시시간은 **10초** 이하일 것

답 ③

75 비상콘센트용의 풀박스 등은 방청도장을 한 것으로서 두께는 최소 몇 mm 이상의 철판으로 하여야 하는가?

① 1.0
② 1.2
③ 1.5
④ 1.6

해설 **비상콘센트설비**(NFPC 504 4조, NFTC 504 2.1)

구 분	전 압	용 량	플러그접속기
단상 교류	220V	1.5kVA 이상	접지형 2극

(1) 1전용회로에 설치하는 비상콘센트는 **10개** 이하로 할 것(전선의 용량은 최대 **3개**)
(2) 풀박스는 **1.6mm** 이상의 철판을 사용할 것 보기 ④

답 ④

76 자동화재탐지설비 및 시각경보장치의 화재안전기준에 따라 부착높이 8m 이상 15m 미만에 설치되는 감지기의 종류로 틀린 것은?

① 불꽃감지기
② 이온화식 2종
③ 차동식 분포형
④ 보상식 스포트형

해설 ④ 4m 이상 8m 미만

감지기의 **부착높이**(NFPC 203 7조, NFTC 203 2.4.1)

부착높이	감지기의 종류
4m 미만	• 차동식(스포트형, 분포형) • 보상식 스포트형 ── **열**감지기 • 정온식(스포트형, 감지선형) • 이온화식 또는 광전식(스포트형, 분리형, 공기흡입형) : **연기**감지기 • 열복합형 • 연기복합형 ── **복**합형 감지기 • 열연기복합형 • 불꽃감지기 기억법 열연불복 4미
4~8m 미만	• 차동식(스포트형, 분포형) • **보상식 스포트형** 보기 ④ ── **열**감지기 • **정**온식(스포트형, 감지선형) **특**종 또는 **1**종 • **이**온화식 **1**종 또는 **2**종 • **광**전식(스포트형, 분리형, 공기흡입형) 1종 또는 2종 ── 연기감지기 • 열복합형 • 연기복합형 ── **복**합형 감지기 • 열연기복합형 • 불꽃감지기 기억법 8미열 정특1 이광12 복불

8~15m 미만	• 차동식 **분**포형 보기 ③ • **이**온화식 **1**종 또는 **2**종 보기 ② • **광**전식(스포트형, 분리형, 공기흡입형) 1종 또는 2종 • **연**기**복**합형 • **불**꽃감지기 보기 ① 기억법 **15분 이광12 연복불**
15~20m 미만	• **이**온화식 1종 • **광**전식(스포트형, 분리형, 공기흡입형) 1종 • **연**기**복**합형 • **불**꽃감지기 기억법 **이광불연복2**
20m 이상	• **불**꽃감지기 • **광**전식(분리형, 공기흡입형) 중 **아**날로그방식 기억법 **불광아**

답 ④

77 자동화재탐지설비의 음향장치 설치기준 중 옳은 것은?

19.09.문64
19.03.문77
18.09.문62
18.04.문74
16.05.문63
15.03.문67
14.09.문65
11.03.문72
10.09.문70
09.05.문75

① 지구음향장치는 해당 소방대상물의 각 부분으로부터 하나의 음향장치까지의 수평거리가 30m 이하가 되도록 한다.
② 정격전압의 80% 전압에서 음향을 발할 수 있어야 한다.
③ 음량은 부착된 음향장치의 중심으로부터 1m 떨어진 위치에서 80dB 이상이 되도록 하여야 한다.
④ 8층으로서 연면적이 3000m²를 초과하는 소방대상물에 있어서는 2층 이상의 층에서 발화시 발화층 및 직상층에 경보를 발하여야 한다.

① 수평거리 30m 이하 → 수평거리 25m 이하
③ 80dB 이상 → 90dB 이상
④ 발화층 및 직상층 → 전층에 일제히

자동화재탐지설비의 **음향장치**의 **구조** 및 **성능기준**
(NFPC 203 8조, NFTC 203 2.5)
(1) 정격전압의 **80%** 전압에서 음향을 발할 것(단, **건전지**를 **주전원**으로 사용한 음향장치는 제외) 보기 ②
(2) 음량은 1m 떨어진 곳에서 **90dB** 이상일 것 보기 ③
(3) **감지기** · **발신기**의 작동과 **연동**하여 작동할 것
(4) **자동화재탐지설비의 직상 4개층 우선경보방식 소방대상물 : 11층(공동주택 16층) 이상**의 특정소방대상물의 경보

자동화재탐지설비 직상 4개층 우선경보방식

발화층	경보층	
	11층(공동주택 16층) 미만 보기 ④	11층(공동주택 16층) 이상
2층 이상 발화	전층 일제경보	• 발화층 • 직상 4개층
1층 발화	전층 일제경보	• 발화층 • 직상 4개층 • 지하층
지하층 발화		• 발화층 • 직상층 • 기타의 지하층

(5) 지구음향장치는 수평거리 25m 이하가 되도록 설치 보기 ①

답 ②

78 누전경보기의 구성요소에 해당하지 않는 것은?

23.05.문79
22.03.문38
19.03.문37
17.09.문69
15.09.문21
14.09.문69
13.03.문62

① 차단기
② 영상변류기(ZCT)
③ 음향장치
④ 발신기

누전경보기의 **구성요소**

구성요소	설명
영상**변**류기(ZCT)	**누설전류**를 검출한다. 보기 ② 기억법 **변검(변검술)**
수신기	**누설전류**를 증폭한다.
음향장치	경보를 발한다. 보기 ③
차단기	차단릴레이를 포함한다. 보기 ①

기억법 **변수음차**

• 소방에서는 **변류기(CT)**와 **영상변류기(ZCT)**를 혼용하여 사용한다.

답 ④

79 누전경보기의 형식승인 및 제품검사의 기술기준에 따른 누전경보기 수신부의 기능검사항목이 아닌 것은?

20.08.문71
16.10.문71
15.09.문72

① 충격시험
② 진공가압시험
③ 과입력 전압시험
④ 전원전압 변동시험

시험항목

중계기	속보기의 예비전원	누전경보기
• 주위온도시험 • 반복시험 • 방수시험 • 절연저항시험 • 절연내력시험 • 충격전압시험 • 충격시험 • 진동시험 • 습도시험 • 전자파 내성시험	• 충 · 방전시험 • 안전장치시험	• **전원전압** 변동시험 보기 ④ • 온도특성시험 • **과**입력 전**압**시험 보기 ② • 개폐기의 조작시험 • 반복시험 • 진동시험 • **충**격시험 보기 ① • 방**수**시험 • **절**연저항시험 • **절**연내력시험 • **충**격파 내전압시험 • 단락전류 **강**도시험 기억법 **누수 충수 절충 강전 과압**

답 ②

80 경계전로의 누설전류를 자동적으로 검출하여 이를 누전경보기의 수신부에 송신하는 것을 무엇이라고 하는가?

① 수신부 ② 확성기
③ 변류기 ④ 증폭기

해설 누전경보기(NFPC 205 3조, NFTC 205 1.7)

용어	설명
수신부	변류기로부터 검출된 **신호**를 **수신**하여 누전의 발생을 해당 소방대상물의 **관계인**에게 **경보**하여 주는 것(**차단기구**를 갖는 것 포함)
변류기	경계전로의 **누설전류**를 자동적으로 **검출**하여 이를 누전경보기의 수신부에 송신하는 것 보기 ③

기억법 수수변누

비교

누전경보기의 **구성요소**(세부적인 구분)

구성요소	설명
변류기	**누설전류**를 **검출**한다.
수신기	**누설전류**를 **증폭**한다.
음향장치	**경보**한다.
차단기	차단릴레이 포함

답 ③

좋은 습관 3가지

1. 남보다 먼저 하루를 계획하라.
2. 메모를 생활화하라.
3. 항상 웃고 남을 칭찬하라.

CBT 기출복원문제
2023년
소방설비기사 필기(전기분야)

- 2023. 3. 1 시행 ·················· 23- 2
- 2023. 5. 13 시행 ·················· 23-28
- 2023. 9. 2 시행 ·················· 23-54

** 수험자 유의사항 **

1. 문제지를 받는 즉시 **본인**이 **응시한 종목**이 맞는지 확인하시기 바랍니다.
2. 문제지 표지에 본인의 **수험번호**와 **성명**을 기재하여야 합니다.
3. 문제지의 **총면수, 문제번호 일련순서, 인쇄상태, 중복 및 누락 페이지 유무**를 확인하시기 바랍니다.
4. 답안은 각 문제마다 요구하는 가장 적합하거나 가까운 답 1개만을 선택하여야 합니다.
5. 답안카드는 뒷면의「수험자 유의사항」에 따라 작성하시고, 답안카드 작성 시 형별누락, 마킹착오로 인한 불이익은 전적으로 수험자에게 책임이 있음을 알려드립니다.
6. 문제지는 시험 종료 후 본인이 가져갈 수 있습니다.

** 안내사항 **

- 가답안/최종정답은 큐넷(www.q-net.or.kr)에서 확인하실 수 있습니다. 가답안에 대한 의견은 큐넷의 [가답안 의견 제시]를 통해 제시할 수 있으며, 확정된 답안은 최종정답으로 갈음합니다.
- 공단에서 제공하는 자격검정서비스에 대해 개선할 점이 있으시면 고객참여(http://hrdkorea.or.kr/7/1/1)를 통해 건의하여 주시기 바랍니다.

2023. 3. 1 시행

2023년 기사 제1회 필기시험 CBT 기출복원문제

자격종목	종목코드	시험시간	형별
소방설비기사(전기분야)		2시간	

수험번호	성명

※ 각 문항은 4지택일형으로 질문에 가장 적합한 보기 항을 선택하여 체크하여야 합니다.

제1과목 소방원론

01 다음 중 폭굉(detonation)의 화염전파속도는?
[22.04.문20 / 16.05.문14 / 03.05.문10]
① 0.1~10m/s
② 10~100m/s
③ 1000~3500m/s
④ 5000~10000m/s

해설 연소반응(전파형태에 따른 분류)

폭연(deflagration)	폭굉(detonation)
0.1~10m/s	1000~3500m/s 보기 ③
연소속도가 음속보다 느릴 때 발생	① 연소속도가 음속보다 빠를 때 발생 ② 온도의 상승은 **충격파**의 압력에 기인한다. ③ 압력상승은 **폭연**의 경우보다 **크다**. ④ 폭굉의 **유도거리**는 배관의 **지름**과 **관계**가 있다.

※ **음속**: 소리의 속도로서 약 340m/s이다.

답 ③

02 다음 중 휘발유의 인화점은?
[21.03.문14 / 18.04.문05 / 15.09.문02 / 14.05.문05 / 14.03.문10 / 12.03.문01 / 11.06.문09 / 11.03.문12 / 10.05.문11]
① −18℃
② −43℃
③ 11℃
④ 70℃

해설

물 질	인화점	착화점
• 프로필렌	−107℃	497℃
• 에틸에터 • 다이에틸에터	−45℃	180℃
• 가솔린(휘발유)	−43℃ 보기 ②	300℃
• 이황화탄소	−30℃	100℃
• 아세틸렌	−18℃	335℃
• 아세톤	−18℃	538℃
• 벤젠	−11℃	562℃
• 톨루엔	4.4℃	480℃
• 에틸알코올	13℃	423℃
• 아세트산	40℃	−
• 등유	43~72℃	210℃
• 경유	50~70℃	200℃
• 적린	−	260℃

• 인화점=인화온도
• 착화점=발화점=착화온도=발화온도

답 ②

03 다음 중 연기에 의한 감광계수가 $0.1m^{-1}$, 가시거리가 20~30m일 때의 상황으로 옳은 것은?
[22.04.문15 / 21.09.문02 / 20.06.문01 / 17.03.문10 / 16.10.문16 / 16.03.문03 / 14.05.문06 / 13.09.문11]
① 건물 내부에 익숙한 사람이 피난에 지장을 느낄 정도
② 연기감지기가 작동할 정도
③ 어두운 것을 느낄 정도
④ 앞이 거의 보이지 않을 정도

해설 감광계수와 가시거리

감광계수 (m^{-1})	가시거리 (m)	상 황
0.1	20~30	연기**감**지기가 작동할 때의 농도(연기감지기가 작동하기 직전의 농도) 보기 ②
0.3	5	건물 내부에 **익**숙한 사람이 피난에 지장을 느낄 정도의 농도 보기 ①
0.5	3	**어**두운 것을 느낄 정도의 농도 보기 ③
1	1~2	앞이 거의 **보**이지 않을 정도의 농도 보기 ④
10	0.2~0.5	화재 **최**성기 때의 농도
30	−	출화실에서 연기가 **분**출할 때의 농도

기억법	0123	감
	035	익
	053	어
	112	보
	100205	최
	30	분

답 ②

04 분진폭발의 위험성이 가장 낮은 것은?

22.03.문12
18.03.문01
15.05.문03
13.03.문20
12.09.문17
11.10.문01
10.05.문16
03.05.문08
01.03.문20

① 알루미늄분
② 황
③ 팽창질석
④ 소맥분

 ③ 팽창질석 : 소화약제

분진폭발의 **위험성**이 있는 것
(1) 알루미늄분 보기 ①
(2) 황 보기 ②
(3) 소맥분(밀가루) 보기 ④
(4) 석탄분말

중요

분진폭발을 일으키지 않는 물질
(1) **시**멘트(시멘트가루)
(2) **석**회석
(3) **탄**산칼슘($CaCO_3$)
(4) **생**석회(CaO)=산화칼슘

기억법 분시석탄생

답 ③

05 다음 중 가연물의 제거를 통한 소화방법과 무관한 것은?

22.04.문12
19.09.문05
19.04.문18
17.03.문16
16.10.문07
16.03.문12
14.05.문11
13.03.문01
11.03.문04
08.09.문17

① 산불의 확산방지를 위하여 산림의 일부를 벌채한다.
② 화학반응기의 화재시 원료공급관의 밸브를 잠근다.
③ 전기실 화재시 IG-541 약제를 방출한다.
④ 유류탱크 화재시 주변에 있는 유류탱크의 유류를 다른 곳으로 이동시킨다.

해설 ③ **질식소화** : IG-541(불활성기체 소화약제)

제거소화의 예
(1) **가연성 기체** 화재시 **주밸브**를 **차단**한다(화학반응기의 화재시 원료공급관의 **밸브**를 잠금). 보기 ②
(2) **가연성 액체** 화재시 펌프를 이용하여 **연료**를 제거한다.
(3) **연료탱크**를 **냉각**하여 가연성 가스의 발생속도를 작게 하여 연소를 억제한다.

(4) 금속화재시 **불활성** 물질로 가연물을 덮는다.
(5) **목재**를 **방염처리**한다.
(6) 전기화재시 **전원**을 **차단**한다.
(7) 산불이 발생하면 화재의 진행방향을 앞질러 **벌목**한다(산불의 확산방지를 위하여 **산림의 일부를 벌채**). 보기 ①
(8) 가스화재시 **밸브**를 **잠궈** 가스흐름을 차단한다(가스화재시 중간밸브를 잠금).
(9) 불타고 있는 장작더미 속에서 아직 타지 않은 것을 안전한 곳으로 **운반**한다.
(10) 유류탱크 화재시 주변에 있는 유류탱크의 유류를 다른 곳으로 이동시킨다. 보기 ④
(11) 양초를 입으로 불어서 끈다.

용어

제거효과
가연물을 반응계에서 제거하든지 또는 반응계로의 공급을 정지시켜 소화하는 효과

답 ③

06 분말소화약제로서 ABC급 화재에 적용성이 있는 소화약제의 종류는?

22.04.문18
21.05.문07
20.09.문07
19.03.문01
18.04.문06
17.09.문10
17.03.문18
16.10.문06
16.10.문10
16.05.문15

① $NH_4H_2PO_4$
② $NaHCO_3$
③ Na_2CO_3
④ $KHCO_3$

 분말소화약제

종별	분자식	착색	적응화재	비고
제**1**종	탄산수소나트륨 ($NaHCO_3$)	백색	BC급	**식용유** 및 **지방질유**의 화재에 적합 기억법 **1식**분(**일식 분식**)
제2종	탄산수소칼륨 ($KHCO_3$)	담자색 (담회색)	BC급	-
제**3**종	제1인산암모늄 ($NH_4H_2PO_4$) 보기 ①	담홍색	ABC급	**차고·주차장**에 적합 기억법 **3분 차주 (삼보 컴퓨터 차주)**
제4종	탄산수소칼륨 +요소 ($KHCO_3$+ $(NH_2)_2CO$)	회(백)색	BC급	-

답 ①

07 ★★★

액화가스 저장탱크의 누설로 부유 또는 확산된 액화가스가 착화원과 접촉하여 액화가스가 공기 중으로 확산, 폭발하는 현상은?

① 블래비(BLEVE)
② 보일오버(boill over)
③ 슬롭오버(slop over)
④ 프로스오버(forth over)

해설 가스탱크 · 건축물 내에서 발생하는 현상

(1) 가스탱크 [보기 ①]

현 상	정 의
블래비 (BLEVE)	• 과열상태의 탱크에서 내부의 액화가스가 분출하여 기화되어 폭발하는 현상 • 탱크 주위 화재로 탱크 내 인화성 액체가 비등하고 가스부분의 압력이 상승하여 탱크가 파괴되고 폭발을 일으키는 현상

(2) 건축물 내

현 상	정 의
플래시오버 (flash over)	• 화재로 인하여 실내의 온도가 급격히 상승하여 화재가 순간적으로 실내 전체에 확산되어 연소되는 현상
백드래프트 (back draft)	• **통기력**이 좋지 않은 상태에서 연소가 계속되어 산소가 심히 부족한 상태가 되었을 때 **개구부**를 통하여 산소가 공급되면 실내의 가연성 혼합기가 공급되는 **산소**의 **방향**과 **반대**로 흐르며 급히 연소하는 현상 • 소방대가 소화활동을 위하여 화재실의 문을 개방할 때 신선한 공기가 유입되어 실내에 축적되었던 가연성 가스가 **단시간**에 폭발적으로 **연소**함으로써 화재가 폭풍을 동반하며 **실외**로 **분출**되는 현상

중요

유류탱크에서 발생하는 현상

현 상	정 의
보일오버 (boil over) [보기 ②]	• 중질유의 석유탱크에서 장시간 조용히 연소하다 탱크 내의 잔존기름이 갑자기 분출하는 현상 • 유류탱크에서 탱크바닥에 물과 기름의 **에멀션**이 섞여 있을 때 이로 인하여 화재가 발생하는 현상 • 연소유면으로부터 100℃ 이상의 열파가 탱크 **저부**에 고여 있는 물을 비등하게 하면서 연소유를 탱크 밖으로 비산시키며 연소하는 현상

기억법 보저(보자기)

오일오버 (oil over)	• 저장탱크에 저장된 유류저장량이 내용적의 50% 이하로 충전되어 있을 때 화재로 인하여 탱크가 폭발하는 현상
프로스오버 (froth over) [보기 ④]	• 물이 점성의 뜨거운 기름 표면 아래에서 끓을 때 화재를 수반하지 않고 용기가 넘치는 현상
	• 물이 연소유의 뜨거운 표면에 들어갈 때 기름 표면에서 화재가 발생하는 현상
슬롭오버 (slop over) [보기 ③]	• 유화제로 소화하기 위한 물이 수분의 급격한 증발에 의하여 액면이 거품을 일으키면서 열유층 밑의 냉유가 급히 열팽창하여 기름의 일부가 불이 붙은 채 탱크벽을 넘어서 일출하는 현상

답 ①

08 ★★★

방화벽의 구조 기준 중 다음 ( ) 안에 알맞은 것은?

• 방화벽의 양쪽 끝과 위쪽 끝을 건축물의 외벽면 및 지붕면으로부터 (㉠)m 이상 튀어 나오게 할 것
• 방화벽에 설치하는 출입문의 너비 및 높이는 각각 (㉡)m 이하로 하고, 해당 출입문에는 60분+방화문 또는 60분 방화문을 설치할 것

① ㉠ 0.3, ㉡ 2.5   ② ㉠ 0.3, ㉡ 3.0
③ ㉠ 0.5, ㉡ 2.5   ④ ㉠ 0.5, ㉡ 3.0

해설 건축령 57조, 피난 · 방화구조 21조
방화벽의 구조

구 분	설 명
대상 건축물	• 주요 구조부가 내화구조 또는 불연재료가 아닌 연면적 1000m² 이상인 건축물
구획단지	• 연면적 1000m² 미만마다 구획
방화벽의 구조	• **내화구조**로서 홀로 설 수 있는 구조일 것 • 방화벽의 양쪽 끝과 위쪽 끝을 건축물의 외벽면 및 지붕면으로부터 **0.5m** 이상 튀어나오게 할 것 [보기 ㉠] • 방화벽에 설치하는 **출입문**의 **너비** 및 높이는 각각 **2.5m** 이하로 하고 해당 출입문에는 60분+방화문 또는 60분 방화문을 설치할 것 [보기 ㉡]

답 ③

09 다음 물질 중 연소범위를 통해 산출한 위험도값이 가장 높은 것은?

① 수소
② 에틸렌
③ 메탄
④ 이황화탄소

해설 위험도

$$H = \frac{U-L}{L}$$

여기서, H : 위험도
　　　　U : 연소상한계
　　　　L : 연소하한계

① 수소 $= \frac{75-4}{4} = 17.75$ 보기 ①

② 에틸렌 $= \frac{36-2.7}{2.7} = 12.33$ 보기 ②

③ 메탄 $= \frac{15-5}{5} = 2$ 보기 ③

④ 이황화탄소 $= \frac{50-1}{1} = 49$(가장 높음) 보기 ④

중요

공기 중의 폭발한계(상온, 1atm)

가 스	하한계 [vol%]	상한계 [vol%]
아세틸렌(C_2H_2)	2.5	81
수소(H_2) 보기 ①	4	75
일산화탄소(CO)	12	75
에**터**(($C_2H_5)_2O$)	1.7	48
이**황**화탄소(CS_2) 보기 ④	1	50
에**틸**렌(C_2H_4) 보기 ②	2.7	36
암모니아(NH_3)	15	25
메탄(CH_4) 보기 ③	5	15
에탄(C_2H_6)	3	12.4
프로판(C_3H_8)	2.1	9.5
부탄(C_4H_{10})	1.8	8.4

기억법
아　2581
수　　475
일　1275
터　1748
황　　150
틸　2736
암　1525
메　　515
에　3124
프　2195
부　1884

● 연소한계=연소범위=가연한계=가연범위=폭발한계=폭발범위

답 ④

10 알킬알루미늄 화재시 사용할 수 있는 소화약제로 가장 적당한 것은?

① 이산화탄소
② 물
③ 할로젠화합물
④ 마른모래

해설 위험물의 소화약제

위험물	소화약제
● 알킬알루미늄 ● 알킬리튬	● 마른모래 보기 ④ ● 팽창질석 ● 팽창진주암

답 ④

11 인화성 액체의 연소점, 인화점, 발화점을 온도가 높은 것부터 옳게 나열한 것은?

① 발화점 > 연소점 > 인화점
② 연소점 > 인화점 > 발화점
③ 인화점 > 발화점 > 연소점
④ 인화점 > 연소점 > 발화점

해설 인화성 액체의 온도가 높은 순서
발화점 > 연소점 > 인화점 보기 ①

용어 연소와 관계되는 용어

용어	설명
발화점	가연성 물질에 불꽃을 접하지 아니하였을 때 연소가 가능한 **최저온도**
인화점	휘발성 물질에 불꽃을 접하여 연소가 가능한 **최저온도**
연소점	① 인화점보다 **10℃** 높으며 연소를 **5초** 이상 지속할 수 있는 온도 ② 어떤 인화성 액체가 공기 중에서 열을 받아 점화원의 존재하에 **지속적인** 연소를 일으킬 수 있는 온도 ③ 가연성 액체에 점화원을 가져가서 인화된 후에 점화원을 제거하여도 가연물이 **계속** 연소되는 **최저온도**

답 ①

12 다음 물질의 저장창고에서 화재가 발생하였을 때 주수소화를 할 수 없는 물질은?

① 부틸리튬
② 질산에틸
③ 나이트로셀룰로오스
④ 적린

해설 주수소화(물소화)시 위험한 물질

구 분	현 상
• 무기과산화물	산소(O_2) 발생
• **금**속분 • **마**그네슘 • 알루미늄 • 칼륨 • 나트륨 • 수소화리튬 • **부**틸리튬 보기 ①	**수**소(H_2) 발생
• 가연성 액체의 유류화재	**연소면**(화재면) 확대

기억법 금마수

※ **주수소화** : 물을 뿌려 소화하는 방법

답 ①

13 피난계획의 일반원칙 중 페일 세이프(fail safe)에 대한 설명으로 옳은 것은?

20.09.문01
16.10.문14
14.03.문07

① 본능적 상태에서도 쉽게 식별이 가능하도록 그림이나 색채를 이용하는 것
② 피난구조설비를 반드시 이동식으로 하는 것
③ 피난수단을 조작이 간편한 원시적 방법으로 설계하는 것
④ 한 가지 피난기구가 고장이 나도 다른 수단을 이용할 수 있도록 고려하는 것

해설
① Fool proof
② Fool proof : 이동식→고정식
③ Fool proof
④ Fail safe

페일 세이프(fail safe)와 **풀 프루프**(fool proof)

용 어	설 명
페일 세이프 (fail safe)	• 한 가지 피난기구가 고장이 나도 다른 수단을 이용할 수 있도록 고려하는 것 보기 ④ • 한 가지가 고장이 나도 다른 수단을 이용하는 원칙 • **두 방향**의 피난동선을 항상 확보하는 원칙
풀 프루프 (fool proof)	• 피난경로는 **간단명료**하게 한다. • 피난구조설비는 **고정식 설비**를 위주로 설치한다. 보기 ② • 피난수단은 **원시적 방법**에 의한 것을 원칙으로 한다. 보기 ③ • 피난통로를 **완전불연화**한다. • 막다른 복도가 없도록 계획한다. • 간단한 **그림**이나 **색채**를 이용하여 표시한다. 보기 ①

기억법 풀그색 간고원

답 ④

14 다음 중 열전도율이 가장 작은 것은?

17.05.문14
09.05.문15

① 알루미늄
② 철재
③ 은
④ 암면(광물섬유)

해설 27℃에서 물질의 열전도율

물 질	열전도율
암면(광물섬유) 보기 ④	0.046W/m · ℃
철재 보기 ②	80.3W/m · ℃
알루미늄 보기 ①	237W/m · ℃
은 보기 ③	427W/m · ℃

중요

열전도와 관계있는 것
(1) 열전도율[kcal/m·h·℃, W/m·deg]
(2) 비열[cal/g·℃]
(3) 밀도[kg/m³]
(4) 온도[℃]

답 ④

15 정전기에 의한 발화과정으로 옳은 것은?

21.05.문04
16.10.문11

① 방전 → 전하의 축적 → 전하의 발생 → 발화
② 전하의 발생 → 전하의 축적 → 방전 → 발화
③ 전하의 발생 → 방전 → 전하의 축적 → 발화
④ 전하의 축적 → 방전 → 전하의 발생 → 발화

해설 정전기의 발화과정

전하의 발생 → 전하의 축적 → 방전 → 발화

기억법 발축방

답 ②

16 0℃, 1atm 상태에서 부탄(C_4H_{10}) 1mol을 완전 연소시키기 위해 필요한 산소의 mol수는?

14.09.문19
07.09.문10

① 2
② 4
③ 5.5
④ 6.5

해설 연소시키기 위해서는 O_2가 필요하므로
$aC_4H_{10} + bO_2 \rightarrow cCO_2 + dH_2O$
C : $4a = c$
H : $10a = 2d$
O : $2b = 2c + d$

② C_4H_{10} + ⑬ O_2 → $8CO_2 + 10H_2O$

2몰 — 13몰
1몰 — x
$2x = 13$
$x = \dfrac{13}{2} = 6.5$몰

중요

발생물질

완전연소	불완전연소
$CO_2 + H_2O$	$CO + H_2O$

답 ④

17 다음 중 연소시 아황산가스를 발생시키는 것은?
17.05.문08
07.09.문11
① 적린
② 황
③ 트리에틸알루미늄
④ 황린

해설 $S + O_2 → SO_2$
황 산소 아황산가스

답 ②

18 pH 9 정도의 물을 보호액으로 하여 보호액 속에
18.03.문07
14.05.문20
07.09.문12
저장하는 물질은?
① 나트륨   ② 탄화칼슘
③ 칼륨   ④ 황린

해설 **저장물질**

물질의 종류	보관장소
• 황린 보기 ④ • 이황화탄소(CS_2)	• 물속 기억법 황이물
• 나이트로셀룰로오스	• 알코올 속
• 칼륨(K) 보기 ③ • 나트륨(Na) 보기 ① • 리튬(Li)	• 석유류(등유) 속
• 탄화칼슘(CaC_2) 보기 ②	• 습기가 없는 밀폐용기
• 아세틸렌(C_2H_2)	• 디메틸포름아미드(DMF) • 아세톤 문제 19

참고

물질의 발화점

물질의 종류	발화점
• 황린	30~50℃
• 황화인 • 이황화탄소	100℃
• 나이트로셀룰로오스	180℃

답 ④

19 아세틸렌 가스를 저장할 때 사용되는 물질은?
18.03.문07
14.05.문20
07.09.문12
① 벤젠
② 틀루엔
③ 아세톤
④ 에틸알코올

해설 문제 18 참조

답 ③

20 연소의 4대 요소로 옳은 것은?
① 가연물 – 열 – 산소 – 발열량
② 가연물 – 열 – 산소 – 순조로운 연쇄반응
③ 가연물 – 발화온도 – 산소 – 반응속도
④ 가연물 – 산화반응 – 발열량 – 반응속도

해설 **연소의 3요소와 4요소**

연소의 3요소	연소의 4요소
• 가연물(연료) • 산소공급원(산소, 공기) • 점화원(점화에너지, 열)	• **가연물**(연료) • 산소공급원(**산소**, 공기) • 점화원(점화에너지, **열**) • **연쇄반응**(순조로운 연쇄반응)

기억법 연4(연사)

답 ②

제2과목   소방전기일반

21 220V용 100W 전구와 200W 전구를 직렬로 연결하여 220V의 전원에 연결하면? (단, 각 전구의 밝기 효율[lm/W]은 같다.)
① 두 전구 모두 안 켜진다.
② 두 전구의 밝기가 같다.
③ 100W의 전구가 더 밝다.
④ 200W의 전구가 더 밝다.

해설 (1) **기호**

- V : 220V
- P_{100} : 100W
- P_{200} : 200W

(2) **전력**

$$P = VI = I^2 R = \dfrac{V^2}{R} \text{[W]}$$

여기서, P : 전력[W], V : 전압[V]
I : 전류[A], R : 저항[Ω]

• 저항이 변하지 않으므로 $P=I^2R=\dfrac{V^2}{R}$ 식을 적용해야 함. 저항이 변하지 않을 때는 $P=VI$식을 적용할 수 없음

$P=\dfrac{V^2}{R}$ 에서
전력을 저항으로 환산하면 다음 그림과 같다.
㉠ **100W**
$R_{100}=\dfrac{V^2}{P_{100}}=\dfrac{220^2}{100}=484\,\Omega$
㉡ **200W**
$R_{200}=\dfrac{V^2}{P_{200}}=\dfrac{220^2}{200}=242\,\Omega$

484Ω 242Ω
100W 200W
────220V────

전력을 저항으로 환산한 등가회로에서 **전류**가 **일정**하므로 $P=I^2R \propto R$이 된다.
그러므로 **100W 전구**가 200W 전구보다 더 **밝다**.

답 ③

22. 회전자 입력 100kW, 슬립 4%인 3상 유도전동기의 2차 동손[kW]은?

① 0.004
② 0.04
③ 0.4
④ 4

해설 (1) 기호
- P_2 : 100kW
- s : 4%=0.04
- P_{c2} : ?

(2) 2차 동손
$$P_{c2}=sP_2$$
여기서, P_{c2} : 2차 동손[kW]
s : 슬립
P_2 : 회전자 입력[kW]

2차 동손 P_{c2}는
$P_{c2}=sP_2=0.04\times100=4\text{kW}$

비교
| 전동기 출력 |
$$P_0=(1-s)P_2$$
여기서, P_0 : 전동기 출력[kW]
s : 슬립
P_2 : 회전자 입력[kW]

답 ④

23. 각 상의 임피던스가 $Z=6+j8\,\Omega$인 △결선의 평형 3상 부하에 선간전압이 220V인 대칭 3상 전압을 가했을 때 이 부하로 흐르는 선전류의 크기는 약 몇 A인가?

① 13
② 22
③ 38
④ 66

해설 (1) 기호
- $Z:6+j8\,\Omega$
- $V_L:220\text{V}$
- $I_L:?$

(2) △결선 vs Y결선

△결선	Y결선
$I_L=\dfrac{\sqrt{3}\,V_L}{Z}=\dfrac{\sqrt{3}\,V_P}{Z}$ $I_L=\sqrt{3}\,I_P$	$I_L=I_P=\dfrac{V_L}{\sqrt{3}\,Z}$ $I_L=I_P$
여기서, I_L : 선전류[A] V_L : 선간전압[V] Z : 임피던스[Ω] I_P : 상전류[A] V_P : 상전압[V]	여기서, I_L : 선전류[A] I_P : 상전류[A] V_L : 선간전압[V] Z : 임피던스[Ω]

△결선 선전류 I_L는
$I_L=\dfrac{\sqrt{3}\,V_L}{Z}=\dfrac{\sqrt{3}\times220}{6+j8}=\dfrac{\sqrt{3}\times220}{\sqrt{6^2+8^2}}\fallingdotseq38\text{A}$

답 ③

24. 0.5kVA의 수신기용 변압기가 있다. 이 변압기의 철손은 7.5W이고, 전부하동손은 16W이다. 화재가 발생하여 처음 2시간은 전부하로 운전되고, 다음 2시간은 $\dfrac{1}{2}$의 부하로 운전되었다고 한다. 4시간에 걸친 이 변압기의 전손실전력량은 몇 Wh인가?

① 62
② 70
③ 78
④ 94

(1) 기호
- P_i : 7.5W
- P_c : 16W
- t : 2h
- $\frac{1}{2}$ 부하가 걸렸으므로 $\frac{1}{n} = \frac{1}{2}$
- W : ?

(2) 전손실전력량

$$W = [P_i + P_c]t + \left[P_i + \left(\frac{1}{n}\right)^2 P_c\right]t$$

여기서, W : 전손실전력량[Wh]
P_i : 철손[W]
P_c : 동손[W]
t : 시간[h]
n : 부하가 걸리는 비율

$W = [7.5 + 16] \times 2 + \left[7.5 + \left(\frac{1}{2}\right)^2 \times 16\right] \times 2 = $ **70Wh**

답 ②

25 유도전동기의 슬립이 5.6%이고 회전자속도가 1700rpm일 때, 이 유도전동기의 동기속도는 약 몇 rpm인가?

① 1000 ② 1200
③ 1500 ④ 1800

 (1) 기호
- N : 1700rpm
- s : 5.6% = 0.056
- N_s : ?

(2) 동기속도 …… ㉠

$$N_s = \frac{120f}{P}$$

여기서, N_s : 동기속도[rpm], f : 주파수[Hz]
P : 극수

(3) 회전속도 …… ㉡

$$N = \frac{120f}{P}(1-s) \text{[rpm]}$$

여기서, N : 회전속도[rpm], P : 극수
f : 주파수[Hz], s : 슬립

㉠식을 ㉡식에 대입하면

$$N = N_s(1-s)$$

동기속도 N_s는
$N_s = \dfrac{N}{(1-s)} = \dfrac{1700}{(1-0.056)} ≒ $ **1800rpm**

답 ④

26 그림에서 전압계의 지시값이 100V이고 전류계의 지시값이 5A일 때 부하전력은 몇 W인가? (단, 전류계의 내부저항은 0.4Ω이다.)

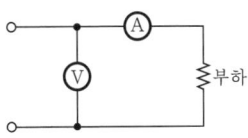

① 490 ② 500
③ 520 ④ 540

 (1) 회로 재구성
전류계의 내부저항까지 고려하여 회로를 다시 그리면

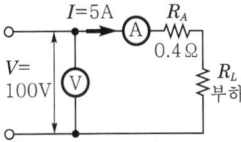

(2) 전압

$$V = IR$$

여기서, V : 전압[V]
I : 전류[A]
R : 저항[Ω]

전압 V는
$V = I(R_A + R_L)$
$100 = 5(0.4 + R_L)$
$\dfrac{100}{5} = 0.4 + R_L$ ← 좌우 이항
$0.4 + R_L = \dfrac{100}{5}$
$R_L = \dfrac{100}{5} - 0.4 = 19.6Ω$

(3) 부하전력

$$P_L = VI = I^2 R_L = \frac{V^2}{R_L}$$

여기서, P_L : 부하전력[W]
V : 전압[V]
I : 전류[A]
R_L : 부하저항[Ω]

부하전력 $P_L = I^2 R_L = 5^2 \times 19.6 = $ **490W**

- 부하전력=소비전력=유효전력

답 ①

27 어떤 회로에 $v(t) = 150\sin\omega t$ [V]의 전압을 가하니 $i(t) = 12\sin(\omega t - 30°)$ [A]의 전류가 흘렀다. 이 회로의 소비전력(유효전력)은 약 몇 W인가?

① 390 ② 450
③ 780 ④ 900

 중요

cos → sin 변경	sin → cos 변경
+90° 붙임	-90° 붙임

$v(t) = V_m \sin\omega t = 150\sin\omega t = 150\cos(\omega t - 90°)$ [V]
$i(t) = I_m \sin\omega t = 12\sin(\omega t - 30°)$
$\quad = 12\cos(\omega t - 30° - 90°) = 12\cos(\omega t - 120°)$ [A]

(1) 전압의 최대값

$$V_m = \sqrt{2}\,V$$

여기서, V_m : 전압의 최대값[V]
　　　　V : 전압의 실효값[V]

전압의 실효값 V는

$$V = \frac{V_m}{\sqrt{2}} = \frac{150}{\sqrt{2}}\,\text{V}$$

(2) 전류의 최대값

$$I_m = \sqrt{2}\,I$$

여기서, I_m : 전류의 최대값[A]
　　　　I : 전류의 실효값[A]

전류의 실효값 I는

$$I = \frac{I_m}{\sqrt{2}} = \frac{12}{\sqrt{2}}\,\text{A}$$

(3) 소비전력

$$P = VI\cos\theta$$

여기서, P : 소비전력[W]
　　　　V : 전압의 실효값[V]
　　　　I : 전류의 실효값[A]
　　　　θ : 위상차[rad]

소비전력 P는
$P = VI\cos\theta$
$= \dfrac{150}{\sqrt{2}} \times \dfrac{12}{\sqrt{2}} \times \cos(-90-(-120))°$
$= \dfrac{150}{\sqrt{2}} \times \dfrac{12}{\sqrt{2}} \times \cos 30° ≒ 780\text{W}$

● 소비전력=유효전력=부하전력

답 ③

28 다음 중 강자성체에 속하지 않는 것은?
20.08.문23
① 니켈　　　② 알루미늄
③ 코발트　　④ 철

해설 ② 알루미늄 : 상자성체

자성체의 종류

자성체	종류
상자성체 (paramagnetic material)	① **알**루미늄(Al) 보기 ② ② **백**금(Pt) 기억법 상알백
반자성체 (diamagnetic material)	① 금(Au) ② 은(Ag) ③ 구리(동)(Cu) ④ 아연(Zn) ⑤ 탄소(C)
강자성체 (ferromagnetic material)	① **니**켈(Ni) 보기 ① ② **코**발트(Co) 보기 ③ ③ **망**가니즈(Mn) ④ **철**(Fe) 보기 ④ 기억법 강니코망철 ●**자기차폐**와 관계 깊음

답 ②

29 그림과 같은 다이오드 게이트 회로에서 출력전압은? (단, 다이오드 내의 전압강하는 무시한다.)
18.09.문27
11.06.문22
09.08.문34
08.03.문24

① 10V　　② 5V
③ 1V　　④ 0V

해설 OR 게이트이므로 입력신호 중 5V, 0V, 5V 중 **어느 하나라도 5V**이면 출력신호 X가 **5**가 된다.

중요

논리회로

명 칭	회 로
AND 게이트	
OR 게이트	
NOR 게이트	
NAND 게이트	

답 ②

30
테브난의 정리를 이용하여 그림 (a)의 회로를 그림 (b)와 같은 등가회로로 만들고자 할 때 V_{th} [V] 와 R_{th} [Ω]은?

① 5V, 2Ω ② 5V, 3Ω
③ 6V, 2Ω ④ 6V, 3Ω

해설 테브난의 정리에 의해 2.4Ω에는 전압이 가해지지 않으므로

이해하기 쉽게 회로를 변형하면

$V_{th} = \dfrac{R_2}{R_1 + R_2} V = \dfrac{1.2}{1.2+1.2} \times 10 = 5V$

전압원을 단락하고 회로망에서 본 저항 R_{th} 은

$R_{th} = \dfrac{1.2 \times 1.2}{1.2 + 1.2} + 2.4 = 3Ω$

용어
테브난의 정리(테브낭의 정리)
2개의 독립된 회로망을 접속하였을 때의 전압·전류 및 임피던스의 관계를 나타내는 정리

답 ②

31
공기 중에 1×10^{-7}C의 (+)전하가 있을 때, 이 전하로부터 15cm의 거리에 있는 점의 전장의 세기는 몇 V/m인가?

① 1×10^4
② 2×10^4
③ 3×10^4
④ 4×10^4

해설 (1) 기호
- ε_s : 1(공기 중이므로 1)
- Q : 1×10^{-7}C
- r : 15cm=0.15m(100cm=1m)
- E : ?

(2) 전계의 세기(intensity of electric field)

$$E = \dfrac{Q}{4\pi\varepsilon r^2}$$

여기서, E : 전계의 세기[V/m]
Q : 전하[C]
ε : 유전율[F/m]($\varepsilon = \varepsilon_0 \cdot \varepsilon_s$)
r : 거리[m]

전계의 세기(전장의 세기) E 는

$E = \dfrac{Q}{4\pi\varepsilon r^2} = \dfrac{Q}{4\pi\varepsilon_0\varepsilon_s r^2}$
$= \dfrac{Q}{4\pi\varepsilon_0 r^2}$
$= \dfrac{(1 \times 10^{-7})}{4\pi \times (8.855 \times 10^{-12}) \times 0.15^2}$
$≒ 40000$
$= 4 \times 10^4$ V/m

- 진공의 유전율 : $\varepsilon_0 = 8.855 \times 10^{-12}$ F/m
- ε_s (비유전율) : 진공 중 또는 공기 중 $\varepsilon_s ≒ 1$ 이므로 생략

답 ④

32
내부저항이 200Ω이며 직류 120mA인 전류계를 6A까지 측정할 수 있는 전류계로 사용하고자 한다. 어떻게 하면 되겠는가?

① 24Ω의 저항을 전류계와 직렬로 연결한다.
② 12Ω의 저항을 전류계와 병렬로 연결한다.
③ 약 6.24Ω의 저항을 전류계와 직렬로 연결한다.
④ 약 4.08Ω의 저항을 전류계와 병렬로 연결한다.

해설 (1) 기호
- R_A : 200Ω
- I : 120mA=120×10^{-3}A
- I_0 : 6A
- R_S : ?

(2) 분류기

$$I_0 = I\left(1 + \dfrac{R_A}{R_S}\right)$$

여기서, I_0 : 측정하고자 하는 전류[A]
I : 전류계의 최대눈금[A]
R_A : 전류계 내부저항[Ω]
R_S : 분류기저항[Ω]

$$I_0 = I\left(1 + \frac{R_A}{R_S}\right)$$

$$\frac{I_0}{I} = 1 + \frac{R_A}{R_S}$$

$$\frac{I_0}{I} - 1 = \frac{R_A}{R_S}$$

$$R_S = \frac{R_A}{\frac{I_0}{I}-1} = \frac{200}{\frac{6}{(120\times 10^{-3})}-1} = 4.08\,\Omega$$

- **분류기** : 전류계와 **병렬접속**

비교

배율기

$$V_0 = V\left(1 + \frac{R_m}{R_v}\right)$$

여기서, V_0 : 측정하고자 하는 전압[V]
V : 전압계의 최대눈금[V]
R_v : 전압계의 내부저항[Ω]
R_m : 배율기저항[Ω]

- **배율기** : 전압계와 **직렬접속**

중요

전압계와 전류계의 결선

전압계	전류계
부하와 **병렬연결**	부하와 **직렬연결**

기억법 압병(압병!합병!)

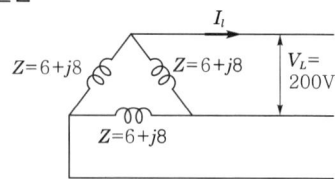

| 회로의 전압·전류 측정 |

답 ④

33 직류전압계와 직류계를 사용하여 부하전압과 전류를 측정하고자 할 때 연결방법으로 옳은 것은?
① 전압계는 부하와 병렬, 전류계는 부하와 직렬
② 전압계, 전류계 모두 부하와 병렬
③ 전압계는 부하와 직렬, 전류계는 부하와 병렬
④ 전압계, 전류계 모두 부하와 직렬

해설 문제 32 참조

비교

배율기 vs 분류기

배율기	분류기
전압계에 **직렬**연결	전류계에 **병렬**연결

답 ①

34 3상 교류 전원과 부하가 모두 △결선된 3상 평형 회로에서 전원전압이 200V, 부하 임피던스가 $6+j8\,\Omega$인 경우 선전류[A]의 크기는?
① 10
② $\dfrac{20}{\sqrt{3}}$
③ 20
④ $20\sqrt{3}$

해설 (1) 기호
- V_l : 200V
- Z : $6+j8\,\Omega$
- I_l : ?

(2) △결선

$Z=6+j8$, $Z=6+j8$, $Z=6+j8$, $V_L = 200V$, I_l

Y결선 : 선전류 $I_Y = \dfrac{V_l}{\sqrt{3}\,Z}$ [A]

△결선 : 선전류 $I_\triangle = \dfrac{\sqrt{3}\,V_l}{Z}$ [A]

여기서, V_l : 선간전압[V], Z : 임피던스[Ω]

△결선이므로

선전류 $I_\triangle = \dfrac{\sqrt{3}\,V_l}{Z}$

$= \dfrac{\sqrt{3}\times 200}{6+j8}$

$= \dfrac{\sqrt{3}\times 200}{\sqrt{6^2+8^2}} = 20\sqrt{3}$ A

답 ④

35 소화펌프에 연결하는 전동기의 용량은 약 몇 kW인가? (단, 전동기 효율은 0.9, 토출량은 2.4m³/min, 전양정은 90m, 전달계수는 1.1이다.)
① 36
② 43
③ 52
④ 63

해설 (1) 기호
- P : ?
- η : 0.9
- Q : 2.4m³
- t : 1min=60s(2.4m³/**min**에서 t=1min)
- H : 90m
- K : 1.1

(2) 전동기 용량

$$P\eta t = 9.8KHQ$$

여기서, P : 전동기 용량[kW], η : 효율
t : 시간[s], K : 여유계수
H : 전양정[m], Q : 양수량[m³]

전동기 용량 P는

$$P = \frac{9.8KHQ}{\eta t}$$
$$= \frac{9.8 \times 1.1 \times 90 \times 2.4}{0.9 \times 60} = 43.12 ≒ 43\text{kW}$$

답 ②

36 ★★★
14.05.문20
07.09.문12

회로에서 스위치 S를 닫았을 때 전류계는 24A를 지시하였다. 스위치 S를 열었을 때 전류계의 지시는 약 몇 A인가?

① 16　② 18
③ 24　④ 30

해설 (1) 기호

- I_1 : 24A
- I_2 : ?

(2) 스위치를 닫았을 때 저항 R_T

$$R_T = \frac{R_1 \times R_2}{R_1 + R_2} + \frac{R_3 \times R_4}{R_3 + R_4} = \frac{6 \times 8}{6 + 10} + \frac{8 \times 16}{8 + 16}$$
$$≒ 9.08$$

(3) 스위치를 열었을 때 저항 R_{T2}

$$R_{T2} = \frac{R_1 \times R_2}{R_1 + R_2} + R_3 = \frac{6 \times 10}{6 + 10} + 8 = 11.75\,Ω$$

(4) **옴의 법칙**

$$I = \frac{V(비례)}{R(반비례)} \propto \frac{1}{R}$$

여기서, I : 전류[A]
　　　　V : 전압[V]
　　　　R : 저항[Ω]

(5) $I_1 : \frac{1}{R_{T_1}} = I_2 : \frac{1}{R_{T_2}}$

$24 : \frac{1}{9.08} = I_2 : \frac{1}{11.75}$

$\frac{1}{9.08} I_2 = \frac{24}{11.75}$

$I_2 = \frac{24}{11.75} \times 9.08 ≒ 18.5\text{A}$ (∴ 가장 가까운 18A 선택)

답 ②

37 ★★★
19.09.문37
15.05.문28
10.09.문39
98.10.문38

반파정류회로를 통해 정현파를 정류하여 얻은 반파정류파의 최대값이 1일 때, 실효값과 평균값은?

① $\frac{1}{\sqrt{2}}, \frac{2}{\pi}$　　② $\frac{1}{2}, \frac{\pi}{2}$

③ $\frac{1}{\sqrt{2}}, \frac{\pi}{2\sqrt{2}}$　　④ $\frac{1}{2}, \frac{1}{\pi}$

해설 **최대값·실효값·평균값**

파 형	최대값	실효값	평균값
① 정현파 ② 전파정류파	1	$\frac{1}{\sqrt{2}}$	$\frac{2}{\pi}$
③ 반구형파	1	$\frac{1}{\sqrt{2}}$	$\frac{1}{2}$
④ 삼각파(3각파) ⑤ 톱니파	1	$\frac{1}{\sqrt{3}}$	$\frac{1}{2}$
⑥ 구형파	1	1	1
⑦ 반파정류파 보기 ④	1	$\frac{1}{2}$	$\frac{1}{\pi}$

답 ④

38 ★
다음 회로에서 전류 I는 몇 A인가?

① 6　② 8
③ 10　④ 14

해설 회로를 이해하기 쉽도록 하기 위해 왼쪽으로 90도 돌려보면서 그림을 다시 그리면

(1) **병렬합성저항**

병렬합성저항 R은

$$R = \frac{R_1 \times R_2}{R_1 + R_2} = \frac{15 \times 15}{15 + 15} ≒ 7.5$$

(2) 전류

$$I = \frac{V}{R}$$

여기서, I : 전류[A]
V : 전압[V]
R : 저항[Ω]

전류 I 는

$$I = \frac{V}{R} = \frac{75}{7.5} = 10A$$

답 ③

39 ★★★
19.04.문28
16.10.문35
16.05.문22
16.03.문32
15.05.문23
15.03.문22
14.09.문23
13.09.문27
11.03.문30

제어량이 온도, 압력, 유량 및 액면 등과 같은 일반 공업량일 때의 제어방식은?

① 추종제어
② 프로세스제어
③ 프로그램제어
④ 시퀀스제어

해설 제어량에 의한 분류

분류방법	제어량
프로세스제어 (공정제어) 보기②	• 온도 • 압력 • 유량 • 액면 기억법 프온압유액
서보기구	• 위치 • 방위 • 자세 기억법 서위방자
자동조정	• 전압 • 전류 • 주파수 • 회전속도(발전 • 장력 기의 속도조절) 기억법 전전주회장

답 ②

40 ★★★
16.05.문31
13.06.문33
12.03.문35
07.05.문34

그림과 같은 오디오 회로에서 스피커 저항이 8Ω 이고, 증폭기 회로의 저항이 288Ω이다. 이 변압기의 권수비는?

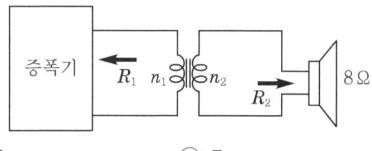

① 6
③ 36
② 7
④ 42

해설 (1) 기호
• R_2 : 8Ω
• R_1 : 288Ω
• a : ?

(2) 권수비

$$a = \frac{N_1}{N_2} = \frac{V_1}{V_2} = \frac{I_2}{I_1} = \sqrt{\frac{R_1}{R_2}}$$

여기서, a : 권수비
N_1 : 1차 코일권수
N_2 : 2차 코일권수
V_1 : 1차 교류전압[V]
V_2 : 2차 교류전압[V]
I_1 : 1차 전류[A]
I_2 : 2차 전류[A]
R_1 : 1차 저항[Ω]
R_2 : 2차 저항[Ω]

권수비 a는

$$a = \sqrt{\frac{R_1}{R_2}} = \sqrt{\frac{288}{8}} = 6$$

답 ①

제3과목   소방관계법규

41 ★★★
19.03.문59
18.03.문56
16.10.문54
16.03.문55
11.03.문56

위험물안전관리법령에 따라 위험물안전관리자를 해임하거나 퇴직한 때에는 해임하거나 퇴직한 날부터 며칠 이내에 다시 안전관리자를 선임하여야 하는가?

① 30일
③ 40일
② 35일
④ 55일

해설 30일
(1) 소방시설업 등록사항 변경신고(공사규칙 6조)
(2) **위험물안전관리자의 재선임**(위험물안전관리법 15조) 보기 ①
(3) 소방안전관리자의 재선임(화재예방법 시행규칙 14조)
(4) **도급계약 해지**(공사업법 23조)
(5) 소방시설공사 중요사항 변경시의 신고일(공사업규칙 12조)
(6) 소방기술자 실무교육기관 지정서 발급(공사업규칙 32조)
(7) 소방공사감리자 변경서류 제출(공사업규칙 15조)
(8) **승계**(위험물법 10조)
(9) 위험물안전관리자의 직무대행(위험물법 15조)
(10) 탱크시험자의 변경신고일(위험물법 16조)

답 ①

42 ★
위험물안전관리법령상 제조소 또는 일반취급소의 위험물취급탱크 노즐 또는 맨홀을 신설하는 경우, 노즐 또는 맨홀의 직경이 몇 mm를 초과하는 경우에 변경허가를 받아야 하는가?

① 250
③ 450
② 300
④ 600

해설 위험물규칙 [별표 1의 2]
제조소 또는 일반취급소의 변경허가
(1) **제조소** 또는 **일반취급소**의 **위치**를 **이전**하는 경우
(2) 건축물의 벽·기둥·바닥·보 또는 지붕을 **증설** 또는 **철거**하는 경우
(3) **배출설비**를 **신설**하는 경우
(4) 위험물취급탱크를 신설·교체·철거 또는 보수(탱크의 본체를 절개)하는 경우
(5) 위험물취급탱크의 **노즐** 또는 **맨홀**을 신설하는 경우(노즐 또는 맨홀의 직경이 **250mm**를 초과하는 경우) 보기 ①
(6) 위험물취급탱크의 **방유제**의 **높이** 또는 방유제 내의 **면적**을 **변경**하는 경우
(7) 위험물취급탱크의 탱크전용실을 **증설** 또는 **교체**하는 경우
(8) 300m(지상에 설치하지 아니하는 배관은 30m)를 초과하는 위험물배관을 신설·교체·철거 또는 보수(배관 절개)하는 경우
(9) 불활성기체의 봉입장치를 **신설**하는 경우

기억법 노맨 250mm

답 ①

43 화재의 예방 및 안전관리에 관한 법령에 따라 소방안전관리대상물의 관계인이 소방안전관리업무에서 소방안전관리자를 선임하지 아니하였을 때 벌금기준은?

① 100만원 이하   ② 1000만원 이하
③ 200만원 이하   ④ 300만원 이하

해설 300만원 이하의 **벌금**
(1) 화재안전조사를 정당한 사유없이 거부·방해·기피(화재예방법 50조)
(2) **소방안전관리자, 총괄소방안전관리자** 또는 **소방안전관리보조자 미선임**(화재예방법 50조) 보기 ④
(3) 위탁받은 업무종사자의 **비밀누설**(소방시설법 59조)
(4) 성능위주설계평가단 비밀누설(소방시설법 59조)
(5) 방염성능검사 합격표시 위조(소방시설법 59조)
(6) 다른 자에게 자기의 성명이나 상호를 사용하여 소방시설공사 등을 수급 또는 시공하게 하거나 소방시설업의 등록증·**등록수첩을 빌려준 자**(공사업법 37조)
(7) 감리원 미배치자(공사업법 37조)
(8) 소방기술인정 자격수첩을 빌려준 자(공사업법 37조)
(9) 2 **이상의 업체에 취업**한 자(공사업법 37조)
(10) 소방시설업자나 관계인 감독시 관계인의 업무를 방해하거나 비밀누설(공사업법 37조)

기억법 비3(비상)

답 ④

44 소방기본법령상 소방안전교육사의 배치대상별 배치기준으로 틀린 것은?

① 소방청 : 2명 이상 배치
② 소방본부 : 2명 이상 배치
③ 소방서 : 1명 이상 배치
④ 한국소방안전원(본회) : 1명 이상 배치

해설 ④ 1명 이상 → 2명 이상

기본령 [별표 2의 3]
소방안전교육사의 배치대상별 배치기준

배치대상	배치기준
소방서	•**1명** 이상 보기 ③
한국소방안전원	•시·도지부 : **1명** 이상 •본회 : **2명** 이상 보기 ④
소방본부	•**2명** 이상 보기 ②
소방청	•**2명** 이상 보기 ①
한국소방산업기술원	•**2명** 이상

답 ④

45 피난시설, 방화구획 및 방화시설을 폐쇄·훼손·변경 등의 행위를 3차 이상 위반한 자에 대한 과태료는?

① 200만원   ② 300만원
③ 500만원   ④ 1000만원

해설 소방시설법 61조
300만원 이하의 과태료
(1) 소방시설을 **화재안전기준**에 따라 설치·관리하지 아니한 자
(2) 피난시설, 방화구획 또는 방화시설의 **폐쇄·훼손·변경** 등의 행위를 한 자 보기 ②
(3) **임시소방시설**을 설치·관리하지 아니한 자
(4) **점검기록표**를 기록하지 아니하거나 특정소방대상물의 출입자가 쉽게 볼 수 있는 장소에 게시하지 아니한 관계인

비교

소방시설법 시행령 [별표 10]
피난시설, 방화구획 또는 방화시설을 폐쇄·훼손·변경 등의 행위

1차 위반	2차 위반	3차 이상 위반
100만원	200만원	300만원

답 ②

46 소방시설공사업법령상 소방공사감리를 실시함에 있어 용도와 구조에서 특별히 안전성과 보안성이 요구되는 소방대상물로서 소방시설물에 대한 감리를 감리업자가 아닌 자가 감리할 수 있는 장소는?

① 정보기관의 청사
② 교도소 등 교정관련시설
③ 국방 관계시설 설치장소
④ 원자력안전법상 관계시설이 설치되는 장소

해설 (1) 공사업법 시행령 8조
감리업자가 아닌 자가 감리할 수 있는 보안성 등이 요구되는 소방대상물의 시공장소 : 「**원자력안전법**」 제2조 제10호에 따른 **관계시설**이 설치되는 장소 보기 ④

(2) 원자력안전법 2조 10호
"**관계시설**"이란 **원자로**의 **안전**에 **관계**되는 **시설**로서 **대통령령**으로 정하는 것을 말한다.

답 ④

47 화재의 예방 및 안전관리에 관한 법령상 시·도지사는 화재가 발생할 우려가 높거나 화재가 발생하는 경우 그로 인하여 피해가 클 것으로 예상되는 지역을 화재예방강화지구로 지정할 수 있는데 다음 중 지정대상지역에 대한 기준으로 틀린 것은? (단, 소방청장·소방본부장 또는 소방서장이 화재예방강화지구로 지정할 필요가 있다고 별도로 인정하는 지역은 제외한다.)

22.03.문44
20.09.문55
19.09.문50
17.09.문49
16.05.문53
13.09.문56

① 소방출동로가 없는 지역
② 석유화학제품을 생산하는 공장이 있는 지역
③ 석조건물이 2채 이상 밀집한 지역
④ 공장이 밀집한 지역

해설 ③ 해당 없음

화재예방법 18조
화재예방강화지구의 지정
(1) **지정권자** : 시·도지사
(2) **지정지역**
㉠ **시장**지역
㉡ **공장**·**창고** 등이 밀집한 지역 보기 ④
㉢ **목조건물**이 밀집한 지역
㉣ **노후**·**불량** 건축물이 밀집한 지역
㉤ **위험물**의 **저장** 및 **처리시설**이 **밀집**한 지역
㉥ **석유화학제품**을 생산하는 공장이 있는 지역 보기 ②
㉦ **소방시설**·**소방용수시설** 또는 **소방출동로**가 **없는** 지역 보기 ①
㉧ 「**산업입지 및 개발에 관한 법률**」에 따른 산업단지
㉨ 「**물류시설의 개발 및 운영에 관한 법률**」에 따른 **물류단지**
㉩ **소방청장**·**소방본부장**·**소방서장**(소방관서장)이 화재예방강화지구로 지정할 필요가 있다고 인정하는 지역

※ **화재예방강화지구** : 화재발생 우려가 크거나 화재가 발생할 경우 피해가 클 것으로 예상되는 지역에 대하여 화재의 예방 및 안전관리를 강화하기 위해 지정·관리하는 지역

비교 **기본법 19조**
화재로 오인할 만한 불을 피우거나 연막소독시 신고지역
(1) **시장**지역
(2) **공장**·**창고**가 밀집한 지역
(3) **목조건물**이 밀집한 지역
(4) **위험물**의 **저장** 및 **처리시설**이 **밀집**한 지역
(5) **석유화학제품**을 생산하는 공장이 있는 지역
(6) 그 밖에 **시**·**도**의 **조례**로 정하는 지역 또는 장소

답 ③

48 소방기본법령상 최대 200만원 이하의 과태료 처분 대상이 아닌 것은?

22.09.문54
21.09.문54
17.09.문43

① 한국소방안전원 또는 이와 유사한 명칭을 사용한 자
② 소방활동구역을 대통령령으로 정하는 사람 외에 출입한 사람
③ 화재진압 구조·구급 활동을 위해 사이렌을 사용하여 출동하는 소방자동차에 진로를 양보하지 아니하여 출동에 지장을 준 자
④ 화재, 재난·재해, 그 밖의 위급한 상황이 발생한 구역에 소방본부장의 피난명령을 위반한 사람

해설 ④ 100만원 이하의 벌금

200만원 이하의 과태료
(1) 소방용수시설·소화기구 및 설비 등의 설치명령 위반(화재예방법 52조)
(2) 특수가연물의 저장·취급 기준 위반(화재예방법 52조)
(3) 한국119청소년단 또는 이와 유사한 명칭을 사용한 자(기본법 56조)
(4) 소방활동구역 출입(기본법 56조) 보기 ②
(5) 소방자동차의 출동에 지장을 준 자(기본법 56조) 보기 ③
(6) 한국소방안전원 또는 이와 유사한 명칭을 사용한 자(기본법 56조) 보기 ①
(7) 관계서류 미보관자(공사업법 40조)
(8) **소방기술자 미배치자**(공사업법 40조)
(9) 완공검사를 받지 아니한 자(공사업법 40조)
(10) 방염성능기준 미만으로 방염한 자(공사업법 40조)
(11) 하도급 미통지자(공사업법 40조)
(12) 관계인에게 지위승계·행정처분·휴업·폐업 사실을 거짓으로 알린 자(공사업법 40조)

비교 **100만원 이하의 벌금**
(1) 관계인의 소방활동 미수행(기본법 20조)
(2) **피난명령** 위반(기본법 54조) 보기 ④
(3) 위험시설 등에 대한 긴급조치 방해(기본법 54조)
(4) 거짓보고 또는 자료 미제출자(공사업법 38조)
(5) 관계공무원의 출입·조사·검사 방해(공사업법 38조)

기억법 피1(차일**피일**)

답 ④

49 위험물안전관리법령상 제조소 또는 일반취급소에서 취급하는 제4류 위험물의 최대수량의 합이 지정수량의 24만배 이상 48만배 미만인 사업소의 관계인이 두어야 하는 화학소방자동차와 자체소방대원의 수의 기준으로 옳은 것은? (단, 화재, 그 밖의 재난발생시 다른 사업소 등과 상호응원에 관한 협정을 체결하고 있는 사업소는 제외한다.)

① 화학소방자동차-2대, 자체소방대원의 수-10인
② 화학소방자동차-3대, 자체소방대원의 수-10인
③ 화학소방자동차-3대, 자체소방대원의 수-15인
④ 화학소방자동차-4대, 자체소방대원의 수-20인

해설 위험물령 [별표 8]
자체소방대에 두는 화학소방자동차 및 인원

구 분	화학소방자동차	자체소방대원의 수
지정수량 3천~12만배 미만	1대	5인
지정수량 12~24만배 미만	2대	10인
지정수량 24~48만배 미만 보기 ③	3대	15인
지정수량 48만배 이상	4대	20인
옥외탱크저장소에 저장하는 제4류 위험물의 최대수량이 지정수량의 50만배 이상	2대	10인

답 ③

50 소방기본법령상 화재, 재난·재해 그 밖의 위급한 사항이 발생한 경우 소방대가 현장에 도착할 때까지 관계인의 소방활동에 포함되지 않는 것은?

① 불을 끄거나 불이 번지지 아니하도록 필요한 조치
② 소방활동에 필요한 보호장구 지급 등 안전을 위한 조치
③ 경보를 울리는 방법으로 사람을 구출하는 조치
④ 대피를 유도하는 방법으로 사람을 구출하는 조치

해설 ② 소방본부장·소방서장·소방대장의 업무(기본법 24조)

기본법 20조
관계인의 소방활동

(1) 불을 끔 보기 ①
(2) 불이 번지지 않도록 조치 보기 ①
(3) 사람구출(경보를 울리는 방법) 보기 ③
(4) 사람구출(대피유도 방법) 보기 ④

답 ②

51 화재의 예방 및 안전관리에 관한 법령상 소방안전관리대상물의 소방안전관리자의 업무가 아닌 것은?

① 자위소방대의 구성·운영·교육
② 소방시설공사
③ 소방계획서의 작성 및 시행
④ 소방훈련 및 교육

해설 ② 소방시설공사 : 소방시설공사업체

화재예방법 24조 ⑤항
관계인 및 소방안전관리자의 업무

특정소방대상물 (관계인)	소방안전관리대상물 (소방안전관리자)
① 피난시설·방화구획 및 방화시설의 관리	① 피난시설·방화구획 및 방화시설의 관리
② 소방시설, 그 밖의 소방 관련 시설의 관리	② 소방시설, 그 밖의 소방 관련 시설의 관리
③ 화기취급의 감독	③ 화기취급의 감독
④ 소방안전관리에 필요한 업무	④ 소방안전관리에 필요한 업무
⑤ 화재발생시 초기대응	⑤ 소방계획서의 작성 및 시행(대통령령으로 정하는 사항 포함) 보기 ③
	⑥ 자위소방대 및 초기대응체계의 구성·운영·교육 보기 ①
	⑦ 소방훈련 및 교육 보기 ④
	⑧ 소방안전관리에 관한 업무수행에 관한 기록·유지
	⑨ 화재발생시 초기대응

용어

특정소방대상물	소방안전관리대상물
① 다수인이 출입하는 곳으로서 소방시설 설치장소 ② 건축물 등의 규모·용도 및 수용인원 등을 고려하여 소방시설을 설치하여야 하는 소방대상물로서 대통령령으로 정하는 것	① 특급, 1급, 2급 또는 3급 소방안전관리자를 배치하여야 하는 건축물 ② 대통령령으로 정하는 특정소방대상물

답 ②

52 위험물안전관리법령상 관계인이 예방규정을 정하여야 하는 제조소 등의 기준이 아닌 것은?

① 지정수량의 10배 이상의 위험물을 취급하는 제조소
② 지정수량의 200배 이상의 위험물을 저장하는 옥외탱크저장소
③ 지정수량의 50배 이상의 위험물을 저장하는 옥외저장소
④ 지정수량의 150배 이상의 위험물을 저장하는 옥내저장소

해설 ③ 50배 이상 → 100배 이상

위험물령 15조
예방규정을 정하여야 할 제조소 등

배 수	제조소 등
10배 이상	• **제**조소 〔보기 ①〕 • **일**반취급소
1**0**0배 이상	• **옥외**저장소 〔보기 ③〕
1**5**0배 이상	• 옥**내**저장소 〔보기 ④〕
200배 이상	• 옥외**탱**크저장소 〔보기 ②〕
모두 해당	• 이송취급소 • 암반탱크저장소

기억법	1	제일
	0	외
	5	내
	2	탱

※ **예방규정**: 제조소 등의 화재예방과 화재 등 재해발생시의 비상조치를 위한 규정

답 ③

53 소방기본법령상 소방기관이 소방업무를 수행하는 데에 필요한 인력과 장비 등에 관한 기준은 어느 영으로 정하는가?

① 대통령령
② 행정안전부령
③ 시·도의 조례
④ 국토교통부장관령

해설 **기본법 8·9조**
(1) 소방력의 기준: **행정안전부령**
(2) 소방장비 등에 대한 국고보조 기준: **대통령령**

※ **소방력**: 소방기관이 소방업무를 수행하는 데 필요한 **인력**과 **장비**

답 ②

54 소방시설 설치 및 관리에 관한 법령에 따른 방염성능기준 이상의 실내장식물 등을 설치하여야 하는 특정소방대상물의 기준 중 틀린 것은?

① 체력단련장
② 11층 이상인 아파트
③ 종합병원
④ 노유자시설

해설 ② 아파트 제외

소방시설법 시행령 30조
방염성능기준 이상 적용 특정소방대상물
(1) 층수가 **11층 이상**인 것(아파트 제외: 2026. 12. 1. 삭제) 〔보기 ②〕
(2) 체력단련장, 공연장 및 종교집회장 〔보기 ①〕
(3) 문화 및 집회시설
(4) 종교시설
(5) 운동시설(수영장은 제외)
(6) 의료시설(종합병원, 정신의료기관) 〔보기 ③〕
(7) 의원, 치과의원, 한의원, 조산원, 산후조리원
(8) 교육연구시설 중 합숙소
(9) 노유자시설 〔보기 ④〕
(10) 숙박이 가능한 수련시설
(11) 숙박시설
(12) 방송국 및 촬영소
(13) 다중이용업소(단란주점영업, 유흥주점영업, 노래연습장의 영업장 등)

답 ②

55 위험물안전관리법령상 점포에서 위험물을 용기에 담아 판매하기 위하여 지정수량의 40배 이하의 위험물을 취급하는 장소의 취급소 구분으로 옳은 것은? (단, 위험물을 제조 외의 목적으로 취급하기 위한 장소이다.)

① 판매취급소
② 주유취급소
③ 일반취급소
④ 이송취급소

해설 **위험물령〔별표 3〕**
위험물취급소의 구분

구 분	설 명
주유 취급소	고정된 주유설비에 의하여 **자동차·항공기** 또는 **선박** 등의 연료탱크에 직접 주유하기 위하여 위험물을 취급하는 장소
판매 취급소 〔보기 ①〕	**점포**에서 위험물을 용기에 담아 판매하기 위하여 지정수량의 **40배** 이하의 위험물을 취급하는 장소 기억법 판4(판사 검사)
이송 취급소	배관 및 이에 부속된 설비에 의하여 위험물을 **이송**하는 장소
일반 취급소	주유취급소·판매취급소·이송취급소 이외의 장소

답 ①

56. 소방시설 설치 및 관리에 관한 법령상 제조 또는 가공공정에서 방염처리를 한 물품 중 방염대상물품이 아닌 것은?

① 카펫
② 전시용 합판
③ 창문에 설치하는 커튼류
④ 두께 2mm 미만인 종이벽지

해설

④ 두께 2mm 미만인 종이벽지 → 두께 2mm 미만인 종이벽지 제외

소방시설법 시행령 31조
방염대상물품

제조 또는 가공 공정에서 방염처리를 한 물품	건축물 내부의 천장이나 벽에 부착하거나 설치하는 것
① 창문에 설치하는 **커튼류**(블라인드 포함) [보기 ③] ② 카펫 [보기 ①] ③ **벽지류**(두께 **2mm 미만**인 **종이벽지 제외**) [보기 ④] ④ 전시용 합판·목재 또는 섬유판 [보기 ②] ⑤ 무대용 합판·목재 또는 섬유판 ⑥ 암막·무대막(영화상영관·가상체험 체육시설업의 스크린) ⑦ 섬유류 또는 합성수지류 등을 원료로 하여 제작된 소파·의자(단란주점영업, 유흥주점영업 및 노래연습장업의 영업장에 설치하는 것만 해당)	① 종이류(두께 **2mm 이상**), 합성수지류 또는 섬유류를 주원료로 한 물품 ② **합판**이나 **목재** ③ 공간을 구획하기 위하여 설치하는 **간이칸막이** ④ **흡음재**(흡음용 커튼 포함) 또는 **방음재**(방음용 커튼 포함) ※ 가구류(옷장, 찬장, 식탁, 식탁용 의자, 사무용 책상, 사무용 의자, 계산대)와 너비 10cm 이하인 반자돌림대, 내부 마감재료 제외

답 ④

57. 소방시설공사업법령상 지하층을 포함한 층수가 16층 이상 40층 미만인 특정소방대상물의 소방시설 공사현장에 배치하여야 할 소방공사 책임감리원의 배치기준에서 ( ) 안에 들어갈 등급으로 옳은 것은?

행정안전부령으로 정하는 ( )감리원 이상의 소방공사감리원(기계분야 및 전기분야)

① 특급 ② 중급
③ 고급 ④ 초급

해설 공사업령 〔별표 4〕
소방공사감리원의 배치기준

공사현장	배치기준	
	책임감리원	보조감리원
• 연면적 5천m² 미만 • 지하구	초급감리원 이상 (기계 및 전기)	
• 연면적 5천~3만m² 미만	중급감리원 이상 (기계 및 전기)	
• 물분무등소화설비(호스릴 제외) 설치 • 제연설비 설치 • 연면적 3만~20만m² 미만 (아파트)	고급감리원 이상 (기계 및 전기)	초급감리원 이상 (기계 및 전기)
• 연면적 3만~20만m² 미만 (아파트 제외) • 16~40층 미만(지하층 포함) [보기 ①]	**특급**감리원 이상 (기계 및 전기)	초급감리원 이상 (기계 및 전기)
• 연면적 20만m² 이상 • 40층 이상(지하층 포함)	특급감리원 중 **소방기술사**	초급감리원 이상 (기계 및 전기)

비교

공사업령 〔별표 2〕
소방기술자의 배치기준

공사현장	배치기준
• 연면적 1천m² 미만	소방기술인정자격수첩 발급자
• 연면적 1천~5천m² 미만 (아파트 제외) • 연면적 1천~1만m² 미만 (아파트) • 지하구	초급기술자 이상 (기계 및 전기분야)
• 물분무등소화설비(호스릴 제외) 또는 **제연설비** 설치 • 연면적 5천~3만m² 미만 (아파트 제외) • 연면적 1만~20만m² 미만 (아파트)	중급기술자 이상 (기계 및 전기분야)
• 연면적 3만~20만m² 미만 (아파트 제외) • 16~40층 미만(지하층 포함)	고급기술자 이상 (기계 및 전기분야)
• 연면적 20만m² 이상 • 40층 이상(지하층 포함)	특급기술자 이상 (기계 및 전기분야)

답 ①

58. 소방시설 설치 및 관리에 관한 법률상 시·도지사는 소방시설관리업자에게 영업정지를 명하는 경우로서 그 영업정지가 국민에게 심한 불편을 주거나 그 밖에 공익을 해칠 우려가 있을 때에는 영업정지처분을 갈음하여 얼마 이하의 과징금을 부과할 수 있는가?

① 1000만원
② 2000만원
③ 3000만원
④ 5000만원

23. 03. 시행 / 기사(전기)

해설 소방시설법 36조, 위험물법 13조, 공사업법 10조
과징금

3000만원 이하 〈보기 ③〉	2억원 이하
• 소방시설관리업 영업정지처분 갈음	• 제조소 사용정지처분 갈음 • 소방시설업 영업정지처분 갈음

중요

소방시설업
(1) 소방시설설계업
(2) 소방시설공사업
(3) 소방공사감리업
(4) 방염처리업

답 ③

59 소방기본법 제1장 총칙에서 정하는 목적의 내용으로 거리가 먼 것은?

21.09.문50
15.05.문50
13.06.문60

① 구조, 구급 활동 등을 통하여 공공의 안녕 및 질서 유지
② 풍수해의 예방, 경계, 진압에 관한 계획, 예산지원 활동
③ 구조, 구급 활동 등을 통하여 국민의 생명, 신체, 재산 보호
④ 화재, 재난, 재해 그 밖의 위급한 상황에서의 구조, 구급 활동

해설 기본법 1조
소방기본법의 목적
(1) 화재의 **예방·경계·진압**
(2) 국민의 **생명·신체** 및 **재산보호** 〈보기 ③〉
(3) 공공의 안녕 및 질서 유지와 **복리증진** 〈보기 ①〉
(4) **구조·구급**활동 〈보기 ④〉

기억법 예경진(경진이한테 예를 갖춰라!)

답 ②

60 소방용수시설 중 소화전과 급수탑의 설치기준으로 틀린 것은?

19.03.문58
17.03.문54
16.10.문55
09.08.문43

① 급수탑 급수배관의 구경은 100mm 이상으로 할 것
② 소화전은 상수도와 연결하여 지하식 또는 지상식의 구조로 할 것
③ 소방용 호스와 연결하는 소화전의 연결금속구의 구경은 65mm로 할 것
④ 급수탑의 개폐밸브는 지상에서 1.5m 이상 1.8m 이하의 위치에 설치할 것

해설 ④ 1.8m 이하 → 1.7m 이하

기본규칙 〔별표 3〕
소방용수시설별 설치기준

소화전	급수탑
• 65mm : 연결금속구의 구경	• 100mm : 급수배관의 구경 • 1.5~1.7m 이하 : 개폐밸브 높이

기억법 57탑(57층 탑)

답 ④

제 4 과목 소방전기시설의 구조 및 원리

61 누전경보기의 형식승인 및 제품검사의 기술기준에서 정하는 누전경보기의 공칭작동전류치(누전경보기를 작동시키기 위하여 필요한 누설전류의 값으로서 제조자에 의하여 표시된 값을 말한다.)는 몇 mA 이하이어야 하는가?

22.04.문74
21.05.문78
16.03.문77
15.05.문79
10.03.문76

① 50
② 100
③ 150
④ 200

해설 누전경보기(누전경보기의 형식승인 및 제품검사의 기술기준 7·8조)

공칭작동전류치	감도조정장치의 조정범위
200mA 이하 〈보기 ④〉	1A(1000mA) 이하

기억법 공2

참고

검출누설전류 설정치 범위

경계전로	중성점 접지선
100~400mA	400~700mA

답 ④

62 누전경보기의 화재안전기준 중 누전경보기의 설치방법 및 전원기준으로 틀린 것은?

18.03.문62
16.03.문74
11.03.문65

① 경계전로의 정격전류가 60A를 초과하는 전로에 있어서는 1급 누전경보기를 설치할 것
② 경계전로의 정격전류가 60A 이하의 전로에 있어서는 1급 또는 2급 누전경보기를 설치할 것
③ 전원은 분전반으로부터 전용회로로 하고, 각 극에 개폐기 및 20A 이하의 과전류차단기를 설치할 것
④ 전원을 분기할 때에는 다른 차단기에 따라 전원이 차단되지 아니하도록 할 것

③ 20A 이하 → 15A 이하

누전경보기의 **설치방법**(NFPC 205 4·6조, NFTC 205 2.1, 2.3.1.1)

60A 초과	60A 이하
1급 누전경보기 설치 보기 ①	1급 또는 2급 누전경보기 설치 보기 ②

(1) 변류기는 옥외인입선의 **제1지점**의 **부하측** 또는 제2종 **접지선측**의 점검이 쉬운 위치에 설치할 것
(2) 옥외전로에 설치하는 변류기는 **옥외형**으로 설치할 것
(3) 각 극에 **개폐기** 및 **15A 이하**의 **과전류차단기**를 설치할 것(배선용 차단기는 20A 이하) 보기 ③

과전류차단기	배선용 차단기
개폐기 및 15A 이하	20A 이하

답 ③

63 발신기의 외함을 합성수지를 사용하는 경우 외함의 최소두께는 몇 mm 이상이어야 하는가?

① 5   ② 3
③ 1.6 ④ 1.2

 ② 합성수지를 사용하므로 외함두께는 **3mm 이상**

발신기의 **구조** 및 **일반기능**(발신기의 형식승인 및 제품검사의 기술기준 4조)
발신기의 외함에 강판을 사용하는 경우에는 다음에 기재된 두께 이상의 강판을 사용하여야 한다(단, 합성수지를 사용하는 경우에는 강판의 **2.5배** 이상의 두께일 것).
(1) 외함 **1.2mm 이상**
(2) 직접 벽면에 접하여 벽 속에 매립되는 외함의 부분은 **1.6mm 이상**

발신기의 외함두께

강판		합성수지	
외함	외함 (벽 속 매립)	외함	외함 (벽 속 매립)
1.2mm 이상	1.6mm 이상	3mm 이상 보기 ②	4mm 이상

답 ②

64 비상경보설비 및 단독경보형 감지기의 화재안전기준에 따라 비상벨설비 또는 자동식 사이렌설비의 전원회로 배선 중 내열배선에 사용하는 전선의 종류가 아닌 것은?

① 버스덕트(bus duct)
② 600V 1종 비닐절연전선
③ 0.6/1kV EP 고무절연 클로로프렌 시스 케이블
④ 450/750V 저독성 난연 가교 폴리올레핀 절연전선

② 해당 없음

(1) **비상벨설비** 또는 **자동식 사이렌설비**의 **배선**(NFTC 201 2.1.8.1)

전원회로의 배선은 「옥내소화전설비의 화재안전기술기준(NFTC 102 2.7.2(1))」에 따른 내화배선에 의하고 그 밖의 배선은 「옥내소화전설비의 화재안전기술기준(NFTC 102 2.7.2(1), 2.7.2(2))」에 따른 **내화배선** 또는 **내열배선**에 따를 것

(2) **옥내소화전설비**의 **화재안전기술기준**(NFTC 102 2.7.2)

내열배선

사용전선의 종류	공사방법
① 450/750V 저독성 난연 가교 폴리올레핀 절연전선 보기 ④ ② 0.6/1kV 가교 폴리에틸렌 절연 저독성 난연 폴리올레핀 시스 전력 케이블 ③ 6/10kV 가교 폴리에틸렌 절연 저독성 난연 폴리올레핀 시스 전력용 케이블 ④ 가교 폴리에틸렌 절연 비닐시스 트레이용 난연 전력 케이블 ⑤ 0.6/1kV EP 고무절연 클로로프렌 시스 케이블 보기 ③ ⑥ 300/500V 내열성 실리콘 고무절연전선 (180℃) ⑦ 내열성 에틸렌-비닐 아세테이트 고무절연 케이블 ⑧ 버스덕트(bus duct) 보기 ①	**금속관·금속제 가요전선관·금속덕트** 또는 **케이블**(불연성 덕트에 설치하는 경우에 한한) 공사방법에 따라야 한다. 단, 다음의 기준에 적합하게 설치하는 경우에는 그러하지 아니하다. ① 배선을 내화성능을 갖는 배선전용실 또는 배선용 샤프트·피트·덕트 등에 설치하는 경우 ② 배선전용실 또는 배선용 샤프트·피트·덕트 등에 다른 설비의 배선이 있는 경우에는 이로부터 **15cm 이상** 떨어지게 하거나 소화설비의 배선과 이웃하는 다른 설비의 배선 사이에 배선지름(배선의 지름이 다른 경우에는 지름이 가장 큰 것을 기준으로 한다)의 **1.5배** 이상의 높이의 **불연성 격벽**을 설치하는 경우
내화전선	케이블공사

비교

내화배선	
사용전선의 종류	공사방법
① 450/750V 저독성 난연 가교 폴리올레핀 절연전선 ② 0.6/1kV 가교 폴리에틸렌 절연 저독성 난연 폴리올레핀 시스 전력 케이블 ③ 6/10kV 가교 폴리에틸렌 절연 저독성 난연 폴리올레핀 시스 전력용 케이블 ④ 가교 폴리에틸렌 절연 비닐시스 트레이용 난연 전력 케이블 ⑤ 0.6/1kV EP 고무절연 클로로프렌 시스 케이블 ⑥ 300/500V 내열성 실리콘 고무절연전선 (180℃) ⑦ 내열성 에틸렌-비닐 아세테이트 고무절연 케이블 ⑧ 버스덕트(bus duct)	**금속관·2종 금속제 가요 전선관** 또는 **합성수지관**에 수납하여 내화구조로 된 벽 또는 바닥 등에 벽 또는 바닥의 표면으로부터 **25mm** 이상의 깊이로 매설하여야 한다. **기억법** 금2가합25 단, 다음의 기준에 적합하게 설치하는 경우에는 그러하지 아니하다. ① 배선을 **내**화성능을 갖는 배선**전**용실 또는 배선용 **샤**프트·**피**트·**덕**트 등에 설치하는 경우 ② 배선전용실 또는 배선용 샤프트·피트·덕트 등에 **다**른 설비의 배선이 있는 경우에는 이로부터 **15cm** 이상 떨어지게 하거나 소화설비의 배선과 이웃하는 다른 설비의 배선 사이에 배선지름(배선의 지름이 다른 경우에는 가장 큰 것을 기준으로 한다)의 **1.5배** 이상의 높이의 **불**연성 **격벽**을 설치하는 경우 **기억법** 내전샤피덕 다15
내화전선	케이블공사

답 ②

65. 자동화재탐지설비 및 시각경보장치의 화재안전기준에 따른 공기관식 차동식 분포형 감지기의 설치기준으로 틀린 것은?

① 검출부는 3° 이상 경사되지 아니하도록 부착할 것
② 공기관의 노출부분은 감지구역마다 20m 이상이 되도록 할 것
③ 하나의 검출부분에 접속하는 공기관의 길이는 100m 이하로 할 것
④ 공기관과 감지구역의 각 변과의 수평거리는 1.5m 이하가 되도록 할 것

해설 ① 3° 이상 → 5° 이상

감지기 설치기준(NFPC 203 7조, NFTC 203 2.4.3.3~2.4.3.7)
(1) 공기관의 노출부분은 감지구역마다 20m 이상이 되도록 할 것 보기 ②
(2) 하나의 검출부분에 접속하는 공기관의 길이는 100m 이하로 할 것 보기 ③
(3) 공기관과 감지구역의 각 변과의 수평거리는 1.5m 이하가 되도록 할 것 보기 ④
(4) 감지기(**차동식 분포형** 및 **특수한 것** 제외)는 실내로의 공기유입구로부터 **1.5m** 이상 떨어진 위치에 설치
(5) 감지기는 천장 또는 반자의 옥내의 면하는 부분에 설치
(6) **보상식 스포트형 감지기**는 정온점이 감지기 주위의 평상시 최고온도보다 **20℃** 이상 높은 것으로 설치
(7) **정온식 감지기**는 주방·**보일러실** 등으로 다량의 화기를 단속적으로 취급하는 장소에 설치하되, 공칭작동온도가 최고주위온도보다 **20℃** 이상 높은 것으로 설치
(8) 스포트형 감지기는 **45°** 이상 경사지지 않도록 부착
(9) **공기관식** 차동식 분포형 감지기 설치시 공기관은 도중에서 **분기**하지 않도록 부착
(10) **공기관식** 차동식 분포형 감지기의 검출부는 **5°** 이상 경사되지 않도록 설치 보기 ①

중요

경사제한각도	
공기관식 감지기의 검출부	스포트형 감지기
5° 이상	45° 이상

답 ①

66. 노유자시설로서 바닥면적이 몇 m² 이상인 층이 있는 경우에 자동화재속보설비를 설치하는가?

① 200
② 300
③ 500
④ 600

해설 **자동화재속보설비의 설치대상**(소방시설법 시행령 〔별표 4〕)

설치대상	조건
① **수**련시설(숙박시설이 있는 것) ② **노**유자시설(노유자생활시설 제외) 보기 ③ ③ 정신병원 및 의료재활시설	바닥면적 **500m²** 이상
④ 목조건축물	국보·보물
⑤ 노유자생활시설 ⑥ 종합병원, 병원, 치과병원, 한방병원 및 요양병원(의료재활시설 제외) ⑦ 의원, 치과의원 및 한의원(입원실이 있는 시설) ⑧ 조산원 및 산후조리원 ⑨ 전통시장	전부

기억법 5수노속

답 ③

67. 비상방송설비의 화재안전기준에 따라 기동장치에 따른 화재신고를 수신한 후 필요한 음량으로 화재발생 상황 및 피난에 유효한 방송이 자동으로 개시될 때까지의 소요시간은 몇 초 이하로 하여야 하는가?

① 3
② 5
③ 7
④ 10

해설 소요시간

기기	시간
• P형·P형 복합식·R형·R형 복합식·GP형·GP형 복합식·GR형·GR형 복합식 수신기 • 중계기	5초 이내
비상방송설비	10초 이하 보기 ④
가스누설경보기	60초 이내

기억법 시중5(시중을 드시오!)
6가(육체미가 뛰어나다.)

중요

축적형 수신기

전원차단시간	축적시간	화재표시감지시간
1~3초 이하	30~60초 이하	60초(1회 이상 반복)

답 ④

68 ★★★
비상콘센트의 플러그접속기는 단상교류 220V의 것에 있어서 접지형 몇 극 플러그접속기를 사용하여야 하는가?

16.10.문61
15.09.문65
15.03.문73
13.06.문77

① 1극 ② 2극
③ 3극 ④ 4극

해설 비상콘센트의 규격 (NFPC 504 4조, NFTC 504 2.1)

구 분	전 압	용 량	플러그접속기
단상교류	220V	1.5kVA 이상	접지형 2극 보기 ②

(1) 하나의 전용회로에 설치하는 비상콘센트는 **10개** 이하로 할 것
(2) 풀박스는 **1.6mm** 이상의 철판을 사용할 것
(3) 전원회로는 각 층에 있어서 **2** 이상이 되도록 설치할 것
(4) 콘센트마다 배선용 차단기를 설치하며, 충전부가 **노출되지 않도록** 할 것

답 ②

69 ★★★
피난구유도등의 설치 제외기준 중 틀린 것은?

20.08.문73
17.03.문76
11.06.문76

① 거실 각 부분으로부터 하나의 출입구에 이르는 보행거리가 20m 이하이고 비상조명등과 유도표지가 설치된 거실의 출입구
② 바닥면적이 1000m² 미만인 층으로서 옥내로부터 직접 지상으로 통하는 출입구(외부의 식별이 용이한 경우에 한함)
③ 출입구가 2 이상 있는 거실로서 그 거실 각 부분으로부터 하나의 출입구에 이르는 보행거리가 10m 이하인 경우에는 주된 출입구 2개소 외의 출입구(유도표지가 부착된 출입구)
④ 대각선 길이가 15m 이내인 구획된 실의 출입구

해설 ③ 2 이상 → 3 이상, 10m 이하 → 30m 이하

피난구유도등의 설치 제외 장소 (NFTC 303 2.8.1)
(1) 옥내에서 직접 지상으로 통하는 출입구(바닥면적 1000m² 미만 층) 보기 ②
(2) **대각선** 길이가 **15m 이내**인 구획된 실의 출입구 보기 ④
(3) 비상조명등·유도표지가 설치된 거실 출입구(거실 각 부분에서 출입구까지의 **보행거리 20m 이하**) 보기 ①
(4) 출입구가 **3 이상**인 거실(거실 각 부분에서 출입구까지의 보행거리 **30m 이하**는 주된 출입구 **2개소** 외의 출입구) 보기 ③

비교

(1) **휴대용 비상조명등**의 설치 제외 장소 (NFPC 304 5조, NFTC 304 2.2.2): 복도·통로·창문 등을 통해 **피난**이 용이한 경우(지상 1층·피난층)

기억법 휴피(휴지로 피닦아!)

(2) **통로유도등**의 설치 제외 장소 (NFTC 303 2.8.2)
  ㉠ 길이 **30m 미만**의 복도·통로(구부러지지 않은 복도·통로)
  ㉡ 보행거리 **20m 미만**의 복도·통로(출입구에 **피난구유도등**이 설치된 복도·통로)
(3) **객석유도등**의 설치 제외 장소 (NFTC 303 2.8.3)
  ㉠ **채광**이 충분한 객석(**주간**에만 사용)
  ㉡ **통로유도등**이 설치된 객석(거실 각 부분에서 거실 출입구까지의 **보행거리 20m 이하**)

기억법 채객보통(채소는 객관적으로 보통이다.)

(4) **피난구유도등**의 설치장소 (NFPC 303 5조, NFTC 303 2.2.1)

설치장소	도 해
옥내로부터 직접 지상으로 통하는 출입구 및 그 부속실의 출입구	옥외 / 실내
직통계단·직통계단의 **계**단실 및 그 부속실의 출입구	복도 / 계단
출입구에 이르는 복도 또는 통로로 통하는 출입구	거실 / 복도
안전구획된 거실로 통하는 출입구	출구 / 방화문

기억법 피옥직안출

답 ③

70.
누전경보기의 형식승인 및 제품검사의 기술기준에 따라 누전경보기의 변류기(단, 경계전로의 전선을 그 변류기에 관통시키는 것은 제외한다)는 경계전로에 정격전류를 흘리는 경우, 그 경계전로의 전압강하는 몇 V 이하이어야 하는가?

① 0.3 ② 0.5
③ 1.0 ④ 3.0

해설 대상에 따른 전압

전압	대상
0.5V 이하	• 누전경보기의 경계전로 전압강하 보기 ②
0.6V 이하	• 완전방전
60V 이하	• 약전류회로
60V 초과	• 접지단자 설치
300V 이하	• 전원변압기의 1차 전압 • 유도등 · 비상조명등의 사용전압
600V 이하	• 누전경보기의 경계전로전압

기억법 05경전(공오경전), 변3(변상해), 누6(누룩)

답 ②

71.
자동화재탐지설비의 화재안전기준에서 사용하는 용어의 정의를 설명한 것이다. 다음 중 옳지 않은 것은?

① "경계구역"이란 특정소방대상물 중 화재신호를 발신하고 그 신호를 수신 및 유효하게 제어할 수 있는 구역을 말한다.
② "중계기"란 감지기·발신기 또는 전기적 접점 등의 작동에 따른 신호를 받아 이를 수신기의 제어반에 전송하는 장치를 말한다.
③ "감지기"란 화재시 발생하는 열, 연기, 불꽃 또는 연소생성물을 자동적으로 감지하여 수신기에 발신하는 장치를 말한다.
④ "시각경보장치"란 자동화재탐지설비에서 발하는 화재신호를 시각경보기에 전달하여 시각장애인에게 경보를 하는 것을 말한다.

해설 ④ 시각장애인 → 청각장애인

시각경보장치(NFPC 203 3조, NFTC 203 1.7)
자동화재탐지설비에서 발하는 화재신호를 시각경보기에 전달하여 **청각장애인**에게 점멸형태의 시각경보를 하는 것

기억법 시청

답 ④

72.
무선통신보조설비의 화재안전기준에 따른 옥외안테나의 설치기준으로 옳지 않은 것은?

① 건축물, 지하가, 터널 또는 공동구의 출입구 및 출입구 인근에서 통신이 가능한 장소에 설치할 것
② 다른 용도로 사용되는 안테나로 인한 통신장애가 발생하지 않도록 설치할 것
③ 옥외안테나는 견고하게 설치하며 파손의 우려가 없는 곳에 설치하고 그 가까운 곳의 보기 쉬운 곳에 "옥외안테나"라는 표시와 함께 통신가능거리를 표시한 표지를 설치할 것
④ 수신기가 설치된 장소 등 사람이 상시 근무하는 장소에는 옥외안테나의 위치가 모두 표시된 옥외안테나 위치표시도를 비치할 것

해설 ③ "옥외안테나" → "무선통신보조설비 안테나"

무선통신보조설비 옥외안테나 설치기준(NFPC 505 6조, NFTC 505 2.3.1)
(1) **건축물, 지하가,** 터널 또는 공동구의 출입구 인근에서 통신이 가능한 장소에 설치할 것 보기 ①
(2) 다른 용도로 사용되는 안테나로 인한 **통신장애**가 발생하지 않도록 설치할 것 보기 ②
(3) 옥외안테나는 견고하게 설치하며 파손의 우려가 없는 곳에 설치하고 그 가까운 곳의 보기 쉬운 곳에 **"무선통신보조설비 안테나"**라는 표시와 함께 통신가능거리를 표시한 표지를 설치할 것 보기 ③
(4) 수신기가 설치된 장소 등 사람이 상시 근무하는 장소에는 옥외안테나의 위치가 모두 표시된 옥외안테나 **위치표시도**를 비치할 것 보기 ④

답 ③

73.
통로유도등은 소방대상물의 각 거실과 그로부터 지상에 이르는 복도 또는 계단의 통로에 설치하여야 한다. 다음 중 설치기준으로 옳지 않은 것은?

① 계단통로유도등은 바닥으로부터 1m 이하의 위치에 설치할 것
② 거실통로유도등은 바닥으로부터 높이 1m 이하의 위치에 설치할 것
③ 복도통로유도등은 구부러진 모퉁이 및 보행거리 20m마다 설치할 것
④ 거실통로유도등은 구부러진 모퉁이 및 보행거리 20m마다 설치할 것

해설 ② 1m 이하 → 1.5m 이상

거실통로유도등의 **설치기준**(NFPC 303 6조, NFTC 303 2.3.1.2)
(1) **거실**의 **통로**에 설치할 것(단, 거실의 통로가 **벽체** 등으로 **구획**된 경우에는 **복도통로유도등** 설치)
(2) 구부러진 **모퉁이** 및 보행거리 20m마다 설치할 것
(3) 바닥으로부터 **높이 1.5m 이상**의 위치에 설치할 것 (단, **거실통로에 기둥**이 설치된 경우에는 기둥부분의 바닥으로부터 높이 **1.5m 이하**의 위치에 설치 가능) 보기 ②

기억법 거통복 모거높

중요

(1) 설치높이

구 분	설치높이
계단통로유도등·**복도통로유도등**·**통로유도표지**	바닥으로부터 높이 **1m 이하** 보기 ①
피난구유도등	피난구의 바닥으로부터 높이 **1.5m 이상**
거실통로유도등	바닥으로부터 높이 **1.5m 이상** (단, 거실통로의 기둥은 1.5m 이하)
피난구유도표지	출입구 상단

기억법 계복1, 피유15상

(2) 설치거리

구 분	설치거리
복도통로유도등	구부러진 모퉁이 및 피난구유도등이 설치된 출입구의 맞은편 복도에 입체형 또는 바닥에 설치한 통로유도등을 기점으로 **보행거리 20m**마다 설치 보기 ③
거실통로유도등	구부러진 모퉁이 및 **보행거리 20m**마다 설치 보기 ④
계단통로유도등	각 층의 **경사로참** 또는 **계단참**마다 설치

답 ②

74 누전경보기의 화재안전기준에 따라 누전경보기의 수신부를 설치할 수 있는 장소는? (단, 해당 누전경보기에 대하여 방폭·방식·방습·방온·방진 및 정전기 차폐 등의 방호조치를 하지 않은 경우이다.)
16.05.문66
16.03.문76
14.09.문61
12.09.문63
① 옥내의 건조한 장소
② 화약류를 제조하거나 저장 또는 취급하는 장소
③ 부식성의 증기·가스 등이 다량으로 체류하는 장소
④ 온도의 변화가 급격한 장소

해설 **누전경보기 수신부**의 **설치장소**(NFPC 205 5조, NFTC 205 2.2.1)
옥내의 점검이 편리한 **건조**한 장소(옥내의 건조한 장소) 보기 ①

비교

누전경보기의 수신부 설치 제외 장소(NFPC 205 5조, NFTC 205 2.2.2)
(1) **온**도변화가 급격한 장소
(2) **습**도가 높은 장소
(3) **가**연성의 증기, 가스 등 또는 부식성의 증기, 가스 등의 다량 체류장소
(4) **대**전류회로, 고주파 발생회로 등의 영향을 받을 우려가 있는 장소
(5) **화**약류 제조, 저장, 취급 장소

기억법 온습누가대화(**온**·**습**도가 높으면 **누가 대화**하냐?)

답 ①

75 비상콘센트설비의 성능인증 및 제품검사의 기술기준에 따른 비상콘센트설비의 구조 및 기능에 대한 설명으로 틀린 것은?
21.03.문79
20.08.문80
① 보수 및 부속품의 교체가 쉬워야 한다.
② 기기 내의 비상전원 공급용 배선은 내열배선으로 하여야 한다.
③ 부품의 부착은 기능에 이상을 일으키지 아니하고 쉽게 풀리지 아니하도록 하여야 한다.
④ 충전부는 노출되지 아니하도록 하여야 한다.

해설 ② 내열배선 → 내화배선

비상콘센트설비의 **구조 및 기능**(비상콘센트설비의 성능인증 및 제품검사의 기술기준 3조)
(1) 작동이 확실하고 취급 점검이 쉬워야 하며 현저한 잡음이나 장해전파를 발하지 아니하여야 한다.
(2) 보수 및 부속품의 교체가 쉬워야 한다. 보기 ①
(3) 부식에 의하여 기계적 기능에 영향을 초래할 우려가 있는 부분은 칠, 도금 등으로 유효하게 내식가공을 하거나 방청가공을 하여야 하며 전기적 기능에 영향이 있는 단자, 나사 및 와셔 등은 **동합금**이나 이와 동등 이상의 **내식성능**이 있는 재질 사용
(4) 기기 내의 비상전원 공급용 배선은 **내화배선**으로, 그 밖의 배선은 **내화배선** 또는 **내열배선**으로 하여야 하며, 배선의 접속이 정확하고 확실하여야 한다. 보기 ②
(5) 부품의 부착은 기능에 이상을 일으키지 아니하고 쉽게 풀리지 아니하도록 하여야 한다. 보기 ③
(6) 전선 이외의 전류가 흐르는 부분과 가동축 부분의 접촉력이 충분하지 아니한 곳에는 접촉부의 접촉불량을 방지하기 위한 적당한 조치를 하여야 한다.
(7) 충전부는 노출되지 아니하도록 하여야 한다. 보기 ④
(8) 비상콘센트설비의 각 접속기(콘센트를 말함)마다 **배선용 차단기**를 설치하여야 한다.
(9) 수납형이 아닌 비상콘센트설비는 외함에 쉽게 개폐할 수 있도록 **문**을 설치하여야 한다.
(10) 외함(수납형의 부품 지지판 포함)은 방청가공을 한 두께 **1.6mm 이상**의 **강판**, 두께 **1.2mm 이상**의 **스테인리스판** 또는 두께 **3mm 이상**의 자기소화성이 있는 **합성수지** 사용

외함두께		
스테인리스판	강판	합성수지
1.2mm 이상	1.6mm 이상	3mm 이상

(11) 외함의 전면 상단에 주전원을 감시하는 **적색**의 표시등 설치(단, **수납형**의 경우에는 주전원을 감시하는 표시등을 접속할 수 있는 단자만을 설치할 수 있음)
(12) 외함의 재질이 강판 등 금속재인 경우에는 **접지단자**를 설치하여야 한다.
(13) 외함에는 "**비상콘센트설비**"(수납형은 "**비상콘센트설비(수납형)**")라고 표시한 표지를 하여야 한다.

답 ②

76. 자동화재탐지설비 및 시각경보장치의 화재안전기준에 따른 열전대식 차동식 분포형 감지기의 시설기준이다. 다음 ( )에 들어갈 내용으로 옳은 것은? (단, 주요구조부가 내화구조로 된 특정소방대상물이 아닌 경우이다.)

17.05.문72
12.03.문71
03.08.문70

열전대부는 감지구역의 바닥면적 (㉠)m² 마다 1개 이상으로 할 것. 다만, 바닥면적이 (㉡)m² 이하인 특정소방대상물에 있어서는 (㉢)개 이상으로 하여야 한다.

① ㉠ 22, ㉡ 88, ㉢ 7
② ㉠ 18, ㉡ 80, ㉢ 5
③ ㉠ 18, ㉡ 72, ㉢ 4
④ ㉠ 22, ㉡ 88, ㉢ 20

해설 **열전대식 감지기의 설치기준**(NFPC 203 제7조, NFTC 203 2.4.3.8)
(1) 하나의 검출부에 접속하는 열전대부는 **4~20개** 이하로 할 것(단, **주소형 열전대식 감지기**는 제외)
(2) 바닥면적

분류	열전대식 1개 바닥면적	바닥면적	설치 개수
내화구조	22m²	88m² 이하 (22m²×4개=88m²)	4개 이상
기타구조 (내화구조로 된 특정소방대상물 이 아닌 경우)	→ 18m²	72m² 이하 (18m²×4개=72m²)	4개 이상

비교

열반도체식 감지기	열전대식 감지기
2~15개 이하	4~20개 이하

답 ③

77. 비상조명등의 화재안전기준에 따른 휴대용 비상조명등의 설치기준이다. 다음 ( )에 들어갈 내용으로 옳은 것은?

20.09.문65
19.03.문74
17.05.문67
15.09.문64
15.05.문61
14.09.문75
13.03.문68
12.03.문61
09.05.문76

지하상가 및 지하역사에는 보행거리 (㉠)m 이내마다 (㉡)개 이상 설치할 것

① ㉠ 25, ㉡ 1
② ㉠ 25, ㉡ 3
③ ㉠ 50, ㉡ 1
④ ㉠ 50, ㉡ 3

해설 **휴대용 비상조명등의 설치기준**(NFPC 304 4조, NFTC 304 2.1.2)

설치개수	설치장소
1개 이상	• **숙박시설** 또는 **다중이용업소**에는 객실 또는 영업장 안의 구획된 실마다 잘 보이는 곳(외부에 설치시 출입문 손잡이로부터 **1m 이내** 부분)
3개 이상	• **지하상가** 및 **지하역사**의 보행거리 **25m** 이내마다 보기 ② • **대규모점포**(백화점·대형점·쇼핑센터) 및 **영화상영관**의 보행거리 **50m** 이내마다

(1) 바닥으로부터 **0.8~1.5m** 이하의 높이에 설치할 것
(2) 어둠 속에서 **위치**를 **확인**할 수 있도록 할 것
(3) 사용시 **자동**으로 **점등**되는 구조일 것
(4) 외함은 **난연성능**이 있을 것
(5) 건전지를 사용하는 경우에는 **방전방지조치**를 하여야 하고, **충전식 배터리**의 경우에는 **상시 충전**되도록 할 것
(6) 건전지 및 충전식 배터리의 용량은 **20분** 이상 유효하게 사용할 수 있는 것으로 할 것

답 ②

78. 부착높이 3m, 바닥면적 50m²인 주요구조부를 내화구조로 한 소방대상물에 1종 열반도체식 차동식 분포형 감지기를 설치하고자 할 때 감지부의 최소 설치개수는?

19.04.문73
14.09.문77
13.09.문71
05.03.문79

① 1개
② 2개
③ 3개
④ 4개

해설 **열반도체식 감지기**(NFPC 203 7조, NFTC 203 2.4.3.9.1)

(단위 : m²)

부착높이 및 소방대상물의 구분		감지기의 종류	
		1종	2종
8m 미만	내화구조	→ 65	36
	기타구조	40	23
8~15m 미만	내화구조	50	36
	기타구조	30	23

1종 감지기 1개가 담당하는 바닥면적은 **65m²**이므로
$$\frac{50}{65} = 0.77 ≒ 1개$$

• 하나의 검출기에 접속하는 감지부는 **2~15개** 이하이지만 부착높이가 **8m 미만**이고 바닥면적이 **기준면적** 이하인 경우 1개로 할 수 있다. 그러므로 최소 개수는 2개가 아닌 **1개**가 되는 것이다. **주의!**

답 ①

79 감지기의 형식승인 및 제품검사의 기술기준에 따라 단독경보형 감지기가 작동할 때 화재를 경보하여 유·무선으로 주위의 다른 감지기에 신호를 발신하고 신호를 수신한 감지기도 화재를 경보하며 다른 감지기에 신호를 발신하는 방식은?

① 아날로그식   ② 무선식
③ 연동식   ④ 다신호식

해설 감지기의 **형식**(감지기의 형식승인 및 제품검사의 기술기준 4조)

형식	특성
다신호식	• 각 서로 다른 종별 또는 감도 등의 기능을 갖춘 것으로서 일정시간 간격을 두고 각각 다른 2개 이상의 화재신호를 발하는 감지기 • 동일 종별 또는 감도를 갖는 2개 이상의 센서를 통해 감지하여 화재신호를 각각 발신하는 감지기
방폭형	**폭발성** 가스가 용기 내부에서 폭발하였을 때 용기가 그 압력에 견디거나 또는 외부의 폭발성 가스에 인화될 우려가 없도록 만들어진 형태의 감지기
방수형	그 구조가 **방수구조**로 되어 있는 감지기
재용형	**다시 사용**할 수 있는 성능을 가진 감지기
축적형	일정 농도·온도 이상의 연기 또는 온도가 **일정 시간**(공칭축적시간) **연속**하는 것을 전기적으로 **검출**함으로써 작동하는 감지기(단, 단순히 작동시간만을 지연시키는 것 제외)
아날로그식	주위의 **온도** 또는 **연기**의 양의 변화에 따른 화재정보신호값을 출력하는 방식의 감지기
연동식 보기 ③	단독경보형 감지기가 작동할 때 화재를 경보하며 **유**·**무선**으로 주위의 다른 감지기에 신호를 발신하고 신호를 수신한 감지기도 화재를 경보하며 다른 감지기에 신호를 발신하는 방식
무선식	**전파**에 의해 신호를 송·수신하는 방식
보정식	일정농도 이상의 연기가 일정시간 이상 연속하는 것을 전기적으로 검출하여 작동감도를 자동적으로 보정하는 방식의 감지기
주소형	감지기의 식별정보가 있어 감지기의 작동시 설치지점의 감지기 식별신호를 발신하는 것

답 ③

80 비상콘센트설비의 화재안전기준에 따른 용어의 정의 중 옳은 것은?

19.09.문68
17.05.문65
16.05.문64
14.05.문23
13.09.문80
12.09.문77
05.03.문76

① "저압"이란 직류는 1.5kV 이하, 교류는 1kV 이하인 것을 말한다.
② "저압"이란 직류는 700V 이하, 교류는 600V 이하인 것을 말한다.
③ "고압"이란 직류는 700V를, 교류는 600V를 초과하는 것을 말한다.
④ "고압"이란 직류는 750V를, 교류는 600V를 초과하는 것을 말한다.

해설 **전압**(NFTC 504 1.7)

구분	설명
저압 보기 ①	**직류 1.5kV** 이하, **교류 1kV** 이하
고압	저압의 범위를 초과하고 **7kV** 이하
특고압	**7kV**를 초과하는 것

답 ①

2023. 5. 13 시행

■ 2023년 기사 제2회 필기시험 CBT 기출복원문제 ■

자격종목	종목코드	시험시간	형별	수험번호	성명
소방설비기사(전기분야)		2시간			

※ 각 문항은 4지택일형으로 질문에 가장 적합한 보기 항을 선택하여 체크하여야 합니다.

제1과목 소방원론

01 자연발화가 일어나기 쉬운 조건이 아닌 것은?
[12.05.문03]
① 열전도율이 클 것
② 적당량의 수분이 존재할 것
③ 주위의 온도가 높을 것
④ 표면적이 넓을 것

해설 ① 클 것 → 작을 것

자연발화 조건
(1) 열전도율이 작을 것 [보기 ①]
(2) 발열량이 클 것
(3) 주위의 온도가 높을 것 [보기 ③]
(4) 표면적이 넓을 것 [보기 ④]
(5) 적당량의 수분이 존재할 것 [보기 ②]

비교
자연발화의 방지법
(1) 습도가 높은 곳을 피할 것(건조하게 유지할 것)
(2) 저장실의 온도를 낮출 것
(3) 통풍이 잘 되게 할 것
(4) 퇴적 및 수납시 열이 쌓이지 않게 할 것 (열 축적 방지)
(5) 산소와의 접촉을 차단할 것
(6) 열전도성을 좋게 할 것

답 ①

02 정전기로 인한 화재를 줄이고 방지하기 위한 대책 중 틀린 것은?
[22.04.문03]
[21.09.문58]
[13.06.문44]
[12.09.문53]
① 공기 중 습도를 일정값 이상으로 유지한다.
② 기기의 전기절연성을 높이기 위하여 부도체로 차단공사를 한다.
③ 공기 이온화 장치를 설치하여 가동시킨다.
④ 정전기 축적을 막기 위해 접지선을 이용하여 대지로 연결작업을 한다.

해설 ② 도체 사용으로 전류가 잘 흘러가도록 해야 함

위험물규칙 [별표 4]
정전기 제거방법
(1) **접지**에 의한 방법 [보기 ④]
(2) 공기 중의 상대습도를 **70%** 이상으로 하는 방법 [보기 ①]
(3) **공기**를 **이온화**하는 방법 [보기 ③]

위험물규칙 [별표 4]
위험물을 가압하는 설비 또는 그 취급하는 위험물의 압력이 상승할 우려가 있는 설비에 설치하는 안전장치
(1) 자동적으로 **압력**의 **상승**을 **정지**시키는 장치
(2) 감압측에 **안전밸브**를 부착한 **감압밸브**
(3) **안전밸브**를 겸하는 **경보장치**
(4) 파괴판

답 ②

03 건축물의 피난·방화구조 등의 기준에 관한 규칙상 방화구획의 설치기준 중 스프링클러를 설치한 10층 이하의 층은 바닥면적 몇 m² 이내마다 방화구획을 구획하여야 하는가?
[22.03.문11]
[19.03.문15]
[18.04.문04]
① 1000   ② 1500
③ 2000   ④ 3000

해설 ④ 스프링클러소화설비를 설치했으므로 1000m²×3배=3000m²

건축령 46조, 피난·방화구조 14조
방화구획의 기준

대상 건축물	대상 규모	층 및 구획방법	구획부분의 구조
주요 구조부가 내화구조 또는 불연재료로 된 건축물	연면적 1000m² 넘는 것	• 10층 이하: 바닥면적 **1000m²** 이내마다	• 내화구조로 된 바닥·벽 • 60분+방화문, 60분 방화문 • 자동방화셔터
		• 매 층마다: 지하 1층에서 지상으로 직접 연결하는 경사로 부위는 제외	
		• 11층 이상: 바닥면적 **200m²** 이내마다(실내마감을 불연재료로 한 경우 **500m²** 이내마다)	

- **스프링클러**, 기타 이와 유사한 **자동식 소화설비**를 설치한 경우 바닥면적은 위의 **3배** 면적으로 산정한다.
  문제 7
- **필로티**나 그 밖의 비슷한 구조의 부분을 주차장으로 사용하는 경우 그 부분은 건축물의 다른 부분과 구획할 것

답 ④

04. 다음은 위험물의 정의이다. 다음 ( ) 안에 알맞은 것은?
13.03.문47

"위험물"이라 함은 (㉠) 또는 발화성 등의 성질을 가지는 것으로서 (㉡)이 정하는 물품을 말한다.

① ㉠ 인화성, ㉡ 국무총리령
② ㉠ 휘발성, ㉡ 국무총리령
③ ㉠ 휘발성, ㉡ 대통령령
④ ㉠ 인화성, ㉡ 대통령령

해설 위험물법 2조
"**위험물**"이라 함은 **인화성** 또는 **발화성** 등의 성질을 가지는 것으로서 **대통령령**이 정하는 물품

답 ④

05. 화재강도(fire intensity)와 관계가 없는 것은?
19.09.문19
15.05.문01
① 가연물의 비표면적
② 발화원의 온도
③ 화재실의 구조
④ 가연물의 발열량

해설 화재강도(fire intensity)에 영향을 미치는 인자
(1) 가연물의 비표면적
(2) 화재실의 구조
(3) 가연물의 배열상태(발열량)

용어
화재강도
열의 집중 및 방출량을 상대적으로 나타낸 것. 즉, **화재**의 **온도**가 높으면 화재강도는 커진다(발화원의 온도가 아님).

답 ②

06. 소화약제로 물을 사용하는 주된 이유는?
18.03.문19
15.05.문04
99.08.문06
① 촉매역할을 하기 때문에
② 증발잠열이 크기 때문에
③ 연소작용을 하기 때문에
④ 제거작용을 하기 때문에

해설 물의 소화능력
(1) **비열**이 크다.
(2) **증발잠열**(기화잠열)이 크다.
(3) 밀폐된 장소에서 증발가열하면 수증기에 의해서 **산소희석작용** 또는 **질식소화작용**을 한다.
(4) **무상**으로 주수하면 **중질유** 화재에도 사용할 수 있다.

참고
물이 소화약제로 많이 쓰이는 이유

장점	단점
① 쉽게 구할 수 있다.	① 가스계 소화약제에 비해 사용 후 **오염**이 크다.
② 증발잠열(기화잠열)이 크다.	② 일반적으로 **전기화재**에는 **사용**이 불가하다.
③ 취급이 간편하다.	

답 ②

07. 건축물에 설치하는 방화구획의 설치기준 중 스프링클러설비를 설치한 11층 이상의 층은 바닥면적 몇 m^2 이내마다 방화구획을 하여야 하는가? (단, 벽 및 반자의 실내에 접하는 부분의 마감은 불연재료가 아닌 경우이다.)
19.03.문15
18.04.문04

① 200
② 600
③ 1000
④ 3000

해설 ② 스프링클러설비를 설치했으므로 $200m^2 \times 3$배 $= 600m^2$

답 ②

08. 탄산가스에 대한 일반적인 설명으로 옳은 것은?
14.03.문16
10.09.문14
① 산소와 반응시 흡열반응을 일으킨다.
② 산소와 반응하여 불연성 물질을 발생시킨다.
③ 산화하지 않으나 산소와는 반응한다.
④ 산소와 반응하지 않는다.

해설 가연물이 될 수 없는 물질(불연성 물질)

특징	불연성 물질
주기율표의 0족 원소	• 헬륨(He) • 네온(Ne) • 아르곤(Ar) • 크립톤(Kr) • 크세논(Xe) • 라돈(Rn)
산소와 더 이상 반응하지 않는 물질	• 물(H_2O) • **이산화탄소**(CO_2) • 산화알루미늄(Al_2O_3) • 오산화인(P_2O_5)
흡열반응 물질	질소(N_2)

• 탄산가스=이산화탄소(CO_2)

답 ④

09 할론(Halon) 1301의 분자식은?

① CH₃Cl
② CH₃Br
③ CF₃Cl
④ CF₃Br

 할론소화약제의 약칭 및 분자식

종류	약칭	분자식
할론 1011	CB	CH_2ClBr
할론 104	CTC	CCl_4
할론 1211	BCF	CF_2ClBr
할론 1301	BTM	CF_3Br 보기 ④
할론 2402	FB	$C_2F_4Br_2$

답 ④

10 소화약제로서 물 1g이 1기압, 100℃에서 모두 증기로 변할 때 열의 흡수량은 몇 cal인가?

① 429
② 499
③ 539
④ 639

③ 물의 기화잠열 539cal : 1기압 100℃의 물 1g이 모두 기체로 변화하는 데 539cal의 열량이 필요

물(H_2O)

기화잠열(증발잠열)	융해잠열
539cal/g 보기 ③	80cal/g
① 100℃의 물 1g이 수증기로 변화하는 데 필요한 열량 ② 물 1g이 1기압, 100℃에서 모두 증기로 변할 때 열의 흡수량	0℃의 얼음 1g이 물로 변화하는 데 필요한 열량

기억법 기53, 융8

답 ③

11 소화약제인 IG-541의 성분이 아닌 것은?

① 질소
② 아르곤
③ 헬륨
④ 이산화탄소

③ 해당 없음

불활성기체 소화약제

구분	화학식
IG-01	• Ar(아르곤)
IG-100	• N_2(질소)
IG-541	• N_2(질소) : 52% 보기 ① • Ar(아르곤) : 40% 보기 ② • CO_2(이산화탄소) : 8% 보기 ④ 기억법 NACO(내코) 5240
IG-55	• N_2(질소) : 50% • Ar(아르곤) : 50%

답 ③

12 이산화탄소의 증기비중은 약 얼마인가? (단, 공기의 분자량은 29이다.)

① 0.81
② 1.52
③ 2.02
④ 2.51

(1) 증기비중

$$증기비중 = \frac{분자량}{29}$$

여기서, 29 : 공기의 평균 분자량

(2) 분자량

원소	원자량
H	1
C	12
N	14
O	16

이산화탄소(CO_2) 분자량 = $12 + 16 \times 2 = 44$

증기비중 = $\frac{44}{29} ≒ 1.52$

• 증기비중 = 가스비중

중요 이산화탄소의 물성

구분	물성
임계압력	72.75atm
임계온도	31.35℃(약 31.1℃)
3중점	-56.3℃(약 -56℃)
승화점(비점)	-78.5℃
허용농도	0.5%
증기비중	1.529
수분	0.05% 이하(함량 99.5% 이상)

기억법 이356, 이비78, 이증15

답 ②

13 다음 중 가연성 물질에 해당하는 것은?

① 질소
② 이산화탄소
③ 아황산가스
④ 일산화탄소

해설 가연성 물질과 지연성 물질

가연성 물질	지연성 물질(조연성 물질)
• **수**소 • **메**탄 • **일**산화탄소 [보기 ④] • **천**연가스 • **부**탄 • **에**탄	• 산소 • 공기 • 염소 • 오존 • 불소

기억법 가수메 일천부에

용어
가연성 물질과 지연성 물질

가연성 물질	지연성 물질(조연성 물질)
물질 자체가 연소하는 것	자기 자신은 연소하지 않지만 연소를 도와주는 것

답 ④

14 ★★★
가연성 액체로부터 발생한 증기가 액체표면에서 연소범위의 하한계에 도달할 수 있는 최저온도를 의미하는 것은?
14.09.문05
14.05.문15
11.06.문05
① 비점
② 연소점
③ 발화점
④ 인화점

해설 발화점, 인화점, 연소점

구 분	설 명
발화점 (ignition point)	• 가연성 물질에 불꽃을 접하지 아니하였을 때 연소가 가능한 **최저온도** • **점화원 없이** 스스로 불이 붙는 **최저온도**
인화점 (flash point)	• 휘발성 물질에 **불**꽃을 접하여 연소가 가능한 **최저온도** • 가연성 증기를 발생하는 액체가 공기와 혼합하여 기상부에 다른 불꽃이 닿았을 때 연소가 일어나는 **최저온도** • **점화원**에 의해 불이 붙는 **최저온도** • 연소범위의 **하**한계 [보기 ④] **기억법** 불인하(불임하면 안돼!)
연소점 (fire point)	• 인화점보다 **10℃** 높으며 연소를 **5초** 이상 지속할 수 있는 온도 • 어떤 인화성 액체가 공기 중에서 열을 받아 점화원의 존재하에 **지**속적인 연소를 일으킬 수 있는 온도 • 가연성 액체에 점화원을 가져가서 인화된 후에 점화원을 제거하여도 가연물이 **계속** 연소되는 **최저온도** **기억법** 연105초지계

답 ④

15 ★★★
20.06.문10
17.05.문04
유류탱크의 화재시 탱크 저부의 물이 뜨거운 열류층에 의하여 수증기로 변하면서 급작스런 부피팽창을 일으켜 유류가 탱크 외부로 분출하는 현상을 무엇이라고 하는가?
① 보일오버
② 슬롭오버
③ 브레이브
④ 파이어볼

해설 유류탱크, 가스탱크에서 발생하는 현상

구 분	설 명
블래비=블레비 (BLEVE)	• 과열상태의 탱크에서 내부의 액화가스가 분출하여 기화되어 폭발하는 현상
보일오버 (boil over)	• 중질유의 석유탱크에서 장시간 조용히 연소하다 탱크 내의 잔존기름이 갑자기 분출하는 현상 • 유류탱크에서 **탱크바닥**에 **물**과 기름의 **에멀션**이 섞여 있을 때 이로 인하여 화재가 발생하는 현상 • 연소유면으로부터 100℃ 이상의 열파가 **탱크 저부**에 고여 있는 물을 비등하게 하면서 연소유를 탱크 밖으로 비산시키며 연소하는 현상 [보기 ①]
오일오버 (oil over)	• 저장탱크에 저장된 유류저장량이 내용적의 **50%** 이하로 충전되어 있을 때 화재로 인하여 탱크가 폭발하는 현상
프로스오버 (froth over)	• 물이 점성의 뜨거운 기름표면 아래에서 끓을 때 화재를 수반하지 않고 용기가 넘치는 현상
슬롭오버 (slop over)	• **유류탱크 화재시** 기름 표면에 물을 살수하면 **기름**이 **탱크** 밖으로 **비산**하여 화재가 확대되는 현상(연소유가 비산되어 탱크 외부까지 화재가 확산) • 물이 연소유의 뜨거운 표면에 들어갈 때 기름 표면에서 화재가 발생하는 현상 • 유화제로 소화하기 위한 물이 수분의 급격한 증발에 의하여 액면이 거품을 일으키면서 열유층 밑의 냉유가 급히 열팽창하여 기름의 일부가 불이 붙은 채 탱크벽을 넘어서 일출하는 현상 • 연소면의 온도가 100℃ 이상일 때 물을 주수하면 발생 • 소화시 외부에서 방사하는 포에 의해 발생

답 ①

16 ★★★
19.09.문09
14.09.문16
12.03.문12
10.09.문02
프로판가스의 연소범위[vol%]에 가장 가까운 것은?
① 9.8~28.4
② 2.5~81
③ 4.0~75
④ 2.1~9.5

23. 05. 시행 / 기사(전기)

해설 (1) 공기 중의 폭발한계

가 스	하한계 (하한점, [vol%])	상한계 (상한점, [vol%])
아세틸렌(C_2H_2)	2.5	81
수소(H_2)	4	75
일산화탄소(CO)	12	75
에터($C_2H_5OC_2H_5$)	1.7	48
이황화탄소(CS_2)	1	50
에틸렌(C_2H_4)	2.7	36
암모니아(NH_3)	15	25
메탄(CH_4)	5	15
에탄(C_2H_6)	3	12.4
프로판(C_3H_8) 보기 ④ →	2.1	9.5
부탄(C_4H_{10})	1.8	8.4

(2) 폭발한계와 같은 의미
 ㉠ 폭발범위
 ㉡ 연소한계
 ㉢ 연소범위
 ㉣ 가연한계
 ㉤ 가연범위

답 ④

17 다음 중 제거소화 방법과 무관한 것은?

① 산불의 확산방지를 위하여 산림의 일부를 벌채한다.
② 화학반응기의 화재시 원료 공급관의 밸브를 잠근다.
③ 유류화재시 가연물을 포(泡)로 덮는다.
④ 유류탱크 화재시 주변에 있는 유류탱크의 유류를 다른 곳으로 이동시킨다.

해설 ③ 질식소화 : 포 사용

제거소화의 예
(1) **가연성 기체** 화재시 **주밸브**를 **차단**한다(화학반응기의 화재시 원료공급관의 밸브를 잠금). 보기 ②
(2) **가연성 액체** 화재시 펌프를 이용하여 **연료**를 제거한다.
(3) **연료탱크**를 **냉각**하여 가연성 가스의 발생속도를 작게 하여 연소를 억제한다.
(4) 금속화재시 **불활성 물질**로 가연물을 덮는다.
(5) **목재**를 **방염처리**한다.
(6) 전기화재시 **전원**을 **차단**한다.
(7) 산불이 발생하면 화재의 진행방향을 앞질러 **벌목**한다(산불의 확산방지를 위하여 **산림**의 **일부**를 **벌채**). 보기 ①
(8) 가스화재시 **밸브**를 **잠가** 가스흐름을 차단한다(가스화재시 중간밸브를 잠금).
(9) 불타고 있는 장작더미 속에서 아직 타지 않은 것을 안전한 곳으로 **운반**한다.
(10) 유류탱크 화재시 주변에 있는 유류탱크의 유류를 다른 곳으로 이동시킨다. 보기 ④
(11) 양초를 입으로 불어서 끈다.

용어

제거효과
가연물을 반응계에서 제거하든지 또는 반응계로의 공급을 정지시켜 소화하는 효과

답 ③

18 분말소화약제 중 A급, B급, C급에 모두 사용할 수 있는 것은?

① 제1종 분말
② 제2종 분말
③ 제3종 분말
④ 제4종 분말

해설 분말소화기(질식효과)

종 별	소화약제	약제의 착색	화학반응식	적응 화재
제1종	탄산수소나트륨 ($NaHCO_3$)	백색	$2NaHCO_3 \rightarrow Na_2CO_3+CO_2+H_2O$	BC급
제2종	탄산수소칼륨 ($KHCO_3$)	담자색 (담회색)	$2KHCO_3 \rightarrow K_2CO_3+CO_2+H_2O$	BC급
제3종 보기 ③	인산암모늄 ($NH_4H_2PO_4$)	담홍색	$NH_4H_2PO_4 \rightarrow HPO_3+NH_3+H_2O$	AB C급
제4종	탄산수소칼륨+요소 ($KHCO_3+$ $(NH_2)_2CO$)	회(백)색	$2KHCO_3+$ $(NH_2)_2CO \rightarrow$ K_2CO_3+ $2NH_3+2CO_2$	BC급

• 탄산수소나트륨=중탄산나트륨
• 탄산수소칼륨=중탄산칼륨
• 제1인산암모늄=인산암모늄=인산염
• 탄산수소칼륨+요소=중탄산칼륨+요소

답 ③

19 휘발유 화재시 물을 사용하여 소화할 수 없는 이유로 가장 옳은 것은?

① 인화점이 물보다 낮기 때문이다.
② 비중이 물보다 작아 연소면이 확대되기 때문이다.
③ 수용성이므로 물에 녹아 폭발이 일어나기 때문이다.
④ 물과 반응하여 수소가스를 발생하기 때문이다.

해설 **주수소화**(물소화)시 위험한 물질

구 분	현 상
• 무기과산화물	**산소** 발생
• **금**속분 • **마**그네슘 • 알루미늄 • 칼륨 • 나트륨 • **수**소화리튬 • **부**틸리튬	**수**소 발생
• 가연성 액체(휘발유)의 유류화재	**연소면**(화재면) 확대 보기 ②

기억법 금마수

답 ②

20 다음 중 가연성 가스가 아닌 것은?

22.09.문20
21.03.문08
20.09.문20
17.03.문07
16.10.문03
16.03.문04
14.05.문10
12.09.문08
11.10.문02

① 메탄
② 수소
③ 산소
④ 암모니아

해설 ③ 산소: 지연성 가스

가연성 가스와 지연성 가스

가연성 가스	지연성 가스(조연성 가스)
• **수**소 보기 ② • **메**탄 보기 ① • **일**산화탄소 • **천**연가스 • **부**탄 • **에**탄 • **암**모니아 보기 ④ • **프**로판	• **산**소 • **공**기 • **염**소 • **오**존 • **불**소 기억법 조산공 염불오

기억법 가수일천 암부 메에프

용어

가연성 가스와 지연성 가스

가연성 가스	지연성 가스(조연성 가스)
물질 자체가 연소하는 것	자기 자신은 연소하지 않지만 연소를 도와주는 가스

답 ③

제 2 과목   소방전기일반

21 인덕턴스가 0.5H인 코일의 리액턴스가 753.6Ω일 때 주파수는 약 몇 Hz인가?

20.06.문21

① 120
② 240
③ 360
④ 480

해설 (1) **기호**

• L : 0.5H
• X_L : 753.6Ω
• f : ?

(2) **유도리액턴스**

$$X_L = 2\pi f L$$

여기서, X_L: 유도리액턴스[Ω]
  f: 주파수[Hz]
  L: 인덕턴스[H]

주파수 f는

$$f = \frac{X_L}{2\pi L} = \frac{753.6}{2\pi \times 0.5} \fallingdotseq 240\text{Hz}$$

답 ②

22 그림은 비상시에 대비한 예비전원의 공급회로이다. 직류전압을 일정하게 유지하기 위하여 콘덴서를 설치한다면 그 위치로 적당한 곳은?

13.09.문62

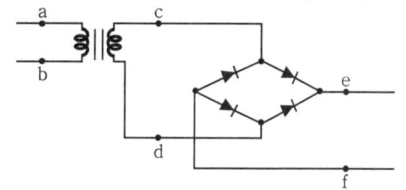

① a와 b 사이
② c와 d 사이
③ e와 f 사이
④ c와 e 사이

해설 **콘덴서(condenser)**
직류전압을 **평활**(일정하게 유지)하게 하기 위하여 정류회로의 **출력단**에 설치하여야 한다. 보기 ③

|누전경보기의 공급회로|

|콘덴서 설치 전| |콘덴서 설치 후|

답 ③

23 그림과 같은 브리지회로의 평형 조건은?

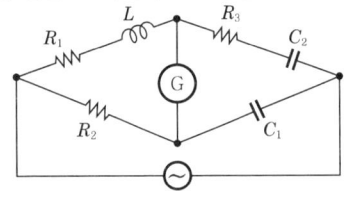

① $R_1C_1 = R_2C_2,\ R_2R_3 = C_1L$
② $R_1C_1 = R_2C_2,\ R_2R_3C_1 = L$
③ $R_1C_2 = R_2C_1,\ R_2R_3 = C_1L$
④ $R_1C_2 = R_2C_1,\ L = R_2R_3C_1$

해설 교류브리지 평형 조건

$I_1Z_1 = I_2Z_2,\ I_1Z_3 = I_2Z_4\ \therefore\ Z_1Z_4 = Z_2Z_3$
$Z_1 = R_1 + j\omega L$
$Z_2 = R_2$
$Z_3 = R_3 + \dfrac{1}{j\omega C_2} = \dfrac{j\omega C_2 R_3}{j\omega C_2} + \dfrac{1}{j\omega C_2} = \dfrac{j\omega C_2 R_3 + 1}{j\omega C_2}$
$Z_4 = \dfrac{1}{j\omega C_1}$
$Z_1Z_4 = Z_2Z_3$
$(R_1 + j\omega L) \times \dfrac{1}{j\omega C_1} = R_2 \times \left(R_3 + \dfrac{1}{j\omega C_2}\right)$
$\dfrac{R_1 + j\omega L}{j\omega C_1} = R_2 \times \dfrac{j\omega C_2 R_3 + 1}{j\omega C_2}$
$\dfrac{R_1 + j\omega L}{j\omega C_1} = \dfrac{j\omega C_2 R_2 R_3 + R_2}{j\omega C_2}$
$\dfrac{R_1 + j\omega L}{j\omega C_1} = \dfrac{R_2 + j\omega C_2 R_2 R_3}{j\omega C_2}$

$L = C_2 R_2 R_3,\ C_1 = C_2,\ R_1 = R_2$
$L = C_2 R_2 R_3 = R_2 R_3 C_2$
$\boxed{C_1 = C_2}$ 이므로
$L = R_2 R_3 C_1$
$R_2 R_3 C_2 = R_2 R_3 C_1$
$\boxed{R_1 = R_2}$ 이므로
$R_1 R_2 C_2 = R_2 R_3 C_1$
$R_1 C_2 = R_2 C_1$

답 ④

24 전자유도현상에서 코일에 생기는 유도기전력의 방향을 정의한 법칙은?

① 플레밍의 오른손법칙
② 플레밍의 왼손법칙
③ 렌츠의 법칙
④ 패러데이의 법칙

해설 여러 가지 법칙

법 칙	설 명
플레밍의 **오**른손법칙	**도**체운동에 의한 **유**도기전력의 **방**향 결정 **기억법** 방유도오 (**방**에 **우유**를 **도로** 갖다 놓게!)
플레밍의 **왼**손법칙	**전**자력의 방향 결정 **기억법** 왼전 (**왠 전**쟁이냐?)
렌츠의 법칙 (렌쯔의 법칙) 보기 ③	**자**속변화에 의한 **유**도기전력의 **방**향 결정 **기억법** 렌유방 (**오렌**지가 **유**일한 **방**법이다.)
패러데이의 전자유도법칙 (페러데이의 법칙)	① 자속변화에 의한 **유**기기전력의 **크**기 결정 ② 전자유도현상에 의하여 생기는 **유도기전력**의 **크**기를 정의하는 법칙 **기억법** 패유크 (**폐유**를 버리면 **큰**일난다.)
앙페르의 오른나사법칙 (앙페에르의 법칙)	**전**류에 의한 **자**기장의 방향 결정 **기억법** 앙전자 (**양전자**)
비오-사바르의 법칙	**전**류에 의해 발생되는 **자**기장의 크기 결정 **기억법** 비전자 (**비전**공자)

• 유도기전력 = 유기기전력

답 ③

25 서보전동기는 제어기기의 어디에 속하는가?

① 검출부   ② 조절부
③ 증폭부   ④ 조작부

해설 서보전동기(servo motor)
(1) 제어기기의 **조작부**에 속한다. 보기 ④
(2) 서보기구의 최종단에 설치되는 **조작기기**(조작부)로서, **직선운동** 또는 **회전운동**을 하며 정확한 **제어**가 가능하다.

기억법 작서(작심)

답 ④

참고
서보전동기의 특징
(1) **직류전동기**와 **교류전동기**가 있다.
(2) **정·역회전**이 가능하다.
(3) **급가속, 급감속**이 가능하다.
(4) **저속운전**이 용이하다.

답 ④

26 직류발전기의 자극수 4, 전기자 도체수 500, 각 자극의 유효자속수 0.01Wb, 회전수 1800rpm인 경우 유기기전력은 얼마인가? (단, 전기자 권선은 파권이다.)

① 100V ② 150V
③ 200V ④ 300V

해설 (1) 기호
- P : 4
- Z : 500W
- ϕ : 0.01Wb
- N : 1800rpm
- V : ?
- a : 2(파권이므로)

(2) 유기기전력

$$V = \frac{P\phi NZ}{60a}$$

여기서, V : 유기기전력[V]
P : 극수
ϕ : 자속[Wb]
N : 회전수[rpm]
Z : 전기자 도체수
a : 병렬회로수(**파권 : 2**)

유기기전력 V는

$$V = \frac{P\phi NZ}{60a} = \frac{4 \times 0.01 \times 1800 \times 500}{60 \times 2} = 300\text{V}$$

※ 유기기전력=유도기전력

답 ④

27 불대수의 기본정리에 관한 설명으로 틀린 것은?

① $A + A = A$
② $A + 1 = 1$
③ $A \cdot 0 = 1$
④ $A + 0 = A$

해설
① $X + X = X$이므로 $A + A = A$
② $X + 1 = 1$이므로 $A + 1 = 1$
③ $X \cdot 0 = 0$이므로 $A \cdot 0 = 0$
④ $X + 0 = X$이므로 $A + 0 = A$

불대수의 정리

논리합	논리곱	비고
④ $X+0=X$ 보기 ④	③ $X \cdot 0 = 0$ 보기 ③	-
② $X+1=1$ 보기 ②	$X \cdot 1 = X$	-
① $X+X=X$ 보기 ①	$X \cdot X = X$	-
$X + \overline{X} = 1$	$X \cdot \overline{X} = 0$	-
$X+Y=Y+X$	$X \cdot Y = Y \cdot X$	교환법칙
$X+(Y+Z)$ $=(X+Y)+Z$	$X(YZ)=(XY)Z$	결합법칙
$X(Y+Z)$ $=XY+XZ$	$(X+Y)(Z+W)$ $=XZ+XW+YZ+YW$	분배법칙
$X+XY=X$	$\overline{X}+XY=\overline{X}+Y$ $X+\overline{X}Y=X+Y$ $X+\overline{X}\ \overline{Y}=X+\overline{Y}$	흡수법칙
$\overline{(X+Y)}$ $=\overline{X} \cdot \overline{Y}$	$\overline{(X \cdot Y)} = \overline{X}+\overline{Y}$	드모르간의 정리

답 ③

28 전기기기에서 생기는 손실 중 권선의 저항에 의하여 생기는 손실은?

① 철손 ② 동손
③ 표유부하손 ④ 히스테리시스손

해설

동 손 보기 ②	철 손
권선의 **저항**에 의하여 생기는 손실	**철심** 속에서 생기는 손실

기억법 권동철철

중요
무부하손
(1) 철손
(2) 저항손
(3) 유전체손

답 ②

29 $e_1 = 10\sqrt{2}\sin\left(\omega t + \frac{\pi}{3}\right)$[V]와 $e_2 = 20\sqrt{2}\sin\left(\omega t + \frac{\pi}{6}\right)$[V]의 두 정현파의 합성전압 e는 약 몇 V인가?

① $29.1\sin(\omega t + 60°)$
② $29.1\sin(\omega t - 60°)$
③ $29.1\sin(\omega t + 40°)$
④ $29.1\sin(\omega t - 40°)$

해설

$\pi = 180°$이므로 $\dfrac{\pi}{3} = 60°$, $\dfrac{\pi}{6} = 30°$

(1) 순시값 → 극형식 변환

$e_1 = 10\sqrt{2}\sin\left(\omega t + \dfrac{\pi}{3}\right) = 10\underline{/60°}$

$e_2 = 20\sqrt{2}\sin\left(\omega t + \dfrac{\pi}{6}\right) = 20\underline{/30°}$

(2) 극형식 → 복소수 변환

$e_1 = 10\underline{/60°} = 10(\cos 60° + j\sin 60°) = 5 + j8.66$

$e_2 = 20\underline{/30°} = 10(\cos 30° + j\sin 30°) = 17.32 + j10$

(3) 합산크기 계산

$e = e_1 + e_2 = 5 + j8.66 + 17.32 + j10$

$= 5 + 17.32 + j8.66 + j10 = \underbrace{22.32}_{실수} + \underbrace{j18.66}_{허수}$

∴ 최대값 $V_m = \sqrt{실수^2 + 허수^2}$

$= \sqrt{22.32^2 + 18.66^2} = 29.1$

위상차 $\theta = \tan^{-1}\dfrac{허수}{실수} = \tan^{-1}\dfrac{18.66}{22.32} = 40°$

$e = 29.1\sin(\omega t + 40°)$

중요

(1) 순시값

$e = V_m \sin\omega t$

여기서, e : 전압의 순시값[V]
V_m : 전압의 최대값[V]
ω : 각주파수[rad/s]
t : 주기[s]

(2) 최대값

$V_m = \sqrt{2}\,V$

여기서, V_m : 전압의 최대값[V]
V : 전압의 실효값[V]

(3) 극형식

$V\underline{/\theta}$

여기서, V : 전압의 실효값[V]
θ : 위상차[rad]

답 ③

30 직류 전압계의 내부저항이 500Ω, 최대 눈금이 50V라면 이 전압계에 3kΩ의 배율기를 접속하여 전압을 측정할 때 최대측정치는 몇 V인가?

20.06.문22
19.09.문30
17.03.문21
13.09.문31
11.06.문34

① 250
② 303
③ 350
④ 500

해설

(1) 기호
- V : 50V
- R_v : 500Ω
- R_m : 3kΩ = 3×10^3Ω (1kΩ = 10^3Ω)
- V_0 : ?

(2) 배율기

$V_0 = V\left(1 + \dfrac{R_m}{R_v}\right)$ [V]

여기서, V_0 : 측정하고자 하는 전압[V]
V : 전압계의 최대눈금[V]
R_v : 전압계의 내부저항[Ω]
R_m : 배율기저항[Ω]

$V_0 = V\left(1 + \dfrac{R_m}{R_v}\right)$

$= 50 \times \left(1 + \dfrac{3 \times 10^3}{500}\right) = 350\text{V}$

비교

분류기

$I_0 = I\left(1 + \dfrac{R_A}{R_S}\right)$ [A]

여기서, I_0 : 측정하고자 하는 전류[A]
I : 전류계의 최대눈금[A]
R_A : 전류계 내부저항[Ω]
R_S : 분류기저항[Ω]

답 ③

31 전원전압을 일정하게 유지하기 위하여 사용하는 다이오드는?

20.06.문38
19.03.문35
18.09.문31
16.10.문30
15.05.문38
14.09.문40
14.05.문24
14.03.문27
12.03.문34
11.06.문37
00.10.문25

① 쇼트키다이오드
② 터널다이오드
③ 제너다이오드
④ 버랙터다이오드

해설 반도체소자

명칭	심벌
제너다이오드(zener diode) 보기 ③ ① 주로 정전압 전원회로에 사용된다. ② **전원전압**을 **일정**하게 **유지**한다.	▶◀
서미스터(thermistor) : 부온도특성을 가진 저항기의 일종으로서 주로 **온도보정용**(온도보상용)으로 쓰인다.	(Th)
기억법 서온(서운해)	
SCR(Silicon Controlled Rectifier) : 단방향 대전류 스위칭소자로서 제어를 할 수 있는 정류소자이다.	A▶◀K G

바리스터(varistor) ① 주로 **서**지전압에 대한 회로보호용(과도전압에 대한 회로보호) ② **계**전기접점의 불꽃제거 [기억법] 바리서계	
UJT(Unijunction Transistor, **단일접합 트랜지스터**): 증폭기로는 사용이 불가능하며 톱니파나 펄스발생기로 작용하며 SCR의 트리거소자로 쓰인다.	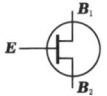
가변용량 다이오드(버랙터다이오드) ① **가변용량** 특성을 FM 변조 AFC 동조에 이용 ② 제너현상을 이용한 다이오드	
터널다이오드: 음저항 특성을 **마이크로파 발진**에 이용	
쇼트키다이오드: N형 반도체와 금속을 접합하여 금속부분이 반도체와 같은 기능을 하도록 만들어진 다이오드	

답 ③

32
직류회로에서 도체를 균일한 체적으로 길이를 10배 늘리면 도체의 저항은 몇 배가 되는가? (단, 도체의 전체 체적은 변함이 없다.)

① 10
② 20
③ 100
④ 1000

해설

(1) 기호
- l' : 10L
- R' : ?

(2) 고유저항

$$R = \rho \frac{l}{A} = \rho \frac{l}{\pi r^2}$$

여기서, R : 저항[Ω]
ρ : 고유저항[Ω·m]
A : 도체의 단면적[m²]
l : 도체의 길이[m]
r : 도체의 반지름[m]

$R = \rho \frac{l}{\pi r^2}$ 에서 체적이 균일하면 **길이를 10배로 늘리**면 반경은 $\frac{1}{10}$ 배로 줄어들므로 $R = \rho \frac{l}{\pi r^2}$ 에서

$$R' = \rho \frac{l'}{\pi r'^2} = \rho \frac{10l}{\pi \left(\frac{1}{10}r\right)^2} = \rho \frac{100l}{\pi r^2} = 100배$$

답 ③

33
제어요소의 구성으로 옳은 것은?

① 조절부와 조작부
② 비교부와 검출부
③ 설정부와 검출부
④ 설정부와 비교부

해설 제어요소(control element)
동작신호를 조작량으로 변환하는 요소이고, **조절부**와 **조작부**로 이루어진다.

참고

구성요소

제어요소 보기①	제어장치	조절기
• 조**절**부 • 조**작**부	• 조**절**부 • **설**정부 • **검**출부	• 조절부 • 설정부 • 비교부
[기억법] 요절작	[기억법] 제장검설절 (대장검 설정)	

답 ①

34
그림과 같은 트랜지스터를 사용한 정전압회로에서 Q_1의 역할로서 옳은 것은?

① 증폭용
② 비교부용
③ 제어용
④ 기준부용

해설
- Q_1 : 제어용
- Q_2 : 증폭용
- R_L : 부하(load)

답 ③

35
그림과 같은 시퀀스 제어회로에서 자기유지접점은?

① ⓐ
② ⓑ
③ ⓒ
④ ⓓ

해설 ⓐ 자기유지접점
ⓑ 기동용 스위치
ⓒ 정지용 스위치
ⓓ 열동계전기접점
ⓔ 기동표시등
ⓕ 정지표시등

답 ①

36 자유공간에서 무한히 넓은 평면에 면전하밀도 σ [C/m²]가 균일하게 분포되어 있는 경우 전계의 세기(E)는 몇 V/m인가? (단, ε_0는 진공의 유전율이다.)

① $E = \dfrac{\sigma}{\varepsilon_0}$

② $E = \dfrac{\sigma}{2\varepsilon_0}$

③ $E = \dfrac{\sigma}{2\pi\varepsilon_0}$

④ $E = \dfrac{\sigma}{4\pi\varepsilon_0}$

해설 **가우스**의 법칙
무한히 **넓은 평면**에서 대전된 물체에 대한 **전계의 세기**(Intensity of electric field)를 구할 때 사용한다. 무한히 넓은 평면에서 대전된 물체는 원천 전하로부터 전기장이 발생해 이 전기장이 다른 전하에 힘을 주게 되어 **대칭**의 **자기장**이 존재하게 된다. 즉 자기장이 **2개**가 존재하므로 다음과 같이 구할 수 있다.

기본식 $E = \dfrac{Q}{4\pi\varepsilon r^2} = \dfrac{\sigma}{\varepsilon}$ 에서

$2E = \dfrac{Q}{4\pi\varepsilon r^2} = \dfrac{\sigma}{\varepsilon}$

$E = \dfrac{Q}{2(4\pi\varepsilon r^2)} = \dfrac{\sigma}{2\varepsilon}$

여기서, E : 전계의 세기[V/m]
Q : 전하[C]
ε : 유전율[F/m]($\varepsilon = \varepsilon_0 \cdot \varepsilon_s$)
  ε_0 : 진공의 유전율[F/m]
  ε_s : 비유전율
σ : 면전하밀도[C/m²]
r : 거리[m]

전계의 세기(전장의 세기) E 는
$E = \dfrac{\sigma}{2\varepsilon} = \dfrac{\sigma}{2(\varepsilon_0 \varepsilon_s)} = \dfrac{\sigma}{2\varepsilon_0}$

• 자유공간에서 ε_s 늑 1이므로 $\varepsilon = \varepsilon_0 \varepsilon_s = \varepsilon_0$

답 ②

37 220V의 전원에 접속하였을 때 2kW의 전력을 소비하는 저항이 있다. 이 저항을 100V의 전원에 접속하면 저항에서 소비되는 전력은 약 몇 W인가?

① 206   ② 413
③ 826   ④ 1652

해설 (1) 기호
• V : 220V
• P : 2kW = 2×10^3W (1kW = 10^3kW)
• V' : 100V
• P' : ?

(2) 전력

$$P = VI = I^2 R = \dfrac{V^2}{R}$$

여기서, P : 전력[W], V : 전압[V]
I : 전류[A], R : 저항[Ω]

저항 R 은
$R = \dfrac{V^2}{P} = \dfrac{220^2}{2 \times 10^3} = 24.2\,\Omega$

100V의 전압사용시 **소비전력** P' 는
$P' = \dfrac{V'^2}{R} = \dfrac{100^2}{24.2} ≒ 413W$

• 저항이 같으므로 R이 있는 $P = I^2 R = \dfrac{V^2}{R}$ 식을 사용해야 함

답 ②

38 계전기 접점의 불꽃을 소거할 목적으로 사용하는 것은?

① 터널다이오드
② 바랙터다이오드
③ 바리스터
④ 서미스터

해설 반도체소자

명칭	심벌
제너다이오드(zener diode) ① 주로 정전압 전원회로에 사용된다. ② **전원전압**을 **일정**하게 **유지**한다.	
서미스터(thermistor) : 부온도특성을 가진 저항기의 일종으로서 주로 **온도보상용** (온도보상용)으로 쓰인다. 보기 ④	Th

기억법 서온(서운해)

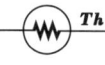

SCR(Silicon Controlled Rectifier) : 단방향 대전류 스위칭소자로서 제어를 할 수 있는 정류소자이다.	
바리스터(varistor) 보기 ③ ① 주로 **서**지전압에 대한 회로보호용(과도전압에 대한 회로보호) ② **계**전기접점의 불꽃제거 기억법 바리서계	
UJT(Unijunction Transistor, **단일접합 트랜지스터**) : 증폭기로는 사용이 불가능하며 톱니파나 펄스발생기로 작용하며 SCR의 트리거소자로 쓰인다.	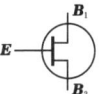
가변용량 다이오드(버랙터다이오드) 보기 ② ① **가변용량** 특성을 FM 변조 AFC 동조에 이용 ② 제너현상을 이용한 다이오드	
터널다이오드 : 음저항 특성을 **마이크로파 발진**에 이용 보기 ①	
쇼트키다이오드 : N형 반도체와 금속을 접합하여 금속부분이 반도체와 같은 기능을 하도록 만들어진 다이오드	

답 ③

39

단방향 대전류의 전력용 스위칭 소자로서 교류의 위상 제어용으로 사용되는 정류소자는?

21.05.문35
19.04.문25
19.03.문26
17.05.문35
16.10.문30
15.05.문38
14.09.문40
14.05.문24
14.03.문27
12.03.문34
11.06.문37
00.10.문25

① 서미스터
② SCR
③ 제너다이오드
④ UJT

해설 문제 38 참조

SCR(Silicon Controlled Rectifier) : **단방향 대전류** 스위칭 소자로서 제어를 할 수 있는 정류소자이다. 보기 ②

답 ②

40

50Hz의 주파수에서 유도성 리액턴스가 4Ω인 인덕터와 용량성 리액턴스가 1Ω인 커패시터와 4Ω의 저항이 모두 직렬로 연결되어 있다. 이 회로에 100V, 50Hz의 교류전압을 인가했을 때 무효전력(Var)은?

21.09.문37

① 1000
② 1200
③ 1400
④ 1600

해설 (1) 기호
- f : 50Hz
- X_L : 4Ω
- X_C : 1Ω
- R : 4Ω
- V : 100V
- P_r : ?

(2) 그림

(3) 리액턴스

$$X = \sqrt{(X_L - X_C)^2}$$

여기서, X : 리액턴스(Ω)
X_L : 유도리액턴스(Ω)
X_C : 용량리액턴스(Ω)

리액턴스 X는
$X = \sqrt{(X_L - X_C)^2} = \sqrt{(4-1)^2} = 3Ω$

(4) 전류

$$I = \frac{V}{Z} = \frac{V}{\sqrt{R^2 + X^2}}$$

여기서, I : 전류(A)
V : 전압(V)
Z : 임피던스(Ω)
R : 저항(Ω)
X : 리액턴스(Ω)

전류 I는
$I = \frac{V}{\sqrt{R^2 + X^2}} = \frac{100}{\sqrt{4^2 + 3^2}} = 20A$

(5) 무효전력

$$P_r = VI\sin\theta = I^2 X \text{(Var)}$$

여기서, P_r : 무효전력(Var)
V : 전압(V)
I : 전류(A)
$\sin\theta$: 무효율
X : 리액턴스(Ω)

- **무효전력** : **교류전압**(V)과 **전류**(I) 그리고 **무효율**($\sin\theta$)의 곱 형태

무효전력 P_r는
$P_r = I^2 X = 20^2 \times 3 = 1200\text{Var}$

답 ②

제3과목 소방관계법규

41 소방서장은 소방대상물에 대한 위치·구조·설비 등에 관하여 화재가 발생하는 경우 인명피해가 클 것으로 예상되는 때에는 소방대상물의 개수·사용의 금지 등의 필요한 조치를 명할 수 있는데 이때 그 손실에 따른 보상을 하여야 하는 바, 해당되지 않은 사람은?

① 특별시장
② 도지사
③ 행정안전부장관
④ 광역시장

해설
소방기본법 49조의 2
소방대상물의 개수명령 손실보상
소방청장, 시·도지사

중요
시·도지사
(1) 특별시장 보기 ①
(2) 광역시장 보기 ④
(3) 도지사   보기 ②
(4) 특별자치도지사
(5) 특별자치시장

답 ③

42 소방본부장이나 소방서장이 소방시설공사가 공사감리 결과보고서대로 완공되었는지 완공검사를 위한 현장을 확인할 수 있는 대통령령으로 정하는 특정소방대상물이 아닌 것은?

① 노유자시설
② 문화 및 집회시설, 운동시설
③ 1000m² 미만의 공동주택
④ 지하상가

해설
③ 공동주택, 아파트는 해당 없음

공사업령 5조
완공검사를 위한 현장확인 대상 특정소방대상물의 범위
(1) 문화 및 집회시설, 종교시설, 판매시설, 노유자시설, 수련시설, 운동시설, 숙박시설, 창고시설, 지하상가 및 다중이용업소 보기 ①②④
(2) 다음의 어느 하나에 해당하는 설비가 설치되는 특정소방대상물
  ㉠ 스프링클러설비 등
  ㉡ 물분무등소화설비(호스릴방식의 소화설비 제외)
(3) 연면적 10000m² 이상이거나 11층 이상인 특정소방대상물(아파트 제외) 보기 ③

(4) 가연성 가스를 제조·저장 또는 취급하는 시설 중 지상에 노출된 가연성 가스탱크의 저장용량 합계가 1000t 이상인 시설

기억법 문종판 노수운 숙창상현

답 ③

43 소방시설 설치 및 관리에 관한 법령상 소방용품 중 피난구조설비를 구성하는 제품 또는 기기에 속하지 않는 것은?

① 통로유도등   ② 소화기구
③ 공기호흡기   ④ 피난사다리

해설
② 소화설비

소방시설법 시행령 〔별표 3〕
소방용품

소방시설	제품 또는 기기
소화용	① 소화약제 ② 방염제(방염액·방염도료·방염성 물질) 기억법 소약방
피난구조설비	① 피난사다리, 구조대, 완강기(간이완강기 및 지지대 포함) 보기 ④ ② 공기호흡기(충전기를 포함) 보기 ③ ③ 피난구유도등, 통로유도등, 객석유도등 및 예비전원이 내장된 비상조명등 보기 ①
소화설비	① 소화기 보기 ② ② 자동소화장치 ③ 간이소화용구(소화약제 외의 것을 이용한 간이소화용구 제외) ④ 소화전 ⑤ 송수구 ⑥ 관창 ⑦ 소방호스 ⑧ 스프링클러헤드 ⑨ 기동용 수압개폐장치 ⑩ 유수제어밸브 ⑪ 가스관 선택밸브

답 ②

44 소방상 필요할 때 소방본부장, 소방서장 또는 소방대장이 할 수 있는 명령에 해당되는 것은?

① 화재현장에 이웃한 소방서에 소방응원을 하는 명령
② 그 관할구역 안에 사는 사람 또는 화재 현장에 있는 사람으로 하여금 소화에 종사하도록 하는 명령
③ 관계 보험회사로 하여금 화재의 피해조사에 협력하도록 하는 명령
④ 소방대상물의 관계인에게 화재에 따른 손실을 보상하게 하는 명령

해설 **소방본부장 · 소방서장 · 소방대장**
(1) 소방활동 **종**사명령(기본법 24조) 보기 ②
(2) **강**제처분 · 제거(기본법 25조)
(3) **피**난명령(기본법 26조)
(4) 댐 · 저수지 사용 등 위험시설 등에 대한 긴급조치(기본법 27조)

기억법 소대종강피(소방대의 **종강파티**)

용어
소방활동 종사명령
화재, 재난 · 재해, 그 밖의 위급한 상황이 발생한 현장에서 소방활동을 위하여 필요할 때에는 그 관할구역에 사는 사람 또는 그 현장에 있는 사람으로 하여금 사람을 구출하는 일 또는 불을 끄거나 불이 번지지 아니하도록 하는 일을 하게 할 수 있는 것

답 ②

45 특정소방대상물의 소방시설 등에 대한 자체점검 기술자격자의 범위에서 '행정안전부령으로 정하는 기술자격자'는?
① 소방안전관리자로 선임된 소방설비산업기사
② 소방안전관리자로 선임된 소방설비기사
③ 소방안전관리자로 선임된 전기기사
④ 소방안전관리자로 선임된 소방시설관리사 및 소방기술사

해설 **소방시설법 시행규칙 19조**
소방시설 등 자체점검 기술자격자
(1) 소방안전관리자로 선임된 **소방시설관리사** 보기 ④
(2) 소방안전관리자로 선임된 **소방기술사** 보기 ④

답 ④

46 명예직 소방대원으로 위촉할 수 있는 권한이 있는 사람은?
① 도지사
② 소방청장
③ 소방대장
④ 소방서장

해설 **기본법 7조**
명예직 소방대원 위촉 : 소방청장
소방행정 발전에 공로가 있다고 인정되는 사람

답 ②

47 화재의 예방 및 안전관리에 관한 법률상 소방안전관리대상물의 소방안전관리자의 업무가 아닌 것은?
21.03.문47
19.09.문01
18.04.문45
14.09.문52
14.09.문53
13.06.문48
① 소방시설공사
② 소방훈련 및 교육
③ 소방계획서의 작성 및 시행
④ 자위소방대의 구성 · 운영 · 교육

해설 ① 소방시설공사 : 소방시설공사업자

화재예방법 24조 ⑤항
관계인 및 소방안전관리자의 업무

특정소방대상물 (관계인)	소방안전관리대상물 (소방안전관리자)
① **피난시설 · 방화구획** 및 방화시설의 관리	① **피난시설 · 방화구획** 및 방화시설의 관리
② **소방시설**, 그 밖의 소방관련 시설의 관리	② **소방시설**, 그 밖의 소방관련 시설의 관리
③ **화기취급**의 감독	③ **화기취급**의 감독
④ 소방안전관리에 필요한 업무	④ 소방안전관리에 필요한 업무
⑤ 화재발생시 초기대응	⑤ **소방계획서**의 작성 및 시행(**대통령령**으로 정하는 사항 포함) 보기 ③
	⑥ **자위소방대** 및 초기대응체계의 구성 · 운영 · 교육 보기 ④
	⑦ 소방훈련 및 교육 보기 ②
	⑧ 소방안전관리에 관한 업무수행에 관한 기록 · 유지
	⑨ 화재발생시 초기대응

용어

특정소방대상물	소방안전관리대상물
건축물 등의 규모 · 용도 및 수용인원 등을 고려하여 소방시설을 설치하여야 하는 소방대상물로서 대통령령으로 정하는 것	**대통령령**으로 정하는 특정소방대상물

답 ①

48 소방시설을 구분하는 경우 소화설비에 해당되지 않는 것은?
19.04.문59
12.09.문60
08.09.문55
08.03.문53
① 스프링클러설비   ② 제연설비
③ 자동확산소화기   ④ 옥외소화전설비

해설 ② 소화활동설비

소방시설법 시행령 〔별표 1〕
소화설비
(1) 소화기구 · 자동확산소화기 · 자동소화장치(주거용 주방자동소화장치)
(2) 옥내소화전설비 · 옥외소화전설비
(3) 스프링클러설비 · 간이스프링클러설비 · 화재조기진압용 스프링클러설비
(4) 물분무소화설비 · 강화액소화설비

비교
소방시설법 시행령 [별표 1] **소화활동설비** 화재를 진압하거나 인명구조활동을 위하여 사용하는 설비 (1) **연**결송수관설비 (2) **연**결살수설비 (3) **연**소방지설비 (4) **무**선통신보조설비 (5) **제**연설비 (6) **비**상**콘**센트설비 [기억법] 3연무제비콘

답 ②

49 위험물안전관리법령상 산화성 고체인 제1류 위험물에 해당되는 것은?

① 질산염류
② 과염소산
③ 특수인화물
④ 유기과산화물

해설 위험물령 [별표 1]
위험물

유 별	성 질	품 명
제1류	**산**화성 **고**체	• 아염소산염류 • 염소산염류(**염소산나트륨**) • 과염소산염류 • 질산염류 [보기 ①] • 무기과산화물 [기억법] 1산고염나
제2류	가연성 고체	• **황**화인 • **적**린 • **황** • **마**그네슘 [기억법] 황화적황마
제3류	자연발화성 물질 및 금수성 물질	• **황**린 • **칼**륨 • **나**트륨 • **알**칼리토금속 • **트**리에틸알루미늄 [기억법] 황칼나알트
제4류	인화성 액체	• 특수인화물 [보기 ③] • 석유류(벤젠) • 알코올류 • 동식물유류
제5류	**자**기반응성 물질	• 유기과산화물 [보기 ④] • 나이트로화합물 • 나이트로소화합물 • 아조화합물 • 질산에스터류(셀룰로이드) [기억법] 5**자**(오**자**탈자)
제6류	산화성 액체	• 과염소산 [보기 ②] • 과산화수소 • 질산

답 ①

50 위험물안전관리법령상 제조소 또는 일반 취급소의 위험물취급탱크 노즐 또는 맨홀을 신설하는 경우, 노즐 또는 맨홀의 직경이 몇 mm를 초과하는 경우에 변경허가를 받아야 하는가?

① 500
② 450
③ 250
④ 600

해설 위험물규칙 [별표 1의 2]
제조소 등의 변경허가를 받아야 하는 경우
(1) 제조소 또는 일반취급소의 위치를 이전
(2) 건축물의 벽·기둥·바닥·보 또는 지붕을 증설 또는 철거
(3) 배출설비를 신설
(4) 위험물취급탱크를 신설·교체·철거 또는 보수
(5) 위험물취급탱크의 노즐 또는 맨홀의 직경이 **250mm**를 초과하는 경우에 신설 [보기 ③]
(6) 위험물취급탱크의 방유제의 높이 또는 방유제 내의 면적을 변경
(7) 위험물취급탱크의 탱크전용실을 증설 또는 교체
(8) **300m**(지상에 설치하지 아니하는 배관의 경우에는 **30m**)를 초과하는 위험물배관을 신설·교체·철거 또는 보수(배관을 절개하는 경우에 한한다)하는 경우

답 ③

51 소방시설 설치 및 관리에 관한 법령상 자동화재탐지설비를 설치하여야 하는 특정소방대상물 기준으로 틀린 것은?

① 길이 500m 이상의 터널
② 숙박시설로서 연면적 600m² 이상인 것
③ 의료시설(정신의료기관·요양병원 제외)로서 연면적 600m² 이상인 것
④ 지하구

① 500m 이상 → 1000m 이상

소방시설법 시행령 〔별표 4〕
자동화재탐지설비의 설치대상

설치대상	조 건
① 정신의료기관·의료재활시설	• 창살설치 : 바닥면적 300m² 미만 • 기타 : 바닥면적 300m² 이상
② 노유자시설	• 연면적 400m² 이상
③ **근**린생활시설·**위**락시설	• 연면적 600m² 이상
④ **의**료시설(정신의료기관, 요양병원 제외) 보기 ③, 숙박시설 보기 ② ⑤ **복**합건축물·장례시설	
⑥ 목욕장·문화 및 집회시설, 운동시설 ⑦ 종교시설 ⑧ 방송통신시설·관광휴게시설 ⑨ 업무시설·판매시설 ⑩ 항공기 및 자동차 관련시설·공장·창고시설 ⑪ 지하상가·운수시설·발전시설·위험물 저장 및 처리시설 ⑫ 교정 및 군사시설 중 국방·군사시설	• 연면적 1000m² 이상
⑬ **교**육연구시설·**동**식물관련시설 ⑭ **자**원순환관련시설·**교**정 및 군사시설(국방·군사시설 제외) ⑮ **수**련시설(숙박시설이 있는 것 제외) ⑯ 묘지관련시설	• 연면적 2000m² 이상
⑰ 터널	• 길이 1000m 이상 보기 ①
⑱ 지하구 보기 ④ ⑲ 노유자생활시설 ⑳ 아파트 등 기숙사 ㉑ 숙박시설 ㉒ 6층 이상인 건축물 ㉓ 조산원 및 산후조리원 ㉔ 전통시장 ㉕ 요양병원(정신병원, 의료재활시설 제외)	• 전부
㉖ 특수가연물 저장·취급	• 지정수량 500배 이상
㉗ 수련시설(숙박시설이 있는 것)	• 수용인원 100명 이상
㉘ 발전시설	• 전기저장시설

기억법 근위의복6, 교동자교수2

답 ①

52

소방기본법령상 소방용수시설에서 저수조의 설치기준으로 틀린 것은?

21.03.문48
16.10.문52
16.05.문44
16.03.문41
13.03.문49

① 흡수에 지장이 없도록 토사 및 쓰레기 등을 제거할 수 있는 설비를 갖출 것
② 소방펌프자동차가 쉽게 접근할 수 있도록 할 것
③ 흡수부분의 수심이 0.5m 이상일 것
④ 지면으로부터의 낙차가 6m 이하일 것

④ 6m 이하 → 4.5m 이하

기본규칙 〔별표 3〕
소방용수시설의 저수조에 대한 설치기준
(1) 낙차 : 4.5m 이하 보기 ④
(2) **수**심 : 0.5m 이상 보기 ③
(3) 투입구의 길이 또는 지름 : 60cm 이상

(4) 소방펌프자동차가 **쉽게 접근**할 수 있도록 할 것 보기 ②
(5) 흡수에 지장이 없도록 **토사** 및 **쓰레기** 등을 제거할 수 있는 설비를 갖출 것 보기 ①
(6) 저수조에 물을 공급하는 방법은 **상수도**에 연결하여 **자동**으로 **급수**되는 구조일 것

기억법 수5(**수호**천사)

답 ④

53

화재의 예방 및 안전관리에 관한 법령상 화재예방을 위하여 불의 사용에 있어서 지켜야 하는 사항에 따라 이동식 난로를 사용하여서는 안 되는 장소로 틀린 것은? (단, 난로를 받침대로 고정시키거나 즉시 소화되고 연료 누출 차단이 가능한 경우는 제외한다.)

① 역·터미널　② 슈퍼마켓
③ 가설건축물　④ 한의원

② 해당 없음

화재예방법 시행령 〔별표 1〕
이동식 난로를 설치할 수 없는 장소

(1) 학원
(2) 종합병원
(3) 역·터미널 보기①
(4) 가설건축물 보기③
(5) 한의원 보기④

답 ②

54
화재의 예방 및 안전관리에 관한 법령상 소방청장, 소방본부장 또는 소방서장은 관할구역에 있는 소방대상물에 대하여 화재안전조사를 실시할 수 있다. 화재안전조사 대상과 거리가 먼 것은? (단, 개인 주거에 대하여는 관계인의 승낙을 득한 경우이다.)

19.09.문56
14.09.문60
14.03.문41
13.06.문54

① 화재예방강화지구 등 법령에서 화재안전조사를 하도록 규정되어 있는 경우
② 관계인이 법령에 따라 실시하는 소방시설 등, 방화시설, 피난시설 등에 대한 자체점검 등이 불성실하거나 불완전하다고 인정되는 경우
③ 화재가 발생할 우려는 없으나 소방대상물의 정기점검이 필요한 경우
④ 국가적 행사 등 주요 행사가 개최되는 장소에 대하여 소방안전관리 실태를 조사할 필요가 있는 경우

 ③ 해당 없음

화재예방법 7조
화재안전조사 실시대상
(1) **관계인**이 이 법 또는 다른 법령에 따라 실시하는 소방시설 등, 방화시설, 피난시설 등에 대한 자체점검이 불성실하거나 불완전하다고 인정되는 경우 보기②
(2) **화재예방강화지구** 등 법령에서 화재안전조사를 하도록 규정되어 있는 경우 보기①
(3) 화재예방안전진단이 불성실하거나 불완전하다고 인정되는 경우
(4) **국가적 행사** 등 주요 행사가 개최되는 장소 및 그 주변의 관계지역에 대하여 소방안전관리 실태를 조사할 필요가 있는 경우 보기④
(5) 화재가 **자주** 발생하였거나 발생할 우려가 뚜렷한 곳에 대한 조사가 필요한 경우
(6) **재난예측정보, 기상예보** 등을 분석한 결과 소방대상물에 화재의 발생 위험이 크다고 판단되는 경우
(7) 화재, 그 밖의 긴급한 상황이 발생할 경우 인명 또는 재산피해의 우려가 현저하다고 판단되는 경우

기억법 화관국안

중요

화재예방법 7·8조
화재안전조사
소방대상물에 대한 화재예방을 위하여 관계인에게 필요한 자료제출을 명하거나 위치·구조·설비 또는 관리의 상황을 조사하는 것
(1) 실시자 : 소방청장·소방본부장·소방서장
(2) 관계인의 승낙이 필요한 곳 : **주거**(주택)

답 ③

55
성능위주설계를 실시하여야 하는 특정소방대상물의 범위 기준으로 틀린 것은?

18.09.문50
17.03.문58
14.09.문48
12.09.문41

① 연면적 200000m² 이상인 특정소방대상물(아파트 등은 제외)
② 지하층을 포함한 층수가 30층 이상인 특정소방대상물(아파트 등은 제외)
③ 건축물의 높이가 120m 이상인 특정소방대상물(아파트 등은 제외)
④ 하나의 건축물에 영화상영관이 5개 이상인 특정소방대상물

해설 ④ 5개 이상 → 10개 이상

소방시설법 시행령 9조
성능위주설계를 해야 할 특정소방대상물의 범위
(1) 연면적 **20만m²** 이상인 특정소방대상물(아파트 등 제외) 보기①
(2) **50층** 이상(지하층 제외)이거나 지상으로부터 높이가 **200m** 이상인 아파트
(3) **30층** 이상(지하층 포함)이거나 지상으로부터 높이가 **120m** 이상인 특정소방대상물(아파트 등 제외) 보기②③
(4) 연면적 **3만m²** 이상인 철도 및 도시철도 시설, **공항시설**
(5) 하나의 건축물에 관련법에 따른 **영화상영관**이 **10개** 이상인 특정소방대상물 보기④
(6) 연면적 **10만m²** 이상이거나 **지하 2층** 이하이고 지하층의 바닥면적의 합이 **3만m²** 이상인 창고시설
(7) 지하연계 복합건축물에 해당하는 특정소방대상물
(8) 터널 중 수저터널 또는 길이가 **5000m** 이상인 것

답 ④

56
소방시설의 하자가 발생한 경우 통보를 받은 공사업자는 며칠 이내에 이를 보수하거나 보수 일정을 기록한 하자보수 계획을 관계인에게 서면으로 알려야 하는가?

20.08.문56
14.05.문47
11.06.문59

① 3일
② 7일
③ 14일
④ 30일

해설 **공사업법 15조**
소방시설공사의 하자보수기간 : 3일 이내 보기①

> **중요**
>
> **3일**
> (1) **하**자보수기간(공사업법 15조)
> (2) 소방시설업 **등**록증 **분**실 등의 **재**발급(공사업규칙 4조)
> (3) 소방시설 등의 자체점검 면제 또는 연기신청(소방시설법 시행규칙 22조)
> (4) 소방안전관리자 선임연기신청서 관계인 통보(화재예방법 시행규칙 14조)
>
> 기억법 3하등분재(**상하**이에서 **동**생이 **분재**를 가져왔다.)

답 ①

57 ★★★

21.03.문42
18.09.문47
18.03.문54
15.03.문07
14.05.문45
08.09.문58

위험물안전관리법령상 인화성 액체 위험물(이황화탄소를 제외)의 옥외탱크저장소의 탱크 주위에 설치하여야 하는 방유제의 기준 중 틀린 것은?

① 방유제의 용량은 방유제 안에 설치된 탱크가 하나인 때에는 그 탱크용량의 110% 이상으로 할 것
② 방유제의 용량은 방유제 안에 설치된 탱크가 2기 이상인 때에는 그 탱크 중 용량이 최대인 것의 용량의 110% 이상으로 할 것
③ 방유제는 높이 1m 이상 2m 이하, 두께 0.2m 이상, 지하매설깊이 0.5m 이상으로 할 것
④ 방유제 내의 면적은 80000m² 이하로 할 것

해설

③ 1m 이상 2m 이하 → 0.5m 이상 3m 이하, 0.5m → 1m

위험물규칙 [별표 6]
(1) **옥외탱크저장소의 방유제**

구 분	설 명
높이	0.5~3m 이하(두께 0.2m 이상, 지하매설깊이 1m 이상) 보기 ③
탱크	10기(모든 탱크용량이 20만L 이하, 인화점이 70~200℃ 미만은 20기) 이하
면적	80000m² 이하 보기 ④
용량	① 1기 이상 : **탱크용량**×110% 이상 보기 ① ② 2기 이상 : **최대탱크용량**×110% 이상 보기 ②

(2) 높이가 1m를 넘는 방유제 및 간막이 둑의 안팎에는 방유제 내에 출입하기 위한 계단 또는 경사로를 약 50m마다 설치할 것

답 ③

58 ★★

16.05.문43
16.03.문57
14.03.문79
12.03.문74

소방시설 설치 및 관리에 관한 법령상 자동화재탐지설비를 설치하여야 하는 특정소방대상물의 기준으로 틀린 것은?

① 공장 및 창고시설로서 「소방기본법 시행령」에서 정하는 수량의 500배 이상의 특수가연물을 저장·취급하는 것
② 지하상가로서 연면적 600m² 이상인 것
③ 숙박시설이 있는 수련시설로서 수용인원 100명 이상인 것
④ 장례시설 및 복합건축물로서 연면적 600m² 이상인 것

해설

② 600mm² 이상 → 1000m² 이상

소방시설법 시행령 [별표 4]
자동화재탐지설비의 설치대상

설치대상	조 건
① 정신의료기관·의료재활시설	• 창살설치 : 바닥면적 300m² 미만 • 기타 : 바닥면적 300m² 이상
② 노유자시설	• 연면적 400m² 이상
③ **근**린생활시설·**위**락시설 ④ **의**료시설(정신의료기관, 요양병원 제외) ⑤ **복**합건축물·장례시설 보기 ④	• 연면적 600m² 이상
⑥ 목욕장·문화 및 집회시설, 운동시설 ⑦ 종교시설 ⑧ 방송통신시설·관광휴게시설 ⑨ 업무시설·판매시설 ⑩ 항공기 및 자동차 관련시설·공장·창고시설 ⑪ 지하상가 보기 ②·운수시설·발전시설·위험물 저장 및 처리시설 ⑫ 국방·군사시설	• 연면적 1000m² 이상
⑬ **교**육연구시설·**동**식물관련시설 ⑭ **자**원순환관련시설·**교**정 및 군사시설(국방·군사시설 제외) ⑮ **수**련시설(숙박시설이 있는 것 제외) ⑯ 묘지관련시설	• 연면적 2000m² 이상
⑰ 터널	• 길이 1000m 이상
⑱ 지하구 ⑲ 노유자생활시설 ⑳ 아파트 등 기숙사 ㉑ 숙박시설 ㉒ 6층 이상인 건축물 ㉓ 조산원 및 산후조리원 ㉔ 전통시장 ㉕ 요양병원(정신병원, 의료재활시설 제외)	• 전부
㉖ 특수가연물 저장·취급	• 지정수량 500배 이상 보기 ①
㉗ 수련시설(숙박시설이 있는 것)	• 수용인원 100명 이상 보기 ③
㉘ 발전시설	• 전기저장시설

기억법 근위의복6, 교동자교수2

답 ②

59.

소방기본법령상 소방대장은 화재, 재난·재해 그 밖의 위급한 상황이 발생한 현장에 소방활동구역을 정하여 소방활동에 필요한 자로서 대통령령으로 정하는 사람 외에는 그 구역에의 출입을 제한할 수 있다. 다음 중 소방활동구역에 출입할 수 없는 사람은?

① 소방활동구역 안에 있는 소방대상물의 소유자·관리자 또는 점유자
② 전기·가스·수도·통신·교통의 업무에 종사하는 사람으로서 원활한 소방활동을 위하여 필요한 사람
③ 시·도지사가 소방활동을 위하여 출입을 허가한 사람
④ 의사·간호사 그 밖에 구조·구급업무에 종사하는 사람

해설 ③ 시·도지사 → 소방대장

기본령 8조
소방활동구역 출입자
(1) **소방활동구역** 안에 있는 **소유자·관리자** 또는 **점유자** 보기 ①
(2) **전기·가스·수도·통신·교통**의 업무에 종사하는 자로서 원활한 **소방활동**을 위하여 필요한 자 보기 ②
(3) **의사·간호사**, 그 밖에 구조·구급업무에 종사하는 자 보기 ④
(4) **취재인력** 등 보도업무에 종사하는 자
(5) **수사업무**에 종사하는 자
(6) **소방대장**이 소방활동을 위하여 **출입**을 **허가**한 자 보기 ③

용어
소방활동구역
화재, 재난·재해 그 밖의 위급한 상황이 발생한 현장에 정하는 구역

답 ③

60.

소방기본법령상 소방업무의 응원에 관한 설명으로 옳은 것은?

① 소방청장은 소방활동을 할 때에 필요한 경우에는 시·도지사에게 소방업무의 응원을 요청해야 한다.
② 소방업무의 응원을 위하여 파견된 소방대원은 응원을 요청한 소방본부장 또는 소방서장의 지휘에 따라야 한다.
③ 소방업무의 응원요청을 받은 소방서장은 정당한 사유가 있어도 그 요청을 거절할 수 없다.
④ 소방서장은 소방업무의 응원을 요청하는 경우를 대비하여 출동 대상지역 및 규모와 소요경비의 부담 등에 관하여 필요한 사항을 대통령령으로 정하는 바에 따라 이웃하는 소방서장과 협의하여 미리 규약으로 정하여야 한다.

해설 기본법 제11조
소방업무의 응원
(1) **소방본부장**이나 **소방서장**은 소방활동을 할 때에 긴급한 경우에는 이웃한 소방본부장 또는 소방서장에게 소방업무의 응원을 요청할 수 있다. 보기 ①
(2) 소방업무의 응원요청을 받은 **소방본부장** 또는 **소방서장**은 정당한 사유 없이 그 요청을 거절하여서는 아니 된다. 보기 ③
(3) 소방업무의 응원을 위하여 파견된 소방대원은 응원을 요청한 **소방본부장** 또는 **소방서장**의 지휘에 따라야 한다. 보기 ②
(4) **시·도지사**는 소방업무의 응원을 요청하는 경우를 대비하여 출동 대상지역 및 규모와 소요경비의 부담 등에 관하여 필요한 사항을 **행정안전부령**으로 정하는 바에 따라 이웃하는 **시·도지사**와 협의하여 미리 규약으로 정하여야 한다. 보기 ④

① 소방청장 → 소방본부장이나 소방서장
③ 정당한 사유가 있어도 → 정당한 사유 없이
④ 소방서장 → 시·도지사, 대통령령 → 행정안전부령

답 ②

제 4 과목 — 소방전기시설의 구조 및 원리

61.

누전경보기의 형식승인 및 제품검사의 기술기준에 따라 누전경보기의 경보기구에 내장하는 음향장치는 사용전압이 220V일 때 몇 V에서 소리를 내어야 하는가?

① 110
② 220
③ 176
④ 330

해설 **누전경보기**의 **음향장치**(누전경보기의 형식승인 및 제품검사의 기술기준 4조)
80% 전압에서 소리를 낼 것
음향장치의 사용전압이 220V이므로 이 전압의 80%인 전압은 220×0.8=176V이다.

비교

음향장치
(1) 비상경보설비 음향장치의 설치기준(NFPC 201 4조, NFTC 201 2.1)

구 분	설 명
전원	교류전압 옥내간선, **전용**
정격전압	**80%** 전압에서 음향 발할 것
음량	**1m** 위치에서 **90dB** 이상
지구음향장치	**층마다 설치, 수평거리 25m** 이하

(2) 비상방송설비 음향장치의 **구조** 및 **성능기준**
(NFPC 202 4조, NFTC 202 2.1.1.12)
㉠ 정격전압의 **80%** 전압에서 음향을 발할 것
㉡ **자동화재탐지설비**의 작동과 연동하여 작동할 것
(3) 자동화재탐지설비 음향장치의 **구조** 및 **성능기준**
(NFPC 203 8조, NFTC 203 2.5.1.4)
㉠ 정격전압의 **80%** 전압에서 음향을 발할 것
㉡ 음량은 **1m** 떨어진 곳에서 **90dB** 이상일 것
㉢ **감지기·발신기**의 작동과 **연동**하여 작동할 것

답 ③

62. 자동화재탐지설비 및 시각경보장치의 화재안전기준에 따라 자동화재탐지설비의 감지기 설치에 있어서 부착높이가 20m 이상일 때 적합한 감지기 종류는?

① 불꽃감지기
② 연기복합형
③ 차동식 분포형
④ 이온화식 1종

해설 감지기의 부착높이(NFPC 203 7조, NFTC 203 2.4.1)

부착높이	감지기의 종류
4m 미만	• 차동식(스포트형, 분포형) • 보상식 스포트형 • 정온식(스포트형, 감지선형) — **열**감지기 • 이온화식 또는 광전식(스포트형, 분리형, 공기흡입형) : **연**기감지기 • 열복합형 • 연기복합형 — **복**합형 감지기 • 열연기복합형 • 불꽃감지기 **기억법** 열연불복 4미
4~8m 미만	• 차동식(스포트형, 분포형) • **보상식 스포트형** • **정**온식(스포트형, 감지선형) **특**종 또는 **1**종 — **열**감지기 • **이**온화식 **1**종 또는 **2**종 • **광**전식(스포트형, 분리형, 공기흡입형) 1종 또는 2종 — 연기감지기 • 열복합형 • 연기복합형 — **복**합형 감지기 • 열연기복합형 • 불꽃감지기 **기억법** 8미열 정특1 이광12 복불
8~15m 미만	• 차동식 **분**포형 • **이**온화식 **1**종 또는 **2**종 • **광**전식(스포트형, 분리형, 공기흡입형) 1종 또는 2종 • **연**기**복**합형 • **불**꽃감지기 **기억법** 15분 이광12 연복불
15~20m 미만	• **이**온화식 1종 • **광**전식(스포트형, 분리형, 공기흡입형) 1종 • **연**기**복**합형 • **불**꽃감지기 **기억법** 이광불연복2
20m 이상	• **불**꽃감지기 보기 ① • **광**전식(분리형, 공기흡입형) 중 **아**날로그방식 **기억법** 불광아

답 ①

63. 자동화재탐지설비 및 시각경보장치의 화재안전기준에 따른 배선의 시설기준으로 틀린 것은?

① 감지기 사이의 회로의 배선은 송배선식으로 할 것
② 자동화재탐지설비의 감지기 회로의 전로저항은 50Ω 이하가 되도록 할 것
③ 수신기의 각 회로별 종단에 설치되는 감지기에 접속되는 배선의 전압은 감지기의 정격전압의 80% 이상이어야 할 것
④ P형 수신기 및 GP형 수신기의 감지기 회로의 배선에 있어서 하나의 공통선에 접속할 수 있는 경계구역은 10개 이하로 할 것

해설 10개 → 7개

자동화재탐지설비 배선의 설치기준(NFPC 203 11조, NFTC 203 2.8)
(1) 감지기 사이의 회로배선 : **송배선식** 보기 ①
(2) P형 수신기 및 GP형 수신기의 감지기 회로의 배선에 있어서 하나의 공통선에 접속할 수 있는 경계구역은 **7개** 이하 보기 ④
(3) ㉠ 감지기 회로의 전로저항 : **50Ω 이하** 보기 ②
    ㉡ 감지기에 접속하는 배선전압 : 정격전압의 **80% 이상** 보기 ③
(4) 자동화재탐지설비의 배선은 다른 전선과 **별도**의 관·덕트·몰드 또는 풀박스 등에 설치할 것(단, 60V 미만의 약전류회로에 사용하는 전선으로서 각각의 전압이 같을 때는 제외)
(5) 감지기 회로의 도통시험을 위한 종단저항은 감지기회로의 끝부분에 설치할 것

답 ④

64. 시각경보장치의 성능인증 및 제품검사의 기술기준에 따라 시각경보장치의 전원부 양단자 또는 양선을 단락시킨 부분과 비충전부를 DC 500V의 절연저항계로 측정하는 경우 절연저항이 몇 MΩ 이상이어야 하는가?

① 0.1
② 5
③ 10
④ 20

해설 절연저항시험

절연저항계	절연저항	대상
직류 250V	0.1MΩ 이상	•1경계구역의 절연저항
직류 500V	5MΩ 이상	•누전경보기 •가스누설경보기 •수신기(10회로 미만, 절연된 충전부와 외함간) •자동화속보설비 •비상경보설비 •유도등(교류입력측과 외함 간 포함) •비상조명등(교류입력측과 외함 간 포함) •시각경보장치 보기 ②

직류 500V	20MΩ 이상	• 경종 • 발신기 • 중계기 • 비상콘센트 • 기기의 절연된 선로 간 • 기기의 충전부와 비충전부 간 • 기기의 교류입력측과 외함 간 (유도등·비상조명등 제외)
	50MΩ 이상	• 감지기(정온식 감지선형 감지기 제외) • 가스누설경보기(10회로 이상) • 수신기(10회로 이상, 교류 입력측과 외함간 제외)
	1000MΩ 이상	• 정온식 감지선형 감지기

답 ②

65 ★★★

22.03.문77
19.04.문69
17.05.문74
14.09.문62
14.03.문62
13.03.문76
12.03.문63

유도등 및 유도표지의 화재안전기준에 따라 객석 내 통로의 직선부분 길이가 85m인 경우 객석유도등을 몇 개 설치하여야 하는가?

① 17개 ② 19개
③ 21개 ④ 22개

 최소 설치개수 산정식(NFPC 303 7조, NFTC 303 2.4.2)
설치개수 산정시 소수가 발생하면 반드시 **절상**한다.

(1) **객석유도등**

$$설치개수 = \frac{객석통로의 \, 직선부분의 \, 길이[m]}{4} - 1$$

$$= \frac{85}{4} - 1 = 20.25 ≒ 21개$$

> 기억법 객4

(2) **유도표지**

$$설치개수 = \frac{구부러진 \, 곳이 \, 없는 \, 부분의 \, 보행거리[m]}{15} - 1$$

> 기억법 유15

(3) **복도통로유도등, 거실통로유도등**

$$설치개수 = \frac{구부러진 \, 곳이 \, 없는 \, 부분의 \, 보행거리[m]}{20} - 1$$

> 기억법 통2

용어

절상
'소수점 이하는 무조건 올린다.'는 뜻

답 ③

66 ★★★

22.03.문61
18.09.문61
18.03.문64
13.09.문73
11.06.문73

비상콘센트설비의 성능인증 및 제품검사의 기술기준에 따라 비상콘센트설비의 절연된 충전부와 외함 간의 절연내력은 정격전압 150V 이하의 경우 60Hz의 정현파에 가까운 실효전압 1000V를 가하는 시험에서 몇 분간 견디어야 하는가?

① 1 ② 5
③ 10 ④ 30

해설 **비상콘센트설비**의 **절연내력시험**(비상콘센트설비의 성능인증 및 제품검사의 기술기준 8조)

절연내력은 전원부와 외함 사이에 정격전압이 **150V 이하**인 경우에는 **1000V**의 실효전압을, 정격전압이 **150V 초과**인 경우에는 그 **정격전압**에 **2**를 곱하여 **1000**을 더한 실효전압을 가하는 시험에서 **1분** 이상 견디는 것으로 할 것

중요

절연내력시험(NFPC 504 4조, NFTC 504 2.1.6.2)

구 분	150V 이하	150V 초과
실효전압	1000V	**(정격전압×2)+1000V** 예 220V인 경우 (220×2)+1000=1440V
견디는 시간	**1분 이상** 보기 ①	1분 이상

비교

절연저항시험

절연 저항계	절연저항	대 상
직류 250V	0.1MΩ 이상	• 1경계구역의 절연저항
	5MΩ 이상	• 누전경보기 • 가스누설경보기 • 수신기(10회로 미만, 절연된 충전부와 외함간) • 자동화재속보설비 • 비상경보설비 • 유도등(교류입력측과 외함간 포함) • 비상조명등(교류입력측과 외함간 포함)
직류 500V	20MΩ 이상	• 경종 • 발신기 • 중계기 • 비상**콘**센트 • 기기의 절연된 선로간 • 기기의 충전부와 비충전부간 • 기기의 교류입력측과 외함간 (유도등·비상조명등 제외)
		기억법 2콘(이크)
	50MΩ 이상	• 감지기(정온식 감지선형 감지기 제외) • 가스누설경보기(10회로 이상) • 수신기(10회로 이상, 교류입력측과 외함간 제외)
	1000MΩ 이상	• 정온식 감지선형 감지기

답 ①

67. 자동화재탐지설비의 발신기는 건축물의 각 부분으로부터 하나의 발신기까지 수평거리는 최대 몇 m 이하인가?

① 25m　② 50m
③ 100m　④ 150m

해설 수평거리와 보행거리

(1) 수평거리

수평거리	적용대상
수평거리 25m 이하	• 발신기 보기 ① • 음향장치(확성기) • 비상콘센트(지하상가 · 바닥면적 3000m² 이상)
수평거리 50m 이하	• 비상콘센트(기타)

(2) 보행거리

보행거리	적용대상
보행거리 15m 이하	• 유도표지
보행거리 20m 이하	• 복도통로유도등 • 거실통로유도등 • 3종 연기감지기
보행거리 30m 이하	• 1 · 2종 연기감지기
보행거리 40m 이상	• 복도 또는 별도로 구획된 실

(3) 수직거리

수직거리	적용대상
10m 이하	• 3종 연기감지기
15m 이하	• 1 · 2종 연기감지기

중요

자동화재탐지설비의 발신기 설치기준(NFPC 203 9조, NFTC 203 2.6)

(1) 조작이 **쉬운 장소**에 설치하고, 조작스위치는 바닥으로부터 **0.8~1.5m** 이하의 높이에 설치할 것
(2) 특정소방대상물의 **층**마다 설치하되, 해당 특정소방대상물의 각 부분으로부터 하나의 발신기까지의 **수평거리**가 **25m** 이하가 되도록 할 것. 다만, 복도 또는 별도로 구획된 실로서 **보행거리**가 **40m** 이상일 경우에는 추가로 설치할 것
(3) (2)의 기준을 초과하는 경우로서 기둥 또는 벽이 설치되지 아니한 대형공간의 경우 발신기는 설치대상 장소의 가장 가까운 장소의 벽 또는 기둥 등에 설치할 것
(4) 발신기의 **위치표시등**은 함의 **상부**에 설치하되, 그 불빛은 부착면으로부터 **15°** 이상의 범위 안에서 부착지점으로부터 **10m** 이내의 어느 곳에서도 쉽게 식별할 수 있는 **적색등**으로 할 것

| 위치표시등의 식별 |

답 ①

68. 누전경보기의 전원은 분전반으로부터 전용 회로로 하고 각 극에 개폐기와 몇 A 이하의 과전류차단기를 설치하여야 하는가?

① 5　② 15
③ 25　④ 35

해설 **누전경보기의 설치기준**(NFPC 205 6조, NFTC 205 2.3.1)

과전류차단기	배선용 차단기
15A 이하	20A 이하 **기억법** 2배(이 배에 탈 사람!)

(1) 각 극에 개폐기 및 **15A** 이하의 **과전류차단기**를 설치할 것(배선용 차단기는 **20A** 이하) 보기 ②
(2) 분전반으로부터 **전용 회로**로 할 것
(3) 개폐기에는 누전경보기임을 표시할 것

중요

누전경보기(NFPC 205 4조, NFTC 205 2.1.1.1)

60A 이하	60A 초과
• 1급 누전경보기 • 2급 누전경보기	• 1급 누전경보기

답 ②

69. 비상경보설비 및 단독경보형 감지기의 화재안전기준에 따른 단독경보형 감지기의 시설기준에 대한 내용이다. 다음 ( )에 들어갈 내용으로 옳은 것은?

단독경보형 감지기는 바닥면적이 (㉠)m²를 초과하는 경우에는 (㉡)m²마다 1개 이상을 설치하여야 한다.

① ㉠ 100, ㉡ 100　② ㉠ 100, ㉡ 150
③ ㉠ 150, ㉡ 150　④ ㉠ 150, ㉡ 200

해설 **단독경보형 감지기의 설치기준**(NFPC 201 5조, NFTC 201 2.2.1)
(1) 각 실(이웃하는 실내의 바닥면적이 각각 **30m²** 미만이고 벽체의 상부의 전부 또는 일부가 개방되어 이웃하는 실내와 공기가 상호 유통되는 경우에는 이를 1개의 실로 본다)마다 설치하되, 바닥면적이 **150m²**를 초과하는 경우에는 **150m²**마다 1개 이상 설치할 것 보기 ③
(2) 최상층의 계단실의 **천장**(외기가 상통하는 계단실의 경우 제외)에 설치할 것
(3) 건전지를 주전원으로 사용하는 단독경보형 감지기는 정상적인 작동상태를 유지할 수 있도록 건전지를 교환할 것
(4) 상용전원을 주전원으로 사용하는 단독경보형 감지기의 **2차 전지**는 제품검사에 합격한 것을 사용할 것

용어
단독경보형 감지기
화재발생 상황을 단독으로 감지하여 자체에 내장된 음향장치로 경보하는 감지기

답 ③

70
자동화재속보설비의 속보기의 성능인증 및 제품검사의 기술기준에 따라 자동화재속보설비의 속보기의 외함에 강판 외함을 사용할 경우 외함의 최소두께[mm]는?

① 1.8   ② 3
③ 0.8   ④ 1.2

해설 축전지 외함·속보기의 외함두께

강판	합성수지
1.2mm 이상 보기 ④	3mm 이상

비교
발신기의 외함두께(발신기의 형식승인 및 제품검사의 기술기준 4조)

강판		합성수지	
외함	외함(벽 속 매립)	외함	외함(벽 속 매립)
1.2mm 이상	1.6mm 이상	3mm 이상	4mm 이상

답 ④

71
비상조명등의 화재안전기준에 따른 휴대용 비상조명등의 설치기준 중 틀린 것은?

① 어둠 속에서 위치를 확인할 수 있도록 할 것
② 사용시 자동으로 점등되는 구조일 것
③ 건전지를 사용하는 경우에는 상시 충전되도록 할 것
④ 외함은 난연성능이 있을 것

해설 ③ 상시 충전되도록 할 것 → 방전방지조치를 할 것

휴대용 비상조명등의 설치기준(NFPC 304 4조, NFTC 304 2.1.2)

설치개수	설치장소
1개 이상	• 숙박시설 또는 다중이용업소에는 객실 또는 영업장 안의 구획된 실마다 잘 보이는 곳(외부에 설치시 출입문 손잡이로부터 1m 이내 부분)
3개 이상	• 지하상가 및 지하역사의 보행거리 25m 이내마다 • 대규모점포(백화점·대형점·쇼핑센터) 및 영화상영관의 보행거리 50m 이내마다

(1) 바닥으로부터 0.8~1.5m 이하의 높이에 설치할 것
(2) 어둠 속에서 **위치**를 확인할 수 있도록 할 것 보기 ①
(3) 사용시 **자동**으로 **점등**되는 구조일 것 보기 ②

(4) 외함은 **난연성능**이 있을 것 보기 ④
(5) 건전지를 사용하는 경우에는 **방전방지조치**를 하여야 하고, **충전식 배터리**의 경우에는 **상시 충전**되도록 할 것 보기 ③
(6) 건전지 및 충전식 배터리의 용량은 **20분** 이상 유효하게 사용할 수 있는 것으로 할 것

답 ③

72
피난구유도등의 설치 제외기준 중 틀린 것은?

① 거실 각 부분으로부터 하나의 출입구에 이르는 보행거리가 20m 이하이고 비상조명등과 유도표지가 설치된 거실의 출입구
② 바닥면적이 1000m² 미만인 층으로서 옥내로부터 직접 지상으로 통하는 출입구(외부의 식별이 용이한 경우에 한한다.)
③ 출입구가 2 이상 있는 거실로서 그 거실 각 부분으로부터 하나의 출입구에 이르는 보행거리가 10m 이하인 경우에는 주된 출입구 2개소 외의 출입구
④ 대각선 길이가 15m 이내인 구획된 실의 출입구

해설 ③ 2 이상 → 3 이상, 10m → 30m

피난구유도등의 **설치 제외 장소**(NFTC 303 2.8)
(1) 옥내에서 직접 지상으로 통하는 출입구(바닥면적 1000m² 미만 층) 보기 ②
(2) **대각선** 길이가 **15m 이내**인 구획된 실의 출입구 보기 ④
(3) 비상조명등·유도표지가 설치된 거실 출입구(거실 각 부분에서 출입구까지의 **보행거리 20m 이하**) 보기 ①
(4) 출입구가 **3 이상**인 거실(거실 각 부분에서 출입구까지의 **보행거리 30m 이하**는 주된 출입구 **2개소** 외의 출입구) 보기 ③

비교
(1) **휴대용 비상조명등의 설치 제외 장소**(NFPC 304 5조, NFTC 304 2.2.2) : 복도·통로·창문 등을 통해 **피난**이 용이한 경우(**지상 1층·피난층**)

기억법 휴피(휴지로 피닦아!)

(2) **통로유도등의 설치 제외 장소**(NFPC 303 11조, NFTC 303 2.8.2)
  ㉠ 길이 **30m** 미만의 복도·통로(구부러지지 않은 복도·통로)
  ㉡ 보행거리 **20m** 미만의 복도·통로(출입구에 피난구유도등이 설치된 복도·통로)
(3) **객석유도등의 설치 제외 장소**(NFPC 303 11조, NFTC 303 2.8.3)
  ㉠ **채광**이 충분한 객석(**주간**에만 사용)
  ㉡ **통로유도등**이 설치된 객석(거실 각 부분에서 거실 출입구까지의 **보행거리 20m 이하**)

기억법 채객보통(채소는 객관적으로 보통이다.)

답 ③

73 자동화재탐지설비 및 시각경보장치의 화재안전기준에 따라 부착높이 20m 이상에 설치되는 광전식 중 아날로그방식의 감지기는 공칭감지농도 하한값이 감광률 몇 %/m 미만인 것으로 하는가?

① 5
② 10
③ 15
④ 20

해설

① 부착높이 **20m** 이상에 설치되는 광전식 중 아날로그방식의 감지기는 공칭감지농도 하한값이 감광률 **5%/m** 미만인 것으로 한다. 보기 ①

감지기의 부착높이 (NFPC 203 7조, NFTC 203 2.4.1)

부착높이	감지기의 종류
8~15m 미만	• 차동식 분포형 • 이온화식 1종 또는 2종 • 광전식(스포트형, 분리형, 공기흡입형) 1종 또는 2종 • 연기복합형 • 불꽃감지기
15~20m 미만	• 이온화식 1종 • 광전식(스포트형, 분리형, 공기흡입형) 1종 • 연기복합형 • 불꽃감지기
20m 이상	• 불꽃감지기 • 광전식(분리형, 공기흡입형) 중 아날로그방식

답 ①

74 소방시설용 비상전원수전설비에서 전력수급용 계기용 변성기·주차단장치 및 그 부속기기로 정의되는 것은?

① 큐비클설비
② 배전반설비
③ 수전설비
④ 변전설비

해설

③ **수전설비** : 전력수급용 **계기용 변성기·주차단장치 및 그 부속기기**

소방시설용 비상전원수전설비 (NFPC 602 3조, NFTC 602 1.7)

용어	설명
수전설비	전력수급용 **계기용 변성기·주차단장치 및 그 부속기기** 보기 ③ **기억법** 수변주
변전설비	**전력용 변압기** 및 그 부속장치
전용 큐비클	**소방회로용**의 것으로 수전설비, 변전설비, 그 밖의 기기 및 배선을 금속제 외함에 수납한 것
공용 큐비클식	소방회로 및 일반회로 겸용의 것으로서 수전설비, 변전설비, 그 밖의 기기 및 배선을 금속제 외함에 수납한 것
소방회로	소방부하에 전원을 공급하는 전기회로
일반회로	소방회로 이외의 전기회로
전용 배전반	**소방회로 전용**의 것으로서 **개폐기, 과전류차단기, 계기**, 그 밖의 배선용 기기 및 배선을 금속제 외함에 수납한 것
공용 배전반	소방회로 및 일반회로 겸용의 것으로서 개폐기, 과전류차단기, 계기, 그 밖의 배선용 기기 및 배선을 금속제 외함에 수납한 것
전용 분전반	**소방회로 전용**의 것으로서 **분기개폐기, 분기과전류차단기**, 그 밖의 배선용 기기 및 배선을 금속제 외함에 수납한 것
공용 분전반	소방회로 및 일반회로 겸용의 것으로서 분기개폐기, 분기과전류차단기, 그 밖의 배선용 기기 및 배선을 금속제 외함에 수납한 것

답 ③

75 무선통신보조설비의 화재안전기준에 따라 무선통신보조설비의 누설동축케이블 및 동축케이블은 화재에 따라 해당 케이블의 피복이 소실된 경우에 케이블 본체가 떨어지지 아니하도록 몇 m 이내마다 금속제 또는 자기제 등의 지지금구로 벽·천장·기둥 등에 견고하게 고정시켜야 하는가? (단, 불연재료로 구획된 반자 안에 설치하지 않은 경우이다.)

① 1
② 1.5
③ 2.5
④ 4

해설 누설동축케이블의 설치기준 (NFPC 505 5조, NFTC 505 2.2)
(1) 소방전용 주파수대에서 전파의 **전송** 또는 **복사**에 적합한 것으로서 소방전용의 것
(2) 누설동축케이블과 이에 접속하는 안테나 또는 동축케이블과 이에 접속하는 안테나
(3) 누설동축케이블 및 동축케이블은 화재에 따라 해당 케이블의 피복이 소실된 경우에 케이블 본체가 떨어지지 아니하도록 **4m** 이내마다 금속제 또는 자기제 등의 지지금구로 벽·천장·기둥 등에 견고하게 고정시킬 것(단, 불연재료로 구획된 반자 안에 설치하는 경우 제외) 보기 ④

(4) **누설동축케이블** 및 **안테나**는 고압전로로부터 **1.5m** 이상 떨어진 위치에 설치(단, 해당 전로에 **정전기 차폐장치**를 유효하게 설치한 경우에는 제외)
(5) 누설동축케이블의 끝부분에는 **무반사종단저항**을 설치

기억법 누고15

23. 05. 시행 / 기사(전기)

용어
무반사종단저항
전송로로 전송되는 전자파가 전송로의 종단에서 반사되어 **교신**을 **방해**하는 것을 막기 위한 저항

답 ④

76 ★★★
22.03.문78
19.04.문77
14.09.문67
13.03.문75

비상경보설비 및 단독경보형감지기의 화재안전 기준에 따른 용어에 대한 정의로 틀린 것은?

① 비상벨설비라 함은 화재발생상황을 경종으로 경보하는 설비를 말한다.
② 자동식 사이렌설비라 함은 화재발생상황을 사이렌으로 경보하는 설비를 말한다.
③ 수신기라 함은 발신기에서 발하는 화재신호를 간접 수신하여 화재의 발생을 표시 및 경보하여 주는 장치를 말한다.
④ 단독경보형 감지기라 함은 화재발생상황을 단독으로 감지하여 자체에 내장된 음향장치로 경보하는 감지기를 말한다.

해설 ③ 간접 → 직접

비상경보설비에 **사용**되는 **용어**(NFPC 201 3조, NFTC 201 1.7)

용어	설명
비상벨설비 보기 ①	화재발생상황을 **경종**으로 경보하는 설비
자동식 사이렌설비 보기 ②	화재발생상황을 사이렌으로 경보하는 설비
발신기	화재발생신호를 수신기에 **수동**으로 **발신**하는 장치
수신기 보기 ③	발신기에서 발하는 **화재신호를 직접 수신**하여 화재의 발생을 **표시** 및 **경보**하여 주는 장치
단독경보형 감지기 보기 ④	화재발생상황을 **단독**으로 **감지**하여 **자체**에 내장된 **음향장치**로 경보하는 감지기

비교
비상방송설비에 **사용**되는 **용어**(NFPC 202 3조, NFTC 202 1.7)

용어	설명
확성기 (스피커)	소리를 크게 하여 멀리까지 전달될 수 있도록 하는 장치
음량조절기	**가변저항**을 이용하여 **전류**를 변화시켜 음량을 크게 하거나 작게 조절할 수 있는 장치
증폭기	전압전류의 **진폭**을 늘려 감도를 좋게 하고 미약한 **음성전류**를 커다란 음성전류로 변화시켜 **소리**를 **크게** 하는 장치

답 ③

77 ★★★
19.04.문73
14.09.문77
13.09.문71
05.03.문79

부착높이 3m, 바닥면적 50m²인 주요구조부를 내화구조로 한 소방대상물에 1종 열반도체식 차동식 분포형 감지기를 설치하고자 할 때 감지부의 최소 설치개수는?

① 1개
② 2개
③ 3개
④ 4개

해설 **열반도체식 감지기**(NFPC 203 7조, NFTC 203 2.4.3.9.1)

(단위 : m²)

부착높이 및 소방대상물의 구분		감지기의 종류	
		1종	2종
8m 미만	내화구조	→ 65	36
	기타구조	40	23
8~15m 미만	내화구조	50	36
	기타구조	30	23

1종 감지기 1개가 담당하는 바닥면적은 **65m²**이므로

$$\frac{50}{65} = 0.77 ≒ 1개$$

● 하나의 검출기에 접속하는 감지부는 **2~15개** 이하이지만 부착높이가 **8m** 미만이고 바닥면적이 **기준면적 이하**인 경우 1개로 할 수 있다. 그러므로 최소개수는 2개가 아닌 **1개**가 되는 것이다. **주의!**

답 ①

78 ★★
21.09.문75
16.03.문61
11.10.문74

무선통신보조설비의 화재안전기준에 따라 무선통신보조설비의 누설동축케이블 또는 동축케이블의 임피던스는 몇 Ω으로 하여야 하는가?

① 5
② 10
③ 30
④ 50

해설 **누설동축케이블·동축케이블**의 **임피던스**(NFPC 505 5조, NFTC 505 2.2.2) : **50Ω** 보기 ④

참고
무선통신보조설비의 **분배기·분파기·혼합기 설치기준**(NFPC 505 7조, NFTC 505 2.4)
(1) 먼지·습기·부식 등에 이상이 없을 것
(2) 임피던스 **50Ω**의 것
(3) 점검이 편리하고 화재 등의 피해 우려가 없는 장소

답 ④

79 누전경보기의 구성요소에 해당하지 않는 것은?

① 차단기
② 영상변류기(ZCT)
③ 음향장치
④ 발신기

해설 누전경보기의 구성요소

구성요소	설 명
영상**변**류기(ZCT)	누설전류를 **검**출한다. 보기② 기억법 변검(변검술)
수신기	누설전류를 증폭한다.
음향장치	경보를 발한다. 보기③
차단기	차단릴레이를 포함한다. 보기①

기억법 변수음차

- 소방에서는 변류기(CT)와 영상변류기(ZCT)를 혼용하여 사용한다.

답 ④

80 유도등의 전선의 굵기는 인출선인 경우 단면적이 몇 mm^2 이상이어야 하는가?

① $0.25mm^2$
② $0.5mm^2$
③ $0.75mm^2$
④ $1.25mm^2$

해설 비상조명등·유도등의 **일반구조**(유도등의 우수품질인증 기술기준 2조)

|| 전선의 굵기 및 길이 ||

인출선 굵기 보기③	인출선 길이
$0.75mm^2$ 이상	150mm 이상

기억법 인75(**인**(사람) 치료)

답 ③

2023. 9. 2 시행

2023년 기사 제4회 필기시험 CBT 기출복원문제

자격종목	종목코드	시험시간	형별	수험번호	성명
소방설비기사(전기분야)		2시간			

※ 각 문항은 4지택일형으로 질문에 가장 적합한 보기 항을 선택하여 체크하여야 합니다.

제1과목 소방원론

01 방호공간 안에서 화재의 세기를 나타내고 화재가 진행되는 과정에서 온도에 따라 변하는 것으로 온도-시간 곡선으로 표시할 수 있는 것은?
① 화재저항
② 화재가혹도
③ 화재하중
④ 화재플럼

해설

구 분	화재하중(fire load)	화재가혹도(fire severity)
정의	화재실 또는 화재구획의 단위바닥면적에 대한 등가 가연물량값	① 화재의 양과 질을 반영한 화재의 강도 ② 방호공간 안에서 화재의 세기를 나타냄 **보기 ②**
계산식	화재하중 $q = \dfrac{\Sigma G_t H_t}{HA}$ $= \dfrac{\Sigma Q}{4500 A}$ 여기서, q : 화재하중(kg/m²) G_t : 가연물의 양(kg) H_t : 가연물의 단위발열량(kcal/kg) H : 목재의 단위발열량(kcal/kg) A : 바닥면적(m²) ΣQ : 가연물의 전체 발열량(kcal)	화재가혹도 =지속시간×최고온도 **보기 ②** 화재시 지속시간이 긴 것은 가연물량이 많은 양적 개념이며, 연소시 최고온도는 최성기 때의 온도로서 화재의 질적 개념이다.
비교	① 화재의 **규모**를 판단하는 척도 ② **주수시간**을 결정하는 인자	① 화재의 **강도**를 판단하는 척도 ② **주수율**을 결정하는 인자

용어	
화재플럼	화재저항
상승력이 커진 부력에 의해 연소가스와 유입공기가 상승하면서 화염이 섞인 연기 기둥형태를 나타내는 현상	화재시 최고온도의 지속시간을 견디는 내력

답 ②

02 소화원리에 대한 일반적인 소화효과의 종류가 아닌 것은?
① 질식소화 ② 기압소화
③ 제거소화 ④ 냉각소화

해설 소화의 형태

구 분	설 명
냉각소화 **보기 ④**	① **점**화원을 냉각하여 소화하는 방법 ② **증**발잠열을 이용하여 열을 빼앗아 가연물의 온도를 떨어뜨려 화재를 진압하는 소화방법 ③ 다량의 **물**을 뿌려 소화하는 방법 ④ 가연성 물질을 **발**화점 이하로 **냉각**하여 소화하는 방법 ⑤ 식용유화재에 신선한 **야채**를 넣어 소화하는 방법 ⑥ 용융잠열에 의한 **냉각효과**를 이용하여 소화하는 방법 **기억법** 냉점증발
질식소화 **보기 ①**	① 공기 중의 **산소농도**를 16%(10~15%) 이하로 희박하게 하여 소화하는 방법 ② 산화제의 농도를 낮추어 연소가 지속될 수 없도록 소화하는 방법 ③ 산소공급을 차단하여 소화하는 방법 ④ 산소의 농도를 낮추어 소화하는 방법 ⑤ 화학반응으로 발생한 **탄산가스**에 의한 소화방법 **기억법** 질산
제거소화 **보기 ③**	가연물을 **제거**하여 소화하는 방법

부촉매 소화 (=화학 소화)	① **연쇄반응**을 **차단**하여 소화하는 방법 ② 화학적인 방법으로 화재를 억제하여 소화하는 방법 ③ **활성기**(free radical, 자유라디칼)의 **생성**을 **억제**하여 소화하는 방법 ④ 할론계 소화약제 기억법 부억(부엌)	
희석소화	① 기체·고체·액체에서 나오는 분해가스나 증기의 농도를 낮춰 소화하는 방법 ② 불연성 가스의 **공기 중 농도**를 높여 소화하는 방법	

답 ②

03
17.03.문52

위험물안전관리법상 위험물의 정의 중 다음 ( ) 안에 알맞은 것은?

> 위험물이라 함은 (㉠) 또는 발화성 등의 성질을 가지는 것으로서 (㉡)이/가 정하는 물품을 말한다.

① ㉠ 인화성, ㉡ 대통령령
② ㉠ 휘발성, ㉡ 국무총리령
③ ㉠ 인화성, ㉡ 국무총리령
④ ㉠ 휘발성, ㉡ 대통령령

해설 위험물법 2조
용어의 정의

용어	뜻
위험물	**인화성** 또는 **발화성** 등의 성질을 가지는 것으로서 **대통령령**이 정하는 물품 보기 ①
지정수량	위험물의 종류별로 위험성을 고려하여 대통령령이 정하는 수량으로서 제조소 등의 설치허가 등에 있어서 **최저**의 기준이 되는 **수량**
제조소	위험물을 제조할 목적으로 **지정수량 이상**의 위험물을 취급하기 위하여 허가를 받은 장소
저장소	지정수량 이상의 위험물을 저장하기 위한 **대통령령**이 정하는 장소
취급소	지정수량 이상의 위험물을 제조 외의 목적으로 취급하기 위한 대통령령이 정하는 장소
제조소 등	제조소·저장소·취급소

답 ①

04
인화점이 낮은 것부터 높은 순서로 옳게 나열된 것은?

① 에틸알코올 < 이황화탄소 < 아세톤
② 이황화탄소 < 에틸알코올 < 아세톤
③ 에틸알코올 < 아세톤 < 이황화탄소
④ 이황화탄소 < 아세톤 < 에틸알코올

물 질	인화점	착화점
• 프로필렌	-107°C	497°C
• 에틸에터 다이에틸에터	-45°C	180°C
• 가솔린(휘발유)	-43°C	300°C
• **이황화탄소**	**-30°C**	**100°C**
• 아세틸렌	-18°C	335°C
• **아세톤**	**-18°C**	**538°C**
• 벤젠	-11°C	562°C
• 톨루엔	4.4°C	480°C
• **에틸알코올**	**13°C**	**423°C**
• 아세트산	40°C	-
• 등유	43~72°C	210°C
• 경유	50~70°C	200°C
• 적린	-	260°C

답 ④

05
22.03.문09
21.09.문03
19.04.문13
15.03.문14
14.05.문07
12.05.문14

상온·상압의 공기 중에서 탄화수소류의 가연물을 소화하기 위한 이산화탄소 소화약제의 농도는 약 몇 %인가? (단, 탄화수소류는 산소농도가 10%일 때 소화된다고 가정한다.)

① 28.57 ② 35.48
③ 49.56 ④ 52.38

해설 (1) 기호
- O_2 : 10%

(2) CO_2의 농도(이론소화농도)

$$CO_2 = \frac{21 - O_2}{21} \times 100$$

여기서, CO_2 : CO_2의 이론소화농도[vol%] 또는 약식으로 [%]
O_2 : 한계산소농도[vol%] 또는 약식으로 [%]

$$CO_2 = \frac{21 - O_2}{21} \times 100 = \frac{21 - 10}{21} \times 100 ≒ 52.38\%$$

답 ④

06
19.09.문14
19.04.문02
18.03.문14
17.09.문16
13.03.문16
12.03.문10
08.09.문05

건축물에 설치하는 방화벽의 구조에 대한 기준 중 틀린 것은?

① 내화구조로서 홀로 설 수 있는 구조이어야 한다.
② 방화벽의 양쪽 끝은 지붕면으로부터 0.2m 이상 튀어나오게 하여야 한다.
③ 방화벽의 위쪽 끝은 지붕면으로부터 0.5m 이상 튀어나오게 하여야 한다.
④ 방화벽에 설치하는 출입문은 너비 및 높이가 각각 2.5m 이하로 해당 출입문에는 60분+방화문 또는 60분 방화문을 설치하여야 한다.

해설
② 0.2m → 0.5m

건축령 제57조
방화벽의 구조

대상 건축물	• 주요구조부가 내화구조 또는 불연재료가 아닌 연면적 1000m² 이상인 건축물
구획단지	• 연면적 1000m² 미만마다 구획
방화벽의 구조	• 내화구조로서 홀로 설 수 있는 구조일 것 [보기 ①] • 방화벽의 양쪽 끝과 위쪽 끝을 건축물의 외벽면 및 지붕면으로부터 **0.5m** 이상 튀어나오게 할 것 [보기 ②③] • 방화벽에 설치하는 **출입문**의 **너비** 및 높이는 각각 **2.5m** 이하로 하고 해당 출입문에는 60분+방화문 또는 60분 방화문을 설치할 것 [보기 ④]

답 ②

07 ★★★

분말소화약제 중 탄산수소칼륨(KHCO₃)과 요소((NH₂)₂CO)와의 반응물을 주성분으로 하는 소화약제는?

22.04.문18
20.09.문07
19.03.문01
18.04.문06
17.09.문10
17.03.문18
16.10.문06
16.10.문10
16.05.문15
16.03.문09
16.03.문11
15.05.문08
12.09.문15
09.03.문01

① 제1종 분말
② 제2종 분말
③ 제3종 분말
④ 제4종 분말

해설 분말소화약제

종별	분자식	착색	적응화재	비고
제1종	탄산수소나트륨 (NaHCO₃)	백색	BC급	**식용유** 및 **지방질유**의 화재에 적합 **기억법** 1식분(일식 분식)
제2종	탄산수소칼륨 (KHCO₃)	담자색 (담회색)	BC급	–
제3종	제1인산암모늄 (NH₄H₂PO₄)	담홍색	ABC급	**차고·주차장**에 적합 **기억법** 3분 차주(삼보 컴퓨터 차주)
제4종 [보기 ④]	탄산수소칼륨 +요소 (KHCO₃+ (NH₂)₂CO)	회(백)색	BC급	–

답 ④

08 ★

가스 A가 40vol%, 가스 B가 60vol%로 혼합된 가스의 연소하한계는 몇 vol%인가? (단, 가스 A의 연소하한계는 4.9vol%이며, 가스 B의 연소하한계는 4.15vol%이다.)

22.09.문15
21.05.문20
17.05.문03
13.09.문05

① 1.82
② 2.02
③ 3.22
④ 4.42

해설 폭발하한계

$$\frac{100}{L} = \frac{V_1}{L_1} + \frac{V_2}{L_2} + \cdots\cdots + \frac{V_n}{L_n}$$

여기서, L : 혼합가스의 폭발하한계[vol%]
L_1, L_2, L_n : 가연성 가스의 폭발하한계[vol%]
V_1, V_2, V_n : 가연성 가스의 용량[vol%]

폭발하한계 L 은

$$L = \frac{100}{\frac{V_1}{L_1} + \frac{V_2}{L_2} + \cdots\cdots + \frac{V_n}{L_n}}$$

$$= \frac{100}{\frac{40}{4.9} + \frac{60}{4.15}}$$

$\fallingdotseq 4.42 \text{vol}\%$

연소하한계 = 폭발하한계

답 ④

09 ★★★

BLEVE 현상을 설명한 것으로 가장 옳은 것은?

19.09.문15
18.09.문08
17.03.문17
16.05.문02
15.03.문01
14.09.문12
14.03.문01
09.05.문10
05.09.문07
05.05.문07
03.03.문11
02.03.문20

① 물이 뜨거운 기름 표면 아래에서 끓을 때 화재를 수반하지 않고 Over flow되는 현상
② 물이 연소유의 뜨거운 표면에 들어갈 때 발생되는 Over flow 현상
③ 탱크바닥에 물과 기름의 에멀전이 섞여 있을 때 물의 비등으로 인하여 급격하게 Over flow되는 현상
④ 탱크 주위 화재로 탱크 내 인화성 액체가 비등하고 가스부분의 압력이 상승하여 탱크가 파괴되고 폭발을 일으키는 현상

해설 가스탱크·건축물 내에서 발생하는 현상
(1) 가스탱크

현상	정의
블래비 (BLEVE)	• 과열상태의 탱크에서 내부의 액화가스가 분출하여 기화되어 폭발하는 현상 • 탱크 주위 화재로 탱크 내 인화성 액체가 비등하고 가스부분의 압력이 상승하여 탱크가 파괴되고 폭발을 일으키는 현상 [보기 ④]

(2) 건축물 내

현 상	정 의
플래시오버 (flash over)	• 화재로 인하여 실내의 온도가 급격히 상승하여 화재가 순간적으로 실내 전체에 확산되어 연소되는 현상
백드래프트 (back draft)	• **통기력**이 좋지 않은 상태에서 연소가 계속되어 산소가 심히 부족한 상태가 되었을 때 **개구부**를 통하여 산소가 공급되면 실내의 가연성 혼합기가 공급되는 **산소**의 **방향**과 **반대**로 흐르며 급격히 연소하는 현상 • 소방대가 소화활동을 위하여 화재실의 문을 개방할 때 신선한 공기가 유입되어 실내에 축적되었던 가연성 가스가 **단시간**에 **폭발적**으로 **연소**함으로써 화재가 폭풍을 동반하며 **실외**로 **분출**되는 현상

중요

유류탱크에서 **발생**하는 **현상**

현 상	정 의
보일오버 (boil over)	• 중질유의 석유탱크에서 장시간 조용히 연소하다 탱크 내의 잔존기름이 갑자기 분출하는 현상 • 유류탱크에서 탱크바닥에 물과 기름의 **에멀션**이 섞여 있을 때 이로 인하여 화재가 발생하는 현상 • 연소유면으로부터 100℃ 이상의 열파가 탱크 **저부**에 고여 있는 물을 비등하게 하면서 연소유를 탱크 밖으로 비산시키며 연소하는 현상 기억법 보저(보자기)
오일오버 (oil over)	• 저장탱크에 저장된 유류저장량이 내용적의 50% 이하로 충전되어 있을 때 화재로 인하여 탱크가 폭발하는 현상
프로스오버 (froth over)	• 물이 점성의 뜨거운 기름 표면 아래에서 끓을 때 화재를 수반하지 않고 용기가 넘치는 현상
슬롭오버 (slop over)	• 물이 연소유의 뜨거운 표면에 들어갈 때 기름 표면에서 화재가 발생하는 현상 • 유화제로 소화하기 위한 물이 수분의 급격한 증발에 의하여 액면이 거품을 일으키면서 열유층 밑의 냉유가 급히 열팽창하여 기름의 일부가 불이 붙은 채 탱크벽을 넘어서 일출하는 현상

답 ④

10 제1종 분말소화약제의 열분해반응식으로 옳은 것은?

① $2NaHCO_3 \rightarrow Na_2CO_3 + CO_2 + H_2O$
② $2KHCO_3 \rightarrow K_2CO_3 + CO_2 + H_2O$
③ $2NaHCO_3 \rightarrow Na_2CO_3 + 2CO_2 + H_2O$
④ $2KHCO_3 \rightarrow K_2CO_3 + 2CO_2 + H_2O$

해설 분말소화기(질식효과)

종 별	소화약제	약제의 착색	화학반응식	적응 화재
제1종	탄산수소나트륨 ($NaHCO_3$)	백색	$2NaHCO_3 \rightarrow$ $Na_2CO_3+CO_2+H_2O$ 보기 ①	BC급
제2종	탄산수소칼륨 ($KHCO_3$)	담자색 (담회색)	$2KHCO_3 \rightarrow$ $K_2CO_3+CO_2+H_2O$	BC급
제3종	인산암모늄 ($NH_4H_2PO_4$)	담홍색	$NH_4H_2PO_4 \rightarrow$ $HPO_3+NH_3+H_2O$	AB C급
제4종	탄산수소칼륨+요소 ($KHCO_3$+ $(NH_2)_2CO$)	회(백)색	$2KHCO_3+$ $(NH_2)_2CO \rightarrow$ K_2CO_3+ $2NH_3+2CO_2$	BC급

• 탄산수소나트륨 = 중탄산나트륨
• 탄산수소칼륨 = 중탄산칼륨
• 제1인산암모늄 = 인산암모늄 = 인산염
• 탄산수소칼륨+요소 = 중탄산칼륨+요소

답 ①

11 열경화성 플라스틱에 해당하는 것은?

① 폴리에틸렌
② 염화비닐수지
③ 페놀수지
④ 폴리스티렌

해설 합성수지의 화재성상

열가소성 수지	열경화성 수지
• PVC수지 • 폴리에틸렌수지 • 폴리스티렌수지	• 페놀수지 보기 ③ • 요소수지 • 멜라민수지

• 수지 = 플라스틱

용어

열가소성 수지	열경화성 수지
열에 의해 변형되는 수지	열에 의해 변형되지 않는 수지

기억법 열가P폴

답 ③

12 제4류 위험물의 물리·화학적 특성에 대한 설명으로 틀린 것은?
[18.09.문07]

① 증기비중은 공기보다 크다.
② 정전기에 의한 화재발생위험이 있다.
③ 인화성 액체이다.
④ 인화점이 높을수록 증기발생이 용이하다.

해설
④ 인화점이 높을수록 → 인화점이 낮을수록

제4류 위험물
(1) 증기비중은 공기보다 크다. 보기 ①
(2) 정전기에 의한 화재발생위험이 있다. 보기 ②
(3) 인화성 액체이다. 보기 ③
(4) 인화점이 낮을수록 증기발생이 용이하다. 보기 ④
(5) 상온에서 **액체상태**이다(**가연성 액체**).
(6) 상온에서 **안정**하다.

답 ④

13 폭굉(detonation)에 관한 설명으로 틀린 것은?
[22.04.문13]
[16.05.문14]
[03.05.문10]

① 연소속도가 음속보다 느릴 때 나타난다.
② 온도의 상승은 충격파의 압력에 기인한다.
③ 압력상승은 폭연의 경우보다 크다.
④ 폭굉의 유도거리는 배관의 지름과 관계가 있다.

해설
① 느릴 때 → 빠를 때

연소반응(전파형태에 따른 분류)

폭연(deflagration)	폭굉(detonation)
연소속도가 음속보다 느릴 때 발생	① 연소속도가 음속보다 빠를 때 발생 보기 ① ② 온도의 상승은 **충격파**의 압력에 기인한다. 보기 ② ③ 압력상승은 **폭연**의 경우보다 **크다**. 보기 ③ ④ 폭굉의 **유도거리**는 배관의 **지름**과 **관계**가 있다. 보기 ④

※ **음속** : 소리의 속도로서 약 **340m/s**이다.

답 ①

14 비수용성 유류의 화재시 물로 소화할 수 없는 이유는?
[19.03.문04]
[15.09.문06]
[15.09.문13]
[14.03.문06]
[12.09.문16]
[12.05.문05]

① 인화점이 변하기 때문
② 발화점이 변하기 때문
③ 연소면이 확대되기 때문
④ 수용성으로 변하여 인화점이 상승하기 때문

해설
경유화재시 주수소화가 부적당한 이유
물보다 비중이 가벼워 물 위에 떠서 **화재면 확대**의 우려가 있기 때문이다.(연소면 확대)

중요

주수소화(물소화)시 위험한 물질

위험물	발생물질
• 무기과산화물	**산소**(O_2) 발생
• 금속분 • 마그네슘 • 알루미늄 • 칼륨 • 나트륨 • 수소화리튬	**수소**(H_2) 발생
• 가연성 액체의 유류화재(경유)	**연소면**(화재면) 확대

답 ③

15 포소화약제 중 고팽창포로 사용할 수 있는 것은?
[17.09.문05]
[15.05.문09]
[15.05.문20]
[13.06.문03]

① 단백포
② 불화단백포
③ 내알코올포
④ 합성계면활성제포

해설 **포소화약제**

저팽창포	고팽창포
• 단백포소화약제 • 수성막포소화약제 • 내알코올형포소화약제 • 불화단백포소화약제 • 합성계면활성제포소화약제	• **합**성계면활성제포소화약제 보기 ④ **기억법** **고합**(고합그룹)

• 저팽창포=저발포
• 고팽창포=고발포

중요

포소화약제의 특징

약제의 종류	특 징
단백포	• 흑갈색이다. • 냄새가 지독하다. • 포안정제로서 **제1철염**을 첨가한다. • 다른 포약제에 비해 **부식성**이 **크다**.
수성막포	• 안전성이 좋아 장기보관이 가능하다. • 내약품성이 좋아 **분말소화약제**와 **겸용** 사용이 가능하다. • 석유류 표면에 신속히 피막을 형성하여 유류증발을 억제한다. • 일명 AFFF(Aqueous Film Forming Foam)라고 한다. • 점성이 작기 때문에 가연성 기름의 표면에서 쉽게 피막을 형성한다. • 단백포 소화약제와도 병용이 가능하다.

기억법 분수

내알코올형포 (내알코올포)	• 알코올류 위험물(**메탄올**)의 소화에 사용한다. • 수용성 유류화재(**아세트알데하이드, 에스터류**)에 사용한다. • 가연성 액체에 사용한다.
불화단백포	• 소화성능이 가장 우수하다. • 단백포와 수성막포의 결점인 열안 정성을 보완시킨다. • **표면하 주입방식**에도 적합하다.
합성계면 활성제포	• **저**팽창포와 **고**팽창포 모두 사용 가능하다. • 유동성이 좋다. • 카바이트 저장소에는 부적합하다. 기억법 합저고

답 ④

16. 할로젠원소의 소화효과가 큰 순서대로 배열된 것은?

① I > Br > Cl > F ② Br > I > F > Cl
③ Cl > F > I > Br ④ F > Cl > Br > I

해설 할론소화약제

부촉매효과(소화효과) 크기	전기음성도(친화력) 크기
I > Br > Cl > F	F > Cl > Br > I

• 소화효과=소화능력
• 전기음성도 크기=수소와의 결합력 크기

중요
할로젠족 원소
(1) 불소 : **F**
(2) 염소 : **Cl**
(3) 브로민(취소) : **Br**
(4) 아이오딘(옥소) : **I**
기억법 FClBrI

답 ①

17. 인화알루미늄의 화재시 주수소화하면 발생하는 물질은?

① 수소 ② 메탄
③ 포스핀 ④ 아세틸렌

해설 인화알루미늄과 물과의 반응식 [보기 ③]
AlP + 3H₂O → Al(OH)₃ + PH₃
인화알루미늄 물   수산화알루미늄 포스핀=인화수소

비교
(1) 인화칼슘과 물의 반응식
Ca₃P₂ + 6H₂O → 3Ca(OH)₂ + 2PH₃↑
인화칼슘 물   수산화칼슘   포스핀
(2) 탄화알루미늄과 물의 반응식
Al₄C₃ + 12H₂O → 4Al(OH)₃ + 3CH₄↑
탄화알루미늄 물   수산화알루미늄 메탄

답 ③

18. Fourier법칙(전도)에 대한 설명으로 틀린 것은?

① 이동열량은 전열체의 단면적에 비례한다.
② 이동열량은 전열체의 두께에 비례한다.
③ 이동열량은 전열체의 열전도도에 비례한다.
④ 이동열량은 전열체 내·외부의 온도차에 비례한다.

해설 ② 비례 → 반비례

공식
(1) 전도
$$Q = \frac{kA(T_2 - T_1)}{l} \quad \begin{array}{l} \leftarrow \text{비례} \\ \leftarrow \text{반비례} \end{array}$$

여기서, Q : 전도열(W)
k : 열전도율(W/m·K)
A : 단면적(m²)
$(T_2 - T_1)$: 온도차(K)
l : 벽체 두께(m)

(2) 대류
$$Q = h(T_2 - T_1)$$

여기서, Q : 대류열(W/m²)
h : 열전달률(W/m²·℃)
$(T_2 - T_1)$: 온도차(℃)

(3) 복사
$$Q = aAF(T_1^4 - T_2^4)$$

여기서, Q : 복사열(W)
a : 스테판-볼츠만 상수(W/m²·K⁴)
A : 단면적(m²)
F : 기하학적 Factor
T_1 : 고온(K)
T_2 : 저온(K)

중요
열전달의 종류

종류	설명	관련 법칙
전도 (conduction)	하나의 물체가 다른 물체와 직접 **접촉**하여 열이 이동하는 현상	**푸리에**(Fourier)의 법칙
대류 (convection)	**유체**의 흐름에 의하여 열이 이동하는 현상	**뉴턴**의 법칙
복사 (radiation)	① 화재시 화원과 **격리**된 인접 가연물에 불이 옮겨 붙는 현상 ② 열전달 매질이 **없이** 열이 전달되는 형태 ③ 열에너지가 **전자파**의 형태로 옮겨지는 현상으로, **가장 크게 작용**한다.	**스테판-볼츠만**의 법칙

답 ②

19. 위험물의 유별 성질이 자연발화성 및 금수성 물질은 제 몇류 위험물인가?

① 제1류 위험물
② 제2류 위험물
③ 제3류 위험물
④ 제4류 위험물

해설 위험물령 〔별표 1〕
위험물

유 별	성 질	품 명
제1류	산화성 고체	• 아염소산염류 • 염소산염류 • 과염소산염류 • 질산염류 • 무기과산화물
제2류	가연성 고체	• 황화인 • **적린** • **황** • **철분** • 마그네슘
제3류	자연발화성 물질 및 금수성 물질 보기 ③	• 황린 • 칼륨 • 나트륨
제4류	인화성 액체	• 특수인화물 • 알코올류 • 석유류 • 동식물유류
제5류	자기반응성 물질	• 나이트로화합물 • 유기과산화물 • 나이트로소화합물 • 아조화합물 • 질산에스터류(셀룰로이드)
제6류	산화성 액체	• 과염소산 • 과산화수소 • 질산

답 ③

20. 물소화약제를 어떠한 상태로 주수할 경우 전기화재의 진압에서도 소화능력을 발휘할 수 있는가?

① 물에 의한 봉상주수
② 물에 의한 적상주수
③ 물에 의한 무상주수
④ 어떤 상태의 주수에 의해서도 효과가 없다.

해설 전기화재(변전실화재) 적응방법
(1) 무상주수 보기 ③
(2) 할론소화약제 방사
(3) 분말소화설비
(4) 이산화탄소 소화설비
(5) 할로겐화합물 및 불활성기체 소화설비

참고 물을 주수하는 방법

주수방법	설 명
봉상주수	화점이 멀리 있을 때 또는 고체가연물의 대규모 화재시 사용 예 옥내소화전
적상주수	일반 고체가연물의 화재시 사용 예 스프링클러헤드
무상주수	화점이 가까이 있을 때 또는 질식효과, 에멀션효과를 필요로 할 때 사용 예 물분무헤드

답 ③

제 2 과목 소방전기일반

21. 실리콘정류기(SCR)의 애노드전류가 10A일 때 게이트전류를 2배로 증가시키면 애노드전류 [A]는?

① 2.5
② 5
③ 10
④ 20

해설 SCR(Silicon Controlled Rectifier) : 처음에는 게이트전류에 의해 양극전류가 변화되다가 일단 완전 도통상태가 되면 게이트전류에 관계없이 양극전류는 더 이상 변화하지 않는다. 그러므로 게이트전류를 2배로 늘려도 양극전류는 그대로 **10A**가 되는 것이다. (이것을 알라!!)

답 ③

22. 대칭 n상의 환상결선에서 선전류와 상전류(환상전류) 사이의 위상차는?

① $\dfrac{n}{2}\left(1-\dfrac{2}{\pi}\right)$ ② $\dfrac{n}{2}\left(1-\dfrac{\pi}{2}\right)$
③ $\dfrac{\pi}{2}\left(1-\dfrac{2}{n}\right)$ ④ $\dfrac{\pi}{2}\left(1-\dfrac{n}{2}\right)$

해설 환상결선 n상의 위상차

$$\theta = \dfrac{\pi}{2} - \dfrac{\pi}{n}$$

여기서, θ : 위상차
n : 상

• 환상결선 = △결선

n상의 위상차 θ는
$\theta = \dfrac{\pi}{2} - \dfrac{\pi}{n} = \dfrac{\pi}{2}\left(1-\dfrac{2}{n}\right)$

> **비교**
>
> 환상결선 n상의 선전류
> $$I_l = \left(2 \times \sin\frac{\pi}{n}\right) \times I_p$$
>
> 여기서, I_l : 선전류[A]
> n : 상
> I_p : 상전류[A]

답 ③

23 공기 중에서 50kW 방사전력이 안테나에서 사방으로 균일하게 방사될 때, 안테나에서 1km 거리에 있는 점에서의 전계의 실효값은 약 몇 V/m인가?

① 0.87 ② 1.22
③ 1.73 ④ 3.98

해설 (1) 기호

- P : 50kW = 50000W (1kW = 1000W)
- r : 1km = 1000m (1km = 1000m)
- E : ?

(2) 구의 단위면적당 전력
$$W = \frac{E^2}{377} = \frac{P}{4\pi r^2}$$

여기서, W : 구의 단위면적당 전력[W/m²]
E : 전계의 실효값[V/m]
P : 전력[W]
r : 거리[m]

$$\frac{E^2}{377} = \frac{P}{4\pi r^2}$$
$$E^2 = \frac{P}{4\pi r^2} \times 377$$
$$E = \sqrt{\frac{P}{4\pi r^2} \times 377} = \sqrt{\frac{50000}{4\pi \times 1000^2} \times 377} ≒ 1.22 \text{V/m}$$

답 ②

24 입력이 $r(t)$이고, 출력이 $c(t)$인 제어시스템이 다음의 식과 같이 표현될 때 이 제어시스템의 전달함수 $\left(G(s) = \dfrac{C(s)}{R(s)}\right)$는? (단, 초기값은 0이다.)

$$2\frac{d^2c(t)}{dt^2} + 3\frac{dc(t)}{dt} + c(t) = 3\frac{dr(t)}{dt} + r(t)$$

① $\dfrac{3s+1}{2s^2+3s+1}$ ② $\dfrac{2s^2+3s+1}{s+3}$
③ $\dfrac{3s+1}{s^2+3s+2}$ ④ $\dfrac{s+3}{s^2+3s+2}$

해설 미분방정식
$$2\frac{d^2c(t)}{dt^2} + 3\frac{dc(t)}{dt} + c(t) = 3\frac{dr(t)}{dt} + r(t)$$
라플라스 변환하면
$$(2s^2+3s+1)C(s) = (3s+1)R(s)$$
전달함수 $G(s)$는
$$G(s) = \frac{C(s)}{R(s)} = \frac{3s+1}{2s^2+3s+1}$$

> **용어**
>
> 전달함수
> 모든 초기값을 0으로 하였을 때 출력신호의 라플라스 변환과 입력신호의 라플라스 변환의 비

답 ①

25 반지름 20cm, 권수 50회인 원형 코일에 2A의 전류를 흘려주었을 때 코일 중심에서 자계(자기장)의 세기[AT/m]는?

① 70 ② 100
③ 125 ④ 250

해설 (1) 기호

- a : 20cm = 0.2m (100cm = 1m)
- N : 50
- I : 2A
- H : ?

(2) 원형 코일 중심의 자계
$$H = \frac{NI}{2a} \text{[AT/m]}$$

여기서, H : 자계의 세기[AT/m]
N : 코일권수
I : 전류[A]
a : 반지름[m]

자계의 세기 H는
$$H = \frac{NI}{2a} = \frac{50 \times 2}{2 \times 0.2} = 250 \text{AT/m}$$

답 ④

26 논리식 $Y = \overline{A}\overline{B}C + A\overline{B}\overline{C} + A\overline{B}C$를 간단히 표현한 것은?

① $\overline{A} \cdot (B+C)$
② $\overline{B} \cdot (A+C)$
③ $\overline{C} \cdot (A+B)$
④ $C \cdot (A+\overline{B})$

해설 논리식

$Y = \overline{A}\overline{B}C + A\overline{B}C + A\overline{B}\overline{C}$
　　　　위치 바꿈
$= \overline{B}(\overline{A}C + AC + A\overline{C})$
$= \overline{B}(\overline{A}C + AC + A\overline{C})$
$= \overline{B}\{C(\overline{A}+A) + A\overline{C}\}$
　　　　$X + \overline{X} = 1$
$= \overline{B}(C \cdot 1 + A\overline{C})$
　　　$X \cdot 1 = X$
$= \overline{B}(C + A\overline{C})$
　　　$X + \overline{X}Y = X + Y$
$= \overline{B}(C + A)$
$= \overline{B}(A + C)$ ← A, C 위치 바꿈

불대수의 정리

논리합	논리곱	비 고
$X + 0 = X$	$X \cdot 0 = 0$	-
$X + 1 = 1$	$X \cdot 1 = X$	-
$X + X = X$	$X \cdot X = X$	-
$X + \overline{X} = 1$	$X \cdot \overline{X} = 0$	-
$X + Y = Y + X$	$X \cdot Y = Y \cdot X$	교환법칙
$X + (Y + Z)$ $= (X + Y) + Z$	$X(YZ) = (XY)Z$	결합법칙
$X(Y + Z)$ $= XY + XZ$	$(X+Y)(Z+W)$ $= XZ + XW + YZ + YW$	분배법칙
$X + XY = X$	$\overline{X} + XY = \overline{X} + Y$ $\overline{X} + \overline{X}Y = \overline{X} + \overline{Y}$ $X + \overline{X}Y = X + Y$ $X + \overline{X}\overline{Y} = X + \overline{Y}$	흡수법칙
$\overline{(X+Y)}$ $= \overline{X} \cdot \overline{Y}$	$\overline{(X \cdot Y)} = \overline{X} + \overline{Y}$	드모르간의 정리

답 ②

27. 다음 시퀀스회로를 논리식으로 나타내시오.
22.04.문36
21.09.문22

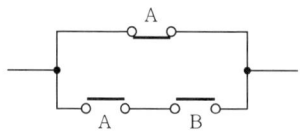

① $(A+B) \cdot \overline{A}$　　② $AB + \overline{A}$
③ $(A+B) \cdot A$　　④ $AB + A$

해설 논리식 · 시퀀스회로

시퀀스	논리식	시퀀스회로(스위칭회로)
직렬회로	$Z = A \cdot B$ $Z = AB$	
병렬회로	$Z = A + B$	
a접점	$Z = A$	
b접점	$Z = \overline{A}$	

∴ $\overline{A} + AB = AB + \overline{A}$

답 ②

28. $R=4\Omega$, $\dfrac{1}{\omega C}=9\Omega$인 RC 직렬회로에 전압 $e(t)$를 인가할 때, 제3고조파 전류의 실효값 크기는 몇 A인가? (단, $e(t) = 50 + 10\sqrt{2}\sin\omega t + 120\sqrt{2}\sin3\omega t$ [V])
20.09.문29
19.09.문34
13.03.문28
12.03.문31

① 4.4
② 12.2
③ 24
④ 34

해설 (1) 기호

- $R : 4\Omega$
- $\dfrac{1}{\omega C} : 9\Omega$
- $I_3 : ?$
- $e(t) = 50 + \underbrace{10\sqrt{2}\sin\omega t}_{\text{기본파}} + \underbrace{120\sqrt{2}\sin3\omega t}_{\text{3고조파}}$
  직류분

제3고조파 성분만 계산하면 되므로 리액턴스$\left(\dfrac{1}{\omega C}\right)$의 주파수 부분에 ω대신 3ω 대입

$\dfrac{1}{\omega C} : 9 = \dfrac{1}{3\omega C} : X$

$X = \dfrac{9}{3} = 3\left(\therefore \dfrac{1}{3\omega C} = 3\Omega\right)$

(2) 임피던스

$$Z = R + jX$$

여기서, Z : 임피던스[Ω]
　　　R : 저항[Ω]
　　　X : 리액턴스[Ω]

제3고조파 임피던스 Z는

$$Z = R + jX$$
$$= R + j\frac{1}{3\omega C}$$
$$= 4 + j3$$

(3) 순시값

$$v = V_m \sin\omega t$$

여기서, v : 전압의 순시값[V]
V_m : 전압의 최대값[V]
ω : 각주파수[rad/s]
t : 주기[s]

제3고조파만 고려하면
$v = V_m \sin\omega t$
$= 120\sqrt{2}\sin 3\omega t \,(\therefore V_m = 120\sqrt{2})$

(4) 전압의 최대값

$$V_m = \sqrt{2}\,V$$

여기서, V_m : 전압의 최대값[V]
V : 전압의 실효값[V]

전압의 실효값 V는
$V = \dfrac{V_m}{\sqrt{2}} = \dfrac{120\sqrt{2}}{\sqrt{2}} = 120\text{V}$

(5) 전류

$$I = \frac{V}{Z} = \frac{V}{R+jX} = \frac{V}{\sqrt{R^2+X^2}}$$

여기서, I : 전류[A]
V : 전압[V]
Z : 임피던스[Ω]
R : 저항[Ω]
X : 리액턴스[Ω]

전류 I는
$I = \dfrac{V}{\sqrt{R^2+X^2}} = \dfrac{120}{\sqrt{4^2+3^2}} = 24\text{A}$

답 ③

29 그림과 같은 회로에서 각 계기의 지시값이 ⓥ는 180V, Ⓐ는 5A, W는 720W라면 이 회로의 무효전력[Var]은?

19.04.문26
10.09.문27
06.03.문32
98.10.문22
97.10.문35

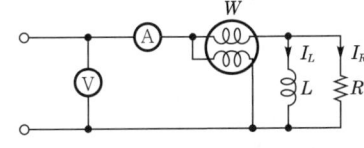

① 480 ② 540
③ 960 ④ 1200

해설 피상전력

$$P_a = VI = \sqrt{P^2 + P_r^{\,2}} = I^2 Z$$

여기서, P_a : 피상전력[VA]
V : 전압[V]
I : 전류[A]
P : 유효전력[W]
P_r : 무효전력[Var]
Z : 임피던스[Ω]

피상전력 P_a는
$P_a = VI = 180 \times 5 = 900\text{VA}$

$P_a = \sqrt{P^2 + P_r^{\,2}}$ 에서
$P_a^{\,2} = (\sqrt{P^2 + P_r^{\,2}})^2$
$P_a^{\,2} = P^2 + P_r^{\,2}$
$P_a^{\,2} - P^2 = P_r^{\,2}$
$P_r^{\,2} = P_a^{\,2} - P^2$
$\sqrt{P_r^{\,2}} = \sqrt{P_a^{\,2} - P^2}$
$P_r = \sqrt{P_a^{\,2} - P^2}$

무효전력 P_r은
$P_r = \sqrt{P_a^{\,2} - P^2}$
$= \sqrt{900^2 - 720^2} = 540\text{Var}$

답 ②

30 그림의 회로에서 a-b 간에 V_{ab}[V]를 인가했을 때 c-d 간의 전압이 100V이었다. 이때 a-b 간에 인가한 전압(V_{ab})은 몇 V인가?

22.04.문37

① 104 ② 106
③ 108 ④ 110

해설 회로를 이해하기 쉽게 변형하면

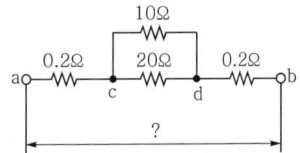

전류

$$I = \frac{V}{R}$$

여기서, I : 전류[A]
V : 전압[V]
R : 저항[Ω]

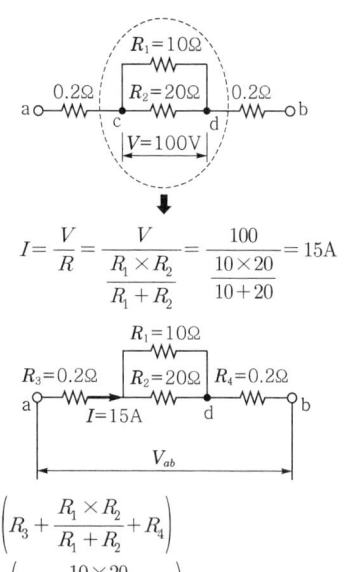

$$I = \frac{V}{R} = \frac{V}{\frac{R_1 \times R_2}{R_1 + R_2}} = \frac{100}{\frac{10 \times 20}{10 + 20}} = 15\text{A}$$

$$V_{ab} = I\left(R_3 + \frac{R_1 \times R_2}{R_1 + R_2} + R_4\right)$$
$$= 15\left(0.2 + \frac{10 \times 20}{10 + 20} + 0.2\right) = 106\text{V}$$

답 ②

31
[18.04.문27]

두 개의 코일 a, b가 있다. 두 개를 직렬로 접속하였더니 합성인덕턴스가 120mH이었고, 극성을 반대로 접속하였더니 합성인덕턴스가 20mH이었다. 코일 a의 자기인덕턴스가 20mH라면 결합계수 K는 얼마인가?

① 0.6 ② 0.7
③ 0.8 ④ 0.9

해설
(1) **가극성**(코일이 동일방향)

$$L = L_1 + L_2 + 2M$$

여기서, L : 합성인덕턴스[H]
L_1, L_2 : 자기인덕턴스[H]
M : 상호인덕턴스[H]

(2) **감극성**(코일이 반대방향)

$$L = L_1 + L_2 - 2M$$

여기서, L : 합성인덕턴스[H]
L_1, L_2 : 자기인덕턴스[H]
M : 상호인덕턴스[H]

동일방향 합성인덕턴스 **120mH**
반대방향 합성인덕턴스 **20mH**이므로

$$\begin{array}{r} 120 = L_1 + L_2 + 2M \\ -\underline{\ 20 = L_1 + L_2 - 2M\ } \\ 100 = 4M \end{array}$$

$$\frac{100}{4} = M$$

$$25\text{mH} = M$$

$$\therefore M = 25\text{mH}$$

(3) **가극성**(코일이 동일방향) 식에서

$$L = L_1 + L_2 + 2M$$

$120 = 20 + L_2 + (2 \times 25)$
$120 - 20 - (2 \times 25) = L_2$
$50 = L_2$
$\therefore L_2 = 50\text{mH}$

• L_1 : 20mH(문제에서 주어짐)

(4) **상호인덕턴스**(mutual inductance)

$$M = K\sqrt{L_1 L_2}\ \text{[H]}$$

여기서, M : 상호인덕턴스[H]
K : 결합계수
L_1, L_2 : 자기인덕턴스[H]

결합계수 K는

$$K = \frac{M}{\sqrt{L_1 L_2}} = \frac{25}{\sqrt{20 \times 50}} = 0.79 ≒ 0.8$$

답 ③

32
[21.09.문23]
[19.03.문32]
[17.09.문22]
[17.09.문39]
[16.10.문35]
[16.05.문22]
[16.03.문32]
[15.05.문23]
[14.09.문23]
[13.09.문27]

제어량에 따른 제어방식의 분류 중 온도, 유량, 압력 등의 공업 프로세스의 상태량을 제어량으로 하는 제어계로서 외란의 억제를 주목적으로 하는 제어방식은?

① 서보기구
② 자동조정
③ 추종제어
④ 프로세스제어

해설 **제어량**에 의한 **분류**

분류	종류
프로세스제어 (공정제어) 보기 ④	• **온**도 • **압**력 • **유**량 • **액**면 **기억법** 프온압유액
서보기구 (서보제어, 추종제어)	• **위**치 • **방**위 • **자**세 **기억법** 서위방자
자동조정	• 전압 • 전류 • 주파수 • 회전속도(**발**전기의 **속**도조절기) • 장력 **기억법** 자발속

※ **프로세스제어** : 공업공정의 상태량을 제어량으로 하는 제어

제어의 종류	
종 류	설 명
정치제어 (Fixed value control)	• 일정한 목표값을 유지하는 것으로 **프로세스제어, 자동조정**이 이에 해당된다. 예 **연속식 압연기** • **목표값**이 시간에 관계없이 항상 일정한 값을 가지는 제어
추종제어 (Follow-up control)	미지의 시간적 변화를 하는 목표값에 제어량을 추종시키기 위한 제어로 **서보기구**가 이에 해당된다. 예 **대공포의 포신**
비율제어 (Ratio control)	둘 이상의 제어량을 소정의 비율로 제어하는 것
프로그램제어 (Program control)	목표값이 **미리 정해진 시간적 변화**를 하는 경우 제어량을 그것에 추종시키기 위한 제어 예 **열차·산업로봇의 무인운전**

답 ④

33 다음의 회로에서 V_1, V_2는 몇 V인가?

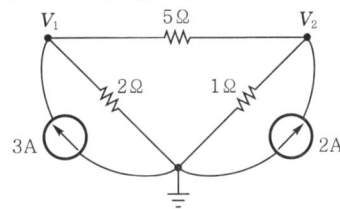

① $V_1 = 4.5\text{V}$, $V_2 = 2.5\text{V}$
② $V_1 = 5\text{V}$, $V_2 = 2\text{V}$
③ $V_1 = 4.5\text{V}$, $V_2 = 2\text{V}$
④ $V_1 = 5\text{V}$, $V_2 = 2.5\text{V}$

해설 그림을 변형하면

(1) 점 V_1

$$I_1 = \frac{V_1}{R_1} = \frac{V_1}{2}$$
$$I_3 = \frac{V_1 - V_2}{R_3} = \frac{V_1 - V_2}{5}$$
(V_1을 기준으로 보면 V_2의 방향이 반대이므로 V_2에 $-$를 붙임)

점 $V_1 = I_1 + I_3 = 3\text{A}$
$= \frac{V_1}{2} + \frac{V_1 - V_2}{5} = 3\text{A}$
$= \frac{5V_1}{5 \times 2} + \frac{2(V_1 - V_2)}{2 \times 5} = 3\text{A}$

(공통분모 10을 만들기 위해 한 쪽 분자, 분모에 5 또는 2를 곱함)
$= \frac{5V_1}{10} + \frac{2V_1 - 2V_2}{10} = 3\text{A}$
$= \frac{5V_1 + 2V_1 - 2V_2}{10} = 3\text{A}$
$= \frac{7V_1 - 2V_2}{10} = 3\text{A}$
$= 7V_1 - 2V_2 = 3 \times 10\text{A}$
$= 7V_1 - 2V_2 = 30\text{A} \cdots ①$

(2) 점 V_2

$$I_2 = \frac{V_2}{R_2} = \frac{V_2}{1}$$
$$I_3 = \frac{-V_1 + V_2}{R_3} = \frac{-V_1 + V_2}{5}$$
(V_2를 기준으로 보면 V_1의 방향이 반대이므로 V_1에 $-$를 붙임)

점 $V_2 = I_2 + I_3 = 2\text{A}$
$= \frac{V_2}{1} + \left(\frac{-V_1 + V_2}{5}\right) = 2\text{A}$
$= \frac{5V_2}{5 \times 1} + \left(\frac{-V_1 + V_2}{5}\right) = 2\text{A}$

(공통분모 5를 만들기 위해 한 쪽 분자, 분모에 5를 곱함)
$= \frac{5V_2}{5} + \left(\frac{-V_1 + V_2}{5}\right) = 2\text{A}$
$= \frac{5V_2 - V_1 + V_2}{5} = 2\text{A}$
$= \frac{6V_2 - V_1}{5} = 2\text{A}$
$= 6V_2 - V_1 = 2 \times 5\text{A}$
$= 6V_2 - V_1 = 10\text{A}$
$= -V_1 + 6V_2 = 10\text{A} \cdots ② \leftarrow V_1, V_2$ 위치 바꿈

(3) ①식 ②식 적용(계산편의를 위해 단위 생략)

$\begin{cases} 7V_1 - 2V_2 = 30 & \cdots ①' \\ -V_1 + 6V_2 = 10 & \cdots ②' \end{cases}$

①' 식 V_2값을 ②'식과 일치시켜서 생략하기 위해 ①'식에 3을 곱함

$\begin{cases} (3 \times 7)V_1 - (3 \times 2)V_2 = 3 \times 30 & \cdots ①' \\ -V_1 + 6V_2 = 10 & \cdots ②' \end{cases}$

$\begin{cases} 21V_1 - 6V_2 = 90 & \cdots ①' \\ -V_1 + 6V_2 = 10 & \cdots ②' \end{cases}$

$20V_1 = 100$

$$V_1 = \frac{100}{20} = 5\text{V}$$

$-V_1 + 6V_2 = 10 \cdots ②'(V_1 = 5$ 대입$)$
$-5 + 6V_2 = 10$
$6V_2 = 10 + 5$

$$V_2 = \frac{10 + 5}{6} = 2.5\text{V}$$

답 ④

34. 다음의 단상 유도전동기 중 기동토크가 가장 큰 것은?

① 셰이딩 코일형
② 콘덴서 기동형
③ 분상 기동형
④ 반발 기동형

해설 기동토크가 큰 순서
반발 기동형 > 반발 유도형 > 콘덴서 기동형 > 분상 기동형 > 셰이딩 코일형

[기억법] 반기큰

• 셰이딩 코일형 = 세이딩 코일형

답 ④

35. 반도체를 이용한 화재감지기 중 서미스터(Thermistor)는 무엇을 측정하기 위한 반도체소자인가?

① 온도
② 연기농도
③ 가스농도
④ 불꽃의 스펙트럼 강도

해설 반도체소자

명칭	심벌
① **제너다이오드**(Zener diode) : 주로 **정**전압 전원회로에 사용된다. [기억법] 제정(재정이 풍부)	
② **서미스터**(Thermistor) : 부온도특성을 가진 저항기의 일종으로서 주로 **온**도보정용으로 쓰인다. 보기 ① [기억법] 서온(서운해)	Th
③ SCR(Silicon Controlled Rectifier) : 단방향 대전류 스위칭소자로서 제어를 할 수 있는 정류소자이다.	A ─▷│─ K G
④ 바리스터(Varistor) • 주로 **서**지전압에 대한 회로보호용(과도전압에 대한 회로보호) • **계**전기 접점의 불꽃제거 [기억법] 바리서계	
⑤ UJT(UniJunction Transistor) =단일접합 트랜지스터 : 증폭기로는 사용이 불가능하고 톱니파나 펄스발생기로 작용하며 SCR의 트리거소자로 쓰인다.	B₁ E B₂
⑥ **바랙터**(Varactor) : 제너현상을 이용한 다이오드	—

답 ①

36. 교류전압계의 지침이 지시하는 전압은 다음 중 어느 것인가?

① 실효값
② 평균값
③ 최대값
④ 순시값

해설

교류 표시	설명
실효값	① 일반적으로 사용되는 값으로 교류의 각 순시값의 제곱에 대한 **1주기**의 **평균**의 **제곱근**을 말함 ② **교류전압계의 지침이 지시하는 값** 보기 ①
최대값	교류의 순시값 중에서 가장 큰 값
순시값	교류의 임의의 시간에 있어서 전압 또는 전류의 값
평균값	순시값의 반주기에 대하여 평균한 값

답 ①

37. 아날로그와 디지털 통신에서 데시벨의 단위로 나타내는 SN비를 올바르게 풀어쓴 것은?

① SIGN TO NUMBER RATING
② SIGNAL TO NOISE RATIO
③ SOURCE NULL RESISTANCE
④ SOURCE NETWORK RANGE

해설 SN비 또는 SNR비(Signal-to-Noise Ratio, 신호 대 잡음비)
아날로그와 디지털 통신에서, 즉 신호 대 잡음의 상대적인 크기를 나타내는 것으로서, 단위는 **데시벨**(dB)이다.

답 ②

38. 블록선도에서 외란 $D(s)$의 압력에 대한 출력 $C(s)$의 전달함수 $\left(\dfrac{C(s)}{D(s)}\right)$는?

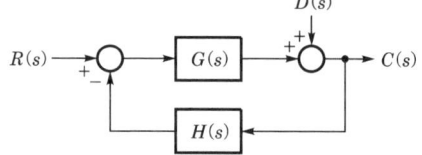

① $\dfrac{G(s)}{H(s)}$
② $\dfrac{1}{1+G(s)H(s)}$
③ $\dfrac{H(s)}{G(s)}$
④ $\dfrac{G(s)}{1+G(s)H(s)}$

해설

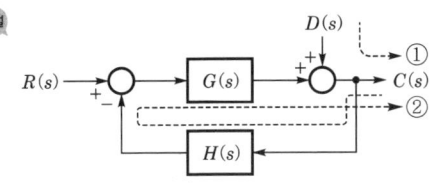

계산편의를 위해 (s)를 삭제하고 계산하면
$D - CGH = C$
$D = C + CGH$
$D = C(1+GH)$
$\dfrac{1}{1+GH} = \dfrac{C}{D}$
$\dfrac{C}{D} = \dfrac{1}{1+GH}$ ← 좌우 위치 바꿈
$\dfrac{C(s)}{D(s)} = \dfrac{1}{1+G(s)H(s)}$ ← 삭제한 (s)를 다시 붙임

용어

블록선도(Block diagram)
제어계에서 신호가 전달되는 모양을 표시하는 선도

답 ②

39 ★★★

다음의 내용이 설명하는 법칙은 무엇인가?

두 자극 사이에 작용하는 자기력의 크기는 두 자극의 세기의 곱에 비례하고 두 자극 사이 거리의 제곱에 반비례한다.

① 비오사바르 법칙
② 쿨롱의 법칙
③ 렌츠의 법칙
④ 줄의 법칙

해설 **여러 가지 법칙**

법 칙	설 명
플레밍의 오른손 법칙	• **도**체운동에 의한 **유**기기전력의 **방**향 결정 기억법 방유도오(방에 우유를 도로 갔다 놓게!)
플레밍의 왼손 법칙	• **전**자력의 방향 결정 기억법 왼전(왠 전쟁이냐?)
렌츠의 법칙	• 자속변화에 의한 **유**도기전력의 **방**향 결정 기억법 렌유방(오렌지가 **유**일한 **방**법이다.)
패러데이의 전자유도 법칙	• 자속변화에 의한 **유**기기전력의 **크**기 결정 기억법 패유크(패유를 버리면 큰일난다.)

앙페르(암페어)의 오른나사 법칙	• **전**류에 의한 **자**기장의 방향을 결정하는 법칙 기억법 앙전자(양전자)
비오-사바르의 법칙	• **전**류에 의해 발생되는 **자**기장의 크기(전류에 의한 자계의 세기) 기억법 비전자(비전공자)
키르히호프의 법칙	• 옴의 법칙을 응용한 것으로 복잡한 회로의 전류와 전압계산에 사용 • 회로망의 임의의 접속점에 유입하는 여러 전류의 **총**합은 0이라고 하는 법칙 기억법 키총 • 회로망 내 임의의 폐회로(closed circuit)에서, 그 폐회로를 따라 한 방향으로 일주하면서 생기는 전압강하의 합은 그 폐회로 내에 포함되어 있는 기전력의 합과 같음
줄의 법칙	• 어떤 도체에 일정시간 동안 전류를 흘리면 도체에는 열이 발생하는데 이에 관한 법칙 • 전류의 **열**작용과 관계있는 법칙 기억법 줄열
쿨롱의 법칙	• 두 자극 사이에 작용하는 힘은 두 **자**극의 세기의 **곱**에 비례하고, 두 자극 사이의 **거**리의 **제**곱에 반비례한다는 법칙 보기 ②

답 ②

40 ★★

직류전원이 연결된 코일에 10A의 전류가 흐르고 있다. 이 코일에 연결된 전원을 제거하는 즉시 저항을 연결하여 폐회로를 구성하였을 때 저항에서 소비된 열량이 24cal이었다. 이 코일의 인덕턴스는 약 몇 H인가?

① 0.1
② 0.5
③ 2.0
④ 24

해설 (1) **기호**

• I : 10A
• W : 24cal = $\dfrac{24\text{cal}}{0.24}$ = 100J (1J=0.24cal)
• L : ?

(2) **코일에 축적되는 에너지**

$$W = \dfrac{1}{2}LI^2 = \dfrac{1}{2}IN\phi \text{[J]}$$

여기서, W : 코일의 축적에너지[J]
L : 자기인덕턴스[H]
N : 코일권수
ϕ : 자속[Wb]
I : 전류[A]

자기인덕턴스 L은

$$L = \frac{2W}{I^2} = \frac{2 \times 100}{10^2} = 2\text{H}$$

답 ③

제3과목 소방관계법규

41 소방시설 설치 및 관리에 관한 법령상 스프링클러설비를 설치하여야 하는 특정소방대상물의 기준으로 틀린 것은? (단, 위험물 저장 및 처리 시설 중 가스시설 또는 지하구는 제외한다.)

20.08.문47
19.03.문48
15.03.문56
12.05.문51

① 복합건축물로서 연면적 3500m² 이상인 경우에는 모든 층
② 창고시설(물류터미널은 제외)로서 바닥면적 합계가 5000m² 이상인 경우에는 모든 층
③ 숙박이 가능한 수련시설 용도로 사용되는 시설의 바닥면적의 합계가 600m² 이상인 것은 모든 층
④ 판매시설, 운수시설 및 창고시설(물류터미널에 한정)로서 바닥면적의 합계가 5000m² 이상이거나 수용인원이 500명 이상인 경우에는 모든 층

해설 ① 3500m² → 5000m²

소방시설법 시행령〔별표 4〕
스프링클러설비의 설치대상

설치대상	조건

① 문화 및 집회시설, 운동시설
② 종교시설
	• 수용인원 : **100명** 이상
	• 영화상영관 : 지하층 · 무창층 : 500m²(기타 1000m²) 이상
	• 무대부
	  - 지하층 · 무창층 · 4층 이상 300m² 이상
	  - 1~3층 500m² 이상

③ 판매시설 ④ 운수시설 ⑤ 물류터미널	• 수용인원 : **500명** 이상 • 바닥면적 합계 : 5000m² 이상 보기 ④
⑥ 노유자시설 ⑦ 정신의료기관 ⑧ 수련시설(숙박 가능한 것) ⑨ 종합병원, 병원, 치과병원, 한방병원 및 요양병원(정신병원 제외) ⑩ 숙박시설	• 바닥면적 합계 600m² 이상 보기 ③
⑪ 지하층 · 무창층 · 4층 이상	• 바닥면적 1000m² 이상
⑫ 창고시설(물류터미널 제외)	• 바닥면적 합계 : 5000m² 이상 : 전층 보기 ②
⑬ 지하상가	• 연면적 1000m² 이상
⑭ 10m 넘는 랙식 창고	• 연면적 1500m² 이상
⑮ 복합건축물 ⑯ 기숙사	• 연면적 5000m² 이상 : 전층 보기 ①
⑰ 6층 이상	• 전층
⑱ 보일러실 · 연결통로	• 전부
⑲ 특수가연물 저장 · 취급	• 지정수량 1000배 이상
⑳ 발전시설	• 전기저장시설 : 전부

답 ①

42 소방시설공사업법령상 소방공사감리를 실시함에 있어 용도와 구조에서 특별히 안전성과 보안성이 요구되는 소방대상물로서 소방시설물에 대한 감리를 감리업자가 아닌 자가 감리할 수 있는 장소는?

20.06.문54

① 정보기관의 청사
② 교도소 등 교정관련시설
③ 국방 관계시설 설치장소
④ 원자력안전법상 관계시설이 설치되는 장소

해설 (1) **공사업법 시행령 8조**
감리업자가 아닌 자가 감리할 수 있는 보안성 등이 요구되는 소방대상물의 시공장소 「**원자력안전법**」 2조 10호에 따른 **관계시설**이 설치되는 장소

(2) **원자력안전법 2조 10호**
"**관계시설**"이란 **원자로**의 **안전**에 **관계**되는 **시설**로서 **대통령령**으로 정하는 것을 말한다.

답 ④

43 소방기본법령에 따라 주거지역 · 상업지역 및 공업지역에 소방용수시설을 설치하는 경우 소방대상물과의 수평거리를 몇 m 이하가 되도록 해야 하는가?

20.06.문46
17.09.문56
10.05.문41

① 50 ② 100
③ 150 ④ 200

해설 **기본규칙〔별표 3〕**
소방용수시설의 설치기준

거리기준	지역
수평거리 **100m** 이하 보기 ②	• **공**업지역 • **상**업지역 • **주**거지역 기억법 주상공100(주상공 백지에 사인을 하시오.)
수평거리 **140m** 이하	• 기타지역

답 ②

44 소방시설 설치 및 관리에 관한 법령상 관리업자가 소방시설 등의 점검을 마친 후 점검기록표에 기록하고 이를 해당 특정소방대상물에 부착하여야 하나 이를 위반하고 점검기록표를 기록하지 아니하거나 특정소방대상물의 출입자가 쉽게 볼 수 있는 장소에 게시하지 아니하였을 때 벌칙기준은?

① 100만원 이하의 과태료
② 200만원 이하의 과태료
③ 300만원 이하의 과태료
④ 500만원 이하의 과태료

해설 소방시설법 61조
300만원 이하의 과태료
(1) 소방시설을 화재안전기준에 따라 설치·관리하지 아니한 자
(2) 피난시설, 방화구획 또는 방화시설의 **폐쇄·훼손·변경** 등의 행위를 한 자
(3) 임시소방시설을 설치·관리하지 아니한 자
(4) 점검기록표를 기록하지 아니하거나 특정소방대상물의 출입자가 쉽게 볼 수 있는 장소에 게시하지 아니한 관계인 보기 ③

답 ③

45 소방대라 함은 화재를 진압하고 화재, 재난·재해, 그 밖의 위급한 상황에서 구조·구급 활동 등을 하기 위하여 구성된 조직체를 말한다. 소방대의 구성원으로 틀린 것은?

① 소방공무원   ② 소방안전관리원
③ 의무소방원   ④ 의용소방대원

해설 기본법 2조
소방대
(1) 소방공무원 보기 ①
(2) 의무소방원 보기 ③
(3) 의용소방대원 보기 ④

답 ②

46 다음 중 소방시설 설치 및 관리에 관한 법령상 소방시설관리업을 등록할 수 있는 자는?

① 피성년후견인
② 소방시설관리업의 등록이 취소된 날부터 2년이 경과된 자
③ 금고 이상의 형의 집행유예를 선고받고 그 유예기간 중에 있는 자
④ 금고 이상의 실형을 선고받고 그 집행이 면제된 날부터 2년이 지나지 아니한 자

해설 소방시설법 30조
소방시설관리업의 등록결격사유
(1) 피성년후견인 보기 ①
(2) 금고 이상의 실형을 선고받고 그 집행이 끝나거나 집행이 면제된 날부터 **2년**이 지나지 아니한 사람 보기 ④
(3) 금고 이상의 형의 집행유예를 선고받고 그 유예기간 중에 있는 사람 보기 ③
(4) 관리업의 등록이 취소된 날부터 **2년**이 지나지 아니한 자

답 ②

47 화재의 예방 및 안전관리에 관한 법령상 소방대상물의 개수·이전·제거, 사용의 금지 또는 제한, 사용폐쇄, 공사의 정지 또는 중지, 그 밖의 필요한 조치로 인하여 손실을 받은 자가 손실보상청구서에 첨부하여야 하는 서류로 틀린 것은?

① 손실보상합의서
② 손실을 증명할 수 있는 사진
③ 손실을 증명할 수 있는 증빙자료
④ 소방대상물의 관계인임을 증명할 수 있는 서류(건축물대장은 제외)

해설 화재예방법 시행규칙 6조
손실보상 청구자가 제출하여야 하는 서류
(1) 소방대상물의 **관계인**임을 증명할 수 있는 서류(건축물대장 제외) 보기 ④
(2) 손실을 증명할 수 있는 **사진**, 그 밖의 **증빙자료** 보기 ②③

기억법 사증관손(사정관의 손)

답 ①

48 소방시설 설치 및 관리에 관한 법률상 특정소방대상물의 피난시설, 방화구획 또는 방화시설의 폐쇄·훼손·변경 등의 행위를 한 자에 대한 과태료 기준으로 옳은 것은?

① 200만원 이하의 과태료
② 300만원 이하의 과태료
③ 500만원 이하의 과태료
④ 600만원 이하의 과태료

해설 소방시설법 61조
300만원 이하의 과태료
(1) 소방시설을 화재안전기준에 따라 설치·관리하지 아니한 자
(2) **피난시설·방화구획** 또는 **방화시설**의 **폐쇄·훼손·변경** 등의 행위를 한 자 보기 ②
(3) 임시소방시설을 설치·관리하지 아니한 자

비교

(1) 300만원 이하의 벌금
- ㉠ 화재안전조사를 정당한 사유없이 거부·방해·기피(화재예방법 50조)
- ㉡ 소방안전관리자, 총괄소방안전관리자 또는 소방안전관리보조자 미선임(화재예방법 50조)
- ㉢ 성능위주설계평가단 비밀누설(소방시설법 59조)
- ㉣ 방염성능검사 합격표시 위조(소방시설법 59조)
- ㉤ 위탁받은 업무종사자의 비밀누설(소방시설법 59조)
- ㉥ 다른 자에게 자기의 성명이나 상호를 사용하여 소방시설공사 등을 수급 또는 시공하게 하거나 소방시설업의 등록증·등록수첩을 빌려준 자(공사업법 37조)
- ㉦ 감리원 미배치자(공사업법 37조)
- ㉧ 소방기술인정 자격수첩을 빌려준 자(공사업법 37조)
- ㉨ 2 이상의 업체에 취업한 자(공사업법 37조)
- ㉩ 소방시설업자나 관계인 감독시 관계인의 업무를 방해하거나 비밀누설(공사업법 37조)

(2) 200만원 이하의 과태료
- ㉠ 소방용수시설·소화기구 및 설비 등의 설치명령 위반(화재예방법 52조)
- ㉡ **특수가연물의 저장·취급 기준 위반**(화재예방법 52조)
- ㉢ 한국119청소년단 또는 이와 유사한 명칭을 사용한 자(기본법 56조)
- ㉣ **소방활동구역 출입**(기본법 56조)
- ㉤ 소방자동차의 출동에 지장을 준 자(기본법 56조)
- ㉥ 한국소방안전원 또는 이와 유사한 명칭을 사용한 자(기본법 56조)
- ㉦ 관계서류 미보관자(공사업법 40조)
- ㉧ 소방기술자 미배치자(공사업법 40조)
- ㉨ 하도급 미통지자(공사업법 40조)

답 ②

49 위험물안전관리법령상 위험물의 안전관리와 관련된 업무를 수행하는 자로서 소방청장이 실시하는 안전교육대상자가 아닌 것은?
① 안전관리자로 선임된 자
② 탱크시험자의 기술인력으로 종사하는 자
③ 위험물운송자로 종사하는 자
④ 제조소 등의 관계인

해설 위험물령 20조
안전교육대상자
(1) **안전관리자**로 선임된 자 보기 ①
(2) 탱크시험자의 **기술인력**으로 종사하는 자 보기 ②
(3) **위험물운반자**로 종사하는 자
(4) **위험물운송자**로 종사하는 자 보기 ③

답 ④

50 화재의 예방 및 안전관리에 관한 법률상 소방안전관리대상물의 소방안전관리자 업무가 아닌 것은?
① 소방훈련 및 교육
② 피난시설, 방화구획 및 방화시설의 관리
③ 자위소방대 및 본격대응체계의 구성·운영·교육
④ 피난계획에 관한 사항과 대통령령으로 정하는 사항이 포함된 소방계획서의 작성 및 시행

해설 ③ 본격대응체계 → 초기대응체계

화재예방법 24조 ⑤항
관계인 및 소방안전관리자의 업무

특정소방대상물 (관계인)	소방안전관리대상물 (소방안전관리자)
• 피난시설·방화구획 및 방화시설의 관리	• 피난시설·방화구획 및 방화시설의 관리 보기 ②
• 소방시설, 그 밖의 소방관련 시설의 관리	• 소방시설, 그 밖의 소방관련 시설의 관리
• **화기취급**의 감독	• **화기취급**의 감독
• 소방안전관리에 필요한 업무	• 소방안전관리에 필요한 업무
• 화재발생시 초기대응	• **소방계획서**의 작성 및 시행(대통령령으로 정하는 사항 포함) 보기 ④
	• **자위소방대** 및 **초기대응체계**의 구성·운영·교육 보기 ③
	• 소방훈련 및 교육 보기 ①
	• 소방안전관리에 관한 업무 수행에 관한 기록·유지
	• 화재발생시 초기대응

용어

특정소방대상물	소방안전관리대상물
건축물 등의 규모·용도 및 수용인원 등을 고려하여 소방시설을 설치하여야 하는 소방대상물로서 대통령령으로 정하는 것	대통령령으로 정하는 특정소방대상물

답 ③

51 소방시설 설치 및 관리에 관한 법령상 시·도지사가 실시하는 방염성능검사 대상으로 옳은 것은?
① 설치현장에서 방염처리를 하는 합판·목재
② 제조 또는 가공공정에서 방염처리를 한 카펫
③ 제조 또는 가공공정에서 방염처리를 한 창문에 설치하는 블라인드
④ 설치현장에서 방염처리를 하는 암막·무대막

해설 소방시설법 시행령 32조
시·도지사가 실시하는 방염성능검사
설치현장에서 방염처리를 하는 **합판·목재류**

중요

소방시설법 시행령 31조 방염대상물품	
제조 또는 가공 공정에서 방염처리를 한 물품	건축물 내부의 천장이나 벽에 부착하거나 설치하는 것
① 창문에 설치하는 **커튼류** (블라인드 포함) ② 카펫 ③ **벽지류**(두께 2mm 미만인 종이벽지 제외) ④ **전시용 합판·목재** 또는 **섬유판** ⑤ **무대용 합판·목재** 또는 **섬유판** ⑥ **암막·무대막**(영화상영관·가상체험 체육시설업의 스크린 포함) ⑦ 섬유류 또는 합성수지류 등을 원료로 하여 제작된 소파·의자(단란주점영업, 유흥주점영업 및 노래연습장업의 영업장에 설치하는 것만 해당)	① 종이류(두께 **2mm 이상**), 합성수지류 또는 **섬유류**를 주원료로 한 물품 ② **합판**이나 **목재** ③ 공간을 구획하기 위하여 설치하는 **간이칸막이** ④ **흡음재**(흡음용 커튼 포함) 또는 **방음재**(방음용 커튼 포함) ※ 가구류(옷장, 찬장, 식탁, 식탁용 의자, 사무용 책상, 사무용 의자, 계산대)와 너비 10cm 이하인 반자돌림대, 내부 마감재료 제외

답 ①

52
지하층으로서 특정소방대상물의 바닥부분 중 최소 몇 면이 지표면과 동일한 경우에 무선통신보조설비의 설치를 제외할 수 있는가?

19.09.문80
18.03.문70
17.03.문68
16.03.문80
14.09.문64
08.03.문62
06.05.문79

① 1면 이상　　② 2면 이상
③ 3면 이상　　④ 4면 이상

해설 **무선통신보조설비**의 **설치 제외**(NFPC 505 4조, NFTC 505 2.1)
(1) **지하층**으로서 특정소방대상물의 바닥부분 **2면 이상**이 지표면과 동일한 경우의 해당층 보기 ②
(2) 지하층으로서 지표면으로부터의 깊이가 **1m 이하**인 경우의 해당층

기억법 2면무지(이면 계약의 **무지**)

답 ②

53
다음 위험물 중 자기반응성 물질은 어느 것인가?

21.09.문11
19.04.문44
16.05.문46
15.09.문03
15.09.문18
15.05.문10
15.05.문42
15.03.문51
14.09.문18

① 황린
② 염소산염류
③ 알칼리토금속
④ 질산에스터류

해설 위험물령〔별표 1〕
위험물

유별	성질	품명
제1류	산화성 고체	• 아염소산염류 • 염소산염류 보기 ② • 과염소산염류 • 질산염류 • 무기과산화물
제2류	가연성 고체	• 황화인 • 적린 • 황 • 철분 • 마그네슘
제3류	자연발화성 물질 및 금수성 물질	• 황린 보기 ① • 칼륨 • 나트륨
제4류	인화성 액체	• 특수인화물 • 알코올류 • 석유류 • 동식물유류
제5류	자기반응성 물질	• 나이트로화합물 • 유기과산화물 • 나이트로소화합물 • 아조화합물 • 질산에스터류(셀룰로이드) 보기 ④
제6류	산화성 액체	• 과염소산 • 과산화수소 • 질산

답 ④

54
화재의 예방 및 안전관리에 관한 법률상 화재예방강화지구의 지정대상이 아닌 것은? (단, 소방청장·소방본부장 또는 소방서장이 화재예방강화지구로 지정할 필요가 있다고 인정하는 지역은 제외한다.)

20.09.문55
19.09.문50
17.09.문49
16.05.문53
13.09.문56

① 시장지역
② 농촌지역
③ 목조건물이 밀집한 지역
④ 공장·창고가 밀집한 지역

해설 ② 해당 없음

화재예방법 18조
화재예방강화지구의 지정
(1) **지정권자**: 시·도지사
(2) **지정지역**
　㉠ **시장지역** 보기 ①
　㉡ **공장·창고** 등이 밀집한 지역 보기 ④
　㉢ **목조건물**이 밀집한 지역 보기 ③
　㉣ 노후·불량 건축물이 밀집한 지역

ⓜ 위험물의 저장 및 처리시설이 밀집한 지역
ⓑ 석유화학제품을 생산하는 공장이 있는 지역
ⓢ 소방시설·소방용수시설 또는 소방출동로가 없는 지역
ⓞ 「산업입지 및 개발에 관한 법률」에 따른 산업단지
ⓙ 「물류시설의 개발 및 운영에 관한 법률」에 따른 물류단지
ⓒ 소방청장·소방본부장·소방서장(소방관서장)이 화재예방강화지구로 지정할 필요가 있다고 인정하는 지역

※ 화재예방강화지구 : 화재발생 우려가 크거나 화재가 발생할 경우 피해가 클 것으로 예상되는 지역에 대하여 화재의 예방 및 안전관리를 강화하기 위해 지정·관리하는 지역

답 ②

55 소방시설공사업법령상 소방시설업자가 소방시설공사 등을 맡긴 특정소방대상물의 관계인에게 지체 없이 그 사실을 알려야 하는 경우가 아닌 것은?

① 소방시설업자의 지위를 승계한 경우
② 소방시설업의 등록취소처분 또는 영업정지처분을 받은 경우
③ 휴업하거나 폐업한 경우
④ 소방시설업의 주소지가 변경된 경우

해설 공사업법 8조
소방시설업자의 관계인 통지사항
(1) 소방시설업자의 지위를 승계한 때 보기 ①
(2) 소방시설업의 등록취소 또는 영업정지의 처분을 받은 때 보기 ②
(3) 휴업 또는 폐업을 한 때 보기 ③

답 ④

56 위험물안전관리법령상 정기점검의 대상인 제조소 등의 기준으로 틀린 것은?

① 지하탱크저장소
② 이동탱크저장소
③ 지정수량의 10배 이상의 위험물을 취급하는 제조소
④ 지정수량의 20배 이상의 위험물을 저장하는 옥외탱크저장소

해설 ④ 20배 이상 → 200배 이상

위험물령 15·16조
정기점검의 대상인 제조소 등

(1) 제조소 등(이송취급소·암반탱크저장소)
(2) 지하탱크저장소 보기 ①
(3) 이동탱크저장소 보기 ②
(4) 위험물을 취급하는 탱크로서 지하에 매설된 탱크가 있는 제조소·주유취급소 또는 일반취급소

기억법 정이암 지이

(5) 예방규정을 정하여야 할 제조소 등

배 수	제조소 등
10배 이상	• 제조소 보기 ③ • 일반취급소
100배 이상	• 옥외저장소
150배 이상	• 옥내저장소
200배 이상	• 옥외탱크저장소 보기 ④
모두 해당	• 이송취급소 • 암반탱크저장소

기억법 1 제일
0 외
5 내
2 탱

※ 예방규정 : 제조소 등의 화재예방과 화재 등 재해발생시의 비상조치를 위한 규정

답 ④

57 특정소방대상물의 관계인이 소방안전관리자를 해임한 경우 재선임을 해야 하는 기준은? (단, 해임한 날부터를 기준일로 한다.)

① 10일 이내
② 20일 이내
③ 30일 이내
④ 40일 이내

해설 화재예방법 시행규칙 14조
소방안전관리자의 재선임
30일 이내

답 ③

58 산화성 고체인 제1류 위험물에 해당되는 것은?

① 질산염류
② 특수인화물
③ 과염소산
④ 유기과산화물

해설 ② 제4류 위험물
③ 제6류 위험물
④ 제5류 위험물

위험물령 [별표 1]
위험물

유별	성질	품명
제**1**류	**산**화성 고체	• 아염소산**염류** • 염소산**염류** • 과염소산**염류** • 질산**염류** 보기 ① • 무기과산화물 기억법 1산고(일산GO), ~염류, 무기과산화물
제**2**류	가연성 고체	• **황화**인 • **적**린 • **황** • **마**그네슘 • 금속분 기억법 2황화적황마
제**3**류	자연발화성 물질 및 금수성 물질	• **황**린 • **칼**륨 • **나**트륨 • 트리에틸**알**루미늄 • 금속의 수소화물 기억법 황칼나트알
제**4**류	인화성 액체	• 특수인화물 보기 ② • 석유류(벤젠) • 알코올류 • 동식물유류
제**5**류	자기반응성 물질	• 유기과산화물 보기 ④ • 나이트로화합물 • 나이트로소화합물 • 아조화합물 • 질산에스터류(셀룰로이드)
제**6**류	산화성 액체	• 과염소산 보기 ③ • 과산화수소 • 질산

답 ①

59 다음 소방시설 중 경보설비가 아닌 것은?

20.06.문50
12.03.문47

① 통합감시시설
② 가스누설경보기
③ 비상콘센트설비
④ 자동화재속보설비

해설 ③ 비상콘센트설비 : 소화활동설비

소방시설법 시행령 [별표 1]
경보설비
(1) 비상경보설비 ─ 비상벨설비
              └ 자동식 사이렌설비

(2) 단독경보형 감지기
(3) 비상방송설비
(4) 누전경보기
(5) 자동화재탐지설비 및 시각경보기
(6) 자동화재속보설비 보기 ④
(7) 가스누설경보기 보기 ②
(8) 통합감시시설 보기 ①
(9) 화재알림설비

※ **경보설비** : 화재발생 사실을 통보하는 기계·기구 또는 설비

비교

소방시설법 시행령 [별표 1]
소화활동설비
화재를 진압하거나 인명구조활동을 위하여 사용하는 설비
(1) **연**결송수관설비
(2) **연**결살수설비
(3) **연**소방지설비
(4) **무**선통신보조설비
(5) **제**연설비
(6) **비콘**센트설비 보기 ③

기억법 3연무제비콘

답 ③

60 소방기본법에서 정의하는 소방대상물에 해당되지 않는 것은?

21.03.문58
15.05.문54
12.05.문48

① 산림
② 차량
③ 건축물
④ 항해 중인 선박

해설 기본법 2조 1호
소방대상물
(1) **건**축물 보기 ③
(2) **차**량 보기 ②
(3) **선**박(매어둔 것) 보기 ④
(4) 선박건조구조물
(5) **산**림 보기 ①
(6) **인**공구조물
(7) **물**건

기억법 건차선 산인물

비교

위험물법 3조
위험물의 저장·운반·취급에 대한 적용 제외
(1) 항공기
(2) 선박
(3) 철도
(4) 궤도

답 ④

제4과목 — 소방전기시설의 구조 및 원리

61 부착높이가 6m이고 주요구조부를 내화구조로 한 특정소방대상물 또는 그 부분에 정온식 스포트형 감지기 특종을 설치하고자 하는 경우 바닥면적 몇 m²마다 1개 이상 설치해야 하는가?

① 15
② 25
③ 35
④ 45

해설 **바닥면적**(NFPC 203 7조, NFTC 203 2.4.3.5)

(단위 : m²)

부착높이 및 특정소방대상물의 구분		감지기의 종류				
		차동식 · 보상식 스포트형		정온식 스포트형		
		1종	2종	특종	1종	2종
4m 미만	내화구조	90	70	70	60	20
	기타구조	50	40	40	30	15
4m 이상 8m 미만	내화구조	45	35	35	30	–
	기타구조	30	25	25	15	–

답 ③

62 다음 중 누전경보기의 주요구성요소로 옳은 것은 어느 것인가?

① 변류기, 감지기, 수신기, 차단기
② 수신기, 음향장치, 변류기, 차단기
③ 발신기, 변류기, 수신기, 음향장치
④ 수신기, 감지기, 증폭기, 음향장치

해설 **누전경보기**의 **구성요소**

구성요소	설명
영상**변**류기(ZCT)	**누**설전류를 검출한다.
수신기	**누**설전류를 증폭한다.
음향장치	경보를 발한다.
차단기	차단릴레이 포함

기억법 **변수음차**

※ 소방에서는 변류기(CT)와 영상변류기(ZCT)를 혼용하여 사용한다.

답 ②

63 비상벨설비 음향장치의 음량은 부착된 음향장치의 중심으로부터 1m 떨어진 위치에서 몇 dB 이상이 되는 것으로 하여야 하는가?

① 90
② 80
③ 70
④ 60

해설 **비상경보설비**(비상벨 또는 자동식 사이렌설비)의 **설치기준**(NFPC 201 4조, NFTC 201 2.1)

(1) 음향장치의 음량은 부착된 음향장치의 중심으로부터 **1m** 떨어진 위치에서 **90dB** 이상이 되는 것으로 할 것

보기 ①

∥음향장치의 음량측정∥

(2) 발신기의 위치표시등은 바닥으로부터 **0.8m 이상 1.5m 이하**의 높이에 설치할 것
(3) 발신기는 각 소방대상물의 각 부분으로부터 **수평거리 25m 이하**가 되도록 할 것
(4) 지구음향장치는 **수평거리 25m 이하**가 되도록 할 것

답 ①

64 특정소방대상물의 비상방송설비 설치의 면제기준 중 다음 ( ) 안에 알맞은 것은?

비상방송설비를 설치하여야 하는 특정소방대상물에 ( ) 또는 비상경보설비와 같은 수준 이상의 음향을 발하는 장치를 부설한 방송설비를 화재안전기준에 적합하게 설치한 경우에는 그 설비의 유효범위에서 설치가 면제된다.

① 자동화재속보설비
② 시각경보기
③ 단독경보형 감지기
④ 자동화재탐지설비

해설 **소방시설 면제기준**(소방시설법 시행령 [별표 5])

면제대상	대체설비
스프링클러설비	• 물분무등소화설비
물분무등소화설비	• 스프링클러설비
간이스프링클러설비	• 스프링클러설비 • 물분무소화설비 • 미분무소화설비
비상**경**보설비 또는 **단**독경보형 감지기	• 자동화재**탐**지설비 기억법 **탐경단**

비상경보설비	• 2개 이상 단독경보형 감지기 연동 기억법 경단2	
비상방송설비	• 자동화재탐지설비 보기 ④ • 비상경보설비	
연결살수설비	• 스프링클러설비 • 간이스프링클러설비 • 물분무소화설비 • 미분무소화설비	
제연설비	• 공기조화설비	
연소방지설비	• 스프링클러설비 • 물분무소화설비 • 미분무소화설비	
연결송수관설비	• 옥내소화전설비 • 스프링클러설비 • 간이스프링클러설비 • 연결살수설비	
자동화재탐지설비	• 자동화재탐지설비의 기능을 가진 스프링클러설비 • 물분무등소화설비	
옥내소화전설비	• 옥외소화전설비 • 미분무소화설비(호스릴방식)	

답 ④

65. 누전경보기의 기능검사 항목이 아닌 것은?
16.10.문71
15.09.문72
① 단락전압시험
② 절연저항시험
③ 온도특성시험
④ 단락전류 강도시험

해설 시험항목

중계기	속보기의 예비전원	누전경보기
• 주위온도시험 • 반복시험 • 방수시험 • 절연저항시험 • 절연내력시험 • 충격전압시험 • 충격시험 • 진동시험 • 습도시험 • 전자파 내성시험	• 충·방전시험 • 안전장치시험	• 전원전압 변동시험 • 온도특성시험 보기 ③ • 과입력 전압시험 • 개폐기의 조작시험 • 반복시험 • 진동시험 • 충격시험 • 방수시험 • 절연저항시험 보기 ② • 절연내력시험 • 충격파 내전압시험 • 단락전류 강도시험 보기 ④ 기억법 누충 절충 강

답 ①

66. 무선통신보조설비의 증폭기에는 비상전원이 부착된 것으로 한다면 비상전원의 용량은 무선통신보조설비를 유효하게 몇 분 이상 작동시킬 수 있는 것이어야 하는가?
19.04.문61
17.03.문77
13.06.문72
07.09.문80
① 10분
② 20분
③ 30분
④ 40분

해설 비상전원 용량

설비의 종류	비상전원 용량
• **자**동화재탐지설비 • 비상**경**보설비 • **자**동화재속보설비	10분 이상
• 유도등 • 비상콘센트설비 • 제연설비 • 물분무소화설비 • 옥내소화전설비(30층 미만) • 특별피난계단의 계단실 및 부속실 제연설비(30층 미만)	20분 이상
• 무선통신보조설비의 **증**폭기	30분 이상 보기 ③
• 옥내소화전설비(30~49층 이하) • 특별피난계단의 계단실 및 부속실 제연설비(30~49층 이하) • 연결송수관설비(30~49층 이하) • 스프링클러설비(30~49층 이하)	40분 이상
• 유도등·비상조명등(지하상가 및 11층 이상) • 옥내소화전설비(50층 이상) • 특별피난계단의 계단실 및 부속실 제연설비(50층 이상) • 연결송수관설비(50층 이상) • 스프링클러설비(50층 이상)	60분 이상

기억법 경자비1(경자라는 이름은 비일비재하다.)
3증(3중고)

비상전원의 종류

소방시설	비상전원
유도등	축전지
비상콘센트설비	① 자가발전설비 ② 축전지설비 ③ 비상전원수전설비 ④ 전기저장장치
옥내소화전설비, 물분무소화설비	① 자가발전설비 ② 축전지설비 ③ 전기저장장치

답 ③

67. 자동화재탐지설비 배선의 설치기준 중 틀린 것은?

21.05.문64
20.08.문76
18.03.문65
17.09.문71
16.10.문74

① 감지기 사이의 회로의 배선은 송배선식으로 할 것
② 감지기회로의 도통시험을 위한 종단저항은 전용함을 설치하는 경우 그 설치높이는 바닥으로부터 1.5m 이내로 할 것
③ 감지기회로 및 부속회로의 전로와 대지 사이 및 배선 상호간의 절연저항은 1경계구역마다 직류 250V의 절연저항측정기를 사용하여 측정한 절연저항이 0.1MΩ 이상이 되도록 할 것
④ 피(P)형 수신기 및 지피(GP)형 수신기의 감지기회로의 배선에 있어서 하나의 공통선에 접속할 수 있는 경계구역은 9개 이하로 할 것

해설 ④ 9개 → 7개

P형 수신기 및 GP형 수신기의 감지기회로의 배선에 있어서 하나의 공통선에 접속할 수 있는 경계구역은 **7개** 이하로 할 것

다른문제
경계구역수가 15개라면 공통선수는?

해설 하나의 공통선에 접속할 수 있는 경계구역은 7개 이하이므로

$$공통선수 = \frac{경계구역}{7개}$$

$$공통선수 = \frac{15개}{7개} = 2.1 ≒ 3개 (절상한다.)$$

용어 절상
"소수점을 올린다."는 의미이다.

(1) **자동화재탐지설비 배선**의 **설치기준**(NFPC 203 11조, NFTC 203 2.8)
  ㉠ 감지기 사이의 회로배선 : **송배선식** 보기 ①
  ㉡ P형 수신기 및 GP형 수신기의 감지기 회로의 배선에 있어서 하나의 공통선에 접속할 수 있는 경계구역은 **7개** 이하 보기 ④
  ㉢ • 감지기 회로의 전로저항 : **50Ω** 이하
    • 감지기에 접속하는 배선전압 : 정격전압의 **80% 이상**
  ㉣ 자동화재탐지설비의 배선은 다른 전선과 **별도**의 관·덕트·몰드 또는 풀박스 등에 설치할 것(단, **60V** 미만의 약전류회로에 사용하는 전선으로서 각각의 전압이 같을 때는 제외)
  ㉤ 감지기 회로의 도통시험을 위한 종단저항은 감지기 회로의 끝부분에 설치할 것 보기 ②

(2) **감지기회로**의 **도통시험**을 위한 **종단저항**의 **기준**(NFPC 203 11조, NFTC 203 2.8.1.3)
  ㉠ 점검 및 관리가 쉬운 장소에 설치할 것
  ㉡ 전용함 설치시 **바닥**에서 **1.5m** 이내의 높이에 설치할 것 보기 ②

  ㉢ 감지기회로의 **끝부분**에 설치하며, 종단감지기에 설치할 경우 구별이 쉽도록 해당 감지기의 기판 및 감지기 외부 등에 별도의 표시를 할 것

용어 도통시험
감지기회로의 단선 유무 확인

(3) **절연저항시험**

절연저항계	절연저항	대상
직류 250V	0.1MΩ 이상	• 1경계구역의 절연저항 보기 ③
	5MΩ 이상	• 누전경보기 • 가스누설경보기 • 수신기(10회로 미만, 절연된 충전부와 외함간) • 자동화재속보설비 • 비상경보설비 • 유도등(교류입력측과 외함 간 포함) • 비상조명등(교류입력측과 외함 간 포함)
직류 500V	20MΩ 이상	• 경종 • 발신기 • 중계기 • 비상콘센트 • 기기의 절연된 선로 간 • 기기의 충전부와 비충전부 간 • 기기의 교류입력측과 외함 간(유도등·비상조명등 제외)
	50MΩ 이상	• 감지기(정온식 감지선형 감지기 제외) • 가스누설경보기(10회로 이상) • 수신기(10회로 이상, 교류입력측과 외함간 제외)
	1000MΩ 이상	• 정온식 감지선형 감지기

답 ④

68. 비상전원이 비상조명등을 60분 이상 유효하게 작동시킬 수 있는 용량으로 하지 않아도 되는 특정소방대상물은?

19.04.문64
17.03.문73
16.03.문73
14.05.문65
14.05.문73
08.03.문77

① 지하상가
② 숙박시설
③ 무창층으로서 용도가 소매시장
④ 지하층을 제외한 층수가 11층 이상의 층

해설 ② 해당 없음

비상조명등의 **60분 이상 작동용량**(NFPC 304 4조, NFTC 304 2.1.1.5)
(1) **11층** 이상(지하층 제외) 보기 ④
(2) **지하층·무창층**으로서 **도매시장·소매시장·여객자동차터미널·지하역사·지하상가** 보기 ①③

기억법 도소여지

답 ②

69. 무선통신보조설비를 설치하여야 할 특정소방대상물의 기준 중 다음 ( ) 안에 알맞은 것은?

| 층수가 30층 이상인 것으로서 ( )층 이상 부분의 모든 층 |

① 11 ② 15
③ 16 ④ 20

해설 무선통신보조설비의 설치대상(소방시설법 시행령 [별표 4])

설치대상	조건
지하상가	• 연면적 1000m² 이상
지하층의 모든 층	• 지하층 바닥면적합계 3000m² 이상 • 지하 3층 이상이고 지하층 바닥면적합계 1000m² 이상
터널길이	• 길이 500m 이상
모든 층	• 30층 이상으로서 16층 이상의 부분 보기 ③

답 ③

70. 비상벨설비 또는 자동식 사이렌설비에는 그 설비에 대한 감시상태를 몇 시간 지속한 후 유효하게 10분 이상 경보할 수 있는 축전지설비(수신기에 내장하는 경우를 포함)를 설치하여야 하는가?

① 1시간 ② 2시간
③ 4시간 ④ 6시간

해설 축전지설비·자동식 사이렌설비·자동화재탐지설비·비상방송설비·비상벨설비(NFPC 201 4조, NFTC 201 2.1.7)

감시시간	경보시간
60분(1시간) 이상 보기 ①	10분 이상(30층 이상 : 30분)

기억법 6감

답 ①

71. 소방시설용 비상전원수전설비의 화재안전기준에 따라 큐비클형의 시설기준으로 틀린 것은?

① 전용큐비클 또는 공용큐비클식으로 설치할 것
② 외함은 건축물의 바닥 등에 견고하게 고정할 것
③ 자연환기구에 따라 충분히 환기할 수 없는 경우에는 환기설비를 설치할 것
④ 공용큐비클식의 소방회로와 일반회로에 사용되는 배선 및 배선용 기기는 난연재료로 구획할 것

해설 ④ 난연재료 → 불연재료

큐비클형의 설치기준(NFPC 602 5조, NFTC 602 2.2.3)

(1) **전용큐비클** 또는 **공용큐비클식**으로 설치 보기 ①
(2) 외함은 두께 **2.3mm** 이상의 **강판**과 이와 동등 이상의 강도와 내화성능이 있는 것으로 제작
(3) 개구부에는 60분+방화문, 60분 방화문 또는 30분 방화문 설치
(4) 외함은 **건축물의 바닥** 등에 견고하게 고정할 것 보기 ②
(5) **환기장치**는 다음에 적합하게 설치할 것
  ㉠ 내부의 **온**도가 상승하지 않도록 **환기장치**를 할 것
  ㉡ 자연환기구의 **개**구부 면적의 합계는 외함의 한 면에 대하여 해당 면적의 $\frac{1}{3}$ 이하로 할 것. 이 경우 하나의 통기구의 크기는 직경 **10mm** 이상의 **둥근 막대**가 들어가서는 아니 된다.
  ㉢ 자연환기구에 따라 충분히 환기할 수 없는 경우에는 **환기설비**를 설치할 것 보기 ③
  ㉣ 환기구에는 **금속망**, **방화댐퍼** 등으로 방화조치를 하고, 옥외에 설치하는 것은 **빗물** 등이 들어가지 않도록 할 것

기억법 큐환 온개설 망댐빗

(6) 공용큐비클식의 소방회로와 일반회로에 사용되는 배선 및 배선용 기기는 **불연재료**로 구획할 것 보기 ④

답 ④

72. 비상콘센트설비의 화재안전기준에 따라 비상콘센트설비의 전원부와 외함 사이의 절연저항은 전원부와 외함 사이를 500V 절연저항계로 측정할 때 몇 MΩ 이상이어야 하는가?

① 20 ② 30
③ 40 ④ 50

해설 절연저항시험

절연저항계	절연저항	대상
직류 250V	0.1MΩ 이상	1경계구역의 절연저항
직류 500V	5MΩ 이상	① **누전경보기** ② 가스누설경보기 ③ 수신기(10회로 미만, 절연된 충전부와 외함간) ④ 자동화재속보설비 ⑤ 비상경보설비 ⑥ 유도등(교류입력측과 외함 간 포함) ⑦ 비상조명등(교류입력측과 외함 간 포함)
직류 500V	20MΩ 이상	① 경종 ② 발신기 ③ 중계기 ④ **비상콘센트** 보기 ① ⑤ 기기의 절연된 선로 간 ⑥ 기기의 충전부와 비충전부 간 ⑦ 기기의 교류입력측과 외함 간(유도등·비상조명등 제외)
	50MΩ 이상	① 감지기(정온식 감지선형 감지기 제외) ② 가스누설경보기(10회로 이상) ③ 수신기(10회로 이상, 교류입력측과 외함간 제외)
	1000MΩ 이상	정온식 감지선형 감지기

> 기억법 5누(오누이)

답 ①

73 수신기의 형식승인 및 제품검사의 기술기준에 따른 수신기의 종별에 해당하지 않는 것은?
① R형 ② M형
③ P형 ④ GP형

해설 수신기의 종류(수신기의 형식승인 및 제품검사의 기술기준 2조)

구 분	설 명
P형 수신기 보기②	감지기 또는 발신기로부터 발하여지는 신호를 직접 또는 중계기를 통하여 **공통신호**로서 수신하여 화재의 발생을 당해 소방대상물의 관계자에게 경보하여 주는 것
R형 수신기 보기①	• 감지기 또는 발신기로부터 발하여진 신호를 직접 또는 중계기를 통하여 **고유신호**로써 수신하여 관계인에게 경보하여 주는 것 • 각종 계기에 이르는 **외부신호선**의 **단선** 및 **단락시험**을 할 수 있는 장치가 있다.
GP형 수신기 보기④	P형 수신기의 기능과 **가스누설경보기**의 수신부 기능을 겸한 것
GR형 수신기	R형 수신기의 기능과 **가스누설경보기**의 수신부 기능을 겸한 것

> 기억법 R고신

답 ②

74 비상콘센트설비의 성능인증 및 제품검사의 기술기준에 따른 표시등의 구조 및 기능에 대한 내용이다. 다음 (   )에 들어갈 내용으로 옳은 것은?

> 적색으로 표시되어야 하며 주위의 밝기가 (㉠)lx 이상인 장소에서 측정하여 앞면으로부터 (㉡)m 떨어진 곳에서 켜진 등이 확실히 식별되어야 한다.

① ㉠ 100, ㉡ 1
② ㉠ 300, ㉡ 3
③ ㉠ 500, ㉡ 5
④ ㉠ 1000, ㉡ 10

해설 비상콘센트설비 부품의 구조 및 기능(비상콘센트설비의 성능인증 및 제품검사의 기술기준 4조)
(1) 배선용 차단기는 KS C 8321(**배선용 차단기**)에 적합할 것
(2) 접속기는 KS C 8305(**배선용 꽂음 접속기**)에 적합할 것
(3) 표시등의 **구조** 및 **기능**
  ㉠ 전구는 사용전압의 **130%**인 교류전압을 20시간 연속하여 가하는 경우 **단선**, **현저한 광속변화**, **흑화**, **전류**의 **저하** 등이 발생하지 아니할 것
  ㉡ 소켓은 접속이 확실하여야 하며 쉽게 전구를 교체할 수 있도록 부착할 것
  ㉢ 전구에는 적당한 **보호커버**를 설치할 것(단, **발광다이오드** 제외)
  ㉣ **적색**으로 표시되어야 하며 주위의 밝기가 **300 lx** 이상인 장소에서 측정하여 앞면으로부터 **3m** 떨어진 곳에서 켜진 등이 확실히 식별될 것 보기②

(4) 단자는 충분한 **전류용량**을 갖는 것으로 하여야 하며 단자의 접속이 정확하고 확실할 것

답 ②

75 유도등 및 유도표지의 화재안전기준에 따라 피난구유도등을 설치하지 않아도 되는 경우로 틀린 것은?
① 거실 각 부분으로부터 하나의 출입구에 이르는 보행거리가 20m 이하이고 비상조명등과 유도표지가 설치된 거실의 출입구
② 출입구가 2 이상 있는 거실로서 그 거실 각 부분으로부터 하나의 출입구에 이르는 보행거리가 10m 이하인 경우에는 주된 출입구 2개소 외의 출입구
③ 대각선 길이가 15m 이내인 구획된 실의 출입구
④ 바닥면적이 1000m² 미만인 층으로서 옥내로부터 직접 지상으로 통하는 출입구(외부식별이 용이한 경우에 한함)

해설 2 이상 → 3 이상, 10m → 30m

피난구유도등의 **설치 제외 장소**(NFTC 303 2.8.1)
(1) 옥내에서 직접 지상으로 통하는 출입구(바닥면적 1000m² 미만 층) 보기④
(2) **대각선** 길이가 **15m 이내**인 구획된 실의 출입구 보기③
(3) 비상조명등 · 유도표지가 설치된 거실 출입구(거실 각 부분에서 출입구까지의 **보행거리 20m** 이하) 보기①
(4) 출입구가 **3 이상**인 거실(거실 각 부분에서 출입구까지의 **보행거리 30m** 이하인 주된 출입구 **2개소** 외의 출입구) 보기②

> **비교**
> (1) **휴대용 비상조명등**의 **설치 제외 장소**(NFPC 304 5조, NFTC 304 2.2.2) : 복도 · 통로 · 창문 등을 통해 **피난**이 용이한 경우(**지상 1층 · 피난층**)
>
> 기억법 휴피(휴지로 피닦아!)
>
> (2) **통로유도등**의 **설치 제외 장소**(NFPC 303 11조, NFTC 303 2.8.2)
>   ㉠ 길이 **30m** 미만의 복도 · 통로(구부러지지 않은 복도 · 통로)
>   ㉡ **보행거리 20m** 미만의 복도 · 통로(출입구에 **피난구유도등**이 설치된 복도 · 통로)
> (3) **객석유도등**의 **설치 제외 장소**(NFPC 303 11조, NFTC 303 2.8.3)
>   ㉠ **채광**이 충분한 객석(**주간**에만 사용)
>   ㉡ **통로유도등**이 설치된 객석(거실 각 부분에서 거실 출입구까지의 **보행거리 20m** 이하)
>
> 기억법 채객보통(채소는 객관적으로 보통이다.)

답 ②

76. 비상콘센트설비의 화재안전기준에 따라 비상콘센트의 플러그접속기로 사용하여야 하는 것은?

① 접지형 2극 플러그접속기
② 플랫형 2종 절연 플러그접속기
③ 플랫형 3종 절연 플러그접속기
④ 접지형 3극 플러그접속기

해설 비상콘센트설비 전원회로의 설치기준(NFPC 504 4조, NFTC 504 2.1)

구분	전압	용량	플러그 접속기
단상교류	**2**20V	1.5kVA 이상	접지형 **2**극 보기①

(1) 1전용회로에 설치하는 비상콘센트는 **10**개 이하로 할 것
(2) 풀박스는 **1.6mm** 이상의 **철**판을 사용할 것

기억법 단2(단위), 10콘(시큰둥!), 16철콘, 접2(접이식)

(3) 전원회로는 주배전반에서 **전용**회로로 할 것
(4) 전원으로부터 각 층의 비상콘센트에 분기되는 경우 **분기배선용 차단기**를 보호함 안에 설치할 것
(5) 콘센트마다 **배선용 차단기**(KS C 8321)를 설치하여야 하며, 충전부는 노출되지 않도록 할 것

답 ①

77. 부착높이가 11m인 장소에 적응성 있는 감지기는?

① 차동식 분포형
② 정온식 스포트형
③ 차동식 스포트형
④ 정온식 감지선형

해설 ②, ③, ④ 4m 미만, 4~8m 미만

감지기의 부착높이(NFPC 203 7조, NFTC 203 2.4.1)

부착높이	감지기의 종류
4m 미만	• **차동식(스포트형, 분포형)** • 보상식 스포트형 • **정온식(스포트형, 감지선형)** • 이온화식 또는 광전식(스포트형, 분리형, 공기흡입형): **연기**감지기 • 열복합형 • 연기복합형 ─ **열**감지기 • 열연기복합형 • **불**꽃감지기 **기억법** 열연불복 4미
4~8m 미만	• 차동식(스포트형, 분포형) 보기③ • 보상식 스포트형 • 정온식(스포트형, 감지선형) 보기②④ **특종** 또는 **1종** • **이**온화식 1종 또는 **2**종 • **광**전식(스포트형, 분리형, 공기흡입형) 1종 또는 2종 ─ 연기감지기 • 열복합형 • 연기복합형 ─ **복**합형 감지기 • 열연기복합형 • **불**꽃감지기 **기억법** 8미열 정특1 이광12 복불
8~15m 미만	• 차동식 **분**포형 보기① • **이**온화식 1종 또는 **2**종 • **광**전식(스포트형, 분리형, 공기흡입형) 1종 또는 2종 • **연**기복합형 • **불**꽃감지기 **기억법** 15분 이광12 연복불
15~20m 미만	• **이**온화식 1종 • **광**전식(스포트형, 분리형, 공기흡입형) 1종 • **연**기**복**합형 • **불**꽃감지기 **기억법** 이광불연복2
20m 이상	• **불**꽃감지기 • **광**전식(분리형, 공기흡입형) 중 **아**날로그방식 **기억법** 불광아

답 ①

78. 비상방송설비의 화재안전기준에 따라 비상방송설비가 기동장치에 따른 화재신고를 수신한 후 필요한 음량으로 화재발생 상황 및 피난에 유효한 방송이 자동으로 개시될 때까지의 소요시간은 몇 초 이하로 하여야 하는가?

① 5
② 10
③ 20
④ 30

해설 소요시간

기기	시간
• P형·P형 복합식·R형·R형 복합식·GP형·GP형 복합식·GR형·GR형 복합식 수신기 • **중**계기	**5**초 이내
비상**방**송설비	**10**초 이하 보기②
가스누설경보기	**60**초 이내

기억법	시중5(시중을 드시오!)
	1방(일본을 방문하다.)
	6가(육체미가 아름답다.)

중요

축적형 수신기

전원차단시간	축적시간	화재표시감지시간
1~3초 이하	30~60초 이하	60초(1회 이상 반복)

비교

비상방송설비의 설치기준(NFPC 202 4조, NFTC 202 2.1)
(1) 음량조정기를 설치하는 경우 배선은 **3선식**으로 할 것
(2) 확성기의 음성입력은 **실외 3W, 실내 1W** 이상일 것
(3) 조작부의 조작스위치는 **0.8~1.5m** 이하의 높이에 설치할 것
(4) 기동장치에 의한 화재신고를 수신한 후 필요한 음량으로 방송이 개시될 때까지의 소요시간은 **10초** 이하로 할 것

답 ②

79
유도등 및 유도표지의 화재안전기준에 따라 지하층을 제외한 층수가 11층 이상인 특정소방대상물의 유도등의 비상전원을 축전지로 설치한다면 피난층에 이르는 부분의 유도등을 몇 분 이상 유효하게 작동시킬 수 있는 용량으로 하여야 하는가?

① 10
② 20
③ 50
④ 60

 비상전원 용량

설비의 종류	비상전원 용량
• **자**동화재탐지설비 • 비상**경**보설비 • **자**동화재속보설비	**10분** 이상
• 유도등 • 비상콘센트설비 • 제연설비 • 물분무소화설비 • 옥내소화전설비(**30층** 미만) • 특별피난계단의 계단실 및 부속실 제연설비(**30층** 미만)	**20분** 이상
• 무선통신보조설비의 **증**폭기	**30분** 이상
• 옥내소화전설비(30~**49층** 이하) • 특별피난계단의 계단실 및 부속실 제연설비(30~**49층** 이하) • 연결송수관설비(30~**49층** 이하) • 스프링클러설비(30~**49층** 이하)	**40분** 이상

• 유도등·비상조명등(지하상가 및 11층 이상) 보기 ④
• 옥내소화전설비(50층 이상)
• 특별피난계단의 계단실 및 부속실 제연 → **60분 이상**
설비(50층 이상)
• 연결송수관설비(50층 이상)
• 스프링클러설비(50층 이상)

기억법	경자비1(경자라는 이름은 **비일**비재하다.)
	3증(3중고)

중요

비상전원의 종류

소방시설	비상전원
유도등	축전지
비상콘센트설비	① 자가발전설비 ② 축전지설비 ③ 비상전원수전설비 ④ 전기저장장치
옥내소화전설비, 물분무소화설비	① 자가발전설비 ② 축전지설비 ③ 전기저장장치

답 ④

80
비상콘센트설비의 화재안전기준에 따라 하나의 전용회로에 설치하는 비상콘센트는 몇 개 이하로 하여야 하는가?

① 2
② 3
③ 10
④ 20

비상콘센트설비 전원회로의 설치기준(NFPC 504 4조, NFTC 504 2.1)

구 분	전 압	용 량	플러그 접속기
단상 교류	**2**20V	1.5kVA 이상	**접**지형 **2**극

(1) 1전용회로에 설치하는 비상콘센트는 **10**개 이하로 할 것 보기 ③
(2) 풀박스는 **1.6mm** 이상의 **철**판을 사용할 것

기억법	단2(단위), 10콘(시큰둥!), 16철콘, 접2(접이식)

(3) 전원회로는 주배전반에서 **전용**회로로 할 것
(4) 전원으로부터 각 층의 비상콘센트에 분기되는 경우 **분기배선용 차단기**를 보호함 안에 설치할 것
(5) 콘센트마다 **배선용 차단기**(KS C 8321)를 설치하여야 하며, 충전부는 노출되지 않도록 할 것

답 ③

과년도 기출문제

2022년
소방설비기사 필기(전기분야)

- 2022. 3. 5 시행 ·················· 22- 2
- 2022. 4. 24 시행 ·················· 22-31
- 2022. 9. 14 시행 ·················· 22-58

** 수험자 유의사항 **

1. 문제지를 받는 즉시 **본인**이 **응시한 종목**이 맞는지 확인하시기 바랍니다.
2. 문제지 표지에 본인의 **수험번호**와 **성명**을 기재하여야 합니다.
3. 문제지의 **총면수**, **문제번호 일련순서**, **인쇄상태**, **중복 및 누락 페이지 유무**를 확인하시기 바랍니다.
4. 답안은 각 문제마다 요구하는 가장 적합하거나 가까운 답 1개만을 선택하여야 합니다.
5. 답안카드는 뒷면의 「수험자 유의사항」에 따라 작성하시고, 답안카드 작성 시 형별누락, 마킹착오로 인한 불이익은 전적으로 수험자에게 책임이 있음을 알려드립니다.
6. 문제지는 시험 종료 후 본인이 가져갈 수 있습니다.

** 안내사항 **

- 가답안/최종정답은 큐넷(www.q-net.or.kr)에서 확인하실 수 있습니다. 가답안에 대한 의견은 큐넷의 [가답안 의견제시]를 통해 제시할 수 있으며, 확정된 답안은 최종정답으로 갈음합니다.
- 공단에서 제공하는 자격검정서비스에 대해 개선할 점이 있으시면 고객참여(http://hrdkorea.or.kr/7/1/1)를 통해 건의하여 주시기 바랍니다.

2022. 3. 5 시행

2022년 기사 제1회 필기시험

자격종목	종목코드	시험시간	형별
소방설비기사(전기분야)		2시간	

※ 각 문항은 4지택일형으로 질문에 가장 적합한 보기 항을 선택하여 체크하여야 합니다.

제 1 과목 소방원론

01 소화원리에 대한 설명으로 틀린 것은?

19.09.문13
18.09.문19
17.05.문06
16.03.문08
15.03.문17
14.03.문19
11.10.문19
03.08.문11

① 억제소화 : 불활성기체를 방출하여 연소범위 이하로 낮추어 소화하는 방법
② 냉각소화 : 물의 증발잠열을 이용하여 가연물의 온도를 낮추는 소화방법
③ 제거소화 : 가연성 가스의 분출화재시 연료공급을 차단시키는 소화방법
④ 질식소화 : 포소화약제 또는 불연성기체를 이용해서 공기 중의 산소공급을 차단하여 소화하는 방법

해설 ① 억제소화 → 희석소화

소화의 형태

구분	설명
냉각소화	① **점화원**을 냉각하여 소화하는 방법 ② **증**발잠열을 이용하여 열을 빼앗아 가연물의 온도를 떨어뜨려 화재를 진압하는 소화방법 ③ **다량**의 **물**을 뿌려 소화하는 방법 ④ 가연성 물질을 **발화점 이하**로 **냉각**하여 소화하는 방법 ⑤ **식용유화재**에 신선한 **야채**를 넣어 소화하는 방법 ⑥ 용융잠열에 의한 **냉각효과**를 이용하여 소화하는 방법 기억법 냉점증발
질식소화	① 공기 중의 **산소농도**를 **16%**(10~15%) 이하로 희박하게 하여 소화하는 방법 ② 산화제의 농도를 낮추어 연소가 지속될 수 없도록 소화하는 방법 ③ 산소공급을 차단하여 소화하는 방법 ④ 산소의 농도를 낮추어 소화하는 방법 ⑤ 화학반응으로 발생한 **탄산가스**에 의한 소화방법 기억법 질산
제거소화	**가연물**을 **제거**하여 소화하는 방법
부촉매소화 (억제소화, 화학소화)	① **연쇄반응**을 **차단**하여 소화하는 방법 ② 화학적인 방법으로 화재를 억제하여 소화하는 방법 ③ **활성기**(free radical, 자유라디칼)의 **생성**을 **억제**하여 소화하는 방법 ④ 할론계 소화약제 기억법 부억(부엌)
희석소화	① 기체·고체·액체에서 나오는 분해가스나 증기의 농도를 낮춰 소화하는 방법 ② 불연성 가스의 **공기** 중 **농도**를 높여 소화하는 방법 ③ 불활성기체를 방출하여 연소범위 이하로 낮추어 소화하는 방법 보기 ①

중요

화재의 소화원리에 따른 소화방법

소화원리	소화설비
냉각소화	① 스프링클러설비 ② 옥내·외소화전설비
질식소화	① 이산화탄소 소화설비 ② 포소화설비 ③ 분말소화설비 ④ 불활성기체 소화약제
억제소화 (부촉매효과)	① 할론소화약제 ② 할로겐화합물 소화약제

답 ①

02 위험물의 유별에 따른 분류가 잘못된 것은?

19.04.문44
16.05.문46
16.05.문52
15.09.문03
15.09.문18
15.05.문10
15.05.문42
15.03.문51
14.09.문18
14.03.문18
11.06.문54

① 제1류 위험물 : 산화성 고체
② 제3류 위험물 : 자연발화성 물질 및 금수성 물질
③ 제4류 위험물 : 인화성 액체
④ 제6류 위험물 : 가연성 액체

해설 ④ 가연성 액체 → 산화성 액체

위험물령 [별표 1]
위험물

유별	성질	품명
제1류	**산**화성 **고**체	• 아염소산염류 • 염소산염류(**염소산나트륨**) • 과염소산염류 • 질산염류 • 무기과산화물 [기억법] 1산고염나
제2류	가연성 고체	• 황화인 • 적린 • 황 • 마그네슘 [기억법] 황화적황마
제3류	자연발화성 물질 및 금수성 물질	• 황린 • 칼륨 • 나트륨 • 알칼리토금속 • 트리에틸알루미늄 [기억법] 황칼나알트
제4류	인화성 액체	• 특수인화물 • 석유류(벤젠) • 알코올류 • 동식물유류
제5류	**자**기반응성 물질	• 유기과산화물 • 나이트로화합물 • 나이트로소화합물 • 아조화합물 • 질산에스터류(셀룰로이드) [기억법] 5자(오자탈자)
제6류	산화성 액체	• 과염소산 • 과산화수소 • 질산

답 ④

03 고층건축물 내 연기거동 중 굴뚝효과에 영향을 미치는 요소가 아닌 것은?

17.03.문01
16.05.문16
04.03.문19
01.06.문11

① 건물 내외의 온도차
② 화재실의 온도
③ 건물의 높이
④ 층의 면적

해설 ④ 해당없음

연기거동 중 **굴뚝효과**(연돌효과)와 관계있는 것
(1) 건물 내외의 온도차
(2) 화재실의 온도
(3) 건물의 높이

 용어

굴뚝효과와 같은 의미
(1) 연돌효과
(2) Stack effect

중요

굴뚝효과(stack effect)
(1) 건물 내외의 **온도차**에 따른 공기의 흐름현상이다.
(2) 굴뚝효과는 **고층건물**에서 주로 나타난다.
(3) 평상시 건물 내의 기류분포를 지배하는 중요 요소이며 화재시 **연기**의 **이동**에 큰 영향을 미친다.
(4) 건물 외부의 온도가 내부의 온도보다 높은 경우 저층부에서는 내부에서 외부로 공기의 흐름이 생긴다.

답 ④

04 화재에 관련된 국제적인 규정을 제정하는 단체는?

19.03.문19

① IMO(International Maritime Organization)
② SFPE(Society of Fire Protection Engineers)
③ NFPA(Nation Fire Protection Association)
④ ISO(International Organization for Standardization) TC 92

해설

단체명	설명
IMO(International Maritime Organization)	• 국제해사기구 • 선박의 항로, 교통규칙, 항만시설 등을 국제적으로 통일하기 위하여 설치된 유엔전문기구
SFPE(Society of Fire Protection Engineers)	• 미국소방기술사회
NFPA(National Fire Protection Association)	• 미국방화협회 • 방화·안전설비 및 산업안전 방지장치 등에 대해 약 270규격을 제정
ISO(International Organization for Standardization)	• 국제표준화기구 • 지적 활동이나 과학·기술·경제 활동 분야에서 세계 상호간의 협력을 위해 1946년에 설립한 국제기구 ※ TC 92 : Fire Safety, ISO의 237개 전문기술위원회(TC)의 하나로서, 화재로부터 인명 안전 및 건물 보호, 환경을 보전하기 위하여 건축자재 및 구조물의 **화재시험 및 시뮬레이션** 개발에 필요한 세부지침을 **국제규격으로 제·개정**하는 것 보기 ④

답 ④

05 제연설비의 화재안전기준상 예상제연구역에 공기가 유입되는 순간의 풍속은 몇 m/s 이하가 되도록 하여야 하는가?

10.05.문76

① 2
② 3
③ 4
④ 5

해설 제연설비의 풍속 (NFPC 501 8~10조/NFTC 501 2.5.5, 2.6.2.2, 2.7.1)

조건	풍속
• 유입구가 바닥에 설치시 상향분출가능	1m/s 이하
• 예상제연구역의 공기유입 풍속	→ 5m/s 이하 보기 ④
• 배출기의 흡입측 풍속	15m/s 이하
• 배출기의 배출측 풍속 • 유입풍도 안의 풍속	20m/s 이하

용어

풍도
공기가 유동하는 덕트

답 ④

06 ★★★ 물에 황산을 넣어 묽은 황산을 만들 때 발생되는 열은?

① 연소열 ② 분해열
③ 용해열 ④ 자연발열

해설 화학열

종류	설명
연소열	어떤 물질이 완전히 **산**화되는 과정에서 발생하는 열
용해열	어떤 물질이 액체에 **용해**될 때 발생하는 열(농**황산**, **묽은 황산**) 보기 ③
분해열	화합물이 **분해**할 때 발생하는 열
생성열	발열반응에 의한 화합물이 **생성**할 때의 열
자연발열 (자연발화)	어떤 물질이 **외**부로부터 열의 공급을 받지 아니하고 온도가 상승하는 현상

기억법 연산, 용황, 자외

답 ③

07 ★★★ 화재의 정의로 옳은 것은?

14.05.문04
11.06.문18

① 가연성 물질과 산소와의 격렬한 산화반응이다.
② 사람의 과실로 인한 실화나 고의에 의한 방화로 발생하는 연소현상으로서 소화할 필요성이 있는 연소현상이다.
③ 가연물과 공기와의 혼합물이 어떤 점화원에 의하여 활성화되어 열과 빛을 발하면서 일으키는 격렬한 발열반응이다.
④ 인류의 문화와 문명의 발달을 가져오게 한 근본 존재로서 인간의 제어수단에 의하여 컨트롤할 수 있는 연소현상이다.

해설 ①③④ 연소의 정의

화재의 정의	연소의 정의
① 자연 또는 인위적인 원인에 의하여 불이 물체를 연소시키고, **인명**과 **재산**에 손해를 주는 현상 ② 불이 그 사용목적을 넘어 다른 곳으로 연소하여 사람들에게 예기치 않은 경제상의 손해를 발생시키는 현상 ③ 사람의 의도에 **반**(反)하여 출화 또는 방화에 의해 불이 발생하고 확대하는 현상 ④ 불을 사용하는 사람의 부주의와 불안정한 상태에서 발생되는 것 ⑤ 실화, 방화로 발생하는 연소현상을 말하며 사람에게 유익하지 못한 **해로운 불** ⑥ 사람의 의사에 반한, 즉 대부분의 사람이 원치 않는 상태의 불 ⑦ 소화의 필요성이 있는 불 보기 ② ⑧ 소화에 효과가 있는 어떤 물건(소화시설)을 사용할 필요가 있다고 판단되는 불	① **가연성 물질**과 **산소**와의 격렬한 **산화반응**이다. ② 가연물과 공기와의 혼합물이 어떤 점화원에 의하여 활성화되어 **열**과 **빛**을 발하면서 일으키는 격렬한 **발열반응**이다. ③ 인류의 문화와 문명의 발달을 가져오게 한 근본 존재로서 인간의 제어수단에 의하여 **컨트롤**할 수 있는 연소현상이다.

기억법 화인 재반해

답 ②

08 ★★★ 이산화탄소 소화약제의 임계온도는 약 몇 ℃인가?

19.03.문11
16.03.문15
14.05.문08
13.06.문20
11.03.문06

① 24.4
② 31.4
③ 56.4
④ 78.4

해설 이산화탄소의 물성

구분	물성
임계압력	72.75atm
임계온도	→ 31.35℃(약 31.4℃) 보기 ②
3중점	−**56**.3℃(약 −56℃)
승화점(**비**점)	−**78**.5℃
허용농도	0.5%
증기비중	1.**5**29
수분	0.05% 이하(함량 99.5% 이상)

기억법 이356, 이비78, 이증15

답 ②

09. 상온·상압의 공기 중에서 탄화수소류의 가연물을 소화하기 위한 이산화탄소 소화약제의 농도는 약 몇 %인가? (단, 탄화수소류는 산소농도가 10%일 때 소화된다고 가정한다.)

① 28.57
② 35.48
③ 49.56
④ 52.38

해설

(1) 기호
 • O_2 : 10%

(2) CO_2의 농도(이론소화농도)

$$CO_2 = \frac{21 - O_2}{21} \times 100$$

여기서, CO_2 : CO_2의 이론소화농도[vol%] 또는 약식으로 [%]
O_2 : 한계산소농도[vol%] 또는 약식으로 [%]

$$CO_2 = \frac{21 - O_2}{21} \times 100$$
$$= \frac{21 - 10}{21} \times 100 ≒ 52.38\%$$

답 ④

10. 과산화수소 위험물의 특성이 아닌 것은?

① 비수용성이다.
② 무기화합물이다.
③ 불연성 물질이다.
④ 비중은 물보다 무겁다.

해설

① 비수용성 → 수용성

과산화수소(H_2O_2)의 성질
(1) 비중이 1보다 크며(물보다 무겁다), 물에 잘 녹는다. 보기 ④
(2) 산화성 물질로 다른 물질을 산화시킨다.
(3) 불연성 물질이다. 보기 ③
(4) 상온에서 액체이다.
(5) 무기화합물이다. 보기 ②
(6) 수용성이다. 보기 ①

답 ①

11. 건축물의 피난·방화구조 등의 기준에 관한 규칙상 방화구획의 설치기준 중 스프링클러를 설치한 10층 이하의 층은 바닥면적 몇 m^2 이내마다 방화구획을 구획하여야 하는가?

① 1000
② 1500
③ 2000
④ 3000

해설

④ 스프링클러소화설비를 설치했으므로 $1000m^2 \times 3배 = 3000m^2$

건축령 46조, 피난·방화구조 14조
방화구획의 기준

대상 건축물	대상 규모	층 및 구획방법	구획부분의 구조
주요 구조부가 내화구조 또는 불연재료로 된 건축물	연면적 1000m^2 넘는 것	• 바닥면적 1000m^2 이내마다 (10층 이하)	• 내화구조로 된 바닥·벽 • 60분+방화문, 60분 방화문 • 자동방화셔터
		• 매 층마다 지하 1층에서 지상으로 직접 연결하는 경사로 부위는 제외	
		• 바닥면적 200m^2 이내마다(실내마감을 불연재료로 한 경우 500m^2 이내마다) (11층 이상)	

• **스프링클러**, 기타 이와 유사한 **자동식 소화설비**를 설치한 경우 바닥면적은 위의 **3배** 면적으로 산정한다.
• **필로티**나 그 밖의 비슷한 구조의 부분을 주차장으로 사용하는 경우 그 부분은 건축물의 다른 부분과 구획할 것

답 ④

12. 다음 중 분진폭발의 위험성이 가장 낮은 것은 어느 것인가?

① 시멘트가루
② 알루미늄분
③ 석탄분말
④ 밀가루

해설

분진폭발을 일으키지 않는 물질(=물과 반응하여 가연성 기체를 발생하지 않는 것)
(1) 시멘트(시멘트가루) 보기 ①
(2) 석회석
(3) 탄산칼슘($CaCO_3$)
(4) 생석회(CaO) = 산화칼슘

기억법 분시석탄생

중요

분진폭발의 위험성이 있는 것
(1) 알루미늄분
(2) 황
(3) 소맥분(밀가루)
(4) 석탄분말

답 ①

13. 백열전구가 발열하는 원인이 되는 열은?

① 아크열
② 유도열
③ 저항열
④ 정전기열

해설 전기열

종류	설명
유도열	도체 주위에 **자장**이 존재할 때 전류가 흘러 발생하는 열
유전열	전기**절**연불량에 의한 발열
저항열	도체에 전류가 흘렀을 때 전기저항 때문에 발생하는 열(예 **백**열전구)

기억법 유도자
유전절
저백

중요 열에너지원의 종류

기계열 (기계적 에너지)	전기열 (전기적 에너지)	화학열 (화학적 에너지)
압축열, **마**찰열, 마찰 스파크	유도열, 유전열, 저항열, 아크열, 정전기열, 낙뢰 에 의한 열	**연**소열, **용**해열, **분**해열, **생**성열, **자**연발화열
기억법 기압마		**기억법** 화연용분생자

- 기계열=기계적 에너지=기계에너지
- 전기열=전기적 에너지=전기에너지
- 화학열=화학적 에너지=화학에너지
- 유도열=유도가열
- 유전열=유전가열

답 ③

★★★ 14 동식물유류에서 "아이오딘값이 크다."라는 의미를 옳게 설명한 것은?

17.05.문07
14.05.문16
11.06.문16

① 불포화도가 높다.
② 불건성유이다.
③ 자연발화성이 낮다.
④ 산소와의 결합이 어렵다.

해설
② 불건성유 → 건성유
③ 낮다. → 높다.
④ 어렵다. → 쉽다.

"아이오딘값이 크다."라는 **의미**
(1) **불포**화도가 높다. 보기 ①
(2) **건성유**이다.
(3) **자연발화성**이 높다.
(4) 산소와 결합이 쉽다.

기억법 아불포

용어 아이오딘값
(1) 기름 100g에 첨가되는 아이오딘의 g수
(2) 기름에 염화아이오딘을 작용시킬 때 기름 100g에 흡수되는 염화아이오딘의 양에서 아이오딘의 양을 환산하여 그램수로 나타낸 값

답 ①

★★ 15 단백포 소화약제의 특징이 아닌 것은?

18.03.문17
15.05.문09

① 내열성이 우수하다.
② 유류에 대한 유동성이 나쁘다.
③ 유류를 오염시킬 수 있다.
④ 변질의 우려가 없어 저장 유효기간의 제한이 없다.

해설
④ 변질의 우려가 없어 저장 유효기간의 제한이 없다. → 변질에 의한 저장성이 불량하고 유효기간이 존재한다.

(1) **단백포**의 장단점

장점	단점
① **내열성** 우수 보기 ①	① 소화기간이 길다.
② **유면봉쇄성** 우수	② 유동성이 좋지 않다. 보기 ②
③ 내화성 향상(우수)	③ 변질에 의한 저장성 불량 보기 ④
④ 내유성 향상(우수)	④ 유류오염 보기 ③

(2) **수성막포**의 장단점

장점	단점
① 석유류 표면에 신속히 **피막**을 **형성**하여 유류증발을 억제한다.	① 가격이 비싸다.
② **안전성**이 좋아 장기보존이 가능하다.	② 내열성이 좋지 않다.
③ **내약품성**이 좋아 타약제와 겸용사용도 가능하다.	③ 부식방지용 저장설비가 요구된다.
④ **내유염성**이 우수하다 (기름에 의한 오염이 적다.)	
⑤ **불소계 계면활성제**가 주성분이다.	

(3) **합성계면활성제포**의 장단점

장점	단점
① **유동성**이 우수하다.	① 적열된 기름탱크 주위에는 효과가 적다.
② **저장성**이 우수하다.	② 가연물에 양이온이 있을 경우 발포성능이 저하된다.
	③ 타약제와 겸용시 소화효과가 좋지 않을 수 있다.

답 ④

16. 이산화탄소 소화약제의 주된 소화효과는?
① 제거소화 ② 억제소화
③ 질식소화 ④ 냉각소화

해설 소화약제의 소화작용

소화약제	소화효과	주된 소화효과
① 물(스프링클러)	• 냉각효과 • 희석효과	• 냉각효과 (냉각소화)
② 물(무상)	• 냉각효과 • 질식효과 • 유화효과 • 희석효과	• 질식효과 보기 ③ (질식소화)
③ 포	• 냉각효과 • 질식효과	
④ 분말	• 질식효과 • 부촉매효과 (억제효과) • 방사열 차단효과	
⑤ 이산화탄소	• 냉각효과 • 질식효과 • 피복효과	
⑥ 할론	• 질식효과 • 부촉매효과 (억제효과)	• 부촉매효과 (연쇄반응차단 소화)

기억법 할부(할아버지)
이질(이질적이다)

답 ③

17. 전기불꽃, 아크 등이 발생하는 부분을 기름 속에 넣어 폭발을 방지하는 방폭구조는?
① 내압방폭구조
② 유입방폭구조
③ 안전증방폭구조
④ 특수방폭구조

해설 방폭구조의 종류
(1) **내압(內壓)방폭구조(압력방폭구조)** : p
 용기 내부에 **질소** 등의 보호용 가스를 충전하여 외부에서 폭발성 가스가 침입하지 못하도록 한 구조

| 내압(內壓)방폭구조(압력방폭구조) |

(2) **내압(耐壓)방폭구조** : d 보기 ①
 폭발성 가스가 용기 내부에서 폭발하였을 때 용기가 그 압력에 견디거나 또는 **외부의 폭발성 가스**에 인화될 우려가 없도록 한 구조

| 내압(耐壓)방폭구조 |

(3) **유입방폭구조** : o 보기 ②
 전기불꽃, 아크 또는 고온이 발생하는 부분을 **기름** 속에 넣어 폭발성 가스에 의해 인화가 되지 않도록 한 구조

| 유입방폭구조 |

기억법 유기(유기 그릇)

(4) **안전증방폭구조** : e 보기 ③
 기기의 정상운전 중에 폭발성 가스에 의해 **점화원**이 될 수 있는 전기불꽃 또는 고온이 되어서는 안될 부분에 기계적, 전기적으로 특히 **안전도**를 증가시킨 구조

| 안전증방폭구조 |

(5) **본질안전방폭구조** : i
 폭발성 가스가 **단선, 단락, 지락** 등에 의해 발생하는 전기불꽃, 아크 또는 고온에 의하여 점화되지 않는 것이 확인된 구조

| 본질안전방폭구조 |

(6) **특수방폭구조** : s 보기 ④
 위에서 설명한 구조 이외의 방폭구조로서 폭발성 가스에 의해 점화되지 않는 것이 시험 등에 의하여 확인된 구조

| 특수방폭구조 |

답 ②

18. 다음 중 자연발화의 방지방법이 아닌 것은 어느 것인가?

① 통풍이 잘 되도록 한다.
② 퇴적 및 수납시 열이 쌓이지 않게 한다.
③ 높은 습도를 유지한다.
④ 저장실의 온도를 낮게 한다.

해설
③ 높은 습도를 → 건조하게(낮은 습도를)

(1) 자연발화의 방지법
  ㉠ 습도가 높은 곳을 피할 것(건조하게 유지할 것) 보기 ③
  ㉡ 저장실의 온도를 낮출 것 보기 ④
  ㉢ 통풍이 잘 되게 할 것(환기를 원활히 시킨다) 보기 ①
  ㉣ 퇴적 및 수납시 열이 쌓이지 않게 할 것(열축적 방지) 보기 ②
  ㉤ 산소와의 접촉을 차단할 것(촉매물질과의 접촉을 피한다)
  ㉥ 열전도성을 좋게 할 것

기억법 자습피

(2) 자연발화 조건
  ㉠ 열전도율이 작을 것
  ㉡ 발열량이 클 것
  ㉢ 주위의 온도가 높을 것
  ㉣ 표면적이 넓을 것

답 ③

19. 소화약제의 형식승인 및 제품검사의 기술기준상 강화액소화약제의 응고점은 몇 ℃ 이하이어야 하는가?

① 0   ② -20
③ -25   ④ -30

해설 소화약제의 형식승인 및 제품검사의 기술기준 6조 강화액소화약제
(1) 알칼리 금속염류의 수용액 : 알칼리성 반응을 나타낼 것
(2) 응고점 : -20℃ 이하

중요
소화약제의 형식승인 및 제품검사의 기술기준 36조 소화기의 사용온도

종류	사용온도
• 분말 • 강화액	-20~40℃ 이하
• 그 밖의 소화기	0~40℃ 이하

기억법 강분24온(강변에서 이사온 나)

답 ②

20. 상온에서 무색의 기체로서 암모니아와 유사한 냄새를 가지는 물질은?

① 에틸벤젠   ② 에틸아민
③ 산화프로필렌   ④ 사이클로프로판

해설

물 질	특 징
에틸아민 (C$_2$H$_5$NH$_2$) 보기 ②	상온에서 **무색**의 **기체**로서 **암모니아**와 유사한 냄새를 가지는 물질
에틸벤젠 (C$_6$H$_5$CH$_2$CH$_3$) 보기 ①	유기화합물로, 휘발유와 비슷한 냄새가 나는 가연성 무색액체
산화프로필렌 (CH$_3$CHCH$_2$O) 보기 ③	급성 독성 및 발암성 유기화합물
사이클로프로판 (C$_3$H$_6$) 보기 ④	결합각이 60도여서 불안정하므로 첨가반응을 잘하지만 브로민수 탈색반응은 잘 하지 못한다.

답 ②

제 2 과목 소방전기일반

21. 그림과 같은 회로에서 단자 a, b 사이에 주파수 f[Hz]의 정현파 전압을 가했을 때 전류계 A_1, A_2의 값이 같았다. 이 경우 f, L, C 사이의 관계로 옳은 것은?

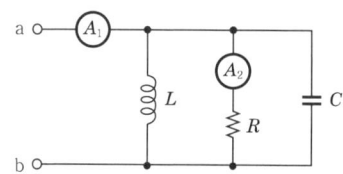

① $f = \dfrac{1}{LC}$ ② $f = \dfrac{1}{2\pi\sqrt{LC}}$

③ $f = \dfrac{1}{4\pi\sqrt{LC}}$ ④ $f = \dfrac{1}{\sqrt{2\pi^2 LC}}$

해설 일반적인 정현파의 공진주파수
전류계 $A_1 = A_2$ 이면 공진되었다는 뜻이므로

$$f_0 = \dfrac{1}{2\pi\sqrt{LC}}$$

여기서, f_0 : 공진주파수[Hz]
  L : 인덕턴스[H]
  C : 정전용량[F]

비교
제n고조파의 공진주파수

$$f_n = \frac{1}{2\pi n\sqrt{LC}}$$

여기서, f_n : 제n고조파의 공진주파수[Hz]
n : 제n고조파
L : 인덕턴스[H]
C : 정전용량[F]

답 ②

★★★ 22

논리식 $Y = \overline{A}\overline{B}C + A\overline{B}\overline{C} + A\overline{B}C$를 간단히 표현한 것은?

① $\overline{A} \cdot (B+C)$
② $\overline{B} \cdot (A+C)$
③ $\overline{C} \cdot (A+B)$
④ $C \cdot (A+\overline{B})$

해설 논리식
$Y = \overline{A}\overline{B}C + A\overline{B}\overline{C} + A\overline{B}C$
$= \overline{A}\overline{B}C + A\overline{B}\underbrace{(\overline{C}+C)}_{X+\overline{X}=1}$
$= \overline{A}\overline{B}C + \underbrace{A\overline{B} \cdot 1}_{X \cdot 1 = X}$
$= \overline{A}\overline{B}C + A\overline{B}$
$= \overline{B}\underbrace{(\overline{A}C+A)}_{X+\overline{X}Y=X+Y}$
$= \overline{B}(C+A)$
$= \overline{B}(A+C)$

중요
불대수의 정리

논리합	논리곱	비고
$X+0=X$	$X \cdot 0 = 0$	–
$X+1=1$	$X \cdot 1 = X$	–
$X+X=X$	$X \cdot X = X$	–
$X+\overline{X}=1$	$X \cdot \overline{X} = 0$	–
$X+Y=Y+X$	$X \cdot Y = Y \cdot X$	교환법칙
$X+(Y+Z)$ $=(X+Y)+Z$	$X(YZ)=(XY)Z$	결합법칙
$X(Y+Z)$ $=XY+XZ$	$(X+Y)(Z+W)$ $=XZ+XW+YZ+YW$	분배법칙
$X+XY=X$	$\overline{X}+XY=\overline{X}+Y$ $\overline{X}+X\overline{Y}=\overline{X}+\overline{Y}$ $X+\overline{X}Y=X+Y$ $X+\overline{X}\overline{Y}=X+\overline{Y}$	흡수법칙
$\overline{(X+Y)}$ $=\overline{X} \cdot \overline{Y}$	$\overline{(X \cdot Y)} = \overline{X}+\overline{Y}$	드모르간의 정리

답 ②

★★ 23

회로에서 전류 I는 약 몇 A인가?

① 0.92
② 1.125
③ 1.29
④ 1.38

해설

(1) 기호
- R_1 : 1Ω
- V_1 : 2V
- R_2 : 2Ω
- V_2 : 4V
- R_3 : 3Ω
- V_3 : 6V
- V_{ab} : ?

(2) 밀만의 정리

$$V_{ab} = \frac{\frac{V_1}{R_1}+\frac{V_2}{R_2}+\frac{V_3}{R_3}}{\frac{1}{R_1}+\frac{1}{R_2}+\frac{1}{R_3}}[V]$$

여기서, V_{ab} : 단자전압[V]
V_1, V_2, V_3 : 각각의 전압[V]
R_1, R_2, R_3 : 각각의 저항[Ω]

밀만의 정리에 의해

$$V_{ab} = \frac{\frac{V_1}{R_1}+\frac{V_2}{R_2}+\frac{V_3}{R_3}}{\frac{1}{R_1}+\frac{1}{R_2}+\frac{1}{R_3}} = \frac{\frac{2}{1}+\frac{4}{2}+\frac{6}{3}}{\frac{1}{1}+\frac{1}{2}+\frac{1}{3}} ≒ 3.27V$$

(3) 옴의 법칙

$$I = \frac{V}{R}$$

여기서, I : 전류[A]
V : 전압[V]
R : 저항[Ω]

회로를 변환하면

$$R_{ab} = \frac{1}{\frac{1}{R_1}+\frac{1}{R_2}+\frac{1}{R_3}} = \frac{1}{\frac{1}{1}+\frac{1}{2}+\frac{1}{3}} = 0.545\,Ω$$

$$I = \frac{V}{R} = \frac{3.27}{0.545+3} ≒ 0.92A$$

답 ①

24 절연저항시험에서 "전로의 사용전압이 500V 이하인 경우 1.0MΩ 이상"이란 뜻으로 가장 알맞은 것은?

① 누설전류가 0.5mA 이하이다.
② 누설전류가 5mA 이하이다.
③ 누설전류가 15mA 이하이다.
④ 누설전류가 30mA 이하이다.

해설 (1) 기호
- V : 500V
- R : 1.0MΩ $= 1 \times 10^6$Ω (1MΩ $= 10^6$Ω)
- I : ?

(2) 옴의 법칙(Ohm's law)

$$I = \frac{V(비례)}{R(반비례)} [A]$$

여기서, I : 전류[A]
V : 전압[V]
R : 저항[Ω]

$I = \frac{V}{R} = \frac{500V}{1 \times 10^6 Ω} = 5 \times 10^{-4}A = 0.5 \times 10^{-3}A$
$= 0.5 \text{mA} (10^{-3}A = 1\text{mA})$

답 ①

25 권선수가 100회인 코일에 유도되는 기전력의 크기가 e_1이다. 이 코일의 권선수를 200회로 늘렸을 때 유도되는 기전력의 크기(e_2)는?

① $e_2 = \frac{1}{4}e_1$
② $e_2 = \frac{1}{2}e_1$
③ $e_2 = 2e_1$
④ $e_2 = 4e_1$

해설 (1) 유도기전력(induced electromitive force)

$$e = -N\frac{d\phi}{dt} = -L\frac{di}{dt} = Blv\sin\theta [V] \propto L$$

여기서, e : 유기기전력[V]
N : 코일권수
$d\phi$: 자속의 변화량[Wb]
dt : 시간의 변화량[s]
L : 자기인덕턴스[H]
di : 전류의 변화량[A]
B : 자속밀도[Wb/m²]
l : 도체의 길이[m]
v : 도체의 이동속도[m/s]
θ : 이루는 각[rad]

(2) 자기인덕턴스(self inductance)

$$L = \frac{\mu A N^2}{l} [H]$$

여기서, L : 자기인덕턴스[H]
μ : 투자율[H/m]
A : 단면적[m²]
N : 코일권수
l : 평균자로의 길이[m]

자기인덕턴스 $L = \frac{\mu A N^2}{l} \propto N^2 = \left(\frac{200}{100}\right)^2 = 4$배

∴ $e \propto L$이므로 자기인덕턴스 L이 4배이면 유도기전력 e도 4배가 된다.

- $e_2 = 4e_1$

답 ④

26 동일한 전류가 흐르는 두 평행도선 사이에 작용하는 힘이 F_1이다. 두 도선 사이의 거리를 2.5배로 늘였을 때 두 도선 사이 작용하는 힘 F_2는?

① $F_2 = \frac{1}{2.5}F_1$
② $F_2 = \frac{1}{2.5^2}F_1$
③ $F_2 = 2.5F_1$
④ $F_2 = 6.25F_1$

해설 (1) 기호
- r_1 : r
- F_1 : F_1
- r_2 : $2.5r$
- F_2 : ?

(2) 두 평행도선에 작용하는 힘 F는

$$F = \frac{\mu_0 I_1 I_2}{2\pi r} = \frac{2I_1 I_2}{r} \times 10^{-7} \propto \frac{1}{r}$$

여기서, F : 평행전류의 힘[N/m]
μ_0 : 진공의 투자율[H/m]
r : 두 평행도선의 거리[m]

$\frac{F_2}{F_1} = \frac{\frac{1}{2.5r}}{\frac{1}{r}} = \frac{1}{2.5}$

$\frac{F_2}{F_1} = \frac{1}{2.5}$

$F_2 = \frac{1}{2.5}F_1$

답 ①

27 그림의 회로에서 a와 c 사이의 합성저항은?

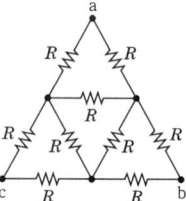

① $\frac{9}{10}R$
② $\frac{10}{9}R$
③ $\frac{7}{10}R$
④ $\frac{10}{7}R$

해설

△결선 → Y결선으로 바꾸면 $\frac{1}{3}$로 되므로

△결선 → Y결선으로 바꾸면 $\frac{1}{3}$로 되므로

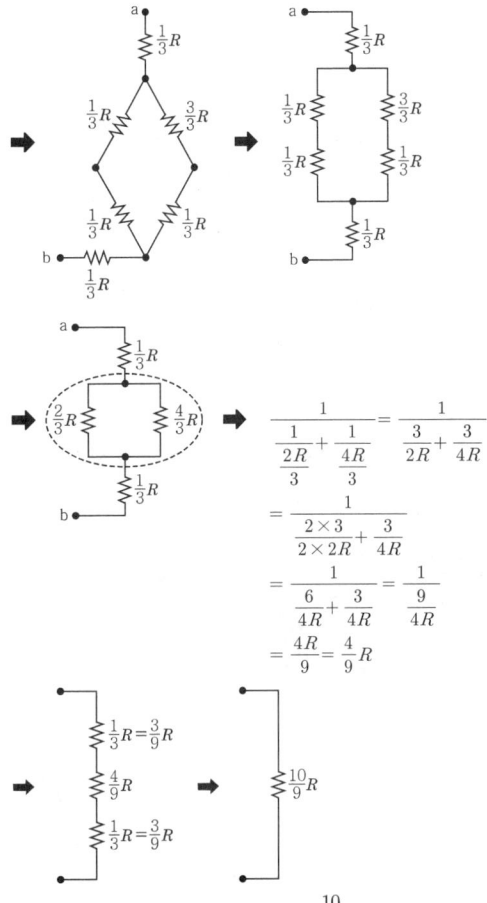

그러므로 a와 c 사이의 합성저항은 $\frac{10}{9}R$이 된다.

답 ②

28 잔류편차가 있는 제어동작은?

21.09.문27
18.03.문23
17.03.문37
16.10.문40
15.03.문37
14.09.문25
14.05.문28
11.06.문22
08.09.문22

① 비례제어
② 적분제어
③ 비례적분제어
④ 비례적분미분제어

해설 **연속제어**

제어 종류	설 명
비례제어(P동작)	**잔류편차**(off-set)가 있는 제어 보기①
미분제어(D동작)	오차가 커지는 것을 **미연에 방지**하고 **진동을 억제**하는 제어(=rate동작)
적분제어(I동작)	**잔류편차**를 **제거**하기 위한 제어
비례적분제어 (PI동작)	**간헐현상**이 있는 제어, 잔류편차가 없는 제어 기억법 간비적
비례미분제어 (PD동작)	**응답 속응성**을 개선하는 제어 기억법 PD응(PD 좋아? 응!)

용어	설 명
비례적분미분제어 (PID동작)	적분제어로 **잔류편차**를 **제거**하고, 미분제어로 **응답**을 **빠르게** 하는 제어

용어

용어	설 명
간헐현상	제어계에서 동작신호가 연속적으로 변하여도 조작량이 **일정**한 **시간**을 두고 **간헐**적으로 변하는 현상
잔류편차	비례제어에서 급격한 목표값의 변화 또는 외란이 있는 경우 제어계가 정상상태로 된 후에도 **제어량**이 **목표값**과 **차이**가 난 채로 있는 것

답 ①

29 ★★★
그림과 같은 정류회로에서 R에 걸리는 전압의 최대값은 몇 V인가? (단, $v_2(t) = 20\sqrt{2}\sin\omega t$ 이다.)

20.09.문29
19.09.문34
16.10.문37
13.03.문28
12.03.문31
11.03.문31

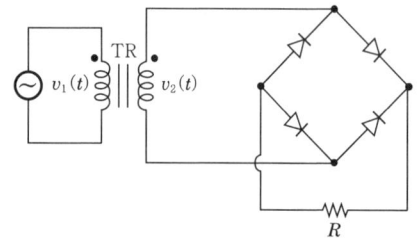

① 20 ② $20\sqrt{2}$
③ 40 ④ $40\sqrt{2}$

해설 순시값

$$v = V_m \sin\omega t$$

여기서, v : 전압의 순시값[V]
V_m : 전압의 최대값[V]
ω : 각주파수[rad/s]
t : 주기[s]

$v_2(t) = V_m \sin\omega t$
$\quad = 20\sqrt{2}\sin\omega t$ [V] $(\therefore V_m = 20\sqrt{2}\,\text{V})$

• 다이오드(▶│)에 손실이 없다면 R에 걸리는 전압의 최대값도 $20\sqrt{2}$ 가 된다.

답 ②

30 ★★★
다음의 내용이 설명하는 것으로 가장 알맞은 것은 어느 것인가?

20.09.문31
17.03.문22
16.05.문32
15.05.문35
14.03.문22
12.05.문24
03.05.문33

회로망 내 임의의 폐회로(closed circuit)에서, 그 폐회로를 따라 한 방향으로 일주하면서 생기는 전압강하의 합은 그 폐회로 내에 포함되어 있는 기전력의 합과 같다.

① 노튼의 정리
② 중첩의 정리
③ 키르히호프의 전압법칙
④ 패러데이의 법칙

해설 여러 가지 법칙

법 칙	설 명
플레밍의 오른손법칙	• **도**체운동에 의한 **유**기기전력의 **방**향 결정 **기억법** 방유도오(**방**에 우**유**를 **도로** 갖다 놓게!)
플레밍의 왼손법칙	• **전**자력의 방향 결정 **기억법** 왼전(왠 **전**쟁이냐?)
렌츠의 법칙	• 자속변화에 의한 **유**도기전력의 **방**향 결정 **기억법** 렌유방(오**렌**지가 **유**일한 **방**법이다.)
패러데이의 전자유도법칙	• 자속변화에 의한 **유**기기전력의 **크**기 결정 **기억법** 패유크(**패**유를 버리면 **큰**일난다.)
앙페르의 오른나사법칙	• **전**류에 의한 **자**기장의 방향을 결정하는 법칙 **기억법** 앙전자(양전자)
비오-사바르의 법칙	• **전**류에 의해 발생되는 **자**기장의 크기(전류에 의한 자계의 세기) **기억법** 비전자(**비전**공**자**)
키르히호프의 법칙	• 옴의 법칙을 응용한 것으로 복잡한 회로의 전류와 전압계산에 사용 • 회로망의 임의의 접속점에 유입하는 여러 전류의 **총**합은 0이라고 하는 법칙 **기억법** 키총 • 회로망 내 임의의 폐회로(closed circuit)에서, 그 폐회로를 따라 한 방향으로 일주하면서 생기는 전압강하의 합은 그 폐회로 내에 포함되어 있는 기전력의 합과 같음 보기 ③
줄의 법칙	• 어떤 도체에 일정 시간 동안 전류를 흘리면 도체에는 **열**이 발생되는데 이에 관한 법칙 • 전류의 **열**작용과 관계있는 법칙 **기억법** 줄열
쿨롱의 법칙	• 두 자극 사이에 작용하는 힘은 두 **자극**의 세기의 **곱**에 비례하고, 두 자극 사이의 **거리**의 **제곱**에 반비례한다는 법칙

답 ③

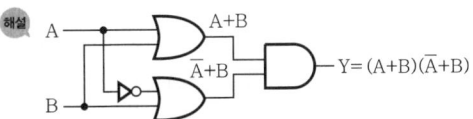

31. 회로에서 저항 20Ω에 흐르는 전류[A]는?

① 0.8
② 1.0
③ 1.8
④ 2.8

해설 중첩의 원리
(1) 전압원 단락시

$$I_2 = \frac{R_1}{R_1+R_2}I = \frac{5}{5+20}\times 1 = 0.2A$$

(2) 전류원 개방시

$$I = \frac{V}{R_1+R_2} = \frac{20}{5+20} = 0.8A$$

∴ 20Ω에 흐르는 전류 = $I_2 + I$ = 0.2 + 0.8 = 1A

• 중첩의 원리 = 전압원 단락시 값 + 전류원 개방시 값

용어
중첩의 원리
여러 개의 기전력을 포함하는 선형회로망 내의 전류분포는 각 기전력이 단독으로 그 위치에 있을 때 흐르는 **전류분포의 합**과 같다.

답 ②

32. 그림과 같은 논리회로의 출력 Y는?

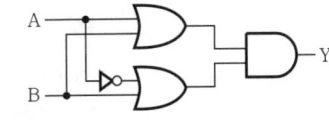

① AB
② A+B
③ A
④ B

해설

$Y = (A+B)(\overline{A}+B)$
$= A\overline{A} + AB + \overline{A}B + BB$
  $X\cdot\overline{X}=0$ $X\cdot X=X$이므로 $BB=B$
$= AB + \overline{A}B + B$
$= B(A+\overline{A}+1)$
  $X+\overline{X}=1$
$= B(1+1)$
  $1+1=1$
$= B\cdot 1$
  $X\cdot 1=X$이므로 $B\cdot 1 = B$
$= B$

중요

(1) 무접점 논리회로

시퀀스	논리식	논리회로
직렬회로	$Z = A\cdot B$ $Z = AB$	AND
병렬회로	$Z = A+B$	OR
a접점	$Z = A$	
b접점	$Z = \overline{A}$	

(2) 불대수의 정리

논리합	논리곱	비고
$X+0=X$	$X\cdot 0=0$	-
$X+1=1$	$X\cdot 1=X$	-
$X+X=X$	$X\cdot X=X$	-
$X+\overline{X}=1$	$X\cdot\overline{X}=0$	-
$X+Y=Y+X$	$X\cdot Y=Y\cdot X$	교환법칙
$X+(Y+Z)$ $=(X+Y)+Z$	$X(YZ)=(XY)Z$	결합법칙
$X(Y+Z)$ $=XY+XZ$	$(X+Y)(Z+W)$ $=XZ+XW+YZ+YW$	분배법칙
$X+XY=X$	$\overline{X}+XY=\overline{X}+Y$ $\overline{X}+X\overline{Y}=\overline{X}+\overline{Y}$ $X+\overline{X}Y=X+Y$ $X+\overline{X}\,\overline{Y}=X+\overline{Y}$	흡수법칙
$\overline{(X+Y)}$ $=\overline{X}\cdot\overline{Y}$	$\overline{(X\cdot Y)}=\overline{X}+\overline{Y}$	드모르간의 정리

답 ④

33.
3상 농형 유도전동기를 Y-△ 기동방식으로 기동할 때 전류 I_1[A]와 △결선으로 직입(전전압) 기동할 때 전류 I_2[A]의 관계는?

① $I_1 = \dfrac{1}{\sqrt{3}} I_2$ ② $I_1 = \dfrac{1}{3} I_2$
③ $I_1 = \sqrt{3} I_2$ ④ $I_1 = 3 I_2$

해설 Y-△ 기동방식의 기동전류

$$I_1 = \dfrac{1}{3} I_2$$

여기서, I_1 : Y결선시 전류[A], I_2 : △결선시 전류[A]

중요

기동전류	소비전력	기동토크

$$\dfrac{Y-\triangle \text{기동방식}}{\text{직입기동방식}} = \dfrac{1}{3}$$

※ 3상 유도전동기의 기동시 직입기동방식을 Y-△ 기동방식으로 변경하면 **기동전류, 소비전력, 기동토크**가 모두 $\dfrac{1}{3}$로 감소한다.

답 ②

34.
유도전동기의 슬립이 5.6%이고 회전자속도가 1700rpm일 때, 이 유도전동기의 동기속도는 약 몇 rpm인가?

① 1000 ② 1200
③ 1500 ④ 1800

해설 (1) 기호
- N : 1700rpm
- s : 5.6%=0.056
- N_s : ?

(2) 동기속도 …… ㉠

$$N_s = \dfrac{120f}{P}$$

여기서, N_s : 동기속도[rpm], f : 주파수[Hz], P : 극수

(3) 회전속도 …… ㉡

$$N = \dfrac{120f}{P}(1-s) \text{[rpm]}$$

여기서, N : 회전속도[rpm], P : 극수, f : 주파수[Hz], s : 슬립

㉠식을 ㉡식에 대입하면
$$N = N_s(1-s)$$

동기속도 N_s는
$$N_s = \dfrac{N}{(1-s)} = \dfrac{1700}{(1-0.056)} ≒ 1800\text{rpm}$$

• 동기속도>회전속도(회전자속도)이기 때문에 계산을 안 해도 답은 금방 찾을 수 있다.

답 ④

35.
목표값이 다른 양과 일정한 비율 관계를 가지고 변화하는 제어방식은?

① 정치제어
② 추종제어
③ 프로그램제어
④ 비율제어

해설 제어의 종류

종류	설명
정치제어 (fixed value control)	① 일정한 목표값을 유지하는 것으로 **프로세스제어, 자동조정**이 이에 해당된다. 예 연속식 압연기 ② 목표값이 시간에 관계없이 항상 일정한 값을 가지는 제어
추종제어 (follow-up control)	미지의 시간적 변화를 하는 목표값에 제어량을 추종시키기 위한 제어로 **서보기구**가 이에 해당된다. 예 대공포의 포신
비율제어 (ratio control)	① 둘 이상의 제어량을 소정의 비율로 제어하는 것 ② 목표값이 다른 양과 일정한 비율 관계를 가지고 변화하는 제어방식 보기 ④ ③ 연료의 유량과 공기의 유량과의 사이의 비율을 연소에 적합한 것으로 유지하고자 하는 제어방식
프로그램제어 (program control)	목표값이 **미리 정해진 시간적 변화**를 하는 경우 제어량을 그것에 추종시키기 위한 제어 예 열차·산업로봇의 무인운전

중요

분류	종류
프로세스제어 (공정제어)	• **온**도 • **압**력 • **유**량 • **액**면 기억법 프온압유액
서보기구 (서보제어, 추종제어)	• **위**치 • **방**위 • **자**세 기억법 서위방자
자동조정	• 전압 • 전류 • 주파수 • 회전속도(**발**전기의 **속**도조절기) • 장력 기억법 자발속

• **프로세스제어** : 공업공정의 상태량을 제어량으로 하는 제어

답 ④

36
축전지의 자기방전을 보충함과 동시에 일반 부하로 공급하는 전력은 충전기가 부담하고, 충전기가 부담하기 어려운 일시적인 대전류는 축전지가 부담하는 충전방식은?

① 급속충전
② 부동충전
③ 균등충전
④ 세류충전

해설 충전방식

구 분	설 명
보통충전	• 필요할 때마다 **표준시간율**로 충전하는 방식
급속충전	• 보통 충전전류의 **2배**의 **전류**로 충전하는 방식
부동충전	• 축전지의 자기방전을 보충함과 동시에 **상용부하**에 대한 전력공급은 **충전기**가 부담하되 부담하기 어려운 일시적인 **대전류부하**는 **축전지**가 부담하도록 하는 방식 보기 ② • 축전지와 **부하**를 **충전기**에 **병렬**로 접속하여 사용하는 충전방식 |부동충전방식|
균등충전	• 1~3개월마다 1회 정전압으로 충전하는 방식
세류충전 (트리클충전)	• 자기방전량만 항상 충전하는 방식

답 ②

37
각 상의 임피던스가 $Z = 6 + j8\,\Omega$인 △결선의 평형 3상 부하에 선간전압이 220V인 대칭 3상 전압을 가했을 때 이 부하로 흐르는 선전류의 크기는 약 몇 A인가?

① 13
② 22
③ 38
④ 66

해설 (1) 기호
• $Z : 6+j8\,\Omega$
• $V_L : 220$V
• $I_L : ?$

(2) △결선 vs Y결선

여기서, I_L : 선전류[A]
V_L : 선간전압[V]
Z : 임피던스[Ω]
I_P : 상전류[A]
V_P : 상전압[V]

여기서, I_L : 선전류[A]
I_P : 상전류[A]
V_L : 선간전압[V]
Z : 임피던스[Ω]

△결선 선전류 I_L는
$$I_L = \frac{\sqrt{3}\,V_L}{Z}$$
$$= \frac{\sqrt{3}\times 220}{6+j8} = \frac{\sqrt{3}\times 220}{\sqrt{6^2+8^2}} ≒ 38\text{A}$$

답 ③

38
전기화재의 원인 중 하나인 누설전류를 검출하기 위해 사용되는 것은?

① 부족전압계전기
② 영상변류기
③ 계기용 변압기
④ 과전류계전기

해설 누전경보기의 구성요소

구성요소	설 명
영상**변**류기(ZCT)	누설전류를 **검**출한다. 보기 ② 기억법 변검(변검술)
수신기	누설전류를 **증**폭한다.
음향장치	경보를 발한다.
차단기	차단릴레이를 포함한다.

기억법 변수음차

• 소방에서는 변류기(CT)와 영상변류기(ZCT)를 혼용하여 사용한다.

답 ②

39 그림의 블록선도에서 $\dfrac{C(s)}{R(s)}$ 을 구하면?

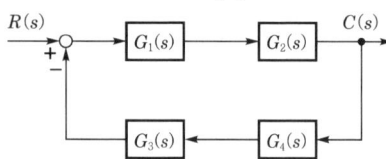

① $\dfrac{G_1(s)+G_2(s)}{1+G_1(s)G_2(s)+G_3(s)G_4(s)}$

② $\dfrac{G_1(s)G_2(s)}{1+G_1(s)G_2(s)G_3(s)G_4(s)}$

③ $\dfrac{G_3(s)G_4(s)}{1+G_1(s)G_2(s)G_3(s)G_4(s)}$

④ $\dfrac{G_1(s)G_2(s)}{1+G_1(s)G_2(s)+G_3(s)G_4(s)}$

해설

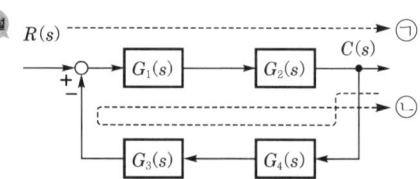

계산 편의를 위해 잠시 (s)를 생략하고 계산하면

$RG_1G_2 - CG_1G_2G_3G_4 = C$
$RG_1G_2 = C + CG_1G_2G_3G_4$
$RG_1G_2 = C(1+G_1G_2G_3G_4)$
$\dfrac{G_1G_2}{1+G_1G_2G_3G_4} = \dfrac{C}{R}$
$\dfrac{C}{R} = \dfrac{G_1G_2}{1+G_1G_2G_3G_4}$ ← (s)를 다시 붙이면
$\dfrac{C(s)}{R(s)} = \dfrac{G_1(s)G_2(s)}{1+G_1(s)G_2(s)G_3(s)G_4(s)}$

용어

블록선도(block diagram)
제어계에서 신호가 전달되는 모양을 표시하는 선도

답 ②

40 한 변의 길이가 150mm인 정방형 회로에 1A의 전류가 흐를 때 회로 중심에서의 자계의 세기는 약 몇 AT/m인가?

① 5 ② 6
③ 9 ④ 21

해설

(1) 기호
- L : 150mm=0.15m(1000mm=1m)
- I : 1A

(2) 정방형 중심의 자계

$$H = \dfrac{2\sqrt{2}\,I}{\pi L}\,[\text{AT/m}]$$

여기서, H : 자계의 세기[AT/m]
I : 전류[A]
L : 한 변의 길이[m]

자계의 세기 H는 $H = \dfrac{2\sqrt{2}\,I}{\pi L} = \dfrac{2\sqrt{2}\times 1}{\pi \times 0.15} ≒ 6\text{AT/m}$

• 정방형=정사각형

답 ②

제3과목 소방관계법규

41 소방시설 설치 및 관리에 관한 법령상 건축허가 등을 할 때 미리 소방본부장 또는 소방서장의 동의를 받아야 하는 건축물 등의 범위가 아닌 것은?

① 연면적 200m² 이상인 노유자시설 및 수련시설
② 항공기격납고, 관망탑
③ 차고·주차장으로 사용되는 바닥면적이 100m² 이상인 층이 있는 건축물
④ 지하층 또는 무창층이 있는 건축물로서 바닥면적이 150m² 이상인 층이 있는 것

해설
③ 100m² → 200m²

소방시설법 시행령 7조
건축허가 등의 동의대상물
(1) 연면적 400m²(학교시설 : 100m², 수련시설·노유자시설 : 200m², 정신의료기관·장애인 의료재활시설 : 300m²) 이상 보기 ①
(2) 6층 이상인 건축물
(3) 차고·주차장으로서 바닥면적 200m² 이상(자동차 20대 이상) 보기 ③
(4) 항공기격납고, 관망탑, 항공관제탑, 방송용 송수신탑 보기 ②
(5) 지하층 또는 무창층의 바닥면적 150m²(공연장은 100m²) 이상 보기 ④
(6) 위험물저장 및 처리시설, 지하구
(7) 결핵환자나 한센인이 24시간 생활하는 노유자시설
(8) 전기저장시설, 풍력발전소
(9) 공동주택·숙박시설
(10) 노인주거복지시설·노인의료복지시설 및 재가노인복지시설·학대피해노인 전용쉼터·아동복지시설·장애인거주시설
(11) 정신질환자 관련시설(공동생활가정을 제외한 재활훈련시설과 종합시설 중 24시간 주거를 제공하지 않는 시설 제외)
(12) 조산원, 산후조리원, 의원(입원실 또는 인공신장실이 있는 것)
(13) 노숙인자활시설, 노숙인재활시설 및 노숙인요양시설

⑭ 요양병원(의료재활시설 제외)
⑮ 공장 또는 창고시설로서 지정하는 수량의 **750배** 이상의 특수가연물을 저장·취급하는 것
⑯ 가스시설로서 지상에 노출된 탱크의 저장용량의 합계가 **100t** 이상인 것

기억법 2자(이자)

답 ③

42. 화재의 예방 및 안전관리에 관한 법령상 일반음식점에서 음식조리를 위해 불을 사용하는 설비를 설치하는 경우 지켜야 하는 사항으로 틀린 것은?

① 주방시설에는 동물 또는 식물의 기름을 제거할 수 있는 필터 등을 설치할 것
② 열을 발생하는 조리기구는 반자 또는 선반으로부터 0.6미터 이상 떨어지게 할 것
③ 주방설비에 부속된 배출덕트는 0.2밀리미터 이상의 아연도금강판으로 설치할 것
④ 열을 발생하는 조리기구로부터 0.15미터 이내의 거리에 있는 가연성 주요구조부는 단열성이 있는 불연재료로 덮어 씌울 것

해설 ③ 0.2밀리미터 → 0.5밀리미터

화재예방법 시행령 〔별표 1〕
음식조리를 위하여 설치하는 설비
(1) 주방설비에 부속된 배출덕트(공기 배출통로)는 **0.5mm** 이상의 **아연도금강판** 또는 이와 같거나 그 이상의 내식성 **불연재료**로 설치 보기 ③
(2) 열을 발생하는 조리기구로부터 **0.15m** 이내의 거리에 있는 가연성 주요구조부는 **단열성**이 있는 불연재료로 덮어 씌울 것 보기 ④
(3) 주방시설에는 동물 또는 식물의 기름을 제거할 수 있는 **필터** 등을 설치 보기 ①
(4) 열을 발생하는 조리기구는 반자 또는 선반으로부터 **0.6m** 이상 떨어지게 할 것 보기 ②

답 ③

43. 소방시설공사업법령상 소방시설의 감독을 위하여 필요할 때에 소방시설업자나 관계인에게 필요한 보고나 자료제출을 명할 수 있는 사람이 아닌 것은?

① 시·도지사   ② 119안전센터장
③ 소방서장   ④ 소방본부장

해설 시·도지사·소방본부장·소방서장
(1) 소방**시**설업의 **감**(공사업법 31조) 보기 ①③④
(2) 탱크시험자에 대한 명령(위험물법 23조)
(3) **무**허가장소의 위험물 조치명령(위험물법 24조)
(4) 소방기본법령상 **과**태료부과(기본법 56조)
(5) 제조소 등의 수리·개조·이전명령(위험물법 14조)

기억법 감무시소과(감나무 아래에 있는 시소에서 과일 먹기)

답 ②

44. 화재의 예방 및 안전관리에 관한 법령상 화재가 발생할 우려가 높거나 화재가 발생하는 경우 그로 인하여 피해가 클 것으로 예상되는 지역을 화재예방강화지구로 지정할 수 있는 자는?

① 한국소방안전협회장   ② 소방시설관리사
③ 소방본부장   ④ 시·도지사

해설 화재예방법 18조
화재예방강화지구의 지정
(1) **지정권자** : 시·도지사
(2) 지정지역
  ㉠ **시장**지역
  ㉡ **공장·창고** 등이 밀집한 지역
  ㉢ **목조건물**이 밀집한 지역
  ㉣ **노후·불량** 건축물이 밀집한 지역
  ㉤ **위험물**의 **저장** 및 **처리시설**이 **밀집**한 지역
  ㉥ **석유화학제품**을 생산하는 공장이 있는 지역
  ㉦ **소방시설·소방용수시설** 또는 **소방출동로**가 **없는** 지역
  ㉧ 「산업입지 및 개발에 관한 법률」에 따른 산업단지
  ㉨ 「물류시설의 개발 및 운영에 관한 법률」에 따른 물류단지
  ㉩ **소방청장·소방본부장·소방서장**(소방관서장)이 화재예방강화지구로 지정할 필요가 있다고 인정하는 지역

용어 소방관서장
소방청장·소방본부장·소방서장

답 ④

45. 소방시설공사업법령상 소방시설업에 대한 행정처분기준에서 1차 행정처분 사항으로 등록취소에 해당하는 것은?

① 거짓이나 그 밖의 부정한 방법으로 등록한 경우
② 소방시설업자의 지위를 승계한 사실을 소방시설공사 등을 맡긴 특정소방대상물의 관계인에게 통지를 하지 아니한 경우
③ 화재안전기준 등에 적합하게 설계·시공을 하지 아니하거나, 법에 따라 적합하게 감리를 하지 아니한 경우
④ 등록을 한 후 정당한 사유 없이 1년이 지날 때까지 영업을 시작하지 아니하거나 계속하여 1년 이상 휴업한 때

해설 **공사업규칙 [별표 1]**
소방시설업에 대한 행정처분기준

행정처분	위반사항
1차 등록취소	• 영업정지기간 중에 소방시설공사 등을 한 경우 • **거짓** 또는 **부정한 방법**으로 등록한 경우 보기 ① • **등록결격사유**에 해당된 경우

답 ①

46 화재의 예방 및 안전관리에 관한 법령에 따라 2급 소방안전관리대상물의 소방안전관리자 선임기준으로 틀린 것은?

① 위험물기능사 자격을 가진 사람으로 2급 소방안전관리자 자격증을 받은 사람
② 소방공무원으로 3년 이상 근무한 경력이 있는 사람으로 2급 소방안전관리자 자격증을 받은 사람
③ 의용소방대원으로 5년 이상 근무한 경력이 있는 사람으로 2급 소방안전관리자 자격증을 받은 사람
④ 위험물산업기사 자격을 가진 사람으로 2급 소방안전관리자 자격증을 받은 사람

해설 ③ 해당없음

화재예방법 시행령 [별표 4]
2급 소방안전관리대상물의 소방안전관리자 선임조건

자격	경력	비고
• 위험물기능장 · 위험물산업기사 · 위험물기능사	경력 필요 없음	2급 소방안전관리자 자격증을 받은 사람
• 소방공무원	3년	
• 소방청장이 실시하는 2급 소방안전관리대상물의 소방안전관리에 관한 시험에 합격한 사람	경력 필요 없음	
• 「기업활동 규제완화에 관한 특별조치법」에 따라 소방안전관리자로 선임된 사람 (소방안전관리자로 선임된 기간으로 한정)		
• 특급 또는 1급 소방안전관리대상물의 소방안전관리자 자격이 인정되는 사람		

중요 **2급 소방안전관리대상물**
(1) 지하구
(2) 가연성 가스를 100~1000t 미만 저장·취급하는 시설
(3) 옥내소화전설비·스프링클러설비 설치대상물
(4) 물분무등소화설비(호스릴방식의 물분무등소화설비만을 설치한 경우 제외) 설치대상물
(5) **공동주택**(옥내소화전설비 또는 스프링클러설비가 설치된 공동주택 한정)
(6) **목조건축물**(국보·보물)

답 ③

47 소방시설공사업법령상 소방시설업자가 소방시설공사 등을 맡긴 특정소방대상물의 관계인에게 지체 없이 그 사실을 알려야 하는 경우가 아닌 것은?

① 소방시설업자의 지위를 승계한 경우
② 소방시설업의 등록취소처분 또는 영업정지처분을 받은 경우
③ 휴업하거나 폐업한 경우
④ 소방시설업의 주소지가 변경된 경우

해설 **공사업법 8조**
소방시설업자의 관계인 통지사항
(1) **소방시설업자**의 **지위**를 **승계**한 때 보기 ①
(2) 소방시설업의 **등록취소** 또는 **영업정지**의 처분을 받은 때 보기 ②
(3) **휴업** 또는 **폐업**을 한 때 보기 ③

답 ④

48 소방시설공사업법령상 감리업자는 소방시설공사가 설계도서 또는 화재안전기준에 적합하지 아니한 때에는 가장 먼저 누구에게 알려야 하는가?

① 감리업체 대표자
② 시공자
③ 관계인
④ 소방서장

해설 **공사업법 19조**
위반사항에 대한 조치 : 관계인에게 먼저 알림
(1) 감리업자는 공사업자에게 **공사**의 **시정** 또는 **보완 요구**
(2) 공사업자가 요구불이행시 행정안전부령이 정하는 바에 따라 **소방본부장**이나 **소방서장**에게 보고

답 ③

49 소방시설 설치 및 관리에 관한 법령상 특정소방대상물의 수용인원 산정방법으로 옳은 것은?

① 침대가 없는 숙박시설은 해당 특정소방대상물의 종사자의 수에 숙박시설의 바닥면적의 합계를 4.6m²로 나누어 얻은 수를 합한 수로 한다.
② 강의실로 쓰이는 특정소방대상물은 해당 용도로 사용하는 바닥면적의 합계를 4.6m²로 나누어 얻은 수로 한다.
③ 관람석이 없을 경우 강당, 문화 및 집회시설, 운동시설, 종교시설은 해당 용도로 사용하는 바닥면적의 합계를 4.6m²로 나누어 얻은 수로 한다.
④ 백화점은 해당 용도로 사용하는 바닥면적의 합계를 4.6m²로 나누어 얻은 수로 한다.

[해설]
① 4.6m² → 3m²
② 4.6m² → 1.9m²
④ 4.6m² → 3m²

소방시설법 시행령 [별표 7]
수용인원의 산정방법

특정소방대상물		산정방법
• 강의실 • 교무실 • 상담실 • 실습실 • 휴게실		바닥면적 합계 1.9m² [보기 ②]
숙박시설	침대가 있는 경우	종사자수 + 침대수
	침대가 없는 경우	종사자수 + 바닥면적 합계 3m² [보기 ①]
• 기타(백화점 등)		바닥면적 합계 3m² [보기 ④]
• 강당(관람석 ×) • 문화 및 집회시설, 운동시설 (관람석 ×) • 종교시설(관람석 ×)		바닥면적 합계 4.6m²

• 소수점 이하는 반올림한다.

[기억법] 수반(수반! 동반!)

답 ③

50 위험물안전관리법령상 제조소 등이 아닌 장소에서 지정수량 이상의 위험물 취급에 대한 설명으로 틀린 것은?

① 임시로 저장 또는 취급하는 장소에서의 저장 또는 취급의 기준은 시·도의 조례로 정한다.
② 필요한 승인을 받아 지정수량 이상의 위험물을 120일 이내의 기간 동안 임시로 저장 또는 취급하는 경우 제조소 등이 아닌 장소에서 지정수량 이상의 위험물을 취급할 수 있다.
③ 제조소 등이 아닌 장소에서 지정수량 이상의 위험물을 취급할 경우 관할소방서장의 승인을 받아야 한다.
④ 군부대가 지정수량 이상의 위험물을 군사목적으로 임시로 저장 또는 취급하는 경우 제조소 등이 아닌 장소에서 지정수량 이상의 위험물을 취급할 수 있다.

[해설]
② 120일 → 90일

90일
(1) 소방시설업 등록신청 자산평가액·기업진단보고서 유효기간(공사업규칙 2조)
(2) 위험물 임시저장·취급 기준(위험물법 5조) [보기 ②]

[기억법] 등유9(등유 구해와!)

[중요]
위험물법 5조
임시저장 승인 : 관할소방서장

51 소방시설공사업법령상 소방시설업 등록의 결격사유에 해당되지 않는 법인은?

① 법인의 대표자가 피성년후견인인 경우
② 법인의 임원이 피성년후견인인 경우
③ 법인의 대표자가 소방시설공사업법에 따라 소방시설업 등록이 취소된 지 2년이 지나지 아니한 자인 경우
④ 법인의 임원이 소방시설공사업법에 따라 소방시설업 등록이 취소된 지 2년이 지나지 아니한 자인 경우

[해설] 공사업법 5조
소방시설업의 등록결격사유
(1) 피성년후견인
(2) 금고 이상의 실형을 선고받고 그 집행이 끝나거나 집행이 면제된 날부터 2년이 지나지 아니한 사람
(3) 금고 이상의 형의 집행유예를 선고받고 그 유예기간 중에 있는 사람
(4) 시설업의 등록이 취소된 날부터 2년이 지나지 아니한 자
(5) 법인의 대표자가 위 (1)~(4)에 해당되는 경우 [보기 ①③]
(6) 법인의 임원이 위 (2)~(4)에 해당되는 경우 [보기 ②④]

용어

피성년후견인
질병, 장애, 노령, 그 밖의 사유로 인한 정신적 제약으로 사무를 처리할 능력이 없어서 가정법원에서 판정을 받은 사람

답 ②

52 ★★★
소방시설 설치 및 관리에 관한 법령상 특정소방대상물의 소방시설 설치의 면제기준에 따라 연결살수설비를 설치 면제받을 수 있는 경우는?

21.05.문50
17.09.문48
14.09.문78
14.03.문53

① 송수구를 부설한 간이스프링클러설비를 설치하였을 때
② 송수구를 부설한 옥내소화전설비를 설치하였을 때
③ 송수구를 부설한 옥외소화전설비를 설치하였을 때
④ 송수구를 부설한 연결송수관설비를 설치하였을 때

해설 소방시설법 시행령 〔별표 5〕
소방시설 면제기준

면제대상	대체설비
스프링클러설비	• 물분무등소화설비
물분무등소화설비	• 스프링클러설비
간이스프링클러설비	• 스프링클러설비 • 물분무소화설비 • 미분무소화설비
비상**경**보설비 또는 **단**독경보형 감지기	• 자동화재탐지설비 기억법 **탐경단**
비상**경**보설비	• 2개 이상 단독경보형 감지기 연동 기억법 **경단2**
비상방송설비	• 자동화재탐지설비 • 비상경보설비
연결살수설비 ←	• 스프링클러설비 • 간이스프링클러설비 보기 ① • 물분무소화설비 • 미분무소화설비
제연설비	• 공기조화설비
연소방지설비	• 스프링클러설비 • 물분무소화설비 • 미분무소화설비

연결송수관설비	• 옥내소화전설비 • 스프링클러설비 • 간이스프링클러설비 • 연결살수설비
자동화재탐지설비	• 자동화재탐지설비의 기능을 가진 스프링클러설비 • 물분무등소화설비
옥내소화전설비	• 옥외소화전설비 • 미분무소화설비(호스릴방식)

중요

물분무등소화설비
(1) **분**말소화설비
(2) **포**소화설비
(3) **할**론소화설비
(4) **이**산화탄소 소화설비
(5) **할**로겐화합물 및 불활성기체 소화설비
(6) **강**화액소화설비
(7) **미**분무소화설비
(8) 물분무소화설비
(9) **고**체에어로졸 소화설비

기억법 **분포할이 할강미고**

답 ①

53 ★
소방시설공사업법령상 소방공사감리업을 등록한 자가 수행하여야 할 업무가 아닌 것은?

16.05.문48

① 완공된 소방시설 등의 성능시험
② 소방시설 등 설계변경사항의 적합성 검토
③ 소방시설 등의 설치계획표의 적합성 검토
④ 소방용품 형식승인 및 제품검사의 기술기준에 대한 적합성 검토

해설 ④ 형식승인 및 제품검사의 기술기준에 대한 → 위치·규격 및 사용자재에 대한

공사업법 16조
소방공사감리업(자)의 업무수행
(1) 소방시설 등의 설치계획표의 적합성 검토 보기 ③
(2) 소방시설 등 설계도서의 적합성 검토
(3) 소방시설 등 설계변경사항의 적합성 검토 보기 ②
(4) 소방용품 등의 위치·규격 및 사용자재에 대한 적합성 검토 보기 ④
(5) 공사업자의 소방시설 등의 시공이 설계도서 및 화재안전기준에 적합한지에 대한 지도·감독
(6) **완**공된 **소방시설** 등의 **성능시험** 보기 ①
(7) 공사업자가 작성한 시공상세도면의 적합성 검토
(8) 피난·방화시설의 적법성 검토
(9) 실내장식물의 불연화 및 방염물품의 적법성 검토

기억법 **감성**

답 ④

54 소방기본법령상 소방업무의 응원에 대한 설명 중 틀린 것은?

① 소방본부장이나 소방서장은 소방활동을 할 때에 긴급한 경우에는 이웃한 소방본부장 또는 소방서장에게 소방업무의 응원을 요청할 수 있다.
② 소방업무의 응원 요청을 받은 소방본부장 또는 소방서장은 정당한 사유 없이 그 요청을 거절하여서는 아니 된다.
③ 소방업무의 응원을 위하여 파견된 소방대원은 응원을 요청한 소방본부장 또는 소방서장의 지휘에 따라야 한다.
④ 시·도지사는 소방업무의 응원을 요청하는 경우를 대비하여 출동 대상지역 및 규모와 필요한 경비의 부담 등에 관하여 필요한 사항을 대통령령으로 정하는 바에 따라 이웃하는 시·도지사와 협의하여 미리 규약으로 정하여야 한다.

해설 ④ 대통령령 → 행정안전부령

기본법 11조
소방업무의 응원
시·도지사는 소방업무의 응원을 요청하는 경우를 대비하여 출동 대상지역 및 규모와 필요한 경비의 부담 등에 관하여 필요한 사항을 **행정안전부령**으로 정하는 바에 따라 이웃하는 **시·도지사**와 **협의**하여 미리 규약으로 정하여야 한다.

답 ④

55 소방기본법령상 이웃하는 다른 시·도지사와 소방업무에 관하여 시·도지사가 체결할 상호응원협정 사항이 아닌 것은?

① 화재조사활동
② 응원출동의 요청방법
③ 소방교육 및 응원출동훈련
④ 응원출동 대상지역 및 규모

해설 ③ 소방교육은 해당없음

기본규칙 8조
소방업무의 상호응원협정
(1) 다음의 **소방활동**에 관한 사항
 ㉠ 화재의 경계·진압활동
 ㉡ 구조·구급업무의 지원
 ㉢ 화재조사활동
(2) 응원출동 대상지역 및 규모
(3) 소요경비의 부담에 관한 사항
 ㉠ 출동대원의 수당·식사 및 의복의 수선
 ㉡ 소방장비 및 기구의 정비와 연료의 보급
(4) 응원출동의 요청방법
(5) 응원출동 훈련 및 평가

기억법 조응(조아?)

답 ③

56 위험물안전관리법령상 옥내주유취급소에 있어서 당해 사무소 등의 출입구 및 피난구와 당해 피난구로 통하는 통로·계단 및 출입구에 설치해야 하는 피난설비는?

① 유도등
② 구조대
③ 피난사다리
④ 완강기

해설 **위험물규칙〔별표 17〕**
피난구조설비
(1) 옥내주유취급소에 있어서는 해당 사무소 등의 출입구 및 피난구와 해당 피난구로 통하는 통로·계단 및 출입구에 **유도등** 설치 보기 ①
(2) 유도등에는 **비상전원** 설치

답 ①

57 위험물안전관리법령상 위험물 및 지정수량에 대한 기준 중 다음 ( ) 안에 알맞은 것은?

> 금속분이라 함은 알칼리금속·알칼리토류금속·철 및 마그네슘 외의 금속의 분말을 말하고, 구리분·니켈분 및 (㉠)마이크로미터의 체를 통과하는 것이 (㉡)중량퍼센트 미만인 것은 제외한다.

① ㉠ 150, ㉡ 50
② ㉠ 53, ㉡ 50
③ ㉠ 50, ㉡ 150
④ ㉠ 50, ㉡ 53

해설 **위험물령〔별표 1〕**
금속분
알칼리금속·알칼리토류 금속·철 및 마그네슘 외의 금속의 분말을 말하고, **구리분·니켈분 및 150μm의 체를 통과하는 것이 50wt% 미만**인 것은 제외한다. 보기 ①

답 ①

58

위험물안전관리법령상 제조소 등의 관계인은 위험물의 안전관리에 관한 직무를 수행하게 하기 위하여 제조소 등마다 위험물의 취급에 관한 자격이 있는 자를 위험물안전관리자로 선임하여야 한다. 이 경우 제조소 등의 관계인이 지켜야 할 기준으로 틀린 것은?

① 제조소 등의 관계인은 안전관리자를 해임하거나 안전관리자가 퇴직한 때에는 해임하거나 퇴직한 날부터 15일 이내에 다시 안전관리자를 선임하여야 한다.
② 제조소 등의 관계인이 안전관리자를 선임한 경우에는 선임한 날부터 14일 이내에 소방본부장 또는 소방서장에게 신고하여야 한다.
③ 제조소 등의 관계인은 안전관리자가 여행·질병 그 밖의 사유로 인하여 일시적으로 직무를 수행할 수 없는 경우에는 국가기술자격법에 따른 위험물의 취급에 관한 자격취득자 또는 위험물안전에 관한 기본지식과 경험이 있는 자를 대리자로 지정하여 그 직무를 대행하게 하여야 한다. 이 경우 대행하는 기간은 30일을 초과할 수 없다.
④ 안전관리자는 위험물을 취급하는 작업을 하는 때에는 작업자에게 안전관리에 관한 필요한 지시를 하는 등 위험물의 취급에 관한 안전관리와 감독을 하여야 하고, 제조소 등의 관계인은 안전관리자의 위험물안전관리에 관한 의견을 존중하고 그 권고에 따라야 한다.

해설
① 15일 이내 → 30일 이내

위험물안전관리법 15조
위험물안전관리자의 재선임
30일 이내 보기 ①

 중요

30일
(1) 소방시설업 등록사항 변경신고(공사업규칙 6조)
(2) **위험물안전관리자**의 **재선임**(위험물안전관리법 15조)
(3) **소방안전관리자**의 **재선임**(화재예방법 시행규칙 14조)
(4) 도급계약 해지(공사업법 23조)
(5) 소방시설공사 중요사항 변경시의 신고일(공사업규칙 12조)
(6) 소방기술자 실무교육기관 지정서 발급(공사업규칙 32조)
(7) 소방공사감리자 변경서류 제출(공사업규칙 15조)
(8) **승계**(위험물법 10조)
(9) 위험물안전관리자의 직무대행(위험물법 15조)
(10) 탱크시험자의 변경신고일(위험물법 16조)

답 ①

59

다음 중 소방기본법령상 한국소방안전원의 업무가 아닌 것은?

① 소방기술과 안전관리에 관한 교육 및 조사·연구
② 위험물탱크 성능시험
③ 소방기술과 안전관리에 관한 각종 간행물 발간
④ 화재예방과 안전관리의식 고취를 위한 대국민 홍보

해설
② 한국소방산업기술원의 업무

기본법 41조
한국소방안전원의 업무
(1) 소방기술과 안전관리에 관한 **교육** 및 **조사·연구** 보기 ①
(2) 소방기술과 안전관리에 관한 각종 **간행물**의 **발간** 보기 ③
(3) 화재예방과 안전관리의식의 고취를 위한 **대국민 홍보** 보기 ④
(4) 소방업무에 관하여 **행정기관**이 위탁하는 **사업**
(5) 소방안전에 관한 **국제협력**
(6) **회원**에 대한 **기술지원** 등 정관이 정하는 사항

답 ②

60

소방시설 설치 및 관리에 관한 법령상 소방시설의 종류에 대한 설명으로 옳은 것은?

① 소화기구, 옥외소화전설비는 소화설비에 해당된다.
② 유도등, 비상조명등은 경보설비에 해당된다.
③ 소화수조, 저수조는 소화활동설비에 해당된다.
④ 연결송수관설비는 소화용수설비에 해당된다.

해설
② 경보설비 → 피난구조설비
③ 소화활동설비 → 소화용수설비
④ 소화용수설비 → 소화활동설비

소화설비	피난구조설비	소화용수설비	소화활동설비
① 소화기구 ② 옥외소화전설비	① 유도등 ② 비상조명등	① 소화수조 ② 저수조	① 연결송수관설비

소방시설법 시행령 〔별표 1〕
(1) 소화설비
  ㉠ 소화기구·자동확산소화기·자동소화장치(주거용 주방자동소화장치)
  ㉡ 옥내소화전설비·옥외소화전설비
  ㉢ 스프링클러설비·간이스프링클러설비·화재조기진압용 스프링클러설비
  ㉣ 물분무소화설비·강화액소화설비

(2) 소화활동설비
   화재를 진압하거나 인명구조활동을 위하여 사용하는 설비
   ㉠ **연**결송수관설비
   ㉡ **연**결살수설비
   ㉢ **연**소방지설비
   ㉣ **무**선통신보조설비
   ㉤ **제**연설비
   ㉥ **비**상**콘**센트설비

   [기억법] 3연무제비콘

답 ①

제 4 과목 소방전기시설의 구조 및 원리

61 비상콘센트설비의 성능인증 및 제품검사의 기술기준에 따라 비상콘센트설비의 절연된 충전부와 외함 간의 절연내력은 정격전압 150V 이하의 경우 60Hz의 정현파에 가까운 실효전압 1000V 교류전압을 가하는 시험에서 몇 분간 견디어야 하는가?

① 1 ② 5
③ 10 ④ 30

[해설] **비상콘센트설비**의 **절연내력시험**(비상콘센트설비의 성능인증 및 제품검사의 기술기준 8조)
절연내력은 전원부와 외함 사이에 정격전압이 150V 이하인 경우에는 1000V의 실효전압을, 정격전압이 150V 초과인 경우에는 그 **정격전압**에 2를 곱하여 1000을 더한 실효전압을 가하는 시험에서 1분 이상 견디는 것으로 할 것

[중요] 절연내력시험(NFPC 504 4조, NFTC 504 2.1.6.2)

구 분	150V 이하	150V 초과
실효전압	1000V	(정격전압×2)+1000V 예 220V인 경우 (220×2)+1000=1440V
견디는 시간	1분 이상 [보기 ①]	1분 이상

[비교] 절연저항시험

절연저항계	절연저항	대 상
직류 250V	0.1MΩ 이상	• 1경계구역의 절연저항

5MΩ 이상		• 누전경보기 • 가스누설경보기 • 수신기(10회로 미만, 절연된 충전부와 외함간) • 자동화재속보설비 • 비상경보설비 • 유도등(교류입력측과 외함간 포함) • 비상조명등(교류입력측과 외함간 포함)
직류 500V	20MΩ 이상	• 경종 • 발신기 • 중계기 • 비상**콘**센트 • 기기의 절연된 선로간 • 기기의 충전부와 비충전부간 • 기기의 교류입력측과 외함간 (유도등 · 비상조명등 제외) [기억법] 2콘(이크)
	50MΩ 이상	• 감지기(정온식 감지선형 감지기 제외) • 가스누설경보기(10회로 이상) • 수신기(10회로 이상, 교류입력측과 외함간 제외)
	1000MΩ 이상	• 정온식 감지선형 감지기

답 ①

62 누전경보기의 형식승인 및 제품검사의 기술기준에 따라 비호환형 수신부는 신호입력회로에 공칭작동전류치의 42%에 대응하는 변류기의 설계출력전압을 가하는 경우 몇 초 이내에 작동하지 아니하여야 하는가?

① 10초 ② 20초
③ 30초 ④ 60초

[해설] **수신부**의 **기능**(누전경보기의 형식승인 및 제품검사의 기술기준 26조)

구 분	호환형 수신부	비호환형 수신부
부작동시험	신호입력회로에 공칭작동전류치에 대응하는 변류기의 설계출력전압의 **52%**인 전압을 가하는 경우 30초 이내에 작동하지 아니할 것	신호입력회로에 공칭작동전류치의 **42%**에 대응하는 변류기의 설계출력전압을 가하는 경우 **30초** 이내에 작동하지 아니할 것 [보기 ③]
작동시험	공칭작동전류치에 대응하는 변류기의 설계출력전압의 **75%**인 전압을 가하는 경우 **1초**(차단기구가 있는 것은 **0.2초**) 이내에 작동할 것	공칭작동전류치에 대응하는 변류기의 설계출력전압을 가하는 경우 **1초**(차단기구가 있는 것은 **0.2초**) 이내에 작동할 것

답 ③

63

자동화재탐지설비 및 시각경보장치의 화재안전기준에 따른 감지기의 시설기준으로 옳은 것은?

20.06.문63
19.03.문72
17.03.문61
15.05.문69
12.05.문66
11.03.문78
01.03.문63
98.07.문75
97.03.문68

① 스포트형 감지기는 15° 이상 경사되지 아니하도록 부착할 것
② 공기관식 차동식 분포형 감지기의 검출부는 45° 이상 경사되지 아니하도록 부착할 것
③ 보상식 스포트형 감지기는 정온점이 감지기 주위의 평상시 최고온도보다 20℃ 이상 높은 것으로 설치할 것
④ 정온식 감지기는 주방·보일러실 등으로서 다량의 화기를 취급하는 장소에 설치하되, 공칭작동온도가 최고주위온도보다 30℃ 이상 높은 것으로 설치할 것

해설

① 15° → 45°
② 45° → 5°
④ 30℃ → 20℃

감지기 설치기준(NFPC 203 7조, NFTC 203 2.4.3.3~2.4.3.7)

(1) 공기관의 노출부분은 감지구역마다 20m 이상이 되도록 할 것
(2) 하나의 검출부분에 접속하는 공기관의 길이는 100m 이하로 할 것
(3) 공기관과 감지구역의 각 변과의 수평거리는 1.5m 이하가 되도록 할 것
(4) 감지기(**차동식 분포형** 및 **특수한 것** 제외)는 실내로의 공기유입구로부터 **1.5m** 이상 떨어진 위치에 설치
(5) 감지기는 천장 또는 반자의 옥내에 면하는 부분에 설치
(6) **보상식 스포트형 감지기**는 정온점이 감지기 주위의 평상시 최고온도보다 **20℃** 이상 높은 것으로 설치 **보기 ③**
(7) **정온식 감지기**는 **주방·보일러실** 등으로 다량의 화기를 단속적으로 취급하는 장소에 설치하되, 공칭작동온도가 최고주위온도보다 **20℃** 이상 높은 것으로 설치 **보기 ④**
(8) 스포트형 감지기는 **45°** 이상 경사지지 않도록 부착 **보기 ①**
(9) **공기관식** 차동식 분포형 감지기 설치시 공기관은 **도중**에서 **분기**하지 않도록 부착
(10) **공기관식** 차동식 분포형 감지기의 검출부는 **5°** 이상 경사되지 않도록 설치 **보기 ②**

중요

경사제한각도

공기관식 감지기의 검출부	스포트형 감지기
5° 이상	45° 이상

답 ③

64

누전경보기의 화재안전기준에 따라 경계전로의 누설전류를 자동적으로 검출하여 이를 누전경보기의 수신부에 송신하는 것은 어느 것인가?

19.03.문78
15.03.문66
10.09.문67

① 변류기
② 변압기
③ 음향장치
④ 과전류차단기

해설 누전경보기(NFPC 205 3조, NFTC 205 1.7)

용어	설명
수신부	변류기로부터 검출된 **신호**를 **수신**하여 누전의 발생을 해당 소방대상물의 **관계인**에게 **경보**하여 주는 것(**차단기구**를 갖는 것 포함)
변류기	경계전로의 **누설전류**를 자동적으로 **검출**하여 이를 누전경보기의 수신부에 송신하는 것 **보기 ①**

기억법 수수변누

비교

누전경보기의 **구성요소**(세부적인 구분)

구성요소	설명
변류기	**누설전류**를 **검출**한다.
수신기	**누설전류**를 **증폭**한다.
음향장치	**경보**한다.
차단기	차단릴레이 포함

답 ①

65

비상방송설비의 화재안전기준에 따라 전원회로의 배선으로 사용할 수 없는 것은?

20.06.문78

① 450/750V 비닐절연전선
② 0.6/1kV EP 고무절연 클로로프렌 시스 케이블
③ 450/750V 저독성 난연 가교 폴리올레핀 절연전선
④ 내열성 에틸렌-비닐 아세테이트 고무절연 케이블

해설

① 해당없음

(1) **비상방송설비**의 **배선**(NFPC 202 5조, NFTC 202 2.2.1.2)
전원회로의 배선은 「옥내소화전설비의 화재안전기술기준[NFTC 102 2.7.2(1)]에 따른 **내화배선**에 따르고, 그 밖의 배선은 「옥내소화전설비의 화재안전기술기준[NFTC 102 2.7.2(1), 2.7.2(2)]에 따른 **내화배선** 또는 **내열배선**에 따라 설치할 것

(2) **옥내소화전설비**의 화재안전기술기준(NFTC 102 2.7.2)
   ㉠ 내화배선

사용전선의 종류	공사방법
① 450/750V 저독성 난연 가교 폴리올레핀 절연전선 보기 ③ ② 0.6/1kV 가교 폴리에틸렌 절연 저독성 난연 폴리올레핀 시스 전력 케이블 ③ 6/10kV 가교 폴리에틸렌 절연 저독성 난연 폴리올레핀 시스 전력용 케이블 ④ 가교 폴리에틸렌 절연 비닐시스 트레이용 난연 전력 케이블 ⑤ 0.6/1kV EP 고무절연 클로로프렌 시스 케이블 보기 ② ⑥ 300/500V 내열성 실리콘 고무절연전선 (180℃) ⑦ 내열성 에틸렌-비닐 아세테이트 고무절연 케이블 보기 ④ ⑧ 버스덕트(bus duct)	**금속관·2종 금속제 가요전선관** 또는 **합성수지관**에 수납하여 내화구조로 된 벽 또는 바닥 등에 벽 또는 바닥의 표면으로부터 **25mm** 이상의 깊이로 매설하여야 한다. 기억법 금2가합25 단, 다음의 기준에 적합하게 설치하는 경우에는 그러하지 아니하다. ① 배선을 **내**화성능을 갖는 배선**전**용실 또는 배선용 **샤**프트·**피**트·**덕**트 등에 설치하는 경우 ② 배선전용실 또는 배선용 샤프트·피트·덕트 등에 **다**른 설비의 배선이 있는 경우에는 이로부터 **15cm** 이상 떨어지게 하거나 소화설비의 배선과 이웃하는 다른 설비의 배선 사이에 배선지름(배선의 지름이 다른 경우에는 가장 큰 것을 기준으로 한다)의 **1.5배** 이상의 높이의 **불연성 격벽**을 설치하는 경우 기억법 내전샤피덕 다15
내화전선	케이블공사

   ㉡ 내열배선

사용전선의 종류	공사방법
① 450/750V 저독성 난연 가교 폴리올레핀 절연전선 ② 0.6/1kV 가교 폴리에틸렌 절연 저독성 난연 폴리올레핀 시스 전력 케이블 ③ 6/10kV 가교 폴리에틸렌 절연 저독성 난연 폴리올레핀 시스 전력용 케이블 ④ 가교 폴리에틸렌 절연 비닐시스 트레이용 난연 전력 케이블 ⑤ 0.6/1kV EP 고무절연 클로로프렌 시스 케이블 ⑥ 300/500V 내열성 실리콘 고무절연전선 (180℃) ⑦ 내열성 에틸렌-비닐 아세테이트 고무절연 케이블 ⑧ 버스덕트(bus duct)	**금속관·금속제 가요전선관·금속덕트** 또는 **케이블**(불연성 덕트에 설치하는 경우에 한한다) **공사**방법에 따라야 한다. 단, 다음의 기준에 적합하게 설치하는 경우에는 그러하지 아니하다. ① 배선을 내화성능을 갖는 배선전용실 또는 배선용 샤프트·피트·덕트 등에 설치하는 경우 ② 배선전용실 또는 배선용 샤프트·피트·덕트 등에 다른 설비의 배선이 있는 경우에는 이로부터 **15cm** 이상 떨어지게 하거나 소화설비의 배선과 이웃하는 다른 설비의 배선 사이에 배선지름(배선의 지름이 다른 경우에는 지름이 가장 큰 것을 기준으로 한다)의 **1.5배** 이상의 높이의 **불연성 격벽**을 설치하는 경우
내화전선	케이블공사

답 ①

66 층수가 11층 이상으로서 연면적 3000m²를 초과하는 특정소방대상물의 2층에서 발화한 때의 경보기준으로 옳은 것은? (단, 비상방송설비의 화재안전기준에 따른다.)

18.04.문73
17.03.문80
15.03.문61
14.09.문73
14.03.문73
13.03.문72
12.09.문69

① 발화층에만 경보를 발할 것
② 발화층 및 그 직상 4개층에만 경보를 발할 것
③ 발화층·그 직상 4개층 및 지하층에 경보를 발할 것
④ 발화층·그 직상층 및 기타의 지하층에 경보를 발할 것

해설 **비상방송설비 우선경보방식**(NFPC 202 4조, NFTC 202 2.1.1.7)
11층(공동주택 16층) 이상의 특정소방대상물의 경보

발화층	경보층	
	11층(공동주택 16층) 미만	11층(공동주택 16층) 이상
2층 이상 발화	전층 일제경보	• 발화층 • 직상 4개층
1층 발화		• 발화층 • 직상 4개층 • 지하층
지하층 발화		• 발화층 • 직상층 • 기타의 지하층

답 ②

67 자동화재탐지설비 및 시각경보장치의 화재안전기준에 따라 감지기회로의 도통시험을 위한 종단저항의 설치기준으로 틀린 것은?

① 감지기회로의 끝부분에 설치할 것
② 점검 및 관리가 쉬운 장소에 설치할 것
③ 전용함을 설치하는 경우 그 설치 높이는 바닥으로부터 2.0m 이내로 할 것
④ 종단감지기에 설치할 경우에는 구별이 쉽도록 해당 감지기의 기판 등에 별도의 표시를 할 것

해설 ③ 2.0m → 1.5m

감지기회로의 도통시험을 위한 종단저항의 기준(NFPC 203 11조, NFTC 203 2.8.1.3)
(1) **점검** 및 **관리**가 쉬운 장소에 설치할 것
(2) **전용함** 설치시 **바닥**에서 **1.5m** 이내의 높이에 설치할 것 보기 ③
(3) 감지기회로의 **끝부분**에 설치하며, 종단감지기에 설치할 경우 구별이 쉽도록 해당 감지기의 기판 및 감지기 외부 등에 별도의 표시를 할 것

용어
도통시험
감지기회로의 단선 유무 확인

답 ③

68 경종의 우수품질인증 기술기준에 따른 기능시험에 대한 내용이다. 다음 ( )에 들어갈 내용으로 옳은 것은?

경종은 정격전압을 인가하여 경종의 중심으로부터 1m 떨어진 위치에서 (㉠)dB 이상이어야 하며, 최소청취거리에서 (㉡)dB을 초과하지 아니하여야 한다.

① ㉠ 90, ㉡ 110   ② ㉠ 90, ㉡ 130
③ ㉠ 110, ㉡ 90   ④ ㉠ 110, ㉡ 130

해설 **경종의 기능시험**(경종의 우수품질인증 기술기준 4조)

구분	설명
적합기능 보기 ①	① 중심으로부터 1m 떨어진 위치에서 **90dB** 이상 ② 최소청취거리에서 **110dB**을 초과하지 아니할 것
소비전류	50mA 이하

답 ①

69 「유통산업발전법」 제2조 제3호에 따른 대규모점포(지하상가 및 지하역사는 제외한다)와 영화상영관에는 보행거리 몇 m 이내마다 휴대용 비상조명등을 3개 이상 설치하여야 하는가? (단, 비상조명등의 화재안전기준에 따른다.)

① 50   ② 60
③ 70   ④ 80

해설 **휴대용 비상조명등의 설치기준**(NFPC 304 4조, NFTC 304 2.1.2)

설치개수	설치장소
1개 이상	• **숙박시설** 또는 **다중이용업소**에는 객실 또는 영업장 안의 구획된 실마다 잘 보이는 곳(외부에 설치시 출입문 손잡이로부터 **1m** 이내) 부분
3개 이상	• **지하상가** 및 **지하역사**의 보행거리 **25m** 이내마다 • **대규모점포**(백화점 · 대형점 · 쇼핑센터) 및 **영화상영관**의 보행거리 **50m** 이내마다 보기 ①

(1) 바닥으로부터 **0.8~1.5m** 이하의 높이에 설치할 것
(2) 어둠 속에서 **위치**를 **확인**할 수 있도록 할 것
(3) 사용시 **자동**으로 **점등**되는 구조일 것
(4) 외함은 **난연성능**이 있을 것
(5) 건전지를 사용하는 경우에는 **방전방지조치**를 하여야 하고, **충전식 배터리**의 경우에는 **상시 충전**되도록 할 것
(6) 건전지 및 충전식 배터리의 용량은 **20분** 이상 유효하게 사용할 수 있는 것으로 할 것

답 ①

70 자동화재탐지설비 및 시각경보장치의 화재안전기준에 따라 전화기기실, 통신기기실 등과 같은 훈소화재의 우려가 있는 장소에 적응성이 없는 감지기는?

① 광전식 스포트형
② 광전아날로그식 분리형
③ 광전아날로그식 스포트형
④ 이온아날로그식 스포트형

해설 **연기감지기를 설치**할 수 있는 **경우**(NFTC 203 2.4.6(2))
훈소화재
(1) **광전식 스포트형**
(2) **광전아날로그식 스포트형**
(3) **광전식 분리형**
(4) **광전아날로그식 분리형**

기억법 광훈

답 ④

71 자동화재속보설비의 속보기의 성능인증 및 제품검사의 기술기준에 따른 속보기의 기능에 대한 내용이다. 다음 ( )에 들어갈 내용으로 옳은 것은?

> 작동신호를 수신하거나 수동으로 동작시키는 경우 (㉠)초 이내에 소방관서에 자동적으로 신호를 발하여 통보하되, (㉡)회 이상 속보할 수 있어야 한다.

① ㉠ 10, ㉡ 3
② ㉠ 10, ㉡ 5
③ ㉠ 20, ㉡ 3
④ ㉠ 20, ㉡ 5

해설 **속보기**의 **기준**(자동화재속보설비의 속보기의 성능인증 및 제품검사의 기술기준 3·5조)
(1) **수동통화용** 송수화기를 설치
(2) **20초** 이내에 **3회** 이상 **소방관서**에 자동속보 보기 ③
(3) 예비전원은 감시상태를 **60분**간 지속한 후 **10분** 이상 동작이 지속될 수 있는 용량일 것
(4) 다이얼링 : **10회** 이상

기억법 속203

답 ③

72 비상콘센트설비의 화재안전기준에 따른 비상콘센트설비의 전원회로(비상콘센트에 전력을 공급하는 회로를 말한다)의 설치기준으로 틀린 것은?

① 전원회로는 주배전반에서 전용 회로로 할 것
② 전원회로는 각 층에 1 이상이 되도록 설치할 것
③ 콘센트마다 배선용 차단기(KS C 8321)를 설치하여야 하며, 충전부가 노출되지 아니하도록 할 것
④ 비상콘센트설비의 전원회로는 단상 교류 220V인 것으로서, 그 공급용량은 1.5kVA 이상인 것으로 할 것

해설 1 이상 → 2 이상

비상콘센트설비(NFPC 504 4조, NFTC 504 2.1)

구 분	전 압	용 량	플러그접속기
단상 교류	220V 보기 ④	1.5kVA 이상 보기 ④	접지형 2극

(1) 하나의 전용 회로에 설치하는 비상콘센트는 **10개** 이하로 할 것(전선의 용량은 최대 **3개**)

설치하는 비상콘센트 수량	전선의 용량산정시 적용하는 비상콘센트 수량	단상 전선의 용량
1개	1개 이상	1.5kVA 이상
2개	2개 이상	3.0kVA 이상
3~10개	3개 이상	4.5kVA 이상

(2) 전원회로는 각 층에 있어서 **2** 이상이 되도록 설치할 것(단, 설치하여야 할 층의 콘센트가 1개인 때에는 하나의 회로로 할 수 있다.) 보기 ②
(3) 플러그접속기의 칼받이 접지극에는 **접지공사**를 하여야 한다.
(4) 풀박스는 **1.6mm** 이상의 철판을 사용할 것
(5) 절연저항은 **전원부**와 **외함** 사이를 **직류 500V 절연저항계**로 측정하여 20MΩ 이상일 것
(6) 전원으로부터 각 층의 비상콘센트에 분기되는 경우에는 **분기배선용 차단기**를 보호함 안에 설치할 것
(7) 바닥으로부터 **0.8~1.5m** 이하의 높이에 설치할 것
(8) 전원회로는 주배전반에서 **전용** 회로로 하며, 배선의 종류는 **내화배선**이어야 한다. 보기 ①
(9) 콘센트마다 **배선용 차단기**(KS C 8321)를 설치하여야 하며, 충전부는 노출되지 아니할 것 보기 ③

답 ②

73 무선통신보조설비의 화재안전기준에 따라 분배기·분파기 및 혼합기 등의 임피던스는 몇 Ω의 것으로 하여야 하는가?

① 10
② 20
③ 50
④ 75

해설 **무선통신보조설비**의 **분배기·분파기·혼합기 설치기준**
(NFPC 505 7조, NFTC 505 2.4)
(1) 먼지·습기·부식 등에 이상이 없을 것
(2) 임피던스 **50Ω**의 것 보기 ③
(3) 점검이 편리하고 화재 등의 피해 우려가 없는 장소

 비교

증폭기 및 **무선중계기**의 **설치기준**(NFPC 505 8조, NFTC 505 2.5.1)
(1) 전원은 **축전지설비, 전기저장장치** 또는 **교류전압 옥내간선**으로 하고, 전원까지의 배선은 **전용**으로 할 것
(2) 증폭기의 전면에는 전원확인 **표시등** 및 **전압계**를 설치할 것
(3) 증폭기의 비상전원 용량은 **30분** 이상일 것
(4) **증폭기** 및 **무선중계기**를 설치하는 경우 전파법에 따른 적합성 평가를 받은 제품으로 설치하고 임의로 변경하지 않도록 할 것
(5) 디지털방식의 무전기를 사용하는 데 지장이 없도록 설치할 것

용어
전기저장장치
외부 전기에너지를 저장해 두었다가 필요할 때 전기를 공급하는 장치

답 ③

74 ★★★
자동화재탐지설비 및 시각경보장치의 화재안전기준에 따라 광전식 분리형 감지기의 설치기준에 대한 설명으로 틀린 것은?

① 감지기의 수광면은 햇빛을 직접 받지 않도록 설치할 것
② 감지기의 송광부와 수광부는 설치된 뒷벽으로부터 1m 이내 위치에 설치할 것
③ 광축(송광면과 수광면의 중심을 연결한 선)은 나란한 벽으로부터 0.6m 이상 이격하여 설치할 것
④ 광축의 높이는 천장 등(천장의 실내에 면한 부분 또는 상층의 바닥하부면을 말한다) 높이의 70% 이상일 것

해설
④ 70% → 80%

광전식 분리형 감지기의 설치기준(NFPC 203 7조, NFTC 203 2.4.3.15)
(1) 감지기의 광축의 길이는 공칭감시거리 범위 이내이어야 한다.
(2) 감지기의 송광부와 수광부는 설치된 뒷벽으로부터 **1m 이내**의 위치에 설치해야 한다. 보기 ②
(3) 감지기의 수광면은 햇빛을 직접 받지 않도록 설치해야 한다. 보기 ①
(4) 광축은 나란한 벽으로부터 **0.6m 이상** 이격하여야 한다. 보기 ③
(5) 광축의 높이는 천장 등 높이의 **80%** 이상일 것 보기 ④

기억법 광분8(광 분할해서 팔아요.)

| 광전식 분리형 감지기의 설치 |

중요
광전식 분리형 감지기의 동작원리

(1) 화재발생시 연기확산
(2) 연기에 의해 수광부로 유입되는 **적외선**의 **진로방해**
(3) 수광부의 **수광량** 감소
(4) **제어부**에서 검출
(5) **수신기**에 화재신호 발생

답 ④

75 ★★
유도등의 형식승인 및 제품검사의 기술기준에 따라 유도등의 교류입력측과 외함 사이, 교류입력측과 충전부 사이 및 절연된 충전부와 외함 사이의 각 절연저항을 DC 500V의 절연저항계로 측정한 값이 몇 MΩ 이상이어야 하는가?

① 0.1   ② 5
③ 20   ④ 50

해설
절연저항시험

절연저항계	절연저항	대상
직류 250V	0.1MΩ 이상	• 1경계구역의 절연저항
직류 500V	5MΩ 이상	• 누전경보기 • 가스누설경보기 • 수신기(10회로 미만, 절연된 충전부와 외함간) • 자동화재속보설비 • 비상경보설비 • 유도등(교류입력측과 외함 간 포함) 보기 ② • 비상조명등(교류입력측과 외함 간 포함)
	20MΩ 이상	• 경종 • 발신기 • 중계기 • 비상콘센트 • 기기의 절연된 선로 간 • 기기의 충전부와 비충전부 간 • 기기의 교류입력측과 외함 간(유도등·비상조명등 제외)
	50MΩ 이상	• 감지기(정온식 감지선형 감지기 제외) • 가스누설경보기(10회로 이상) • 수신기(10회로 이상, 교류입력측과 외함간 제외)
	1000MΩ 이상	• 정온식 감지선형 감지기

답 ②

76. 비상경보설비의 축전지의 성능인증 및 제품검사의 기술기준에 따른 축전지설비의 외함 두께는 강판인 경우 몇 mm 이상이어야 하는가?

① 0.7
② 1.2
③ 2.3
④ 3

해설 축전지 외함·속보기의 외함두께(비상경보설비의 축전지의 성능인증 및 제품검사의 기술기준 4조)

강 판	합성수지
1.2mm 이상 [보기 ②]	3mm 이상

답 ②

77. 유도등 및 유도표지의 화재안전기준에 따라 객석내 통로의 직선부분 길이가 85m인 경우 객석유도등을 몇 개 설치하여야 하는가?

① 17개
② 19개
③ 21개
④ 22개

해설 최소 설치개수 산정식(NFPC 303 7조, NFTC 303 2.4.2)
설치개수 산정시 소수가 발생하면 반드시 **절상**한다.

(1) 객석유도등

$$설치개수 = \frac{객석통로의\ 직선부분의\ 길이[m]}{4} - 1$$

$$= \frac{85}{4} - 1 = 20.25 ≒ 21개$$

기억법 객4

(2) 유도표지

$$설치개수 = \frac{구부러진\ 곳이\ 없는\ 부분의\ 보행거리[m]}{15} - 1$$

기억법 유15

(3) 복도통로유도등, 거실통로유도등

$$설치개수 = \frac{구부러진\ 곳이\ 없는\ 부분의\ 보행거리[m]}{20} - 1$$

기억법 통2

용어
절상
'소수점 이하는 무조건 올린다.'는 뜻

답 ③

78. 비상경보설비 및 단독경보형 감지기의 화재안전기준에 따른 용어에 대한 정의로 틀린 것은?

① 비상벨설비라 함은 화재발생상황을 경종으로 경보하는 설비를 말한다.
② 자동식 사이렌설비라 함은 화재발생상황을 사이렌으로 경보하는 설비를 말한다.
③ 수신기라 함은 발신기에서 발하는 화재신호를 간접 수신하여 화재의 발생을 표시 및 경보하여 주는 장치를 말한다.
④ 단독경보형 감지기라 함은 화재발생상황을 단독으로 감지하여 자체에 내장된 음향장치로 경보하는 감지기를 말한다.

해설 ③ 간접 → 직접

비상경보설비에 **사용**되는 **용어**(NFPC 201 3조, NFTC 201 1.7)

용 어	설 명
비상벨설비 [보기 ①]	화재발생상황을 **경종**으로 경보하는 설비
자동식 사이렌설비 [보기 ②]	화재발생상황을 **사이렌**으로 경보하는 설비
발신기	화재발생신호를 수신기에 **수동**으로 **발신**하는 장치
수신기 [보기 ③]	발신기에서 발하는 **화재신호**를 **직접 수신**하여 화재의 발생을 **표시** 및 **경보**하여 주는 장치
단독경보형 감지기 [보기 ④]	화재발생상황을 **단독**으로 **감지**하여 **자체**에 **내장**된 **음향장치**로 경보하는 감지기

답 ③

79. 다음의 무선통신보조설비 그림에서 ㉠에 해당하는 것은?

① 혼합기
② 옥외안테나
③ 무선중계기
④ 무반사종단저항

해설

```
┌──────┐   ┌─────┐   ┌─────┐   누설      무반사
│무전기│──│분배기│──│증폭기│──동축케이블─종단저항
│접속  │   └─────┘   └─────┘
│단자함│
└──────┘
```

용어

무선통신보조설비의 정의(NFPC 505 3조, NFTC 505 1.7)

용어	정의
분배기	신호의 전송로가 분기되는 장소에 설치하는 것으로 **임피던스 매칭**(matching)과 **신호 균등분배**를 위해 사용하는 장치
분파기	서로 다른 주파수의 합성된 **신호**를 **분리**하기 위해서 사용하는 장치
혼합기	**두 개 이상**의 **입력신호**를 원하는 비율로 조합한 출력이 발생하도록 하는 장치
증폭기	신호 전송시 신호가 약해져 **수신**이 **불가능**해지는 것을 **방지**하기 위해서 증폭하는 장치
무선중계기	안테나를 통하여 수신된 **무전기 신호**를 **증폭**한 후 음영지역에 재방사하여 무전기 상호간 송수신이 가능하도록 하는 장치
옥외안테나	감시제어반 등에 설치된 **무선중계기**의 **입력**과 출력포트에 연결되어 송수신 신호를 원활하게 방사·수신하기 위해 **옥외**에 설치하는 장치
무반사 종단저항	전송로로 전송되는 전자파가 전송로의 종단에서 반사되어 **교신을 방해**하는 것을 막기 위한 저항

• 무전기접속단자함 : 현재는 사용하지 않음

답 ④

80 ★★★
21.05.문76
14.03.문79
12.03.문66

자동화재탐지설비 및 시각경보장치의 화재안전기준에 따라 부착높이 8m 이상 15m 미만에 설치되는 감지기의 종류로 틀린 것은?

① 불꽃감지기
② 이온화식 2종
③ 차동식 분포형
④ 보상식 스포트형

해설

④ 4m 이상 8m 미만

감지기의 부착높이(NFPC 203 7조, NFTC 203 2.4.1)

부착높이	감지기의 종류
4m 미만	• 차동식(스포트형, 분포형) • 보상식 스포트형 • 정온식(스포트형, 감지선형) ⎬ **열**감지기 • 이온화식 또는 광전식(스포트형, 분리형, 공기흡입형) : **연**기감지기 • 열복합형 • 연기복합형 ⎬ **복**합형 감지기 • 열연기복합형 • 불꽃감지기 **기억법** 열연불복 4미
4~8m 미만	• 차동식(스포트형, 분포형) • **보상식 스포트형** 보기 ④ ⎬ **열**감지기 • **정**온식(스포트형, 감지선형) **특**종 또는 **1**종 • **이**온화식 1종 또는 **2**종 • **광**전식(스포트형, 분리형, 공기흡입형) 1종 또는 2종 ⎬ 연기감지기 • 열복합형 • 연기복합형 ⎬ **복**합형 감지기 • 열연기복합형 • **불**꽃감지기 **기억법** 8미열 정특1 이광12 복불
8~15m 미만	• 차동식 **분포**형 보기 ③ • **이**온화식 1종 또는 **2**종 보기 ② • **광**전식(스포트형, 분리형, 공기흡입형) 1종 또는 2종 • **연**기**복**합형 • **불**꽃감지기 보기 ① **기억법** 15분 이광12 연복불
15~20m 미만	• 이온화식 1종 • 광전식(스포트형, 분리형, 공기흡입형) 1종 • 연기복합형 • 불꽃감지기 **기억법** 이광불연복2
20m 이상	• **불**꽃감지기 • **광**전식(분리형, 공기흡입형) 중 **아**날로그방식 **기억법** 불광아

답 ④

2022. 4. 24 시행

2022년 기사 제2회 필기시험

자격종목	종목코드	시험시간	형별	수험번호	성명
소방설비기사(전기분야)		2시간			

※ 각 문항은 4지택일형으로 질문에 가장 적합한 보기 항을 선택하여 체크하여야 합니다.

제1과목   소방원론

01 목조건축물의 화재특성으로 틀린 것은?
① 습도가 낮을수록 연소확대가 빠르다.
② 화재진행속도는 내화건축물보다 빠르다.
③ 화재 최성기의 온도는 내화건축물보다 낮다.
④ 화재성장속도는 횡방향보다 종방향이 빠르다.

해설
③ 낮다. → 높다.

목조건물	내화건물
① 화재성상: **고**온**단**기형	① 화재성상: 저온장기형
② 최고온도(최성기 온도): 1300°C 보기 ③	② 최고온도(최성기 온도): 900~1000°C

기억법 목고단 13

• 목조건물=목재건물

답 ③

02 물이 소화약제로서 사용되는 장점이 아닌 것은?
① 가격이 저렴하다.
② 많은 양을 구할 수 있다.
③ 증발잠열이 크다.
④ 가연물과 화학반응이 일어나지 않는다.

해설 물이 소화작업에 사용되는 이유
(1) 가격이 싸다. 보기 ①
(2) 쉽게 구할 수 있다(많은 양을 구할 수 있다). 보기 ②
(3) 열흡수가 매우 크다(증발잠열이 크다). 보기 ③
(4) 사용방법이 비교적 간단하다.

• 물은 **증발잠열**(기화잠열)이 커서 **냉각소화** 및 무상 주수시 **질식소화**가 가능하다.

답 ④

03 정전기로 인한 화재를 줄이고 방지하기 위한 대책 중 틀린 것은?
① 공기 중 습도를 일정값 이상으로 유지한다.
② 기기의 전기절연성을 높이기 위하여 부도체로 차단공사를 한다.
③ 공기 이온화 장치를 설치하여 가동시킨다.
④ 정전기 축적을 막기 위해 접지선을 이용하여 대지로 연결작업을 한다.

해설
② 도체 사용으로 전류가 잘 흘러가도록 해야 함

위험물규칙 〔별표 4〕
정전기 제거방법
(1) **접지**에 의한 방법 보기 ④
(2) 공기 중의 상대습도를 **70%** 이상으로 하는 방법 보기 ①
(3) 공기를 **이온화**하는 방법 보기 ③

비교

위험물규칙 〔별표 4〕
위험물을 가압하는 설비 또는 그 취급하는 위험물의 압력이 상승할 우려가 있는 설비에 설치하는 안전장치
(1) 자동적으로 **압력**의 **상승**을 **정지**시키는 장치
(2) 감압측에 **안전밸브**를 부착한 **감압밸브**
(3) **안전밸브**를 겸하는 **경보장치**
(4) 파괴판

답 ②

04 프로판가스의 최소점화에너지는 일반적으로 약 몇 mJ 정도되는가?
① 0.25
② 2.5
③ 25
④ 250

해설

물질	최소점화에너지
수소(H_2)	0.011mJ
벤젠(C_6H_6)	0.2mJ
에탄(C_2H_6)	0.24mJ
프로판(C_3H_8)	0.25mJ 보기 ①
부탄(C_4H_{10})	0.25mJ
메탄(CH_4)	0.28mJ

용어

최소점화에너지
가연성 가스 및 공기의 혼합가스, 즉 **가연성 혼합기**에 착화원으로 점화를 시킬 때 발화하기 위하여 필요한 착화원이 갖는 **최저**의 **에너지**

$$E = \frac{1}{2}CV^2$$

여기서, E : 최소점화에너지[J 또는 mJ]
C : 정전용량[F]
V : 전압[V]

• 최소점화에너지=최소착화에너지=최소발화에너지=최소정전기점화에너지

답 ①

05 목재화재시 다량의 물을 뿌려 소화할 경우 기대되는 주된 소화효과는?

17.09.문03
12.09.문09
① 제거효과　② 냉각효과
③ 부촉매효과　④ 희석효과

해설 **소화의 형태**

구분	설명
냉각소화	• **점화원**을 냉각하여 소화하는 방법 • **증발잠열**을 이용하여 열을 빼앗아 가연물의 온도를 떨어뜨려 화재를 진압하는 소화방법 • **다량의 물을 뿌려 소화하는 방법** 보기 ② • 가연성 물질을 **발화점 이하**로 **냉각**하여 소화하는 방법 • **식용유화재**에 신선한 **야채**를 넣어 소화하는 방법 • 용융잠열에 의한 **냉각효과**를 이용하여 소화하는 방법 기억법 냉점증발
질식소화	• 공기 중의 **산소농도**를 16%(10~15%) 이하로 희박하게 하여 소화하는 방법 • 산화제의 농도를 낮추어 연소가 지속될 수 없도록 소화하는 방법 • 산소공급을 차단하여 소화하는 방법 • 산소의 농도를 낮추어 소화하는 방법 • 화학반응으로 발생한 **탄산가스**에 의한 소화방법 기억법 질산
제거소화	• **가연물**을 **제거**하여 소화하는 방법
부촉매소화 (=화학소화)	• **연쇄반응**을 **차단**하여 소화하는 방법 • 화학적인 방법으로 화재를 억제하여 소화하는 방법 • **활성기**(free radical)의 **생성**을 **억제**하여 소화하는 방법 기억법 부억(부엌)

희석소화	• 기체·고체·액체에서 나오는 분해가스나 증기의 농도를 낮춰 소화하는 방법 • 불연성 가스의 **공기** 중 **농도**를 높여 소화하는 방법

답 ②

06 물질의 연소시 산소공급원이 될 수 없는 것은?

13.06.문09
① 탄화칼슘　② 과산화나트륨
③ 질산나트륨　④ 압축공기

해설 ① 탄화칼슘(CaC₂) : 제3류 위험물

산소공급원
(1) 제1류 위험물 : 과산화나트륨, 질산나트륨 보기 ② ③
(2) 제5류 위험물
(3) 제6류 위험물
(4) 공기(압축공기) 보기 ④

답 ①

07 다음 물질 중 공기 중에서의 연소범위가 가장 넓은 것은?

20.09.문06
17.09.문20
17.03.문03
16.03.문13
15.09.문14
13.06.문04
09.03.문02
① 부탄
② 프로판
③ 메탄
④ 수소

해설 (1) 공기 중의 **폭발한계**(_{일사천리로 나와야 한다.})

가스	하한계[vol%]	상한계[vol%]
아세틸렌(C₂H₂)	2.5	81
수소(H₂) 보기 ④	4	75
일산화탄소(CO)	12	75
암모니아(NH₃)	15	25
메탄(CH₄) 보기 ③	5	15
에탄(C₂H₆)	3	12.4
프로판(C₃H₈) 보기 ②	2.1	9.5
부탄(C₄H₁₀) 보기 ①	1.8	8.4

기억법	아 2581 수 475 일 1275 암 1525 메 515 에 3124 프 2195 부 1884

(2) **폭발한계**와 같은 의미
㉠ 폭발범위
㉡ 연소한계
㉢ 연소범위
㉣ 가연한계
㉤ 가연범위

답 ④

08 이산화탄소 20g은 약 몇 mol인가?

① 0.23 ② 0.45
③ 2.2   ④ 4.4

해설 원자량

원 소	원자량
H	1
C	12
N	14
O	16

이산화탄소 $CO_2 = 12 + 16 \times 2 = 44g/mol$
그러므로 이산화탄소는 44g=1mol 이다.
비례식으로 풀면 44g : 1mol = 20g : x
$44g \times x = 20g \times 1mol$

$$x = \frac{20g \times 1mol}{44g} ≒ 0.45mol$$

답 ②

09 플래시오버(flash over)에 대한 설명으로 옳은 것은?

① 도시가스의 폭발적 연소를 말한다.
② 휘발유 등 가연성 액체가 넓게 흘러서 발화한 상태를 말한다.
③ 옥내화재가 서서히 진행하여 열 및 가연성 기체가 축적되었다가 일시에 연소하여 화염이 크게 발생하는 상태를 말한다.
④ 화재층의 불이 상부층으로 올라가는 현상을 말한다.

해설 플래시오버(flash over) : 순발연소
(1) 폭발적인 착화현상
(2) 폭발적인 **화재확대현상**
(3) 건물화재에서 발생한 가연성 가스가 일시에 인화하여 화염이 **충**만하는 단계
(4) 실내의 가연물이 연소됨에 따라 생성되는 가연성 가스가 실내에 누적되어 **폭**발적으로 연소하여 실 전체가 순간적으로 불길에 싸이는 현상
(5) **옥내화재**가 서서히 진행하여 열이 축적되었다가 일시에 화염이 크게 발생하는 상태 보기 ③
(6) 다량의 **가연성 가스**가 동시에 연소되면서 **급**격한 온도상승을 유발하는 현상
(7) 건축물에서 한순간에 폭발적으로 화재가 확산되는 현상

기억법 플확충 폭급

• 플래시오버=플래쉬오버

답 ③

플래시오버(flash over)

구 분	설 명
발생시간	화재발생 후 5~6분경
발생시점	**성장기~최성기**(성장기에서 최성기로 넘어가는 분기점) **기억법** 플성최
실내온도	약 800~900℃

답 ③

10 제4류 위험물의 성질로 옳은 것은?

① 가연성 고체
② 산화성 고체
③ 인화성 액체
④ 자기반응성 물질

해설 위험물령〔별표 1〕
위험물

유별	성질	품명
제1류	산화성 고체	• 아염소산염류 • 염소산염류 • 과염소산염류 • 질산염류 • 무기과산화물
제2류	가연성 고체	• **황**화인 • **적**린 • **황** • **철**분 • **마**그네슘 **기억법** 황화적황철마
제3류	자연발화성 물질 및 금수성 물질	• **황**린 • **칼**륨 • **나**트륨 • **알**루미늄 **기억법** 황칼나알
제4류	인화성 액체	• 특수인화물 • 알코올류 • 석유류 • 동식물유류
제5류	자기반응성 물질	• 나이트로화합물 • 유기과산화물 • 나이트로소화합물 • 아조화합물 • 질산에스터류(셀룰로이드)
제6류	산화성 액체	• 과염소산 • 과산화수소 • 질산

답 ③

11. 할론소화설비에서 Halon 1211 약제의 분자식은 어느 것인가?

① CBr_2ClF
② CF_2BrCl
③ CCl_2BrF
④ BrC_2ClF

해설 할론소화약제의 약칭 및 분자식

종류	약칭	분자식
할론 1011	CB	CH_2ClBr
할론 104	CTC	CCl_4
할론 1211	BCF	$CF_2ClBr(CF_2BrCl)$ 보기 ②
할론 1301	BTM	CF_3Br
할론 2402	FB	$C_2F_4Br_2$

답 ②

12. 다음 중 가연물의 제거를 통한 소화방법과 무관한 것은?

① 산불의 확산방지를 위하여 산림의 일부를 벌채한다.
② 화학반응기의 화재시 원료공급관의 밸브를 잠근다.
③ 전기실 화재시 IG-541 약제를 방출한다.
④ 유류탱크 화재시 주변에 있는 유류탱크의 유류를 다른 곳으로 이동시킨다.

해설 ③ **질식소화** : IG-541(불활성기체 소화약제)

제거소화의 예
(1) **가연성 기체** 화재시 **주밸브**를 **차단**한다(화학반응기의 화재시 원료공급관의 **밸브**를 **잠금**). 보기 ②
(2) **가연성 액체** 화재시 펌프를 이용하여 **연료**를 제거한다.
(3) **연료탱크**를 **냉각**하여 가연성 가스의 발생속도를 작게 하여 연소를 억제한다.
(4) 금속화재시 **불활성 물질**로 가연물을 덮는다.
(5) **목재**를 **방염처리**한다.
(6) 전기화재시 **전원**을 **차단**한다.
(7) 산불이 발생하면 화재의 진행방향을 앞질러 **벌목**한다(산불의 확산방지를 위하여 **산림**의 **일부**를 **벌채**). 보기 ①
(8) 가스화재시 **밸브**를 **잠궈** 가스흐름을 차단한다(가스화재시 중간밸브를 잠금).
(9) 불타고 있는 장작더미 속에서 아직 타지 않은 것을 안전한 곳으로 **운반**한다.
(10) 유류탱크 화재시 주변에 있는 유류탱크의 유류를 다른 곳으로 이동시킨다. 보기 ④
(11) 양초를 입으로 불어서 끈다.

용어 제거효과
가연물을 반응계에서 제거하든지 또는 반응계로의 공급을 정지시켜 소화하는 효과

답 ③

13. 건물화재의 표준시간-온도곡선에서 화재발생 후 1시간이 경과할 경우 내부온도는 약 몇 ℃ 정도 되는가?

① 125
② 325
③ 640
④ 925

해설 시간경과시의 온도

경과시간	온도
30분 후	840℃
1시간 후	925~**950℃** 보기 ④
2시간 후	1010℃

기억법 1시 95

답 ④

14. 위험물안전관리법령상 위험물로 분류되는 것은?

① 과산화수소
② 압축산소
③ 프로판가스
④ 포스겐

해설 위험물령 〔별표 1〕
위험물

유별	성질	품명
제1류	산화성 고체	● 아염소산염류 ● 염소산염류(**염소산나트륨**) ● 과염소산염류 ● 질산염류 ● 무기과산화물 **기억법** 1산고염나
제2류	가연성 고체	● 황화인 ● 적린 ● 황 ● 철분 ● 마그네슘 **기억법** 황화적황철마
제3류	자연발화성 물질 및 금수성 물질	● 황린 ● 칼륨 ● 나트륨 ● 알칼리토금속 ● 트리에틸알루미늄 **기억법** 황칼나알트

제4류	인화성 액체	• 특수인화물 • 석유류(벤젠) • 알코올류 • 동식물유류
제5류	자기반응성 물질	• 유기과산화물 • 나이트로화합물 • 나이트로소화합물 • 아조화합물 • 질산에스터류(셀룰로이드)
제6류	산화성 액체	• **과염소산** • **과산화수소** 보기① • 질산

답 ①

15 ★★★

21.09.문02
20.06.문01
17.03.문10
16.10.문16
16.03.문03
14.05.문06
13.09.문11

다음 중 연기에 의한 감광계수가 $0.1m^{-1}$, 가시거리가 20~30m일 때의 상황으로 옳은 것은?

① 건물 내부에 익숙한 사람이 피난에 지장을 느낄 정도
② 연기감지기가 작동할 정도
③ 어두운 것을 느낄 정도
④ 앞이 거의 보이지 않을 정도

해설 감광계수와 가시거리

감광계수 $[m^{-1}]$	가시거리 $[m]$	상 황
0.1	20~30	연기**감**지기가 작동할 때의 농도(연기감지기가 작동하기 직전의 농도) 보기②
0.3	5	건물 내부에 **익**숙한 사람이 피난에 지장을 느낄 정도의 농도 보기①
0.5	3	**어**두운 것을 느낄 정도의 농도 보기③
1	1~2	앞이 거의 **보**이지 않을 정도의 농도 보기④
10	0.2~0.5	화재 **최**성기 때의 농도
30	-	출화실에서 연기가 **분**출할 때의 농도

기억법	0123	감
	035	익
	053	어
	112	보
	100205	최
	30	분

답 ②

16 ★★★

18.03.문13
17.09.문35
17.05.문33
16.10.문40

Fourier 법칙(전도)에 대한 설명으로 틀린 것은?

① 이동열량은 전열체의 단면적에 비례한다.
② 이동열량은 전열체의 두께에 비례한다.
③ 이동열량은 전열체의 열전도도에 비례한다.
④ 이동열량은 전열체 내·외부의 온도차에 비례한다.

해설 ② 비례 → 반비례

열전달의 종류

종 류	설 명	관련 법칙
전도 (conduction)	하나의 물체가 다른 물체와 직접 **접촉**하여 열이 이동하는 현상	**푸리에**(Fourier)의 법칙
대류 (convection)	**유체**의 흐름에 의하여 열이 이동하는 현상	**뉴턴**의 법칙
복사 (radiation)	① 화재시 화원과 **격리**된 인접 가연물에 불이 옮겨 붙는 현상 ② 열전달 매질이 **없이** 열이 전달되는 형태 ③ 열에너지가 **전자파**의 형태로 옮겨지는 현상으로, **가장 크게 작용**한다.	**스테판-볼츠만**의 법칙

🔑 중요

공식
(1) **전도**

$$Q = \frac{kA(T_2 - T_1)}{l}$$ ··· 비례 보기①③④
··· 반비례 보기②

여기서, Q : 전도열[W]
k : 열전도율[W/m·K]
A : 단면적[m²]
$(T_2 - T_1)$: 온도차[K]
l : 벽체 두께[m]

(2) **대류**

$$Q = h(T_2 - T_1)$$ ··· 비례

여기서, Q : 대류열[W/m²]
h : 열전달률[W/m²·℃]
$(T_2 - T_1)$: 온도차[℃]

(3) **복사**

$$Q = aAF(T_1^4 - T_2^4)$$ ··· 비례

여기서, Q : 복사열[W]
a : 스테판-볼츠만 상수[W/m²·K⁴]
A : 단면적[m²]
F : 기하학적 Factor
T_1 : 고온[K]
T_2 : 저온[K]

답 ②

17 물질의 취급 또는 위험성에 대한 설명 중 틀린 것은?

① 융해열은 점화원이다.
② 질산은 물과 반응시 발열반응하므로 주의를 해야 한다.
③ 네온, 이산화탄소, 질소는 불연성 물질로 취급한다.
④ 암모니아를 충전하는 공업용 용기의 색상은 백색이다.

해설 **점화원**이 될 수 없는 것
(1) **기**화열(증발열)
(2) **융**해열 보기①
(3) **흡**착열

기억법 점기융흡

답 ①

18 분말소화약제 중 탄산수소칼륨($KHCO_3$)과 요소(($NH_2)_2CO$)와의 반응물을 주성분으로 하는 소화약제는?

① 제1종 분말
② 제2종 분말
③ 제3종 분말
④ 제4종 분말

해설 **분말소화약제**

종별	분자식	착색	적응화재	비고
제**1**종	탄산수소나트륨 ($NaHCO_3$)	백색	BC급	**식용유** 및 **지방질유**의 화재에 적합 **기억법** **1**식분(**일**식 **분**식)
제**2**종	탄산수소칼륨 ($KHCO_3$)	담자색 (담회색)	BC급	-
제**3**종	제1인산암모늄 ($NH_4H_2PO_4$)	담홍색	ABC급	**차고** · **주차장**에 적합 **기억법** **3**분 **차**주 (**삼보** 컴퓨터 **차주**)
제**4**종 보기④	탄산수소칼륨 +요소 ($KHCO_3$+ ($NH_2)_2CO$)	회(백)색	BC급	-

답 ④

19 자연발화가 일어나기 쉬운 조건이 아닌 것은?

① 열전도율이 클 것
② 적당량의 수분이 존재할 것
③ 주위의 온도가 높을 것
④ 표면적이 넓을 것

해설 ① 클 것 → 작을 것

자연발화 조건
(1) 열전도율이 작을 것 보기①
(2) 발열량이 클 것
(3) 주위의 온도가 높을 것 보기③
(4) 표면적이 넓을 것 보기④
(5) 적당량의 수분이 존재할 것 보기②

비교

자연발화의 방지법
(1) 습도가 높은 곳을 피할 것(건조하게 유지할 것)
(2) 저장실의 온도를 낮출 것
(3) 통풍이 잘 되게 할 것
(4) 퇴적 및 수납시 열이 쌓이지 않게 할 것 (**열 축적 방지**)
(5) 산소와의 접촉을 차단할 것
(6) **열전도성**을 좋게 할 것

답 ①

20 폭굉(detonation)에 관한 설명으로 틀린 것은?

① 연소속도가 음속보다 느릴 때 나타난다.
② 온도의 상승은 충격파의 압력에 기인한다.
③ 압력상승은 폭연의 경우보다 크다.
④ 폭굉의 유도거리는 배관의 지름과 관계가 있다.

해설 ① 느릴 때 → 빠를 때

연소반응(전파형태에 따른 분류)

폭연(deflagration)	폭굉(detonation)
연소속도가 음속보다 느릴 때 발생	① 연소속도가 음속보다 빠를 때 발생 보기① ② 온도의 상승은 **충격파**의 압력에 기인한다. 보기② ③ 압력상승은 **폭연**의 경우보다 **크다**. 보기③ ④ **폭굉**의 **유도거리**는 배관의 **지름**과 **관계**가 있다. 보기④

※ **음속** : 소리의 속도로서 약 **340m/s**이다.

답 ①

제2과목 소방전기일반

21
정전용량이 각각 $1\mu F$, $2\mu F$, $3\mu F$이고, 내압이 모두 동일한 3개의 커패시터가 있다. 이 커패시터들을 직렬로 연결하여 양단에 전압을 인가한 후 전압을 상승시키면 가장 먼저 절연이 파괴되는 커패시터는? (단, 커패시터의 재질이나 형태는 동일하다.)

① $1\mu F$
② $2\mu F$
③ $3\mu F$
④ 3개 모두

해설

① 전기량이 **작은 콘덴서**가 가장 먼저 **파괴됨**

(1) **기호**
- C_1 : $1\mu F = 1 \times 10^{-6} F$ ($1\mu F = 10^{-6} F$)
- C_2 : $2\mu F = 2 \times 10^{-6} F$ ($1\mu F = 10^{-6} F$)
- C_3 : $3\mu F = 3 \times 10^{-6} F$ ($1\mu F = 10^{-6} F$)
- $V_1 = V_2 = V_3$ (내압이 모두 동일)

내압을 1000V로 가정하면

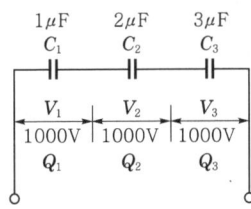

(2) **전기량**

$$Q = CV$$

여기서, Q : 전기량(전하)[C]
C : 정전용량[F]
V : 전압[V]

$Q_1 = C_1 V_1 = (1 \times 10^{-6}) \times 1000 = 1 \times 10^{-3} C$
$Q_2 = C_2 V_2 = (2 \times 10^{-6}) \times 1000 = 2 \times 10^{-3} C$
$Q_3 = C_3 V_3 = (3 \times 10^{-6}) \times 1000 = 3 \times 10^{-3} C$

$Q_1(1\mu F)$이 전기량이 가장 작으므로 **가장 먼저 파괴**된다.

답 ①

22
그림과 같은 블록선도의 전달함수 $\left(\dfrac{C(s)}{R(s)}\right)$는?

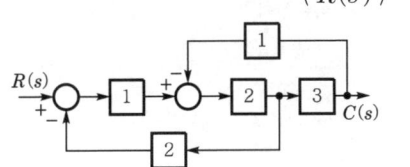

① $\dfrac{6}{23}$
② $\dfrac{6}{17}$
③ $\dfrac{6}{15}$
④ $\dfrac{6}{11}$

해설

피드백되는 분기점 재배치

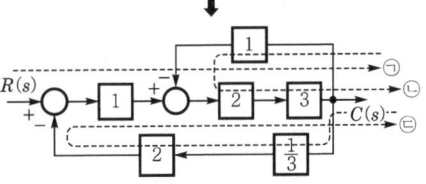

계산의 편의를 위해 (s)를 잠시 떼어놓고 계산

$R1 \times 2 \times 3 - C1 \times 2 \times 3 - C\dfrac{1}{3} \times 2 \times 1 \times 2 \times 3 = C$

$6R - 6C - 4C = C$
$6R = 6C + 4C + C$
$6R = 11C$

$\dfrac{6}{11} = \dfrac{C}{R}$

답 ④

23
다음 그림의 단상 반파정류회로에서 R에 흐르는 전류의 평균값은 약 몇 A인가? (단, $v(t) = 220\sqrt{2}\sin\omega t$[V], $R = 16\sqrt{2}\,\Omega$, 다이오드의 전압강하는 무시한다.)

① 3.2
② 3.8
③ 4.4
④ 5.2

해설

(1) **순시값**

$$v = V_m \sin\omega t$$

여기서, v : 전압의 순시값[V]
V_m : 전압의 최대값[V]
ω : 각주파수[rad/s]
t : 주기[s]

$v(t) = V_m \sin\omega t = \boxed{220\sqrt{2}}\sin\omega t$

(2) **전압의 최대값**

$$V_m = \sqrt{2}\,V$$

여기서, V_m : 전압의 최대값[V]
V : 전압의 실효값[V]

전압의 실효값 V는

$$V = \frac{V_m}{\sqrt{2}} = \frac{220\sqrt{2}}{\sqrt{2}} = 220\text{V}$$

(3) 직류 평균전압

단상 반파정류회로	단상 전파정류회로
$V_{av} = 0.45V$	$V_{av} = 0.9V$

여기서,
V_{av} : 직류 평균전압[V]
V : 교류 실효값(교류전압)[V]

여기서,
V_{av} : 직류 평균전압[V]
V : 교류 실효값(교류전압)[V]

단상 반파정류회로 직류 평균전압 V_{av}는

$V_{av} = 0.45V = 0.45 \times 220 = 99\text{V}$

(4) 전류의 평균값

전류의 평균값 I_{av}는

$$I_{av} = \frac{V_{av}}{R} = \frac{99}{16\sqrt{2}} ≒ 4.4\text{A}$$

답 ③

24 3상 유도전동기를 Y결선으로 운전했을 때 토크가 T_Y이었다. 이 전동기를 동일한 전원에서 △결선으로 운전했을 때 토크($T_\triangle$)는?

① $T_\triangle = 3T_Y$ ② $T_\triangle = \sqrt{3}\,T_Y$
③ $T_\triangle = \frac{1}{3}T_Y$ ④ $T_\triangle = \frac{1}{\sqrt{3}}T_Y$

해설

기동전류	소비전력	기동토크
$\frac{\text{Y결선}}{\triangle\text{결선}} = \frac{1}{3}$	$\frac{\text{Y결선}}{\triangle\text{결선}} = \frac{1}{3}$	$\frac{\text{Y결선}}{\triangle\text{결선}} = \frac{1}{3}$

기동토크는 $\frac{\text{Y결선}(T_Y)}{\triangle\text{결선}(T_\triangle)} = \frac{1}{3}$ 이므로

$T_\triangle = 3T_Y$

비교

기동전류	소비전력	기동토크
$\frac{\text{Y}-\triangle\text{기동방식}}{\text{직입기동방식}} = \frac{1}{3}$	$\frac{\text{Y}-\triangle\text{기동방식}}{\text{직입기동방식}} = \frac{1}{3}$	$\frac{\text{Y}-\triangle\text{기동방식}}{\text{직입기동방식}} = \frac{1}{3}$

중요

출력

$$P = 9.8\omega\tau = 9.8 \times 2\pi\frac{N}{60} \times \tau[\text{W}] \propto \tau$$

여기서, P : 출력[W]
ω : 각속도[rad/s]
N : 회전수 또는 동기속도[rpm]
τ : 토크[kg·m]

답 ①

25 제어요소가 제어대상에 가하는 제어신호로 제어장치의 출력인 동시에 제어대상의 입력이 되는 것은?

① 조작량   ② 제어량
③ 기준입력 ④ 동작신호

해설 피드백제어의 용어

용어	설 명
제어요소 (control element)	**동작신호**를 **조작량**으로 변환하는 요소이고, **조절부**와 **조작부**로 이루어진다.
제어량 (controlled value)	제어대상에 속하는 양으로, 제어대상을 제어하는 것을 목적으로 하는 물리적인 양이다.
조작량 (manipulated value)	• 제어장치의 **출력**인 동시에 **제어대상**의 **입력**으로 제어장치가 제어대상에 가해지는 제어신호 보기 ① • **제어요소**에서 **제어대상**에 인가되는 양이다.
제어장치 (control device)	제어하기 위해 제어대상에 부착되는 장치이고, 조절부, 설정부, 검출부 등이 이에 해당된다.
오차검출기	제어량을 설정값과 비교하여 오차를 계산하는 장치이다.

기억법 조제대상

답 ①

26 어떤 코일의 임피던스를 측정하고자 한다. 이 코일에 30V의 직류전압을 가했을 때 300W가 소비되었고, 100V의 실효치 교류전압을 가했을 때 1200W가 소비되었다. 이 코일의 리액턴스[Ω]는?

① 2   ② 4
③ 6   ④ 8

해설 (1) 기호

• $V_\text{직}$: 30V
• $P_\text{직}$: 300W
• $V_\text{교}$: 100V
• $P_\text{교}$: 1200W
• X_L : ?

(2) 직류전력

$$P = VI = \frac{V^2}{R} = I^2R$$

여기서, P : 직류전력[W]
V : 전압[V]
I : 전류[A]

직류전압시 저항 R은

$$R = \frac{V^2}{P} = \frac{30^2}{300} = 3\,\Omega$$

(3) **단상 교류전력**

$$P = VI\cos\theta = I^2R$$

여기서, P : 단상 교류전력[W]
V : 전압[V]
I : 전류[A]
$\cos\theta$: 역률
R : 저항[Ω]

교류전압시 전력 P는

$$P = I^2R = \left(\frac{V}{\sqrt{R^2+X_L^2}}\right)^2 R\,[W]에서$$

$$P = \left(\frac{V}{\sqrt{R^2+X_L^2}}\right)^2 R$$

$$P = \left(\frac{V^2}{(\sqrt{R^2+X_L^2})^2}\right)R$$

$$P = \frac{V^2}{R^2+X_L^2}R$$

$$P(R^2+X_L^2) = V^2R$$

$$R^2 + X_L^2 = \frac{V^2R}{P}$$

$$X_L^2 = \frac{V^2R}{P} - R^2$$

$$\sqrt{X_L^2} = \sqrt{\frac{V^2R}{P} - R^2}$$

$$X_L = \sqrt{\frac{V^2R}{P} - R^2}$$

코일의 리액턴스 X_L은

$$X_L = \sqrt{\frac{V^2R}{P} - R^2} = \sqrt{\frac{100^2 \times 3}{1200} - 3^2} = 4\,\Omega$$

답 ②

27 적분시간이 3s이고, 비례감도가 5인 PI(비례적분)제어요소가 있다. 이 제어요소의 전달함수는?

① $\dfrac{5s+5}{3s}$ ② $\dfrac{15s+5}{3s}$

③ $\dfrac{3s+3}{5s}$ ④ $\dfrac{15s+3}{5s}$

해설 (1) 기호
• T : 3s
• k : 5
• $G(s)$: ?

(2) 비례적분(PI)제어 전달함수

$$G(s) = k\left(1 + \frac{1}{Ts}\right)$$

여기서, $G(s)$: 비례적분(PI)제어 전달함수
k : 비례감도
Ts : 적분시간[s]

PI제어 전달함수 $G(s)$는

$$G(s) = k\left(1 + \frac{1}{Ts}\right) = 5\left(1 + \frac{1}{3s}\right)$$
$$= 5\left(\frac{3s}{3s} + \frac{1}{3s}\right) = 5\left(\frac{3s+1}{3s}\right)$$
$$= \frac{15s+5}{3s}$$

답 ②

28 100V에서 500W를 소비하는 전열기가 있다. 이 전열기에 90V의 전압을 인가했을 때 소비되는 전력[W]은?

① 81 ② 90
③ 405 ④ 450

해설 (1) 기호
• V : 100V
• P : 500W
• V' : 90V
• P' : ?

(2) 전력

$$P = VI = I^2R = \frac{V^2}{R}$$

여기서, P : 전력[W], V : 전압[V]
I : 전류[A], R : 저항[Ω]

저항 R은

$$R = \frac{V^2}{P} = \frac{100^2}{500} = 20\,\Omega$$

90V의 전압사용시 **소비전력** P'는

$$P' = \frac{V'^2}{R} = \frac{90^2}{20} = 405\,W$$

• 이 문제에서 저항(R)이 일정하므로 위 식에서 $P=VI$ 공식을 사용할 수 없고, $P=I^2R$ $=\dfrac{V^2}{R}$ 공식을 사용해야 한다.

답 ③

29 4극 직류발전기의 전기자 도체수가 500개, 각 자극의 자속이 0.01Wb, 회전수가 1800rpm일 때 이 발전기의 유도기전력[V]은? (단, 전기자 권선법은 파권이다.)

① 100 ② 200
③ 300 ④ 400

해설 (1) 기호
• P : 4
• Z : 500
• ϕ : 0.01Wb
• N : 1800rpm
• V : ?
• a : 2(파권이므로)

(2) **유기기전력**

$$V = \frac{P\phi NZ}{60a}$$

여기서, V : 유기기전력(유도기전력)[V]
P : 극수
ϕ : 자속[Wb]
N : 회전수[rpm]
Z : 전기자 도체수
a : 병렬회로수(파권 : 2)

유기기전력 V는

$$V = \frac{P\phi NZ}{60a} = \frac{4 \times 0.01 \times 1800 \times 500}{60 \times 2} = 300\text{V}$$

- 유기기전력=유도기전력

답 ③

30 진공 중에서 원점에 10^{-8}C의 전하가 있을 때 점 (1, 2, 2)m에서의 전계의 세기는 약 몇 V/m인가?

① 0.1
② 1
③ 10
④ 100

해설 (1) **기호**

- Q : 10^{-8}C
- r : $\sqrt{1^2 + 2^2 + 2^2} = 3$m[점 (1, 2, 2)m]
- E : ?

(2) **전계의 세기**(intensity of electric field)

$$E = \frac{Q}{4\pi\varepsilon r^2}$$

여기서, E : 전계의 세기[V/m]
Q : 전하[C]
ε : 유전율[F/m]($\varepsilon = \varepsilon_0 \cdot \varepsilon_s$)
$\begin{cases} \varepsilon_0 : \text{진공의 유전율[F/m]} \\ \varepsilon_s : \text{비유전율} \end{cases}$
r : 거리[m]

전계의 세기(전장의 세기) E는

$$E = \frac{Q}{4\pi\varepsilon r^2} = \frac{Q}{4\pi\varepsilon_0\varepsilon_s r^2} = \frac{Q}{4\pi\varepsilon_0 r^2}$$

$$= \frac{10^{-8}}{4\pi \times (8.855 \times 10^{-12}) \times 3^2}$$

$$\fallingdotseq 10\text{V/m}$$

- **진공의 유전율** : $\varepsilon_0 = 8.855 \times 10^{-12}$F/m
- ε_s(비유전율) : 진공 중 또는 공기 중 $\varepsilon_s \fallingdotseq 1$이므로 생략

답 ③

31 정현파 교류전압 $e_1(t)$과 $e_2(t)$의 합[$e_1(t) + e_2(t)$]은 몇 V인가?

① $30\sqrt{2}\sin\left(\omega t + \frac{\pi}{3}\right)$
② $30\sqrt{2}\sin\left(\omega t - \frac{\pi}{3}\right)$
③ $10\sqrt{2}\sin\left(\omega t + \frac{2\pi}{3}\right)$
④ $10\sqrt{2}\sin\left(\omega t - \frac{2\pi}{3}\right)$

해설

$e_1(t) = 10\sqrt{2}\sin\left(\omega t + \frac{\pi}{3}\right)$

$e_2(t) = 20\sqrt{2}\cos\left(\omega t - \frac{\pi}{6}\right)$

$= 20\sqrt{2}\sin\left(\omega t - \frac{\pi}{6} + \frac{\pi}{2}\right)$

$\boxed{\pi = 180°}$

$\pi : 180° = \frac{\pi}{6} : x$ $\pi : 180° = \frac{\pi}{2} : x$

$\pi x = \frac{\pi}{6} \times 180°$ $\pi x = \frac{\pi}{2} \times 180°$

$x = \frac{1}{\pi} \times \frac{\pi}{6} \times 180°$ $x = \frac{1}{\pi} \times \frac{\pi}{2} \times 180°$

$= 30°$ $= 90°$

$= 20\sqrt{2}\sin(\omega t - 30° + 90°)$
$= 20\sqrt{2}\sin(\omega t + 60°)$

$\pi : 180° = x : 60°$
$180°x = 60°\pi$
$x = \frac{60°\pi}{180°} = \frac{\pi}{3}$

$= 20\sqrt{2}\sin\left(\omega t + \frac{\pi}{3}\right)$

$e_1(t) + e_2(t)$
$= 10\sqrt{2}\sin\left(\omega t + \frac{\pi}{3}\right) + 20\sqrt{2}\sin\left(\omega t + \frac{\pi}{3}\right)$
$= 30\sqrt{2}\sin\left(\omega t + \frac{\pi}{3}\right)$

답 ①

32 60Hz의 3상 전압을 반파정류하였을 때 리플(맥동)주파수[Hz]는?

① 60
② 120
③ 180
④ 360

해설 맥동주파수

구 분	맥동주파수(60Hz)	맥동주파수(50Hz)
단상 반파	60Hz	50Hz
단상 전파	120Hz	100Hz
3상 반파	→ 180Hz 보기 ③	150Hz
3상 전파	360Hz	300Hz

• 맥동주파수 = 리플주파수

답 ③

33.
테브난의 정리를 이용하여 그림 (a)의 회로를 그림 (b)와 같은 등가회로로 만들고자 할 때 V_{th}[V]와 R_{th}[Ω]은?

① 5V, 2Ω   ② 5V, 3Ω
③ 6V, 2Ω   ④ 6V, 3Ω

해설 테브난의 정리에 의해 2.4Ω에는 전압이 가해지지 않으므로

$$V_{th} = \frac{R_2}{R_1+R_2}V = \frac{1.2}{1.2+1.2} \times 10 = 5V$$

전압원을 단락하고 회로망에서 본 저항 R_{th}은

$$R_{th} = \frac{1.2 \times 1.2}{1.2+1.2} + 2.4 = 3Ω$$

용어 테브난의 정리(테브낭의 정리)
2개의 독립된 회로망을 접속하였을 때의 전압·전류 및 임피던스의 관계를 나타내는 정리

답 ②

34.
어떤 전압계의 측정범위를 12배로 하려고 할 때 배율기의 저항은 전압계 내부저항의 몇 배로 해야 하는가?

① 9   ② 10
③ 11   ④ 12

해설 (1) 기호
• M : 12
• R_m : ?

(2) 배율기

$$M = \frac{V_0}{V} = 1 + \frac{R_m}{R_v}$$

여기서, M : 전압계의 측정범위
V_0 : 측정하고자 하는 전압[V]
V : 전압계의 최대눈금[V]
R_m : 배율기 저항[Ω]
R_v : 전압계의 내부저항[Ω]

$$M = 1 + \frac{R_m}{R_v}$$
$$12 = 1 + \frac{R_m}{R_v}$$
$$12 - 1 = \frac{R_m}{R_v}$$
$$11 = \frac{R_m}{R_v}$$

• 일반적으로 먼저 나온 말이 분자, 나중에 나온 말이 분모이다.

비교

(1) 배율기

$$V_0 = V\left(1 + \frac{R_m}{R_v}\right)[V]$$

여기서, V_0 : 측정하고자 하는 전압[V]
V : 전압계의 최대눈금[V]
R_v : 전압계의 내부저항[Ω]
R_m : 배율기 저항[Ω]

(2) 분류기

$$I_0 = I\left(1 + \frac{R_A}{R_S}\right)$$

여기서, I_0 : 측정하고자 하는 전류[A]
I : 전류계 최대눈금[A]
R_A : 전류계 내부저항[Ω]
R_S : 분류기 저항[Ω]

답 ③

35.

각 상의 임피던스가 $Z=4+j3[\Omega]$인 △결선의 평형 3상 부하에 선간전압이 200V인 대칭 3상 전압을 가했을 때 이 부하로 흐르는 선전류의 크기는 몇 A인가?

① $\dfrac{40}{3}$ ② $\dfrac{40}{\sqrt{3}}$

③ 40 ④ $40\sqrt{3}$

해설 (1) 기호
- $Z : 4+j3\Omega$
- $V_L : 200V$
- $I_L : ?$

(2) △결선

$$I_\triangle = \dfrac{\sqrt{3}\,V_L}{Z}\,[A]$$

여기서, $I_\triangle$: 선전류[A]
V_L : 선간전압[V]
Z : 임피던스[Ω]

△결선 선전류 $I_\triangle$는

$I_\triangle = \dfrac{\sqrt{3}\,V_L}{Z}$
$= \dfrac{\sqrt{3}\times 200}{4+j3} = \dfrac{\sqrt{3}\times 200}{\sqrt{4^2+3^2}} = \dfrac{\sqrt{3}\times 200}{5}$
$= 40\sqrt{3}\,A$

중요

Y결선	△결선
$I_Y = \dfrac{V_L}{\sqrt{3}\,Z}$	$I_\triangle = \dfrac{\sqrt{3}\,V_L}{Z}$
여기서, I_Y : 선전류[A] V_L : 선간전압[V] Z : 임피던스[Ω]	여기서, $I_\triangle$: 선전류[A] V_L : 선간전압[V] Z : 임피던스[Ω]

답 ④

36. 시퀀스회로를 논리식으로 표현하면?

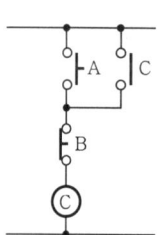

① $C = A + \overline{B} \cdot C$ ② $C = A \cdot \overline{B} + C$
③ $C = A \cdot C + \overline{B}$ ④ $C = (A+C) \cdot \overline{B}$

해설 논리식 · 시퀀스회로

시퀀스	논리식	시퀀스회로(스위칭회로)
직렬회로	$Z = A \cdot B$ $Z = AB$	
병렬회로	$Z = A + B$	
a접점	$Z = A$	
b접점	$Z = \overline{A}$	

∴ $C = (A+C) \cdot \overline{B}$

답 ④

37.

그림의 회로에서 a-b 간에 $V_{ab}[V]$를 인가했을 때 c-d 간의 전압이 100V이었다. 이때 a-b 간에 인가한 전압(V_{ab})은 몇 V인가?

① 104 ② 106
③ 108 ④ 110

해설 회로를 이해하기 쉽게 변형하면

전류

$$I = \frac{V}{R}$$

여기서, I : 전류[A]
V : 전압[V]
R : 저항[Ω]

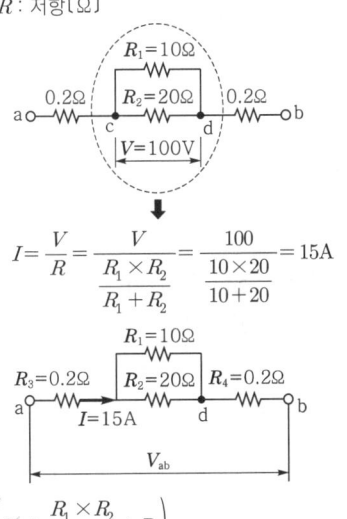

$$I = \frac{V}{R} = \frac{V}{\frac{R_1 \times R_2}{R_1 + R_2}} = \frac{100}{\frac{10 \times 20}{10 + 20}} = 15\text{A}$$

$$V_{ab} = I\left(R_3 + \frac{R_1 \times R_2}{R_1 + R_2} + R_4\right)$$
$$= 15\left(0.2 + \frac{10 \times 20}{10 + 20} + 0.2\right) = 106\text{V}$$

답 ②

법칙	설명
패러데이의 전자유도 법칙 보기 ④	자속변화에 의한 **유**기기전력의 **크**기 결정 기억법 패유크(패유를 버리면 큰일난다.)
앙페르(암페어)의 오른나사 법칙 보기 ③	**전**류에 의한 **자**기장의 방향을 결정하는 법칙 기억법 앙전자(양전자)
비오-사바르의 법칙	**전**류에 의해 발생되는 **자**기장의 크기 (전류에 의한 자계의 세기) 기억법 비전자(비전공자)
키르히호프의 법칙	옴의 법칙을 응용한 것으로 복잡한 회로의 전류와 전압계산에 사용
줄의 법칙	• 어떤 도체에 일정시간 동안 전류를 흘리면 도체에는 열이 발생되는데 이에 관한 법칙 • 저항이 있는 도체에 전류를 흘리면 **열**이 발생되는 법칙 기억법 줄열
쿨롱의 법칙	두 자극 사이에 작용하는 힘은 두 **자**극의 **세**기의 **곱**에 **비례**하고, 두 자극 사이의 **거리**의 **제곱**에 **반비례**한다는 법칙

답 ②

38 균일한 자기장 내에서 운동하는 도체에 유도된 기전력의 방향을 나타내는 법칙은?
20.09.문31
17.03.문22
16.05.문32
15.05.문35
14.03.문22
03.05.문33

① 플레밍의 왼손 법칙
② 플레밍의 오른손 법칙
③ 암페어의 오른나사 법칙
④ 패러데이의 전자유도 법칙

해설

법칙	설명
옴의 법칙	저항은 전류에 반비례하고, 전압에 비례한다는 법칙
플레밍의 오른손 법칙 보기 ②	**도**체운동에 의한 **유**기기전력의 **방**향 결정 기억법 방유도오(방에 우유를 도로 갖다 놓게!)
플레밍의 왼손 법칙 보기 ①	**전**자력의 방향 결정 기억법 왼전(왠 전쟁이냐?)
렌츠의 법칙	자속변화에 의한 **유**도기전력의 **방**향 결정 기억법 렌유방(오렌지가 유일한 방법이다.)

39 회로에서 저항 5Ω의 양단전압 V_R[V]은?
21.09.문28
21.05.문40
14.09.문39
08.03.문21

① -10   ② -7
③ 7   ④ 10

해설 **중첩의 원리**
(1) **전압원 단락시**

$V = IR = 2 \times 5 = 10$V(전류와 전압 V_R의 방향의 반대이므로 -10V)

(2) 전류원 개방시

회로가 **개방**되어 있으므로 5Ω에는 전압이 인가되지 않음
∴ 5Ω 양단전압은 −10V

- 중첩의 원리=전압원 단락시 값+전류원 개방시 값

답 ①

40 다음의 논리식을 간단히 표현한 것은?

$$Y = \overline{A}\overline{B}C + \overline{A}B\overline{C} + \overline{A}BC$$

① $\overline{A} \cdot (B+C)$
② $\overline{B} \cdot (A+C)$
③ $\overline{C} \cdot (A+B)$
④ $C \cdot (A+\overline{B})$

해설 논리식

$Y = \overline{A}\overline{B}C + \overline{A}B\overline{C} + \overline{A}BC$
             위치 바꿈
$= \overline{A}(\overline{B}C + B\overline{C} + BC)$
$= \overline{A}(\overline{B}C + BC + B\overline{C})$
$= \overline{A}(C(\overline{B}+B) + B\overline{C})$ $X+\overline{X}=1$
$= \overline{A}(C \cdot 1 + B\overline{C})$ $X \cdot 1 = X$
$= \overline{A}(C + B\overline{C})$ $X+\overline{X}Y=X+Y$
$= \overline{A}(C+B)$
$= \overline{A}(B+C)$ ← B, C 위치 바꿈

중요

불대수의 정리

논리합	논리곱	비고
$X+0=X$	$X \cdot 0 = 0$	–
$X+1=1$	$X \cdot 1 = X$	–
$X+X=X$	$X \cdot X = X$	–
$X+\overline{X}=1$	$X \cdot \overline{X}=0$	–
$X+Y=Y+X$	$X \cdot Y = Y \cdot X$	교환법칙
$X+(Y+Z)$ $= (X+Y)+Z$	$X(YZ)=(XY)Z$	결합법칙
$X(Y+Z)$ $= XY+XZ$	$(X+Y)(Z+W)$ $=XZ+XW+YZ+YW$	분배법칙
$X+XY=X$	$\overline{X}+XY=\overline{X}+Y$ $\overline{X}+X\overline{Y}=\overline{X}+\overline{Y}$ $X+\overline{X}Y=X+Y$ $X+\overline{X}\,\overline{Y}=X+\overline{Y}$	흡수법칙
$\overline{(X+Y)}$ $=\overline{X} \cdot \overline{Y}$	$\overline{(X \cdot Y)} = \overline{X}+\overline{Y}$	드모르간의 정리

답 ①

제 3 과목   소방관계법규

41 다음은 소방기본법령상 소방본부에 대한 설명이다. ( )에 알맞은 내용은?

소방업무를 수행하기 위하여 (   ) 직속으로 소방본부를 둔다.

① 경찰서장
② 시 · 도지사
③ 행정안전부장관
④ 소방청장

해설 기본법 3조
소방기관의 설치
시 · 도에서 소방업무를 수행하기 위하여 **시 · 도지사** 직속으로 **소방본부**를 둔다.

답 ②

42 위험물안전관리법령상 제4류 위험물을 저장 · 취급하는 제조소에 "화기엄금"이란 주의사항을 표시하는 게시판을 설치할 경우 게시판의 색상은?

① 청색바탕에 백색문자
② 적색바탕에 백색문자
③ 백색바탕에 적색문자
④ 백색바탕에 흑색문자

해설 위험물규칙 〔별표 4〕
위험물제조소의 게시판 설치기준

위험물	주의사항	비 고
• 제1류 위험물(알칼리금속의 과산화물) • 제3류 위험물(금수성 물질)	물기엄금	**청색**바탕에 **백색**문자
• 제2류 위험물(인화성 고체 제외)	화기주의	**적색**바탕에 **백색**문자 보기 ②
• 제2류 위험물(인화성 고체) • 제3류 위험물(자연발화성 물질) • **제4류 위험물** • 제5류 위험물	화기엄금	
• 제6류 위험물	별도의 표시를 하지 않는다.	

비교
위험물규칙 [별표 19]
위험물 운반용기의 주의사항

위험물		주의사항
제1류 위험물	알칼리금속의 과산화물	• 화기·충격주의 • 물기엄금 • 가연물 접촉주의
	기타	• 화기·충격주의 • 가연물 접촉주의
제2류 위험물	철분·금속분·마그네슘	• 화기주의 • 물기엄금
	인화성 고체	• 화기엄금
	기타	• 화기주의
제3류 위험물	자연발화성 물질	• 화기엄금 • 공기접촉엄금
	금수성 물질	• 물기엄금
제4류 위험물		• 화기엄금
제5류 위험물		• 화기엄금 • 충격주의
제6류 위험물		• 가연물 접촉주의

답 ②

---

43 소방시설공사업법령상 소방시설업의 등록을 하지 아니하고 영업을 한 자에 대한 벌칙기준으로 옳은 것은?

① 1년 이하의 징역 또는 1천만원 이하의 벌금
② 2년 이하의 징역 또는 2천만원 이하의 벌금
③ 3년 이하의 징역 또는 3천만원 이하의 벌금
④ 5년 이하의 징역 또는 5천만원 이하의 벌금

해설 3년 이하의 징역 또는 3000만원 이하의 벌금
(1) **화재안전조사** 결과에 따른 조치명령 위반(화재예방법 50조)
(2) **소방시설관리업** 무등록자(소방시설법 57조)
(3) **소방시설업** 무등록자(공사업법 35조) 보기 ③
(4) 부정한 청탁을 받고 재물 또는 재산상의 이익을 취득하거나 부정한 청탁을 하면서 재물 또는 재산상의 이익을 제공한 자(공사업법 35조)
(5) 형식승인을 받지 않은 **소방용품** 제조·수입자(소방시설법 57조)
(6) **제품검사**를 받지 않은 자(소방시설법 57조)
(7) **거짓**이나 그 밖의 **부정한 방법**으로 제품검사 전문기관의 지정을 받은 자(소방시설법 57조)

중요

3년 이하의 징역 또는 3000만원 이하의 벌금	5년 이하의 징역 또는 1억원 이하의 벌금
① 소방시설업 무등록 ② 소방시설관리업 무등록	제조소 무허가(위험물법 34조 2)

답 ③

---

44 위험물안전관리법령상 유별을 달리하는 위험물을 혼재하여 저장할 수 있는 것으로 짝지어진 것은?

① 제1류-제2류　② 제2류-제3류
③ 제3류-제4류　④ 제5류-제6류

해설 위험물규칙 [별표 19]
위험물의 혼재기준
(1) 제**1**류 + 제**6**류
(2) 제**2**류 + 제**4**류
(3) 제**2**류 + 제**5**류
(4) 제**3**류 + 제**4**류 보기 ③
(5) 제**4**류 + 제**5**류

기억법
1-6
2-4, 5
3-4
4-5

답 ③

---

45 소방기본법령상 상업지역에 소방용수시설 설치 시 소방대상물과의 수평거리 기준은 몇 m 이하인가?

① 100　② 120
③ 140　④ 160

해설 기본규칙 [별표 3]
소방용수시설의 설치기준

거리기준	지역
수평거리 100m 이하	• **공**업지역 • **상**업지역 보기 ① • **주**거지역 **기억법** 주상공100(주상공 백지에 사인을 하시오.)
수평거리 140m 이하	• 기타지역

답 ①

---

46 소방시설 설치 및 관리에 관한 법령상 종합점검 실시대상이 되는 특정소방대상물의 기준 중 다음 (　) 안에 알맞은 것은?

물분무등소화설비[호스릴(Hose Reel)방식의 물분무등소화설비만을 설치한 경우는 제외한다]가 설치된 연면적 (　)m² 이상인 특정소방대상물(위험물제조소 등은 제외한다)

① 2000　② 3000
③ 4000　④ 5000

해설 소방시설법 시행규칙 〔별표 3〕
소방시설 등 자체점검의 점검대상, 점검자의 자격, 점검횟수 및 시기

점검구분	정의	점검대상	점검자의 자격(주된 인력)	점검횟수 및 점검시기
작동점검	소방시설 등을 인위적으로 조작하여 정상적으로 작동하는지를 점검하는 것	① 간이스프링클러설비·자동화재탐지설비	• 관계인 • 소방안전관리자로 선임된 소방시설관리사 또는 소방기술사 • 소방시설관리업에 등록된 기술인력 중 소방시설관리사 또는「소방시설공사업법 시행규칙」에 따른 특급 점검자	• 작동점검은 **연 1회** 이상 실시하며, 종합점검대상은 종합점검(최초점검 제외)을 받은 달부터 **6개월**이 되는 달에 실시 • 종합점검대상 외의 특정소방대상물은 사용승인일이 속하는 달의 말일까지 실시
		② ①에 해당하지 아니하는 특정소방대상물	• 소방시설관리업에 등록된 기술인력 중 소방시설관리사 • 소방안전관리자로 선임된 소방시설관리사 또는 소방기술사	
		③ 작동점검 제외대상 • 특정소방대상물 중 소방안전관리자를 선임하지 않는 대상 • 위험물제조소 • 특급 소방안전관리대상물		
종합점검	소방시설 등의 작동점검을 포함하여 소방시설 등의 설비별 주요 구성 부품의 구조기준이 화재안전기준과「건축법」등 관련 법령에서 정하는 기준에 적합한지 여부를 점검하는 것 (1) 최초점검 : 특정소방대상물의 소방시설이 신설된 경우 건축물을 사용할 수 있게 된 날부터 **60일** 이내에 점검하는 것 (2) 그 밖의 종합점검 : 최초점검을 제외한 종합점검	④ 소방시설 등이 신설된 경우에 해당하는 특정소방대상물 ⑤ **스프링클러설비**가 설치된 특정소방대상물 ⑥ **물분무등소화설비**(호스릴방식의 물분무등소화설비만을 설치한 경우는 제외)가 설치된 연면적 **5000m²** 이상인 특정소방대상물(위험물제조소 등 제외) ⑦ 다중이용업의 영업장이 설치된 특정소방대상물로서 연면적이 **2000m²** 이상인 것 ⑧ **제연설비**가 설치된 터널 ⑨ **공공기관** 중 연면적(터널·지하구의 경우 그 길이와 평균폭을 곱하여 계산된 값)이 **1000m²** 이상인 것으로서 옥내소화전설비 또는 자동화재탐지설비가 설치된 것(단, 소방대가 근무하는 공공기관 제외) **중요** **종합점검** ① 공공기관 : 1000m² ② 다중이용업 : 2000m² ③ 물분무등(호스릴 ×) : 5000m²	• 소방시설관리업에 등록된 기술인력 중 **소방시설관리사** • 소방안전관리자로 선임된 **소방시설관리사** 또는 **소방기술사**	〈점검횟수〉 ㉠ 연 1회 이상(특급 소방안전관리대상물은 반기에 1회 이상) 실시 ㉡ ㉠에도 불구하고 소방본부장 또는 소방서장은 소방청장이 소방안전관리가 우수하다고 인정한 특정소방대상물에 대해서는 3년의 범위에서 소방청장이 고시하거나 정한 기간 동안 종합점검을 면제할 수 있다(단, 면제기간 중 화재가 발생한 경우는 제외). 〈점검시기〉 ㉠ ④에 해당하는 특정소방대상물은 건축물을 사용할 수 있게 된 날부터 60일 이내 실시 ㉡ ㉠을 제외한 특정소방대상물은 건축물의 사용승인일이 속하는 달에 실시(단, 학교의 경우 해당 건축물의 사용승인일이 1월에서 6월 사이에 있는 경우에는 6월 30일까지 실시할 수 있다.) ㉢ 건축물 사용승인일 이후 ㉠에 따라 종합점검대상에 해당하게 된 경우에는 그 다음 해부터 실시 ㉣ 하나의 대지경계선 안에 2개 이상의 자체점검대상 건축물 등이 있는 경우 그 건축물 중 사용승인일이 가장 빠른 연도의 건축물의 사용승인일을 기준으로 점검할 수 있다.

[비고] 작동점검 및 종합점검(최초점검 제외)은 건축물 사용승인 후 그 다음 해부터 실시한다.

답 ④

47 다음 소방기본법령상 용어 정의에 대한 설명으로 옳은 것은?

① 소방대상물이란 건축물, 차량, 선박(항구에 매어둔 선박은 제외) 등을 말한다.
② 관계인이란 소방대상물의 점유예정자를 포함한다.
③ 소방대란 소방공무원, 의무소방원, 의용소방대원으로 구성된 조직체이다.
④ 소방대장이란 화재, 재난·재해, 그 밖의 위급한 상황이 발생한 현장에서 소방대를 지휘하는 사람(소방서장은 제외)이다.

해설
① 매어둔 선박은 제외 → 매어둔 선박
② 포함한다. → 포함하지 않는다.
④ 소방서장은 제외 → 소방서장 포함

(1) 기본법 2조 1호 보기 ①
  소방대상물
  ㉠ **건**축물
  ㉡ **차**량
  ㉢ **선**박(매어둔 것)
  ㉣ 선박건조구조물
  ㉤ **산**림
  ㉥ **인**공구조물
  ㉦ **물**건

  기억법 건차선 산인물

(2) 기본법 2조 보기 ②
  관계인
  ㉠ **소**유자
  ㉡ **관**리자
  ㉢ **점**유자

  기억법 소관점

(3) 기본법 2조 보기 ③
  소방대
  ㉠ 소방공무원
  ㉡ 의무소방원
  ㉢ 의용소방대원

(4) 기본법 2조 보기 ④
  소방대장
  소방본부장 또는 **소방서장** 등 화재, 재난·재해, 그 밖의 위급한 상황이 발생한 현장에서 소방대를 지휘하는 사람

답 ③

48 화재의 예방 및 안전관리에 관한 법령상 관리의 권원이 분리된 특정소방대상물에 소방안전관리자를 선임하여야 하는 특정소방대상물 중 복합건축물은 지하층을 제외한 층수가 최소 몇 층 이상인 건축물만 해당되는가?

① 6층   ② 11층
③ 20층 ④ 30층

해설
화재예방법 35조, 화재예방법 시행령 35조
관리의 권원이 분리된 특정소방대상물의 소방안전관리
(1) 복합건축물(**지하층**을 제외한 **11층** 이상, 또는 연면적 30000m² 이상인 건축물) 보기 ②
(2) 지하가
(3) **도매시장, 소매시장, 전통시장**

답 ②

49 화재의 예방 및 안전관리에 관한 법령상 특수가연물의 저장 및 취급의 기준 중 ( )에 들어갈 내용으로 옳은 것은? (단, 석탄·목탄류의 경우는 제외한다.)

쌓는 높이는 (㉠)m 이하가 되도록 하고, 쌓는 부분의 바닥면적은 (㉡)m² 이하가 되도록 할 것

① ㉠ 15, ㉡ 200   ② ㉠ 15, ㉡ 300
③ ㉠ 10, ㉡ 30   ④ ㉠ 10, ㉡ 50

해설
화재예방법 시행령 [별표 3]
특수가연물의 저장·취급기준
(1) **품명별**로 구분하여 쌓을 것
(2) 쌓는 높이는 **10m** 이하가 되도록 할 것 보기 ④
(3) 쌓는 부분의 바닥면적은 **50m²**(석탄·목탄류는 200m²) 이하가 되도록 할 것(단, 살수설비를 설치하거나 대형 수동식 소화기를 설치하는 경우에는 높이 15m 이하, 바닥면적 200m²(석탄·목탄류는 300m²) 이하) 보기 ④
(4) 쌓는 부분의 바닥면적 사이는 실내의 경우 1.2m 또는 쌓는 높이의 $\frac{1}{2}$ 중 **큰 값**(실외 3m 또는 쌓는 높이 중 **큰 값**) 이상으로 간격을 둘 것
(5) 취급장소에는 품명, 최대저장수량, 단위부피당 질량 또는 단위체적당 질량, 관리책임자 성명·직책·연락처 및 화기취급의 금지표지 설치

답 ④

50 소방시설 설치 및 관리에 관한 법령상 자동화재탐지설비를 설치하여야 하는 특정소방대상물의 기준으로 틀린 것은?

① 공장 및 창고시설로서 「화재의 예방 및 안전관리에 관한 법률」에서 정하는 수량의 500배 이상의 특수가연물을 저장·취급하는 것
② 지하상가로서 연면적 600m² 이상인 것
③ 숙박시설이 있는 수련시설로서 수용인원 100명 이상인 것
④ 장례시설 및 복합건축물로서 연면적 600m² 이상인 것

해설

② 600m² 이상 → 1000m² 이상

소방시설법 시행령 [별표 4]
자동화재탐지설비의 설치대상

설치대상	조 건
① 정신의료기관·의료재활시설	• 창살설치 : 바닥면적 300m² 미만 • 기타 : 바닥면적 300m² 이상
② 노유자시설	• 연면적 400m² 이상
③ **근**린생활시설·**위**락시설 ④ **의**료시설(정신의료기관, 요양병원 제외) ⑤ **복**합건축물·**장**례시설 〔기억법〕 **근위의복 6**	• 연면적 600m² 이상 보기 ④
⑥ 목욕장·문화 및 집회시설, 운동시설 ⑦ 종교시설 ⑧ 방송통신시설·관광휴게시설 ⑨ 업무시설·판매시설 ⑩ 항공기 및 자동차관련시설·공장·창고시설 ⑪ **지**하상가·운수시설·발전시설·위험물 저장 및 처리시설 ⑫ **교**정 및 군사시설 중 국방·군사시설 ⑬ **교**육연구시설·**동**식물관련시설 ⑭ **자**원순환관련시설·**교**정 및 군사시설(국방·군사시설 제외) ⑮ **수**련시설(숙박시설이 있는 것 제외) ⑯ 묘지관련시설 〔기억법〕 **교동자교수 2**	• 연면적 1000m² 이상 보기 ② • 연면적 2000m² 이상
⑰ 터널	• 길이 1000m 이상
⑱ 지하구 ⑲ 노유자생활시설 ⑳ 아파트 등 기숙사 ㉑ 숙박시설 ㉒ **6층** 이상인 건축물 ㉓ 조산원 및 산후조리원 ㉔ 전통시장 ㉕ 요양병원(정신병원, 의료재활시설 제외)	• 전부
㉖ 특수가연물 저장·취급	• 지정수량 500배 이상 보기 ①
㉗ 수련시설(숙박시설이 있는 것)	• 수용인원 100명 이상 보기 ③
㉘ 발전시설	• 전기저장시설

답 ②

51 위험물안전관리법령에서 정하는 제3류 위험물에 해당하는 것은?

① 나트륨
② 염소산염류
③ 무기과산화물
④ 유기과산화물

해설

② 제1류
③ 제1류
④ 제5류

위험물령 [별표 1]
위험물

유별	성질	품명
제1류	**산**화성 **고**체	• 아염소산염류 • 염소산염류(**염**소산**나**트륨) 보기 ② • 과염소산염류 • 질산염류 • 무기과산화물 보기 ③ 〔기억법〕 **1산고염나**
제2류	가연성 고체	• **황화**인 • **적**린 • **황** • **마**그네슘 〔기억법〕 **황화적황마**
제3류	자연발화성 물질 및 금수성 물질	• **황**린 • **칼**륨 • **나**트륨 보기 ① • **알**칼리토금속 • **트**리에틸알루미늄 〔기억법〕 **황칼나알트**
제4류	인화성 액체	• 특수인화물 • 석유류(벤젠) • 알코올류 • 동식물유류
제5류	자기반응성 물질	• 유기과산화물 보기 ④ • 나이트로화합물 • 나이트로소화합물 • 아조화합물 • 질산에스터류(셀룰로이드)
제6류	산화성 액체	• 과염소산 • 과산화수소 • 질산

답 ①

52
소방시설 설치 및 관리에 관한 법령상 방염성능기준 이상의 실내장식물 등을 설치하여야 하는 특정소방대상물이 아닌 것은?

① 방송국
② 종합병원
③ 11층 이상의 아파트
④ 숙박이 가능한 수련시설

해설 ③ 아파트 제외

소방시설법 시행령 30조
방염성능기준 이상 적용 특정소방대상물
(1) 층수가 **11층 이상**인 것(아파트 제외 : 2026. 12. 1. 삭제) 보기 ③
(2) 체력단련장, 공연장 및 종교집회장
(3) 문화 및 집회시설
(4) 종교시설
(5) 운동시설(수영장은 제외)
(6) 의료시설(종합병원, 정신의료기관) 보기 ②
(7) 의원, 치과의원, 한의원, 조산원, 산후조리원
(8) 교육연구시설 중 합숙소
(9) 노유자시설
(10) 숙박이 가능한 수련시설 보기 ④
(11) 숙박시설
(12) 방송국 및 촬영소 보기 ①
(13) 다중이용업소(단란주점영업, 유흥주점영업, 노래연습장의 영업장 등)

답 ③

53
소방시설 설치 및 관리에 관한 법령상 무창층으로 판정하기 위한 개구부가 갖추어야 할 요건으로 틀린 것은?

① 크기는 반지름 30cm 이상의 원이 통과할 수 있을 것
② 해당 층의 바닥면으로부터 개구부 밑부분까지 높이가 1.2m 이내일 것
③ 도로 또는 차량이 진입할 수 있는 빈터를 향할 것
④ 화재시 건축물로부터 쉽게 피난할 수 있도록 창살이나 그 밖의 장애물이 설치되지 않을 것

해설 ① 반지름 → 지름, 30cm 이상 → 50cm 이상

소방시설법 시행령 2조
무창층의 개구부의 기준
(1) 개구부의 크기는 지름 **50cm 이상**의 원이 통과할 수 있을 것 보기 ①
(2) 해당 층의 바닥면으로부터 개구부 밑부분까지의 높이가 **1.2m 이내**일 것 보기 ②
(3) 개구부는 **도로** 또는 **차량**이 진입할 수 있는 **빈터**를 향할 것 보기 ③
(4) 화재시 건축물로부터 **쉽게 피난**할 수 있도록 개구부에 창살, 그 밖의 장애물이 설치되지 않을 것 보기 ④
(5) 내부 또는 외부에서 **쉽게 부수거나 열 수** 있을 것

용어
소방시설법 시행령 2조
무창층
지상층 중 기준에 의해 개구부의 면적의 합계가 해당 층의 바닥면적의 $\frac{1}{30}$ 이하가 되는 층

답 ①

54
소방시설공사업법령상 일반 소방시설설계업(기계분야)의 영업범위에 대한 기준 중 ( )에 알맞은 내용은? (단, 공장의 경우는 제외한다.)

연면적 ( )m² 미만의 특정소방대상물(제연설비가 설치되는 특정소방대상물은 제외한다)에 설치되는 기계분야 소방시설의 설계

① 10000   ② 20000
③ 30000   ④ 50000

해설 **공사업령〔별표 1〕**
소방시설설계업

종류	기술인력	영업범위
전문	• 주된기술인력: **1명** 이상 • 보조기술인력: **1명** 이상	• 모든 특정소방대상물
일반	• 주된기술인력: **1명** 이상 • 보조기술인력: **1명** 이상	• **아파트**(기계분야 제연설비 제외) • 연면적 **30000m²**(공장 **10000m²**) 미만(기계분야 제연설비 제외) 보기 ③ • 위험물제조소 등

답 ③

55
소방시설 설치 및 관리에 관한 법령상 건축허가 등을 할 때 미리 소방본부장 또는 소방서장의 동의를 받아야 하는 건축물 등의 범위기준이 아닌 것은?

① 노유자시설 및 수련시설로서 연면적 100m² 이상인 건축물
② 지하층 또는 무창층이 있는 건축물로서 바닥면적이 150m² 이상인 층이 있는 것
③ 차고·주차장으로 사용되는 바닥면적이 200m² 이상인 층이 있는 건축물이나 주차시설
④ 장애인 의료재활시설로서 연면적 300m² 이상인 건축물

해설 ① 100m² 이상 → 200m² 이상

소방시설법 시행령 7조
건축허가 등의 동의대상물
(1) 연면적 **400m²**(학교시설: **100m²**, 수련시설·노유자시설: **200m²**, 정신의료기관·장애인 의료재활시설: **300m²**) 이상
(2) **6층** 이상인 건축물
(3) 차고·주차장으로서 바닥면적 **200m²** 이상(**자**동차 **20**대 이상)
(4) 항공기격납고, 관망탑, 항공관제탑, 방송용 송수신탑
(5) 지하층 또는 무창층의 바닥면적 150m²(공연장은 100m²) 이상
(6) **위**험물저장 및 **처**리시설, **지**하구
(7) **결**핵환자나 **한**센인이 24시간 생활하는 **노**유자시설
(8) 전기저장시설, 풍력발전소
(9) 공동주택·숙박시설
(10) 노인주거복지시설·노인의료복지시설 및 재가노인복지시설·학대피해노인 전용쉼터·아동복지시설·장애인거주시설
(11) 정신질환자 관련시설(공동생활가정을 제외한 재활훈련시설과 종합시설 중 24시간 주거를 제공하지 않는 시설 제외)
(12) 조산원, 산후조리원, 의원(입원실 또는 인공신장실이 있는 것)
(13) 노숙인자활시설, 노숙인재활시설 및 노숙인요양시설
(14) 요양병원(의료재활시설 제외)
(15) 공장 또는 창고시설로서 지정하는 수량의 **750**배 이상의 특수가연물을 저장·취급하는 것
(16) 가스시설로서 지상에 노출된 탱크의 저장용량의 합계가 100t 이상인 것

기억법 **2자**(이자)

답 ①

56 ★★
21.03.문44
12.03.문48

다음 중 소방기본법령에 따라 화재예방상 필요하다고 인정되거나 화재위험경보시 발령하는 소방신호의 종류로 옳은 것은?

① 경계신호
② 발화신호
③ 경보신호
④ 훈련신호

해설 **기본규칙 10조**
소방신호의 종류

소방신호	설 명
경계신호 보기 ①	화재예방상 필요하다고 인정되거나 화재위험경보시 발령
발화신호	화재가 발생한 때 발령
해제신호	소화활동이 필요없다고 인정되는 때 발령
훈련신호	훈련상 필요하다고 인정되는 때 발령

중요

기본규칙 [별표 4]
소방신호표

신호방법 종 별	타종신호	사이렌 신호
경계신호	**1**타와 연 **2**타를 반복	**5**초 간격을 두고 **30**초씩 **3**회
발화신호	난타	**5**초 간격을 두고 **5**초씩 **3**회
해제신호	상당한 간격을 두고 **1**타씩 반복	**1**분간 **1**회
훈련신호	연 **3**타 반복	**10**초 간격을 두고 **1**분씩 **3**회

기억법	타	사
경계	1+2	5+30=3
발	난	5+5=3
해	1	1=1
훈	3	10+1=3

답 ①

57 ★★
16.05.문56
12.03.문57

화재의 예방 및 안전관리에 관한 법령상 보일러 등의 위치·구조 및 관리와 화재예방을 위하여 불의 사용에 있어서 지켜야 하는 사항 중 보일러에 경유·등유 등 액체연료를 사용하는 경우에 연료탱크는 보일러 본체로부터 수평거리 최소 몇 m 이상의 간격을 두어 설치해야 하는가?

① 0.5   ② 0.6
③ 1   ④ 2

해설 **화재예방법 시행령 [별표 1]**
경유·등유 등 액체연료를 사용하는 경우
(1) 연료탱크는 보일러 본체로부터 수평거리 **1m** 이상의 간격을 두어 설치할 것 보기 ③
(2) 연료탱크에는 화재 등 긴급상황이 발생할 때 연료를 차단할 수 있는 개폐밸브를 연료탱크로부터 0.5m 이내에 설치할 것

비교

화재예방법 시행령 [별표 1]
벽·천장 사이의 거리

종 류	벽·천장 사이의 거리
건조설비	0.5m 이상
보일러	0.6m 이상
보일러(경유·등유)	수평거리 1m 이상

답 ③

58 소방시설 설치 및 관리에 관한 법령상 소방청장 또는 시·도지사가 청문을 하여야 하는 처분이 아닌 것은?

① 소방시설관리사 자격의 정지
② 소방안전관리자 자격의 취소
③ 소방시설관리업의 등록취소
④ 소방용품의 형식승인취소

해설 **소방시설법 49조**
청문실시 대상
(1) 소방시설**관리사** 자격의 **취소** 및 **정지** 보기 ①
(2) 소방시설**관리업**의 **등록취소** 및 영업정지 보기 ③
(3) **소방용품**의 **형식승인취소** 및 제품검사중지 보기 ④
(4) 소방용품의 **제품검사 전문기관**의 **지정취소** 및 업무정지
(5) 우수품질인증의 취소
(6) 소방용품의 성능인증 취소

기억법 청사 용업 (청사 용역)

답 ②

59 소방시설 설치 및 관리에 관한 법령상 제조 또는 가공공정에서 방염처리를 한 물품 중 방염대상 물품이 아닌 것은?

① 카펫
② 전시용 합판
③ 창문에 설치하는 커튼류
④ 두께가 2mm 미만인 종이벽지

해설 ④ 제외 대상

소방시설법 시행령 31조
방염대상물품

제조 또는 가공 공정에서 방염처리를 한 물품	건축물 내부의 천장이나 벽에 부착하거나 설치하는 것
① 창문에 설치하는 **커튼류**(블라인드 포함) 보기 ③ ② 카펫 보기 ① ③ **벽지류**(두께 2mm 미만인 종이벽지 제외) 보기 ④ ④ **전시용 합판·목재** 또는 **섬유판** 보기 ② ⑤ 무대용 합판·목재 또는 섬유판 ⑥ 암막·무대막(영화상영관·가상체험 체육시설업의 스크린 포함) ⑦ 섬유류 또는 합성수지류 등을 원료로 하여 제작된 소파·의자(단란주점영업, 유흥주점영업 및 노래연습장업의 영업장에 설치하는 것만 해당)	① 종이류(두께 2mm 이상), 합성수지류 또는 섬유류를 주원료로 한 물품 ② 합판이나 목재 ③ 공간을 구획하기 위하여 설치하는 간이칸막이 ④ 흡음재(흡음용 커튼 포함) 또는 방음재(방음용 커튼 포함) ※ 가구류(옷장, 찬장, 식탁, 식탁용 의자, 사무용 책상, 사무용 의자, 계산대)와 너비 10cm 이하인 반자돌림대, 내부 마감재료 제외

답 ④

60 위험물안전관리법령상 관계인이 예방규정을 정하여야 하는 위험물제조소 등에 해당하지 않는 것은?

① 지정수량 10배의 특수인화물을 취급하는 일반취급소
② 지정수량 20배의 휘발유를 고정된 탱크에 주입하는 일반취급소
③ 지정수량 40배의 제3석유류를 용기에 옮겨 담는 일반취급소
④ 지정수량 15배의 알코올을 버너에 소비하는 장치로 이루어진 일반취급소

해설
① 특수인화물 예방규정대상
② 10배 초과 휘발유 예방규정대상
③ 제3석유류는 해당없음
④ 10배 초과한 알코올류 예방규정대상

위험물령 15조
예방규정을 정하여야 할 제조소 등

배 수	제조소 등
10배 이상	• 제조소 • 일반취급소[단, 제4류 위험물(특수인화물 제외)만을 지정수량의 50배 이하로 취급하는 일반취급소(휘발유 등 제 1석유류·알코올류의 취급량이 지정수량의 10배 이하인 경우)로 다음에 해당하는 것 제외] 보기 ①②④ – 보일러·버너 또는 이와 비슷한 것으로서 위험물을 소비하는 장치로 이루어진 일반취급소 – 위험물을 용기에 옮겨 담거나 차량에 고정된 탱크에 주입하는 일반취급소
100배 이상	• 옥외저장소
150배 이상	• 옥내저장소
200배 이상	• 옥외탱크저장소
모두 해당	• 이송취급소 • 암반탱크저장소

기억법 1 제일
0 외
5 내
2 탱

※ **예방규정**: 제조소 등의 화재예방과 화재 등 재해발생시의 비상조치를 위한 규정

답 ③

제 4 과목 소방전기시설의 구조 및 원리

61 소방시설용 비상전원수전설비의 화재안전기준에 따라 저압으로 수전하는 제1종 배전반 및 분전반의 외함 두께와 전면판(또는 문) 두께에 대한 설치기준으로 옳은 것은?

① 외함 : 1.0mm 이상, 전면판(또는 문) : 1.2mm 이상
② 외함 : 1.2mm 이상, 전면판(또는 문) : 1.5mm 이상
③ 외함 : 1.5mm 이상, 전면판(또는 문) : 2.0mm 이상
④ 외함 : 1.6mm 이상, 전면판(또는 문) : 2.3mm 이상

해설 **제1종 배전반** 및 **제1종 분전반**의 **시설기준**(NFPC 602 6조, NFTC 602 2.3.1.1)
(1) 외함은 두께 **1.6mm**(전면판 및 문은 **2.3mm**) 이상의 강판과 이와 동등 이상의 강도와 내화성능이 있는 것으로 제작할 것 [보기 ④]

| 제1종 배전반·분전반 ||
외함두께	전면판 및 문 두께
1.6mm 이상	2.3mm 이상

(2) 외함의 내부는 외부의 열에 의해 영향을 받지 않도록 **내열성** 및 **단열성**이 있는 재료를 사용하여 단열할 것. 이 경우 단열부분은 열 또는 진동에 따라 쉽게 변형되지 않을 것
(3) 다음에 해당하는 것은 외함에 노출하여 설치
  ㉠ **표시등**(불연성 또는 난연성 재료로 덮개를 설치한 것에 한함)
  ㉡ 전선의 **인입구** 및 **입출구**
(4) 외함은 **금속관** 또는 **금속제 가요전선관**을 쉽게 접속할 수 있도록 하고, 당해 접속부분에는 **단열조치**를 할 것
(5) 공용 배전반 및 공용 분전반의 경우 소방회로와 일반회로에 사용하는 배선 및 배선용 기기는 **불연재료**로 구획되어야 할 것

비교
제2종 배전반 및 제2종 분전반의 시설기준(NFPC 602 6조, NFTC 602 2.3.1.2)
(1) 외함은 두께 **1mm**(함 전면의 면적이 1000cm² 를 초과하고 2000cm² 이하인 경우에는 **1.2mm**, 2000cm² 를 초과하는 경우에는 **1.6mm**) 이상의 강판과 이와 동등 이상의 강도와 내화성능이 있는 것으로 제작
(2) **120℃**의 온도를 가했을 때 이상이 없는 **전압계 및 전류계**는 외함에 노출하여 설치
(3) 단열을 위해 배선용 **불연전용실** 내에 설치

답 ④

62 무선통신보조설비의 화재안전기준에서 정하는 분배기·분파기 및 혼합기 등의 임피던스는 몇 Ω의 것으로 하여야 하는가?

① 10   ② 30
③ 50   ④ 100

해설 **무선통신보조설비의 분배기·분파기·혼합기 설치기준** (NFPC 505 7조, NFTC 505 2.4)
(1) 먼지·습기·부식 등에 이상이 없을 것
(2) 임피던스 **50Ω**의 것 [보기 ③]
(3) 점검이 편리하고 화재 등의 피해 우려가 없는 장소

답 ③

63 비상콘센트설비의 성능인증 및 제품검사의 기술기준에 따라 절연저항 시험부위의 절연내력은 정격전압 150V 이하의 경우 60Hz의 정현파에 가까운 실효전압 1000V 교류전압을 가하는 시험에서 몇 분간 견디는 것이어야 하는가?

① 1   ② 10
③ 30   ④ 60

해설 **비상콘센트설비**의 **절연내력시험**(비상콘센트설비의 성능인증 및 제품검사의 기술기준 8조)

구 분	150V 이하	150V 초과
실효전압	1000V	(정격전압×2)+1000V 예 220V인 경우 (220×2)+1000=1440V
견디는 시간	1분 이상 [보기 ①]	1분 이상

답 ①

64 다음은 누전경보기의 형식승인 및 제품검사의 기술기준에 따른 표시등에 대한 내용이다. ( )에 들어갈 내용으로 옳은 것은?

주위의 밝기가 (㉠)lx인 장소에서 측정하여 앞면으로부터 (㉡)m 떨어진 곳에서 켜진 등이 확실히 식별되어야 한다.

① ㉠ 150, ㉡ 3   ② ㉠ 300, ㉡ 3
③ ㉠ 150, ㉡ 5   ④ ㉠ 300, ㉡ 5

해설 **부품**의 **구조** 및 **기능**(누전경보기의 형식승인 및 제품검사의 기술기준 4조)
(1) 전구는 **2개** 이상을 **병렬**로 접속하여야 한다(단, **방전등** 또는 **발광다이오드**는 제외).
(2) 전구에는 적당한 **보호덮개**를 설치하여야 한다(단, 발광다이오드는 제외).

(3) 주위의 밝기가 **300 lx**인 장소에서 측정하여 앞면으로부터 **3m** 떨어진 곳에서 켜진 등이 확실히 식별될 것 보기 ②

(4) 누전화재의 발생을 표시하는 표시등(누전등)이 설치된 것은 등이 켜질 때 **적색**으로 표시되어야 하며, 누전화재가 발생한 경계전로의 위치를 표시하는 표시등(지구등)과 기타의 표시등은 다음과 같아야 한다.

• 누전등 • 누전등 및 지구등과 쉽게 구별할 수 있도록 부착된 기타의 표시등	• 누전등이 설치된 수신부의 지구등 • 기타의 표시등
적색	적색 외의 색

답 ②

65
무선통신보조설비의 화재안전기준에 따라 무선통신보조설비의 누설동축케이블 및 동축케이블은 화재에 따라 해당 케이블의 피복이 소실된 경우에 케이블 본체가 떨어지지 아니하도록 몇 m 이내마다 금속제 또는 자기제 등의 지지금구로 벽·천장·기둥 등에 견고하게 고정시켜야 하는가? (단, 불연재료로 구획된 반자 안에 설치하지 않은 경우이다.)

20.08.문65
19.03.문80
17.05.문68
16.10.문72
15.09.문78
14.05.문78
12.05.문78
10.05.문76
08.09.문70

① 1
② 1.5
③ 2.5
④ 4

 누설동축케이블의 **설치기준**(NFPC 505 5조, NFTC 505 2.2.1)
(1) 소방전용 주파수대에서 전파의 **전송** 또는 **복사**에 적합한 것으로서 소방전용의 것
(2) 누설동축케이블과 이에 접속하는 안테나 또는 동축케이블과 이에 접속하는 안테나
(3) 누설동축케이블 및 동축케이블은 화재에 따라 해당 케이블의 피복이 소실된 경우에 케이블 본체가 떨어지지 아니하도록 **4m** 이내마다 금속제 또는 자기제 등의 지지금구로 벽·천장·기둥 등에 견고하게 고정시킬 것(단, 불연재료로 구획된 반자 안에 설치하는 경우 제외) 보기 ④
(4) **누설동축케이블** 및 **안테나**는 **고압**전로로부터 **1.5m** 이상 떨어진 위치에 설치(단, 해당 전로에 **정전기 차폐장치**를 유효하게 설치한 경우에는 제외)
(5) 누설동축케이블의 끝부분에는 **무반사종단저항**을 설치

기억법 누고15

무반사종단저항
전송로로 전송되는 전자파가 전송로의 종단에서 반사되어 **교신**을 **방해**하는 것을 막기 위한 저항

답 ④

66
비상콘센트설비의 화재안전기준에 따라 비상콘센트용의 풀박스 등은 방청도장을 한 것으로서, 두께 몇 mm 이상의 철판으로 하여야 하는가?

20.08.문64
19.04.문63
18.04.문61
17.03.문72
16.10.문61
16.05.문76
15.09.문80
14.03.문64
11.10.문67

① 1.0
② 1.2
③ 1.5
④ 1.6

 비상콘센트설비(NFPC 504 4조, NFTC 504 2.1)

구 분	전 압	용 량	플러그접속기
단상 교류	220V	1.5kVA 이상	접지형 2극

(1) 하나의 전용 회로에 설치하는 비상콘센트는 **10개** 이하로 할 것(전선의 용량은 최대 **3개**)

설치하는 비상콘센트 수량	전선의 용량산정시 적용하는 비상콘센트 수량	단상 전선의 용량
1개	1개 이상	1.5kVA 이상
2개	2개 이상	3.0kVA 이상
3~10개	3개 이상	4.5kVA 이상

(2) 전원회로는 각 층에 있어서 **2** 이상이 되도록 설치할 것(단, 설치하여야 할 층의 콘센트가 **1개**인 때에는 하나의 회로로 할 수 있다.)
(3) 플러그접속기의 칼받이 접지극에는 **접지공사**를 하여야 한다.
(4) 풀박스는 **1.6mm** 이상의 철판을 사용할 것 보기 ④
(5) 절연저항은 **전원부**와 **외함** 사이를 **직류 500V 절연저항계**로 측정하여 **20MΩ** 이상일 것
(6) 전원으로부터 각 층의 비상콘센트에 분기되는 경우에는 **분기배선용 차단기**를 보호함 안에 설치할 것
(7) 바닥으로부터 **0.8~1.5m** 이하의 높이에 설치할 것
(8) 전원회로는 주배전반에서 **전용 회로**로 하며, 배선의 종류는 **내화배선**이어야 한다.

답 ④

67
자동화재탐지설비 및 시각경보장치의 화재안전기준에서 정하는 불꽃감지기의 시설기준으로 틀린 것은?

19.03.문66

① 폭발의 우려가 있는 장소에는 방폭형으로 설치할 것
② 공칭감시거리 및 공칭시야각은 형식승인 내용에 따를 것
③ 감지기를 천장에 설치하는 경우에는 감지기는 바닥을 향하여 설치할 것
④ 감지기는 화재감지를 유효하게 감지할 수 있는 모서리 또는 벽 등에 설치할 것

① 해당없음

불꽃감지기의 설치기준(NFPC 203 7조, NFTC 203 2.4.3.13)
(1) 감지기는 **공칭감시거리**와 **공칭시야각**을 기준으로 감시구역이 모두 포용될 수 있도록 설치할 것
(2) 감지기는 화재감지를 유효하게 감지할 수 있는 **모서리** 또는 **벽** 등에 설치할 것 보기 ④
(3) 감지기를 **천장**에 설치하는 경우에는 감지기는 **바닥**을 향하여 설치할 것 보기 ③
(4) 수분이 많이 발생할 우려가 있는 장소에는 **방수형**으로 설치할 것
(5) **공칭감시거리** 및 **공칭시야각**은 형식승인 내용에 따를 것 보기 ②

중요

불꽃감지기의 **공칭감시거리·공칭시야각**(감지기의 형식승인 및 제품검사 기술기준 19-2)

조 건	공칭감시거리	공칭시야각
20m **미만**의 장소에 적합한 것	1m 간격	5° 간격
20m **이상**의 장소에 적합한 것	5m 간격	

답 ①

68 다음은 비상조명등의 우수품질인증 기술기준에서 정하는 비상조명등의 상태를 자동적으로 점검하는 기능에 대한 내용이다. ( )에 들어갈 내용으로 옳은 것은?

자가점검시간은 (㉠)초 이상 (㉡)분 이하로 (㉢)일 마다 최소 한 번 이상 자동으로 수행하여야 한다.

① ㉠ 15, ㉡ 15, ㉢ 15
② ㉠ 15, ㉡ 20, ㉢ 30
③ ㉠ 30, ㉡ 30, ㉢ 30
④ ㉠ 30, ㉡ 45, ㉢ 60

자가점검 및 **무선점검시험 적합 기능**(비상조명등의 우수품질인증 기술기준 15조)
(1) **자가점검시간**은 **30초** 이상 **30분** 이하로 **30일** 마다 최소 한 번 이상 자동으로 수행 보기 ③
(2) 자가점검결과 이상상태를 확인할 수 있는 **표시** 또는 **점등**(점열, 음향 포함) 장치를 설치
(3) 자가점검기능은 **비상전원 충전회로 고장, 예비전원 충전용량 미달** 등에 대하여 표시하여야 하며, 기타 제조사가 제시하는 기능 표시
(4) 상용전원 및 비상전원의 상태를 **무선**으로 점검할 수 있는 장치를 설치할 수 있다. 이 경우 **최대점검거리** 및 **시야각** 등 제시

답 ③

69 자동화재탐지설비 및 시각경보장치의 화재안전기준에 따라 부착높이가 4m 미만으로 연기감지기 3종을 설치할 때, 바닥면적 몇 m^2 마다 1개 이상 설치하여야 하는가?
① 50   ② 75
③ 100   ④ 150

연기감지기의 바닥면적(NFPC 203 7조, NFTC 203 2.4.3.10.1)

부착높이	감지기의 종류	
	1종 및 2종	3종
4m 미만	150m^2	50m^2 보기 ①
4~20m 미만	75m^2	설치할 수 없다.

기억법 123
155
75

답 ①

70 비상방송설비와 자동화재탐지설비의 연동시 동작순서로 옳은 것은?
① 기동장치 → 증폭기 → 수신기 → 조작부 → 확성기
② 기동장치 → 조작부 → 증폭기 → 수신기 → 확성기
③ 기동장치 → 수신기 → 증폭기 → 조작부 → 확성기
④ 기동장치 → 증폭기 → 조작부 → 수신기 → 확성기

비상방송설비의 **계통도**

|비상방송설비의 계통도|

• 확성기=스피커
• 조작부=조작장치

답 ③

71 유도등의 우수품질인증 기술기준에서 정하는 유도등의 일반구조에 적합하지 않은 것은?
① 축전지에 배선 등은 직접 납땜하여야 한다.
② 충전부가 노출되지 아니한 것은 사용전압이 300V를 초과할 수 있다.
③ 외함은 기기 내의 온도상승에 의하여 변형, 변색 또는 변질되지 아니하여야 한다.
④ 전선의 굵기는 인출선인 경우에는 단면적이 0.75mm^2 이상이어야 한다.

해설 ① 납땜하여야 한다. → 납땜하지 아니하여야 한다.

비상조명등·유도등의 일반구조(유도등의 우수품질인증 기술기준 2조)

(1) 전선의 굵기 및 길이 보기 ④

인출선 굵기	인출선 길이
0.75mm² 이상	150mm 이상

기억법 인75(인(사람) 치료)

(2) 축전지에 배선 등을 직접 납땜하지 아니할 것 보기 ①

- 직접 납땜하지 않는 이유 : 납땜시 **축전지**의 **교체**가 **어려움**

(3) 사용전압은 **300V 이하**이어야 한다(단, 충전부가 노출되지 아니한 것은 300V 초과 가능). 보기 ②

(4) 예비전원을 **병렬**로 접속하는 경우는 **역충전방지 등**의 조치를 강구할 것

(5) 유도등에는 **점멸, 음성** 또는 이와 유사한 방식 등에 의한 **유도장치** 설치 가능

(6) 외함은 **기기 내의 온도 상승**에 의하여 **변형, 변색** 또는 **변질**되지 아니하여야 한다. 보기 ③

답 ①

72 축광표지의 성능인증 및 제품검사의 기술기준에 따라 피난방향 또는 소방용품 등의 위치를 추가적으로 알려주는 보조역할을 하는 축광보조표지의 설치위치로 틀린 것은?

① 바닥 ② 천장
③ 계단 ④ 벽면

해설 ② 천장은 해당없음

축광표지의 **설치위치**(축광표지의 성능인증 및 제품검사의 기술기준 2조)

축광유도표지	축광위치표지	축광보조표지
화재발생시 **피난방향**을 안내하기 위하여 사용되는 축광표지로서 **피난구축광유도표지, 통로축광유도표지**로 구분	**옥내소화전설비**의 **함, 발신기, 피난기구**(완강기, 간이완강기, 구조대, 금속제피난사다리), 소화기, 투척용 소화용구 및 연결송수관설비의 방수구 등 소방용품의 위치를 표시하기 위한 축광표지	피난로 등의 **바닥·계단·벽면** 등에 설치함으로써 **피난방향** 또는 **소방용품**의 **위치**를 추가적으로 알려주는 **보조역할**을 하는 표지 보기 ②

답 ②

73 시각경보장치의 성능인증 및 제품검사의 기술기준에 따라 시각경보장치의 전원부 양단자 또는 양선을 단락시킨 부분과 비충전부를 DC 500V의 절연저항계로 측정하는 경우 절연저항이 몇 MΩ 이상이어야 하는가?

① 0.1 ② 5
③ 10 ④ 20

해설 **절연저항시험**

절연저항계	절연저항	대상
직류 250V	0.1MΩ 이상	• 1경계구역의 절연저항
직류 500V	5MΩ 이상	• 누전경보기 • 가스누설경보기 • 수신기(10회로 미만, 절연된 충전부와 외함간) • 자동화재속보설비 • 비상경보설비 • 유도등(교류입력측과 외함 간 포함) • 비상조명등(교류입력측과 외함 간 포함) • 시각경보장치 보기 ②
	20MΩ 이상	• 경종 • 발신기 • 중계기 • 비상콘센트 • 기기의 절연된 선로 간 • 기기의 충전부와 비충전부 간 • 기기의 교류입력측과 외함 간(유도등·비상조명등 제외)
	50MΩ 이상	• 감지기(정온식 감지선형 감지기 제외) • 가스누설경보기(10회로 이상) • 수신기(10회로 이상, 교류입력측과 외함간 제외)
	1000MΩ 이상	• 정온식 감지선형 감지기

답 ②

74 누전경보기의 형식승인 및 제품검사의 기술기준에서 정하는 누전경보기의 공칭작동전류치(누전경보기를 작동시키기 위하여 필요한 누설전류의 값으로서 제조자에 의하여 표시된 값을 말한다.)는 몇 mA 이하이어야 하는가?

① 50 ② 100
③ 150 ④ 200

해설 **누전경보기**(누전경보기의 형식승인 및 제품검사의 기술기준 7·8조)

공칭작동전류치	감도조정장치의 조정범위
200mA 이하 보기 ④	1A(1000mA) 이하

기억법 공2

참고

검출누설전류 설정치 범위

경계전로	제2종 접지선 (중성점 접지선)
100~400mA	400~700mA

답 ④

75 다음은 자동화재속보설비의 속보기의 성능인증 및 제품검사의 기술기준에 따른 속보기에 대한 내용이다. ( )에 들어갈 내용으로 옳은 것은?

> 속보기는 연동 또는 수동 작동에 의한 다이얼링 후 소방관서와 전화접속이 이루어지지 않는 경우에는 최초 다이얼링을 포함하며 (ⓐ)회 이상 반복적으로 접속을 위한 다이얼링이 이루어져야 한다. 이 경우 매회 다이얼링 완료 후 호출은 (ⓑ)초 이상 지속되어야 한다.

① ⓐ 10, ⓑ 30   ② ⓐ 15, ⓑ 30
③ ⓐ 10, ⓑ 60   ④ ⓐ 15, ⓑ 60

해설 **속보기의 기준**(자동화재속보설비의 속보기의 성능인증 및 제품검사의 기술기준 3·5조)
(1) **수동통화용 송수화기**를 설치
(2) **20초** 이내에 **3회** 이상 **소방관서**에 자동속보
(3) 예비전원은 감시상태를 **60분**간 지속한 후 **10분** 이상 동작이 지속될 수 있는 용량일 것
(4) **다이얼링**: **10회** 이상(다이얼링 호출 **30초** 이상) 보기 ①

기억법 다10 30(산삼먹기 다 쉽다)

(5) 작동시 그 **작동시간**과 **작동횟수**를 표시할 수 있는 장치를 하여야 한다.
(6) **예비전원회로**에는 **단락사고** 등을 방지하기 위한 **퓨즈**, **차단기** 등과 같은 **보호장치**를 하여야 한다.
(7) 국가유산용 속보기는 자동적으로 무선식 감지기에 **24 시간** 이내의 주기마다 통신점검 신호를 발신할 수 있는 장치를 설치하여야 한다.

기억법 속203

비교
자동화재속보설비의 **속보기**에 **적용할 수 없는 회로 방식**(자동화재속보설비의 속보기의 성능인증 및 제품검사 기술기준 3조)
(1) **접지전극**에 **직류전류**를 통하는 회로방식
(2) 수신기에 접속되는 외부배선과 다른 설비(화재 신호의 전달에 영향을 미치지 않는 것 제외)의 외부배선을 **공용**으로 하는 회로방식

답 ①

76 단독경보형 감지기에 대한 설명으로 틀린 것은?
① 단독경보형 감지기는 감지부, 경보장치, 전원이 개별로 구성되어 있다.
② 화재경보음은 감지기로부터 1m 떨어진 위치에서 85dB 이상으로 10분 이상 계속하여 경보할 수 있어야 한다.
③ 단독경보형 감지기는 수동으로 작동시험을 하고 자동복귀형 스위치에 의하여 자동으로 정위치에 복귀하여야 한다.
④ 작동되는 감지기는 작동표시등에 의하여 화재의 발생을 표시하고, 내장된 음향장치의 명동에 의하여 화재경보음을 발하여야 한다.

해설 ① 개별로 → 통합으로

단독경보형 감지기의 일반기능(감지기의 형식승인 및 제품검사의 기술기준 5조 2)
(1) 자동복귀형 스위치(자동적으로 정위치에 복귀될 수 있는 스위치)에 의하여 **수동**으로 작동시험을 할 수 있는 기능이 있을 것 보기 ③
(2) 작동되는 경우 **작동표시등**에 의하여 화재의 발생을 표시하고, 내장된 **음향장치**의 명동에 의하여 **화재경보음**을 발할 수 있는 기능이 있을 것 보기 ④
(3) 주기적으로 섬광하는 **전원표시등**에 의하여 전원의 정상여부를 감시할 수 있는 기능이 있어야 하며, 전원의 정상상태를 표시하는 전원표시등의 섬광주기는 **1초** 이내의 **점등**과 **30초**에서 **60초** 이내의 **소등**으로 이루어질 것
(4) 화재경보음은 감지기로부터 1m 떨어진 위치에서 **85dB 이상**으로 **10분** 이상 계속하여 경보할 수 있을 것 보기 ②
(5) 단독경보형 감지기는 감지부, 경보장치, 전원이 **통합**으로 구성되어 있을 것 보기 ①

답 ①

77 비상방송설비의 음향장치는 정격전압의 몇 % 전압에서 음향을 발할 수 있는 것으로 하여야 하는가?
① 80
② 90
③ 100
④ 110

해설 비상방송설비 음향장치의 구조 및 성능기준(NFPC 202 4조, NFTC 202 2.1.1.12)
(1) 정격전압의 **80%** 전압에서 음향을 발할 것 보기 ①
(2) **자동화재탐지설비**의 작동과 연동하여 작동할 것

비교
자동화재탐지설비 음향장치의 구조 및 성능 기준
(1) 정격전압의 **80%** 전압에서 음향을 발할 것
(2) 음량은 1m 떨어진 곳에서 **90dB** 이상일 것
(3) **감지기·발신기**의 작동과 **연동**하여 작동할 것

답 ①

78 소방시설용 비상전원수전설비의 화재안전기준에 따라 소방회로배선은 일반회로배선과 불연성 벽으로 구획하여야 하나, 소방회로배선과 일반회로배선을 몇 cm 이상 떨어져 설치한 경우에는 그러하지 아니하는가?
① 5
② 10
③ 15
④ 20

해설 **특별고압** 또는 **고압**으로 **수전**하는 **경우**(NFPC 602 5조, NFTC 602 2,2,1)
(1) 전용의 **방화구획 내**에 설치할 것
(2) 소방회로배선은 일반회로배선과 **불연성 벽**으로 구획할 것(단, 소방회로배선과 일반회로배선을 **15cm** 이상 떨어져 설치한 경우는 제외) 보기 ③

│불연성 벽으로 구획하지 않아도 되는 경우│

(3) 일반회로에서 **과부하, 지락사고** 또는 **단락사고**가 발생한 경우에도 이에 영향을 받지 아니하고 계속하여 소방회로에 전원을 공급시켜 줄 수 있어야 할 것
(4) 소방회로용 **개폐기** 및 **과전류차단기**에는 "소방시설용"이라 표시할 것

답 ③

79 경종의 우수품질인증 기술기준에 따라 경종에 정격전압을 인가한 경우 경종의 소비전류는 몇 mA 이하이어야 하는가?
① 10
② 30
③ 50
④ 100

해설 **경종**의 **기능시험**(경종의 우수품질인증 기술기준 4조)
(1) 경종의 중심으로부터 **1m** 떨어진 위치에서 **90dB** 이상이어야 하며, 최소청취거리에서 **110dB**을 초과하지 아니할 것
(2) 경종의 소비전류 : **50mA** 이하 보기 ③

답 ③

80 자동화재탐지설비 및 시각경보장치의 화재안전기준에 따라 감지기 상호간 또는 감지기로부터 수신기에 이르는 감지기회로의 배선 중 전자파 방해를 받지 아니하는 쉴드선 등을 사용하지 않아도 되는 것은?
① R형 수신기용으로 사용되는 것
② 차동식 감지기
③ 다신호식 감지기
④ 아날로그식 감지기

해설 **쉴드선**을 **사용**해야 하는 **감지기**(NFTC 203 2,8,1,2,1)
(1) **아**날로그식 감지기 보기 ④
(2) **다**신호식 감지기 보기 ③
(3) **R**형 수신기용으로 사용되는 감지기 보기 ①

기억법 쉴아다R

중요

│쉴드선│

답 ②

2022. 9. 14 시행

■ 2022년 기사 제4회 필기시험 CBT 기출복원문제 ■

자격종목	종목코드	시험시간	형별
소방설비기사(전기분야)		2시간	

수험번호	성명

※ 각 문항은 4지택일형으로 질문에 가장 적합한 보기 항을 선택하여 체크하여야 합니다.

제1과목 소방원론

01 제5류 위험물인 자기반응성 물질의 성질 및 소화에 관한 사항으로 가장 거리가 먼 것은?

16.05.문10
15.09.문58
14.09.문13

① 연소속도가 빨라 폭발적인 경우가 많다.
② 질식소화가 효과적이며, 냉각소화는 불가능하다.
③ 대부분 산소를 함유하고 있어 자기연소 또는 내부연소를 한다.
④ 가열, 충격, 마찰에 의해 폭발의 위험이 있는 것이 있다.

 ② 냉각소화가 효과적이며, 질식소화는 불가능하다.

제5류 위험물 : 자기반응성 물질(자기연소성 물질)

구 분	설 명
특징	① 연소속도가 빨라 **폭발**적인 경우가 많다. 보기 ① ② 대부분 **산소**를 함유하고 있어 자기연소 또는 내부연소를 한다. 보기 ③ ③ 가열, 충격, 마찰에 의해 **폭발**의 **위험**이 있는 것이 있다. 보기 ④
소화방법	대량의 물에 의한 **냉각소화**가 효과적이다. 보기 ②
종류	① 유기과산화물 · 나이트로화합물 · 나이트로소화합물 ② 질산에스터류(**셀**룰로이드) · 하이드라진유도체 ③ 아조화합물 · 다이아조화합물

기억법 5자셀

중요

위험물의 소화방법

종 류	소화방법
제1류	물에 의한 **냉각소화**(단, **무**기과산화물은 **마른모래** 등에 의한 질식소화)
제2류	물에 의한 **냉각소화**(단, **금속분**은 마른모래 등에 의한 질식소화)
제3류	마른모래, 팽창질석, 팽창진주암에 의한 소화(마른모래보다 **팽창질석** 또는 **팽창진주암**이 더 효과적)
제4류	포 · 분말 · CO₂ · 할론소화약제에 의한 **질식소화**
제5류	화재 초기에만 대량의 물에 의한 **냉각소화**(단, 화재가 진행되면 자연진화되도록 기다릴 것)
제6류	마른모래 등에 의한 **질식소화**

답 ②

02 0℃, 1기압에서 44.8m³의 용적을 가진 이산화탄소를 액화하여 얻을 수 있는 액화탄산가스의 무게는 약 몇 kg인가?

20.06.문17
18.09.문11
14.09.문07
12.03.문19
06.09.문13
97.03.문03

① 44
② 22
③ 11
④ 88

해설 (1) 기호
- T : 0℃=(273+0℃)K
- P : 1기압=1atm
- V : 44.8m³
- m : ?

(2) 이상기체상태 방정식

$$PV = nRT$$

여기서, P : 기압[atm]
V : 부피[m³]
n : 몰수 $\left(n=\dfrac{m(질량)[kg]}{M(분자량)[kg/kmol]}\right)$
R : 기체상수(0.082atm·m³/kmol·K)
T : 절대온도(273+℃)[K]

$PV=\dfrac{m}{M}RT$에서

$m=\dfrac{PVM}{RT}$

$=\dfrac{1\text{atm}\times 44.8\text{m}^3 \times 44\text{kg/kmol}}{0.082\text{atm}\cdot\text{m}^3/\text{kmol}\cdot\text{K}\times(273+0℃)\text{K}}$

$≒ 88\text{kg}$

● 이산화탄소 분자량(M)=44kg/kmol

답 ④

03 ★★★ 부촉매효과에 의한 소화방법으로 옳은 것은?

19.09.문13
18.09.문19
17.05.문06
16.03.문08
15.03.문17
14.03.문19
11.10.문19
03.08.문11

① 산소의 농도를 낮추어 소화하는 방법이다.
② 용융잠열에 의한 냉각효과를 이용하여 소화하는 방법이다.
③ 화학반응으로 발생한 이산화탄소에 의한 소화방법이다.
④ 활성기(free radical)에 의한 연쇄반응을 억제하는 소화방법이다.

해설
① 질식소화
② 냉각소화
③ 질식소화

소화의 형태

소화형태	설 명
냉각소화	• **점화원**을 냉각하여 소화하는 방법 • **증**발잠열을 이용하여 열을 빼앗아 가연물의 온도를 떨어뜨려 화재를 진압하는 소화방법 • **다량의 물**을 뿌려 소화하는 방법 • 가연성 물질을 **발화점 이하**로 **냉각** • **식용유화재**에 신선한 **야채**를 넣어 소화 • 용융잠열에 의한 **냉각효과**를 이용하여 소화하는 방법 보기 ② 기억법 냉점증발
질식소화	• 공기 중의 **산소농도**는 **16%**(10~15%) 이하로 희박하게 하여 소화하는 방법 • 산화제의 농도를 낮추어 연소가 지속될 수 없도록 하는 방법 • 산소공급을 차단하는 소화방법 • 산소의 농도를 낮추어 소화하는 방법 보기 ① • 화학반응으로 발생한 **탄산가스**(이산화탄소)에 의한 소화방법 보기 ③ 기억법 질산
제거소화	• **가연물**을 **제거**하여 소화하는 방법

부촉매 소화 (화학소화, 부촉매효과)	• **연쇄반응**을 **차단**하여 소화하는 방법 • 화학적인 방법으로 화재억제 • **활성기**(free radical)의 **생성**을 **억제**하는 소화방법 보기 ④ 기억법 부억(부엌)
희석소화	• 기체·고체·액체에서 나오는 분해가스나 증기의 농도를 낮춰 소화하는 방법

답 ④

04 ★★ 제1종 분말소화약제가 요리용 기름이나 지방질 기름의 화재시 소화효과가 탁월한 이유에 대한 설명으로 가장 옳은 것은?

16.05.문04
11.03.문14

① 아이오딘화반응을 일으키기 때문이다.
② 비누화반응을 일으키기 때문이다.
③ 브로민화반응을 일으키기 때문이다.
④ 질화반응을 일으키기 때문이다.

해설
비누화현상(saponification phenomenon)

구 분	설 명
정의	**소화약제**가 식용유에서 분리된 **지방산**과 **결합**해 **비누거품**처럼 부풀어 오르는 현상
적응소화약제	제1종 분말소화약제
적응성	• 요리용 기름 보기 ② • 지방질 기름 보기 ②
발생원리	에스터가 알칼리에 의해 가수분해되어 알코올과 산의 알칼리염이 됨
화재에 미치는 효과	주방의 식용유화재시에 나트륨이 기름을 둘러싸 외부와 분리시켜 **질식소화** 및 **재발화 억제효과** ‖비누화현상‖
화학식	RCOOR′+NaOH → RCOONa+R′OH

● 비누화반응=비누화현상

답 ②

05 ★ 위험물안전관리법령상 제4류 위험물인 알코올류에 속하지 않는 것은?

15.03.문08

① C_4H_9OH
② CH_3OH
③ C_2H_5OH
④ C_3H_7OH

해설
① 부틸알코올(C_4H_9OH)은 해당없음

위험물령 [별표 1]
위험물안전관리법령상 알코올류
(1) 메틸알코올(CH_3OH) 보기 ②
(2) 에틸알코올(C_2H_5OH) 보기 ③
(3) 프로필알코올(C_3H_7OH) 보기 ④

(4) 변성알코올
(5) 퓨젤유

답 ①

06 플래시오버(flash over)현상에 대한 설명으로 옳은 것은?

20.09.문14
14.05.문18
14.03.문11
13.06.문17
11.06.문11

① 실내에서 가연성 가스가 축적되어 발생되는 폭발적인 착화현상
② 실내에서 에너지가 느리게 집적되는 현상
③ 실내에서 가연성 가스가 분해되는 현상
④ 실내에서 가연성 가스가 방출되는 현상

해설 플래시오버(flash over) : 순발연소
(1) **실내**에서 폭발적인 착화현상 보기 ①
(2) 폭발적인 **화재확대현상**
(3) 건물화재에서 발생한 가연성 가스가 일시에 인화하여 화염이 **충**만하는 단계
(4) 실내의 가연물이 연소됨에 따라 생성되는 가연성 가스가 실내에 누적되어 **폭**발적으로 연소하여 실 전체가 순간적으로 불길에 싸이는 현상
(5) **옥내화재**가 서서히 진행하여 열이 축적되었다가 일시에 화염이 크게 발생하는 상태
(6) **다량**의 **가**연성 가스가 동시에 연소되면서 **급**격한 온도상승을 유발하는 현상
(7) 건축물에서 한순간에 폭발적으로 화재가 확산되는 현상

기억법 플확충 폭급

- 플래시오버=플래쉬오버

비교

(1) **패닉**(panic)현상
인간의 비이성적인 또는 부적합한 **공포반응행동**으로서 무모하게 높은 곳에서 뛰어내리는 행위라든지, 몸이 굳어서 움직이지 못하는 행동

(2) **굴뚝효과**(stack effect)
㉠ 건물 내외의 **온도차**에 따른 공기의 흐름현상이다.
㉡ 굴뚝효과는 **고층건물**에서 주로 나타난다.
㉢ 평상시 건물 내 기류분포를 지배하는 중요 요소이며 화재시 **연기**의 **이동**에 큰 영향을 미친다.
㉣ 건물 외부의 온도가 내부의 온도보다 높은 경우 저층부에서는 내부에서 외부로 공기의 흐름이 생긴다.

(3) **블레비**(BLEVE)=**블레이브**(BLEVE)현상
과열상태의 탱크에서 내부의 액화가스가 분출하여 기화되어 폭발하는 현상
㉠ 가연성 액체
㉡ 화구(fire ball)의 형성
㉢ 복사열의 대량 방출

답 ①

07 다음 중 건물의 화재하중을 감소시키는 방법으로서 가장 적합한 것은?

① 건물 높이의 제한
② 내장재의 불연화
③ 소방시설증강
④ 방화구획의 세분화

해설 화재하중을 감소시키는 방법
(1) **내장재**의 **불연화** 보기 ②
(2) **가연물**의 **수납** : 불연화가 불가능한 서류 등의 가연물은 불연성 밀폐용기에 보관
(3) **가연물**의 **제한** : 가연물을 필요 최소단위로 보관하여 가연물의 양을 줄임

용어

화재하중	화재가혹도
① 가연물 등의 **연소시 건축물**의 **붕괴** 등을 고려하여 설계하는 하중 ② 화재실 또는 화재구획의 **단위면적당 가연물**의 **양** ③ 일반건축물에서 가연성의 건축구조재와 **가연성 수용물**의 **양**으로서 건물화재시 발열량 및 화재위험성을 나타내는 용어 ④ 화재하중이 크면 단위면적당의 발열량이 크다. ⑤ 화재하중이 같더라도 물질의 상태에 따라 가혹도는 달라진다. ⑥ 화재하중은 화재구획실 내의 가연물 총량을 목재 중량당비로 환산하여 면적으로 나눈 수치이다. ⑦ 건물화재에서 가열온도의 정도를 의미한다. ⑧ 건물의 내화설계시 고려되어야 할 사항이다. $$q = \frac{\Sigma G_t H_t}{HA} = \frac{\Sigma Q}{4500 A}$$ 여기서, q : 화재하중[kg/m²] 또는 [N/m²] G_t : 가연물의 양[kg] H_t : 가연물의 단위발열량 [kcal/kg] H : 목재의 단위발열량 [kcal/kg](4500kcal/kg) A : 바닥면적[m²] ΣQ : 가연물의 전체 발열량 [kcal]	화재로 인하여 건물 내에 수납되어 있는 재산 및 건물 자체에 손상을 주는 능력의 정도

답 ②

08 자연발화가 일어나기 쉬운 조건이 아닌 것은?

① 적당량의 수분이 존재할 것
② 열전도율이 클 것
③ 주위의 온도가 높을 것
④ 표면적이 넓을 것

해설 ② 클 것 → 작을 것

자연발화의 방지법	자연발화 조건
① 습도가 높은 곳을 피할 것(**건조하게 유지할 것**)	① 열전도율이 작을 것 보기②
② 저장실의 온도를 낮출 것	② 발열량이 클 것
③ 통풍이 잘 되게 할 것	③ 주위의 온도가 높을 것 보기③
④ 퇴적 및 수납시 열이 쌓이지 않게 할 것(**열축적방지**)	④ 표면적이 넓을 것 보기④
⑤ 산소와의 접촉을 차단할 것	⑤ 적당량의 수분이 존재할 것 보기①
⑥ **열전도성**을 좋게 할 것	

답 ②

09 건축물 화재에서 플래시오버(flash over) 현상이 일어나는 시기는?

① 초기에서 성장기로 넘어가는 시기
② 성장기에서 최성기로 넘어가는 시기
③ 최성기에서 감쇠(퇴)기로 넘어가는 시기
④ 감쇠(퇴)기에서 종기로 넘어가는 시기

해설 플래시오버(flash over)

구 분	설 명
발생시간	화재발생 후 5~6분경
발생시점	**성장기~최성기**(성장기에서 최성기로 넘어가는 분기점) 보기② 기억법 플성최
실내온도	약 800~900℃

답 ②

10 물속에 저장할 때 안전한 물질은?

① 나트륨
② 수소화칼슘
③ 탄화칼슘
④ 이황화탄소

해설 물질에 따른 저장장소

물 질	저장장소
황린, **이**황화탄소(CS_2) 보기④	**물속**
나이트로셀룰로오스	알코올 속
칼륨(K), 나트륨(Na), 리튬(Li)	석유류(등유) 속
알킬알루미늄	벤젠액 속
아세틸렌(C_2H_2)	디메틸포름아미드(DMF), 아세톤에 용해
수소화칼슘	**환기**가 잘 되는 내화성 **냉암소**에 보관
탄화칼슘(칼슘카바이드)	습기가 없는 **밀폐용기**에 저장하는 곳

기억법 황물이(**황**토색 **물**이 나온다.)

중요
산화프로필렌, 아세트알데하이드
구리, **마**그네슘, **은**, **수**은 및 그 합금과 저장 금지
기억법 구마은수

답 ④

11 화재에 관한 설명으로 옳은 것은?

① PVC 저장창고에서 발생한 화재는 D급 화재이다.
② 연소의 색상과 온도와의 관계를 고려할 때 일반적으로 휘백색보다는 휘적색의 온도가 높다.
③ PVC 저장창고에서 발생한 화재는 B급 화재이다.
④ 연소의 색상과 온도와의 관계를 고려할 때 일반적으로 암적색보다는 휘적색의 온도가 높다.

해설
① D급 화재 → A급 화재
② 높다 → 낮다
③ B급 화재 → A급 화재

(1) PVC나 폴리에틸렌의 저장창고에서 발생한 화재는 **A급 화재**이다.
(2) **연소**의 **색**과 **온도**

색	온 도[℃]
암적색(진홍색)	700~750
적색	850
휘적색(주황색)	925~950
황적색	1100
백적색(백색)	1200~1300
휘백색	1500

답 ④

12 표준상태에서 44g의 프로판 1몰이 완전연소할 경우 발생한 이산화탄소의 부피는 약 몇 L인가?

① 22.4
② 44.8
③ 89.6
④ 67.2

해설 프로판 연소반응식
프로판(C_3H_8)이 연소되므로 산소(O_2)가 필요함
$aC_3H_8 + bO_2 \rightarrow cCO_2 + dH_2O$
C : $3a = c$
H : $8a = 2d$
O : $2b = 2c + d$

①C_3H_8 + ⑤O_2 → ③CO_2 + ④H_2O
1mol   3mol
22.4L x

• 22.4L : 표준상태에서 1mol의 기체는 0℃ 기압에서 22.4L를 가짐

$1\text{mol} \times x = 3\text{mol} \times 22.4\text{L}$

$x = \dfrac{3\text{mol} \times 22.4\text{L}}{1\text{mol}} = 67.2\text{L}$

답 ④

13 표면온도가 350℃인 전기히터의 표면온도를 750℃로 상승시킬 경우, 복사에너지는 처음보다 약 몇 배로 상승되는가?

① 1.64
② 2.14
③ 7.27
④ 21.08

해설 (1) 기호
• T_1 : 350℃ = (273+350)K
• T_2 : 750℃ = (273+750)K
• $\dfrac{Q_2}{Q_1}$: ?

(2) 스테판-볼츠만의 법칙(Stefan-Boltzman's law)
$Q = aAF(T_1^4 - T_2^4) \propto T^4$이므로
$\dfrac{Q_2}{Q_1} = \dfrac{T_2^4}{T_1^4} = \dfrac{(273+t_2)^4}{(273+t_1)^4} = \dfrac{(273+750)^4}{(273+350)^4} ≒ 7.27$

• 열복사량은 복사체의 **절대온도**의 **4제곱**에 비례하고, **단면적**에 비례한다.

답 ③

참고
스테판-볼츠만의 법칙(Stefan-Boltzman's law)
$$Q = aAF(T_1^4 - T_2^4)$$
여기서, Q : 복사열[W]
a : 스테판-볼츠만 상수[W/m²·K⁴]
A : 단면적[m²]
F : 기하학적 Factor
T_1 : 고온[K]
T_2 : 저온[K]

답 ③

14 화재를 발생시키는 에너지인 열원의 물리적 원인으로만 나열한 것은?

① 압축, 분해, 단열
② 마찰, 충격, 단열
③ 압축, 단열, 용해
④ 마찰, 충격, 분해

해설 물리적 원인 vs 화학적 원인

물리적 원인	화학적 원인
① **마**찰	① 분해
② **충**격	② 중합
③ **단**열	③ 흡착
④ **압**축	④ 용해

기억법 마충단압

답 ②

15 메탄 80vol%, 에탄 15vol%, 프로판 5vol%인 혼합가스의 공기 중 폭발하한계는 약 몇 vol%인가? (단, 메탄, 에탄, 프로판의 공기 중 폭발하한계는 5.0vol%, 3.0vol%, 2.1vol%이다.)

① 4.28
② 3.61
③ 3.23
④ 4.02

해설 혼합가스의 폭발하한계

$$\dfrac{100}{L} = \dfrac{V_1}{L_1} + \dfrac{V_2}{L_2} + \dfrac{V_3}{L_3}$$

여기서, L : 혼합가스의 폭발하한계[vol%]
L_1, L_2, L_3 : 가연성 가스의 폭발하한계[vol%]
V_1, V_2, V_3 : 가연성 가스의 용량[vol%]

$\dfrac{100}{L} = \dfrac{V_1}{L_1} + \dfrac{V_2}{L_2} + \dfrac{V_3}{L_3}$

$\dfrac{100}{L} = \dfrac{80}{5.0} + \dfrac{15}{3.0} + \dfrac{5}{2.1}$

$$\frac{100}{\frac{80}{5.0}+\frac{15}{3.0}+\frac{5}{2.1}}=L$$

$$L=\frac{100}{\frac{80}{5.0}+\frac{15}{3.0}+\frac{5}{2.1}}≒4.28\text{vol\%}$$

- 단위가 원래는 [vol%] 또는 [v%], [vol.%]인데 줄여서 [%]로 쓰기도 한다.

답 ①

16 Halon 1301의 증기비중은 약 얼마인가? (단, 원자량은 C : 12, F : 19, Br : 80, Cl : 35.5이고, 공기의 평균 분자량은 29이다.)

① 6.14
② 7.14
③ 4.14
④ 5.14

해설 (1) 증기비중

$$증기비중=\frac{분자량}{29}$$

여기서, 29 : 공기의 평균 분자량

(2) 분자량

원 소	원자량
H	1
C	12
N	14
O	16
F	19
Cl	35.5
Br	80

Halon 1301(CF$_3$Br) 분자량 $= 12+19×3+80=149$

증기비중 $=\frac{149}{29}≒5.14$

- 증기비중 = 가스비중

중요

할론소화약제의 약칭 및 분자식

종 류	약 칭	분자식
할론 1011	CB	CH$_2$ClBr
할론 104	CTC	CCl$_4$
할론 1211	BCF	CF$_2$ClBr(CClF$_2$Br)
할론 1301	BTM	CF$_3$Br
할론 2402	FB	C$_2$F$_4$Br$_2$

답 ④

17 조연성 가스로만 나열한 것은?

① 산소, 이산화탄소, 오존
② 산소, 불소, 염소
③ 질소, 불소, 수증기
④ 질소, 이산화탄소, 염소

해설 가연성 가스와 지연성 가스

가연성 가스	지연성 가스(조연성 가스)
• 수소 • 메탄 • 일산화탄소 • 천연가스 • 부탄 • 에탄 • 암모니아 • 프로판	• 산소 보기 ② • 공기 • 염소 보기 ② • 오존 • 불소 보기 ②

기억법 가수일천 암부메에프

기억법 조산공 염불오

용어

가연성 가스와 지연성 가스

가연성 가스	지연성 가스(조연성 가스)
물질 자체가 연소하는 것	자기 자신은 연소하지 않지만 연소를 도와주는 가스

답 ②

18 다음 중 연소범위에 따른 위험도값이 가장 큰 물질은?

① 이황화탄소
② 수소
③ 일산화탄소
④ 메탄

해설 위험도

$$H=\frac{U-L}{L}$$

여기서, H : 위험도(degree of Hazards)
U : 연소상한계(Upper limit)
L : 연소하한계(Lower limit)

(1) 이황화탄소 $=\frac{50-1}{1}=49$

(2) 수소 $=\frac{75-4}{4}=17.75$

(3) 일산화탄소 $=\frac{75-12}{12}=5.25$

(4) 메탄 $=\frac{15-5}{5}=2$

22. 09. 시행 / 기사(전기)

중요

공기 중의 폭발한계(상온, 1atm)

가스	하한계 [vol%]	상한계 [vol%]
아세틸렌(C_2H_2)	2.5	81
수소(H_2) 보기 ②	4	75
일산화탄소(CO) 보기 ③	12	75
에터(($C_2H_5)_2O$)	1.7	48
이황화탄소(CS_2) 보기 ①	1	50
에틸렌(C_2H_4)	2.7	36
암모니아(NH_3)	15	25
메탄(CH_4) 보기 ④	5	15
에탄(C_2H_6)	3	12.4
프로판(C_3H_8)	2.1	9.5
부탄(C_4H_{10})	1.8	8.4

• 연소한계=연소범위=가연한계=가연범위=폭발한계=폭발범위

답 ①

19 ★★★ 알킬알루미늄 화재시 사용할 수 있는 소화약제로 가장 적당한 것은?

21.05.문13
16.05.문20
07.09.문03

① 팽창진주암
② 물
③ Halon 1301
④ 이산화탄소

해설 위험물의 소화약제

위험물	소화약제
• 알킬알루미늄 • 알킬리튬	• 마른모래 • 팽창질석 • 팽창진주암 보기 ①

답 ①

20 ★★★ 다음 중 가연성 가스가 아닌 것은?

21.03.문08
20.09.문20
17.03.문07
16.10.문03
16.03.문04
14.05.문10
12.09.문08
11.10.문02

① 아르곤
② 메탄
③ 프로판
④ 일산화탄소

해설 ① 아르곤 : 불연성 가스(불활성 가스)

가연성 가스와 지연성 가스

가연성 가스	지연성 가스(조연성 가스)
• **수**소 • **메**탄 보기 ② • **일**산화탄소 보기 ④ • **천**연가스 • **부**탄 • **에**탄 • **암**모니아 • **프**로판 보기 ③	• **산**소 • **공**기 • **염**소 • **오**존 • **불**소

기억법 가수일천 암부 메에프

기억법 조산공 염불오

용어

가연성 가스와 지연성 가스

가연성 가스	지연성 가스(조연성 가스)
물질 자체가 연소하는 것	자기 자신은 연소하지 않지만 연소를 도와주는 가스

답 ①

제2과목 소방전기일반

21 ★★★ 잔류편차가 있는 제어동작은?

18.03.문23
16.10.문40
15.03.문37
14.05.문28
11.06.문22

① 비례제어
② 적분제어
③ 비례적분미분제어
④ 비례적분제어

해설

구 분	설 명
비례제어 (P동작)	① **잔류편차**가 있는 제어 보기 ① ② 제어동작신호에 비례한 **조작신호**를 내는 제어동작
적분제어 (I동작)	**잔류편차**를 **제거**하기 위한 제어
미분제어 (D동작)	① **지연특성**이 제어에 주는 악영향을 **감소**한다. ② **진동**을 억제시키는 데 가장 효과적인 제어동작 기억법 진미 (맛의 진미) ③ 동작신호의 **기울기**에 비례한 조작신호를 만든다.
비례**적**분제어 (PI동작)	① **간헐현상**이 있는 제어 ② 이득교점 주파수가 낮아지며, 대역폭은 감소한다. 기억법 비적간
비례적분미분제어 (PID동작)	① **간헐현상**을 **제거**하기 위한 제어 ② 사이클링과 오프셋이 제거되는 제어 ③ 정상특성과 응답의 속응성을 동시에 개선시키기 위한 제어

- 미분동작=미분제어
- 비례동작=비례제어

답 ①

22 다음 중 계측방법이 잘못된 것은?

20.06.문40
19.09.문35
12.05.문34
05.05.문35

① 클램프미터(clamp meter)에 의한 전류 측정
② 메거(megger)에 의한 접지저항 측정
③ 전류계, 전압계, 전력계에 의한 역률 측정
④ 회로시험기에 의한 저항 측정

해설 ② 접지저항 → 절연저항

계측기

구 분	용 도
메거 (megger) =절연저항계 보기 ②	절연저항 측정 ‖ 메거 ‖
어스테스터 (earth tester)	접지저항 측정 ‖ 어스테스터 ‖
클램프미터 (clamp meter) 보기 ①	전류 측정 ‖ 클램프미터 ‖
• 전류계 • 전압계 • 전력계 보기 ③	역률 측정 ‖ 전류계 ‖ ‖ 전압계 ‖ ‖ 전력계 ‖

회로시험기 (tester) 보기 ④	• 전압측정 • 전류측정 • 저항측정 ‖ 회로시험기 ‖
코올라우시 브리지 (Kohlrausch bridge)	전지(축전지)의 내부저항 측정 ‖ 코올라우시 브리지 ‖
C.R.O (Cathode Ray Oscilloscope)	음극선을 사용한 오실로스코프
휘트스톤 브리지 (Wheatstone bridge)	$0.5 \sim 10^5 \Omega$의 중저항 측정

비교

코올라우시 브리지
(1) 축전지의 내부저항 측정
(2) 전해액의 저항 측정
(3) 접지저항 측정

답 ②

23 그림과 같은 블록선도에서 출력 $C(s)$는?

20.06.문23
14.09.문34
10.03.문28

① $\dfrac{1}{1+G(s)H(s)}R(s) + \dfrac{1}{1+G(s)H(s)}D(s)$

② $\dfrac{G(s)}{1+G(s)H(s)}R(s) + \dfrac{G(s)}{1+G(s)H(s)}D(s)$

③ $\dfrac{G(s)}{1+G(s)H(s)}R(s) + \dfrac{1}{1+G(s)H(s)}D(s)$

④ $\dfrac{1}{1+G(s)H(s)}R(s) + \dfrac{G(s)}{1+G(s)H(s)}D(s)$

해설

계산편의를 위해 (s)를 삭제하고 계산하면
$RG + D - CHG = C$
$RG + D = C + CHG$
$C + CHG = RG + D$
$C(1 + HG) = RG + D$
$C = \dfrac{RG + D}{1 + HG}$
$= \dfrac{RG}{1 + HG} + \dfrac{D}{1 + HG}$
$= \dfrac{G}{1 + HG}R + \dfrac{1}{1 + HG}D$
$= \dfrac{G}{1 + GH}R + \dfrac{1}{1 + GH}D$ ← 삭제한 (s)를 다시 붙이면
$= \dfrac{G(s)}{1 + G(s)H(s)}R(s) + \dfrac{1}{1 + G(s)H(s)}D(s)$

용어

블록선도(block diagram)
제어계에서 신호가 전달되는 모양을 표시하는 선도

답 ③

24 그림의 논리회로와 등가인 논리게이트는?

① NOR
② NOT
③ NAND
④ OR

해설 치환법

논리회로	치 환	명 칭
		NOR 회로
		OR 회로
		NAND 회로 (보기 ③)
		AND 회로

- AND 회로 → OR 회로, OR 회로 → AND 회로로 바꾼다.
- 버블(bubble)이 있는 것은 버블을 없애고, 버블이 없는 것은 버블을 붙인다[버블(bubble)이란 작은 동그라미를 말함].

답 ③

25 적분시간이 3s이고, 비례감도가 5인 PI(비례적분)제어요소가 있다. 이 제어요소의 전달함수는?

① $\dfrac{5s + 5}{3s}$
② $\dfrac{15s + 3}{5s}$
③ $\dfrac{15s + 5}{3s}$
④ $\dfrac{3s + 3}{5s}$

해설 (1) 기호
- T : 3
- K : 5
- $G(s)$: ?

(2) 비례적분(PI)제어 전달함수
$$G(s) = k\left(1 + \dfrac{1}{Ts}\right)$$

여기서, $G(s)$: 비례적분(PI)제어 전달함수
k : 비례감도
T : 적분시간[s]

PI제어 전달함수 $G(s)$는
$G(s) = k\left(1 + \dfrac{1}{Ts}\right) = 5\left(1 + \dfrac{1}{3s}\right) = 5\left(\dfrac{3s}{3s} + \dfrac{1}{3s}\right)$
$= 5\left(\dfrac{3s + 1}{3s}\right) = \dfrac{15s + 5}{3s}$

답 ③

26 회로에서 a, b 간의 합성저항[Ω]은? (단, $R_1 = 3Ω$, $R_2 = 9Ω$이다.)

① 6
② 3
③ 4
④ 5

해설 (1) 기호
- R_1 : 3Ω
- R_2 : 9Ω
- R_{ab} : ?

(2) Y · △ 결선

- △결선 → Y결선 : 저항 $\frac{1}{3}$ 배로 됨
- Y결선 → △결선 : 저항 **3배**로 됨

△결선 → Y결선으로 변환하면 다음과 같다.

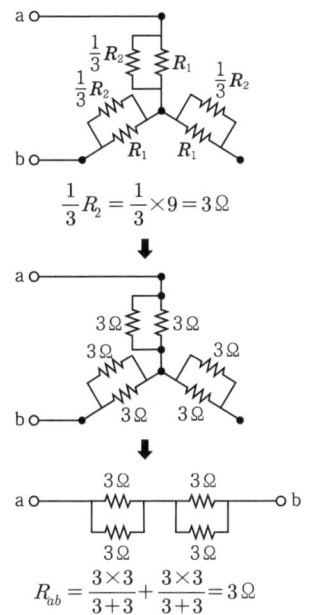

$$\frac{1}{3}R_2 = \frac{1}{3} \times 9 = 3\,\Omega$$

$$R_{ab} = \frac{3 \times 3}{3+3} + \frac{3 \times 3}{3+3} = 3\,\Omega$$

별해

Y결선 → △결선으로 변환하면 다음과 같다.

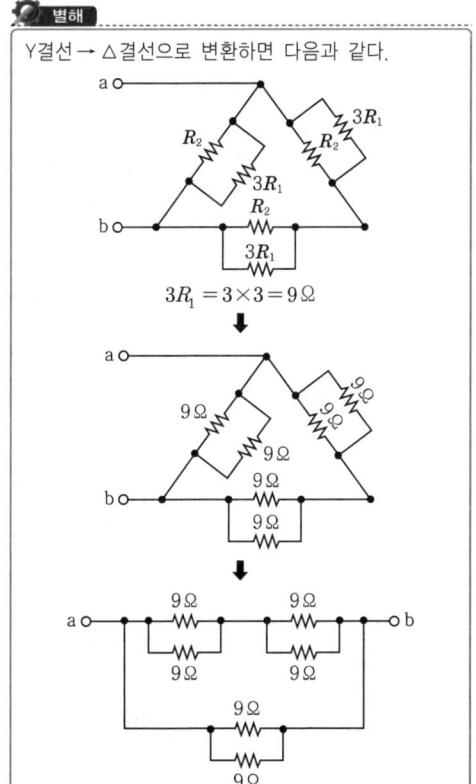

$$3R_1 = 3 \times 3 = 9\,\Omega$$

$$R = \frac{9 \times 9}{9+9} + \frac{9 \times 9}{9+9} = 9\,\Omega$$

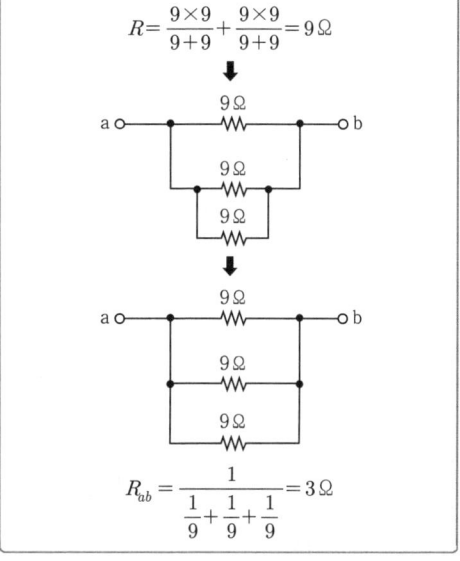

$$R_{ab} = \frac{1}{\frac{1}{9}+\frac{1}{9}+\frac{1}{9}} = 3\,\Omega$$

답 ②

27 어떤 회로의 전압 $v(t)$와 전류 $i(t)$가 다음과 같을 때 이 회로의 무효전력은 몇 Var인가?

$$v(t) = 50\cos(\omega t + \theta)\,[\text{V}]$$
$$i(t) = 4\sin(\omega t + \theta + 30°)\,[\text{A}]$$

① 50 ② $100\sqrt{3}$
③ $50\sqrt{3}$ ④ 100

해설 (1) 순시값

$$v = V_m \sin\omega t$$
$$i = I_m \sin\omega t$$

여기서, v : 전압의 순시값[V]
V_m : 전압의 최대값[V]
ω : 각주파수[rad/s]
t : 주기[s]
i : 전류의 순시값[A]
I_m : 전류의 최대값[A]

$v(t) = V_m \sin\omega t = 50\cos(\omega t + \theta)$
$\quad = 50\sin(\omega t + \theta + 90°)$
$i(t) = I_m \sin\omega t = 4\sin(\omega t + \theta + 30°)$

(2) 무효전력

$$P_r = \frac{V_m}{\sqrt{2}} \cdot \frac{I_m}{\sqrt{2}} \sin\theta$$

여기서, P_r : 무효전력[Var]
V_m : 전압의 최대값[V]
I_m : 전류의 최대값[A]
θ : 각도[°]

$$P_r = \frac{V_m}{\sqrt{2}} \cdot \frac{I_m}{\sqrt{2}} \sin\theta$$
$$= \frac{50}{\sqrt{2}} \cdot \frac{4}{\sqrt{2}} \times \sin[90 - (+30)]°$$
$$= 50\sqrt{3}$$

중요

cos → sin 변경	sin → cos 변경
+90° 붙임	-90° 붙임

답 ③

28 그림의 시퀀스회로와 등가인 논리게이트는?

20.08.문36
17.09.문25
16.05.문36
16.03.문39
15.09.문23
13.09.문30
13.06.문35

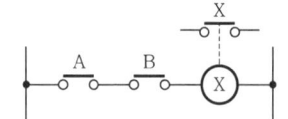

① OR 게이트   ② AND 게이트
③ NOT 게이트   ④ NOR 게이트

해설 시퀀스회로와 논리회로

명칭	시퀀스회로	논리회로
AND 회로 (**직렬회로**) 보기②		$X = A \cdot B$ 입력신호 A, B가 동시에 1일 때만 출력신호 X가 1이 된다.
OR 회로 (**병렬회로**)		$X = A + B$ 입력신호 A, B 중 어느 하나라도 1이면 출력신호 X가 1이 된다.
NOT 회로 (**b접점**)		$X = \overline{A}$ 입력신호 A가 0일 때만 출력신호 X가 1이 된다.
NAND 회로		$X = \overline{A \cdot B}$ 입력신호 A, B가 동시에 1일 때만 출력신호 X가 0이 된다(AND회로의 부정).
NOR 회로		$X = \overline{A + B}$ 입력신호 A, B가 동시에 0일 때만 출력신호 X가 1이 된다(OR회로의 부정).
EXCL-USIVE OR 회로		$X = A \oplus B = \overline{A}B + A\overline{B}$ 입력신호 A, B 중 어느 한쪽만이 1이면 출력신호 X가 1이 된다.
EXCL-USIVE NOR 회로		$X = \overline{A \oplus B} = AB + \overline{A}\,\overline{B}$ 입력신호 A, B가 동시에 0이거나 1일 때만 출력신호 X가 1이 된다.

- 회로 = 게이트
- 시퀀스회로는 해설과 같이 세로로 그려도 된다.

답 ②

29 3상 농형 유도전동기의 기동법이 아닌 것은?

20.08.문22
17.09.문34
17.05.문23
06.05.문22
04.09.문30

① 리액터기동법
② Y-△기동법
③ 2차 저항기동법
④ 기동보상기법

해설 3상 유도전동기의 기동법

농형	권선형
① 전전압기동법(직입기동법)	① **2**차 저항법(2차 저항기동법) 보기③
② Y-△기동법 보기②	② 게르게스법
③ 리액터기동법 보기①	
④ 기동보상기법 보기④	
⑤ 콘도르퍼기동법	

기억법 권2(권위)

답 ③

30 그림과 같은 정류회로에서 R에 걸리는 전압의 최대값은 몇 V인가? (단, $v_2(t) = 20\sqrt{2}\sin\omega t$ 이고, 다이오드의 순방향 전압은 무시한다.)

16.10.문22

① 20   ② $\dfrac{40\sqrt{2}}{\pi}$

③ $20\sqrt{2}$ ④ $\dfrac{40}{\pi}$

해설 순시값(instantaneous value)

$$v = V_m \sin\omega t$$

여기서, v : 전압의 순시값[V]
V_m : 전압의 최대값[V]
ω : 각주파수[rad/s]($\omega = 2\pi f$)
t : 주기[s]
f : 주파수[Hz]

순시값 v는
$v = V_m \sin\omega t = 20\sqrt{2}\sin\omega t$

답 ③

31 ★★★
19.04.문34
18.09.문23
15.09.문32
15.05.문34
08.09.문39
97.10.문23

단상교류전력을 간접적으로 측정하기 위해 3전압계법을 사용하는 경우 단상교류전력 P[W]를 나타낸 것으로 옳은 것은?

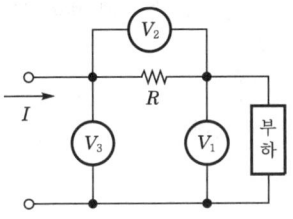

① $P = \dfrac{1}{2R}(V_3 - V_2 - V_1)^2$

② $P = V_3 I \cos\theta$

③ $P = \dfrac{1}{2R}(V_3^2 - V_1^2 - V_2^2)$

④ $P = \dfrac{1}{R}(V_3^2 - V_1^2 - V_2^2)$

해설 3전압계법 vs 3전류계법

3전압계법 보기 ③	3전류계법
$P = \dfrac{1}{2R}(V_3^2 - V_1^2 - V_2^2)$	$P = \dfrac{R}{2}(I_3^2 - I_1^2 - I_2^2)$
여기서, P : 교류전력(소비전력)[kW] R : 저항[Ω] V_1, V_2, V_3 : 전압계의 지시값 [V]	여기서, P : 교류전력(소비전력)[kW] R : 저항[Ω] I_1, I_2, I_3 : 전류계의 지시값 [A]

답 ③

32 ★
21.03.문25

테브난의 정리를 이용하여 그림 (a)의 회로를 그림 (b)와 같은 등가회로로 만들고자 할 때, V_{th}[V]와 R_{th}[Ω]은?

① 6V, 3Ω
② 5V, 2Ω
③ 6V, 2Ω
④ 5V, 3Ω

해설 테브난의 정리에 의해 1.4Ω에는 전압이 가해지지 않으므로

이해하기 쉽게 회로를 변형하면

$V_{th} = \dfrac{R_2}{R_1 + R_2}V = \dfrac{1.5}{1+1.5}\times 10 = 6\text{V}$

전압원을 단락하고 회로망에서 본 저항 R_{th}은
$R_{th} = \dfrac{1\times 1.5}{1+1.5} + 1.4 = 2\text{Ω}$

용어
테브난의 정리(테브냉의 정리)
2개의 독립된 회로망을 접속하였을 때의 전압·전류 및 임피던스의 관계를 나타내는 정리

답 ③

33 ★★★
21.05.문30
18.09.문32
16.10.문21
12.05.문21
07.09.문27
03.05.문34

선간전압의 크기가 $100\sqrt{3}$ V인 대칭 3상 전원에 각 상의 임피던스가 $Z = 30 + j40$[Ω]인 Y결선의 부하가 연결되었을 때 이 부하로 흐르는 선전류[A]의 크기는?

① $2\sqrt{3}$
② 2
③ 5
④ $5\sqrt{3}$

해설 (1) 기호

- V_L : $100\sqrt{3}$ V
- Z : $30+j40[\Omega] = \sqrt{30^2+40^2}\,\Omega$
- I_L : ?

(2) Y결선

$$I_L = I_P = \frac{V_L}{\sqrt{3}\,Z}$$

여기서, I_L : 선전류[A]
I_P : 상전류[A]
V_L : 선간전압[V]
Z : 임피던스[Ω]

Y결선 선전류 I_L 는

$$I_L = \frac{V_L}{\sqrt{3}\,Z} = \frac{100\sqrt{3}}{\sqrt{3}\times(30+j40)} = \frac{100\sqrt{3}}{\sqrt{3}\times(\sqrt{30^2+40^2})} = 2\text{A}$$

중요 △결선 선전류

△결선	Y결선
$I_L = \dfrac{\sqrt{3}\,V_L}{Z} = \dfrac{\sqrt{3}\,V_P}{Z}$	$I_L = I_P = \dfrac{V_L}{\sqrt{3}\,Z}$
여기서, I_L : 선전류[A] V_L : 선간전압[V] V_P : 상전압[V] Z : 임피던스[Ω]	여기서, I_L : 선전류[A] I_P : 상전류[A] V_L : 선간전압[V] Z : 임피던스[Ω]

답 ②

34 동기발전기의 병렬운전조건으로 틀린 것은?
20.06.문39
17.03.문40
13.09.문33
① 기전력의 크기가 같을 것
② 극수가 같을 것
③ 기전력의 위상이 같을 것
④ 기전력의 주파수가 같을 것

해설 병렬운전조건

동기발전기의 병렬운전조건	변압기의 병렬운전조건
① 기전력의 **크기**가 같을 것 [보기 ①]	① **권**수비가 같을 것
② 기전력의 **위상**이 같을 것 [보기 ③]	② **극**성이 같을 것
③ 기전력의 **주파수**가 같을 것 [보기 ④]	③ 1·2차 정격전**압**이 같을 것
④ 기전력의 **파형**이 같을 것	④ %**임**피던스 강하가 같을 것
⑤ 상회전 **방향**이 같을 것	기억법 **압임권극**

기억법 **주파위크방**

답 ②

35 제어요소가 제어대상에 가하는 제어신호로 제어장치의 출력인 동시에 제어대상의 입력이 되는 것은?
21.05.문28
16.05.문25
16.03.문38
15.09.문24
12.03.문38
① 조작량
② 동작신호
③ 기준입력
④ 제어량

해설 피드백제어의 용어

용어	설명
제어요소 (control element)	**동작신호**를 **조작량**으로 변환하는 요소이고, **조절부**와 **조작부**로 이루어진다.
제어량 (controlled value)	제어대상에 속하는 양으로, 제어대상을 제어하는 것을 목적으로 하는 물리적인 양이다.
조작량 (manipulated value)	• **제어장치**의 **출력**인 동시에 **제어대상**의 **입력**으로 제어장치가 제어대상에 가해지는 제어신호이다. [보기 ①] • **제어요소**에서 **제어대상**에 인가되는 양이다.
	기억법 **조제대상**
제어장치 (control device)	제어하기 위해 제어대상에 부착되는 장치이고, **조절부**, **설정부**, **검출부** 등이 이에 해당된다.
오차검출기	제어량을 설정값과 비교하여 오차를 계산하는 장치이다.

답 ①

36 동일한 전류가 흐르는 두 평행도선 사이에 작용하는 힘이 F_1이다. 두 도선 사이의 거리가 2.5배로 늘었을 때 두 도선 사이에 작용하는 힘 F_2는?
21.03.문26
20.06.문33
97.10.문27

① $F_2 = \dfrac{1}{2.5^2}F_1$ ② $F_2 = 2.5F_1$

③ $F_2 = \dfrac{1}{2.5}F_1$ ④ $F_2 = 6.25F_1$

해설 (1) 기호

- F_1 : ?
- r_1 : r
- r_2 : $2.5r$
- F_2 : ?

(2) 두 **평행도선**에 작용하는 **힘** F는

$$F = \frac{\mu_0 I_1 I_2}{2\pi r} = \frac{2I_1 I_2}{r} \times 10^{-7} \propto \frac{1}{r}$$

여기서, F : 평행전류의 힘[N/m]
μ_0 : 진공의 투자율[H/m]
r : 두 평행도선의 거리[m]

$$\frac{F_2}{F_1} = \frac{\frac{1}{r_2}}{\frac{1}{r_1}} = \frac{\frac{1}{2.5\cancel{r}}}{\frac{1}{\cancel{r}}} = \frac{1}{2.5}$$

$$\frac{F_2}{F_1} = \frac{1}{2.5}$$

$$F_2 = \frac{1}{2.5} F_1$$

답 ③

37 자동화재탐지설비의 감지기회로의 길이가 500m 이고, 종단에 8kΩ의 저항이 연결되어 있는 회로에 24V의 전압이 가해졌을 경우 도통시험시 전류는 약 몇 mA인가? (단, 동선의 저항률은 1.69×10^{-8} Ω · m이며, 동선의 단면적은 2.5mm² 이고, 접촉저항 등은 없다고 본다.)

① 2.4　　② 4.8
③ 6.0　　④ 3.0

해설 (1) 기호

- l : 500m
- R_2 : 8kΩ = 8×10^3Ω(1kΩ = 10^3Ω)
- V : 24V
- I : ?
- ρ : 1.69×10^{-8} Ω · m
- A : 2.5mm² = 2.5×10^{-6}m²
- 1m = 1000mm = 10^3mm이고
  1mm = 10^{-3}m
  2.5mm² = $2.5 \times (10^{-3}$m$)^2 = 2.5 \times 10^{-6}$m²

(2) 저항

$$R = \rho \frac{l}{A}$$

여기서, R : 저항[Ω]
ρ : 고유저항[Ω · m]
A : 전선의 단면적[m²]
l : 전선의 길이[m]

배선의 저항 R_1은

$$R_1 = \rho \frac{l}{A} = 1.69 \times 10^{-8} \times \frac{500}{2.5 \times 10^{-6}} = 3.38\,\Omega$$

(3) **도통시험전류** I는

$$I = \frac{V}{R_1 + R_2} = \frac{24}{3.38 + (8 \times 10^3)}$$
$$\fallingdotseq 3 \times 10^{-3}\text{A} = 3\text{mA}$$

- 1×10^{-3}A = 1mA이므로 3×10^{-3}A = 3mA

※ **도통시험** : 감지기회로의 단선 유무확인

답 ④

38 길이 1cm마다 감은 권선수가 50회인 무한장 솔레노이드에 500mA의 전류를 흘릴 때 솔레노이드 내부에서의 자계의 세기는 몇 AT/m인가?

① 2500　　② 1250
③ 12500　　④ 25000

해설 (1) 기호

- n : 1cm당 50회
  1cm당 권수 50회이므로
  1m = 100cm당 권수는
  1cm : 100cm = 50회 : n
  $n = 100 \times 50$
- I : 500mA = 0.5A(1000mA = 1A)
- H_i : ?

(2) 무한장 솔레노이드
  ㉠ 내부자계

$$H_i = nI\,[\text{AT/m}]$$

여기서, H_i : 내부자계의 세기[AT/m]
　　　n : 단위길이당 권수(1m당 권수)
　　　I : 전류[A]

  ㉡ 외부자계

$$H_e = 0$$

여기서, H_e : 외부자계의 세기[AT/m]

내부자계이므로
무한장 솔레노이드 내부의 자계
$H_i = nI = (100 \times 50) \times 0.5 = 2500$AT/m

답 ①

39 어떤 막대꼴 철심의 단면적이 0.5m², 길이가 0.4m, 비투자율이 10이다. 이 철심의 자기저항은 약 몇 AT/Wb인가?

① 6.37×10^4　　② 3.18×10^4
③ 1.92×10^4　　④ 12.73×10^4

해설 (1) 기호

- S : 0.5m²
- l : 0.4m
- μ_s : 10
- R_m : ?

(2) **자기저항**

$$R_m = \frac{l}{\mu S} = \frac{F}{\phi} \text{[AT/Wb]}$$

여기서, R_m : 자기저항[AT/Wb]
　　　　l : 자로의 길이[m]
　　　　μ : 투자율[H/m]($\mu = \mu_0 \mu_s$)
　　　　μ_0 : 진공의 투자율($4\pi \times 10^{-7}$[H/m])
　　　　μ_s : 비투자율
　　　　S : 단면적[m^2]
　　　　F : 기자력[AT]
　　　　ϕ : 자속[Wb]

자기저항 R_m은

$$R_m = \frac{l}{\mu S} = \frac{l}{(\mu_0 \mu_s)S}$$
$$= \frac{0.4}{(4\pi \times 10^{-7} \times 10) \times 0.5} \fallingdotseq 6.37 \times 10^4 \text{AT/Wb}$$

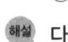 비교

자기저항 배수

$$m = 1 + \frac{l_0}{l} \times \frac{\mu_0 \mu_s}{\mu_0}$$

여기서, m : 자기저항 배수
　　　　l_0 : 공극[m]
　　　　l : 길이[m]
　　　　μ_0 : 진공의 투자율($4\pi \times 10^{-7}$)[H/m]
　　　　μ_s : 비투자율

답 ①

★★★ 40 주로 정전압 회로용으로 사용되는 소자는?

21.05.문21
17.05.문24
15.05.문39
14.05.문29
11.06.문32
00.07.문33

① 터널다이오드
② 제너다이오드
③ 포트다이오드
④ 매트릭스다이오드

해설 다이오드의 종류

(1) **제너다이오드**(zener diode) : **정전압 회로용**으로 사용되는 소자로서, "**정전압다이오드**"라고도 한다. 보기 ②

∥제너다이오드의 특성∥

기억법 **정제**

(2) **터널다이오드**(tunnel diode) : **부성저항 특성**을 나타내며, **증폭·발진·개폐작용**에 응용한다. 보기 ①

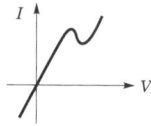

∥터널다이오드의 특성∥

기억법 **터부**

(3) **발광다이오드**(LED ; Light Emitting Diode) : **전류**가 통과하면 **빛**을 발산하는 다이오드이다.

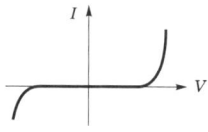

∥발광다이오드의 특성∥

기억법 **발전빛**

(4) **포토다이오드**(photo diode) : **빛**이 닿으면 **전류**가 흐르는 다이오드로서 광량의 변화를 전류값으로 대치하므로 광센서에 주로 사용하는 다이오드이다. 보기 ③

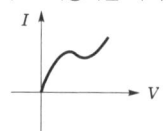

∥포토다이오드의 특성∥

기억법 **포빛전**

- 포토다이오드와 발광다이오드는 서로 반대 개념
- '**매트릭스 다이오드**'라는 것은 없다. '**다이오드 매트릭스 회로**'라는 말이 있을 뿐…

답 ②

제 3 과목　소방관계법규

★ 41 화재의 예방 및 안전관리에 관한 법령상 화재안전조사위원회의 구성에 대한 설명 중 틀린 것은?

① 위촉위원의 임기는 2년으로 하고 연임할 수 없다.
② 소방시설관리사는 위원이 될 수 있다.
③ 소방 관련 분야의 석사학위 이상을 취득한 사람은 위원이 될 수 있다.
④ 위원장 1명을 포함한 7명 이내의 위원으로 성별을 고려하여 구성하고, 위원장은 소방관서장이 된다.

해설 ① 연임할 수 없다. → 한 차례만 연임할 수 있다.

화재예방법 시행령 11조
화재안전조사위원회

구분	설명
위원	① 과장급 직위 이상의 **소방공무원** ② **소방기술사** ③ **소방시설관리사** 보기 ② ④ 소방 관련 분야의 **석사학위** 이상을 취득한 사람 보기 ③ ⑤ 소방 관련 법인 또는 단체에서 소방 관련 업무에 **5년** 이상 종사한 사람 ⑥ 소방공무원 교육훈련기관, 학교 또는 연구소에서 소방과 관련한 교육 또는 연구에 **5년** 이상 종사한 사람
위원장	소방관서장 보기 ④
구성	위원장 1명을 **포함**한 **7명** 이내의 위원으로 성별을 고려하여 구성 보기 ④
임기	**2년**으로 하고, **한 차례만 연임**할 수 있다. 보기 ①

답 ①

42. 소방기본법령상 용어의 정의로 옳은 것은?

21.03.문41
19.09.문52
19.04.문46
13.03.문42
10.03.문45
05.09.문44
05.03.문57

① 소방서장이란 시·도에서 화재의 예방·진압·조사 및 구조·구급 등의 업무를 담당하는 부서의 장을 말한다.
② 관계인이란 소방대상물의 소유자·관리자 또는 점유자를 말한다.
③ 소방대란 화재를 진압하고 화재, 재난·재해, 그 밖의 위급한 상황에서 구조·구급 활동 등을 하기 위하여 소방공무원으로만 구성된 조직체를 말한다.
④ 소방대상물이란 건축물과 공작물만을 말한다.

해설 ① 소방서장 → 소방본부장
③ 소방공무원으로만 → 소방공무원, 의무소방원, 의용소방대원
④ 건축물과 공작물만을 → 건축물, 차량, 선박(매어둔 것), 선박건조구조물, 산림, 인공구조물, 물건을

(1) **기본법 2조 6호** 보기 ①
소방본부장
시·도에서 화재의 예방·진압·조사 및 구조·구급 등의 업무를 담당하는 **부서**의 **장**

(2) **기본법 2조** 보기 ②
관계인
㉠ **소**유자
 관리자
㉢ **점**유자

기억법 소관점

(3) **기본법 2조** 보기 ③
소방대
㉠ 소방**공**무원
㉡ **의**무소방원
㉢ **의**용소방대원

기억법 소공의

(4) **기본법 2조 1호** 보기 ④
소방대상물
㉠ **건**축물
㉡ **차**량
㉢ **선**박(매어둔 것)
㉣ 선박건조구조물
㉤ **산**림
㉥ **인**공구조물
㉦ **물**건

기억법 건차선 산인물

답 ②

43. 위험물안전관리법령상 업무상 과실로 제조소 등에서 위험물을 유출·방출 또는 확산시켜 사람의 생명·신체 또는 재산에 대하여 위험을 발생시킨 자에 대한 벌칙기준은?

21.03.문53
18.04.문53
18.03.문57
17.05.문41

① 7년 이하의 금고 또는 7000만원 이하의 벌금
② 5년 이하의 금고 또는 2000만원 이하의 벌금
③ 5년 이하의 금고 또는 7000만원 이하의 벌금
④ 7년 이하의 금고 또는 2000만원 이하의 벌금

해설 **위험물법 34조**

벌칙	행위
7년 이하의 금고 또는 **7천만원** 이하의 벌금 보기 ①	업무상 과실로 제조소 등에서 **위험물**을 유출·방출 또는 확산시켜 사람의 생명·신체 또는 재산에 대하여 **위험**을 발생시킨 자 기억법 77천위(위험한 칠천량 해전)
10년 이하의 징역 또는 금고나 1억원 이하의 벌금	업무상 과실로 제조소 등에서 위험물을 유출·방출 또는 확산시켜 사람을 **사상**에 이르게 한 자

비교
소방시설법 56조

벌 칙	행 위
5년 이하의 징역 또는 5천만원 이하의 벌금	소방시설에 폐쇄·차단 등의 **행위**를 한 자
7년 이하의 징역 또는 7천만원 이하의 벌금	소방시설에 폐쇄·차단 등의 행위를 하여 사람을 **상해**에 이르게 한 때
10년 이하의 징역 또는 1억원 이하의 벌금	소방시설에 폐쇄·차단 등의 행위를 하여 사람을 **사망**에 이르게 한 때

답 ①

46 해설 **기본규칙〔별표 3〕**
소방용수시설의 설치기준

거리기준	지 역
수평거리 100m 이하 〔보기 ②〕	• **공**업지역 • **상**업지역 • **주**거지역 **기억법** 주상공100(주상공 백지에 사인을 하시오.)
수평거리 140m 이하	• 기타지역

답 ②

---

44 [18.03.문42] [15.09.문53] 화재의 예방 및 안전관리에 관한 법령상 일반음식점에서 음식조리를 위해 불을 사용하는 설비를 설치하는 경우 지켜야 하는 상황으로 틀린 것은?

① 열을 발생하는 조리기구는 반자 또는 선반으로부터 0.6m 이상 떨어지게 할 것
② 주방설비에 부속된 배출덕트는 0.5mm 이상의 아연도금강판으로 설치할 것
③ 주방시설에는 동물 또는 식물의 기름을 제거할 수 있는 필터 등을 설치할 것
④ 열을 발생하는 조리기구로부터 0.5m 이내의 거리에 있는 가연성 주요구조부는 단열성이 있는 불연재료로 덮어 씌울 것

해설 ④ 0.5m 이내 → 0.15m 이내

화재예방법 시행령〔별표 1〕
음식조리를 위하여 설치하는 설비
(1) 주방설비에 부속된 배출덕트(공기 배출통로)는 **0.5mm** 이상의 **아연도금강판** 또는 이와 같거나 그 이상의 내식성 **불연재료**로 설치 〔보기 ②〕
(2) 열을 발생하는 조리기구로부터 **0.15m** 이내의 거리에 있는 가연성 주요구조부는 **단열성**이 있는 불연재료로 덮어 씌울 것 〔보기 ④〕
(3) 주방시설에는 동물 또는 식물의 기름을 제거할 수 있는 **필터** 등을 설치 〔보기 ③〕
(4) 열을 발생하는 조리기구는 반자 또는 선반으로부터 **0.6m** 이상 떨어지게 할 것 〔보기 ①〕

답 ④

---

46 [20.08.문44] [19.03.문60] [17.09.문55] [16.09.문52] [15.03.문60] [13.09.문51] 화재의 예방 및 안전관리에 관한 법령상 2급 소방안전관리대상물이 아닌 것은?

① 층수가 10층, 연면적이 6000m² 인 복합건축물
② 지하구
③ 25층의 아파트(높이 75m)
④ 11층의 업무시설

해설 ④ 1급 소방안전관리대상물

화재예방법 시행령〔별표 4〕
소방안전관리자를 두어야 할 특정소방대상물
(1) **특급 소방안전관리대상물** : 동식물원, 철강 등 불연성 물품 저장·취급창고, 지하구, 위험물제조소 등 제외
 ㉠ **50층** 이상(지하층 제외) 또는 지상 **200m** 이상 **아파트**
 ㉡ **30층** 이상(지하층 포함) 또는 지상 **120m** 이상(아파트 제외)
 ㉢ 연면적 **10만m²** 이상(아파트 제외)
(2) **1급 소방안전관리대상물** : 동식물원, 철강 등 불연성 물품 저장·취급창고, 지하구, 위험물제조소 등 제외
 ㉠ **30층** 이상(지하층 제외) 또는 지상 **120m** 이상 아파트
 ㉡ 연면적 **15000m²** 이상인 것(아파트 및 연립주택 제외)
 ㉢ **11층** 이상(아파트 제외)
 ㉣ 가연성 가스를 **1000t** 이상 저장·취급하는 시설
(3) **2급 소방안전관리대상물**
 ㉠ **지하구** 〔보기 ②〕
 ㉡ 가스제조설비를 갖추고 도시가스사업 허가를 받아야 하는 시설 또는 가연성 가스를 100~1000t 미만 저장·취급하는 시설
 ㉢ **옥내소화전설비·스프링클러설비** 설치대상물
 ㉣ **물분무등소화설비**(호스릴방식의 물분무등소화설비만을 설치한 경우 제외) 설치대상물
 ㉤ **공동주택**(옥내소화전설비 또는 스프링클러설비가 설치된 공동주택 한정) 〔보기 ③〕
 ㉥ **목조건축물**(국보·보물)
 ㉦ 11층 미만 〔보기 ①〕
(4) **3급 소방안전관리대상물**
 ㉠ **자동화재탐지설비** 설치대상물
 ㉡ **간이스프링클러설비**(주택전용 간이스프링클러설비 제외) 설치대상물

답 ④

---

45 [20.06.문46] [17.09.문56] [10.05.문41] 소방기본법령에 따른 소방용수시설의 설치기준상 소방용수시설을 주거지역·상업지역 및 공업지역에 설치하는 경우 소방대상물과의 수평거리를 몇 m 이하가 되도록 해야 하는가?

① 280 ② 100
③ 140 ④ 200

47. 소방시설공사업법령상 소방시설업에 속하지 않는 것은?

① 소방시설공사업
② 소방시설관리업
③ 소방시설설계업
④ 소방공사감리업

해설 공사업법 2조
소방시설업의 종류

소방시설 설계업 보기 ③	소방시설 공사업 보기 ①	소방공사 감리업 보기 ④	방염처리업
소방시설공사에 기본이 되는 **공사계획·설계도면·설계설명서·기술계산서** 등을 작성하는 영업	설계도서에 따라 소방시설을 **신설·증설·개설·이전·정비**하는 영업	소방시설공사에 관한 발주자의 권한을 대행하여 소방시설공사가 **설계도서**와 관계법령에 따라 **적법**하게 **시공**되는지를 확인하고, 품질·시공관리에 대한 **기술지도**를 하는 영업	방염대상물품에 대하여 **방염처리**하는 영업

답 ②

48. 다음 중 위험물안전관리법령에 따른 제3류 자연발화성 및 금수성 위험물이 아닌 것은?

① 적린
② 황린
③ 칼륨
④ 금속의 수소화물

해설 ① 적린: 제2류 가연성 고체

위험물령 [별표 1]
위험물

유별	성질	품명
제1류	**산**화성 **고**체	• 아염소산염류 • 염소산염류(**염소산나트륨**) • 과염소산염류 • 질산염류 • 무기과산화물 **기억법** 1산고염나

제2류	가연성 고체	• 황화인 • 적린 보기 ① • 황 • 마그네슘 **기억법** 황화적황마
제3류	자연발화성 물질 및 금수성 물질	• 황린 보기 ② • 칼륨 보기 ③ • 나트륨 • 알칼토금속 • 트리에틸알루미늄 • 금속의 수소화물 보기 ④ **기억법** 황칼나알트
제4류	인화성 액체	• 특수인화물 • 석유류(벤젠) • 알코올류 • 동식물유류
제5류	자기반응성 물질	• 유기과산화물 • 나이트로화합물 • 나이트로소화합물 • 아조화합물 • 질산에스터류(셀룰로이드)
제6류	산화성 액체	• 과염소산 • 과산화수소 • 질산

답 ①

49. 소방시설공사업법령상 소방시설업에서 보조기술인력에 해당되는 기준이 아닌 것은?

① 소방설비기사 자격을 취득한 사람
② 소방공무원으로 재직한 경력이 2년 이상인 사람
③ 소방설비산업기사 자격을 취득한 사람
④ 소방기술과 관련된 자격·경력 및 학력을 갖춘 사람으로서 자격수첩을 발급받은 사람

해설 2년 이상 → 3년 이상

공사업령 [별표 1]
보조기술인력
(1) **소방기술사, 소방설비기사** 또는 **소방설비산업기사** 자격을 취득하는 사람
(2) **소방공무원**으로 재직한 경력이 **3년** 이상인 사람으로서 자격수첩을 발급받은 사람
(3) **소방기술**과 관련된 자격·경력 및 학력을 갖춘 사람으로서 **자격수첩**을 발급받은 사람

답 ②

50 ★★★ 위험물안전관리법령상 자체소방대에 대한 기준으로 틀린 것은?

① 시·도지사에게 제조소 등 설치허가를 받았으나 자체소방대를 설치하여야 하는 제조소 등에 자체소방대를 두지 아니한 관계인에 대한 벌칙은 1년 이하의 징역 또는 1천만원 이하의 벌금이다.
② 자체소방대를 설치하여야 하는 사업소로 제4류 위험물을 취급하는 제조소 또는 일반취급소가 있다.
③ 제조소 또는 일반취급소의 경우 자체소방대를 설치하여야 하는 위험물 최대수량의 합 기준은 지정수량의 3만배 이상이다.
④ 자체소방대를 설치하는 사업소의 관계인은 규정에 의하여 자체소방대에 화학소방자동차 및 자체소방대원을 두어야 한다.

 해설

③ 3만배 이상 → 3천배 이상

위험물령 18조
자체소방대를 설치하여야 하는 사업소 : 대통령령

(1) **제4류** 위험물을 취급하는 **제조소** 또는 **일반취급소**
(대통령령이 정하는 제조소 등)

제조소 또는 **일반취급소**에서 취급하는 제4류 위험물의 최대수량의 합이 지정수량의 **3천배** 이상
보기 ②③

(2) **제4류** 위험물을 저장하는 **옥외탱크저장소**

옥외탱크저장소에 저장하는 제4류 위험물의 최대수량이 지정수량의 **50만배** 이상

■ 중요

(1) **1년** 이하의 **징역** 또는 **1000만원** 이하의 **벌금**
㉠ 소방시설의 **자체점검** 미실시자(소방시설법 58조)
㉡ **소방시설관리사증** 대여(소방시설법 58조)
㉢ **소방시설관리업**의 등록증 또는 등록수첩 대여 (소방시설법 58조)
㉣ 제조소 등의 정기점검기록 허위작성(위험물법 35조)
㉤ **자체소방대**를 두지 않고 제조소 등의 허가를 받은 자(위험물법 35조) 보기 ①
㉥ **위험물 운반용기**의 검사를 받지 않고 유통시킨 자(위험물법 35조)
㉦ 소방용품 형상 일부 변경 후 변경 미승인(소방시설법 58조)

(2) 위험물령 [별표 8]
자체소방대에 두는 화학소방자동차 및 인원 보기 ④

구 분	화학소방 자동차	자체소방대 원의 수
지정수량 3천~12만배 미만	1대	5인
지정수량 12~24만배 미만	2대	10인
지정수량 24~48만배 미만	3대	15인
지정수량 **48만배** 이상	4대	20인
옥외탱크저장소에 저장하는 제4류 위험물의 최대수량이 지정수량의 **50만배** 이상	2대	10인

답 ③

51 ★★★ 소방시설 설치 및 관리에 관한 법령상 특정소방대상물의 관계인이 소방시설에 폐쇄(잠금을 포함)·차단 등의 행위를 하여서 사람을 상해에 이르게 한 때에 대한 벌칙기준은?

① 3년 이하의 징역 또는 3천만원 이하의 벌금
② 7년 이하의 징역 또는 7천만원 이하의 벌금
③ 5년 이하의 징역 또는 5천만원 이하의 벌금
④ 10년 이하의 징역 또는 1억원 이하의 벌금

해설 **소방시설법 56조**

벌 칙	행 위
5년 이하의 징역 또는 **5천만원** 이하의 벌금	소방시설에 폐쇄·차단 등의 **행위**를 한 자
7년 이하의 징역 또는 **7천만원** 이하의 벌금 보기 ②	소방시설에 폐쇄·차단 등의 행위를 하여 사람을 **상해**에 이르게 한 때
10년 이하의 징역 또는 **1억원** 이하의 벌금	소방시설에 폐쇄·차단 등의 행위를 하여 사람을 **사망**에 이르게 한 때

■ 비교

위험물법 34조

벌 칙	행 위
7년 이하의 금고 또는 **7천만원** 이하의 벌금	업무상 과실로 제조소 등에서 **위험물**을 유출·방출 또는 확산시켜 사람의 생명·신체 또는 재산에 대하여 **위험**을 발생시킨 자 기억법 77천위(위험한 칠천량 해전)
10년 이하의 징역 또는 금고나 **1억원** 이하의 벌금	업무상 과실로 제조소 등에서 위험물을 유출·방출 또는 확산시켜 사람을 **사상**에 이르게 한 자

답 ②

52. 소방시설 설치 및 관리에 관한 법령상 건축허가 등의 동의대상물 범위기준으로 옳은 것은?

① 항공기격납고, 관망탑, 항공관제탑, 방송용 송수신탑
② 차고·주차장 또는 주차용도로 사용되는 시설로서 차고·주차장으로 사용되는 층 중 바닥면적이 100제곱미터 이상인 층이 있는 시설
③ 연면적이 300제곱미터 이상인 건축물
④ 지하층 또는 무창층에 공연장이 있는 건축물로서 바닥면적이 150제곱미터의 이상인 층이 있는 것

② 100제곱미터 이상 → 200제곱미터 이상
③ 300제곱미터 이상 → 400제곱미터 이상
④ 150제곱미터 이상 → 100제곱미터 이상

소방시설법 시행령 7조
건축허가 등의 동의대상물
(1) 연면적 **400m²**(학교시설: **100m²**, 수련시설·노유자시설: **200m²**, 정신의료기관·장애인 의료재활시설: **300m²**) 이상 보기 ③
(2) **6층** 이상인 건축물
(3) 차고·주차장으로서 바닥면적 **200m²** 이상(**자동차 20대** 이상) 보기 ②
(4) 항공기격납고, 관망탑, 항공관제탑, 방송용 송수신탑
(5) 지하층 또는 무창층의 바닥면적 **150m²**(공연장은 **100m²**) 이상 보기 ④
(6) **위험물저장** 및 **처리시설**, **지하구**
(7) **결핵환자**나 **한센인**이 24시간 생활하는 **노유자시설**
(8) 전기저장시설, 풍력발전소
(9) 공동주택·숙박시설
(10) 노인주거복지시설·노인의료복지시설 및 재가노인복지시설·학대피해노인 전용쉼터·아동복지시설·장애인거주시설
(11) 정신질환자 관련시설(공동생활가정을 제외한 재활훈련시설과 종합시설 중 24시간 주거를 제공하지 않는 시설 제외)
(12) 조산원, 산후조리원, 의원(입원실 또는 인공신장실이 있는 것)
(13) 노숙인자활시설, 노숙인재활시설 및 노숙인요양시설
(14) 요양병원(의료재활시설 제외)
(15) 공장 또는 창고시설로서 지정하는 수량의 **750배** 이상의 특수가연물을 저장·취급하는 것
(16) 가스시설로서 지상에 노출된 탱크의 저장용량의 합계가 **100t** 이상인 것

기억법 **2자(이자)**

답 ①

53. 위험물안전관리법령상 관계인이 예방규정을 정하여야 하는 제조소 등의 기준이 아닌 것은?

① 지정수량의 10배 이상의 위험물을 취급하는 제조소
② 지정수량의 200배 이상의 위험물을 저장하는 옥외탱크저장소
③ 지정수량의 50배 이상의 위험물을 저장하는 옥외저장소
④ 지정수량의 150배 이상의 위험물을 저장하는 옥내저장소

③ 50배 이상 → 100배 이상

위험물령 15조
예방규정을 정하여야 할 제조소 등

배 수	제조소 등
10배 이상	• **제**조소 보기 ① • **일**반취급소
100배 이상	• **옥외**저장소 보기 ③
150배 이상	• **옥내**저장소 보기 ④
200배 이상	• 옥외**탱**크저장소 보기 ②
모두 해당	• 이송취급소 • 암반탱크저장소

기억법   1 제일
        0 외
        5 내
        2 탱

※ **예방규정**: 제조소 등의 화재예방과 화재 등 재해발생시의 비상조치를 위한 규정

답 ③

54. 소방시설공사업법령상 소방시설공사업자가 소속 소방기술자를 소방시설공사 현장에 배치하지 않았을 경우의 과태료 기준은?

① 100만원 이하
② 200만원 이하
③ 300만원 이하
④ 400만원 이하

200만원 이하의 과태료
(1) 소방용수시설·소화기구 및 설비 등의 설치명령 위반 (화재예방법 52조)
(2) 특수가연물의 저장·취급 기준 위반 (화재예방법 52조)
(3) 한국119청소년단 또는 이와 유사한 명칭을 사용한 자 (기본법 56조)

(4) 소방활동구역 출입(기본법 56조)
(5) 소방자동차의 출동에 지장을 준 자(기본법 56조)
(6) 한국소방안전원 또는 이와 유사한 명칭을 사용한 자 (기본법 56조)
(7) 관계서류 미보관자(공사업법 40조)
(8) **소방기술자 미배치자**(공사업법 40조) 보기 ②
(9) 완공검사를 받지 아니한 자(공사업법 40조)
(10) 방염성능기준 미만으로 방염한 자(공사업법 40조)
(11) 하도급 미통지자(공사업법 40조)
(12) 관계인에게 지위승계·행정처분·휴업·폐업 사실을 거짓으로 알린 자(공사업법 40조)

답 ②

55. 위험물안전관리법령상 점포에서 위험물을 용기에 담아 판매하기 위하여 지정수량의 40배 이하의 위험물을 취급하는 장소의 취급소 구분으로 옳은 것은? (단, 위험물을 제조 외의 목적으로 취급하기 위한 장소이다.)

① 판매취급소
② 주유취급소
③ 일반취급소
④ 이송취급소

해설 위험물령 [별표 3]
위험물취급소의 구분

구 분	설 명
주유 취급소	고정된 주유설비에 의하여 **자동차·항공기** 또는 **선박** 등의 연료탱크에 직접 주유하기 위하여 위험물을 취급하는 장소
판매 취급소 보기 ①	**점포**에서 위험물을 용기에 담아 판매하기 위하여 지정수량의 **40배** 이하의 위험물을 취급하는 장소 기억법 판4(판사 검사)
이송 취급소	배관 및 이에 부속된 설비에 의하여 위험물을 **이송**하는 장소
일반 취급소	주유취급소·판매취급소·이송취급소 이외의 장소

답 ①

56. 소방기본법령상 소방안전교육사의 배치대상별 배치기준에서 소방본부의 배치기준은 몇 명 이상인가?

① 3
② 4
③ 2
④ 1

해설 기본령 [별표 2의 3]
소방안전교육사의 배치대상별 배치기준

배치대상	배치기준
소방서	●**1명** 이상
한국소방안전원	●시·도지부 : **1명** 이상 ●본회 : **2명** 이상
소방본부	●**2명** 이상 보기 ③
소방청	●**2명** 이상
한국소방산업기술원	●**2명** 이상

답 ③

57. 소방기본법령상 소방본부 종합상황실의 실장이 소방청의 종합상황실에 지체없이 서면·팩스 또는 컴퓨터 통신 등으로 보고해야 할 상황이 아닌 것은?

① 위험물안전관리법에 의한 지정수량의 3천배 이상의 위험물의 제조소에서 발생한 화재
② 사망자가 3인 이상 발생한 화재
③ 재산피해액이 50억원 이상 발생한 화재
④ 연면적 1만 5천제곱미터 이상인 공장 또는 화재예방강화지구에서 발생한 화재

해설 ② 사망자가 3인 이상 → 사망자가 5인 이상

기본규칙 3조
종합상황실 실장의 보고화재
(1) 사망자 **5인** 이상 화재 보기 ②
(2) 사상자 **10인** 이상 화재
(3) 이재민 **100인** 이상 화재
(4) 재산피해액 **50억원** 이상 화재 보기 ③
(5) 관광호텔, 층수가 11층 이상인 건축물, 지하상가, 시장, 백화점
(6) **5층** 이상 또는 객실 **30실** 이상인 **숙박시설**
(7) **5층** 이상 또는 병상 **30개** 이상인 **종합병원·정신병원·한방병원·요양소**
(8) **1000t** 이상인 선박(항구에 매어둔 것)
(9) 지정수량 **3000배** 이상의 위험물 제조소·저장소·취급소 보기 ①
(10) 연면적 **15000m²** 이상인 **공장** 또는 **화재예방강화지구**에서 발생한 화재 보기 ④
(11) **가스** 및 **화약류**의 폭발에 의한 화재
(12) **관공서·학교·정부미도정공장·문화재·지하철** 또는 **지하구**의 **화재**
(13) 철도차량, 항공기, 발전소 또는 변전소에서 발생한 화재
(14) 다중이용업소의 화재

용어
종합상황실
화재·재난·재해·구조·구급 등이 필요한 때에 신속한 소방활동을 위한 정보를 수집·전파하는 소방서 또는 소방본부의 지령관제실

답 ②

58 소방시설 설치 및 관리에 관한 법령상 방염성능 기준으로 틀린 것은?
15.05.문11
11.06.문12
① 탄화한 면적은 $50cm^2$ 이내, 탄화한 길이는 20cm 이내
② 버너의 불꽃을 제거한 때부터 불꽃을 올리지 않고 연소하는 상태가 그칠 때까지 시간은 30초 이내
③ 버너의 불꽃을 제거한 때부터 불꽃을 올리며 연소하는 상태가 그칠 때까지 시간은 20초 이내
④ 불꽃에 의하여 완전히 녹을 때까지 불꽃의 접촉횟수는 2회 이상

해설 ④ 2회 이상 → 3회 이상

소방시설법 시행령 31조
방염성능기준
(1) 잔염시간 : **20초** 이내 [보기 ③]
(2) 잔신시간(잔**진**시간) : **30초** 이내 [보기 ②]
(3) 탄화길이 : **20cm** 이내 [보기 ①]
(4) 탄화면적 : **50cm²** 이내 [보기 ①]
(5) 불꽃 접촉횟수 : **3회** 이상 [보기 ④]
(6) 최대연기밀도 : **400** 이하

‖ 잔신시간(잔진시간) vs 잔염시간 ‖

구 분	잔신시간(잔진시간)	잔염시간
정의	버너의 **불꽃**을 제거한 때부터 **불꽃**을 올리지 **않고** 연소하는 상태가 그칠 때까지의 경과시간	버너의 **불꽃**을 제거한 때부터 **불꽃**을 올리며 연소하는 상태가 그칠 때까지의 경과시간
시간	**30초** 이내	**20초** 이내

● 잔신시간=잔진시간

[기억법] 3진(**삼진**아웃), 3신(**삼신** 할머니)

답 ④

59 소방시설 설치 및 관리에 관한 법령에 따른 비상방송설비를 설치하여야 하는 특정소방대상물의 기준 중 틀린 것은? (단, 위험물 저장 및 처리 시설 중 가스시설, 사람이 거주하지 않는 동물 및 식물 관련시설, 터널, 축사 및 지하구는 제외한다.)
17.09.문77
① 지하층을 제외한 층수가 11층 이상인 것
② 연면적 $3500m^2$ 이상인 것
③ 연면적 $1000m^2$ 미만의 기숙사
④ 지하층의 층수가 3층 이상인 것

해설 ③ 해당없음

소방시설법 시행령 [별표 4]
비상방송설비의 설치대상
(1) 연면적 **3500m²** 이상 [보기 ②]
(2) **11층** 이상(지하층 제외) [보기 ①]
(3) **지하 3층** 이상 [보기 ④]

답 ③

60 소방시설공사업법령상 소방시설공사의 하자보수 보증기간이 3년이 아닌 것은?
21.05.문59
17.05.문51
16.10.문56
15.05.문59
15.03.문52
12.05.문59
① 자동화재탐지설비
② 자동소화장치
③ 스프링클러설비
④ 무선통신보조설비

해설 ④ 무선통신보조설비 : 2년

공사업령 6조
소방시설공사의 하자보수 보증기간

보증기간	소방시설
2년	① **유**도등·**피**난기구 ② **비**상**조**명등·비상**경**보설비·비상**방**송설비 ③ **무**선통신보조설비 [보기 ④] [기억법] 유비 조경방무피2
3년	① 자동소화장치 [보기 ②] ② 옥내·외소화전설비 ③ 스프링클러설비 [보기 ③] ④ 물분무등소화설비·소화용수설비 ⑤ 자동화재탐지설비·소화활동설비(무선통신보조설비 제외) [보기 ①] ⑥ 화재알림설비

답 ④

제 4 과목   소방전기시설의 구조 및 원리

61 자동화재속보설비의 속보기의 성능인증 및 제품검사의 기술기준에 따른 속보기의 구조에 대한 설명으로 틀린 것은?

21.03.문78
20.06.문80
17.03.문67
16.10.문70
14.05.문68
11.03.문77

① 예비전원회로에는 단락사고 등을 방지하기 위한 단로기와 같은 보호장치를 하여야 한다.
② 수동통화용 송수화장치를 설치하여야 한다.
③ 화재표시 복구스위치 및 음향장치의 울림을 정지시킬 수 있는 스위치를 설치하여야 한다.
④ 작동시 그 작동시간과 작동횟수를 표시할 수 있는 장치를 하여야 한다.

① 단로기 → 퓨즈, 차단기

속보기의 기준(자동화재속보설비의 속보기의 성능인증 및 제품검사의 기술기준 3·5조)
(1) **수동통화용** 송수화기를 설치 보기 ②
(2) **20초** 이내에 **3회** 이상 **소방관서**에 자동속보
(3) 예비전원은 감시상태를 **60분**간 지속한 후 **10분** 이상 동작이 지속될 수 있는 용량일 것
(4) 다이얼링 : **10회** 이상
(5) 작동시 그 **작동시간**과 **작동횟수**를 표시할 수 있는 장치를 하여야 한다. 보기 ④
(6) **예비전원회로**에는 **단락사고** 등을 방지하기 위한 **퓨즈, 차단기** 등과 같은 **보호장치**를 하여야 한다. 보기 ①
(7) 화재표시 **복구스위치** 및 **음향장치**의 울림을 정지시킬 수 있는 스위치 설치 보기 ③
(8) **국가유산용** 속보기는 자동적으로 무선식 감지기에 **24시간** 이내의 주기마다 통신점검 신호를 발신할 수 있는 장치를 설치하여야 한다.

기억법 속203

비교

자동화재속보설비의 속보기에 적용할 수 없는 회로방식(자동화재속보설비의 속보기의 성능인증 및 제품검사의 기술기준 3조)
(1) **접지전극**에 **직류전류**를 통하는 회로방식
(2) 수신기에 접속되는 외부배선과 다른 설비(화재신호의 전달에 영향을 미치지 않는 것 제외)의 외부배선을 **공용**으로 하는 회로방식

답 ①

62 유도등의 형식승인 및 제품검사의 기술기준에 따라 복도통로유도등에 있어서 사용전원으로 등을 켜는 경우에는 직선거리 몇 m의 위치에서 보통시력에 의하여 표시면의 화살표가 쉽게 식별되어야 하는가?

18.03.문61
16.10.문64
14.09.문66
14.05.문67
14.03.문80
04.09.문69

① 20
② 15
③ 25
④ 30

식별도 시험(유도등의 형식승인 및 제품검사의 기술기준 16조)

유도등의 종류	시험방법
• 피난구유도등 • 거실통로유도등	① **상용전원**: 10~30 lx의 주위조도로 **30m**에서 식별 ② **비상전원**: 0~1 lx의 주위조도로 **20m**에서 식별
• 복도통로유도등	① **상용전원**(사용전원): 직선거리 **20m**에서 식별 보기 ① ② **비상전원**: 직선거리 **15m**에서 식별

비교

(1) 설치높이

구 분	설치높이
계단통로유도등· 복도통로유도등· 통로유도표지	바닥으로부터 높이 **1m** 이하
피난구유도등	피난구의 바닥으로부터 높이 **1.5m** 이상
거실통로유도등	바닥으로부터 높이 **1.5m** 이상(단, 거실통로의 기둥은 **1.5m** 이하)
피난구유도표지	출입구 상단

기억법 계복1, 피유15상

(2) 설치거리

구 분	설치거리
복도통로유도등	구부러진 모퉁이 및 피난구유도등이 설치된 출입구의 맞은편 복도에 입체형 또는 바닥에 설치한 통로유도등을 기점으로 보행거리 **20m**마다 설치
거실통로유도등	구부러진 모퉁이 및 **보행거리 20m**마다 설치
계단통로유도등	각 층의 **경사로참** 또는 **계단참**마다 설치

기억법 복거2

답 ①

63 비상경보설비 및 단독경보형 감지기의 화재안전기준에 따른 단독경보형 감지기에 대한 내용이다. 다음 ( )에 들어갈 내용으로 옳은 것은?

21.05.문75
17.09.문64
03.08.문62

이웃하는 실내의 바닥면적이 각각 ( )m² 미만이고 벽체의 상부의 전부 또는 일부가 개방되어 이웃하는 실내와 공기가 상호 유통되는 경우에는 이를 1개의 실로 본다.

① 50
② 150
③ 30
④ 100

해설 **단독경보형 감지기**의 **설치기준**(NFPC 201 5조, NFTC 201 2.2.1)
(1) 각 실(이웃하는 실내의 바닥면적이 각각 **30m² 미만**이고 벽체의 상부의 전부 또는 일부가 개방되어 이웃하는 실내와 공기가 상호 유통되는 경우에는 이를 1개의 실로 본다)마다 설치하되, 바닥면적이 **150m²**를 초과하는 경우에는 **150m²**마다 1개 이상 설치할 것 보기 ③
(2) 최상층의 계단실의 **천장**(외기가 상통하는 계단실의 경우 제외)에 설치할 것
(3) 건전지를 주전원으로 사용하는 단독경보형 감지기는 정상적인 작동상태를 유지할 수 있도록 건전지를 교환할 것
(4) 상용전원을 주전원으로 사용하는 단독경보형 감지기의 **2차 전지**는 제품검사에 합격한 것을 사용할 것

용어
단독경보형 감지기
화재발생 상황을 단독으로 감지하여 자체에 내장된 음향장치로 경보하는 감지기

답 ③

64 ★★★
누전경보기의 화재안전기준에 따라 누전경보기 설치시 경계전로의 정격전류가 60A를 초과하는 전로에 있어서는 몇 급 누전경보기를 설치하는가? (단, 경계전로는 분기되어 있지 않은 경우이다.)

19.04.문75
18.09.문62
17.09.문67
15.09.문76
14.05.문71
14.03.문75
13.06.문67
12.05.문74

① 4급 누전경보기
② 1급 누전경보기
③ 2급 누전경보기
④ 3급 누전경보기

해설 **누전경보기**(NFPC 205 4조, NFTC 205 2.1.1.1)

60A 이하	60A 초과
• 1급 누전경보기 • 2급 누전경보기	• 1급 누전경보기 보기 ②

중요
누전경보기의 **설치기준**(NFPC 205 6조, NFTC 205 2.3.1)

과전류차단기	배선용 차단기
15A 이하	20A 이하 기억법 2배(이 배에 탈 사람!)

(1) 각 극에 개폐기 및 **15A** 이하의 **과전류차단기**를 설치할 것(**배선용 차단기**는 20A 이하)
(2) 분전반으로부터 **전용 회로**로 할 것
(3) 개폐기에는 누전경보기임을 표시할 것

답 ②

65 ★
무선통신보조설비 구성방식 중 안테나 방식의 특징에 대한 설명으로 틀린 것은?
① 누설동축케이블 방식보다 경제적이다.
② 케이블을 반자 내에 은폐할 수 있으므로 화재시 영향이 적고 미관을 해치지 않는다.
③ 전파를 균일하고 광범위하게 방사할 수 있다.
④ 장애물이 적은 대강당, 극장 등에 적합하다.

해설 **무선통신보조설비 구성방식**

누설동축케이블 방식	안테나 방식
• 터널, 지하철역 등 폭이 좁고 긴 지하가나 건축물 내부에 적합 • 전파를 균일하고 광범위하게 방사 보기 ③ • 케이블이 외부에 노출되므로 유지보수가 용이	• 누설동축케이블 방식보다 **경제적** 보기 ① • 케이블을 반자 내 은폐할 수 있으므로 화재시 영향이 적고 **미관**을 해치지 않는다. 보기 ② • 말단에서는 전파의 강도가 떨어져서 **통화 어려움** • 장애물이 적은 **대강당, 극장** 등에 적합 보기 ④

답 ③

66 ★★★
자동화재탐지설비 및 시각경보장치 화재안전기준에 따라 광전식 분리형 감지기의 설치기준에 대한 설명으로 틀린 것은?

18.03.문66
16.10.문65
13.03.문65

① 광축(송광면과 수광면의 중심을 연결한 선)은 나란한 벽으로부터 0.6m 이상 이격하여 설치할 것
② 감지기의 수광면은 햇빛을 직접 받지 않도록 설치할 것
③ 광축의 높이는 천장 등(천장의 실내에 면한 부분 또는 상층의 바닥하부면을 말한다) 높이의 70% 이상일 것
④ 감지기의 송광부와 수광부는 설치된 뒷벽으로부터 1m 이내 위치에 설치할 것

해설
③ 70% 이상 → 80% 이상

광전식 분리형 감지기의 **설치기준**(NFPC 203 7조, NFTC 203 2.4.3.15)
(1) 감지기의 광축의 길이는 공칭감시거리 범위 이내이어야 한다.
(2) 감지기의 송광부와 수광부는 설치된 뒷벽으로부터 **1m 이내**의 위치에 설치해야 한다.
(3) 감지기의 수광면은 햇빛을 직접 받지 않도록 설치해야 한다.

(4) 광축은 나란한 벽으로부터 **0.6m 이상** 이격하여야 한다.
(5) 광축의 높이는 천장 등 높이의 **80%** 이상일 것

기억법 광분8(광 분할해서 팔아요.)

| 광전식 분리형 감지기의 설치 |

중요

광전식 분리형 감지기의 동작원리

(1) 화재발생시 연기확산
(2) 연기에 의해 수광부로 유입되는 **적외선**의 **진로방해**
(3) **수광부**의 **수광량** 감소
(4) **제어부**에서 검출
(5) **수신기**에 화재신호 발생

답 ③

67 비상방송설비의 화재안전기준에 따라 음량조정기를 설치하는 경우 음량조정기의 배선은 3선식으로 하여야 한다. 음량조정기의 각 배선의 용도를 나타낸 것으로 옳은 것은?

① 전원선, 음량조정용, 접지선
② 전원선, 통신선, 예비용
③ 공통선, 업무용, 긴급용
④ 업무용, 긴급용, 접지선

해설

비상방송설비 3선식 배선 보기 ③	유도등 3선식 배선
• 공통선 • 업무용 배선 • 긴급용 배선	• 공통선 • 상용선 • 충전선

중요

비상방송설비의 **설치기준**(NFPC 202 4조, NFTC 202 2.1)
(1) 확성기의 음성입력은 실내 **1W 이상**, 실외 **3W** 이상일 것

실내	실외
1W 이상	3W 이상

(2) 확성기는 **각 층**마다 설치하되, 각 부분으로부터의 수평거리는 **25m** 이하일 것
(3) 음량조정기는 **3선식** 배선일 것
(4) 조작스위치는 바닥으로부터 **0.8~1.5m** 이하의 높이에 설치할 것
(5) 다른 전기회로에 의하여 유도장애가 생기지 않을 것
(6) 비상방송 개시시간은 **10초** 이하일 것

답 ③

68 소방시설용 비상전원수전설비의 화재안전기준에 따라 전기사업자로부터 저압으로 수전하는 비상전원설비를 제1종 배전반 및 제1종 분전반으로 하는 경우 외함에 노출하여 설치할 수 없는 것은?

① 차단기
② 표시등(불연성 재료로 덮개를 설치한 것)
③ 표시등(난연성 재료로 덮개를 설치한 것)
④ 전선의 인입구

해설 **제1종 배전반** 및 **제1종 분전반**의 **시설기준**(NFPC 602 6조, NFTC 602 2.3.1.1)
(1) 외함은 두께 **1.6mm**(전면판 및 문은 **2.3mm**) 이상의 강판과 이와 동등 이상의 강도와 내화성능이 있는 것으로 제작할 것
(2) 외함의 내부는 외부의 열에 의해 영향을 받지 않도록 **내열성** 및 **단열성**이 있는 재료를 사용하여 단열할 것. 이 경우 단열부분은 열 또는 진동에 따라 쉽게 변형되지 않을 것
(3) 다음에 해당하는 것은 외함에 노출하여 설치
  ㉠ **표시등**(불연성 또는 난연성 재료로 덮개를 설치한 것에 한함) 보기 ②③
  ㉡ 전선의 **인입구** 및 **입출구** 보기 ④
(4) 외함은 **금속관** 또는 **금속제 가요전선관**을 쉽게 접속할 수 있도록 하고, 당해 접속부분에는 **단열조치**를 할 것
(5) 공용 배전반 및 공용 분전반의 경우 소방회로와 일반회로에 사용하는 배선 및 배선용 기기는 **불연재료**로 구획되어야 할 것

비교

제2종 배전반 및 **제2종 분전반**의 **시설기준**(NFPC 602 6조, NFTC 602 2.3.1.2)
(1) 외함은 두께 **1mm**(함 전면의 면적이 1000cm^{2}를 초과하고 2000cm^2 이하인 경우에는 **1.2mm**, 2000cm^{2}를 초과하는 경우에는 **1.6mm**) 이상의 강판과 이와 동등 이상의 강도와 내화성능이 있는 것으로 제작
(2) **120℃**의 온도를 가했을 때 이상이 없는 **전압계** 및 **전류계**는 외함에 노출하여 설치
(3) 단열을 위해 배선용 **불연전용실** 내에 설치

답 ①

69. 예비전원의 성능인증 및 제품검사의 기술기준에 따른 예비전원에 해당하지 않는 것은?

① 망가니즈 1차 축전지
② 리튬계 2차 축전지
③ 무보수 밀폐형 연축전지
④ 알칼리계 2차 축전지

해설 예비전원(예비전원의 성능인증 및 제품검사의 기술기준 2조)

기 기	예비전원
• 수신기 • 중계기 • 자동화재속보기	• 원통 밀폐형 니켈카드뮴 축전지 • 무보수 밀폐형 연축전지
• 간이형 수신기	• 원통 밀폐형 니켈카드뮴 축전지 또는 이와 동등 이상의 **밀폐형 축전지**
• 유도등	• 알칼리계 2차 축전지 • 리튬계 2차 축전지
• 비상조명등 • 가스누설경보기	• 알칼리계 2차 축전지 [보기 ④] • 리튬계 2차 축전지 [보기 ②] • 무보수 밀폐형 연축전지 [보기 ③]

답 ①

70. 정격출력 5~15W 정도의 소형으로서, 소화활동시 안내방송 등에 사용하는 증폭기의 종류로 옳은 것은?

① 휴대형
② Rack형
③ Desk형
④ 탁상형

해설 증폭기의 종류

종류		용량	특징
이동형	휴대형 [보기 ①]	5~15W	① 소화활동시 안내방송에 사용 ② 마이크, 증폭기, 확성기를 일체화하여 소형 경량
	탁상형	10~60W	① 소규모 방송설비에 사용 ② 입력장치: 마이크, 라디오, 사이렌, 카세트테이프
고정형	Desk형	30~180W	① 책상식의 형태 ② 입력장치: Rack형과 유사
	Rack형	200W 이상	① 유닛(unit)화되어 교체, 철거, 신설 용이 ② 용량 무제한

답 ①

71. 자동화재탐지설비 및 시각경보장치의 화재안전기준에 따라 시각경보장치는 천장의 높이가 2m 이하인 경우 천장으로부터 몇 m 이내의 장소에 설치하여야 하는가?

① 0.1
② 0.15
③ 0.2
④ 0.25

해설 설치높이 (NFPC 203 8조, NFTC 203 2.5.2.3)

기타 모두	시각경보장치
0.8~1.5m 이하	2~2.5m 이하 (천장높이 2m 이하는 천장에서 0.15m 이내) [보기 ②]

답 ②

72. 비상조명등의 화재안전기준에 따라 비상조명등의 조도는 비상조명등이 설치된 장소의 각 부분의 바닥에서 몇 lx 이상이 되도록 하여야 하는가?

① 3
② 10
③ 1
④ 5

해설 (1) 조명도(조도)

기 기	조명도(조도)
• 객석유도등	0.2 lx 이상
• 계단통로유도등	0.5 lx 이상
• 복도통로유도등 • 거실통로유도등 • 비상조명등 [보기 ③]	1 lx 이상

(2) 조도시험

유도등의 종류	시험방법
계단통로 유도등	바닥면에서 **2.5m** 높이에 유도등을 설치하고 수평거리 **10m** 위치에서 법선조도 **0.5 lx** 이상 [기억법] 계2505
복도통로 유도등	바닥면에서 **1m** 높이에 유도등을 설치하고 중앙으로부터 **0.5m** 위치에서 조도 **1 lx** 이상 복도통로유도등

거실통로 유도등	바닥면에서 **2m** 높이에 유도등을 설치하고 중앙으로부터 **0.5m** 위치에서 조도 **1lx** 이상
객석 유도등	바닥면에서 **0.5m** 높이에 유도등을 설치하고 바로 밑에서 **0.3m** 위치에서 수평조도 **0.2lx** 이상

기억법 객532

중요

비상조명등의 **설치기준**(NFPC 304 4조, NFTC 304 2.1.1)
(1) 특정소방대상물의 각 거실과 지상에 이르는 복도·계단·통로에 설치할 것
(2) 조도는 각 부분의 바닥에서 **1lx** 이상일 것 보기 ③
(3) **점검스위치**를 설치하고 **20분** 이상 작동시킬 수 있는 용량의 **축전지**와 **예비전원 충전장치**를 내장할 것

답 ③

73 ★★
비상콘센트설비의 화재안전기준에 따른 비상콘센트를 보호하기 위한 비상콘센트 보호함의 설치기준으로 틀린 것은?

19.04.문66
10.09.문76

① 비상콘센트의 보호함을 옥내소화전함 등과 접속하여 설치하는 경우에는 옥내소화전함 등의 표시등과 겸용할 수 있다.
② 보호함 상부에 적색의 표시등을 설치할 것
③ 보호함에는 문을 쉽게 개폐할 수 없도록 잠금장치를 설치할 것
④ 보호함 표면에 "비상콘센트"라고 표시한 표지를 할 것

해설 ③ 없도록 장금장치를 → 있는 문을

비상콘센트설비의 **보호함 설치기준**(NFPC 504 5조, NFTC 504 2.2.1)
(1) 보호함에는 **쉽게 개폐**할 수 있는 **문**을 설치할 것 보기 ③

(2) 보호함 표면에 "**비상콘센트**"라고 표시한 표지를 할 것 보기 ④
(3) 보호함 상부에 **적색**의 **표시등**을 설치할 것 보기 ②
(4) 보호함을 옥내소화전함 등과 접속하여 설치시 옥내소화전함 등과 표시등 **겸용 가능** 보기 ①

답 ③

74 ★★★
비상경보설비 및 단독경보형 감지기의 화재안전기준에 따른 발신기의 설치기준에 대한 내용이다. 다음 ( )에 들어갈 내용으로 옳은 것은?

21.05.문68
20.09.문74
18.03.문77
18.03.문78
17.05.문77
16.05.문63
14.03.문71
12.03.문77
10.03.문68

조작이 쉬운 장소에 설치하고, 조작스위치는 바닥으로부터 (㉠)m 이상 (㉡)m 이하의 높이에 설치할 것

① ㉠ 1.2, ㉡ 2.0
② ㉠ 1.0, ㉡ 1.8
③ ㉠ 0.6, ㉡ 1.2
④ ㉠ 0.8, ㉡ 1.5

해설 **비상경보설비**의 **발신기 설치기준**(NFPC 201 4조, NFTC 201 2.1.5)
(1) 전원: **축전지설비**, **전기저장장치**, **교류전압**의 **옥내간선**으로 하고 배선은 **전용**
(2) 감시상태: **60분**, 경보시간: **10분**
(3) 조작이 **쉬운** 장소에 설치하고, 조작스위치는 바닥으로부터 **0.8~1.5m** 이하의 높이에 설치할 것 보기 ④
(4) 특정소방대상물의 **층**마다 설치하되, 해당 소방대상물의 각 부분으로부터 하나의 발신기까지의 **수평거리**가 **25m** 이하가 되도록 할 것(단, 복도 또는 별도로 구획된 실로서 **보행거리**가 **40m** 이상일 경우에는 추가로 설치할 것)
(5) 발신기의 **위치표시등**은 함의 **상부**에 설치하되, 그 불빛은 부착면으로부터 **15°** 이상의 범위 안에서 부착지점으로부터 **10m** 이내의 어느 곳에서도 쉽게 식별할 수 있는 **적색등**으로 할 것

설치높이		
기타 모두	시각경보장치
0.8~1.5m 이하 보기 ④	2~2.5m 이하 (천장높이 2m 이하는 천장에서 0.15m 이내)

답 ④

75 ★★★
자동화재탐지설비 및 시각경보장치의 화재안전기준에 따라 자동화재탐지설비의 경계구역은 500m² 이하의 범위 안에서 몇 개의 층을 하나의 경계구역으로 할 수 있는가?

21.03.문61
19.03.문68
14.09.문68
12.05.문71
12.03.문68
09.08.문69
07.09.문64

① 5
② 2
③ 3
④ 7

해설 경계구역
(1) 정의 (NFPC 203 3조, NFTC 203 1.7)
특정소방대상물 중 **화재신호**를 **발신**하고 그 **신호**를 **수신** 및 유효하게 **제어**할 수 있는 구역
(2) 경계구역의 설정기준 (NFPC 203 4조, NFTC 203 2.1)
㉠ 1경계구역이 **2개** 이상의 **건축물**에 미치지 않을 것
㉡ 1경계구역이 **2개** 이상의 **층**에 미치지 않을 것 (단, **500m²** 이하는 **2개층**을 1경계구역으로 하는 것이 가능) 보기 ②
㉢ 1경계구역의 면적은 **600m²** 이하로 하고, 1변의 길이는 **50m** 이하로 할 것(내부 전체가 보이면 **1000m²** 이하)
(3) 1경계구역의 높이 : **45m** 이하

답 ②

76
무선통신보조설비에서 송신기와 송신 안테나 또는 수신안테나에서 수신기 사이를 연결하여 고주파전력을 전송하기 위하여 사용되는 전송선로를 말하며, 전파를 누설동축케이블이나 무선접속단자까지 이송하는 역할을 수행하는 것은?
① 무선중계기　② 종단저항기
③ 증폭기　　　④ 급전선

해설 무선통신보조설비 용어

용 어	설 명
무선중계기	안테나를 통하여 수신된 무전기 **신호**를 **증폭**한 후 음영지역에 재방사하여 무전기 상호간 **송수신**이 가능하도록 하는 장치
무반사종단저항 (종단저항기)	전송로로 전송되는 전자파가 전송로의 **종단**에서 **반사**되어 **교신**을 **방해**하는 것을 막기 위한 저항
증폭기	전압전류의 **진폭**을 늘려 감도를 좋게 하고 미약한 **음성전류**를 커다란 음성전류로 변화시켜 **소리**를 **크게** 하는 장치
급전선	송신기에서 송신 안테나까지 또는 수신안테나에서 수신기까지 연결된 **고주파 전송선로**

답 ④

77
유도등 및 유도표지의 화재안전기준에 따른 통로유도등의 종류로 틀린 것은?
① 거실통로유도등
② 복도통로유도등
③ 비상통로유도등
④ 계단통로유도등

해설 통로유도등의 종류 (NFPC 303 3조, NFTC 303 1.7)

종 류	정 의
복도통로유도등 보기 ②	피난통로가 되는 복도에 설치하는 통로유도등으로서 피난구의 방향을 명시하는 것
거실통로유도등 보기 ①	**거주, 집무, 작업, 집회, 오락** 그 밖에 이와 유사한 목적을 위하여 계속적으로 사용하는 **거실, 주차장** 등 **개방**된 **통로**에 설치하는 유도등으로 피난의 방향을 명시하는 것
계단통로유도등 보기 ④	피난통로가 되는 **계단**이나 **경사로**에 설치하는 통로유도등으로 **바닥면** 및 **디딤바닥면**을 비추는 것

답 ③

78
자동화재탐지설비 및 시각경보장치의 화재안전기준에 따라 주요구조부를 내화구조로 한 특정소방대상물의 바닥면적이 370m²인 부분에 설치해야 하는 감지기의 최소수량은? (단, 감지기의 부착높이는 바닥으로부터 4.5m이고, 보상식 스포트형 1종을 설치한다.)
① 7개　② 6개
③ 9개　④ 8개

해설 감지기의 바닥면적[m²] (NFPC 203 7조, NFTC 203 2.4.3.5)

부착높이 및 소방대상물의 구분		감지기의 종류				
		차동식·보상식 스포트형		정온식 스포트형		
		1종	2종	특종	1종	2종
4m 미만	내화구조	90	70	70	60	20
	기타구조	50	40	40	30	15
4m 이상 8m 미만	내화구조	45	35	35	30	–
	기타구조	30	25	25	15	–

기억법
9 7 7 6 2
5 4 4 3 ①
④ ③ ③ 3
3 ② ② ①
※ 동그라미(○) 친 부분은 뒤에 5가 붙음

4m 이상의 **내화구조**이고 보상식 스포트형 감지기 1종이므로 기준면적 **45m²**

$$\text{설치개수} = \frac{\text{바닥면적}}{\text{기준면적}} = \frac{370\text{m}^2}{45\text{m}^2} = 8.2 ≒ 9\text{개(절상)}$$

용어
절상
'소수점 이하는 무조건 올린다'는 뜻

중요

감지기·유도등 개수	수용인원 산정
소수점 이하는 **절상**	소수점 이하는 **반올림** 기억법 수반(수반! 동반)

답 ③

79 ★★★
비상콘센트설비의 화재안전기준에 따라 비상콘센트의 플러그접속기로 사용하여야 하는 것은?

21.09.문62
19.04.문63
18.04.문61
17.03.문72
16.10.문61
16.05.문76
15.09.문80
14.03.문64
11.10.문67

① 접지형 2극 플러그접속기
② 플랫형 2종 절연 플러그접속기
③ 플랫형 3종 절연 플러그접속기
④ 접지형 3극 플러그접속기

해설 **비상콘센트설비**(NFPC 504 4조, NFTC 504 2.1)

구 분	전 압	용 량	플러그접속기
단상 교류	220V	1.5kVA 이상	접지형 2극 보기 ①

(1) 하나의 전용 회로에 설치하는 비상콘센트는 **10개** 이하로 할 것(전선의 용량은 최대 **3개**)

설치하는 비상콘센트 수량	전선의 용량산정시 적용하는 비상콘센트 수량	단상 전선의 용량
1개	1개 이상	1.5kVA 이상
2개	2개 이상	3.0kVA 이상
3~10개	3개 이상	4.5kVA 이상

(2) 전원회로는 각 층에 있어서 **2 이상**이 되도록 설치할 것(단, 설치하여야 할 층의 콘센트가 **1개**인 때에는 하나의 회로로 할 수 있다.)
(3) 플러그접속기의 칼받이 접지극에는 **접지공사**를 하여야 한다.
(4) 풀박스는 **1.6mm** 이상의 철판을 사용할 것
(5) 절연저항은 **전원부**와 **외함** 사이를 **직류 500V 절연저항계**로 측정하여 20MΩ 이상일 것
(6) 전원으로부터 각 층의 비상콘센트에 분기되는 경우에는 **분기배선용 차단기**를 보호함 안에 설치할 것
(7) 바닥으로부터 **0.8~1.5m** 이하의 높이에 설치할 것
(8) 전원회로는 주배전반에서 **전용 회로**로 하며, 배선의 종류는 **내화배선**이어야 한다.

답 ①

80 ★★★
누전경보기의 형식승인 및 제품검사의 기술기준에 따라 감도조정장치를 갖는 누전경보기에 있어서 감도조정장치의 조정범위는 최대치가 몇 A이어야 하는가?

21.05.문78
16.03.문77
15.05.문79
10.03.문76

① 5
② 1
③ 10
④ 3

해설 **누전경보기**(누전경보기의 형식승인 및 제품검사의 기술기준 7·8조)

공칭작동전류치	감도조정장치의 조정범위
200mA 이하	1A(1000mA) 이하 보기 ②

기억법 공2

참고

검출누설전류 설정치 범위	
경계전로	제2종 접지선 (중성점 접지선)
100~400mA	400~700mA

답 ②

과년도 기출문제

2021년
소방설비기사 필기(전기분야)

■ 2021. 3. 7 시행 ················· 21- 2
■ 2021. 5. 15 시행 ················· 21-30
■ 2021. 9. 12 시행 ················· 21-59

** 수험자 유의사항 **

1. 문제지를 받는 즉시 **본인**이 **응시한 종목**이 맞는지 확인하시기 바랍니다.
2. 문제지 표지에 본인의 **수험번호**와 **성명**을 기재하여야 합니다.
3. 문제지의 **총면수, 문제번호 일련순서, 인쇄상태, 중복 및 누락 페이지 유무**를 확인하시기 바랍니다.
4. 답안은 각 문제마다 요구하는 가장 적합하거나 가까운 답 1개만을 선택하여야 합니다.
5. 답안카드는 뒷면의 「수험자 유의사항」에 따라 작성하시고, 답안카드 작성 시 형별누락, 마킹착오로 인한 불이익은 전적으로 수험자에게 책임이 있음을 알려드립니다.
6. 문제지는 시험 종료 후 본인이 가져갈 수 있습니다.

** 안내사항 **

• 가답안/최종정답은 큐넷(www.q-net.or.kr)에서 확인하실 수 있습니다. 가답안에 대한 의견은 큐넷의 [가답안 의견제시]를 통해 제시할 수 있으며, 확정된 답안은 최종정답으로 갈음합니다.
• 공단에서 제공하는 자격검정서비스에 대해 개선할 점이 있으시면 고객참여(http://hrdkorea.or.kr/7/1/1)를 통해 건의하여 주시기 바랍니다.

2021. 3. 7 시행

2021년 기사 제1회 필기시험

자격종목	종목코드	시험시간	형별
소방설비기사(전기분야)		2시간	

※ 각 문항은 4지택일형으로 질문에 가장 적합한 보기 항을 선택하여 체크하여야 합니다.

제 1 과목 : 소방원론

01 위험물별 저장방법에 대한 설명 중 틀린 것은?
① 황은 정전기가 축적되지 않도록 하여 저장한다.
② 적린은 화기로부터 격리하여 저장한다.
③ 마그네슘은 건조하면 부유하여 분진폭발의 위험이 있으므로 물에 적시어 보관한다.
④ 황화인은 산화제와 격리하여 저장한다.

해설
① 황 : **정전기**가 축적되지 않도록 하여 저장
② 적린 : **화기**로부터 격리하여 저장
③ 마그네슘 : **물**에 적시어 보관하면 **수소**(H_2) 발생
④ 황화인 : **산화제**와 격리하여 저장

중요
주수소화(물소화)시 위험한 물질

구 분	현 상
• 무기과산화물	산소(O_2) 발생
• **금**속분 • **마**그네슘 • 알루미늄 • 칼륨 • 나트륨 • 수소화리튬	**수소**(H_2) 발생
• 가연성 액체의 유류화재	연소면(화재면) 확대

기억법 금마수

※ **주수소화** : 물을 뿌려 소화하는 방법

답 ③

02 분자식이 CF_2BrCl인 할로겐화합물 소화약제는?
① Halon 1301
② Halon 1211
③ Halon 2402
④ Halon 2021

해설 할론소화약제의 약칭 및 분자식

종 류	약 칭	분자식
할론 1011	CB	CH_2ClBr
할론 104	CTC	CCl_4
할론 1211	BCF	$CF_2ClBr(CClF_2Br)$
할론 1301	BTM	CF_3Br
할론 2402	FB	$C_2F_4Br_2$

답 ②

03 건축물의 화재시 피난자들의 집중으로 패닉(Panic) 현상이 일어날 수 있는 피난방향은?

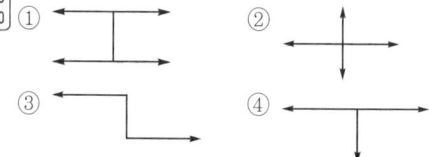

해설 피난형태

형 태	피난방향	상 황
X형		확실한 피난통로가 보장되어 신속한 피난이 가능하다.
Y형		
CO형		피난자들의 집중으로 **패닉**(Panic)현상이 일어날 수 있다. 보기 ①
H형		

중요
패닉(Panic)의 **발생원인**
(1) 연기에 의한 시계제한
(2) 유독가스에 의한 호흡장애
(3) 외부와 단절되어 고립

답 ①

04 할로겐화합물 소화약제에 관한 설명으로 옳지 않은 것은?

① 연쇄반응을 차단하여 소화한다.
② 할로겐족(할로젠족) 원소가 사용된다.
③ 전기에 도체이므로 전기화재에 효과가 있다.
④ 소화약제의 변질분해 위험성이 낮다.

해설 할론소화설비(할로겐화합물 소화약제)의 **특징**
(1) **연쇄반응**을 **차단**하여 소화한다. 보기 ①
(2) **할로겐족(할로젠족)** 원소가 사용된다. 보기 ②
(3) 전기에 **부도체**이므로 전기화재에 효과가 있다. 보기 ③
(4) 소화약제의 **변질분해** 위험성이 **낮다**. 보기 ④
(5) **오존층**을 **파괴**한다.
(6) 연소 **억제작용**이 크다(가연물과 산소의 화학반응을 억제한다).
(7) **소화능력**이 **크다**(소화속도가 빠르다).
(8) 금속에 대한 **부식성**이 **작다**.

③ 도체 → 부도체(불량도체)

답 ③

05 스테판-볼츠만의 법칙에 의해 복사열과 절대온도와의 관계를 옳게 설명한 것은?

① 복사열은 절대온도의 제곱에 비례한다.
② 복사열은 절대온도의 4제곱에 비례한다.
③ 복사열은 절대온도의 제곱에 반비례한다.
④ 복사열은 절대온도의 4제곱에 반비례한다.

해설 스테판-볼츠만의 **법칙**(Stefan-Boltzman's law)

$$Q = aAF(T_1^4 - T_2^4) \propto T^4$$

여기서, Q : 복사열[W]
a : 스테판-볼츠만 상수[W/m²·K⁴]
A : 단면적[m²]
F : 기하학적 Factor
T_1 : 고온[K]
T_2 : 저온[K]

② **복사열(열복사량)**은 **복사체**의 **절대온도**의 **4제곱**에 비례하고, **단면적**에 비례한다.

기억법 복스(복수)

• 스테판-볼츠만의 법칙 ≒ 스테판-볼쯔만의 법칙

답 ②

06 일반적으로 공기 중 산소농도를 몇 vol% 이하로 감소시키면 연소속도의 감소 및 질식소화가 가능한가?

① 15   ② 21
③ 25   ④ 31

해설 소화의 방법

구분	설명
냉각소화	다량의 물 등을 이용하여 **점화원**을 냉각시켜 소화하는 방법
질식소화	공기 중의 **산소농도**를 16% 또는 **15%** (10~15%) 이하로 희박하게 하여 소화하는 방법 보기 ①
제거소화	가연물을 제거하여 소화하는 방법
화학소화 (부촉매효과)	연쇄반응을 차단하여 소화하는 방법, **억제작용**이라고도 함
희석소화	고체·기체·액체에서 나오는 **분해가스**나 **증기**의 **농도**를 낮추어 연소를 중지시키는 방법
유화소화	물을 무상으로 방사하여 유류표면에 **유화층**의 막을 형성시켜 공기의 접촉을 막아 소화하는 방법
피복소화	비중이 공기의 **1.5배** 정도로 무거운 소화약제를 방사하여 가연물의 구석구석까지 침투·피복하여 소화하는 방법

용어

%	vol%
수를 100의 비로 나타낸 것	어떤 공간에 차지하는 부피를 백분율로 나타낸 것
50%	공기 50vol% / 50vol%

답 ①

07 이산화탄소의 물성으로 옳은 것은?

① 임계온도 : 31.35℃, 증기비중 : 0.529
② 임계온도 : 31.35℃, 증기비중 : 1.529
③ 임계온도 : 0.35℃, 증기비중 : 1.529
④ 임계온도 : 0.35℃, 증기비중 : 0.529

해설 이산화탄소의 물성

구 분	물 성
임계압력	72.75atm
임계온도	31.35℃
3중점	-56.3℃(약 -57℃)
승화점(비점)	-78.5℃
허용농도	0.5%
증기비중	1.529
수분	0.05% 이하(함량 99.5% 이상)

기억법 이356, 이비78, 이증15

용어 임계온도와 임계압력

임계온도	임계압력
아무리 큰 압력을 가해도 액화하지 않는 최저온도	임계온도에서 액화하는 데 필요한 압력

답 ②

08 조연성 가스에 해당하는 것은?

20.09.문20
17.03.문07
16.10.문03
16.03.문04
14.05.문10
12.09.문08
11.10.문02

① 일산화탄소
② 산소
③ 수소
④ 부탄

해설 가연성 가스와 지연성 가스

가연성 가스	지연성 가스(조연성 가스)
• 수소 보기 ③ • 메탄 • 일산화탄소 보기 ① • 천연가스 • 부탄 보기 ④ • 에탄 • 암모니아 • 프로판	• 산소 보기 ② • 공기 • 염소 • 오존 • 불소

기억법 조산공 염오불

기억법 가수일천 암부 메에프

①③④ 가연성 가스

용어 가연성 가스와 지연성 가스

가연성 가스	지연성 가스(조연성 가스)
물질 자체가 연소하는 것	자기 자신은 연소하지 않지만 연소를 도와주는 가스

답 ②

09 가연물질의 구비조건으로 옳지 않은 것은?

19.09.문08
18.03.문10
17.05.문18
16.10.문05
16.03.문14
15.05.문19
15.03.문09
14.09.문09
14.09.문17
12.03.문09

① 화학적 활성이 클 것
② 열의 축적이 용이할 것
③ 활성화에너지가 작을 것
④ 산소와 결합할 때 발열량이 작을 것

해설 가연물이 연소하기 쉬운 조건(가연물질의 구비조건)
(1) 산소와 친화력이 클 것(좋을 것)
(2) 발열량이 클 것 보기 ④
(3) 표면적이 넓을 것
(4) 열전도율이 작을 것
(5) 활성화에너지가 작을 것 보기 ③
(6) 연쇄반응을 일으킬 수 있을 것
(7) 산소가 포함된 유기물일 것
(8) 연소시 발열반응을 할 것
(9) 화학적 활성이 클 것 보기 ①
(10) 열의 축적이 용이할 것 보기 ②

기억법 가열작 활작(가열작품)

용어 활성화에너지
가연물이 처음 연소하는 데 필요한 열

비교

자연발화의 방지법	자연발화 조건
① 습도가 높은 곳을 피할 것(건조하게 유지할 것) ② 저장실의 온도를 낮출 것 ③ 통풍이 잘 되게 할 것 ④ 퇴적 및 수납시 열이 쌓이지 않게 할 것 (**열축적 방지**) ⑤ 산소와의 접촉을 차단할 것 ⑥ **열전도성**을 좋게 할 것	① 열전도율이 작을 것 ② 발열량이 클 것 ③ 주위의 온도가 높을 것 ④ 표면적이 넓을 것

④ 작을 것 → 클 것

답 ④

10 가연성 가스이면서도 독성 가스인 것은?

19.04.문10
11.03.문10
09.08.문11
04.09.문14

① 질소
② 수소
③ 염소
④ 황화수소

해설 가연성 가스 + 독성 가스
(1) 황화수소(H_2S) 보기 ④
(2) 암모니아(NH_3)

기억법 가독황암

용어

가연성 가스	독성 가스
물질 자체가 연소하는 것	독한 성질을 가진 가스

연소가스

구 분	특 징
일산화탄소 (CO)	화재시 흡입된 일산화탄소(CO)의 화학적 작용에 의해 **헤모글로빈**(Hb)이 혈액의 산소운반작용을 저해하여 사람을 질식·사망하게 한다.
이산화탄소 (CO_2)	연소가스 중 **가장 많은 양**을 차지하고 있으며 가스 그 자체의 독성은 거의 없으나 다량이 존재할 경우 호흡속도를 증가시키고, 이로 인하여 화재가스에 혼합된 유해가스의 혼입을 증가시켜 위험을 가중시키는 가스이다.
암모니아 (NH_3)	나무, 페놀수지, 멜라민수지 등의 **질소 함유물**이 연소할 때 발생하며, 냉동시설의 **냉매**로 쓰인다.
포스겐 ($COCl_2$)	매우 독성이 강한 가스로서 소화제인 **사염화탄소**(CCl_4)를 화재시에 사용할 때도 발생한다.
황화수소 (H_2S)	**달걀**(계란) **썩는 냄새**가 나는 특성이 있다. 기억법 황달
아크롤레인 (CH_2=CHCHO)	독성이 매우 높은 가스로서 **석유제품, 유지** 등이 연소할 때 생성되는 가스이다.

답 ④

11. 다음 물질 중 연소범위를 통해 산출한 위험도 값이 가장 높은 것은?
20.06.문19
19.03.문03
18.03.문18

① 수소
② 에틸렌
③ 메탄
④ 이황화탄소

해설 위험도

$$H = \frac{U-L}{L}$$

여기서, H : 위험도
U : 연소상한계
L : 연소하한계

① 수소 = $\frac{75-4}{4}$ = 17.75

② 에틸렌 = $\frac{36-2.7}{2.7}$ = 12.33

③ 메탄 = $\frac{15-5}{5}$ = 2

④ 이황화탄소 = $\frac{50-1}{1}$ = 49 보기 ④

공기 중의 폭발한계(상온, 1atm)

가 스	하한계 [vol%]	상한계 [vol%]
아세틸렌(C_2H_2)	2.5	81
수소(H_2) 보기 ①	4	75
일산화탄소(CO)	12	75
에터(($C_2H_5)_2O$)	1.7	48
이황화탄소(CS_2) 보기 ④	1	50
에틸렌(C_2H_4) 보기 ②	2.7	36
암모니아(NH_3)	15	25
메탄(CH_4) 보기 ③	5	15
에탄(C_2H_6)	3	12.4
프로판(C_3H_8)	2.1	9.5
부탄(C_4H_{10})	1.8	8.4

● 연소한계=연소범위=가연한계=가연범위=폭발한계=폭발범위

답 ④

12. 다음 각 물질과 물이 반응하였을 때 발생하는 가스의 연결이 틀린 것은?
18.04.문18
11.10.문05
10.09.문12

① 탄화칼슘-아세틸렌
② 탄화알루미늄-이산화황
③ 인화칼슘-포스핀
④ 수소화리튬-수소

해설 ① 탄화칼슘과 물의 반응식

$CaC_2 + 2H_2O \rightarrow Ca(OH)_2 + C_2H_2 \uparrow$
탄화칼슘 물 수산화칼슘 **아세틸렌**

② 탄화알루미늄과 물의 반응식 보기 ②

$Al_4C_3 + 12H_2O \rightarrow 4Al(OH)_3 + 3CH_4 \uparrow$
탄화알루미늄 물 수산화알루미늄 **메탄**

③ 인화칼슘과 물의 반응식

$Ca_3P_2 + 6H_2O \rightarrow 3Ca(OH)_2 + 2PH_3 \uparrow$
인화칼슘 물 수산화칼슘 **포스핀**

④ 수소화리튬과 물의 반응식

$LiH + H_2O \rightarrow LiOH + H_2$
수소화리튬 물 수산화리튬 **수소**

② 이산화황 → 메탄

비교
주수소화(물소화)시 위험한 물질

구 분	현 상
• 무기과산화물	산소(O₂) 발생
• 금속분 • 마그네슘 • 알루미늄 • 칼륨 • 나트륨 • 수소화리튬	수소(H₂) 발생
• 가연성 액체의 유류화재	연소면(화재면) 확대

기억법 금마수

※ **주수소화**: 물을 뿌려 소화하는 방법

답 ②

13 블레비(BLEVE)현상과 관계가 없는 것은?

① 핵분열
② 가연성 액체
③ 화구(Fire ball)의 형성
④ 복사열의 대량 방출

해설 블레비(BLEVE)현상
(1) 가연성 액체 보기 ②
(2) 화구(Fire ball)의 형성 보기 ③
(3) 복사열의 대량 방출 보기 ④

용어
블레비=블레이브(BLEVE)
과열상태의 탱크에서 내부의 액화가스가 분출하여 기화되어 폭발하는 현상

답 ①

14 인화점이 낮은 것부터 높은 순서로 옳게 나열된 것은?

① 에틸알코올 < 이황화탄소 < 아세톤
② 이황화탄소 < 에틸알코올 < 아세톤
③ 에틸알코올 < 아세톤 < 이황화탄소
④ 이황화탄소 < 아세톤 < 에틸알코올

해설

물 질	인화점	착화점
• 프로필렌	-107℃	497℃
• 에틸에터 • 다이에틸에터	-45℃	180℃
• 가솔린(휘발유)	-43℃	300℃
• **이황화탄소**	**-30℃**	**100℃**
• 아세틸렌	-18℃	335℃
• **아세톤**	**-18℃**	**538℃**
• 벤젠	-11℃	562℃
• 톨루엔	4.4℃	480℃
• **에틸알코올**	**13℃**	**423℃**
• 아세트산	40℃	-
• 등유	43~72℃	210℃
• 경유	50~70℃	200℃
• 적린	-	260℃

답 ④

15 물에 저장하는 것이 안전한 물질은?

① 나트륨
② 수소화칼슘
③ 이황화탄소
④ 탄화칼슘

해설 물질에 따른 저장장소

물 질	저장장소
황린, **이황화탄소**(CS₂) 보기 ③	**물속**
나이트로셀룰로오스	알코올 속
칼륨(K), 나트륨(Na), 리튬(Li)	석유류(등유) 속
알킬알루미늄	벤젠액 속
아세틸렌(C₂H₂)	디메틸포름아미드(DMF), 아세톤에 용해
수소화칼슘	**환기**가 잘 되는 내화성 **냉암소**에 보관
탄화칼슘(칼슘카바이드)	습기가 없는 **밀폐용기**에 저장하는 곳

기억법 황물이(황토색 물이 나온다.)

중요
산화프로필렌, 아세트알데하이드
구리, **마**그네슘, **은**, **수**은 및 그 합금과 저장 금지

기억법 구마은수

답 ③

16 대두유가 침적된 기름걸레를 쓰레기통에 장시간 방치한 결과 자연발화에 의하여 화재가 발생한 경우 그 이유로 옳은 것은?

① 융해열 축적
② 산화열 축적
③ 증발열 축적
④ 발효열 축적

해설 자연발화

구 분	설 명
정의	가연물이 공기 중에서 산화되어 **산화열**의 **축적**으로 발화
일어나는 경우	기름걸레를 쓰레기통에 장기간 방치하면 **산화열**이 **축적**되어 자연발화가 일어남 보기 ②
일어나지 않는 경우	기름걸레를 빨랫줄에 걸어 놓으면 **산**화열이 **축적**되지 않아 **자**연발화는 일어나지 않음

기억법 자산축

용어
산화열
물질이 산소와 화합하여 반응하는 과정에서 생기는 열

답 ②

17. 건축법령상 내력벽, 기둥, 바닥, 보, 지붕틀 및 주계단을 무엇이라 하는가?

① 내진구조부   ② 건축설비부
③ 보조구조부   ④ 주요구조부

해설 주요구조부 보기 ④
(1) 내력**벽**
(2) **보**(작은 보 제외)
(3) **지**붕틀(차양 제외)
(4) **바**닥(최하층 바닥 제외)
(5) **주**계단(옥외계단 제외)
(6) **기**둥(사잇기둥 제외)

기억법 벽보지 바주기

용어
주요구조부
건물의 구조 내력상 주요한 부분

답 ④

18. 전기화재의 원인으로 거리가 먼 것은?

① 단락   ② 과전류
③ 누전   ④ 절연 과다

해설 전기화재의 발생원인
(1) **단락**(합선)에 의한 발화 보기 ①
(2) **과부하**(과전류)에 의한 발화 보기 ②
(3) **절연저항 감소**(누전)로 인한 발화 보기 ③
(4) 전열기기 과열에 의한 발화
(5) 전기불꽃에 의한 발화
(6) 용접불꽃에 의한 발화
(7) **낙뢰**에 의한 발화

④ 절연 과다 → 절연저항 감소

답 ④

19. 소화약제로 사용하는 물의 증발잠열로 기대할 수 있는 소화효과는?

① 냉각소화
② 질식소화
③ 제거소화
④ 촉매소화

해설 소화의 형태

구 분	설 명
냉각소화	① **점화원**을 냉각하여 소화하는 방법 ② **증**발잠열을 이용하여 열을 빼앗아 가연물의 온도를 떨어뜨려 화재를 진압하는 소화방법 보기 ① ③ 다량의 **물**을 뿌려 소화하는 방법 ④ 가연성 물질을 **발화점 이하**로 **냉각**하여 소화하는 방법 ⑤ 식용유화재에 신선한 야채를 넣어 소화하는 방법 ⑥ 용융잠열에 의한 **냉각효과**를 이용하여 소화하는 방법
	기억법 냉점증발
질식소화	① 공기 중의 **산소농도**를 16%(10~15%) 이하로 희박하게 하여 소화하는 방법 ② 산화제의 농도를 낮추어 연소가 지속될 수 없도록 소화하는 방법 ③ 산소 공급을 차단하여 소화하는 방법 ④ 산소의 농도를 낮추어 소화하는 방법 ⑤ 화학반응으로 발생한 **탄산가스**에 의한 소화방법
	기억법 질산
제거소화	**가연물**을 **제거**하여 소화하는 방법
부촉매 소화 (억제소화, 화학소화)	① **연쇄반응**을 **차단**하여 소화하는 방법 ② 화학적인 방법으로 화재를 억제하여 소화하는 방법 ③ **활성기**(Free radical, 자유라디칼)의 **생성**을 **억제**하여 소화하는 방법 ④ 할론계 소화약제
	기억법 부억(부엌)
희석소화	① 기체·고체·액체에서 나오는 분해가스나 증기의 농도를 낮춰 소화하는 방법 ② 불연성 가스의 **공기 중 농도**를 높여 소화하는 방법 ③ 불활성기체를 방출하여 연소범위 이하로 낮추어 소화하는 방법

중요	
화재의 소화원리에 따른 소화방법	
소화원리	소화설비
냉각소화	① 스프링클러설비 ② 옥내·외소화전설비
질식소화	① 이산화탄소 소화설비 ② 포소화설비 ③ 분말소화설비 ④ 불활성기체 소화약제
억제소화 (부촉매효과)	① 할론소화약제 ② 할로겐화합물 소화약제

답 ①

20 1기압 상태에서 100℃ 물 1g이 모두 기체로 변할 때 필요한 열량은 몇 cal인가?

18.03.문06
17.03.문08
14.09.문20
13.09.문09
13.06.문18
10.09.문20

① 429
② 499
③ 539
④ 639

해설 물(H_2O)

기화잠열(증발잠열)	융해잠열
539cal/g 보기 ③	80cal/g
100℃의 물 1g이 수증기로 변화하는 데 필요한 열량	0℃의 얼음 1g이 물로 변화하는 데 필요한 열량

기억법 기53, 융8

③ 물의 기화잠열 539cal : 1기압 100℃의 물 1g이 모두 기체로 변화하는 데 539cal의 열량이 필요

답 ③

제 2 과목 소방전기일반

21 논리식 $(X+Y)(X+\overline{Y})$을 간단히 하면?

20.09.문28
19.03.문24
18.04.문38
17.09.문33
17.03.문23
16.05.문36
16.03.문39
15.09.문23
13.09.문30
13.06.문35

① 1
② XY
③ X
④ Y

해설 $(X+Y)(X+\overline{Y}) = \underbrace{XX}_{X \cdot X = X} + X\overline{Y} + XY + \underbrace{Y\overline{Y}}_{X \cdot \overline{X} = 0}$
$= X + X\overline{Y} + XY$
$= X\underbrace{(1+\overline{Y}+Y)}_{X+1=1}$
$= \underbrace{X \cdot 1}_{X \cdot 1 = X}$
$= X$

중요			
불대수의 정리			
논리합	논리곱	비 고	
$X+0=X$	$X \cdot 0 = 0$	–	
$X+1=1$	$X \cdot 1 = X$	–	
$X+X=X$	$X \cdot X = X$		
$X+\overline{X}=1$	$X \cdot \overline{X} = 0$		
$X+Y=Y+X$	$X \cdot Y = Y \cdot X$	교환법칙	
$X+(Y+Z)$ $=(X+Y)+Z$	$X(YZ)=(XY)Z$	결합법칙	
$X(Y+Z)$ $=XY+XZ$	$(X+Y)(Z+W)$ $=XZ+XW+YZ+YW$	분배법칙	
$X+XY=X$	$\overline{X}+XY=\overline{X}+Y$ $X+\overline{X}Y=X+Y$ $X+\overline{X}\overline{Y}=X+\overline{Y}$	흡수법칙	
$\overline{(X+Y)}$ $=\overline{X}\cdot\overline{Y}$	$\overline{(X\cdot Y)}=\overline{X}+\overline{Y}$	드모르간의 정리	

답 ③

22 분류기를 사용하여 내부저항이 R_A인 전류계의 배율을 9로 하기 위한 분류기의 저항 R_S[Ω]은?

19.03.문22
18.04.문25
18.03.문36
17.09.문24
16.03.문26
14.09.문36
08.03.문30
04.09.문28
03.03.문37

① $R_S = \dfrac{1}{8}R_A$
② $R_S = \dfrac{1}{9}R_A$
③ $R_S = 8R_A$
④ $R_S = 9R_A$

해설 (1) 기호
- $M : 9$
- $R_S : ?$

(2) 분류기 배율

$$M = \dfrac{I_0}{I} = 1 + \dfrac{R_A}{R_S}$$

여기서, M : 분류기 배율
I_0 : 측정하고자 하는 전류[A]
I : 전류계 최대눈금[A]
R_A : 전류계 내부저항[Ω]
R_S : 분류기 저항[Ω]

$$M = 1 + \frac{R_A}{R_S}$$

$$M - 1 = \frac{R_A}{R_S}$$

$$R_S = \frac{R_A}{M-1} = \frac{R_A}{9-1} = \frac{R_A}{8} = \frac{1}{8}R_A$$

비교

배율기 배율

$$M = \frac{V_0}{V} = 1 + \frac{R_m}{R_v}$$

여기서, M : 배율기 배율
 V_0 : 측정하고자 하는 전압[V]
 V : 전압계의 최대눈금[A]
 R_m : 배율기 저항[Ω]
 R_v : 전압계 내부저항[Ω]

답 ①

23
저항 R_1[Ω], 저항 R_2[Ω], 인덕턴스 L[H]의 직렬회로가 있다. 이 회로의 시정수[s]는?

① $-\frac{R_1 + R_2}{L}$ ② $\frac{R_1 + R_2}{L}$

③ $-\frac{L}{R_1 + R_2}$ ④ $\frac{L}{R_1 + R_2}$

해설 시정수

(1) R L 직렬 : $\tau = \frac{L}{R}$ [s]

(2) R_1 R_2 L 직렬 : $\tau = \frac{L}{R_1 + R_2}$ [s] 보기 ④

비교

RC 직렬회로

$$\tau = RC$$

여기서, τ : 시정수[s]
 R : 저항[Ω]
 C : 정전용량[F]

용어

시정수(Time constant)
과도상태에 대한 변화의 속도를 나타내는 척도가 되는 상수

답 ④

24
자기인덕턴스 L_1, L_2가 각각 4mH, 9mH인 두 코일이 이상적인 결합이 되었다면 상호인덕턴스는 몇 mH인가? (단, 결합계수는 1이다.)

① 6 ② 12
③ 24 ④ 36

해설 상호인덕턴스(Mutual inductance)

$$M = K\sqrt{L_1 L_2}$$

여기서, M : 상호인덕턴스[H]
 K : 결합계수
 L_1, L_2 : 자기인덕턴스[H]

상호인덕턴스 M은
$M = K\sqrt{L_1 L_2} = 1\sqrt{4 \times 9} = 6$mH

중요

결합계수	
$K=0$	$K=1$
두 코일 직교시	이상결합·완전결합시

답 ①

25
테브난의 정리를 이용하여 그림 (a)의 회로를 그림 (b)와 같은 등가회로로 만들고자 할 때 V_{th}[V]와 R_{th}[Ω]은?

① 5V, 2Ω ② 5V, 3Ω
③ 6V, 2Ω ④ 6V, 3Ω

해설 테브난의 정리에 의해 1.4Ω에는 전압이 가해지지 않으므로

↓ 이해하기 쉽게 회로를 변형하면

$V_{th} = \frac{R_2}{R_1 + R_2} V = \frac{1.5}{1 + 1.5} \times 10 = 6$V

전압원을 단락하고 회로망에서 본 저항 R_{th}은

$$R_{th} = \frac{1 \times 1.5}{1 + 1.5} + 1.4 = 2\,\Omega$$

용어
테브난의 정리(테브닝의 정리)
2개의 독립된 회로망을 접속하였을 때의 전압·전류 및 임피던스의 관계를 나타내는 정리

답 ③

26
평행한 두 도선 사이의 거리가 r이고, 각 도선에 흐르는 전류에 의해 두 도선 간의 작용력이 F_1일 때, 두 도선 사이의 거리를 $2r$로 하면 두 도선 간의 작용력 F_2는?

① $F_2 = \dfrac{1}{4}F_1$ ② $F_2 = \dfrac{1}{2}F_1$

③ $F_2 = 2F_1$ ④ $F_2 = 4F_1$

해설 (1) 기호
- $r_1 : r$
- $F_1 : F_1$
- $r_2 : 2r$
- $F_2 : ?$

(2) 두 **평행도선**에 작용하는 **힘** F는

$$F = \frac{\mu_0 I_1 I_2}{2\pi r} = \frac{2 I_1 I_2}{r} \times 10^{-7} \propto \frac{1}{r}$$

여기서, F : 평행전류의 힘[N/m]
μ_0 : 진공의 투자율[H/m]
r : 두 평행도선의 거리[m]

$$\frac{F_2}{F_1} = \frac{\frac{1}{2\cancel{r}}}{\frac{1}{\cancel{r}}} = \frac{1}{2}$$

$$\frac{F_2}{F_1} = \frac{1}{2}$$

$$F_2 = \frac{1}{2}F_1$$

답 ②

27
LC 직렬회로에 직류전압 E를 $t = 0(s)$에 인가했을 때 흐르는 전류 $i(t)$는?

① $\dfrac{E}{\sqrt{L/C}} \cos \dfrac{1}{\sqrt{LC}} t$

② $\dfrac{E}{\sqrt{L/C}} \sin \dfrac{1}{\sqrt{LC}} t$

③ $\dfrac{E}{\sqrt{C/L}} \cos \dfrac{1}{\sqrt{LC}} t$

④ $\dfrac{E}{\sqrt{C/L}} \sin \dfrac{1}{\sqrt{LC}} t$

해설 $L-C$ 직렬회로 과도현상

스위치(S)를 ON하고 t초 후에 전류는

$$i(t) = \frac{E}{\sqrt{\dfrac{L}{C}}} \sin \frac{1}{\sqrt{LC}} t \,[A] : 불변진동 전류$$

여기서, $i(t)$: 과도전류[A]
E : 직류전압[V]
L : 인덕턴스[H]
C : 커패시턴스[F]

답 ②

28
정전용량이 $0.02\mu F$인 커패시터 2개와 정전용량이 $0.01\mu F$인 커패시터 1개를 모두 병렬로 접속하여 24V의 전압을 가하였다. 이 병렬회로의 합성정전용량[μF]과 $0.01\mu F$의 커패시터에 축적되는 전하량[C]은?

① 0.05, 0.12×10^{-6}
② 0.05, 0.24×10^{-6}
③ 0.03, 0.12×10^{-6}
④ 0.03, 0.24×10^{-6}

해설 (1) 기호
- $C_1 = C_2 : 0.02\mu F$
- $C_3 : 0.01\mu F = 0.01 \times 10^{-6} F$
  ($1\mu F = 1 \times 10^{-6} F$)
- $V : 24V$
- $Q : ?$

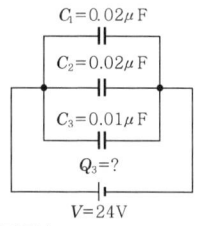

(2) 콘덴서의 병렬접속
$C = C_1 + C_2 + C_3 = 0.02 + 0.02 + 0.01 = \mathbf{0.05\mu F}$

(2) 전하량

$$Q = CV$$

여기서, Q : 전하량[C]
C : 정전용량[F]
V : 전압[V]

C_3의 **전하량** Q_3는
$Q_3 = C_3 V = (0.01 \times 10^{-6}) \times 24$
$\quad = 2.4 \times 10^{-7} = \mathbf{0.24 \times 10^{-6} C}$

콘덴서 [중요]

직렬접속	병렬접속
$C = \dfrac{1}{\dfrac{1}{C_1} + \dfrac{1}{C_2} + \dfrac{1}{C_3}}$	$C = C_1 + C_2 + C_3$

여기서,
C : 합성정전용량[F]
C_1, C_2, C_3 : 각각의 정전용량[F]

답 ②

29 [15.05.문21 / 14.03.문37]
3상 유도전동기의 특성에서 토크, 2차 입력, 동기속도의 관계로 옳은 것은?

① 토크는 2차 입력과 동기속도에 비례한다.
② 토크는 2차 입력에 비례하고, 동기속도에 반비례한다.
③ 토크는 2차 입력에 반비례하고, 동기속도에 비례한다.
④ 토크는 2차 입력의 제곱에 비례하고, 동기속도의 제곱에 반비례한다.

[해설] 출력

$$P = 9.8\omega\tau = 9.8 \times 2\pi \dfrac{N}{60} \times \tau [\text{W}] \propto \tau$$

여기서, P : 출력[W]
 ω : 각속도[rad/s]
 N : 회전수 또는 동기속도[rpm]
 τ : 토크[kg·m]

- $P \propto \tau$ 이므로 **토크**는 **출력**에 **비례**하므로 2차 입력에도 비례(출력은 입력에 당연히 비례. 이건 상식!)

$$P = 9.8 \times 2\pi \dfrac{N}{60} \times \tau$$

$$\dfrac{60P}{9.8 \times 2\pi N} = \tau$$

$$\tau = \dfrac{60P}{9.8 \times 2\pi N} \propto \dfrac{1}{N} (반비례)$$

- $\tau \propto \dfrac{1}{N}$ 이므로 **토크**는 **동기속도**에 **반비례**
- τ : 타우(Tau)라고 읽는다.

[비교] 토크

$$\tau = K_0 \dfrac{sE_2^2 r_2}{r_2 + (sx_2)^2}$$

여기서, τ : 토크(회전력)[N·m]

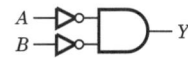

K_0 : 비례상수
s : 슬립
E_2 : 단자전압(2차 유기기전력)[V]
r_2 : 2차 1상의 저항[Ω]
x_2 : 2차 1상의 리액턴스[Ω]

- 유도전동기의 회전력은 단자전압의 **제곱**(2승)에 **비례**한다.

답 ②

30 [17.05.문25 / 14.03.문25]
2차 제어시스템에서 무제동으로 무한 진동이 일어나는 감쇠율(Damping ratio) δ는?

① $\delta = 0$ ② $\delta > 1$
③ $\delta = 1$ ④ $0 < \delta < 1$

[해설] 2차계에서의 감쇠율

감쇠율	특성
$\delta = 0$	무제동
$\delta > 1$	과제동
$\delta = 1$	임계제동
$0 < \delta < 1$	감쇠제동

- δ : 델타(Delta)라고 읽는다.

답 ①

31
그림의 논리회로와 등가인 논리게이트는?

① NOR   ② NAND
③ NOT   ④ OR

[해설] 치환법

논리회로	치환	명칭
		NOR회로
		OR회로
		NAND회로
		AND회로

- AND회로 → OR회로, OR회로 → AND회로로 바꾼다.
- 버블(Bubble)이 있는 것은 버블을 없애고, 버블이 없는 것은 버블을 붙인다[버블(Bubble)이란 작은 동그라미를 말함].

답 ①

32 회로에서 a, b간의 합성저항[Ω]은? (단, $R_1 = 3Ω$, $R_2 = 9Ω$이다.)

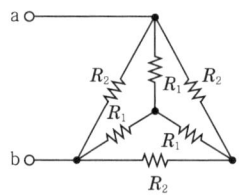

① 3 ② 4
③ 5 ④ 6

해설

(1) 기호
- R_1 : 3Ω
- R_2 : 9Ω
- R_{ab} : ?

(2) Y·△ 결선
- △결선 → Y결선 : 저항 $\frac{1}{3}$배로 됨
- Y결선 → △결선 : 저항 3배로 됨

△결선 → Y결선으로 변환하면 다음과 같다.

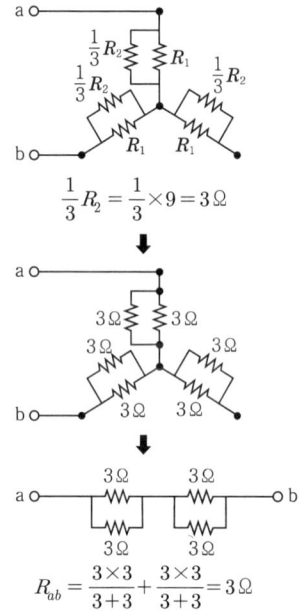

$\frac{1}{3}R_2 = \frac{1}{3} \times 9 = 3Ω$

$R_{ab} = \frac{3 \times 3}{3+3} + \frac{3 \times 3}{3+3} = 3Ω$

별해

Y결선 → △결선으로 변환하면 다음과 같다.

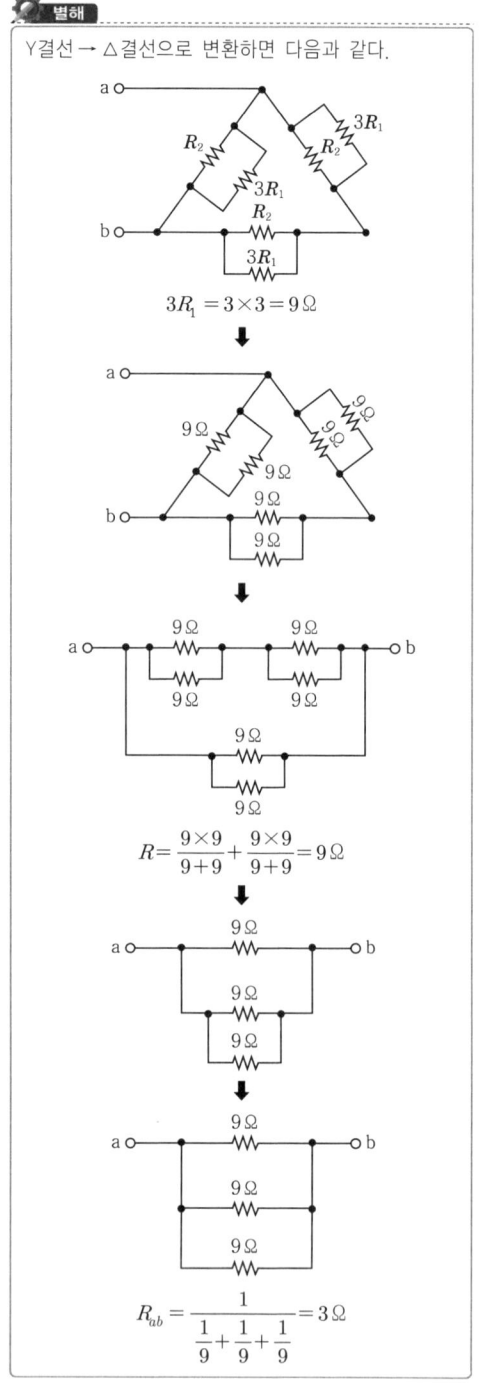

$3R_1 = 3 \times 3 = 9Ω$

$R = \frac{9 \times 9}{9+9} + \frac{9 \times 9}{9+9} = 9Ω$

$R_{ab} = \frac{1}{\frac{1}{9} + \frac{1}{9} + \frac{1}{9}} = 3Ω$

답 ①

33 그림과 같이 반지름 r[m]인 원의 원주상 임의의 2점 a, b 사이에 전류 I[A]가 흐른다. 원의 중심에서의 자계의 세기는 몇 A/m인가?

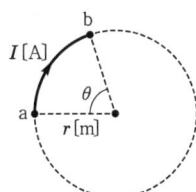

① $\dfrac{I\theta}{4\pi r}$ ② $\dfrac{I\theta}{4\pi r^2}$

③ $\dfrac{I\theta}{2\pi r}$ ④ $\dfrac{I\theta}{2\pi r^2}$

해설 유한장 직선전류의 자계

$$H = \dfrac{I}{4\pi a}(\sin\beta_1 + \sin\beta_2)$$
$$= \dfrac{I}{4\pi a}(\cos\theta_1 + \cos\theta_2) \text{[AT/Wb]}$$

여기서, H : 자계의 세기[AT/m]
 I : 전류[A]
 a : 도체의 수직거리[m]

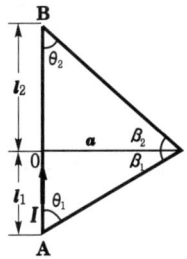

변형식

$$H = \dfrac{I\theta}{4\pi r}$$

여기서, H : 자계의 세기[AT/m]
 I : 전류[A]
 θ : 각도
 r : 도체의 반지름[m]

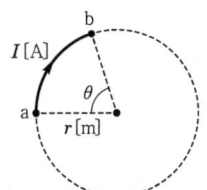

답 ①

34 어떤 회로에 $v(t) = 150\sin\omega t$[V]의 전압을 가하니 $i(t) = 12\sin(\omega t - 30°)$[A]의 전류가 흘렀다. 이 회로의 소비전력(유효전력)은 약 몇 W인가?

① 390 ② 450
③ 780 ④ 900

해설 중요

cos → sin 변경	sin → cos 변경
+90° 붙임	-90° 붙임

$v(t) = V_m\sin\omega t = 150\sin\omega t = 150\cos(\omega t - 90°)$[V]
$i(t) = I_m\sin\omega t = 12\sin(\omega t - 30°)$
$= 12\cos(\omega t - 30° - 90°) = 12\cos(\omega t - 120°)$[A]

(1) 전압의 최대값

$$V_m = \sqrt{2}\,V$$

여기서, V_m : 전압의 최대값[V]
 V : 전압의 실효값[V]

전압의 실효값 V는
$$V = \dfrac{V_m}{\sqrt{2}} = \dfrac{150}{\sqrt{2}}\text{V}$$

(2) 전류의 최대값

$$I_m = \sqrt{2}\,I$$

여기서, I_m : 전류의 최대값[A]
 I : 전류의 실효값[A]

전류의 실효값 I는
$$I = \dfrac{I_m}{\sqrt{2}} = \dfrac{12}{\sqrt{2}}\text{A}$$

(3) 소비전력

$$P = VI\cos\theta$$

여기서, P : 소비전력[W]
 V : 전압의 실효값[V]
 I : 전류의 실효값[A]
 θ : 위상차[rad]

소비전력 P는
$P = VI\cos\theta$
$= \dfrac{150}{\sqrt{2}} \times \dfrac{12}{\sqrt{2}} \times \cos[-90° - (-120°)]$
$= \dfrac{150}{\sqrt{2}} \times \dfrac{12}{\sqrt{2}} \times \cos[-90° + 120°]$
$= \dfrac{150}{\sqrt{2}} \times \dfrac{12}{\sqrt{2}} \times \cos 30°$
$≒ 780\text{W}$

답 ③

35 변위를 압력으로 변환하는 장치로 옳은 것은?

① 다이어프램
② 가변저항기
③ 벨로우즈
④ 노즐 플래퍼

해설 변환요소

구 분	변 환
• 측온저항 • 정온식 감지선형 감지기	온도 → 임피던스
• 광전다이오드 • 열전대식 감지기 • 열반도체식 감지기	온도 → 전압
• 광전지	빛 → 전압
• 전자	전압(전류) → 변위
• 유압분사관 • 노즐 플래퍼 보기 ④	변위 → 압력
• 포텐셔미터 • 차동변압기 • 전위차계	변위 → 전압
• 가변저항기	변위 → 임피던스

답 ④

36. 그림과 같은 다이오드 회로에서 출력전압 V_o는? (단, 다이오드의 전압강하는 무시한다.)

20.06.문32
18.09.문27
11.06.문22
09.08.문34
08.03.문24

① 10V ② 5V
③ 1V   ④ 0V

해설 OR 게이트이므로 입력신호 중 5V, 0V, 5V 중 **어느 하나라도 1이면** 출력신호 X가 **5**가 된다.

중요 논리회로

게이트	다이오드 회로
AND 게이트	
OR 게이트	
NOR 게이트	
NAND 게이트	

답 ②

37. 다음 소자 중에서 온도보상용으로 쓰이는 것은?

19.03.문35
18.09.문31
16.10.문30
15.05.문38
14.09.문40
14.05.문24
14.03.문27
12.03.문34
11.06.문37
00.10.문25

① 서미스터
② 바리스터
③ 제너다이오드
④ 터널다이오드

해설 반도체소자

명 칭	심 벌
제너다이오드(Zener diode) : 주로 정전압 전원회로에 사용된다.	
서미스터(Thermistor) : 부온도특성을 가진 저항기의 일종으로서 주로 **온도보정용**(온도보상용)으로 쓰인다. 보기 ①	Th
SCR(Silicon Controlled Rectifier) : 단방향 대전류 스위칭소자로서 제어를 할 수 있는 정류소자이다.	A K G

기억법 서온(서운해)

바리스터(varistor) • 주로 **서**지전압에 대한 회로보호용(과도전압에 대한 회로보호) • **계**전기접점의 불꽃제거 기억법 바리서계	
UJT(UniJunction Transistor, **단일접합 트랜지스터**) : 증폭기로는 사용이 불가능하며 톱니파나 펄스발생기로 작용하며 SCR의 트리거소자로 쓰인다.	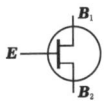
버랙터(Varactor) : 제너현상을 이용한 다이오드이다.	—

답 ①

38

200V의 교류전압에서 30A의 전류가 흐르는 부하가 4.8kW의 유효전력을 소비하고 있을 때 이 부하의 리액턴스[Ω]는?

① 6.6
② 5.3
③ 4.0
④ 3.3

해설 (1) 기호

- V : 200V
- I : 30A
- P : 4.8kW = 4.8×10³W(1kW = 1×10³W)
- X : ?

(2) 피상전력

$$P_a = VI = \sqrt{P^2 + P_r^2} = I^2 Z \,[\text{VA}]$$

여기서, P_a : 피상전력[VA]
  V : 전압[V]
  I : 전류[A]
  P : 유효전력[W]
  P_r : 무효전력[Var]
  Z : 임피던스[Ω]

피상전력 $P_a = VI = 200 \times 30 = 6000\text{VA}$

$P_a = \sqrt{P^2 + P_r^2}$
$P_a^2 = (\sqrt{P^2 + P_r^2})^2$
$P_a^2 = P^2 + P_r^2$
$P_a^2 - P^2 = P_r^2$
$P_r^2 = P_a^2 - P^2$ ← 좌우항 위치 바꿈
$\sqrt{P_r^2} = \sqrt{P_a^2 - P^2}$
$P_r = \sqrt{P_a^2 - P^2}$
  $= \sqrt{6000^2 - (4.8 \times 10^3)^2} = 3600\text{Var}$

(3) 무효전력

$$P_r = VI\sin\theta = I^2 X \,[\text{Var}]$$

여기서, P_r : 무효전력[Var]
  V : 전압[V]
  I : 전류[A]
  $\sin\theta$: 무효율
  X : 리액턴스[Ω]

$P_r = I^2 X$

$\dfrac{P_r}{I^2} = X$

$X = \dfrac{P_r}{I^2} = \dfrac{3600}{30^2} = 4\,\Omega$

답 ③

39

블록선도의 전달함수 $\dfrac{C(s)}{R(s)}$는?

① $\dfrac{G_1(s)G_2(s)}{1 + G_1(s)G_2(s)G_3(s)}$

② $\dfrac{G_1(s)G_2(s)}{1 + G_1(s) + G_1(s)G_2(s)G_3(s)}$

③ $\dfrac{G_1(s)G_2(s)}{1 + G_2(s) + G_1(s)G_2(s)G_3(s)}$

④ $\dfrac{G_1(s)G_2(s)}{1 + G_3(s) + G_1(s)G_2(s)G_3(s)}$

해설 $C = R(s)G_1(s)G_2(s) - CG_1(s)G_2(s)G_3(s) - CG_2(s)$

계산 편의를 위해 잠시 (s)를 생략하고 계산하면
$C = RG_1 G_2 - CG_1 G_2 G_3 - CG_2$
$C + CG_1 G_2 G_3 + CG_2 = RG_1 G_2$
$C(1 + G_1 G_2 G_3 + G_2) = RG_1 G_2$

$\dfrac{C}{R} = \dfrac{G_1 G_2}{1 + G_1 G_2 G_3 + G_2}$

$\dfrac{C(s)}{R(s)} = \dfrac{G_1(s)G_2(s)}{1 + G_2(s) + G_1(s)G_2(s)G_3(s)}$

용어
전달함수
모든 초기값을 0으로 하였을 때 출력신호의 라플라스 변환과 입력신호의 라플라스 변환의 비

답 ③

40 어떤 측정계기의 지시값을 M, 참값을 T라 할 때 보정률[%]은?

① $\dfrac{T-M}{M} \times 100\%$

② $\dfrac{M}{M-T} \times 100\%$

③ $\dfrac{T-M}{T} \times 100\%$

④ $\dfrac{T}{M-T} \times 100\%$

해설 전기계기의 오차

오차율	보정률
$\dfrac{M-T}{T} \times 100\%$	$\dfrac{T-M}{M} \times 100\%$

여기서, T: 참값
M: 측정값(지시값)

- 오차율 = 백분율 오차
- 보정률 = 백분율 보정

답 ①

제3과목 소방관계법규

41 소방기본법에서 정의하는 소방대의 조직구성원이 아닌 것은?

① 의무소방원
② 소방공무원
③ 의용소방대원
④ 공항소방대원

해설 기본법 2조
소방대
(1) 소방**공**무원
(2) **의**무소방원
(3) **의**용소방대원

기억법 소공의

답 ④

42 위험물안전관리법령상 인화성 액체 위험물(이황화탄소를 제외)의 옥외탱크저장소의 탱크 주위에 설치하여야 하는 방유제의 기준 중 틀린 것은?

① 방유제의 용량은 방유제 안에 설치된 탱크가 하나인 때에는 그 탱크용량의 110% 이상으로 할 것
② 방유제의 용량은 방유제 안에 설치된 탱크가 2기 이상인 때에는 그 탱크 중 용량이 최대인 것의 용량의 110% 이상으로 할 것
③ 방유제는 높이 1m 이상 2m 이하, 두께 0.2m 이상, 지하매설깊이 0.5m 이상으로 할 것
④ 방유제 내의 면적은 80000m² 이하로 할 것

해설 위험물규칙 [별표 6]
(1) 옥외탱크저장소의 방유제

구분	설명
높이	0.5~3m 이하(두께 0.2m 이상, 지하매설깊이 1m 이상) 보기 ③
탱크	10기(모든 탱크용량이 20만L 이하, 인화점이 70~200℃ 미만은 20기) 이하
면적	80000m² 이하 보기 ④
용량	① 1기 이상: **탱크용량**×110% 이상 보기 ① ② 2기 이상: **최대탱크용량**×110% 이상 보기 ②

(2) 높이가 1m를 넘는 방유제 및 간막이 둑의 안팎에는 방유제 내에 출입하기 위한 계단 또는 경사로를 약 50m마다 설치할 것

③ 1m 이상 2m 이하 → 0.5m 이상 3m 이하, 0.5m → 1m

답 ③

43 소방시설공사업법령상 공사감리자 지정대상 특정소방대상물의 범위가 아닌 것은?

① 물분무등소화설비(호스릴방식의 소화설비는 제외)를 신설·개설하거나 방호·방수구역을 증설할 때
② 제연설비를 신설·개설하거나 제연구역을 증설할 때
③ 연소방지설비를 신설·개설하거나 살수구역을 증설할 때
④ 캐비닛형 간이스프링클러설비를 신설·개설하거나 방호·방수구역을 증설할 때

해설 공사업령 10조
소방공사감리자 지정대상 특정소방대상물의 범위
(1) **옥내소화전설비**를 신설·개설 또는 **증설**할 때
(2) **스프링클러설비** 등(캐비닛형 간이스프링클러설비 제외)을 신설·개설하거나 방호·**방수구역**을 증설할 때 〈보기 ④〉
(3) **물분무등소화설비**(호스릴방식의 소화설비 제외)를 신설·개설하거나 방호·방수구역을 **증설**할 때 〈보기 ①〉
(4) **옥외소화전설비**를 신설·개설 또는 **증설**할 때
(5) **자동화재탐지설비**를 신설 또는 개설할 때
(6) **화재알림설비**를 신설 또는 개설할 때
(7) **비상방송설비**를 신설 또는 개설할 때
(8) **통합감시시설**을 신설 또는 **개설**할 때
(9) **소화용수설비**를 신설 또는 **개설**할 때
(10) 다음의 **소화활동설비**에 대하여 시공할 때
 ㉠ **제연설비**를 신설·개설하거나 제연구역을 증설할 때 〈보기 ②〉
 ㉡ 연결송수관설비를 신설 또는 개설할 때
 ㉢ 연결살수설비를 신설·개설하거나 송수구역을 증설할 때
 ㉣ 비상콘센트설비를 신설·개설하거나 전용회로를 증설할 때
 ㉤ 무선통신보조설비를 신설 또는 개설할 때
 ㉥ **연소방지설비**를 신설·개설하거나 살수구역을 증설할 때 〈보기 ③〉

④ 캐비닛형 간이스프링클러설비를 → 스프링클러설비(캐비닛형 간이스프링클러설비 제외)를

답 ④

44 소방기본법령상 소방신호의 방법으로 틀린 것은?
① 타종에 의한 훈련신호는 연 3타 반복
② 사이렌에 의한 발화신호는 5초 간격을 두고 10초씩 3회
③ 타종에 의한 해제신호는 상당한 간격을 두고 1타씩 반복
④ 사이렌에 의한 경계신호는 5초 간격을 두고 30초씩 3회

해설 기본규칙 〔별표 4〕
소방신호표

신호방법 종별	타종 신호	사이렌 신호
경계신호	1타와 연 **2타**를 반복	**5초** 간격을 두고 **30초**씩 3회 〈보기 ④〉
발화신호	**난타**	**5초** 간격을 두고 **5초**씩 3회 〈보기 ②〉
해제신호	상당한 간격을 두고 **1타**씩 반복 〈보기 ③〉	1분간 1회
훈련신호	연 **3타** 반복 〈보기 ①〉	**10초** 간격을 두고 **1분**씩 3회

기억법	타	사
경	1+2	5+30=3
발	난	5+5=3
해	1	1=1
훈	3	10+1=3

② 10초 → 5초

답 ②

45 소방시설 설치 및 관리에 관한 법령상 대통령령 또는 화재안전기준이 변경되어 그 기준이 강화되는 경우 기존 특정소방대상물의 소방시설 중 강화된 기준을 적용하여야 하는 소방시설은?
① 비상경보설비 ② 비상방송설비
③ 비상콘센트설비 ④ 옥내소화전설비

해설 소방시설법 13조
변경강화기준 적용설비
(1) 소화기구
(2) **비**상**경**보설비 〈보기 ①〉
(3) 자동화재탐지설비
(4) **자**동화재**속**보설비
(5) **피**난구조설비
(6) 소방시설(공동구 설치용, 전력 및 통신사업용 지하구)
(7) **노**유자시설
(8) 의료시설

기억법 강비경 자속피노

중요

소방시설법 시행령 13조
변경강화기준 적용설비

공동구, 전력 및 통신사업용 지하구	노유자시설에 설치하여야 하는 소방시설	의료시설에 설치하여야 하는 소방시설
• 소화기 • 자동소화장치 • 자동화재탐지설비 • 통합감시시설 • 유도등 및 연소방지설비	• 간이스프링클러설비 • 자동화재탐지설비 • 단독경보형 감지기	• 간이스프링클러설비 • 스프링클러설비 • 자동화재탐지설비 • 자동화재속보설비

답 ①

46 소방시설 설치 및 관리에 관한 법령상 지하상가는 연면적이 최소 몇 m² 이상이어야 스프링클러설비를 설치하여야 하는 특정소방대상물에 해당하는가?
① 100 ② 200
③ 1000 ④ 2000

해설 소방시설법 시행령 [별표 4]
스프링클러설비의 설치대상

설치대상	조 건
① 문화 및 집회시설, 운동시설 ② 종교시설	• 수용인원 : 100명 이상 • 영화상영관 : 지하층·무창층 500㎡(기타 1000㎡) 이상 • 무대부 - 지하층·무창층·4층 이상 300㎡ 이상 - 1~3층 500㎡ 이상
③ 판매시설 ④ 운수시설 ⑤ 물류터미널	• 수용인원 : 500명 이상 • 바닥면적 합계 5000㎡ 이상
⑥ 노유자시설 ⑦ 정신의료기관 ⑧ 수련시설(숙박 가능한 것) ⑨ 종합병원, 병원, 치과병원, 한방병원 및 요양병원(정신병원 제외) ⑩ 숙박시설	• 바닥면적 합계 600㎡ 이상
⑪ 지하층·무창층·4층 이상	• 바닥면적 1000㎡ 이상
⑫ 창고시설(물류터미널 제외)	• 바닥면적 합계 5000㎡ 이상 : 전층
⑬ 지하상가	• 연면적 1000㎡ 이상 보기 ③
⑭ 10m 넘는 랙식 창고	• 연면적 1500㎡ 이상
⑮ 복합건축물 ⑯ 기숙사	• 연면적 5000㎡ 이상 : 전층
⑰ 6층 이상	• 전층
⑱ 보일러실·연결통로	• 전부
⑲ 특수가연물 저장·취급	• 지정수량 1000배 이상
⑳ 발전시설	• 전기저장시설 : 전부

답 ③

47 화재의 예방 및 안전관리에 관한 법령상 특정소방대상물의 관계인이 수행하여야 하는 소방안전관리 업무가 아닌 것은?

19.09.문01
18.04.문45
14.09.문52
14.09.문53
13.06.문48

① 소방훈련의 지도·감독
② 화기(火氣)취급의 감독
③ 피난시설, 방화구획 및 방화시설의 관리
④ 소방시설이나 그 밖의 소방 관련 시설의 관리

해설 화재예방법 24조 ⑤항
관계인 및 소방안전관리자의 업무

특정소방대상물 (관계인)	소방안전관리대상물 (소방안전관리자)
① **피난시설·방화구획** 및 방화시설의 관리 보기 ③ ② **소방시설**, 그 밖의 소방 관련 시설의 관리 보기 ④ ③ **화기취급**의 감독 보기 ② ④ 소방안전관리에 필요한 업무 ⑤ 화재발생시 초기대응	① **피난시설·방화구획** 및 방화시설의 관리 ② **소방시설**, 그 밖의 소방 관련 시설의 관리 ③ **화기취급**의 감독 ④ 소방안전관리에 필요한 업무 ⑤ **소방계획서**의 작성 및 시행(대통령령으로 정하는 사항 포함) ⑥ **자위소방대** 및 **초기대응체계**의 구성·운영·교육 ⑦ 소방훈련 및 교육 ⑧ 소방안전관리에 관한 업무수행에 관한 기록·유지 ⑨ 화재발생시 초기대응

① 소방훈련의 지도·감독 : 소방본부장·소방서장(화재예방법 37조)

 용어

특정소방대상물	소방안전관리대상물
건축물 등의 규모·용도 및 수용인원 등을 고려하여 소방시설을 설치하여야 하는 소방대상물로서 대통령령으로 정하는 것	**대통령령**으로 정하는 특정소방대상물

답 ①

48 소방기본법령상 저수조의 설치기준으로 틀린 것은?

16.10.문52
16.05.문44
16.03.문41
13.03.문49

① 지면으로부터의 낙차가 4.5m 이상일 것
② 흡수부분의 수심이 0.5m 이상일 것
③ 흡수에 지장이 없도록 토사 및 쓰레기 등을 제거할 수 있는 설비를 갖출 것
④ 흡수관의 투입구가 사각형의 경우에는 한 변의 길이가 60cm 이상, 원형의 경우에는 지름이 60cm 이상일 것

해설 기본규칙 [별표 3]
소방용수시설의 저수조에 대한 설치기준
(1) **낙차** : **4.5m 이하** 보기 ①
(2) **수심** : **0.5m 이상** 보기 ②
(3) 투입구의 길이 또는 지름 : **60cm 이상** 보기 ④
(4) **소방펌프자동차**가 **쉽게 접근**할 수 있도록 할 것
(5) 흡수에 지장이 없도록 **토사 및 쓰레기** 등을 제거할 수 있는 설비를 갖출 것 보기 ③
(6) 저수조에 물을 공급하는 방법은 **상수도**에 연결하여 **자동**으로 **급수**되는 구조일 것

기억법 수5(수호천사)

해설 기본법 17조 2
소방안전교육사의 수행업무
(1) 소방안전교육의 **기**획 보기 ②
(2) 소방안전교육의 **진**행
(3) 소방안전교육의 **분**석 보기 ①
(4) 소방안전교육의 **평**가 보기 ④
(5) 소방안전교육의 **교**수업무

기억법 기진분평교

답 ③

① 4.5m 이상 → 4.5m 이하

[저수조의 깊이 그림: 지면, 소방차, 흡수관 투입구, 60cm 이상, 흡수관, 소화수조, 수심 0.5m 이상, 낙차 4.5m 이하]

답 ①

49 위험물안전관리법상 시·도지사의 허가를 받지
18.03.문43
17.05.문46
14.05.문44
13.09.문60
06.03.문58
아니하고 당해 제조소 등을 설치할 수 있는 기준 중 다음 ( ) 안에 알맞은 것은?

농예용·축산용 또는 수산용으로 필요한 난방시설 또는 건조시설을 위한 지정수량 ( )배 이하의 저장소

① 20   ② 30
③ 40   ④ 50

해설 위험물법 6조
제조소 등의 설치허가
(1) 설치허가자 : **시·도지사**
(2) 설치허가 제외장소
  ㉠ 주택의 난방시설(공동주택의 중앙난방시설은 제외)을 위한 **저장소** 또는 **취급소**
  ㉡ 지정수량 **20배** 이하의 **농예용·축산용·수산용** 난방시설 또는 건조시설의 **저장소** 보기 ①
(3) 제조소 등의 **변경신고** : 변경하고자 하는 날의 **1일** 전까지

기억법 농축수2

참고
시·도지사
(1) 특별시장
(2) 광역시장
(3) 특별자치시장
(4) 도지사
(5) 특별자치도지사

답 ①

50 소방안전교육사가 수행하는 소방안전교육의 업
13.09.문42
무에 직접적으로 해당되지 않는 것은?
① 소방안전교육의 분석
② 소방안전교육의 기획
③ 소방안전관리자 양성교육
④ 소방안전교육의 평가

51 소방시설 설치 및 관리에 관한 법령상 특정소방대
18.03.문80
17.09.문48
14.09.문78
14.03.문53
상물의 소방시설 설치의 면제기준 중 다음 ( ) 안에 알맞은 것은?

물분무등소화설비를 설치하여야 하는 차고·주차장에 ( )를 화재안전기준에 적합하게 설치한 경우에는 그 설비의 유효범위에서 설치가 면제된다.

① 옥내소화전설비
② 스프링클러설비
③ 간이스프링클러설비
④ 청정소화약제소화설비

해설 소방시설법 시행령 〔별표 5〕
소방시설 면제기준

면제대상(설치대상)	대체설비
스프링클러설비	• 물분무등소화설비
물분무등소화설비	• 스프링클러설비 보기 ②
간이스프링클러설비	• 스프링클러설비 • 물분무소화설비 • 미분무소화설비
비상경보설비 또는 단독경보형 감지기	• 자동화재탐지설비 기억법 탐경단
비상경보설비	• 2개 이상 단독경보형 감지기 연동 기억법 경단2
비상방송설비	• 자동화재탐지설비 • 비상경보설비
연결살수설비	• 스프링클러설비 • 간이스프링클러설비 • 물분무소화설비 • 미분무소화설비
제연설비	• 공기조화설비
연소방지설비	• 스프링클러설비 • 물분무소화설비 • 미분무소화설비

연결송수관설비	• 옥내소화전설비 • 스프링클러설비 • 간이스프링클러설비 • 연결살수설비
자동화재탐지설비	• 자동화재탐지설비의 기능을 가진 스프링클러설비 • 물분무등소화설비
옥내소화전설비	• 옥외소화전설비 • 미분무소화설비(호스릴방식)

답 ②

52 화재의 예방 및 안전관리에 관한 법령상 소방안전관리대상물의 소방계획서에 포함되어야 하는 사항이 아닌 것은?

13.09.문57

① 소방시설 · 피난시설 및 방화시설의 점검 · 정비계획
② 위험물안전관리법에 따라 예방규정을 정하는 제조소 등의 위험물 저장 · 취급에 관한 사항
③ 특정소방대상물의 근무자 및 거주자의 자위소방대 조직과 대원의 임무에 관한 사항
④ 방화구획, 제연구획, 건축물의 내부 마감재료(불연재료 · 준불연재료 또는 난연재료로 사용된 것) 및 방염대상물품의 사용현황과 그 밖의 방화구조 및 설비의 유지 · 관리계획

해설 **화재예방법 시행령 27조**
소방안전관리대상물의 소방계획서 작성
(1) 소방안전관리대상물의 위치 · 구조 · 연면적 · 용도 및 수용인원 등의 **일반현황**
(2) 화재예방을 위한 **자체점검계획** 및 **대응대책**
(3) 특정소방대상물의 **근무자** 및 거주자의 **자위소방대** 조직과 대원의 임무에 관한 사항 보기 ③
(4) **소방시설** · **피난시설** 및 **방화시설**의 점검 · 정비계획 보기 ①
(5) **방화구획**, **제연구획**, 건축물의 **내부 마감재료**(불연재료 · 준불연재료 또는 난연재료로 사용된 것) 및 방염대상물품의 사용현황과 그 밖의 방화구조 및 설비의 유지 · 관리계획 보기 ④

② 위험물 관련은 해당 없음

답 ②

53 위험물안전관리법상 업무상 과실로 제조소 등에서 위험물을 유출 · 방출 또는 확산시켜 사람의 생명 · 신체 또는 재산에 대하여 위험을 발생시킨 자에 대한 벌칙기준은?

18.04.문53
18.03.문57
17.05.문41

① 5년 이하의 금고 또는 2000만원 이하의 벌금
② 5년 이하의 금고 또는 7000만원 이하의 벌금
③ 7년 이하의 금고 또는 2000만원 이하의 벌금
④ 7년 이하의 금고 또는 7000만원 이하의 벌금

해설 **위험물법 34조**

벌 칙	행 위
7년 이하의 금고 또는 **7천만원** 이하의 벌금 보기 ④	업무상 과실로 제조소 등에서 **위험물**을 유출 · 방출 또는 확산시켜 사람의 생명 · 신체 또는 재산에 대하여 **위험**을 발생시킨 자
10년 이하의 징역 또는 금고나 1억원 이하의 벌금	업무상 과실로 제조소 등에서 위험물을 유출 · 방출 또는 확산시켜 사람을 **사상**에 이르게 한 자

기억법 **77천위**(**위험**한 **칠천량** 해전)

비교

소방시설법 56조

벌 칙	행 위
5년 이하의 **징역** 또는 **5천만원** 이하의 벌금	소방시설에 폐쇄 · 차단 등의 **행위**를 한 자
7년 이하의 **징역** 또는 **7천만원** 이하의 벌금	소방시설에 폐쇄 · 차단 등의 행위를 하여 사람을 **상해**에 이르게 한 때
10년 이하의 징역 또는 1억원 이하의 벌금	소방시설에 폐쇄 · 차단 등의 행위를 하여 사람을 **사망**에 이르게 한 때

답 ④

54. 소방시설공사업법령상 소방시설업 등록을 하지 아니하고 영업을 한 자에 대한 벌칙은?

① 500만원 이하의 벌금
② 1년 이하의 징역 또는 1000만원 이하의 벌금
③ 3년 이하의 징역 또는 3000만원 이하의 벌금
④ 5년 이하의 징역

해설 3년 이하의 징역 또는 3000만원 이하의 벌금
(1) **화재안전조사** 결과에 따른 조치명령 위반(화재예방법 50조)
(2) **소방시설관리업** 무등록자(소방시설법 57조)
(3) **소방시설업** 무등록자(공사업법 35조) 보기 ③
(4) 부정한 청탁을 받고 재물 또는 재산상의 이익을 취득하거나 부정한 청탁을 하면서 재물 또는 재산상의 이익을 제공한 자(공사업법 35조)
(5) 형식승인을 받지 않은 **소방용품** 제조·수입자(소방시설법 57조)
(6) **제품검사**를 받지 않은 자(소방시설법 57조)
(7) **거짓**이나 그 밖의 **부정한 방법**으로 **제품검사 전문기관**의 지정을 받은 자(소방시설법 57조)

중요

3년 이하의 징역 또는 3000만원 이하의 벌금	5년 이하의 징역 또는 1억원 이하의 벌금
① 소방시설업 무등록 ② 소방시설관리업 무등록	제조소 무허가(위험물법 34조 2)

답 ③

55. 위험물안전관리법령상 위험물의 유별 저장·취급의 공통기준 중 다음 ( ) 안에 알맞은 것은?

( ) 위험물은 산화제와의 접촉·혼합이나 불티·불꽃·고온체와의 접근 또는 과열을 피하는 한편, 철분·금속분·마그네슘 및 이를 함유한 것에 있어서는 물이나 산과의 접촉을 피하고 인화성 고체에 있어서는 함부로 증기를 발생시키지 아니하여야 한다.

① 제1류   ② 제2류
③ 제3류   ④ 제4류

해설 위험물규칙 [별표 18] Ⅱ
위험물의 유별 저장·취급의 공통기준(중요 기준)

위험물	공통기준
제1류 위험물	**가연물**과의 접촉·혼합이나 분해를 촉진하는 물품과의 접근 또는 과열·충격·마찰 등을 피하는 한편, 알칼리 금속의 과산화물 및 이를 함유한 것에 있어서는 물과의 접촉을 피할 것
제2류 위험물	**산화제**와의 접촉·혼합이나 불티·불꽃·고온체와의 접근 또는 과열을 피하는 한편, 철분·금속분·마그네슘 및 이를 함유한 것에 있어서는 물이나 산과의 접촉을 피하고 인화성 고체에 있어서는 함부로 증기를 발생시키지 않을 것 보기 ②
제3류 위험물	**자연발화성** 물질에 있어서는 불티·불꽃 또는 고온체와의 접근·과열 또는 공기와의 접촉을 피하고, 금수성 물질에 있어서는 물과의 접촉을 피할 것
제4류 위험물	**불티·불꽃·고온체**와의 접근 또는 과열을 피하고, 함부로 **증기**를 발생시키지 않을 것
제5류 위험물	**불티·불꽃·고온체**와의 접근이나 과열·충격 또는 **마찰**을 피할 것
제6류 위험물	가연물과의 접촉·혼합이나 분해를 촉진하는 물품과의 접근 또는 과열을 피할 것

답 ②

56. 소방기본법령상 소방용수시설의 설치기준 중 급수탑의 급수배관의 구경은 최소 몇 mm 이상이어야 하는가?

① 100   ② 150
③ 200   ④ 250

해설 기본규칙 [별표 3]
소방용수시설별 설치기준

소화전	급수탑
● 65mm : 연결금속구의 구경	● 100mm : 급수배관의 구경 보기 ① ● 1.5~1.7m 이하 : 개폐밸브 높이

기억법 57탑(57층 탑)

답 ①

57. 소방시설 설치 및 관리에 관한 법령상 자동화재탐지설비를 설치하여야 하는 특정소방대상물에 대한 기준 중 ( )에 알맞은 것은?

근린생활시설(목욕장 제외), 의료시설(정신의료기관 또는 요양병원 제외), 위락시설, 장례시설 및 복합건축물로서 연면적 ( )m² 이상인 것

① 400   ② 600
③ 1000   ④ 3500

해설 소방시설법 시행령 [별표 4]
자동화재탐지설비의 설치대상

설치대상	조 건
① 정신의료기관·의료재활시설	• 창살설치 : 바닥면적 300m² 미만 • 기타 : 바닥면적 300m² 이상
② 노유자시설	• 연면적 400m² 이상
③ **근**린생활시설·**위**락시설 ④ **의**료시설(정신의료기관, 요양병원 제외) ⑤ **복**합건축물·장례시설 **기억법** 근위의복 6	• 연면적 600m² 이상 〔보기 ②〕
⑥ 목욕장·문화 및 집회시설, 운동시설 ⑦ 종교시설 ⑧ 방송통신시설·관광휴게시설 ⑨ 업무시설·판매시설 ⑩ 항공기 및 자동차관련시설·공장·창고시설 ⑪ **지**하상가·운수시설·발전시설·위험물 저장 및 처리시설 ⑫ **교**정 및 군사시설 중 국방·군사시설	
⑬ **교**육연구시설·**동**물관련시설 ⑭ **자**원순환관련시설·**교**정 및 군사시설(국방·군사시설 제외) ⑮ **수**련시설(숙박시설이 있는 것 제외) ⑯ 묘지관련시설 **기억법** 교동자교수 2	• 연면적 2000m² 이상
⑰ 터널	• 길이 1000m 이상
⑱ 지하구 ⑲ 노유자생활시설 ⑳ 아파트 등 기숙사 ㉑ 숙박시설 ㉒ 6층 이상인 건축물 ㉓ 조산원 및 산후조리원 ㉔ 전통시장 ㉕ 요양병원(정신병원, 의료재활시설 제외)	• 전부
㉖ 특수가연물 저장·취급	• 지정수량 500배 이상
㉗ 수련시설(숙박시설이 있는 것)	• 수용인원 100명 이상
㉘ 발전시설	• 전기저장시설

답 ②

58 소방기본법에서 정의하는 소방대상물에 해당되지 않는 것은?
15.05.문54
12.05.문48
① 산림
② 차량
③ 건축물
④ 항해 중인 선박

해설 기본법 2조 1호
소방대상물 : 소방차가 출동해서 불을 끌 수 있는 범위
(1) **건**축물 〔보기 ③〕
(2) **차**량 〔보기 ②〕
(3) **선**박(매어둔 것) 〔보기 ④〕

(4) 선박건조구조물
(5) 산림 〔보기 ①〕
(6) 인공구조물
(7) 물건

기억법 건차선 산인물

비교

위험물법 3조
위험물의 저장·운반·취급에 대한 적용 제외
(1) 항공기
(2) 선박
(3) 철도
(4) 궤도

답 ④

59 소방시설 설치 및 관리에 관한 법령상 건축허가
20.06.문59 등의 동의대상물의 범위 기준 중 틀린 것은?
17.09.문53
12.09.문48
① 건축 등을 하려는 학교시설 : 연면적 200m² 이상
② 노유자시설 : 연면적 200m² 이상
③ 정신의료기관(입원실이 없는 정신건강의학과 의원은 제외) : 연면적 300m² 이상
④ 장애인 의료재활시설 : 연면적 300m² 이상

해설 소방시설법 시행령 7조
건축허가 등의 동의대상물
(1) 연면적 400m²(학교시설 : 100m², 수련시설·노유자시설 : 200m², 정신의료기관·장애인 의료재활시설 : 300m²) 이상
(2) 6층 이상인 건축물
(3) 차고·주차장으로서 바닥면적 200m² 이상(**자**동차 20대 이상)
(4) **항**공기격납고, 관망탑, 항공관제탑, 방송용 송수신탑
(5) 지하층 또는 무창층의 바닥면적 150m²(공연장은 100m²) 이상
(6) **위**험물저장 및 처리시설, 지하구
(7) **결**핵환자나 한센인이 24시간 생활하는 **노**유자시설
(8) 전기저장시설, 풍력발전소
(9) 공동주택·숙박시설
(10) 노인주거복지시설·노인의료복지시설 및 재가노인복지시설·학대피해노인 전용쉼터·아동복지시설·장애인거주시설
(11) 정신질환자 관련시설(공동생활가정을 제외한 재활훈련시설과 종합시설 중 24시간 주거를 제공하지 않는 시설 제외)
(12) 조산원, 산후조리원, 의원(입원실 또는 인공신장실이 있는 것)
(13) 노숙인자활시설, 노숙인재활시설 및 노숙인요양시설
(14) 요양병원(의료재활시설 제외)
(15) 공장 또는 창고시설로서 지정수량의 **750배** 이상의 특수가연물을 저장·취급하는 것
(16) 가스시설로서 지상에 노출된 탱크의 저장용량의 합계가 **100t** 이상인 것

기억법 2자(이자)

① 200m² 이상 → 100m² 이상

답 ①

60. 소방시설 설치 및 관리에 관한 법령상 형식승인을 받지 아니한 소방용품을 판매하거나 판매 목적으로 진열하거나 소방시설공사에 사용한 자에 대한 벌칙기준은?

① 3년 이하의 징역 또는 3000만원 이하의 벌금
② 2년 이하의 징역 또는 1500만원 이하의 벌금
③ 1년 이하의 징역 또는 1000만원 이하의 벌금
④ 1년 이하의 징역 또는 500만원 이하의 벌금

해설 소방시설법 57조
3년 이하의 징역 또는 3000만원 이하의 벌금
(1) 소방시설관리업 무등록자
(2) 형식승인을 받지 않은 **소방용품 제조·수입자**
(3) 제품검사를 받지 않은 자
(4) **제품검사**를 받지 아니하거나 **합격표시**를 하지 아니한 소방용품을 판매·진열하거나 소방시설공사에 사용한 자
(5) **거짓**이나 그 밖의 **부정한 방법**으로 제품검사 전문**기관**의 지정을 받은 자
(6) 소방용품 판매·진열·소방시설공사에 사용한 자 보기 ①

답 ①

제 4 과목 소방전기시설의 구조 및 원리

61. 자동화재탐지설비 및 시각경보장치의 화재안전기준에 따라 특정소방대상물 중 화재신호를 발신하고 그 신호를 수신 및 유효하게 제어할 수 있는 구역을 무엇이라 하는가?

① 방호구역   ② 방수구역
③ 경계구역   ④ 화재구역

해설 경계구역
(1) **정의**(NFPC 203 3조, NFTC 203 1.7)
 특정소방대상물 중 **화재신호**를 **발신**하고 그 **신호**를 **수신** 및 **유효**하게 **제어**할 수 있는 구역 보기 ③
(2) **경계구역의 설정기준**(NFPC 203 4조, NFTC 203 2.1)
 ㉠ 1경계구역이 2개 이상의 **건축물**에 미치지 않을 것
 ㉡ 1경계구역이 2개 이상의 **층**에 미치지 않을 것
 ㉢ 1경계구역의 면적은 **600m²** 이하로 하고, 1변의 길이는 **50m** 이하로 할 것(내부 전체가 보이면 **1000m²** 이하)
(3) 1경계구역의 높이 : **45m** 이하

답 ③

62. 유도등의 형식승인 및 제품검사의 기술기준에 따라 영상표시소자(LED, LCD 및 PDP 등)를 이용하여 피난유도표시 형상을 영상으로 구현하는 방식은?

① 투광식   ② 패널식
③ 방폭형   ④ 방수형

해설 용어(유도등의 형식승인 및 제품검사의 기술기준 2조)

용어	설 명
투광식	광원의 빛이 통과하는 **투과면**에 피난유도표시 형상을 인쇄하는 방식
패널식 보기 ②	**영상표시소자**(LED, LCD 및 PDP 등)를 이용하여 피난유도표시 형상을 영상으로 구현하는 방식
방폭형	**폭발성 가스**가 용기 내부에서 폭발하였을 때 용기가 그 압력에 견디거나 또는 외부의 폭발성 가스에 인화될 우려가 없도록 만들어진 형태의 제품
방수형	그 구조가 **방수구조**로 되어 있는 것

답 ②

63. 감지기의 형식승인 및 제품검사의 기술기준에 따라 단독경보형 감지기의 일반기능에 대한 내용이다. 다음 ( )에 들어갈 내용으로 옳은 것은?

> 주기적으로 섬광하는 전원표시등에 의하여 전원의 정상 여부를 감시할 수 있는 기능이 있어야 하며, 전원의 정상상태를 표시하는 전원표시등의 섬광주기는 (㉠)초 이내의 점등과 (㉡)초에서 (㉢)초 이내의 소등으로 이루어져야 한다.

① ㉠ 1, ㉡ 15, ㉢ 60
② ㉠ 1, ㉡ 30, ㉢ 60
③ ㉠ 2, ㉡ 15, ㉢ 60
④ ㉠ 2, ㉡ 30, ㉢ 60

해설 단독경보형의 감지기(주전원이 교류전원 또는 건전지인 것 포함)의 적합 기준(감지기의 형식승인 및 제품검사의 기술기준 5조 2)
(1) **자동복귀형 스위치**(자동적으로 정위치에 복귀될 수 있는 스위치)에 의하여 **수동**으로 작동시험을 할 수 있는 기능이 있을 것
(2) 작동되는 경우 **작동표시등**에 의하여 화재의 발생을 표시하고, 내장된 음향장치의 명동에 의하여 **화재경보음**을 발할 수 있는 기능이 있을 것
(3) 주기적으로 **섬광**하는 **전원표시등**에 의하여 전원의 **정상 여부**를 감시할 수 있는 기능이 있어야 하며, 전원의 정상상태를 표시하는 전원표시등의 섬광주기는 **1초 이내의 점등**과 **30초에서 60초 이내의 소등**으로 이루어질 것 보기 ②

답 ②

64 자동화재탐지설비 및 시각경보장치의 화재안전기준에 따라 자동화재탐지설비의 주음향장치의 설치장소로 옳은 것은?

① 발신기의 내부
② 수신기의 내부
③ 누전경보기의 내부
④ 자동화재속보설비의 내부

해설 **자동화재탐지설비**의 **음향장치**(NFPC 203 8조, NFTC 203 2.5.1.1)

주음향장치	지구음향장치
수신기의 내부 또는 그 직근에 설치 보기②	특정소방대상물의 층마다 설치

답 ②

65 무선통신보조설비의 화재안전기준에 따라 무선통신보조설비의 주요구성요소가 아닌 것은?

① 증폭기
② 분배기
③ 음향장치
④ 누설동축케이블

해설 **무선통신보조설비**의 **구성요소**
(1) 누설동축케이블, 동축케이블 보기 ④
(2) 분배기 보기 ②
(3) 증폭기 보기 ①
(4) 옥외안테나
(5) 혼합기
(6) 분파기
(7) 무선중계기

③ 음향장치 : **자동화재탐지설비** 등의 주요구성요소

답 ③

66 무선통신보조설비의 화재안전기준에 따라 지표면으로부터의 깊이가 몇 m 이하인 경우에는 해당 층에 한하여 무선통신보조설비를 설치하지 아니할 수 있는가?

① 0.5   ② 1
③ 1.5   ④ 2

해설 **무선통신보조설비**의 **설치 제외**(NFPC 505 4조, NFTC 505 2.1)
(1) **지하층**으로서 특정소방대상물의 바닥부분 **2면** 이상이 지표면과 동일한 경우의 해당 층

(2) 지하층으로서 지표면으로부터의 깊이가 **1m** 이하인 경우의 해당 층 보기 ②

기억법 2면무지(이면 계약의 무지)

답 ②

67 누전경보기의 화재안전기준에 따라 누전경보기의 수신부를 설치할 수 있는 장소는? (단, 해당 누전경보기에 대하여 방폭・방식・방습・방온・방진 및 정전기 차폐 등의 방호조치를 하지 않은 경우이다.)

① 습도가 낮은 장소
② 온도의 변화가 급격한 장소
③ 화약류를 제조하거나 저장 또는 취급하는 장소
④ 부식성의 증기・가스 등이 다량으로 체류하는 장소

해설 **누전경보기**의 **수신부 설치 제외 장소**(NFPC 205 5조, NFTC 205 2.2.2)
(1) **온**도변화가 급격한 장소 보기 ②
(2) **습**도가 높은 장소 보기 ①
(3) **가**연성의 증기, 가스 등 또는 **부식성**의 증기, 가스 등의 다량 체류장소 보기 ④
(4) **대전류회로, 고주파 발생회로** 등의 영향을 받을 우려가 있는 장소
(5) **화**약류 제조, 저장, 취급 장소 보기 ③

기억법 온습누가대화(**온도・습**도가 높으면 **누가 대화**하나?)

비교
누전경보기 수신부의 **설치장소**(NFPC 205 5조, NFTC 205 2.2.2)
옥내의 점검이 편리한 **건조**한 장소

답 ①

68 유도등의 형식승인 및 제품검사의 기술기준에 따라 객석유도등은 바닥면 또는 디딤바닥면에서 높이 0.5m의 위치에 설치하고 그 유도등의 바로 밑에서 0.3m 떨어진 위치에서의 수평조도가 몇 lx 이상이어야 하는가?

① 0.1
② 0.2
③ 0.5
④ 1

21. 03. 시행 / 기사(전기)

해설 **조도시험**(유도등의 형식승인 및 제품검사의 기술기준 23조)

유도등의 종류	시험방법
계단통로 유도등	바닥면에서 **2.5m** 높이에 유도등을 설치하고 수평거리 10m 위치에서 법선조도 **0.5lx** 이상 **기억법** 계2505
복도통로 유도등	바닥면에서 1m 높이에 유도등을 설치하고 중앙으로부터 0.5m 위치에서 조도 1lx 이상 ∥복도통로유도등∥
거실통로 유도등	바닥면에서 2m 높이에 유도등을 설치하고 중앙으로부터 0.5m 위치에서 조도 1lx 이상 ∥거실통로유도등∥
객석 유도등	바닥면에서 **0.5m** 높이에 유도등을 설치하고 바로 밑에서 **0.3m** 위치에서 수평조도 **0.2lx** 이상 보기 ② **기억법** 객532

비교

식별도시험(유도등의 형식승인 및 제품검사의 기술기준 16조)

유도등의 종류	상용전원	비상전원
피난구유도등, 거실통로유도등	10~30lx의 주위조도로 30m에서 식별	0~1lx의 주위조도로 20m에서 식별
복도통로유도등	직선거리 20m에서 식별	직선거리 15m에서 식별

답 ②

69 ★★★

비상방송설비의 화재안전기준에 따른 비상방송설비의 음향장치에 대한 내용이다. 다음 ( )에 들어갈 내용으로 옳은 것은?

19.04.문68
18.09.문77
18.03.문73
16.10.문69
16.10.문73
16.05.문67
16.03.문68
15.05.문76
15.03.문62
14.05.문63
14.05.문75
14.03.문61
13.09.문70
13.06.문62
13.06.문80

> 확성기는 각 층마다 설치하되, 그 층의 각 부분으로부터 하나의 확성기까지의 수평거리가 ( )m 이하가 되도록 하고, 해당 층의 각 부분에 유효하게 경보를 발할 수 있도록 설치할 것

① 10
② 15
③ 20
④ 25

해설 **비상방송설비**의 **설치기준**(NFPC 202 4조, NFTC 202 2.1.1)
(1) 확성기의 음성입력은 **3**W(**실**내 **1**W) 이상일 것
(2) 확성기는 **각 층**마다 설치하되, 각 부분으로부터의 수평거리는 25m 이하일 것 보기 ④
(3) **음**량조정기는 **3**선식 배선일 것
(4) 조작스위치는 바닥으로부터 **0.8~1.5m** 이하의 높이에 설치할 것
(5) 다른 전기회로에 의하여 **유도장애**가 생기지 아니하도록 할 것
(6) 비상방송 **개**시시간은 **10초** 이하일 것
(7) 다른 방송설비와 공용할 경우 화재시 비상경보 외의 방송을 차단할 수 있을 것
(8) 음향장치 : **자동화재탐지설비**의 작동과 연동
(9) 음향장치의 정격전압 : **80%**

기억법 방3실1, 3음방(삼엄한 방송실), 개10방

중요

수평거리와 보행거리
(1) **수평거리**

수평거리	적용대상
수평거리 25m 이하	• 발신기 • 음향장치(**확성기**) • 비상콘센트(지하상가 · 바닥면적 3000m² 이상)
수평거리 50m 이하	• 비상콘센트(기타)

(2) **보행거리**

보행거리	적용대상
보행거리 15m 이하	• 유도표지
보행거리 20m 이하	• 복도통로유도등 • 거실통로유도등 • 3종 연기감지기
보행거리 30m 이하	• 1 · 2종 연기감지기
보행거리 40m 이상	• 복도 또는 별도로 구획된 실

(3) **수직거리**

수직거리	적용대상
10m 이하	• 3종 연기감지기
15m 이하	• 1 · 2종 연기감지기

답 ④

70 경종의 형식승인 및 제품검사의 기술기준에 따라 경종은 전원전압이 정격전압의 ± 몇 % 범위에서 변동하는 경우 기능에 이상이 생기지 않아야 하는가?

① 5   ② 10
③ 20   ④ 30

해설 전원전압변동시의 기능(경종의 형식승인 및 제품검사의 기술기준 4조)

경종은 전원전압이 정격전압의 **±20%** 범위에서 변동하는 경우 기능에 이상이 생기지 않아야 한다. 다만, 경종에 내장된 건전지를 전원으로 하는 경종은 건전지의 전압이 건전지 교체전압 범위(제조사 설계값)의 하한값으로 낮아진 경우에도 기능에 이상이 없어야 한다. 보기 ③

답 ③

71 누전경보기의 형식승인 및 제품검사의 기술기준에 따라 누전경보기에 사용되는 표시등의 구조 및 기능에 대한 설명으로 틀린 것은?

① 누전등이 설치된 수신부의 지구등은 적색 외의 색으로도 표시할 수 있다.
② 방전등 또는 발광다이오드의 경우 전구는 2개 이상을 병렬로 접속하여야 한다.
③ 주위의 밝기가 300 lx인 장소에서 측정하여 앞면으로부터 3m 떨어진 곳에서 켜진 등이 확실히 식별될 것
④ 누전등 및 지구등과 쉽게 구별할 수 있도록 부착된 기타의 표시등은 적색으로도 표시할 수 있다.

해설 부품의 구조 및 기능(누전경보기의 형식승인 및 제품검사의 기술기준 4조)

(1) 전구는 **2개** 이상을 **병렬**로 접속하여야 한다(단, **방전등** 또는 **발광다이오드**는 제외). 보기 ②
(2) 전구에는 적당한 **보호덮개**를 설치하여야 한다(단, **발광다이오드**는 제외).
(3) 주위의 밝기가 **300 lx**인 장소에서 측정하여 앞면으로부터 **3m** 떨어진 곳에서 켜진 등이 확실히 식별될 것 보기 ③
(4) 누전화재의 발생을 표시하는 표시등(누전등)이 설치된 것은 등이 켜질 때 **적색**으로 표시되어야 하며, 누전화재가 발생한 경계전로의 위치를 표시하는 표시등(지구등)과 기타의 표시등은 다음과 같아야 한다.

• 누전등 • 누전등 및 지구등과 쉽게 구별할 수 있도록 부착된 기타의 표시등	• 누전등이 설치된 수신부의 지구등 • 기타의 표시등
적색 보기 ④	적색 외의 색 보기 ①

② **방전등** 또는 **발광다이오드** 제외

답 ②

72 소방시설용 비상전원수전설비의 화재안전기준에 따라 일반전기사업자로부터 특고압 또는 고압으로 수전하는 비상전원수전설비로 큐비클형을 사용하는 경우의 시설기준으로 틀린 것은? (단, 옥내에 설치하는 경우이다.)

① 외함은 내화성능이 있는 것으로 제작할 것
② 전용큐비클 또는 공용큐비클식으로 설치할 것
③ 개구부에는 60분+ 방화문, 60분 방화문 또는 10분 방화문을 설치할 것
④ 외함은 두께 2.3mm 이상의 강판과 이와 동등 이상의 강도를 가질 것

해설 큐비클형의 설치기준(NFPC 602 5조, NFTC 602 2.2.3)

(1) **전용큐비클** 또는 **공용큐비클식**으로 설치 보기 ②
(2) 외함은 두께 **2.3mm** 이상의 **강판**과 이와 동등 이상의 강도와 내화성능이 있는 것으로 제작 보기 ①④
(3) 개구부에는 60분+방화문, 60분 방화문 또는 30분 방화문 설치 보기 ③
(4) 외함은 **건축물의 바닥** 등에 견고하게 고정할 것
(5) **환기장치**는 다음에 적합하게 설치할 것
  ㉠ 내부의 **온**도가 상승하지 않도록 **환기장치**를 할 것
  ㉡ 자연환기구의 **개**구부 면적의 합계는 외함의 한 면에 대하여 해당 면적의 $\frac{1}{3}$ 이하로 할 것. 이 경우 하나의 통기구의 크기는 직경 **10mm** 이상의 **둥근 막대**가 들어가서는 아니 된다.
  ㉢ 자연환기구에 따라 충분히 환기할 수 없는 경우에는 **환기설비**를 설치할 것
  ㉣ 환기구에는 **금속망**, **방화댐퍼** 등으로 방화조치를 하고, 옥외에 설치하는 것은 **빗물** 등이 들어가지 않도록 할 것

기억법 큐환 온개설 망댐빗

(6) 공용큐비클식의 소방회로와 일반회로에 사용되는 배선 및 배선용 기기는 **불연재료**로 구획할 것

③ 10분 방화문 → 30분 방화문

답 ③

73 공기관식 차동식 분포형 감지기의 기능시험을 하였더니 검출기의 접점수고치가 규정 이상으로 되어 있었다. 이때 발생되는 장애로 볼 수 있는 것은?

① 작동이 늦어진다.
② 장애는 발생되지 않는다.
③ 동작이 전혀 되지 않는다.
④ 화재도 아닌데 작동하는 일이 있다.

해설 **접점수고시험**
감지기의 접점수고치가 적정치를 보유하고 있는지를 확인하기 위한 시험

	수고치		
정상적인 경우	비정상적인 경우	낮은 경우 (규정치 이하)	높은 경우 (규정치 이상)
장애는 발생되지 않는다. 보기 ②	감지기가 작동되지 않는다. 보기 ③	① 감지기가 예민하게 되어 **비화재보**의 원인이 된다. ② 화재가 아닌데 작동하는 일이 있다. 보기 ④	① 감지기의 감도가 저하되어 지연동작의 원인이 된다. ② 작동이 늦어짐 보기 ①

‖ 접점수고시험 ‖

중요

3정수시험
차동식 분포형 공기관식 감지기는 감도기준 설정이 가열시험으로는 어렵기 때문에 온도시험에 의하지 않고 이론시험으로 대신하는 것으로 **리크저항시험**, **등가용량시험**, **접점수고시험**이 있다.

‖ 3정수시험 ‖

리크저항시험	등가용량시험	접점수고시험
리크저항 측정	다이어프램의 기능 측정	접점의 간격 측정

답 ①

74 ★★★
19.04.문63
18.04.문61
17.03.문72
16.10.문61
16.05.문76
15.09.문80
14.03.문64
11.10.문67

비상콘센트설비의 화재안전기준에 따라 하나의 전용회로에 단상 교류 비상콘센트 6개를 연결하는 경우, 전선의 용량은 몇 kVA 이상이어야 하는가?

① 1.5
② 3
③ 4.5
④ 9

해설 **비상콘센트설비**(NFPC 504 4조, NFTC 504 2.1)
(1) 하나의 전용회로에 설치하는 비상콘센트는 **10개** 이하로 할 것(전선의 용량은 최대 **3개**)

설치하는 비상콘센트 수량	전선의 용량산정 시 적용하는 비상콘센트 수량	단상전선의 용량
1	1개 이상	1.5kVA 이상
2	2개 이상	3.0kVA 이상
3~10	3개 이상	4.5kVA 이상 보기 ③

(2) 전원회로는 각 층에 있어서 **2** 이상이 되도록 설치할 것(단, 설치하여야 할 층의 콘센트가 1개인 때에는 하나의 회로로 할 수 있다)
(3) 플러그접속기의 칼받이 접지극에는 **접지공사**를 하여야 한다.
(4) 풀박스는 **1.6mm** 이상의 철판을 사용할 것
(5) 절연저항은 **전원부**와 **외함** 사이를 **직류 500V 절연저항계**로 측정하여 **20MΩ** 이상일 것
(6) 전원으로부터 각 층의 비상콘센트에 분기되는 경우에는 **분기배선용 차단기**를 보호함 안에 설치할 것
(7) 바닥으로부터 **0.8~1.5m** 이하의 높이에 설치할 것
(8) 전원회로는 주배전반에서 **전용회로**로 하며, 배선의 종류는 **내화배선**이어야 한다.

답 ③

75 ★
일반적인 비상방송설비의 계통도이다. 다음의 ( )에 들어갈 내용으로 옳은 것은?

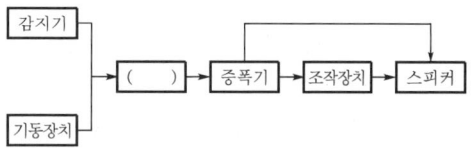

① 변류기
② 발신기
③ 수신기
④ 음향장치

해설 **비상방송설비**의 **계통도**

답 ③

76 ★★
17.05.문73
10.09.문72

발신기의 형식승인 및 제품검사의 기술기준에 따른 발신기의 작동기능에 대한 내용이다. 다음 ( )에 들어갈 내용으로 옳은 것은?

발신기의 조작부는 작동스위치의 동작방향으로 가하는 힘이 (㉠)kg을 초과하고 (㉡)kg 이하인 범위에서 확실하게 동작되어야 하며, (㉠)kg의 힘을 가하는 경우 동작되지 아니하여야 한다. 이 경우 누름판이 있는 구조로서 손끝으로 눌러 작동하는 작동스위치는 누름판을 포함한다.

① ㉠ 2, ㉡ 8
② ㉠ 3, ㉡ 7
③ ㉠ 2, ㉡ 7
④ ㉠ 3, ㉡ 8

[해설] **발신기**의 **작동기능**(발신기의 형식승인 및 제품검사의 기술기준 4조 2)

① 작동스위치의 동작방향으로 가하는 힘이 **2kg**을 초과하고 **8kg** 이하인 범위에서 확실하게 동작(단, **2kg**의 힘을 가하는 경우 동작하지 않을 것)

답 ①

77
비상조명등의 형식승인 및 제품검사의 기술기준에 따라 비상조명등의 일반구조로 광원과 전원부를 별도로 수납하는 구조에 대한 설명으로 틀린 것은?

① 전원함은 방폭구조로 할 것
② 배선은 충분히 견고한 것을 사용할 것
③ 광원과 전원부 사이의 배선길이는 1m 이하로 할 것
④ 전원함은 불연재료 또는 난연재료의 재질을 사용할 것

[해설] **광원**과 **전원부**를 **별도**로 **수납**하는 **구조**의 **기준**(비상조명등의 형식승인 및 제품검사의 기술기준 3조)
(1) 전원함은 **불연재료** 또는 **난연재료**의 재질을 사용할 것 [보기 ④]
(2) 광원과 전원부 사이의 배선길이는 **1m 이하**로 할 것 [보기 ③]
(3) 배선은 충분히 견고한 것을 사용할 것 [보기 ②]

① 방폭구조로 → 불연재료 또는 난연재료의 재질을 사용

답 ①

78 ★★★
자동화재속보설비의 속보기의 성능인증 및 제품검사의 기술기준에 따른 속보기의 구조에 대한 설명으로 틀린 것은?

20.06.문80
17.03.문67
16.10.문77
14.05.문68
11.03.문77

① 수동통화용 송수화장치를 설치하여야 한다.
② 접지전극에 직류전류를 통하는 회로방식을 사용하여야 한다.
③ 작동시 그 작동시간과 작동횟수를 표시할 수 있는 장치를 하여야 한다.
④ 예비전원회로에는 단락사고 등을 방지하기 위한 퓨즈, 차단기 등과 같은 보호장치를 하여야 한다.

[해설] **속보기**의 **기준**(자동화재속보설비의 속보기의 성능인증 및 제품검사의 기술기준 3·5조)
(1) **수동통화**용 송수화기를 설치 [보기 ①]
(2) **20초** 이내에 **3회** 이상 **소방관서**에 자동속보
(3) 예비전원은 감시상태를 **60분**간 지속한 후 **10분** 이상 동작이 지속될 수 있는 용량일 것

(4) 다이얼링 : **10회** 이상
(5) 작동시 그 **작동시간**과 **작동횟수**를 표시할 수 있는 장치를 하여야 한다. [보기 ③]
(6) 예비전원회로에는 **단락사고** 등을 방지하기 위한 **퓨즈**, **차단기** 등과 같은 **보호장치**를 하여야 한다. [보기 ④]
(7) 국가유산용 속보기는 자동적으로 무선식 감지기에 24시간 이내의 주기마다 통신점검 신호를 발신할 수 있는 장치를 설치하여야 한다.

[기억법] 속203

[비교]
자동화재속보설비의 속보기에 **적용할 수 없는 회로방식**(자동화재속보설비의 속보기의 성능인증 및 제품검사의 기술기준 3조)
(1) **접지전극**에 **직류전류**를 통하는 회로방식 [보기 ②]
(2) 수신기에 접속되는 외부배선과 다른 설비(화재신호의 전달에 영향을 미치지 않는 것 제외)의 외부배선을 **공용**으로 하는 회로방식

답 ②

79 ★
비상콘센트설비의 성능인증 및 제품검사의 기술기준에 따른 표시등의 구조 및 기능에 대한 내용이다. 다음 ( )에 들어갈 내용으로 옳은 것은?

20.08.문80

적색으로 표시되어야 하며 주위의 밝기가 (㉠)lx 이상인 장소에서 측정하여 앞면으로부터 (㉡)m 떨어진 곳에서 켜진 등이 확실히 식별되어야 한다.

① ㉠ 100, ㉡ 1   ② ㉠ 300, ㉡ 3
③ ㉠ 500, ㉡ 5   ④ ㉠ 1000, ㉡ 10

[해설] **비상콘센트설비 부품**의 **구조** 및 **기능**(비상콘센트설비의 성능인증 및 제품검사의 기술기준 4조)
(1) 배선용 차단기는 KS C 8321(**배선용 차단기**)에 적합할 것
(2) 접속기는 KS C 8305(**배선용 꽂음 접속기**)에 적합할 것
(3) **표시등**의 **구조** 및 **기능**
  ㉠ 전구는 사용전압의 **130%**인 교류전압을 **20시간** 연속하여 가하는 경우 **단선**, **현저한 광속변화**, **흑화**, **전류**의 **저하** 등이 발생하지 아니할 것
  ㉡ 소켓은 접속이 확실하여야 하며 쉽게 전구를 교체할 수 있도록 부착할 것
  ㉢ 전구에는 적당한 **보호커버**를 설치할 것(단, **발광다이오드** 제외)
  ㉣ 적색으로 표시되어야 하며 주위의 밝기가 **300 lx** 이상인 장소에서 측정하여 앞면으로부터 **3m** 떨어진 곳에서 켜진 등이 확실히 식별될 것 [보기 ②]
(4) 단자는 충분한 **전류용량**을 갖는 것으로 하여야 하며 단자의 접속이 정확하고 확실할 것

답 ②

80 소방시설용 비상전원수전설비의 화재안전기준 용어의 정의에 따라 수용장소의 조영물(토지에 정착한 시설물 중 지붕 및 기둥 또는 벽이 있는 시설물을 말한다)의 옆면 등에 시설하는 전선으로서 그 수용장소의 인입구에 이르는 부분의 전선은 무엇인가?

① 인입선 ② 내화배선
③ 열화배선 ④ 인입구배선

해설 **소방시설용 비상전원수전설비**의 **화재안전기준**(NFPC 602 3조, NFTC 602 1.7, 전기설비기술기준 3조)

정의	설명
인입선	수용장소의 **조영물**(토지에 정착한 시설물 중 지붕 및 기둥 또는 벽이 있는 시설물을 말함)의 옆면 등에 시설하는 전선으로서 그 수용장소의 **인입구**에 이르는 부분의 전선 보기 ①
인입구배선	**인입선** 연결점으로부터 특정소방대상물 내에 시설하는 **인입개폐기**에 이르는 배선
연접 인입선	**한 수용장소**의 인입선에서 분기하여 **지지물**을 거치지 아니하고 다른수용장소의 인입구에 이르는 부분의 전선

답 ①

2021. 5. 15 시행

■ 2021년 기사 제2회 필기시험 ■

자격종목	종목코드	시험시간	형별	수험번호	성명
소방설비기사(전기분야)		2시간			

※ 각 문항은 4지택일형으로 질문에 가장 적합한 보기 항을 선택하여 체크하여야 합니다.

제1과목 　 소방원론

01 내화건축물과 비교한 목조건축물 화재의 일반적인 특징을 옳게 나타낸 것은?

19.09.문11
18.03.문05
16.10.문04
14.05.문01
10.09.문08

① 고온, 단시간형
② 저온, 단시간형
③ 고온, 장시간형
④ 저온, 장시간형

해설 (1) **목조건물**의 화재온도 표준곡선
　㉠ 화재성상 : **고온 단기형** 보기 ①
　㉡ 최고온도(최성기 온도) : **1300**℃

(2) **내화건물**의 화재온도 표준곡선
　㉠ 화재성상 : 저온 장기형
　㉡ 최고온도(최성기 온도) : 900~1000℃

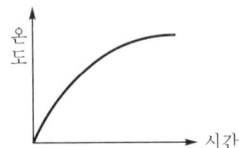

• 목조건물=목재건물

기억법 목고단 13

답 ①

02 다음 중 증기비중이 가장 큰 것은?

16.10.문20
11.06.문06

① Halon 1301
② Halon 2402
③ Halon 1211
④ Halon 104

해설 **증기비중**이 큰 순서
Halon 2402 > Halon 1211 > Halon 104 > Halon 1301

● 중요

증기비중

$$\text{증기비중} = \frac{\text{분자량}}{29}$$

여기서, 29 : 공기의 평균분자량

답 ②

03 화재발생시 피난기구로 직접 활용할 수 없는 것은?

11.03.문18

① 완강기
② 무선통신보조설비
③ 피난사다리
④ 구조대

해설 **피난기구**
(1) **완강기** 보기 ①
(2) **피난사다리** 보기 ③
(3) **구조대**(수직구조대 포함) 보기 ④
(4) 소방청장이 정하여 고시하는 화재안전기준으로 정하는 것(미끄럼대, 피난교, 공기안전매트, 피난용 트랩, 다수인 피난장비, 승강식 피난기, 간이완강기, 하향식 피난구용 내림식 사다리)

② 무선통신보조설비 : **소화활동설비**

답 ②

04 정전기에 의한 발화과정으로 옳은 것은?

16.10.문11

① 방전 → 전하의 축적 → 전하의 발생 → 발화
② 전하의 발생 → 전하의 축적 → 방전 → 발화
③ 전하의 발생 → 방전 → 전하의 축적 → 발화
④ 전하의 축적 → 방전 → 전하의 발생 → 발화

해설 **정전기의 발화과정**

전하의 발생 → 전하의 축적 → 방전 → 발화

기억법 발축방

답 ②

05 물리적 소화방법이 아닌 것은?

① 산소공급원 차단
② 연쇄반응 차단
③ 온도냉각
④ 가연물 제거

해설

물리적 소화방법	화학적 소화방법
• 질식소화(산소공급원 차단) • 냉각소화(온도냉각) • 제거소화(가연물 제거)	• 억제소화(연쇄반응의 억제) 기억법 억화(억화감정)

② 화학적 소화방법

중요

소화의 방법

소화방법	설 명
냉각소화	• 다량의 물 등을 이용하여 **점화원**을 **냉각**시켜 소화하는 방법 • 다량의 물을 뿌려 소화하는 방법
질식소화	• 공기 중의 **산소농도**를 16%(10~15%) 이하로 희박하게 하여 소화하는 방법
제거소화	• 가연물을 제거하여 소화하는 방법
억제소화 (부촉매효과)	• 연쇄반응을 차단하여 소화하는 방법으로 '화학소화'라고도 함

답 ②

06 탄화칼슘이 물과 반응할 때 발생되는 기체는?

① 일산화탄소
② 아세틸렌
③ 황화수소
④ 수소

해설

(1) **탄화칼슘**과 물의 반응식 보기②

$$CaC_2 + 2H_2O \rightarrow Ca(OH)_2 + C_2H_2\uparrow$$
탄화칼슘   물   수산화칼슘 아세틸렌

(2) **탄화알루미늄**과 물의 반응식

$$Al_4C_3 + 12H_2O \rightarrow 4Al(OH)_3 + 3CH_4\uparrow$$
탄화알루미늄 물   수산화알루미늄 메탄

(3) **인화칼슘**과 물의 반응식

$$Ca_3P_2 + 6H_2O \rightarrow 3Ca(OH)_2 + 2PH_3\uparrow$$
인화칼슘   물   수산화칼슘   포스핀

(4) **수소화리튬**과 물의 반응식

$$LiH + H_2O \rightarrow LiOH + H_2$$
수소화리튬 물 수산화리튬 수소

답 ②

07 분말소화약제 중 A급, B급, C급 화재에 모두 사용할 수 있는 것은?

① 제1종 분말
② 제2종 분말
③ 제3종 분말
④ 제4종 분말

해설

분말소화약제

종 별	분자식	착 색	적응 화재	비 고
제**1**종	중탄산나트륨 ($NaHCO_3$)	백색	BC급	**식용유** 및 **지방질유**의 화재에 적합
제2종	중탄산칼륨 ($KHCO_3$)	담자색 (담회색)	BC급	–
제**3**종 보기③	제1인산암모늄 ($NH_4H_2PO_4$)	담홍색	ABC급	**차고·주차장**에 적합
제4종	중탄산칼륨 +요소 ($KHCO_3 +$ $(NH_2)_2CO$)	회(백)색	BC급	–

기억법 1식분(일식 분식)
3분 차주(삼보컴퓨터 차주)

답 ③

08 조연성 가스에 해당하는 것은?

① 수소
② 일산화탄소
③ 산소
④ 에탄

해설

가연성 가스와 지연성 가스

가연성 가스	지연성 가스(조연성 가스)
• 수소 보기① • 메탄 • 일산화탄소 보기② • 천연가스 • 부탄 • 에탄 보기④	• 산소 보기③ • 공기 • 염소 • 오존 • 불소

기억법 조산공 염오불

 용어

가연성 가스와 지연성 가스

가연성 가스	지연성 가스(조연성 가스)
물질 자체가 연소하는 것	자기 자신은 연소하지 않지만 연소를 도와주는 가스

답 ③

09
분자 내부에 나이트로기를 갖고 있는 TNT, 나이트로셀룰로오스 등과 같은 제5류 위험물의 연소형태는?

① 분해연소   ② 자기연소
③ 증발연소   ④ 표면연소

해설 연소의 형태

연소 형태	종 류
표면연소	• **숯**, **코**크스 • **목**탄, **금**속분
분해연소	• 석탄, 종이 • 플라스틱, 목재 • 고무, 중유, 아스팔트
증발연소	• 황, 왁스 • 파라핀, 나프탈렌 • 가솔린, 등유 • 경유, 알코올, 아세톤
자기연소 (제5류 위험물) 보기 ②	• 나이트로글리세린, 나이트로셀룰로오스(질화면) • TNT, 피크린산(TNP)
액적연소	• 벙커C유
확산연소	• 메탄(CH_4), 암모니아(NH_3) • 아세틸렌(C_2H_2), 일산화탄소(CO) • 수소(H_2)

기억법 표숯코목탄금

중요

연소 형태	설 명
증발연소	• 가열하면 **고체**에서 **액체**로, **액체**에서 **기체**로 상태가 변하여 그 기체가 연소하는 현상
자기연소 (제5류 위험물)	• 열분해에 의해 **산소**를 발생하면서 연소하는 현상 • 분자 자체 내에 포함하고 있는 **산소**를 이용하여 연소하는 형태
분해연소	• 연소시 **열분해**에 의하여 발생된 가스와 산소가 혼합하여 연소하는 현상
표면연소	• 열분해에 의하여 가연성 가스를 발생하지 않고 그 **물질 자체**가 **연소**하는 현상

기억법 자산

답 ②

10
가연물질의 종류에 따라 화재를 분류하였을 때 섬유류 화재가 속하는 것은?

① A급 화재   ② B급 화재
③ C급 화재   ④ D급 화재

해설

화재의 종류	표시색	적응물질
일반화재(A급)	백색	• 일반가연물 • 종이류 화재 • 목재, **섬유화재**(섬유류 화재) 보기 ①
유류화재(B급)	황색	• 가연성 액체 • 가연성 가스 • 액화가스화재 • 석유화재
전기화재(C급)	청색	• 전기설비
금속화재(D급)	무색	• 가연성 금속
주방화재(K급)	–	• 식용유화재

• 요즘은 표시색의 의무규정은 없음

답 ①

11
위험물안전관리법령상 제6류 위험물을 수납하는 운반용기의 외부에 주의사항을 표시하여야 할 경우, 어떤 내용을 표시하여야 하는가?

① 물기엄금
② 화기엄금
③ 화기주의 · 충격주의
④ 가연물접촉주의

해설 위험물규칙 [별표 19]
위험물 운반용기의 주의사항

위험물		주의사항
제1류 위험물	알칼리금속의 과산화물	• 화기 · 충격주의 • 물기엄금 • 가연물접촉주의
	기타	• 화기 · 충격주의 • 가연물접촉주의
제2류 위험물	철분 · 금속분 · 마그네슘	• 화기주의 • 물기엄금
	인화성 고체	• 화기엄금
	기타	• 화기주의
제3류 위험물	자연발화성 물질	• 화기엄금 • 공기접촉엄금
	금수성 물질	• 물기엄금
제4류 위험물		• 화기엄금
제5류 위험물		• 화기엄금 • 충격주의
제6류 위험물		• **가연물접촉주의** 보기 ④

비교

위험물규칙 [별표 4]
위험물제조소의 게시판 설치기준

위험물	주의사항	비고
• 제1류 위험물(알칼리금속의 과산화물) • 제3류 위험물(금수성 물질)	물기엄금	**청색**바탕에 **백색**문자
• 제2류 위험물(인화성 고체 제외)	화기주의	
• 제2류 위험물(인화성 고체) • 제3류 위험물(자연발화성 물질) • 제4류 위험물 • 제5류 위험물	화기엄금	**적색**바탕에 **백색**문자
• 제6류 위험물		별도의 표시를 하지 않는다.

답 ④

12. 다음 연소생성물 중 인체에 독성이 가장 높은 것은?

19.04.문10
11.03.문10
04.09.문14

① 이산화탄소
② 일산화탄소
③ 수증기
④ 포스겐

해설 연소가스

연소가스	설명
일산화탄소(CO)	화재시 흡입된 일산화탄소(CO)의 화학적 작용에 의해 **헤모글로빈**(Hb)이 혈액의 산소운반작용을 저해하여 사람을 질식·사망하게 한다.
이산화탄소(CO_2)	연소가스 중 **가장 많은 양**을 차지하고 있으며 가스 그 자체의 독성은 거의 없으나 다량이 존재할 경우 호흡속도를 증가시키고, 이로 인하여 화재가스에 혼합된 유해가스의 혼입을 증가시켜 위험을 가중시키는 가스이다.
암모니아(NH_3)	나무, 페놀수지, 멜라민수지 등의 **질소함유물**이 연소할 때 발생하며, 냉동시설의 **냉매**로 쓰인다.
포스겐($COCl_2$) 보기 ④	매우 **독성이 강한 가스**로서 소화제인 **사염화탄소**(CCl_4)를 화재시에 사용할 때도 발생한다.
황화수소(H_2S)	달걀 썩는 냄새가 나는 특성이 있다.
아크롤레인($CH_2=CHCHO$)	독성이 매우 높은 가스로서 **석유제품, 유지** 등이 연소할 때 생성되는 가스이다.

답 ④

13. 알킬알루미늄 화재에 적합한 소화약제는?

16.05.문20
07.09.문03

① 물
② 이산화탄소
③ 팽창질석
④ 할로젠화합물

해설 알킬알루미늄 소화약제

위험물	소화약제
• 알킬알루미늄	• 마른모래 • 팽창질석 보기 ③ • 팽창진주암

답 ③

14. 열전도도(Thermal conductivity)를 표시하는 단위에 해당하는 것은?

18.03.문13
06.05.문34

① $J/m^2 \cdot h$
② $kcal/h \cdot ℃^2$
③ $W/m \cdot K$
④ $J \cdot K/m^3$

해설 전도

$$\overset{\circ}{q}'' = \frac{K(T_2 - T_1)}{l}$$

여기서, $\overset{\circ}{q}''$: 단위면적당 열량(열손실)[W/m^2]
K : **열전도율(열전도도)**[$W/m \cdot K$]
$T_2 - T_1$: 온도차[℃] 또는 [K]
l : 두께[m]

답 ③

15. 위험물안전관리법령상 위험물에 대한 설명으로 옳은 것은?

20.08.문20
19.03.문06
16.05.문01
15.03.문51
09.05.문57

① 과염소산은 위험물이 아니다.
② 황린은 제2류 위험물이다.
③ 황화인의 지정수량은 100kg이다.
④ 산화성 고체는 제6류 위험물의 성질이다.

해설 위험물의 지정수량

위험물	지정수량
• 질산에스터류	제1종 : 10kg, 제2종 : 100kg
• 황린	20kg
• 무기과산화물 • 과산화나트륨	50kg
• 황화인 • 적린	100kg 보기 ③
• 트리나이트로톨루엔	제1종 : 10kg, 제2종 : 100kg
• 탄화알루미늄	300kg

① 위험물이 아니다. → 위험물이다.
② 제2류 → 제3류
④ 제6류 → 제1류

중요

위험물명〔별표 1〕
위험물

유 별	성 질	품 명
제1류	**산**화성 고체	• 아염소산염류 • 염소산염류(**염소산나트륨**) • 과염소산염류 • 질산염류 • 무기과산화물 **기억법** 1**산고염나**
제2류	가연성 고체	• **황**화인 • **적**린 • **황** • **마**그네슘 **기억법** 황화적황마
제3류	자연발화성 물질 및 금수성 물질	• **황**린 • **칼**륨 • **나**트륨 • **알**칼리토금속 • **트**리에틸알루미늄 **기억법** 황칼나알트
제4류	인화성 액체	• 특수인화물 • 석유류(벤젠) • 알코올류 • 동식물유류
제5류	자기반응성 물질	• 유기과산화물 • 나이트로화합물 • 나이트로소화합물 • 아조화합물 • 질산에스터류(셀룰로이드)
제6류	산화성 액체	• **과염소산** • 과산화수소 • 질산

답 ③

16 제3종 분말소화약제의 주성분은?
17.09.문10
16.10.문06
16.10.문10
16.05.문15
16.05.문17
16.03.문09
16.03.문11
15.09.문01
① 인산암모늄
② 탄산수소칼륨
③ 탄산수소나트륨
④ 탄산수소칼륨과 요소

해설 (1) **분말소화약제**

종 별	주성분	착 색	적응화재	비 고
제1종	중탄산나트륨 ($NaHCO_3$)	백색	BC급	**식용유** 및 **지방질유**의 화재에 적합
제2종	중탄산칼륨 ($KHCO_3$)	담자색 (담회색)	BC급	–
제3종	제1인산암모늄 ($NH_4H_2PO_4$)	담홍색 (황색)	ABC급	**차고**·**주차장**에 적합
제4종	중탄산칼륨 + 요소 ($KHCO_3$+ $(NH_2)_2CO$)	회(백)색	BC급	–

기억법 1**식분**(**일식 분식**)
3**분 차주**(**삼보**컴퓨터 **차주**)

• 제1인산암모늄=인산암모늄=인산염

(2) **이산화탄소 소화약제**

주성분	적응화재
이산화탄소(CO_2)	BC급

답 ①

17 이산화탄소 소화기의 일반적인 성질에서 단점이 아닌 것은?
14.09.문03
03.03.문08
① 밀폐된 공간에서 사용시 질식의 위험성이 있다.
② 인체에 직접 방출시 동상의 위험성이 있다.
③ 소화약제의 방사시 소음이 크다.
④ 전기가 잘 통하기 때문에 전기설비에 사용할 수 없다.

해설 이산화탄소 소화설비

구 분	설 명
장점	• 화재진화 후 깨끗하다. • **심부화재**에 적합하다. • **증거보존**이 **양호**하여 화재원인조사가 쉽다. • 전기의 **부도체**로서 전기절연성이 높다(**전기설비**에 사용 가능).
단점	• 인체의 **질식**이 **우려**된다. 보기 ① • 소화약제의 방출시 인체에 닿으면 **동상**이 우려된다. 보기 ② • 소화약제의 방사시 **소리**가 요란하다. 보기 ③

④ 잘 통하기 때문에 → 통하지 않기 때문에, 없다. → 있다.

답 ④

18 IG-541이 15℃에서 내용적 50리터 압력용기에 155kgf/cm²으로 충전되어 있다. 온도가 30℃가 되었다면 IG-541 압력은 약 몇 kgf/cm²가 되겠는가? (단, 용기의 팽창은 없다고 가정한다.)

① 78
② 155
③ 163
④ 310

해설 (1) 기호
- T_1 : 15℃=(273+15)K=288K
- $V_1 = V_2$: 50L(용기의 팽창이 없으므로)
- P_1 : 155kgf/cm²
- T_2 : 30℃=(273+30)K=303K
- P_2 : ?

(2) 보일-샤를의 법칙

$$\frac{P_1 V_1}{T_1} = \frac{P_2 V_2}{T_2}$$

여기서, P_1, P_2 : 기압(atm)
V_1, V_2 : 부피(m³)
T_1, T_2 : 절대온도(K)(273+℃)

$V_1 = V_2$ 이므로

$$\frac{P_1 \cancel{V_1}}{T_1} = \frac{P_2 \cancel{V_2}}{T_2}$$

$$\frac{P_1}{T_1} = \frac{P_2}{T_2}$$

$$\frac{155\text{kgf/cm}^2}{288\text{K}} = \frac{x[\text{kgf/cm}^2]}{303\text{K}}$$

$$x[\text{kgf/cm}^2] = \frac{155\text{kgf/cm}^2}{288\text{K}} \times 303\text{K}$$

$$\fallingdotseq 163\text{kgf/cm}^2$$

용어
보일-샤를의 법칙(Boyle-Charl's law)
기체가 차지하는 **부피**는 **압력**에 **반비례**하며, **절대온도**에 **비례**한다.

답 ③

19 소화약제 중 HFC-125의 화학식으로 옳은 것은?
① CHF_2CF_3
② CHF_3
③ CF_3CHFCF_3
④ CF_3I

해설 할로겐화합물 및 불활성기체 소화약제

구 분	소화약제	화학식
할로겐화합물 소화약제	FC-3-1-10 기억법 FC31(FC 서울의 3.1절)	C_4F_{10}
	HCFC BLEND A	HCFC-123($CHCl_2CF_3$) : **4.75**% HCFC-22($CHClF_2$) : **82**% HCFC-124($CHClFCF_3$) : **9.5**% $C_{10}H_{16}$: **3.75**% 기억법 475 82 95 375(사시오 빨리 그래서 구어 삼키시오!)
	HCFC-124	$CHClFCF_3$
	HFC-125 기억법 125(이리온)	CHF_2CF_3 보기 ①
	HFC-227ea 기억법 227e(둘둘치킨이 맛있다)	CF_3CHFCF_3
	HFC-23	CHF_3
	HFC-236fa	$CF_3CH_2CF_3$
	FIC-13I1	CF_3I
불활성기체 소화약제	IG-01	Ar
	IG-100	N_2
	IG-541	• N_2(질소) : **52**% • Ar(아르곤) : **40**% • CO_2(이산화탄소) : **8**% 기억법 NACO(내코) 52408
	IG-55	N_2 : 50%, Ar : 50%
	FK-5-1-12	$CF_3CF_2C(O)CF(CF_3)_2$

답 ①

20 프로판 50vol%, 부탄 40vol%, 프로필렌 10vol%로 된 혼합가스의 폭발하한계는 약 몇 vol%인가? (단, 각 가스의 폭발하한계는 프로판은 2.2vol%, 부탄은 1.9vol%, 프로필렌은 2.4vol%이다.)

① 0.83
② 2.09
③ 5.05
④ 9.44

해설 혼합가스의 폭발하한계

$$\frac{100}{L} = \frac{V_1}{L_1} + \frac{V_2}{L_2} + \frac{V_3}{L_3}$$

여기서, L : 혼합가스의 폭발하한계[vol%]
L_1, L_2, L_3 : 가연성 가스의 폭발하한계[vol%]
V_1, V_2, V_3 : 가연성 가스의 용량[vol%]

$$\frac{100}{L} = \frac{V_1}{L_1} + \frac{V_2}{L_2} + \frac{V_3}{L_3}$$

$$\frac{100}{L} = \frac{50}{2.2} + \frac{40}{1.9} + \frac{10}{2.4}$$

$$\frac{100}{\frac{50}{2.2} + \frac{40}{1.9} + \frac{10}{2.4}} = L$$

$$L = \frac{100}{\frac{50}{2.2} + \frac{40}{1.9} + \frac{10}{2.4}} ≒ 2.09\%$$

- 단위가 원래는 [vol%] 또는 [v%], [vol.%]인데 줄여서 [%]로 쓰기도 한다.

답 ②

제2과목 소방전기일반

21 ★★★

빛이 닿으면 전류가 흐르는 다이오드로서 들어온 빛에 대해 직선적으로 전류가 증가하는 다이오드는?

17.05.문24
15.05.문39
14.05.문29
11.06.문32
00.07.문33

① 제너다이오드   ② 터널다이오드
③ 발광다이오드   ④ 포토다이오드

해설 다이오드의 종류

(1) **제너다이오드**(Zener diode) : **정전압 회로용**으로 사용되는 소자로서, "**정전압다이오드**"라고도 한다. 보기 ①

│ 제너다이오드의 특성 │

기억법 정제

(2) **터널다이오드**(Tunnel diode) : **부성저항 특성**을 나타내며, **증폭 · 발진 · 개폐작용**에 응용한다. 보기 ②

│ 터널다이오드의 특성 │

기억법 터부

(3) **발광다이오드**(LED ; Light Emitting Diode) : **전류**가 통과하면 **빛**을 **발산**하는 다이오드이다. 보기 ③

│ 발광다이오드의 특성 │

기억법 발전빛

- 포토 다이오드와 발광 다이오드는 서로 반대 개념

(4) **포토다이오드**(Photo diode) : **빛**이 닿으면 **전류**가 흐르는 다이오드로서 광량의 변화를 전류값으로 대치하므로 광센서에 주로 사용하는 다이오드이다. 보기 ④

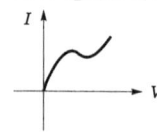

│ 포토다이오드의 특성 │

기억법 포빛전

답 ④

22 ★

입력이 $r(t)$이고, 출력이 $c(t)$인 제어시스템이 다음의 식과 같이 표현될 때 이 제어시스템의 전달함수 $\left(G(s) = \dfrac{C(s)}{R(s)}\right)$는? (단, 초기값은 0이다.)

18.04.문36
17.09.문22
(산업)

$$2\frac{d^2c(t)}{dt^2} + 3\frac{dc(t)}{dt} + c(t) = 3\frac{dr(t)}{dt} + r(t)$$

① $\dfrac{3s+1}{2s^2+3s+1}$ ② $\dfrac{2s^2+3s+1}{s+3}$

③ $\dfrac{3s+1}{s^2+3s+2}$ ④ $\dfrac{s+3}{s^2+3s+2}$

해설 미분방정식

$$2\frac{d^2c(t)}{dt^2} + 3\frac{dc(t)}{dt} + c(t) = 3\frac{dr(t)}{dt} + r(t)$$

라플라스 변환하면
$(2s^2+3s+1)C(s) = (3s+1)R(s)$
전달함수 $G(s)$는

$$G(s) = \frac{C(s)}{R(s)} = \frac{3s+1}{2s^2+3s+1}$$

용어

전달함수
모든 초기값을 **0**으로 하였을 때 출력신호의 라플라스 변환과 입력신호의 라플라스 변환의 비

답 ①

23 그림 (a)와 그림 (b)의 각 블록선도가 등가인 경우 전달함수 $G(s)$는?

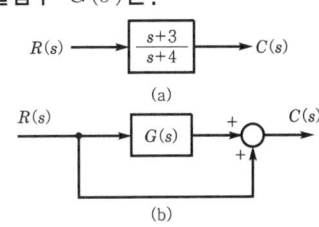

① $\dfrac{1}{s+4}$ ② $\dfrac{2}{s+4}$

③ $\dfrac{-1}{s+4}$ ④ $\dfrac{-2}{s+4}$

해설

$R(s) \cdot \dfrac{s+3}{s+4} = C(s)$

$\dfrac{s+3}{s+4} = \dfrac{C(s)}{R(s)}$ ················ ㉠

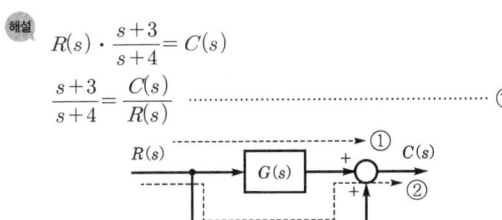

$R(s) \cdot G(s) + R(s) = C(s)$

$R(s)(G(s)+1) = C(s)$

$G(s) + 1 = \dfrac{C(s)}{R(s)}$ ················ ㉡

㉡식에 ㉠식을 대입하면

$G(s) + 1 = \dfrac{s+3}{s+4}$

$G(s) = \dfrac{s+3}{s+4} - 1$

$= \dfrac{s+3}{s+4} - \dfrac{s+4}{s+4}$

$= \dfrac{\cancel{s}+3-\cancel{s}-4}{s+4}$

$= \dfrac{-1}{s+4}$

답 ③

24 내압이 1.0kV이고 정전용량이 각각 0.01μF, 0.02μF, 0.04μF인 3개의 커패시터를 직렬로 연결했을 때 전체 내압은 몇 V인가?

① 1500 ② 1750
③ 2000 ④ 2200

해설 (1) 기호

• $V_1 = V_2 = V_3$: 1kV=1000V
• C_1 : 0.01μF=0.01×10^{-6}F(1μF=10^{-6}F)
• C_2 : 0.02μF=0.02×10^{-6}F(1μF=10^{-6}F)
• C_3 : 0.04μF=0.04×10^{-6}F(1μF=10^{-6}F)
• V : ?

(2) 전기량

$$Q = CV$$

여기서, Q : 전기량(전하)[C]
  C : 정전용량[F]
  V : 전압[V]

$Q_1 = C_1 V_1 = (0.01 \times 10^{-6}) \times 1000 = 1 \times 10^{-5}$C
$Q_2 = C_2 V_2 = (0.02 \times 10^{-6}) \times 1000 = 2 \times 10^{-5}$C
$Q_3 = C_3 V_3 = (0.04 \times 10^{-6}) \times 1000 = 4 \times 10^{-5}$C

Q_1이 제일 작으므로 C_1 콘덴서가 제일 먼저 파괴된다. 전압이 **1000V**이므로 이때의 전체 내압을 구하면 된다.

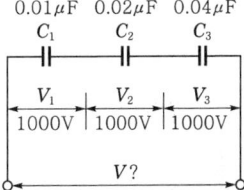

• $V_1 = \dfrac{\dfrac{1}{C_1}}{\dfrac{1}{C_1}+\dfrac{1}{C_2}+\dfrac{1}{C_3}} \times V$

• $V_2 = \dfrac{\dfrac{1}{C_2}}{\dfrac{1}{C_1}+\dfrac{1}{C_2}+\dfrac{1}{C_3}} \times V$

• $V_3 = \dfrac{\dfrac{1}{C_3}}{\dfrac{1}{C_1}+\dfrac{1}{C_2}+\dfrac{1}{C_3}} \times V$

$V_1 = \dfrac{\dfrac{1}{C_1}}{\dfrac{1}{C_1}+\dfrac{1}{C_2}+\dfrac{1}{C_3}} \times V_T$

$1000 = \dfrac{\dfrac{1}{0.01}}{\dfrac{1}{0.01}+\dfrac{1}{0.02}+\dfrac{1}{0.04}} \times V_T$

$V_T = \dfrac{1000}{\dfrac{\dfrac{1}{0.01}}{\dfrac{1}{0.01}+\dfrac{1}{0.02}+\dfrac{1}{0.04}}}$

$= \dfrac{1000 \times \left(\dfrac{1}{0.01}+\dfrac{1}{0.02}+\dfrac{1}{0.04}\right)}{\dfrac{1}{0.01}} = 1750$V

• 정전용량의 단위가 모두 μF이므로 $\mu = 10^{-6}$은 모두 생략되어 따로 적용할 필요는 없다.

답 ②

25. 그림의 논리회로와 등가인 논리게이트는?

① NOR ② NAND
③ NOT ④ OR

해설 치환법

논리회로	치환	명 칭
		NOR회로
		OR회로
		NAND회로 [보기 ②]
		AND회로

- AND회로 → OR회로, OR회로 → AND회로로 바꾼다.
- 버블(Bubble)이 있는 것은 버블을 없애고, 버블이 없는 것은 버블을 붙인다[버블(Bubble)이란 작은 동그라미를 말한다].

답 ②

26. 60Hz, 4극의 3상 유도전동기가 정격출력일 때 슬립이 2%이다. 이 전동기의 동기속도[rpm]는?

① 1200 ② 1764
③ 1800 ④ 1836

해설 (1) 기호
- f : 60Hz
- P : 4
- s : 2%=0.02
- N_s : ?

(2) 동기속도

$$N_s = \frac{120f}{P}$$

여기서, N_s : 동기속도[rpm]
   f : 주파수[Hz]
   P : 극수

동기속도 N_s는

$$N_s = \frac{120f}{P} = \frac{120 \times 60}{4} = 1800 \text{rpm}$$

- 동기속도이므로 슬립은 적용할 필요 없음

비교

회전속도

$$N = \frac{120f}{P}(1-s) \text{[rpm]}$$

여기서, N : 회전속도[rpm]
   P : 극수
   f : 주파수[Hz]
   s : 슬립

용어

슬립(Slip)
유도전동기의 **회전자속도**에 대한 고정자가 만든 **회전자계**의 **늦음의 정도**를 말하며, 평상운전에서 슬립은 4~8% 정도 되며, 슬립이 클수록 회전속도는 느려진다.

답 ③

27. 최대눈금이 150V이고, 내부저항이 30kΩ인 전압계가 있다. 이 전압계로 750V까지 측정하기 위해 필요한 배율기의 저항[kΩ]은?

① 120 ② 150
③ 300 ④ 800

해설 (1) 기호
- V : 150V
- R_v : 30kΩ=30×10³Ω=30000Ω
- V_0 : 750V
- R_m : ?

(2) 배율기

$$V_0 = V\left(1 + \frac{R_m}{R_v}\right) \text{[V]}$$

여기서, V_0 : 측정하고자 하는 전압[V]
   V : 전압계의 최대눈금[V]
   R_v : 전압계의 내부저항[Ω]
   R_m : 배율기 저항[Ω]

$$V_0 = V\left(1 + \frac{R_m}{R_v}\right)$$

$$\frac{V_0}{V} = 1 + \frac{R_m}{R_v}$$

$$\frac{V_0}{V} - 1 = \frac{R_m}{R_v}$$

$$\left(\frac{V_0}{V} - 1\right)R_v = R_m$$

배율기의 저항 R_m은

$$R_m = \left(\frac{V_0}{V} - 1\right)R_v$$
$$= \left(\frac{750}{150} - 1\right) \times 30000 = 120000\,\Omega = 120\,k\Omega$$

• $1000\,\Omega = 1\,k\Omega$

비교

분류기

$$I_0 = I\left(1 + \frac{R_A}{R_S}\right)$$

여기서, I_0 : 측정하고자 하는 전류[A]
I : 전류계 최대눈금[A]
R_A : 전류계 내부저항[Ω]
R_S : 분류기 저항[Ω]

답 ①

28 제어요소는 동작신호를 무엇으로 변환하는 요소인가?

① 제어량
② 비교량
③ 검출량
④ 조작량

해설 피드백제어의 용어

용어	설 명
제어요소 (Control element)	**동작신호**를 **조작량**으로 변환하는 요소이고, **조절부**와 **조작부**로 이루어진다. 보기 ④
제어량 (Controlled value)	제어대상에 속하는 양으로, 제어대상을 제어하는 것을 목적으로 하는 물리적인 양이다.
조작량 (Manipulated value)	• **제어장치**의 **출력**인 동시에 **제어대상**의 **입력**으로 제어장치가 제어대상에 가해지는 제어신호이다. • **제어요소**에서 **제어대상**에 인가되는 양이다. 기억법 조제대상
제어장치 (Control device)	제어하기 위해 제어대상에 부착되는 장치이고, **조절부, 설정부, 검출부** 등이 이에 해당된다.
오차검출기	제어량을 설정값과 비교하여 오차를 계산하는 장치이다.

답 ④

29 회로의 전압과 전류를 측정하기 위한 계측기의 연결방법으로 옳은 것은?

① 전압계 : 부하와 직렬, 전류계 : 부하와 직렬
② 전압계 : 부하와 직렬, 전류계 : 부하와 병렬
③ 전압계 : 부하와 병렬, 전류계 : 부하와 직렬
④ 전압계 : 부하와 병렬, 전류계 : 부하와 병렬

해설 전압계와 전류계의 연결 보기 ③

전압계	전류계
부하와 **병렬**연결	부하와 **직렬**연결

비교

배율기와 분류기

배율기	**전압계와 직렬연결**
	여기서, V_0 : 측정하고자 하는 전압[V] V : 전압계의 최대눈금[A] R_v : 전압계 내부저항[Ω] R_m : 배율기[Ω]
분류기	**전류계와 병렬연결**
	여기서, I_0 : 측정하고자 하는 전류[A] I : 전류계의 최대눈금[A] I_s : 분류기에 흐르는 전류[A] R_A : 전류계 내부저항[Ω] R_S : 분류기[Ω]

답 ③

30

18.09.문32
16.10.문21
12.05.문21
07.09.문27
03.05.문34

그림과 같은 회로에 평형 3상 전압 200V를 인가한 경우 소비된 유효전력[kW]은? (단, $R=20\Omega$, $X=10\Omega$)

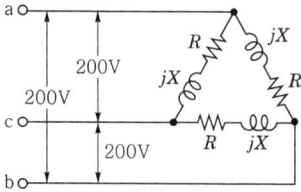

① 1.6 ② 2.4
③ 2.8 ④ 4.8

해설

(1) 기호
- V_L : 200V
- R : 20Ω
- X : 10Ω
- Q : ?

(2) △결선 선전류

△결선	Y결선
$I_L = \dfrac{\sqrt{3}\,V_L}{Z}$	$I_L = I_P = \dfrac{V_L}{\sqrt{3}\,Z}$
$I_L = \sqrt{3}\,I_P$	

여기서, I_L : 선전류[A]
V_L : 선간전압[V]
Z : 임피던스[Ω]
I_P : 상전류[A]

여기서, I_P : 상전류[A]
V_L : 선간전압[V]
Z : 임피던스[Ω]

△결선 선전류 I_L는
$$I_L = \dfrac{\sqrt{3}\,V_L}{Z} = \dfrac{\sqrt{3}\times 200}{20+j10} = \dfrac{\sqrt{3}\times 200}{\sqrt{20^2+10^2}} = 15.491\text{A}$$

(3) △결선 상전류
$$I_P = \dfrac{I_L}{\sqrt{3}},\ I_L = \sqrt{3}\,I_P$$

여기서, I_P : 상전류[A]
I_L : 선전류[A]

△결선 상전류 I_P는
$$I_P = \dfrac{I_L}{\sqrt{3}} = \dfrac{15.491}{\sqrt{3}} = 8.943\text{A}$$

(4) 3상 유효전력
$$P = 3V_P I_P \cos\theta = \sqrt{3}\,V_L I_L \cos\theta = 3I_P^2 R\ [\text{W}]$$

여기서, P : 3상 유효전력[W]
V_P, I_P : 상전압[V], 상전류[A]
V_L, I_L : 선간전압[V], 선전류[A]
R : 저항[Ω]

3상 유효전력 P는
$$P = 3I_P^2 R = 3\times 8.943^2 \times 20 = 4798 ≒ 4800\text{W} = 4.8\text{kW}$$

- 1000W = 1kW

답 ④

31

19.09.문21
19.09.문40
18.03.문31
17.09.문33
17.03.문23
16.05.문36
16.03.문39
15.09.문23
15.03.문39

논리식 $A \cdot (A+B)$를 간단히 표현하면?

① A
② B
③ $A \cdot B$
④ $A+B$

해설
$$A \cdot (A+B) = \underbrace{AA}_{X \cdot X = X} + AB\ (\text{분배법칙})$$
$$= A + AB\ (\text{흡수법칙})$$
$$= \underbrace{A(1+B)}_{X+1=1}$$
$$= \underbrace{A \cdot 1}_{X \cdot 1 = X}$$
$$= A$$

중요

불대수

논리합	논리곱	비고
$X+0=X$	$X \cdot 0 = 0$	-
$X+1=1$	$X \cdot 1 = X$	-
$X+X=X$	$X \cdot X = X$	-
$X+\overline{X}=1$	$X \cdot \overline{X}=0$	-
$X+Y=Y+X$	$X \cdot Y = Y \cdot X$	교환법칙
$X+(Y+Z)$ $=(X+Y)+Z$	$X(YZ)=(XY)Z$	결합법칙
$X(Y+Z)$ $=XY+XZ$	$(X+Y)(Z+W)$ $=XZ+XW+YZ+YW$	분배법칙
$X+XY=X$	$\overline{X}+XY=\overline{X}+Y$ $X+\overline{X}\,Y=X+Y$ $X+\overline{X}\,\overline{Y}=X+\overline{Y}$	흡수법칙
$\overline{(X+Y)}$ $=\overline{X}\cdot\overline{Y}$	$\overline{(X\cdot Y)}=\overline{X}+\overline{Y}$	드모르간의 정리

답 ①

32

19.09.문37
15.05.문28
10.09.문39
98.10.문38

정현파 교류전압의 최대값이 V_m[V]이고, 평균값이 V_{av}[V]일 때 이 전압의 실효값 V_{rms}[V]는?

① $V_{rms} = \dfrac{\pi}{\sqrt{2}} V_m$

② $V_{rms} = \dfrac{\pi}{2\sqrt{2}} V_{av}$

③ $V_{rms} = \dfrac{\pi}{2\sqrt{2}} V_m$

④ $V_{rms} = \dfrac{1}{\pi} V_m$

해설 (1) 최대값·실효값·평균값

파 형	최대값	실효값	평균값
① 정현파 ② 전파정류파	V_m	$\dfrac{1}{\sqrt{2}}V_m$	$\dfrac{2}{\pi}V_m$
③ 반구형파	V_m	$\dfrac{1}{\sqrt{2}}V_m$	$\dfrac{1}{2}V_m$
④ 삼각파(3각파) ⑤ 톱니파	V_m	$\dfrac{1}{\sqrt{3}}V_m$	$\dfrac{1}{2}V_m$
⑥ 구형파	V_m	V_m	V_m
⑦ 반파정류파	V_m	$\dfrac{1}{2}V_m$	$\dfrac{1}{\pi}V_m$

(2) 평균값

$$V_{av} = \dfrac{2}{\pi}V_m$$

여기서, V_{av} : 전압의 평균값[V]
  V_m : 전압의 최대값[V]

전압의 최대값 V_m은

$V_m = \dfrac{\pi}{2}V_{av}$ ················ ㉠

(3) 실효값

$$V_{rms} = \dfrac{1}{\sqrt{2}}V_m$$

여기서, V_{rms} : 전압의 실효값[V]
  V_m : 전압의 최대값[V]

실효값 V_{rms}는

$V_{rms} = \dfrac{1}{\sqrt{2}}V_m$ ················ ㉡

$= \dfrac{1}{\sqrt{2}} \times \dfrac{\pi}{2}V_{av}$ ← ㉠식을 ㉡식에 대입

$= \dfrac{\pi}{2\sqrt{2}}V_{av}$

답 ②

33 자기용량이 10kVA인 단권변압기를 그림과 같이 접속하였을 때 역률 80%의 부하에 몇 kW의 전력을 공급할 수 있는가?

18.09.문28

① 8 ② 54
③ 80 ④ 88

해설 (1) 기호
 • V_1 : 3000V
 • V_2 : 3300V
 • P : 10kVA=10000VA
 • $\cos\theta$: 80%=0.8
 • P_L : ?

(2) 부하전류

$$I_2 = \dfrac{P}{V_2 - V_1}$$

여기서, I_2 : 부하전류[A]
  P : 자기용량[VA]
  V_2 : 부하전압[V]
  V_1 : 입력전압[V]

부하전류 I_2는

$I_2 = \dfrac{P}{V_2 - V_1} = \dfrac{10000}{(3300-3000)} ≒ 33.33$A

(3) 부하측 소비전력(공급전력)

$$P_L = V_2 I_2 \cos\theta$$

여기서, P_L : 부하측 소비전력[VA]
  V_2 : 부하전압[V]
  I_2 : 부하전류[A]
  $\cos\theta$: 역률

부하측 소비전력 P_L는

$P_L = V_2 I_2 \cos\theta$
   $= 3300 \times 33.33 \times 0.8$
   $≒ 87991$W $≒ 88000$W $= 88$kW

답 ④

34 0℃에서 저항이 10Ω이고, 저항의 온도계수가 0.0043인 전선이 있다. 30℃에서 이 전선의 저항은 약 몇 Ω인가?

17.05.문39
08.09.문26

① 0.013 ② 0.68
③ 1.4   ④ 11.3

해설 (1) 기호
 • t_1 : 0℃
 • R_1 : 10Ω
 • α_{t_1} : 0.0043
 • t_2 : 30℃
 • R_2 : ?

(2) 저항의 온도계수

$$R_2 = R_1\{1+\alpha_{t_1}(t_2-t_1)\}[\Omega]$$

여기서, R_2 : t_2의 저항[Ω]
  R_1 : t_1의 저항[Ω]
  α_{t_1} : t_1의 온도계수
  t_2 : 상승 후의 온도[℃]
  t_1 : 상승 전의 온도[℃]

t_2의 저항 R_2는

$$R_2 = R_1\{1+\alpha_{t_1}(t_2-t_1)\}$$
$$= 10\{1+0.0043(30-0)\}$$
$$= 11.29$$
$$≒ 11.3\Omega$$

답 ④

35 단방향 대전류의 전력용 스위칭 소자로서 교류의 위상 제어용으로 사용되는 정류소자는?

① 서미스터
② SCR
③ 제너 다이오드
④ UJT

해설 반도체소자

명칭	심벌
• **제너다이오드**(Zener diode) : 주로 정전압 전원회로에 사용된다.	
• **서미스터**(Thermistor) : 부온도특성을 가진 저항기의 일종으로서 주로 **온**도보정용으로 쓰인다.	Th
• **SCR**(Silicon Controlled Rectifier) : **단방향 대전류** 스위칭 소자로서 제어를 할 수 있는 정류소자이다. 보기 ②	A K G
• **바리스터**(Varistor) - 주로 **서**지전압에 대한 회로보호용(과도전압에 대한 회로보호) - **계**전기 접점의 불꽃 제거	
• **UJT**(UniJunction Transistor)= **단일접합 트랜지스터** : 증폭기로는 사용이 불가능하며 톱니파나 펄스발생기로 작용하며 SCR의 트리거 소자로 쓰인다.	B_1 E B_2
• **바랙터**(Varactor) : 제너현상을 이용한 다이오드이다.	-

기억법 서온(서운해), 바리서계

답 ②

36 직류전원이 연결된 코일에 10A의 전류가 흐르고 있다. 이 코일에 연결된 전원을 제거하는 즉시 저항을 연결하여 폐회로를 구성하였을 때 저항에서 소비된 열량이 24cal이었다. 이 코일의 인덕턴스는 약 몇 H인가?

① 0.1
② 0.5
③ 2.0
④ 24

해설 (1) 기호
- I : 10A
- W : 24cal ⇒ $\dfrac{24\text{cal}}{0.24}=100\text{J}(1\text{J}=0.24\text{cal})$
- L : ?

(2) 코일에 축적되는 에너지

$$W = \frac{1}{2}LI^2 = \frac{1}{2}IN\phi \text{[J]}$$

여기서, W : 코일의 축적에너지[J]
L : 자기인덕턴스[H]
N : 코일권수
ϕ : 자속[Wb]
I : 전류[A]

자기인덕턴스 L은

$$L = \frac{2W}{I^2} = \frac{2\times 100}{10^2} = 2\text{H}$$

답 ③

37 그림과 같이 접속된 회로에서 a, b 사이의 합성저항은 몇 Ω인가?

① 1
② 2
③ 3
④ 4

해설 휘트스톤브리지이고 1Ω에는 전류가 흐르지 아니하므로 a, b 사이의 합성저항 R_{ab}는

$$R_{ab} = \cfrac{1}{\cfrac{1}{6}+\cfrac{1}{6}+\cfrac{1}{6}} = 2\Omega$$

중요

휘트스톤브리지(Wheatstone bridge)
검류계 G의 지시치가 0이면 브리지가 평형되었다고 하며 c, d점 사이의 전위차가 0이다.
∴ $PR = QX$ (마주보는 변의 곱은 서로 같다)

| 휘트스톤브리지 |

답 ②

38 회로에서 a와 b 사이에 나타나는 전압 V_{ab}[V]는?

① 20 ② 23
③ 26 ④ 28

해설

(1) 기호
- R_1 : 20Ω
- V_1 : 10V
- R_2 : 5Ω
- V_2 : 30V
- V_{ab} : ?

(2) 밀만의 정리

$$V_{ab} = \frac{\frac{V_1}{R_1} + \frac{V_2}{R_2}}{\frac{1}{R_1} + \frac{1}{R_2}} \text{[V]}$$

여기서, V_{ab} : 단자전압[V]
V_1, V_2 : 각각의 전압[V]
R_1, R_2 : 각각의 저항[Ω]

밀만의 정리에 의해

$$V_{ab} = \frac{\frac{V_1}{R_1} + \frac{V_2}{R_2}}{\frac{1}{R_1} + \frac{1}{R_2}} = \frac{\frac{10}{20} + \frac{30}{5}}{\frac{1}{20} + \frac{1}{5}} = 26\text{V}$$

답 ③

39 길이 1cm마다 감은 권선수가 50회인 무한장 솔레노이드에 500mA의 전류를 흘릴 때 솔레노이드 내부에서의 자계의 세기는 몇 AT/m인가?

① 1250
② 2500
③ 12500
④ 25000

해설 (1) 기호
- n : 1cm당 50회
  1cm당 권수 50회이므로
  1m=100cm당 권수는
  1cm : 100cm = 50회 : □
  100×50 = □
  □ = 100×50
- I : 500mA = 0.5A (1000mA=1A)
- H_i : ?

(2) 무한장 솔레노이드
  ㉠ 내부자계
  $$H_i = nI \text{[AT/m]}$$
  여기서, H_i : 내부자계의 세기[AT/m]
  n : 단위길이당 권수(1m당 권수)
  I : 전류[A]

  ㉡ 외부자계
  $$H_e = 0$$
  여기서, H_e : 외부자계의 세기[AT/m]
내부자계이므로
무한장 솔레노이드 내부의 자계
$H_i = nI = (100 \times 50) \times 0.5 = 2500\text{AT/m}$

답 ②

40 회로에서 저항 5Ω의 양단 전압 V_R[V]은?

① -5 ② -2
③ 3   ④ 8

해설 **중첩**의 **원리**
(1) 전압원 단락시

$V = IR = 1 \times 5 = 5V$ (전류와 전압 V_R의 방향의 반대이므로 $-5V$)

(2) 전류원 개방시

회로가 **개방**되어 있으므로 5Ω에는 전압이 인가되지 않음
∴ 5Ω 양단 전압은 $-5V$

- 중첩의 원리=전압원 단락시 값+전류원 개방시 값

답 ①

제 3 과목 소방관계법규

41 ★★★ 소방기본법의 정의상 소방대상물의 관계인이 아닌 자는?
14.05.문48
10.03.문60
① 감리자 ② 관리자
③ 점유자 ④ 소유자

해설 **기본법 2조**
관계인
(1) **소유자** 보기 ④
(2) **관리자** 보기 ②
(3) **점유자** 보기 ③

기억법 소관점

답 ①

42 ★★★ 화재의 예방 및 안전관리에 관한 법령상 화재의 예방상 위험하다고 인정되는 행위를 하는 사람에게 행위의 금지 또는 제한명령을 할 수 있는 사람은?
17.09.문45
① 소방본부장 ② 시·도지사
③ 의용소방대원 ④ 소방대상물의 관리자

해설 **소방청장·소방본부장·소방서장**:소방관서장
(1) **화재의 예방조치**(화재예방법 17조) 보기 ①
(2) 옮긴 물건 등의 보관(화재예방법 17조)
(3) 화재예방강화지구의 화재안전조사·소방훈련 및 교육 (화재예방법 18조)
(4) 화재위험경보발령(화재예방법 20조)

답 ①

43 ★★ 위험물안전관리법령상 위험물제조소에서 취급하는 위험물의 최대수량이 지정수량의 10배 이하인 경우 공지의 너비기준은?
18.03.문53
08.09.문51
① 2m 이하 ② 2m 이상
③ 3m 이하 ④ 3m 이상

해설 **위험물규칙〔별표 4〕**
위험물제조소의 보유공지

지정수량의 10배 이하	지정수량의 10배 초과
3m 이상	**5m 이상**

비교

보유공지
(1) **옥외탱크저장소**의 보유공지(위험물규칙〔별표 6〕)

위험물의 최대수량	공지의 너비
지정수량의 500배 이하	3m 이상
지정수량의 501~1000배 이하	5m 이상
지정수량의 1001~2000배 이하	9m 이상
지정수량의 2001~3000배 이하	12m 이상
지정수량의 3001~4000배 이하	15m 이상
지정수량의 4000배 초과	당해 탱크의 수평단면의 **최대지름**(가로형인 경우에는 긴 변)과 **높이** 중 **큰 것**과 같은 거리 이상 (단, 30m 초과의 경우에는 **30m 이상**으로 할 수 있고, 15m 미만의 경우에는 **15m 이상**)

(2) **옥내저장소**의 보유공지(위험물규칙〔별표 5〕)

위험물의 최대수량	공지의 너비	
	내화구조	기타구조
지정수량의 5배 이하	-	0.5m 이상
지정수량의 5배 초과 10배 이하	1m 이상	1.5m 이상
지정수량의 10배 초과 20배 이하	2m 이상	3m 이상
지정수량의 20배 초과 50배 이하	3m 이상	5m 이상
지정수량의 50배 초과 200배 이하	5m 이상	10m 이상
지정수량의 200배 초과	10m 이상	15m 이상

(3) **옥외저장소**의 보유공지(위험물규칙〔별표 11〕)

위험물의 최대수량	공지의 너비
지정수량의 10배 이하	3m 이상
지정수량의 11~20배 이하	5m 이상
지정수량의 21~50배 이하	9m 이상
지정수량의 51~200배 이하	12m 이상
지정수량의 200배 초과	15m 이상

답 ④

44. 위험물안전관리법령상 제조소 또는 일반취급소에서 취급하는 제4류 위험물의 최대수량의 합이 지정수량의 48만배 이상인 사업소의 자체소방대에 두는 화학소방자동차 및 인원기준으로 다음 ( ) 안에 알맞은 것은?

화학소방자동차	자체소방대원의 수
(㉠)	(㉡)

① ㉠ 1대, ㉡ 5인
② ㉠ 2대, ㉡ 10인
③ ㉠ 3대, ㉡ 15인
④ ㉠ 4대, ㉡ 20인

해설 위험물령 〔별표 8〕
자체소방대에 두는 화학소방자동차 및 인원

구 분	화학소방자동차	자체소방대원의 수
지정수량 3천~12만배 미만	1대	5인
지정수량 12~24만배 미만	2대	10인
지정수량 24~48만배 미만	3대	15인
지정수량 48만배 이상	4대	20인
옥외탱크저장소에 저장하는 제4류 위험물의 최대수량이 지정수량의 50만배 이상	2대	10인

답 ④

45. 화재의 예방 및 안전관리에 관한 법령상 특수가연물의 저장 및 취급기준이 아닌 것은? (단, 석탄 · 목탄류를 발전용으로 저장하는 경우는 제외)

① 품명별로 구분하여 쌓는다.
② 쌓는 높이는 20m 이하가 되도록 한다.
③ 쌓는 부분의 바닥면적 사이는 실내의 경우 1.2m 또는 쌓는 높이의 $\frac{1}{2}$ 중 큰 값 이상이 되도록 한다.
④ 특수가연물을 저장 또는 취급하는 장소에는 품명 · 최대저장수량, 단위부피당 질량 또는 단위체적당 질량, 관리책임자 성명, 직책, 연락처 및 화기취급의 금지표지를 설치해야 한다.

해설 화재예방법 시행령 〔별표 3〕
특수가연물의 저장 · 취급기준
(1) **품명별**로 구분하여 쌓을 것 보기 ①
(2) 쌓는 높이는 **10m** 이하가 되도록 할 것 보기 ②
(3) 쌓는 부분의 바닥면적은 **50m²**(석탄 · 목탄류는 200m²) 이하가 되도록 할 것(단, 살수설비를 설치하거나 대형 수동식 소화기를 설치하는 경우에는 높이 **15m** 이하, 바닥면적 **200m²**(석탄 · 목탄류는 300m²) 이하)
(4) 쌓는 부분의 바닥면적 사이는 실내의 경우 **1.2m** 또는 쌓는 높이의 $\frac{1}{2}$ 중 **큰 값**(실외 3m 또는 쌓는 높이 중 큰 값) 이상으로 간격을 둘 것 보기 ③

(살수 · 설비 대형 수동식 소화기 15m 이하)
10m
50m² (석탄 · 목탄류 200m²) 이하
■ 살수 · 설비 대형 수동식 소화기 200m²
(석탄 · 목탄류 300m²) 이하

(5) 취급장소에는 품명, 최대저장수량, 단위부피당 질량 또는 단위체적당 질량, 관리책임자 성명 · 직책 · 연락처 및 화기취급의 금지표지 설치 보기 ④

② 20m 이하 → 10m 이하

답 ②

46. 소방시설 설치 및 관리에 관한 법령상 소화설비를 구성하는 제품 또는 기기에 해당하지 않는 것은?

① 가스누설경보기   ② 소방호스
③ 스프링클러헤드   ④ 분말자동소화장치

해설 소방시설법 시행령 〔별표 3〕
소방용품

구 분	설 명
소화설비를 구성하는 제품 또는 기기	• 소화기구(소화약제 외의 것을 이용한 간이소화용구 제외) 보기 ④ • 소화전 • 자동소화장치 • 관창(菅槍) • 소방호스 보기 ② • 스프링클러헤드 보기 ③ • 기동용 수압개폐장치 • 유수제어밸브 • 가스관선택밸브
경보설비를 구성하는 제품 또는 기기	• 누전경보기 • 가스누설경보기 • 발신기 • 수신기 • 중계기 • 감지기 및 음향장치(경종만 해당)
피난구조설비를 구성하는 제품 또는 기기	• 피난사다리 • 구조대 • 완강기(간이완강기 및 지지대 포함) • 공기호흡기(충전기 포함) • 유도등 • 예비전원이 내장된 비상조명등

| 소화용으로 사용하는 제품 또는 기기 | • 소화약제
• 방염제 |

① 가스누설경보기는 소화설비가 아니고 **경보설비**

답 ①

47. 소방기본법령상 출동한 소방대원에게 폭행 또는 협박을 행사하여 화재진압·인명구조 또는 구급활동을 방해한 사람에 대한 벌칙기준은?

① 500만원 이하의 과태료
② 1년 이하의 징역 또는 1000만원 이하의 벌금
③ 3년 이하의 징역 또는 3000만원 이하의 벌금
④ 5년 이하의 징역 또는 5000만원 이하의 벌금

해설 기본법 50조
5년 이하의 징역 또는 5000만원 이하의 벌금
(1) 소방자동차의 **출동** 방해
(2) **사람구출** 방해
(3) **소방용수시설** 또는 **비상소화장치**의 효용 방해
(4) 출동한 소방대의 화재진압·인명구조 또는 구급활동 **방해**
(5) 소방대의 현장출동 **방해**
(6) 출동한 소방대원에게 **폭행·협박** 행사 보기 ④

답 ④

48. 소방시설 설치 및 관리에 관한 법령상 건축허가 등의 동의대상물의 범위로 틀린 것은?

① 항공기 격납고
② 방송용 송·수신탑
③ 연면적이 400제곱미터 이상인 건축물
④ 지하층 또는 무창층이 있는 건축물로서 바닥면적이 50제곱미터 이상인 층이 있는 것

해설 소방시설법 시행령 7조
건축허가 등의 동의대상물
(1) 연면적 **400㎡**(학교시설 : 100㎡, 수련시설·노유자시설 : 200㎡, 정신의료기관·장애인 의료재활시설 : 300㎡) 이상 보기 ③
(2) **6층** 이상인 건축물
(3) 차고·주차장으로서 바닥면적 200㎡ 이상(**자동차 20대** 이상)
(4) 항공기격납고, 관망탑, 항공관제탑, 방송용 송수신탑 보기 ①②
(5) 지하층 또는 무창층의 바닥면적 150㎡(공연장은 100㎡) 이상 보기 ④
(6) 위험물저장 및 **처리시설, 지하구**
(7) **결핵환자**나 한센인이 24시간 생활하는 **노유자시설**
(8) 전기저장시설, 풍력발전소

(9) 공동주택·숙박시설
(10) 노인주거복지시설·노인의료복지시설 및 재가노인복지시설·학대피해노인 전용쉼터·아동복지시설·장애인거주시설
(11) 정신질환자 관련시설(공동생활가정을 제외한 재활훈련시설과 종합시설 중 24시간 주거를 제공하지 않는 시설 제외)
(12) 조산원, 산후조리원, 의원(입원실 또는 인공신장실이 있는 것)
(13) 노숙인자활시설, 노숙인재활시설 및 노숙인요양시설
(14) 요양병원(의료재활시설 제외)
(15) 공장 또는 창고시설로서 지정수량의 **750배** 이상의 특수가연물을 저장·취급하는 것
(16) 가스시설로서 지상에 노출된 탱크의 저장용량의 합계가 **100t** 이상인 것

기억법 **2자(이자)**

④ 50제곱미터 → 150제곱미터

답 ④

49. 소방시설공사업법령에 따른 완공검사를 위한 현장확인 대상 특정소방대상물의 범위기준으로 틀린 것은?

① 연면적 1만제곱미터 이상이거나 11층 이상인 특정소방대상물(아파트는 제외)
② 가연성 가스를 제조·저장 또는 취급하는 시설 중 지상에 노출된 가연성 가스탱크의 저장용량 합계가 1천톤 이상인 시설
③ 호스릴방식의 소화설비가 설치되는 특정소방대상물
④ 문화 및 집회시설, 종교시설, 판매시설, 노유자시설, 수련시설, 운동시설, 숙박시설, 창고시설, 지하상가

해설 공사업령 5조
완공검사를 위한 현장확인 대상 특정소방대상물의 범위
(1) **문**화 및 집회시설, **종**교시설, **판**매시설, **노**유자시설, **수**련시설, **운**동시설, **숙**박시설, **창**고시설, 지하**상**가 및 다중이용업소 보기 ④
(2) 다음의 어느 하나에 해당하는 설비가 설치되는 특정소방대상물
㉠ 스프링클러설비 등
㉡ 물분무등소화설비(호스릴방식의 소화설비 제외) 보기 ③
(3) 연면적 **10000㎡** 이상이거나 **11층** 이상인 특정소방대상물(아파트 제외) 보기 ①
(4) 가연성 가스를 제조·저장 또는 취급하는 시설 중 지상에 노출된 가연성 가스탱크의 저장용량 합계가 **1000t** 이상인 시설 보기 ②

기억법 **문종판 노수운 숙창상현**

③ 호스릴방식 제외

답 ③

50 소방시설 설치 및 관리에 관한 법령상 스프링클러설비를 설치하여야 할 특정소방대상물에 다음 중 어떤 소방시설을 화재안전기준에 적합하게 설치할 때 면제받을 수 없는 소화설비는?

① 포소화설비
② 물분무소화설비
③ 간이스프링클러설비
④ 이산화탄소 소화설비

해설 소방시설법 시행령 〔별표 5〕
소방시설 면제기준

면제대상	대체설비
스프링클러설비	• 물분무등소화설비
물분무등소화설비	• 스프링클러설비
간이스프링클러설비	• 스프링클러설비 • 물분무소화설비 • 미분무소화설비
비상경보설비 또는 단독경보형 감지기	• 자동화재탐지설비 기억법 탐경단
비상경보설비	• 2개 이상 단독경보형 감지기 연동 기억법 경단2
비상방송설비	• 자동화재탐지설비 • 비상경보설비
연결살수설비	• 스프링클러설비 • 간이스프링클러설비 • 물분무소화설비 • 미분무소화설비
제연설비	• 공기조화설비
연소방지설비	• 스프링클러설비 • 물분무소화설비 • 미분무소화설비
연결송수관설비	• 옥내소화전설비 • 스프링클러설비 • 간이스프링클러설비 • 연결살수설비
자동화재탐지설비	• 자동화재탐지설비의 기능을 가진 스프링클러설비 • 물분무등소화설비
옥내소화전설비	• 옥외소화전설비 • 미분무소화설비(호스릴방식)

중요
물분무등소화설비
(1) **분**말소화설비
(2) **포**소화설비 보기 ①
(3) **할**론소화설비
(4) **이**산화탄소 소화설비 보기 ④
(5) **할**로겐화합물 및 불활성기체 소화설비
(6) **강**화액소화설비
(7) **미**분무소화설비
(8) 물분무소화설비 보기 ②
(9) **고**체에어로졸 소화설비

기억법 분포할이 할강미고

답 ③

51 소방시설 설치 및 관리에 관한 법령상 대통령령 또는 화재안전기준이 변경되어 그 기준이 강화되는 경우 기존 특정소방대상물의 소방시설 중 강화된 기준을 설치장소와 관계없이 항상 적용하여야 하는 것은? (단, 건축물의 신축·개축·재축·이전 및 대수선 중인 특정소방대상물을 포함한다.)

① 제연설비
② 비상경보설비
③ 옥내소화전설비
④ 화재조기진압용 스프링클러설비

해설 소방시설법 13조
변경**강**화기준 적용설비
(1) 소화기구
(2) **비**상**경**보설비 보기 ②
(3) 자동화재탐지설비
(3) **자**동화재**속**보설비
(4) **피**난구조설비
(5) 소방시설(공동구 설치용, 전력 및 통신사업용 지하구)
(6) **노**유자시설
(7) **의**료시설

기억법 강비경 자속피노

중요

소방시설법 시행령 13조 변경강화기준 적용설비		
공동구, 전력 및 통신사업용 지하구	노유자시설에 설치하여야 하는 소방시설	의료시설에 설치하여야 하는 소방시설
• 소화기 • 자동소화장치 • 자동화재탐지설비 • 통합감시시설 • 유도등 및 연소방지설비	• 간이스프링클러설비 • 자동화재탐지설비 • 단독경보형 감지기	• 간이스프링클러설비 • 스프링클러설비 • 자동화재탐지설비 • 자동화재속보설비

답 ②

52 소방시설 설치 및 관리에 관한 법령상 시·도지사가 소방시설 등의 자체점검을 하지 아니한 관리업자에게 영업정지를 명할 수 있으나, 이로 인해 국민에게 심한 불편을 줄 때에는 영업정지 처분을 갈음하여 과징금 처분을 한다. 과징금의 기준은?

① 1000만원 이하
② 2000만원 이하
③ 3000만원 이하
④ 5000만원 이하

해설 소방시설법 36조, 위험물법 13조, 소방공사업법 10조
과징금

3000만원 이하	2억원 이하
• 소방시설관리업 영업정지 처분 갈음	• 제조소 사용정지처분 갈음 • 소방시설업 영업정지처분 갈음

중요

소방시설업
(1) 소방시설설계업
(2) 소방시설공사업
(3) 소방공사감리업
(4) 방염처리업

답 ③

53 위험물안전관리법령상 위험물별 성질로서 틀린 것은?

① 제1류 : 산화성 고체
② 제2류 : 가연성 고체
③ 제4류 : 인화성 액체
④ 제6류 : 인화성 고체

해설 ④ 인화성 고체 → 산화성 액체

위험물령〔별표 1〕
위험물

유 별	성 질	품 명
제1류	**산**화성 **고**체	• 아염소산염류 • **염**소산염류(**염소산나트륨**) • 과염소산염류 • 질산염류 • 무기과산화물 **기억법** 1산고염나
제2류	가연성 고체	• **황화**인 • **적**린 • **황** • **마**그네슘 **기억법** 황화적황마
제3류	자연발화성 물질 및 금수성 물질	• **황**린 • **칼**륨 • **나**트륨 • **알**칼리토금속 • **트**리에틸알루미늄 **기억법** 황칼나알트
제4류	인화성 액체	• 특수인화물 • 석유류(벤젠) • 알코올류 • 동식물유류
제5류	자기반응성 물질	• 유기과산화물 • 나이트로화합물 • 나이트로소화합물 • 아조화합물 • 질산에스터류(셀룰로이드)
제6류	산화성 액체	• 과염소산 • 과산화수소 • 질산

답 ④

54 소방시설 설치 및 관리에 관한 법령상 소방시설 등의 종합점검 대상 기준에 맞게 ( )에 들어갈 내용으로 옳은 것은?

물분무등소화설비(호스릴방식의 물분무등소화설비만을 설치한 경우는 제외)가 설치된 연면적 ( )m² 이상인 특정소방대상물(위험물 제조소 등은 제외)

① 2000 ② 3000
③ 4000 ④ 5000

해설 소방시설법 시행규칙 〔별표 3〕
소방시설 등 자체점검의 점검대상, 점검자의 자격, 점검횟수 및 시기

점검구분	정의	점검대상	점검자의 자격(주된 인력)	점검횟수 및 점검시기
작동점검	소방시설 등을 인위적으로 조작하여 정상적으로 작동하는지를 점검하는 것	① 간이스프링클러설비·자동화재탐지설비	• 관계인 • 소방안전관리자로 선임된 소방시설관리사 또는 소방기술사 • 소방시설관리업에 등록된 기술인력 중 소방시설관리사 또는 「소방시설공사업법 시행규칙」에 따른 특급 점검자	• 작동점검은 **연 1회** 이상 실시하며, 종합점검대상은 종합점검(최초점검 제외)을 받은 달부터 **6개월**이 되는 달에 실시 • 종합점검대상 외의 특정소방대상물은 사용승인일이 속하는 달의 말일까지 실시
		② ①에 해당하지 아니하는 특정소방대상물	• 소방시설관리업에 등록된 기술인력 중 소방시설관리사 • 소방안전관리자로 선임된 소방시설관리사 또는 소방기술사	
		③ 작동점검 제외대상 • 특정소방대상물 중 소방안전관리자를 선임하지 않는 대상 • 위험물제조소 등 • 특급 소방안전관리대상물		
종합점검	소방시설 등의 작동점검을 포함하여 소방시설 등의 설비별 주요 구성 부품의 구조기준이 화재안전기준과 「건축법」 등 관련 법령에서 정하는 기준에 적합한지 여부를 점검하는 것 (1) 최초점검 : 특정소방대상물의 소방시설이 신설된 경우 건축물을 사용할 수 있게 된 날부터 60일 이내에 점검하는 것 (2) 그 밖의 종합점검 : 최초점검을 제외한 종합점검	④ 소방시설 등이 신설된 경우에 해당하는 특정소방대상물 ⑤ **스프링클러설비**가 설치된 특정소방대상물 ⑥ **물분무등소화설비**(호스릴방식의 물분무등소화설비만을 설치한 경우는 제외)가 설치된 연면적 **5000㎡** 이상인 특정소방대상물(위험물제조소 등 제외) ⑦ 다중이용업의 영업장이 설치된 특정소방대상물로서 연면적이 **2000㎡** 이상인 것 ⑧ **제연설비**가 설치된 터널 ⑨ **공공기관** 중 연면적(터널·지하구의 경우 그 길이와 평균폭을 곱하여 계산된 값)이 **1000㎡** 이상인 것으로서 옥내소화전설비 또는 자동화재탐지설비가 설치된 것(단, 소방대가 근무하는 공공기관 제외) **중요** **종합점검** ① 공공기관 : 1000㎡ ② 다중이용업 : 2000㎡ ③ 물분무등(호스릴 X) : 5000㎡	• 소방시설관리업에 등록된 기술인력 중 **소방시설관리사** • 소방안전관리자로 선임된 **소방시설관리사** 또는 **소방기술사**	〈점검횟수〉 ㉠ 연 1회 이상(특급 소방안전관리대상물은 반기에 1회 이상) 실시 ㉡ ㉠에도 불구하고 소방본부장 또는 소방서장은 소방청장이 소방안전관리가 우수하다고 인정한 특정소방대상물에 대해서는 3년의 범위에서 소방청장이 고시하거나 정한 기간 동안 종합점검을 면제할 수 있다(단, 면제기간 중 화재가 발생한 경우는 제외). 〈점검시기〉 ㉠ ④에 해당하는 특정소방대상물은 건축물을 사용할 수 있게 된 날부터 60일 이내 실시 ㉡ ㉠을 제외한 특정소방대상물은 건축물의 사용승인일이 속하는 달에 실시(단, 학교의 경우 해당 건축물의 사용승인일이 1월에서 6월 사이에 있는 경우에는 6월 30일까지 실시할 수 있다.) ㉢ 건축물 사용승인일 이후 ⑦에 따라 종합점검대상에 해당하게 된 경우에는 그 다음 해부터 실시 ㉣ 하나의 대지경계선 안에 2개 이상의 자체점검대상 건축물 등이 있는 경우 그 건축물 중 사용승인일이 가장 빠른 연도의 건축물의 사용승인일을 기준으로 점검할 수 있다.

[비고] 작동점검 및 종합점검(최초점검 제외)은 건축물 사용승인 후 그 다음 해부터 실시한다.

답 ④

55 ★★
소방시설 설치 및 관리에 관한 법령상 음료수 공장의 충전을 하는 작업장 등과 같이 화재안전기준을 적용하기 어려운 특정소방대상물에 설치하지 않을 수 있는 소방시설의 종류가 아닌 것은?

① 상수도소화용수설비
② 스프링클러설비
③ 연결송수관설비
④ 연결살수설비

해설 소방시설법 시행령 〔별표 6〕
소방시설을 설치하지 않을 수 있는 특정소방대상물 및 소방시설의 범위

구 분	특정소방대상물	소방시설
화재위험도가 낮은 특정소방대상물	석재, 불연성 금속, 불연성 건축재료 등의 가공공장·기계조립공장 또는 불연성 물품을 저장하는 창고	① 옥외소화전설비 ② 연결살수설비 **기억법** 석불금외
화재안전기준을 적용하기 어려운 특정소방대상물	펄프공장의 작업장, 음료수 공장의 세정 또는 충전을 하는 작업장, 그 밖에 이와 비슷한 용도로 사용하는 것	① 스프링클러설비 ② 상수도소화용수설비 ③ 연결살수설비 보기 ③
	정수장, 수영장, 목욕장, 어류양식용시설, 그 밖에 이와 비슷한 용도로 사용되는 것	① 자동화재탐지설비 ② 상수도소화용수설비 ③ 연결살수설비
화재안전기준을 달리 적용해야 하는 특수한 용도 또는 구조를 가진 특정소방대상물	원자력발전소, 중·저준위 방사성 폐기물의 저장시설	① 연결송수관설비 ② 연결살수설비
자체소방대가 설치된 특정소방대상물	자체소방대가 설치된 위험물제조소 등에 부속된 사무실	① 옥내소화전설비 ② 소화용수설비 ③ 연결살수설비 ④ 연결송수관설비

중요
소방시설법 시행령 〔별표 6〕
소방시설을 설치하지 않을 수 있는 소방시설의 범위
(1) **화재위험도**가 낮은 특정소방대상물
(2) **화재안전기준**을 적용하기가 어려운 특정소방대상물
(3) 화재안전기준을 달리 적용하여야 하는 특수한 **용도·구조**를 가진 특정소방대상물
(4) **자체소방대**가 설치된 특정소방대상물

답 ③

56 ★★★
화재의 예방 및 안전관리에 관한 법령에 따른 특수가연물의 기준 중 다음 ( ) 안에 알맞은 것은?

품 명	수 량
나무껍질 및 대팻밥	(㉠)kg 이상
면화류	(㉡)kg 이상

① ㉠ 200, ㉡ 400 ② ㉠ 200, ㉡ 1000
③ ㉠ 400, ㉡ 200 ④ ㉠ 400, ㉡ 1000

해설 화재예방법 시행령 〔별표 2〕
특수가연물

품 명		수 량
가연성 **액**체류		2m³ 이상
목재가공품 및 나무부스러기		10m³ 이상
면화류 → **기억법** 면2(면이 맛있다.)		200kg 이상
나무껍질 및 대팻밥		400kg 이상
넝마 및 종이부스러기		1000kg 이상
사류(絲類)		1000kg 이상
볏짚류		1000kg 이상
가연성 **고**체류		3000kg 이상
고무류·플라스틱류	발포시킨 것	20m³ 이상
	그 밖의 것	3000kg 이상
석탄·목탄류		10000kg 이상

용어
특수가연물
화재가 발생하면 그 확대가 빠른 물품

기억법 가액목면나 넝사볏가고 고석
         2 1 2 4   1 3 3 1

답 ③

57 화재의 예방 및 안전관리에 관한 법령상 화재안전조사위원회의 위원에 해당하지 아니하는 사람은?

① 소방기술사
② 소방시설관리사
③ 소방 관련 분야의 석사학위 이상을 취득한 사람
④ 소방 관련 법인 또는 단체에서 소방 관련 업무에 3년 이상 종사한 사람

해설 화재예방법 시행령 11조
화재안전조사위원회의 구성
(1) 과장급 직위 이상의 소방공무원
(2) 소방기술사 [보기 ①]
(3) 소방시설관리사 [보기 ②]
(4) 소방 관련 분야의 **석사**학위 이상을 취득한 사람 [보기 ③]
(5) 소방 관련 법인 또는 단체에서 소방 관련 업무에 **5년** 이상 종사한 사람 [보기 ④]
(6) 소방공무원 교육훈련기관, 학교 또는 연구소에서 소방과 관련한 교육 또는 연구에 **5년** 이상 종사한 사람

④ 3년 → 5년

답 ④

58 위험물안전관리법령상 소화난이도 등급 I의 옥내탱크저장소에서 황만을 저장·취급할 경우 설치하여야 하는 소화설비로 옳은 것은?

① 물분무소화설비
② 스프링클러설비
③ 포소화설비
④ 옥내소화전설비

해설 위험물규칙 〔별표 17〕
황만을 저장·취급하는 옥내·외탱크저장소·암반탱크저장소에 설치해야 하는 소화설비
물분무소화설비 [보기 ①]

기억법 황물

답 ①

59 소방시설공사업법령상 하자보수를 하여야 하는 소방시설 중 하자보수 보증기간이 3년이 아닌 것은?

① 자동소화장치
② 비상방송설비
③ 스프링클러설비
④ 소화용수설비

해설 공사업령 6조
소방시설공사의 하자보수 보증기간

보증기간	소방시설
2년	① **유**도등·**피**난기구 ② **비**상**조**명등·비상**경**보설비·비상**방**송설비 [보기 ②] ③ **무**선통신보조설비 [기억법] 유비 조경방무피2
3년	① 자동소화장치 ② 옥내·외소화전설비 ③ 스프링클러설비 ④ 물분무등소화설비·소화용수설비 ⑤ 자동화재탐지설비·소화활동설비(무선통신보조설비 제외) ⑥ 화재알림설비

② 2년

답 ②

60 소방기본법령상 소방대장은 화재, 재난·재해 그 밖의 위급한 상황이 발생한 현장에 소방활동구역을 정하여 소방활동에 필요한 자로서 대통령령으로 정하는 사람 외에는 그 구역에의 출입을 제한할 수 있다. 다음 중 소방활동구역에 출입할 수 없는 사람은?

① 소방활동구역 안에 있는 소방대상물의 소유자·관리자 또는 점유자
② 전기·가스·수도·통신·교통의 업무에 종사하는 사람으로서 원활한 소방활동을 위하여 필요한 사람
③ 시·도지사가 소방활동을 위하여 출입을 허가한 사람
④ 의사·간호사 그 밖에 구조·구급업무에 종사하는 사람

해설 기본령 8조
소방활동구역 출입자
(1) **소방활동구역 안**에 있는 **소유자·관리자** 또는 **점유자** [보기 ①]
(2) **전기·가스·수도·통신·교통**의 업무에 종사하는 자로서 원활한 **소방활동**을 위하여 필요한 자 [보기 ②]
(3) **의사·간호사**, 그 밖에 구조·구급업무에 종사하는 자 [보기 ④]
(4) **취재인력** 등 보도업무에 종사하는 자
(5) **수사업무**에 종사하는 자
(6) **소방대장**이 소방활동을 위하여 **출입**을 **허가**한 자 [보기 ③]

21. 05. 시행 / 기사(전기)

용어

소방활동구역
화재, 재난·재해 그 밖의 위급한 상황이 발생한 현장에 정하는 구역

③ 시·도지사가 → 소방대장이

답 ③

제4과목 · 소방전기시설의 구조 및 원리

61 비상조명등의 화재안전기준에 따라 비상조명등의 조도는 비상조명등이 설치된 장소의 각 부분의 바닥에서 몇 lx 이상이 되도록 하여야 하는가?

① 1　　② 3
③ 5　　④ 10

해설 비상조명등의 설치기준(NFPC 304 4조, NFTC 304 2.1.1)
(1) 특정소방대상물의 각 거실과 지상에 이르는 복도·계단·통로에 설치할 것
(2) 조도는 각 부분의 바닥에서 1 lx 이상일 것 보기 ①
(3) 점검스위치를 설치하고 20분 이상 작동시킬 수 있는 용량의 축전지와 예비전원 충전장치를 내장할 것

중요

조명도(조도)

기 기	조 명
통로유도등	1 lx 이상
비상조명등	1 lx 이상
객석유도등	0.2 lx 이상

답 ①

62 화재안전기준에 따른 비상전원 및 건전지의 유효 사용시간에 대한 최소기준이 가장 긴 것은?

① 휴대용 비상조명등의 건전지 용량
② 무선통신보조설비 증폭기의 비상전원
③ 지하층을 제외한 층수가 11층 미만의 층인 특정소방대상물에 설치되는 유도등의 비상전원
④ 지하층을 제외한 층수가 11층 미만의 층인 특정소방대상물에 설치되는 비상조명등의 비상전원

해설 비상전원 용량

설비의 종류	비상전원 용량
• **자**동화재탐지설비 • 비상**경**보설비 • **자**동화재속보설비	**10**분 이상
• 유도등 보기 ③ • 비상조명등 보기 ④ • 휴대용 비상조명등 보기 ① • 비상콘센트설비 • 제연설비 • 물분무소화설비 • 옥내소화전설비(30층 미만) • 특별피난계단의 계단실 및 부속실 제연설비(30층 미만)	20분 이상
• 무선통신보조설비의 증폭기 보기 ②	→30분 이상
• 옥내소화전설비(30~49층 이하) • 특별피난계단의 계단실 및 부속실 제연설비(30~49층 이하) • 연결송수관설비(30~49층 이하) • 스프링클러설비(30~49층 이하)	40분 이상
• 유도등·비상조명등(지하상가 및 11층 이상) • 옥내소화전설비(50층 이상) • 특별피난계단의 계단실 및 부속실 제연설비(50층 이상) • 연결송수관설비(50층 이상) • 스프링클러설비(50층 이상)	60분 이상

기억법 경자비1(경자라는 이름은 비일비재하게 많다.)
3증(3중고)

답 ②

63 소방시설용 비상전원수전설비의 화재안전기준에 따라 일반전기사업자로부터 특고압 또는 고압으로 수전하는 비상전원수전설비의 종류에 해당하지 않는 것은?

① 큐비클형
② 축전지형
③ 방화구획형
④ 옥외개방형

해설 비상전원수전설비(NFPC 602 5·6조, NFTC 602 2.2.1, 2.3.1)

저압수전	특고압수전
① 전용배전반(1·2종)	① 방화구획형 보기 ③
② 전용분전반(1·2종)	② 옥외개방형 보기 ④
③ 공용분전반(1·2종)	③ 큐비클형 보기 ①

• 특별고압=특고압

답 ②

64. 자동화재탐지설비 및 시각경보장치의 화재안전기준에 따른 배선의 시설기준으로 틀린 것은?

① 감지기 사이의 회로의 배선은 송배선식으로 할 것
② 감지기 회로의 도통시험을 위한 종단저항은 감지기 회로의 끝부분에 설치할 것
③ 피(P)형 수신기의 감지기 회로의 배선에 있어서 하나의 공통선에 접속할 수 있는 경계구역은 5개 이하로 할 것
④ 수신기의 각 회로별 종단에 설치되는 감지기에 접속되는 배선의 전압은 감지기 정격전압의 80% 이상이어야 할 것

해설 자동화재탐지설비 배선의 설치기준(NFPC 203 11조, NFTC 203 2.8)
(1) 감지기 사이의 회로배선: **송배선식** 보기 ①
(2) P형 수신기 및 GP형 수신기의 감지기 회로의 배선에 있어서 하나의 공통선에 접속할 수 있는 경계구역은 **7개** 이하 보기 ③
(3) ⊙ 감지기 회로의 전로저항: **50Ω 이하**
 ⓒ 감지기에 접속하는 배선전압: 정격전압의 **80% 이상**
(4) 자동화재탐지설비의 배선은 다른 전선과 **별도**의 관·덕트·몰드 또는 풀박스 등에 설치할 것(단, 60V 미만의 약전류회로에 사용하는 전선으로서 각각의 전압이 같을 때는 제외)
(5) 감지기 회로의 도통시험을 위한 종단저항은 감지기 회로의 끝부분에 설치할 것 보기 ②

③ 5개 → 7개

답 ③

65. 자동화재탐지설비 및 시각경보장치의 화재안전기준에 따른 발신기의 시설기준에 대한 내용이다. 다음 ( )에 들어갈 내용으로 옳은 것은?

발신기의 위치를 표시하는 표시등은 함의 상부에 설치하되, 그 불빛은 부착면으로부터 (⊙)° 이상의 범위 안에서 부착지점으로부터 (ⓒ)m 이내의 어느 곳에서도 쉽게 식별할 수 있는 적색등으로 하여야 한다.

① ⊙ 10, ⓒ 10
② ⊙ 15, ⓒ 10
③ ⊙ 25, ⓒ 15
④ ⊙ 25, ⓒ 20

해설 자동화재탐지설비의 발신기 설치기준(NFPC 203 9조, NFTC 203 2.6)
(1) 조작이 **쉬운 장소**에 설치하고, 조작스위치는 바닥으로부터 **0.8~1.5m 이하**의 높이에 설치할 것
(2) 특정소방대상물의 **층마다** 설치하되, 해당 특정소방대상물의 각 부분으로부터 하나의 발신기까지의 **수평거리가 25m 이하**가 되도록 할 것. 다만, 복도 또는 별도로 구획된 실로서 **보행거리가 40m 이상**일 경우에는 추가로 설치할 것

(3) (2)의 기준을 초과하는 경우로서 기둥 또는 벽이 설치되지 아니한 대형공간의 경우 발신기는 설치대상장소의 가장 가까운 장소의 벽 또는 기둥 등에 설치할 것
(4) 발신기의 **위치표시등**은 함의 **상부**에 설치하되, 그 불빛은 부착면으로부터 **15°** 이상의 범위 안에서 부착지점으로부터 **10m** 이내의 어느 곳에서도 쉽게 식별할 수 있는 **적색등**으로 할 것 보기 ②

∥위치표시등의 식별∥

답 ②

66. 비상방송설비의 화재안전기준에 따라 비상방송설비가 기동장치에 따른 화재신고를 수신한 후 필요한 음량으로 화재발생 상황 및 피난에 유효한 방송이 자동으로 개시될 때까지의 소요시간은 몇 초 이하로 하여야 하는가?

① 5
② 10
③ 20
④ 30

해설 소요시간

기기	시간
• P형·P형 복합식·R형·R형 복합식·GP형·GP형 복합식·GR형·GR형 복합식 수신기 • **중**계기	**5**초 이내
비상**방**송설비	**10**초 이하 보기 ②
가스누설경보기	**60**초 이내

기억법 시중5(시중을 드시오!)
1방(일본을 방문하다.)
6가(육체미가 아름답다.)

중요

축적형 수신기

전원차단시간	축적시간	화재표시감지시간
1~3초 이하	30~60초 이하	60초(1회 이상 반복)

비교

비상방송설비의 설치기준(NFPC 202 4조, NFTC 202 2.1)
(1) 음량조정기를 설치하는 경우 배선은 **3선식**으로 할 것
(2) 확성기의 음성입력은 실외 3W, 실내 1W 이상일 것
(3) 조작부의 조작스위치는 0.8~1.5m 이하의 높이에 설치할 것
(4) 기동장치에 의한 화재신고를 수신한 후 필요한 음량으로 방송이 개시될 때까지의 소요시간은 **10초** 이하로 할 것

답 ②

67. 무선통신보조설비의 화재안전기준에 따른 용어의 정의로 옳은 것은?

① "혼합기"는 신호의 전송로가 분기되는 장소에 설치하는 장치를 말한다.
② "분배기"는 서로 다른 주파수의 합성된 신호를 분리하기 위해서 사용하는 장치를 말한다.
③ "증폭기"는 두 개 이상의 입력신호를 원하는 비율로 조합한 출력이 발생되도록 하는 장치를 말한다.
④ "누설동축케이블"은 동축케이블의 외부도체에 가느다란 홈을 만들어서 전파가 외부로 새어나갈 수 있도록 한 케이블을 말한다.

해설 무선통신보조설비(NFTC 505 3조, NFTC 505 1.7)

용어	설명
누설동축케이블	동축케이블의 외부도체에 가느다란 홈을 만들어서 **전파**가 **외부**로 **새어나갈** 수 있도록 한 케이블 보기 ④
분배기	신호의 전송로가 분기되는 장소에 설치하는 것으로 **임피던스 매칭**(Matching)과 **신호균등분배**를 위해 사용하는 장치 보기 ② **기억법** 배임죄
분파기	서로 다른 **주파수**의 합성된 **신호**를 **분리**하기 위해서 사용하는 장치 **기억법** 파주
혼합기	**두 개 이상**의 **입력신호**를 원하는 비율로 **조합**한 **출력**이 발생하도록 하는 장치 보기 ①
증폭기	신호전송시 신호가 약해져 수신이 불가능해지는 것을 방지하기 위해서 **증폭**하는 장치 보기 ③
무선중계기	안테나를 통하여 수신된 무전기 신호를 증폭한 후 음영지역에 재방사하여 무전기 상호간 송수신이 가능하도록 하는 장치
옥외안테나	감시제어반 등에 설치된 무선중계기의 입력과 출력포트에 연결되어 송수신 신호를 원활하게 방사·수신하기 위해 옥외에 설치하는 장치

① 혼합기 → 분배기
② 분배기 → 분파기
③ 증폭기 → 혼합기

답 ④

68. 비상경보설비 및 단독경보형 감지기의 화재안전기준에 따른 비상벨설비에 대한 설명으로 옳은 것은?

① 비상벨설비는 화재발생 상황을 사이렌으로 경보하는 설비를 말한다.
② 비상벨설비는 부식성 가스 또는 습기 등으로 인하여 부식의 우려가 없는 장소에 설치하여야 한다.
③ 음향장치의 음량은 부착된 음향장치의 중심으로부터 1m 떨어진 위치에서 60dB 이상이 되는 것으로 하여야 한다.
④ 특정소방대상물의 층마다 설치하되, 해당 특정소방대상물의 각 부분으로부터 하나의 발신기까지의 수평거리가 30m 이하가 되도록 하여야 한다.

해설 비상경보설비의 발신기 설치기준(NFPC 201 4조, NFTC 201 2.1.5)
(1) 전원 : **축전지설비**, 전기저장장치, 교류전압의 **옥내간선**으로 하고 배선은 **전용**
(2) 감시상태 : **60분**, 경보시간 : **10분**
(3) 조작이 **쉬운 장소**에 설치하고, 조작스위치는 바닥으로부터 **0.8~1.5m** 이하의 높이에 설치할 것
(4) 특정소방대상물의 **층**마다 설치하되, 해당 소방대상물의 각 부분으로부터 하나의 발신기까지의 **수평거리**가 **25m** 이하가 되도록 할 것(단, 복도 또는 별도로 구획된 실로서 **보행거리**가 **40m** 이상일 경우에는 추가로 설치할 것) 보기 ④
(5) 발신기의 **위치표시등**은 함의 **상부**에 설치하되, 그 불빛은 부착면으로부터 **15°** 이상의 범위 안에서 부착지점으로부터 **10m** 이내의 어느 곳에서도 쉽게 식별할 수 있는 **적색등**으로 할 것

∥위치표시등의 식별∥

(6) 음향장치의 음량은 부착된 음향장치의 중심으로부터 **1m** 떨어진 위치에서 **90dB** 이상이 되는 것으로 할 것 보기 ③

∥음향장치의 음량측정∥

(7) 비상벨설비는 **부식성 가스** 또는 **습기** 등으로 인하여 **부식**의 우려가 없는 장소에 설치 보기 ②

① 사이렌 → 경종
③ 60dB 이상 → 90dB 이상
④ 30m 이하 → 25m 이하

용어

(1) 전기저장장치
외부 전기에너지를 저장해 두었다가 필요한 때 전기를 공급하는 장치

(2) 비상벨설비 vs 자동식 사이렌설비

비상벨설비	자동식 사이렌설비
화재발생 상황을 **경종**으로 경보하는 설비 보기①	화재발생 상황을 **사이렌**으로 경보하는 설비

답 ②

69 ★★
20.09.문79

유도등 및 유도표지의 화재안전기준에 따른 객석유도등의 설치기준이다. 다음 (　)에 들어갈 내용으로 옳은 것은?

객석유도등은 객석의 (㉠), (㉡) 또는 (㉢)에 설치하여야 한다.

① ㉠ 통로, ㉡ 바닥, ㉢ 벽
② ㉠ 바닥, ㉡ 천장, ㉢ 벽
③ ㉠ 통로, ㉡ 바닥, ㉢ 천장
④ ㉠ 바닥, ㉡ 통로, ㉢ 출입구

해설 **객석유도등**의 **설치위치**(NFPC 303 7조, NFTC 303 2.4.1)
(1) 객석의 **통로** 보기 ㉠
(2) 객석의 **바닥** 보기 ㉡
(3) 객석의 **벽** 보기 ㉢

기억법 통바벽

답 ①

70 ★★
24.03.문68
17.05.문66
16.10.문77
16.05.문62

자동화재속보설비의 설치기준에 관한 사항이다. (　) 안의 ㉠, ㉡에 들어갈 내용으로 옳은 것은?

자동화재속보설비는 (㉠)와 연동으로 작동하여 자동적으로 화재신호를 (㉡)에 전달되는 것으로 할 것

① ㉠ 자동소화설비, ㉡ 종합방재센터
② ㉠ 비상방송설비, ㉡ 소방관서
③ ㉠ 비상경보설비, ㉡ 종합방재센터
④ ㉠ 자동화재탐지설비, ㉡ 소방관서

해설 **자동화재속보설비**의 **설치기준**(자동화재속보설비의 속보기의 성능인증 및 제품검사의 기술기준 5조, NFPC 204 4조, NFTC 204 2.1.1.1)

구 분	설 명
연동설비	**자동화재탐지설비** 보기 ④

속보대상	소방관서 보기 ④
속보방법	**20초** 이내에 **3회** 이상
다이얼링	**10회** 이상

④ 자동화재속보설비는 **자동화재탐지설비**와 연동으로 작동하여 **소방관서**에 전달되는 것으로 할 것

답 ④

71 ★★★
11.10.문61

비상방송설비의 화재안전기준에 따라 부속회로의 전로와 대지 사이 및 배선 상호간의 절연저항은 1경계구역마다 직류 250V의 절연저항측정기를 사용하여 측정한 절연저항이 몇 MΩ 이상이 되도록 하여야 하는가?

① 0.1　　② 0.2
③ 10　　④ 20

해설 절연저항시험

절연저항계	절연저항	대 상
직류 250V	**0.1MΩ** 이상	● 1경계구역의 절연저항 보기 ①
직류 500V	5MΩ 이상	● 누전경보기 ● 가스누설경보기 ● 수신기(10회로 미만, 절연된 충전부와 외함간) ● 자동화재속보설비 ● 비상경보설비 ● 유도등(교류입력측과 외함 간 포함) ● 비상조명등(교류입력측과 외함 간 포함)
	20MΩ 이상	● 경종 ● 발신기 ● 중계기 ● 비상콘센트 ● 기기의 절연된 선로 간 ● 기기의 충전부와 비충전부 간 ● 기기의 교류입력측과 외함 간(유도등ㆍ비상조명등 제외)
	50MΩ 이상	● 감지기(정온식 감지선형 감지기 제외) ● 가스누설경보기(10회로 이상) ● 수신기(10회로 이상, 교류입력측과 외함간 제외)
	1000MΩ 이상	● 정온식 감지선형 감지기

답 ①

72 비상콘센트설비의 성능인증 및 제품검사의 기술기준에 따른 비상콘센트설비 표시등의 구조 및 기능에 대한 설명으로 틀린 것은?

① 발광다이오드에는 적당한 보호커버를 설치하여야 한다.
② 소켓은 접속이 확실하여야 하며 쉽게 전구를 교체할 수 있도록 부착하여야 한다.
③ 적색으로 표시되어야 하며 주위의 밝기가 300lx 이상인 장소에서 측정하여 앞면으로부터 3m 떨어진 곳에서 켜진 등이 확실히 식별되어야 한다.
④ 전구는 사용전압의 130%인 교류전압을 20시간 연속하여 가하는 경우 단선, 현저한 광속변화, 흑화, 전류의 저하 등이 발생하지 아니하여야 한다.

해설 표시등의 구조 및 기능(비상콘센트설비의 성능인증 및 제품검사의 기술기준 4조)
(1) 전구는 사용전압의 **130%**인 교류전압을 **20시간** 연속하여 가하는 경우 **단선**, **현저**한 **광속변화**, **흑화**, **전류**의 **저하** 등이 발생하지 아니하여야 한다. 보기 ④
(2) 소켓은 접속이 확실하여야 하며 쉽게 전구를 교체할 수 있도록 부착하여야 한다. 보기 ②
(3) 전구에는 적당한 **보호커버**를 설치하여야 한다(단, 발광다이오드 제외). 보기 ①
(4) **적색**으로 표시되어야 하며 주위의 밝기가 **300lx 이상**인 장소에서 측정하여 앞면으로부터 **3m** 떨어진 곳에서 켜진 등이 확실히 식별되어야 한다. 보기 ③

① 발광다이오드는 제외

답 ①

73 비상콘센트설비의 화재안전기준에 따라 비상콘센트설비의 전원부와 외함 사이의 절연저항은 전원부와 외함 사이를 500V 절연저항계로 측정할 때 몇 MΩ 이상이어야 하는가?

① 10 ② 20
③ 30 ④ 50

해설 절연저항시험

절연저항계	절연저항	대상
직류 250V	0.1MΩ 이상	• 1경계구역의 절연저항

직류 500V	5MΩ 이상	• 누전경보기 • 가스누설경보기 • 수신기(10회로 미만, 절연된 충전부와 외함간) • 자동화재속보설비 • 비상경보설비 • 유도등(교류입력측과 외함 간 포함) • 비상조명등(교류입력측과 외함 간 포함)
	20MΩ 이상	• 경종 • 발신기 • 중계기 • 비상**콘**센트 보기 ② • 기기의 절연된 선로 간 • 기기의 충전부와 비충전부 간 • 기기의 교류입력측과 외함 간(유도등·비상조명등 제외) 기억법 2콘(이크)
	50MΩ 이상	• 감지기(정온식 감지선형 감지기 제외) • 가스누설경보기(10회로 이상) • 수신기(10회로 이상, 교류입력측과 외함간 제외)
	1000MΩ 이상	• 정온식 감지선형 감지기

답 ②

74 누전경보기의 형식승인 및 제품검사의 기술기준에 따라 외함은 불연성 또는 난연성 재질로 만들어져야 하며, 누전경보기 외함의 두께는 몇 mm 이상이어야 하는가? (단, 직접 벽면에 접하여 벽속에 매립되는 외함의 부분은 제외한다.)

① 1   ② 1.2
③ 2.5 ④ 3

해설 누전경보기의 외함두께(누전경보기의 형식승인 및 제품검사의 기술기준 3조)

일반적인 경우	직접 벽면에 접하여 벽 속에 매립되는 외함부분
1mm 이상 보기 ①	1.6mm 이상

답 ①

75 비상경보설비 및 단독경보형 감지기의 화재안전기준에 따른 단독경보형 감지기의 시설기준에 대한 내용이다. 다음 ( )에 들어갈 내용으로 옳은 것은?

단독경보형 감지기는 바닥면적이 (㉠)m²를 초과하는 경우에는 (㉡)m²마다 1개 이상을 설치하여야 한다.

① ㉠ 100, ㉡ 100   ② ㉠ 100, ㉡ 150
③ ㉠ 150, ㉡ 150   ④ ㉠ 150, ㉡ 200

해설 **단독경보형 감지기**의 **설치기준**(NFPC 201 5조, NFTC 201 2.2.1)
(1) 각 실(이웃하는 실내의 바닥면적이 각각 **30m² 미만**이고 벽체의 상부의 전부 또는 일부가 개방되어 이웃하는 실내와 공기가 상호 유통되는 경우에는 이를 1개의 실로 본다)마다 설치하되, 바닥면적이 **150m²**를 초과하는 경우에는 150m²마다 1개 이상 설치할 것 〈보기 ③〉
(2) 최상층의 계단실의 **천장**(외기가 상통하는 계단실의 경우 제외)에 설치할 것
(3) 건전지를 주전원으로 사용하는 단독경보형 감지기는 정상적인 작동상태를 유지할 수 있도록 건전지를 교환할 것
(4) 상용전원을 주전원으로 사용하는 단독경보형 감지기의 **2차 전지**는 제품검사에 합격한 것을 사용할 것

용어 **단독경보형 감지기**
화재발생 상황을 단독으로 감지하여 자체에 내장된 음향장치로 경보하는 감지기

답 ③

76 ★★★
자동화재탐지설비 및 시각경보장치의 화재안전기준에 따라 자동화재탐지설비의 감지기 설치에 있어서 부착높이가 20m 이상일 때 적합한 감지기 종류는?

20.09.문67
19.04.문78
16.05.문69
15.09.문69
14.05.문66
14.03.문78
12.09.문61

① 불꽃감지기
② 연기복합형
③ 차동식 분포형
④ 이온화식 1종

해설 감지기의 **부착높이**(NFPC 203 7조, NFTC 203 2.4.1)

부착높이	감지기의 종류
4m 미만	• 차동식(스포트형, 분포형) • 보상식 스포트형 • 정온식(스포트형, 감지선형) ⎤ **열감지기** • 이온화식 또는 광전식(스포트형, 분리형, 공기흡입형) : **연**기감지기 • 열복합형 • 연기복합형 ⎤ **복**합형 감지기 • 열연기복합형 • **불**꽃감지기 **기억법** 열연불복 4미
4~8m 미만	• 차동식(스포트형, 분포형) • 보상식 스포트형 • **정**온식(스포트형, 감지선형) **특**종 또는 **1**종 • **이**온화식 **1**종 또는 **2**종 ⎤ 연기감지기 • **광**전식(스포트형, 분리형, 공기흡입형) 1종 또는 2종 • 열복합형 • 연기복합형 ⎤ **복**합형 감지기 • 열연기복합형 • 불꽃감지기 **기억법** 8미열 정특1 이광12 복불
8~15m 미만	• 차동식 **분**포형 • **이**온화식 **1**종 또는 **2**종 • **광**전식(스포트형, 분리형, 공기흡입형) 1종 또는 2종 • **연**기복합형 • **불**꽃감지기 **기억법** 15분 이광12 연복불
15~20m 미만	• **이**온화식 1종 • **광**전식(스포트형, 분리형, 공기흡입형) 1종 • **연**기복합형 • **불**꽃감지기 **기억법** 이광불연복2
20m 이상	• **불**꽃감지기 〈보기 ①〉 • **광**전식(분리형, 공기흡입형) 중 **아**날로그방식 **기억법** 불광아

답 ①

77 ★★
자동화재탐지설비 및 시각경보장치의 화재안전기준에 따라 환경상태가 현저하게 고온으로 되어 연기감지기를 설치할 수 없는 건조실 또는 살균실 등에 적응성 있는 열감지기가 아닌 것은?

16.03.문64
08.05.문74

① 정온식 1종
② 정온식 특종
③ 열아날로그식
④ 보상식 스포트형 1종

해설 감지기 설치장소(NFTC 203 2.4.6(1))

구 분		정온식		열아날로그식	불꽃감지기
환경상태	적응장소	특종	1종		
주방, 기타 평상시에 연기가 체류하는 장소	• 주방 • 조리실 • 용접작업장	○	○	○	○
현저하게 고온으로 되는 장소	• 건조실 • 살균실 • 보일러실 • 주조실 • 영사실 • 스튜디오	○〈보기②〉	○〈보기①〉	○〈보기③〉	×

• **주방, 조리실** 등 습도가 많은 장소에는 **방수형** 감지기를 설치할 것
• **불꽃감지기**는 UV/IR형을 설치할 것

④ 요즘 사용하지 않음

답 ④

78 누전경보기의 형식승인 및 제품검사의 기술기준에 따라 감도조정장치를 갖는 누전경보기에 있어서 감도조정장치의 조정범위는 최대치가 몇 A 이어야 하는가?

① 0.2 ② 1.0
③ 1.5 ④ 2.0

해설 **누전경보기**(누전경보기의 형식승인 및 제품검사의 기술기준 7·8조)

공칭작동전류치	감도조정장치의 조정범위
200mA 이하	1A(1000mA) 이하 보기 ②

기억법 공2

참고

검출누설전류 설정치 범위

경계전로	제2종 접지선 (중성점 접지선)
100~400mA	400~700mA

답 ②

79 무선통신보조설비의 화재안전기준에 따라 무선통신보조설비의 누설동축케이블 및 안테나는 고압의 전로로부터 1.5m 이상 떨어진 위치에 설치해야 하나 그렇게 하지 않아도 되는 경우는?

① 끝부분에 무반사 종단저항을 설치한 경우
② 불연재료로 구획된 반자 안에 설치한 경우
③ 해당 전로에 정전기 차폐장치를 유효하게 설치한 경우
④ 금속제 등의 지지금구로 일정한 간격으로 고정한 경우

해설 **무선통신보조설비**의 **설치기준**(NFPC 505 5~8조, NFTC 505 2.2~2.5)

(1) 소방전용 주파수대에서 전파의 **전송** 또는 **복사**에 적합한 것으로서 소방전용의 것일 것
(2) 누설동축케이블과 이에 접속하는 안테나 또는 동축케이블과 이에 접속하는 안테나일 것
(3) 누설동축케이블 및 동축케이블은 화재에 따라 해당 케이블의 피복이 소실된 경우에 케이블 본체가 떨어지지 아니하도록 **4m** 이내마다 금속제 또는 자기제 등의 지지금구로 벽·천장·기둥 등에 견고하게 고정시킬 것(**불연재료**로 구획된 반자 안에 설치하는 경우는 제외)
(4) **누**설동축케이블 및 안테나는 **고**압전로로부터 **1.5m** 이상 떨어진 위치에 설치할 것(해당 전로에 **정전기 차폐장치**를 유효하게 설치한 경우에는 제외) 보기 ③
(5) 누설동축케이블의 끝부분에는 **무반사 종단저항**을 견고하게 설치할 것
(6) 임피던스 : 50Ω

용어

무반사 종단저항
전송로로 전송되는 전자파가 전송로의 종단에서 반사되어 교신을 방해하는 것을 막기 위한 저항

답 ③

기억법 누고15

80 유도등 및 유도표지의 화재안전기준에 따라 유도표지는 각 층마다 복도 및 통로의 각 부분으로부터 하나의 유도표지까지의 보행거리가 몇 m 이하가 되는 곳과 구부러진 모퉁이의 벽에 설치하여야 하는가? (단, 계단에 설치하는 것은 제외한다.)

① 5 ② 10
③ 15 ④ 25

해설 **유도표지**의 **설치기준**(NFPC 303 8조, NFTC 303 2.5.1)
(1) 각 층 복도의 각 부분에서 유도표지까지의 보행거리 **15m** 이하(계단에 설치하는 것 제외) 보기 ③
(2) 구부러진 모퉁이의 벽에 설치
(3) 통로유도표지는 높이 1m 이하에 설치
(4) 주위에 등화, 광고물, 게시물 등을 설치하지 않을 것

중요

설치높이

통로유도표지	피난구유도표지
1m 이하	출입구 상단에 설치

답 ③

21년

2021. 9. 12 시행

2021년 기사 제4회 필기시험

자격종목	종목코드	시험시간	형별
소방설비기사(전기분야)		2시간	

수험번호	성명

※ 각 문항은 4지택일형으로 질문에 가장 적합한 보기 항을 선택하여 체크하여야 합니다.

제1과목 소방원론

01 다음 중 피난자의 집중으로 패닉현상이 일어날 우려가 가장 큰 형태는?
① T형 ② X형
③ Z형 ④ H형

해설 피난형태

형태	피난방향	상황
X형		확실한 피난통로가 보장되어 신속한 피난이 가능하다.
Y형		
CO형		피난자들의 집중으로 패닉(Panic)현상이 일어날 수가 있다.
H형		

답 ④

02 연기감지기가 작동할 정도이고 가시거리가 20~30m에 해당하는 감광계수는 얼마인가?
① $0.1m^{-1}$
② $1.0m^{-1}$
③ $2.0m^{-1}$
④ $10m^{-1}$

해설 감광계수와 가시거리

감광계수 $[m^{-1}]$	가시거리 [m]	상황
0.1	20~30	연기**감**지기가 작동할 때의 농도(연기감지기가 작동하기 직전의 농도)
0.3	5	건물 내부에 **익**숙한 사람이 피난에 지장을 느낄 정도의 농도
0.5	3	**어**두운 것을 느낄 정도의 농도
1	1~2	앞이 거의 **보**이지 않을 정도의 농도
10	0.2~0.5	화재 **최**성기 때의 농도
30	—	출화실에서 연기가 **분**출할 때의 농도

기억법
0123   감
035   익
053   어
112   보
100205 최
30   분

답 ①

03 소화에 필요한 CO_2의 이론소화농도가 공기 중에서 37vol%일 때 한계산소농도는 약 몇 vol%인가?
① 13.2 ② 14.5
③ 15.5 ④ 16.5

해설 CO_2의 농도(이론소화농도)

$$CO_2 = \frac{21 - O_2}{21} \times 100$$

여기서, CO_2 : CO_2의 이론소화농도[vol%]
       O_2 : 한계산소농도[vol%]

$$CO_2 = \frac{21 - O_2}{21} \times 100$$

$$37 = \frac{21-O_2}{21} \times 100, \quad \frac{37}{100} = \frac{21-O_2}{21}$$

$$0.37 = \frac{21-O_2}{21}, \quad 0.37 \times 21 = 21 - O_2$$

$$O_2 + (0.37 \times 21) = 21$$

$$O_2 = 21 - (0.37 \times 21) ≒ 13.2 vol\%$$

용어
vol%
어떤 공간에 차지하는 부피를 백분율로 나타낸 것

답 ①

04 건물화재시 패닉(Panic)의 발생원인과 직접적인 관계가 없는 것은?
① 연기에 의한 시계제한
② 유독가스에 의한 호흡장애
③ 외부와 단절되어 고립
④ 불연내장재의 사용

해설 패닉(Panic)의 발생원인
(1) 연기에 의한 시계제한 보기 ①
(2) 유독가스에 의한 호흡장애 보기 ②
(3) 외부와 단절되어 고립 보기 ③

용어
패닉(Panic)
인간이 극도로 긴장되어 돌출행동을 하는 것

답 ④

05 소화기구 및 자동소화장치의 화재안전기준에 따르면 소화기구(자동확산소화기는 제외)는 거주자 등이 손쉽게 사용할 수 있는 장소에 바닥으로부터 높이 몇 m 이하의 곳에 비치하여야 하는가?
① 0.5
② 1.0
③ 1.5
④ 2.0

해설 설치높이

0.5~1m 이하	0.8~1.5m 이하	1.5m 이하
① **연**결송수관설비의 송수구	① **수**동식 **기**동장치 조작부	① **옥내**소화전설비의 방수구
② **연**결살수설비의 송수구	② **제**어밸브(수동식 개방밸브)	② **호**스릴함
③ **물**분무소화설비의 송수구	③ **유**수검지장치	③ **소**화기(투척용 소화기) 보기 ③
④ **소**화용수설비의 채수구	④ **일**제개방밸브	

기억법
수기8(수기 팔아요.)
제유일 85(제가 유일하게 팔았어요.)

기억법
연소용51(연소용 오일은 잘 탄다.)

기억법
옥내호소5(옥내에서 호소하시오.)

답 ③

06 물리적 폭발에 해당하는 것은?
① 분해폭발
② 분진폭발
③ 중합폭발
④ 수증기폭발

해설 폭발의 종류

화학적 폭발	물리적 폭발
• 가스폭발 • 유증기폭발 • 분진폭발 • 화약류의 폭발 • 산화폭발 • 분해폭발 • 중합폭발 • 증기운폭발	• 증기폭발(수증기폭발) 보기 ④ • 전선폭발 • 상전이폭발 • 압력방출에 의한 폭발

답 ④

07 소화약제로 사용되는 이산화탄소에 대한 설명으로 옳은 것은?
① 산소와 반응시 흡열반응을 일으킨다.
② 산소와 반응하여 불연성 물질을 발생시킨다.
③ 산화하지 않으나 산소와는 반응한다.
④ 산소와 반응하지 않는다.

해설 가연물이 될 수 없는 물질(불연성 물질)

특 징	불연성 물질
주기율표의 0족 원소	• 헬륨(He) • 네온(Ne) • 아르곤(Ar) • 크립톤(Kr) • 크세논(Xe) • 라돈(Rn)
산소와 더 이상 반응하지 않는 물질 보기 ④	• 물(H_2O) • **이산화탄소(CO_2)** • 산화알루미늄(Al_2O_3) • 오산화인(P_2O_5)
흡열반응 물질	질소(N_2)

• 탄산가스=이산화탄소(CO_2)

답 ④

08 Halon 1211의 화학식에 해당하는 것은?
① CH_2BrCl
② CF_2ClBr
③ CH_2BrF
④ CF_2HBr

해설 할론소화약제의 약칭 및 분자식

종류	약칭	분자식
할론 1011	CB	CH_2ClBr
할론 104	CTC	CCl_4
할론 1211	BCF	CF_2ClBr 보기 ②
할론 1301	BTM	CF_3Br
할론 2402	FB	$C_2F_4Br_2$

답 ②

09 건축물 화재에서 플래시오버(Flash over) 현상이 일어나는 시기는?

① 초기에서 성장기로 넘어가는 시기
② 성장기에서 최성기로 넘어가는 시기
③ 최성기에서 감쇠기로 넘어가는 시기
④ 감쇠기에서 종기로 넘어가는 시기

해설 플래시오버(Flash over)

구분	설명
발생시간	화재발생 후 5~6분경
발생시점	성장기~최성기(성장기에서 최성기로 넘어가는 분기점) 보기 ② 기억법 플성최
실내온도	약 800~900℃

답 ②

10 인화칼슘과 물이 반응할 때 생성되는 가스는?

① 아세틸렌
② 황화수소
③ 황산
④ 포스핀

해설 (1) 탄화칼슘과 물의 반응식

$CaC_2 + 2H_2O \rightarrow Ca(OH)_2 + C_2H_2 \uparrow$
탄화칼슘   물   수산화칼슘   아세틸렌

(2) 탄화알루미늄과 물의 반응식

$Al_4C_3 + 12H_2O \rightarrow 4Al(OH)_3 + 3CH_4 \uparrow$
탄화알루미늄   물   수산화알루미늄   메탄

(3) 인화칼슘과 물의 반응식 보기 ④

$Ca_3P_2 + 6H_2O \rightarrow 3Ca(OH)_2 + 2PH_3 \uparrow$
인화칼슘   물   수산화칼슘   포스핀

(4) 수소화리튬과 물의 반응식

$LiH + H_2O \rightarrow LiOH + H_2$
수소화리튬   물   수산화리튬   수소

답 ④

11 위험물안전관리법령상 자기반응성 물질의 품명에 해당하지 않는 것은?

① 나이트로화합물
② 할로젠간화합물
③ 질산에스터류
④ 하이드록실아민염류

해설 위험물규칙 3조, 위험물령 〔별표 1〕
위험물

유별	성질	품명
제1류	산화성 고체	• 아염소산염류 • 염소산염류 • 과염소산염류 • 질산염류 • 무기과산화물 • 과아이오딘산염류 • 과아이오딘산 • 크로뮴, 납 또는 아이오딘의 산화물 • 아질산염류 • 차아염소산염류 • 염소화아이소사이아누르산 • 퍼옥소이황산염류 • 퍼옥소붕산염류 기억법 1산고(일산GO), ~염류, 무기과산화물
제2류	가연성 고체	• 황화인 • 적린 • 황 • 마그네슘 • 금속분 기억법 2황화적황마
제3류	자연발화성 물질 및 금수성 물질	• 황린 • 칼륨 • 나트륨 • 트리에틸알루미늄 • 금속의 수소화물 • 염소화규소화합물 기억법 황칼나트알
제4류	인화성 액체	• 특수인화물 • 석유류(벤젠) • 알코올류 • 동식물유류
제5류	자기반응성 물질	• 유기과산화물 • 나이트로화합물 보기 ① • 나이트로소화합물 • 아조화합물 • 질산에스터류(셀룰로이드) 보기 ③ • 하이드록실아민염류 보기 ④ • 금속의 아지화합물 • 질산구아니딘

| 제6류 | 산화성 액체 | • 과염소산
• 과산화수소
• 질산
• 할로젠간화합물 보기 ② | | |

② 산화성 액체

답 ②

12 마그네슘의 화재에 주수하였을 때 물과 마그네슘의 반응으로 인하여 생성되는 가스는?

① 산소
② 수소
③ 일산화탄소
④ 이산화탄소

해설 **주수소화**(물소화)시 위험한 물질

위험물	발생물질
• **무**기과산화물	**산소**(O_2) 발생 기억법 **무산**(**무산**되다.)
• 금속분 • **마그네슘** • 알루미늄 • 칼륨 문제 14 • 나트륨 • 수소화리튬	**수소**(H_2) 발생 기억법 **마수**
• 가연성 액체의 유류화재 (경유)	**연소면**(화재면) 확대

답 ②

13 제2종 분말소화약제의 주성분으로 옳은 것은?

① NaH_2PO_4
② KH_2PO_4
③ $NaHCO_3$
④ $KHCO_3$

해설 (1) **분말소화약제**

종별	주성분	착색	적응화재	비고
제**1**종	중탄산나트륨 ($NaHCO_3$)	백색	BC급	**식용유** 및 **지방질유**의 화재에 적합
제**2**종	중탄산칼륨 ($KHCO_3$)	담자색 (담회색)	BC급	-
제**3**종	제1인산암모늄 ($NH_4H_2PO_4$)	담홍색	ABC급	**차고·주차장**에 적합
제4종	중탄산칼륨 +요소 ($KHCO_3+$ $(NH_2)_2CO$)	회(백)색	BC급	-

기억법 1식분(**일식 분식**)
3분 차주(**삼보**컴퓨터 **차주**)

(2) 이산화탄소 소화약제

주성분	적응화재
이산화탄소(CO_2)	BC급

답 ④

14 물과 반응하였을 때 가연성 가스를 발생하여 화재의 위험성이 증가하는 것은?

① 과산화칼슘
② 메탄올
③ 칼륨
④ 과산화수소

해설 문제 12 참조

중요

경유화재시 주수소화가 부적당한 이유
물보다 비중이 가벼워 물 위에 떠서 **화재확대**의 우려가 있기 때문이다.

답 ③

15 물리적 소화방법이 아닌 것은?

① 연쇄반응의 억제에 의한 방법
② 냉각에 의한 방법
③ 공기와의 접촉 차단에 의한 방법
④ 가연물 제거에 의한 방법

해설

구분	물리적 소화방법	화학적 소화방법
소화 형태	• 질식소화(공기와의 접속 차단) • 냉각소화(냉각) • 제거소화(가연물 제거)	• **억**제소화(연쇄반응의 억제) 보기 ① 기억법 **억화**(**억화**감정)
소화 약제	• 물소화약제 • 이산화탄소소화약제 • 포소화약제 • 불활성기체소화약제 • 마른모래	• 할론소화약제 • 할로겐화합물소화약제

① 화학적 소화방법

중요
소화의 방법

소화방법	설명
냉각소화	• 다량의 물 등을 이용하여 **점화원**을 **냉각**시켜 소화하는 방법 • 다량의 물을 뿌려 소화하는 방법
질식소화	• 공기 중의 **산소농도**를 16%(10~15%) 이하로 희박하게 하여 소화하는 방법
제거소화	• 가연물을 제거하여 소화하는 방법
억제소화 (부촉매효과)	• 연쇄반응을 차단하여 소화하는 방법으로 '화학소화'라고도 함

답 ①

16. 다음 중 착화온도가 가장 낮은 것은?

① 아세톤
② 휘발유
③ 이황화탄소
④ 벤젠

해설

물질	인화점	착화점
• 프로필렌	-107℃	497℃
• 에틸에터 • 다이에틸에터	-45℃	180℃
• 가솔린(휘발유) 보기 ②	-43℃	**300℃**
• 이황화탄소 보기 ③	-30℃	**100℃**
• 아세틸렌	-18℃	335℃
• 아세톤 보기 ①	-18℃	**538℃**
• 벤젠 보기 ④	-11℃	**562℃**
• 톨루엔	4.4℃	480℃
• 에틸알코올	13℃	423℃
• 아세트산	40℃	-
• 등유	43~72℃	210℃
• 경유	50~70℃	200℃
• 적린	-	260℃

• 착화점=발화점=착화온도=발화온도

답 ③

17. 화재의 분류방법 중 유류화재를 나타낸 것은?

① A급 화재
② B급 화재
③ C급 화재
④ D급 화재

해설 화재의 종류

구분	표시색	적응물질
일반화재(A급)	백색	• 일반가연물 • 종이류 화재 • 목재·섬유화재
유류화재(B급) 보기 ②	황색	• 가연성 액체 • 가연성 가스 • 액화가스화재 • 석유화재
전기화재(C급)	청색	• 전기설비
금속화재(D급)	무색	• 가연성 금속
주방화재(K급)	-	• 식용유화재

※ 요즘은 표시색의 의무규정은 없음

답 ②

18. 소화약제로 사용되는 물에 관한 소화성능 및 물성에 대한 설명으로 틀린 것은?

① 비열과 증발잠열이 커서 냉각소화 효과가 우수하다.
② 물(15℃)의 비열은 약 1cal/g·℃이다.
③ 물(100℃)의 증발잠열은 439.6cal/g이다.
④ 물의 기화에 의한 팽창된 수증기는 질식소화 작용을 할 수 있다.

해설 물의 소화능력

(1) **비열**이 크다. 보기 ①
(2) **증발잠열**(기화잠열)이 크다. 보기 ①
(3) 밀폐된 장소에서 증발가열하면 수증기에 의해서 **산소희석작용** 또는 **질식소화작용**을 한다. 보기 ④
(4) **무상**으로 주수하면 **중질유** 화재에도 사용할 수 있다.

융해잠열	증발잠열(기화잠열)
80cal/g	539cal/g 보기 ③

③ 439.6cal/g → 539cal/g

참고
물이 소화약제로 많이 쓰이는 이유

장점	단점
① 쉽게 구할 수 있다. ② 증발잠열(기화잠열)이 크다. ③ 취급이 간편하다.	① 가스계 소화약제에 비해 사용 후 오염이 **크다**. ② 일반적으로 **전기화재**에는 **사용이 불가**하다.

답 ③

19. 다음 중 공기에서의 연소범위를 기준으로 했을 때 위험도(H) 값이 가장 큰 것은?

① 다이에틸에터 ② 수소
③ 에틸렌 ④ 부탄

해설 위험도

$$H = \frac{U-L}{L}$$

여기서, H : 위험도
U : 연소상한계
L : 연소하한계

① 다이에틸에터 = $\dfrac{48-1.7}{1.7}$ = 27.23

② 수소 = $\dfrac{75-4}{4}$ = 17.75

③ 에틸렌 = $\dfrac{36-2.7}{2.7}$ = 12.33

④ 부탄 = $\dfrac{8.4-1.8}{1.8}$ = 3.67

중요

공기 중의 폭발한계(상온, 1atm)

가스	하한계 [vol%]	상한계 [vol%]
[보기 ①] 다이에틸에터($(C_2H_5)_2O$)	→ 1.7	48
[보기 ②] 수소(H_2)	→ 4	75
[보기 ③] 에틸렌(C_2H_4)	→ 2.7	36
[보기 ④] 부탄(C_4H_{10})	→ 1.8	8.4
아세틸렌(C_2H_2)	2.5	81
일산화탄소(CO)	12	75
이황화탄소(CS_2)	1	50
암모니아(NH_3)	15	25
메탄(CH_4)	5	15
에탄(C_2H_6)	3	12.4
프로판(C_3H_8)	2.1	9.5

• 연소한계 = 연소범위 = 가연한계 = 가연범위 = 폭발한계 = 폭발범위
• 다이에틸에터 = 에터

답 ①

20. 조연성 가스로만 나열되어 있는 것은?

① 질소, 불소, 수증기
② 산소, 불소, 염소
③ 산소, 이산화탄소, 오존
④ 질소, 이산화탄소, 염소

해설 가연성 가스와 지연성 가스(조연성 가스)

가연성 가스	지연성 가스(조연성 가스)
• 수소 • 메탄 • 일산화탄소 • 천연가스 • 부탄 • 에탄 • 암모니아 • 프로판	• 산소 [보기 ②] • 공기 • 염소 [보기 ②] • 오존 • 불소 [보기 ②]

기억법 조산공 염오불

기억법 가수일천 암부 메에프

용어 가연성 가스와 지연성 가스

가연성 가스	지연성 가스(조연성 가스)
물질 자체가 연소하는 것	자기 자신은 연소하지 않지만 연소를 도와주는 가스

답 ②

제 2 과목 소방전기일반

21. 단상 반파정류회로를 통해 평균 26V의 직류전압을 출력하는 경우, 정류 다이오드에 인가되는 역방향 최대전압은 약 몇 V인가? (단, 직류측에 평활회로(필터)가 없는 정류회로이고, 다이오드의 순방향 전압은 무시한다.)

① 26 ② 37
③ 58 ④ 82

해설 (1) 기호
• V_{av} : 26V
• PIV : ?

(2) 직류 평균전압

단상 반파정류회로	단상 전파정류회로
$V_{av} = 0.45 V$	$V_{av} = 0.9 V$

여기서, V_{av} : 직류 평균전압[V]
V : 교류 실효값(교류전압)[V]

여기서, V_{av} : 직류 평균전압[V]
V : 교류 실효값(교류전압)[V]

교류전압 V는

$V = \dfrac{V_{av}}{0.45} = \dfrac{26}{0.45} ≒ 57.7V$

(3) **첨두역전압**(역방향 최대전압)

$$PIV = \sqrt{2}\,V$$

여기서, PIV : 첨두역전압[V]
V : 교류전압[V]
첨두역전압 PIV는
$PIV = \sqrt{2}\,V = \sqrt{2} \times 57.7 = 82\text{V}$

용어

첨두역전압(PIV ; Peak Inverse Voltage)
정류회로에서 다이오드가 동작하지 않을 때, 역방향 전압을 견딜 수 있는 최대전압

답 ④

★★★ 22 시퀀스회로를 논리식으로 표현하면?

[16.03.문30]

① $C = A + \overline{B} \cdot C$
② $C = A \cdot \overline{B} + C$
③ $C = A \cdot C + \overline{B}$
④ $C = A \cdot C + \overline{B} \cdot C$

해설 논리식 · 시퀀스회로

시퀀스	논리식	시퀀스회로(스위칭회로)
직렬회로	$Z = A \cdot B$ $Z = AB$	
병렬회로	$Z = A + B$	
a접점	$Z = A$	
b접점	$Z = \overline{A}$	

$\therefore C = A + \overline{B} \cdot C = A + \overline{B}C$

답 ①

★★★ 23 제어량에 따른 제어방식의 분류 중 온도, 유량, 압력 등의 공업 프로세스의 상태량을 제어량으로 하는 제어계로서 외란의 억제를 주목적으로 하는 제어방식은?

[19.03.문32]
[17.09.문22]
[17.09.문39]
[16.10.문35]
[16.05.문22]
[16.03.문32]
[15.05.문23]
[14.09.문23]
[13.09.문27]

① 서보기구 ② 자동조정
③ 추종제어 ④ 프로세스제어

해설 **제어량**에 의한 **분류**

분류	종류
프로세스제어 (공정제어) 보기 ④	• **온**도 • **압**력 • **유**량 • **액**면 기억법 **프온압유액**
서보기구 (서보제어, 추종제어)	• **위**치 • **방**위 • **자**세 기억법 **서위방자**
자동조정	• 전압 • 전류 • 주파수 • 회전속도(**발**전기의 **속**도조절기) • 장력 기억법 **자발속**

※ **프로세스제어** : 공업공정의 상태량을 제어량으로 하는 제어

중요

제어의 종류	
종류	설 명
정치제어 (Fixed value control)	• 일정한 목표값을 유지하는 것으로 **프로세스제어**, **자동조정**이 이에 해당된다. 예 연속식 압연기 • **목표값**이 시간에 관계없이 항상 일정한 값을 가지는 제어
추종제어 (Follow-up control)	미지의 시간적 변화를 하는 목표값에 제어량을 추종시키기 위한 제어로 **서보기구**가 이에 해당된다. 예 대공포의 포신
비율제어 (Ratio control)	둘 이상의 제어량을 소정의 비율로 제어하는 것
프로그램제어 (Program control)	목표값이 미리 정해진 시간적 변화를 하는 경우 제어량을 그것에 추종시키기 위한 제어 예 열차 · 산업로봇의 무인운전

답 ④

24. 반도체를 이용한 화재감지기 중 서미스터(Thermistor)는 무엇을 측정하기 위한 반도체소자인가?

① 온도
② 연기농도
③ 가스농도
④ 불꽃의 스펙트럼 강도

해설 반도체소자

명칭	심벌
① **제**너다이오드(Zener diode) : 주로 **정**전압 전원회로에 사용된다. [기억법] 제정(재정이 풍부)	
② **서**미스터(Thermistor) : 부온도특성을 가진 저항기의 일종으로서 주로 **온**도보정용으로 쓰인다. 보기 ① [기억법] 서온(서운해)	
③ SCR(Silicon Controlled Rectifier) : 단방향 대전류 스위칭소자로서 제어를 할 수 있는 정류소자이다.	
④ **바**리스터(Varistor) • 주로 **서**지전압에 대한 회로보호용(과도전압에 대한 회로보호) • **계**전기 접점의 불꽃제거 [기억법] 바리서계	
⑤ UJT(UniJunction Transistor) =단일접합 트랜지스터 : 증폭기로는 사용이 불가능하고 톱니파나 펄스발생기로 작용하며 SCR의 트리거소자로 쓰인다.	
⑥ 바랙터(Varactor) : 제너현상을 이용한 다이오드	—

답 ①

25. 회로에서 a와 b 사이의 합성저항[Ω]은?

① 5
② 7.5
③ 15
④ 30

해설 휘트스톤브리지이므로 회로를 변형하면 다음과 같다.

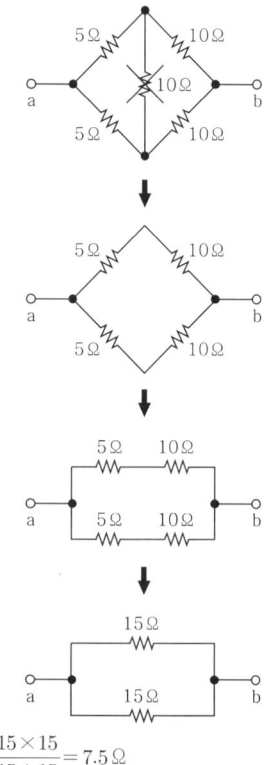

$$\therefore R_{ab} = \frac{15 \times 15}{15 + 15} = 7.5\,\Omega$$

중요

휘트스톤브리지(Wheatstone bridge)
$PR = QX$이면 검류계 G에는 전류가 흐르지 않으므로 생략 가능

|휘트스톤브리지|

※ **휘트스톤브리지** : $0.5 \sim 10^5\,\Omega$의 중저항 측정

답 ②

26. 1개의 용량이 25W인 객석유도등 10개가 설치되어 있다. 이 회로에 흐르는 전류는 약 몇 A인가? (단, 전원전압은 220V이고, 기타 선로손실 등은 무시한다.)

① 0.88
② 1.14
③ 1.25
④ 1.36

해설

여기서,
⊗ₛ : 객석유도등

(1) 기호
- P : 25W×10개
- I : ?
- V : 220V

(2) 전력

$$P = VI = I^2 R = \frac{V^2}{R}$$

여기서, P : 전력[W]
V : 전압[V]
I : 전류[A]
R : 저항[Ω]

전류 $I = \dfrac{P}{V} = \dfrac{25\text{W} \times 10\text{개}}{220\text{V}} ≒ 1.14\text{A}$

답 ②

27 PD(비례미분)제어동작의 특징으로 옳은 것은?

17.03.문37
16.10.문40
14.09.문25
08.09.문22

① 잔류편차 제거
② 간헐현상 제거
③ 불연속제어
④ 속응성 개선

해설 연속제어

제어 종류	설 명
비례제어(P동작)	**잔류편차**(off-set)가 있는 제어
미분제어(D동작)	오차가 커지는 것을 **미연에 방지**하고 **진동**을 **억제**하는 제어(=Rate동작)
적분제어(I동작)	**잔류편차를 제거**하기 위한 제어
비례적분제어 (PI동작)	**간헐현상**이 있는 제어, 잔류편차가 없는 제어 기억법 간비적
비례미분제어 (PD동작)	응답 **속응성을 개선**하는 제어 보기 ④ 기억법 PD응(PD 좋아? 응!)
비례적분미분제어 (PID동작)	적분제어로 **잔류편차를 제거**하고, 미분제어로 응답을 **빠르게** 하는 제어

용어

용 어	설 명
간헐현상	제어계에서 동작신호가 연속적으로 변하여도 조작량이 **일정한 시간**을 두고 **간헐**적으로 변하는 현상
잔류편차	비례제어에서 급격한 목표값의 변화 또는 외란이 있는 경우 제어계가 정상상태로 된 후에도 **제어량**이 **목표값**과 **차이**가 난 채로 있는 것

답 ④

28 회로에서 저항 20Ω에 흐르는 전류[A]는?

14.09.문39
08.03.문21

① 0.8 ② 1.0
③ 1.8 ④ 2.8

해설 중첩의 원리

(1) 전압원 단락시

$I_2 = \dfrac{R_1}{R_1 + R_2} I = \dfrac{5}{5+20} \times 5 = 1\text{A}$

(2) 전류원 개방시 5Ω

$I = \dfrac{V}{R_1 + R_2} = \dfrac{20}{5+20} = 0.8\text{A}$

∴ 20Ω에 흐르는 전류 $= I_2 + I = 1 + 0.8 = 1.8\text{A}$

- 중첩의 원리=전압원 단락시 값+전류원 개방시 값

답 ③

29

1cm의 간격을 둔 평행 왕복전선에 25A의 전류가 흐른다면 전선 사이에 작용하는 단위길이당 힘[N/m]은?

① 2.5×10^{-2} N/m(반발력)
② 1.25×10^{-2} N/m(반발력)
③ 2.5×10^{-2} N/m(흡인력)
④ 1.25×10^{-2} N/m(흡인력)

해설 (1) 기호
- r : 0.1cm=0.01m(100cm=1m)
- I_1, I_2 : 25A
- F : ?

(2) 평행도체 사이에 작용하는 힘

$$F = \frac{\mu_0 I_1 I_2}{2\pi r} [\text{N/m}]$$

여기서, F : 평행전류의 힘[N/m]
μ_0 : 진공의 투자율($4\pi \times 10^{-7}$)[H/m]
I_1, I_2 : 전류[A]
r : 거리[m]

평행도체 사이에 작용하는 힘 F는

$$F = \frac{\mu_0 I_1 I_2}{2\pi r}$$
$$= \frac{(4\pi \times 10^{-7}) \times 25 \times 25}{2\pi \times 0.01} = 0.0125$$
$$= 1.25 \times 10^{-2} \text{N/m}$$

힘의 방향은 전류가 **같은 방향**이면 **흡인력**, **다른 방향**이면 **반발력**이 작용한다.

| 평행전류의 힘 |

평행 왕복전선은 전류가 갔다가 다시 돌아오므로 두 전선의 전류방향이 다른 방향이 되어 **반발력**이 작용한다.

답 ②

30

0.5kVA의 수신기용 변압기가 있다. 이 변압기의 철손은 7.5W이고, 전부하동손은 16W이다. 화재가 발생하여 처음 2시간은 전부하로 운전되고, 다음 2시간은 $\frac{1}{2}$의 부하로 운전되었다고 한다. 4시간에 걸친 이 변압기의 전손실전력량은 몇 Wh인가?

① 62
② 70
③ 78
④ 94

해설 (1) 기호
- P_i : 7.5W
- P_c : 16W
- t : 2h
- $\frac{1}{2}$ 부하가 걸렸으므로 $\frac{1}{n} = \frac{1}{2}$
- W : ?

(2) 전손실전력량

$$W = [P_i + P_c]t + \left[P_i + \left(\frac{1}{n}\right)^2 P_c\right]t$$

여기서, W : 전손실전력량[Wh]
P_i : 철손[W]
P_c : 동손[W]
t : 시간[h]
n : 부하가 걸리는 비율

$$W = [7.5 + 16] \times 2 + \left[7.5 + \left(\frac{1}{2}\right)^2 \times 16\right] \times 2 = 70\text{Wh}$$

답 ②

31

테브난의 정리를 이용하여 그림 (a)의 회로를 그림 (b)와 같은 등가회로로 만들고자 할 때 V_{ab}[V]와 R_{ab}[Ω]은?

(a)   (b)

① 5V, 2Ω
② 5V, 3Ω
③ 6V, 2Ω
④ 6V, 3Ω

해설 테브난의 정리에 의해
2.4Ω에는 전압이 가해지지 않으므로

↓ 이해하기 쉽게 회로를 변형하면

$$V_{ab} = \frac{R_2}{R_1 + R_2} V = \frac{1.5}{1 + 1.5} \times 10 = 6\text{V}$$

전압원을 단락하고 회로망에서 본 저항 R은

$$R = \frac{1 \times 1.5}{1+1.5} + 2.4 = 3\Omega$$

> **용어**
>
> **테브난의 정리**(테브낭의 정리)
> 2개의 독립된 회로망을 접속하였을 때의 전압·전류 및 임피던스의 관계를 나타내는 정리

답 ④

32

블록선도에서 외란 $D(s)$의 압력에 대한 출력 $C(s)$의 전달함수 $\left(\dfrac{C(s)}{D(s)}\right)$는?

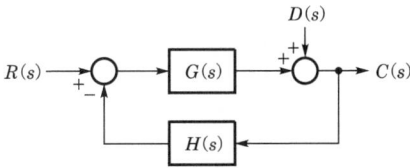

① $\dfrac{G(s)}{H(s)}$ ② $\dfrac{1}{1+G(s)H(s)}$

③ $\dfrac{H(s)}{G(s)}$ ④ $\dfrac{G(s)}{1+G(s)H(s)}$

해설

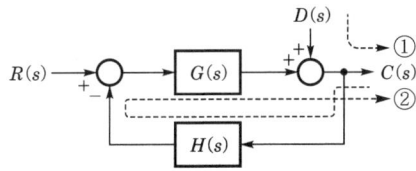

계산편의를 위해 (s)를 삭제하고 계산하면
$D - CGH = C$
$D = C + CGH$
$D = C(1+GH)$
$\dfrac{1}{1+GH} = \dfrac{C}{D}$
$\dfrac{C}{D} = \dfrac{1}{1+GH}$ ← 좌우 위치 바꿈
$\dfrac{C(s)}{D(s)} = \dfrac{1}{1+G(s)H(s)}$ ← 삭제한 (s)를 다시 붙임

> **용어**
>
> **블록선도**(Block diagram)
> 제어계에서 신호가 전달되는 모양을 표시하는 선도

답 ②

33

회로에서 전압계 Ⓥ가 지시하는 전압의 크기는 몇 V인가?

① 10 ② 50
③ 80 ④ 100

해설

(1) 기호
- V : 100V
- R : 8Ω
- X_L : 4Ω
- X_C : -10Ω
- Ⓥ 전압 : ?

(2) 임피던스

$$Z = R + jX_L - jX_C$$

여기서, Z : 임피던스[Ω]
    X_L : 유도리액턴스[Ω]
    X_C : 용량리액턴스[Ω]

임피던스 Z는
$Z = R + jX_L - jX_C$
$= 8 + j4 - j10 = 8 - j6 = \sqrt{8^2 + (-6)^2} = 10\Omega$

(3) 전류

$$I = \frac{V}{Z}$$

여기서, I : 전류[A]
    V : 전압[V]
    Z : 임피던스[Ω]

전류 I는
$I = \dfrac{V}{Z} = \dfrac{100}{10} = 10\text{A}$

(4) 전압

$$V_C = IX_C$$

여기서, V_C : 콘덴서에 걸리는 전압[V]
    I : 전류[A]
    X_C : 용량리액턴스[Ω]

전압계 Ⓥ의 지시값은 콘덴서에 걸리는 전압과 동일하므로 콘덴서에 걸리는 전압 V_C는
$V_C = IX_C = 10 \times 10 = 100\text{V}$

답 ④

34

지시계기에 대한 동작원리가 아닌 것은?

① 열전형 계기 : 대전된 도체 사이에 작용하는 정전력을 이용
② 가동철편형 계기 : 전류에 의한 자기장에서 고정철편과 가동철편 사이에 작용하는 힘을 이용
③ 전류력계형 계기 : 고정코일에 흐르는 전류에 의한 자기장과 가동코일에 흐르는 전류 사이에 작용하는 힘을 이용
④ 유도형 계기 : 회전자기장 또는 이동자기장과 이것에 의한 유도전류와의 상호작용을 이용

해설 지시계기의 동작원리

계기명	동작원리
열**전**대형 계기(열전형 계기) 보기①	**금**속선의 팽창
유도형 계기 보기④	회전자기장 및 이동자기장
전류력계형 계기 보기③	코일의 자기장(전류 상호간에 작용하는 힘)
열선형 계기	열선의 팽창
가동철편형 계기 보기②	연철편의 작용(고정철편과 가동철편 사이에 작용하는 힘)
정전형 계기	정전력 이용

기억법 금전

중요

지시전기계기의 종류

계기의 종류	기호	사용회로
가동코일형	⊓	직류
가동철편형	⋛	교류
정류형	▶¦	교류
유도형	⊙	교류
전류력계형	▭	교직양용
열선형	V	교직양용
정전형	⊥	교직양용

• 정류기형 계기=정류형 계기

답 ①

★★ 35
12.05.문21
선간전압의 크기가 $100\sqrt{3}$ V인 대칭 3상 전원에 각 상의 임피던스가 $Z=30+j40\Omega$인 Y결선의 부하가 연결되었을 때 이 부하로 흐르는 선전류 [A]의 크기는?

① 2 ② $2\sqrt{3}$
③ 5 ④ $5\sqrt{3}$

해설 (1) 기호
• $V_L : 100\sqrt{3}$ V
• $Z : 30+j40\,\Omega$
• $I_L : ?$

(2) 그림

(3) △결선 vs Y결선

△결선	Y결선
$I_L = \dfrac{\sqrt{3}\,V}{Z}$ $I_L = \sqrt{3}\,I_P$	$I_L = \dfrac{V}{\sqrt{3}\,Z}$ $I_L = I_P$

여기서, I_L : 선전류[A]
　　　　V : 선간전압[V]
　　　　Z : 임피던스[Ω]
　　　　I_P : 상전류[A]

여기서, I_L : 선전류[A]
　　　　I_P : 상전류[A]
　　　　V : 선간전압[V]
　　　　Z : 임피던스[Ω]

(4) 임피던스

$$Z = R+jX = \sqrt{R^2+X^2}$$

여기서, Z : 임피던스[Ω]
　　　　R : 저항[Ω]
　　　　X : 리액턴스[Ω]

(5) 선전류 Y결선
선전류 I_L 는

$$I_L = \frac{V_L}{\sqrt{3}\,Z} = \frac{V_L}{\sqrt{3}\,(\sqrt{R^2+X^2})}$$
$$= \frac{100\sqrt{3}}{\sqrt{3}\,(\sqrt{30^2+40^2})} = 2\text{A}$$

답 ①

★★ 36
20.09.문39
자유공간에서 무한히 넓은 평면에 면전하밀도 σ [C/m²]가 균일하게 분포되어 있는 경우 전계의 세기(E)는 몇 V/m인가? (단, ε_0는 진공의 유전율이다.)

① $E = \dfrac{\sigma}{\varepsilon_0}$ ② $E = \dfrac{\sigma}{2\varepsilon_0}$
③ $E = \dfrac{\sigma}{2\pi\varepsilon_0}$ ④ $E = \dfrac{\sigma}{4\pi\varepsilon_0}$

해설 가우스의 법칙
무한히 **넓은** 평면에서 대전된 물체에 대한 **전계**의 **세기**(Intensity of electric field)를 구할 때 사용한다. 무한히 넓은 평면에서 대전된 물체는 원천 전하로부터 전기장이 발생해 이 전기장이 다른 전하에 힘을 주게 되어 **대칭**의 **자기장**이 존재하게 된다. 즉 **자기장이 2개**가 존재하므로 다음과 같이 구할 수 있다.

기본식 $E = \dfrac{Q}{4\pi\varepsilon r^2} = \dfrac{\sigma}{\varepsilon}$ 에서

$2E = \dfrac{Q}{4\pi\varepsilon r^2} = \dfrac{\sigma}{\varepsilon}$

$E = \dfrac{Q}{2(4\pi\varepsilon r^2)} = \dfrac{\sigma}{2\varepsilon}$

여기서, E : 전계의 세기(V/m)
Q : 전하(C)
ε : 유전율(F/m)($\varepsilon = \varepsilon_0 \cdot \varepsilon_s$)
$\begin{pmatrix} \varepsilon_0 : \text{진공의 유전율(F/m)} \\ \varepsilon_s : \text{비유전율} \end{pmatrix}$
σ : 면전하밀도(C/m²)
r : 거리(m)

전계의 세기(전장의 세기) E는
$E = \dfrac{\sigma}{2\varepsilon} = \dfrac{\sigma}{2(\varepsilon_0\varepsilon_s)} = \dfrac{\sigma}{2\varepsilon_0}$

● 자유공간에서 $\varepsilon_s \fallingdotseq 1$이므로 $\varepsilon = \varepsilon_0\varepsilon_s \fallingdotseq \varepsilon_0$

답 ②

37
50Hz의 주파수에서 유도성 리액턴스가 4Ω인 인덕터와 용량성 리액턴스가 1Ω인 커패시터와 4Ω의 저항이 모두 직렬로 연결되어 있다. 이 회로에 100V, 50Hz의 교류전압을 인가했을 때 무효전력[Var]은?

① 1000   ② 1200
③ 1400   ④ 1600

해설 (1) 기호
● f : 50Hz
● X_L : 4Ω
● X_C : 1Ω
● R : 4Ω
● V : 100V
● P_r : ?

(2) 그림

100V 50Hz

(3) 리액턴스
$X = \sqrt{(X_L - X_C)^2}$

여기서, X : 리액턴스[Ω]
X_L : 유도리액턴스[Ω]
X_C : 용량리액턴스[Ω]

리액턴스 X는
$X = \sqrt{(X_L - X_C)^2} = \sqrt{(4-1)^2} = 3\Omega$

(4) 전류
$I = \dfrac{V}{Z} = \dfrac{V}{\sqrt{R^2 + X^2}}$

여기서, I : 전류[A]
V : 전압[V]
Z : 임피던스[Ω]
R : 저항[Ω]
X : 리액턴스[Ω]

전류 I는
$I = \dfrac{V}{\sqrt{R^2 + X^2}} = \dfrac{100}{\sqrt{4^2 + 3^2}} = 20\text{A}$

(5) 무효전력
$P_r = VI\sin\theta = I^2 X \text{[Var]}$

여기서, P_r : 무효전력[Var]
V : 전압[V]
I : 전류[A]
$\sin\theta$: 무효율
X : 리액턴스[Ω]

● **무효전력** : **교류전압**(V)과 **전류**(I) 그리고 **무효율**($\sin\theta$)의 곱 형태

무효전력 P_r은
$P_r = I^2 X = 20^2 \times 3 = 1200\text{Var}$

답 ②

38
다음의 단상 유도전동기 중 기동토크가 가장 큰 것은?

① 셰이딩 코일형   ② 콘덴서 기동형
③ 분상 기동형   ④ 반발 기동형

해설 기동토크가 큰 순서
반발 기동형 > 반발 유도형 > 콘덴서 기동형 > 분상 기동형 > 셰이딩 코일형

기억법 반기큰

● 셰이딩 코일형=세이딩 코일형

답 ④

39
무한장 솔레노이드에서 자계의 세기에 대한 설명으로 틀린 것은?

① 솔레노이드 내부에서의 자계의 세기는 전류의 세기에 비례한다.
② 솔레노이드 내부에서의 자계의 세기는 코일의 권수에 비례한다.
③ 솔레노이드 내부에서의 자계의 세기는 위치에 관계없이 일정한 평등자계이다.
④ 자계의 방향과 암페어 적분 경로가 서로 수직인 경우 자계의 세기가 최대이다.

해설 무한장 솔레노이드
(1) 내부자계
$$H_i = nI \quad \text{보기 ①~③}$$
여기서, H_i : 내부자계의 세기[AT/m]
n : 단위길이당 권수(1m당 권수)
I : 전류[A]

(2) 외부자계
$$H_e = 0$$
여기서, H_e : 외부자계의 세기[AT/m]

④ 자계의 방향과는 무관

답 ④

40 다음의 논리식을 간소화하면?

$$Y = \overline{(A+B) \cdot \overline{B}}$$

① $Y = A + B$ ② $Y = \overline{A} + B$
③ $Y = A + \overline{B}$ ④ $Y = \overline{A} + \overline{B}$

해설 불대수의 정리

논리합	논리곱	비 고
$X+0=X$	$X \cdot 0 = 0$	-
$X+1=1$	$X \cdot 1 = X$	-
$X+X=X$	$X \cdot X = X$	-
$X+\overline{X}=1$	$X \cdot \overline{X}=0$	-
$X+Y=Y+X$	$X \cdot Y = Y \cdot X$	교환법칙
$X+(Y+Z)$ $=(X+Y)+Z$	$X(YZ)=(XY)Z$	결합법칙
$X(Y+Z)$ $=XY+XZ$	$(X+Y)(Z+W)$ $=XZ+XW+YZ+YW$	분배법칙
$X+XY=X$	$\overline{X}+XY=\overline{X}+Y$ $X+\overline{X}Y=X+Y$ $\overline{X}+\overline{X}\,\overline{Y}=\overline{X}+\overline{Y}$	흡수법칙
$\overline{(X+Y)}$ $=\overline{X} \cdot \overline{Y}$	$\overline{(X \cdot Y)}=\overline{X}+\overline{Y}$	드모르간의 정리

$Y = \overline{(A+B) \cdot \overline{B}}$
$= \overline{(\overline{A} \cdot \overline{B})} + \overline{\overline{\overline{B}}}$
$= \underline{(A \cdot B)} + B$ ← 바(Bar)의 개수가 짝수는 생략
$\,X+\overline{X}Y=X+Y$
$= A + B$

답 ①

제3과목 소방관계법규

41 다음 위험물안전관리법령의 자체소방대 기준에 대한 설명으로 틀린 것은?

다량의 위험물을 저장·취급하는 제조소 등으로서 대통령령이 정하는 제조소 등이 있는 동일한 사업소에서 대통령령이 정하는 수량 이상의 위험물을 저장 또는 취급하는 경우 당해 사업소의 관계인은 대통령령이 정하는 바에 따라 당해 사업소에 자체소방대를 설치하여야 한다.

① "대통령령이 정하는 제조소 등"은 제4류 위험물을 취급하는 제조소를 포함한다.
② "대통령령이 정하는 제조소 등"은 제4류 위험물을 취급하는 일반취급소를 포함한다.
③ "대통령령이 정하는 수량 이상의 위험물"은 제4류 위험물의 최대수량의 합이 지정수량의 3천배 이상인 것을 포함한다.
④ "대통령령이 정하는 제조소 등"은 보일러로 위험물을 소비하는 일반취급소를 포함한다.

해설 위험물령 18조
자체소방대를 설치하여야 하는 사업소 : 대통령령

(1) 제4류 위험물을 취급하는 제조소 또는 일반취급소
(대통령령이 정하는 제조소 등) 보기 ①②
제조소 또는 일반취급소에서 취급하는 제4류 위험물의 최대수량의 합이 지정수량의 3천배 이상 보기 ③

(2) 제4류 위험물을 저장하는 옥외탱크저장소
옥외탱크저장소에 저장하는 제4류 위험물의 최대수량이 지정수량의 50만배 이상

답 ④

42 위험물안전관리법령상 제조소등에 설치하여야 할 자동화재탐지설비의 설치기준 중 ( ) 안에 알맞은 내용은? (단, 광전식 분리형 감지기 설치는 제외한다.)

하나의 경계구역의 면적은 (㉠)m² 이하로 하고 그 한 변의 길이는 (㉡)m 이하로 할 것. 다만, 당해 건축물 그 밖의 공작물의 주요한 출입구에서 그 내부의 전체를 볼 수 있는 경우에 있어서는 그 면적을 1000m² 이하로 할 수 있다.

① ㉠ 300, ㉡ 20   ② ㉠ 400, ㉡ 30
③ ㉠ 500, ㉡ 40   ④ ㉠ 600, ㉡ 50

해설 위험물규칙 [별표 17]
제조소 등의 자동화재탐지설비 설치기준
(1) 하나의 경계구역의 면적은 600m² 이하로 하고 그 한 변의 길이는 50m 이하로 한다. 보기 ④
(2) 경계구역은 건축물 그 밖의 공작물의 2 이상의 층에 걸치지 아니하도록 한다.
(3) 건축물의 그 밖의 공작물의 주요한 출입구에서 그 내부의 전체를 볼 수 있는 경우에 경계구역의 면적을 1000m² 이하로 할 수 있다.

답 ④

43 소방시설공사업법령상 전문 소방시설공사업의 등록기준 및 영업범위의 기준에 대한 설명으로 틀린 것은?

① 법인인 경우 자본금은 최소 1억원 이상이다.
② 개인인 경우 자산평가액은 최소 1억원 이상이다.
③ 주된 기술인력 최소 1명 이상, 보조기술인력 최소 3명 이상을 둔다.
④ 영업범위는 특정소방대상물에 설치되는 기계분야 및 전기분야 소방시설의 공사·개설·이전 및 정비이다.

해설 공사업령 [별표 1]
소방시설공사업

종류	기술인력	자본금	영업범위
전문	• 주된 기술인력 : 1명 이상 • 보조기술인력 : 2명 이상 보기③	• 법인: 1억원 이상 • 개인: 1억원 이상	특정소방대상물
일반	• 주된 기술인력 : 1명 이상 • 보조기술인력 : 1명 이상	• 법인: 1억원 이상 • 개인: 1억원 이상	• 연면적 10000m² 미만 • 위험물 제조소 등

③ 3명 이상 → 2명 이상

답 ③

44 소방시설 설치 및 관리에 관한 법령상 특정소방대상물의 관계인의 특정소방대상물의 규모·용도 및 수용인원 등을 고려하여 갖추어야 하는 소방시설의 종류에 대한 기준 중 다음 ( ) 안에 알맞은 것은?

> 화재안전기준에 따라 소화기구를 설치하여야 하는 특정소방대상물은 연면적 (㉠)m² 이상인 것. 다만, 노유자시설의 경우에는 투척용 소화용구 등을 화재안전기준에 따라 산정된 소화기 수량의 (㉡) 이상으로 설치할 수 있다.

① ㉠ 33, ㉡ $\frac{1}{2}$ ② ㉠ 33, ㉡ $\frac{1}{5}$
③ ㉠ 50, ㉡ $\frac{1}{2}$ ④ ㉠ 50, ㉡ $\frac{1}{5}$

해설 소방시설법 시행령 [별표 4]
소화설비의 설치대상

종류	설치대상
소화기구	① 연면적 33m² 이상(단, 노유자시설은 투척용 소화용구 등을 산정된 소화기 수량의 $\frac{1}{2}$ 이상으로 설치 가능) 보기① ② 국가유산 ③ 가스시설, 전기저장시설 ④ 터널 ⑤ 지하구
주거용 주방자동소화장치	① 아파트 등(모든층) ② 오피스텔(모든층)

답 ①

45 화재의 예방 및 안전관리에 관한 법령상 천재지변 및 그 밖에 대통령령으로 정하는 사유로 화재안전조사를 받기 곤란하여 화재안전조사의 연기를 신청하려는 자는 화재안전조사 시작 최대 며칠 전까지 연기신청서 및 증명서류를 제출해야 하는가?

① 3   ② 5
③ 7   ④ 10

해설 화재예방법 7·8조, 화재예방법 시행규칙 4조
화재안전조사
(1) 실시자 : 소방청장·소방본부장·소방서장
(2) 관계인의 승낙이 필요한 곳 : 주거(주택)
(3) 화재안전조사 연기신청 : 3일 전 보기①

용어
화재안전조사
소방대상물, 관계지역 또는 관계인에 대하여 소방시설 등이 소방관계법령에 적합하게 설치·관리되고 있는지, 소방대상물에 화재의 발생위험이 있는지 등을 확인하기 위하여 실시하는 현장조사·문서열람·보고요구 등을 하는 활동

답 ①

46 위험물안전관리법령상 정기점검의 대상인 제조소 등의 기준으로 틀린 것은?

① 지하탱크저장소
② 이동탱크저장소
③ 지정수량의 10배 이상의 위험물을 취급하는 제조소
④ 지정수량의 20배 이상의 위험물을 저장하는 옥외탱크저장소

해설 위험물령 15·16조
정기점검의 대상인 제조소 등
(1) 제조소 등(이송취급소·암반탱크저장소)
(2) 지하탱크저장소 보기①

(3) **이동탱크**저장소 〔보기 ②〕
(4) 위험물을 취급하는 탱크로서 지하에 매설된 탱크가 있는 **제조소·주유취급소** 또는 **일반취급소**

| 기억법 | 정이암 지이 |

(5) **예방규정**을 정하여야 할 제조소 등

배 수	제조소 등
10배 이상	• **제**조소 〔보기 ③〕 • **일**반취급소
1**00**배 이상	• 옥**외**저장소
1**50**배 이상	• 옥**내**저장소
200배 이상 ←	• 옥외**탱크**저장소 〔보기 ④〕
모두 해당	• 이송취급소 • 암반탱크저장소

| 기억법 | 1 제일
0 외
5 내
2 탱 |

④ 20배 이상 → 200배 이상

※ **예방규정**: 제조소 등의 화재예방과 화재 등 재해발생시의 비상조치를 위한 규정

답 ④

---

47 위험물안전관리법령상 제4류 위험물 중 경유의 지정수량은 몇 리터인가?

20.09.문46
17.09.문42
15.05.문41
13.09.문54

① 500 ② 1000
③ 1500 ④ 2000

해설 위험물령 〔별표 1〕
제4류 위험물

성 질	품 명		지정수량	대표물질
인화성 액체	특수인화물		50L	• 다이에틸에터 • 이황화탄소
	제1 석유류	비수용성	200L	• 휘발유 • 콜로디온
		수용성	**4**00L	• 아세톤 〔기억법〕 수4
	알코올류		400L	• 변성알코올
	제2 석유류	비수용성	1000L ←	• 등유 • **경유** 〔보기 ②〕
		수용성	2000L	• 아세트산
	제3 석유류	비수용성	2000L	• 중유 • 크레오소트유
		수용성	4000L	• 글리세린
	제4석유류		6000L	• 기어유 • 실린더유
	동식물유류		10000L	• 아마인유

답 ②

---

48 화재의 예방 및 안전관리에 관한 법령상 1급 소방안전관리대상물의 소방안전관리자 선임대상기준 중 ( ) 안에 알맞은 내용은?

소방공무원으로 ( ) 근무한 경력이 있는 사람으로서 1급 소방안전관리자 자격증을 받은 사람

① 1년 이상 ② 3년 이상
③ 5년 이상 ④ 7년 이상

해설 화재예방법 시행령 〔별표 4〕
(1) **특급 소방안전관리대상물**의 **소방안전관리자 선임조건**

자 격	경 력	비 고
• 소방기술사 • 소방시설관리사	경력 필요 없음	특급 소방안전관리자 자격증을 받은 사람
• 1급 소방안전관리자(소방설비기사)	5년	
• 1급 소방안전관리자(소방설비산업기사)	7년	
• 소방공무원	20년	
• 소방청장이 실시하는 특급 소방안전관리대상물의 소방안전관리에 관한 시험에 합격한 사람	경력 필요 없음	

(2) **1급 소방안전관리대상물**의 **소방안전관리자 선임조건**

자 격	경 력	비 고
• 소방설비기사·소방설비산업기사	경력 필요 없음	1급 소방안전관리자 자격증을 받은 사람
• **소방공무원** 〔보기 ④〕	7년	
• 소방청장이 실시하는 1급 소방안전관리대상물의 소방안전관리에 관한 시험에 합격한 사람	경력 필요 없음	
• 특급 소방안전관리대상물의 소방안전관리자 자격이 인정되는 사람		

(3) **2급 소방안전관리대상물**의 **소방안전관리자 선임조건**

자 격	경 력	비 고
• 위험물기능장·위험물산업기사·위험물기능사	경력 필요 없음	2급 소방안전관리자 자격증을 받은 사람
• 소방공무원	3년	
• 소방청장이 실시하는 2급 소방안전관리대상물의 소방안전관리에 관한 시험에 합격한 사람	경력 필요 없음	
• 「기업활동 규제완화에 관한 특별조치법」에 따라 소방안전관리자로 선임된 사람(소방안전관리자로 선임된 기간으로 한정)		

자격	경력	비고
• 특급 또는 1급 소방안전관리대상물의 소방안전관리자 자격이 인정되는 사람	경력 필요 없음	2급 소방안전관리자 자격증을 받은 사람

(4) 3급 소방안전관리대상물의 소방안전관리자 선임조건

자격	경력	비고
• 소방공무원	1년	
• 소방청장이 실시하는 3급 소방안전관리대상물의 소방안전관리에 관한 시험에 합격한 사람		
• 「기업활동 규제완화에 관한 특별조치법」에 따라 소방안전관리자로 선임된 사람(소방안전관리자로 선임된 기간으로 한정)	경력 필요 없음	3급 소방안전관리자 자격증을 받은 사람
• 특급 소방안전관리대상물, 1급 소방안전관리대상물 또는 2급 소방안전관리대상물의 소방안전관리자 자격이 인정되는 사람		

답 ④

49 소방시설 설치 및 관리에 관한 법령상 용어의 정의 중 ( ) 안에 알맞은 것은?

18.03.문55

> 특정소방대상물이란 건축물 등의 규모·용도 및 수용인원 등을 고려하여 소방시설을 설치하여야 하는 소방대상물로서 ( )으로 정하는 것을 말한다.

① 대통령령 ② 국토교통부령
③ 행정안전부령 ④ 고용노동부령

해설 소방시설법 2조
정의

용어	뜻
소방시설	**소화설비, 경보설비, 피난구조설비, 소화용수설비**, 그 밖에 **소화활동설비**로서 **대통령령**으로 정하는 것
소방시설 등	**소방시설**과 **비상구**, 그 밖에 소방관련시설로서 **대통령령**으로 정하는 것
특정소방대상물	건축물 등의 규모·용도 및 수용인원 등을 고려하여 **소방시설**을 설치하여야 하는 소방대상물로서 **대통령령**으로 정하는 것 보기①
소방용품	소방시설 등을 구성하거나 소방용으로 사용되는 **제품** 또는 **기기**로서 **대통령령**으로 정하는 것

답 ①

50 소방기본법 제1장 총칙에서 정하는 목적의 내용으로 거리가 먼 것은?

15.05.문50
13.06.문60

① 구조, 구급 활동 등을 통하여 공공의 안녕 및 질서 유지
② 풍수해의 예방, 경계, 진압에 관한 계획, 예산지원 활동
③ 구조, 구급 활동 등을 통하여 국민의 생명, 신체, 재산 보호
④ 화재, 재난, 재해 그 밖의 위급한 상황에서의 구조, 구급 활동

해설 기본법 1조
소방기본법의 목적
(1) 화재의 **예방·경계·진압**
(2) 국민의 **생명·신체** 및 **재산보호** 보기③
(3) 공공의 안녕 및 질서 유지와 **복리증진** 보기①
(4) **구조·구급활동** 보기④

기억법 예경진(**경진**이한테 **예**를 갖춰라!)

답 ②

51 소방기본법령상 소방본부 종합상황실의 실장이 서면·팩스 또는 컴퓨터 통신 등으로 소방청 종합상황실에 보고하여야 하는 화재의 기준이 아닌 것은?

18.04.문41
17.05.문53
16.03.문46
05.09.문55

① 이재민이 100인 이상 발생한 화재
② 재산피해액이 50억원 이상 발생한 화재
③ 사망자가 3인 이상 발생하거나 사상자가 5인 이상 발생한 화재
④ 층수가 5층 이상이거나 병상이 30개 이상인 종합병원에서 발생한 화재

해설 기본규칙 3조
종합상황실 실장의 보고화재
(1) 사망자 **5인** 이상 화재 보기③
(2) 사상자 **10인** 이상 화재 보기③
(3) 이재민 **100인** 이상 화재 보기①
(4) 재산피해액 **50억원** 이상 화재 보기②
(5) 관광호텔, 층수가 11층 이상인 건축물, 지하가, 시장, 백화점
(6) **5층** 이상 또는 객실 **30실** 이상인 **숙박시설**
(7) **5층** 이상 또는 병상 **30개** 이상인 **종합병원·정신병원·한방병원·요양소** 보기④
(8) 1000t 이상인 선박(항구에 매어둔 것)
(9) 지정수량 **3000배** 이상의 위험물 제조소·저장소·취급소
(10) 연면적 **15000m²** 이상인 **공장** 또는 **화재예방강화지구**에서 발생한 화재
(11) 가스 및 화약류의 폭발에 의한 화재
(12) 관공서·학교·정부미도정공장·문화재·지하철 또는 지하구의 화재

(13) 철도차량, 항공기, 발전소 또는 변전소
(14) 다중이용업소의 화재

> ③ 3인 이상 → 5인 이상, 5인 이상 → 10인 이상

용어

종합상황실
화재·재난·재해·구조·구급 등이 필요한 때에 신속한 소방활동을 위한 정보를 수집·전파하는 소방서 또는 소방본부의 지령관제실

답 ③

52 소방시설 설치 및 관리에 관한 법령상 관리업자가 소방시설 등의 점검을 마친 후 점검기록표에 기록하고 이를 해당 특정소방대상물에 부착하여야 하나 이를 위반하고 점검기록표를 기록하지 아니하거나 특정소방대상물의 출입자가 쉽게 볼 수 있는 장소에 게시하지 아니하였을 때 벌칙기준은?

① 100만원 이하의 과태료
② 200만원 이하의 과태료
③ 300만원 이하의 과태료
④ 500만원 이하의 과태료

해설 소방시설법 61조
300만원 이하의 과태료
(1) 소방시설을 화재안전기준에 따라 설치·관리하지 아니한 자
(2) 피난시설, 방화구획 또는 방화시설의 **폐쇄·훼손·변경** 등의 행위를 한 자
(3) 임시소방시설을 설치·관리하지 아니한 자
(4) 점검기록표를 기록하지 아니하거나 특정소방대상물의 출입자가 쉽게 볼 수 있는 장소에 게시하지 아니한 관계인

답 ③

53 소방시설 설치 및 관리에 관한 법령상 분말형태의 소화약제를 사용하는 소화기의 내용연수로 옳은 것은? (단, 소방용품의 성능을 확인받아 그 사용기한을 연장하는 경우는 제외한다.)

① 3년 ② 5년
③ 7년 ④ 10년

해설 소방시설법 시행령 19조
분말형태의 **소화약제**를 사용하는 소화기 : 내용연수 **10년**

답 ④

54 소방시설공사업법령상 소방시설공사업자가 소속 소방기술자를 소방시설공사 현장에 배치하지 않았을 경우에 과태료 기준은?

① 100만원 이하 ② 200만원 이하
③ 300만원 이하 ④ 400만원 이하

해설 **200만원 이하의 과태료**
(1) 소방용수시설·소화기구 및 설비 등의 설치명령 위반 (화재예방법 52조)
(2) 특수가연물의 저장·취급 기준 위반(화재예방법 52조)
(3) 한국119청소년단 또는 이와 유사한 명칭을 사용한 자 (기본법 56조)
(4) 소방활동구역 출입(기본법 56조)
(5) 소방자동차의 출동에 지장을 준 자(기본법 56조)
(6) 한국소방안전원 또는 이와 유사한 명칭을 사용한 자 (기본법 56조)
(7) 관계서류 미보관자(공사업법 40조)
(8) **소방기술자 미배치자**(공사업법 40조)
(9) 완공검사를 받지 아니한 자(공사업법 40조)
(10) 방염성능기준 미만으로 방염한 자(공사업법 40조)
(11) 하도급 미통지자(공사업법 40조)
(12) 관계인에게 지위승계·행정처분·휴업·폐업 사실을 거짓으로 알린 자(공사업법 40조)

답 ②

55 화재의 예방 및 안전관리에 관한 법령상 옮긴 물건 등의 보관기간은 해당 소방관서의 인터넷 홈페이지에 공고하는 기간의 종료일 다음 날부터 며칠로 하는가?

① 3 ② 4
③ 5 ④ 7

해설 **7일**
(1) 옮긴 물건 등의 보관기간(화재예방법 시행령 17조) 보기 ④
(2) 건축허가 등의 취소통보(소방시설법 시행규칙 3조)
(3) **소방공사 감리원**의 **배치통보일**(공사업규칙 17조)
(4) 소방공사 감리결과 통보·보고일(공사업규칙 19조)

기억법 감배7(감 배치)

답 ④

56 소방기본법령상 소방활동장비와 설비의 구입 및 설치시 국고보조의 대상이 아닌 것은?

① 소방자동차
② 사무용 집기
③ 소방헬리콥터 및 소방정
④ 소방전용통신설비 및 전산설비

해설 기본령 2조
(1) **국고보조**의 **대상**
  ㉠ 소방활동장비와 설비의 구입 및 설치
   • 소방**자**동차 보기 ①
   • 소방**헬**리콥터·소방**정** 보기 ③
   • 소방**전**용통신설비·전산설비 보기 ④
   • 방**화**복
  ㉡ 소방관서용 **청**사

(2) 소방활동장비 및 설비의 종류와 규격: 행정안전부령
(3) 대상사업의 기준보조율 : 「보조금관리에 관한 법률 시행령」에 따름

> 기억법 자헬 정전화 청국

답 ②

57 화재의 예방 및 안전관리에 관한 법령상 특정소방대상물의 관계인은 소방안전관리자를 기준일로부터 30일 이내에 선임하여야 한다. 다음 중 기준일로 틀린 것은?

① 소방안전관리자를 해임한 경우 : 소방안전관리자를 해임한 날
② 특정소방대상물을 양수하여 관계인의 권리를 취득한 경우 : 해당 권리를 취득한 날
③ 신축으로 해당 특정소방대상물의 소방안전관리자를 신규로 선임하여야 하는 경우 : 해당 특정소방대상물의 완공일
④ 증축으로 인하여 특정소방대상물이 소방안전관리대상물로 된 경우 : 증축공사의 개시일

해설 화재예방법 시행규칙 14조
소방안전관리자 30일 이내 선임조건

구분	설명
소방안전관리자를 해임한 경우 보기①	소방안전관리자를 해임한 날
특정소방대상물을 양수하여 관계인의 권리를 취득한 경우 보기②	해당 권리를 취득한 날
신축으로 해당 특정소방대상물의 소방안전관리자를 신규로 선임하여야 하는 경우 보기③	해당 특정소방대상물의 완공일
증축으로 인하여 특정소방대상물이 소방안전관리대상물로 된 경우 보기④	증축공사의 완공일

④ 개시일 → 완공일

답 ④

58 위험물안전관리법령상 위험물을 취급함에 있어서 정전기가 발생할 우려가 있는 설비에 설치할 수 있는 정전기 제거설비 방법이 아닌 것은?

① 접지에 의한 방법
② 공기를 이온화하는 방법
③ 자동적으로 압력의 상승을 정지시키는 방법
④ 공기 중의 상대습도를 70% 이상으로 하는 방법

해설 위험물규칙 [별표 4]
정전기 제거방법
(1) 접지에 의한 방법 보기①
(2) 공기 중의 상대습도를 70% 이상으로 하는 방법 보기④
(3) 공기를 이온화하는 방법 보기②

비교

위험물규칙 [별표 4]
위험물을 가압하는 설비 또는 그 취급하는 위험물의 압력이 상승할 우려가 있는 설비에 설치하는 안전장치
(1) 자동적으로 압력의 상승을 정지시키는 장치 보기③
(2) 감압측에 안전밸브를 부착한 감압밸브
(3) 안전밸브를 겸하는 경보장치
(4) 파괴판

답 ③

59 화재의 예방 및 안전관리에 관한 법령상 특수가연물의 수량 기준으로 옳은 것은?

① 면화류 : 200kg 이상
② 가연성 고체류 : 500kg 이상
③ 나무껍질 및 대팻밥 : 300kg 이상
④ 넝마 및 종이부스러기 : 400kg 이상

해설 화재예방법 시행령 [별표 2]
특수가연물

품명		수량
가연성 액체류		2m³ 이상
목재가공품 및 나무부스러기		10m³ 이상
면화류		200kg 이상 보기①
나무껍질 및 대팻밥		400kg 이상 보기③
넝마 및 종이부스러기		
사류(絲類)		1000kg 이상 보기④
볏짚류		
가연성 고체류		3000kg 이상 보기②
고무류·플라스틱류	발포시킨 것	20m³ 이상
	그 밖의 것	3000kg 이상
석탄·목탄류		10000kg 이상

② 500kg → 3000kg
③ 300kg → 400kg
④ 400kg → 1000kg

※ **특수가연물** : 화재가 발생하면 그 확대가 빠른 물품

> 기억법 가액목면나 넝사볏가고 고석
> 　　　　 2 124 1 3 31

답 ①

60 비상경보설비를 설치하여야 할 특정소방대상물이 아닌 것은?

① 연면적 400m² 이상이거나 지하층 또는 무창층의 바닥면적이 150m² 이상인 것
② 지하층에 위치한 바닥면적 100m²인 공연장
③ 터널로서 길이가 500m 이상인 것
④ 30명 이상의 근로자가 작업하는 옥내작업장

해설 소방시설법 시행령 〔별표 4〕
비상경보설비의 설치대상

설치대상	조 건
지하층·무창층	• 바닥면적 150m²(공연장 100m²) 이상 보기 ①②
전부	• 연면적 400m² 이상 보기 ①
터널	• 길이 500m 이상 보기 ③
옥내작업장	• 50명 이상 작업 보기 ④

④ 30명 이상 → 50명 이상

답 ④

제4과목 소방전기시설의 구조 및 원리

61 감지기의 형식승인 및 제품검사의 기술기준에 따라 단독경보형 감지기를 스위치 조작에 의하여 화재경보를 정지시킬 경우 화재경보 정지 후 몇 분 이내에 화재경보정지기능이 자동적으로 해제되어 정상상태로 복귀되어야 하는가?

① 3 ② 5
③ 10 ④ 15

해설 단독경보형 감지기의 일반기능(감지기의 형식승인 및 제품검사의 기술기준 5조 2)
(1) 화재경보 정지 후 **15분** 이내에 화재경보 정지기능이 자동적으로 해제되어 단독경보형 감지기가 정상상태로 복귀될 것 보기 ④
(2) 화재경보 정지표시등에 의하여 **화재경보가 정지상태**임을 **경고**할 수 있어야 하며, 화재경보 정지기능이 해제된 경우에는 표시등의 경고도 함께 해제될 것
(3) **표시등**을 **작동표시등**과 겸용하고자 하는 경우에는 작동표시와 화재경보음 정지표시가 표시등 색상에 의하여 구분될 수 있도록 하고 표시등 부근에 작동표시와 화재경보음 정지표시를 구분할 수 있는 안내표시를 할 것

(4) 화재경보 정지스위치는 전용으로 하거나 **작동시험스위치**와 **겸용**하여 사용할 수 있다. 이 경우 스위치 부근에 스위치의 용도를 표시할 것

답 ④

62 비상콘센트설비의 화재안전기준에 따라 하나의 전용회로에 설치하는 비상콘센트는 몇 개 이하로 하여야 하는가?

① 2 ② 3
③ 10 ④ 20

해설 비상콘센트설비 전원회로의 설치기준(NFPC 504 4조, NFTC 504 2.1)

구 분	전 압	용 량	플러그 접속기
단상 교류	220V	1.5kVA 이상	접지형 2극

(1) 1전용회로에 설치하는 비상콘센트는 **10**개 이하로 할 것 보기 ③
(2) 풀박스는 **1.6mm** 이상의 **철판**을 사용할 것

기억법 단2(단위), 10콘(시큰둥!), 16철콘, 접2(접이식)

(3) 전원회로는 주배전반에서 **전용회로**로 할 것
(4) 전원으로부터 각 층의 비상콘센트에 분기되는 경우 **분기배선용 차단기**를 보호함 안에 설치할 것
(5) 콘센트마다 **배선용 차단기**(KS C 8321)를 설치하여야 하며, 충전부는 노출되지 않도록 할 것

답 ③

63 자동화재속보설비의 속보기의 성능인증 및 제품검사의 기술기준에 따라 속보기는 작동신호를 수신하거나 수동으로 동작시키는 경우 20초 이내에 소방관서에 자동적으로 신호를 발하여 통보하되, 몇 회 이상 속보할 수 있어야 하는가?

① 1 ② 2
③ 3 ④ 4

해설 **자동화재속보설비**의 **속보기**(자동화재속보설비의 속보기의 성능인증 및 제품검사의 기술기준 2·3·5조)
(1) **자동화재속보설비**의 **기능**

구 분	설 명
연동설비	자동화재탐지설비
속보대상	소방관서
속보방법	20초 이내에 3회 이상 보기 ③
다이얼링	10회 이상, 30초 이상 지속

(2) 예비전원을 **병렬**로 접속하는 경우에는 **역충전 방지** 등의 조치
(3) 속보기의 송수화장치가 정상위치가 아닌 경우에도 **연동** 또는 **수동**으로 속보가 가능할 것
(4) 예비전원은 자동적으로 충전되어야 하며 **자동과충전 방지장치**가 있어야 한다.

(5) 화재신호를 수신하거나 속보기를 **수동**으로 동작시키는 경우 자동적으로 **적색 화재표시등**이 점등되고 음향장치로 화재를 경보하여야 하며 화재표시 및 경보는 **수동**으로 **복구** 및 **정지**시키지 않는 한 **지속**되어야 한다.
(6) **연동** 또는 **수동**으로 **소방관서**에 화재발생 음성정보를 속보 중인 경우에도 **송수화장치**를 이용한 **통화**가 우선적으로 **가능**하여야 한다.

답 ③

64 ★★ [13.09.문75]
자동화재탐지설비 및 시각경보장치의 화재안전 기준에 따른 감지기의 설치 제외 장소가 아닌 것은?

① 실내의 용적이 $20m^3$ 이하인 장소
② 부식성 가스가 체류하고 있는 장소
③ 목욕실·욕조나 샤워시설이 있는 화장실·기타 이와 유사한 장소
④ 고온도 및 저온도로서 감지기의 기능이 정지되기 쉽거나 감지기의 유지관리가 어려운 장소

해설 감지기의 **설치 제외 장소**(NFPC 203 7조, NFTC 203 2.4.5)
(1) 천장 또는 반자의 높이가 **20m 이상**인 장소
(2) **부식성** 가스가 체류하고 있는 장소 보기 ②
(3) **목욕실**·욕조나 샤워시설이 있는 **화장실**, 기타 이와 유사한 장소 보기 ③
(4) 파이프덕트 등 **2개층**마다 방화구획된 것이나 수평단면적이 $5m^2$ 이하인 것
(5) 먼지·가루 또는 **수증기**가 다량으로 체류하는 장소
(6) **고온도** 및 **저온도**로서 감지기의 기능이 정지되기 쉽거나 감지기의 유지관리가 어려운 장소 보기 ④

답 ①

65 ★★★ [19.04.문63] [18.04.문61] [17.03.문62] [16.10.문61] [16.05.문76] [15.09.문80] [14.03.문64] [11.10.문67]
비상콘센트의 배치와 설치에 대한 현장 사항이 비상콘센트설비의 화재안전기준에 적합하지 않은 것은?

① 전원회로의 배선은 내화배선으로 되어 있다.
② 보호함에는 쉽게 개폐할 수 있는 문을 설치하였다.
③ 보호함 표면에 "비상콘센트"라고 표시한 표지를 붙였다.
④ 3상 교류 200볼트 전원회로에 대한 비접지형 3극 플러그접속기를 사용하였다.

해설 비상콘센트설비(NFPC 504 4조, NFTC 504 2.1)

구분	전압	용량	플러그접속기
단상 교류	220V	1.5kVA 이상	접지형 2극 보기 ④

(1) 하나의 전용회로에 설치하는 비상콘센트는 **10개** 이하로 할 것(전선의 용량은 최대 **3개**)

설치하는 비상콘센트 수량	전선의 용량산정시 적용하는 비상콘센트 수량	단상전선의 용량
1개	1개 이상	1.5kVA 이상
2개	2개 이상	3.0kVA 이상
3~10개	3개 이상	4.5kVA 이상

(2) 전원회로는 각 층에 있어서 **2 이상**이 되도록 설치할 것(단, 설치하여야 할 층의 콘센트가 **1개**인 때에는 하나의 회로로 할 수 있다)
(3) 플러그접속기의 칼받이 접지극에는 **접지공사**를 하여야 한다.
(4) 풀박스는 **1.6mm** 이상의 철판을 사용할 것
(5) 절연저항은 **전원부**와 **외함** 사이를 **직류 500V 절연저항계**로 측정하여 20MΩ 이상일 것
(6) 전원으로부터 각 층의 비상콘센트에 분기되는 경우에는 **분기배선용 차단기**를 보호함 안에 설치할 것
(7) 바닥으로부터 **0.8~1.5m** 이하의 높이에 설치할 것
(8) 전원회로는 주배전반에서 **전용회로**로 하며, 배선의 종류는 **내화배선**이어야 한다. 보기 ①
(9) 보호함에는 쉽게 개폐할 수 있는 문을 설치한다. 보기 ②
(10) 보호함 표면에 "비상콘센트"라고 표시한 표지를 부착한다. 보기 ③

④ 3상 교류 200볼트 → 단상 교류 220볼트, 비접지형 3극 → 접지형 2극

답 ④

66 ★★★ [18.09.문78] [16.10.문62] [13.03.문79] [00.10.문79]
자동화재탐지설비 및 시각경보장치의 화재안전 기준에 따라 제2종 연기감지기를 부착높이가 4m 미만인 장소에 설치시 기준 바닥면적은?

① $30m^2$
② $50m^2$
③ $75m^2$
④ $150m^2$

해설 **연기감지기**의 **설치기준**(NFPC 203 7조, NFTC 203 2.4.3.10)
(1) 연기감지기 1개의 유효바닥면적

(단위 : m^2)

부착높이	감지기의 종류	
	1종 및 2종	3종
4m 미만	→150 보기 ④	50
4~20m 미만	75	설치할 수 없다.

(2) 복도 및 통로는 보행거리 **30m**(3종은 **20m**)마다 1개 이상으로 할 것
(3) 계단 및 경사로는 수직거리 **15m**(3종은 **10m**)마다 1개 이상으로 할 것
(4) 천장 또는 반자가 **낮은 실내** 또는 **좁은 실내**는 **출입구**의 가까운 부분에 설치할 것

(5) 천장 또는 반자 부근에 **배기구**가 있는 경우에는 그 부근에 설치할 것
(6) 감지기는 벽 또는 보로부터 **0.6m** 이상 떨어진 곳에 설치할 것

답 ④

67 아래 그림은 자동화재탐지설비의 배선도이다. 추가로 구획된 공간이 생겨 ㉮, ㉯, ㉰, ㉱ 감지기를 증설했을 경우, 자동화재탐지설비 및 시각경보장치의 화재안전기준에 적합하게 설치한 것은?

① ㉮
② ㉯
③ ㉰
④ ㉱

해설 **자동화재탐지설비 배선의 설치기준**(NFPC 203 11조, NFTC 203 2.8)

‖올바른 배선‖

(1) 감지기 사이의 회로배선 : **송배선식**
(2) P형 수신기 및 GP형 수신기의 감지기 회로의 배선에 있어서 하나의 공통선에 접속할 수 있는 경계구역은 **7개** 이하
(3) 감지기 회로의 전로저항 : **50Ω 이하**
   감지기에 접속하는 배선전압 : 정격전압의 **80% 이상**
(4) 자동화재탐지설비의 배선은 다른 전선과 **별도**의 관·덕트·몰드 또는 풀박스 등에 설치할 것(단, 60V 미만의 약전류회로에 사용하는 전선으로서 각각의 전압이 같을 때는 제외)

중요

송배선식

구 분	송배선식
목적	• **감지기회로**의 **도통시험**을 용이하게 하기 위하여
원리	• 배선의 도중에서 분기하지 않는 방식
적용 설비	• 자동화재탐지설비 • 제연설비
가닥수 산정	• 종단저항을 수동발신기함 내에 설치하는 경우 **루프(loop)**된 곳은 **2가닥**, 기타 **4가닥**이 된다. ┌송배선식┘

답 ②

68 비상방송설비의 화재안전기준에 따라 비상방송설비 음향장치의 설치기준 중 다음 ( )에 들어갈 내용으로 옳은 것은?

층수가 (㉠)층(공동주택 (㉡)층) 이상 특정소방대상물의 1층에서 발화한 때에는 발화층·그 직상 4개층 및 지하층에 경보를 발할 수 있도록 해야 한다.

① ㉠ 3, ㉡ 5
② ㉠ 5, ㉡ 7
③ ㉠ 11, ㉡ 16
④ ㉠ 13, ㉡ 15

해설 **비상방송설비의 우선경보방식**(NFPC 202 4조, NFTC 202 2.1.1.7)

‖11층(공동주택 16층) 이상의 특정소방대상물의 경보‖

발화층	경보층	
	11층(공동주택 16층) 미만	11층(공동주택 16층) 이상
2층 이상 발화	전층 일제경보	• 발화층 • 직상 4개층
1층 발화		• 발화층 • 직상 4개층 • 지하층
지하층 발화		• 발화층 • 직상층 • 기타의 지하층

답 ③

69 유도등의 형식승인 및 제품검사의 기술기준에 따른 용어의 정의에서 "유도등에 있어서 표시면 외 조명에 사용되는 면"을 말하는 것은?

① 조사면 ② 피난면
③ 조도면 ④ 광속면

해설 용어(유도등의 형식승인 및 제품검사의 기술기준 2조)

구 분	설 명
표시면	유도등에 있어서 **피난구**나 **피난방향**을 안내하기 위한 **문자** 또는 **부호등**이 표시된 면
조사면	유도등에 있어서 **표시면** 외 **조명**에 사용되는 면 보기①
투광식	광원의 빛이 통과하는 **투과면**에 피난유도표시 형상을 인쇄하는 방식
패널식	**영상표시소자**(LED, LCD 및 PDP 등)를 이용하여 피난유도표시 형상을 **영상**으로 구현하는 방식

답 ①

70 자동화재탐지설비 및 시각경보장치의 화재안전기준에 따라 부착높이가 20m 이상에 설치되는 광전식 중 아날로그방식의 감지기는 공칭감지농도 하한값이 감광률 몇 %/m 미만인 것으로 하는가?

① 3 ② 5
③ 7 ④ 10

해설 감지기의 부착높이(NFPC 203 7조, NFTC 203 2.4.1)

부착높이	감지기의 종류
8~15m 미만	• 차동식 분포형 • 이온화식 1종 또는 2종 • 광전식(스포트형, 분리형, 공기흡입형) 1종 또는 2종 • 연기복합형 • 불꽃감지기
15~20m 미만	• 이온화식 1종 • 광전식(스포트형, 분리형, 공기흡입형) 1종 • 연기복합형 • 불꽃감지기
20m 이상	• 불꽃감지기 • 광전식(분리형, 공기흡입형) 중 아날로그 방식

• 부착높이 **20m 이상**에 설치되는 광전식 중 아날로그방식의 감지기는 공칭감지농도 하한값이 감광률 **5%/m** 미만인 것으로 한다. 보기 ②

답 ②

71 비상조명등의 우수품질인증 기술기준에 따라 인출선인 경우 전선의 굵기는 몇 mm² 이상이어야 하는가?

① 0.5 ② 0.75
③ 1.5 ④ 2.5

해설 **비상조명등·유도등**의 **전선굵기** 및 **길이**(비상조명등의 우수품질인증 기술기준 2조)

인출선 굵기	인출선 길이
0.75mm² 이상 보기 ②	150mm 이상

기억법 인75(인(사람) 치료)

답 ②

72 누전경보기의 형식승인 및 제품검사의 기술기준에 따른 과누전시험에 대한 내용이다. 다음 ( )에 들어갈 내용으로 옳은 것은?

> 변류기는 1개의 전선을 변류기에 부착시킨 회로를 설치하고 출력단자에 부하저항을 접속한 상태로 당해 1개의 전선에 변류기의 정격전압의 (㉠)%에 해당하는 수치의 전류를 (㉡)분간 흘리는 경우 그 구조 또는 기능에 이상이 생기지 아니하여야 한다.

① ㉠ 20, ㉡ 5
② ㉠ 30, ㉡ 10
③ ㉠ 50, ㉡ 15
④ ㉠ 80, ㉡ 20

해설 **과누전시험** vs **단락전류강도시험**(누전경보기의 형식승인 및 제품검사의 기술기준 13·14조)

과누전시험	단락전류강도시험
변류기는 **1개**의 전선을 변류기에 부착시킨 회로를 설치하고 출력단자에 부하저항을 접속한 상태로 당해 1개의 전선에 변류기의 정격전압의 20%에 해당하는 수치의 전류를 5분간 흘리는 경우 그 구조 또는 기능에 이상이 생기지 아니할 것 보기①	변류기는 출력단자에 부하저항을 접속한 다음 경계전로의 전원측에 과전류차단기를 설치하여, 경계전로에 당해 변류기의 정격전압에서 단락역률이 0.3에서 0.4까지인 2500A의 전류를 2분 간격으로 약 0.02초간 2회 흘리는 경우 그 구조 및 기능에 이상이 생기지 아니할 것

답 ①

73
비상방송설비의 화재안전기준에 따른 비상방송설비의 음향장치에 대한 설치기준으로 틀린 것은?

19.04.문68
18.09.문77
18.03.문73
16.10.문69
16.10.문73
16.05.문67
16.03.문68
15.05.문76
15.03.문62
14.05.문63
14.05.문75
14.03.문61
13.09.문70
13.06.문62
13.06.문80

① 다른 전기회로에 따라 유도장애가 생기지 아니하도록 할 것
② 음향장치는 자동화재속보설비의 작동과 연동하여 작동할 수 있는 것으로 할 것
③ 다른 방송설비와 공용하는 것에 있어서는 화재시 비상경보 외의 방송을 차단할 수 있는 구조로 할 것
④ 증폭기 및 조작부는 수위실 등 상시 사람이 근무하는 장소로서 점검이 편리하고 방화상 유효한 곳에 설치할 것

해설 비상방송설비의 **설치기준**(NFPC 202 4조, NFTC 202 2.1)
(1) 확성기의 음성입력은 **3**W(**실**내 **1**W) 이상일 것
(2) 확성기는 **각 층**마다 설치하되, 각 부분으로부터의 수평거리는 **25m** 이하일 것
(3) **음**량조정기는 **3선식** 배선일 것
(4) 조작스위치는 바닥으로부터 **0.8~1.5m** 이하의 높이에 설치할 것
(5) 다른 전기회로에 의하여 **유도장애**가 생기지 아니하도록 할 것 보기 ①
(6) 비상방송 **개**시시간은 **10초** 이하일 것
(7) 다른 방송설비와 공용할 경우 화재시 비상경보 외의 방송을 차단할 수 있을 것 보기 ③
(8) 음향장치 : **자동화재탐지설비**의 작동과 연동 보기 ②
(9) 음향장치의 정격전압 : **80%**
(10) **증폭기** 및 **조작부**는 수위실 등 상시 사람이 근무하는 장소로서 점검이 편리하고 방화상 유효한 곳에 설치할 것 보기 ④

기억법 방3실1, 3음방(삼엄한 방송실), 개10방

② 자동화재속보설비 → 자동화재탐지설비

답 ②

74
무선통신보조설비의 화재안전기준에 따른 용어의 정의 중 감시제어반 등에 설치된 무선중계기의 입력과 출력포트에 연결되어 송수신 신호를 원활하게 방사·수신하기 위해 옥외에 설치하는 장치를 말하는 것은?

① 혼합기   ② 분파기
③ 증폭기   ④ 옥외안테나

해설 무선통신보조설비 용어(NFPC 505 3조, NFTC 505 1.7)

용어	정의
누설동축케이블	동축케이블의 외부도체에 가느다란 홈을 만들어서 전파가 **외부로 새어나갈 수 있도록** 한 케이블
분배기	신호의 전송로가 분기되는 장소에 설치하는 것으로 **임피던스 매칭**(Matching)과 **신호균등분배**를 위해 사용하는 장치
분파기	서로 다른 주파수의 합성된 **신호**를 **분리**하기 위해서 사용하는 장치 보기 ②
혼합기	**두 개 이상**의 **입력신호**를 원하는 비율로 조합한 **출력**이 발생하도록 하는 장치 보기 ①
증폭기	신호전송시 신호가 약해져 **수신**이 **불가능**해지는 것을 **방지**하기 위해서 증폭하는 장치 보기 ③
무선중계기	안테나를 통하여 수신된 무전기 신호를 증폭한 후 음영지역에 재방사하여 무전기 상호간 **송수신**이 가능하도록 하는 장치
옥외안테나	**감시제어반** 등에 설치된 **무선중계기**의 입력과 출력포트에 연결되어 **송수신 신호**를 원활하게 **방사·수신**하기 위해 **옥외**에 설치하는 장치 보기 ④

답 ④

75
무선통신보조설비의 화재안전기준에 따라 무선통신보조설비의 누설동축케이블 또는 동축케이블의 임피던스는 몇 Ω으로 하여야 하는가?

16.03.문61
11.10.문74

① 5
② 10
③ 50
④ 100

해설 누설동축케이블·동축케이블의 임피던스(NFPC 505 5조, NFTC 505 2.2.2) : **50Ω** 보기 ③

참고

무선통신보조설비의 분배기·분파기·혼합기 설치기준(NFPC 505 7조, NFTC 505 2.4)
(1) 먼지·습기·부식 등에 이상이 없을 것
(2) 임피던스 **50Ω**의 것
(3) 점검이 편리하고 화재 등의 피해 우려가 없는 장소

답 ③

76. 비상경보설비 및 단독경보형 감지기의 화재안전기준에 따른 단독경보형 감지기에 대한 내용이다. 다음 ( )에 들어갈 내용으로 옳은 것은?

> 이웃하는 실내의 바닥면적이 각각 ( )m² 미만이고 벽체의 상부의 전부 또는 일부가 개방되어 이웃하는 실내와 공기가 상호 유통되는 경우에는 이를 1개의 실로 본다.

① 30
② 50
③ 100
④ 150

해설 단독경보형 감지기의 각 실을 1개로 보는 경우
이웃하는 실내의 바닥면적이 각각 **30m²** 미만이고 **벽체**의 상부의 전부 또는 일부가 개방되어 이웃하는 실내와 공기가 상호 유통되는 경우 보기 ①

기억법 단3벽(단상의 벽)

※ **단독경보형 감지기**: 화재발생상황을 단독으로 감지하여 자체에 내장된 음향장치로 경보하는 감지기

중요

단독경보형 감지기의 **설치기준**(NFPC 201 5조, NFTC 201 2.2.1)
(1) 각 실(이웃하는 실내의 바닥면적이 각각 **30m² 미만**이고 벽체의 상부의 전부 또는 일부가 개방되어 이웃하는 실내와 공기가 상호 유통되는 경우에는 이를 1개의 실로 본다)마다 설치하되, 바닥면적이 150m²를 초과하는 경우에는 150m²마다 1개 이상 설치할 것
(2) 최상층의 계단실의 **천장**(외기가 상통하는 계단실의 경우 제외)에 설치할 것
(3) 건전지를 주전원으로 사용하는 단독경보형 감지기는 정상적인 작동상태를 유지할 수 있도록 건전지를 교환할 것
(4) 상용전원을 주전원으로 사용하는 단독경보형 감지기의 **2차 전지**는 제품검사에 합격한 것을 사용할 것

답 ①

77. 소방시설용 비상전원수전설비의 화재안전기준에 따른 용어의 정의에서 소방부하에 전원을 공급하는 전기회로를 말하는 것은?

① 수전설비
② 일반회로
③ 소방회로
④ 변전설비

해설 소방시설용 비상전원수전설비(NFPC 602 3조, NFTC 602 1.7)

용어	설명
소방회로	**소방부하**에 전원을 공급하는 전기회로 보기 ③
일반회로	소방회로 이외의 전기회로
수전설비	**전력수급용 계기용 변성기·주차단장치** 및 그 **부속기기**
변전설비	**전력용 변압기** 및 그 **부속장치**
전용 큐비클식	**소방회로용**의 것으로 **수**전설비, **변**설비 그 밖의 기기 및 배선을 금속제 외함에 수납한 것 **기억법** 전큐회수변
공용 큐비클식	**소방회로** 및 **일반회로 겸용**의 것으로서 수전설비, 변전설비 그 밖의 기기 및 배선을 금속제 외함에 수납한 것
전용배전반	**소방회로 전용**의 것으로서 **개**폐기, 과전류차단기, 계기 그 밖의 배선용 기기 및 배선을 금속제 외함에 수납한 것 **기억법** 전배전개
공용배전반	**소방회로** 및 **일반회로 겸용**의 것으로서 개폐기, 과전류차단기, 계기 그 밖의 배선용 기기 및 배선을 금속제 외함에 수납한 것
전용분전반	**소방회로 전용**의 것으로서 분기개폐기, 분기과전류차단기 그 밖의 배선용 기기 및 배선을 금속제 외함에 수납한 것
공용분전반	**소방회로** 및 **일반회로 겸용**의 것으로서 분기개폐기, 분기과전류차단기 그 밖의 배선용 기기 및 배선을 금속제 외함에 수납한 것

답 ③

78. 누전경보기의 형식승인 및 제품검사의 기술기준에 따라 누전경보기의 변류기는 직류 500V의 절연저항계로 절연된 1차 권선과 2차 권선 간의 절연저항시험을 할 때 몇 MΩ 이상이어야 하는가?

① 0.1
② 5
③ 10
④ 20

해설 **누전경보기**의 **절연저항시험**(누전경보기의 형식승인 및 제품검사의 기술기준 35조)
직류 **500V** 절연저항계, **5MΩ** 이상 보기 ②

중요

절연저항시험

절연저항계	절연저항	대 상
직류 250V	0.1MΩ 이상	• 1경계구역의 절연저항
직류 500V	5MΩ 이상	• 누전경보기 보기② • 가스누설경보기 • 수신기(10회로 미만, 절연된 충전부와 외함간) • 자동화재속보설비 • 비상경보설비 • 유도등(교류입력측과 외함 간 포함) • 비상조명등(교류입력측과 외함 간 포함)
	20MΩ 이상	• 경종 • 발신기 • 중계기 • 비상콘센트 • 기기의 절연된 선로 간 • 기기의 충전부와 비충전부 간 • 기기의 교류입력측과 외함 간 (유도등·비상조명등 제외) 기억법 2콘(이크)
	50MΩ 이상	• 감지기(정온식 감지선형 감지기 제외) • 가스누설경보기(10회로 이상) • 수신기(10회로 이상, 교류입력측과 외함간 제외)
	1000MΩ 이상	• 정온식 감지선형 감지기

답 ②

79 소방시설용 비상전원수전설비의 화재안전기준에 따라 소방시설용 비상전원수전설비의 인입구 배선은 「옥내소화전설비의 화재안전기술기준(NFTC 102)」에 따른 어떤 배선으로 하여야 하는가?
① 나전선　　　② 내열배선
③ 내화배선　　④ 차폐배선

해설 **인**입선 및 **인**입구 **배선**의 **시설**(NFPC 602 4조, NFTC 602 2.1)
(1) **인**입선은 특정소방대상물에 **화**재가 발생할 경우에도 화재로 인한 손상을 받지 않도록 설치
(2) 인입구 배선은 「**옥내**소화전설비의 화재안전기술기준(NFTC 102 2.7.2)」에 따른 **내화배선**으로 할 것 보기③

기억법 인화 옥내

중요

옥내소화전설비의 화재안전기준(NFTC 102 2.7.2)
| 내화배선 |

사용전선의 종류	공사방법
① 450/750V 저독성 난연 가교 폴리올레핀 절연전선 ② 0.6/1kV 가교 폴리에틸렌 절연 저독성 난연 폴리올레핀 시스 전력 케이블 ③ 6/10kV 가교 폴리에틸렌 절연 저독성 난연 폴리올레핀 시스 전력용 케이블 ④ 가교 폴리에틸렌 절연 비닐시스 트레이용 난연 전력 케이블 ⑤ 0.6/1kV EP 고무절연 클로로프렌 시스 케이블 ⑥ 300/500V 내열성 실리콘 고무절연전선(180°C) ⑦ 내열성 에틸렌-비닐 아세테이트 고무절연 케이블 ⑧ 버스덕트(Bus duct)	**금속**관·**2**종 금속제 **가**요전선관 또는 **합**성수지관에 수납하여 내화구조로 된 벽 또는 바닥 등에 벽 또는 바닥의 표면으로부터 **25**mm 이상의 깊이로 매설하여야 한다. 기억법 금2가합25 단, 다음의 기준에 적합하게 설치하는 경우에는 그러하지 아니하다. ① 배선을 **내**화성능을 갖는 배선**전**용실 또는 배선용 **샤**프트·**피**트·**덕**트 등에 설치하는 경우 ② 배선전용실 또는 배선용 샤프트·피트·덕트 등에 **다**른 설비의 배선이 있는 경우에는 이로부터 **15**cm 이상 떨어지게 하거나 소화설비의 배선과 이웃하는 다른 설비의 배선 사이에 배선지름(배선의 지름이 다른 경우에는 가장 큰 것을 기준으로 한다)의 **1.5배** 이상의 높이의 **불연성 격벽**을 설치하는 경우 기억법 내전샤피덕, 다15
내화전선	케이블 공사

답 ③

80 유도등 및 유도표지의 화재안전기준에 따라 설치하는 유도표지는 계단에 설치하는 것을 제외하고는 각 층마다 복도 및 통로의 각 부분으로부터 하나의 유도표지까지의 보행거리가 몇 m 이하가 되는 곳과 구부러진 모퉁이의 벽에 설치하여야 하는가?
① 10　　　② 15
③ 20　　　④ 25

해설 **유도표지**의 **설치기준**(NFPC 303 8조, NFTC 303 2.5.1)
(1) 각 층 복도의 각 부분에서 유도표지까지의 보행거리 **15m** 이하(계단에 설치하는 것 제외) 보기 ②
(2) 구부러진 모퉁이의 벽에 설치
(3) 통로유도표지는 높이 **1m** 이하에 설치
(4) 주위에 등화, 광고물, 게시물 등을 설치하지 않을 것

중요

(1) 수평거리와 보행거리
① 수평거리

수평거리	적용대상
수평거리 25m 이하	• 발신기 • 음향장치(확성기) • 비상콘센트(지하상가·바닥면적 3000m² 이상)
수평거리 50m 이하	• 비상콘센트(기타)

② 보행거리

보행거리	적용대상
보행거리 15m 이하	• 유도표지
보행거리 20m 이하	• 복도통로유도등 • 거실통로유도등 • 3종 연기감지기
보행거리 30m 이하	• 1·2종 연기감지기

③ 수직거리

수직거리	적용대상
수직거리 10m 이하	• 3종 연기감지기
수직거리 15m 이하	• 1·2종 연기감지기

(2) 설치높이

통로유도표지	피난구유도표지
1m 이하	출입구 상단에 설치

답 ②

기억전략법

읽었을 때 10% 기억
들었을 때 20% 기억
보았을 때 30% 기억
보고 들었을 때 50% 기억
친구(동료)와 이야기를 통해 70% 기억
누군가를 가르쳤을 때 95% 기억

과년도 기출문제
2020년
소방설비기사 필기(전기분야)

■ 2020. 6. 6 시행 ·················· 20- 2

■ 2020. 8. 22 시행 ·················· 20-29

■ 2020. 9. 27 시행 ·················· 20-55

** 수험자 유의사항 **

1. 문제지를 받는 즉시 본인이 응시한 종목이 맞는지 확인하시기 바랍니다.
2. 문제지 표지에 본인의 수험번호와 성명을 기재하여야 합니다.
3. 문제지의 총면수, 문제번호 일련순서, 인쇄상태, 중복 및 누락 페이지 유무를 확인하시기 바랍니다.
4. 답안은 각 문제마다 요구하는 가장 적합하거나 가까운 답 1개만을 선택하여야 합니다.
5. 답안카드는 뒷면의 「수험자 유의사항」에 따라 작성하시고, 답안카드 작성 시 형별누락, 마킹착오로 인한 불이익은 전적으로 수험자에게 책임이 있음을 알려드립니다.
6. 문제지는 시험 종료 후 본인이 가져갈 수 있습니다.

** 안내사항 **

- 가답안/최종정답은 큐넷(www.q-net.or.kr)에서 확인하실 수 있습니다. 가답안에 대한 의견은 큐넷의 [가답안 의견 제시]를 통해 제시할 수 있으며, 확정된 답안은 최종정답으로 갈음합니다.
- 공단에서 제공하는 자격검정서비스에 대해 개선할 점이 있으시면 고객참여(http://hrdkorea.or.kr/7/1/1)를 통해 건의하여 주시기 바랍니다.

2020. 6. 6 시행

2020년 기사 제1·2회 통합 필기시험

자격종목	종목코드	시험시간	형별
소방설비기사(전기분야)		2시간	

※ 각 문항은 4지택일형으로 질문에 가장 적합한 보기 항을 선택하여 체크하여야 합니다.

제1과목 소방원론

01 실내 화재시 발생한 연기로 인한 감광계수 $[m^{-1}]$ 와 가시거리에 대한 설명 중 틀린 것은?

17.03.문10
16.10.문16
14.05.문06
13.09.문11

① 감광계수가 0.1일 때 가시거리는 20~30m 이다.
② 감광계수가 0.3일 때 가시거리는 15~20m 이다.
③ 감광계수가 1.0일 때 가시거리는 1~2m이다.
④ 감광계수가 10일 때 가시거리는 0.2~0.5m 이다.

유사문제부터 풀어보세요.
실력이 팍!팍! 올라갑니다.

해설 감광계수와 가시거리

감광계수 $[m^{-1}]$	가시거리 $[m]$	상 황
0.1	20~30	연기**감**지기가 작동할 때의 농도(연기감지기가 작동하기 직전의 농도)
0.3	5	건물 내부에 **익**숙한 사람이 피난에 지장을 느낄 정도의 농도
0.5	3	**어**두운 것을 느낄 정도의 농도
1	1~2	앞이 거의 **보**이지 않을 정도의 농도
10	0.2~0.5	화재 **최**성기 때의 농도
30	-	출화실에서 연기가 **분**출할 때의 농도

기억법		
0123	감	
035	익	
053	어	
112	보	
100205	최	
30	분	

② 15~20m → 5m

답 ②

02 종이, 나무, 섬유류 등에 의한 화재에 해당하는 것은?

19.03.문08
17.09.문07
16.05.문09
15.09.문19
13.09.문07

① A급 화재
② B급 화재
③ C급 화재
④ D급 화재

해설 화재의 종류

구 분	표시색	적응물질
일반화재(A급)	백색	• 일반가연물 • 종이류 화재 • 목재·섬유화재
유류화재(B급)	황색	• 가연성 액체 • 가연성 가스 • 액화가스화재 • 석유화재
전기화재(C급)	청색	• 전기설비
금속화재(D급)	무색	• 가연성 금속
주방화재(K급)	-	• 식용유화재

※ 요즘은 표시색의 의무규정은 없음

답 ①

03 다음 중 소화에 필요한 이산화탄소 소화약제의 최소설계농도값이 가장 높은 물질은?

15.03.문11

① 메탄
② 에틸렌
③ 천연가스
④ 아세틸렌

해설 설계농도

방호대상물	설계농도[vol%]
① 부탄	34
② **메**탄	
③ 프로판	36
④ 이소부탄	
⑤ 사이크로 프로판	37
⑥ 석탄가스, 천연가스	
⑦ 에탄	40
⑧ 에틸렌	49
⑨ 산화에틸렌	53
⑩ 일산화탄소	64
⑪ **아**세틸렌	**66**
⑫ 수소	75

기억법 아66

※ **설계농도** : 소화농도에 20%의 여유분을 더한 값

답 ④

04. 가연물이 연소가 잘 되기 위한 구비조건으로 틀린 것은?

① 열전도율이 클 것
② 산소와 화학적으로 친화력이 클 것
③ 표면적이 클 것
④ 활성화에너지가 작을 것

해설 가연물이 연소하기 쉬운 조건
(1) 산소와 **친화력**이 클 것
(2) **발열량**이 클 것
(3) **표면적**이 넓을 것
(4) **열전도율**이 작을 것
(5) **활성화에너지**가 작을 것
(6) **연쇄반응**을 일으킬 수 있을 것
(7) 산소가 포함된 유기물일 것

① 클 것 → 작을 것

※ **활성화에너지** : 가연물이 처음 연소하는 데 필요한 열

답 ①

05. 다음 중 상온·상압에서 액체인 것은?

① 탄산가스
② 할론 1301
③ 할론 2402
④ 할론 1211

해설

상온·상압에서 **기체상태**	상온·상압에서 **액체상태**
• 할론 1301 • 할론 1211 • 이산화탄소(CO_2)	• 할론 1011 • 할론 104 • **할론 2402**

※ **상온·상압** : 평상시의 온도·평상시의 압력

답 ③

06. $NH_4H_2PO_4$를 주성분으로 한 분말소화약제는 제 몇 종 분말소화약제인가?

① 제1종
② 제2종
③ 제3종
④ 제4종

해설 (1) **분말소화약제**

종별	주성분	착색	적응화재	비고
제**1**종	중탄산나트륨 ($NaHCO_3$)	백색	BC급	**식용유** 및 **지방질유**의 화재에 적합
제2종	중탄산칼륨 ($KHCO_3$)	담자색 (담회색)	BC급	–
제**3**종	제1인산암모늄 ($NH_4H_2PO_4$)	담홍색	AB C급	**차고·주차장**에 적합
제4종	중탄산칼륨 +요소 ($KHCO_3$+ $(NH_2)_2CO$)	회(백)색	BC급	–

기억법 1식분(일식 분식)
3분 차주(**삼보**컴퓨터 **차주**)

(2) **이산화탄소 소화약제**

주성분	적응화재
이산화탄소(CO_2)	BC급

답 ③

07. 제거소화의 예에 해당하지 않는 것은?

① 밀폐 공간에서의 화재시 공기를 제거한다.
② 가연성 가스화재시 가스의 밸브를 닫는다.
③ 산림화재시 확산을 막기 위하여 산림의 일부를 벌목한다.
④ 유류탱크 화재시 연소되지 않은 기름을 다른 탱크로 이동시킨다.

해설 제거소화의 예
(1) **가연성 기체** 화재시 **주밸브**를 **차단**한다(화학반응기의 화재시 원료공급관의 **밸브**를 **잠금**). 보기 ②
(2) **가연성 액체** 화재시 펌프를 이용하여 **연료**를 제거한다.
(3) **연료탱크**를 **냉각**하여 가연성 가스의 발생속도를 작게 하여 연소를 억제한다.
(4) 금속화재시 **불활성 물질**로 가연물을 덮는다.
(5) **목재**를 **방염처리**한다.
(6) 전기화재시 **전원**을 **차단**한다.
(7) 산불이 발생하면 화재의 진행방향을 앞질러 **벌목**한다(산불의 확산방지를 위하여 **산림**의 **일부**를 **벌채**). 보기 ③
(8) 가스화재시 **밸브**를 **잠궈** 가스흐름을 차단한다(가스화재시 중간밸브를 잠금).
(9) 불타고 있는 장작더미 속에서 아직 타지 않은 것을 안전한 곳으로 **운반**한다.
(10) 유류탱크 화재시 주변에 있는 유류탱크의 **유류**를 **다른 곳**으로 **이동**시킨다. 보기 ④
(11) 촛불을 입김으로 불어서 끈다.

① 질식소화

용어 제거효과
가연물을 반응계에서 제거하든지 또는 반응계로의 공급을 정지시켜 소화하는 효과

답 ①

08 위험물안전관리법령상 제2석유류에 해당하는 것으로만 나열된 것은?

① 아세톤, 벤젠
② 중유, 아닐린
③ 에터, 이황화탄소
④ 아세트산, 아크릴산

해설 제4류 위험물

품 명	대표물질
특수인화물	이황화탄소·다이에틸에터·아세트알데하이드·산화프로필렌·이소프렌·펜탄·디비닐에터·트리클로로실란
제1석유류	• **아세톤**·휘발유·**벤젠** • 톨루엔·시클로헥산 • 아크롤레인·초산에스터류 • 의산에스터류 • 메틸에틸케톤·에틸벤젠·피리딘
제2석유류	• 등유·경유·의산 • 테레빈유·장뇌유 • **아세트산**(=초산)·**아크릴산** 보기④ • 송근유·스티렌·크실렌·메틸셀로솔브 • 에틸셀로솔브·**클로로벤젠**·알릴알코올 기억법 2클(이크!)
제3석유류	• **중유**·크레오소트유·에틸렌글리콜 • 글리세린·나이트로벤젠·**아닐린** • 담금질유
제4석유류	• 기어유·실린더유

답 ④

09 산소의 농도를 낮추어 소화하는 방법은?

① 냉각소화
② 질식소화
③ 제거소화
④ 억제소화

해설 소화의 형태

구 분	설 명
냉각소화	① **점화원**을 냉각하여 소화하는 방법 ② **증**발잠열을 이용하여 열을 빼앗아 가연물의 온도를 떨어뜨려 화재를 진압하는 소화방법 ③ **다량**의 **물**을 뿌려 소화하는 방법 ④ 가연성 물질을 **발화점 이하**로 **냉각**하여 소화하는 방법 ⑤ **식용유화재**에 신선한 **야채**를 넣어 소화하는 방법 ⑥ 용융잠열에 의한 **냉각효과**를 이용하여 소화하는 방법 기억법 냉점증발
질식소화	① 공기 중의 **산소농도**를 16%(10~15%) 이하로 희박하게 하여 소화하는 방법 ② 산화제의 농도를 낮추어 연소가 지속될 수 없도록 소화하는 방법 ③ 산소공급을 차단하여 소화하는 방법 ④ **산소**의 **농도**를 **낮추어** 소화하는 방법 보기② ⑤ 화학반응으로 발생한 **탄산가스**에 의한 소화방법 기억법 질산
제거소화	**가연물**을 **제거**하여 소화하는 방법
부촉매 소화 (억제소화, 화학소화)	① **연쇄반응**을 **차단**하여 소화하는 방법 ② 화학적인 방법으로 화재를 억제하여 소화하는 방법 ③ **활성기**(free radical, 자유라디칼)의 **생성**을 **억제**하여 소화하는 방법 ④ 할론계 소화약제 기억법 부억(부엌)
희석소화	① 기체·고체·액체에서 나오는 분해가스나 증기의 농도를 낮춰 소화하는 방법 ② 불연성 가스의 **공기** 중 **농도**를 높여 소화하는 방법 ③ 불활성기체를 방출하여 연소범위 이하로 낮추어 소화하는 방법

중요

화재의 **소화원리**에 따른 **소화방법**

소화원리	소화설비
냉각소화	① 스프링클러설비 ② 옥내·외소화전설비
질식소화	① 이산화탄소 소화설비 ② 포소화설비 ③ 분말소화설비 ④ 불활성기체 소화약제
억제소화 (부촉매효과)	① 할론소화약제 ② 할로겐화합물 소화약제

답 ②

10 유류탱크 화재시 기름 표면에 물을 살수하면 기름이 탱크 밖으로 비산하여 화재가 확대되는 현상은?

① 슬롭오버(Slop over)
② 플래시오버(Flash over)
③ 프로스오버(Froth over)
④ 블레비(BLEVE)

해설 유류탱크, 가스탱크에서 발생하는 현상

구 분	설 명
블래비=블레비 (BLEVE)	• 과열상태의 탱크에서 내부의 액화가스가 분출하여 기화되어 폭발하는 현상

구분	설명
보일오버 (Boil over)	• 중질유의 석유탱크에서 장시간 조용히 연소하다 탱크 내의 잔존기름이 갑자기 분출하는 현상 • 유류탱크에서 **탱크바닥**에 **물**과 기름의 **에멀션**이 섞여 있을 때 이로 인하여 화재가 발생하는 현상 • 연소유면으로부터 100℃ 이상의 열파가 탱크 저부에 고여 있는 물을 비등하게 하면서 연소유를 탱크 밖으로 비산시키며 연소하는 현상
오일오버 (Oil over)	• 저장탱크에 저장된 유류저장량이 내용적의 50% 이하로 충전되어 있을 때 화재로 인하여 탱크가 폭발하는 현상
프로스오버 (Froth over)	• 물이 점성의 뜨거운 기름표면 아래에서 끓을 때 화재를 수반하지 않고 용기가 넘치는 현상
슬롭오버 (Slop over)	• 유류탱크 화재시 기름 표면에 물을 살수하면 **기름**이 탱크 밖으로 **비산**하여 화재가 확대되는 현상(연소유가 비산되어 탱크 외부까지 화재가 확산) 보기 ① • 물이 연소유의 뜨거운 표면에 들어갈 때 기름 표면에서 화재가 발생하는 현상 • 유화제로 소화하기 위한 물이 수분의 급격한 증발에 의하여 액면이 거품을 일으키면서 열유층 밑의 냉유가 급히 열팽창하여 기름의 일부가 불이 붙은 채 탱크벽을 넘어서 일출하는 현상 • 연소면의 온도가 100℃ 이상일 때 물을 주수하면 발생 • 소화시 외부에서 방사하는 포에 의해 발생

답 ①

11 물질의 화재 위험성에 대한 설명으로 틀린 것은?

① 인화점 및 착화점이 낮을수록 위험
② 착화에너지가 작을수록 위험
③ 비점 및 융점이 높을수록 위험
④ 연소범위가 넓을수록 위험

해설 화재 위험성

(1) **비**점 및 **융**점이 **낮**을수록 위험하다. 보기 ③
(2) **발**화점(착화점) 및 **인**화점이 **낮**을수록 **위**험하다. 보기 ①
(3) 착화에너지가 작을수록 위험하다. 보기 ②
(4) 연소하한계가 낮을수록 위험하다.
(5) 연소범위가 넓을수록 위험하다. 보기 ④
(6) 증기압이 클수록 위험하다.

기억법 비융발인 낮위

③ 높을수록 → 낮을수록

• 연소한계=연소범위=폭발한계=폭발범위=가연한계=가연범위

답 ③

12 인화알루미늄의 화재시 주수소화하면 발생하는 물질은?

① 수소   ② 메탄
③ 포스핀   ④ 아세틸렌

해설 인화알루미늄과 물과의 반응식 보기 ③
AlP + 3H$_2$O → Al(OH)$_3$ + PH$_3$
인화알루미늄 물 수산화알루미늄 포스핀=인화수소

비교

(1) 인화칼슘과 물의 반응식
Ca$_3$P$_2$ + 6H$_2$O → 3Ca(OH)$_2$ + 2PH$_3$↑
인화칼슘 물 수산화칼슘 포스핀

(2) 탄화알루미늄과 물의 반응식
Al$_4$C$_3$ + 12H$_2$O → 4Al(OH)$_3$ + 3CH$_4$↑
탄화알루미늄 물 수산화알루미늄 메탄

답 ③

13 이산화탄소의 증기비중은 약 얼마인가? (단, 공기의 분자량은 29이다.)

① 0.81   ② 1.52
③ 2.02   ④ 2.51

해설 (1) 증기비중

$$증기비중 = \frac{분자량}{29}$$

여기서, 29 : 공기의 평균 분자량

(2) **분자량**

원 소	원자량
H	1
C	12
N	14
O	16

이산화탄소(CO_2) 분자량 = 12 + 16×2 = 44

증기비중 = $\frac{44}{29}$ ≒ 1.52

• 증기비중=가스비중

중요

이산화탄소의 물성

구 분	물 성
임계압력	72.75atm
임계온도	31.35℃(약 31.1℃)
3중점	−**56**.3℃(약 −56℃)
승화점(**비**점)	−**78**.5℃
허용농도	0.5%
증기비중	1.**5**29
수분	0.05% 이하(함량 99.5% 이상)

기억법 이356, 이비78, 이증15

답

14. 다음 물질의 저장창고에서 화재가 발생하였을 때 주수소화를 할 수 없는 물질은?

① 부틸리튬
② 질산에틸
③ 나이트로셀룰로오스
④ 적린

해설 주수소화(물소화)시 위험한 물질

구 분	현 상
• 무기과산화물	**산소** 발생
• **금**속분 • **마**그네슘 • 알루미늄 • 칼륨 • 나트륨 • 수소화리튬 • **부틸리튬** 보기 ①	**수소** 발생
• 가연성 액체의 유류화재	**연소면**(화재면) 확대

기억법 금마수

※ **주수소화** : 물을 뿌려 소화하는 방법

답 ①

15. 이산화탄소에 대한 설명으로 틀린 것은?

① 임계온도는 97.5℃이다.
② 고체의 형태로 존재할 수 있다.
③ 불연성 가스로 공기보다 무겁다.
④ 드라이아이스와 분자식이 동일하다.

해설 이산화탄소의 물성

구 분	물 성
임계압력	72.75atm
임계온도	31.35℃(약 31.1℃) 보기 ①
3중점	−**56**.3℃(약 −56℃)
승화점(**비**점)	−**78**.5℃
허용농도	0.5%
증기비중	1.**5**29
수분	0.05% 이하(함량 99.5% 이상)
형상	**고체**의 형태로 존재할 수 있음
가스 종류	**불연성 가스**로 공기보다 무거움
분자식	**드라이아이스**와 분자식이 동일

기억법 이356, 이비78, 이증15

① 97.5℃ → 31.35℃

답 ①

16. 다음 물질 중 연소하였을 때 시안화수소를 가장 많이 발생시키는 물질은?

① Polyethylene
② Polyurethane
③ Polyvinyl chloride
④ Polystyrene

해설 연소시 **시안화수소**(HCN) 발생물질
(1) 요소
(2) 멜라닌
(3) 아닐린
(4) Polyurethane(**폴리우**레탄) 보기 ②

기억법 시폴우

답 ②

17. 0℃, 1기압에서 44.8m³의 용적을 가진 이산화탄소를 액화하여 얻을 수 있는 액화탄산가스의 무게는 약 몇 kg인가?

① 88
② 44
③ 22
④ 11

해설 (1) 기호
- T : 0℃=(273+0℃)K
- P : 1기압=1atm
- V : 44.8m³
- m : ?

(2) 이상기체상태 방정식

$$PV = nRT$$

여기서, P : 기압(atm)
V : 부피(m³)
n : 몰수$\left(n = \dfrac{m(질량)[kg]}{M(분자량)[kg/kmol]}\right)$
R : 기체상수(0.082atm·m³/kmol·K)
T : 절대온도(273+℃)(K)

$PV = \dfrac{m}{M}RT$ 에서

$m = \dfrac{PVM}{RT}$

$= \dfrac{1\text{atm} \times 44.8\text{m}^3 \times 44\text{kg/kmol}}{0.082\text{atm}\cdot\text{m}^3/\text{kmol}\cdot\text{K} \times (273+0℃)\text{K}}$

$\fallingdotseq 88\text{kg}$

• 이산화탄소 분자량(M)=44kg/kmol

답 ①

18. 밀폐된 내화건물의 실내에 화재가 발생했을 때 그 실내의 환경변화에 대한 설명 중 틀린 것은?

① 기압이 급강하한다.
② 산소가 감소된다.
③ 일산화탄소가 증가한다.
④ 이산화탄소가 증가한다.

해설 밀폐된 내화건물
실내에 화재가 발생하면 **기압**이 **상승**한다. 보기 ①

① 급강하 → 상승

답 ①

19. 다음 중 연소범위를 근거로 계산한 위험도값이 가장 큰 물질은?

① 이황화탄소
② 메탄
③ 수소
④ 일산화탄소

해설 위험도

$$H = \frac{U-L}{L}$$

여기서, H : 위험도
U : 연소상한계
L : 연소하한계

① 이황화탄소 $= \frac{50-1}{1} = 49$

② 메탄 $= \frac{15-5}{5} = 2$

③ 수소 $= \frac{75-4}{4} = 17.75$

④ 일산화탄소 $= \frac{75-12}{12} = 5.25$

중요

공기 중의 폭발한계(상온, 1atm)

가스	하한계 [vol%]	상한계 [vol%]
에터($(C_2H_5)_2O$)	1.7	48
보기 ③ → 수소(H_2)	4	75
에틸렌(C_2H_4)	2.7	36
부탄(C_4H_{10})	1.8	8.4
아세틸렌(C_2H_2)	2.5	81
보기 ④ → 일산화탄소(CO)	12	75
보기 ① → 이황화탄소(CS_2)	1	50
암모니아(NH_3)	15	25
보기 ② → 메탄(CH_4)	5	15
에탄(C_2H_6)	3	12.4
프로판(C_3H_8)	2.1	9.5

● 연소한계=연소범위=가연한계=가연범위=폭발한계=폭발범위

답 ①

20. 화재시 나타나는 인간의 피난특성으로 볼 수 없는 것은?

① 어두운 곳으로 대피한다.
② 최초로 행동한 사람을 따른다.
③ 발화지점의 반대방향으로 이동한다.
④ 평소에 사용하던 문, 통로를 사용한다.

해설 화재발생시 인간의 피난특성

구분	설명
귀소본능 보기 ④	● **친숙한 피난경로**를 선택하려는 행동 ● 무의식 중에 평상시 사용하는 출입구나 통로를 사용하려는 행동
지광본능 보기 ①	● **밝은 쪽**을 지향하는 행동 ● 화재의 공포감으로 인하여 **빛**을 따라 외부로 달아나려고 하는 행동
퇴피본능 보기 ③	● 화염, 연기에 대한 공포감으로 **발화**의 **반대방향**으로 이동하려는 행동
추종본능 보기 ②	● 많은 사람이 달아나는 방향으로 쫓아가려는 행동 ● 화재시 최초로 행동을 개시한 사람을 따라 전체가 움직이려는 행동
좌회본능	● **좌측통행**을 하고 **시계반대방향**으로 회전하려는 행동
폐쇄공간 지향본능	가능한 **넓은 공간**을 찾아 **이동**하다가 위험성이 높아지면 의외의 좁은 공간을 찾는 본능
초능력본능	비상시 **상상**도 **못할 힘**을 내는 본능
공격본능	**이상심리현상**으로서 구조용 헬리콥터를 부수려고 한다든지 무차별적으로 주변사람과 구조인력 등에게 공격을 가하는 본능
패닉 (panic) 현상	인간의 비이성적인 또는 부적합한 **공포반응행동**으로서 무모하게 높은 곳에서 뛰어내리는 행위라든지, 몸이 굳어서 움직이지 못하는 행동

① 어두운 곳 → 밝은 곳

답 ①

제 2 과목　소방전기일반

21. 인덕턴스가 0.5H인 코일의 리액턴스가 753.6Ω일 때 주파수는 약 몇 Hz인가?

① 120
② 240
③ 360
④ 480

해설 (1) 기호
- L : 0.5H
- X_L : 753.6Ω
- f : ?

(2) 유도리액턴스

$$X_L = 2\pi f L$$

여기서, X_L : 유도리액턴스[Ω]
f : 주파수[Hz]
L : 인덕턴스[H]

주파수 f 는

$$f = \frac{X_L}{2\pi L} = \frac{753.6}{2\pi \times 0.5} \fallingdotseq 240\text{Hz}$$

답 ②

22 ★★★
최고 눈금 50mV, 내부저항이 100Ω인 직류 전압계에 1.2MΩ의 배율기를 접속하면 측정할 수 있는 최대전압은 약 몇 V인가?

19.09.문30
17.03.문21
13.09.문31
11.06.문34

① 3 ② 60
③ 600 ④ 1200

해설 (1) 기호
- V : 50mV = 50×10^{-3}V (1mV = 10^{-3}V)
- R_v : 100Ω
- R_m : 1.2MΩ = 1.2×10^6Ω (1MΩ = 10^6Ω)
- V_0 : ?

(2) 배율기

$$V_0 = V\left(1 + \frac{R_m}{R_v}\right)[\text{V}]$$

여기서, V_0 : 측정하고자 하는 전압[V]
V : 전압계의 최대눈금[V]
R_v : 전압계의 내부저항[Ω]
R_m : 배율기저항[Ω]

$$V_0 = V\left(1 + \frac{R_m}{R_v}\right)$$
$$= (50 \times 10^{-3}) \times \left(1 + \frac{1.2 \times 10^6}{100}\right) \fallingdotseq 600\text{V}$$

비교
분류기

$$I_0 = I\left(1 + \frac{R_A}{R_S}\right)[\text{A}]$$

여기서, I_0 : 측정하고자 하는 전류[A]
I : 전류계의 최대눈금[A]
R_A : 전류계 내부저항[Ω]
R_S : 분류기저항[Ω]

답 ③

23 ★★
그림과 같은 블록선도에서 출력 $C(s)$는?

14.09.문34
10.03.문28

① $\dfrac{G(s)}{1+G(s)H(s)}R(s) + \dfrac{G(s)}{1+G(s)H(s)}D(s)$

② $\dfrac{1}{1+G(s)H(s)}R(s) + \dfrac{1}{1+G(s)H(s)}D(s)$

③ $\dfrac{G(s)}{1+G(s)H(s)}R(s) + \dfrac{1}{1+G(s)H(s)}D(s)$

④ $\dfrac{1}{1+G(s)H(s)}R(s) + \dfrac{G(s)}{1+G(s)H(s)}D(s)$

해설 계산편의를 위해 (s)를 삭제하고 계산하면
$RG + D - CHG = C$
$RG + D = C + CHG$
$C + CHG = RG + D$
$C(1 + HG) = RG + D$
$C = \dfrac{RG + D}{1 + HG}$
$= \dfrac{RG}{1 + HG} + \dfrac{D}{1 + HG}$
$= \dfrac{G}{1 + HG}R + \dfrac{1}{1 + HG}D$
$= \dfrac{G}{1 + GH}R + \dfrac{1}{1 + GH}D$
$= \dfrac{G(s)}{1 + G(s)H(s)}R(s) + \dfrac{1}{1 + G(s)H(s)}D(s)$

└ 삭제한 (s)를 다시 붙임

용어
블록선도(block diagram)
제어계에서 신호가 전달되는 모양을 표시하는 선도

답 ③

24 ★★★
변위를 전압으로 변환시키는 장치가 아닌 것은?

18.09.문40
13.06.문21
12.09.문24
03.08.문22

① 포텐셔미터 ② 차동변압기
③ 전위차계 ④ 측온저항체

해설 **변환요소**

구 분	변 환
• 측온저항(측온저항체) • 정온식 감지선형 감지기	온도 → 임피던스
• 광전다이오드 • 열전대식 감지기 • 열반도체식 감지기	온도 → 전압
• 광전지	빛 → 전압

20-8 · 20. 06. 시행 / 기사(전기)

• 전자	전압(전류) → 변위	
• 유압분사관 • 노즐 플래퍼	변위 → 압력	
• 포텐셔미터 • 차동변압기 • 전위차계	변위 → 전압	
• 가변저항기	변위 → 임피던스	

④ 측온저항체 : **온도를 임피던스**로 변환시키는 장치

답 ④

25. 단상 변압기의 권수비가 $a=8$이고, 1차 교류전압의 실효치는 110V이다. 변압기 2차 전압을 단상 반파정류회로를 이용하여 정류했을 때 발생하는 직류 전압의 평균치는 약 몇 V인가?

① 6.19　　② 6.29
③ 6.39　　④ 6.88

해설 (1) 기호
- a : 8
- V_1 : 110V
- E_{av} : ?

(2) 권수비

$$a = \frac{N_1}{N_2} = \frac{V_1}{V_2} = \frac{I_2}{I_1}$$

여기서, a : 권수비
　　　　N_1 : 1차 코일권수
　　　　N_2 : 2차 코일권수
　　　　V_1 : 정격 1차 전압[V]
　　　　V_2 : 정격 2차 전압[V]
　　　　I_1 : 정격 1차 전류[A]
　　　　I_2 : 정격 2차 전류[A]

2차 전압 V_2는

$$V_2 = \frac{V_1}{a} = \frac{110}{8} = 13.75\text{V}$$

(3) 직류 평균전압

단상 반파정류회로	단상 전파정류회로
$E_{av} = 0.45E$	$E_{av} = 0.9E$
여기서, E_{av} : 직류 평균전압[V] E : 교류 실효값[V]	여기서, E_{av} : 직류 평균전압[V] E : 교류 실효값[V]

$E_{av} = 0.45E = 0.45 \times 13.75 ≒ 6.19\text{V}$

답 ①

26. 그림과 같은 유접점회로의 논리식은?

① $A + B \cdot C$
② $A \cdot B + C$
③ $B + A \cdot C$
④ $A \cdot B + B \cdot C$

해설

회로	시퀀스 회로	논리식	논리회로
직렬 회로		$Z = A \cdot B$ $Z = AB$	
병렬 회로		$Z = A + B$	
a 접점		$Z = A$	
b 접점		$Z = \overline{A}$	

$(A+B)(A+C) = \underbrace{AA}_{X \cdot X = X} + AC + AB + BC$
$= A + AC + AB + BC$
$= \underbrace{A(1+C+B)}_{X \cdot 1 = X} + BC$
$= A + BC$

중요

불대수의 정리

논리합	논리곱	비 고
$X + 0 = X$	$X \cdot 0 = 0$	-
$X + 1 = 1$	$X \cdot 1 = X$	-
$X + X = X$	$X \cdot X = X$	-
$X + \overline{X} = 1$	$X \cdot \overline{X} = 0$	-
$X + Y = Y + X$	$X \cdot Y = Y \cdot X$	교환 법칙

		결합법칙
$X+(Y+Z)$ $=(X+Y)+Z$	$X(YZ)=(XY)Z$	결합법칙
$X(Y+Z)$ $=XY+XZ$	$(X+Y)(Z+W)$ $=XZ+XW+YZ+YW$	분배법칙
$X+XY=X$	$\overline{X}+XY=\overline{X}+Y$ $\overline{X}+X\overline{Y}=\overline{X}+\overline{Y}$ $X+\overline{X}Y=X+Y$ $X+\overline{X}\,\overline{Y}=X+\overline{Y}$	흡수법칙
$\overline{(X+Y)}$ $=\overline{X}\cdot\overline{Y}$	$\overline{(X\cdot Y)}=\overline{X}+\overline{Y}$	드모르간의 정리

답 ①

27 ★★★

평형 3상 부하의 선간전압이 200V, 전류가 10A, 역률이 70.7%일 때 무효전력은 약 몇 Var인가?

① 2880 ② 2450
③ 2000 ④ 1410

해설

(1) 기호
- V_l : 200V
- I_l : 10A
- $\cos\theta$: 70.7%=0.707
- P_{Var} : ?

(2) 무효율

$$\cos\theta^2+\sin\theta^2=1$$

여기서, $\cos\theta$: 역률
$\sin\theta$: 무효율

$\sin\theta^2=1-\cos\theta^2$
$\sqrt{\sin\theta^2}=\sqrt{1-\cos\theta^2}$
$\sin\theta=\sqrt{1-\cos\theta^2}$
$=\sqrt{1-0.707^2}\fallingdotseq 0.707$

(3) 3상 무효전력

$$P_{Var}=3V_PI_P\sin\theta=\sqrt{3}\,V_lI_l\sin\theta=3I_P^2X[\text{Var}]$$

여기서, P_{Var} : 3상 무효전력[W]
V_P, I_P : 상전압[V], 상전류[A]
V_l, I_l : 선간전압[V], 선전류[A]

3상 무효전력 P_{Var}는
$P_{Var}=\sqrt{3}\,V_lI_l\sin\theta$
$=\sqrt{3}\times200\times10\times0.707\fallingdotseq 2450\text{Var}$

답 ②

28 ★★

제어대상에서 제어량을 측정하고 검출하여 주궤환 신호를 만드는 것은?

① 조작부 ② 출력부
③ 검출부 ④ 제어부

해설 피드백제어의 용어

용어	설명
검출부 보기③	• 제어대상에서 **제어량**을 측정하고 **검출**하여 주궤환 신호를 만드는 것
제어량 (controlled value)	• 제어대상에 속하는 양으로, 제어대상을 제어하는 것을 목적으로 하는 물리적인 양이다.
조작량 (manipulated value)	• 제어장치의 **출력**인 동시에 **제어대상**의 **입력**으로 제어장치가 제어대상에 가해지는 제어신호이다. • **제어요소**에서 **제어대상**에 인가되는 양이다. **기억법** 조제대상
제어요소 (control element)	• 동작신호를 조작량으로 변환하는 요소이고, **조절부**와 **조작부**로 이루어진다.
제어장치 (control device)	• 제어하기 위해 제어대상에 부착되는 장치이고, 조절부, 설정부, 검출부 등이 이에 해당된다.
오차검출기	• 제어량을 설정값과 비교하여 오차를 계산하는 장치이다.

답 ③

29 ★

복소수로 표시된 전압 $10-j$[V]를 어떤 회로에 가하는 경우 $5+j$[A]의 전류가 흘렀다면 이 회로의 저항은 약 몇 Ω인가?

① 1.88 ② 3.6
③ 4.5   ④ 5.46

해설

(1) 기호
- V : $10-j$[V]
- I : $5+j$[A]
- R : ?

(2) 임피던스

$$Z=\frac{V}{I}$$

여기서, Z : 임피던스[Ω]
V : 전압[V]
I : 전류[A]

임피던스 Z은
$Z=\dfrac{V}{I}$
$=\dfrac{10-j}{5+j}$
$=\dfrac{(10-j)(5-j)}{(5+j)(5-j)}$ ← 분모의 허수를 없애고자 분모의 $5+j$에서 허수의 반대부호인 $5-j$를 분자·분모에 곱해 줌
$=\dfrac{50-10j-5j-1}{25-5j+5j+1}$ $j\times j=-1$
$j\times(-j)=1$
$(-j)\times(-j)=-1$
$=\dfrac{49-15j}{26}$
$=\dfrac{49-j15}{26}$

• $V=V_R+jV_x=49-j15$

(3) 저항

$$R = \frac{V_R}{I}$$

여기서, R : 저항(Ω)
V_R : 저항의 전압(V)
I : 전류(A)

저항 R은

$$R = \frac{V_R}{I} = \frac{49}{26} \fallingdotseq 1.88\,Ω$$

비교

리액턴스

$$X = \frac{V_x}{I}$$

여기서, X : 리액턴스(Ω)
V_x : 리액턴스의 전압(V)
I : 전류(A)

리액턴스 X는

$$X = \frac{V_x}{I} = \frac{15}{26} \fallingdotseq 0.58\,Ω$$

답 ①

30 다음 중 직류전동기의 제동법이 아닌 것은?

15.09.문31
11.10.문25

① 회생제동
② 정상제동
③ 발전제동
④ 역전제동

해설 직류전동기의 제동법

제동법	설 명
발전제동 보기 ③	직류전동기를 **발전기**로 하고 운동에너지를 저항기 속에서 **열**로 바꾸어 제동하는 방법
역전제동 보기 ④	운전 중에 전동기의 **전기자를 반대**로 전환하여 **역방향**의 **토크**를 발생시켜 급속히 제동하는 방법
회생제동 보기 ①	전동기를 **발전기**로 하고 그 발생전력을 **전원**으로 **회수**하여 효율 좋게 제어하는 방법

기억법 역발회

답 ②

31 자동화재탐지설비의 감지기회로의 길이가 500m이고, 종단에 8kΩ의 저항이 연결되어 있는 회로에 24V의 전압이 가해졌을 경우 도통시험시 전류는 약 몇 mA인가? (단, 동선의 저항률은 1.69×10⁻⁸ Ω·m이며, 동선의 단면적은 2.5mm²이고, 접촉저항 등은 없다고 본다.)

17.05.문30
97.07.문39

① 2.4
② 3.0
③ 4.8
④ 6.0

해설 (1) 기호

- l : 500m
- R_2 : 8kΩ = 8×10^3Ω (1kΩ = 10^3Ω)
- V : 24V
- I : ?
- $ρ$: 1.69×10^{-8} Ω·m
- A : 2.5mm² = 2.5×10^{-6} m²
- 1m = 1000mm = 10^3mm이고
  1mm = 10^{-3}m
  2.5mm² = $2.5 \times (10^{-3}m)^2 = 2.5 \times 10^{-6}$m²

(2) 저항

$$R = ρ\frac{l}{A}$$

여기서, R : 저항(Ω)
$ρ$: 고유저항(Ω·m)
A : 전선의 단면적(m²)
l : 전선의 길이(m)

배선의 저항 R_1은

$$R_1 = ρ\frac{l}{A} = 1.69 \times 10^{-8} \times \frac{500}{2.5 \times 10^{-6}} = 3.38\,Ω$$

(3) 도통시험전류 I는

$$I = \frac{V}{R_1 + R_2} = \frac{24}{3.38 + (8 \times 10^3)}$$
$$\fallingdotseq 3 \times 10^{-3}\,A = 3\,mA$$

- 1×10^{-3}A = 1mA 이므로 3×10^{-3}A = 3mA

※ **도통시험** : 감지기회로의 단선 유무확인

답 ②

32 다음 회로에서 출력전압은 몇 V인가? (단, A=5V, B=0V인 경우이다.)

18.09.문27
11.06.문22
09.08.문34
08.03.문24

① 0
② 5
③ 10
④ 15

해설 AND 게이트이므로 입력신호에서 A=5V, B=0V 중 모두 5일 때만 출력신호 X가 5가 된다. 그러므로 0V가 정답

논리회로

명 칭	회 로
AND 게이트	
OR 게이트	
NOR 게이트	
NAND 게이트	

답 ①

33
평행한 왕복전선에 10A의 전류가 흐를 때 전선 사이에 작용하는 전자력[N/m]은? (단, 전선의 간격은 40cm이다.)

① 5×10^{-5} N/m, 서로 반발하는 힘
② 5×10^{-5} N/m, 서로 흡인하는 힘
③ 7×10^{-5} N/m, 서로 반발하는 힘
④ 7×10^{-5} N/m, 서로 흡인하는 힘

해설 (1) 기호

- $I_1 = I_2$: 10A
- F : ?
- r : 40cm = 0.4m (100cm = 1m)

(2) 평행도체 사이에 작용하는 힘

$$F = \frac{\mu_0 I_1 I_2}{2\pi r} \text{[N/m]}$$

여기서, F : 평행전류의 힘[N/m]
μ_0 : 진공의 투자율($4\pi \times 10^{-7}$)[H/m]
I_1, I_2 : 전류[A]
r : 거리[m]

평행도체 사이에 작용하는 힘 F는

$$F = \frac{\mu_0 I_1 I_2}{2\pi r}$$

$$= \frac{(4\pi \times 10^{-7}) \times 10 \times 10}{2\pi \times 0.4}$$

$$= 5 \times 10^{-5} \text{N/m}$$

- μ_0 : $4\pi \times 10^{-7}$ [H/m]

힘의 방향은 전류가 **같은 방향**이면 **흡인력**, 다른 방향이면 **반발력**이 작용한다.

평행전류의 힘

평행 왕복전선은 두 전선의 전류방향이 다른 방향이므로 **반발력**

용어
반발력
서로 반발하는 힘

답 ①

34
수정, 전기석 등의 결정에 압력을 가하여 변형을 주면 변형에 비례하여 전압이 발생하는 현상을 무엇이라 하는가?

① 국부작용 ② 전기분해
③ 압전현상 ④ 성극작용

해설 여러 가지 효과

효 과	설 명
핀치효과 (Pinch effect)	전류가 **도선 중심**으로 흐르려고 하는 현상
톰슨효과 (Thomson effect)	① 균질의 철사에 **온도구배**가 있을 때 여기에 전류가 흐르면 열의 흡수 또는 발생이 일어나는 현상 ② 동종 금속도선의 두 점 간에 온도차를 주고 고온쪽에서 저온쪽으로 **전류**를 흘리면, 줄열 이외에 도선 속에서 **열**이 발생하거나 흡수가 일어나는 현상
홀효과 (Hall effect)	도체에 **자계**를 가하면 전위차가 발생하는 현상
제벡효과 (Seebeck effect)	① 다른 종류의 금속선으로 된 폐회로의 두 접합점의 온도를 달리하였을 때 열기전력이 발생하는 효과. **열전대식·열반도체식** 감지기는 이 원리를 이용하여 만들어졌다. ② 이종 금속을 접합하여 **폐회로**를 만든 후 두 접합점의 온도를 다르게 하여 **열전류**를 얻는 열전현상
펠티어효과 (Peltier effect)	두 종류의 금속으로 폐회로를 만들어 **전류**를 흘리면 양 접속점에서 한쪽은 **온도**가 올라가고, 다른 쪽 온도가 내려가는 현상
압전효과 (piezoelectric effect)	① **수정, 전기석**, 로셀염 등의 결정에 전압을 가하면 일그러짐이 생기고, 반대로 압력을 가하여 일그러지게 하면 전압을 발생하는 현상 ② **수정, 전기석** 등의 결정에 압력을 가하여 변형을 주면 변형에 비례하여 전압이 발생하는 현상 보기 ③
광전효과	반도체에 빛을 쬐이면 전자가 방출되는 현상

기억법 온펠
- 압전현상=압전효과=압전기효과

비교

국부작용	분극(성극)작용
① 전지의 전극에 사용하고 있는 아연판이 **불순물**에 의한 전지작용으로 인해 자기방전하는 현상 ② 전지를 쓰지 않고 오래 두면 못 쓰게 되는 현상	① 전지에 부하를 걸면 양극표면에 수소가스가 생겨 전류의 흐름을 방해하는 현상 ② 일정한 전압을 가진 전지에 부하를 걸면 단자전압이 저하되는 현상

답 ③

35 그림과 같이 전류계 A_1, A_2를 접속할 경우 A_1은 25A, A_2는 5A를 지시하였다. 전류계 A_2의 내부저항은 몇 Ω인가?

① 0.05   ② 0.08
③ 0.12   ④ 0.15

해설

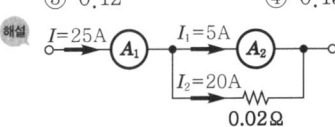

(1) 기호
- I : 25A
- I_1 : 5A
- R : 0.02Ω

(2) 전류
A_2와 0.02Ω이 병렬회로이므로
$I = I_1 + I_2$ 에서
$I_2 = I - I_1$
$= 25 - 5 = 20A$

(3) 전압
$$V = IR$$
여기서, V : 전압[V]
  I : 전류[A]
  R : 저항[Ω]
0.02Ω에 가해지는 전압 V는
$V = I_2 R$
$= 20 \times 0.02 = 0.4V$

A_2의 내부저항 R은
$R = \dfrac{V}{I_1} = \dfrac{0.4}{5} = 0.08Ω$

답 ②

36 반지름 20cm, 권수 50회인 원형 코일에 2A의 전류를 흘려주었을 때 코일 중심에서 자계(자기장)의 세기[AT/m]는?

① 70   ② 100
③ 125 ④ 250

해설 (1) 기호
- a : 20cm=0.2m(100cm=1m)
- N : 50
- I : 2A
- H : ?

(2) 원형 코일 중심의 자계
$$H = \dfrac{NI}{2a} [AT/m]$$

여기서, H : 자계의 세기[AT/m]
   N : 코일권수
   I : 전류[A]
   a : 반지름[m]
자계의 세기 H는
$H = \dfrac{NI}{2a} = \dfrac{50 \times 2}{2 \times 0.2} = 250 AT/m$

답 ④

37 그림과 같은 무접점회로의 논리식(Y)은?

① $A \cdot B + \overline{C}$ ② $A + B + \overline{C}$
③ $(A+B) \cdot \overline{C}$ ④ $A \cdot B \cdot \overline{C}$

해설 무접점회로의 논리식
$Y = A \cdot B \cdot \overline{C}$

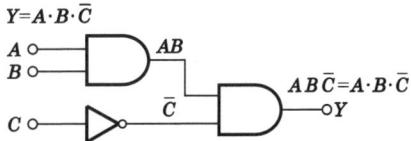

중요

회로	시퀀스 회로	논리식	논리회로
직렬 회로	(A,B,Z)	$Z = A \cdot B$ $Z = AB$	AND
병렬 회로	(A,B,Z)	$Z = A + B$	OR

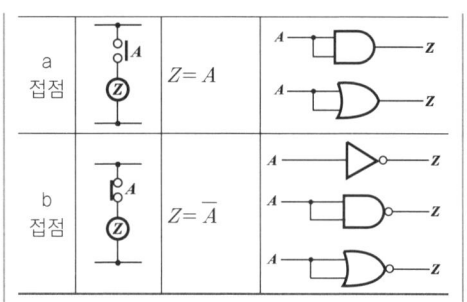

답 ④

38 전원전압을 일정하게 유지하기 위하여 사용하는 다이오드는?

19.03.문35
18.09.문31
16.10.문30
15.05.문38
14.09.문40
14.05.문24
14.03.문27
12.03.문34
11.06.문37
00.10.문25

① 쇼트키다이오드
② 터널다이오드
③ 제너다이오드
④ 버랙터다이오드

해설 반도체소자

명 칭	심 벌
제너다이오드(zener diode) 보기 ③ ① 주로 **정전압** 전원회로로 사용된다. ② **전원전압**을 일정하게 **유지**한다.	
서미스터(thermistor) : 부온도특성을 가진 저항기의 일종으로서 주로 **온**도보정용(온도보상용)으로 쓰인다. 기억법 서온(서운해)	
SCR(Silicon Controlled Rectifier) : 단방향 대전류 스위칭소자로서 제어를 할 수 있는 정류소자이다.	
바리스터(varistor) ① 주로 **서**지전압에 대한 회로보호용(과도전압에 대한 회로보호) ② **계**전기접점의 불꽃제거 기억법 바리서계	
UJT(Unijunction Transistor, **단일접합 트랜지스터**) : 증폭기로는 사용이 불가능하며 톱니파나 펄스발생기로 작용하며 SCR의 트리거소자로 쓰인다.	
가변용량 다이오드(버랙터 다이오드) ① **가변용량** 특성을 FM 변조 AFC 동조에 이용 ② 제너현상을 이용한 다이오드	
터널 다이오드 : 음저항 특성을 **마이크로파 발진**에 이용	
쇼트키 다이오드 : N형 반도체와 금속을 접합하여 금속부분이 반도체와 같은 기능을 하도록 만들어진 다이오드	

답 ③

39 동기발전기의 병렬운전조건으로 틀린 것은?

17.03.문40
13.09.문33

① 기전력의 크기가 같을 것
② 기전력의 위상이 같을 것
③ 기전력의 주파수가 같을 것
④ 극수가 같을 것

해설 병렬운전조건

동기발전기의 병렬운전조건	변압기의 병렬운전조건
• 기전력의 **크기**가 같을 것 • 기전력의 **위상**이 같을 것 • 기전력의 **주파수**가 같을 것 • 기전력의 **파형**이 같을 것 • 상회전 **방향**이 같을 것	• **권**수비가 같을 것 • **극**성이 같을 것 • 1·2차 정격전**압**이 같을 것 • %**임**피던스 강하가 같을 것
기억법 주파위크방	기억법 압임권극

답 ④

40 메거(megger)는 어떤 저항을 측정하기 위한 장치인가?

19.09.문35
12.05.문34
05.05.문35

① 절연저항
② 접지저항
③ 전지의 내부저항
④ 궤조저항

해설 계측기

구 분	용 도
메거 (megger) =절연저항계	절연저항 측정
어스테스터 (earth tester)	접지저항 측정

코올라우시 브리지 (Kohlrausch bridge)	전지(축전지)의 내부저항 측정 ‖코올라우시 브리지‖	
C.R.O (Cathode Ray Oscilloscope)	음극선을 사용한 오실로스코프	
휘트스톤 브리지 (Wheatstone bridge)	$0.5 \sim 10^5 \Omega$의 중저항 측정	

비교

코올라우시 브리지
(1) 축전지의 내부저항 측정
(2) 전해액의 저항 측정
(3) 접지저항 측정

답 ①

제3과목 소방관계법규

41 소방시설 설치 및 관리에 관한 법령상 방염성능 기준 이상의 실내 장식물 등을 설치해야 하는 특정소방대상물이 아닌 것은?

① 숙박이 가능한 수련시설
② 층수가 11층 이상인 아파트
③ 건축물 옥내에 있는 종교시설
④ 방송통신시설 중 방송국 및 촬영소

해설 소방시설법 시행령 30조
방염성능기준 이상 적용 특정소방대상물
(1) 층수가 **11층 이상**인 것(아파트는 제외 : 2026. 12. 1. 삭제) 보기 ②
(2) 체력단련장, 공연장 및 종교집회장
(3) 문화 및 집회시설
(4) 종교시설 보기 ③
(5) 운동시설(수영장은 제외)
(6) 의료시설(종합병원, 정신의료기관)
(7) 의원, 치과의원, 한의원, 조산원, 산후조리원
(8) 교육연구시설 중 합숙소
(9) 노유자시설
(10) **숙박**이 가능한 **수련시설** 보기 ①
(11) 숙박시설
(12) 방송국 및 촬영소 보기 ④
(13) 다중이용업소(단란주점영업, 유흥주점영업, 노래연습장의 영업장 등)

② 아파트 → 아파트 제외

• 11층 이상 : '고층건축물'에 해당된다.

답 ②

42 화재의 예방 및 안전관리에 관한 법령상 불꽃을 사용하는 용접·용단 기구의 용접 또는 용단 작업장에서 지켜야 하는 사항 중 다음 ( ) 안에 알맞은 것은?

• 용접 또는 용단 작업장 주변 반경 (㉠)m 이내에 소화기를 갖추어 둘 것
• 용접 또는 용단 작업장 주변 반경 (㉡)m 이내에는 가연물을 쌓아두거나 놓아두지 말 것. 다만, 가연물의 제거가 곤란하여 방화포 등으로 방호조치를 한 경우는 제외한다.

① ㉠ 3, ㉡ 5
② ㉠ 5, ㉡ 3
③ ㉠ 5, ㉡ 10
④ ㉠ 10, ㉡ 5

해설 화재예방법 시행령 [별표 1]
보일러 등의 위치·구조 및 관리와 화재예방을 위하여 불의 사용에 있어서 지켜야 할 사항

구분	기준
불꽃을 사용하는 용접·용단 기구	① 용접 또는 용단 작업장 주변 반경 **5m** 이내에 **소화기**를 갖추어 둘 것 보기 ㉠ ② 용접 또는 용단 작업장 주변 반경 **10m** 이내에는 **가연물**을 쌓아두거나 놓아두지 말 것(단, 가연물의 제거가 곤란하여 방화포 등으로 방호조치를 한 경우는 제외) 보기 ㉡

기억법 5소(오소서)

답 ③

43 소방시설 설치 및 관리에 관한 법령상 화재위험도가 낮은 특정소방대상물 중 석재, 불연성 금속, 불연성 건축재료 등의 가공공장·기계조립공장 또는 불연성 물품을 저장하는 창고에 설치하지 않을 수 있는 소방시설은?

① 피난기구
② 비상방송설비
③ 연결송수관설비
④ 옥외소화전설비

해설 **소방시설법 시행령**〔별표 6〕
소방시설을 설치하지 않을 수 있는 특정소방대상물 및 소방시설의 범위

구 분	특정소방대상물	소방시설
화재 위험도가 낮은 특정소방 대상물	**석**재, **불**연성 **금**속, 불연성 건축재료 등의 가공공장·기계조립공장 또는 불연성 물품을 저장하는 창고	① 옥**외**소화전설비 〈보기 ④〉 ② 연결살수설비 기억법 석불금외

■중요

소방시설법 시행령〔별표 6〕
소방시설을 설치하지 않을 수 있는 소방시설의 범위
(1) **화재위험도**가 낮은 특정소방대상물
(2) 화재안전기준을 적용하기가 어려운 특정소방대상물
(3) 화재안전기준을 달리 적용하여야 하는 특수한 **용도**·**구조**를 가진 특정소방대상물
(4) **자체소방대**가 설치된 특정소방대상물

답 ④

★★★
44 소방기본법령에 따른 소방용수시설 급수탑 개폐밸브의 설치기준으로 맞는 것은?
19.03.문58
17.03.문54
16.10.문55
09.08.문43
① 지상에서 1.0m 이상 1.5m 이하
② 지상에서 1.2m 이상 1.8m 이하
③ 지상에서 1.5m 이상 1.7m 이하
④ 지상에서 1.5m 이상 2.0m 이하

해설 **기본규칙**〔별표 3〕
소방용수시설별 설치기준

소화전	급수탑
• 65mm : 연결금속구의 구경	• 100mm : 급수배관의 구경 • 1.5~1.7m 이하 : 개폐밸브 높이 〈보기 ③〉 기억법 57탑(57층 탑)

답 ③

★★★
45 소방기본법령상 소방업무 상호응원협정 체결시 포함되어야 하는 사항이 아닌 것은?
19.04.문47
15.05.문55
11.03.문54
① 응원출동의 요청방법
② 응원출동 훈련 및 평가
③ 응원출동 대상지역 및 규모
④ 응원출동시 현장지휘에 관한 사항

해설 **기본규칙 8조**
소방업무의 상호응원협정
(1) 다음의 **소방활동**에 관한 사항
 ㉠ 화재의 경계·진압활동
 ㉡ 구조·구급업무의 지원
 ㉢ 화재조사활동
(2) **응원출동 대상지역** 및 **규모** 〈보기 ③〉
(3) **소요경비**의 **부담**에 관한 사항
 ㉠ 출동대원의 수당·식사 및 의복의 수선
 ㉡ 소방장비 및 기구의 정비와 연료의 보급
(4) **응원출동**의 **요청방법** 〈보기 ①〉
(5) **응원출동 훈련** 및 **평가** 〈보기 ②〉

④ 현장지휘는 해당 없음

답 ④

★★
46 소방기본법령에 따라 주거지역·상업지역 및 공업지역에 소방용수시설을 설치하는 경우 소방대상물과의 수평거리를 몇 m 이하가 되도록 해야 하는가?
17.09.문56
10.05.문41
① 50
② 100
③ 150
④ 200

해설 **기본규칙**〔별표 3〕
소방용수시설의 설치기준

거리기준	지 역
수평거리 **100m** 이하	• **공**업지역 • **상**업지역 • **주**거지역 기억법 주상공100(주상공 백지에 사인을 하시오.)
수평거리 140m 이하	• 기타지역

답 ②

★★★
47 소방시설 설치 및 관리에 관한 법률상 소방용품의 형식승인을 받지 아니하고 소방용품을 제조하거나 수입한 자에 대한 벌칙기준은?
19.09.문47
14.09.문58
07.09.문58
① 100만원 이하의 벌금
② 300만원 이하의 벌금
③ 1년 이하의 징역 또는 1천만원 이하의 벌금
④ 3년 이하의 징역 또는 3천만원 이하의 벌금

해설 3년 이하의 징역 또는 3000만원 이하의 벌금
(1) **화재안전조사** 결과에 따른 조치명령 위반(화재예방법 50조)
(2) **소방시설관리업** 무등록자(소방시설법 57조)
(3) **소방시설업** 무등록자(공사업법 35조)
(4) 부정한 청탁을 받고 재물 또는 재산상의 이익을 취득하거나 부정한 청탁을 하면서 재물 또는 재산상의 이익을 제공한 자(공사업법 35조)
(5) 형식승인을 받지 않은 **소방용품** 제조·수입자(소방시설법 57조)
(6) **제품검사**를 받지 않은 자(소방시설법 57조)
(7) **거짓**이나 그 밖의 **부정한 방법**으로 제품검사 전문기관의 지정을 받은 자(소방시설법 57조)

중요

3년 이하의 징역 또는 3000만원 이하의 벌금	5년 이하의 징역 또는 1억원 이하의 벌금
① 소방시설업 무등록 ② 소방시설관리업 무등록	제조소 무허가(위험물법 34조 2)

답 ④

48 ★★★
위험물안전관리법령에 따라 위험물안전관리자를 해임하거나 퇴직한 때에는 해임하거나 퇴직한 날부터 며칠 이내에 다시 안전관리자를 선임하여야 하는가?

19.03.문59
18.03.문56
16.10.문54
16.03.문55
11.03.문56

① 30일   ② 35일
③ 40일   ④ 55일

해설 30일
(1) 소방시설업 등록사항 변경신고(공사업규칙 6조)
(2) **위험물안전관리자의 재선임**(위험물안전관리법 15조)
(3) 소방안전관리자의 재선임(화재예방법 시행규칙 14조)
(4) **도급계약 해지**(공사업법 23조)
(5) 소방시설공사 중요사항 변경시의 신고일(공사업규칙 12조)
(6) 소방기술자 실무교육기관 지정서 발급(공사업규칙 32조)
(7) 소방공사감리자 변경서류 제출(공사업규칙 15조)
(8) **승계**(위험물법 10조)
(9) 위험물안전관리자의 직무대행(위험물법 15조)
(10) 탱크시험자의 변경신고일(위험물법 16조)

답 ①

49 ★
위험물안전관리법령상 정밀정기검사를 받아야 하는 특정·준특정옥외탱크저장소의 관계인은 특정·준특정옥외탱크저장소의 설치허가에 따른 완공검사합격확인증을 발급받은 날부터 몇 년 이내에 정밀정기검사를 받아야 하는가?

12.05.문54

① 9   ② 10
③ 11   ④ 12

해설 위험물규칙 65조
특정옥외탱크저장소의 구조안전점검기간

점검기간	조 건
• 11년 이내	최근의 정밀정기검사를 받은 날부터
• 12년 이내	완공검사합격확인증을 발급받은 날부터
• 13년 이내	최근의 정밀정기검사를 받은 날부터(연장신청을 한 경우)

비교

위험물규칙 68조 ②항
정기점검기록

특정옥외탱크저장소의 구조안전점검	기 타
25년	3년

답 ④

50 ★
다음 소방시설 중 경보설비가 아닌 것은?

12.03.문47

① 통합감시시설
② 가스누설경보기
③ 비상콘센트설비
④ 자동화재속보설비

해설 소방시설법 시행령 〔별표 1〕
경보설비
(1) 비상경보설비 ─ 비상벨설비
              자동식 사이렌설비
(2) 단독경보형 감지기
(3) 비상방송설비
(4) 누전경보기
(5) 자동화재탐지설비 및 시각경보기
(6) 화재알림설비
(7) 자동화재속보설비
(8) 가스누설경보기
(9) 통합감시시설

※ **경보설비** : 화재발생 사실을 통보하는 기계·기구 또는 설비

③ 비상콘센트설비 : 소화활동설비

비교

소방시설법 시행령 〔별표 1〕
소화활동설비
화재를 진압하거나 인명구조활동을 위하여 사용하는 설비
(1) **연**결송수관설비
(2) **연**결살수설비
(3) **연**소방지설비
(4) **무**선통신보조설비
(5) **제**연설비
(6) **비상콘**센트설비

기억법 3연무제비콘

답 ③

51 소방시설공사업법령에 따른 소방시설업의 등록권자는?

① 국무총리
② 소방서장
③ 시·도지사
④ 한국소방안전원장

해설 **시·도지사 등록**
(1) 소방시설관리업(소방시설법 29조)
(2) 소방시설업(공사업법 4조)
(3) 탱크안전성능시험자(위험물법 16조)

답 ③

52 화재의 예방 및 안전관리에 관한 법령상 정당한 사유 없이 화재의 예방조치에 관한 명령에 따르지 아니한 경우에 대한 벌칙은?

① 100만원 이하의 벌금
② 200만원 이하의 벌금
③ 300만원 이하의 벌금
④ 500만원 이하의 벌금

해설 **300만원 이하의 벌금**(화재예방법 50조)
화재의 **예**방조치명령 위반

기억법 예3(예삼)

답 ③

53 위험물안전관리법령상 다음의 규정을 위반하여 위험물의 운송에 관한 기준을 따르지 아니한 자에 대한 과태료 기준은?

> 위험물운송자는 이동탱크저장소에 의하여 위험물을 운송하는 때에는 행정안전부령으로 정하는 기준을 준수하는 등 당해 위험물의 안전확보를 위하여 세심한 주의를 기울여야 한다.

① 50만원 이하
② 100만원 이하
③ 200만원 이하
④ 500만원 이하

해설 **500만원 이하의 과태료**
(1) **화재** 또는 **구조·구급**이 필요한 상황을 **거짓**으로 알린 사람(기본법 56조)
(2) 화재, 재난·재해, 그 밖의 위급한 상황을 소방본부, 소방서 또는 관계행정기관에 알리지 아니한 관계인 (기본법 56조)
(3) 위험물의 임시저장 미승인(위험물법 39조)
(4) 위험물의 저장 또는 취급에 관한 세부기준 위반(위험물법 39조)
(5) 제조소 등의 지위 승계 거짓신고(위험물법 39조)
(6) 예방규정을 준수하지 아니한 자(위험물법 39조)
(7) **제조소** 등의 **점검결과**를 기록·보존하지 아니한 자 (위험물법 39조)
(8) **위험물**의 **운송기준** 미준수자(위험물법 39조)
(9) 제조소 등의 폐지 허위신고(위험물법 39조)

답 ④

54 소방시설공사업법령상 소방공사감리를 실시함에 있어 용도와 구조에서 특별히 안전성과 보안성이 요구되는 소방대상물로서 소방시설물에 대한 감리를 감리업자가 아닌 자가 감리할 수 있는 장소는?

① 정보기관의 청사
② 교도소 등 교정관련시설
③ 국방 관계시설 설치장소
④ 원자력안전법상 관계시설이 설치되는 장소

해설 (1) **공사업법 시행령 8조**
감리업자가 아닌 자가 감리할 수 있는 보안성 등이 요구되는 소방대상물의 시공장소 「원자력안전법」제2조 제10호에 따른 관계시설이 설치되는 장소
(2) **원자력안전법 2조 10호**
"**관계시설**"이란 **원자로**의 **안전**에 **관계**되는 **시설**로서 **대통령령**으로 정하는 것을 말한다.

답 ④

55 소방시설 설치 및 관리에 관한 법령상 소방시설 등에 대한 자체점검 중 종합점검 대상인 것은?

① 제연설비가 설치되지 않은 터널
② 스프링클러설비가 설치된 연면적이 5000m² 이고, 12층인 아파트
③ 물분무등소화설비가 설치된 연면적이 5000m² 인 위험물제조소
④ 호스릴방식의 물분무등소화설비만을 설치한 연면적 3000m²인 특정소방대상물

해설 소방시설법 시행규칙 [별표 3]
소방시설 등 자체점검의 점검대상, 점검자의 자격, 점검횟수 및 시기

점검구분	정 의	점검대상	점검자의 자격(주된 인력)	점검횟수 및 점검시기
작동점검	소방시설 등을 인위적으로 조작하여 정상적으로 작동하는지를 점검하는 것	① 간이스프링클러설비・자동화재탐지설비	• 관계인 • 소방안전관리자로 선임된 소방시설관리사 또는 소방기술사 • 소방시설관리업에 등록된 기술인력 중 소방시설관리사 또는 「소방시설공사업법 시행규칙」에 따른 특급 점검자	• 작동점검은 **연 1회** 이상 실시하며, 종합점검대상은 종합점검(최초점검 제외)을 받은 달부터 **6개월**이 되는 달에 실시 • 종합점검대상 외의 특정소방대상물은 사용승인일이 속하는 달의 말일까지 실시
		② ①에 해당하지 아니하는 특정소방대상물	• 소방시설관리업에 등록된 기술인력 중 소방시설관리사 • 소방안전관리자로 선임된 소방시설관리사 또는 소방기술사	
		③ 작동점검 제외대상 • 특정소방대상물 중 소방안전관리자를 선임하지 않는 대상 • 위험물제조소 등 • 특급 소방안전관리대상물		
종합점검	소방시설 등의 작동점검을 포함하여 소방시설 등의 설비별 주요 구성 부품의 구조기준이 화재안전기준과 「건축법」 등 관련 법령에서 정하는 기준에 적합한지 여부를 점검하는 것 (1) 최초점검 : 특정소방대상물의 소방시설이 신설된 경우 건축물을 사용할 수 있게 된 날부터 60일 이내에 점검하는 것 (2) 그 밖의 종합점검 : 최초점검을 제외한 종합점검	④ 소방시설 등이 신설된 경우에 해당하는 특정소방대상물 ⑤ **스프링클러설비**가 설치된 특정소방대상물 ⑥ **물분무등소화설비**(호스릴방식의 물분무등소화설비만을 설치한 경우는 제외)가 설치된 연면적 **5000m²** 이상인 특정소방대상물(위험물제조소 등 제외) ⑦ 다중이용업의 영업장이 설치된 특정소방대상물로서 연면적이 **2000m²** 이상인 것 ⑧ **제연설비**가 설치된 터널 ⑨ **공공기관** 중 연면적(터널・지하구의 경우 그 길이와 평균폭을 곱하여 계산된 값)이 **1000m²** 이상인 것으로서 옥내소화전설비 또는 자동화재탐지설비가 설치된 것(단, 소방대가 근무하는 공공기관 제외) 🔔 **중요** **종합점검** ① 공공기관 : 1000m² ② 다중이용업 : 2000m² ③ 물분무등(호스릴 ✕) : 5000m²	• 소방시설관리업에 등록된 기술인력 중 **소방시설관리사** • 소방안전관리자로 선임된 **소방시설관리사** 또는 **소방기술사**	〈점검횟수〉 ㉠ 연 1회 이상(특급 소방안전관리대상물은 반기에 1회 이상) 실시 ㉡ ㉠에도 불구하고 소방본부장 또는 소방서장은 소방청장이 소방안전관리가 우수하다고 인정한 특정소방대상물에 대해서는 3년의 범위에서 소방청장이 고시하거나 정한 기간 동안 종합점검을 면제할 수 있다(단, 면제기간 중 화재가 발생한 경우는 제외). 〈점검시기〉 ㉠ ④에 해당하는 특정소방대상물은 건축물을 사용할 수 있게 된 날부터 60일 이내 실시 ㉡ ㉠을 제외한 특정소방대상물은 건축물의 사용승인일이 속하는 달에 실시(단, 학교의 경우 해당 건축물의 사용승인일이 1월에서 6월 사이에 있는 경우에는 6월 30일까지 실시할 수 있다.) ㉢ 건축물 사용승인일 이후 ㉠에 따라 종합점검대상에 해당하게 된 경우에는 그 다음 해부터 실시 ㉣ 하나의 대지경계선 안에 2개 이상의 자체점검대상 건축물 등이 있는 경우 그 건축물 중 사용승인일이 가장 빠른 연도의 건축물의 사용승인일을 기준으로 점검할 수 있다.

[비고] 작동점검 및 종합점검(최초점검 제외)은 건축물 사용승인 후 그 다음 해부터 실시한다.

답 ②

56
소방기본법에 따라 화재 등 그 밖의 위급한 상황이 발생한 현장에서 소방활동을 위하여 필요한 때에는 그 관할구역에 사는 사람 또는 그 현장에 있는 사람으로 하여금 사람을 구출하는 일 또는 불을 끄는 등의 일을 하도록 명령할 수 있는 권한이 없는 사람은?

① 소방서장   ② 소방대장
③ 시·도지사   ④ 소방본부장

해설 소방본부장·소방서장·소방대장
(1) 소방활동 종사명령(기본법 24조) 질문
(2) 강제처분·제거(기본법 25조)
(3) 피난명령(기본법 26조)
(4) 댐·저수지 사용 등 위험시설 등에 대한 긴급조치(기본법 27조)

기억법 소대종강피(소방대의 종강파티)

용어
소방활동 종사명령
화재, 재난·재해, 그 밖의 위급한 상황이 발생한 현장에서 소방활동을 위하여 필요할 때에는 그 관할구역에 사는 사람 또는 그 현장에 있는 사람으로 하여금 사람을 구출하는 일 또는 불을 끄거나 불이 번지지 아니하도록 하는 일을 하게 할 수 있는 것

답 ③

57
소방시설공사업법령에 따른 소방시설업 등록이 가능한 사람은?

① 피성년후견인
② 위험물안전관리법에 따른 금고 이상의 형의 집행유예를 선고받고 그 유예기간 중에 있는 사람
③ 등록하려는 소방시설업 등록이 취소된 날부터 3년이 지난 사람
④ 소방기본법에 따른 금고 이상의 실형을 선고받고 그 집행이 면제된 날부터 1년이 지난 사람

해설 공사업법 5조
소방시설업의 등록결격사유
(1) 피성년후견인
(2) 금고 이상의 실형을 선고받고 그 집행이 끝나거나 집행이 면제된 날부터 **2년**이 지나지 아니한 사람
(3) 금고 이상의 형의 집행유예를 선고받고 그 유예기간 중에 있는 사람
(4) 시설업의 등록이 취소된 날부터 **2년**이 지나지 아니한 자
(5) 법인의 **대표자**가 위 (1)~(4)에 해당되는 경우
(6) 법인의 **임원**이 위 (2)~(4)에 해당되는 경우

③ 2년이 지났으므로 등록 가능

비교
소방시설법 30조
소방시설관리업의 등록결격사유
(1) 피성년후견인
(2) 금고 이상의 실형을 선고받고 그 집행이 끝나거나 집행이 면제된 날부터 **2년**이 지나지 아니한 사람
(3) 금고 이상의 형의 집행유예를 선고받고 그 유예기간 중에 있는 사람
(4) 관리업의 등록이 취소된 날부터 **2년**이 지나지 아니한 자

답 ③

58
위험물안전관리법령상 제조소 등의 경보설비 설치기준에 대한 설명으로 틀린 것은?

① 제조소 및 일반취급소의 연면적이 $500m^2$ 이상인 것에는 자동화재탐지설비를 설치한다.
② 자동신호장치를 갖춘 스프링클러설비 또는 물분무등소화설비를 설치한 제조소 등에 있어서는 자동화재탐지설비를 설치한 것으로 본다.
③ 경보설비는 자동화재탐지설비·자동화재속보설비·비상경보설비(비상벨장치 또는 경종 포함)·확성장치(휴대용 확성기 포함) 및 비상방송설비로 구분한다.
④ 지정수량의 10배 이상의 위험물을 저장 또는 취급하는 제조소 등(이동탱크저장소를 포함한다)에는 화재발생시 이를 알릴 수 있는 경보설비를 설치하여야 한다.

해설 (1) 위험물규칙 〔별표 17〕

제조소 등별로 설치하여야 하는 경보설비의 종류

구 분	경보설비	
① 연면적 $500m^2$ 이상인 것 보기① ② 옥내에서 지정수량의 100배 이상을 취급하는 것	• 자동화재탐지설비	
③ 지정수량의 10배 이상을 저장 또는 취급하는 것	• 자동화재탐지설비 • 비상경보설비 • 확성장치 • 비상방송설비	1종 이상

(2) 위험물규칙 42조
㉠ 자동신호장치를 갖춘 **스프링클러설비** 또는 **물분무등소화설비**를 설치한 제조소 등에 있어서는 자동화재탐지설비를 설치한 것으로 본다. 보기②
㉡ 경보설비는 **자동화재탐지설비·자동화재속보설비·비상경보설비**(비상벨장치 또는 경종 포함)·**확성장치**(휴대용 확성기 포함) 및 **비상방송설비**로 구분한다.
보기③

ⓒ 지정수량의 **10배** 이상의 위험물을 저장 또는 취급하는 제조소 등(이동탱크저장소 제외)에는 화재발생시 이를 알릴 수 있는 경보설비를 설치하여야 한다.

보기 ④

④ (이동탱크저장소를 포함한다) → (이동탱크저장소를 제외한다)

답 ④

59 ★ 소방시설 설치 및 관리에 관한 법령상 건축허가 등의 동의대상물이 아닌 것은?
[17.09.문53]

① 항공기격납고
② 연면적이 300m²인 공연장
③ 바닥면적이 300m²인 차고
④ 연면적이 300m²인 노유자시설

해설 소방시설법 시행령 7조
건축허가 등의 동의대상물
(1) 연면적 **400m²**(학교시설 : 100m², 수련시설·노유자시설 : 200m², 정신의료기관·장애인 의료재활시설 : 300m²) 이상
(2) **6층** 이상인 건축물
(3) 차고·주차장으로서 바닥면적 **200m²** 이상(**자**동차 20대 이상)
(4) **항**공기격납고, 관망탑, 항공관제탑, 방송용 송수신탑
(5) 지하층 또는 무창층의 바닥면적 **150m²**(공연장은 100m²) 이상
(6) **위**험물저장 및 처리시설, 지하구
(7) **결**핵환자나 한센인이 24시간 생활하는 **노**유자시설
(8) 전기저장시설, 풍력발전소
(9) 공동주택·숙박시설
(10) 노인주거복지시설·노인의료복지시설 및 재가노인복지시설·학대피해노인 전용쉼터·아동복지시설·장애인거주시설
(11) 정신질환자 관련시설(공동생활가정을 제외한 재활훈련시설과 종합시설 중 24시간 주거를 제공하지 않은 시설 제외)
(12) 조산원, 산후조리원, 의원(입원실 또는 인공신장실이 있는 것)
(13) 노숙인자활시설, 노숙인재활시설 및 노숙인요양시설
(14) 요양병원(의료재활시설 제외)
(15) 공장 또는 창고시설로서 지정수량의 **750배** 이상의 특수가연물을 저장·취급하는 것
(16) 가스시설로서 지상에 노출된 탱크의 저장용량의 합계가 **100t** 이상인 것

기억법 2자(이자)

② 300m² → 400m²
연면적 300m²인 공연장은 지하층 및 무창층이 아니므로 연면적 400m² 이상이어야 건축허가 동의대상물이 된다.
③ 차고는 200m² 이상이므로 300m²는 정답
④ 노유자시설은 200m² 이상이므로 300m²는 정답

답 ②

60 ★★★ 화재의 예방 및 안전관리에 관한 법률상 소방안전관리대상물의 소방안전관리자의 업무가 아닌 것은?
[19.03.문51]
[15.03.문12]
[14.09.문52]
[14.09.문53]
[13.06.문48]
[08.05.문53]

① 소방시설 공사
② 소방훈련 및 교육
③ 소방계획서의 작성 및 시행
④ 자위소방대의 구성·운영·교육

해설 화재예방법 24조 ⑤항
관계인 및 소방안전관리자의 업무

특정소방대상물 (관계인)	소방안전관리대상물 (소방안전관리자)
• 피난시설·방화구획 및 방화시설의 관리 • 소방시설, 그 밖의 소방관련시설의 관리 • **화기취급**의 감독 • 소방안전관리에 필요한 업무 • 화재발생시 초기대응	• 피난시설·방화구획 및 방화시설의 관리 • 소방시설, 그 밖의 소방관련시설의 관리 • **화기취급**의 감독 • 소방안전관리에 필요한 업무 • **소방계획서**의 작성 및 시행(대통령령으로 정하는 사항 포함) • **자위소방대** 및 **초기대응체계**의 구성·운영·교육 • 소방훈련 및 교육 • 소방안전관리에 관한 업무 수행에 관한 기록·유지 • 화재발생시 초기대응

① 소방시설공사업자의 업무

용어

특정소방대상물	소방안전관리대상물
건축물 등의 규모·용도 및 수용인원 등을 고려하여 소방시설을 설치하여야 하는 소방대상물로서 대통령령으로 정하는 것	대통령령으로 정하는 특정소방대상물

답 ①

제4과목 소방전기시설의 구조 및 원리

61 ★★★ 소방시설용 비상전원수전설비의 화재안전기준에 따라 소방시설용 비상전원수전설비에서 소방회로 및 일반회로 겸용의 것으로서 수전설비, 변전설비, 그 밖의 기기 및 배선을 금속제 외함에 수납한 것은?
[19.04.문67]
[15.09.문61]
[09.05.문69]
[08.03.문72]

① 공용분전반
② 전용배전반
③ 공용큐비클식
④ 전용큐비클식

해설 소방시설용 비상전원수전설비(NFPC 602 3조, NFTC 602 1.7)

용어	설명
소방회로	소방부하에 전원을 공급하는 전기회로
일반회로	소방회로 이외의 전기회로
수전설비	전력수급용 **계기용 변성기**·주차단장치 및 그 **부속기기**
변전설비	**전력용 변압기** 및 그 **부속장치**

전용 큐비클식	소방회로용의 것으로 **수전설비, 변전설비**, 그 밖의 기기 및 배선을 **금속제 외함**에 수납한 것 기억법 큐수변
공용 큐비클식	**소방회로 및 일반회로 겸용**의 것으로서 **수**전설비, **변**전설비, 그 밖의 기기 및 배선을 금속제 외함에 수납한 것 기억법 공큐겸수변
전용 배전반	**소방회로 전용**의 것으로서 개폐기, 과전류차단기, 계기, 그 밖의 배선용 기기 및 배선을 금속제 외함에 수납한 것
공용 배전반	**소방회로 및 일반회로 겸용**의 것으로서 개폐기, 과전류차단기, 계기, 그 밖의 배선용 기기 및 배선을 금속제 외함에 수납한 것
전용 분전반	**소방회로 전용**의 것으로서 분기개폐기, 분기과전류차단기, 그 밖의 배선용 기기 및 배선을 금속제 외함에 수납한 것
공용 분전반	**소방회로 및 일반회로 겸용**의 것으로서 분기개폐기, 분기과전류차단기, 그 밖의 배선용 기기 및 배선을 금속제 외함에 수납한 것

답 ③

62 비상조명등의 화재안전기준에 따른 비상조명등의 시설기준에 적합하지 않은 것은?
13.09.문76

① 조도는 비상조명등이 설치된 장소의 각 부분의 바닥에서 0.5 lx가 되도록 하였다.
② 특정소방대상물의 각 거실과 그로부터 지상에 이르는 복도·계단 및 그 밖의 통로에 설치하였다.
③ 예비전원을 내장하는 비상조명등에 평상시 점등여부를 확인할 수 있는 점검스위치를 설치하였다.
④ 예비전원을 내장하는 비상조명등에 해당 조명등을 유효하게 작동시킬 수 있는 용량의 축전지와 예비전원 충전장치를 내장하도록 하였다.

해설 **비상조명등**의 **설치기준**(NFPC 304 4조, NFTC 304 2.1.1)
(1) 특정소방대상물의 각 거실과 지상에 이르는 복도·계단·통로에 설치할 것
(2) 조도는 각 부분의 바닥에서 **1 lx** 이상일 것
(3) **점검스위치**를 설치하고 **20분** 이상 작동시킬 수 있는 용량의 **축전지**와 **예비전원 충전장치**를 내장할 것

① 0.5 lx → 1 lx 이상

중요

조명도(조도)	
기기	조명
통로유도등	1 lx 이상
비상조명등	1 lx 이상
객석유도등	0.2 lx 이상

답 ①

63 자동화재탐지설비 및 시각경보장치의 화재안전기준에 따른 공기관식 차동식 분포형 감지기의 설치기준으로 틀린 것은?
19.03.문72
17.03.문61
15.05.문69
12.05.문66
11.03.문78
01.03.문63
98.07.문75
97.03.문68

① 검출부는 3° 이상 경사되지 아니하도록 부착할 것
② 공기관의 노출부분은 감지구역마다 20m 이상이 되도록 할 것
③ 하나의 검출부분에 접속하는 공기관의 길이는 100m 이하로 할 것
④ 공기관과 감지구역의 각 변과의 수평거리는 1.5m 이하가 되도록 할 것

해설 **감지기 설치기준**(NFPC 203 7조, NFTC 203 2.4.3.3~2.4.3.7)
(1) 공기관의 노출부분은 감지구역마다 20m 이상이 되도록 할 것
(2) 하나의 검출부분에 접속하는 공기관의 길이는 100m 이하로 할 것
(3) 공기관과 감지구역의 각 변과의 수평거리는 1.5m 이하가 되도록 할 것
(4) 감지기(**차동식 분포형** 및 **특수한 것** 제외)는 실내로의 공기유입구로부터 **1.5m** 이상 떨어진 위치에 설치
(5) 감지기는 천장 또는 반자의 옥내의 면하는 부분에 설치
(6) **보상식 스포트형 감지기**는 정온점이 감지기 주위의 평상시 최고온도보다 **20℃** 이상 높은 것으로 설치
(7) **정온식 감지기는 주방·보일러실** 등으로 다량의 화기를 단속적으로 취급하는 장소에 설치하되, 공칭작동온도가 최고주위온도보다 **20℃** 이상 높은 것으로 설치
(8) 스포트형 감지기는 **45°** 이상 경사지지 않도록 부착
(9) **공기관식** 차동식 분포형 감지기 설치시 공기관은 **도중**에서 **분기**하지 않도록 부착
(10) **공기관식** 차동식 분포형 감지기의 검출부는 **5°** 이상 경사지지 않도록 설치

① 3° 이상 → 5° 이상

중요

경사제한각도	
공기관식 감지기의 검출부	스포트형 감지기
5° 이상	45° 이상

답 ①

64 무선통신보조설비의 화재안전기준에 따라 무선통신보조설비의 주회로 전원이 정상인지 여부를 확인하기 위해 증폭기의 전면에 설치하는 것은?

① 상순계 ② 전류계
③ 전압계 및 전류계 ④ 표시등 및 전압계

해설 **증폭기** 및 **무선중계기**의 **설치기준**(NFPC 505 8조, NFTC 505 2.5.1)

(1) 전원은 **축전지설비, 전기저장장치** 또는 **교류전압 옥내간선**으로 하고, 전원까지의 배선은 전용으로 할 것
(2) 증폭기의 전면에는 전원확인 **표시등** 및 **전압계**를 설치할 것
(3) 증폭기의 비상전원 용량은 **30분** 이상일 것
(4) **증폭기** 및 **무선중계기**를 설치하는 경우「전파법」에 따른 적합성 평가를 받은 제품으로 설치하고 임의로 변경하지 않도록 할 것
(5) 디지털방식의 무전기를 사용하는 데 지장이 없도록 설치할 것

기억법 증표압증3

용어 전기저장장치
외부 전기에너지를 저장해 두었다가 필요할 때 전기를 공급하는 장치

답 ④

65 유도등 및 유도표지의 화재안전기준에 따라 지하층을 제외한 층수가 11층 이상인 특정소방대상물의 유도등의 비상전원을 축전지로 설치한다면 피난층에 이르는 부분의 유도등을 몇 분 이상 유효하게 작동시킬 수 있는 용량으로 하여야 하는가?

① 10 ② 20
③ 50 ④ 60

해설 **비상전원 용량**

설비의 종류	비상전원 용량
• **자**동화재탐지설비 • 비상**경**보설비 • **자**동화재속보설비	**10분** 이상
• 유도등 • 비상콘센트설비 • 제연설비 • 물분무소화설비 • 옥내소화전설비(30층 미만) • 특별피난계단의 계단실 및 부속실 제연설비(30층 미만)	**20분** 이상
• 무선통신보조설비의 **증**폭기	**30분** 이상
• 옥내소화전설비(30~49층 이하) • 특별피난계단의 계단실 및 부속실 제연설비(30~49층 이하) • 연결송수관설비(30~49층 이하) • 스프링클러설비(30~49층 이하)	**40분** 이상

• 유도등·비상조명등(지하상가 및 **11층** 이상) • 옥내소화전설비(50층 이상) • 특별피난계단의 계단실 및 부속실 제연설비(50층 이상) • 연결송수관설비(50층 이상) • 스프링클러설비(50층 이상)	→**60분** 이상

기억법 경자비1(**경자**라는 이름은 **비**일비재하게 많다.) 3증(3중고)

중요 비상전원의 종류

소방시설	비상전원
유도등	축전지
비상콘센트설비	① 자가발전설비 ② 축전지설비 ③ 비상전원수전설비 ④ 전기저장장치
옥내소화전설비, 물분무소화설비	① 자가발전설비 ② 축전지설비 ③ 전기저장장치

답 ④

66 비상경보설비 및 단독경보형 감지기의 화재안전기준에 따라 바닥면적이 450m²일 경우 단독경보형 감지기의 최소 설치개수는?

① 1개 ② 2개
③ 3개 ④ 4개

해설 **단독경보형 감지기**의 **설치기준**(NFPC 201 5조, NFTC 201 2.2.1)

(1) 각 실(이웃하는 실내의 바닥면적이 각각 **30m² 미만**이고 벽체의 상부의 전부 또는 일부가 개방되어 이웃하는 실내와 공기가 상호 유통되는 경우에는 이를 1개의 실로 본다)마다 설치하되, 바닥면적이 **150m²**를 초과하는 경우에는 **150m²**마다 1개 이상 설치할 것
(2) 최상층의 계단실의 **천장**(외기가 상통하는 계단실의 경우 제외)에 설치할 것
(3) 건전지를 주전원으로 사용하는 단독경보형 감지기는 정상적인 작동상태를 유지할 수 있도록 건전지를 교환할 것
(4) 상용전원을 주전원으로 사용하는 단독경보형 감지기의 **2차 전지**는 제품검사에 합격한 것을 사용할 것

$$단독경보형\ 감지기수 = \frac{바닥면적}{150m^2}$$

(소수점이 발생하면 절상) $= \frac{450m^2}{150m^2} = 3개$

※ **단독경보형 감지기**: 화재발생상황을 단독으로 감지하여 자체에 내장된 음향장치로 경보하는 감지기

비교	
소방시설법 시행령 [별표 4] 단독경보형 감지기의 설치대상	
연면적	설치대상
400m² 미만	• 유치원
2000m² 미만	• 교육연구시설·수련시설 내에 있는 합숙소 또는 기숙사
모두 적용	• 100명 미만의 수련시설(숙박시설이 있는 것) • 연립주택 • 다세대주택

답 ③

67 비상방송설비의 배선공사 종류 중 합성수지관공사에 대한 설명으로 틀린 것은?

① 금속관공사에 비해 중량이 가벼워 시공이 용이하다.
② 절연성이 있고 절단이 용이하다.
③ 열에 약하며, 기계적 충격 및 중량물에 의한 압력 등 외력에 약하다.
④ 내식성이 있어 부식성 가스가 체류하는 화학공장 등에 적합하며, 금속관과 비교하여 가격이 비싸다.

해설 **합성수지관공사**
(1) 금속관공사에 비해 중량이 가벼워 **시공**이 **용이**하다.
(2) **절연성**이 있고 **절단**이 **용이**하다.
(3) **열**에 **약하며**, 기계적 충격 및 중량물에 의한 압력 등 **외력**에 **약하다**.
(4) **내식성**이 있어 부식성 가스가 체류하는 화학공장 등에 적합하며, 금속관과 비교하여 **가격**이 **싸다**.

④ 비싸다 → 싸다

중요

합성수지관공사의 장단점	
장 점	단 점
① **가**볍고 **시**공이 용이하다. ② **내**부식성이다. ③ 금속관에 비해 **가**격이 **저**렴하다. ④ **절**단이 용이하다. ⑤ **접**지가 불필요하다.	① **열**에 약하다. ② **충격**에 약하다.
기억법 가시내금접절	

답 ④

68 자동화재탐지설비 및 시각경보장치의 화재안전기준에 따른 청각장애인용 시각경보장치의 설치높이는? (단, 천장의 높이가 2m 초과인 경우이다.)

18.09.문75
16.03.문79
14.09.문72
12.09.문73
10.09.문77

① 바닥으로부터 0.8m 이상 1.5m 이하
② 바닥으로부터 1.0m 이상 1.5m 이하
③ 바닥으로부터 1.5m 이상 2.0m 이하
④ 바닥으로부터 2.0m 이상 2.5m 이하

해설 **설치높이**(NFPC 203 8조, NFTC 203 2.5.2.3)

기타기기 (비상콘센트설비 등)	시각경보장치
0.8~1.5m 이하	2~2.5m 이하 (단, 천장높이가 2m 이하는 천장으로부터 0.15m 이내)

중요

청각장애인용 시각경보장치의 **설치기준**(NFPC 203 8조, NFTC 203 2.5.2)
(1) **복도·통로·청각장애인용 객실** 및 공용으로 사용하는 **거실**에 설치하며, 각 부분으로부터 유효하게 경보를 발할 수 있는 위치에 설치
(2) **공연장·집회장·관람장** 또는 이와 유사한 장소에 설치하는 경우에는 시선이 집중되는 **무대부 부분** 등에 설치
(3) 바닥으로부터 **2~2.5m** 이하의 장소에 설치(단, 천장의 높이가 **2m 이하**인 경우에는 천장으로부터 **0.15m 이내**의 장소에 설치)

답 ④

69 비상경보설비 및 단독경보형 감지기의 화재안전기준에 따라 비상경보설비의 발신기 설치시 복도 또는 별도로 구획된 실로서 보행거리가 몇 m 이상일 경우에는 추가로 설치하여야 하는가?

18.03.문77
17.05.문63
16.05.문63
14.03.문71
12.03.문73
10.03.문68

① 25
② 30
③ 40
④ 50

해설 **비상경보설비의 발신기 설치기준**(NFPC 201 4조, NFTC 201 2.1.5)
(1) 전원 : **축전지설비, 전기저장장치**, 교류전압의 **옥내간선**으로 하고 배선은 **전용**
(2) 감시상태 : **60분**, 경보시간 : **10분**
(3) 조작이 **쉬운 장소**에 설치하고, 조작스위치는 바닥으로부터 **0.8~1.5m** 이하의 높이에 설치할 것
(4) 특정소방대상물의 **층**마다 설치하되, 해당 소방대상물의 각 부분으로부터 하나의 발신기까지의 **수평거리**가 **25m** 이하가 되도록 할 것(단, 복도 또는 별도로 구획된 실로서 **보행거리**가 **40m** 이상일 경우에는 추가로 설치할 것)
(5) 발신기의 **위치표시등**은 **함**의 **상부**에 설치하되, 그 불빛은 부착면으로부터 **15°** 이상의 범위 안에서 부착지점으로부터 **10m** 이내의 어느 곳에서도 쉽게 식별할 수 있는 **적색등**으로 할 것

| 위치표시등의 식별 |

용어

전기저장장치
외부 전기에너지를 저장해 두었다가 필요한 때 전기를 공급하는 장치

답 ③

70 ★★★

비상방송설비의 화재안전기준에 따라 비상방송설비에서 기동장치에 따른 화재신고를 수신한 후 필요한 음량으로 화재발생상황 및 피난에 유효한 방송이 자동으로 개시될 때까지의 소요시간은 몇 초 이하로 하여야 하는가?

19.09.문76
19.04.문68
18.09.문77
18.03.문73
16.10.문69
16.10.문73
16.05.문67
16.03.문68
15.05.문73
15.05.문76
15.03.문62
14.05.문63
14.05.문75
14.03.문61
13.09.문70
13.06.문62
13.06.문80

① 5
② 10
③ 15
④ 20

해설 소요시간

기기	시간
• P형·P형 복합식·R형·R형 복합식·GP형·GP형 복합식·GR형·GR형 복합식 수신기 • 중계기	<u>5</u>초 이내
비상방송설비	10초 이하
<u>가</u>스누설경보기	<u>6</u>0초 이내

기억법 시중5(<u>시중</u>을 드시<u>오</u>!)
6가(<u>육</u>체미<u>가</u> 아름답다.)

중요

축적형 수신기

전원차단시간	축적시간	화재표시감지시간
1~3초 이하	30~60초 이하	60초(1회 이상 반복)

비교

비상방송설비의 설치기준(NFPC 202 4조, NFTC 202 2.1)
(1) 확성기의 음성입력은 실외 3W(실내 1W) 이상일 것
(2) 확성기는 각 층마다 설치하되, 각 부분으로부터의 수평거리는 25m 이하일 것
(3) 음량조정기는 3선식 배선일 것
(4) 조작스위치는 바닥으로부터 0.8~1.5m 이하의 높이에 설치할 것
(5) 다른 전기회로에 의하여 유도장애가 생기지 아니하도록 할 것
(6) 비상방송 개시시간은 10초 이하일 것
(7) 다른 방송설비와 공용할 경우 화재시 비상경보 외의 방송을 차단할 수 있을 것

답 ②

71 ★

비상콘센트설비의 화재안전기준에 따른 비상콘센트의 시설기준에 적합하지 않은 것은?

① 바닥으로부터 높이 1.45m에 움직이지 않게 고정시켜 설치된 경우
② 바닥면적이 800m²인 층의 계단의 출입구로부터 4m에 설치된 경우
③ 바닥면적의 합계가 12000m²인 지하상가의 수평거리 30m마다 추가로 설치한 경우
④ 바닥면적의 합계가 2500m²인 지하층의 수평거리 40m마다 추가로 설치한 경우

해설 비상콘센트의 설치기준(NFPC 504 4조, NFTC 504 2.1.5)
(1) 바닥으로부터 높이 0.8~1.5m 이하의 위치에 설치할 것
(2) 비상콘센트의 배치는 바닥면적이 1000m² 미만인 층은 계단의 출입구(계단의 부속실을 포함하며 계단이 2 이상 있는 경우에는 그 중 1개의 계단을 말한다)로부터 5m 이내에, 바닥면적 1000m² 이상인 층은 각 계단의 출입구 또는 계단부속실의 출입구(계단의 부속실을 포함하며 계단이 3 이상 있는 층의 경우에는 그 중 2개의 계단을 말한다)로부터 5m 이내에 설치하되, 그 비상콘센트로부터 그 층의 각 부분까지의 거리가 다음의 기준을 초과하는 경우에는 그 기준 이하가 되도록 비상콘센트를 추가하여 설치할 것
  ㉠ 지하상가 또는 지하층의 바닥면적의 합계가 3000m² 이상인 것은 수평거리 25m
  ㉡ ㉠에 해당하지 아니하는 것은 수평거리 50m

비교

공동주택의 **비상콘센트 설치기준**(NFPC 608 18조, NFTC 608 2.14)
아파트 등의 경우에는 계단의 출입구(계단의 부속실을 포함하며 계단이 2개 이상 있는 경우에는 그 중 1개의 계단)로부터 5m 이내에 비상콘센트를 설치하되, 그 비상콘센트로부터 해당 층의 각 부분까지의 수평거리가 50m를 초과하는 경우에는 비상콘센트를 추가로 설치해야 한다.

① 0.8~1.5m 이하이므로 1.45m는 **적합**
② 1000m² 미만은 계단 출입구로부터 5m 이내에 설치하므로 800m²에 4m 설치는 **적합**
③ 3000m² 이상의 지하상가는 수평거리 25m 이하에 설치하므로 30m는 **부적합**
④ 3000m² 미만의 지하상가는 수평거리 50m 이하에 설치하므로 40m는 **적합**

답 ③

72 ★★

누전경보기의 형식승인 및 제품검사의 기술기준에 따라 누전경보기의 수신부는 그 정격전압에서 몇 회의 누전작동시험을 실시하는가?

15.09.문73
10.05.문63

① 1000회
② 5000회
③ 10000회
④ 20000회

해설 반복시험 횟수

횟 수	기 기
1000회	속보기 기억법 속1
2000회	중계기 기억법 중2(중이염)
2500회	유도등
5000회	전원스위치·발신기 기억법 5발전(5개 발에 전을 부치자.)
6000회	감지기
10000회	비상조명등, 스위치접점, 기타의 설비 및 기기 (수신기, 누전경보기)

답 ③

73 무선통신보조설비의 화재안전기준에 따라 서로 다른 주파수의 합성된 신호를 분리하기 위하여 사용하는 장치는?
19.04.문72
16.05.문61
16.03.문65
15.09.문62
11.03.문80
① 분배기 ② 혼합기
③ 증폭기 ④ 분파기

해설 무선통신보조설비 (NFPC 505 3조, NFTC 505 1.7)

용어	설명
누설동축 케이블	동축케이블의 외부도체에 가느다란 홈을 만들어서 **전파**가 **외부**로 **새어나갈 수 있도**록 한 케이블
분배기	신호의 전송로가 분기되는 장소에 설치하는 것으로 **임피던스 매칭**(matching)과 **신호균 등분배**를 위해 사용하는 장치 기억법 배임(배임죄)
분파기	서로 다른 **주**파수의 합성된 **신**호를 **분리**하기 위해서 사용하는 장치 기억법 파주
혼합기	두 개 이상의 **입력신호**를 원하는 비율로 **조합**한 **출력**이 발생하도록 하는 장치
증폭기	신호전송시 신호가 약해져 수신이 불가능해지는 것을 방지하기 위해서 **증폭**하는 장치
무선중계기	안테나를 통하여 수신된 무전기 신호를 증폭 후 음영지역에 재방사하여 무전기 상호간 송수신이 가능하도록 하는 장치
옥외안테나	감시제어반 등에 설치된 무선중계기의 입력과 출력포트에 연결되어 송수신 신호를 원활하게 방사·수신하기 위해 옥외에 설치하는 장치

답 ④

74 비상콘센트설비의 화재안전기준에 따라 비상콘센트설비의 전원부와 외함 사이의 절연저항은 전원부와 외함 사이를 500V 절연저항계로 측정할 때 몇 MΩ 이상이어야 하는가?
19.04.문62
18.09.문72
16.05.문71
12.05.문80
① 20 ② 30
③ 40 ④ 50

해설 절연저항시험

절연 저항계	절연 저항	대 상
직류 250V	0.1MΩ 이상	1경계구역의 절연저항
	5MΩ 이상	① **누전경보기** ② 가스누설경보기 ③ 수신기(10회로 미만, 절연된 충전부와 외함간) ④ 자동화재속보설비 ⑤ 비상경보설비 ⑥ 유도등(교류입력측과 외함 간 포함) ⑦ 비상조명등(교류입력측과 외함 간 포함)
직류 500V	20MΩ 이상	① 경종 ② 발신기 ③ 중계기 ④ **비상콘센트** ⑤ 기기의 절연된 선로 간 ⑥ 기기의 충전부와 비충전부 간 ⑦ 기기의 교류입력측과 외함 간 (유도등·비상조명등 제외)
	50MΩ 이상	① 감지기(정온식 감지선형 감지기 제외) ② 가스누설경보기(10회로 이상) ③ 수신기(10회로 이상, 교류입력측과 외함간 제외)
	1000MΩ 이상	정온식 감지선형 감지기

기억법 5누(오누이)

답 ①

75 비상경보설비의 구성요소로 옳은 것은?
① 기동장치, 경종, 화재표시등, 전원, 감지기
② 전원, 경종, 기동장치, 위치표시등
③ 위치표시등, 경종, 화재표시등, 전원, 감지기
④ 경종, 기동장치, 화재표시등, 위치표시등, 감지기

해설 비상경보설비의 구성요소
(1) 전원
(2) 경종 또는 사이렌
(3) 기동장치
(4) 화재표시등
(5) 위치표시등(표시등)
(6) 배선

①, ③, ④ 감지기는 해당 없음

답 ②

76. 수신기를 나타내는 소방시설 도시기호로 옳은 것은?

① ⊠ ② ⊠
③ ⊞ ④ ⊟

해설 도시기호

명칭	그림기호	적요
수신기	⊠	• 가스누설경보설비와 일체인 것: ⊠ • 가스누설경보설비 및 방배연 연동과 일체인 것: ⊠
부수신기 (표시기)	⊞	
중계기	⊟	
제어반	⊠	
표시반	☰	• 창이 3개인 표시반: ☰

① 소방시설 도시기호가 아님

답 ②

77. 비상경보설비 및 단독경보형 감지기의 화재안전기준에 따른 비상벨설비 또는 자동식 사이렌설비에 대한 설명이다. 다음 ( )의 ㉠, ㉡에 들어갈 내용으로 옳은 것은?

비상벨설비 또는 자동식 사이렌설비에는 그 설비에 대한 감시상태를 (㉠)분간 지속한 후 유효하게 (㉡)분 이상 경보할 수 있는 축전지설비(수신기에 내장하는 경우를 포함한다) 또는 전기저장장치(외부 전기에너지를 저장해 두었다가 필요한 때 전기를 공급하는 장치)를 설치하여야 한다.

① ㉠ 30, ㉡ 10 ② ㉠ 60, ㉡ 10
③ ㉠ 30, ㉡ 20 ④ ㉠ 60, ㉡ 20

해설 축전지설비·자동식 사이렌설비·자동화재탐지설비·비상방송설비·비상벨설비(NFPC 201 4조, NFTC 201 2.1.7)

감시시간	경보시간
60분(1시간) 이상	10분 이상 (30층 이상 : 30분)

기억법 6감(육감)

답 ②

78. 비상경보설비 및 단독경보형 감지기의 화재안전기준에 따라 비상벨설비 또는 자동식 사이렌설비의 전원회로 배선 중 내열배선에 사용하는 전선의 종류가 아닌 것은?

① 버스덕트(bus duct)
② 600V 1종 비닐절연전선
③ 0.6/1kV EP 고무절연 클로로프렌 시스 케이블
④ 450/750V 저독성 난연 가교 폴리올레핀 절연전선

해설 (1) **비상벨설비** 또는 **자동식 사이렌설비**의 **배선**(NFTC 201 2.1.8.1)
전원회로의 배선은 「옥내소화전설비의 화재안전기술기준[NFTC 102 2.7.2(1)]에 따른 내화배선에 의하고 그 밖의 배선은 「옥내소화전설비의 화재안전기술기준[NFTC 102 2.7.2(1), 2.7.2(2)]」에 따른 **내화배선** 또는 **내열배선**에 따를 것

(2) 옥내소화전설비의 화재안전기술기준(NFTC 102 2.7.2)
㉠ 내화배선

사용전선의 종류	공사방법
① 450/750V 저독성 난연 가교 폴리올레핀 절연전선 ② 0.6/1kV 가교 폴리에틸렌 절연 저독성 난연 폴리올레핀 시스 전력 케이블 ③ 6/10kV 가교 폴리에틸렌 절연 저독성 난연 폴리올레핀 시스 전력용 케이블 ④ 가교 폴리에틸렌 절연 비닐시스 트레이용 난연 전력 케이블 ⑤ 0.6/1kV EP 고무절연 클로로프렌 시스 케이블 ⑥ 300/500V 내열성 실리콘 고무절연전선(180℃) ⑦ 내열성 에틸렌-비닐 아세테이트 고무절연 케이블 ⑧ 버스덕트(bus duct)	**금속관**·2종 금속제 **가**요전선관 또는 **합**성수지**관**에 수납하여 내화구조로 된 벽 또는 바닥 등에 벽 또는 바닥의 표면으로부터 **25mm** 이상의 깊이로 매설하여야 한다. **기억법** 금2가합25 단, 다음의 기준에 적합하게 설치하는 경우에는 그러하지 아니하다. ① 배선을 **내화**성능을 갖는 배선**전용실** 또는 배선용 **샤**프트·**피**트·**덕**트 등에 설치하는 경우 ② 배선전용실 또는 배선용 샤프트·피트·덕트 등에 **다른** 설비의 배선이 있는 경우에는 이로부터 **15cm** 이상 떨어지게 하거나 소화설비의 배선과 이웃하는 다른 설비의 배선 사이에 배선지름(배선의 지름이 다른 경우에는 가장 큰 것을 기준으로 한다)의 **1.5배** 이상의 높이의 **불연성 격벽**을 설치하는 경우 **기억법** 내전샤피덕 다15
내화전선	케이블공사

ⓒ **내열배선**

사용전선의 종류	공사방법
① 450/750V 저독성 난연 가교 폴리올레핀 절연전선 ② 0.6/1kV 가교 폴리에틸렌 절연 저독성 난연 폴리올레핀 시스 전력 케이블 ③ 6/10kV 가교 폴리에틸렌 절연 저독성 난연 폴리올레핀 시스 전력용 케이블 ④ 가교 폴리에틸렌 절연 비닐시스 트레이용 난연 전력 케이블 ⑤ 0.6/1kV EP 고무절연 클로로프렌 시스 케이블 ⑥ 300/500V 내열성 실리콘 고무절연전선 (180℃) ⑦ 내열성 에틸렌-비닐 아세테이트 고무절연 케이블 ⑧ 버스덕트(bus duct)	**금속관·금속제 가요전선관·금속덕트** 또는 **케이블**(불연성 덕트에 설치하는 경우에 한한다) **공사** 방법에 따라야 한다. 단, 다음의 기준에 적합하게 설치하는 경우에는 그러하지 아니하다. ① 배선을 내화성능을 갖는 배선전용실 또는 배선용 샤프트·피트·덕트 등에 설치하는 경우 ② 배선전용실 또는 배선용 샤프트·피트·덕트 등에 다른 설비의 배선이 있는 경우에는 이로부터 **15cm** 이상 떨어지게 하거나 소화설비의 배선과 이웃하는 다른 설비의 배선 사이에 배선지름(배선의 지름이 다른 경우에는 지름이 가장 큰 것을 기준으로 한다)의 **1.5배** 이상의 높이의 **불연성 격벽**을 설치하는 경우
내화전선	케이블공사

② 해당 없음

답 ②

79 자동화재탐지설비 및 시각경보장치의 화재안전기준에 따라 감지기회로의 도통시험을 위한 종단저항의 설치기준으로 틀린 것은?

① 동일층 발신기함 외부에 설치할 것
② 점검 및 관리가 쉬운 장소에 설치할 것
③ 전용함을 설치하는 경우 그 설치높이는 바닥으로부터 1.5m 이내로 할 것
④ 종단감지기에 설치할 경우에는 구별이 쉽도록 해당 감지기의 기판 등에 별도의 표시를 할 것

해설 **감지기회로**의 **도통시험**을 위한 **종단저항**의 **기준**(NFPC 203 11조, NFTC 203 2.8.1.3)
(1) 점검 및 관리가 쉬운 장소에 설치할 것
(2) 전용함 설치시 **바닥**에서 **1.5m** 이내의 높이에 설치할 것
(3) 감지기회로의 **끝부분**에 설치하며, 종단감지기에 설치할 경우 구별이 쉽도록 해당 감지기의 기판 및 감지외부 등에 별도의 표시를 할 것

※ **도통시험**: 감지기회로의 단선유무 확인

① 동일층 발신기함 **외부** → 일반적으로 동일층 발신기함 **내부**

답 ①

80 자동화재속보설비의 속보기의 성능인증 및 제품검사의 기술기준에 따른 자동화재속보설비의 속보기에 대한 설명이다. 다음 (   )의 ㉠, ㉡에 들어갈 내용으로 옳은 것은?

> 작동신호를 수신하거나 수동으로 동작시키는 경우 (㉠)초 이내에 소방관서에 자동적으로 신호를 발하여 통보하되, (㉡)회 이상 속보할 수 있어야 한다.

① ㉠ 20, ㉡ 3   ② ㉠ 20, ㉡ 4
③ ㉠ 30, ㉡ 3   ④ ㉠ 30, ㉡ 4

해설 **속보기**의 **기준**(자동화재속보설비의 속보기의 성능인증 및 제품검사의 기술기준 3·5조)
(1) **수동통화용 송수화기**를 설치
(2) **20초** 이내에 **3회** 이상 **소방관서**에 자동속보
(3) 예비전원은 감시상태를 **60분**간 지속한 후 **10분** 이상 동작이 지속될 수 있는 용량일 것
(4) 다이얼링 : **10회** 이상

기억법 속203

답 ①

2020. 8. 22 시행

2020년 기사 제3회 필기시험

자격종목	종목코드	시험시간	형별
소방설비기사(전기분야)		2시간	

※ 각 문항은 4지택일형으로 질문에 가장 적합한 보기 항을 선택하여 체크하여야 합니다.

제1과목 소방원론

01 밀폐된 공간에 이산화탄소를 방사하여 산소의 체적농도를 12%가 되게 하려면 상대적으로 방사된 이산화탄소의 농도는 얼마가 되어야 하는가?

① 25.40%
② 28.70%
③ 38.35%
④ 42.86%

해설 이산화탄소의 농도

$$CO_2 = \frac{21 - O_2}{21} \times 100$$

여기서, CO_2 : CO_2의 농도[%]
  O_2 : O_2의 농도[%]

$$CO_2 = \frac{21 - O_2}{21} \times 100 = \frac{21 - 12}{21} \times 100 ≒ 42.86\%$$

중요

이산화탄소 소화설비와 관련된 식

$$CO_2 = \frac{방출가스량}{방호구역체적 + 방출가스량} \times 100$$
$$= \frac{21 - O_2}{21} \times 100$$

여기서, CO_2 : CO_2의 농도[%]
  O_2 : O_2의 농도[%]

$$방출가스량 = \frac{21 - O_2}{O_2} \times 방호구역체적$$

여기서, O_2 : O_2의 농도[%]

답 ④

02 Halon 1301의 분자식은?

① CH_3Cl
② CH_3Br
③ CF_3Cl
④ CF_3Br

해설 할론소화약제의 약칭 및 분자식

종류	약칭	분자식
할론 1011	CB	CH_2ClBr
할론 104	CTC	CCl_4
할론 1211	BCF	$CF_2ClBr(CClF_2Br)$
할론 1301	BTM	CF_3Br
할론 2402	FB	$C_2F_4Br_2$

답 ④

03 화재의 종류에 따른 분류가 틀린 것은?

① A급 : 일반화재
② B급 : 유류화재
③ C급 : 가스화재
④ D급 : 금속화재

해설 화재의 종류

구분	표시색	적응물질
일반화재(A급)	백색	●일반가연물 ●종이류 화재 ●목재 · 섬유화재
유류화재(B급)	황색	●가연성 액체 ●가연성 가스 ●액화가스화재 ●석유화재
전기화재(C급)	청색	●전기설비
금속화재(D급)	무색	●가연성 금속
주방화재(K급)	–	●식용유화재

※ 요즘은 표시색의 의무규정은 없음

③ 가스화재 → 전기화재

답 ③

04 건축물의 내화구조에서 바닥의 경우에는 철근콘크리트의 두께가 몇 cm 이상이어야 하는가?

① 7
② 10
③ 12
④ 15

해설 피난·방화구조 3조
내화구조의 기준

구 분	기 준
벽·바닥	철골·철근콘크리트조로서 두께가 10cm 이상인 것
기둥	철골을 두께 5cm 이상의 콘크리트로 덮은 것
보	두께 5cm 이상의 콘크리트로 덮은 것

기억법 벽바내1(벽을 바라보면 내일이 보인다.)

비교
피난·방화구조 4조
방화구조의 기준

구조 내용	기 준
• 철망모르타르 바르기	두께 2cm 이상
• 석고판 위에 시멘트모르타르를 바른 것 • 석고판 위에 회반죽을 바른 것 • 시멘트모르타르 위에 타일을 붙인 것	두께 2.5cm 이상
• 심벽에 흙으로 맞벽치기 한 것	모두 해당

답 ②

05 소화약제인 IG-541의 성분이 아닌 것은?

19.09.문06
① 질소
② 아르곤
③ 헬륨
④ 이산화탄소

해설 불활성기체 소화약제

구 분	화학식
IG-01	• Ar(아르곤)
IG-100	• N_2(질소)
IG-541	• N_2(질소) : 52% • Ar(아르곤) : 40% • CO_2(이산화탄소) : 8% 기억법 NACO(내코) 5240
IG-55	• N_2(질소) : 50% • Ar(아르곤) : 50%

③ 해당 없음

답 ③

06 다음 중 발화점이 가장 낮은 물질은?

19.09.문02
18.03.문07
15.09.문02
14.05.문05
12.09.문04
12.03.문01

① 휘발유
② 이황화탄소
③ 적린
④ 황린

해설 물질의 발화점

물질의 종류	발화점
• 황린	30~50℃
• 황화인 • 이황화탄소	100℃
• 나이트로셀룰로오스	180℃
• 적린	260℃
• 휘발유(가솔린)	300℃

답 ④

07 화재시 발생하는 연소가스 중 인체에서 헤모글로빈과 결합하여 혈액의 산소운반을 저해하고 두통, 근육조절의 장애를 일으키는 것은?

19.09.문17
14.03.문05
00.03.문04

① CO_2
② CO
③ HCN
④ H_2S

해설 연소가스

구 분	설 명
일산화탄소 (CO)	화재시 흡입된 일산화탄소(CO)의 화학적 작용에 의해 **헤모글로빈**(Hb)이 혈액의 산소운반작용을 저해하여 사람을 질식·사망하게 한다.
이산화탄소 (CO_2)	연소가스 중 **가장 많은 양**을 차지하고 있으며 가스 그 자체의 독성은 거의 없으나 다량이 존재할 경우 호흡속도를 증가시키고, 이로 인하여 화재가스에 혼합된 유해가스의 혼입을 증가시켜 위험을 가중시키는 가스이다.
암모니아 (NH_3)	나무, 페놀수지, 멜라민수지 등의 **질소함유물**이 연소할 때 발생하며, 냉동시설의 **냉매**로 쓰인다.
포스겐 ($COCl_2$)	매우 독성이 강한 가스로서 소화제인 **사염화탄소**(CCl_4)를 화재시에 사용할 때도 발생한다.
황화수소 (H_2S)	달걀 썩는 냄새가 나는 특성이 있다. 기억법 황달
아크롤레인 (CH_2=CHCHO)	독성이 매우 높은 가스로서 **석유제품**, **유지** 등이 연소할 때 생성되는 가스이다. 기억법 유아석

> **용어**
> 유지(油脂)
> 들기름 및 지방을 통틀어 일컫는 말

08 다음 중 연소와 가장 관련 있는 화학반응은?

① 중화반응 ② 치환반응
③ 환원반응 ④ 산화반응

연소(combustion) : 가연물이 공기 중에 있는 산소와 반응하여 **열**과 **빛**을 동반하여 급격히 **산화반응**하는 현상

- **산화속도**는 가연물이 산소와 반응하는 속도이므로 **연소속도**와 직접 관계된다.

답 ④

09 다음 중 고체 가연물이 덩어리보다 가루일 때 연소되기 쉬운 이유로 가장 적합한 것은?

① 발열량이 작아지기 때문이다.
② 공기와 접촉면이 커지기 때문이다.
③ 열전도율이 커지기 때문이다.
④ 활성에너지가 커지기 때문이다.

가루가 **연소**되기 쉬운 이유
고체가연물이 가루가 되면 **공기**와 **접촉면**이 커져서(넓어져서) 연소가 더 잘 된다.

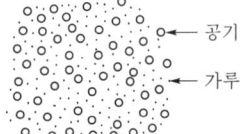

|가루와 공기의 접촉|

답 ②

10 이산화탄소 소화약제 저장용기의 설치장소에 대한 설명 중 옳지 않은 것은?

① 반드시 방호구역 내의 장소에 설치한다.
② 온도의 변화가 작은 곳에 설치한다.
③ 방화문으로 구획된 실에 설치한다.
④ 해당 용기가 설치된 곳임을 표시하는 표지를 한다.

이산화탄소 소화약제 저장용기 설치기준
(1) 온도가 **40℃** 이하인 장소
(2) **방호구역 외**의 장소에 설치할 것
(3) 직사광선 및 빗물이 침투할 우려가 없는 곳
(4) 온도의 변화가 작은 곳에 설치
(5) **방화문**으로 구획된 실에 설치할 것
(6) **방호구역** 내에 설치할 경우에는 피난 및 조작이 용이하도록 **피난구** 부근에 설치

(7) 용기의 설치장소에는 해당 용기가 설치된 곳임을 표시하는 표지할 것
(8) 용기 간의 간격은 점검에 지장이 없도록 **3cm 이상**의 간격 유지
(9) 저장용기와 집합관을 연결하는 연결배관에는 **체크밸브** 설치

① 반드시 방호구역 내 → 방호구역 외

답 ①

11 질식소화시 공기 중의 산소농도는 일반적으로 약 몇 vol% 이하로 하여야 하는가?

① 25
② 21
③ 19
④ 15

소화의 형태

구 분	설 명
냉각소화	① **점화원**을 냉각하여 소화하는 방법 ② **증발잠열**을 이용하여 열을 빼앗아 가연물의 온도를 떨어뜨려 화재를 진압하는 소화방법 ③ **다량의 물**을 뿌려 소화하는 방법 ④ 가연성 물질을 **발화점 이하**로 **냉각**하여 소화하는 방법 ⑤ **식용유화재**에 신선한 **야채**를 넣어 소화하는 방법 ⑥ 용융잠열에 의한 **냉각효과**를 이용하여 소화하는 방법 **기억법** 냉점증발
질식소화	① 공기 중의 **산소농도는 16%**(10~15%) 이하로 희박하게 하여 소화하는 방법 ② 산화제의 농도를 낮추어 연소가 지속될 수 없도록 소화하는 방법 ③ 산소공급을 차단하여 소화하는 방법 ④ 산소의 농도를 낮추어 소화하는 방법 ⑤ 화학반응으로 발생한 **탄산가스**에 의한 소화방법 **기억법** 질산
제거소화	**가연물**을 **제거**하여 소화하는 방법
부촉매 소화 (억제소화, 화학소화)	① **연쇄반응**을 **차단**하여 소화하는 방법 ② 화학적인 방법으로 화재를 억제하여 소화하는 방법 ③ **활성기**(free radical, 자유라디칼)의 **생성**을 **억제**하여 소화하는 방법 ④ 할론계 소화약제 **기억법** 부억(부엌)
희석소화	① 기체·고체·액체에서 나오는 분해가스나 증기의 농도를 낮춰 소화하는 방법 ② 불연성 가스의 공기 중 농도를 높여 소화하는 방법 ③ 불활성기체를 방출하여 연소범위 이하로 낮추어 소화하는 방법

중요
화재의 소화원리에 따른 소화방법

소화원리	소화설비
냉각소화	① 스프링클러설비 ② 옥내·외소화전설비
질식소화	① 이산화탄소 소화설비 ② 포소화설비 ③ 분말소화설비 ④ 불활성기체 소화약제
억제소화 (부촉매효과)	① 할론소화약제 ② 할로겐화합물 소화약제

답 ④

12 소화효과를 고려하였을 경우 화재시 사용할 수 있는 물질이 아닌 것은?

① 이산화탄소
② 아세틸렌
③ Halon 1211
④ Halon 1301

해설 소화약제
(1) 이산화탄소 소화약제

주성분	적응화재
이산화탄소(CO_2)	BC급

(2) 할론소화약제의 약칭 및 분자식

종류	약칭	분자식
할론 1011	CB	CH_2ClBr
할론 104	CTC	CCl_4
할론 1211	BCF	$CF_2ClBr(CClF_2Br)$
할론 1301	BTM	CF_3Br
할론 2402	FB	$C_2F_4Br_2$

② 아세틸렌 : **가연성 가스**로서 화재시 사용불가

답 ②

13 다음 원소 중 전기음성도가 가장 큰 것은?

① F   ② Br
③ Cl   ④ I

해설 할론소화약제

부촉매효과(소화능력) 크기	전기음성도(친화력, 결합력) 크기
I > Br > Cl > F	F > Cl > Br > I

• 전기음성도 크기 = 수소와의 결합력 크기

중요
할로젠족 원소
(1) 불소 : **F**
(2) 염소 : **Cl**
(3) 브로민(취소) : **Br**
(4) 아이오딘(옥소) : **I**

기억법 FClBrI

답 ①

14 화재하중의 단위로 옳은 것은?

① kg/m^2
② $℃/m^2$
③ $kg \cdot L/m^3$
④ $℃ \cdot L/m^3$

해설 화재하중
(1) 가연물 등의 **연소시** 건축물의 **붕괴** 등을 고려하여 설계하는 하중
(2) 화재실 또는 화재구획의 **단위면적당 가연물**의 **양**
(3) 일반건축물에서 가연성의 건축구조재와 **가연성 수용물의 양**으로서 건물화재시 발열량 및 화재위험성을 나타내는 용어
(4) 화재하중이 크면 단위면적당의 발열량이 크다.
(5) 화재하중이 같더라도 물질의 상태에 따라 가혹도는 달라진다.
(6) 화재하중은 화재구획실 내의 가연물 총량을 목재 중량 당비로 환산하여 면적으로 나눈 수치이다.
(7) 건물화재에서 가열온도의 정도를 의미한다.
(8) 건물의 내화설계시 고려되어야 할 사항이다.
(9) $$q = \frac{\Sigma G_t H_t}{HA} = \frac{\Sigma Q}{4500A}$$

여기서, q : 화재하중(kg/m^2) 또는 (N/m^2)
G_t : 가연물의 양(kg)
H_t : 가연물의 단위발열량(kcal/kg)
H : 목재의 단위발열량(kcal/kg)
  (4500kcal/kg)
A : 바닥면적(m^2)
ΣQ : 가연물의 전체 발열량(kcal)

비교
화재가혹도
화재로 인하여 건물 내에 수납되어 있는 재산 및 건물 자체에 손상을 주는 능력의 정도

답 ①

15 제1종 분말소화약제의 주성분으로 옳은 것은?

① $KHCO_3$
② $NaHCO_3$
③ $NH_4H_2PO_4$
④ $Al_2(SO_4)_3$

해설 (1) **분말소화약제**

종별	주성분	착색	적응화재	비고
제1종	중탄산나트륨 (NaHCO₃)	백색	BC급	**식용유** 및 **지방질유**의 화재에 적합
제2종	중탄산칼륨 (KHCO₃)	담자색 (담회색)	BC급	–
제3종	제1인산암모늄 (NH₄H₂PO₄)	담홍색	ABC급	**차고 · 주차장**에 적합
제4종	중탄산칼륨 + 요소 (KHCO₃ + (NH₂)₂CO)	회(백)색	BC급	–

기억법 1식분(일식 분식)
3분 차주(삼보컴퓨터 차주)

(2) **이산화탄소 소화약제**

주성분	적응화재
이산화탄소(CO₂)	BC급

답 ②

16 탄화칼슘이 물과 반응시 발생하는 가연성 가스는?

19.03.문17
17.05.문09
11.10.문05
10.09.문12

① 메탄
② 포스핀
③ 아세틸렌
④ 수소

해설 **탄화칼슘**과 **물**의 반응식
$CaC_2 + 2H_2O \rightarrow Ca(OH)_2 + C_2H_2 \uparrow$
탄화칼슘   물   수산화칼슘   아세틸렌

답 ③

17 화재의 소화원리에 따른 소화방법의 적용으로 틀린 것은?

19.09.문13
18.09.문19
17.05.문06
16.03.문08
15.03.문17
14.03.문19
11.10.문19
03.08.문11

① 냉각소화 : 스프링클러설비
② 질식소화 : 이산화탄소 소화설비
③ 제거소화 : 포소화설비
④ 억제소화 : 할로겐화합물 소화설비

해설 화재의 **소화원리**에 따른 **소화방법**

소화원리	소화설비
냉각소화	① 스프링클러설비 ② 옥내 · 외소화전설비
질식소화	① 이산화탄소 소화설비 ② 포소화설비 ③ 분말소화설비 ④ 불활성기체 소화약제

억제소화 (부촉매효과)	① 할론소화약제 ② 할로겐화합물 소화약제
제거소화	물(봉상주수)

③ 포소화설비 → 물(봉상주수)

답 ③

18 공기의 평균 분자량이 29일 때 이산화탄소 기체의 증기비중은 얼마인가?

19.03.문18
16.03.문01
15.03.문05
14.09.문15
12.09.문18
07.05.문17

① 1.44
② 1.52
③ 2.88
④ 3.24

해설 (1) **분자량**

원소	원자량
H	1
C	12
N	14
O	16

이산화탄소(CO₂) : 12 + 16 × 2 = 44

(2) **증기비중**

$$증기비중 = \frac{분자량}{29}$$

여기서, 29 : 공기의 평균 분자량[g/mol]

이산화탄소 증기비중 = $\frac{분자량}{29} = \frac{44}{29} ≒ 1.52$

비교

증기밀도

$$증기밀도 = \frac{분자량}{22.4}$$

여기서, 22.4 : 기체 1몰의 부피[L]

 중요

이산화탄소의 물성

구 분	물 성
임계압력	72.75atm
임계온도	31.35℃(약 31.1℃)
3중점	−**56**.3℃(약 −56℃)
승화점(비점)	−**78**.5℃
허용농도	0.5%
증기비중	1.**5**29
수분	0.05% 이하(함량 99.5% 이상)

기억법 이356, 이비78, 이증15

답 ②

19. 인화점이 20℃인 액체위험물을 보관하는 창고의 인화 위험성에 대한 설명 중 옳은 것은?

① 여름철에 창고 안이 더워질수록 인화의 위험성이 커진다.
② 겨울철에 창고 안이 추워질수록 인화의 위험성이 커진다.
③ 20℃에서 가장 안전하고 20℃보다 높아지거나 낮아질수록 인화의 위험성이 커진다.
④ 인화의 위험성은 계절의 온도와는 상관없다.

해설
① 여름철에 창고 안이 더워질수록 액체위험물에 점도가 낮아져서 점화가 쉽게 될 수 있기 때문에 인화의 위험성이 커진다고 판단함이 합리적이다.

답 ①

20. 위험물과 위험물안전관리법령에서 정한 지정수량을 옳게 연결한 것은?

① 무기과산화물 – 300kg
② 황화인 – 500kg
③ 황린 – 20kg
④ 질산에스터류(제1종) – 200kg

해설 위험물의 지정수량

위험물	지정수량
질산에스터류	제1종 : 10kg, 제2종 : 100kg
황린	20kg
• 무기과산화물 • 과산화나트륨	50kg
• 황화인 • 적린	100kg
트리나이트로톨루엔	제1종 : 10kg, 제2종 : 100kg
탄화알루미늄	300kg

① 300kg → 50kg
② 500kg → 100kg
④ 200kg → 10kg

답 ③

제2과목 소방전기일반

21. 개루프 제어와 비교하여 폐루프 제어에서 반드시 필요한 장치는?

① 안정도를 좋게 하는 장치
② 제어대상을 조작하는 장치
③ 동작신호를 조절하는 장치
④ 기준입력신호와 주궤환신호를 비교하는 장치

해설 피드백제어(feedback control = 폐루프제어)
(1) 출력신호를 입력신호로 되돌려서 **입력**과 **출력**을 **비교**함으로써 **정확한 제어**가 가능하도록 한 제어
(2) 기준입력신호와 주궤환신호를 비교하는 장치가 있는 제어

중요

피드백제어의 특징
(1) **정확도**(정확성)가 **증가**한다.
(2) **대역폭이 크다**(대역폭이 **증가**한다).
(3) 계의 특성 변화에 대한 입력 대 출력비의 감도가 감소한다.
(4) 구조가 **복잡**하고 설치비용이 고가이다.
(5) 폐회로로 구성되어 있다.
(6) 입력과 출력을 비교하는 장치가 있다.
(7) 오차를 **자동정정**한다.
(8) **발진**을 일으키고 **불안정한 상태**로 되어가는 경향성이 있다.
(9) 비선형과 왜형에 대한 효과가 **감소**한다.

피드백제어

답 ④

22. 3상 농형 유도전동기의 기동법이 아닌 것은?

① Y-△기동법 ② 기동보상기법
③ 2차 저항기동법 ④ 리액터 기동법

해설 3상 유도전동기의 기동법

농형	권선형
① 전전압기동법(직입기동법) ② Y-△기동법 [보기 ①] ③ 리액터기동법(리액터 기동법) [보기 ④] ④ 기동보상기법 [보기 ②] ⑤ 콘도르퍼기동법	① 2차 저항법(2차 저항기동법) [보기 ③] ② 게르게스법

기억법 권2(권위)

답 ③

23. 다음 중 강자성체에 속하지 않는 것은?

① 니켈
② 알루미늄
③ 코발트
④ 철

해설 자성체의 종류

자성체	종 류
상자성체 (paramagnetic material)	① **알**루미늄(Al) ② **백**금(Pt) [기억법] 상알백
반자성체 (diamagnetic material)	① 금(Au) ② 은(Ag) ③ 구리(동)(Cu) ④ 아연(Zn) ⑤ 탄소(C)
강자성체 (ferromagnetic material)	① **니**켈(Ni) ② **코**발트(Co) ③ **망**가니즈(Mn) ④ **철**(Fe) [기억법] 강니코망철 • **자기차폐**와 관계 깊음

② 알루미늄 : 상자성체

답 ②

24. 프로세스제어의 제어량이 아닌 것은?

19.03.문32
17.09.문22
17.09.문39
17.05.문29
16.10.문35
16.05.문22
16.03.문32
15.05.문23

① 액위
② 유량
③ 온도
④ 자세

해설 제어량에 의한 분류

분류	종 류
프로세스제어	① **온**도 ② **압**력 ③ **유**량 ④ **액**면(액위) [기억법] 프온압유액
서보기구 (서보제어, 추종제어)	① **위**치 ② **방**위 ③ **자**세 [기억법] 서위방자
자동조정	① 전압 ② 전류 ③ 주파수 ④ 회전속도(**발**전기의 **속**도조절기) ⑤ 장력 [기억법] 자발속

※ **프로세스제어**(공정제어) : 공업공정의 상태량을 제어량으로 하는 제어

④ 자세 : 서보기구

중요

제어의 종류

종 류	설 명
정치제어 (fixed value control)	• 일정한 **목표값**을 **유**지하는 것으로 **프로세스제어, 자동조정**이 이에 해당된다. 예 **연속식 압연기** • **목표값**이 시간에 관계없이 항상 일정한 값을 가지는 제어이다. [기억법] 유목정
추종제어 (follow-up control, 서보제어)	미지의 시간적 변화를 하는 목표값에 제어량을 추종시키기 위한 제어로 **서보기구**가 이에 해당된다. 예 **대공포의 포신**
비율제어 (ratio control)	둘 이상의 제어량을 소정의 비율로 제어하는 것이다.
프로그램제어 (program control)	목표값이 **미리 정해진 시간적 변화**를 하는 경우 제어량을 그것에 추종시키기 위한 제어이다. 예 **열차·산업로봇의 무인운전**

답 ④

25. 100V, 500W의 전열선 2개를 같은 전압에서 직렬로 접속한 경우와 병렬로 접속한 경우에 각 전열선에서 소비되는 전력은 각각 몇 W인가?

17.09.문28

① 직렬 : 250, 병렬 : 500
② 직렬 : 250, 병렬 : 1000
③ 직렬 : 500, 병렬 : 500
④ 직렬 : 500, 병렬 : 1000

해설 (1) 기호

- V : 100V
- P : 500W
- $P_{직렬}$: ?
- $P_{병렬}$: ?

(2) 전력

$$P = \frac{V^2}{R}$$

여기서, P : 전력[W]
V : 전압[V]
R : 저항[Ω]

저항 R은

$$R = \frac{V^2}{P} = \frac{100^2}{500} = 20\,\Omega$$

(3) 전열선 2개 직렬접속

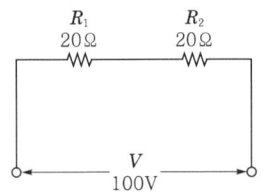

전력 $P = \dfrac{V^2}{R} = \dfrac{V^2}{R_1 + R_2} = \dfrac{100^2}{20+20} = 250\text{W}$

(4) 전열선 2개 병렬접속

전력 $P = \dfrac{V^2}{R} = \dfrac{V^2}{\dfrac{R_1 R_2}{R_1 + R_2}} = \dfrac{100^2}{\dfrac{20 \times 20}{20+20}} = 1000\text{W}$

답 ②

26 열팽창식 온도계가 아닌 것은?
17.03.문39
① 열전대 온도계 ② 유리 온도계
③ 바이메탈 온도계 ④ 압력식 온도계

해설 온도계의 종류

열팽창식 온도계	열전 온도계
• **유**리 온도계 • **압**력식 온도계 • **바**이메탈 온도계 • 알코올 온도계 • 수은 온도계	• 열전대 온도계

기억법 유압바

답 ①

27 그림과 같은 회로에서 전압계 ⓥ가 10V일 때 단자 A-B 간의 전압은 몇 V인가?

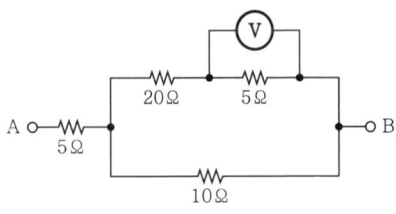

① 50 ② 85
③ 100 ④ 135

해설 문제 조건에 의해 회로를 일부 수정하면 다음과 같다.

(1) 전류

$$I = \dfrac{V}{R}$$

여기서, I : 전류[A]
V : 전압[V]
R : 저항[Ω]

전류 I_3는

$I_3 = \dfrac{V}{R_3} = \dfrac{10}{5} = 2\text{A}$

같은 선에 전류가 흐르므로

$$I_2 = I_3$$

전압 V_2는
$V_2 = I_2 R_2 = 2 \times 20 = 40\text{V}$

$40 + 10 = 50\text{V}$

전류 I_4는
$I_4 = \dfrac{V}{R_4} = \dfrac{50}{10} = 5\text{A}$

전압 V_1은
$V_1 = I_1 R_1 = 7 \times 5 = 35\text{V}$
단자 A-B 간 전압 $V = 35 + 50 = 85\text{V}$

답 ②

28 최대눈금이 200mA, 내부저항이 0.8Ω인 전류계가 있다. 8mΩ의 분류기를 사용하여 전류계의 측정범위를 넓히면 몇 A까지 측정할 수 있는가?

① 19.6 ② 20.2
③ 21.4 ④ 22.8

해설 (1) 기호
- I : 200mA=0.2A(1000mA=1A)
- R_A : 0.8Ω
- R_S : 8mΩ=8×10⁻³Ω(1mΩ=10⁻³Ω)
- I_0 : ?

(2) 분류기

$$I_0 = I\left(1 + \frac{R_A}{R_S}\right)$$

여기서, I_0 : 측정하고자 하는 전류[A]
I : 전류계의 최대눈금[A]
R_A : 전류계 내부저항[Ω]
R_S : 분류기저항[Ω]

측정하고자 하는 전류 I_0는

$$I_0 = I\left(1 + \frac{R_A}{R_S}\right)$$
$$= 0.2\left(1 + \frac{0.8}{8 \times 10^{-3}}\right) = 20.2\text{A}$$

※ **분류기** : 전류계와 **병렬**접속

비교

배율기

$$V_0 = V\left(1 + \frac{R_m}{R_v}\right)$$

여기서, V_0 : 측정하고자 하는 전압[V]
V : 전압계의 최대눈금[V]
R_v : 전압계의 내부저항[Ω]
R_m : 배율기저항[Ω]

※ **배율기** : 전압계와 **직렬**접속

답 ②

29 공기 중에서 50kW 방사전력이 안테나에서 사방으로 균일하게 방사될 때, 안테나에서 1km 거리에 있는 점에서의 전계의 실효값은 약 몇 V/m인가?

① 0.87 ② 1.22
③ 1.73 ④ 3.98

해설 (1) 기호
- P : 50kW=50000W(1kW=1000W)
- r : 1km=1000m(1km=1000m)
- E : ?

(2) 구의 단위면적당 전력

$$W = \frac{E^2}{377} = \frac{P}{4\pi r^2}$$

여기서, W : 구의 단위면적당 전력[W/m²]
E : 전계의 실효값[V/m]
P : 전력[W]
r : 거리[m]

$$\frac{E^2}{377} = \frac{P}{4\pi r^2}$$

$$E^2 = \frac{P}{4\pi r^2} \times 377$$

$$E = \sqrt{\frac{P}{4\pi r^2} \times 377} = \sqrt{\frac{50000}{4\pi \times 1000^2} \times 377} ≒ 1.22\text{V/m}$$

답 ②

30 대칭 n상의 환상결선에서 선전류와 상전류(환상전류) 사이의 위상차는?

① $\frac{n}{2}\left(1 - \frac{2}{\pi}\right)$ ② $\frac{n}{2}\left(1 - \frac{\pi}{2}\right)$
③ $\frac{\pi}{2}\left(1 - \frac{2}{n}\right)$ ④ $\frac{\pi}{2}\left(1 - \frac{n}{2}\right)$

해설 환상결선 n상의 위상차

$$\theta = \frac{\pi}{2} - \frac{\pi}{n}$$

여기서, θ : 위상차
n : 상

- 환상결선=△결선

n상의 위상차 θ는

$$\theta = \frac{\pi}{2} - \frac{\pi}{n}$$
$$= \frac{\pi}{2}\left(1 - \frac{2}{n}\right)$$

비교

환상결선 n상의 선전류

$$I_l = \left(2 \times \sin\frac{\pi}{n}\right) \times I_p$$

여기서, I_l : 선전류[A]
n : 상
I_p : 상전류[A]

답 ③

31

지하 1층, 지상 2층, 연면적이 1500m²인 기숙사에서 지상 2층에 설치된 차동식 스포트형 감지기가 작동하였을 때 전 층의 지구경종이 동작되었다. 각 층 지구경종의 정격전류가 60mA이고, 24V가 인가되고 있을 때 모든 지구경종에서 소비되는 총전력[W]은?

① 4.23
② 4.32
③ 5.67
④ 5.76

해설

(1) 기호
- I : 60mA×3개=180mA=0.18A(1000mA=1A)
  지구경종은 **지하 1층, 지상 1층, 지상 2층에 1개씩 총 3개 설치**
- V : 24V

(2) 전력
$$P = VI$$

여기서, P : 전력[W]
V : 전압[V]
I : 전류[A]

전력 P는
$P = VI$
$\quad = 24 \times 0.18 = 4.32W$

답 ②

32

역률 0.8인 전동기에 200V의 교류전압을 가하였더니 10A의 전류가 흘렀다. 피상전력은 몇 VA인가?

① 1000
② 1200
③ 1600
④ 2000

해설

(1) 기호
- $\cos\theta$: 0.8
- V : 200V
- I : 10A
- P_a : ?

(2) 피상전력
$$P_a = VI$$

여기서, P_a : 피상전력[VA]
V : 전압[V]
I : 전류[A]

피상전력 P_a는
$P_a = VI = 200 \times 10 = 2000VA$

- **역률** $\cos\theta$는 적용하지 않음에 주의! **함정**이다.

답 ④

33

50Hz의 3상 전압을 전파정류하였을 때 리플(맥동)주파수[Hz]는?

① 50
② 100
③ 150
④ 300

해설 맥동주파수

구 분	맥동주파수(60Hz)	맥동주파수(50Hz)
단상 반파	60Hz	50Hz
단상 전파	120Hz	100Hz
3상 반파	180Hz	150Hz
3상 전파	360Hz	→ 300Hz

- 맥동주파수 = 리플주파수

답 ④

34

5Ω의 저항과 2Ω의 유도성 리액턴스를 직렬로 접속한 회로에 5A의 전류를 흘렸을 때 이 회로의 복소전력[VA]은?

① $25 + j10$
② $10 + j25$
③ $125 + j50$
④ $50 + j125$

해설

(1) 기호
- R : 5Ω
- X_L : 2Ω
- I : 5A
- P : ?

문제 지문을 회로로 바꾸면

```
   I    R    X_L
───▶──/\/\/──⌒⌒⌒──
   5A   5Ω    2Ω
```

(2) 전압
$$V = IZ = I(R + X_L)$$

여기서, V : 전압[VA]
I : 전류[A]
Z : 임피던스[Ω]
R : 저항[Ω]
X_L : 유도리액턴스[Ω]

전압 V는
$V = I(R + X_L) = 5(5 + j2) = 25 + 10jV$

(3) 복소전력
$$P = V\overline{I}$$

여기서, P : 복소전력[VA]
V : 전압[V]
$\overline{I}$: 허수에 반대부호를 취한 전류[A]

복소전력 $P = V\overline{I}$
$\quad = (25 + 10j) \times 5$
$\quad = 125 + 50j = 125 + j50VA$

답 ③

35
3상 유도전동기를 Y결선으로 기동할 때 전류의 크기($|I_Y|$)와 △결선으로 기동할 때 전류의 크기($|I_\triangle|$)의 관계로 옳은 것은?

① $|I_Y| = \dfrac{1}{3}|I_\triangle|$

② $|I_Y| = \sqrt{3}|I_\triangle|$

③ $|I_Y| = \dfrac{1}{\sqrt{3}}|I_\triangle|$

④ $|I_Y| = \dfrac{\sqrt{3}}{2}|I_\triangle|$

해설 Y-△기동방식의 기동전류

$$I_Y = \dfrac{1}{3}I_\triangle$$

여기서, I_Y : Y결선시 전류[A]
$I_\triangle$: △결선시 전류[A]

중요

기동전류	소비전력	기동토크
$\dfrac{Y-\triangle \text{기동방식}}{\text{직입기동방식}} = \dfrac{1}{3}$		

※ 3상 유도전동기의 기동시 직입기동방식을 Y-△ 기동방식으로 변경하면 **기동전류, 소비전력, 기동토크**가 모두 $\dfrac{1}{3}$로 감소한다.

답 ①

36
그림의 시퀀스회로와 등가인 논리게이트는?

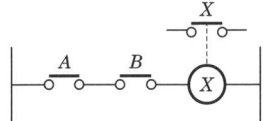

① OR게이트
② AND게이트
③ NOT게이트
④ NOR게이트

해설 시퀀스회로와 논리회로

● 회로 = 게이트

시퀀스회로는 해설과 같이 세로로 그려도 된다.

답 ②

37
진공 중에 놓인 5μC의 점전하에서 2m되는 점에서의 전계는 몇 V/m인가?

① 11.25×10^3
② 16.25×10^3
③ 22.25×10^3
④ 28.25×10^3

해설 (1) 기호

- $Q : 5\mu C = 5 \times 10^{-6} C (\mu = 10^{-6})$
- $r : 2m$
- $E : ?$

(2) **전계의 세기**(intensity of electric field)

$$E = \frac{Q}{4\pi\varepsilon r^2}$$

여기서, E : 전계의 세기[V/m]
　　　　Q : 전하[C]
　　　　ε : 유전율[F/m]($\varepsilon = \varepsilon_0 \cdot \varepsilon_s$)
　　　　$\begin{pmatrix} \varepsilon_0 : 진공의\ 유전율[F/m] \\ \varepsilon_s : 비유전율 \end{pmatrix}$
　　　　r : 거리[m]

전계의 세기(전장의 세기) E는

$$E = \frac{Q}{4\pi\varepsilon r^2} = \frac{Q}{4\pi\varepsilon_0 \varepsilon_s r^2} = \frac{Q}{4\pi\varepsilon_0 r^2}$$

$$= \frac{(5 \times 10^{-6})}{4\pi \times (8.855 \times 10^{-12}) \times 2^2}$$

$$\fallingdotseq 11.25 \times 10^3 \text{V/m}$$

- **진공의 유전율** : $\varepsilon_0 = 8.855 \times 10^{-12}$F/m
- ε_s(비유전율) : 진공 중 또는 공기 중 $\varepsilon_s \fallingdotseq 1$이므로 생략

답 ①

38 전압이득이 60dB인 증폭기와 궤환율(β)이 0.01 인 궤환회로를 부궤환 증폭기로 구성하였을 때 전체 이득은 약 몇 dB인가?

19.04.문22
13.09.문38

① 20　　　　② 40
③ 60　　　　④ 80

해설 (1) 기호
- A_{vg} : 60dB
- β : 0.01
- A_f : ?

(2) **전압이득**

$$Av_f = 20 \log A$$

여기서, Av_f : 전압이득[dB]
　　　　A : 전압이득(증폭기이득)[dB]

$Av_f = 20 \log A$
$60\text{dB} = 20 \log A$
$60\text{dB} = 20 \log_{10} A$　← 상용로그이므로 $\log = \log_{10}$

$1000 = A$
$A = 1000$

※ 수학

(3) **부궤환 증폭기이득**

$$A_f = \frac{A}{1 + \beta A}$$

여기서, A_f : 부궤환 증폭기이득[dB]
　　　　β : 궤환율
　　　　A : 전압이득[dB]

증폭기이득 A_f는

$$A_f = \frac{A}{1 + \beta A} = \frac{1000}{1 + (0.01 \times 1000)} \fallingdotseq 91$$

부궤환 증폭기이득 Av_f는
$Av_f = 20 \log A_f = 20 \log 91 \fallingdotseq 40\text{dB}$

중요

부궤한 증폭기	
장 점	단 점
• 안정도 증진 • 대역폭 확장 • 잡음 감소 • 왜곡 감소	• 이득 감소

기억법 부안증

답 ②

39 그림과 같은 논리회로의 출력 Y는?

18.09.문33
16.05.문40
13.03.문24
10.05.문21
00.07.문36

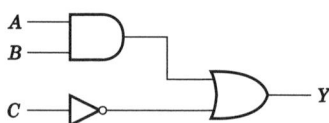

① $AB + \overline{C}$
② $A + B + \overline{C}$
③ $(A + B)\overline{C}$
④ $AB\overline{C}$

해설

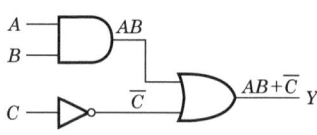

중요

논리회로		
시퀀스	논리식	논리회로
직렬 회로	$Z = A \cdot B$ $Z = AB$	
병렬 회로	$Z = A + B$	

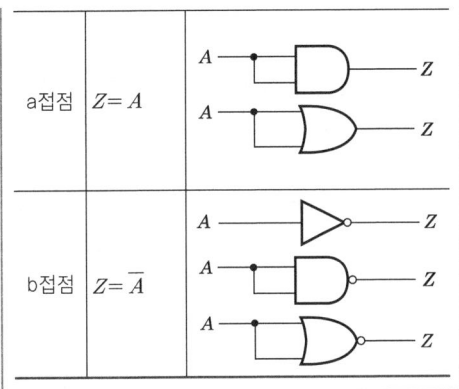

	연면적	설치대상
	400m² 미만	• 유치원
	2000m² 미만	• 교육연구시설·수련시설 내에 있는 **합숙소** 또는 **기숙사**
	모두 적용	• 100명 미만의 수련시설(숙박시설이 있는 것) • 연립주택 • 다세대주택

※ **단독경보형 감지기** : 화재발생상황을 단독으로 감지하여 자체에 내장된 음향장치로 경보하는 감지기

비교

단독경보형 감지기의 설치기준(NFPC 201 5조, NFTC 201 2.2.1)
(1) 각 실(이웃하는 실내의 바닥면적이 각각 **30m² 미만**이고 벽체의 상부의 전부 또는 일부가 개방되어 이웃하는 실내와 공기가 상호 유통되는 경우에는 이를 1개의 실로 본다)마다 설치하되, 바닥면적이 **150m²**를 초과하는 경우에는 150m²마다 1개 이상 설치할 것
(2) 최상층의 계단실의 **천장**(외기가 상통하는 계단실의 경우 제외)에 설치할 것
(3) 건전지를 주전원으로 사용하는 단독경보형 감지기는 정상적인 작동상태를 유지할 수 있도록 건전지를 교환할 것
(4) 상용전원을 주전원으로 사용하는 단독경보형 감지기의 **2차 전지**는 제품검사에 합격한 것을 사용할 것

답 ①

40.
단상 변압기 3대를 △결선하여 부하에 전력을 공급하고 있는 중 변압기 1대가 고장나서 V결선으로 바꾼 경우에 고장 전과 비교하여 몇 % 출력을 낼 수 있는가?

① 50
② 57.7
③ 70.7
④ 86.6

해설 V 결선

변압기 1대의 **이용률**	△ → V 결선시의 **출력비**
$U = \dfrac{\sqrt{3}\,VI\cos\theta}{2\,VI\cos\theta}$ $= \dfrac{\sqrt{3}}{2}$ $= 0.866(86.6\%)$	$\dfrac{P_V}{P_\triangle} = \dfrac{\sqrt{3}\,VI\cos\theta}{3\,VI\cos\theta}$ $= \dfrac{\sqrt{3}}{3}$ $= 0.577(57.7\%)$

답 ②

제3과목 소방관계법규

41.
소방시설 설치 및 관리에 관한 법령상 단독경보형 감지기를 설치하여야 하는 특정소방대상물의 기준으로 옳은 것은?

① 연면적 400m² 미만의 유치원
② 연면적 600m² 미만의 숙박시설
③ 수련시설 내에 있는 합숙소 또는 기숙사로서 연면적 1000m² 미만인 것
④ 교육연구시설 내에 있는 합숙소 또는 기숙사로서 연면적 1000m² 미만인 것

해설 소방시설법 시행령 〔별표 4〕
단독경보형 감지기의 설치대상

42.
위험물안전관리법령상 위험물취급소의 구분에 해당하지 않는 것은?

① 이송취급소
② 관리취급소
③ 판매취급소
④ 일반취급소

해설 위험물령 〔별표 3〕
위험물취급소의 구분

구분	설명
주유 취급소	고정된 주유설비에 의하여 **자동차·항공기** 또는 **선박** 등의 연료탱크에 직접 주유하기 위하여 위험물을 취급하는 장소
판매 취급소	**점포**에서 위험물을 용기에 담아 판매하기 위하여 지정수량의 **40배** 이하의 위험물을 취급하는 장소 **기억법** 판4(판사 검사)
이송 취급소	배관 및 이에 부속된 설비에 의하여 위험물을 **이송**하는 장소
일반 취급소	주유취급소·판매취급소·이송취급소 이외의 장소

답 ②

43 소방시설 설치 및 관리에 관한 법률상 주택의 소유자가 설치하여야 하는 소방시설의 설치대상으로 틀린 것은?

① 다세대주택 ② 다가구주택
③ 아파트 ④ 연립주택

해설 소방시설법 10조
주택의 소유자가 설치하는 소방시설의 설치대상
(1) **단독주택**
(2) **공동주택**(아파트 및 기숙사 제외) : **연립주택, 다세대주택, 다가구주택**

답 ③

44 화재의 예방 및 안전관리에 관한 법령상 1급 소방안전관리 대상물에 해당하는 건축물은?

① 지하구
② 층수가 15층인 공공업무시설
③ 연면적 15000m² 이상인 동물원
④ 층수가 20층이고, 지상으로부터 높이가 100m인 아파트

해설 화재예방법 시행령 〔별표 4〕
소방안전관리자를 두어야 할 특정소방대상물
(1) **특급 소방안전관리대상물** : 동식물원, 철강 등 불연성 물품 저장·취급창고, 지하구, 위험물제조소 등 제외
  ㉠ **50층** 이상(지하층 제외) 또는 지상 **200m** 이상 **아파트**
  ㉡ 30층 이상(지하층 포함) 또는 지상 120m 이상(아파트 제외)
  ㉢ 연면적 10만m² 이상(아파트 제외)
(2) **1급 소방안전관리대상물** : 동식물원, 철강 등 불연성 물품 저장·취급창고, 지하구, 위험물제조소 등 제외
  ㉠ **30층** 이상(지하층 제외) 또는 지상 **120m** 이상 아파트
  ㉡ 연면적 15000m² 이상인 것(아파트 및 연립주택 제외)
  ㉢ 11층 이상(아파트 제외)
  ㉣ 가연성 가스를 1000t 이상 저장·취급하는 시설
(3) **2급 소방안전관리대상물**
  ㉠ 지하구
  ㉡ 가스제조설비를 갖추고 도시가스사업 허가를 받아야 하는 시설 또는 가연성 가스를 100~1000t 미만 저장·취급하는 시설
  ㉢ 옥내소화전설비·스프링클러설비 설치대상물
  ㉣ 물분무등소화설비(호스릴방식의 물분무등소화설비만을 설치한 경우 제외) 설치대상물
  ㉤ **공동주택**(옥내소화전설비 또는 스프링클러설비가 설치된 공동주택 한정)
  ㉥ 목조건축물(국보·보물)
(4) **3급 소방안전관리대상물**
  ㉠ **자동화재탐지설비** 설치대상물
  ㉡ 간이스프링클러설비(주택전용 간이스프링클러설비 제외) 설치대상물

답 ②

45 위험물안전관리법령상 제조소의 기준에 따라 건축물의 외벽 또는 이에 상당하는 공작물의 외측으로부터 제조소의 외벽 또는 이에 상당하는 공작물의 외측까지의 안전거리기준으로 틀린 것은? (단, 제6류 위험물을 취급하는 제조소를 제외하고, 건축물에 불연재료로 된 방화상 유효한 담 또는 벽을 설치하지 않은 경우이다.)

① 의료법에 의한 종합병원에 있어서는 30m 이상
② 도시가스사업법에 의한 가스공급시설에 있어서는 20m 이상
③ 사용전압 35000V를 초과하는 특고압가공전선에 있어서는 5m 이상
④ 문화유산의 보존 및 활용에 관한 법률과 지정문화유산 및 자연유산의 보존 및 활용에 관한 법률에 따른 천연기념물 등에 있어서는 30m 이상

해설 위험물규칙 〔별표 4〕
위험물제조소의 안전거리

안전거리	대상
3m 이상	• 7~35kV 이하의 특고압가공전선
5m 이상	• 35kV를 초과하는 특고압가공전선
10m 이상	• **주거용**으로 사용되는 것
20m 이상	• 고압가스 **제조**시설(용기에 충전하는 것 포함) • 고압가스 **사용**시설(1일 30m³ 이상 용적 취급) • 고압가스 **저장**시설 • 액화산소 **소비**시설 • 액화석유가스 제조·저장시설 • 도시가스 공급시설
30m 이상	• 학교 • 병원급 의료기관 • 공연장 ┐ 300명 이상 수용시설 • 영화상영관 ┘ • 아동복지시설 • 노인복지시설 • 장애인복지시설 • 한부모가족 복지시설 • 어린이집 • 성매매 피해자 등을 위한 지원시설 • 정신건강증진시설 • 가정폭력 피해자 보호시설 ┘ 20명 이상 수용시설
50m 이상	• 지정문화유산 • 천연기념물 등

④ 30m → 50m

답 ④

46 소방시설 설치 및 관리에 관한 법령상 터널로서 길이가 1000m일 때 설치하지 않아도 되는 소방시설은?

① 인명구조기구 ② 옥내소화전설비
③ 연결송수관설비 ④ 무선통신보조설비

해설 소방시설법 시행령 [별표 4]
터널길이

터널길이	적용설비
500m 이상	• 비상조명등설비 • 비상경보설비 • 무선통신보조설비 • 비상콘센트설비
1000m 이상	• 옥내소화전설비 • 자동화재탐지설비 • 연결송수관설비

① 1000m일 때이므로 500m 이상, 1000m 이상 모두 해당된다.

중요
소방시설법 시행령 [별표 4]
인명구조기구의 설치장소
(1) 지하층을 포함한 **7층** 이상의 **관광호텔**[방열복, 방화복(안전모, 보호장갑, 안전화 포함), 인공소생기, 공기호흡기]
(2) 지하층을 포함한 **5층** 이상의 **병원**[방열복, 방화복(안전모, 보호장갑, 안전화 포함), 공기호흡기]

기억법 **5병**(**오병**이어의 기적)

(3) 공기호흡기를 설치하여야 하는 특정소방대상물
㉠ 수용인원 100명 이상인 영화상영관
㉡ 대규모점포
㉢ 지하역사
㉣ 지하상가
㉤ 이산화탄소 소화설비(호스릴 이산화탄소 소화설비 제외)를 설치하여야 하는 특정소방대상물

답 ①

47 소방시설 설치 및 관리에 관한 법령상 스프링클러설비를 설치하여야 하는 특정소방대상물의 기준으로 틀린 것은? (단, 위험물 저장 및 처리 시설 중 가스시설 또는 지하구는 제외한다.)

① 복합건축물로서 연면적 3500m² 이상인 경우에는 모든 층
② 창고시설(물류터미널은 제외)로서 바닥면적 합계가 5000m² 이상인 경우에는 모든 층
③ 숙박이 가능한 수련시설 용도로 사용되는 시설의 바닥면적의 합계가 600m² 이상인 것은 모든 층
④ 판매시설, 운수시설 및 창고시설(물류터미널에 한정)로서 바닥면적의 합계가 5000m² 이상이거나 수용인원이 500명 이상인 경우에는 모든 층

해설 스프링클러설비의 설치대상

설치대상	조 건
① 문화 및 집회시설, 운동시설 ② 종교시설	• 수용인원 : 100명 이상 • 영화상영관 : 지하층·무창층 500m²(기타 1000m²) 이상 • 무대부 – 지하층·무창층·4층 이상 300m² 이상 – 1~3층 500m² 이상
③ 판매시설 ④ 운수시설 ⑤ 물류터미널	• 수용인원 : 500명 이상 • 바닥면적 합계 : 5000m² 이상
⑥ 노유자시설 ⑦ 정신의료기관 ⑧ 수련시설(숙박 가능한 것) ⑨ 종합병원, 병원, 치과병원, 한방병원 및 요양병원(정신병원 제외) ⑩ 숙박시설	• 바닥면적 합계 600m² 이상
⑪ 지하층·무창층·4층 이상	• 바닥면적 1000m² 이상
⑫ 창고시설(물류터미널 제외)	• 바닥면적 합계 5000m² 이상 : 전층
⑬ **지하상가**	• 연면적 1000m² 이상
⑭ 10m 넘는 랙식 창고	• 연면적 1500m² 이상
⑮ 복합건축물 ⑯ 기숙사	• 연면적 5000m² 이상 : 전층
⑰ 6층 이상	• 전층
⑱ 보일러실·연결통로	• 전부
⑲ 특수가연물 저장·취급	• 지정수량 1000배 이상
⑳ 발전시설	• 전기저장시설 : 전부

① 3500m² → 5000m²

답 ①

48 소방시설 설치 및 관리에 관한 법령상 1년 이하의 징역 또는 1천만원 이하의 벌금기준에 해당하는 경우는?

① 소방용품의 형식승인을 받지 아니하고 소방용품을 제조하거나 수입한 자
② 형식승인을 받은 소방용품에 대하여 제품검사를 받지 아니한 자
③ 거짓이나 그 밖의 부정한 방법으로 제품검사 전문기관으로 지정을 받은 자
④ 소방용품에 대하여 형상 등의 일부를 변경한 후 형식승인의 변경승인을 받지 아니한 자

해설 1년 이하의 징역 또는 1000만원 이하의 벌금
(1) 소방시설의 **자체점검** 미실시자(소방시설법 58조)
(2) **소방시설관리사증** 대여(소방시설법 58조)
(3) **소방시설관리업**의 등록증 또는 등록수첩 대여(소방시설법 58조)
(4) 제조소 등의 정기점검기록 허위작성(위험물법 35조)
(5) **자체소방대**를 두지 않고 제조소 등의 허가를 받은 자(위험물법 35조)
(6) **위험물 운반용기**의 검사를 받지 않고 유통시킨 자(위험물법 35조)
(7) **소방용품** 형상 일부 변경 후 변경 미승인(소방시설법 58조)

비교
3년 이하의 징역 또는 3000만원 이하의 벌금
(1) **화재안전조사** 결과에 따른 조치명령 위반(화재예방법 50조)
(2) **소방시설관리업** 무등록자(소방시설법 57조)
(3) **소방시설업** 무등록자(공사업법 35조)
(4) 부정한 청탁을 받고 재물 또는 재산상의 이익을 취득하거나 부정한 청탁을 하면서 재물 또는 재산상의 이익을 제공한 자(공사업법 35조)
(5) 형식승인을 받지 않은 **소방용품** 제조·수입자(소방시설법 57조)
(6) **제품검사**를 받지 않은 자(소방시설법 57조)
(7) **거짓**이나 그 밖의 **부정한 방법**으로 **제품검사전문기관**의 지정을 받은 자(소방시설법 57조)

①, ②, ③ : 3년 이하의 징역 또는 3000만원 이하의 벌금

답 ④

49 소방기본법령상 소방대장의 권한이 아닌 것은?
① 화재현장에 대통령령으로 정하는 사람 외에는 그 구역에 출입하는 것을 제한할 수 있다.
② 화재진압 등 소방활동을 위하여 필요할 때에는 소방용수 외에 댐·저수지 등의 물을 사용할 수 있다.
③ 국민의 안전의식을 높이기 위하여 소방박물관 및 소방체험관을 설립하여 운영할 수 있다.
④ 불이 번지는 것을 막기 위하여 필요할 때에는 불이 번질 우려가 있는 소방대상물 및 토지를 일시적으로 사용할 수 있다.

해설 (1) **소방대장** : 소방**활동구역**의 설정(기본법 23조)

기억법 대구활(**대구**의 **활동**)

(2) **소방**본부장·**소방**서장·**소방대장**
  ㉠ 소방활동 **종**사명령(기본법 24조)
  ㉡ **강**제처분(기본법 25조)

  ㉢ **피**난명령(기본법 26조)
  ㉣ 댐·저수지 사용 등 위험시설 등에 대한 긴급조치(기본법 27조)

기억법 소대종강피(**소방대**의 **종강파**티)

비교
기본법 5조 ①항
설립과 운영

소방박물관	소방체험관
소방청장	시·도지사

답 ③

50 위험물안전관리법령상 위험물시설의 설치 및 변경 등에 관한 기준 중 다음 ( ) 안에 들어갈 내용으로 옳은 것은?

제조소 등의 위치·구조 또는 설비의 변경 없이 당해 제조소 등에서 저장하거나 취급하는 위험물의 품명·수량 또는 지정수량의 배수를 변경하고자 하는 자는 변경하고자 하는 날의 (㉠)일 전까지 (㉡)이 정하는 바에 따라 (㉢)에게 신고하여야 한다.

① ㉠ : 1, ㉡ : 대통령령, ㉢ : 소방본부장
② ㉠ : 1, ㉡ : 행정안전부령, ㉢ : 시·도지사
③ ㉠ : 14, ㉡ : 대통령령, ㉢ : 소방서장
④ ㉠ : 14, ㉡ : 행정안전부령, ㉢ : 시·도지사

해설 위험물법 6조
제조소 등의 설치허가
(1) **설치허가자** : 시·도지사
(2) **설치허가 제외 장소**
  ㉠ 주택의 난방시설(공동주택의 중앙난방시설은 제외)을 위한 **저장소** 또는 **취급소**
  ㉡ 지정수량 **20배** 이하의 **농예용·축산용·수산용** 난방시설 또는 건조시설의 **저장소**
(3) **제조소 등의 변경신고** : 변경하고자 하는 날의 **1일** 전까지 **시·도지사**에게 **신고**(행정안전부령)

기억법 농축수2

참고
시·도지사
(1) 특별시장
(2) 광역시장
(3) 특별자치시장
(4) 도지사
(5) 특별자치도지사

답 ②

51. 위험물안전관리법령상 허가를 받지 아니하고 당해 제조소 등을 설치하거나 그 위치·구조 또는 설비를 변경할 수 있으며, 신고를 하지 아니하고 위험물의 품명·수량 또는 지정수량의 배수를 변경할 수 있는 기준으로 옳은 것은?

① 축산용으로 필요한 건조시설을 위한 지정수량 40배 이하의 저장소
② 수산용으로 필요한 건조시설을 위한 지정수량 30배 이하의 저장소
③ 농예용으로 필요한 난방시설을 위한 지정수량 40배 이하의 저장소
④ 주택의 난방시설(공동주택의 중앙난방시설 제외)을 위한 저장소

해설 문제 50 참조

① 40배 → 20배
② 30배 → 20배
③ 40배 → 20배

답 ④

52. 소방시설공사업법령상 공사감리자 지정대상 특정소방대상물의 범위가 아닌 것은?

① 제연설비를 신설·개설하거나 제연구역을 증설할 때
② 연소방지설비를 신설·개설하거나 살수구역을 증설할 때
③ 캐비닛형 간이스프링클러설비를 신설·개설하거나 방호·방수 구역을 증설할 때
④ 물분무등소화설비(호스릴방식의 소화설비 제외)를 신설·개설하거나 방호·방수 구역을 증설할 때

해설 공사업령 10조
소방공사감리자 지정대상 특정소방대상물의 범위
(1) **옥내소화전설비**를 신설·개설 또는 **증설**할 때
(2) **스프링클러설비** 등(캐비닛형 간이스프링클러설비 제외)을 신설·개설하거나 방호·**방수구역**을 **증설**할 때
(3) **물분무등소화설비**(호스릴방식의 소화설비 제외)를 신설·개설하거나 방호·방수구역을 **증설**할 때
(4) **옥외소화전설비**를 신설·개설 또는 **증설**할 때
(5) **자동화재탐지설비**를 신설 또는 개설할 때
(6) **화재알림설비**를 신설 또는 개설할 때
(7) **비상방송설비**를 신설 또는 개설할 때
(8) **통합감시시설**을 신설 또는 **개설**할 때
(9) **소화용수설비**를 신설 또는 **개설**할 때
(10) 다음의 **소화활동설비**에 대하여 시공할 때
 ㉠ 제연설비를 신설·개설하거나 제연구역을 증설할 때
 ㉡ 연결송수관설비를 신설 또는 개설할 때
 ㉢ 연결살수설비를 신설·개설하거나 송수구역을 증설할 때
 ㉣ 비상콘센트설비를 신설·개설하거나 전용회로를 증설할 때
 ㉤ 무선통신보조설비를 신설 또는 개설할 때
 ㉥ 연소방지설비를 신설·개설하거나 살수구역을 증설할 때

③ 캐비닛형 간이스프링클러설비는 제외

답 ③

53. 화재의 예방 및 안전관리에 관한 법령상 화재안전조사 결과 소방대상물의 위치 상황이 화재예방을 위하여 보완될 필요가 있을 것으로 예상되는 때에 소방대상물의 개수·이전·제거, 그 밖의 필요한 조치를 관계인에게 명령할 수 있는 사람은?

① 소방서장 ② 경찰청장
③ 시·도지사 ④ 해당 구청장

해설 화재예방법 14조
화재안전조사 결과에 따른 조치명령
(1) **명령권자**: **소방청장, 소방본부장·소방서장**(소방관서장)
(2) **명령사항**
 ㉠ **개수**명령
 ㉡ **이전**명령
 ㉢ **제거**명령
 ㉣ **사용**의 **금지** 또는 제한명령, 사용폐쇄
 ㉤ **공사**의 **정지** 또는 중지명령

중요

소방본부장·소방서장·소방대장
(1) 소방활동 **종**사명령(기본법 24조)
(2) **강**제처분·제거(기본법 25조)
(3) **피**난명령(기본법 26조)
(4) 댐·저수지 사용 등 위험시설 등에 대한 긴급조치 (기본법 27조)

기억법 소대종강피(**소방대**의 **종강파**티)

용어

소방활동 종사명령
화재, 재난·재해, 그 밖의 위급한 상황이 발생한 현장에서 소방활동을 위하여 필요할 때에는 그 관할구역에 사는 사람 또는 그 현장에 있는 사람으로 하여금 사람을 구출하는 일 또는 불을 끄거나 불이 번지지 아니하도록 하는 일을 하게 할 수 있는 것

> **중요**
> 화재예방법 18조
> 화재예방강화지구
>
> | 지 정 | 지정요청 | 화재안전조사 |
> |---|---|---|
> | 시·도지사 | 소방청장 | 소방청장·소방본부장 또는 소방서장 |
>
> ※ **화재예방강화지구** : 화재발생 우려가 크거나 화재가 발생할 경우 피해가 클 것으로 예상되는 지역에 대하여 화재의 예방 및 안전관리를 강화하기 위해 지정·관리하는 지역

답 ①

54 소방기본법령상 시장지역에서 화재로 오인할 만한 우려가 있는 불을 피우거나 연막소독을 하려는 자가 신고를 하지 아니하여 소방자동차를 출동하게 한 자에 대한 과태료 부과·징수권자는?

19.03.문56
18.04.문43
17.05.문49

① 국무총리
② 시·도지사
③ 행정안전부장관
④ 소방본부장 또는 소방서장

해설 기본법 57조
연막소독 과태료 징수
(1) **20만원** 이하 **과태료**
(2) **소방본부장**·**소방서장**이 부과·징수

> **중요**
> 기본법 19조
> 화재로 오인할 만한 불을 피우거나 연막소독시 신고지역
> (1) **시장지역**
> (2) **공장**·**창고**가 밀집한 지역
> (3) **목조건물**이 밀집한 지역
> (4) **위험물**의 **저장** 및 **처리시설**이 밀집한 지역
> (5) **석유화학제품**을 생산하는 공장이 있는 지역
> (6) 그 밖에 **시**·**도**의 **조례**로 정하는 지역 또는 장소

답 ④

55 화재의 예방 및 안전관리에 관한 법령상 특수가연물에 해당하는 품명별 기준수량으로 틀린 것은?

15.09.문47
15.05.문49
14.03.문52
12.05.문60

① 사류 1000kg 이상
② 면화류 200kg 이상
③ 나무껍질 및 대팻밥 400kg 이상
④ 넝마 및 종이부스러기 500kg 이상

해설 화재예방법 시행령 〔별표 2〕
특수가연물

품 명		수 량
가연성 **액**체류		**2**m³ 이상
목재가공품 및 나무부스러기		**10**m³ 이상
면화류		**2**00kg 이상
나무껍질 및 대팻밥		**4**00kg 이상
넝마 및 종이부스러기		**1**000kg 이상
사류(絲類)		
볏짚류		
가연성 **고**체류		**3**000kg 이상
고무류·플라스틱류	발포시킨 것	**20**m³ 이상
	그 밖의 것	**3**000kg 이상
석탄·목탄류		**10**000kg 이상

④ 500kg → 1000kg

※ **특수가연물** : 화재가 발생하면 그 확대가 빠른 물품

> **기억법** 가액목면나 넝사볏가고 고석
> 　　　　 2 124 1 3 31

답 ④

56 소방시설공사업법상 소방시설공사 결과 소방시설의 하자발생시 통보를 받은 공사업자는 며칠 이내에 하자를 보수해야 하는가?

14.05.문47
11.06.문59

① 3
② 5
③ 7
④ 10

해설 공사업법 15조
소방시설공사의 하자보수기간 : 3일 이내

> 3일
> (1) **하**자보수기간(공사업법 15조)
> (2) 소방시설업 **등**록증 **분**실 등의 **재**발급(공사업규칙 4조)
> (3) 소방시설 등의 자체점검 면제 또는 연기신청(소방시설법 시행규칙 22조)
> (4) 소방안전관리자 선임연기신청서 관계인 통보(화재예방법 시행규칙 14조)

> **기억법** 3하등분재(**상하**이에서 **동**생이 **분재**를 가져왔다.)

답 ①

57 다음 중 소방시설 설치 및 관리에 관한 법령상 소방시설관리업을 등록할 수 있는 자는?
① 피성년후견인
② 소방시설관리업의 등록이 취소된 날부터 2년이 경과된 자
③ 금고 이상의 형의 집행유예를 선고받고 그 유예기간 중에 있는 자
④ 금고 이상의 실형을 선고받고 그 집행이 면제된 날부터 2년이 지나지 아니한 자

해설 **소방시설법 30조**
소방시설관리업의 등록결격사유
(1) 피성년후견인
(2) 금고 이상의 실형을 선고받고 그 집행이 끝나거나 집행이 면제된 날부터 **2년**이 지나지 아니한 사람
(3) 금고 이상의 형의 집행유예를 선고받고 그 유예기간 중에 있는 사람
(4) 관리업의 등록이 취소된 날부터 **2년**이 지나지 아니한 자

답 ②

58 소방시설 설치 및 관리에 관한 법령상 수용인원 산정방법 중 침대가 없는 숙박시설로서 해당 특정소방대상물의 종사자의 수는 5명, 복도, 계단 및 화장실의 바닥면적을 제외한 바닥면적이 158m²인 경우의 수용인원은 약 몇 명인가?
① 37   ② 45
③ 58   ④ 84

해설 **소방시설법 시행령 〔별표 7〕**
수용인원의 산정방법

특정소방대상물		산정방법
• 강의실 • 교무실 • 상담실 • 실습실 • 휴게실		바닥면적 합계 / 1.9m²
숙박시설	침대가 있는 경우	종사자수 + 침대수
	침대가 없는 경우 →	종사자수 + 바닥면적 합계 / 3m²
• 기타		바닥면적 합계 / 3m²

• 강당
• 문화 및 집회시설, 운동시설
• 종교시설
바닥면적 합계 / 4.6m²

• 소수점 이하는 **반올림**한다.

기억법 **수반**(**수반**! 동반!)

숙박시설(침대가 없는 경우)
= 종사자수 + 바닥면적 합계 / 3m² = 5명 + 158m² / 3m² = 58명

답 ③

59 소방시설공사업법령상 소방시설공사의 하자보수 보증기간이 3년이 아닌 것은?
① 자동소화장치
② 무선통신보조설비
③ 자동화재탐지설비
④ 스프링클러설비

해설 **공사업령 6조**
소방시설공사의 하자보수 보증기간

보증기간	소방시설
2년	① **유**도등 · **피**난기구 ② **비**상**조**명등 · 비상**경**보설비 · 비상**방**송설비 ③ **무**선통신보조설비
3년	① 자동소화장치 ② 옥내 · 외소화전설비 ③ 스프링클러설비 ④ 물분무등소화설비 · 소화용수설비 ⑤ 자동화재탐지설비 · 소화활동설비(무선통신보조설비 제외) ⑥ 화재알림설비

기억법 **유비 조경방무피2**

② 2년

답 ②

60 국민의 안전의식과 화재에 대한 경각심을 높이고 안전문화를 정착시키기 위한 소방의 날은 몇월 며칠인가?
① 1월 19일   ② 10월 9일
③ 11월 9일   ④ 12월 19일

해설 **소방기본법 7조**
소방의 날 제정과 운영 등
(1) 소방의 날 : **11월 9일**
(2) 소방의 날 행사에 관하여 필요한 사항 : **소방청장** 또는 시 · 도지사

답 ③

제4과목 소방전기시설의 구조 및 원리

61 비상조명등의 화재안전기준에 따라 조도는 비상조명등이 설치된 장소의 각 부분의 바닥에서 몇 lx 이상이 되도록 하여야 하는가?

① 1
② 3
③ 5
④ 10

해설 조명도(조도)

기기	조명도
객석유도등	0.2 lx 이상
통로유도등	1 lx 이상
비상조명등	1 lx 이상

참고

통로유도등의 조명도

조건	조명도
지상설치시	수평으로 0.5m 떨어진 지점에서 1럭스(lx) 이상
바닥매설시	직상부 1m의 높이에서 1럭스(lx) 이상

답 ①

62 자동화재탐지설비 및 시각경보장치의 화재안전기준에 따라 지하층·무창층 등으로서 환기가 잘 되지 아니하거나 실내면적이 40m² 미만인 장소에 설치하여야 하는 적응성이 있는 감지기가 아닌 것은?

① 불꽃감지기
② 광전식 분리형 감지기
③ 정온식 스포트형 감지기
④ 아날로그방식의 감지기

해설 지하층·무창층 등으로서 환기가 잘 되지 아니하거나 실내면적이 **40m² 미만**인 장소, 감지기의 부착면과 실내 바닥과의 거리가 **2.3m 이하**인 곳으로서 일시적으로 발생한 열·연기 또는 먼지 등으로 인하여 화재신호를 발신할 우려가 있는 장소의 적응감지기(NFPC 203 7조, NFTC 203 2.2.2)

(1) **불꽃**감지기
(2) **정온식 감지선형** 감지기
(3) **분포형** 감지기
(4) **복합형** 감지기
(5) **광전식 분리형** 감지기
(6) **아날로그방식**의 감지기
(7) **다신호방식**의 감지기
(8) **축적방식**의 감지기

기억법 불정감 복분 광아다축

③ 정온식 스포트형 감지기 → 정온식 감지선형 감지기

답 ③

63 무선통신보조설비의 화재안전기준에 따른 옥외안테나의 설치기준으로 옳지 않은 것은?

① 건축물, 지하가, 터널 또는 공동구의 출입구 및 출입구 인근에서 통신이 가능한 장소에 설치할 것
② 다른 용도로 사용되는 안테나로 인한 통신장애가 발생하지 않도록 설치할 것
③ 옥외안테나는 견고하게 설치하며 파손의 우려가 없는 곳에 설치하고 그 가까운 곳의 보기 쉬운 곳에 "옥외안테나"라는 표시와 함께 통신가능거리를 표시한 표지를 설치할 것
④ 수신기가 설치된 장소 등 사람이 상시 근무하는 장소에는 옥외안테나의 위치가 모두 표시된 옥외안테나 위치표시도를 비치할 것

해설 무선통신보조설비 옥외안테나 설치기준(NFPC 505 6조, NFTC 505 2.3.1)

(1) **건축물, 지하가, 터널** 또는 공동구의 출입구 및 출입구 인근에서 통신이 가능한 장소에 설치할 것
(2) 다른 용도로 사용되는 안테나로 인한 **통신장애**가 발생하지 않도록 설치할 것
(3) 옥외안테나는 견고하게 설치하며 파손의 우려가 없는 곳에 설치하고 그 가까운 곳의 보기 쉬운 곳에 "**무선통신보조설비 안테나**"라는 표시와 함께 통신가능거리를 표시한 표지를 설치할 것
(4) 수신기가 설치된 장소 등 사람이 상시 근무하는 장소에는 옥외안테나의 위치가 모두 표시된 옥외안테나 **위치표시도**를 비치할 것

③ 옥외안테나 → 무선통신보조설비 안테나

답 ③

64
비상콘센트설비의 화재안전기준에 따라 비상콘센트용의 풀박스 등은 방청도장을 한 것으로서, 두께 몇 mm 이상의 철판으로 하여야 하는가?

① 1.2 ② 1.6
③ 2.0 ④ 2.4

해설 비상콘센트설비 (NFPC 504 4조, NFTC 504 2.1)

구 분	전 압	용 량	플러그접속기
단상 교류	220V	1.5kVA 이상	접지형 2극

(1) 하나의 전용 회로에 설치하는 비상콘센트는 **10개** 이하로 할 것(전선의 용량은 최대 **3개**)

설치하는 비상콘센트 수량	전선의 용량산정시 적용하는 비상콘센트 수량	단상 전선의 용량
1개	1개 이상	1.5kVA 이상
2개	2개 이상	3.0kVA 이상
3~10개	3개 이상	4.5kVA 이상

(2) 전원회로는 각 층에 있어서 **2 이상**이 되도록 설치할 것(단, 설치하여야 할 층의 콘센트가 **1개**인 때에는 하나의 회로로 할 수 있다.)
(3) 플러그접속기의 칼받이 접지극에는 **접지공사**를 하여야 한다.
(4) 풀박스는 **1.6mm** 이상의 철판을 사용할 것
(5) 절연저항은 **전원부**와 **외함** 사이를 **직류 500V 절연저항계**로 측정하여 20MΩ 이상일 것
(6) 전원으로부터 각 층의 비상콘센트에 분기되는 경우에는 **분기배선용 차단기**를 보호함 안에 설치할 것
(7) 바닥으로부터 **0.8~1.5m** 이하의 높이에 설치할 것
(8) 전원회로는 주배전반에서 **전용 회로**로 하며, 배선의 종류는 **내화배선**이어야 한다.

답 ②

65
무선통신보조설비의 화재안전기준에 따라 금속제 지지금구를 사용하여 무선통신보조설비의 누설동축케이블을 벽에 고정시키고자 하는 경우 몇 m 이내마다 고정시켜야 하는가? (단, 불연재료로 구획된 반자 안에 설치하는 경우는 제외한다.)

① 2 ② 3
③ 4 ④ 5

해설 누설동축케이블의 설치기준 (NFPC 505 5조, NFTC 505 2.2.1)
(1) 소방전용 주파수대에서 전파의 **전송** 또는 **복사**에 적합한 것으로서 소방전용의 것
(2) 누설동축케이블과 이에 접속하는 안테나 또는 동축케이블과 이에 접속하는 안테나
(3) 누설동축케이블 및 동축케이블은 화재에 따라 해당 케이블의 피복이 소실된 경우에 케이블 본체가 떨어지지 아니하도록 4m 이내마다 금속제 또는 자기제 등의 지지금구로 벽·천장·기둥 등에 견고하게 고정시킬 것(단, 불연재료로 구획된 반자 안에 설치하는 경우 제외)

(4) 누설동축케이블 및 안테나는 고압전로로부터 1.5m 이상 떨어진 위치에 설치(단, 해당 전로에 정전기 차폐장치를 유효하게 설치한 경우에는 제외)
(5) 누설동축케이블의 끝부분에는 무반사종단저항을 설치

기억법 누고15

용어
무반사종단저항
전송로로 전송되는 전자파가 전송로의 종단에서 반사되어 **교신**을 **방해**하는 것을 막기 위한 저항

답 ③

66
비상방송설비의 화재안전기준에 따른 음향장치의 구조 및 성능에 대한 기준이다. 다음 (   )에 들어갈 내용으로 옳은 것은?

- 정격전압의 (㉠)% 전압에서 음향을 발할 수 있는 것을 할 것
- (㉡)의 작동과 연동하여 작동할 수 있는 것으로 할 것

① ㉠ 65, ㉡ 자동화재탐지설비
② ㉠ 80, ㉡ 자동화재탐지설비
③ ㉠ 65, ㉡ 단독경보형 감지기
④ ㉠ 80, ㉡ 단독경보형 감지기

해설 비상방송설비 음향장치의 구조 및 성능기준 (NFPC 202 4조, NFTC 202 2.1.1.12)
(1) 정격전압의 **80%** 전압에서 음향을 발할 것
(2) **자동화재탐지설비**의 작동과 연동하여 작동할 것

비교
자동화재탐지설비 음향장치의 구조 및 성능 기준
(1) 정격전압의 **80%** 전압에서 음향을 발할 것
(2) 음량은 1m 떨어진 곳에서 **90dB** 이상일 것
(3) **감지기·발신기**의 작동과 연동하여 작동할 것

답 ②

67
예비전원의 성능인증 및 제품검사의 기술기준에 따른 예비전원의 구조 및 성능에 대한 설명으로 틀린 것은?

① 예비전원을 병렬로 접속하는 경우는 역충전방지 등의 조치를 강구하여야 한다.
② 배선은 충분한 전류용량을 갖는 것으로서 배선의 접속이 적합하여야 한다.
③ 예비전원에 연결되는 배선의 경우 양극은 청색, 음극은 적색으로 오접속방지 조치를 하여야 한다.
④ 축전지를 직렬 또는 병렬로 사용하는 경우에는 용량(전압, 전류)이 균일한 축전지를 사용하여야 한다.

해설 **예비전원**의 **구조** 및 **성능**(예비전원의 성능인증 및 제품검사의 기술기준 4조)
(1) 취급 및 보수점검이 쉽고 내구성이 있을 것
(2) 먼지, 습기 등에 의하여 기능에 이상이 생기지 아니할 것
(3) 배선은 충분한 **전류용량**을 갖는 것으로서 배선의 접속이 적합할 것
(4) 부착방향에 따라 누액이 없고 기능에 이상이 없을 것
(5) 외부에서 쉽게 접촉할 우려가 있는 충전부는 충분히 보호되도록 하고 외함(축전지의 보호커버를 말함)과 단자 사이는 절연물로 보호할 것
(6) 예비전원에 연결되는 배선의 경우 **양극**은 **적색**, **음극**은 **청색** 또는 **흑색**으로 오접속방지 조치할 것

예비전원 연결배선	
양극	음극
적색	청색 또는 흑색

(7) 충전장치의 이상 등에 의하여 내부가스압이 이상 상승할 우려가 있는 것은 안전조치를 강구할 것
(8) 축전지에 배선 등을 직접 납땜하지 아니하여야 하며 축전지 개개의 연결부분은 **스포트용접** 등으로 확실하고 견고하게 접속할 것
(9) 예비전원을 병렬로 접속하는 경우는 **역충전방지** 등의 조치를 강구할 것
(10) 겉모양은 현저한 오염, 변형 등이 없을 것
(11) 축전지를 **직렬** 또는 **병렬**로 사용하는 경우에는 용량(전압, 전류)이 균일한 축전지를 사용할 것

③ 양극은 청색, 음극은 적색 → 양극은 적색, 음극은 청색 또는 흑색

답 ③

★★★
68 비상경보설비 및 단독경보형 감지기의 화재안전기준에 따라 비상벨설비의 음향장치의 음량은 부착된 음향장치의 중심으로부터 1m 떨어진 위치에서 몇 dB 이상이 되는 것으로 하여야 하는가?
19.09.문64
18.04.문74
16.05.문63
15.03.문67
14.09.문65
10.09.문70

① 60 ② 70
③ 80 ④ 90

해설 **음향장치**
(1) **비상경보설비** 음향장치의 **설치기준**(NFPC 201 4조, NFTC 201 2.1)

구 분	설 명
전원	교류전압 옥내간선, **전용**
정격전압	80% 전압에서 음향 발할 것
음량	1m 위치에서 **90dB** 이상
지구음향장치	**층**마다 설치, 수평거리 **25m** 이하

(2) **비상방송설비** 음향장치의 **구조** 및 **성능기준**(NFPC 202 4조, NFTC 202 2.1.1.12)

구 분	설 명
정격전압	80% 전압에서 음향을 발할 것
연동	자동화재탐지설비의 작동과 연동하여 작동

(3) **자동화재탐지설비** 음향장치의 **구조** 및 **성능기준** (NFPC 203 8조, NFTC 203 2.5.1.4)

구 분	설 명
정격전압	80% 전압에서 음향을 발할 것
음량	1m 떨어진 곳에서 **90dB** 이상
연동	**감지기**·**발신기**의 작동과 **연동**하여 작동

(4) **누전경보기**의 **음향장치**

구 분	설 명
정격전압	80% 전압에서 소리를 낼 것

중요
대상에 따른 **음압**

음압	대상
40dB 이하	**유**도등·**비**상조명등의 소음
60dB 이상	① **고**장표시장치용 ② **전**화용 부저 ③ 단독경보형 감지기(건전지 교체 **음성안내**)
70dB 이상	① 가스누설경보기(단독형·영업용) ② 누전경보기 ③ 단독경보형 감지기(건전지 교체 **음향경보**)
85dB 이상	단독경보형 감지기(화재경보음)
90dB 이상	① 가스누설경보기(**공**업용) ② **자**동화재탐지설비의 음향장치 ③ 비상벨설비의 음향장치

기억법 유비음4(유비는 음식 중 사발면을 좋아한다.)
고전음6(고전음악을 유창하게 해.)
9공자

답 ④

★
69 자동화재탐지설비 및 시각경보장치의 화재안전기준에 따른 중계기에 대한 시설기준으로 틀린 것은?
13.03.문64

① 조작 및 점검에 편리하고 화재 및 침수 등의 재해로 인한 피해를 받을 우려가 없는 장소에 설치할 것
② 수신기에서 직접 감지기회로의 도통시험을 행하지 아니하는 것에 있어서는 수신기와 발신기 사이에 설치할 것
③ 수신기에 따라 감시되지 아니하는 배선을 통하여 전력을 공급받는 것에 있어서는 전원입력측의 배선에 과전류차단기를 설치할 것
④ 수신기에 따라 감시되지 아니하는 배선을 통하여 전력을 공급받는 것에 있어서는 해당 전원의 정전이 즉시 수신기에 표시되는 것으로 할 것

해설 **중계기**의 **설치기준**(NFPC 203 6조, NFTC 203 2.3)
(1) 수신기에서 직접 감지기회로의 도통시험을 행하지 않는 경우에는 **수신기**와 **감지기** 사이에 설치할 것

(2) **조작** 및 **점검**이 편리하고 화재 및 침수 등의 재해로 인한 피해를 받을 우려가 없는 장소에 설치할 것
(3) 수신기에 따라 감시되지 아니하는 배선을 통하여 전력을 공급받는 것에 있어서는 **전원입력측**의 배선에 **과전류차단기**를 설치하고 전원의 정전이 즉시 수신기에 표시되는 것으로 하며, **상용전원** 및 **예비전원**의 시험을 할 수 있도록 할 것

| 기억법 | 과중 |

② 발신기 → 감지기

답 ②

70 비상방송설비의 화재안전기준에 따른 용어의 정의에서 소리를 크게 하여 멀리까지 전달될 수 있도록 하는 장치로서 일명 "스피커"를 말하는 것은?
19.04.문77
14.09.문67
13.03.문75
① 확성기 ② 증폭기
③ 사이렌 ④ 음량조절기

해설 (1) **비상방송설비**에 사용되는 **용어** (NFPC 202 3조, NFTC 202 1.7)

용어	설명
확성기 (스피커)	소리를 크게 하여 멀리까지 전달될 수 있도록 하는 장치
음량조절기	**가변저항**을 이용하여 **전류**를 변화시켜 음량을 크게 하거나 작게 조절할 수 있는 장치
증폭기	전압전류의 **진폭**을 늘려 감도를 좋게 하고 미약한 **음성전류**를 커다란 음성전류로 변화시켜 **소리를 크게** 하는 장치

(2) **비상경보설비**에 사용되는 **용어** (NFPC 201 3조, NFTC 201 1.7)

용어	설명
비상벨설비	화재발생상황을 **경종**으로 경보하는 설비
자동식 사이렌설비	화재발생상황을 **사이렌**으로 경보하는 설비
발신기	화재발생신호를 수신기에 **수동**으로 **발신**하는 장치
수신기	발신기에서 발하는 **화재신호**를 **직접 수신**하여 화재의 발생을 **표시** 및 **경보**하여 주는 장치

답 ①

71 누전경보기의 형식승인 및 제품검사의 기술기준에 따른 누전경보기 수신부의 기능검사항목이 아닌 것은?
16.10.문71
15.09.문72
① 충격시험 ② 진공가압시험
③ 과입력 전압시험 ④ 전원전압 변동시험

해설 시험항목

중계기	속보기의 예비전원	누전경보기
• 주위온도시험 • 반복시험 • 방수시험 • 절연저항시험 • 절연내력시험 • 충격전압시험 • 충격시험 • 진동시험 • 습도시험 • 전자파 내성시험	• 충·방전시험 • 안전장치시험	• **전**원전압 변동시험 • 온도특성시험 • **과**입력 전**압**시험 • 개폐기의 조작시험 • 반복시험 • 진동시험 • **충**격시험 • 방**수**시험 • **절**연저항시험 • **절**연내력시험 • **충**격파 내전압시험 • 단락전류 **강**도시험

| 기억법 | 누수 충수
절충 강전
과압 |

답 ②

72 자동화재속보설비의 속보기의 성능인증 및 제품검사의 기술기준에 따라 교류입력측과 외함 간의 절연저항은 직류 500V의 절연저항계로 측정한 값이 몇 MΩ 이상이어야 하는가?
19.04.문62
18.09.문72
16.05.문71
12.05.문80
① 5 ② 10
③ 20 ④ 50

해설 **절연저항시험**

절연저항계	절연저항	대상
직류 250V	0.1MΩ 이상	• 1경계구역의 절연저항
직류 500V	5MΩ 이상	• **누**전경보기 • 가스누설경보기 • 수신기(10회로 미만, 절연된 충전부와 외함간) • 자동화재속보설비 • 비상경보설비 • 유도등(교류입력측과 외함 간 포함) • 비상조명등(교류입력측과 외함 간 포함)
직류 500V	20MΩ 이상	• 경종 • 발신기 • 중계기 • 비상콘센트 • 기기의 절연된 선로 간 • 기기의 충전부와 비충전부 간 • 기기의 **교류입력측**과 **외함** 간 (유도등·비상조명등 제외)
	50MΩ 이상	• 감지기(정온식 감지선형 감지기 제외) • 가스누설경보기(10회로 이상) • 수신기(10회로 이상, 교류입력측과 외함간 제외)
	1000MΩ 이상	• 정온식 감지선형 감지기

[기억법] 5누(오누이)

답 ③

73 유도등 및 유도표지의 화재안전기준에 따른 피난구유도등의 설치장소로 틀린 것은?
① 직통계단
② 직통계단의 계단실
③ 안전구획된 거실로 통하는 출입구
④ 옥외로부터 직접 지하로 통하는 출입구

해설 **피난구유도등**의 **설치장소**(NFPC 303 5조, NFTC 303 2.2.1)

설치장소	도 해
옥내로부터 직접 지상으로 통하는 출입구 및 그 부속실의 출입구	
직통계단·직통계단의 **계단실** 및 그 부속실의 출입구	
출입구에 이르는 **복도** 또는 **통로**로 통하는 출입구	
안전구획된 거실로 통하는 출입구	

[기억법] 피옥직안출

④ 옥외 → 옥내, 지하 → 지상

비교
피난구유도등의 **설치 제외 장소**(NFTC 303 2.8)
(1) 옥내에서 직접 지상으로 통하는 출입구(바닥면적 **1000m² 미만** 층)
(2) 대각선길이가 15m 이내인 구획된 실의 출입구
(3) 비상조명등·유도표지가 설치된 거실 출입구(거실 각 부분에서 출입구까지의 **보행거리 20m** 이하)
(4) 출입구가 **3 이상**인 거실(거실 각 부분에서 출입구까지의 **보행거리 30m** 이하는 주된 출입구 **2개 외**의 출입구)

답 ④

★★★
74 비상경보설비 및 단독경보형 감지기의 화재안전기준에 따른 발신기의 시설기준으로 틀린 것은?

18.03.문77
17.05.문63
16.05.문63
14.03.문71
12.03.문73
10.03.문68

① 발신기의 위치표시등은 함의 하부에 설치한다.
② 조작스위치는 바닥으로부터 0.8m 이상 1.5m 이하의 높이에 설치할 것
③ 복도 또는 별도로 구획된 실로서 보행거리가 40m 이상일 경우에는 추가로 설치하여야 한다.
④ 특정소방대상물의 층마다 설치하되, 해당 특정소방대상물의 각 부분으로부터 하나의 발신기까지의 수평거리가 25m 이하가 되도록 할 것

해설 **비상경보설비**의 **발신기 설치기준**(NFPC 201 4조, NFTC 201 2.1.5)
(1) **전원** : **축전지설비**, **전기저장장치**, **교류전압**의 **옥내 간선**으로 하고 배선은 **전용**
(2) 감시상태 : **60분**, 경보시간 : **10분**
(3) 조작이 **쉬운 장소**에 설치하고, 조작위치는 바닥으로부터 **0.8~1.5m** 이하의 높이에 설치할 것
(4) 특정소방대상물의 **층**마다 설치하되, 해당 소방대상물의 각 부분으로부터 하나의 발신기까지의 **수평 거리**가 **25m** 이하가 되도록 할 것(단, 복도 또는 별도로 구획된 실로서 **보행거리**가 **40m** 이상일 경우에는 추가로 설치할 것)
(5) 발신기의 **위치표시등**은 **함**의 **상부**에 설치하되, 그 불빛은 부착면으로부터 **15°** 이상의 범위 안에서 부착지점으로부터 **10m** 이내의 어느 곳에서도 쉽게 식별할 수 있는 **적색등**으로 할 것

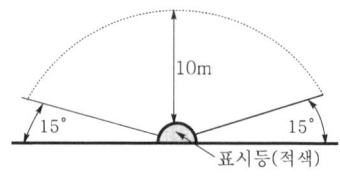

| 위치표시등의 식별 |

① 하부 → 상부

용어
전기저장장치
외부 전기에너지를 저장해 두었다가 필요한 때 전기를 공급하는 장치

답 ①

75 소방시설용 비상전원수전설비의 화재안전기준에 따른 제1종 배전반 및 제1종 분전반의 시설기준으로 틀린 것은?

① 전선의 인입구 및 입출구는 외함에 노출하여 설치하면 아니 된다.
② 외함의 문은 2.3mm 이상의 강판과 이와 동등 이상의 강도와 내화성능이 있는 것으로 제작하여야 한다.
③ 공용배전반 및 공용분전반의 경우 소방회로와 일반회로에 사용하는 배선 및 배선용 기기는 불연재료로 구획되어야 한다.
④ 외함은 금속관 또는 금속제 가요전선관을 쉽게 접속할 수 있도록 하고, 당해 접속부분에는 단열조치를 하여야 한다.

해설 제1종 배전반 및 제1종 분전반의 시설기준(NFPC 602 6조, NFTC 602 2.3.1.1)
(1) 외함은 두께 **1.6mm**(전면판 및 문은 **2.3mm**) 이상의 강판과 이와 동등 이상의 강도와 내화성능이 있는 것으로 제작할 것
(2) 외함의 내부는 외부의 열에 의해 영향을 받지 않도록 **내열성** 및 **단열성**이 있는 재료를 사용하여 단열할 것. 이 경우 단열부분은 열 또는 진동에 따라 쉽게 변형되지 않을 것
(3) 다음에 해당하는 것은 외함에 노출하여 설치
  ㉠ **표시등**(불연성 또는 난연성 재료로 덮개를 설치한 것에 한함)
  ㉡ 전선의 **인입구** 및 **입출구**
(4) 외함은 **금속관** 또는 **금속제 가요전선관**을 쉽게 접속할 수 있도록 하고, 당해 접속부분에는 **단열조치**를 할 것
(5) 공용배전반 및 공용분전반의 경우 소방회로와 일반회로에 사용하는 배선 및 배선용 기기는 **불연재료**로 구획되어야 할 것

① 설치하면 아니 된다. → 설치할 수 있다.

비교

제2종 배전반 및 제2종 분전반의 시설기준(NFPC 602 6조, NFTC 602 2.3.1.2)
(1) 외함은 두께 **1mm**(함 전면의 면적이 1000cm² 를 초과하고 2000cm² 이하인 경우에는 **1.2mm**, 2000cm² 를 초과하는 경우에는 **1.6mm**) 이상의 강판과 이와 동등 이상의 강도와 내화성능이 있는 것으로 제작
(2) **120℃**의 온도를 가했을 때 이상이 없는 **전압계** 및 **전류계**는 외함에 노출하여 설치
(3) 단열을 위해 배선용 **불연전용실** 내에 설치

답 ①

76 자동화재탐지설비 및 시각경보장치의 화재안전기준에 따른 배선의 시설기준으로 틀린 것은?

① 감지기 사이의 회로의 배선은 송배선식으로 할 것
② 자동화재탐지설비의 감지기 회로의 전로저항은 50Ω 이하가 되도록 할 것
③ 수신기의 각 회로별 종단에 설치되는 감지기에 접속되는 배선의 전압은 감지기 정격전압의 80% 이상이어야 할 것
④ 피(P)형 수신기 및 지피(G.P.)형 수신기의 감지기 회로의 배선에 있어서 하나의 공통선에 접속할 수 있는 경계구역은 10개 이하로 할 것

해설 자동화재탐지설비 배선의 설치기준(NFPC 203 11조, NFTC 203 2.8)
(1) 감지기 사이의 회로배선 : **송배선식**
(2) P형 수신기 및 GP형 수신기의 감지기 회로의 배선에 있어서 하나의 공통선에 접속할 수 있는 경계구역은 **7개** 이하
(3) ㉠ 감지기 회로의 전로저항 : **50Ω 이하**
  ㉡ 감지기에 접속하는 배선전압 : 정격전압의 **80% 이상**
(4) 자동화재탐지설비의 배선은 다른 전선과 **별도**의 관·덕트·몰드 또는 풀박스 등에 설치할 것(단, 60V 미만의 약전류회로에 사용하는 전선으로서 각각의 전압이 같을 때는 제외)

④ 10개 → 7개

답 ④

77 유도등의 형식승인 및 제품검사의 기술기준에 따른 유도등의 일반구조에 대한 설명으로 틀린 것은?

① 축전지에 배선 등을 직접 납땜하지 아니하여야 한다.
② 충전부가 노출되지 아니한 것은 300V를 초과할 수 있다.
③ 예비전원을 직렬로 접속하는 경우는 역충전 방지 등의 조치를 강구하여야 한다.
④ 유도등에는 점멸, 음성 또는 이와 유사한 방식 등에 의한 유도장치를 설치할 수 있다.

해설 유도등의 일반구조(유도등의 형식승인 및 제품검사의 기술기준 3조)
(1) 축전지에 배선 등을 직접 납땜하지 아니할 것
(2) 사용전압은 300V 이하이어야 한다(단, 충전부가 노출되지 아니한 것은 300V 초과 가능)

(3) 예비전원을 **병렬**로 접속하는 경우는 **역충전방지 등**의 조치를 강구할 것
(4) 유도등에는 **점멸**, **음성** 또는 이와 유사한 방식 등에 의한 **유도장치** 설치 가능

③ 직렬 → 병렬

답 ③

300V 이하	• 전원**변**압기의 1차 전압 • 유도등 · 비상조명등의 사용전압
600V 이하	• **누**전경보기의 경계전로전압

기억법 05경전(공오경전), 변3(변상해), 누6(누룩)

답 ②

78

자동화재탐지설비 및 시각경보장치의 화재안전기준에 따라 외기에 면하여 상시 개방된 부분이 있는 차고·주차장·창고 등에 있어서는 외기에 면하는 각 부분으로부터 몇 m 미만의 범위 안에 있는 부분은 경계구역의 면적에 산입하지 아니 하는가?

① 1   ② 3
③ 5   ④ 10

해설 5m 미만 경계구역 면적산입 제외(NFPC 203 4조, NFTC 203 2.1.3)
(1) 차고
(2) 주차장
(3) 창고

|외기에 면하는 경우|

답 ③

79

누전경보기의 형식승인 및 제품검사의 기술기준에 따라 누전경보기의 변류기는 경계전로에 정격전류를 흘리는 경우, 그 경계전로의 전압강하는 몇 V 이하이어야 하는가? (단, 경계전로의 전선을 그 변류기에 관통시키는 것은 제외한다.)

① 0.3   ② 0.5
③ 1.0   ④ 3.0

해설 대상에 따른 **전압**

전 압	대 상
0.5V 이하	• 누전경보기의 **경**계전로 **전**압강하
0.6V 이하	• 완전방전
60V 이하	• 약전류회로
60V 초과	• 접지단자 설치

80

비상콘센트설비의 성능인증 및 제품검사의 기술기준에 따라 비상콘센트설비에 사용되는 부품에 대한 설명으로 틀린 것은?

① 진공차단기는 KS C 8321(진공차단기)에 적합하여야 한다.
② 접속기는 KS C 8305(배선용 꽂음 접속기)에 적합하여야 한다.
③ 표시등의 소켓은 접속이 확실하여야 하며 쉽게 전구를 교체할 수 있도록 부착하여야 한다.
④ 단자는 충분한 전류용량을 갖는 것으로 하여야 하며 단자의 접속이 정확하고 확실하여야 한다.

해설 비상콘센트설비 부품의 **구조** 및 **기능**(비상콘센트설비의 성능인증 및 제품검사의 기술기준 4조)
(1) 배선용 차단기는 KS C 8321(**배선용 차단기**)에 적합할 것
(2) 접속기는 KS C 8305(**배선용 꽂음 접속기**)에 적합할 것
(3) 표시등의 **구조** 및 **기능**
 ㉠ 전구는 사용전압의 **130%**인 교류전압을 **20시간** 연속하여 가하는 경우 **단선, 현저한 광속변화, 흑화, 전류의 저하** 등이 발생하지 아니할 것
 ㉡ 소켓은 접속이 확실하여야 하며 쉽게 전구를 교체할 수 있도록 부착할 것
 ㉢ 전구에는 적당한 **보호커버**를 설치할 것(단, **발광다이오드** 제외)
 ㉣ 적색으로 표시되어야 하며 주위의 밝기가 300 lx 이상인 장소에서 측정하여 앞면으로부터 **3m** 떨어진 곳에서 켜진 등이 확실히 식별될 것
(4) 단자는 충분한 **전류용량**을 갖는 것으로 하여야 하며 단자의 접속이 정확하고 확실할 것

① 진공차단기 → 배선용 차단기

답 ①

2020. 9. 27 시행

2020년 기사 제4회 필기시험

자격종목	종목코드	시험시간	형별
소방설비기사(전기분야)		2시간	

※ 각 문항은 4지택일형으로 질문에 가장 적합한 보기 항을 선택하여 체크하여야 합니다.

제 1 과목 소방원론

01 피난시 하나의 수단이 고장 등으로 사용이 불가능하더라도 다른 수단 및 방법을 통해서 피난할 수 있도록 하는 것으로 2방향 이상의 피난통로를 확보하는 피난대책의 일반원칙은?

① Risk-down 원칙
② Feed back 원칙
③ Fool-proof 원칙
④ Fail-safe 원칙

해설 Fail safe와 Fool proof

용어	설명
페일 세이프 (fail safe)	• 한 가지 피난기구가 고장이 나도 다른 수단을 이용할 수 있도록 고려하는 것(한 가지가 고장이 나도 다른 수단을 이용하는 원칙) • **두 방향**의 피난동선을 항상 확보하는 원칙
풀 프루프 (fool proof)	• 피난경로는 **간단명료**하게 한다. • 피난구조설비는 **고정식 설비**를 위주로 설치한다. • 피난수단은 **원시적 방법**에 의한 것을 원칙으로 한다. • 피난통로를 **완전불연화**한다. • 막다른 복도가 없도록 계획한다. • 간단한 **그림**이나 **색채**를 이용하여 표시한다.

기억법 풀그색 간고원

용어

피드백제어(feedback control)
출력신호를 입력신호로 되돌려서 입력과 출력을 비교함으로써 정확한 제어가 가능하도록 한 제어

답 ④

02 열분해에 의해 가연물 표면에 유리상의 메타인산 피막을 형성하여 연소에 필요한 산소의 유입을 차단하는 분말약제는?

① 요소
② 탄산수소칼륨
③ 제1인산암모늄
④ 탄산수소나트륨

해설 제3종 분말(제1인산암모늄)의 **열분해 생성물**
(1) H_2O(물)
(2) NH_3(암모니아)
(3) P_2O_5(오산화인)
(4) **HPO_3(메타인산)** : 산소 차단

중요

분말소화약제

종별	분자식	착색	적응 화재	비고
제1종	중탄산나트륨 ($NaHCO_3$)	백색	BC급	**식용유 및 지방질유**의 화재에 적합
제2종	중탄산칼륨 ($KHCO_3$)	담자색 (담회색)	BC급	—
제3종	제1인산암모늄 ($NH_4H_2PO_4$)	담홍색	ABC급	**차고·주차 장**에 적합
제4종	중탄산칼륨 +요소 ($KHCO_3$+ $(NH_2)_2CO$)	회(백)색	BC급	—

답 ③

03 공기 중의 산소의 농도는 약 몇 vol%인가?

① 10
② 13
③ 17
④ 21

해설 공기의 구성 성분

구성성분	비율
산소	21vol%
질소	78vol%
아르곤	1vol%

중요
공기 중 산소농도

구 분	산소농도
체적비(부피백분율, vol%)	약 21vol%
중량비(중량백분율, wt%)	약 23wt%

● 일반적인 산소농도라 함은 '**체적비**'를 말한다.

답 ④

04 일반적인 플라스틱 분류상 열경화성 플라스틱에 해당하는 것은?

18.03.문03
13.06.문15
10.09.문07
06.05.문20

① 폴리에틸렌 ② 폴리염화비닐
③ 페놀수지   ④ 폴리스티렌

해설 합성수지의 화재성상

열가소성 수지	열경화성 수지
● PVC수지 ● 폴리에틸렌수지 ● 폴리스티렌수지	● 페놀수지 ● 요소수지 ● 멜라민수지

기억법 열가P폴

● 수지=플라스틱

용어

열가소성 수지	열경화성 수지
열에 의해 변형되는 수지	열에 의해 변형되지 않는 수지

답 ③

05 자연발화 방지대책에 대한 설명 중 틀린 것은?

18.04.문02
16.10.문05
16.03.문14
15.09.문19
15.03.문09
14.09.문09
14.09.문17
12.03.문09
10.03.문13

① 저장실의 온도를 낮게 유지한다.
② 저장실의 환기를 원활히 시킨다.
③ 촉매물질과의 접촉을 피한다.
④ 저장실의 습도를 높게 유지한다.

해설 (1) 자연발화의 방지법

㉠ **습**도가 높은 곳을 **피**할 것(건조하게 유지할 것)
㉡ 저장실의 온도를 낮출 것
㉢ 통풍이 잘 되게 할 것(**환기**를 원활히 시킨다)
㉣ 퇴적 및 수납시 열이 쌓이지 않게 할 것(**열축적 방지**)
㉤ 산소와의 접촉을 차단할 것(**촉매물질**과의 접촉을 피한다)
㉥ **열전도성**을 좋게 할 것

기억법 자습피

(2) 자연발화 조건
㉠ 열전도율이 작을 것
㉡ 발열량이 클 것
㉢ 주위의 온도가 높을 것
㉣ 표면적이 넓을 것

④ 높게 → 낮게

답 ④

06 공기 중에서 수소의 연소범위로 옳은 것은?

17.03.문03
16.03.문13
15.09.문14
13.06.문04
09.03.문02

① 0.4~4vol%
② 1~12.5vol%
③ 4~75vol%
④ 67~92vol%

해설 (1) 공기 중의 폭발한계(*암기천대로 나와야 한다.*)

가 스	하한계(vol%)	상한계(vol%)
아세틸렌(C_2H_2)	2.5	81
<u>수</u>소(H_2)	<u>4</u>	<u>75</u>
일산화탄소(CO)	12	75
암모니아(NH_3)	15	25
메탄(CH_4)	5	15
에탄(C_2H_6)	3	12.4
프로판(C_3H_8)	2.1	9.5
<u>부</u>탄(C_4H_{10})	<u>1</u>.8	<u>8</u>.4

기억법 수475(**수사** 후 **치료**하세요.)
부18(**부**자의 일반적인 **팔자**)

(2) 폭발한계와 같은 의미
㉠ 폭발범위 ㉡ 연소한계
㉢ 연소범위 ㉣ 가연한계
㉤ 가연범위

답 ③

07 탄산수소나트륨이 주성분인 분말소화약제는?

19.03.문01
18.04.문06
17.09.문10
16.10.문06
16.10.문10
16.05.문15
16.03.문09
16.03.문11
15.05.문08

① 제1종 분말
② 제2종 분말
③ 제3종 분말
④ 제4종 분말

해설 분말소화약제

종 별	분자식	착 색	적응 화재	비 고
제**1**종	탄산수소나트륨 ($NaHCO_3$)	백색	BC급	**식용유** 및 **지방질유**의 화재에 적합
제2종	탄산수소칼륨 ($KHCO_3$)	담자색 (담회색)	BC급	–
제**3**종	제1인산암모늄 ($NH_4H_2PO_4$)	담홍색	ABC급	**차고·주차장**에 적합
제4종	탄산수소칼륨+요소 ($KHCO_3$+ $(NH_2)_2CO$)	회(백)색	BC급	–

기억법 1식분 (일식 분식)
3분 차주 (삼보컴퓨터 차주)

답 ①

08 불연성 기체나 고체 등으로 연소물을 감싸 산소공급을 차단하는 소화방법은?

19.09.문13
18.09.문19
17.05.문06
16.03.문08
15.03.문17
14.03.문19
11.10.문19
11.03.문02
03.08.문11

① 질식소화
② 냉각소화
③ 연쇄반응차단소화
④ 제거소화

해설 소화의 형태

구 분	설 명
냉각소화	① **점**화원을 냉각하여 소화하는 방법 ② **증**발잠열을 이용하여 열을 빼앗아 가연물의 온도를 떨어뜨려 화재를 진압하는 소화방법 ③ **다**량의 **물**을 뿌려 소화하는 방법 ④ 가연성 물질을 **발화점 이하**로 **냉각**하여 소화하는 방법 ⑤ 식용유화재에 신선한 야채를 넣어 소화하는 방법 ⑥ 용융잠열에 의한 **냉각효과**를 이용하여 소화하는 방법 **기억법** 냉점증발
질식소화	① 공기 중의 **산소농도**를 16%(10~15%) 이하로 희박하게 하여 소화하는 방법 ② 산화제의 농도를 낮추어 연소가 지속될 수 없도록 소화하는 방법 ③ **산소공급**을 **차단**하여 소화하는 방법 ④ 산소의 농도를 낮추어 소화하는 방법 ⑤ 화학반응으로 발생한 **탄산가스**에 의한 소화방법 **기억법** 질산
제거소화	**가연물**을 **제거**하여 소화하는 방법
부촉매소화 (억제소화, 화학소화)	① 연쇄반응을 차단하여 소화하는 방법 ② 화학적인 방법으로 화재를 억제하여 소화하는 방법 ③ **활성기**(free radical, 자유라디칼)의 **생성**을 **억제**하여 소화하는 방법 ④ 할론계 소화약제 **기억법** 부억(부엌)
희석소화	① 기체·고체·액체에서 나오는 분해가스나 증기의 농도를 낮춰 소화하는 방법 ② 불연성 가스의 **공기** 중 **농도**를 높여 소화하는 방법 ③ 불활성기체를 방출하여 연소범위 이하로 낮추어 소화하는 방법

중요

화재의 소화원리에 따른 소화방법

소화원리	소화설비
냉각소화	① 스프링클러설비 ② 옥내·외소화전설비
질식소화	① 이산화탄소 소화설비 ② 포소화설비 ③ 분말소화설비 ④ 불활성기체 소화약제
억제소화 (부촉매효과)	① 할론소화약제 ② 할로겐화합물 소화약제

답 ①

09 증발잠열을 이용하여 가연물의 온도를 떨어뜨려 화재를 진압하는 소화방법은?

16.05.문13
13.09.문13

① 제거소화 ② 억제소화
③ 질식소화 ④ 냉각소화

해설 문제 8 참조

④ 냉각소화 : **증발잠열** 이용

답 ④

10 화재발생시 인간의 피난특성으로 틀린 것은?

18.04.문03
14.05.문03
11.10.문09
12.05.문15
10.09.문11

① 본능적으로 평상시 사용하는 출입구를 사용한다.
② 최초로 행동을 개시한 사람을 따라서 움직인다.
③ 공포감으로 인해서 빛을 피하여 어두운 곳으로 몸을 숨긴다.
④ 무의식 중에 발화장소의 반대쪽으로 이동한다.

해설 화재발생시 인간의 피난 특성

구 분	설 명
귀소본능	• **친숙한 피난경로**를 선택하려는 행동 • 무의식 중에 평상시 사용하는 출입구나 통로를 사용하려는 행동
지광본능	• **밝은 쪽**을 지향하는 행동 • 화재의 공포감으로 인하여 **빛**을 따라 외부로 달아나려고 하는 행동
퇴피본능	• 화염, 연기에 대한 공포감으로 **발화**의 **반대방향**으로 이동하려는 행동
추종본능	• 많은 사람이 달아나는 방향으로 쫓아가려는 행동 • 화재시 최초로 행동을 개시한 사람을 따라 전체가 움직이려는 행동

좌회본능	• **좌측통행**을 하고 **시계반대방향**으로 회전하려는 행동
폐쇄공간 지향본능	• 가능한 **넓은 공간**을 찾아 **이동**하다가 위험성이 높아지면 의외의 좁은 공간을 찾는 본능
초능력 본능	• 비상시 상상도 못할 힘을 내는 본능
공격본능	• **이상심리현상**으로서 구조용 헬리콥터를 부수려고 한다든지 무차별적으로 주변사람과 구조인력 등에게 공격을 가하는 본능
패닉 (panic) 현상	• 인간의 비이성적인 또는 부적합한 **공포반응행동**으로서 무모하게 높은 곳에서 뛰어내리는 행위라든지, 몸이 굳어서 움직이지 못하는 행동

③ 공포감으로 인해서 빛을 따라 외부로 달아나려는 경향이 있다.

답 ③

11 공기와 할론 1301의 혼합기체에서 할론 1301에 비해 공기의 확산속도는 약 몇 배인가? (단, 공기의 평균분자량은 29, 할론 1301의 분자량은 149이다.)

① 2.27배 ② 3.85배
③ 5.17배 ④ 6.46배

해설 그레이엄의 확산속도법칙

$$\frac{V_B}{V_A} = \sqrt{\frac{M_A}{M_B}}$$

여기서, V_A, V_B : 확산속도[m/s]
 (V_A : 공기의 확산속도[m/s]
   V_B : 할론 1301의 확산속도[m/s])
 M_A, M_B : 분자량
 (M_A : 공기의 분자량
   M_B : 할론 1301의 분자량)

$\frac{V_B}{V_A} = \sqrt{\frac{M_A}{M_B}}$ 는 $\boxed{\frac{V_A}{V_B} = \sqrt{\frac{M_B}{M_A}}}$ 로 쓸 수 있으므로

$\therefore \frac{V_A}{V_B} = \sqrt{\frac{M_B}{M_A}} = \sqrt{\frac{149}{29}} = 2.27$배

답 ①

12 다음 원소 중 할로젠족 원소인 것은?

① Ne
② Ar
③ Cl
④ Xe

해설 할로젠족 원소(할로젠원소)
(1) 불소 : F
(2) 염소 : Cl
(3) 브로민(취소) : Br
(4) 아이오딘(옥소) : I

기억법 FClBrI

답 ③

13 건물 내 피난동선의 조건으로 옳지 않은 것은?

① 2개 이상의 방향으로 피난할 수 있어야 한다.
② 가급적 단순한 형태로 한다.
③ 통로의 말단은 안전한 장소이어야 한다.
④ 수직동선은 금하고 수평동선만 고려한다.

해설 피난동선의 특성
(1) 가급적 **단순형태**가 좋다.
(2) **수평동선**과 **수직동선**으로 구분한다.
(3) 가급적 **상호 반대방향**으로 다수의 출구와 연결되는 것이 좋다.
(4) 어느 곳에서도 2개 이상의 방향으로 피난할 수 있으며, 그 말단은 화재로부터 안전한 장소이어야 한다.

④ 수직동선과 수평동선을 모두 고려해야 한다.

※ **피난동선** : 복도·통로·계단과 같은 피난전용의 통행구조

답 ④

14 실내화재에서 화재의 최성기에 돌입하기 전에 다량의 가연성 가스가 동시에 연소되면서 급격한 온도상승을 유발하는 현상은?

① 패닉(Panic)현상
② 스택(Stack)현상
③ 파이어볼(Fire Ball)현상
④ 플래쉬오버(Flash Over)현상

해설 플래시오버(flash over) : 순발연소
(1) **폭발적인 착화현상**
(2) **폭발적인 화재확대현상**
(3) 건물화재에서 발생한 가연성 가스가 일시에 인화하여 화염이 **충만**하는 단계
(4) 실내의 가연물이 연소됨에 따라 생성되는 가연성 가스가 실내에 누적되어 **폭**발적으로 연소하여 실 전체가 순간적으로 불길에 싸이는 현상
(5) **옥내화재**가 서서히 진행하여 열이 축적되었다가 일시에 화염이 크게 발생하는 상태
(6) **다량**의 **가연성 가스**가 동시에 연소되면서 **급**격한 온도상승을 유발하는 현상
(7) 건축물에서 한순간에 폭발적으로 화재가 확산되는 현상

기억법 플확충 폭급

- 플래시오버=플래쉬오버

비교

(1) **패닉(panic)현상**
인간의 비이성적인 또는 부적합한 **공포반응행동**으로서 무모하게 높은 곳에서 뛰어내리는 행위라든지, 몸이 굳어서 움직이지 못하는 행동

(2) **굴뚝효과(stack effect)**
㉠ 건물 내외의 **온도차**에 따른 공기의 흐름현상이다.
㉡ 굴뚝효과는 **고층건물**에서 주로 나타난다.
㉢ 평상시 건물 내의 기류분포를 지배하는 중요 요소이며 화재시 **연기**의 **이동**에 큰 영향을 미친다.
㉣ 건물 외부의 온도가 내부의 온도보다 높은 경우 저층부에서는 내부에서 외부로 공기의 흐름이 생긴다.

(3) **블레비(BLEVE)=블레이브(BLEVE)현상**
과열상태의 탱크에서 내부의 액화가스가 분출하여 기화되어 폭발하는 현상
㉠ 가연성 액체
㉡ 화구(fire ball)의 형성
㉢ 복사열의 대량 방출

답 ④

15. 과산화수소와 과염소산의 공통성질이 아닌 것은?

① 산화성 액체이다.
② 유기화합물이다.
③ 불연성 물질이다.
④ 비중이 1보다 크다.

해설 위험물령 [별표 1]
위험물

유별	성질	품명
제1류	**산**화성 **고**체	• 아염소산염류 • **염**소산염류(염소산**나**트륨) • 과염소산염류 • 질산염류 • 무기과산화물 **기억법** 1산고염나
제2류	가연성 고체	• **황**화인 • **적**린 • **황** • **마**그네슘 **기억법** 황화적황마
제3류	자연발화성 물질 및 금수성 물질	• **황**린 • **칼**륨 • **나**트륨 • **알**칼리토금속 • **트**리에틸알루미늄 **기억법** 황칼나알트

제4류	인화성 액체	• 특수인화물 • 석유류(벤젠) • 알코올류 • 동식물유류
제5류	자기반응성 물질	• 유기과산화물 • 나이트로화합물 • 나이트로소화합물 • 아조화합물 • 질산에스터류(셀룰로이드)
제6류	산화성 액체	• **과염소산** • **과산화수소** • 질산

중요

제6류 위험물의 공통성질
(1) 대부분 비중이 **1보다 크다**.
(2) **산화성 액체**이다.
(3) **불연성 물질**이다.
(4) 모두 **산소**를 함유하고 있다.
(5) 유기화합물과 혼합하면 산화시킨다.

② 모두 제6류 위험물로서 유기화합물과 혼합하면 산화시킨다.

답 ②

16. 화재를 소화하는 방법 중 물리적 방법에 의한 소화가 아닌 것은?

① 억제소화
② 제거소화
③ 질식소화
④ 냉각소화

해설

물리적 방법에 의한 소화	화학적 방법에 의한 소화
• 질식소화 • 냉각소화 • 제거소화	• 억제소화

① 억제소화 : 화학적 방법

중요

소화방법

소화방법	설 명
냉각소화	• 다량의 물 등을 이용하여 **점화원**을 **냉각**시켜 소화하는 방법 • 다량의 물을 뿌려 소화하는 방법
질식소화	• 공기 중의 **산소농도**를 16%(10~15%) 이하로 희박하게 하여 소화하는 방법
제거소화	• 가연물을 제거하여 소화하는 방법

화학소화 (부촉매효과)	• 연쇄반응을 차단하여 소화하는 방법 (=억제작용)
희석소화	• 고체·기체·액체에서 나오는 **분해가스**나 **증기**의 **농도**를 낮추어 연소를 중지시키는 방법
유화소화	• 물을 무상으로 방사하여 유류 표면에 **유화층**의 막을 형성시켜 공기의 접촉을 막아 소화하는 방법
피복소화	• 비중이 공기의 **1.5배** 정도로 무거운 소화약제를 방사하여 가연물의 구석구석까지 침투·피복하여 소화하는 방법

답 ①

17 물과 반응하여 가연성 기체를 발생하지 않는 것은?

18.04.문13
15.05.문03
13.03.문03
12.09.문17

① 칼륨
② 인화아연
③ 산화칼슘
④ 탄화알루미늄

해설 분진폭발을 일으키지 않는 물질
물과 반응하여 가연성 기체를 발생하지 않는 것
(1) **시**멘트
(2) **석**회석
(3) **탄**산칼슘(CaCO₃)
(4) **생**석회(CaO)=**산**화칼슘

기억법 분시석탄생

답 ③

18 목재건축물의 화재진행과정을 순서대로 나열한 것은?

19.04.문01
11.06.문07
01.09.문02
99.04.문04

① 무염착화-발염착화-발화-최성기
② 무염착화-최성기-발염착화-발화
③ 발염착화-발화-최성기-무염착화
④ 발염착화-최성기-무염착화-발화

해설 목조건축물의 화재진행상황

전기 ─── 후기
화재의 원인 → 무염착화 → 발염착화 → 출화(발화) → 최성기 → 연소낙하 → 진화
　　　　　　　　　　　　　　(5~15분)
　　　　　　　　　　　4~14분　　6~19분
　　　　　　　　　　　　13~24분

• 최성기=성기=맹화
• 진화=소화

답 ①

19 다음 물질을 저장하고 있는 장소에서 화재가 발생하였을 때 주수소화가 적합하지 않은 것은?

16.03.문20
07.09.문05

① 적린
② 마그네슘 분말
③ 과염소산칼륨
④ 황

해설 **주수소화**(물소화)시 **위험**한 **물질**

구 분	현 상
• 무기과산화물	**산소** 발생
• **금**속분 • **마**그네슘(마그네슘 분말) • 알루미늄 • 칼륨 • 나트륨 • **수**소화리튬	**수소** 발생
• 가연성 액체의 유류화재	**연소면**(화재면) 확대

기억법 금마수

※ **주수소화** : 물을 뿌려 소화하는 방법

답 ②

20 다음 중 가연성 가스가 아닌 것은?

17.03.문07
16.10.문03
16.03.문04
14.05.문10
12.09.문08
11.10.문02

① 일산화탄소
② 프로판
③ 아르곤
④ 메탄

해설 가연성 가스와 지연성 가스

가연성 가스	지연성 가스(조연성 가스)
• **수**소 • **메**탄 • **일**산화탄소 • **천**연가스 • **부**탄 • **에**탄 • **암**모니아 • **프**로판	• **산**소 • **공**기 • **염**소 • **오**존 • **불**소 기억법 조산공 염오불

기억법 가수일천 암부 메에프

③ 아르곤 : 불연성 가스

가연성 가스	지연성 가스(조연성 가스)
물질 자체가 연소하는 것	자기 자신은 연소하지 않지만 연소를 도와주는 가스

답 ③

제2과목 소방전기일반

21 다음 중 쌍방향성 전력용 반도체 소자인 것은?

① SCR ② IGBT
③ TRIAC ④ DIODE

해설

구 분		심 벌
DIAC	네온관과 같은 성질을 가진 것으로서 주로 SCR, TRIAC 등의 **트리거소자**로 이용된다.	$T_1 \triangleright\!\!\!\triangleleft T_2$
TRIAC	**양방향성 스위칭소자**로서 SCR 2개를 역병렬로 접속한 것과 같다(**AC전력**의 **제어용, 쌍방향성 사이리스터**).	$T_1 \triangleright\!\!\!\triangleleft T_2$ ─G
RCT (역도통 사이리스터)	비대칭 사이리스터와 고속회복 다이오드를 집적화한 단일 실리콘칩으로 만들어져서 직렬공진형 인버터에 대해 이상적이다.	$A\!-\!\!\triangleright\!\!\mid\!\!-\!K$ G
IGBT	고전력 스위치용 반도체로서 전기흐름을 막거나 통하게 하는 스위칭 기능을 빠르게 수행한다.	G─┤ C / E

답 ③

22 그림의 시퀀스(계전기 접점) 회로를 논리식으로 표현하면?

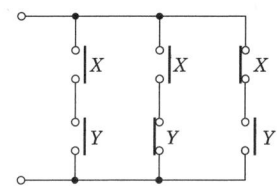

① $X+Y$
② $(XY)+(X\overline{Y})(\overline{X}Y)$
③ $(X+Y)(X+\overline{Y})(\overline{X}+Y)$
④ $(X+Y)+(X+\overline{Y})+(\overline{X}+Y)$

해설 논리식 $= X \cdot Y + X \cdot \overline{Y} + \overline{X} \cdot Y = XY + X\overline{Y} + \overline{X}Y$

$= X(Y+\overline{Y}) + \overline{X}Y$ $\underset{X+\overline{X}=1}{}$

$= X \cdot 1 + \overline{X}Y$ $\underset{X \cdot 1 = X}{}$

$= X + \overline{X}Y$ $\underset{X+\overline{X}Y = X+Y}{}$

$= X + Y$

※ 논리식 산정시 **직렬**은 '·', **병렬**은 '+'로 표시하는 것을 기억하라.

중요

(1) 불대수의 정리

논리합	논리곱	비 고
$X+0=X$	$X \cdot 0 = 0$	-
$X+1=1$	$X \cdot 1 = X$	-
$X+X=X$	$X \cdot X = X$	-
$X+\overline{X}=1$	$X \cdot \overline{X} = 0$	-
$X+Y=Y+X$	$X \cdot Y = Y \cdot X$	교환법칙
$X+(Y+Z)$ $=(X+Y)+Z$	$X(YZ)=(XY)Z$	결합법칙
$X(Y+Z)$ $=XY+XZ$	$(X+Y)(Z+W)$ $=XZ+XW+YZ+YW$	분배법칙
$X+XY=X$	$\overline{X}+XY=\overline{X}+Y$ $X+\overline{X}Y=X+Y$ $X+\overline{X}\,\overline{Y}=X+\overline{Y}$	흡수법칙
$\overline{(X+Y)}$ $=\overline{X} \cdot \overline{Y}$	$\overline{(X \cdot Y)}=\overline{X}+\overline{Y}$	드모르간의 정리

(2) 논리회로

시퀀스	논리식	논리회로
직렬회로	$Z=A \cdot B$ $Z=AB$	AND
병렬회로	$Z=A+B$	OR
a접점	$Z=A$	
b접점	$Z=\overline{A}$	

용어

불대수
여러 가지 조건의 논리적 관계를 논리기호로 나타내고 이것을 수식적으로 표현하는 방법, 논리대수라고도 한다.

답 ①

23 그림의 블록선도와 같이 표현되는 제어시스템의 전달함수 $G(s)$는?

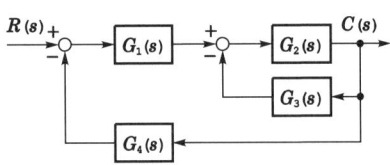

① $\dfrac{G_1(s)G_2(s)}{1+G_2(s)G_3(s)+G_1(s)G_2(s)G_4(s)}$

② $\dfrac{G_3(s)G_4(s)}{1+G_2(s)G_3(s)+G_1(s)G_2(s)G_4(s)}$

③ $\dfrac{G_1(s)G_2(s)}{1+G_1(s)G_2(s)+G_1(s)G_2(s)G_3(s)}$

④ $\dfrac{G_3(s)G_4(s)}{1+G_1(s)G_2(s)+G_1(s)G_2(s)G_3(s)}$

해설 $C = R(s)G_1(s)G_2(s) - CG_1(s)G_2(s)G_4(s)$
$\quad - CG_2(s)G_3(s)$

계산편의를 위해 잠시 (s)를 생략하고 계산하면
$C = RG_1G_2 - CG_1G_2G_4 - CG_2G_3$
$C + CG_1G_2G_4 + CG_2G_3 = RG_1G_2$
$C(1+G_1G_2G_4+G_2G_3) = RG_1G_2$
$\dfrac{C}{R} = \dfrac{G_1G_2}{1+G_1G_2G_4+G_2G_3}$
$G = \dfrac{C}{R} = \dfrac{G_1G_2}{1+G_2G_3+G_1G_2G_4}$
$G(s) = \dfrac{C(s)}{R(s)} = \dfrac{G_1(s)G_2(s)}{1+G_2(s)G_3(s)+G_1(s)G_2(s)G_4(s)}$

용어
전달함수
모든 초기값을 **0**으로 하였을 때 출력신호의 라플라스 변환과 입력신호의 라플라스변환의 **비**

답 ①

24 조작기기는 직접 제어대상에 작용하는 장치이고 빠른 응답이 요구된다. 다음 중 전기식 조작기기가 아닌 것은?

① 서보전동기
② 전동밸브
③ 다이어프램밸브
④ 전자밸브

해설 조작기기

전기식 조작기기	기계식 조작기기
• 전동밸브 • 전자밸브(솔레노이드밸브) • 서보전동기	다이어프램밸브

③ 기계식 조작기기

비교

증폭기기	
구 분	종 류
전기식	• SCR • 앰플리다인 • 다이라트론 • 트랜지스터 • 자기증폭기
공기식	• **벨**로스 • **노**즐플래퍼 • **파**일럿밸브
유압식	• 분사관 • 안내밸브

기억법 공벨노파

답 ③

25 전기자 제어 직류 서보전동기에 대한 설명으로 옳은 것은?

① 교류 서보전동기에 비하여 구조가 간단하여 소형이고 출력이 비교적 낮다.
② 제어권선과 콘덴서가 부착된 여자권선으로 구성된다.
③ 전기적 신호를 계자권선의 입력전압으로 한다.
④ 계자권선의 전류가 일정하다.

해설 전기자 제어 직류 서보전동기
(1) 교류 서보전동기에 비하여 **구조**가 **간단**하여 **소형**이고 **출력**이 비교적 **높다**.
(2) **계자권선**의 **전류**가 **일정**

중요
서보전동기의 특징
(1) **직류전동기**와 **교류전동기**가 있다.
(2) **정 · 역회전**이 가능하다.
(3) **급가속, 급감속**이 가능하다.
(4) **저속운전**이 용이하다.

답 ④

26 절연저항을 측정할 때 사용하는 계기는?

① 전류계
② 전위차계
③ 메거
④ 휘트스톤브리지

해설 계측기

구분	용도
메거 (megger)	절연저항 측정 | 메거 |
어스테스터 (earth tester)	접지저항 측정 | 어스테스터 |
코올라우시 브리지 (Kohlrausch bridge)	전지(축전지)의 내부저항 측정 | 코올라우시 브리지 |
C.R.O. (Cathode Ray Oscilloscope)	음극선을 사용한 오실로스코프
휘트스톤 브리지 (Wheatstone bridge)	$0.5 \sim 10^5 \Omega$의 중저항 측정

비교

코올라우시 브리지
(1) 축전지의 내부저항 측정
(2) 전해액의 저항 측정
(3) 접지저항 측정

답 ③

27 $R=10\,\Omega$, $\omega L=20\,\Omega$인 직렬회로에 $220\underline{/0°}\,V$의 교류전압을 가하는 경우 이 회로에 흐르는 전류는 약 몇 A인가?

① $24.5\underline{/-26.5°}$ ② $9.8\underline{/-63.4°}$
③ $12.2\underline{/-13.2°}$ ④ $73.6\underline{/-79.6°}$

해설 (1) 기호

- R : $10\,\Omega$
- X_L : $20\,\Omega$
- V : $220\underline{/0°}\,V$
- I : ?

(2) 복소수로 벡터 표시하는 방법
$v = V(실효값)\underline{/\theta}$
$\quad = V(실효값)(\cos\theta + i\sin\theta)$

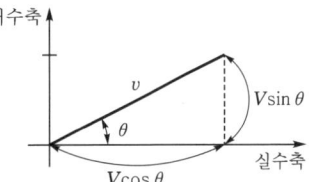

$v = 220\underline{/0°}$
$\quad = 220(\cos 0° + j\sin 0°)$
$\quad = 220 + j0 = 220\,V$

(3) 전류

$$I = \frac{V}{Z} = \frac{V}{R+jX}$$

여기서, I : 전류[A]
$\quad V$: 전압[V]
$\quad Z$: 임피던스[Ω]
$\quad X$: 리액턴스[Ω]

전류 I는
$I = \dfrac{V}{R+jX}$
$\quad = \dfrac{220}{10+j20}$
$\quad = \dfrac{220(10-j20)}{(10+j20)(10-j20)}$ ← 분모의 허수를 없애기 위해 분자, 분모에 $10-j20$ 곱함
$\quad = \dfrac{2200-j4400}{(100-j200)+j200-(j\times j)400}$ ← $j \times j = -1$
$\quad = \dfrac{2200-j4400}{100+400} = \dfrac{2200-j4400}{500}$
$\quad = 4.4 - j8.8$
$\quad = \sqrt{4.4^2 + 8.8^2}$
$\therefore I = 9.8\underline{/\theta}\,A$

(4) 위상차

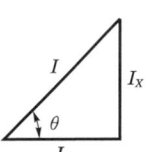

$\tan\theta = \dfrac{I_X}{I_R} = \dfrac{-8.8}{4.4}$

$\theta = \tan^{-1}\dfrac{-8.8}{4.4} ≒ -63.4°$

$\therefore I = 9.8\underline{/\theta} = 9.8\underline{/-63.4°}\,A$

답 ②

28. 다음의 논리식 중 틀린 것은?

① $(\overline{A}+B) \cdot (A+B) = B$
② $(\overline{A}+B) \cdot \overline{B} = \overline{A}\,\overline{B}$
③ $\overline{AB+AC} + \overline{A} = \overline{A} + \overline{B}\,\overline{C}$
④ $\overline{(A+B)+CD} = A\overline{B}(C+D)$

해설 불대수의 정리

논리합	논리곱	비고
$X+0=X$	$X \cdot 0=0$	-
$X+1=1$	$X \cdot 1=X$	-
$X+X=X$	$X \cdot X=X$	-
$X+\overline{X}=1$	$X \cdot \overline{X}=0$	-
$X+Y=Y+X$	$X \cdot Y=Y \cdot X$	교환법칙
$X+(Y+Z)$ $=(X+Y)+Z$	$X(YZ)=(XY)Z$	결합법칙
$X(Y+Z)$ $=XY+XZ$	$(X+Y)(Z+W)$ $=XZ+XW+YZ+YW$	분배법칙
$X+XY=X$	$\overline{X}+XY=\overline{X}+Y$ $X+\overline{X}Y=X+Y$ $X+\overline{X}\,\overline{Y}=X+\overline{Y}$	흡수법칙
$\overline{(X+Y)}$ $=\overline{X} \cdot \overline{Y}$	$\overline{(X \cdot Y)}=\overline{X}+\overline{Y}$	드모르간의 정리

④ $\overline{(A+B)+CD} = \overline{A} \cdot \overline{B} \cdot (\overline{C+D})$
$= A \cdot B \cdot (\overline{C+D})$
$= AB(\overline{C+D})$

답 ④

29. $R=4\Omega$, $\frac{1}{\omega C}=9\Omega$인 RC 직렬회로에 전압 $e(t)$를 인가할 때, 제3고조파 전류의 실효값 크기는 몇 A인가? (단, $e(t)=50+10\sqrt{2}\sin\omega t + 120\sqrt{2}\sin3\omega t$ [V])

① 4.4
② 12.2
③ 24
④ 34

해설 (1) 기호
- $R : 4\Omega$
- $\frac{1}{\omega C} : 9\Omega$
- $I_3 : ?$

제3고조파 성분만 계산하면 되므로 리액턴스 $\left(\frac{1}{\omega C}\right)$의 주파수 부분에 ω대신 3ω 대입

$$\frac{1}{\omega C} : 9 = \frac{1}{3\omega C} : X$$

$$X = \frac{9}{3} = 3 \left(\therefore \frac{1}{3\omega C} = 3\Omega\right)$$

(2) 임피던스
$$Z=R+jX$$
여기서, Z : 임피던스[Ω]
R : 저항[Ω]
X : 리액턴스[Ω]

제3고조파 임피던스 Z는
$Z=R+jX$
$=R+j\frac{1}{3\omega C}$
$=4+j3$

(3) 순시값
$$v=V_m \sin\omega t$$
여기서, v : 전압의 순시값[V]
V_m : 전압의 최대값[V]
ω : 각주파수[rad/s]
t : 주기[s]

제3고조파만 고려하면
$v=V_m \sin\omega t$
$=120\sqrt{2}\sin 3\omega t \, (\therefore V_m = 120\sqrt{2})$

(4) 전압의 최대값
$$V_m = \sqrt{2}\,V$$
여기서, V_m : 전압의 최대값[V]
V : 전압의 실효값[V]

전압의 실효값 V는
$V=\frac{V_m}{\sqrt{2}}=\frac{120\sqrt{2}}{\sqrt{2}}=120\text{V}$

(5) 전류
$$I=\frac{V}{Z}=\frac{V}{R+jX}=\frac{V}{\sqrt{R^2+X^2}}$$
여기서, I : 전류[A]
V : 전압[V]
Z : 임피던스[Ω]
R : 저항[Ω]
X : 리액턴스[Ω]

전류 I는
$I=\frac{V}{\sqrt{R^2+X^2}}=\frac{120}{\sqrt{4^2+3^2}}=24\text{A}$

답 ③

30 분류기를 사용하여 전류를 측정하는 경우에 전류계의 내부저항이 0.28Ω이고 분류기의 저항이 0.07Ω이라면, 이 분류기의 배율은?

① 4
② 5
③ 6
④ 7

해설 (1) 기호
- R_A : 0.28Ω
- R_S : 0.07Ω
- M : ?

(2) 분류기의 배율

$$M = \frac{I_0}{I} = 1 + \frac{R_A}{R_S}$$

여기서, M : 분류기의 배율
I_0 : 측정하고자 하는 전류[A]
I : 전류계 최대 눈금[A]
R_A : 전류계 내부저항[Ω]
R_S : 분류기저항[Ω]

$M = 1 + \frac{R_A}{R_S} = 1 + \frac{0.28}{0.07} = 5$

비교

배율기 배율

$$M = \frac{V_0}{V} = 1 + \frac{R_m}{R_v}$$

여기서, M : 배율기 배율
V_0 : 측정하고자 하는 전압[V]
V : 전압계의 최대 눈금[A]
R_m : 배율기 저항[Ω]
R_v : 전압계 내부저항[Ω]

답 ②

31 옴의 법칙에 대한 설명으로 옳은 것은?

① 전압은 저항에 반비례한다.
② 전압은 전류에 비례한다.
③ 전압은 전류에 반비례한다.
④ 전압은 전류의 제곱에 비례한다.

해설 (1) 옴의 법칙(Ohm's law)

$$I = \frac{V(비례)}{R(반비례)} [A]$$

여기서, I : 전류[A]
V : 전압[V]
R : 저항[Ω]

(2) 여러 가지 법칙

법칙	설명
옴의 법칙	"저항은 전류에 반비례하고, 전압에 비례한다"는 법칙
플레밍의 **오**른손 법칙	**도**체운동에 의한 **유**기기전력의 **방**향 결정 **기억법** 방유도오(**방**에 **우유**를 **도**로 갔다 놓게!)
플레밍의 **왼**손 법칙	**전**자력의 방향 결정 **기억법** 왼전(**왠 전**쟁이냐?)
렌츠의 법칙	자속변화에 의한 **유**도기전력의 **방**향 결정 **기억법** 렌유방(오**렌**지가 **유**일한 **방**법이다.)
패러데이의 전자유도 법칙	자속변화에 의한 **유**기기전력의 **크**기 결정 **기억법** 패유크(**패유**를 버리면 **큰**일난다.)
앙페르의 오른나사 법칙	**전**류에 의한 **자**기장의 방향을 결정하는 법칙 **기억법** 앙전자(양전자)
비오-사바르의 법칙	**전**류에 의해 발생되는 **자**기장의 크기 (전류에 의한 자계의 세기) **기억법** 비전자(비전공자)
키르히호프의 법칙	옴의 법칙을 응용한 것으로 복잡한 회로의 전류와 전압계산에 사용
줄의 법칙	• 어떤 도체에 일정시간 동안 전류를 흘리면 도체에는 열이 발생되는데 이에 관한 법칙 • 저항이 있는 도체에 전류를 흘리면 **열**이 발생되는 법칙 **기억법** 줄열
쿨롱의 법칙	"두 자극 사이에 작용하는 힘은 두 **자극의 세기의 곱**에 **비례**하고, 두 자극 사이의 **거리의 제곱**에 **반비례**한다."는 법칙

① 전압은 저항에 비례
②, ③, ④ 전압은 전류에 비례

답 ②

32 3상 직권 정류자전동기에서 고정자권선과 회전자권선 사이에 중간변압기를 사용하는 주된 이유가 아닌 것은?

① 경부하시 속도의 이상 상승 방지
② 철심을 포화시켜 회전자 상수를 감소
③ 중간변압기의 권수비를 바꾸어서 전동기 특성을 조정
④ 전원전압의 크기에 관계없이 정류에 알맞은 회전자전압 선택

해설 중간변압기의 사용이유(3상 직권 정류자전동기)
(1) 경부하시 **속도**의 **이상** 상승 **방지**
(2) 실효 **권수비** 선정 **조정**(권수비를 바꾸어서 전동기의 특성 조정)
(3) 전원전압의 크기에 관계없이 정류에 알맞은 **회전자전압** 선택
(4) 철심을 포화시켜 회전자상수 **증가**

② 감소 → 증가

답 ②

33 공기 중에 $10\mu C$과 $20\mu C$인 두 개의 점전하를 1m 간격으로 놓았을 때 발생되는 정전기력은 몇 N인가?

① 1.2 ② 1.8
③ 2.4 ④ 3.0

해설 (1) 기호
- ε_s ≒ 1(공기 중이므로)
- Q_1 : $10\mu C = 10\times 10^{-6} C (1\mu C = 10^{-6} C)$
- Q_2 : $20\mu C = 20\times 10^{-6} C (1\mu C = 10^{-6} C)$
- r : 1m
- F : ?

(2) **정전력** : 두 전하 사이에 작용하는 힘

$$F = \frac{Q_1 Q_2}{4\pi\varepsilon r^2} = QE$$

여기서, F : 정전력[N]
Q, Q_1, Q_2 : 전하[C]
ε : 유전율[F/m] ($\varepsilon = \varepsilon_0 \cdot \varepsilon_s$)
ε_0 : 진공의 유전율(8.855×10^{-12})[F/m]
r : 거리[m]
E : 전계의 세기[V/m]

정전력 F는
$$F = \frac{Q_1 Q_2}{4\pi\varepsilon_0\varepsilon_s r^2} = \frac{(10\times 10^{-6})\times(20\times 10^{-6})}{4\pi\times 8.855\times 10^{-12}\times 1\times 1^2}$$

≒ 1.8N

비교
자기력
자석이 금속을 끌어당기는 힘

$$F = \frac{m_1 m_2}{4\pi\mu r^2} = mH$$

여기서, F : 자기력[N]
m, m_1, m_2 : 자하[Wb]
μ : 투자율[H/m] ($\mu = \mu_0 \cdot \mu_s$)
μ_0 : 진공의 투자율($4\pi\times 10^{-7}$)[H/m]
r : 거리[m]
H : 자계의 세기[A/m]

답 ②

34 교류회로에 연결되어 있는 부하의 역률을 측정하는 경우 필요한 계측기의 구성은?

① 전압계, 전력계, 회계계
② 상순계, 전력계, 전류계
③ 전압계, 전류계, 전력계
④ 전류계, 전압계, 주파수계

해설
$$P = V\ I\ \cos\theta$$
전력 전압 전류 역률

위 식에서 **역률측정계기**는 다음과 같다.
(1) 전압계 : Ⓥ
(2) 전류계 : Ⓐ
(3) 전력계 : Ⓦ

답 ③

35 평형 3상 회로에서 측정된 선간전압과 전류의 실효값이 각각 28.87V, 10A이고, 역률이 0.8일 때 3상 무효전력의 크기는 약 몇 Var인가?

① 400 ② 300
③ 231 ④ 173

해설 (1) 기호
- V_l : 28.87V
- I_l : 10A
- $\cos\theta$: 0.8
- P_r : ?

(2) **무효율**

$$\sin\theta = \sqrt{1-\cos^2\theta}$$

여기서, $\sin\theta$: 무효율
$\cos\theta$: 역률

무효율 $\sin\theta$는
$\sin\theta = \sqrt{1-\cos^2\theta} = \sqrt{1-0.8^2} = 0.6$

(3) **3상 무효전력**

$$P_r = 3V_p I_p \sin\theta = \sqrt{3} V_l I_l \sin\theta = 3I_p^2 X[\text{Var}]$$

여기서, P_r : 3상 무효전력[Var]
V_p : 상전압[V]
I_p : 상전류[A]
$\sin\theta$: 무효율
V_l : 선간전압[V]
I_l : 선전류[A]
X : 리액턴스[Ω]

3상 무효전력 P_r는

$P_r = \sqrt{3} V_l I_l \sin\theta$
$= \sqrt{3} \times 28.87 \times 10 \times 0.6 ≒ 300\text{Var}$

답 ②

36 ★★
[17.05.문21]
[13.03.문34]

다음 회로에서 a, b 사이의 합성저항은 몇 Ω인가?

① 2.5 ② 5
③ 7.5 ④ 10

해설

합성저항 $R_{a-b} = \dfrac{R_1 \times R_2}{R_1 + R_2} + \dfrac{R_3 \times R_4}{R_3 + R_4}$

$= \dfrac{2 \times 2}{2 + 2} + \dfrac{3 \times 3}{3 + 3} = 2.5\,\Omega$

답 ①

37 ★★
[15.09.문27]
[09.03.문32]

60Hz의 3상 전압을 전파정류하였을 때 맥동주파수[Hz]는?

① 120 ② 180
③ 360 ④ 720

해설 맥동률·맥동주파수(60Hz)

구 분	맥동률	맥동주파수
단상 반파	1.21	60Hz
단상 전파	0.482	120Hz
3상 반파	0.183	180Hz
3상 전파	0.042	360Hz

답 ③

38 ★★★
[12.05.문40]

두 개의 입력신호 중 한 개의 입력만이 1일 때 출력신호가 1이 되는 논리게이트는?

① EXCLUSIVE NOR
② NAND
③ EXCLUSIVE OR
④ AND

해설 시퀀스회로와 논리회로

명칭	시퀀스회로	논리회로	진리표
AND 회로 (직렬회로)		$X = A \cdot B$ 입력신호 A, B가 동시에 1일 때만 출력신호 X가 1이 된다.	A B X 0 0 0 0 1 0 1 0 0 1 1 1
OR 회로 (병렬회로)		$X = A + B$ 입력신호 A, B 중 어느 하나라도 1이면 출력신호 X가 1이 된다.	A B X 0 0 0 0 1 1 1 0 1 1 1 1
NOT 회로 (b접점)		$X = \overline{A}$ 입력신호 A가 0일 때만 출력신호 X가 1이 된다.	A X 0 1 1 0
NAND 회로		$X = \overline{A \cdot B}$ 입력신호 A, B가 동시에 1일 때만 출력신호 X가 0이 된다(AND회로의 부정).	A B X 0 0 1 0 1 1 1 0 1 1 1 0
NOR 회로		$X = \overline{A + B}$ 입력신호 A, B가 동시에 0일 때만 출력신호 X가 1이 된다(OR회로의 부정).	A B X 0 0 1 0 1 0 1 0 0 1 1 0
EXCL-USIVE OR 회로		$X = A \oplus B$ $= \overline{A}B + A\overline{B}$ 입력신호 A, B 중 어느 한쪽만이 1이면 출력신호 X가 1이 된다.	A B X 0 0 0 0 1 1 1 0 1 1 1 0
EXCL-USIVE NOR 회로		$X = \overline{A \oplus B}$ $= AB + \overline{A}\,\overline{B}$ 입력신호 A, B가 동시에 0이거나 1일 때만 출력신호 X가 1이 된다.	A B X 0 0 1 0 1 0 1 0 0 1 1 1

답 ③

39
진공 중 대전된 도체의 표면에 면전하밀도 σ [C/m²]가 균일하게 분포되어 있을 때, 이 도체 표면에서의 전계의 세기 E[V/m]는? (단, ε_0는 진공의 유전율이다.)

① $E = \dfrac{\sigma}{\varepsilon_0}$ ② $E = \dfrac{\sigma}{2\varepsilon_0}$

③ $E = \dfrac{\sigma}{2\pi\varepsilon_0}$ ④ $E = \dfrac{\sigma}{4\pi\varepsilon_0}$

해설 전계의 세기(intensity of electric field)

$$E = \frac{Q}{4\pi\varepsilon r^2} = \frac{\sigma}{\varepsilon}$$

여기서, E : 전계의 세기[V/m]
Q : 전하[C]
ε : 유전율[F/m]($\varepsilon = \varepsilon_0 \cdot \varepsilon_s$)
$\begin{pmatrix} \varepsilon_0 : 진공의\ 유전율[F/m] \\ \varepsilon_s : 비유전율 \end{pmatrix}$
σ : 면전하밀도[C/m²]
r : 거리[m]

전계의 세기(전장의 세기) E는

$$E = \frac{\sigma}{\varepsilon} = \frac{\sigma}{\varepsilon_0 \varepsilon_s} = \frac{\sigma}{\varepsilon_0}$$

• 진공 중 $\varepsilon_s \fallingdotseq 1$이므로 $\varepsilon = \varepsilon_0 \varepsilon_s = \varepsilon_0$

답 ①

40
3상 유도전동기의 출력이 25HP, 전압이 220V, 효율이 85%, 역률이 85%일 때, 이 전동기로 흐르는 전류는 약 몇 A인가? (단, 1HP=0.746kW)

① 40   ② 45
③ 68   ④ 70

해설 (1) 기호
• P : 25HP = 25×0.746 = 18.65kW
 = 18650W(1HP = 0.746kW)
• V : 220V
• η : 85% = 0.85
• $\cos\theta$: 85% = 0.85
• I : ?

(2) 3상 출력(3상 유효전력)

$$P = \sqrt{3}\,VI\cos\theta\,\eta$$

여기서, P : 3상 출력[W]
V : 전압[V]
I : 전류[A]
$\cos\theta$: 역률
η : 효율

전류 I는

$$I = \frac{P}{\sqrt{3}\,V\cos\theta\,\eta} = \frac{18650}{\sqrt{3}\times 220\times 0.85\times 0.85} \fallingdotseq 68A$$

답 ③

제3과목 — 소방관계법규

41
위험물안전관리법령상 위험물 중 제1석유류에 속하는 것은?

① 경유   ② 등유
③ 중유   ④ 아세톤

해설 위험물령〔별표 1〕
제4류 위험물

성질	품명		지정수량	대표물질
인화성 액체	특수인화물		50L	• 다이에틸에터 • 이황화탄소
	제1 석유류	비수용성	200L	• 휘발유 • 콜로디온
		수용성	400L	• **아세톤** 기억법 수4
	알코올류		400L	• 변성알코올
	제2 석유류	비수용성	1000L	• 등유 • 경유
		수용성	2000L	• 아세트산
	제3 석유류	비수용성	2000L	• 중유 • 크레오소트유
		수용성	4000L	• 글리세린
	제4석유류		6000L	• 기어유 • 실린더유
	동식물유류		10000L	• 아마인유

① 제2석유류
② 제2석유류
③ 제3석유류

답 ④

42
소방시설 설치 및 관리에 관한 법령상 소방시설 등의 자체점검 중 종합점검을 받아야 하는 특정소방대상물 대상 기준으로 틀린 것은?

① 제연설비가 설치된 터널
② 스프링클러설비가 설치된 특정소방대상물
③ 공공기관 중 연면적이 1000m² 이상인 것으로서 옥내소화전설비 또는 자동화재탐지설비가 설치된 것(단, 소방대가 근무하는 공공기관은 제외한다.)
④ 호스릴방식의 물분무등소화설비만이 설치된 연면적 5000m² 이상인 특정소방대상물(단, 위험물제조소 등은 제외한다.)

해설 소방시설법 시행규칙〔별표 3〕
소방시설 등 자체점검의 점검대상, 점검자의 자격, 점검횟수 및 시기

점검구분	정 의	점검대상	점검자의 자격(주된 인력)	점검횟수 및 점검시기
작동점검	소방시설 등을 인위적으로 조작하여 정상적으로 작동하는지를 점검하는 것	① 간이스프링클러설비·자동화재탐지설비	• 관계인 • 소방안전관리자로 선임된 소방시설관리사 또는 소방기술사 • 소방시설관리업에 등록된 기술인력 중 소방시설관리사 또는「소방시설공사업법 시행규칙」에 따른 특급 점검자	• 작동점검은 **연 1회** 이상 실시하며, 종합점검대상은 종합점검(최초점검 제외)을 받은 달부터 **6개월**이 되는 달에 실시 • 종합점검대상 외의 특정소방대상물은 사용승인일이 속하는 달의 말일까지 실시
		② ①에 해당하지 아니하는 특정소방대상물	• 소방시설관리업에 등록된 기술인력 중 소방시설관리사 • 소방안전관리자로 선임된 소방시설관리사 또는 소방기술사	
		③ 작동점검 제외대상 • 특정소방대상물 중 소방안전관리자를 선임하지 않는 대상 • 위험물제조소 등 • 특급 소방안전관리대상물		
종합점검	소방시설 등의 작동점검을 포함하여 소방시설 등의 설비별 주요 구성 부품의 구조기준이 화재안전기준과「건축법」등 관련 법령에서 정하는 기준에 적합한지 여부를 점검하는 것 (1) 최초점검 : 특정소방대상물의 소방시설이 신설된 경우 건축물을 사용할 수 있게 된 날부터 60일 이내에 점검하는 것 (2) 그 밖의 종합점검 : 최초점검을 제외한 종합점검	④ 소방시설 등이 신설된 경우에 해당하는 특정소방대상물 ⑤ **스프링클러설비**가 설치된 특정소방대상물 ⑥ **물분무등소화설비**(호스릴방식의 물분무등소화설비만을 설치한 경우는 제외)가 설치된 연면적 **5000m²** 이상인 특정소방대상물(위험물제조소 등 제외) ⑦ 다중이용업의 영업장이 설치된 특정소방대상물로서 연면적이 **2000m²** 이상인 것 ⑧ **제연설비**가 설치된 터널 ⑨ **공공기관** 중 연면적(터널·지하구의 경우 그 길이와 평균 폭을 곱하여 계산한 값)이 **1000m²** 이상인 것으로서 옥내소화전설비 또는 자동화재탐지설비가 설치된 것(단, 소방대가 근무하는 공공기관 제외) 🔔 **중요** **종합점검** ① 공공기관 : 1000m² ② 다중이용업 : 2000m² ③ 물분무등(호스릴 ×) : 5000m²	• 소방시설관리업에 등록된 기술인력 중 **소방시설관리사** • 소방안전관리자로 선임된 **소방시설관리사** 또는 **소방기술사**	〈점검횟수〉 ㉠ 연 1회 이상(특급 소방안전관리대상물은 반기에 1회 이상) 실시 ㉡ ㉠에도 불구하고 소방본부장 또는 소방서장은 소방청장이 소방안전관리가 우수하다고 인정한 특정소방대상물에 대해서는 3년의 범위에서 소방청장이 고시하거나 정한 기간 동안 종합점검을 면제할 수 있다(단, 면제기간 중 화재가 발생한 경우는 제외). 〈점검시기〉 ㉠ ④에 해당하는 특정소방대상물은 건축물을 사용할 수 있게 된 날부터 60일 이내 실시 ㉡ ㉠을 제외한 특정소방대상물은 건축물의 사용승인일이 속하는 달에 실시(단, 학교의 경우 해당 건축물의 사용승인일이 1월에서 6월 사이에 있는 경우에는 6월 30일까지 실시할 수 있다.) ㉢ 건축물 사용승인일 이후 ㉦에 따라 종합점검대상에 해당하게 된 경우에는 그 다음 해부터 실시 ㉣ 하나의 대지경계선 안에 2개 이상의 자체점검대상 건축물 등이 있는 경우 그 건축물 중 사용승인일이 가장 빠른 연도의 건축물의 사용승인일을 기준으로 점검할 수 있다.

[비고] 작동점검 및 종합점검(최초점검 제외)은 건축물 사용승인 후 그 다음 해부터 실시한다.

④ 호스릴방식의 물분무등소화설비만을 설치한 경우는 제외

답 ④

43 소방시설 설치 및 관리에 관한 법령상 소방시설이 아닌 것은?

① 소화설비
② 경보설비
③ 방화설비
④ 소화활동설비

해설 소방시설법 2조
정의

용어	뜻
소방시설	**소화설비, 경보설비, 피난구조설비, 소방용수설비**, 그 밖에 **소화활동설비**로서 **대통령령**으로 정하는 것
소방시설 등	**소방시설**과 **비상구**, 그 밖에 소방 관련 시설로서 **대통령령**으로 정하는 것
특정소방대상물	건축물 등의 규모·용도 및 수용인원 등을 고려하여 **소방시설을 설치**하여야 하는 소방대상물로서 **대통령령**으로 정하는 것
소방용품	소방시설 등을 구성하거나 소방용으로 사용되는 **제품** 또는 **기기**로서 **대통령령**으로 정하는 것

③ 해당 없음

답 ③

44 소방기본법상 소방대장의 권한이 아닌 것은?

① 소방활동을 할 때에 긴급한 경우에는 이웃한 소방본부장 또는 소방서장에게 소방업무의 응원을 요청할 수 있다.
② 화재, 재난·재해, 그 밖의 위급한 상황이 발생한 현장에서 소방활동을 위하여 필요할 때에는 그 관할구역에 사는 사람 또는 그 현장에 있는 사람으로 하여금 사람을 구출하는 일 또는 불을 끄거나 불이 번지지 아니하도록 하는 일을 하게 할 수 있다.
③ 사람을 구출하거나 불이 번지는 것을 막기 위하여 필요할 때에는 화재가 발생하거나 불이 번질 우려가 있는 소방대상물 및 토지를 일시적으로 사용하거나 그 사용의 제한 또는 소방활동에 필요한 처분을 할 수 있다.
④ 소방활동을 위하여 긴급하게 출동할 때에는 소방자동차의 통행과 소방활동에 방해가 되는 주차 또는 정차된 차량 및 물건 등을 제거하거나 이동시킬 수 있다.

해설 (1) 소방**대**장 : 소방활동**구**역의 설정(기본법 23조)

기억법 대구활(대구의 활동)

(2) **소**방본부장·**소**방서장·**소**방**대**장
  ㉠ 소방활동 **종**사명령(기본법 24조) [보기 ②]
  ㉡ **강**제처분(기본법 25조) [보기 ③④]
  ㉢ **피**난명령(기본법 26조)
  ㉣ 댐·저수지 사용 등 위험시설 등에 대한 긴급조치 (기본법 27조)

기억법 소대종강피(소방대의 종강파티)

비교

소방본부장·소방서장(기본법 11조)
소방업무의 응원 요청

① 소방본부장, 소방서장의 권한

답 ①

45 위험물안전관리법령상 제조소 등이 아닌 장소에서 지정수량 이상의 위험물을 취급할 수 있는 경우에 대한 기준으로 맞는 것은? (단, 시·도의 조례가 정하는 바에 따른다.)

① 관할 소방서장의 승인을 받아 지정수량 이상의 위험물을 60일 이내의 기간 동안 임시로 저장 또는 취급하는 경우
② 관할 소방대장의 승인을 받아 지정수량 이상의 위험물을 60일 이내의 기간 동안 임시로 저장 또는 취급하는 경우
③ 관할 소방서장의 승인을 받아 지정수량 이상의 위험물을 90일 이내의 기간 동안 임시로 저장 또는 취급하는 경우
④ 관할 소방대장의 승인을 받아 지정수량 이상의 위험물을 90일 이내의 기간 동안 임시로 저장 또는 취급하는 경우

해설 90일
(1) 소방시설업 **등**록신청 자산평가액·기업진단보고서 **유**효기간(공사업규칙 2조)
(2) 위험물 임시저장·취급 기준(위험물법 5조)

기억법 등유9(등유 구해와!)

① 60일 → 90일
② 소방대장 → 소방서장, 60일 → 90일
④ 소방대장 → 소방서장

중요

위험물법 5조
임시저장 승인 : 관할소방서장

답 ③

46. 위험물안전관리법령상 제4류 위험물별 지정수량 기준의 연결이 틀린 것은?

① 특수인화물 – 50리터
② 알코올류 – 400리터
③ 동식물류 – 1000리터
④ 제4석유류 – 6000리터

해설 위험물령 [별표 1]
제4류 위험물

성질	품명		지정수량	대표물질
인화성 액체	특수인화물		50L	• 다이에틸에터 • 이황화탄소
	제1석유류	비수용성	200L	• 휘발유 • 콜로디온
		수용성	400L	• 아세톤
	알코올류		400L	• 변성알코올
	제2석유류	비수용성	1000L	• 등유 • 경유
		수용성	2000L	• 아세트산
	제3석유류	비수용성	2000L	• 중유 • 크레오소트유
		수용성	4000L	• 글리세린
	제4석유류		6000L	• 기어유 • 실린더유
	동식물유류		10000L	• 아마인유

③ 1000리터 → 10000리터

답 ③

47. 화재의 예방 및 안전관리에 관한 법률상 화재예방강화지구의 지정권자는?

① 소방서장 ② 시·도지사
③ 소방본부장 ④ 행정안전부장관

해설 화재예방법 18조
화재예방강화지구의 지정
(1) 지정권자 : 시·도지사
(2) 지정지역
 ㉠ 시장지역
 ㉡ 공장·창고 등이 밀집한 지역
 ㉢ 목조건물이 밀집한 지역
 ㉣ 노후·불량 건축물이 밀집한 지역
 ㉤ 위험물의 저장 및 처리시설이 밀집한 지역
 ㉥ 석유화학제품을 생산하는 공장이 있는 지역
 ㉦ 소방시설·소방용수시설 또는 소방출동로가 없는 지역
 ㉧ 「산업입지 및 개발에 관한 법률」에 따른 산업단지
 ㉨ 「물류시설의 개발 및 운영에 관한 법률」에 따른 물류단지
 ㉩ 소방청장·소방본부장·소방서장(소방관서장)이 화재예방강화지구로 지정할 필요가 있다고 인정하는 지역

※ **화재예방강화지구** : 화재발생 우려가 크거나 화재가 발생할 경우 피해가 클 것으로 예상되는 지역에 대하여 화재의 예방 및 안전관리를 강화하기 위해 지정·관리하는 지역

기억법 화강시

답 ②

48. 위험물안전관리법령상 관계인이 예방규정을 정하여야 하는 위험물을 취급하는 제조소의 지정수량 기준으로 옳은 것은?

① 지정수량의 10배 이상
② 지정수량의 100배 이상
③ 지정수량의 150배 이상
④ 지정수량의 200배 이상

해설 위험물령 15조
예방규정을 정하여야 할 제조소 등

배수	제조소 등
10배 이상	• **제조**소 • **일**반취급소
100배 이상	• 옥**외**저장소
150배 이상	• 옥**내**저장소
200배 이상	• 옥외**탱**크저장소
모두 해당	• 이송취급소 • 암반탱크저장소

기억법 1 제일
 0 외
 5 내
 2 탱

※ **예방규정** : 제조소 등의 화재예방과 화재 등 재해발생시의 비상조치를 위한 규정

답 ①

49. 소방시설 설치 및 관리에 관한 법령상 주택의 소유자가 소방시설을 설치하여야 하는 대상이 아닌 것은?

① 아파트 ② 연립주택
③ 다세대주택 ④ 다가구주택

해설 소방시설법 10조
주택의 소유자가 설치하는 소방시설의 설치대상
(1) 단독주택
(2) 공동주택(아파트 및 기숙사 제외) : 연립주택, 다세대주택, 다가구주택

답 ①

50. 소방시설공사업법령상 정의된 업종 중 소방시설업의 종류에 해당되지 않는 것은?

① 소방시설설계업 ② 소방시설공사업
③ 소방시설정비업 ④ 소방공사감리업

해설 공사업법 2조
소방시설업의 종류

소방시설 설계업	소방시설 공사업	소방공사 감리업	방염처리업
소방시설공사에 기본이 되는 **공사계획**·**설계도면**·**설계설명서**·**기술계산서** 등을 작성하는 영업	설계도서에 따라 소방시설을 **신설**·**증설**·**개설**·**이전**·**정비**하는 영업	소방시설공사에 관한 발주자의 권한을 대행하여 소방시설공사가 **설계도서**와 관계법령에 따라 **적법**하게 **시공**되는지를 확인하고, 품질·시공 관리에 대한 **기술지도**를 하는 영업	방염대상물품에 대하여 **방염처리**하는 영업

답 ③

51. 소방시설 설치 및 관리에 관한 법령상 특정소방대상물로서 숙박시설에 해당되지 않는 것은?

① 오피스텔
② 일반형 숙박시설
③ 생활형 숙박시설
④ 근린생활시설에 해당하지 않는 고시원

해설 소방시설법 시행령 [별표 2]
업무시설
(1) 주민자치센터(동사무소)
(2) 경찰서
(3) 소방서
(4) 우체국
(5) 보건소
(6) 공공도서관
(7) 국민건강보험공단
(8) 금융업소·오피스텔·신문사
(9) 변전소·양수장·정수장·대피소·공중화장실

① 오피스텔: 업무시설

중요
숙박시설
(1) 일반형 숙박시설
(2) 생활형 숙박시설
(3) 고시원

답 ①

52. 화재의 예방 및 안전관리에 관한 법령상 특수가연물의 저장 및 취급기준을 위반한 경우 과태료 부과기준은?

① 50만원
② 100만원
③ 150만원
④ 200만원

해설 화재예방법 시행령 [별표 9]
과태료의 부과기준

위반사항	과태료금액
① 소방용수시설·소화기구 및 설비 등의 설치명령을 위반한 자	
② 불의 사용에 있어서 지켜야 하는 사항을 위반한 자	200
③ 특수가연물의 저장 및 취급의 기준을 위반한 자	

중요
기본령 [별표 3]
과태료의 부과기준

위반사항	과태료금액
화재 또는 구조·구급이 필요한 상황을 거짓으로 알린 자	1회 위반시: 200 2회 위반시: 400 3회 이상 위반시: 500
소방활동구역 출입제한을 위반한 자	100
한국소방안전원 또는 이와 유사한 명칭을 사용한 경우	200

답 ④

53. 소방시설 설치 및 관리에 관한 법령상 수용인원 산정방법 중 다음과 같은 시설의 수용인원은 몇 명인가?

숙박시설이 있는 특정소방대상물로서 종사자 수는 5명, 숙박시설은 모두 2인용 침대이며 침대수량은 50개이다.

① 55 ② 75
③ 85 ④ 105

해설 소방시설법 시행령 [별표 7]
수용인원의 산정방법

특정소방대상물	산정방법
• 강의실 • 교무실 • 상담실 • 실습실 • 휴게실	바닥면적 합계 $\dfrac{}{1.9m^2}$
숙박시설 — 침대가 있는 경우 →	종사자수 + 침대수
침대가 없는 경우	종사자수 + 바닥면적 합계 $\dfrac{}{3m^2}$
• 기타	바닥면적 합계 $\dfrac{}{3m^2}$
• 강당 • 문화 및 집회시설, 운동시설 • 종교시설	바닥면적 합계 $\dfrac{}{4.6m^2}$

• **소수점 이하**는 **반올림**한다.

기억법 수반(수반! 동반!)

숙박시설(침대가 있는 경우)
= 종사자수 + 침대수 = 5명 + (2인용 × 50개) = 105명

답 ④

54 ★★★
19.03.문42
18.04.문54
13.03.문48
12.05.문55
10.09.문49

소방시설 설치 및 관리에 관한 법률상 소방시설 등에 대한 자체점검을 하지 아니하거나 관리업자 등으로 하여금 정기적으로 점검하게 하지 아니한 자에 대한 벌칙기준으로 옳은 것은?

① 6개월 이하의 징역 또는 1000만원 이하의 벌금
② 1년 이하의 징역 또는 1000만원 이하의 벌금
③ 3년 이하의 징역 또는 1500만원 이하의 벌금
④ 3년 이하의 징역 또는 3000만원 이하의 벌금

해설 1년 이하의 징역 또는 1000만원 이하의 벌금
(1) 소방시설의 **자체점검** 미실시자(소방시설법 58조)
(2) **소방시설관리사증** 대여(소방시설법 58조)
(3) **소방시설관리업**의 등록증 또는 등록수첩 대여(소방시설법 58조)
(4) 제조소 등의 정기점검기록 허위작성(위험물법 35조)
(5) **자체소방대**를 두지 않고 제조소 등의 허가를 받은 자(위험물법 35조)
(6) **위험물 운반용기**의 검사를 받지 않고 유통시킨 자(위험물법 35조)
(7) 제조소 등의 긴급사용정지 위반자(위험물법 35조)
(8) 영업정지처분 위반자(공사업법 36조)
(9) **거짓 감리자**(공사업법 36조)
(10) 공사감리자 미지정자(공사업법 36조)
(11) 소방시설 설계·시공·감리 하도급자(공사업법 36조)
(12) 소방시설공사 재하도급자(공사업법 36조)
(13) 소방시설업자가 아닌 자에게 **소방시설공사** 등을 도급한 관계인(공사업법 36조)

답 ②

55 ★★★
19.09.문50
17.09.문49
16.05.문53
13.09.문56

화재의 예방 및 안전관리에 관한 법률상 화재예방강화지구의 지정대상이 아닌 것은? (단, 소방청장·소방본부장 또는 소방서장이 화재예방강화지구로 지정할 필요가 있다고 인정하는 지역은 제외한다.)

① 시장지역
② 농촌지역
③ 목조건물이 밀접한 지역
④ 공장·창고가 밀집한 지역

해설 화재예방법 18조
화재예방강화지구의 지정
(1) **지정권자** : 시·도지사
(2) **지정지역**
 ㉠ **시장**지역
 ㉡ **공장**·**창고** 등이 밀집한 지역
 ㉢ **목조건물**이 밀집한 지역
 ㉣ 노후·불량 건축물이 밀집한 지역
 ㉤ **위험물**의 **저장** 및 **처리시설**이 밀집한 지역
 ㉥ **석유화학제품**을 생산하는 공장이 있는 지역
 ㉦ **소방시설**·**소방용수시설** 또는 **소방출동로**가 **없는** 지역
 ㉧ 「**산업입지 및 개발에 관한 법률**」에 따른 산업단지
 ㉨ 「물류시설의 개발 및 운영에 관한 법률」에 따른 물류단지
 ㉩ **소방청장**·**소방본부장**·**소방서장**(소방관서장)이 화재예방강화지구로 지정할 필요가 있다고 인정하는 지역

② 해당없음

※ **화재예방강화지구** : 화재발생 우려가 크거나 화재가 발생할 경우 피해가 클 것으로 예상되는 지역에 대하여 화재의 예방 및 안전관리를 강화하기 위해 지정·관리하는 지역

답 ②

56 ★★★
15.09.문47
15.05.문49
14.03.문52
12.05.문60

화재의 예방 및 안전관리에 관한 법령상 특수가연물의 품명과 지정수량 기준의 연결이 틀린 것은?

① 사류 — 1000kg 이상
② 볏짚류 — 3000kg 이상
③ 석탄·목탄류 — 10000kg 이상
④ 고무류·플라스틱류 중 발포시킨 것 — 20m³ 이상

해설 화재예방법 시행령 [별표 2]
특수가연물

품 명		수 량
가연성 **액**체류		2m³ 이상
목재가공품 및 나무부스러기		10m³ 이상
면화류		200kg 이상
나무껍질 및 대팻밥		400kg 이상
넝마 및 종이부스러기		1000kg 이상
사류(絲類)		
볏짚류		
가연성 **고**체류		3000kg 이상
고무류·플라스틱류	발포시킨 것	20m³ 이상
	그 밖의 것	3000kg 이상
석탄·목탄류		10000kg 이상

② 3000kg 이상 → 1000kg 이상

• **특수가연물** : 화재가 발생하면 그 확대가 빠른 물품

기억법 가액목면나 넝사볏가고 고석
　　　　 2 1 2 4　1　　3　3 1

답 ②

57 소방기본법령상 소방안전교육사의 배치대상별 배치기준으로 틀린 것은?
13.09.문46

① 소방청 : 2명 이상 배치
② 소방서 : 1명 이상 배치
③ 소방본부 : 2명 이상 배치
④ 한국소방안전원(본회) : 1명 이상 배치

해설 기본령 [별표 2의 3]
소방안전교육사의 배치대상별 배치기준

배치대상	배치기준
소방서	• 1명 이상
한국소방안전원	• 시·도지부 : 1명 이상 • 본회 : **2명** 이상
소방본부	• 2명 이상
소방청	• 2명 이상
한국소방산업기술원	• 2명 이상

④ 1명 이상 → 2명 이상

답 ④

58 화재의 예방 및 안전관리에 관한 법령상 관리의
18.03.문59 권원이 분리된 특정소방대상물이 아닌 것은?
16.03.문42
06.03.문60
① 판매시설 중 도매시장 및 소매시장
② 전통시장
③ 지하층을 제외한 층수가 7층 이상인 복합건축물
④ 복합건축물로서 연면적이 30000m² 이상인 것

해설 화재예방법 35조, 화재예방법 시행령 35조
관리의 권원이 분리된 특정소방대상물
(1) **복합건축물**(지하층을 제외한 **11층** 이상 또는 연면적 **3만m²** 이상인 건축물)
(2) **지하가**
(3) **도매시장, 소매시장, 전통시장**

③ 7층 → 11층

답 ③

59 소방시설공사업법상 도급을 받은 자가 제3자에게 소방시설공사의 시공을 하도급한 경우에 대한 벌칙기준으로 옳은 것은? (단, 대통령령으로 정하는 경우는 제외한다.)
19.03.문42
18.04.문54
13.03.문48
12.05.문55
10.09.문49

① 100만원 이하의 벌금
② 300만원 이하의 벌금
③ 1년 이하의 징역 또는 1000만원 이하의 벌금
④ 3년 이하의 징역 또는 1500만원 이하의 벌금

해설 **1년 이하의 징역 또는 1000만원 이하의 벌금**
(1) 소방시설의 **자체점검** 미실시자(소방시설법 58조)
(2) **소방시설관리사증** 대여(소방시설법 58조)
(3) **소방시설관리업**의 등록증 또는 등록수첩 대여(소방시설법 58조)
(4) 제조소 등의 정기점검기록 허위작성(위험물법 35조)
(5) **자체소방대**를 두지 않고 제조소 등의 허가를 받은 자(위험물법 35조)
(6) **위험물 운반용기**의 검사를 받지 않고 유통시킨 자(위험물법 35조)
(7) 제조소 등의 긴급사용정지 위반자(위험물법 35조)
(8) 영업정지처분 위반자(공사업법 36조)
(9) **거짓 감리자**(공사업법 36조)
(10) 공사감리자 미지정자(공사업법 36조)
(11) 소방시설 설계·시공·감리 하도급자(공사업법 36조)
(12) 소방시설공사 재하도급자(공사업법 36조)
(13) 소방시설업자가 아닌 자에게 **소방시설공사** 등을 도급한 관계인(공사업법 36조)

답 ③

60 소방시설 설치 및 관리에 관한 법령상 정당한 사유없이 피난시설 방화구획 및 방화시설의 관리에 필요한 조치명령을 위반한 경우 이에 대한 벌칙 기준으로 옳은 것은?

① 200만원 이하의 벌금
② 300만원 이하의 벌금
③ 1년 이하의 징역 또는 1000만원 이하의 벌금
④ 3년 이하의 징역 또는 3000만원 이하의 벌금

해설 **소방시설법 57조**
3년 이하의 징역 또는 3000만원 이하의 벌금
(1) **소방시설관리업** 무등록자
(2) **형식승인**을 받지 않은 소방용품 제조·수입자
(3) **제품검사**를 받지 않은 자
(4) **거짓**이나 그 밖의 **부정한 방법**으로 **제품검사 전문기관**의 지정을 받은 자
(5) **피난시설**, **방화구획** 및 방화시설의 관리에 따른 **명령**을 정당한 사유없이 **위반**한 자

답 ④

제4과목 소방전기시설의 구조 및 원리

61 비상경보설비 및 단독경보형 감지기의 화재안전기준에 따라 화재신호 및 상태신호 등을 송수신하는 방식으로 옳은 것은?

① 자동식 ② 수동식
③ 반자동식 ④ 유·무선식

해설 **신호처리방식**(NFPC 201 3조의 2, NFTC 201 1.8.2)

신호처리방식	설 명
유선식	화재신호 등을 배선으로 송수신하는 방식의 것
무선식	화재신호 등을 전파에 의해 송수신하는 방식의 것
유·무선식	① 유선식과 무선식을 겸용으로 사용하는 방식의 것 ② 화재신호 및 상태신호 등을 송수신하는 방식

답 ④

62 감지기의 형식승인 및 제품검사의 기술기준에 따른 연기감지기의 종류로 옳은 것은?

① 연복합형 ② 공기흡입형
③ 차동식 스포트형 ④ 보상식 스포트형

해설 **연기감지기**의 종류(감지기의 형식승인 및 제품검사의 기술기준 3조)
(1) 이온화식 스포트형
(2) 광전식 스포트형
(3) 광전식 분리형
(4) 공기흡입형

답 ②

63 비상콘센트설비의 화재안전기준에 따른 비상콘센트설비의 전원회로(비상콘센트에 전력을 공급하는 회로를 말한다)의 시설기준으로 옳은 것은?

① 하나의 전용회로에 설치하는 비상콘센트는 12개 이하로 할 것
② 전원회로는 단상 교류 220V인 것으로서 그 공급용량은 1.0kVA 이상인 것으로 할 것
③ 비상콘센트용의 풀박스 등은 방청도장을 한 것으로서, 두께 1.2mm 이상의 철판으로 할 것
④ 전원으로부터 각 층의 비상콘센트에 분기되는 경우에는 분기배선용 차단기를 보호함 안에 설치할 것

해설 **비상콘센트설비**(NFPC 504 4조, NFTC 504 2.1)

구 분	전 압	용 량	플러그접속기
단상 교류	220V	1.5kVA 이상	접지형 2극

보기 ②
(1) 하나의 전용회로에 설치하는 비상콘센트는 **10개** 이하로 할 것(전선의 용량은 최대 **3개**) 보기 ①
(2) 전원회로는 각 층에 있어서 **2 이상**이 되도록 설치할 것(단, 설치하여야 할 층의 콘센트가 **1개**인 때에는 하나의 회로로 할 수 있다.)
(3) 플러그접속기의 칼받이 접지극에는 **접지공사**를 하여야 한다.
(4) 풀박스는 **1.6mm** 이상의 철판을 사용할 것 보기 ③
(5) 절연저항은 **전원부**와 **외함** 사이를 **직류 500V 절연저항계**로 측정하여 20MΩ 이상일 것
(6) 전원으로부터 각 층의 비상콘센트에 분기되는 경우에는 **분기배선용 차단기**를 보호함 안에 설치할 것 보기 ④
(7) 바닥으로부터 **0.8~1.5m** 이하의 높이에 설치할 것
(8) 전원회로는 주배전반에서 **전용회로**로 하며, 배선의 종류는 **내화배선**이어야 한다.

① 12개 → 10개
② 1.0kVA → 1.5kVA
③ 1.2mm → 1.6mm

답 ④

64. 비상방송설비의 화재안전기준에 따라 기동장치에 따른 화재신고를 수신한 후 필요한 음량으로 화재발생 상황 및 피난에 유효한 방송이 자동으로 개시될 때까지의 소요시간은 몇 초 이하로 하여야 하는가?

① 3
② 5
③ 7
④ 10

해설 소요**시간**

기기	시간
• P형·P형 복합식·R형·R형 복합식·GP형·GP형 복합식·GR형·GR형 복합식 수신기 • **중**계기	**5**초 이내
비상방송설비	10초 이하
가스누설경보기	**6**0초 이내

기억법 시중5(시중을 드시오!)
6가(육체미**가** 뛰어나다.)

중요

축적형 수신기

전원차단시간	축적시간	화재표시감지시간
1~3초 이하	30~60초 이하	60초(1회 이상 반복)

답 ④

65. 비상조명등의 화재안전기준에 따른 휴대용 비상조명등의 설치기준이다. 다음 ( )에 들어갈 내용으로 옳은 것은?

지하상가 및 지하역사에는 보행거리 (㉠)m 이내마다 (㉡)개 이상 설치할 것

① ㉠ 25, ㉡ 1
② ㉠ 25, ㉡ 3
③ ㉠ 50, ㉡ 1
④ ㉠ 50, ㉡ 3

해설 휴대용 비상조명등의 설치기준(NFPC 304 4조, NFTC 304 2.1.2)

설치개수	설치장소
1개 이상	• **숙**박시설 또는 **다**중이용업소에는 객실 또는 영업장 안의 구획된 실마다 잘 보이는 곳(외부에 설치시 출입문 손잡이로부터 **1m 이내** 부분)
3개 이상	• **지**하상가 및 **지**하역사의 보행거리 **2**5m 이내마다 • **대**규모점포(백화점·대형점·쇼핑센터) 및 **영**화상영관의 보행거리 **50m** 이내마다

(1) 바닥으로부터 **0.8~1.5m** 이하의 높이에 설치할 것
(2) 어둠 속에서 **위치**를 확인할 수 있도록 할 것
(3) 사용시 **자동**으로 **점등**되는 구조일 것

(4) 외함은 **난연성능**이 있을 것
(5) 건전지를 사용하는 경우에는 **방전방지조치**를 하여야 하고, **충전식 배터리**의 경우에는 **상시 충전**되도록 할 것
(6) 건전지 및 충전식 배터리의 용량은 **20분** 이상 유효하게 사용할 수 있는 것으로 할 것

답 ②

66. 자동화재탐지설비 및 시각경보장치의 화재안전기준에 따른 자동화재탐지설비의 중계기의 시설기준으로 틀린 것은?

① 조작 및 점검에 편리하고 화재 및 침수 등의 재해로 인한 피해를 받을 우려가 없는 장소에 설치할 것
② 수신기에서 직접 감지기회로의 도통시험을 행하지 아니하는 것에 있어서는 수신기와 감지기 사이에 설치할 것
③ 감지기에 따라 감시되지 아니하는 배선을 통하여 전력을 공급받는 것에 있어서는 전원입력측의 배선에 누전경보기를 설치할 것
④ 수신기에 따라 감시되지 아니하는 배선을 통하여 전력을 공급받는 것에 있어서는 해당 전원의 정전이 즉시 수신기에 표시되는 것으로 할 것

해설 **중계기**의 **설치기준**(NFPC 203 6조, NFTC 203 2.3.1)
(1) 수신기에서 직접 감지기회로의 도통시험을 행하지 않는 경우에는 **수신기**와 **감지기** 사이에 설치할 것

|중계기의 설치위치|

(2) **조작** 및 **점검**이 편리하고 화재 및 침수 등의 재해로 인한 피해를 받을 우려가 없는 장소에 설치할 것
(3) **수신기**에 따라 감시되지 아니하는 배선을 통하여 전력을 공급받는 것에 있어서는 **전원입력측**의 배선에 **과전류차단기**를 설치하고 해당 전원의 정전이 즉시 수신기에 표시되는 것으로 하며, **상용전원 및 예비전원**의 시험을 할 수 있도록 할 것

③ 감지기 → 수신기, 누전경보기 → 과전류차단기

답 ③

67. 자동화재탐지설비 및 시각경보장치의 화재안전기준에 따라 부착높이 8m 이상 15m 미만에 설치 가능한 감지기가 아닌 것은?

① 불꽃감지기
② 보상식 분포형 감지기
③ 차동식 분포형 감지기
④ 광전식 분리형 1종 감지기

해설 감지기의 부착높이(NFPC 203 7조, NFTC 203 2.4.1)

부착높이	감지기의 종류
4m 미만	• 차동식(스포트형, 분포형) • 보상식 스포트형 — **열**감지기 • 정온식(스포트형, 감지선형) • 이온화식 또는 광전식(스포트형, 분리형, 공기흡입형) : **연**기감지기 • 열복합형 • 연기복합형 — **복**합형 감지기 • 열연기복합형 • 불꽃감지기 기억법 열연불복 4미
4~8m 미만	• 차동식(스포트형, 분포형) • 보상식 스포트형 — **열**감지기 • **정**온식(스포트형, 감지선형) **특**종 또는 **1**종 • **이**온화식 1종 또는 **2**종 • **광**전식(스포트형, 분리형, 공기흡입형) 1종 또는 2종 — 연기감지기 • 열복합형 • 연기복합형 — **복**합형 감지기 • 열연기복합형 • 불꽃감지기 기억법 8미열 정특1 이광12 복불
8~15m 미만	• 차동식 **분**포형 • **이**온화식 **1**종 또는 **2**종 • **광**전식(스포트형, 분리형, 공기흡입형) 1종 또는 2종 • **연**기**복**합형 • 불꽃감지기 기억법 15분 이광12 연복불
15~20m 미만	• **이**온화식 1종 • **광**전식(스포트형, 분리형, 공기흡입형) 1종 • **연**기**복**합형 • **불**꽃감지기 기억법 이광불연복2
20m 이상	• **불**꽃감지기 • **광**전식(분리형, 공기흡입형) 중 **아**날로그방식 기억법 불광아

답 ②

68 예비전원의 성능인증 및 제품검사의 기술기준에서 정의하는 "예비전원"에 해당하지 않는 것은?

① 리튬계 2차 축전지
② 알칼리계 2차 축전지
③ 용융염 전해질 연료전지
④ 무보수 밀폐형 연축전지

해설 예비전원(예비전원의 성능인증 및 제품검사의 기술기준 2조)

기 기	예비전원
• 수신기 • 중계기 • 자동화재속보기	• 원통 밀폐형 니켈카드뮴 축전지 • 무보수 밀폐형 연축전지
• 간이형 수신기	• 원통 밀폐형 니켈카드뮴 축전지 또는 이와 동등 이상의 밀폐형 축전지
• 유도등	• 알칼리계 2차 축전지 • 리튬계 2차 축전지
• 비상조명등	• 알칼리계 2차 축전지 • 리튬계 2차 축전지 • 무보수 밀폐형 연축전지
• 가스누설경보기	• 알칼리계 2차 축전지 • 리튬계 2차 축전지 • 무보수밀폐형 연축전지

답 ③

69 누전경보기의 형식승인 및 제품검사의 기술기준에 따라 누전경보기에서 사용되는 표시등에 대한 설명으로 틀린 것은?

① 지구등은 녹색으로 표시되어야 한다.
② 전구는 2개 이상을 병렬로 접속하여야 한다(단, 방전등 또는 발광다이오드는 제외).
③ 주위의 밝기가 300 lx인 장소에서 측정하여 앞면으로부터 3m 떨어진 곳에서 켜진 등이 확실히 식별되어야 한다.
④ 전구에는 적당한 보호덮개를 설치하여야 한다(단, 발광다이오드는 제외).

해설 부품의 구조 및 기능(누전경보기의 형식승인 및 제품검사의 기술기준 4조)
(1) 전구는 **2개** 이상을 **병렬**로 접속하여야 한다(단, **방전등** 또는 **발광다이오드**는 제외).
(2) 전구에는 적당한 **보호덮개**를 설치하여야 한다(단, **발광다이오드**는 제외).
(3) 주위의 밝기가 **300 lx**인 장소에서 측정하여 앞면으로부터 **3m** 떨어진 곳에서 켜진 등이 확실히 식별될 것
(4) 누전화재의 발생을 표시하는 표시등(누전등)이 설치된 것은 등이 켜질 때 **적색**으로 표시되어야 하며, 누전화재가 발생한 경계전로의 위치를 표시하는 표시등(지구등)과 기타의 표시등은 다음과 같아야 한다.

종 류	색
• 누전등 • 지구등	적색
기타 표시등	적색 외의 색

① 녹색 → 적색

답 ①

70. 비상콘센트설비의 화재안전기준에 따라 바닥면적이 1000m² 미만인 층은 비상콘센트를 계단의 출입구로부터 몇 m 이내에 설치해야 하는가? (단, 계단의 부속실을 포함하며 계단이 2 이상 있는 경우에는 그 중 1개의 계단을 말한다.)

① 10　　② 8
③ 5　　④ 3

해설 비상콘센트 설치기준(NFPC 504 4조, NFTC 504 2.1.5)
(1) **11층** 이상의 각 층마다 설치
(2) 바닥으로부터 **0.8m** 이상 **1.5m** 이하의 위치에 설치
(3) 수평거리 기준

수평거리 25m 이하	수평거리 50m 이하
지하상가 또는 **지하층**의 바닥면적의 합계가 **3000m²** 이상	기타

(4) 바닥면적 기준

바닥면적 1000m² 미만	바닥면적 1000m² 이상
계단의 출입구로부터 **5m** 이내 설치	각 계단의 출구 또는 **계단부속실**의 출입구로부터 **5m** 이내 설치

답 ③

71. 무선통신보조설비의 화재안전기준에 따른 설치 제외에 대한 내용이다. 다음 ( )에 들어갈 내용으로 옳은 것은?

(㉠)으로서 특정소방대상물의 바닥부분 2면 이상이 지표면과 동일하거나 지표면으로부터의 깊이가 (㉡)m 이하인 경우에는 해당 층에 한하여 무선통신보조설비를 설치하지 아니할 수 있다.

① ㉠ 지하층, ㉡ 1　② ㉠ 지하층, ㉡ 2
③ ㉠ 무창층, ㉡ 1　④ ㉠ 무창층, ㉡ 2

해설 **무선통신보조설비**의 설치 제외(NFPC 505 4조, NFTC 505 2.1)
(1) **지하층**으로서 특정소방대상물의 바닥부분 **2면** 이상이 지표면과 동일한 경우의 해당층
(2) 지하층으로서 지표면으로부터의 깊이가 **1m** 이하인 경우의 해당층

기억법 2면무지(이면 계약의 **무지**)

답 ①

72. 비상방송설비의 화재안전기준에 따른 정의에서 가변저항을 이용하여 전류를 변화시켜 음량을 크게 하거나 작게 조절할 수 있는 장치를 말하는 것은?

① 증폭기　　② 변류기
③ 중계기　　④ 음량조절기

해설 비상방송설비에 사용되는 용어(NFPC 202 3조, NFTC 202 1.7)

용어	설명
확성기 (스피커)	소리를 크게 하여 멀리까지 전달될 수 있도록 하는 장치
음량조절기	**가변저항**을 이용하여 **전류**를 **변화**시켜 음량을 크게 또는 작게 조절할 수 있는 장치
증폭기	전압전류의 **진폭**을 늘려 감도를 좋게 하고 미약한 **음성전류**를 커다란 음성전류로 변화시켜 **소리**를 **크게** 하는 장치

비교
(1) **자동화재탐지설비**의 용어(NFPC 203 3조, NFTC 203 1.7)

용어	설명
발신기	화재발생신호를 수신기에 **수동**으로 **발신**하는 것
경계구역	특정소방대상물 중 화재신호를 **발신**하고 그 **신호**를 **수신** 및 유효하게 제어할 수 있는 구역
거실	**거주·집무·작업·집회·오락**, 그 밖에 이와 유사한 목적을 위하여 사용하는 방
중계기	감지기·발신기 또는 전기적 접점 등의 작동에 따른 **신호**를 받아 이를 수신기의 제어반에 **전송**하는 장치
시각경보장치	**자동화재탐지설비**에서 발하는 화재신호를 시각경보기에 전달하여 **청각장애인**에게 **점멸형태**의 **시각경보**를 하는 것

(2) **누전경보기**(NFPC 205 3조, NFTC 205 1.7)

용어	설명
수신부	변류기로부터 검출된 **신호**를 **수신**하여 누전의 발생을 해당 소방대상물의 **관계인**에게 **경보**하여 주는 것(차단기구를 갖는 것 포함)
변류기	경계전로의 **누설전류**를 자동적으로 **검출**하여 이를 누전경보기의 수신부에 송신하는 것

기억법 수수변누

답 ④

73 소방시설용 비상전원수전설비의 화재안전기준에 따라 큐비클형의 시설기준으로 틀린 것은?

① 전용큐비클 또는 공용큐비클식으로 설치할 것
② 외함은 건축물의 바닥 등에 견고하게 고정할 것
③ 자연환기구에 따라 충분히 환기할 수 없는 경우에는 환기설비를 설치할 것
④ 공용큐비클식의 소방회로와 일반회로에 사용되는 배선 및 배선용 기기는 난연재료로 구획할 것

해설 큐비클형의 설치기준 (NFPC 602 5조, NFTC 602 2.2.3)
(1) **전용큐비클** 또는 **공용큐비클식**으로 설치 보기 ①
(2) 외함은 두께 **2.3mm** 이상의 **강판**과 이와 동등 이상의 강도와 내화성능이 있는 것으로 제작
(3) 개구부에는 60분+방화문, 60분 방화문 또는 30분 방화문 설치
(4) 외함은 **건축물의 바닥** 등에 견고하게 고정할 것 보기 ②
(5) 환기장치는 다음에 적합하게 설치할 것
  ⊙ 내부의 **온도**가 상승하지 않도록 **환기장치**를 할 것
  ⊙ 자연환기구의 **개**구부 면적의 합계는 외함의 한 면에 대하여 해당 면적의 $\frac{1}{3}$ 이하로 할 것. 이 경우 하나의 통기구의 크기는 직경 **10mm** 이상의 **둥근 막대**가 들어가서는 아니 된다.
  ⊙ 자연환기구에 따라 충분히 환기할 수 없는 경우에는 **환기설비**를 설치할 것 보기 ③
  ⊙ 환기구에는 **금속망**, **방화댐퍼** 등으로 방화조치를 하고, 옥외에 설치하는 것은 **빗물** 등이 들어가지 않도록 할 것

[기억법] 큐환 온개설 망댐빗

(6) 공용큐비클식의 소방회로와 일반회로에 사용되는 배선 및 배선용 기기는 **불연재료**로 구획할 것 보기 ④

④ 난연재료 → 불연재료

답 ④

74 비상경보설비 및 단독경보형 감지기의 화재안전기준에 따른 발신기의 시설기준에 대한 내용이다. 다음 (　)에 들어갈 내용으로 옳은 것은?

> 조작이 쉬운 장소에 설치하고, 조작스위치는 바닥으로부터 (㉠)m 이상 (㉡)m 이하의 높이에 설치할 것

① ㉠ 0.6, ㉡ 1.2
② ㉠ 0.8, ㉡ 1.5
③ ㉠ 1.0, ㉡ 1.8
④ ㉠ 1.2, ㉡ 2.0

해설 비상경보설비의 발신기 설치기준 (NFPC 201 4조, NFTC 201 2.1.5)
(1) 전원 : 축전지설비, 전기저장장치, 교류전압의 옥내간선으로 하고 배선은 전용
(2) 감시상태 : **60분**, 경보시간 : **10분**
(3) 조작이 **쉬운 장소**에 설치하고, 조작스위치는 바닥으로부터 **0.8~1.5m** 이하의 높이에 설치할 것
(4) 특정소방대상물의 **층**마다 설치하되, 해당 소방대상물의 각 부분으로부터 하나의 발신기까지의 **수평거리**가 **25m** 이하가 되도록 할 것(단, 복도 또는 별도로 구획된 실로서 **보행거리**가 **40m** 이상일 경우에는 추가로 설치할 것)
(5) 발신기의 **위치표시등**은 함의 **상부**에 설치하되, 그 불빛은 부착면으로부터 **15°** 이상의 범위 안에서 부착지점으로부터 **10m** 이내의 어느 곳에서도 쉽게 식별할 수 있는 **적색등**으로 할 것

| 위치표시등의 식별 |

용어
전기저장장치
외부 전기에너지를 저장해 두었다가 필요한 때 전기를 공급하는 장치

답 ②

75 누전경보기의 형식승인 및 제품검사의 기술기준에 따라 누전경보기에 차단기구를 설치하는 경우 차단기구에 대한 설명으로 틀린 것은?

① 개폐부는 정지점이 명확하여야 한다.
② 개폐부는 원활하고 확실하게 작동하여야 한다.
③ 개폐부는 KS C 8321(배선용 차단기)에 적합한 것이어야 한다.
④ 개폐부는 수동으로 개폐되어야 하며 자동적으로 복귀하지 아니하여야 한다.

해설 누전경보기에 차단기구를 설치하는 경우 적합기준 (누전경보기의 형식승인 및 제품검사의 기술기준 4조 9호)
(1) 개폐부는 원활하고 확실하게 작동하여야 하며 정지점이 명확하여야 한다.
(2) 개폐부는 **수동**으로 개폐되어야 하며 **자동적**으로 **복귀**하지 아니하여야 한다.
(3) 개폐부는 KS C 4613(**누전차단기**)에 적합한 것이어야 한다.

③ KS C 8321(배선용 차단기) → KS C 4613(누전차단기)

답 ③

76 감지기의 형식승인 및 제품검사의 기술기준에 따른 단독경보형 감지기(주전원이 교류전원 또는 건전지인 것을 포함한다)의 일반기능에 대한 설명으로 틀린 것은?

① 작동되는 경우 작동표시등에 의하여 화재의 발생을 표시할 수 있는 기능이 있어야 한다.
② 작동되는 경우 내장된 음향장치의 명동에 의하여 화재경보음을 발할 수 있는 기능이 있어야 한다.
③ 전원의 정상상태를 표시하는 전원표시등의 섬광주기는 3초 이내의 점등과 60초 이내의 소등으로 이루어져야 한다.
④ 자동복귀형 스위치(자동적으로 정위치에 복귀될 수 있는 스위치를 말한다)에 의하여 수동으로 작동시험을 할 수 있는 기능이 있어야 한다.

해설 **단독경보형**의 **감지기**(주전원이 교류전원 또는 건전지인 것 포함)의 **적합 기준**(감지기의 형식승인 및 제품검사의 기술기준 5조 2항)
(1) **자동복귀형 스위치**(자동적으로 정위치에 복귀될 수 있는 스위치)에 의하여 **수동**으로 작동시험을 할 수 있는 기능이 있을 것
(2) 작동되는 경우 **작동표시등**에 의하여 화재의 발생을 표시하고, 내장된 **음향장치**의 명동에 의하여 **화재경보음**을 발할 수 있는 기능이 있을 것
(3) 주기적으로 **섬광**하는 **전원표시등**에 의하여 전원의 **정상여부**를 감시할 수 있는 기능이 있어야 하며, 전원의 정상상태를 표시하는 전원표시등의 섬광주기는 **1초 이내**의 점등과 **30초에서 60초 이내**의 소등으로 이루어질 것

③ 섬광주기는 3초 이내 → 섬광주기는 1초 이내, 60초 이내의 소등 → 30초에서 60초 이내의 소등

답 ③

77 자동화재속보설비의 속보기의 성능인증 및 제품검사의 기술기준에 따라 자동화재속보설비의 속보기가 소방관서에 자동적으로 통신망을 통해 통보하는 신호의 내용으로 옳은 것은?

① 당해 소방대상물의 위치 및 규모
② 당해 소방대상물의 위치 및 용도
③ 당해 화재발생 및 당해 소방대상물의 위치
④ 당해 고장발생 및 당해 소방대상물의 위치

해설 **자동화재속보설비**의 **속보기**(자동화재속보설비의 속보기의 성능인증 및 제품검사의 기술기준 2조)
수동작동 및 자동화재탐지설비 **수신기**의 화재신호와 연동으로 작동하여 **관계인**에게 화재발생을 경보함과 동시에 **소방관서**에 자동적으로 통신망을 통한 **당해 화재발생** 및 **당해 소방대상물의 위치** 등을 음성으로 통보하여 주는 것

답 ③

78 유도등의 우수품질인증 기술기준에 따른 유도등의 일반구조에 대한 내용이다. 다음 ( )에 들어갈 내용으로 옳은 것은?

> 전선의 굵기는 인출선인 경우에는 단면적이 (㉠)mm² 이상, 인출선의 길이는 (㉡)mm 이상이어야 한다.

① ㉠ 0.75, ㉡ 150   ② ㉠ 0.75, ㉡ 175
③ ㉠ 1.5, ㉡ 175   ④ ㉠ 2.5, ㉡ 150

해설 비상조명등·유도등의 전선굵기 및 길이(유도등의 우수품질인증 기술기준 2조)

인출선 굵기	인출선 길이
0.75mm² 이상	150mm 이상

기억법 인75(인(사람) 치료)

답 ①

79 유도등 및 유도표지의 화재안전기준에 따라 객석유도등을 설치하여야 하는 장소로 틀린 것은?

① 벽   ② 천장
③ 바닥   ④ 통로

해설 **객석유도등**의 **설치위치**(NFPC 303 7조, NFTC 303 2.4.1)
(1) 객석의 **통로**
(2) 객석의 **바닥**
(3) 객석의 **벽**

기억법 통바벽

답 ②

80 무선통신보조설비의 화재안전기준에 따라 누설동축케이블 또는 동축케이블의 임피던스는 몇 Ω인가?

① 5   ② 10
③ 30   ④ 50

해설 **누설동축케이블·동축케이블**의 **임피던스**(NFPC 505 5조, NFTC 505 2.2.2) : **50Ω**

참고
무선통신보조설비의 **분배기·분파기·혼합기 설치기준**(NFPC 505 7조, NFTC 505 2.4.1)
(1) 먼지·습기·부식 등에 이상이 없을 것
(2) 임피던스 50Ω의 것
(3) 점검이 편리하고 화재 등의 피해 우려가 없는 장소

답 ④

과년도 기출문제

2019년

소방설비기사 필기(전기분야)

- 2019. 3. 3 시행 ·················· 19- 2
- 2019. 4. 27 시행 ·················· 19-26
- 2019. 9. 21 시행 ·················· 19-53

** 수험자 유의사항 **

1. 문제지를 받는 즉시 본인이 응시한 종목이 맞는지 확인하시기 바랍니다.
2. 문제지 표지에 본인의 수험번호와 성명을 기재하여야 합니다.
3. 문제지의 총면수, 문제번호 일련순서, 인쇄상태, 중복 및 누락 페이지 유무를 확인하시기 바랍니다.
4. 답안은 각 문제마다 요구하는 가장 적합하거나 가까운 답 1개만을 선택하여야 합니다.
5. 답안카드는 뒷면의 「수험자 유의사항」에 따라 작성하시고, 답안카드 작성 시 형별누락, 마킹착오로 인한 불이익은 전적으로 수험자에게 책임이 있음을 알려드립니다.
6. 문제지는 시험 종료 후 본인이 가져갈 수 있습니다.

** 안내사항 **

- 가답안/최종정답은 큐넷(www.q-net.or.kr)에서 확인하실 수 있습니다. 가답안에 대한 의견은 큐넷의 [가답안 의견 제시]를 통해 제시할 수 있으며, 확정된 답안은 최종정답으로 갈음합니다.
- 공단에서 제공하는 자격검정서비스에 대해 개선할 점이 있으시면 고객참여(http://hrdkorea.or.kr/7/1/1)를 통해 건의하여 주시기 바랍니다.

2019. 3. 3 시행

■ 2019년 기사 제1회 필기시험 ■

자격종목	종목코드	시험시간	형별	수험번호	성명
소방설비기사(전기분야)		2시간			

※ 각 문항은 4지택일형으로 질문에 가장 적합한 보기 항을 선택하여 체크하여야 합니다.

제1과목 소방원론

01 분말소화약제 중 A급 · B급 · C급 화재에 모두 사용할 수 있는 것은?

18.04.문06
17.09.문10
16.10.문06
16.05.문15
16.03.문09
15.09.문01
15.05.문08
14.09.문10
14.03.문03
14.03.문14
12.03.문13

① Na_2CO_3
② $NH_4H_2PO_4$
③ $KHCO_3$
④ $NaHCO_3$

해설 (1) 분말소화약제

유사문제부터
풀어보세요.
실력이 팍!팍!
올라갑니다.

종별	주성분	착색	적응화재	비고
제**1**종	중탄산나트륨 ($NaHCO_3$)	백색	BC급	**식용유** 및 **지방질유**의 화재에 적합
제**2**종	중탄산칼륨 ($KHCO_3$)	담자색 (담회색)	BC급	—
제**3**종	제1인산암모늄 ($NH_4H_2PO_4$)	담홍색	AB C급	**차고 · 주차장**에 적합
제**4**종	중탄산칼륨 + 요소 ($KHCO_3 +$ $(NH_2)_2CO$)	회(백)색	BC급	—

기억법 1식분(일식 분식)
       3분 차주(삼보컴퓨터 차주)

(2) 이산화탄소 소화약제

주성분	적응화재
이산화탄소(CO_2)	BC급

답 ②

02 물의 기화열이 539.6cal/g인 것은 어떤 의미인가?

14.09.문20
10.09.문20

① 0℃의 물 1g이 얼음으로 변화하는 데 539.6cal 의 열량이 필요하다.
② 0℃의 얼음 1g이 물로 변화하는 데 539.6cal 의 열량이 필요하다.
③ 0℃의 물 1g이 100℃의 물로 변화하는 데 539.6cal의 열량이 필요하다.
④ 100℃의 물 1g이 수증기로 변화하는 데 539.6cal의 열량이 필요하다.

해설 기화열과 융해열

기화열(증발열)	융해열
100℃의 물 1g이 수증기로 변화하는 데 필요한 열량	0℃의 얼음 1g이 물로 변화하는 데 필요한 열량

참고

물(H_2O)

기화잠열(증발잠열)	융해잠열(융해열)
<u>539</u>cal/g	<u>80</u>cal/g

기억법 기53, 융8

④ 물의 기화열 539.6cal : 100℃의 물 1g이 수증기로 변화하는 데 539.6cal의 열량이 필요하다.

답 ④

03 공기와 접촉되었을 때 위험도(H)가 가장 큰 것은?

18.03.문18
15.09.문08
10.03.문14

① 에터   ② 수소
③ 에틸렌 ④ 부탄

해설 위험도

$$H = \frac{U - L}{L}$$

여기서, H : 위험도
       U : 연소상한계
       L : 연소하한계

① 에터 $= \frac{48 - 1.7}{1.7} = 27.23$

② 수소 $= \frac{75 - 4}{4} = 17.75$

③ 에틸렌 $= \frac{36 - 2.7}{2.7} = 12.33$

④ 부탄 $= \frac{8.4 - 1.8}{1.8} = 3.67$

중요
공기 중의 폭발한계 (상온, 1atm)

가 스	하한계 [vol%]	상한계 [vol%]
보기 ① → 에터($(C_2H_5)_2O$) →	1.7	48
보기 ② → 수소(H_2) →	4	75
보기 ③ → 에틸렌(C_2H_4) →	2.7	36
보기 ④ → 부탄(C_4H_{10}) →	1.8	8.4
아세틸렌(C_2H_2)	2.5	81
일산화탄소(CO)	12	75
이황화탄소(CS_2)	1	50
암모니아(NH_3)	15	25
메탄(CH_4)	5	15
에탄(C_2H_6)	3	12.4
프로판(C_3H_8)	2.1	9.5

• 연소한계=연소범위=가연한계=가연범위=폭발한계=폭발범위

답 ①

04 마그네슘의 화재에 주수하였을 때 물과 마그네슘의 반응으로 인하여 생성되는 가스는?
① 산소 ② 수소
③ 일산화탄소 ④ 이산화탄소

해설 주수소화(물소화)시 위험한 물질

위험물	발생물질
• 무기과산화물	산소(O_2) 발생 [기억법] 무산(무산되다.)
• 금속분 • **마그네슘** • 알루미늄 • 칼륨 • 나트륨 • 수소화리튬	수소(H_2) 발생 [기억법] 마수
• 가연성 액체의 유류화재 (경유)	연소면(화재면) 확대

답 ②

05 이산화탄소의 질식 및 냉각 효과에 대한 설명 중 틀린 것은?
① 이산화탄소의 증기비중이 산소보다 크기 때문에 가연물과 산소의 접촉을 방해한다.
② 액체 이산화탄소가 기화되는 과정에서 열을 흡수한다.
③ 이산화탄소는 불연성 가스로서 가연물의 연소반응을 방해한다.
④ 이산화탄소는 산소와 반응하며 이 과정에서 발생한 연소열을 흡수하므로 냉각효과를 나타낸다.

해설 ④ 이산화탄소(CO_2)는 산소와 더 이상 반응하지 않는다.

중요
(1) **이산화탄소의 냉각효과원리**
  ㉠ 이산화탄소는 방사시 발생하는 미세한 **드라이아이스** 입자에 의해 **냉각효과**를 나타낸다.
  ㉡ 이산화탄소 방사시 **기화열**을 흡수하여 **점화원**을 **냉각**시키므로 **냉각효과**를 나타낸다.

(2) **가연물이 될 수 없는 물질**(불연성 물질)

특 징	불연성 물질
주기율표의 0족 원소	• 헬륨(He) • 네온(Ne) • **아르곤**(Ar) • 크립톤(Kr) • 크세논(Xe) • 라돈(Rn) } 불활성 가스
산소와 더 이상 반응하지 않는 물질	• 물(H_2O) • 이산화탄소(CO_2) • 산화알루미늄(Al_2O_3) • 오산화인(P_2O_5)
흡열반응물질	• 질소(N_2)

답 ④

06 위험물안전관리법령상 위험물의 지정수량이 틀린 것은?
① 과산화나트륨 - 50kg
② 적린 - 100kg
③ 트리나이트로톨루엔(제2종) - 100kg
④ 탄화알루미늄 - 400kg

해설 위험물의 지정수량

위험물	지정수량
과산화나트륨	50kg
적린	100kg
트리나이트로톨루엔	제1종 : 10kg, 제2종 : 100kg
탄화알루미늄	→ 300kg

④ 400kg → 300kg

답 ④

07 제2류 위험물에 해당하지 않는 것은?
① 황 ② 황화인
③ 적린 ④ 황린

해설 위험물령 〔별표 1〕
위험물

유별	성질	품명
제1류	**산**화성 **고**체	• 아염소산염류 • 염소산염류 • 과염소산염류 • 질산염류 • 무기과산화물 **기억법** 1산고(일산GO)
제2류	가연성 고체	• **황화**인 • **적**린 • **황** • **마**그네슘 • 금속분 **기억법** 2황화적황마
제3류	자연발화성 물질 및 금수성 물질	• **황**린 • **칼**륨 • **나**트륨 • **트**리에틸**알**루미늄 • 금속의 수소화물 **기억법** 황칼나트알
제4류	인화성 액체	• 특수인화물 • 석유류(벤젠) • 알코올류 • 동식물유류
제5류	자기반응성 물질	• 유기과산화물 • 나이트로화합물 • 나이트로소화합물 • 아조화합물 • 질산에스터류(셀룰로이드)
제6류	산화성 액체	• 과염소산 • 과산화수소 • 질산

④ 황린 : 제3류 위험물

답 ④

08 ★★★ 화재의 분류방법 중 유류화재를 나타낸 것은?
17.09.문07
16.05.문09
15.09.문19
13.09.문07

① A급 화재　② B급 화재
③ C급 화재　④ D급 화재

해설 화재의 종류

구 분	표시색	적응물질
일반화재(A급)	백색	• 일반가연물 • 종이류 화재 • 목재·섬유화재
유류화재(B급)	황색	• 가연성 액체 • 가연성 가스 • 액화가스화재 • 석유화재
전기화재(C급)	청색	• 전기설비
금속화재(D급)	무색	• 가연성 금속
주방화재(K급)	–	• 식용유화재

※ 요즘은 표시색의 의무규정은 없음

답 ②

09 ★ 주요구조부가 내화구조로 된 건축물에서 거실 각 부분으로부터 하나의 직통계단에 이르는 보행거리는 피난자의 안전상 몇 m 이하이어야 하는가?
99.08.문10

① 50　② 60
③ 70　④ 80

해설 건축령 34조
직통계단의 설치거리
(1) 일반건축물 : 보행거리 30m 이하
(2) 16층 이상인 공동주택 : 보행거리 40m 이하
(3) 내화구조 또는 불연재료로 된 건축물 : 50m 이하

답 ①

10 ★★★ 불활성 가스에 해당하는 것은?
16.03.문04
11.10.문02

① 수증기　② 일산화탄소
③ 아르곤　④ 아세틸렌

해설 가연물이 될 수 없는 물질(불연성 물질)

특 징	불연성 물질
주기율표의 0족 원소	• 헬륨(He) • 네온(Ne) • **아르곤**(Ar) ┐ • 크립톤(Kr) │ 불활성 • 크세논(Xe) │ 가스 • 라돈(Rn) ┘
산소와 더 이상 반응하지 않는 물질	• 물(H_2O) • 이산화탄소(CO_2) • 산화알루미늄(Al_2O_3) • 오산화인(P_2O_5)
흡열반응물질	• 질소(N_2)

답 ③

11 ★★ 이산화탄소 소화약제의 임계온도로 옳은 것은?
16.03.문15
14.05.문08
13.06.문20
11.03.문06

① 24.4℃　② 31.1℃
③ 56.4℃　④ 78.2℃

해설 이산화탄소의 물성

구 분	물 성
임계압력	72.75atm
임계온도	→ 31.35℃(약 31.1℃)
3중점	−**56**.3℃(약 −56℃)
승화점(**비**점)	−**78**.5℃
허용농도	0.5%
증기비중	**1.5**29
수분	0.05% 이하(함량 99.5% 이상)

기억법 이356, 이비78, 이증15

답 ②

12 인화점이 40℃ 이하인 위험물을 저장, 취급하는 장소에 설치하는 전기설비는 방폭구조로 설치하는데, 용기의 내부에 기체를 압입하여 압력을 유지하도록 함으로써 폭발성 가스가 침입하는 것을 방지하는 구조는?

① 압력방폭구조
② 유입방폭구조
③ 안전증방폭구조
④ 본질안전방폭구조

해설 **방폭구조**의 **종류**

① **내압**(압력)**방폭구조**(P) : 용기 내부에 질소 등의 보호용 가스를 충전하여 외부에서 폭발성 가스가 침입하지 못하도록 한 구조

② **유입방폭구조**(o) : 전기불꽃, 아크 또는 고온이 발생하는 부분을 기름 속에 넣어 폭발성 가스에 의해 인화가 되지 않도록 한 구조

③ **안전증방폭구조**(e) : 기기의 정상운전 중에 폭발성 가스에 의해 점화원이 될 수 있는 전기불꽃 또는 고온이 되어서는 안 될 부분에 기계적, 전기적으로 특히 안전도를 증가시킨 구조

④ **본질안전방폭구조**(i) : 폭발성 가스가 단선, 단락, 지락 등에 의해 발생하는 전기불꽃, 아크 또는 고온에 의하여 점화되지 않는 것이 확인된 구조

답 ①

13 물질의 취급 또는 위험성에 대한 설명 중 틀린 것은?

① 융해열은 점화원이다.
② 질산은 물과 반응시 발열반응하므로 주의를 해야 한다.
③ 네온, 이산화탄소, 질소는 불연성 물질로 취급한다.
④ 암모니아를 충전하는 공업용 용기의 색상은 백색이다.

해설 **점화원**이 될 수 없는 것
(1) **기**화열(증발열)
(2) **융**해열
(3) **흡**착열

기억법 점기융흡

답 ①

14 분말소화약제 분말입도의 소화성능에 관한 설명으로 옳은 것은?

① 미세할수록 소화성능이 우수하다.
② 입도가 클수록 소화성능이 우수하다.
③ 입도와 소화성능과는 관련이 없다.
④ 입도가 너무 미세하거나 너무 커도 소화성능은 저하된다.

해설 **미세도(입도)**
20~25μm의 입자로 미세도의 분포가 골고루 되어 있어야 하며, 입도가 너무 미세하거나 너무 커도 소화성능은 저하된다.

• μm : '미크론' 또는 '마이크로미터'라고 읽는다.

답 ④

15 방화구획의 설치기준 중 스프링클러, 기타 이와 유사한 자동식 소화설비를 설치한 10층 이하의 층은 몇 m² 이내마다 구획하여야 하는가?

① 1000
② 1500
③ 2000
④ 3000

해설 건축령 46조, 피난·방화구조 14조
방화구획의 기준

대상 건축물	대상 규모	층 및 구획방법	구획부분의 구조
주요 구조부가 내화구조 또는 불연재료 로 된 건축물	연면적 1000m² 넘는 것	10층 이하	• 바닥면적 →1000m² 이 내마다	• 내화구조로 된 바닥·벽 • 60분+방화 문, 60분 방 화문 • 자동방화셔터
		매 층 마다	• 지하 1층에서 지상으로 직 접 연결하는 경사로 부위 는 제외	
		11층 이상	• 바닥면적 200m² 이내 마다(실내마 감을 불연재 료로 한 경우 500m² 이내 마다)	

• 스프링클러, 기타 이와 유사한 **자동식 소화설비**를 설치한 경우 바닥면적은 위의 **3배** 면적으로 산정한다.
• **필로티**나 그 밖의 비슷한 구조의 부분을 주차장으로 사용하는 경우 그 부분은 건축물의 다른 부분과 구획할 것

④ 스프링클러소화설비를 설치했으므로 1000m²×3배=3000m²

답 ④

16 연면적이 1000m² 이상인 목조건축물은 그 외벽 및 처마 밑의 연소할 우려가 있는 부분을 방화구조로 하여야 하는데 이때 연소우려가 있는 부분은? (단, 동일한 대지 안에 2동 이상의 건물이 있는 경우이며, 공원·광장·하천의 공지나 수면 또는 내화구조의 벽, 기타 이와 유사한 것에 접하는 부분을 제외한다.)

① 상호의 외벽 간 중심선으로부터 1층은 3m 이내의 부분
② 상호의 외벽 간 중심선으로부터 2층은 7m 이내의 부분
③ 상호의 외벽 간 중심선으로부터 3층은 11m 이내의 부분
④ 상호의 외벽 간 중심선으로부터 4층은 13m 이내의 부분

해설 피난·방화구조 22조
연소할 우려가 있는 부분
인접대지경계선·도로중심선 또는 동일한 대지 안에 있는 2동 이상의 건축물 상호의 외벽 간의 중심선으로부터의 거리

1층	2층 이상
3m 이내	5m 이내

비교
소방시설법 시행규칙 17조
연소 우려가 있는 건축물의 구조
(1) **1층** : 타건축물 외벽으로부터 **6m** 이하
(2) **2층 이상** : 타건축물 외벽으로부터 **10m** 이하
(3) 대지경계선 안에 2 이상의 건축물이 있는 경우
(4) 개구부가 다른 건축물을 향하여 설치된 구조

답 ①

17 탄화칼슘의 화재시 물을 주수하였을 때 발생하는 가스로 옳은 것은?

① C_2H_2 ② H_2
③ O_2 ④ C_2H_6

해설 탄화칼슘과 물의 반응식
$CaC_2 + 2H_2O \rightarrow Ca(OH)_2 + C_2H_2 \uparrow$
탄화칼슘   물   수산화칼슘 아세틸렌

답 ①

18 증기비중의 정의로 옳은 것은? (단, 분자, 분모의 단위는 모두 g/mol이다.)

① $\dfrac{분자량}{22.4}$

② $\dfrac{분자량}{29}$

③ $\dfrac{분자량}{44.8}$

④ $\dfrac{분자량}{100}$

해설 증기비중

$$증기비중 = \dfrac{분자량}{29}$$

여기서, 29 : 공기의 평균 분자량[g/mol]

비교
증기밀도

$$증기밀도 = \dfrac{분자량}{22.4}$$

여기서, 22.4 : 기체 1몰의 부피[L]

답 ②

19 화재에 관련된 국제적인 규정을 제정하는 단체는?

① IMO(International Maritime Organization)
② SFPE(Society of Fire Protection Engineers)
③ NFPA(National Fire Protection Association)
④ ISO(International Organization for Standardization) TC 92

해설

단체명	설명
IMO(International Maritime Organization)	• 국제해사기구 • 선박의 항로, 교통규칙, 항만시설 등을 국제적으로 통일하기 위하여 설치된 유엔전문기구
SFPE(Society of Fire Protection Engineers)	• 미국소방기술사회
NFPA(National Fire Protection Association)	• 미국방화협회 • 방화·안전설비 및 산업안전 방지장치 등에 대해 약 270규격을 제정
ISO(International Organization for Standardization)	• 국제표준화기구 • 지적 활동이나 과학·기술·경제 활동 분야에서 세계 상호간의 협력을 위해 1946년에 설립한 국제기구 ※ TC 92 : Fire Safety, ISO의 237개 전문기술위원회(TC)의 하나로서, 화재로부터 인명 안전 및 건물 보호, 환경을 보전하기 위하여 건축자재 및 구조물의 화재시험 및 시뮬레이션 개발에 필요한 세부지침을 국제규격으로 제·개정하는 것

답 ④

20 화재하중에 대한 설명 중 틀린 것은?

① 화재하중이 크면 단위면적당의 발열량이 크다.
② 화재하중이 크다는 것은 화재구획의 공간이 넓다는 것이다.
③ 화재하중이 같더라도 물질의 상태에 따라 가혹도는 달라진다.
④ 화재하중은 화재구획실 내의 가연물 총량을 목재 중량당비로 환산하여 면적으로 나눈 수치이다.

해설 화재하중
(1) 가연물 등의 **연소시 건축물의 붕괴** 등을 고려하여 설계하는 하중
(2) 화재실 또는 화재구획의 **단위면적당 가연물의 양**
(3) 일반건축물에서 가연성의 건축구조재와 **가연성 수용물의 양**으로서 건물화재시 발열량 및 화재위험성을 나타내는 용어
(4) 화재하중이 크면 단위면적당의 발열량이 크다.
(5) 화재하중이 같더라도 물질의 상태에 따라 가혹도는 달라진다.
(6) 화재하중은 화재구획실 내의 가연물 총량을 목재 중량당비로 환산하여 면적으로 나눈 수치이다.

(7) 건물화재에서 가열온도의 정도를 의미한다.
(8) 건물의 내화설계시 고려되어야 할 사항이다.
(9)

$$q = \frac{\Sigma G_t H_t}{HA} = \frac{\Sigma Q}{4500A}$$

여기서, q : 화재하중[kg/m²] 또는 [N/m²]
G_t : 가연물의 양[kg]
H_t : 가연물의 단위발열량[kcal/kg]
H : 목재의 단위발열량[kcal/kg] (4500kcal/kg)
A : 바닥면적[m²]
ΣQ : 가연물의 전체 발열량[kcal]

비교

화재가혹도
화재로 인하여 건물 내에 수납되어 있는 재산 및 건물 자체에 손상을 주는 능력의 정도

답 ②

제2과목 소방전기일반

21 줄의 법칙에 관한 수식으로 틀린 것은?

① $H = I^2 Rt$ [J]
② $H = 0.24 I^2 Rt$ [cal]
③ $H = 0.12 VIt$ [J]
④ $H = \dfrac{1}{4.2} I^2 Rt$ [cal]

해설 줄의 법칙(Joule's law)

$$H = 0.24 Pt$$
$$= 0.24 VIt = 0.24 I^2 Rt$$
$$= \frac{1}{4.2} I^2 Rt = 0.24 \frac{V^2}{R} t$$

여기서, H : 발열량[cal]
P : 전력[W]
t : 시간[s]
V : 전압[V]
I : 전류[A]
R : 저항[Ω]

1J = 0.24cal 이므로

①, ② $H = I^2 Rt$ [J] = $0.24 I^2 Rt$ [cal]
③ $H = 0.12 VIt$ [J] → $H = VIt$ [J]

중요
전류의 **열작용**(발열작용) = **줄의 법칙**(Joule's law)

답 ③

22. 그림과 같은 회로에서 분류기의 배율은? (단, 전류계 A의 내부저항은 R_A이며 R_S는 분류기저항이다.)

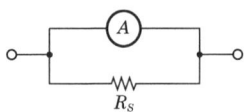

① $\dfrac{R_A}{R_A + R_S}$ ② $\dfrac{R_S}{R_A + R_S}$

③ $\dfrac{R_A + R_S}{R_S}$ ④ $\dfrac{R_A + R_S}{R_A}$

해설 분류기의 배율

$$M = \dfrac{I_0}{I} = 1 + \dfrac{R_A}{R_S}$$

여기서, M : 분류기의 배율
I_0 : 측정하고자 하는 전류(A)
I : 전류계 최대 눈금(A)
R_A : 전류계 내부저항(Ω)
R_S : 분류기저항(Ω)

분류기의 배율 M은

$$M = 1 + \dfrac{R_A}{R_S} = \dfrac{R_S}{R_S} + \dfrac{R_A}{R_S} = \dfrac{R_S + R_A}{R_S} = \dfrac{R_A + R_S}{R_S}$$

답 ③

23. SCR의 양극 전류가 10A일 때 게이트전류를 반으로 줄이면 양극 전류는 몇 A인가?

① 20
② 10
③ 5
④ 0.1

해설 **SCR**(Silicon Controlled Rectifier)
처음에는 게이트전류에 의해 양극 전류가 변화되다가 일단 완전 도통상태가 되면 게이트전류에 관계없이 양극 전류는 더 이상 변화하지 않는다. 그러므로 게이트전류를 **반**으로 줄여도 또는 **2배**로 늘려도 양극 전류는 그대로 **10A**가 되는 것이다. (이것을 알라!!)

답 ②

24. 논리식 $\overline{X} + XY$를 간략화한 것은?

① $\overline{X} + Y$
② $X + \overline{Y}$
③ $\overline{X}\, Y$
④ $X\overline{Y}$

해설 불대수의 정리

논리합	논리곱	비고
$X + 0 = X$	$X \cdot 0 = 0$	-
$X + 1 = 1$	$X \cdot 1 = X$	-
$X + X = X$	$X \cdot X = X$	-
$X + \overline{X} = 1$	$X \cdot \overline{X} = 0$	-
$X + Y = Y + X$	$X \cdot Y = Y \cdot X$	교환법칙
$X + (Y + Z)$ $= (X + Y) + Z$	$X(YZ) = (XY)Z$	결합법칙
$X(Y + Z)$ $= XY + XZ$	$(X + Y)(Z + W)$ $= XZ + XW + YZ + YW$	분배법칙
$X + XY = X$	$\overline{X} + XY = \overline{X} + Y$ $\overline{X} + X\overline{Y} = \overline{X} + \overline{Y}$ $X + \overline{X}Y = X + Y$ $X + \overline{X}\,\overline{Y} = X + \overline{Y}$	흡수법칙
$\overline{(X + Y)}$ $= \overline{X} \cdot \overline{Y}$	$\overline{(X \cdot Y)} = \overline{X} + \overline{Y}$	드모르간의 정리

답 ①

25. 공기 중에 2m의 거리에 10μC, 20μC의 두 점전하가 존재할 때 이 두 전하 사이에 작용하는 정전력은 약 몇 N인가?

① 0.45
② 0.9
③ 1.8
④ 3.6

해설 (1) 기호
- r : 2m
- Q_1 : 10μC = 10×10^{-6}C ($\mu = 10^{-6}$)
- Q_2 : 20μC = 20×10^{-6}C ($\mu = 10^{-6}$)
- F : ?

(2) **정전력** : 두 전하 사이에 작용하는 힘

$$F = \dfrac{Q_1 Q_2}{4\pi\varepsilon r^2} = QE$$

여기서, F : 정전력(N), Q, Q_1, Q_2 : 전하(C)
ε : 유전율(F/m) ($\varepsilon = \varepsilon_0 \cdot \varepsilon_s$)
ε_0 : 진공의 유전율(8.855×10^{-12})(F/m)
r : 거리(m), E : 전계의 세기(V/m)

정전력 F는

$$F = \dfrac{Q_1 Q_2}{4\pi \varepsilon_0 \varepsilon_s r^2} = \dfrac{(10 \times 10^{-6}) \times (20 \times 10^{-6})}{4\pi \times 8.855 \times 10^{-12} \times 1 \times 2^2}$$

$\fallingdotseq 0.45$N

- 공기 중 $\varepsilon_s \fallingdotseq 1$

비교

자기력
자석이 금속을 끌어당기는 힘

$$F = \frac{m_1 m_2}{4\pi \mu r^2} = mH$$

여기서, F : 자기력[N]
m, m_1, m_2 : 자하[Wb]
μ : 투자율[H/m]($\mu = \mu_0 \cdot \mu_s$)
μ_0 : 진공의 투자율($4\pi \times 10^{-7}$)[H/m]
r : 거리[m]
H : 자계의 세기[A/m]

답 ①

26 그림의 논리기호를 표시한 것으로 옳은 식은?
[13.09.문32]

① $X = (A \cdot B \cdot C) \cdot D$
② $X = (A + B + C) \cdot D$
③ $X = (A \cdot B \cdot C) + D$
④ $X = A + B + C + D$

해설 $X = (A + B + C) \cdot D$

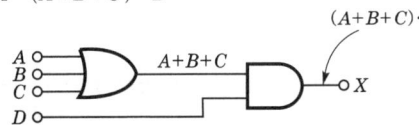

중요

회로	시퀀스 회로	논리식	논리회로
직렬 회로		$Z = A \cdot B$ $Z = AB$	
병렬 회로		$Z = A + B$	
a 접점		$Z = A$	
b 접점		$Z = \overline{A}$	

답 ②

27 역률 80%, 유효전력 80kW일 때, 무효전력[kVar]은?
[09.08.문31]
[01.09.문30]

① 10
② 16
③ 60
④ 64

해설 (1) 기호

• $\cos\theta$: 80%=0.8
• P : 80kW
• P_r : ?

(2) 무효율

$$\sin\theta = \sqrt{1 - \cos\theta^2}$$

여기서, $\sin\theta$: 무효율
$\cos\theta$: 역률

무효율 $\sin\theta$는
$\sin\theta = \sqrt{1 - \cos\theta^2} = \sqrt{1 - 0.8^2} = 0.6$

(3) 역률

$$\cos\theta = \frac{P}{P_a}$$

여기서, $\cos\theta$: 역률
P : 유효전력[kW]
P_a : 피상전력[kVA]

피상전력 P_a는
$P_a = \frac{P}{\cos\theta} = \frac{80}{0.8} = 100\text{kVA}$

(4) 무효전력

$$P_r = VI\sin\theta = P_a \sin\theta$$

여기서, P_r : 무효전력[kVar]
V : 전압[V]
I : 전류[A]
$\sin\theta$: 무효율
P_a : 피상전력[kVA]

무효전력 P_r는
$P_r = P_a \sin\theta = 100 \times 0.6 = 60\text{kVar}$

답 ③

28 두 콘덴서 C_1, C_2를 병렬로 접속하고 전압을 인가하였더니 전체 전하량이 Q[C]이었다. C_2에 충전된 전하량은?

① $\dfrac{C_1}{C_1 + C_2} Q$
② $\dfrac{C_1 + C_2}{C_1} Q$
③ $\dfrac{C_1 + C_2}{C_2} Q$
④ $\dfrac{C_2}{C_1 + C_2} Q$

해설 각각의 전기량(전하량)

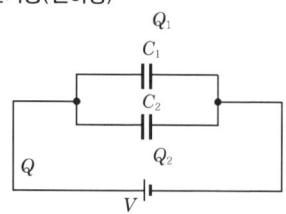

$$Q_1 = \frac{C_1}{C_1+C_2}Q, \quad Q_2 = \frac{C_2}{C_1+C_2}Q$$

여기서, Q_1 : C_1의 전기량(전하량)[C]
Q_2 : C_2의 전기량(전하량)[C]
C_1, C_2 : 각각의 정전용량[F]
Q : 전체 전기량(전하량)[C]

비교 각각의 전압

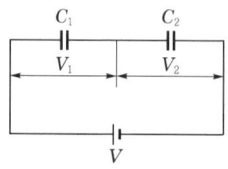

$$V_1 = \frac{C_2}{C_1+C_2}V, \quad V_2 = \frac{C_1}{C_1+C_2}V$$

여기서, V_1 : C_1에 걸리는 전압[V]
V_2 : C_2에 걸리는 전압[V]
C_1, C_2 : 각각의 정전용량[F]
V : 전체 전압[V]

답 ④

29 비례+적분+미분동작(PID동작) 식을 바르게 나타낸 것은?

① $x_0 = K_p\left(x_i + \frac{1}{T_I}\int x_i dt + T_D \frac{dx_i}{dt}\right)$

② $x_0 = K_p\left(x_i - \frac{1}{T_I}\int x_i dt - T_D \frac{dx_i}{dt}\right)$

③ $x_0 = K_p\left(x_i + \frac{1}{T_I}\int x_i dt + T_D \frac{dt}{dx_i}\right)$

④ $x_0 = K_p\left(x_i - \frac{1}{T_I}\int x_i dt - T_D \frac{dt}{dx_i}\right)$

해설 동작특성

비례미분동작(PD동작)	비례적분미분동작(PID동작)
$x_0 = K_p\left(x_i + T_D\frac{dx_i}{dt}\right)$ 여기서, x_0 : 비례미분동작 출력신호 K_p : 감도 T_D : 미분시간 dt : 시간의 변화율 dx_i : 제어편차 변화율 x_i : 제어편차	$x_0 = K_p\left(x_i + \frac{1}{T_I}\int x_i dt + T_D\frac{dx_i}{dt}\right)$ 여기서, x_0 : 비례적분미분동작 출력신호 K_p : 감도 T_I : 적분시간 x_i : 제어편차 T_D : 미분시간 dx_i : 제어편차 변화율 dt : 시간의 변화율
$x_0 = K_p\left(x_i + \frac{1}{T_I}\int x_i dt\right)$ 여기서, x_0 : 비례적분동작 출력신호 K_p : 감도 x_i : 제어편차 T_I : 적분시간 dt : 시간의 변화율	$x_0 = K_p + x_i$ 여기서, x_0 : 비례동작 출력신호 K_p : 감도 x_i : 제어편차

답 ①

30 PNPN 4층 구조로 되어 있는 소자가 아닌 것은?

① SCR ② TRIAC
③ Diode ④ GTO

해설

PN 2층 구조	PNP 또는 NPN 3층 구조	PNPN 4층 구조
• Diode(다이오드)	• Transistor (트랜지스터)	• SCR • TRIAC(트라이액) • GTO

답 ③

31 서보전동기는 제어기기의 어디에 속하는가?

① 검출부 ② 조절부
③ 증폭부 ④ 조작부

해설 **서보전동기**(servo motor)
(1) 제어기기의 **조작부**에 속한다.
(2) 서보기구의 최종단에 설치되는 **조작기기**(조작부)로서, **직선운동** 또는 **회전운동**을 하며 **정확한 제어**가 가능하다.

기억법 작서(작심)

> **참고**
>
> 서보전동기의 특징
> (1) **직류전동기**와 **교류전동기**가 있다.
> (2) **정 · 역회전**이 가능하다.
> (3) **급가속, 급감속**이 가능하다.
> (4) **저속운전**이 용이하다.

답 ④

32. 자동제어계를 제어목적에 의해 분류한 경우 틀린 것은?

① 정치제어 : 제어량을 주어진 일정 목표로 유지시키기 위한 제어
② 추종제어 : 목표치가 시간에 따라 변화하는 제어
③ 프로그램제어 : 목표치가 프로그램대로 변하는 제어
④ 서보제어 : 선박의 방향제어계인 서보제어는 정치제어와 같은 성질

해설 제어의 종류

종류	설명
정치제어 (fixed value control)	• 일정한 **목표값**을 **유지**하는 것으로 **프로세스제어, 자동조정**이 이에 해당된다. 예 연속식 압연기 • **목표값**이 시간에 관계없이 항상 일정한 값을 가지는 제어이다. 기억법 유목정
추종제어 (follow-up control, 서보제어)	미지의 시간적 변화를 하는 목표값에 제어량을 추종시키기 위한 제어로 **서보기구**가 이에 해당된다. 예 대공포의 포신
비율제어 (ratio control)	둘 이상의 제어량을 소정의 비율로 제어하는 것이다.
프로그램제어 (program control)	목표값이 **미리 정해진 시간적 변화**를 하는 경우 제어량을 그것에 추종시키기 위한 제어이다. 예 열차 · 산업로봇의 무인운전

④ 서보제어는 정치제어 → 서보제어는 추종제어

> **중요**
>
> 제어량에 의한 분류
>
> | 분류 | 종류 |
> |---|---|
> | 프로세스제어 | • **온**도
• **압**력
• **유**량
• **액**면
기억법 프온압유액 |

• 프로세스제어(공정제어) : 공업공정의 상태량을 제어량으로 하는 제어

답 ④

33. 100V, 1kW의 니크롬선을 3/4의 길이로 잘라서 사용할 때 소비전력은 약 몇 W인가?

① 1000
② 1333
③ 1430
④ 2000

해설 (1) 기호
- V : 100V
- P : 1kW=1000W
- l : $\frac{3}{4}$
- P' : ?

(2) 전력

$$P = VI = I^2R = \frac{V^2}{R}$$

여기서 P : 전력[W]
V : 전압[V]
I : 전류[A]
R : 저항[Ω]

저항 R은

$$R = \frac{V^2}{P} = \frac{100^2}{1000} = 10\,\Omega$$

(3) 고유저항

$$R = \rho\frac{l}{A} = \rho\frac{l}{\pi r^2}$$

여기서, R : 저항[Ω]
ρ : 고유저항[Ω·m]
A : 도체의 단면적[m²]
l : 도체의 길이[m]
r : 도체의 반지름[m]

$R = \rho\frac{l}{A} \propto l$ 이므로 니크롬선을 $\frac{3}{4}$ 길이로 자르면 저항(R')도 $\frac{3}{4}$으로 줄어든다. 이것을 식으로 나타내면 다음과 같다

$$R' = \frac{3}{4}R$$

(4) 전력

$$P' = \frac{V^2}{R'} = \frac{V^2}{\frac{3}{4}R} = \frac{100^2}{\frac{3}{4} \times 10} ≒ 1333W$$

답 ②

34 3상 유도전동기가 중부하로 운전되던 중 1선이 절단되면 어떻게 되는가?
① 전류가 감소한 상태에서 회전이 계속된다.
② 전류가 증가한 상태에서 회전이 계속된다.
③ 속도가 증가하고 부하전류가 급상승한다.
④ 속도가 감소하고 부하전류가 급상승한다.

해설 1선 절단시의 현상

경부하 운전시	중부하 운전시
전류가 **증가**한 상태에서 **회전**이 **계속**된다.	**속도**가 **감소**하고 부하**전류**가 **급상승**한다.

답 ④

35 전자회로에서 온도보상용으로 많이 사용되고 있는 소자는?
18.09.문31
16.10.문30
15.05.문38
14.09.문40
14.05.문24
14.03.문27
12.03.문34
11.06.문37
00.10.문25
① 저항
② 리액터
③ 콘덴서
④ 서미스터

해설 반도체소자

명 칭	심 벌
제너다이오드(zener diode) : 주로 정전압 전원회로에 사용된다.	
서미스터(thermistor) : 부온도특성을 가진 저항기의 일종으로서 주로 **온**도보정용(온도보상용)으로 쓰인다. 기억법 서온(서운해)	
SCR(Silicon Controlled Rectifier) : 단방향 대전류 스위칭소자로서 제어를 할 수 있는 정류소자이다.	A K G
바리스터(varistor) • 주로 **서**지전압에 대한 회로보호용(과도전압에 대한 회로보호) • **계**전기접점의 불꽃제거 기억법 바리서계	
UJT(Unijunction Transistor, **단일접합 트랜지스터**) : 증폭기로는 사용이 불가능하며 톱니파나 펄스발생기로 작용하며 SCR의 트리거소자로 쓰인다.	B_1 E B_2
버랙터(varactor) : 제너현상을 이용한 다이오드이다.	—

답 ④

36 변류기에 결선된 전류계가 고장이 나서 교체하는 경우 옳은 방법은?
16.05.문30
02.05.문26
① 변류기의 2차를 개방시키고 전류계를 교체한다.
② 변류기의 2차를 단락시키고 전류계를 교체한다.
③ 변류기의 2차를 접지시키고 전류계를 교체한다.
④ 변류기에 피뢰기를 연결하고 전류계를 교체한다.

해설 **변류기**(CT) 교환시 2차측 단자는 반드시 **단락**하여야 한다. 단락하지 않으면 2차측에 **고압**이 **유발**(발생)되어 변류기가 **소손**될 우려가 있다.

중요

변류기와 영상변류기

명 칭	기 능	그림기호
변류기 (CT)	일반전류 검출	
영상변류기 (ZCT)	누설전류 검출	

답 ②

37 전기화재의 원인이 되는 누전전류를 검출하기 위해 사용되는 것은?
17.09.문69
15.09.문21
14.09.문69
13.03.문62
① 접지계전기
② 영상변류기
③ 계기용 변압기
④ 과전류계전기

해설 누전경보기의 구성요소

구성요소	설 명
영상**변류**기(ZCT)	**누설전류**를 **검출**한다. 기억법 변검(변검술)
수신기	**누설전류**를 **증폭**한다.
음향장치	경보를 발한다.
차단기	차단릴레이를 포함한다.

기억법 변수음차

• 소방에서는 변류기(CT)와 영상변류기(ZCT)를 혼용하여 사용한다.

답 ②

38 어떤 옥내배선에 380V의 전압을 가하였더니 0.2mA의 누설전류가 흘렀다. 이 배선의 절연저항은 몇 MΩ인가?

① 0.2
② 1.9
③ 3.8
④ 7.6

해설 (1) 기호
- V : 380V
- I : 0.2mA = 0.2×10^{-3}A (1mA = 10^{-3}A)
- R : ?

(2) 누설전류
$$I = \frac{V}{R}$$

여기서, I : 누설전류[A]
V : 전압[V]
R : 절연저항[Ω]

절연저항 R은
$$R = \frac{V}{I} = \frac{380}{0.2 \times 10^{-3}}$$
$$= 1900000 Ω = 1.9 \times 10^6 Ω$$
$$= 1.9 MΩ$$

- $M : 10^6$이므로 $1900000Ω = 1.9 \times 10^6 Ω = 1.9MΩ$

답 ②

39 20Ω과 40Ω의 병렬회로에서 20Ω에 흐르는 전류가 10A라면, 이 회로에 흐르는 총 전류는 몇 A인가?

① 5
② 10
③ 15
④ 20

해설 (1) 기호
- R_1 : 20Ω
- R_2 : 40Ω
- I_1 : 10A
- I : ?

(2) 병렬회로

(3) 병렬회로에서 I_1의 전류
$$I_1 = \frac{R_2}{R_1 + R_2} I$$

여기서, I_1 : R_1에 흐르는 전류[A]
I_2 : R_2에 흐르는 전류[A]
R_1, R_2 : 저항[Ω]
I : 전체 전류(전전류)[A]

$I_1 = \frac{R_2}{R_1 + R_2} I$ 에서

$I_1 \frac{R_1 + R_2}{R_2} = I$

$I = I_1 \frac{R_1 + R_2}{R_2}$
$= 10 \times \frac{20 + 40}{40} = 15A$

답 ③

40 $R = 10Ω$, $C = 33μF$, $L = 20mH$인 RLC 직렬회로의 공진주파수는 약 몇 Hz인가?

① 169
② 176
③ 196
④ 206

해설 (1) 기호
- R : 10Ω
- C : $33μF = 33 \times 10^{-6}F$ (1μF = 1×10^{-6})
- L : $20mH = 20 \times 10^{-3}H$ (1mH = 1×10^{-3})
- f_0 : ?

(2) 공진주파수
$$f_0 = \frac{1}{2\pi \sqrt{LC}}$$

여기서, f_0 : 공진주파수[Hz]
L : 인덕턴스[H]
C : 정전용량[F]

공진주파수 f_0는
$$f_0 = \frac{1}{2\pi \sqrt{LC}}$$
$$= \frac{1}{2\pi \sqrt{(20 \times 10^{-3}) \times (33 \times 10^{-6})}}$$
$$≒ 196Hz$$

- $20mH = 0.02H (m = 10^{-3})$

답 ③

제3과목 소방관계법규

41 화재의 예방 및 안전관리에 관한 법령상 보일러, 난로, 건조설비, 가스·전기시설, 그 밖에 화재 발생 우려가 있는 설비 또는 기구 등의 위치·구조 및 관리와 화재 예방을 위하여 불을 사용할 때 지켜야 하는 사항은 무엇으로 정하는가?

① 총리령
② 대통령령
③ 시·도 조례
④ 행정안전부령

해설 대통령령
(1) 소방장비 등에 대한 국고보조기준(기본법 9조)
(2) **불**을 사용하는 **설비**의 관리사항을 정하는 기준(화재예방법 17조)
(3) 특수가연물 저장·취급(화재예방법 17조)
(4) 방염성능기준(소방시설법 20조)

중요

불을 사용하는 설비의 관리
(1) 보일러
(2) 난로
(3) 건조설비
(4) 가스·전기시설

답 ②

42 소방시설 설치 및 관리에 관한 법률상 소방시설 등에 대한 자체점검을 하지 아니하거나 관리업자 등으로 하여금 정기적으로 점검하게 하지 아니한 자에 대한 벌칙기준으로 옳은 것은?

① 1년 이하의 징역 또는 1000만원 이하의 벌금
② 3년 이하의 징역 또는 1500만원 이하의 벌금
③ 3년 이하의 징역 또는 3000만원 이하의 벌금
④ 6개월 이하의 징역 또는 1000만원 이하의 벌금

해설 1년 이하의 징역 또는 1000만원 이하의 벌금
(1) **소방시설**의 **자체점검** 미실시자(소방시설법 58조)
(2) **소방시설관리사증** 대여(소방시설법 58조)
(3) **소방시설관리업**의 등록증 또는 등록수첩 대여(소방시설법 58조)
(4) 제조소 등의 정기점검기록 허위작성(위험물법 35조)
(5) **자체소방대**를 두지 않고 제조소 등의 허가를 받은 자(위험물법 35조)

(6) **위험물 운반용기**의 검사를 받지 않고 유통시킨 자(위험물법 35조)

답 ①

43 화재의 예방 및 안전관리에 관한 법령상 화재안전조사위원회의 위원에 해당하지 아니하는 사람은?

① 소방기술사
② 소방시설관리사
③ 소방 관련 분야의 석사학위 이상을 취득한 사람
④ 소방 관련 법인 또는 단체에서 소방 관련 업무에 3년 이상 종사한 사람

해설 화재예방법 시행령 11조
화재안전조사위원회의 구성
(1) **과장급** 직위 이상의 소방공무원
(2) 소방기술사
(3) 소방시설관리사
(4) 소방 관련 분야의 **석사**학위 이상을 취득한 사람
(5) 소방 관련 법인 또는 단체에서 소방 관련 업무에 **5년** 이상 종사한 사람
(6) 소방공무원 교육훈련기관, 학교 또는 연구소에서 소방과 관련한 교육 또는 연구에 **5년** 이상 종사한 사람

④ 3년 → 5년

답 ④

44 화재의 예방 및 안전관리에 관한 법령상 소방관서장은 소방상 필요한 훈련 및 교육을 실시하고자 하는 때에는 화재예방강화지구 안의 관계인에게 훈련 또는 교육 며칠 전까지 그 사실을 통보하여야 하는가?

① 5
② 7
③ 10
④ 14

해설 화재예방법 18조, 화재예방법 시행령 20조
화재예방강화지구 안의 화재안전조사·소방훈련 및 교육
(1) 실시자 : **소방청장·소방본부장·소방서장**(소방관서장)
(2) 횟수 : **연 1회** 이상
(3) 훈련·교육 : **10일 전** 통보

답 ③

45 경유의 저장량이 2000리터, 중유의 저장량이 4000리터, 등유의 저장량이 2000리터인 저장소에 있어서 지정수량의 배수는?

① 동일
② 6배
③ 3배
④ 2배

해설 제4류 위험물의 종류 및 지정수량

성질	품명		지정수량	대표물질
인화성 액체	특수인화물		50L	다이에틸에터 · 이황화탄소 · 아세트알데하이드 · 산화프로필렌 · 이소프렌 · 펜탄 · 디비닐에터 · 트리클로로실란
	제1석유류	비수용성	200L	휘발유 · 벤젠 · 톨루엔 · 시클로헥산 · 아크롤레인 · 에틸벤젠 · 초산에스터류 · 의산에스터류 · 콜로디온 · 메틸에틸케톤
		수용성	400L	아세톤 · 피리딘
	알코올류		400L	메틸알코올 · 에틸알코올 · 프로필알코올 · 이소프로필알코올 · 퓨젤유 · 변성알코올
	제2석유류	비수용성	1000L	**등유 · 경유** · 테레빈유 · 장뇌유 · 송근유 · 스티렌 · 클로로벤젠 · 크실렌
		수용성	2000L	의산 · 초산 · 메틸셀로솔브 · 에틸셀로솔브 · 알릴알코올
	제3석유류	비수용성	2000L	**중유** · 크레오소트유 · 니트로벤젠 · 아닐린 · 담금질유
		수용성	4000L	에틸렌글리콜 · 글리세린
	제4석유류		6000L	기어유 · 실린더유
	동식물유류		10000L	아마인유 · 해바라기유 · 들기름 · 대두유 · 야자유 · 올리브유 · 팜유

지정수량의 배수
$$= \frac{저장량}{지정수량(경유)} + \frac{저장량}{지정수량(중유)} + \frac{저장량}{지정수량(등유)}$$
$$= \frac{2000L}{1000L} + \frac{4000L}{2000L} + \frac{2000L}{1000L} = 6배$$

답 ②

46 소방시설공사업법령상 상주공사감리 대상기준 중 다음 ㉠, ㉡, ㉢에 알맞은 것은?

19.09.문58
18.04.문59
07.05.문49

- 연면적 (㉠)m² 이상의 특정소방대상물(아파트는 제외)에 대한 소방시설의 공사
- 지하층을 포함한 층수가 (㉡)층 이상으로서 (㉢)세대 이상인 아파트에 대한 소방시설의 공사

① ㉠ 10000, ㉡ 11, ㉢ 600
② ㉠ 10000, ㉡ 16, ㉢ 500
③ ㉠ 30000, ㉡ 11, ㉢ 600
④ ㉠ 30000, ㉡ 16, ㉢ 500

해설 공사업령〔별표 3〕
소방공사감리 대상

종류	대상
상주공사감리	• 연면적 **30000m²** 이상 • **16층** 이상(지하층 포함)이고 **500세대** 이상 아파트
일반공사감리	• 기타

답 ④

47 소방기본법령상 소방본부 종합상황실 실장이 소방청의 종합상황실에 서면 · 모사전송 또는 컴퓨터통신 등으로 보고하여야 하는 화재의 기준에 해당하지 않는 것은?

17.05.문53
16.03.문46
05.09.문55

① 항구에 매어둔 총 톤수가 1000톤 이상인 선박에서 발생한 화재
② 연면적 15000m² 이상인 공장 또는 화재예방강화지구에서 발생한 화재
③ 지정수량의 1000배 이상의 위험물의 제조소 · 저장소 · 취급소에서 발생한 화재
④ 층수가 5층 이상이거나 병상이 30개 이상인 종합병원 · 정신병원 · 한방병원 · 요양소에서 발생한 화재

해설 기본규칙 3조
종합상황실 실장의 보고화재
(1) 사망자 **5명** 이상 화재
(2) 사상자 **10명** 이상 화재
(3) 이재민 **100명** 이상 화재
(4) 재산피해액 **50억원** 이상 화재
(5) 관광호텔, 층수가 11층 이상인 건축물, 지하상가, 시장, 백화점
(6) **5층** 이상 또는 객실 **30실** 이상인 **숙박시설**
(7) **5층** 이상 또는 병상 **30개** 이상인 **종합병원 · 정신병원 · 한방병원 · 요양소**
(8) **1000t** 이상인 선박(항구에 매어둔 것)
(9) 지정수량 **3000배** 이상의 위험물 제조소 · 저장소 · 취급소
(10) 연면적 **15000m²** 이상인 **공장** 또는 **화재예방강화지구**에서 발생한 화재
(11) **가스** 및 **화약류**의 폭발에 의한 화재
(12) **관공서 · 학교 · 정부미도정공장 · 문화재 · 지하철** 또는 지하구의 **화재**
(13) 철도차량, 항공기, 발전소 또는 변전소
(14) 다중이용업소의 화재

③ 1000배 → 3000배

용어

종합상황실
화재 · 재난 · 재해 · 구조 · 구급 등이 필요한 때에 신속한 소방활동을 위한 정보를 수집 · 전파하는 소방서 또는 소방본부의 지령관제실

답 ③

48 ★★★
아파트로 층수가 20층인 특정소방대상물에서 스프링클러설비를 하여야 하는 층수는? (단, 아파트는 신축을 실시하는 경우이다.)

15.03.문56
12.05.문51

① 전층   ② 15층 이상
③ 11층 이상   ④ 6층 이상

해설 소방시설법 시행령〔별표 4〕
스프링클러설비의 설치대상

설치대상	조 건
① 문화 및 집회시설, 운동시설 ② 종교시설	• 수용인원 : 100명 이상 • 영화상영관 : 지하층 · 무창층 500m²(기타 1000m²) 이상 • 무대부 – 지하층 · 무창층 · 4층 이상 300m² 이상 – 1~3층 500m² 이상
③ 판매시설 ④ 운수시설 ⑤ 물류터미널	• 수용인원 : 500명 이상 • 바닥면적 합계 : 5000m² 이상
⑥ 노유자시설 ⑦ 정신의료기관 ⑧ 수련시설(숙박 가능한 것) ⑨ 종합병원, 병원, 치과병원, 한방병원 및 요양병원(정신병원 제외) ⑩ 숙박시설	• 바닥면적 합계 600m² 이상
⑪ 지하층 · 무창층 · 4층 이상	• 바닥면적 1000m² 이상
⑫ 창고시설(물류터미널 제외)	• 바닥면적 합계 5000m² 이상 : 전층
⑬ 지하상가	• 연면적 1000m² 이상
⑭ 10m 넘는 랙식 창고	• 연면적 1500m² 이상
⑮ 복합건축물 ⑯ 기숙사	• 연면적 5000m² 이상 : 전층
⑰ **6층 이상**	• **전층**
⑱ 보일러실 · 연결통로	• 전부
⑲ 특수가연물 저장 · 취급	• 지정수량 1000배 이상
⑳ 발전시설	• 전기저장시설 : 전부

답 ①

49 ★★★
제3류 위험물 중 금수성 물품에 적응성이 있는 소화약제는?

16.03.문45
09.05.문11

① 물   ② 강화액
③ 팽창질석   ④ 인산염류분말

해설 금수성 물품에 적응성이 있는 소화약제
(1) 마른모래
(2) 팽창질석
(3) 팽창진주암

참고

위험물령〔별표 1〕
금수성 물품(금수성 물질)
(1) **칼륨**
(2) **나트륨**
(3) **알킬알루미늄**
(4) **알킬리튬**
(5) 알칼리금속(칼륨 및 나트륨 제외) 및 알칼리토금속
(6) 유기금속화합물(알킬알루미늄 및 알킬리튬 제외)
(7) 금속의 수소화물
(8) 금속의 인화물
(9) **칼슘** 또는 **알루미늄**의 **탄화물**

답 ③

50 ★★
문화유산의 보존 및 활용에 관한 법률의 규정과 지정문화유산 및 자연유산의 보존 및 활용에 관한 법률에 따른 천연기념물 등에 있어서는 제조소 등과의 수평거리를 몇 m 이상 유지하여야 하는가?

08.05.문52

① 20   ② 30
③ 50   ④ 70

해설 위험물규칙〔별표 4〕
위험물제조소의 안전거리

안전거리	대 상
3m 이상	• 7~35kV 이하의 특고압가공전선
5m 이상	• 35kV를 초과하는 특고압가공전선
10m 이상	• **주거용**으로 사용되는 것
20m 이상	• 고압가스 제조시설(용기에 충전하는 것 포함) • 고압가스 **사용**시설(1일 30m³ 이상 용적 취급) • 고압가스 **저장**시설 • 액화산소 **소비**시설 • 액화석유가스 제조 · 저장시설 • 도시가스 공급시설
30m 이상	• 학교 • 병원급의료기관 • 공연장 ┐ • 영화상영관 ┘ 300명 이상 수용시설 • 아동복지시설 ┐ • 노인복지시설 │ • 장애인복지시설 │ • 한부모가족 복지시설 ├ 20명 이상 수용시설 • 어린이집 │ • 성매매 피해자 등을 위한 지원시설 │ • 정신건강증진시설 │ • 가정폭력 피해자 보호시설 ┘
50m 이상	• 지정문화유산 • 천연기념물 등

답 ③

51 화재의 예방 및 안전관리에 관한 법률상 소방안전관리대상물의 소방안전관리자 업무가 아닌 것은?

① 소방훈련 및 교육
② 피난시설, 방화구획 및 방화시설의 관리
③ 자위소방대 및 본격대응체계의 구성·운영·교육
④ 피난계획에 관한 사항과 대통령령으로 정하는 사항이 포함된 소방계획서의 작성 및 시행

해설 화재예방법 24조 ⑤항
관계인 및 소방안전관리자의 업무

특정소방대상물 (관계인)	소방안전관리대상물 (소방안전관리자)
• 피난시설·방화구획 및 방화시설의 관리 • 소방시설, 그 밖의 소방관련시설의 관리 • **화기취급**의 감독 • 소방안전관리에 필요한 업무 • 화재발생시 초기대응	• 피난시설·방화구획 및 방화시설의 관리 • 소방시설, 그 밖의 소방관련시설의 관리 • **화기취급**의 감독 • 소방안전관리에 필요한 업무 • **소방계획서**의 작성 및 시행(대통령령으로 정하는 사항 포함) • **자위소방대** 및 **초기대응체계**의 구성·운영·교육 • 소방훈련 및 교육 • 소방안전관리에 관한 업무 수행에 관한 기록·유지 • 화재발생시 초기대응

③ 본격대응체계 → 초기대응체계

용어

특정소방대상물	소방안전관리대상물
건축물 등의 규모·용도 및 수용인원 등을 고려하여 소방시설을 설치하여야 하는 소방대상물로서 대통령령으로 정하는 것	대통령령으로 정하는 특정소방대상물

답 ③

52 다음 중 중급기술자의 학력·경력자에 대한 기준으로 옳은 것은? (단, "학력·경력자"란 고등학교·대학 또는 이와 같은 수준 이상의 교육기관의 소방관련학과의 정해진 교육과정을 이수하고 졸업하거나 그 밖의 관계법령에 따라 국내 또는 외국에서 이와 같은 수준 이상의 학력이 있다고 인정되는 사람을 말한다.)

① 일반고등학교를 졸업 후 10년 이상 소방관련업무를 수행한 자
② 학사학위를 취득한 후 5년 이상 소방관련업무를 수행한 자
③ 석사학위를 취득한 후 1년 이상 소방관련업무를 수행한 자
④ 박사학위를 취득한 후 1년 이상 소방관련업무를 수행한 자

해설 공사업규칙 〔별표 4의 2〕
소방기술자

구분	기술자격	학력·경력	경력
특급 기술자	① 소방기술사 ② 소방시설관리사+5년 ③ 건축사, 건축기계설비기술사, 건축전기설비기술사, 건설기계기술사, 공조냉동기계기술사, 화공기술사, 가스기술사 ④ 소방설비기사+8년 ⑤ 소방설비산업기사+11년 ⑥ 위험물기능장+13년	① 박사+3년 ② 석사+7년 ③ 학사+11년 ④ 전문학사+15년	—
고급 기술자	① 소방시설관리사 ② 건축사, 건축기계설비기술사, 건축전기설비기술사, 건설기계기술사, 공조냉동기계기술사, 화공기술사, 가스기술사+3년 ③ 소방설비기사+5년 ④ 소방설비산업기사+8년 ⑤ 위험물기능장+11년 ⑥ 위험물산업기사+13년	① 박사+1년 ② 석사+4년 ③ 학사+7년 ④ 전문학사+10년 ⑤ 고등학교(소방)+13년 ⑥ 고등학교(일반)+15년	① 학사+12년 ② 전문학사+15년 ③ 고등학교+18년 ④ 실무경력+22년
중급 기술자	① 건축사, 건축기계설비기술사, 건축전기설비기술사, 건설기계기술사, 공조냉동기계기술사, 화공기술사, 가스기술사 ② 소방설비기사 ③ 소방설비산업기사+3년 ④ 위험물기능장+5년 ⑤ 위험물산업기사+8년	① 박사 보기 ④ ② 석사+2년 보기 ③ ③ 학사+5년 보기 ② ④ 전문학사+8년 ⑤ 고등학교(소방)+10년 ⑥ 고등학교(일반)+12년 보기 ①	① 학사+9년 ② 전문학사+12년 ③ 고등학교+15년 ④ 실무경력+18년
초급 기술자	① 소방설비산업기사 ② 위험물기능장+2년 ③ 위험물산업기사+4년 ④ 위험물기능사+6년	① 석사 ② 학사 ③ 전문학사+2년 ④ 고등학교(소방)+3년 ⑤ 고등학교(일반)+5년	① 학사+3년 ② 전문학사+5년 ③ 고등학교+7년 ④ 실무경력+9년

① 10년 → 12년
③ 1년 → 2년
④ 박사학위만 소지해도 중급(1년 이상 경력이 필요 없음)기술자

답 ②

53. 화재안전조사 결과에 따른 조치명령으로 손실을 입어 손실을 보상하는 경우 그 손실을 입은 자는 누구와 손실보상을 협의하여야 하는가?

① 소방서장
② 시·도지사
③ 소방본부장
④ 행정안전부장관

해설 화재예방법 15조
화재안전조사 결과에 따른 조치명령에 따른 손실보상 : **소방청장, 시·도지사**

> **중요**
> 시·도지사
> (1) 특별시장
> (2) 광역시장
> (3) 도지사
> (4) 특별자치도지사
> (5) 특별자치시장

답 ②

54. 위험물운송자 자격을 취득하지 아니한 자가 위험물 이동탱크저장소 운전시의 벌칙으로 옳은 것은?

① 100만원 이하의 벌금
② 300만원 이하의 벌금
③ 500만원 이하의 벌금
④ 1000만원 이하의 벌금

해설 위험물법 37조
1000만원 이하의 벌금
(1) **위험물취급**에 관한 안전관리와 감독하지 않은 자
(2) **위험물운반**에 관한 중요기준 위반
(3) 위험물운반자 요건을 갖추지 아니한 위험물운반자
(4) 위험물 저장·취급장소의 **출입·검사**시 관계인의 정당업무 **방해** 또는 **비밀누설**
(5) 위험물 운송규정을 위반한 위험물**운**송자(무면허 위험물운송자)

> **기억법** 천운

답 ④

55. 화재의 예방 및 안전관리에 관한 법령상 특수가연물의 저장 및 취급 기준 중 석탄·목탄류를 저장하는 경우 쌓는 부분의 바닥면적은 몇 m^2 이하인가? (단, 살수설비를 설치하거나, 방사능력범위에 해당 특수가연물이 포함되도록 대형 수동식 소화기를 설치하는 경우이다.)

① 200
② 250
③ 300
④ 350

해설 화재예방법 시행령 [별표 3]
특수가연물의 저장·취급기준
(1) **품명별**로 구분하여 쌓을 것
(2) 쌓는 높이는 **10m** 이하가 되도록 할 것
(3) 쌓는 부분의 바닥면적은 **50m²**(석탄·목탄류는 **200m²**) 이하가 되도록 할 것(단, 살수설비를 설치하거나 대형 수동식 소화기를 설치하는 경우에는 높이 **15m** 이하, 바닥면적 **200m²**(석탄·목탄류는 **300m²**) 이하)
(4) 쌓는 부분의 바닥면적 사이는 실내의 경우 **1.2m** 또는 쌓는 높이의 $\frac{1}{2}$ 중 **큰 값**(실외 **3m** 또는 쌓는 높이 중 **큰 값**) 이상으로 간격을 둘 것
(5) 취급장소에는 **품명, 최대저장수량, 단위부피당 질량** 또는 **단위체적당 질량, 관리책임자 성명·직책·연락처** 및 **화기취급**의 금지표지 설치

답 ③

56. 소방기본법상 명령권자가 소방본부장, 소방서장 또는 소방대장에게 있는 사항은?

① 소방활동을 할 때에 긴급한 경우에는 이웃한 소방본부장 또는 소방서장에게 소방업무의 응원을 요청할 수 있다.
② 화재, 재난·재해, 그 밖의 위급한 상황이 발생한 현장에서 소방활동을 위하여 필요할 때에는 그 관할구역에 사는 사람 또는 그 현장에 있는 사람으로 하여금 사람을 구출하는 일 또는 불을 끄거나 불이 번지지 아니하도록 하는 일을 하게 할 수 있다.
③ 특정소방대상물의 근무자 및 거주자에 대해 관계인이 실시하는 소방훈련을 지도·감독할 수 있다.
④ 화재, 재난·재해, 그 밖의 위급한 상황이 발생하였을 때에는 소방대를 현장에 신속하게 출동시켜 화재진압과 인명구조·구급 등 소방에 필요한 활동을 하게 하여야 한다.

해설 **소방본부장·소방서장·소방대장**
(1) **소**방활동 **종**사명령(기본법 24조) 보기 ②
(2) **강**제처분·제거(기본법 25조)
(3) **피**난명령(기본법 26조)
(4) 댐·저수지 사용 등 위험시설 등에 대한 긴급조치(기본법 27조)

> **기억법** 소대종강피(**소**방**대**의 **종강파**티)

① 소방업무의 응원 : **소방본부장, 소방서장**(기본법 11조)
③ 소방훈련의 지도·감독 : 소방본부장, 소방서장(화재예방법 37조)
④ 소방활동 : **소방청장, 소방본부장, 소방서장**(기본법 16조)

> **용어**
> 소방활동 종사명령
> 화재, 재난·재해, 그 밖의 위급한 상황이 발생한 현장에서 소방활동을 위하여 필요할 때에는 그 관할구역에 사는 사람 또는 그 현장에 있는 사람으로 하여금 사람을 구출하는 일 또는 불을 끄거나 불이 번지지 아니하도록 하는 일을 하게 할 수 있는 것

답 ②

57 화재가 발생하는 경우 인명 또는 재산의 피해가 클 것으로 예상되는 때 소방대상물의 개수 · 이전 · 제거, 사용금지 등의 필요한 조치를 명할 수 있는 자는?

① 시 · 도지사
② 의용소방대장
③ 기초자치단체장
④ 소방청장, 소방본부장 또는 소방서장

해설 화재예방법 14조
화재안전조사 결과에 따른 조치명령
(1) **명령권자**: 소방청장 · 소방본부장 · 소방서장(소방관서장)
(2) **명령사항**
  ㉠ 화재안전조사 조치명령
  ㉡ 개수명령
  ㉢ 이전명령
  ㉣ 제거명령
  ㉤ **사용**의 **금지** 또는 제한명령, 사용폐쇄
  ㉥ **공사**의 **정지** 또는 중지명령

중요

화재예방법 18조
화재예방강화지구

지 정	지정요청	화재안전조사
시 · 도지사	소방청장	소방청장 · 소방본부장 또는 소방서장

※ **화재예방강화지구**: 화재발생 우려가 크거나 화재가 발생할 경우 피해가 클 것으로 예상되는 지역에 대하여 화재의 예방 및 안전관리를 강화하기 위해 지정 · 관리하는 지역

답 ④

58 소방용수시설 중 소화전과 급수탑의 설치기준으로 틀린 것은?

① 급수탑 급수배관의 구경은 100mm 이상으로 할 것
② 소화전은 상수도와 연결하여 지하식 또는 지상식의 구조로 할 것
③ 소방용 호스와 연결하는 소화전의 연결금속구의 구경은 65mm로 할 것
④ 급수탑의 개폐밸브는 지상에서 1.5m 이상 1.8m 이하의 위치에 설치할 것

해설 기본규칙〔별표 3〕
소방용수시설별 설치기준

소화전	급수탑
• 65mm : 연결금속구의 구경	• 100mm : 급수배관의 구경 • 1.5m~1.7m 이하 : 개폐밸브 높이

기억법 57탑(57층 탑)

④ 1.5m 이상 1.8m 이하 → 1.5m 이상 1.7m 이하

답 ④

59 특정소방대상물의 관계인이 소방안전관리자를 해임한 경우 재선임을 해야 하는 기준은? (단, 해임한 날부터를 기준일로 한다.)

① 10일 이내   ② 20일 이내
③ 30일 이내   ④ 40일 이내

해설 화재예방법 시행규칙 14조
소방안전관리자의 재선임
30일 이내

답 ③

60 1급 소방안전관리대상물이 아닌 것은?

① 15층인 특정소방대상물(아파트는 제외)
② 가연성 가스를 2000톤 저장 · 취급하는 시설
③ 21층인 아파트로서 300세대인 것
④ 연면적 20000m² 인 문화 · 집회 및 운동시설

해설 화재예방법 시행령〔별표 4〕
소방안전관리자를 두어야 할 특정소방대상물
(1) **특급 소방안전관리대상물**: 동식물원, 철강 등 불연성 물품 저장 · 취급창고, 지하구, 위험물제조소 등 제외
  ㉠ 50층 이상(지하층 제외) 또는 지상 200m 이상 아파트
  ㉡ 30층 이상(지하층 포함) 또는 지상 120m 이상(아파트 제외)
  ㉢ 연면적 10만m² 이상(아파트 제외)
(2) 1급 소방안전관리대상물: 동식물원, 철강 등 불연성 물품 저장 · 취급창고, 지하구, 위험물제조소 등 제외
  ㉠ 30층 이상(지하층 제외) 또는 지상 120m 이상(아파트 제외)
  ㉡ 연면적 15000m² 이상인 것(아파트 및 연립주택 제외)
  ㉢ 11층 이상(아파트 제외)
  ㉣ 가연성 가스를 1000t 이상 저장 · 취급하는 시설
(3) 2급 소방안전관리대상물
  ㉠ 지하구
  ㉡ 가스제조설비를 갖추고 도시가스사업 허가를 받아야 하는 시설 또는 가연성 가스를 100~1000t 미만 저장 · 취급하는 시설
  ㉢ 옥내소화전설비 · 스프링클러설비 설치대상물
  ㉣ 물분무등소화설비(호스릴방식의 물분무등소화설비만을 설치한 경우 제외) 설치대상물
  ㉤ **공동주택**(옥내소화전설비 또는 스프링클러설비가 설치된 공동주택 한정)
  ㉥ **목조건축물**(국보 · 보물)
(4) 3급 소방안전관리대상물
  ㉠ **자동화재탐지설비** 설치대상물
  ㉡ 간이스프링클러설비(주택전용 간이스프링클러설비 제외) 설치대상물

③ 21층인 아파트로서 300세대인 것 → 30층 이상 (지하층 제외) 아파트

답 ③

제4과목 소방전기시설의 구조 및 원리

61 정온식 감지선형 감지기에 관한 설명으로 옳은 것은?

① 일국소의 주위온도 변화에 따라서 차동 및 정온식의 성능을 갖는 것을 말한다.
② 일국소의 주위온도가 일정한 온도 이상이 되었을 때 작동하는 것으로서 외관이 전선으로 되어 있는 것을 말한다.
③ 그 주위온도가 일정한 온도상승률 이상이 되었을 때 작동하는 것으로서 일국소의 열효과에 의해서 동작하는 것을 말한다.
④ 그 주위온도가 일정한 온도상승률 이상이 되었을 때 작동하는 것으로서 광범위한 열효과의 누적에 의하여 동작하는 것을 말한다.

해설 **감지기**(감지기의 형식승인 및 제품검사의 기술기준 3조)

종류	설명
차동식 분포형 감지기	**넓은 범위**에서의 **열효과**의 누적에 의하여 작동
차동식 스포트형 감지기	**일국소**에서의 **열효과**에 의하여 작동
이온화식 연기감지기	**이온전류**가 **변화**하여 작동
광전식 연기감지기	**광량**의 **변화**로 작동
보상식 스포트형 감지기	**차동식+정온식**을 겸용한 것으로 **한 가지** 기능이 작동되면 신호를 발함
열복합형 감지기	**차동식+정온식**을 겸용한 것으로 **두 가지** 기능이 동시에 작동되면 신호를 발하거나 또는 **두 개**의 화재신호를 각각 발신
정온식 감지선형 감지기	외관이 **전선**으로 되어 있는 것
단독경보형 감지기	감지기에 **음향장치**가 내장되어 **일체**로 되어 있는 것

① 보상식 스포트형 감지기 또는 열복합형 감지기
② 정온식 감지선형 감지기
③ 차동식 스포트형 감지기
④ 차동식 분포형 감지기

답 ②

62 비상콘센트설비의 화재안전기준에서 정하고 있는 저압의 정의는?

① 직류는 1.5kV 이하, 교류는 1kV 이하인 것
② 직류는 750V 이하, 교류는 380V 이하인 것
③ 직류는 750V를, 교류는 600V를 넘고 7000V 이하인 것
④ 직류는 750V를, 교류는 380V를 넘고 7000V 이하인 것

해설 **전압**(NFTC 504 1.7)

구분	설명
저압	**직류 1.5kV** 이하, **교류 1kV** 이하
고압	저압의 범위를 초과하고 **7kV** 이하
특고압	**7kV**를 초과하는 것

답 ①

63 무선통신보조설비의 화재안전기준에 따른 옥외안테나의 설치기준으로 옳지 않은 것은?

① 건축물, 지하가, 터널 또는 공동구의 출입구 및 출입구 인근에서 통신이 가능한 장소에 설치할 것
② 다른 용도로 사용되는 안테나로 인한 통신장애가 발생하지 않도록 설치할 것
③ 옥외안테나는 견고하게 설치하며 파손의 우려가 없는 곳에 설치하고 그 가까운 곳의 보기 쉬운 곳에 "옥외안테나"라는 표시와 함께 통신가능거리를 표시한 표지를 설치할 것
④ 수신기가 설치된 장소 등 사람이 상시 근무하는 장소에는 옥외안테나의 위치가 모두 표시된 옥외안테나 위치표시도를 비치할 것

해설 **무선통신보조설비 옥외안테나 설치기준**(NFPC 505 6조, NFTC 505 2.3.1)

(1) **건축물, 지하가, 터널** 또는 공동구의 출입구 및 출입구 인근에서 통신이 가능한 장소에 설치할 것
(2) 다른 용도로 사용되는 안테나로 인한 **통신장애**가 발생하지 않도록 설치할 것
(3) 옥외안테나는 견고하게 설치하며 파손의 우려가 없는 곳에 설치하고 그 가까운 곳의 보기 쉬운 곳에 "**무선통신보조설비 안테나**"라는 표시와 함께 통신가능거리를 표시한 표지를 설치할 것

(4) 수신기가 설치된 장소 등 사람이 상시 근무하는 장소에는 옥외안테나의 위치가 모두 표시된 옥외안테나 **위치표시도**를 비치할 것

③ 옥외안테나 → 무선통신보조설비 안테나

답 ③

64. 비상벨설비 또는 자동식 사이렌설비에는 그 설비에 대한 감시상태를 몇 시간 지속한 후 유효하게 10분 이상 경보할 수 있는 축전지설비(수신기에 내장하는 경우를 포함한다.)를 설치하여야 하는가?

① 1시간   ② 2시간
③ 4시간   ④ 6시간

해설 축전지설비·자동식 사이렌설비·자동화재탐지설비·비상방송설비·비상벨설비(NFPC 201 4조, NFTC 201 2.1.7)

감시시간	경보시간
60분(1시간) 이상	10분 이상(30층 이상 : 30분)

기억법 6감

답 ①

65. 자동화재탐지설비의 수신기의 각 회로별 종단에 설치되는 감지기에 접속되는 배선의 전압은 감지기 정격전압의 최소 몇 % 이상이어야 하는가?

① 50   ② 60
③ 70   ④ 80

해설 자동화재탐지설비(NFPC 203 11조, NFTC 203 2.8.1)
(1) 감지기 회로의 전로저항 : **50Ω 이하**
(2) 1경계구역의 절연저항 : **0.1MΩ 이상**
(3) 감지기에 접속하는 배선전압 : 정격전압의 **80% 이상**

답 ④

66. 불꽃감지기의 설치기준으로 틀린 것은?

① 수분이 많이 발생할 우려가 있는 장소에는 방수형으로 설치할 것
② 감지기를 천장에 설치하는 경우에는 감지기는 천장을 향하여 설치할 것
③ 감지기는 화재감지를 유효하게 감지할 수 있는 모서리 또는 벽 등에 설치할 것
④ 감지기는 공칭감시거리와 공칭시야각을 기준으로 감시구역이 모두 포용될 수 있도록 설치할 것

해설 불꽃감지기의 설치기준(NFPC 203 7조, NFTC 203 2.4.3.13)
(1) 감지기는 **공칭감시거리**와 **공칭시야각**을 기준으로 감시구역이 모두 포용될 수 있도록 설치할 것
(2) 감지기는 화재감지를 유효하게 감지할 수 있는 **모서리** 또는 **벽** 등에 설치할 것
(3) 감지기를 **천장**에 설치하는 경우에는 감지기는 바닥을 향하여 설치할 것
(4) 수분이 많이 발생할 우려가 있는 장소에는 **방수형**으로 설치할 것

② 천장을 → 바닥을

중요

불꽃감지기의 공칭감시거리·공칭시야각(감지기 형식승인 19조 ②항)

조건	공칭감시거리	공칭시야각
20m **미만**의 장소에 적합한 것	1m 간격	5° 간격
20m **이상**의 장소에 적합한 것	5m 간격	

답 ②

67. 자동화재속보설비의 설치기준으로 틀린 것은?

① 조작스위치는 바닥으로부터 1m 이상 1.5m 이하의 높이에 설치할 것
② 속보기는 소방관서에 통신망으로 통보하도록 하며, 데이터 또는 코드전송방식을 부가적으로 설치할 수 있다.
③ 자동화재탐지설비와 연동으로 작동하여 자동적으로 화재신호를 소방관서에 전달되는 것으로 할 것
④ 속보기는 소방청장이 정하여 고시한 「자동화재속보설비의 속보기의 성능인증 및 제품검사의 기술기준」에 적합한 것으로 설치하여야 한다.

해설 **자동화재속보설비**의 **설치기준**(NFPC 204 4조, NFTC 204 2.1.1)
(1) **자동화재탐지설비**와 연동으로 작동하여 자동적으로 화재신호를 **소방관서**에 전달되는 것으로 할 것
(2) 스위치는 바닥으로부터 **0.8~1.5m** 이하의 높이에 설치하고, 보기 쉬운 곳에 스위치임을 표시한 표지를 할 것

중요

자동화재속보설비의 설치제외
사람이 **24시간** 상시 근무하고 있는 경우

답 ①

68 ★★
자동화재탐지설비의 화재안전기준에서 사용하는 용어가 아닌 것은?

14.09.문68
09.08.문69
07.09.문64

① 중계기 ② 경계구역
③ 시각경보장치 ④ 단독경보형 감지기

해설 자동화재탐지설비의 용어(NFPC 203 3조, NFTC 203 1.7)

용어	설명
발신기	화재발생신호를 수신기에 **수동**으로 **발신**하는 것
경계구역	특정소방대상물 중 **화재신호**를 **발신**하고 그 **신호**를 **수신** 및 유효하게 제어할 수 있는 구역
거실	**거주·집무·작업·집회·오락** 그 밖에 이와 유사한 목적을 위하여 사용하는 방
중계기	감지기·발신기 또는 전기적 접점 등의 작동에 따른 **신호**를 받아 이를 수신기의 제어반에 **전송**하는 장치
시각경보장치	**자동화재탐지설비**에서 발하는 화재신호를 시각경보기에 전달하여 **청각장애인**에게 **점멸**형태의 **시각경보**를 하는 것

④ 비상경보설비 및 단독경보형 감지기의 화재안전기준

답 ④

69 ★★★
계단통로유도등은 각 층의 경사로참 또는 계단참마다 설치하도록 하고 있는데 1개층에 경사로참 또는 계단참이 2 이상 있는 경우에는 몇 개의 계단참마다 계단통로유도등을 설치하여야 하는가?

16.05.문78
15.05.문80
08.05.문68

① 2개 ② 3개
③ 4개 ④ 5개

해설 계단통로유도등의 설치기준(NFPC 303 6조, NFTC 303 2.3.1.2)
(1) 각 층의 **경사로참** 또는 **계단참**마다(1개층에 경사로참 또는 계단참이 2 이상 있는 경우에는 **2개**의 계단참마다) 설치할 것. 1개층에 참이 2 이상인 경우는 다음 식과 같다.

$$\text{계단통로유도등 설치개수} = \frac{\text{경사로참(계단참) 개수}}{2}(\text{절상})$$

(2) 바닥으로부터 높이 **1m 이하**의 위치에 설치할 것

용어
계단통로유도등
피난통로가 되는 계단이나 경사로에 설치하는 통로유도등으로 바닥면 및 디딤바닥면을 비추는 것

답 ①

70 ★★
비상경보설비를 설치하여야 할 특정소방대상물로 옳은 것은? (단, 지하구, 모래·석재 등 불연재료 창고 및 위험물 저장·처리 시설 중 가스시설은 제외한다.)

18.04.문63
17.09.문74
15.05.문52
12.05.문56

① 터널로서 길이가 400m 이상인 것
② 30명 이상의 근로자가 작업하는 옥내작업장
③ 지하층 또는 무창층의 바닥면적이 150m²(공연장의 경우 100m²) 이상인 것
④ 연면적 300m²(사람이 거주하지 않거나 벽이 없는 축사 등 동식물 관련시설은 제외) 이상인 것

해설 소방시설법 시행령 [별표 4]
비상경보설비의 설치대상

설치대상	조건
지하층·무창층	바닥면적 **150m²**(공연장 **100m²**) 이상
전부	연면적 **400m²** 이상(사람이 거주하지 않거나 **벽**이 **없는 축사** 등 동식물 관련시설은 제외)
터널길이	길이 **500m** 이상
옥내작업장	**50명** 이상 작업

① 400m → 500m
② 30명 → 50명
④ 300m² → 400m²

답 ③

71 ★★★
축전지의 자기방전을 보충함과 동시에 상용부하에 대한 전력공급은 충전기가 부담하도록 하되 충전기가 부담하기 어려운 일시적인 대전류부하는 축전지로 하여금 부담하게 하는 충전방식은?

16.03.문29
15.03.문34
09.03.문78
05.09.문30

① 과충전방식
② 균등충전방식
③ 부동충전방식
④ 세류충전방식

해설 충전방식

구분	설명
보통충전	• 필요할 때마다 **표준시간율**로 충전하는 방식
급속충전	• 보통 충전전류의 **2배**의 **전류**로 충전하는 방식

부동충전	• 축전지의 자기방전을 보충함과 동시에 상용부하에 대한 전력공급은 충전기가 부담하되 부담하기 어려운 일시적인 대전류부하는 축전지가 부담하도록 하는 방식 • 축전지와 **부하**를 충전기에 **병렬**로 **접속**하여 사용하는 충전방식 ┌정류기─축전지─부하┐ | 부동충전방식 |
균등충전	• 1~3개월마다 1회 정전압으로 충전하는 방식
세류충전 (트리클충전)	• 자기방전량만 항상 충전하는 방식

① 과충전방식 : 이런 충전방식은 없음

답 ③

72. 정온식 감지기의 설치시 공칭작동온도가 최고주위온도보다 최소 몇 ℃ 이상 높은 것으로 설치하여야 하나?

① 10
② 20
③ 30
④ 40

해설 감지기 설치기준(NFPC 203 7조, NFTC 203 2.4.3)
(1) 감지기(**차동식 분포형** 및 **특수한 것** 제외)는 실내로의 공기유입구로부터 **1.5m** 이상 떨어진 위치에 설치
(2) 감지기는 천장 또는 반자의 옥내의 면하는 부분에 설치
(3) **보상식 스포트형 감지기**는 정온점이 감지기 주위의 평상시 최고온도보다 **20℃** 이상 높은 것으로 설치
(4) **정온식 감지기**는 주방·보일러실 등으로 다량의 화기를 단속적으로 취급하는 장소에 설치하되, 공칭작동온도가 최고주위온도보다 20℃ 이상 높은 것으로 설치
(5) 스포트형 감지기는 **45°** 이상 경사지지 않도록 부착
(6) **공기관식** 차동식 분포형 감지기 설치시 공기관은 **도중**에서 **분기**하지 않도록 부착
(7) **공기관식** 차동식 분포형 감지기의 검출부는 5° 이상 경사되지 않도록 설치

중요

경사제한각도

공기관식 감지기의 검출부	스포트형 감지기
5° 이상	45° 이상

답 ②

73. 누전경보기의 5~10회로까지 사용할 수 있는 집합형 수신기 내부결선도에서 구성요소가 아닌 것은?

① 제어부   ② 증폭부
③ 조작부   ④ 자동입력절환부

해설 5~10회로 집합형 수신기의 내부결선도
(1) **자**동입력절환부
(2) **증**폭부
(3) **제**어부
(4) 회로접합부
(5) 전원부
(6) **도**통시험 및 동작시험부
(7) 동작회로표시부

기억법 제도 증5(나쁜 **제도**를 **증오**한다.)

답 ③

74. 휴대용 비상조명등의 설치높이는?

① 0.8~1.0m
② 0.8~1.5m
③ 1.0~1.5m
④ 1.0~1.8m

해설 휴대용 비상조명등의 적합기준(NFPC 304 4조, NFTC 304 2.1.2)

설치개수	설치장소
1개 이상	• **숙박시설** 또는 **다중이용업소**에는 객실 또는 영업장 안의 구획된 실마다 잘 보이는 곳 (외부에 설치시 출입문 손잡이로부터 **1m 이내** 부분)
3개 이상	• **지하상가** 및 **지하역사**의 보행거리 **25m** 이내마다 • **대규모점포**(백화점·대형점·쇼핑센터) 및 영화상영관의 보행거리 **50m** 이내마다

(1) 바닥으로부터 **0.8~1.5m 이하**의 높이에 설치할 것
(2) 어둠 속에서 **위치**를 **확인**할 수 있도록 할 것
(3) 사용시 **자동**으로 **점등**되는 구조일 것
(4) 외함은 **난연성능**이 있을 것
(5) 건전지를 사용하는 경우에는 **방전방지조치**를 하여야 하고, **충전식 배터리**의 경우에는 **상시** 충전되도록 할 것
(6) 건전지 및 충전식 배터리의 용량은 **20분** 이상 유효하게 사용할 수 있는 것으로 할 것

기억법 2휴(이유)

답 ②

75 단독경보형 감지기 중 연동식 감지기의 무선기능에 대한 설명으로 옳은 것은?
① 화재신호를 수신한 단독경보형 감지기는 60초 이내에 경보를 발해야 한다.
② 무선통신점검은 단독경보형 감지기가 서로 송수신하는 방식으로 한다.
③ 작동한 단독경보형 감지기는 화재경보가 정지하기 전까지 100초 이내 주기마다 화재신호를 발신해야 한다.
④ 무선통신점검은 24시간 이내에 자동으로 실시하고 이때 통신이상이 발생하는 경우에는 300초 이내에 통신이상 상태의 단독경보형 감지기를 확인할 수 있도록 표시 및 경보를 해야 한다.

해설 단독경보형 감지기(연동식 감지기의 무선기능) (감지기의 형식승인 및 제품검사의 기술기준 5조 4)
(1) 화재신호를 수신한 단독경보형 감지기는 **10초 이내**에 경보를 발할 것
(2) 무선통신점검은 단독경보형 감지기가 서로 송수신하는 방식으로 할 것
(3) 작동한 단독경보형 감지기는 화재경보가 정지하기 전까지 **60초 이내** 주기마다 화재신호를 발신할 것
(4) 무선통신점검은 **24시간** 이내에 자동으로 실시하고 이때 통신이상이 발생하는 경우에는 **200초** 이내에 통신이상 상태의 단독경보형 감지기를 확인할 수 있도록 표시 및 경보할 것

① 60초 이내 → 10초 이내
③ 100초 이내 → 60초 이내
④ 300초 이내 → 200초 이내

답 ②

76 소화활동시 안내방송에 사용하는 증폭기의 종류로 옳은 것은?
① 탁상형
② 휴대형
③ Desk형
④ Rack형

해설 증폭기의 종류

종류		용량	특징
이동형	휴대형	5~15W	① 소화활동시 안내방송에 사용 ② 마이크, 증폭기, 확성기를 일체화하여 소형 경량
	탁상형	10~60W	① 소규모 방송설비에 사용 ② 입력장치 : 마이크, 라디오, 사이렌, 카세트테이프
고정형	Desk형	30~180W	① 책상식의 형태 ② 입력장치 : Rack형과 유사
	Rack형	200W 이상	① 유닛(unit)화되어 교체, 철거, 신설 용이 ② 용량 무제한

답 ②

77 비상방송설비의 음향장치는 정격전압의 몇 % 전압에서 음향을 발할 수 있는 것으로 하여야 하는가?
① 80
② 90
③ 100
④ 110

해설 비상방송설비 음향장치의 **구조** 및 **성능기준** (NFPC 202 4조, NFTC 202 2.1.1.12)
(1) 정격전압의 **80%** 전압에서 음향을 발할 것
(2) **자동화재탐지설비**의 작동과 연동하여 작동할 것

비교
자동화재탐지설비 음향장치의 **구조** 및 **성능 기준**
(1) 정격전압의 **80%** 전압에서 음향을 발할 것
(2) 음량은 1m 떨어진 곳에서 **90dB** 이상일 것
(3) **감지기·발신기**의 작동과 **연동**하여 작동할 것

답 ①

78 경계전로의 누설전류를 자동적으로 검출하여 이를 누전경보기의 수신부에 송신하는 것을 무엇이라고 하는가?
① 수신부
② 확성기
③ 변류기
④ 증폭기

해설 누전경보기 (NFPC 205 3조, NFTC 205 1.7)

용어	설명
수신부	변류기로부터 검출된 **신호**를 **수신**하여 누전의 발생을 해당 소방대상물의 관계인에게 **경보**하여 주는 것(**차단기구**를 갖는 것 포함)
변류기	경계전로의 **누설전류**를 자동적으로 **검출**하여 이를 누전경보기의 수신부에 송신하는 것

기억법 수수변누

비교

누전경보기의 구성요소(세부적인 구분)	
구성요소	설명
변류기	**누설전류**를 **검출**한다.
수신기	**누설전류**를 **증폭**한다.
음향장치	**경보**한다.
차단기	차단릴레이 포함

답 ③

79 자가발전설비, 비상전원수전설비, 축전지설비 또는 전기저장장치(외부 전기에너지를 저장해 두었다가 필요할 때 전기를 공급하는 장치)를 비상콘센트설비의 비상전원으로 설치하여야 하는 특정소방대상물로 옳은 것은?

① 지하층을 제외한 층수가 4층 이상으로서 연면적 600m² 이상인 특정소방대상물
② 지하층을 제외한 층수가 5층 이상으로서 연면적 1000m² 이상인 특정소방대상물
③ 지하층을 제외한 층수가 6층 이상으로서 연면적 1500m² 이상인 특정소방대상물
④ 지하층을 제외한 층수가 7층 이상으로서 연면적 2000m² 이상인 특정소방대상물

해설 **비상콘센트설비**의 **비상전원 설치대상**(NFPC 504 4조, NFTC 504 2.1.1.2)
(1) 지하층을 **제**외한 **7**층 이상으로 연면적 **2000m²** 이상
(2) 지하층의 **바**닥면적 합계 **3000m²** 이상

기억법 제72000콘 바3

답 ④

80 무선통신보조설비의 누설동축케이블의 설치기준으로 틀린 것은?

① 끝부분에는 반사종단저항을 견고하게 설치할 것
② 고압의 전로로부터 1.5m 이상 떨어진 위치에 설치할 것
③ 금속판 등에 따라 전파의 복사 또는 특성이 현저하게 저하되지 아니하는 위치에 설치할 것
④ 누설동축케이블 및 동축케이블은 불연 또는 난연성의 것으로서 습기 등의 환경조건에 따라 전기의 특성이 변질되지 아니하는 것으로 하고, 노출하여 설치한 경우에는 피난 및 통행에 장애가 없도록 할 것

해설 **누설동축케이블**의 **설치기준**(NFPC 505 5조, NFTC 505 2.2.1)
(1) 소방전용 주파수대에서 전파의 **전송** 또는 **복사**에 적합한 것으로서 소방전용의 것일 것
(2) 누설동축케이블과 이에 접속하는 안테나 또는 동축케이블과 이에 접속하는 안테나일 것
(3) 누설동축케이블 및 동축케이블은 화재에 따라 해당 케이블의 피복이 소실된 경우에 케이블 본체가 떨어지지 아니하도록 4m 이내마다 금속제 또는 자기제 등의 지지금구로 벽·천장·기둥 등에 견고하게 고정시킬 것(단, 불연재료로 구획된 반자 안에 설치하는 경우 제외)
(4) 누설동축케이블 및 안테나는 **고**압전로로부터 **1.5m** 이상 떨어진 위치에 설치할 것(해당 전로에 **정전기 차폐장치**를 유효하게 설치한 경우에는 제외)

기억법 누고15

(5) 누설동축케이블의 끝부분에는 **무반사종단저항**을 설치할 것
(6) 누설동축케이블 및 동축케이블은 불연 또는 난연성의 것으로서 **습기** 등의 환경조건에 따라 전기의 특성이 변질되지 아니하는 것으로 하고, 노출하여 설치한 경우에는 피난 및 통행에 장애가 없도록 할 것

용어 **무반사종단저항**
전송로 전송되는 전자파가 전송로의 종단에서 반사되어 교신을 방해하는 것을 막기 위한 저항

답 ①

2019. 4. 27 시행

2019년 기사 제2회 필기시험

자격종목	종목코드	시험시간	형별	수험번호	성명
소방설비기사(전기분야)		2시간			

※ 각 문항은 4지택일형으로 질문에 가장 적합한 보기 항을 선택하여 체크하여야 합니다.

제 1 과목 ─ 소방원론

01 목조건축물의 화재진행상황에 관한 설명으로 옳은 것은?

11.06.문07
01.09.문02
99.04.문04

① 화원-발염착화-무염착화-출화-최성기-소화
② 화원-발염착화-무염착화-소화-연소낙하
③ 화원-무염착화-발염착화-출화-최성기-소화
④ 화원-무염착화-출화-발염착화-최성기-소화

해설 목조건축물의 화재진행상황

• 최성기=성기=맹화

답 ③

02 연면적이 1000m² 이상인 건축물에 설치하는 방화벽이 갖추어야 할 기준으로 틀린 것은?

18.03.문14
17.09.문16
13.03.문16
12.03.문10
08.09.문05

① 내화구조로서 홀로 설 수 있는 구조일 것
② 방화벽의 양쪽 끝과 위쪽 끝을 건축물의 외벽면 및 지붕면으로부터 0.1m 이상 튀어나오게 할 것
③ 방화벽에 설치하는 출입문의 너비는 2.5m 이하로 할 것
④ 방화벽에 설치하는 출입문의 높이는 2.5m 이하로 할 것

해설 건축령 57조, 피난·방화구조 21조
방화벽의 구조

대상 건축물	주요구조부가 내화구조 또는 불연재료가 아닌 연면적 1000m² 이상인 건축물
구획단지	연면적 1000m² 미만마다 구획
방화벽의 구조	① **내화구조**로서 홀로 설 수 있는 구조일 것 ② 방화벽의 양쪽 끝과 위쪽 끝을 건축물의 외벽면 및 지붕면으로부터 **0.5m** 이상 튀어나오게 할 것 ③ 방화벽에 설치하는 **출입문의 너비** 및 높이는 각각 **2.5m** 이하로 하고 해당 출입문에는 60분+방화문 또는 60분 방화문을 설치할 것

② 0.1m → 0.5m

답 ②

03 화재의 일반적 특성으로 틀린 것은?

15.09.문10
11.03.문17

① 확대성
② 정형성
③ 우발성
④ 불안정성

해설 화재의 특성
(1) **우**발성(화재가 돌발적으로 발생)
(2) **확**대성
(3) **불**안정성

기억법 우확불

답 ②

04 공기의 부피비율이 질소 79%, 산소 21%인 전기실에 화재가 발생하여 이산화탄소 소화약제를 방출하여 소화하였다. 이때 산소의 부피농도가 14%이었다면 이 혼합공기의 분자량은 약 얼마인가? (단, 화재시 발생한 연소가스는 무시한다.)

17.09.문11
15.05.문13
12.05.문12

① 28.9
② 30.9
③ 33.9
④ 35.9

해설 (1) 이산화탄소의 농도

$$CO_2 = \frac{21 - O_2}{21} \times 100$$

여기서, CO_2 : CO_2의 농도[vol%]
O_2 : O_2의 농도[vol%]

$$CO_2 = \frac{21 - O_2}{21} \times 100 = \frac{21 - 14}{21} \times 100 ≒ 33.3 vol\%$$

- 원칙적인 단위 vol% = 간략 단위 %

(2) CO_2 방출시 공기의 부피비율 변화
  ㉠ 산소(O_2) = 14vol%
  ㉡ 이산화탄소(CO_2) = 33.3vol%
  ㉢ 질소(N_2) = 100vol% − (O_2 농도 + CO_2 농도)[vol%]
       = 100vol% − (14 + 33.3)vol% = 52.7vol%

(3) 분자량

원소	원자량
H	1
C	12
N	14
O	16

산소(O_2) : 16×2×0.14(14vol%) = 4.48
이산화탄소(CO_2) : (12+16×2)×0.333(33.3vol%) = 14.652
질소(N_2) : 14×2×0.527(52.7vol%) = 14.756
혼합공기의 분자량 = 33.9

답 ③

05 다음 가연성 기체 1몰이 완전 연소하는 데 필요한 이론공기량으로 틀린 것은? (단, 체적비로 계산하며 공기 중 산소의 농도를 21vol%로 한다.)

① 수소 − 약 2.38몰
② 메탄 − 약 9.52몰
③ 아세틸렌 − 약 16.91몰
④ 프로판 − 약 23.81몰

해설 (1) 화학반응식
  ㉠ 수소 : ②H_2 + ①O_2 → 2H_2O
     필요한 산소 몰수 = $\frac{산소 몰수}{수소 몰수} = \frac{1}{2} = 0.5$몰
  ㉡ 메탄 : ①CH_4 + ②O_2 → CO_2 + 2H_2O
     필요한 산소 몰수 = $\frac{산소 몰수}{메탄 몰수} = \frac{2}{1} = 2$몰
  ㉢ 아세틸렌 : ②C_2H_2 + ⑤O_2 → 4CO_2 + 2H_2O
     필요한 산소 몰수 = $\frac{산소 몰수}{아세틸렌 몰수} = \frac{5}{2} = 2.5$몰
  ㉣ 프로판 : ①C_3H_8 + ⑤O_2 → 3CO_2 + 4H_2O
     필요한 산소 몰수 = $\frac{산소 몰수}{프로판 몰수} = \frac{5}{1} = 5$몰

(2) 필요한 이론공기량
$$필요한 이론공기량 = \frac{몰수}{공기 중 산소농도}$$

㉠ 수소 = $\frac{0.5몰}{0.21(21vol\%)} ≒ 2.38$몰
㉡ 메탄 = $\frac{2몰}{0.21(21vol\%)} ≒ 9.52$몰
㉢ 아세틸렌 = $\frac{2.5몰}{0.21(21vol\%)} ≒ 11.9$몰
㉣ 프로판 = $\frac{5몰}{0.21(21vol\%)} ≒ 23.81$몰

답 ③

06 물의 소화능력에 관한 설명 중 틀린 것은?

① 다른 물질보다 비열이 크다.
② 다른 물질보다 융해잠열이 작다.
③ 다른 물질보다 증발잠열이 크다.
④ 밀폐된 장소에서 증발가열되면 산소희석작용을 한다.

해설 물의 소화능력
(1) **비열**이 크다.
(2) **증발잠열**(기화잠열)이 크다.
(3) 밀폐된 장소에서 증발가열하면 수증기에 의해서 **산소희석작용** 또는 **질식소화작용**을 한다.
(4) **무상**으로 주수하면 **중질유화재**에도 사용할 수 있다.

② 융해잠열과는 무관

참고
물이 **소화약제**로 많이 쓰이는 이유

장점	단점
• 쉽게 구할 수 있다. • 증발잠열(기화잠열)이 크다. • 취급이 간편하다.	• 가스계 소화약제에 비해 사용 후 오염이 크다. • 일반적으로 전기화재에는 사용이 불가하다.

답 ②

07 화재실의 연기를 옥외로 배출시키는 제연방식으로 효과가 가장 적은 것은?

① 자연제연방식
② 스모크타워 제연방식
③ 기계식 제연방식
④ 냉난방설비를 이용한 제연방식

해설 제연방식의 종류
(1) 밀폐제연방식: 밀폐도가 많은 벽이나 문으로서 화재가 발생하였을 때 밀폐하여 **연기**의 유출 및 **공기** 등의 **유입**을 **차단**시켜 제연하는 방식
(2) **자연제연방식**: 건물에 설치된 창

자연제연방식

(3) **스모크타워 제연방식**: 고층 건물에 적합

∥스모크타워 제연방식∥

(4) **기계제연방식**(기계식 제연방식)
  ㉠ 제1종: 송풍기+배연기

∥제1종 기계제연방식∥

  ㉡ 제2종: 송풍기

∥제2종 기계제연방식∥

  ㉢ 제3종: 배연기

∥제3종 기계제연방식∥

④ 이런 제연방식은 없음

답 ④

08 분말소화약제의 취급시 주의사항으로 틀린 것은?

15.05.문09
15.05.문20
13.06.문03

① 습도가 높은 공기 중에 노출되면 고화되므로 항상 주의를 기울인다.
② 충진시 다른 소화약제와 혼합을 피하기 위하여 종별로 각각 다른 색으로 착색되어 있다.
③ 실내에서 다량 방사하는 경우 분말을 흡입하지 않도록 한다.
④ 분말소화약제와 수성막포를 함께 사용할 경우 포의 소포현상을 발생시키므로 병용해서는 안 된다.

해설 분말소화약제 취급시 주의사항
(1) 습도가 높은 공기 중에 노출되면 고화되므로 항상 주의를 기울인다.
(2) 충진시 다른 소화약제와 혼합을 피하기 위하여 종별로 각각 다른 색으로 착색되어 있다.
(3) 실내에서 다량 방사하는 경우 분말을 흡입하지 않도록 한다.

중요

수성막포 소화약제
(1) 안전성이 좋아 장기보관이 가능하다.
(2) 내약품성이 좋아 **분말소화약제**와 **겸용** 사용이 가능하다.
(3) 석유류 표면에 신속히 피막을 형성하여 유류증발을 억제한다.
(4) 일명 **AFFF**(**A**queous **F**ilm **F**orming **F**oam)라고 한다.
(5) 점성이 작기 때문에 가연성 기름의 표면에서 쉽게 피막을 형성한다.
(6) 단백포 소화약제와도 병용이 가능하다.

기억법 분수

④ 소포현상도 발생되지 않으므로 병용 가능

답 ④

09 건축물의 화재를 확산시키는 요인이라 볼 수 없는 것은?

16.03.문10
15.03.문06
14.05.문02
09.03.문19
06.05.문18

① 비화(飛火)
② 복사열(輻射熱)
③ 자연발화(自然發火)
④ 접염(接炎)

해설 목조건축물의 화재원인

종류	설명
접염 (화염의 접촉)	화염 또는 열의 **접촉**에 의하여 불이 다른 곳으로 옮겨붙는 것
비화	불티가 **바람**에 **날리**거나 화재현장에서 상승하는 **열기류** 중심에 휩쓸려 원거리 가연물에 착화하는 현상 기억법 비날(비가 날린다!)
복사열	복사파에 의하여 열이 **고온**에서 **저온**으로 이동하는 것

비교

열전달의 종류

종류	설명
전도 (conduction)	하나의 물체가 다른 **물체**와 **직접** 접촉하여 열이 이동하는 현상
대류 (convection)	**유체**의 흐름에 의하여 열이 이동하는 현상

복사 (radiation)	① 화재시 화원과 격리된 인접 가연물에 불이 옮겨붙는 현상 ② 열전달 **매질**이 **없이** 열이 전달되는 형태 ③ 열에너지가 **전자파**의 형태로 옮겨지는 현상으로, 가장 크게 작용

답 ③

10. 석유, 고무, 동물의 털, 가죽 등과 같이 황성분을 함유하고 있는 물질이 불완전연소될 때 발생하는 연소가스로 계란 썩는 듯한 냄새가 나는 기체는?

① 아황산가스
② 시안화수소
③ 황화수소
④ 암모니아

해설 연소가스

구 분	특 징
일산화탄소 (CO)	화재시 흡입된 일산화탄소(CO)의 화학적 작용에 의해 **헤모글로빈**(Hb)이 혈액의 산소운반작용을 저해하여 사람을 질식·사망하게 한다.
이산화탄소 (CO_2)	연소가스 중 **가장 많은 양**을 차지하고 있으며 가스 그 자체의 독성은 거의 없으나 다량이 존재할 경우 호흡속도를 증가시키고, 이로 인하여 화재가스에 혼합된 유해가스의 혼입을 증가시켜 위험을 가중시키는 가스이다.
암모니아 (NH_3)	나무, 페놀수지, 멜라민수지 등의 **질소 함유물**이 연소할 때 발생하며, 냉동시설의 **냉매**로 쓰인다.
포스겐 ($COCl_2$)	매우 독성이 강한 가스로서 소화제인 **사염화탄소**(CCl_4)를 화재시에 사용할 때도 발생한다.
황화수소 (H_2S)	**달걀**(계란) **썩는 냄새**가 나는 특성이 있다. 기억법 황달
아크롤레인 ($CH_2=CHCHO$)	독성이 매우 높은 가스로서 **석유제품, 유지** 등이 연소할 때 생성되는 가스이다.

답 ③

11. 다음 중 동일한 조건에서 증발잠열[kJ/kg]이 가장 큰 것은?

① 질소
② 할론 1301
③ 이산화탄소
④ 물

해설 증발잠열

약 제	증발잠열
할론 1301	119kJ/kg
아르곤	156kJ/kg
질소	199kJ/kg
이산화탄소	574kJ/kg
물	2245kJ/kg(539kcal/kg)

중요

물의 증발잠열

$1J=0.24cal$ 이므로

$1kJ=0.24kcal$, $1kJ/kg=0.24kcal/kg$

$539kcal/kg = \dfrac{539kcal/kg}{0.24kcal/kg} \times 1kJ/kg$

$≒ 2245kJ/kg$

답 ④

12. 탱크화재시 발생되는 보일오버(Boil Over)의 방지방법으로 틀린 것은?

① 탱크내용물의 기계적 교반
② 물의 배출
③ 과열방지
④ 위험물탱크 내의 하부에 냉각수 저장

해설 보일오버(Boil Over)

구 분	설 명
정의	① 중질유의 탱크에서 장시간 조용히 연소하다 **탱크 내의 잔존기름**이 갑자기 분출하는 현상 ② 유류탱크에서 탱크바닥에 물과 기름의 **에멀션**이 섞여 있을 때 이로 인하여 화재가 발생하는 현상 ③ 연소유면으로부터 100℃ 이상의 열파가 **탱크 저부**에 고여 있는 **물**을 비등하게 하면서 연소유를 탱크 밖으로 비산시키며 연소하는 현상
방지대책	① 탱크내용물의 **기계적 교반** ② 탱크하부 **물**의 **배출** ③ 탱크 내부 **과열방지**

답 ④

13. 화재시 CO_2를 방사하여 산소농도를 11vol%로 낮추어 소화하려면 공기 중 CO_2의 농도는 약 몇 vol%가 되어야 하는가?

① 47.6
② 42.9
③ 37.9
④ 34.5

해설 CO₂의 농도(이론소화농도)

$$CO_2 = \frac{21-O_2}{21} \times 100$$

여기서, CO₂ : CO₂의 농도[%] 또는 [vol%]
O₂ : O₂의 농도[%] 또는 [vol%]

$$CO_2 = \frac{21-O_2}{21} \times 100$$
$$= \frac{21-11}{21} \times 100$$
$$≒ 47.6 vol\%$$

• 단위가 원래는 vol% 또는 vol.%인데 줄여서 %로 쓰기도 한다.

중요

이산화탄소 소화설비와 관련된 식

$$CO_2 = \frac{방출가스량}{방호구역체적+방출가스량} \times 100$$
$$= \frac{21-O_2}{21} \times 100$$

여기서, CO₂ : CO₂의 농도[%]
O₂ : O₂의 농도[%]

$$방출가스량 = \frac{21-O_2}{O_2} \times 방호구역체적$$

여기서, O₂ : O₂의 농도[%]

용어

%	vol%
수를 100의 비로 나타낸 것	어떤 공간에 차지하는 부피를 백분율로 나타낸 것
50%	공기 50vol% 50vol%
50%	50vol%

답 ①

14 물소화약제를 어떠한 상태로 주수할 경우 전기화재의 진압에서도 소화능력을 발휘할 수 있는가?
① 물에 의한 봉상주수
② 물에 의한 적상주수
③ 물에 의한 무상주수
④ 어떤 상태의 주수에 의해서도 효과가 없다.

해설 **전기화재(변전실화재) 적응방법**
(1) 무상주수
(2) 할론소화약제 방사
(3) 분말소화설비

(4) 이산화탄소 소화설비
(5) 할로겐화합물 및 불활성기체 소화설비

참고

물을 주수하는 방법

주수방법	설 명
봉상주수	화점이 멀리 있을 때 또는 고체가연물의 대규모 화재시 사용 예 옥내소화전
적상주수	일반 고체가연물의 화재시 사용 예 스프링클러헤드
무상주수	화점이 가까이 있을 때 또는 질식효과, 에멀션효과를 필요로 할 때 사용 예 물분무헤드

답 ③

15 도장작업 공정에서의 위험도를 설명한 것으로 틀린 것은?
① 도장작업 그 자체 못지않게 건조공정도 위험하다.
② 도장작업에서는 인화성 용제가 쓰이지 않으므로 폭발의 위험이 없다.
③ 도장작업장은 폭발시를 대비하여 지붕을 시공한다.
④ 도장실의 환기덕트를 주기적으로 청소하여 도료가 덕트 내에 부착되지 않게 한다.

해설 **도장작업 공정에서의 위험도**
(1) 도장작업 그 자체 못지않게 **건조공정**도 **위험**하다.
(2) 도장작업에서는 **인화성** 또는 **가연성 용제**가 쓰이므로 **폭발**의 **위험**이 있다.
(3) 도장작업장은 폭발시를 대비하여 **지붕**을 시공한다.
(4) 도장실의 환기덕트를 주기적으로 청소하여 도료가 덕트 내에 부착되지 않게 한다.

② 인화성 용제가 쓰이지 않으므로 폭발의 위험이 없다. → **인화성** 또는 **가연성 용제**가 쓰이므로 **폭발**의 **위험**이 있다.

답 ②

16 방호공간 안에서 화재의 세기를 나타내고 화재가 진행되는 과정에서 온도에 따라 변하는 것으로 온도-시간 곡선으로 표시할 수 있는 것은?
① 화재저항
② 화재가혹도
③ 화재하중
④ 화재플럼

구 분		화재하중(fire load)	화재가혹도(fire severity)
정의		화재실 또는 화재구획의 단위바닥면적에 대한 등가 가연물량값	① 화재의 양과 질을 반영한 화재의 강도 ② 방호공간 안에서 화재의 세기를 나타냄
계산식		화재하중 $q = \dfrac{\Sigma G_t H_t}{HA}$ $= \dfrac{\Sigma Q}{4500A}$ 여기서, q : 화재하중[kg/m²] G_t : 가연물의 양[kg] H_t : 가연물의 단위발열량〔kcal/kg〕 H : 목재의 단위발열량〔kcal/kg〕 A : 바닥면적[m²] ΣQ : 가연물의 전체 발열량[kcal]	화재가혹도 ＝지속시간×최고온도 화재시 지속시간이 긴 것은 가연물량이 많은 양적 개념이며, 연소시 최고온도는 최성기 때의 온도로서 화재의 질적 개념이다.
비교		① 화재의 **규모**를 판단하는 척도 ② **주수시간**을 결정하는 인자	① 화재의 **강도**를 판단하는 척도 ② **주수율**을 결정하는 인자

용어

화재플럼	화재저항
상승력이 커진 부력에 의해 연소가스와 유입공기가 상승하면서 화염이 섞인 연기 기둥형태를 나타내는 현상	화재시 최고온도의 지속시간을 견디는 내력

답 ②

17 다음 위험물 중 특수인화물이 아닌 것은?
08.09.문06
① 아세톤　　② 다이에틸에터
③ 산화프로필렌　　④ 아세트알데하이드

해설 특수인화물
(1) 다이에틸에터
(2) 이황화탄소
(3) 아세트알데하이드
(4) 산화프로필렌
(5) 이소프렌
(6) 펜탄
(7) 디비닐에터
(8) 트리클로로실란

① 아세톤 : 제1석유류

답 ①

18 다음 중 가연물의 제거를 통한 소화방법과 무관한 것은?
16.10.문07
16.03.문12
14.05.문11
13.03.문01
11.03.문04
08.09.문17

① 산불의 확산방지를 위하여 산림의 일부를 벌채한다.
② 화학반응기의 화재시 원료공급관의 밸브를 잠근다.
③ 전기실 화재시 IG-541 약제를 방출한다.
④ 유류탱크 화재시 주변에 있는 유류탱크의 유류를 다른 곳으로 이동시킨다.

해설 제거소화의 예
(1) **가연성 기체** 화재시 **주밸브**를 **차단**한다(화학반응기의 화재시 원료공급관의 **밸브를 잠금**).
(2) **가연성 액체** 화재시 펌프를 이용하여 **연료**를 제거한다.
(3) **연료탱크**를 **냉각**하여 가연성 가스의 발생속도를 작게 하여 연소를 억제한다.
(4) 금속화재시 **불활성 물질**로 가연물을 덮는다.
(5) **목재**를 **방염처리**한다.
(6) 전기화재시 **전원**을 **차단**한다.
(7) 산불이 발생하면 화재의 진행방향을 앞질러 **벌목**한다(산불의 확산방지를 위하여 **산림**의 **일부**를 **벌채**).
(8) 가스화재시 **밸브**를 **잠궈** 가스흐름을 차단한다(가스화재시 중간밸브를 잠금).
(9) 불타고 있는 장작더미 속에서 아직 타지 않은 것을 안전한 곳으로 **운반**한다.
(10) 유류탱크 화재시 주변에 있는 유류탱크의 유류를 다른 곳으로 이동시킨다.
(11) 촛불을 입김으로 불어서 끈다.

③ **질식소화** : IG-541(불활성기체 소화약제)

용어

제거효과
가연물을 반응계에서 제거하든지 또는 반응계로의 공급을 정지시켜 소화하는 효과

답 ③

19 화재 표면온도(절대온도)가 2배로 되면 복사에너지는 몇 배로 증가되는가?
14.09.문14
13.09.문01
13.06.문08

① 2　　② 4
③ 8　　④ 16

해설 **스테판-볼츠만**의 **법칙**(Stefan-Boltzman's law)

$$\dfrac{Q_2}{Q_1} = \dfrac{(273+T_2)^4}{(273+T_1)^4} = (2배)^4 = 16배$$

● 열복사량은 복사체의 **절대온도**의 **4제곱**에 **비례**하고, **단면적**에 **비례**한다.

참고
스테판-볼츠만의 법칙(Stefan-Boltzman's law)

$$Q = aAF(T_1^4 - T_2^4)$$

여기서, Q : 복사열[W]
　　　　a : 스테판-볼츠만 상수[W/m² · K⁴]
　　　　A : 단면적[m²]
　　　　F : 기하학적 Factor
　　　　T_1 : 고온[K]
　　　　T_2 : 저온[K]

답 ④

20 산불화재의 형태로 틀린 것은?
① 지중화형태　② 수평화형태
③ 지표화형태　④ 수관화형태

해설 산림화재의 형태

구분	설명
지중화	나무가 썩어서 그 **유기물**이 타는 것
지표화	나무 주위에 떨어져 있는 **낙엽** 등이 타는 것
수간화	나무**기둥**부터 타는 것
수관화	나뭇**가지**부터 타는 것

답 ②

제2과목 소방전기일반

21 그림과 같은 회로에서 A-B 단자에 나타나는 전압은 몇 V인가?

① 20　② 40
③ 60　④ 80

해설 (1) 회로를 이해하기 쉽도록 변형

직렬저항값 = 80 + 80 = 160kΩ

(2) 전체 저항

$$R = \frac{R_1 \times R_2}{R_1 + R_2}$$

여기서, R : 전체 저항[Ω]
　　　　R_1, R_2 : 각각의 저항[Ω]

전체 저항 R은

$$R = \frac{R_1 \times R_2}{R_1 + R_2} = \frac{160 \times 80}{160 + 80} ≒ 53.3kΩ = 53.3 \times 10^3 Ω$$

(3) 전체 전류

$$I = \frac{V}{R}$$

여기서, I : 전체 전류[A]
　　　　V : 전압[V]
　　　　R : 전체 저항[Ω]

전체 전류 I는

$$I = \frac{V}{R} = \frac{120}{53.3 \times 10^3} ≒ 2.25 \times 10^{-3} A$$

• 53.3kΩ = 53.3 × 10³Ω

(4) 각각의 전류

$$I_1 = \frac{R_2}{R_1 + R_2} I$$

여기서, I_1 : R_1에 흐르는 전류[A]
R_1, R_2 : 각각의 저항[Ω]
I : 전체 전류[A]

R_1에 흐르는 **전류** I_1은

$$I_1 = \frac{R_2}{R_1+R_2}I$$
$$= \frac{80 \times 10^3}{(160+80) \times 10^3} \times 2.25 \times 10^{-3}$$
$$= 7.5 \times 10^{-4} \text{A}$$

(5) A-B 단자전압

$I_1 = 7.5 \times 10^{-4}$ A

$$V_{A-B} = I_1 R_{A-B}$$

여기서, V_{A-B} : A-B 단자전압[V]
I_1 : 전류[A]
R_{A-B} : A-B 단자저항[Ω]

A-B 단자전압 V_{A-B}는

$$V_{A-B} = I_1 R_{A-B}$$
$$= (7.5 \times 10^{-4}) \times (80 \times 10^3)$$
$$= 60\text{V}$$

• 80kΩ = 80×10³Ω

답 ③

22 부궤환증폭기의 장점에 해당되는 것은?

① 전력이 절약된다.
② 안정도가 증진된다.
③ 증폭도가 증가된다.
④ 능률이 증대된다.

해설 **부궤환증폭기**

장 점	단 점
① **안**정도 **증**진 ② 대역폭 확장 ③ 잡음 감소 ④ 왜곡 감소	이득 감소

기억법 **부안증**

답 ②

23 전기기기에서 생기는 손실 중 권선의 저항에 의하여 생기는 손실은?

① 철손 ② 동손
③ 표유부하손 ④ 히스테리시스손

해설

동 손	철 손
권선의 **저항**에 의하여 생기는 손실	**철심** 속에서 생기는 손실

기억법 **권동철철**

중요

무부하손
(1) 철손
(2) 저항손
(3) 유전체손

답 ②

24 그림과 같은 무접점회로는 어떤 논리회로인가?

① NOR ② OR
③ NAND ④ AND

해설 **논리회로**와 **전자회로**

명 칭	회 로
AND 게이트	
OR 게이트	

NOT 게이트	(회로도)
NOR 게이트	(회로도)
NAND 게이트	(회로도)

답 ③

25 열감지기의 온도감지용으로 사용하는 소자는?

① 서미스터
② 바리스터
③ 제너다이오드
④ 발광다이오드

해설 반도체소자

명칭	심벌
제너다이오드(zener diode) : 주로 정전압 전원회로에 사용된다.	⊳⊩
서미스터(thermistor) : 부온도 특성을 가진 저항기의 일종으로서 주로 **온도보정용**(**온도감지용**)으로 쓰인다. 기억법 **서온(서운해)**	⊸〰〰⊸ Th
SCR(Silicon Controlled Rectifier) : 단방향 대전류 스위칭소자로서 제어를 할 수 있는 정류소자이다.	A⊳⊩K G
바리스터(varistor) • 주로 **서**지전압(과도전압)에 대한 회로보호용 • **계**전기접점의 불꽃제거 기억법 **바리서계**	⊳⊩⊲
UJT(Unijunction transistor, **단일접합 트랜지스터**) : 증폭기로는 사용이 불가능하고 톱니파나 펄스발생기로 작용하며 SCR의 트리거소자로 쓰인다.	E─⊣ B₁ B₂
버랙터(varactor) : 제너현상을 이용한 다이오드	-

서미스터의 종류

소자	설 명
NTC	화재시 온도 상승으로 인해 저항값이 **감소**하는 반도체소자 기억법 **N감(인감)**
PTC	온도 상승으로 인해 저항값이 **증가**하는 반도체소자
CTR	특정 온도에서 저항값이 **급격히 변하**는 반도체소자

답 ①

26 그림과 같은 회로에서 각 계기의 지시값이 Ⓥ는 180V, Ⓐ는 5A, W는 720W라면 이 회로의 무효전력[Var]은?

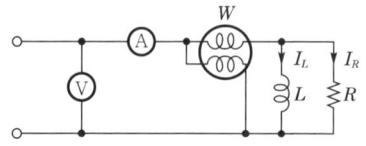

① 480
② 540
③ 960
④ 1200

해설 피상전력

$$P_a = VI = \sqrt{P^2 + P_r^2} = I^2 Z$$

여기서, P_a : 피상전력[VA]
V : 전압[V]
I : 전류[A]
P : 유효전력[W]
P_r : 무효전력[Var]
Z : 임피던스[Ω]

피상전력 P_a는

$P_a = VI = 180 \times 5 = 900\text{VA}$

$P_a = \sqrt{P^2 + P_r^2}$ 에서

$P_a^2 = (\sqrt{P^2 + P_r^2})^2$

$P_a^2 = P^2 + P_r^2$

$P_a^2 - P^2 = P_r^2$

$P_r^2 = P_a^2 - P^2$

$\sqrt{P_r^2} = \sqrt{P_a^2 - P^2}$

$P_r = \sqrt{P_a^2 - P^2}$

무효전력 P_r은

$P_r = \sqrt{P_a^2 - P^2}$
$= \sqrt{900^2 - 720^2} = 540\text{Var}$

답 ②

27. 정현파 신호 $\sin t$의 전달함수는?

① $\dfrac{1}{s^2+1}$ ② $\dfrac{1}{s^2-1}$

③ $\dfrac{s}{s^2+1}$ ④ $\dfrac{s}{s^2-1}$

해설 계의 전달함수

$\sin t$	$\cos t$
$\sin t = \dfrac{1}{s^2+1}$	$\cos t = \dfrac{s}{s^2+1}$

비교 계의 전달함수

$\sin \omega t$	$\cos \omega t$
$\sin \omega t = \dfrac{\omega}{s^2+\omega^2}$	$\cos \omega t = \dfrac{s}{s^2+\omega^2}$

답 ①

28. 제어량이 압력, 온도 및 유량 등과 같은 공업량일 경우의 제어는?

① 시퀀스제어
② 프로세스제어
③ 추종제어
④ 프로그램제어

해설 제어량에 의한 분류

분류방법	제어량	
프로세스제어 (공정제어)	• **온**도 • **유**량	• **압**력 • **액**면
	기억법 프온압유액	
서보기구	• **위**치 • **자**세	• **방**위
	기억법 서위방자	
자동조정	• **전**압 • **주**파수 • **장**력	• **전**류 • **회**전속도 (발전기의 속도조절기)
	기억법 전전주회장	

용어 프로세스제어(공정제어)
공업공정의 상태량을 제어량으로 하는 제어

답 ②

29. SCR를 턴온시킨 후 게이트전류를 0으로 하여도 온(ON)상태를 유지하기 위한 최소의 애노드전류를 무엇이라 하는가?

① 래칭전류
② 스텐드온전류
③ 최대전류
④ 순시전류

해설 래칭전류(latching current)
(1) **트**리거신호가 제거된 직후에 사이리스터를 ON상태로 유지하는 데 필요로 하는 **최소**의 주전류
(2) SCR를 **턴**온시킨 후 게이트전류를 0으로 하여도 온(ON)상태를 유지하기 위한 **최소**의 애노드전류

기억법 래트턴(편지턴)

답 ①

30. 인덕턴스가 1H인 코일과 정전용량이 0.2μF인 콘덴서를 직렬로 접속할 때 이 회로의 공진주파수는 약 몇 Hz인가?

① 89 ② 178
③ 267 ④ 356

해설 (1) 기호
- L : 1H
- C : $0.2\mu F = 0.2 \times 10^{-6} F$ ($1\mu F = 10^{-6}F$)
- f_0 : ?

(2) 공진주파수

$$f_0 = \dfrac{1}{2\pi\sqrt{LC}}$$

여기서, f_0 : 공진주파수[Hz]
L : 인덕턴스[H]
C : 정전용량[F]

공진주파수 f_0는

$f_0 = \dfrac{1}{2\pi\sqrt{LC}} = \dfrac{1}{2\pi\sqrt{1\times(0.2\times10^{-6})}}$
$\fallingdotseq 356 Hz$

답 ④

31. 단상 반파정류회로에서 교류 실효값 220V를 정류하면 직류 평균전압은 약 몇 V인가? (단, 정류기의 전압강하는 무시한다.)

① 58 ② 73
③ 88 ④ 99

해설 직류 평균전압

단상 반파정류회로	단상 전파정류회로
$E_{av} = 0.45E$	$E_{av} = 0.9E$
여기서, E_{av} : 직류 평균전압(V) E : 교류 실효값(V)	여기서, E_{av} : 직류 평균전압(V) E : 교류 실효값(V)

$E_{av} = 0.45E = 0.45 \times 220 = 99$V

답 ④

32 ★★★ 논리식 $X + \overline{X}Y$ 를 간단히 하면?

17.09.문33
17.03.문23
16.05.문36
16.03.문39
15.09.문23
15.03.문39
13.09.문30
13.06.문35

① X
② $X\overline{Y}$
③ $\overline{X}Y$
④ $X + Y$

해설 불대수의 정리

논리합	논리곱	비고
$X + 0 = X$	$X \cdot 0 = 0$	–
$X + 1 = 1$	$X \cdot 1 = X$	–
$X + X = X$	$X \cdot X = X$	–
$X + \overline{X} = 1$	$X \cdot \overline{X} = 0$	–
$X + Y = Y + X$	$X \cdot Y = Y \cdot X$	교환법칙
$X + (Y + Z)$ $= (X + Y) + Z$	$X(YZ) = (XY)Z$	결합법칙
$X(Y + Z)$ $= XY + XZ$	$(X + Y)(Z + W)$ $= XZ + XW + YZ + YW$	분배법칙
$X + XY = X$	$\overline{X} + XY = \overline{X} + Y$ $X + \overline{X}Y = X + Y$ $X + \overline{X}\,\overline{Y} = X + \overline{Y}$	흡수법칙
$\overline{(X+Y)} = \overline{X} \cdot \overline{Y}$	$\overline{(X \cdot Y)} = \overline{X} + \overline{Y}$	드모르간의 정리

답 ④

33 ★
온도 t(℃)에서 저항이 R_1, R_2 이고 저항의 온도계수가 각각 α_1, α_2 인 두 개의 저항을 직렬로 접속했을 때 합성저항 온도계수는?

① $\dfrac{R_1\alpha_2 + R_2\alpha_1}{R_1 + R_2}$

② $\dfrac{R_1\alpha_1 + R_2\alpha_2}{R_1 R_2}$

③ $\dfrac{R_1\alpha_1 + R_2\alpha_2}{R_1 + R_2}$

④ $\dfrac{R_1\alpha_2 + R_2\alpha_1}{R_1 R_2}$

해설 (1) 도체의 저항

$$R_2 = R_1[1 + \alpha_{t_1}(t_2 - t_1)]\,[\Omega]$$

여기서, R_1 : t_1(℃)에 있어서의 도체의 저항(Ω)
R_2 : t_2(℃)에 있어서의 도체의 저항(Ω)
t_1 : 상승 전의 온도(℃)
t_2 : 상승 후의 온도(℃)
α_{t_1} : t_1(℃)에서의 저항온도계수

(2) 변형식
$R_1 = R_1\alpha_1 t$, $R_2 = R_2\alpha_2 t$
합성저항 $R = R_1 + R_2 = R\alpha t$
$R_1 + R_2 = R_1\alpha_1 t + R_2\alpha_2 t$
$\qquad = (R_1\alpha_1 + R_2\alpha_2)t$
$R\alpha t = (R_1\alpha_1 + R_2\alpha_2)t$
$\alpha = \dfrac{(R_1\alpha_1 + R_2\alpha_2)t}{Rt}$
$\quad = \dfrac{(R_1\alpha_1 + R_2\alpha_2)t}{(R_1 + R_2)t}$
$\quad = \dfrac{R_1\alpha_1 + R_2\alpha_2}{R_1 + R_2}$

답 ③

34 ★★★ 단상 전력을 간접적으로 측정하기 위해 3전압계법을 사용하는 경우 단상 교류전력 P(W)는?

18.09.문23
15.09.문32
15.05.문34
08.09.문39
97.10.문23

① $P = \dfrac{1}{2R}(V_3 - V_2 - V_1)^2$

② $P = \dfrac{1}{R}(V_3^2 - V_1^2 - V_2^2)$

③ $P = \dfrac{1}{2R}(V_3^2 - V_1^2 - V_2^2)$

④ $P = V_3 I \cos\theta$

해설 3전압계법 vs 3전류계법

3전압계법	3전류계법
$P = \dfrac{1}{2R}(V_3^2 - V_1^2 - V_2^2)$	$P = \dfrac{R}{2}(I_3^2 - I_1^2 - I_2^2)$
여기서, P : 교류전력(소비전력)[kW] R : 저항[Ω] V_1, V_2, V_3 : 전압계의 지시값[V]	여기서, P : 교류전력(소비전력)[kW] R : 저항[Ω] I_1, I_2, I_3 : 전류계의 지시값[A]

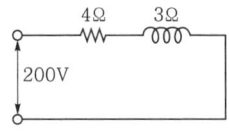

답 ③

35 그림과 같은 RL직렬회로에서 소비되는 전력은 몇 W인가?

① 6400
② 8800
③ 10000
④ 12000

해설 RL직렬회로

$$P = I^2 R$$

(1) 전류

$$I = \dfrac{V}{\sqrt{R^2 + X_L^2}}$$

여기서, I : 전류[A]
V : 전압[V]
R : 저항[Ω]
X_L : 유도리액턴스[Ω]

전류 I는

$$I = \dfrac{V}{\sqrt{R^2 + X_L^2}} = \dfrac{200}{\sqrt{4^2 + 3^2}} = 40\text{A}$$

(2) 전력

$$P = I^2 R$$

여기서, P : 전력[W]
I : 전류[A]
R : 저항[Ω]

소비되는 전력 P는
$$P = I^2 R = 40^2 \times 4 = 6400\text{W}$$

답 ①

36 선간전압 E[V]의 3상 평형 전원에 대칭 3상 저항 부하 R[Ω]이 그림과 같이 접속되었을 때 a, b 두 상 간에 접속된 전력계의 지시값이 W[W]라면 c상의 전류는?

① $\dfrac{2W}{\sqrt{3}\,E}$
② $\dfrac{3W}{\sqrt{3}\,E}$
③ $\dfrac{W}{\sqrt{3}\,E}$
④ $\dfrac{\sqrt{3}\,W}{\sqrt{E}}$

해설 전력계법

구분	접속도	전류
1 전 력 계 법		$I = \dfrac{2W}{\sqrt{3}\,E}$ 여기서, I : 전류[A] W : 전력계의 지시값[W] E : 선간전압[V]
2 전 력 계 법		$I = \dfrac{W_1 + W_2}{\sqrt{3}\,E}$ 여기서, I : 전류[A] W_1, W_2 : 각 전력계의 지시값[W] E : 선간전압[V]
3 전 력 계 법		$I = \dfrac{W_1 + W_2 + W_3}{\sqrt{3}\,E}$ 여기서, I : 전류[A] W_1, W_2, W_3 : 각 전력계의 지시값[W] E : 선간전압[V]

답 ①

37. 교류전력변환장치로 사용되는 인버터회로에 대한 설명으로 옳지 않은 것은?

① 직류전력을 교류전력으로 변환하는 장치를 인버터라고 한다.
② 전류형 인버터와 전압형 인버터로 구분할 수 있다.
③ 전류방식에 따라서 타려식과 자려식으로 구분할 수 있다.
④ 인버터의 부하장치에는 직류직권전동기를 사용할 수 있다.

해설 인버터(inverter)
(1) 직류전력을 교류전력으로 변환하는 장치
(2) 전류형 인버터와 전압형 인버터로 구분
(3) 전류방식에 따라서 타려식과 자려식으로 구분
(4) 인버터의 부하장치에는 **교류직권전동기** 사용

④ 직류직권전동기 → 교류직권전동기

답 ④

38. 다이오드를 사용한 정류회로에서 과전압 방지를 위한 대책으로 가장 알맞은 것은?

① 다이오드를 직렬로 추가한다.
② 다이오드를 병렬로 추가한다.
③ 다이오드의 양단에 적당한 값의 저항을 추가한다.
④ 다이오드의 양단에 적당한 값의 콘덴서를 추가한다.

해설 다이오드 접속
(1) **직렬접속** : 과전압으로부터 보호

기억법 직압(지갑)

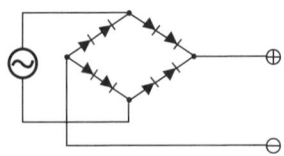

(2) **병렬접속** : 과전류로부터 보호

① **과전압 방지** : 다이오드를 **직렬**로 추가한다.

답 ①

39. 이미터전류를 1mA 증가시켰더니 컬렉터전류는 0.98mA 증가되었다. 이 트랜지스터의 증폭률 β는?

① 4.9
② 9.8
③ 49.0
④ 98.0

해설
(1) 기호
- I_E : 1mA
- I_C : 0.98mA
- β : ?

(2) 이미터접지(트랜지스터) 전류증폭률

$$\beta = \frac{I_C}{I_B} = \frac{I_C}{I_E - I_C}$$

여기서, β : 이미터접지 전류증폭률(이미터접지 전류증폭정수)
I_C : 컬렉터전류(mA)
I_B : 베이스전류(mA)
I_E : 이미터전류(mA)

이미터접지 전류증폭률 β는

$$\beta = \frac{I_C}{I_E - I_C} = \frac{0.98}{1 - 0.98} = 49$$

- 분자, 분모의 단위만 일치시켜 주면 mA → A로 환산하지 않아도 된다. 그래도 의심되면 mA → A로 환산하자. 값은 동일하게 나온다.

$$\beta = \frac{I_C}{I_E - I_C} = \frac{0.98 \times 10^{-3}}{(1 - 0.98) \times 10^{-3}} = 49$$

비교 베이스접지 전류증폭률

$$\alpha = \frac{\beta}{1 + \beta}$$

여기서, α : 베이스접지 전류증폭률
β : 이미터접지 전류증폭률

- 이상적인 트랜지스터의 베이스접지 전류증폭률 α는 1이다.
- 전류증폭률=전류증폭정수
- 베이스접지=베이스접지 증폭기

답 ③

40. 저항이 4Ω, 인덕턴스가 8mH인 코일을 직렬로 연결하고 100V, 60Hz인 전압을 공급할 때 유효전력은 약 몇 kW인가?

① 0.8
② 1.2
③ 1.6
④ 2.0

해설 (1) 기호
- R : 4Ω
- L : 8mH = 8×10^{-3}H (1mH = 10^{-3}H)
- V : 100V
- f : 60Hz
- P : ?

(2) 유도리액턴스

$$X_L = 2\pi f L$$

여기서, X_L : 유도리액턴스〔Ω〕
f : 주파수〔Hz〕
L : 인덕턴스〔H〕

유도리액턴스 X_L 는
$X_L = 2\pi f L = 2\pi \times 60 \times (8 \times 10^{-3}) ≒ 3$Ω

(3) 전류

$$I = \frac{V}{Z} = \frac{V}{\sqrt{R^2 + X_L^2}}$$

여기서, I : 전류〔A〕
V : 전압〔V〕
Z : 임피던스〔Ω〕
R : 저항〔Ω〕
X_L : 유도리액턴스〔Ω〕

전류 I 는
$I = \dfrac{V}{\sqrt{R^2 + X_L^2}} = \dfrac{100}{\sqrt{4^2 + 3^2}} = 20$A

(4) 유효전력

$$P = I^2 R$$

여기서, P : 유효전력〔W〕
I : 전류〔A〕
R : 저항〔Ω〕

유효전력 P 는
$P = I^2 R = 20^2 \times 4 = 1600$W = 1.6kW

답 ③

제3과목 소방관계법규

41 소방본부장 또는 소방서장은 건축허가 등의 동의 요구서류를 접수한 날부터 최대 며칠 이내에 건축허가 등의 동의 여부를 회신하여야 하는가? (단, 허가 신청한 건축물은 지상으로부터 높이가 200m인 아파트이다.)

① 5일
② 7일
③ 10일
④ 15일

해설 소방시설법 시행규칙 3조
건축허가 등의 동의 여부 회신

날 짜	연면적
5일 이내	• 기타
10일 이내	• 50층 이상(지하층 제외) 또는 지상으로부터 높이 200m 이상인 **아파트** 보기 ③ • 30층 이상(지하층 포함) 또는 지상 120m 이상(아파트 제외) • 연면적 10만m² 이상(아파트 제외)

답 ③

42 소방기본법령상 소방활동구역의 출입자에 해당되지 않는 자는?

① 소방활동구역 안에 있는 소방대상물의 소유자·관리자 또는 점유자
② 전기·가스·수도·통신·교통의 업무에 종사하는 사람으로서 원활한 소방활동을 위하여 필요한 자
③ 화재건물과 관련 있는 부동산업자
④ 취재인력 등 보도업무에 종사하는 자

해설 기본령 8조
소방활동구역 출입자
(1) 소방활동구역 **안**에 있는 소방대상물의 **소유자·관리자** 또는 **점유자**
(2) **전기·가스·수도·통신·교통**의 업무에 종사하는 자로서 원활한 **소방활동**을 위하여 필요한 자
(3) **의사·간호사**, 그 밖의 구조·구급업무에 종사하는 자
(4) **취재인력** 등 보도업무에 종사하는 자
(5) **수사업무**에 종사하는 자
(6) **소방대장**이 소방활동을 위하여 **출입**을 **허가**한 자

③ 부동산업자는 관계인이 아니므로 해당 없음

용어
소방활동구역
화재, 재난·재해, 그 밖의 위급한 상황이 발생한 현장에 정하는 구역

답 ③

43 소방기본법상 화재현장에서의 피난 등을 체험할 수 있는 소방체험관의 설립·운영권자는?

① 시·도지사
② 행정안전부장관
③ 소방본부장 또는 소방서장
④ 소방청장

해설 기본법 5조 ①항
설립과 운영

소방박물관	소방체험관
소방청장	시·도지사

중요
시 · 도지사
(1) 제조소 등의 설치**허**가 (위험물법 6조)
(2) 소방업무의 지휘 · 감독 (기본법 3조)
(3) 소방체험관의 설립 · 운영 (기본법 5조)
(4) 소방업무에 관한 세부적인 종합계획 수립 및 소방업무 수행 (기본법 6조)
(5) **화**재예방강화지구의 지정 (화재예방법 18조)

기억법 시허화

용어
시 · 도지사
(1) 특별시장
(2) 광역시장
(3) 도지사
(4) 특별자치시
(5) 특별자치도

답 ①

---

44 산화성 고체인 제1류 위험물에 해당되는 것은?

16.05.문46
15.09.문03
15.09.문18
15.05.문10
15.05.문42
15.03.문51
14.09.문18
14.03.문18
11.06.문54

① 질산염류
② 특수인화물
③ 과염소산
④ 유기과산화물

해설 위험물령 [별표 1]
위험물

유별	성질	품명
제**1**류	**산**화성 **고**체	• 아염소산**염류** • 염소산**염류** • 과염소산**염류** • 질산**염류** • **무**기과산화물 기억법 1산고(일산GO), ~염류, 무기과산화물
제**2**류	가연성 고체	• **황**화인 • **적**린 • **황** • **마**그네슘 • 금속분 기억법 2황화적황마
제3류	자연발화성 물질 및 금수성 물질	• **황**린 • **칼**륨 • **나**트륨 • 트리에틸**알**루미늄 • 금속의 수소화물 기억법 황칼나트알

		• 특수인화물
제4류	인화성 액체	• 석유류(벤젠) • 알코올류 • 동식물유류
제5류	자기반응성 물질	• 유기과산화물 • 나이트로화합물 • 나이트로소화합물 • 아조화합물 • 질산에스터류(셀룰로이드)
제6류	산화성 액체	• 과염소산 • 과산화수소 • 질산

② 제4류 위험물
③ 제6류 위험물
④ 제5류 위험물

답 ①

---

45 소방시설관리업자가 기술인력을 변경하는 경우, 시 · 도지사에게 제출하여야 하는 서류로 틀린 것은?

12.09.문56

① 소방시설관리업 등록수첩
② 변경된 기술인력의 기술자격증(경력수첩 포함)
③ 소방기술인력대장
④ 사업자등록증 사본

해설 소방시설법 시행규칙 34조
소방시설관리업의 기술인력을 변경하는 경우의 서류
(1) 소방시설관리업 등록수첩
(2) 변경된 기술인력의 기술자격증(경력수첩 포함)
(3) 소방기술인력대장

답 ④

---

46 소방대라 함은 화재를 진압하고 화재, 재난 · 재해, 그 밖의 위급한 상황에서 구조 · 구급 활동 등을 하기 위하여 구성된 조직체를 말한다. 소방대의 구성원으로 틀린 것은?

19.09.문52
13.03.문42
10.03.문45

① 소방공무원
② 소방안전관리원
③ 의무소방원
④ 의용소방대원

해설 기본법 2조
소방대
(1) 소방공무원
(2) 의무소방원
(3) 의용소방대원

답 ②

47 소방기본법령상 인접하고 있는 시·도 간 소방업무의 상호응원협정을 체결하고자 할 때, 포함되어야 하는 사항으로 틀린 것은?

① 소방교육·훈련의 종류에 관한 사항
② 화재의 경계·진압활동에 관한 사항
③ 출동대원의 수당·식사 및 의복의 수선의 소요경비의 부담에 관한 사항
④ 화재조사활동에 관한 사항

해설 기본규칙 8조
소방업무의 상호응원협정
(1) 다음의 **소방활동**에 관한 사항
  ㉠ 화재의 경계·진압활동
  ㉡ 구조·구급업무의 지원
  ㉢ 화재조사활동
(2) 응원출동 대상지역 및 규모
(3) **소요경비**의 **부담**에 관한 사항
  ㉠ 출동대원의 수당·식사 및 의복의 수선
  ㉡ 소방장비 및 기구의 정비와 연료의 보급
(4) 응원출동의 요청방법
(5) 응원출동 훈련 및 평가

① 소방교육·훈련의 종류는 해당 없음

답 ①

48 소방시설 설치 및 관리에 관한 법령상 건축허가 등의 동의를 요구한 기관이 그 건축허가 등을 취소하였을 때, 취소한 날부터 최대 며칠 이내에 건축물 등의 시공지 또는 소재지를 관할하는 소방본부장 또는 소방서장에게 그 사실을 통보하여야 하는가?

① 3일
② 4일
③ 7일
④ 10일

해설 7일
(1) 옮긴 물건 등의 보관기간(화재예방법 시행령 17조)
(2) 건축허가 등의 취소통보(소방시설법 시행규칙 3조) **보기 ③**
(3) 소방공사 감리원의 배치통보일(공사업규칙 17조)
(4) 소방공사 감리결과 통보·보고일(공사업규칙 19조)

기억법 감배7(감 배치)

답 ③

49 다음 중 300만원 이하의 벌금에 해당되지 않는 것은?

① 등록수첩을 다른 자에게 빌려준 자
② 소방시설공사의 완공검사를 받지 아니한 자
③ 소방기술자가 동시에 둘 이상의 업체에 취업한 사람
④ 소방시설공사 현장에 감리원을 배치하지 아니한 자

해설 300만원 이하의 벌금
(1) 화재안전조사를 정당한 사유없이 거부·방해·기피(화재예방법 50조)
(2) **소방안전관리자**, **총괄소방안전관리자** 또는 **소방안전관리보조자 미선임**(화재예방법 50조)
(3) 위탁받은 업무종사자의 **비밀누설**(소방시설법 59조)
(4) 성능위주설계평가단 비밀누설(소방시설법 59조)
(5) 방염성능검사 합격표시 위조(소방시설법 59조)
(6) 다른 자에게 자기의 성명이나 상호를 사용하여 소방시설공사 등을 수급 또는 시공하게 하거나 소방시설업의 등록증·**등록수첩을 빌려준 자**(공사업법 37조)
(7) **감리원 미배치자**(공사업법 37조)
(8) 소방기술인정 자격수첩을 빌려준 자(공사업법 37조)
(9) **2 이상의 업체에 취업**한 자(공사업법 37조)
(10) 소방시설업자나 관계인 감독시 관계인의 업무를 방해하거나 비밀누설(공사업법 37조)

기억법 비3(비상)

② 200만원 이하의 과태료

중요
200만원 이하의 과태료
(1) 소방용수시설·소화기구 및 설비 등의 설치명령 위반 (화재예방법 52조)
(2) 특수가연물의 저장·취급 기준 위반(화재예방법 52조)
(3) 한국119청소년단 또는 이와 유사한 명칭을 사용한 자(기본법 56조)
(4) 소방활동구역 출입(기본법 56조)
(5) 소방자동차의 출동에 지장을 준 자(기본법 56조)
(6) 한국소방안전원 또는 이와 유사한 명칭을 사용한 자(기본법 56조)
(7) 관계서류 미보관자(공사업법 40조)
(8) **소방기술자 미배치자**(공사업법 40조)
(9) **완공검사를 받지 아니한 자**(공사업법 40조)
(10) 하도급 미통지자(공사업법 40조)
(11) 방염성능기준 미만으로 방염한 자(공사업법 40조)

답 ②

50 소방시설 설치 및 관리에 관한 법령상 특정소방대상물 중 오피스텔은 어느 시설에 해당하는가?

① 숙박시설
② 일반업무시설
③ 공동주택
④ 근린생활시설

해설 소방시설법 시행령 〔별표 2〕
일반업무시설
(1) 금융업소
(2) 사무소
(3) 신문사
(4) 오피스텔

기억법 업오(업어주세요!)

답 ②

51. 소방시설 설치 및 관리에 관한 법령상 종사자수가 5명이고, 숙박시설이 모두 2인용 침대이며 침대수량은 50개인 청소년 시설에서 수용인원은 몇 명인가?

① 55 ② 75
③ 85 ④ 105

해설 소방시설법 시행령 〔별표 7〕
수용인원의 산정방법

특정소방대상물	산정방법
• 강의실 • 상담실 • 휴게실 • 교무실 • 실습실	바닥면적 합계 $\dfrac{\text{바닥면적 합계}}{1.9\text{m}^2}$
숙박 시설	침대가 있는 경우 → 종사자수 + 침대수
	침대가 없는 경우	종사자수 + $\dfrac{\text{바닥면적 합계}}{3\text{m}^2}$
• 기타	$\dfrac{\text{바닥면적 합계}}{3\text{m}^2}$
• 강당 • 문화 및 집회시설, 운동시설 • 종교시설	$\dfrac{\text{바닥면적 합계}}{4.6\text{m}^2}$

• 소수점 이하는 반올림한다.

기억법 수반(수반! 동반!)

숙박시설(침대가 있는 경우)
= 종사자수 + 침대수 = 5명 + (2인용×50개) = 105명

답 ④

52. 다음 중 중급기술자에 해당하는 학력·경력 기준으로 옳은 것은?

① 박사학위를 취득한 후 2년 이상 소방관련업무를 수행한 사람
② 석사학위를 취득한 후 2년 이상 소방관련업무를 수행한 사람
③ 학사학위를 취득한 후 8년 이상 소방관련업무를 수행한 사람
④ 일반고등학교를 졸업 후 10년 이상 소방관련업무를 수행한 사람

해설 공사업규칙 〔별표 4의 2〕
소방기술자

구분	기술자격	학력·경력	경력
특급 기술자	① 소방기술사 ② 소방시설관리사+5년 ③ 건축사, 건축기계설비기술사, 건축전기설비기술사, 건설기계기술사, 공조냉동기계기술사, 화공기술사, 가스기술사+5년 ④ 소방설비기사+8년 ⑤ 소방설비산업기사+11년 ⑥ 위험물기능장+13년	① 박사+3년 ② 석사+7년 ③ 학사+11년 ④ 전문학사+15년	—
고급 기술자	① 소방시설관리사 ② 건축사, 건축기계설비기술사, 건축전기설비기술사, 건설기계기술사, 공조냉동기계기술사, 화공기술사, 가스기술사+3년 ③ 소방설비기사+5년 ④ 소방설비산업기사+8년 ⑤ 위험물기능장+11년 ⑥ 위험물산업기사+13년	① 박사+1년 ② 석사+4년 ③ 학사+7년 ④ 전문학사+10년 ⑤ 고등학교(소방)+13년 ⑥ 고등학교(일반)+15년	① 학사+12년 ② 전문학사+15년 ③ 고등학교+18년 ④ 실무경력+22년
중급 기술자	① 건축사, 건축기계설비기술사, 건축전기설비기술사, 건설기계기술사, 공조냉동기계기술사, 화공기술사, 가스기술사 ② 소방설비기사 ③ 소방설비산업기사+3년 ④ 위험물기능장+5년 ⑤ 위험물산업기사+8년	① 박사 보기① ② 석사+2년 보기② ③ 학사+5년 보기③ ④ 전문학사+8년 ⑤ 고등학교(소방)+10년 ⑥ 고등학교(일반)+12년 보기④	① 학사+9년 ② 전문학사+12년 ③ 고등학교+15년 ④ 실무경력+18년
초급 기술자	① 소방설비산업기사 ② 위험물기능장+2년 ③ 위험물산업기사+4년 ④ 위험물기능사+6년	① 석사 ② 학사 ③ 전문학사+2년 ④ 고등학교(소방)+3년 ⑤ 고등학교(일반)+5년	① 학사+3년 ② 전문학사+5년 ③ 고등학교+7년 ④ 실무경력+9년

① 박사학위를 가진 사람
③ 8년 이상 → 5년 이상
④ 10년 → 12년

답 ②

53 지정수량의 최소 몇 배 이상의 위험물을 취급하는 제조소에는 피뢰침을 설치해야 하는가? (단, 제6류 위험물을 취급하는 위험물제조소는 제외하고, 제조소 주위의 상황에 따라 안전상 지장이 없는 경우도 제외한다.)

① 5배　　② 10배
③ 50배　　④ 100배

해설 위험물규칙 [별표 4]
피뢰침의 설치
지정수량의 **10배** 이상의 위험물을 취급하는 제조소(제6류 위험물을 취급하는 위험물제조소 제외)에는 **피뢰침**을 설치하여야 한다(단, 제조소 주위의 상황에 따라 안전상 지장이 없는 경우에는 피뢰침을 설치하지 아니할 수 있음).

기억법 피10(피식 웃다!)

비교
위험물령 15조
예방규정을 정하여야 할 제조소 등
(1) **10배** 이상의 **제조소 · 일반취급소**
(2) **100배** 이상의 **옥외저장소**
(3) **150배** 이상의 **옥내저장소**
(4) **200배** 이상의 **옥외탱크저장소**
(5) 이송취급소
(6) 암반탱크저장소

기억법
0 제일
0 외
5 내
2 탱

답 ②

54 화재안전조사 결과 소방대상물의 위치 · 구조 · 설비 또는 관리의 상황이 화재나 재난 · 재해 예방을 위하여 보완될 필요가 있거나 화재가 발생하면 인명 또는 재산의 피해가 클 것으로 예상되는 때에 관계인에게 그 소방대상물의 개수 · 이전 · 제거, 사용의 금지 또는 제한, 사용폐쇄, 공사의 정지 또는 중지, 그 밖의 필요한 조치를 명할 수 있는 자로 틀린 것은?

① 시 · 도지사　　② 소방서장
③ 소방청장　　④ 소방본부장

해설 화재예방법 14조
화재안전조사 결과에 따른 조치명령
(1) **명령권자**: **소방청장 · 소방본부장 · 소방서장**(소방관서장)
(2) 명령사항
　㉠ 화재안전조사 조치명령
　㉡ **이전**명령
　㉢ **제거**명령
　㉣ **개수**명령
　㉤ **사용의 금지** 또는 제한명령, 사용폐쇄
　㉥ **공사의 정지** 또는 중지명령

기억법 장본서 이제개사공

답 ①

55 다음 중 품질이 우수하다고 인정되는 소방용품에 대하여 우수품질인증을 할 수 있는 자는?

① 산업통상자원부장관
② 시 · 도지사
③ 소방청장
④ 소방본부장 또는 소방서장

해설 소방청장
(1) **방염성능검**사(소방시설법 21조)
(2) 소방박물관의 설립 · 운영(기본법 5조)
(3) 한국소방안전원의 정관 변경(기본법 43조)
(4) 한국소방안전원의 감독(기본법 48조)
(5) 소방대원의 소방교육 · 훈련 정하는 것(기본규칙 9조)
(6) 소방용품의 형식승인(소방시설법 37조)
(7) 우수품질제품 인증(소방시설법 43조)

기억법 검방청(검사는 방청객)

답 ③

56 화재의 예방 및 안전관리에 관한 법령상 옮긴 물건 등의 보관기간은 해당 소방관서의 인터넷 홈페이지에 공고하는 기간의 종료일 다음 날부터 며칠로 하는가?

① 3일　　② 5일
③ 7일　　④ 14일

해설 7일
(1) **옮긴 물건 등의 보관기간**(화재예방법 시행령 17조) 보기 ③
(2) **건축허가** 등의 **취소통보**(소방시설법 시행규칙 3조)
(3) **소방공사 감리원**의 **배치통보일**(공사업규칙 17조)
(4) **소방공사 감리결과 통보 · 보고일**(공사업규칙 19조)

기억법 감배7(감 배치)

답 ③

57 소방시설 설치 및 관리에 관한 법령상 둘 이상의 특정소방대상물이 내화구조로 된 연결통로가 벽이 없는 구조로서 그 길이가 몇 m 이하인 경우 하나의 소방대상물로 보는가?

① 6　　② 9
③ 10　　④ 12

해설 소방시설법 시행령 [별표 2]
하나의 소방대상물로 보는 경우
둘 이상의 특정소방대상물이 내화구조의 복도 또는 통로(연결통로)로 연결된 경우로 하나의 소방대상물로 보는 경우

벽이 없는 경우	벽이 있는 경우
길이 **6m** 이하	길이 **10m** 이하

답 ①

58. 제4류 위험물을 저장·취급하는 제조소에 "화기엄금"이란 주의사항을 표시하는 게시판을 설치할 경우 게시판의 색상은?

① 청색바탕에 백색문자
② 적색바탕에 백색문자
③ 백색바탕에 적색문자
④ 백색바탕에 흑색문자

해설 위험물규칙 [별표 4]
위험물제조소의 게시판 설치기준

위험물	주의사항	비 고
• 제1류 위험물(알칼리금속의 과산화물) • 제3류 위험물(금수성 물질)	물기엄금	청색바탕에 백색문자
• 제2류 위험물(인화성 고체 제외)	화기주의	적색바탕에 백색문자
• 제2류 위험물(인화성 고체) • 제3류 위험물(자연발화성 물질) • **제4류 위험물** • 제5류 위험물	화기엄금	
• 제6류 위험물	별도의 표시를 하지 않는다.	

비교
위험물규칙 [별표 19]
위험물 운반용기의 주의사항

위험물		주의사항
제1류 위험물	알칼리금속의 과산화물	• 화기·충격주의 • 물기엄금 • 가연물 접촉주의
	기타	• 화기·충격주의 • 가연물 접촉주의
제2류 위험물	철분·금속분·마그네슘	• 화기주의 • 물기엄금
	인화성 고체	• 화기엄금
	기타	• 화기주의
제3류 위험물	자연발화성 물질	• 화기엄금 • 공기접촉엄금
	금수성 물질	• 물기엄금
제4류 위험물		• 화기엄금
제5류 위험물		• 화기엄금 • 충격주의
제6류 위험물		• 가연물 접촉주의

답 ②

59. 소방시설을 구분하는 경우 소화설비에 해당되지 않는 것은?

① 스프링클러설비 ② 제연설비
③ 자동확산소화기 ④ 옥외소화전설비

해설 소방시설법 시행령 [별표 1]
소화설비
(1) 소화기구·자동확산소화기·자동소화장치(주거용 주방자동소화장치)
(2) 옥내소화전설비·옥외소화전설비
(3) 스프링클러설비·간이스프링클러설비·화재조기진압용 스프링클러설비
(4) 물분무소화설비·강화액소화설비

② 소화활동설비

비교
소방시설법 시행령 [별표 1]
소화활동설비
화재를 진압하거나 인명구조활동을 위하여 사용하는 설비
(1) **연**결송수관설비
(2) **연**결살수설비
(3) **연**소방지설비
(4) **무**선통신보조설비
(5) **제**연설비
(6) **비**상콘센트설비

기억법 3연무제비콘

답 ②

60. 위험물안전관리법상 청문을 실시하여 처분해야 하는 것은?

① 제조소 등 설치허가의 취소
② 제조소 등 영업정지처분
③ 탱크시험자의 영업정지처분
④ 과징금 부과처분

해설 위험물법 29조
청문실시
(1) 제조소 등 설치허가의 취소
(2) 탱크시험자의 등록 취소

중요
위험물법 29조
청문실시자
(1) 시·도지사
(2) 소방본부장
(3) 소방서장

비교
공사업법 32조·소방시설법 49조
청문실시
(1) 소방시설업 등록취소처분(공사업법 32조)
(2) 소방시설업 영업정지처분(공사업법 32조)
(3) 소방기술인정 자격취소처분(공사업법 32조)
(4) 소방시설관리사 자격의 취소 및 정지(소방시설법 49조)
(5) 소방시설관리업의 등록취소 및 영업정지(소방시설법 49조)
(6) 소방용품의 형식승인 취소 및 제품검사 중지(소방시설법 49조)
(7) 우수품질인증의 취소(소방시설법 49조)
(8) 제품검사전문기관의 지정취소 및 업무정지(소방시설법 49조)
(9) 소방용품의 성능인증 취소(소방시설법 49조)

답 ①

제4과목　소방전기시설의 구조 및 원리

61 무선통신보조설비의 증폭기에는 비상전원이 부착된 것으로 하고 비상전원의 용량은 무선통신보조설비를 유효하게 몇 분 이상 작동시킬 수 있는 것이어야 하는가?

① 10분　　② 20분
③ 30분　　④ 40분

해설 비상전원 용량

설비의 종류	비상전원 용량
• **자**동화재탐지설비 • 비상**경**보설비 • **자**동화재속보설비	**10분** 이상
• 유도등 • 비상콘센트설비 • 제연설비 • 물분무소화설비 • 옥내소화전설비(30층 미만) • 특별피난계단의 계단실 및 부속실 제연설비(30층 미만)	**20분** 이상
• 무선통신보조설비의 **증**폭기	**30분** 이상
• 옥내소화전설비(30~49층 이하) • 특별피난계단의 계단실 및 부속실 제연설비(30~49층 이하) • 연결송수관설비(30~49층 이하) • 스프링클러설비(30~49층 이하)	**40분** 이상
• 유도등 · 비상조명등(지하상가 및 11층 이상) • 옥내소화전설비(50층 이상) • 특별피난계단의 계단실 및 부속실 제연설비(50층 이상) • 연결송수관설비(50층 이상) • 스프링클러설비(50층 이상)	**60분** 이상

기억법 경자비1(**경자**라는 이름은 **비일**비재하게 많다.)
3증(3중고)

중요

비상전원의 종류

소방시설	비상전원
유도등	축전지
비상콘센트설비	① 자가발전설비 ② 축전지설비 ③ 비상전원수전설비 ④ 전기저장장치
옥내소화전설비, 물분무소화설비	① 자가발전설비 ② 축전지설비 ③ 전기저장장치

답 ③

62 비상방송설비의 배선에 대한 설치기준으로 틀린 것은?

① 배선은 다른 용도의 전선과 동일한 관, 덕트, 몰드 또는 풀박스 등에 설치할 것
② 전원회로의 배선은 옥내소화전설비의 화재안전기준에 따른 내화배선으로 설치할 것
③ 화재로 인하여 하나의 층의 확성기 또는 배선이 단락 또는 단선되어도 다른 층의 화재통보에 지장이 없도록 할 것
④ 부속회로의 전로와 대지 사이 및 배선 상호 간의 절연저항은 1경계구역마다 직류 250V의 절연저항측정기를 사용하여 측정한 절연저항이 0.1MΩ 이상이 되도록 할 것

해설 **비상방송설비**의 **배선**(NFPC 202 5조, NFTC 202 2.2.1.4)
비상방송설비의 배선은 다른 전선과 **별도의 관**, 덕트, 몰드 또는 풀박스 등에 설치할 것(단, 60V 미만의 약전류회로에 사용하는 전선으로서 각각의 전압이 같을 때는 제외)

① 동일한 관 → 별도의 관

중요

절연저항시험

절연 저항계	절연 저항	대 상
직류 250V	0.1MΩ 이상	1경계구역의 절연저항
	5MΩ 이상	① **누**전경보기 ② 가스누설경보기 ③ 수신기(10회로 미만, 절연된 충전부와 외함간) ④ 자동화재속보설비 ⑤ 비상경보설비 ⑥ 유도등(교류입력측과 외함 간 포함) ⑦ 비상조명등(교류입력측과 외함 간 포함)
직류 500V	20MΩ 이상	① 경종 ② 발신기 ③ 중계기 ④ 비상콘센트 ⑤ 기기의 절연된 선로 간 ⑥ 기기의 충전부와 비충전부 간 ⑦ 기기의 교류입력측과 외함 간(유도등 · 비상조명등 제외)
	50MΩ 이상	① 감지기(정온식 감지선형 감지기 제외) ② 가스누설경보기(10회로 이상) ③ 수신기(10회로 이상, 교류입력측과 외함간 제외)
	1000MΩ 이상	정온식 감지선형 감지기

기억법 5누(**오누**이)

답 ①

63. 비상콘센트설비의 설치기준으로 틀린 것은?

① 개폐기에는 "비상콘센트"라고 표시한 표지를 할 것
② 하나의 전용 회로에 설치하는 비상콘센트는 10개 이하로 할 것
③ 비상전원을 실내에 설치하는 때에는 그 실내에 비상조명등을 설치할 것
④ 비상전원은 비상콘센트설비를 유효하게 10분 이상 작동시킬 수 있는 용량으로 할 것

해설 비상전원 용량

설비의 종류	비상전원 용량
• **자**동화재탐지설비 • 비상**경**보설비 • **자**동화재속보설비	**10분** 이상
• 유도등 • 비상콘센트설비 ⟶ • 제연설비 • 물분무소화설비 • 옥내소화전설비(30층 미만) • 특별피난계단의 계단실 및 부속실 제연설비(30층 미만)	**20분** 이상
• 무선통신보조설비의 **증**폭기	**30분** 이상
• 옥내소화전설비(30~**49**층 이하) • 특별피난계단의 계단실 및 부속실 제연설비(30~**49**층 이하) • 연결송수관설비(30~**49**층 이하) • 스프링클러설비(30~**49**층 이하)	**40분** 이상
• 유도등·비상조명등(지하상가 및 11층 이상) • 옥내소화전설비(**50**층 이상) • 특별피난계단의 계단실 및 부속실 제연설비(**50**층 이상) • 연결송수관설비(**50**층 이상) • 스프링클러설비(**50**층 이상)	**60분** 이상

기억법 경자비1(경자라는 이름은 **비일**비재하게 많다.) 3증(3중고)

④ 10분 이상 → 20분 이상

중요

비상콘센트설비(NFPC 504 4조, NFTC 504 2.1)

구 분	전 압	용 량	플러그접속기
단상 교류	220V	1.5kVA 이상	접지형 2극

(1) 하나의 전용 회로에 설치하는 비상콘센트는 **10개** 이하로 할 것(전선의 용량은 최대 **3개**)

설치하는 비상콘센트 수량	전선의 용량산정시 적용하는 비상콘센트 수량	단상 전선의 용량
1개	1개 이상	1.5kVA 이상
2개	2개 이상	3.0kVA 이상
3~10개	3개 이상	4.5kVA 이상

(2) 전원회로는 각 층에 있어서 **2** 이상이 되도록 설치할 것(단, 설치하여야 할 층의 콘센트가 **1개**인 때에는 하나의 회로로 할 수 있다.)
(3) 플러그접속기의 칼받이 접지극에는 **접지공사**를 하여야 한다.
(4) 풀박스는 **1.6mm** 이상의 철판을 사용할 것
(5) 절연저항은 **전원부**와 **외함** 사이를 **직류 500V** 절연저항계로 측정하여 **20MΩ** 이상일 것
(6) 전원으로부터 각 층의 비상콘센트에 분기되는 경우에는 **분기배선용 차단기**를 보호함 안에 설치할 것
(7) 바닥으로부터 **0.8~1.5m** 이하의 높이에 설치할 것
(8) 전원회로는 주배전반에서 **전용 회로**로 하며, 배선의 종류는 **내화배선**이어야 한다.

답 ④

64. 비상전원이 비상조명등을 60분 이상 유효하게 작동시킬 수 있는 용량으로 하지 않아도 되는 특정소방대상물은?

① 지하상가
② 숙박시설
③ 무창층으로서 용도가 소매시장
④ 지하층을 제외한 층수가 11층 이상의 층

해설 비상조명등의 60분 이상 작동용량(NFPC 304 4조, NFTC 304 2.1.1.5)

(1) **11층** 이상(지하층 제외)
(2) 지하층·무창층으로서 **도**매시장·**소**매시장·**여**객자동차터미널·**지**하역사·**지**하상가

기억법 도소여지

② 해당 없음

중요

비상전원 용량

설비의 종류	비상전원 용량
• **자**동화재탐지설비 • 비상**경**보설비 • **자**동화재속보설비	**10분** 이상
• 유도등 • 비상콘센트설비 • 제연설비 • 물분무소화설비 • 옥내소화전설비(30층 미만) • 특별피난계단의 계단실 및 부속실 제연설비(30층 미만)	**20분** 이상

• 무선통신보조설비의 증폭기	30분 이상
• 옥내소화전설비(30~49층 이하) • 특별피난계단의 계단실 및 부속실 제연설비(30~49층 이하) • 연결송수관설비(30~49층 이하) • 스프링클러설비(30~49층 이하)	40분 이상
• 유도등 · 비상조명등(지하상가 및 11층 이상) • 옥내소화전설비(50층 이상) • 특별피난계단의 계단실 및 부속실 제연설비(50층 이상) • 연결송수관설비(50층 이상) • 스프링클러설비(50층 이상)	60분 이상

기억법 경자비1(경자라는 이름은 비일비재하게 많다.)
3증(3중고)

답 ②

65 일국소의 주위온도가 일정한 온도 이상이 되는 경우에 작동하는 것으로서 외관이 전선으로 되어 있는 감지기는 어떤 것인가?

① 공기흡입형 ② 광전식 분리형
③ 차동식 스포트형 ④ 정온식 감지선형

해설 감지기(감지기의 형식승인 및 제품검사의 기술기준 3조)

감지기 종류	설 명
차동식 분포형 감지기	넓은 범위에서의 열효과의 누적에 의하여 작동한다.
차동식 스포트형 감지기	일국소에서의 열효과에 의하여 작동한다.
이온화식 연기감지기	이온전류가 변화하여 작동한다.
광전식 연기감지기	광량의 변화로 작동한다.
보상식 스포트형 감지기	차동식+정온식을 겸용한 것으로 한 가지 기능이 작동되면 신호를 발한다.
열복합형 감지기	차동식+정온식을 겸용한 것으로 두 가지 기능이 동시에 작동되면 신호를 발하거나 또는 두 개의 화재신호를 각각 발신한다.
정온식 감지선형 감지기	외관이 **전선**으로 되어 있는 것
단독경보형 감지기	감지기에 음향장치가 내장되어 일체로 되어 있는 것
광전식 분리형 감지기	발광부와 수광부로 구성된 구조로 발광부와 수광부 사이의 공간에 일정한 농도의 연기를 포함하게 되는 경우에 작동하는 것
공기흡입형 감지기	감지기 내부에 장착된 공기흡입장치로 감지하고자 하는 위치의 공기를 흡입하고 흡입된 공기에 일정한 농도의 연기가 포함된 경우 작동하는 것

답 ④

66 비상콘센트를 보호하기 위한 비상콘센트 보호함의 설치기준으로 틀린 것은?

① 비상콘센트 보호함에는 쉽게 개폐할 수 있는 문을 설치하여야 한다.
② 비상콘센트 보호함 상부에 적색의 표시등을 설치하여야 한다.
③ 비상콘센트 보호함에는 그 내부에 "비상콘센트"라고 표시한 표식을 하여야 한다.
④ 비상콘센트 보호함을 옥내소화전함 등과 접속하여 설치하는 경우에는 옥내소화전함 등의 표시등과 겸용할 수 있다.

해설 비상콘센트설비의 보호함 설치기준(NFPC 504 5조, NFTC 504 2.2.1)
(1) 보호함에는 **쉽게 개폐**할 수 있는 문을 설치할 것
(2) 보호함 **표면**에 "**비상콘센트**"라고 표시한 표식을 할 것
(3) 보호함 **상부**에 **적색**의 표시등을 설치할 것
(4) 보호함을 옥내소화전함 등과 접속하여 설치시 옥내소화전함 등의 표시등과 **겸용**

③ 내부 → 표면

답 ③

67 소방회로용의 것으로 수전설비, 변전설비, 그 밖의 기기 및 배선을 금속제 외함에 수납한 것으로 정의되는 것은?

① 전용 분전반
② 공용 분전반
③ 공용 큐비클식
④ 전용 큐비클식

해설 소방시설용 비상전원수전설비(NFPC 602 3조, NFTC 602 1.7)

용 어	설 명
소방회로	소방부하에 전원을 공급하는 전기회로
일반회로	소방회로 이외의 전기회로
수전설비	전력수급용 계기용 변성기 · 주차단장치 및 그 부속기기
변전설비	전력용 변압기 및 그 부속장치
전용 큐비클식	소방회로용의 것으로 수전설비, 변전설비, 그 밖의 기기 및 배선을 금속제 외함에 수납한 것 **기억법** 큐수변
공용 큐비클식	소방회로 및 일반회로 겸용의 것으로서 수전설비, 변전설비, 그 밖의 기기 및 배선을 금속제 외함에 수납한 것

전용 배전반	소방회로 **전용**의 것으로서 개폐기, 과전류차단기, 계기, 그 밖의 배선용 기기 및 배선을 금속제 외함에 수납한 것
공용 배전반	소방회로 및 **일반회로 겸용**의 것으로서 개폐기, 과전류차단기, 계기, 그 밖의 배선용 기기 및 배선을 금속제 외함에 수납한 것
전용 분전반	소방회로 **전용**의 것으로서 분기개폐기, 분기과전류차단기, 그 밖의 배선용 기기 및 배선을 금속제 외함에 수납한 것
공용 분전반	소방회로 및 **일반회로 겸용**의 것으로서 분기개폐기, 분기과전류차단기, 그 밖의 배선용 기기 및 배선을 금속제 외함에 수납한 것

답 ④

★★★ 68 비상방송설비 음향장치에 대한 설치기준으로 옳은 것은?

18.09.문77
18.03.문73
16.10.문69
16.10.문73
16.05.문67
16.03.문68
15.05.문62
15.03.문62
14.05.문63
14.05.문75
14.03.문61
13.09.문70
13.06.문62
13.06.문80

① 다른 전기회로에 따라 유도장애가 생기지 않도록 한다.
② 음량조정기를 설치하는 경우 음량조정기의 배선은 2선식으로 한다.
③ 다른 방송설비와 공용하는 것에 있어서는 화재시 비상경보 외의 방송을 차단되는 구조가 아니어야 한다.
④ 기동장치에 따른 화재신고를 수신한 후 필요한 음량으로 화재발생상황 및 피난에 유효한 방송이 자동으로 개시될 때까지의 소요시간은 60초 이하로 한다.

해설 비상방송설비의 **설치기준**(NFPC 202 4조, NFTC 202 2.1)
(1) 확성기의 음성입력은 **3**W(**실**내 **1**W) 이상일 것
(2) 확성기는 **각 층**마다 설치하되, 각 부분으로부터의 수평거리는 **25m** 이하일 것
(3) **음량조정기**는 **3선식** 배선일 것
(4) 조작스위치는 바닥으로부터 **0.8~1.5m** 이하의 높이에 설치할 것
(5) 다른 전기회로에 의하여 **유도장애**가 생기지 아니하도록 할 것
(6) 비상방송 **개**시간은 **10초** 이하일 것
(7) 다른 방송설비와 공용할 경우 화재시 비상경보 외의 방송을 차단할 수 있을 것
(8) 음향장치 : **자동화재탐지설비**의 작동과 연동
(9) 음향장치의 정격전압 : **80%**

기억법 방3실1, 3음방(**삼엄**한 **방송실**), 개10방

② 2선식 → 3선식
③ 구조가 아니어야 한다. → 구조이어야 한다.
④ 60초 → 10초

답 ①

★★★ 69 객석 내의 통로의 직선부분의 길이가 85m이다. 객석유도등을 몇 개 설치하여야 하는가?

17.05.문74
14.09.문62
14.03.문62
13.03.문76
12.03.문63

① 17개   ② 19개
③ 21개   ④ 22개

해설 **최소 설치개수 산정식**(NFPC 303 7조, NFTC 303 2.4.2)
설치개수 산정시 소수가 발생하면 반드시 **절상**한다.
(1) **객석유도등**

$$\text{설치개수} = \frac{\text{객석통로의 직선부분의 길이[m]}}{4} - 1$$

$$= \frac{85}{4} - 1 = 20.25 ≒ 21개$$

기억법 객4

(2) **유도표지**

$$\text{설치개수} = \frac{\text{구부러진 곳이 없는 부분의 보행거리[m]}}{15} - 1$$

기억법 유15

(3) **복도통로유도등**, **거실통로유도등**

$$\text{설치개수} = \frac{\text{구부러진 곳이 없는 부분의 보행거리[m]}}{20} - 1$$

기억법 통2

용어
절상
'소수점 이하는 무조건 올린다.'는 뜻

답 ③

★★★ 70 자동화재탐지설비의 감지기회로에 설치하는 종단저항의 설치기준으로 틀린 것은?

12.09.문64
11.06.문78
08.09.문71

① 감지기회로 끝부분에 설치한다.
② 점검 및 관리가 쉬운 장소에 설치하여야 한다.
③ 전용함에 설치하는 경우 그 설치높이는 바닥으로부터 0.8m 이내에 설치하여야 한다.
④ 종단감지기에 설치할 경우에는 구별이 쉽도록 해당 감지기의 기판 및 감지기 외부 등에 별도의 표시를 하여야 한다.

해설 감지기회로의 **도통시험**을 위한 **종단저항**의 기준(NFPC 203 11조, NFTC 203 2.8.1.3)
(1) 점검 및 관리가 쉬운 장소에 설치할 것
(2) 전용함 설치시 **바닥**에서 **1.5m** 이내의 높이에 설치할 것
(3) 감지기회로의 **끝부분**에 설치하며, 종단감지기에 설치할 경우 구별이 쉽도록 해당 감지기의 기판 및 감지기 외부 등에 별도의 표시를 할 것

> **용어**
> 도통시험
> 감지기회로의 단선 유무 확인

③ 0.8m 이내 → 1.5m 이내

답 ③

71 비상경보설비의 축전지설비의 구조에 대한 설명으로 틀린 것은?

① 예비전원을 병렬로 접속하는 경우에는 역충전 방지 등의 조치를 하여야 한다.
② 내부에 주전원의 양극을 동시에 개폐할 수 있는 전원스위치를 설치하여야 한다.
③ 축전지설비는 접지전극에 교류전류를 통하는 회로방식을 사용하여서는 아니 된다.
④ 예비전원은 축전지설비용 예비전원과 외부부하 공급용 예비전원을 별도로 설치하여야 한다.

해설 **비상경보설비**의 **축전지 구조**(비상경보설비의 축전지의 성능인증 및 제품검사의 기술기준 3조)
(1) 접지전극에 **직류전류**를 통하는 회로방식 사용 금지
(2) 예비전원을 **병렬**로 접속하는 경우에는 **역충전 방지** 등의 조치를 할 것
(3) 예비전원은 축전지설비용 예비전원과 **외부부하 공급용 예비전원** 별도 설치
(4) 외부에서 쉽게 사람이 접촉할 우려가 있는 충전부는 충분히 보호되어야 하며 정격전압이 **60V**를 넘고 금속제 외함을 사용하는 경우에는 외함에 **접지단자** 설치

③ 교류전류 → 직류전류

답 ③

72 신호의 전송로가 분기되는 장소에 설치하는 것으로 임피던스 매칭과 신호균등분배를 위해 사용되는 장치는?

① 혼합기　　　　② 분배기
③ 증폭기　　　　④ 분파기

해설 **무선통신보조설비**(NFPC 505 3조, NFTC 505 1.7)

용어	설명
누설동축케이블	동축케이블의 외부도체에 가느다란 홈을 만들어서 **전파**가 **외부**로 **새어나갈 수 있도록** 한 케이블
분배기	신호의 전송로가 분기되는 장소에 설치하는 것으로 **임피던스 매칭**(matching)과 **신호균등분배**를 위해 사용하는 장치 **기억법** 배임(배임죄)
분파기	서로 다른 **주**파수의 합성된 **신호**를 **분리**하기 위해서 사용하는 장치 **기억법** 파주
혼합기	두 개 이상의 **입력신호**를 원하는 비율로 **조합**한 **출력**이 발생하도록 하는 장치
증폭기	신호전송시 신호가 약해져 수신이 불가능해지는 것을 방지하기 위해서 **증폭**하는 장치
무선중계기	안테나를 통하여 수신된 무전기 신호를 증폭한 후 음영지역에 재방사하여 무전기 상호간 송수신이 가능하도록 하는 장치
옥외안테나	감시제어반 등에 설치된 무선중계기의 입력과 출력포트에 연결되어 송수신 신호를 원활하게 방사·수신하기 위해 옥외에 설치하는 장치

답 ②

73 부착높이 3m, 바닥면적 50m²인 주요구조부를 내화구조로 한 소방대상물에 1종 열반도체식 차동식 분포형 감지기를 설치하고자 할 때 감지부의 최소 설치개수는?

① 1개　　　　② 2개
③ 3개　　　　④ 4개

해설 **열반도체식 감지기**(NFPC 203 7조, NFTC 203 2.4.3.9.1)
(단위 : m²)

부착높이 및 소방대상물의 구분		감지기의 종류	
		1종	2종
8m 미만	내화구조	65	36
	기타구조	40	23
8~15m 미만	내화구조	50	36
	기타구조	30	23

1종 감지기 1개가 담당하는 바닥면적은 65m²이므로
$\frac{50}{65} = 0.77 ≒ 1개$

● 하나의 검출기에 접속하는 감지부는 2~15개 이하이지만 부착높이가 8m 미만이고 바닥면적이 기준면적 이하인 경우 1개로 할 수 있다. 그러므로 최소 개수는 2개가 아닌 1개가 되는 것이다. 주의!

답 ①

74 3선식 배선에 따라 상시 충전되는 유도등의 전기회로에 점멸기를 설치하는 경우 유도등이 점등되어야 할 경우로 관계없는 것은?

① 제연설비가 작동한 때
② 자동소화설비가 작동한 때
③ 비상경보설비의 발신기가 작동한 때
④ 자동화재탐지설비의 감지기가 작동한 때

해설 유도등의 **3선식** 배선시 **점등**되는 경우(**점멸기 설치시**)
(NFPC 303 10조, NFTC 303 2.7.4)
(1) **자동**화재탐지설비의 감지기 또는 발신기가 작동되는 때
(2) **비상**경보설비의 발신기가 작동되는 때
(3) **상**용전원이 정전되거나 전원선이 단선되는 때
(4) **방**재업무를 통제하는 곳 또는 전기실의 배전반에서 **수**동적으로 점등하는 때
(5) **자**동소화설비가 작동되는 때

기억법 **3탐경상 방수자**

답 ①

75 누전경보기의 전원은 분전반으로부터 전용 회로로 하고 각 극에 개폐기와 몇 A 이하의 과전류차단기를 설치하여야 하는가?

18.09.문62
17.09.문67
15.09.문76
14.05.문71
14.03.문75
13.06.문67
12.05.문74

① 15　② 20
③ 25　④ 30

해설 **누전경보기**의 **설치기준**(NFPC 205 6조, NFTC 205 2.3.1)

과전류차단기	배선용 차단기
15A 이하	**20A** 이하

기억법 **2배(이 배에 탈 사람!)**

(1) 각 극에 개폐기 및 **15A** 이하의 **과전류차단기**를 설치할 것(**배선용 차단기**는 **20A** 이하)
(2) 분전반으로부터 **전용 회로**로 할 것
(3) 개폐기에는 누전경보기임을 표시할 것

중요

누전경보기(NFPC 205 4조, NFTC 205 2.1.1.1)

60A 이하	60A 초과
• 1급 누전경보기 • 2급 누전경보기	• 1급 누전경보기

답 ①

76 자동화재속보설비의 설치기준으로 틀린 것은?

15.05.문70
07.05.문70

① 조작스위치는 바닥으로부터 0.8m 이상 1.5m 이하의 높이에 설치한다.
② 비상경보설비와 연동으로 작동하여 자동적으로 화재신호를 소방관서에 전달하도록 한다.
③ 속보기는 소방관서에 통신망으로 통보하도록 하며, 데이터 또는 코드전송방식을 부가적으로 설치할 수 있다.
④ 속보기는 소방청장이 정하여 고시한 '자동화재속보설비의 속보기의 성능인증 및 제품검사의 기술기준'에 적합한 것으로 설치하여야 한다.

해설 **자동화재속보설비**의 **설치기준**(NFPC 204 4조, NFTC 204 2.1.1)
(1) **자동화재탐지설비**와 연동으로 작동하여 자동적으로 화재신호를 **소방관서**에 전달되는 것으로 할 것
(2) 스위치는 바닥으로부터 **0.8~1.5m** 이하의 높이에 설치하고, 보기 쉬운 곳에 스위치임을 표시한 표지를 할 것

중요

자동화재속보설비의 설치제외
사람이 24시간 상시 근무하고 있는 경우

② 비상경보설비 → 자동화재탐지설비

답 ②

77 다음 비상경보설비 및 비상방송설비에 사용되는 용어 설명 중 틀린 것은?

14.09.문67
13.03.문75

① 비상벨설비라 함은 화재발생상황을 경종으로 경보하는 설비를 말한다.
② 증폭기라 함은 전압전류의 주파수를 늘려 감도를 좋게 하고 소리를 크게 하는 장치를 말한다.
③ 확성기라 함은 소리를 크게 하여 멀리까지 전달될 수 있도록 하는 장치로써 일명 스피커를 말한다.
④ 음량조절기라 함은 가변저항을 이용하여 전류를 변화시켜 음량을 크게 하거나 작게 조절할 수 있는 장치를 말한다.

해설 (1) **비상경보설비에 사용되는 용어**(NFPC 201 3조, NFTC 201 1.7)

용어	설명
비상벨설비	화재발생상황을 **경종**으로 경보하는 설비
자동식 사이렌설비	화재발생상황을 **사이렌**으로 경보하는 설비
발신기	화재발생신호를 수신기에 **수동**으로 **발신**하는 장치
수신기	발신기에서 발하는 **화재신호**를 **직접 수신**하여 화재의 발생을 **표시** 및 **경보**하여 주는 장치

(2) **비상방송설비에 사용되는 용어**(NFPC 202 3조, NFTC 202 1.7)

용어	설명
확성기 (스피커)	소리를 크게 하여 멀리까지 전달될 수 있도록 하는 장치
음량조절기	**가변저항**을 이용하여 **전류**를 변화시켜 음량을 크게 하거나 작게 조절할 수 있는 장치
증폭기	전압전류의 **진폭**을 늘려 감도를 좋게 하고 미약한 **음성전류**를 커다란 음성전류로 변화시켜 소리를 **크게** 하는 장치

② 주파수를 → 진폭을

답 ②

78 부착높이가 11m인 장소에 적응성 있는 감지기는?

16.05.문69
15.09.문69
14.05.문66
14.03.문78
12.09.문61

① 차동식 분포형
② 정온식 스포트형
③ 차동식 스포트형
④ 정온식 감지선형

해설 감지기의 **부착높이**(NFPC 203 7조, NFTC 203 2.4.1)

부착높이	감지기의 종류
4m 미만	• **차동식**(**스포트형**, 분포형) • 보상식 스포트형 • **정온식**(**스포트형, 감지선형**) ┐ **열**감지기 • 이온화식 또는 광전식(스포트형, 분리형, 공기흡입형) : **연**기감지기 • 열복합형 • 연기복합형 ┐ **복**합형 감지기 • 열연기복합형 • **불**꽃감지기 〔기억법〕 열연불복 4미
4~8m 미만	• **차동식**(**스포트형**, 분포형) • 보상식 스포트형 • **정온식**(**스포트형, 감지선형**) ┐ **열**감지기 **특**종 또는 **1**종 • **이**온화식 **1**종 또는 **2**종 • **광**전식(스포트형, 분리형, 공기흡입형) **1**종 또는 **2**종 ┐ 연기감지기 • 열복합형 • 연기복합형 ┐ **복**합형 감지기 • 열연기복합형 • **불**꽃감지기 〔기억법〕 8미열 정특1 이광12 복불
8~15m 미만	• 차동식 **분포형** • **이**온화식 **1**종 또는 **2**종 • **광**전식(스포트형, 분리형, 공기흡입형) **1**종 또는 **2**종 • **연**기**복**합형 • **불**꽃감지기 〔기억법〕 15분 이광12 연복불
15~20m 미만	• **이**온화식 1종 • **광**전식(스포트형, 분리형, 공기흡입형) 1종 • **연**기**복**합형 • **불**꽃감지기 〔기억법〕 이광불연복2
20m 이상	• **불**꽃감지기 • **광**전식(분리형, 공기흡입형) 중 **아**날로그방식 〔기억법〕 불광아

②, ③, ④ 4m 미만, 4~8m 미만

답 ①

79 다음 ( ) 안에 들어갈 내용으로 옳은 것은?

16.10.문80
15.05.문68
13.06.문66

누전경보기란 ( ) 이하인 경계전로의 누설전류를 검출하여 당해 소방대상물의 관계자에게 경보를 발하는 설비로서 변류기와 수신부로 구성된 것을 말한다.

① 사용전압 220V ② 사용전압 380V
③ 사용전압 600V ④ 사용전압 750V

해설 **누전경보기**(누전경보기의 형식승인 및 제품검사의 기술기준 2조)
사용전압 600V 이하인 경계전로의 누설전류를 검출하여 당해 소방대상물의 관계자에게 경보를 발하는 설비로서 변류기와 수신부로 구성된 것을 말한다.

중요

대상에 따른 **전압**

전 압	대 상
0.5V 이하	• 누전경보기 **경**계**전**로의 **전**압강하 〔기억법〕 05경전(공오경전)
0.6V 이하	• 완전방전
60V 이하	• 약전류회로
60V 초과	• 접지단자 설치
300V 이하	• 전원**변**압기의 1차 전압 • 유도등 · 비상조명등의 사용전압 〔기억법〕 변3(변상해)
600V 이하	• **누**전경보기의 **경**계**전**로전압 〔기억법〕 누6(누룩)

답 ③

80 비상콘센트설비 상용전원회로의 배선이 고압수전 또는 특고압수전인 경우의 설치기준은?

97.10.문64

① 인입개폐기의 직전에서 분기하여 전용 배선으로 할 것
② 인입개폐기의 직후에서 분기하여 전용 배선으로 할 것
③ 전력용 변압기 1차측의 주차단기 2차측에서 분기하여 전용 배선으로 할 것
④ 전력용 변압기 2차측의 주차단기 1차측 또는 2차측에서 분기하여 전용 배선으로 할 것

해설 **비상콘센트설비**의 **전원**(NFTC 504 2.1.1.1)

저압수전	고압수전 또는 특고압수전
인입개폐기 **직후**에서 분기하여 전용 배선	전력용 변압기 2차측의 주차단기 **1차측** 또는 **2차측**에서 분기하여 전용 배선

비교

옥내소화전설비의 **전원**(NFTC 102 2.5.1)

저압수전	고압수전 또는 특고압수전
인입개폐기 **직후**에서 분기하여 전용 배선	전력용 변압기 2차측의 주차단기 **1차측**에서 분기하여 전용 배선

답 ④

2019. 9. 21 시행

2019년 기사 제4회 필기시험

자격종목	종목코드	시험시간	형별
소방설비기사(전기분야)		2시간	

※ 각 문항은 4지택일형으로 질문에 가장 적합한 보기 항을 선택하여 체크하여야 합니다.

제 1 과목 소방원론

01 특정소방대상물(소방안전관리대상물은 제외)의 관계인과 소방안전관리대상물의 소방안전관리자의 업무가 아닌 것은?

18.04.문45
14.09.문52
14.09.문53
13.06.문48
12.03.문54

① 화기취급의 감독
② 자체소방대의 운용
③ 소방관련시설의 관리
④ 피난시설, 방화구획 및 방화시설의 관리

해설 화재예방법 24조 ⑤항
관계인 및 소방안전관리자의 업무

특정소방대상물 (관계인)	소방안전관리대상물 (소방안전관리자)
• 피난시설 · 방화구획 및 방화시설의 관리	• 피난시설 · 방화구획 및 방화시설의 관리
• 소방시설 그 밖의 소방관련시설의 관리	• 소방시설, 그 밖의 소방관련시설의 관리
• **화기취급**의 감독	• **화기취급**의 감독
• 소방안전관리에 필요한 업무	• 소방안전관리에 필요한 업무
• 화재발생시 초기대응	• **소방계획서**의 작성 및 시행(대통령령으로 정하는 사항 포함)
	• **자위소방대** 및 **초기대응체계**의 구성 · 운영 · 교육
	• 소방훈련 및 교육
	• 소방안전관리에 관한 업무 수행에 관한 기록 · 유지
	• 화재발생시 초기대응

② 자체소방대의 운용 → 자위소방대의 운용

용어

특정소방대상물	소방안전관리대상물
건축물 등의 규모 · 용도 및 수용인원 등을 고려하여 소방시설을 설치하여야 하는 소방대상물로서 대통령령으로 정하는 것	대통령령으로 정하는 특정소방대상물

답 ②

02 다음 중 인화점이 가장 낮은 물질은?

15.09.문02
14.05.문05
12.03.문01

① 산화프로필렌
② 이황화탄소
③ 메틸알코올
④ 등유

해설 인화점 vs 착화점(발화점)

물 질	인화점	착화점
• 프로필렌	-107℃	497℃
• 에틸에터 • 다이에틸에터	-45℃	180℃
• 가솔린(휘발유)	-43℃	300℃
• **산화프로필렌**	→ -37℃	465℃
• **이황화탄소**	→ -30℃	100℃
• 아세틸렌	-18℃	335℃
• 아세톤	-18℃	538℃
• 벤젠	-11℃	562℃
• 톨루엔	4.4℃	480℃
• **메틸알코올**	→ 11℃	464℃
• 에틸알코올	13℃	423℃
• 아세트산	40℃	-
• **등유**	→ 43~72℃	210℃
• 경유	50~70℃	200℃
• 적린	-	260℃

• 착화점=발화점=착화온도=발화온도
• 인화점=인화온도

답 ①

03 다음 중 인명구조기구에 속하지 않는 것은?

18.09.문20
14.09.문59
13.09.문50
12.03.문52

① 방열복
② 공기안전매트
③ 공기호흡기
④ 인공소생기

해설 소방시설법 시행령 [별표 1]
피난구조설비
(1) 피난기구 ─ 피난사다리
　　　　　　├ 구조대
　　　　　　├ 완강기
　　　　　　└ 소방청장이 정하여 고시하는 화재안전기준으로 정하는 것(미끄럼대, 피난교, 공기안전매트, 피난용 트랩, 다수인 피난장비, 승강식 피난기, 간이완강기, 하향식 피난구용 내림식 사다리)

(2) 인명구조기구 ─ **방열**복
　　　　　　　　├ 방**화**복(안전모, 보호장갑, 안전화 포함)
　　　　　　　　├ **공**기호흡기
　　　　　　　　└ **인**공소생기

기억법 방화열공인

(3) 유도등 ─ 피난유도선
　　　　　├ 피난구유도등
　　　　　├ 통로유도등
　　　　　├ 객석유도등
　　　　　└ 유도표지

(4) 비상조명등·휴대용 비상조명등

② 피난기구

답 ②

04 ★★★
18.04.문12
09.08.문19
06.09.문20

물의 소화력을 증대시키기 위하여 첨가하는 첨가제 중 물의 유실을 방지하고 건물, 임야 등의 입체면에 오랫동안 잔류하게 하기 위한 것은?

① 증점제　　② 강화액
③ 침투제　　④ 유화제

해설 물의 첨가제

첨가제	설 명
강화액	알칼리금속염을 주성분으로 한 것으로 **황색** 또는 **무색**의 점성이 있는 수용액
침투제	① 침투성을 높여 주기 위해서 첨가하는 계면활성제의 총칭 ② 물의 소화력을 보강하기 위해 첨가하는 약제로서 물의 **표면장력**을 **낮추어** 침투효과를 높이기 위한 첨가제
유화제	고비점 유류에 사용을 가능하게 하기 위한 것
증점제	① 물의 점도를 높여 줌 ② 물의 유실을 방지하고 건물, 임야 등의 입체면에 오랫동안 잔류하게 하기 위한 것
부동제	물이 저온에서 동결되는 단점을 보완하기 위해 첨가하는 액체

용어

wet water	wetting agent
침투제가 첨가된 물	주수소화시 물의 표면장력에 의해 연소물의 침투속도를 향상시키기 위해 첨가하는 침투제

답 ①

05 ★★★
17.03.문16
16.10.문07
16.03.문12
14.05.문11
13.03.문01
11.03.문04

가연물의 제거와 가장 관련이 없는 소화방법은?

① 유류화재시 유류공급밸브를 잠근다.
② 산불화재시 나무를 잘라 없앤다.
③ 팽창진주암을 사용하여 진화한다.
④ 가스화재시 중간밸브를 잠근다.

해설 제거소화의 예
(1) **가연성 기체** 화재시 **주밸브**를 **차단**한다(화학반응기의 화재시 원료공급관의 **밸브**를 **잠금**).
(2) **가연성 액체** 화재시 펌프를 이용하여 **연료**를 제거한다.
(3) **연료탱크**를 **냉각**하여 가연성 가스의 발생속도를 작게 하여 연소를 억제한다.
(4) 금속화재시 **불활성 물질**로 가연물을 덮는다.
(5) **목재**를 **방염처리**한다.
(6) 전기화재시 **전원**을 **차단**한다.
(7) 산불이 발생하면 화재의 진행방향을 앞질러 **벌목**한다(산불의 확산 방지를 위하여 **산림**의 **일부**를 **벌채**).
(8) 가스화재시 밸브를 잠궈 가스흐름을 차단한다.
(9) 불타고 있는 장작더미 속에서 아직 타지 않은 것을 안전한 곳으로 **운반**한다.
(10) 유류탱크 화재시 주변에 있는 유류탱크의 유류를 다른 곳으로 이동시킨다.
(11) **양초**를 입으로 불어서 끈다.

③ **질식소화** : 팽창진주암을 사용하여 진화한다.

용어

제거효과
가연물을 반응계에서 **제거**하든지 또는 반응계로의 공급을 정지시켜 소화하는 효과

답 ③

06 ★★★

할로겐화합물 소화약제는 일반적으로 열을 받으면 할로겐족(할로젠족)이 분해되어 가연물질의 연소과정에서 발생하는 활성종과 화합하여 연소의 연쇄반응을 차단한다. 연쇄반응의 차단과 가장 거리가 먼 소화약제는?

① FC-3-1-10　　② HFC-125
③ IG-541　　　　④ FIC-13I1

해설 할로겐화합물 및 불활성기체 소화약제의 종류

구 분	할로겐화합물 소화약제	불활성기체 소화약제
정의	**불소, 염소, 브로민** 또는 **아이오딘** 중 하나 이상의 원소를 포함하고 있는 유기화합물을 기본성분으로 하는 소화약제	**헬륨, 네온, 아르곤** 또는 **질소가스** 중 하나 이상의 원소를 기본성분으로 하는 소화약제

종류	• FC-3-1-10 • HCFC BLEND A • HCFC-124 • HFC-125 • HFC-227ea • HFC-23 • HFC-236fa • FIC-13I1 • FK-5-1-12	• IG-01 • IG-100 • IG-541 • IG-55
저장 상태	액체	기체
효과	부촉매효과 (연쇄반응 차단)	질식효과

③ 질식효과

답 ③

07 ★★★ CF₃Br 소화약제의 명칭을 옳게 나타낸 것은?

17.03.문05
16.10.문08
15.03.문04
14.09.문04
14.03.문02

① 할론 1011
② 할론 1211
③ 할론 1301
④ 할론 2402

해설 할론소화약제의 약칭 및 분자식

종 류	약 칭	분자식
할론 1011	CB	CH_2ClBr
할론 104	CTC	CCl_4
할론 1211	BCF	$CF_2ClBr(CClF_2Br)$
할론 1301	BTM	→ CF_3Br
할론 2402	FB	$C_2F_4Br_2$

답 ③

08 ★★★ 불포화섬유지나 석탄에 자연발화를 일으키는 원인은?

18.03.문10
16.10.문05
16.03.문14
15.05.문19
15.03.문09
14.09.문09
14.09.문17
12.03.문09
09.05.문08
03.03.문13
02.09.문01

① 분해열
② 산화열
③ 발효열
④ 중합열

해설 자연발화의 형태

구 분	종 류
분해열	① 셀룰로이드 ② 나이트로셀룰로오스
산화열	① **건**성유(정어리유, 아마인유, 해바라기유) ② **석**탄 ③ **원**면 ④ **고**무분말 ⑤ 불포화섬유지

발효열	① 퇴비 ② 먼지 ③ 곡물
흡착열	① 목탄 ② 활성탄

기억법 산건석원고

답 ②

09 ★★★ 프로판가스의 연소범위(vol%)에 가장 가까운 것은?

14.09.문16
12.03.문12
10.09.문02

① 9.8~28.4
② 2.5~81
③ 4.0~75
④ 2.1~9.5

해설 (1) 공기 중의 폭발한계

가 스	하한계 (하한점, (vol%))	상한계 (상한점, (vol%))
아세틸렌(C_2H_2)	2.5	81
수소(H_2)	4	75
일산화탄소(CO)	12	75
에터($C_2H_5OC_2H_5$)	1.7	48
이황화탄소(CS_2)	1	50
에틸렌(C_2H_4)	2.7	36
암모니아(NH_3)	15	25
메탄(CH_4)	5	15
에탄(C_2H_6)	3	12.4
프로판(C_3H_8) →	2.1	9.5
부탄(C_4H_{10})	1.8	8.4

(2) 폭발한계와 같은 의미
  ㉠ 폭발범위
  ㉡ 연소한계
  ㉢ 연소범위
  ㉣ 가연한계
  ㉤ 가연범위

답 ④

10 ★★★ 화재시 이산화탄소를 방출하여 산소농도를 13vol%로 낮추어 소화하기 위한 공기 중 이산화탄소의 농도는 약 몇 vol%인가?

17.05.문01
15.05.문13
14.05.문07
13.09.문16
12.05.문14

① 9.5
② 25.8
③ 38.1
④ 61.5

해설 이산화탄소의 농도

$$CO_2 = \frac{21 - O_2}{21} \times 100$$

여기서, CO_2 : CO_2의 농도(vol%)
 O_2 : O_2의 농도(vol%)

$$CO_2 = \frac{21 - O_2}{21} \times 100 = \frac{21 - 13}{21} \times 100 ≒ 38.1\text{vol\%}$$

해설

이산화탄소 소화설비와 관련된 식

$$CO_2 = \frac{방출가스량}{방호구역체적 + 방출가스량} \times 100$$

$$= \frac{21 - O_2}{21} \times 100$$

여기서, CO_2 : CO_2의 농도〔vol%〕
O_2 : O_2의 농도〔vol%〕

$$방출가스량 = \frac{21 - O_2}{O_2} \times 방호구역체적$$

여기서, O_2 : O_2의 농도〔vol%〕

답 ③

11 ★★★
18.03.문05
16.10.문04
14.05.문01
10.09.문08

화재의 지속시간 및 온도에 따라 목재건물과 내화건물을 비교했을 때, 목재건물의 화재성상으로 가장 적합한 것은?

① 저온장기형이다. ② 저온단기형이다.
③ 고온장기형이다. ④ 고온단기형이다.

해설 (1) **목조건물**(목재건물)
  ㉠ 화재성상 : **고온단**기형
  ㉡ 최고온도(최성기온도) : **1300**℃

  기억법 목고단 13

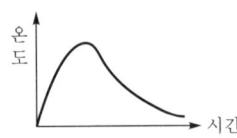

목조건물의 표준 화재온도 - 시간곡선

(2) 내화건물
  ㉠ 화재성상 : 저온장기형
  ㉡ 최고온도(최성기온도) : 900~1000℃

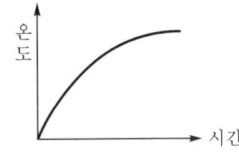

내화건물의 표준 화재온도 - 시간곡선

답 ④

12 ★★
17.05.문05

에터, 케톤, 에스터, 알데하이드, 카르복실산, 아민 등과 같은 가연성인 수용성 용매에 유효한 포소화약제는?

① 단백포   ② 수성막포
③ 불화단백포 ④ 내알코올포

해설 **내알코올형포**(알코올포)
(1) **알**코올류 위험물(**메**탄올)의 소화에 사용
(2) **수**용성 유류화재(**아**세트알데하이드, **에**스터류)에 사용 : 수용성 용매에 사용
(3) **가**연성 액체에 사용

  기억법 내알 메아에가

• 메탄올 = 메틸알코올

참고

포소화약제의 특징

약제의 종류	특 징
단백포	① 흑갈색이다. ② 냄새가 지독하다. ③ 포안정제로서 **제1철염**을 첨가한다. ④ 다른 포약제에 비해 **부식성이 크다**.
수성막포	① 안전성이 좋아 장기보관이 가능하다. ② 내약품성이 좋아 **분말소화약제**와 **겸용** 사용이 가능하다. ③ 석유류 표면에 신속히 피막을 형성하여 유류증발을 억제한다. ④ 일명 AFFF(Aqueous Film Forming Foam)라고 한다. ⑤ 점성이 작기 때문에 가연성 기름의 표면에서 쉽게 피막을 형성한다. ⑥ 단백포 소화약제와도 병용이 가능하다. 기억법 분수
불화단백포	① 소화성능이 가장 우수하다. ② 단백포와 수성막포의 결점인 열안정성을 보완시킨다. ③ **표면하 주입방식**에도 적합하다.
합성 계면 활성제포	① **저**팽창포와 **고**팽창포 모두 사용이 가능하다. ② 유동성이 좋다. ③ 카바이트 저장소에는 부적합하다. 기억법 합저고

• 저팽창포 = 저발포
• 고팽창포 = 고발포

답 ④

13 ★★★
18.09.문19
17.05.문06
16.03.문08
15.03.문17
14.03.문19
11.10.문19
03.08.문11

소화원리에 대한 설명으로 틀린 것은?

① 냉각소화 : 물의 증발잠열에 의해서 가연물의 온도를 저하시키는 소화방법
② 제거소화 : 가연성 가스의 분출화재시 연료공급을 차단시키는 소화방법
③ 질식소화 : 포소화약제 또는 불연성 가스를 이용해서 공기 중의 산소공급을 차단하여 소화하는 방법
④ 억제소화 : 불활성기체를 방출하여 연소범위 이하로 낮추어 소화하는 방법

해설 소화의 형태

구분	설명
냉각소화	① **점화원**을 냉각하여 소화하는 방법 ② **증발잠열**을 이용하여 열을 빼앗아 가연물의 온도를 떨어뜨려 화재를 진압하는 소화방법 ③ **다량**의 물을 뿌려 소화하는 방법 ④ 가연성 물질을 **발화점 이하**로 **냉각**하여 소화하는 방법 ⑤ **식용유화재**에 신선한 **야채**를 넣어 소화하는 방법 ⑥ 용융잠열에 의한 **냉각효과**를 이용하여 소화하는 방법 **기억법** 냉점증발
질식소화	① 공기 중의 **산소농도**를 **16%(10~15%)** 이하로 희박하게 하여 소화하는 방법 ② 산화제의 농도를 낮추어 연소가 지속될 수 없도록 소화하는 방법 ③ 산소공급을 차단하여 소화하는 방법 ④ 산소의 농도를 낮추어 소화하는 방법 ⑤ 화학반응으로 발생한 **탄산가스**에 의한 소화방법 **기억법** 질산
제거소화	**가연물**을 **제거**하여 소화하는 방법
부촉매 소화 (억제소화, 화학소화)	① **연쇄반응**을 **차단**하여 소화하는 방법 ② 화학적인 방법으로 화재를 억제하여 소화하는 방법 ③ **활성기**(free radical, 자유라디칼)의 **생성**을 **억제**하여 소화하는 방법 ④ 할론계 소화약제 **기억법** 부억(부엌)
희석소화	① 기체·고체·액체에서 나오는 분해가스나 증기의 농도를 낮춰 소화하는 방법 ② 불연성 가스의 **공기 중 농도**를 높여 소화하는 방법 ③ 불활성기체를 방출하여 연소범위 이하로 낮추어 소화하는 방법

④ 억제소화 → 희석소화

중요

화재의 **소화원리**에 따른 **소화방법**

소화원리	소화설비
냉각소화	① 스프링클러설비 ② 옥내·외소화전설비
질식소화	① 이산화탄소 소화설비 ② 포소화설비 ③ 분말소화설비 ④ 불활성기체 소화약제
억제소화 (부촉매효과)	① 할론소화약제 ② 할로겐화합물 소화약제

답 ④

---

14 방화벽의 구조 기준 중 다음 ( ) 안에 알맞은 것은?

17.09.문16
13.03.문16
12.03.문10

- 방화벽의 양쪽 끝과 위쪽 끝을 건축물의 외벽면 및 지붕면으로부터 (㉠)m 이상 튀어 나오게 할 것
- 방화벽에 설치하는 출입문의 너비 및 높이는 각각 (㉡)m 이하로 하고, 해당 출입문에는 60분+방화문 또는 60분 방화문을 설치할 것

① ㉠ 0.3, ㉡ 2.5
② ㉠ 0.3, ㉡ 3.0
③ ㉠ 0.5, ㉡ 2.5
④ ㉠ 0.5, ㉡ 3.0

해설 건축령 57조, 피난·방화구조 21조
방화벽의 구조

구분	설명
대상 건축물	• 주요 구조부가 내화구조 또는 불연재료가 아닌 연면적 1000m² 이상인 건축물
구획단지	• 연면적 **1000m²** 미만마다 구획
방화벽의 구조	• **내화구조**로서 홀로 설 수 있는 구조일 것 • 방화벽의 양쪽 끝과 위쪽 끝을 건축물의 외벽면 및 지붕면으로부터 <u>0.5m</u> 이상 튀어나오게 할 것 • 방화벽에 설치하는 **출입문**의 **너비** 및 높이는 각각 <u>2.5m</u> 이하로 하고 해당 출입문에는 60분+방화문 또는 60분 방화문을 설치할 것

답 ③

---

15 BLEVE 현상을 설명한 것으로 가장 옳은 것은?

18.09.문08
17.03.문17
16.05.문02
15.03.문01
14.09.문12
14.03.문01
09.05.문10
05.09.문07
05.05.문07
03.03.문11
02.03.문20

① 물이 뜨거운 기름 표면 아래에서 끓을 때 화재를 수반하지 않고 Over flow 되는 현상
② 물이 연소유의 뜨거운 표면에 들어갈 때 발생되는 Over flow 현상
③ 탱크바닥에 물과 기름의 에멀션이 섞여 있을 때 물의 비등으로 인하여 급격하게 Over flow 되는 현상
④ 탱크 주위 화재로 탱크 내 인화성 액체가 비등하고 가스부분의 압력이 상승하여 탱크가 파괴되고 폭발을 일으키는 현상

해설 **가스탱크 · 건축물 내**에서 발생하는 현상
(1) 가스탱크

현상	정의
블래비 (BLEVE)	• 과열상태의 탱크에서 내부의 액화가스가 분출하여 기화되어 폭발하는 현상 • 탱크 주위 화재로 탱크 내 인화성 액체가 비등하고 가스부분의 압력이 상승하여 탱크가 파괴되고 폭발을 일으키는 현상

(2) 건축물 내

현상	정의
플래시오버 (flash over)	• 화재로 인하여 실내의 온도가 급격히 상승하여 화재가 순간적으로 실내 전체에 확산되어 연소되는 현상
백드래프트 (back draft)	• **통기력**이 좋지 않은 상태에서 연소가 계속되어 산소가 심히 부족한 상태가 되었을 때 **개구부**를 통하여 산소가 공급되면 실내의 가연성 혼합기가 공급되는 **산소**의 **방향**과 **반대**로 흐르며 급격히 연소하는 현상 • 소방대가 소화활동을 위하여 화재실의 문을 개방할 때 신선한 공기가 유입되어 실내에 축적되었던 가연성 가스가 **단시간**에 **폭발적**으로 **연소**함으로써 화재가 폭풍을 동반하며 **실외**로 **분출**되는 현상

중요

유류탱크에서 발생하는 현상

현상	정의
보일오버 (boil over)	• 중질유의 석유탱크에서 장시간 조용히 연소하다 탱크 내의 잔존기름이 갑자기 분출하는 현상 • 유류탱크에서 탱크바닥에 물과 기름의 **에멀션**이 섞여 있을 때 이로 인하여 화재가 발생하는 현상 • 연소유면으로부터 100℃ 이상의 열파가 탱크 **저부**에 고여 있는 물을 비등하게 하면서 연소유를 탱크 밖으로 비산시키며 연소하는 현상 기억법 보저(보자기)
오일오버 (oil over)	• 저장탱크에 저장된 유류저장량이 내용적의 50% 이하로 충전되어 있을 때 화재로 인하여 탱크가 폭발하는 현상
프로스오버 (froth over)	• 물이 점성의 뜨거운 기름 표면 아래에서 끓을 때 화재를 수반하지 않고 용기가 넘치는 현상
슬롭오버 (slop over)	• 물이 연소유의 뜨거운 표면에 들어갈 때 기름 표면에서 화재가 발생하는 현상 • 유화제로 소화하기 위한 물이 수분의 급격한 증발에 의하여 액면이 거품을 일으키면서 열유층 밑의 냉유가 급히 열팽창하여 기름의 일부가 불이 붙은 채 탱크벽을 넘어서 일출하는 현상

답 ④

★★★
16 화재의 유형별 특성에 관한 설명으로 옳은 것은?
17.09.문07
16.05.문09
15.09.문19
13.09.문07
① A급 화재는 무색으로 표시하며, 감전의 위험이 있으므로 주수소화를 엄금한다.
② B급 화재는 황색으로 표시하며, 질식소화를 통해 화재를 진압한다.
③ C급 화재는 백색으로 표시하며, 가연성이 강한 금속의 화재이다.
④ D급 화재는 청색으로 표시하며, 연소 후에 재를 남긴다.

해설 **화재**의 **종류**

구 분	표시색	적응물질
일반화재(A급)	백색	① 일반가연물 ② 종이류 화재 ③ 목재 · 섬유화재
유류화재(B급)	황색	① 가연성 액체 ② 가연성 가스 ③ 액화가스화재 ④ 석유화재
전기화재(C급)	청색	전기설비
금속화재(D급)	무색	가연성 금속
주방화재(K급)	–	식용유화재

※ 요즘은 표시색의 의무규정은 없음

① 무색 → 백색, 감전의 위험이 있으므로 주수소화를 엄금한다. → 감전의 위험이 없으므로 주수소화를 한다.
③ 백색 → 청색, 가연성이 강한 금속의 화재 → 전기화재
④ 청색 → 무색, 연소 후에 재를 남긴다. → 가연성이 강한 금속의 화재이다.

답 ②

★★★
17 독성이 매우 높은 가스로서 석유제품, 유지(油脂) 등이 연소할 때 생성되는 알데하이드계통의 가스는?
14.03.문05
00.03.문04
① 시안화수소 ② 암모니아
③ 포스겐   ④ 아크롤레인

해설 연소가스

구 분	설 명
일산화탄소 (CO)	화재시 흡입된 일산화탄소(CO)의 화학적 작용에 의해 **헤모글로빈**(Hb)이 혈액의 산소운반작용을 저해하여 사람을 질식·사망하게 한다.
이산화탄소 (CO_2)	연소가스 중 **가장 많은 양**을 차지하고 있으며 가스 그 자체의 독성은 거의 없으나 다량이 존재할 경우 호흡속도를 증가시키고, 이로 인하여 화재가스에 혼합된 유해가스의 혼입을 증가시켜 위험을 가중시키는 가스이다.
암모니아 (NH_3)	나무, 페놀수지, 멜라민수지 등의 **질소함유물**이 연소할 때 발생하며, 냉동시설의 **냉매**로 쓰인다.
포스겐 ($COCl_2$)	매우 독성이 강한 가스로서 소화제인 **사염화탄소**(CCl_4)를 화재시에 사용할 때도 발생한다.
황화수소 (H_2S)	달걀 썩는 냄새가 나는 특성이 있다.
아크롤레인 ($CH_2=CHCHO$)	독성이 매우 높은 가스로서 **석유제품, 유지** 등이 연소할 때 생성되는 가스이다.

기억법 유아석

용어
유지(油脂)
들기름 및 지방을 통틀어 일컫는 말

답 ④

18. 다음 중 전산실, 통신기기실 등에서의 소화에 가장 적합한 것은?
① 스프링클러설비
② 옥내소화전설비
③ 분말소화설비
④ 할로겐화합물 및 불활성기체 소화설비

해설 이산화탄소·할론·할로겐화합물 및 불활성기체 소화기(소화설비) 적용대상
(1) 주차장
(2) 전산실 ┐
(3) 통신기기실 ┘─ 전기설비
(4) 박물관
(5) 석탄창고
(6) 면화류창고
(7) 가솔린
(8) 인화성 고체위험물
(9) 건축물, 기타 공작물
(10) 가연성 고체
(11) 가연성 가스

답 ④

19. 화재강도(fire intensity)와 관계가 없는 것은?
① 가연물의 비표면적
② 발화원의 온도
③ 화재실의 구조
④ 가연물의 발열량

해설 화재강도(fire intensity)에 영향을 미치는 인자
(1) 가연물의 비표면적
(2) 화재실의 구조
(3) 가연물의 배열상태(발열량)

용어
화재강도
열의 집중 및 방출량을 상대적으로 나타낸 것. 즉, **화재의 온도**가 높으면 화재강도는 커진다(발화원의 온도가 아님).

답 ②

20. 화재발생시 인명피해 방지를 위한 건물로 적합한 것은?
① 피난설비가 없는 건물
② 특별피난계단의 구조로 된 건물
③ 피난기구가 관리되고 있지 않은 건물
④ 피난구 폐쇄 및 피난구유도등이 미비되어 있는 건물

해설 인명피해 방지건물
(1) 피난설비가 **있는** 건물
(2) 특별피난계단의 구조로 된 건물
(3) 피난기구가 관리되고 **있는** 건물
(4) 피난구 **개방** 및 피난구유도등이 **잘 설치**되어 있는 건물

① 없는 → 있는
③ 있지 않은 → 있는
④ 폐쇄 → 개방, 미비되어 있는 → 잘 설치되어 있는

답 ②

제 2 과목   소방전기일반

21. 다음 논리식 중 틀린 것은?
① $X+X=X$
② $X \cdot X = X$
③ $X + \overline{X} = 1$
④ $X \cdot \overline{X} = 1$

해설 불대수의 정리

논리합	논리곱	비고
$X+0=X$	$X \cdot 0 = 0$	-
$X+1=1$	$X \cdot 1 = X$	-
$X+X=X$ 보기 ①	$X \cdot X = X$ 보기 ②	-
$X+\overline{X}=1$ 보기 ③	$X \cdot \overline{X} = 0$	-
$X+Y=Y+X$	$X \cdot Y = Y \cdot X$	교환법칙
$X+(Y+Z)$ $=(X+Y)+Z$	$X(YZ)=(XY)Z$	결합법칙
$X(Y+Z)$ $=XY+XZ$	$(X+Y)(Z+W)$ $=XZ+XW+YZ+YW$	분배법칙
$X+XY=X$	$\overline{X}+XY=\overline{X}+Y$ $X+\overline{X}Y=X+Y$ $X+\overline{X}\;\overline{Y}=X+\overline{Y}$	흡수법칙
$\overline{(X+Y)}$ $=\overline{X} \cdot \overline{Y}$	$\overline{(X \cdot Y)}=\overline{X}+\overline{Y}$	드모르간의 정리

④ $X \cdot \overline{X} = 0$

답 ④

22 다음과 같은 블록선도의 전체 전달함수는?

[17.09.문27, 16.03.문25, 09.05.문32, 08.03.문39]

① $\dfrac{C(s)}{R(s)} = \dfrac{G(s)}{1+G(s)}$

② $\dfrac{C(s)}{R(s)} = \dfrac{G(s)}{1-G(s)}$

③ $\dfrac{C(s)}{R(s)} = 1+G(s)$

④ $\dfrac{C(s)}{R(s)} = 1-G(s)$

해설 $C = RG - CG,\;\; C+CG=RG$

$R(s)G(s) - C(s)G(s) = C(s)$

$R(s)G(s) = C(s)G(s) + C(s)$

$R(s)G(s) = C(s)(G(s)+1)$

$\dfrac{G(s)}{G(s)+1} = \dfrac{C(s)}{R(s)}$

$\dfrac{C(s)}{R(s)} = \dfrac{G(s)}{G(s)+1}$

용어 전달함수
모든 초기값을 0으로 하였을 때 출력신호의 라플라스변환과 입력신호의 라플라스변환의 비

답 ①

23 바리스터(varistor)의 용도는?

[10.03.문34, 09.05.문33]

① 정전류 제어용
② 정전압 제어용
③ 과도한 전류로부터 회로보호
④ 과도한 전압으로부터 회로보호

해설 반도체소자

명칭	심벌
제너다이오드(zener diode) : 주로 정전압 전원회로에 사용된다.	
서미스터(thermistor) : 부온도특성을 가진 저항기의 일종으로서 주로 온도보정용으로 쓰인다.	
SCR(Silicon Controlled Rectifier) : 단방향 대전류 스위칭소자로서 제어를 할 수 있는 정류소자이다.	
바리스터(varistor) • 주로 **서**지전압(**과도전압**)에 대한 회로보호용 • **계**전기접점의 불꽃제거	
기억법 바리서계압(바로서게)	
UJT(Unijunction transistor, **단일접합 트랜지스터**) : 증폭기로는 사용이 불가능하고 톱니파나 펄스발생기로 작용하며 SCR의 트리거소자로 쓰인다.	
버랙터(varactor) : 제너현상을 이용한 다이오드	-

답 ④

24 SCR(Silicon-Controlled Rectifier)에 대한 설명으로 틀린 것은?

[14.05.문21, 11.03.문35]

① PNPN 소자이다.
② 스위칭 반도체소자이다.
③ 양방향 사이리스터이다.
④ 교류의 전력제어용으로 사용된다.

해설 SCR(**실리콘제어 정류소자**)의 **특징**
(1) **과전압**에 비교적 **약하다.**
(2) 게이트에 신호를 인가한 때부터 도통시까지 시간이 짧다.
(3) **순방향** 전압강하는 **작게** 발생한다.
(4) **역방향** 전압강하는 **크게** 발생한다.
(5) **열**의 발생이 **적은 편**이다.

(6) PNPN의 구조를 하고 있다(PNPN 소자).
(7) 특성곡선에 **부저항부분**이 있다.
(8) **게이트전류**에 의하여 방전개시전압을 제어할 수 있다.
(9) 단방향성 사이리스터
(10) 직류 및 교류의 **전력제어용** 또는 **위상제어용**으로 사용한다.
(11) 스위칭소자(스위칭 반도체소자)

기억법 실순작

③ 양방향 → 단방향

답 ③

25 변압기의 내부 보호에 사용되는 계전기는?

① 비율차동계전기
② 부족전압계전기
③ 역전류계전기
④ 온도계전기

해설 **계전기**

구 분	역 할
• **비**율차동계전기(차동계전기) • 브흐홀츠계전기	**발**전기나 **변**압기의 내부 고장 보호용 기억법 비발변
• **역상과**전류계전기	발전기의 부하 **불**평형 방지 기억법 역과불
• 접지계전기	지락전류 검출

답 ①

26 직류회로에서 도체를 균일한 체적으로 길이를 10배 늘리면 도체의 저항은 몇 배가 되는가? (단, 도체의 전체 체적은 변함이 없다.)

① 10 ② 20
③ 100 ④ 1000

해설 **고유저항**

$$R = \rho \frac{l}{A} = \rho \frac{l}{\pi r^2}$$

여기서, R : 저항(Ω)
 ρ : 고유저항(Ω·m)
 A : 도체의 단면적(m²)
 l : 도체의 길이(m)
 r : 도체의 반지름(m)

$R = \rho \dfrac{l}{\pi r^2}$ 에서 체적이 균일하면 **길이**를 **10배**로 늘리면 **반경**은 $\dfrac{1}{10}$ 배로 줄어들므로 $R = \rho \dfrac{l}{\pi r^2}$ 에서

$$R' = \rho \frac{10l}{\pi \left(\frac{1}{10} r\right)^2} = \rho \frac{100l}{\pi r^2} = 100\text{배}$$

답 ③

27 1W·s와 같은 것은?

① 1J ② 1kg·m
③ 1kWh ④ 860kcal

해설 **단위환산**
(1) 1W=1J/s
(2) 1J=1N·m
(3) 1kg=9.8N
(4) 1Wh=860cal
(5) 1BTU=252cal
(6) 1N=10^5dyne

답 ①

28 가동철편형 계기의 구조형태가 아닌 것은?

① 흡인형
② 회전자장형
③ 반발형
④ 반발흡인형

해설 **가동철편형 계기의 구조형태**
(1) **흡**인형(attraction type)
(2) **반**발형(repulsion type)
(3) **반**발흡인형(repulsion attraction type)

기억법 흡반철

참고

유도형 계기의 구조형태
(1) 회전자장형(revolving field type)
(2) 이동자장형(shifting field type)

답 ②

29 교류전압계의 지침이 지시하는 전압은 다음 중 어느 것인가?

① 실효값 ② 평균값
③ 최대값 ④ 순시값

해설

실효값	평균값
교류	직류

중요

교류 표시	설 명
실효값 ←	① 일반적으로 사용되는 값으로 교류의 각 순시값의 제곱에 대한 **1주기**의 **평균**의 **제곱근**을 말함 ② **교류전압계**의 지침이 지시하는 값
최대값	교류의 순시값 중에서 가장 큰 값
순시값	교류의 임의의 시간에 있어서 전압 또는 전류의 값
평균값	순시값의 반주기에 대하여 평균한 값

답 ①

30. 내부저항이 200Ω이며 직류 120mA인 전류계를 6A까지 측정할 수 있는 전류계로 사용하고자 한다. 어떻게 하면 되겠는가?

① 24Ω의 저항을 전류계와 직렬로 연결한다.
② 12Ω의 저항을 전류계와 병렬로 연결한다.
③ 약 6.24Ω의 저항을 전류계와 직렬로 연결한다.
④ 약 4.08Ω의 저항을 전류계와 병렬로 연결한다.

해설 분류기

$$I_0 = I\left(1 + \frac{R_A}{R_S}\right)$$

여기서, I_0 : 측정하고자 하는 전류[A]
I : 전류계의 최대눈금[A]
R_A : 전류계 내부저항[Ω]
R_S : 분류기저항[Ω]

$$I_0 = I\left(1 + \frac{R_A}{R_S}\right)$$

$$\frac{I_0}{I} = 1 + \frac{R_A}{R_S}$$

$$\frac{I_0}{I} - 1 = \frac{R_A}{R_S}$$

$$R_S = \frac{R_A}{\frac{I_0}{I} - 1} = \frac{200}{\frac{6}{(120 \times 10^{-3})} - 1} = 4.08\,\Omega$$

• **분류기** : 전류계와 **병렬접속**

비교

배율기

$$V_0 = V\left(1 + \frac{R_m}{R_v}\right)$$

여기서, V_0 : 측정하고자 하는 전압[V]
V : 전압계의 최대눈금[V]
R_v : 전압계의 내부저항[Ω]
R_m : 배율기저항[Ω]

• **배율기** : 전압계와 **직렬접속**

답 ④

31. 상순이 a, b, c인 경우 V_a, V_b, V_c를 3상 불평형 전압이라 하면 정상분전압은? (단, $\alpha = e^{j2\pi/3} = 1\angle 120°$)

① $\frac{1}{3}(V_a + V_b + V_c)$

② $\frac{1}{3}(V_a + \alpha V_b + \alpha^2 V_c)$

③ $\frac{1}{3}(V_a + \alpha^2 V_b + \alpha V_c)$

④ $\frac{1}{3}(V_a + \alpha V_b + \alpha V_c)$

해설 정상분전압

$$정상분전압 = \frac{1}{3}(V_a + \alpha V_b + \alpha^2 V_c)$$

여기서, V_a : a상의 전압[V]
V_b : b상의 전압[V]
V_c : c상의 전압[V]
$\alpha = e^{j2\pi/3} = 1\angle 120°$

답 ②

32. 수신기에 내장된 축전지의 용량이 6Ah인 경우 0.4A의 부하전류로는 몇 시간 동안 사용할 수 있는가?

① 2.4시간
② 15시간
③ 24시간
④ 30시간

해설 축전지의 용량

$$C = \frac{1}{L}KI = It$$

여기서, C : 축전지용량[Ah]
L : 용량저하율(보수율)
K : 용량환산시간[h]
I : 방전전류[A]
t : 시간[h]

시간 t는
$$t = \frac{C}{I} = \frac{6}{0.4} = 15\text{h}$$

답 ②

33. 변압기의 임피던스전압을 구하기 위하여 행하는 시험은?

① 단락시험
② 유도저항시험
③ 무부하 통전시험
④ 무극성 시험

해설 **변압기의 시험**
(1) 단락시험 : **임피던스전압**을 구하기 위한 시험
(2) 온도시험 : **등가부하법** 사용
(3) 극성 시험
(4) 무부하시험
(5) 권선저항 측정시험
(6) 내전압시험 ┬ 가압시험
　　　　　　　├ 유도시험
　　　　　　　├ 충격전압시험
　　　　　　　└ 절연파괴시험

참고

변압기의 **온도시험**에는 **등가부하법**을 가장 많이 사용한다.
● 등가부하법 = 반환부하법

| 등가부하법 |

답 ①

34 어떤 회로에 $v(t) = 150\sin\omega t$ [V]의 전압을 가하니 $i(t) = 6\sin(\omega t - 30°)$ [A]의 전류가 흘렀다. 이 회로의 소비전력(유효전력)은 약 몇 W인가?
① 390　　② 450
③ 780　　④ 900

해설

cos → sin 변경	sin → cos 변경
+90° 붙임	-90° 붙임

$v(t) = V_m \sin\omega t = 150\sin\omega t = 150\cos(\omega t - 90°)$ [V]
$i(t) = I_m \sin\omega t = 6\sin(\omega t - 30°)$
　　　$= 6\cos(\omega t - 30° - 90°)$
　　　$= 6\cos(\omega t - 120°)$ [A]

(1) **전압**의 **최대값**

$$V_m = \sqrt{2}\,V$$

여기서, V_m : 전압의 최대값[V]
　　　　V : 전압의 실효값[V]

전압의 **실효값** V는
$V = \dfrac{V_m}{\sqrt{2}} = \dfrac{150}{\sqrt{2}}$

(2) **전류**의 **최대값**

$$I_m = \sqrt{2}\,I$$

여기서, I_m : 전류의 최대값[A]
　　　　I : 전류의 실효값[A]

전류의 **실효값** I는
$I = \dfrac{I_m}{\sqrt{2}} = \dfrac{6}{\sqrt{2}}$

(3) **소비전력**

$$P = VI\cos\theta$$

여기서, P : 소비전력[W]
　　　　V : 전압의 실효값[V]
　　　　I : 전류의 실효값[A]
　　　　θ : 위상차[rad]

소비전력 P는
$P = VI\cos\theta$
　$= \dfrac{150}{\sqrt{2}} \times \dfrac{6}{\sqrt{2}} \times \cos[-90° - (-120°)]$
　$= \dfrac{150}{\sqrt{2}} \times \dfrac{6}{\sqrt{2}} \times \cos[-90° + 120°]$
　$= \dfrac{150}{\sqrt{2}} \times \dfrac{6}{\sqrt{2}} \times \cos 30° ≒ 390\text{W}$

답 ①

35 배선의 절연저항은 어떤 측정기를 사용하여 측정하는가?
① 전압계　　② 전류계
③ 메거　　　④ 서미스터

해설 **계측기**

구 분	용 도
메거 (megger)	절연저항 측정 | 메거 |
어스테스터 (earth tester)	접지저항 측정 | 어스테스터 |
코올라우시 브리지 (Kohlrausch bridge)	전지(축전지)의 내부저항 측정 | 코올라우시 브리지 |

C.R.O (Cathode Ray Oscilloscope)	음극선을 사용한 오실로스코프	
휘트스톤 브리지 (Wheatstone bridge)	$0.5 \sim 10^5 \Omega$의 중저항 측정	

비교

코올라우시 브리지
(1) 축전지의 내부저항 측정
(2) 전해액의 저항 측정
(3) 접지저항 측정

답 ③

36 ★★
[10.05.문31]

50F의 콘덴서 2개를 직렬로 연결하면 합성정전용량은 몇 F인가?

① 25　② 50
③ 100　④ 1000

해설 콘덴서의 직렬접속

C_1 50F　C_2 50F

$$C = \cfrac{1}{\cfrac{1}{C_1}+\cfrac{1}{C_2}} = \cfrac{C_1 C_2}{C_1 + C_2}$$

여기서, C : 합성정전용량[F]
　　　C_1, C_2 : 각각의 정전용량[F]

콘덴서의 직렬접속시 합성정전용량 C는

$$C = \frac{C_1 C_2}{C_1 + C_2} = \frac{50 \times 50}{50 + 50} = 25\text{F}$$

비교

콘덴서의 병렬접속

$$C = C_1 + C_2$$

여기서, C : 합성정전용량[F]
　　　C_1, C_2 : 각각의 정전용량[F]

답 ①

37 ★★★
[15.05.문28
10.09.문39
98.10.문38]

반파정류회로를 통해 정현파를 정류하여 얻은 반파정류파의 최대값이 1일 때, 실효값과 평균값은?

① $\dfrac{1}{\sqrt{2}}$, $\dfrac{2}{\pi}$　② $\dfrac{1}{2}$, $\dfrac{\pi}{2}$

③ $\dfrac{1}{\sqrt{2}}$, $\dfrac{\pi}{2\sqrt{2}}$　④ $\dfrac{1}{2}$, $\dfrac{1}{\pi}$

해설 최대값·실효값·평균값

파 형	최대값	실효값	평균값
① 정현파 ② 전파정류파	1	$\dfrac{1}{\sqrt{2}}$	$\dfrac{2}{\pi}$
③ 반구형파	1	$\dfrac{1}{\sqrt{2}}$	$\dfrac{1}{2}$
④ 삼각파(3각파) ⑤ 톱니파	1	$\dfrac{1}{\sqrt{3}}$	$\dfrac{1}{2}$
⑥ 구형파	1	1	1
⑦ 반파정류파	1	$\dfrac{1}{2}$	$\dfrac{1}{\pi}$

답 ④

38 ★★★
[18.03.문32
09.08.문23
99.08.문27]

제연용으로 사용되는 3상 유도전동기를 Y-△ 기동방식으로 하는 경우, 기동을 위해 제어회로에서 사용되는 것과 거리가 먼 것은?

① 타이머　② 영상변류기
③ 전자접촉기　④ 열동계전기

해설 Y-△ 기동방식의 기동용 회로구성품(제어요소)

구성품	기 호
타이머 (Timer)	T
열동계전기 (THermal Relay)	THR
전자접촉기 (Magnetic Contactor starter)	MC
누름버튼스위치 (Push Button switch)	PB
배선용 차단기 (Molded-Case Circuit Breaker)	MCCB

② 영상변류기(ZCT) : 누전경보기의 누설전류 검출요소

답 ②

39 ★★★
[15.09.문28
14.03.문30
13.03.문21]

제어요소의 구성으로 옳은 것은?

① 조절부와 조작부　② 비교부와 검출부
③ 설정부와 검출부　④ 설정부와 비교부

해설 제어요소(control element)
동작신호를 조작량으로 변환하는 요소이고, **조절부**와 **조작부**로 이루어진다.

참고

구성요소		
제어요소	제어장치	조절기
• 조절부 • 조작부	• 조절부 • 설정부 • 검출부	• 조절부 • 설정부 • 비교부
기억법 요절작	기억법 제장검설절 (대장검 설정)	

답 ①

40 논리식 $X \cdot (X+Y)$를 간략화하면?

① X
② Y
③ $X+Y$
④ $X \cdot Y$

해설
$X \cdot (X+Y) = XX + XY$ (분배법칙)
$ = X + XY$ (흡수법칙)
$ = X(1+Y)$
$ = X \cdot 1$
$ = X$

중요
불대수

논리합	논리곱	비고
$X+0=X$	$X \cdot 0=0$	-
$X+1=1$	$X \cdot 1=X$	-
$X+X=X$	$X \cdot X=X$	-
$X+\overline{X}=1$	$X \cdot \overline{X}=0$	-
$X+Y=Y+X$	$X \cdot Y=Y \cdot X$	교환법칙
$X+(Y+Z)$ $=(X+Y)+Z$	$X(YZ)=(XY)Z$	결합법칙
$X(Y+Z)$ $=XY+XZ$	$(X+Y)(Z+W)$ $=XZ+XW+YZ+YW$	분배법칙
$X+XY=X$	$\overline{X}+XY=\overline{X}+Y$ $X+\overline{X}Y=X+Y$ $X+\overline{X}\,\overline{Y}=X+\overline{Y}$	흡수법칙
$\overline{(X+Y)}$ $=\overline{X}\cdot\overline{Y}$	$\overline{(X\cdot Y)}=\overline{X}+\overline{Y}$	드모르간의 정리

답 ①

제3과목 소방관계법규

41 다음 조건을 참고하여 숙박시설이 있는 특정소방대상물의 수용인원 산정수로 옳은 것은?

> 침대가 있는 숙박시설로서 1인용 침대의 수는 20개이고, 2인용 침대의 수는 10개이며, 종업원의 수는 3명이다.

① 33명
② 40명
③ 43명
④ 46명

해설 소방시설법 시행령 [별표 7]
수용인원의 산정방법

특정소방대상물		산정방법
• 강의실 • 상담실 • 휴게실	• 교무실 • 실습실	바닥면적 합계 / $1.9m^2$
• 숙박시설	침대가 있는 경우 →	종사자수 + 침대수
	침대가 없는 경우	종사자수 + 바닥면적 합계 / $3m^2$
• 기타		바닥면적 합계 / $3m^2$
• 강당 • 문화 및 집회시설, 운동시설 • 종교시설		바닥면적 합계 / $4.6m^2$

숙박시설(침대가 있는 경우)
=종사자수 + 침대수
=3명+(1인용×20개+2인용×10개)=43명

• **소수점 이하는 반올림**한다.

③ **침대**가 있는 **숙박시설** : 해당 특정소방대상물의 **종사자수**에 **침대의 수**(2인용 침대는 2인으로 산정)를 **합한 수**

답 ③

42 제조소 등의 위치·구조 또는 설비의 변경 없이 당해 제조소 등에서 저장하거나 취급하는 위험물의 품명·수량 또는 지정수량의 배수를 변경하고자 할 때는 누구에게 신고해야 하는가?

① 국무총리
② 시·도지사
③ 관할소방서장
④ 행정안전부장관

해설 위험물법 6조
제조소 등의 설치허가
(1) 설치허가자 : **시·도지사**
(2) 설치허가 제외 장소
  ㉠ **주택**의 **난방시설**(공동주택의 중앙난방시설은 제외)을 위한 **저장소** 또는 **취급소**
  ㉡ 지정수량 **20배** 이하의 **농예용**·**축산용**·**수산용** 난방시설 또는 건조시설의 **저장소**
(3) 제조소 등의 **변경신고** : 변경하고자 하는 날의 **1일** 전까지 **시·도지사**에게 **신고**(행정안전부령)

기억법 농축수2

참고
시·도지사
(1) 특별시장
(2) 광역시장
(3) 특별자치시장
(4) 도지사
(5) 특별자치도지사

답 ②

43 ★★★
위험물안전관리법령상 제조소 등이 아닌 장소에서 지정수량 이상의 위험물을 취급할 수 있는 기준 중 다음 ( ) 안에 알맞은 것은?

> 시·도의 조례가 정하는 바에 따라 관할소방서장의 승인을 받아 지정수량 이상의 위험물을 ( )일 이내의 기간 동안 임시로 저장 또는 취급하는 경우

① 15 ② 30
③ 60 ④ 90

해설 90일
(1) 소방시설업 **등**록신청 자산평가액·기업진단보고서 **유**효기간(공사업규칙 2조)
(2) 위험물 임시저장·취급 기준(위험물법 5조)

기억법 등유9(**등유 구**해와!)

중요
위험물법 5조
임시저장 승인 : 관할소방서장

답 ④

44 ★★★
제6류 위험물에 속하지 않는 것은?
① 질산   ② 과산화수소
③ 과염소산 ④ 과염소산염류

해설 위험물령 [별표 1]
위험물

유별	성질	품명
제1류	**산**화성 **고**체	• 아염소산염류 • 염소산염류(**염소산나트륨**) • 과염소산염류 • 질산염류 • 무기과산화물 **기억법** 1산고염나
제2류	가연성 고체	• **황화**인 • **적**린 • **황** • **마**그네슘 **기억법** 황화적황마
제3류	자연발화성 물질 및 금수성 물질	• **황**린 • **칼**륨 • **나**트륨 • **알**칼리토금속 • **트**리에틸알루미늄 **기억법** 황칼나알트

제4류	인화성 액체	• 특수인화물 • 석유류(벤젠) • 알코올류 • 동식물유류
제5류	자기반응성 물질	• 유기과산화물 • 나이트로화합물 • 나이트로소화합물 • 아조화합물 • 질산에스터류(셀룰로이드)
제6류	산화성 액체	• **과염소산** • 과산화수소 • **질산**

④ 과염소산염류 : 제1류 위험물

중요
제6류 위험물의 공통성질
(1) 대부분 비중이 **1보다 크다.**
(2) **산화성 액체**이다.
(3) **불연성 물질**이다.
(4) 모두 **산소**를 함유하고 있다.
(5) 유기화합물과 혼합하면 산화시킨다.

답 ④

45 ★★
항공기격납고는 특정소방대상물 중 어느 시설에 해당하는가?
① 위험물 저장 및 처리 시설
② 항공기 및 자동차관련 시설
③ 창고시설
④ 업무시설

해설 소방시설법 시행령 [별표 2]
항공기 및 자동차관련 시설
(1) **항공기격납고**
(2) 주차용 건축물, 차고 및 기계장치에 의한 주차시설
(3) 세차장
(4) 폐차장
(5) 자동차 검사장
(6) 자동차 매매장
(7) 자동차 정비공장
(8) 운전학원·정비학원
(9) 차고 및 주기장(駐機場)

중요
운수시설
(1) 여객자동차터미널
(2) 철도 및 도시철도시설(정비창 등 관련 시설 포함)
(3) 공항시설(항공관제탑 포함)
(4) 항만시설 및 종합여객시설

답 ②

46
위험물안전관리법령상 제조소 등의 관계인은 위험물의 안전관리에 관한 직무를 수행하게 하기 위하여 제조소 등마다 위험물의 취급에 관한 자격이 있는 자를 위험물안전관리자로 선임하여야 한다. 이 경우 제조소 등의 관계인이 지켜야 할 기준으로 틀린 것은?

① 제조소 등의 관계인은 안전관리자를 해임하거나 안전관리자가 퇴직한 때에는 해임하거나 퇴직한 날로부터 15일 이내에 다시 안전관리자를 선임하여야 한다.
② 제조소 등의 관계인이 안전관리자를 선임한 경우에는 선임한 날부터 14일 이내에 소방본부장 또는 소방서장에게 신고하여야 한다.
③ 제조소 등의 관계인은 안전관리자가 여행·질병, 그 밖의 사유로 인하여 일시적으로 직무를 수행할 수 없는 경우에는 국가기술자격법에 따른 위험물의 취급에 관한 자격취득자 또는 위험물안전에 관한 기본지식과 경험이 있는 자를 대리자로 지정하여 그 직무를 대행하게 하여야 한다. 이 경우 대행하는 기간은 30일을 초과할 수 없다.
④ 안전관리자는 위험물을 취급하는 작업을 하는 때에는 작업자에게 안전관리에 관한 필요한 지시를 하는 등 위험물의 취급에 관한 안전관리와 감독을 하여야 하고, 제조소 등의 관계인은 안전관리자의 위험물 안전관리에 관한 의견을 존중하고 그 권고에 따라야 한다.

해설 화재예방법 시행규칙 14조
소방안전관리자의 재선임
30일 이내

① 15일 이내 → 30일 이내

중요

30일
(1) 소방시설업 등록사항 변경신고(공사업규칙 6조)
(2) 위험물안전관리자의 재선임(위험물안전관리법 15조)
(3) 소방안전관리자의 재선임(화재예방법 시행규칙 14조)
(4) 도급계약 해지(공사업법 23조)
(5) 소방시설공사 중요사항 변경시의 신고일(공사업규칙 12조)
(6) 소방기술자 실무교육기관 지정서 발급(공사업규칙 32조)
(7) 소방공사감리자 변경서류 제출(공사업규칙 15조)
(8) 승계(위험물법 10조)
(9) 위험물안전관리자의 직무대행(위험물법 15조)
(10) 탱크시험자의 변경신고일(위험물법 16조)

답 ①

47
화재의 예방 및 안전관리에 관한 법령상 정당한 사유 없이 화재안전조사 결과에 따른 조치명령을 위반한 자에 대한 벌칙으로 옳은 것은?

① 100만원 이하의 벌금
② 300만원 이하의 벌금
③ 1년 이하의 징역 또는 1천만원 이하의 벌금
④ 3년 이하의 징역 또는 3천만원 이하의 벌금

해설 3년 이하의 징역 또는 3000만원 이하의 벌금
(1) **화재안전조사** 결과에 따른 조치명령 위반(화재예방법 50조)
(2) **소방시설관리업** 무등록자(소방시설법 57조)
(3) **소방시설업** 무등록자(공사업법 35조)
(4) 부정한 청탁을 받고 재물 또는 재산상의 이익을 취득하거나 부정한 청탁을 하면서 재물 또는 재산상의 이익을 제공한 자(공사업법 35조)
(5) 형식승인을 받지 않은 **소방용품** 제조·수입자(소방시설법 57조)
(6) **제품검사**를 받지 않은 자(소방시설법 57조)
(7) **거짓**이나 그 밖의 **부정한 방법**으로 **제품검사 전문기관**의 지정을 받은 자(소방시설법 57조)

답 ④

48
소방시설 설치 및 관리에 관한 법령상 간이스프링클러설비를 설치하여야 하는 특정소방대상물의 기준으로 옳은 것은?

① 근린생활시설로 사용하는 부분의 바닥면적 합계가 1000m² 이상인 것은 모든 층
② 교육연구시설 내에 있는 합숙소로서 연면적 500m² 이상인 것
③ 의료재활시설을 제외한 요양병원으로 사용되는 바닥면적의 합계가 300m² 이상 600m² 미만인 시설
④ 정신의료기관 또는 의료재활시설로 사용되는 바닥면적의 합계가 600m² 미만인 시설

해설 소방시설법 시행령 〔별표 4〕
간이스프링클러설비의 설치대상

설치대상	조건
교육연구시설 내 합숙소	• 연면적 100m² 이상 보기 ②
노유자시설·정신의료기관·의료재활시설	• 창살설치: 300m² 미만 • 기타: 300m² 이상 600m² 미만 보기 ④
숙박시설	• 바닥면적 합계 300m² 이상 600m² 미만
종합병원, 병원, 치과병원, 한방병원 및 요양병원 (의료재활시설 제외)	• 바닥면적 합계 600m² 미만 보기 ③
근린생활시설	• 바닥면적 합계 1000m² 이상은 전층 보기 ① • 의원, 치과의원 및 한의원으로서 입원실 또는 인공신장실이 있는 시설 • 조산원 및 산후조리원으로서 연면적 600m² 미만

| 연립주택, 다세대주택 | • 주택 전용 간이스프링클러 설비 설치 |

② 500m² 이상 → 100m² 이상
③ 300m² 이상 600m² 미만 → 600m² 미만
④ 600m² 미만 → 300m² 이상 600m² 미만

답 ①

★★★ 49

소방관서장은 화재예방강화지구 안의 관계인에 대하여 소방상 필요한 훈련 및 교육은 연 몇 회 이상 실시할 수 있는가?

18.09.문59
13.06.문52

① 1
② 2
③ 3
④ 4

해설 화재예방법 18조, 화재예방법 시행령 20조
화재예방강화지구 안의 화재안전조사·소방훈련 및 교육
(1) 실시자 : **소방청장·소방본부장·소방서장** – 소방관서장
(2) 횟수 : **연 1회** 이상
(3) 훈련·교육 : **10일** 전 통보

중요

연 1회 이상
(1) 화재예방강화지구 안의 화재안전조사·훈련·교육(화재예방법 시행령 20조)
(2) 특정소방대상물의 소방훈련·교육(화재예방법 시행규칙 36조)
(3) 제조소 등의 **정**기점검(위험물규칙 64조)
(4) **종**합점검(소방시설법 시행규칙 〔별표 3〕)
(5) 작동점검(소방시설법 시행규칙 〔별표 3〕)

기억법 연1정종 (연일 정종술을 마셨다.)

답 ①

★★★ 50

화재예방강화지구로 지정할 수 있는 대상이 아닌 것은?

17.09.문49
16.05.문53
13.09.문56

① 시장지역
② 소방출동로가 있는 지역
③ 공장·창고가 밀집한 지역
④ 목조건물이 밀집한 지역

해설 화재예방법 18조
화재예방강화지구의 지정
(1) **지정권자** : 시·도지사
(2) 지정지역
  ㉠ **시장**지역
  ㉡ **공장·창고** 등이 밀집한 지역
  ㉢ **목조건물**이 밀집한 지역
  ㉣ 노후·불량 건축물이 밀집한 지역
  ㉤ **위험물**의 **저장** 및 **처리시설**이 밀집한 지역
  ㉥ **석유화학제품**을 생산하는 공장이 있는 지역
  ㉦ **소방시설·소방용수시설** 또는 **소방출동로**가 **없는** 지역
  ㉧ 「**산업입지 및 개발에 관한 법률**」에 따른 산업단지
  ㉨ 「**물류시설의 개발 및 운영에 관한 법률**」에 따른 물류단지

㉩ **소방청장·소방본부장·소방서장**(소방관서장)이 화재예방강화지구로 지정할 필요가 있다고 인정하는 지역

② 있는 → 없는

용어

화재예방강화지구
화재발생 우려가 크거나 화재가 발생할 경우 피해가 클 것으로 예상되는 지역에 대하여 화재의 예방 및 안전관리를 강화하기 위해 지정·관리하는 지역

답 ②

★★ 51

소방시설 설치 및 관리에 관한 법령상 소방시설 등의 소방시설관리업의 자체점검시 점검인력 배치기준 중 작동점검에서 점검인력 1단위가 하루 동안 점검할 수 있는 특정소방대상물의 연면적(점검한도면적) 기준은? (단, 일반건축물의 경우이다.)

16.03.문43

① 5000m²
② 8000m²
③ 10000m²
④ 12000m²

해설 소방시설법 시행규칙 〔별표 4〕
소방시설관리업 점검인력 배치기준

구 분	일반건축물	아파트
종합점검	점검인력 1단위 8000m² (보조점검인력 1명 추가시 : 2000m²)	점검인력 1단위 250세대 (보조점검인력 1명 추가시 : 60세대)
작동점검	점검인력 1단위 10000m² (보조점검인력 1명 추가시 : 2500m²)	

답 ③

★★★ 52

소방기본법상 소방대의 구성원에 속하지 않는 자는?

19.04.문46
13.03.문42
05.09.문44
05.03.문57

① 소방공무원법에 따른 소방공무원
② 의용소방대 설치 및 운영에 관한 법률에 따른 의용소방대원
③ 위험물안전관리법에 따른 자체소방대원
④ 의무소방대설치법에 따라 임용된 의무소방원

해설 기본법 2조
소방대
(1) 소방**공**무원
(2) **의**무소방원
(3) **의**용소방대원

기억법 소공의

답 ③

53. 다음 중 한국소방안전원의 업무에 해당하지 않는 것은?

① 소방용 기계·기구의 형식승인
② 소방업무에 관하여 행정기관이 위탁하는 업무
③ 화재예방과 안전관리의식 고취를 위한 대국민 홍보
④ 소방기술과 안전관리에 관한 교육, 조사·연구 및 각종 간행물 발간

해설 기본법 41조
한국소방안전원의 업무
(1) 소방기술과 안전관리에 관한 **교육** 및 **조사·연구**
(2) 소방기술과 안전관리에 관한 각종 **간행물**의 발간
(3) 화재예방과 안전관리의식의 고취를 위한 **대국민 홍보**
(4) 소방업무에 관하여 **행정기관**이 위탁하는 **사업**
(5) 소방안전에 관한 **국제협력**
(6) **회원**에 대한 **기술지원** 등 정관이 정하는 사항

① 한국소방산업기술원의 업무

답 ①

54. 소방기본법령상 국고보조 대상사업의 범위 중 소방활동장비와 설비에 해당하지 않는 것은?

① 소방자동차
② 소방헬리콥터 및 소방정
③ 소화용수설비 및 피난구조설비
④ 방화복 등 소방활동에 필요한 소방장비

해설 기본령 2조
(1) **국고보조의 대상**
  ㉠ 소방활동장비와 설비의 구입 및 설치
   • 소방**자**동차
   • 소방**헬**리콥터·소방**정**
   • 소방**전**용통신설비·전산설비
   • 방**화**복
  ㉡ 소방관서용 **청**사
(2) **소방활동장비 및 설비의 종류와 규격** : 행정안전부령
(3) **대상사업의 기준보조율** : 「보조금관리에 관한 법률 시행령」에 따름

기억법 자헬 정전화 청국

답 ③

55. 소방안전관리자 및 소방안전관리보조자에 대한 실무교육의 교육대상, 교육일정 등 실무교육에 필요한 계획을 수립하여 매년 누구의 승인을 얻어 교육을 실시하는가?

① 한국소방안전원장
② 소방본부장
③ 소방청장
④ 시·도지사

해설 공사업법 33조
권한의 위탁

업무	위탁	권한
• 실무교육	• 한국소방안전원 • 실무교육기관	• 소방청장
• 소방기술과 관련된 자격·학력·경력의 인정 • 소방기술자 양성·인정 교육훈련 업무	• 소방시설업자협회 • 소방기술과 관련된 법인 또는 단체	• 소방청장
• 시공능력평가	• 소방시설업자협회	• 소방청장 • 시·도지사

답 ③

56. 화재의 예방 및 안전관리에 관한 법령상 소방청장, 소방본부장 또는 소방서장은 관할구역에 있는 소방대상물에 대하여 화재안전조사를 실시할 수 있다. 화재안전조사 대상과 거리가 먼 것은? (단, 개인 주거에 대하여는 관계인의 승낙을 득한 경우이다.)

① 화재예방강화지구 등 법령에서 화재안전조사를 하도록 규정되어 있는 경우
② 관계인이 법령에 따라 실시하는 소방시설 등, 방화시설, 피난시설 등에 대한 자체점검 등이 불성실하거나 불완전하다고 인정되는 경우
③ 화재가 발생할 우려는 없으나 소방대상물의 정기점검이 필요한 경우
④ 국가적 행사 등 주요 행사가 개최되는 장소에 대하여 소방안전관리 실태를 조사할 필요가 있는 경우

해설 화재예방법 7조
화재안전조사 실시대상
(1) **관계인**이 이 법 또는 다른 법령에 따라 실시하는 소방시설 등, 방화시설, 피난시설 등에 대한 자체점검이 불성실하거나 불완전하다고 인정되는 경우
(2) **화재예방강화지구** 등 법령에서 화재안전조사를 하도록 규정되어 있는 경우
(3) 화재예방안전진단이 불성실하거나 불완전하다고 인정되는 경우
(4) **국가적 행사** 등 주요 행사가 개최되는 장소 및 그 주변의 관계지역에 대하여 소방안전관리 실태를 조사할 필요가 있는 경우
(5) 화재가 **자주 발생**하였거나 발생할 우려가 뚜렷한 곳에 대한 조사가 필요한 경우
(6) **재난예측정보, 기상예보** 등을 분석한 결과 소방대상물에 화재의 발생 위험이 크다고 판단되는 경우
(7) 화재, 그 밖의 긴급한 상황이 발생할 경우 인명 또는 재산 피해의 우려가 현저하다고 판단되는 경우

기억법 화관국안

종류	대 상
상주공사감리	• 연면적 30000m² 이상 • **16층** 이상(지하층 포함)이고 **500세대** 이상 **아파트**
일반공사감리	• 기타

답 ②

중요

화재예방법 7·8조
화재안전조사
소방대상물에 대한 화재예방을 위하여 관계인에게 필요한 자료제출을 명하거나 위치·구조·설비 또는 관리의 상황을 조사하는 것
(1) 실시자 : 소방청장·소방본부장·소방서장
(2) 관계인의 승낙이 필요한 곳 : **주거**(주택)

답 ③

57 소방대상물의 방염 등과 관련하여 방염성능기준은 무엇으로 정하는가?
① 대통령령
② 행정안전부령
③ 소방청훈령
④ 소방청예규

해설 **소방시설법 20·21조**

대통령령	행정안전부령
방염성능기준	방염성능검사의 방법과 검사결과에 따른 합격표시 등에 관하여 필요한 사항

답 ①

58 다음 중 상주공사감리를 하여야 할 대상의 기준으로 옳은 것은?
① 지하층을 포함한 층수가 16층 이상으로서 300세대 이상인 아파트에 대한 소방시설의 공사
② 지하층을 포함한 층수가 16층 이상으로서 500세대 이상인 아파트에 대한 소방시설의 공사
③ 지하층을 포함하지 않은 층수가 16층 이상으로서 300세대 이상인 아파트에 대한 소방시설의 공사
④ 지하층을 포함하지 않은 층수가 16층 이상으로서 500세대 이상인 아파트에 대한 소방시설의 공사

해설 **공사업령〔별표 3〕**
소방공사감리 대상

59 다음 소방시설 중 소방시설공사업법령상 하자보수 보증기간이 3년이 아닌 것은?
① 비상방송설비
② 옥내소화전설비
③ 자동화재탐지설비
④ 물분무등소화설비

해설 **공사업령 6조**
소방시설공사의 하자보수 보증기간

보증기간	소방시설
2년	① **유**도등·**피**난기구 ② **비**상**조**명등·비상**경**보설비·비상**방송**설비 ③ **무**선통신보조설비 기억법 유비조경방무피2
3년	① 자동소화장치 ② 옥내·외소화전설비 ③ 스프링클러설비 ④ **물분무등소화설비**·소화용수설비 ⑤ **자동화재탐지설비**·소화활동설비(무선통신보조설비 제외) ⑥ 화재알림설비

① 2년

답 ①

60 화재의 예방 및 안전관리에 관한 법령상 소방대상물의 개수·이전·제거, 사용의 금지 또는 제한, 사용폐쇄, 공사의 정지 또는 중지, 그 밖의 필요한 조치로 인하여 손실을 받은 자가 손실보상청구서에 첨부하여야 하는 서류로 틀린 것은?
① 손실보상합의서
② 손실을 증명할 수 있는 사진
③ 손실을 증명할 수 있는 증빙자료
④ 소방대상물의 관계인임을 증명할 수 있는 서류(건축물대장은 제외)

해설 화재예방법 시행규칙 6조
손실보상 청구자가 제출하여야 하는 서류
(1) 소방대상물의 **관계인**임을 증명할 수 있는 서류(건축물대장 제외)
(2) 손실을 증명할 수 있는 **사진**, 그 밖의 **증빙자료**

기억법 사증관손(사정관의 손)

답 ①

제 4 과목 — 소방전기시설의 구조 및 원리

61 자동화재탐지설비 및 시각경보장치의 화재안전기준에 따른 경계구역에 관한 기준이다. 다음 ( )에 들어갈 내용으로 옳은 것은?

18.09.문66
17.03.문75
15.09.문75
15.03.문64
14.05.문80
14.03.문72
13.09.문66
13.03.문67

하나의 경계구역의 면적은 (㉠) 이하로 하고, 한 변의 길이는 (㉡) 이하로 하여야 한다.

① ㉠ 600m², ㉡ 50m
② ㉠ 600m², ㉡ 100m
③ ㉠ 1200m², ㉡ 50m
④ ㉠ 1200m², ㉡ 100m

해설 **경계구역**(NFPC 203 3·4조, NFTC 203 1.7, 2.1)
(1) **정의** : 특정소방대상물 중 **화재신호**를 **발신**하고 그 **신호**를 **수신** 및 유효하게 **제어**할 수 있는 구역
(2) **경계구역**의 **설정기준**
  ㉠ 1경계구역이 2개 이상의 **건축물**에 미치지 않을 것
  ㉡ 1경계구역이 2개 이상의 **층**에 미치지 않을 것(**500m²** 이하는 2개 층을 1경계구역으로 할 수 있음)
  ㉢ 1경계구역의 면적은 **600m²** 이하로 하고, 1변의 길이는 **50m** 이하로 할 것(내부 전체가 보이면 **1000m²** 이하)
(3) **1경계구역**의 **높이** : **45m** 이하

답 ①

62 차동식 분포형 감지기의 동작방식이 아닌 것은?
① 공기관식   ② 열전대식
③ 열반도체식   ④ 불꽃자외선식

해설 차동식 감지기

기억법 분열공

④ 연기감지기의 종류

답 ④

63 비상방송설비의 화재안전기준에 따라 다음 ( )의 ㉠, ㉡에 들어갈 내용으로 옳은 것은?

19.03.문64
16.03.문66
15.09.문67
13.06.문63

비상방송설비에는 그 설비에 대한 감시상태를 (㉠)분간 지속한 후 유효하게 (㉡)분 이상 경보할 수 있는 축전지설비(수신기에 내장하는 경우를 포함)를 설치하여야 한다.

① ㉠ 30, ㉡ 5   ② ㉠ 30, ㉡ 10
③ ㉠ 60, ㉡ 5   ④ ㉠ 60, ㉡ 10

해설 비상방송설비·비상벨설비·자동식 사이렌설비(NFPC 202 6조, NFTC 202 2.3.2)

감시시간	경보시간
60분	10분 이상(30층 이상 : 30분)

기억법 6감

답 ④

64 누전경보기의 형식승인 및 제품검사의 기술기준에 따라 누전경보기의 경보기구에 내장하는 음향장치는 사용전압의 몇 %인 전압에서 소리를 내어야 하는가?

18.04.문74
16.05.문63
15.03.문67
14.09.문65
10.09.문70

① 40   ② 60
③ 80   ④ 100

해설 **누전경보기**의 **음향장치**(누전경보기의 형식승인 및 제품검사의 기술기준 4조)
80% 전압에서 소리를 낼 것

비교

음향장치
(1) **비상경보설비 음향장치**의 **설치기준**(NFPC 201 4조, NFTC 201 2.1)

구 분	설 명
전원	교류전압 옥내간선, **전용**
정격전압	**80%** 전압에서 음향 발할 것
음량	**1m** 위치에서 **90dB** 이상
지구음향장치	**층**마다 설치, 수평거리 **25m** 이하

(2) **비상방송설비 음향장치**의 **구조** 및 **성능기준** (NFPC 202 4조, NFTC 202 2.1.1.12)
  ㉠ 정격전압의 **80%** 전압에서 음향을 발할 것
  ㉡ **자동화재탐지설비**의 작동과 연동하여 작동할 것
(3) **자동화재탐지설비 음향장치**의 **구조** 및 **성능기준** (NFPC 203 8조, NFTC 203 2.5.1.4)
  ㉠ 정격전압의 **80%** 전압에서 음향을 발할 것
  ㉡ 음량은 **1m** 떨어진 곳에서 **90dB** 이상일 것
  ㉢ **감지기·발신기**의 작동과 **연동**하여 작동할 것

답 ③

65 자동화재속보설비의 속보기의 성능인증 및 제품검사의 기술기준에 따라 자동화재속보설비의 속보기의 외함에 합성수지를 사용할 경우 외함의 최소두께[mm]는?

① 1.2 ② 3
③ 6.4 ④ 7

해설 축전지 외함·속보기의 외함두께(자동화재속보설비의 속보기의 성능인증 및 제품검사의 기술기준 4조)

강 판	합성수지
1.2mm 이상	3mm 이상

비교

발신기의 외함두께(발신기의 형식승인 및 제품검사의 기술기준 4조)

강 판		합성수지	
외함	외함 (벽 속 매립)	외함	외함 (벽 속 매립)
1.2mm 이상	1.6mm 이상	3mm 이상	4mm 이상

답 ②

66 소방시설용 비상전원수전설비의 화재안전기준에 따라 일반전기사업자로부터 특별고압 또는 고압으로 수전하는 비상전원수전설비의 경우에 있어 소방회로배선과 일반회로배선을 몇 cm 이상 떨어져 설치하는 경우 불연성 벽으로 구획하지 않을 수 있는가?

① 5 ② 10
③ 15 ④ 20

해설 특별고압 또는 고압으로 수전하는 경우(NFPC 602 5조, NFTC 602 2.2.1)

(1) 전용의 **방화구획 내**에 설치할 것
(2) 소방회로배선은 일반회로배선과 **불연성 벽**으로 구획할 것(단, 소방회로배선과 일반회로배선을 **15cm** 이상 떨어져 설치한 경우는 제외)

∥불연성 벽으로 구획하지 않아도 되는 경우∥

(3) 일반회로에서 **과부하, 지락사고** 또는 **단락사고**가 발생한 경우에도 이에 영향을 받지 아니하고 계속하여 소방회로에 전원을 공급시켜 줄 수 있어야 할 것

(4) 소방회로용 **개폐기** 및 **과전류차단기**에는 "소방시설용" 이라 표시할 것

답 ③

67 비상콘센트설비의 화재안전기준에 따라 비상콘센트설비의 전원회로(비상콘센트에 전력을 공급하는 회로를 말한다.)에 대한 전압과 공급용량으로 옳은 것은?

① 전압 : 단상 교류 110V, 공급용량 : 1.5kVA 이상
② 전압 : 단상 교류 220V, 공급용량 : 1.5kVA 이상
③ 전압 : 단상 교류 110V, 공급용량 : 3kVA 이상
④ 전압 : 단상 교류 220V, 공급용량 : 3kVA 이상

해설 비상콘센트 전원회로의 설치기준(NFPC 504 4조, NFTC 504 2.1)

구 분	전 압	용 량	플러그접속기
단상 교류	220V	1.5kVA 이상	접지형 2극

(1) 1전용회로에 설치하는 비상콘센트는 **10개** 이하로 할 것
(2) 풀박스는 **1.6mm** 이상의 철판을 사용할 것

기억법 10콘(시큰둥!)

답 ②

68 비상콘센트설비의 화재안전기준에 따른 용어의 정의 중 옳은 것은?

① "저압"이란 직류는 1.5kV 이하, 교류는 1kV 이하인 것을 말한다.
② "저압"이란 직류는 700V 이하, 교류는 600V 이하인 것을 말한다.
③ "고압"이란 직류는 700V를, 교류는 600V를 초과하는 것을 말한다.
④ "고압"이란 직류는 750V를, 교류는 600V를 초과하는 것을 말한다.

해설 전압(NFTC 504 1.7)

구 분	설 명
저압	직류 1.5kV 이하, 교류 1kV 이하
고압	저압의 범위를 초과하고 7kV 이하
특고압	7kV를 초과하는 것

답 ①

69. 유도등 및 유도표지의 화재안전기준에 따라 운동시설에 설치하지 아니할 수 있는 유도등은?

① 통로유도등
② 객석유도등
③ 대형 피난구유도등
④ 중형 피난구유도등

해설 유도등 및 유도표지의 종류 (NFPC 303 4조, NFTC 303 2.1.1)

설치장소	유도등 및 유도표지의 종류
• **공**연장 · **집**회장 · **관**람장 · **운**동시설 • 유흥주점 영업시설(카바레, 나이트클럽)	• **대**형 피난구유도등 • **통**로유도등 • **객**석유도등
• 위락시설 · 판매시설 • 관광숙박업 · 의료시설 · 방송통신시설 • 전시장 · 지하상가 · 지하철역사 • 운수시설 · 장례식장	• 대형 피난구유도등 • 통로유도등
• 숙박시설 · 오피스텔 • 지하층 · 무창층 및 11층 이상의 부분	• 중형 피난구유도등 • 통로유도등

기억법 공집관운 대통객

답 ④

70. 유도등 및 유도표지의 화재안전기준에 따른 통로유도등의 설치기준에 대한 설명으로 틀린 것은?

① 거실통로유도등은 구부러진 모퉁이 및 보행거리 20m마다 설치
② 복도 · 계단통로유도등은 바닥으로부터 높이 1m 이하의 위치에 설치
③ 통로유도등은 녹색바탕에 백색으로 피난방향을 표시한 등으로 할 것
④ 거실통로유도등은 바닥으로부터 높이 1.5m 이상의 위치에 설치

해설 색 표시 (유도등의 형식승인 및 제품검사의 기술기준 9조)

피난구유도등	통로유도등
녹색바탕에 **백색**문자	**백색**바탕에 **녹색**문자

③ 녹색바탕에 백색 → 백색바탕에 녹색

중요

(1) 설치높이

구 분	설치높이
계단통로유도등 · 복도통로유도등 · 통로유도표지	바닥으로부터 높이 **1m** 이하 **기억법** 계복1
피난구유도등	피난구의 바닥으로부터 높이 **1.5m** 이상 **기억법** 피유15상
거실통로유도등	바닥으로부터 높이 **1.5m** 이상 (단, 거실통로의 기둥은 1.5m 이하)
피난구유도표지	출입구 상단

(2) 설치거리

구 분	설치거리
복도통로유도등	구부러진 모퉁이 및 피난구유도등이 설치된 출입구의 맞은편 복도에 입체형 또는 바닥에 설치한 통로유도등을 기점으로 보행거리 20m마다 설치
거실통로유도등	구부러진 모퉁이 및 **보행거리 20m**마다 설치
계단통로유도등	각 층의 **경사로참** 또는 **계단참**마다 설치

답 ③

71. 자동화재탐지설비 및 시각경보장치의 화재안전기준에 따른 감지기의 설치기준으로 틀린 것은?

① 스포트형 감지기는 45° 이상 경사되지 아니하도록 부착할 것
② 감지기(차동식 분포형의 것을 제외)는 실내로의 공기유입구로부터 1.5m 이상 떨어진 위치에 설치할 것
③ 보상식 스포트형 감지기는 정온점이 감지기 주위의 평상시 최고온도보다 10℃ 이상 높은 것으로 설치할 것
④ 정온식 감지기는 주방 · 보일러실 등으로서 다량의 화기를 취급하는 장소에 설치하되 공칭작동온도가 최고주위온도보다 20℃ 이상 높은 것으로 설치할 것

해설 감지기 설치기준 (NFPC 203 7조, NFTC 203 2.4.3)

(1) 감지기(**차동식 분포형** 및 **특수한 것** 제외)는 실내로의 공기유입구로부터 **1.5m** 이상 떨어진 위치에 설치
(2) 감지기는 천장 또는 반자의 옥내의 면하는 부분에 설치
(3) **보상식 스포트형 감지기**는 정온점이 감지기 주위의 평상시 최고온도보다 **20℃** 이상 높은 것으로 설치
(4) **정온식 감지기는 주방 · 보일러실** 등으로 다량의 화기를 단속적으로 취급하는 장소에 설치하되, 공칭작동온도가 최고주위온도보다 20℃ 이상 높은 것으로 설치할 것
(5) 스포트형 감지기는 **45°** 이상 경사지지 않도록 부착
(6) **공기관식** 차동식 분포형 감지기 설치시 공기관은 도중에서 **분기**하지 않도록 부착
(7) **공기관식** 차동식 분포형 감지기의 검출부는 **5°** 이상 경사되지 않도록 설치

③ 10℃ 이상 → 20℃ 이상

중요

경사제한각도	
공기관식 감지기의 검출부	스포트형 감지기
5° 이상	45° 이상

답 ③

72 무선통신보조설비의 화재안전기준에 따라 무선통신보조설비의 누설동축케이블의 설치기준으로 틀린 것은?

① 누설동축케이블은 불연 또는 난연성으로 할 것
② 누설동축케이블의 중간부분에는 무반사 종단저항을 견고하게 설치할 것
③ 누설동축케이블 및 안테나는 고압의 전로로부터 1.5m 이상 떨어진 위치에 설치할 것
④ 누설동축케이블과 이에 접속하는 안테나 또는 동축케이블과 이에 접속하는 안테나로 구성할 것

해설 누설동축케이블의 설치기준(NFPC 505 5조, NFTC 505 2.2.1)
(1) 소방전용 주파수대에서 전파의 **전송** 또는 **복사**에 적합한 것으로서 소방전용의 것일 것
(2) 누설동축케이블과 이에 접속하는 안테나 또는 동축케이블과 이에 접속하는 안테나일 것
(3) 누설동축케이블 및 동축케이블은 화재에 따라 해당 케이블의 피복이 소실된 경우에 케이블 본체가 떨어지지 아니하도록 4m 이내마다 금속제 또는 자기제 등의 지지금구로 벽·천장·기둥 등에 견고하게 고정시킬 것(단, 불연재료로 구획된 반자 안에 설치하는 경우 제외)
(4) 누설동축케이블 및 안테나는 고압전로로부터 **1.5m** 이상 떨어진 위치에 설치할 것(해당 전로에 **정전기 차폐장치**를 유효하게 설치한 경우에는 제외)
(5) 누설동축케이블의 **끝부분**에는 **무반사 종단저항**을 설치할 것
(6) 누설동축케이블 및 동축케이블은 불연 또는 난연성의 것으로서 **습기** 등의 환경조건에 따라 전기의 특성이 변질되지 아니하는 것으로 하고, 노출하여 설치한 경우에는 피난 및 통행에 장애가 없도록 할 것

② 중간부분 → 끝부분

용어

무반사 종단저항
전송로로 전송되는 전자파가 전송로의 종단에서 반사되어 교신을 방해하는 것을 막기 위한 저항

답 ②

73 누전경보기의 화재안전기준의 용어 정의에 따라 변류기로부터 검출된 신호를 수신하여 누전의 발생을 해당 특정소방대상물의 관계인에게 경보하여 주는 것은?

① 축전지
② 수신부
③ 경보기
④ 음향장치

해설 누전경보기(NFPC 205 3조, NFTC 205 1.7)

용어	설명
수신부	변류기로부터 검출된 **신호**를 **수신**하여 누전의 발생을 해당 특정소방대상물의 **관계인**에게 **경보**하여 주는 것(**차단기구**를 갖는 것 포함)
	기억법 수신
변류기	경계전로의 **누설전류**를 자동적으로 **검출**하여 이를 누전경보기의 수신부에 송신하는 것

답 ②

74 비상조명등의 화재안전기준에 따라 비상조명등의 비상전원을 설치하는 데 있어서 어떤 특정소방대상물의 경우에는 그 부분에서 피난층에 이르는 부분의 비상조명등을 60분 이상 유효하게 작동시킬 수 있는 용량으로 하여야 한다. 이 특정소방대상물에 해당하지 않는 것은?

① 무창층인 지하역사
② 무창층인 소매시장
③ 지하층인 관람시설
④ 지하층을 제외한 층수가 11층 이상의 층

해설 비상조명등의 60분 이상 작동용량(NFPC 304 4조, NFTC 304 2.1.1.5)
(1) **11층 이상**(지하층 제외)
(2) 지하층·무창층으로서 **도매시장**·**소매시장**·여객자동차터미널·**지하역사**·지하상가

③ 해당 없음

중요

비상전원 용량	
설비의 종류	비상전원 용량
• **자**동화재탐지설비 • 비상**경**보설비 • **자**동화재속보설비	**10분** 이상
• 유도등 • 비상콘센트설비 • 제연설비 • 물분무소화설비 • 옥내소화전설비(30층 미만) • 특별피난계단의 계단실 및 부속실 제연설비(30층 미만)	**20분** 이상

• 무선통신보조설비의 증폭기	30분 이상
• 옥내소화전설비(30~49층 이하) • 특별피난계단의 계단실 및 부속실 제연설비(30~49층 이하) • 연결송수관설비(30~49층 이하) • 스프링클러설비(30~49층 이하)	40분 이상
• 유도등·비상조명등(지하상가 및 11층 이상) • 옥내소화전설비(50층 이상) • 특별피난계단의 계단실 및 부속실 제연설비(50층 이상) • 연결송수관설비(50층 이상) • 스프링클러설비(50층 이상)	60분 이상

기억법 경자비(경자라는 이름은 비일비재하게 많다.)
3증(3중고)

답 ③

75 자동화재탐지설비 및 시각경보장치의 화재안전기준에 따른 수신기 설치기준에 대한 설명으로 틀린 것은?

① 하나의 경계구역은 하나의 표시등 또는 하나의 문자로 표시되도록 할 것
② 감지기·중계기 또는 발신기가 작동하는 경계구역을 표시할 수 있는 것으로 할 것
③ 음향기구는 그 음량 및 음색이 다른 기기의 소음 등과 명확히 구별될 수 있는 것으로 할 것
④ 사람이 상시 근무하는 장소가 없는 경우에는 관계인이 쉽게 접근할 수 없는 장소에 설치할 것

해설 자동화재탐지설비 수신기의 설치기준(NFPC 203 5조, NFTC 203 2.2.3)
(1) **감지기·중계기** 또는 **발신기**가 작동하는 경계구역을 표시할 수 있는 것으로 할 것
(2) 조작스위치는 바닥으로부터의 높이가 **0.8m 이상 1.5m 이하**인 장소에 설치할 것
(3) 하나의 소방대상물에 **2 이상**의 수신기를 설치하는 경우에는 수신기 상호간 연동하여 화재발생상황을 각 수신기마다 확인할 수 있도록 할 것
(4) 수신기가 설치된 장소에는 **경계구역 일람도**를 비치할 것
(5) **수위실** 등 상시 사람이 근무하는 **장소**에 설치할 것 (단, 사람이 상시 근무하는 장소가 없는 경우에는 **관계인**이 쉽게 접근할 수 있고 관리가 용이한 장소에 설치 가능)

④ 없는 → 있고 관리가 용이한

답 ④

76 비상방송설비의 화재안전기준에 따라 비상방송설비 음향장치의 정격전압이 220V인 경우 최소 몇 V 이상에서 음향을 발할 수 있어야 하는가?

① 165
② 176
③ 187
④ 198

해설 비상방송설비의 설치기준(NFPC 202 4조, NFTC 202 2.1.1)
(1) 확성기의 음성입력은 3W(**실내** 1W) 이상일 것
(2) 확성기는 **각 층**마다 설치하되, 각 부분으로부터의 수평거리는 **25m** 이하일 것
(3) **음**량조정기는 **3선식** 배선일 것
(4) 조작스위치는 바닥으로부터 **0.8~1.5m** 이하의 높이에 설치할 것
(5) 다른 전기회로에 의하여 **유도장애**가 생기지 아니하도록 할 것
(6) 비상방송 **개**시시간은 **10초** 이하일 것
(7) 다른 방송설비와 공용할 경우 화재시 비상경보 외의 방송을 차단할 수 있을 것
(8) 음향장치 : **자동화재탐지설비**의 작동과 연동
(9) 음향장치의 정격전압 : **80%**

기억법 방3실1, 3음방(**삼엄**한 방송실), 개10방

∴ 음향장치 최소전압 = 정격전압 × 80%(0.8)
= 220 × 0.8 = 176V

답 ②

77 유도등 및 유도표지의 화재안전기준에 따라 광원점등방식 피난유도선의 설치기준으로 틀린 것은?

① 구획된 각 실로부터 주출입구 또는 비상구까지 설치할 것
② 피난유도표시부는 바닥으로부터 높이 1m 이하의 위치 또는 바닥면에 설치할 것
③ 피난유도제어부는 조작 및 관리가 용이하도록 바닥으로부터 0.8m 이상 1.5m 이하의 높이에 설치할 것
④ 피난유도표시부는 50cm 이내의 간격으로 연속되도록 설치하되 실내장식물 등으로 설치가 곤란할 경우 2m 이내로 설치할 것

해설 광원점등방식의 피난유도선 설치기준(NFPC 303 9조, NFTC 303 2.6.2)
(1) 구획된 각 실로부터 **주출입구** 또는 **비상구**까지 설치
(2) 피난유도표시부는 바닥으로부터 높이 **1m 이하**의 위치 또는 바닥면에 설치

(3) 피난유도표시부는 **50cm 이내**의 간격으로 연속되도록 설치하되 실내장식물 등으로 설치가 곤란할 경우 **1m 이내**로 설치
(4) 수신기로부터의 **화재신호** 및 **수동조작**에 의하여 광원이 점등되도록 설치
(5) 비상전원이 **상시 충전상태**를 유지하도록 설치
(6) 바닥에 설치되는 피난유도표시부는 **매립**하는 방식을 사용
(7) 피난유도제어부는 조작 및 관리가 용이하도록 바닥으로부터 **0.8~1.5m** 이하의 높이에 설치

④ 2m 이내 → 1m 이내

> **비교**
>
> **축광방식**의 **피난유도선 설치기준**
> (1) 구획된 각 실로부터 **주출입구** 또는 **비상구**까지 설치
> (2) 바닥으로부터 높이 **50cm 이하**의 위치 또는 바닥면에 설치
> (3) 피난유도표시부는 **50cm 이내**의 간격으로 연속되도록 설치
> (4) 부착대에 의하여 견고하게 설치
> (5) **외부**의 **빛** 또는 **조명장치**에 의하여 상시 조명이 제공되거나 비상조명등에 따른 조명이 제공되도록 설치

답 ④

78 예비전원의 성능인증 및 제품검사의 기술기준에 따라 다음의 ( )에 들어갈 내용으로 옳은 것은?

[15.09.문70]

> 예비전원은 $\frac{1}{5}C$ 이상 1C 이하의 전류로 역충전하는 경우 ( )시간 이내에 안전장치가 작동하여야 하며, 외관이 부풀어 오르거나 누액 등이 없어야 한다.

① 1　　② 3
③ 5　　④ 10

해설 안전장치시험(예비전원의 성능인증 및 제품검사의 기술기준 8조)

예비전원은 $\frac{1}{5}$~1C 이하의 전류로 역충전하는 경우 **5시간** 이내에 안전장치가 작동하여야 하며, 외관이 부풀어 오르거나 누액 등이 생기지 않을 것

답 ③

79 ★★★ 비상경보설비 및 단독경보형 감지기의 화재안전기준에 따라 비상벨설비 또는 자동식 사이렌설비의 지구음향장치는 특정소방대상물의 층마다 설치하되, 해당 특정소방대상물의 각 부분으로부터 하나의 음향장치까지의 수평거리가 몇 m 이하가 되도록 하여야 하는가?

[17.05.문63]
[14.03.문71]
[12.03.문73]
[09.05.문79]

① 15　　② 25
③ 40　　④ 50

해설 수평거리·보행거리·수직거리

(1) 수평거리

구 분	기 기
25m 이하	• 발신기 • **음**향장치(확성기) • 비상콘센트(지하상가·지하층 바닥면적 3000m² 이상) **기억법** 음25(음이온)
50m 이하	• 비상콘센트(기타)

(2) 보행거리

구 분	기 기
15m 이하	• 유도표지
20m 이하	• 복도통로유도등 • 거실통로유도등 • 3종 연기감지기
30m 이하	• 1·2종 연기감지기

(3) 수직거리

구 분	기 기
15m 이하	1·2종 연기감지기
10m 이하	3종 연기감지기

답 ②

80 ★★★ 무선통신보조설비의 화재안전기준에 따라 지하층으로서 특정소방대상물의 바닥부분 2면 이상이 지표면과 동일하거나 지표면으로부터의 깊이가 몇 m 이하인 경우에는 해당층에 한하여 무선통신보조설비를 설치하지 않을 수 있는가?

[18.03.문70]
[17.03.문68]
[16.03.문80]
[14.09.문64]
[08.03.문62]
[06.05.문79]

① 0.5　　② 1.0
③ 1.5　　④ 2.0

해설 무선통신보조설비의 **설치 제외**(NFPC 505 4조, NFTC 505 2.1)

(1) **지하층**으로서 특정소방대상물의 바닥부분 **2면 이상**이 지표면과 동일한 경우의 해당층
(2) 지하층으로서 지표면으로부터의 깊이가 **1m 이하**인 경우의 해당층

기억법 2면무지(이면 계약의 무지)

답 ②

찾아보기

가연성 기체	23-3
간이소화용구	23-40
간헐현상	22-12
감리대상	24-21
개구부	22-49
건축허가 등의 동의대상물	20-21
건축허가 등의 취소통보	24-19
검출누설전류 설정치 범위	22-55
결합계수	25-8
경계구역	22-85
계단부속실	20-25
공극	22-72
공기관식	19-71
공동주택	22-18
공칭작동전류치	22-55
관계인	22-18
근린생활시설	22-48
금수성 물질	21-32
기전력	22-10
기화잠열	23-30

내화구조	25-25
노유자시설	22-16
논리회로	20-39
누전경보기	25-22
NAND 회로	20-39
NOR 회로	20-39

단락	4
단락전류	24-55

ㄹ

랙식 창고	19-16
렌츠의 법칙	22-12, 22-43

마른모래	25-44
무상주수	19-30
무염착화	20-60, 19-26
무효전력	21-71, 20-66
물분무등소화설비	20-69
물질의 발화점	20-30

ㅂ

발염착화	19-26
방염성능	19-70
방염처리업	20-72
방화구조	20-30
방화시설	19-69
배율기	25-7
벌금	22-45, 22-76
변류기	22-24
보행거리	19-23
복합건축물	22-47, 20-43
부동충전	22-15, 19-23
분류기	22-41, 20-8
불대수	20-61
비상전원 용량	24-27
비상조명등	24-27

ㅅ

샤를의 법칙	21-35
선간전압	25-14
선전류	22-15
소방기술자	22-77
소방대장	24-16
소방본부장	24-44
소방시설관리업	22-51
소방시설업	22-45, 21-48
소방시설업의 종류	22-75
소방용수시설	22-45
소방체험관	19-39

소방활동구역 ·················· 21-51, 20-44	잔염시간 ································ 22-79
소화설비 ································ 20-57	잔진시간 ································ 22-79
소화용수설비 ························ 25-69	정온식 감지선형 감지기 ········ 24-49
속보기 ·································· 24-22	정온식 스포트형 감지기 ········ 24-49
솔레노이드 ···························· 22-71	정전력 ·································· 21-69
수평거리 ······························ 22-74	정전용량 ································ 22-8
순시값 ·································· 22-12	제연설비 ······························ 22-20
승강기 ·· 37	제조소 ·································· 22-44
승계 ······································ 22-18	종합상황실 ···························· 22-78
시·도지사 ···························· 21-19	종합점검 ······························ 22-46
실효값 ·································· 21-13	주거지역 ······························ 24-72
	주요구조부 ···························· 24-33
ㅇ	줄의 법칙 ···························· 24-39
	중탄산나트륨 ························ 24-3
앙페르의 오른나사법칙 ·········· 25-68	중탄산칼륨 ·························· 24-3
업무시설 ······························ 21-22	지정수량 ······························ 22-51
연기감지기 ···························· 21-79	지하구 ·································· 22-16
연기복합형 ···························· 24-81	질식효과 ······························ 19-55
연소방지설비 ························ 24-43	
예비전원 ······························ 25-49	**ㅋ**
옴의 법칙 ······························ 22-9	
우수품질인증 ························ 22-26	커패시턴스 ···························· 25-39
원형 코일 ···························· 20-13	
위험물 ·································· 20-18	**ㅌ**
위험물안전관리자 ·················· 22-22	
유도기전력 ···························· 25-67	통로유도등 ···························· 24-54
유도등 ·································· 24-24	특수가연물 ···························· 25-20
유류화재 ······························ 24-31	
유효전력 ······························ 19-39	**ㅍ**
융해잠열 ······························ 23-30	
의용소방대원 ·············· 22-18, 22-47	폭굉 ···································· 22-36
인덕턴스 ······················ 22-9, 21-9	플래시오버 ···························· 22-60
인명구조기구 ·············· 20-43, 19-53	플레밍의 오른손 법칙 ············ 25-68
일반화재 ································ 24-4	플레밍의 왼손 법칙 ·············· 25-68
일산화탄소 ······························ 25-2	피난구유도등 ························ 24-20
임피던스 ······························ 24-12	피난동선 ······························ 20-58
	피난시설 ······························ 21-18
ㅈ	피상전력 ······························ 19-34
자기력 ·································· 19-9	**ㅎ**
자동화재탐지설비 ·················· 19-21	
자속밀도 ······························ 22-10	한국소방안전원 ······················ 19-69
자연발화의 형태 ···················· 19-55	할론 1301 ···························· 24-29
자위소방대 ···························· 21-18	항공기격납고 ························ 19-66
자체소방대 ···························· 21-45	

VISION 연속 판매1위

교재 및 인강을 통한 합격 수기

"한번에! 빠르게! 합격하기!!"

고졸 인문계 출신 합격!

필기시험을 치르고 실기 책을 펼치는 순간 머리가 하얗게 되더군요. 그래서 어떻게 공부를 해야 하나 인터넷을 뒤적이다가 공하성 교수님 강의가 제일 좋다는 이야기를 듣고 공부를 시작했습니다. 관련학과도 아닌 고졸 인문계 출신인 저도 제대로 이해할 수 있을 정도로 정말 정리가 잘 되어 있더군요. 문제 하나하나 풀어가면서 설명해주시는데 머릿속에 쏙쏙 들어왔습니다. 약 3주간 미친 듯이 문제를 풀고 부족한 부분은 강의를 들었습니다. 그렇게 약 6주간 공부 후 시험결과 실기점수 74점으로 최종 합격하게 되었습니다. 정말 빠른 시간에 합격하게 되어 뿌듯했고 공하성 교수님 강의를 접한 게 정말 잘했다는 생각이 들었습니다. 저도 할 수 있다는 것을 깨닫게 해준 성안당 출판사와 공하성 교수님께 정말 감사의 말씀을 올립니다.

_ 김○건님의 글

시간 단축 및 이해도 높은 강의!

소방은 전공분야가 아닌 관계로 다른 방법의 공부를 필요로 하게 되어 공하성 교수님의 패키지 강의를 수강하게 되었습니다. 전공이든, 비전공이든 학원을 다니거나 동영상강의를 집중적으로 듣고 공부하는 것이 혼자 공부하는 것보다 엄청난 시간적 이점이 있고 이해도도 훨씬 높은 것 같습니다. 주로 공하성 교수님 실기 강의를 3번 이상 반복 수강하고 남는 시간은 노트정리 및 암기하여 실기 역시 높은 점수로 합격을 하였습니다. 처음 기사시험을 준비할 때 '할 수 있을까?'하는 의구심도 들었지만 나이 60세에 새로운 자격증을 하나둘 새로 취득하다 보니 미래에 대한 막연한 두려움도 극복이 되는 것 같습니다.

_ 김○규님의 글

단 한번에 합격!

퇴직 후 진로를 소방감리로 결정하고 먼저 공부를 시작한 친구로부터 공하성 교수님 인강과 교재를 추천받았습니다. 이것이 단 한번에 필기와 실기를 합격한 지름길이었다고 생각합니다. 인강을 듣는 중 공하성 교수님 특유의 기억법과 유사 항목에 대한 정리가 공부에 큰 도움이 되었습니다. 인강 후 공하성 교수님께서 강조한 항목을 중심으로 이론교재로만 암기를 했는데 이때는 처음부터 끝까지 하지 않고 네 과목을 번갈아 가면서 암기를 했습니다. 지루함을 피하기 위함이고 이는 공하성 교수님께서 추천하는 공부법이었습니다. 필기시험을 거뜬히 합격하고 실기시험에 매진하여 시험을 봤는데, 문제가 예상했던 것보다 달라서 당황하기도 했고 그래서 약간의 실수도 있었지만 실기도 한번에 합격을 할 수 있었습니다. 실기시험이 끝나고 바로 성안당의 공하성 교수님 교재로 소방설비기사 전기 공부를 하고 있습니다. 전공이 달라 이해하고 암기하는 데 어려움이 있긴 하지만 반복해서 하면 반드시 합격하리라 확신합니다. 나이가 많은 데도 불구하고 단 한번에 합격하는 데 큰 도움을 준 성안당과 공하성 교수님께 감사드립니다.

_ 최○수님의 글

성안당 e러닝 bm.cyber.co.kr(031-950-6332) | 예스미디어 www.ymg.kr(010-3182-1190)

VISION 연속 판매1위

교재 및 인강을 통한 합격 수기

"한번에! 빠르게! 합격하기!!"

공하성 교수의 열강!

이번 2회차 소방설비기사에 합격하였습니다. 실기는 정말 인강을 듣지 않을 수 없더라고요. 그래서 공하성 교수님의 강의를 신청하였고 하루에 3~4강씩 시청, 복습, 문제풀이 후 또 시청 순으로 퇴근 후에도 잠자리 들기 전까지 열심히 공부하였습니다. 특히 교수님이 강의 도중에 책에는 없는 추가 예제를 풀이해 주는 것이 이해를 수월하게 했습니다. 교수님의 열강 덕분에 시험은 한 문제 제외하고 모두 풀었지만 확신이 서지 않아 전전긍긍하다가 며칠 전에 합격 통보를 받았을 때는 정말 보람 있고 뿌듯했습니다. 올해는 조금 휴식을 취한 뒤에 내년에는 교수님의 소방시설관리사를 공부할 예정입니다. 그때도 이렇게 후기를 적을 기회가 주어졌으면 하는 바람이고요. 저도 합격하였는데 여러분들은 더욱 수월하게 합격하실 수 있을 것입니다. 모두 파이팅하시고 좋은 결과가 있길 바랍니다. 감사합니다.

_ 이○현님의 글

이해하기 쉽고, 암기하기 쉬운 강의!

소방설비기사 실기시험까지 합격하여 최종합격까지 한 25살 직장인입니다. 직장인이다 보니 시간에 쫓겨 자격증을 따는 것이 막연했기 때문에 필기과목부터 공하성 교수님의 인터넷 강의를 듣기 시작하였습니다. 꼼꼼히 필기과목을 들은 것이 결국은 실기시험까지 도움이 되었던 것 같습니다. 실기의 난이도가 훨씬 높지만 어떻게 보면 필기의 확장판이라고 할 수 있습니다. 그래서 필기과목부터 꾸준하고 꼼꼼하게 강의를 듣고 실기 강의를 들었더니 정말로 그 효과가 배가 되었습니다. 공하성 교수님의 강의를 들을 때 가장 큰 장점은 공부에 아주 많은 시간을 쏟지 않아도 되는 거였습니다. 증거로 직장을 다니는 저도 합격하게 되었으니까요. 하지만 그렇게 하기 위해서는 필기부터 실기까지 공하성 교수님이 만들어 놓은 커리큘럼을 정확하고, 엄격하게 따라가야 합니다. 정말 순서대로, 이해하기 쉽게, 암기하기 쉽게 강의를 구성해 놓으셨습니다. 이 강의를 듣고 더 많은 합격자가 나오면 좋겠습니다.

_ 엄○지님의 글

59세 소방 쌍기사 성공기!

저는 30년간 직장생활을 하는 평범한 회사원입니다. 인강은 무엇을 들을까 하고 탐색하다가 공하성 교수님의 샘플 인강을 듣고 소방설비기사 전기 인강을 들었습니다. 2개월 공부 후 소방전기 필기시험에 우수한 성적으로 합격하고, 40일 준비 후 4월에 시행한 소방전기 실기시험에서도 당당히 합격하였습니다. 실기시험에서는 가닥수 구하기가 많이 어려웠는데, 공하성 교수님의 인강을 자주 듣고, 그림을 수십 번 그리며 가닥수를 공부하였더니 합격할 수 있다는 자신감이 생겼습니다. 소방전기 기사시험 합격 후 소방기계 기사 필기는 유체역학과 소방기계시설의 구조 및 원리에 전념하여 필기시험에서 90점으로 합격하였습니다. 돌이켜 보면, 소방설비 기계기사가 소방설비 전기기사보다 훨씬 더 어렵고 힘들었습니다. 고민 끝에 공하성 교수님의 10년간 기출문제 특강을 집중해서 듣고, 10년 기출문제를 3회 이상 반복하여 풀고 또 풀었습니다. "합격을 축하합니다."라는 글이 눈에 들어왔습니다. 점수 확인 결과 고득점으로 합격하였습니다. 이렇게 해서 저는 올해 소방전기, 소방기계 쌍기사 자격증을 취득했습니다. 인터넷 강의와 기출문제는 공하성 교수님께서 출간하신 책으로 10년분을 3회 이상 풀었습니다. 1년 내에 소방전기, 소방기계 쌍기사를 취득할 수 있도록 헌신적으로 도와주신 공하성 교수님께 깊은 감사를 드리며 저의 기쁨과 행복을 보내드립니다.

_ 오○훈님의 글

성안당 e러닝 bm.cyber.co.kr(031-950-6332) | 예스미디어 www.ymg.kr(010-3182-1190)

VISION 연속 판매1위

교재 및 인강을 통한 합격 수기

"한번에! 빠르게! 합격하기!!"

소방설비기사 원샷 원킬!

처음엔 강의는 듣지 않고 책의 문제만 봤습니다. 그런데 책을 보고 이해해보려 했지만 잘 되지 않았습니다. 그래도 처음은 경험이나 해보자고 동영상강의를 듣지 않고 책으로만 공부를 했었습니다. 간신히 필기를 합격하고 바로 친구의 추천으로 공하성 교수님의 동영상강의를 신청했고, 확실히 혼자 할 때보다 공하성 교수님 강의를 들으니 이해가 잘 되었습니다. 중간중간 공하성 교수님의 재미있는 농담에 강의를 보다가 혼자 웃기도 하고 재미있게 강의를 들었습니다. 물론 본인의 노력도 필요하지만 인강을 들으니 필기 때는 전혀 이해가 안 가던 부분들도 실기 때 강의를 들으니 이해가 잘 되었습니다. 생소한 분야이고 지식이 전혀 없던 자격증 도전이었지만 한번에 합격할 수 있어서 너무 기쁘네요. 여러분들도 저를 보고 희망을 가지시고 열심히 해서 꼭 합격하시길 바랍니다.

_ 이○목님의 글

소방설비기사(전기) 합격!

41살에 첫 기사 자격증 취득이라 기쁩니다. 실무에 필요한 소방설계 지식도 쌓고 기사 자격증도 취득하기 위해 공하성 교수님의 강의를 들었습니다. 재미나고 쉽게 설명해주시는 공하성 교수님의 강의로 필기·실기시험 모두 합격할 수 있었습니다.

_ 이○용님의 글

소방설비기사 합격!

시간을 의미 없이 보내는 것보다 미래를 준비하는 것이 좋을 것 같아 소방설비기사를 공부하게 되었습니다. 퇴근 후 열심히 노력한 결과 1차 필기시험에 합격하게 되었습니다. 기쁜 마음으로 2차 실기시험을 준비하기 위해 전에 선배에게 추천받은 강의를 주저없이 구매하였습니다. 1차 필기시험을 너무 쉽게 합격해서인지 2차 실기시험을 공부하는데, 처음에는 너무 생소하고 이해되지 않는 부분이 많았는데 교수님의 자세하고 반복적인 설명으로 조금씩 내용을 이해하게 되었고 자신감도 조금씩 상승하게 되었습니다. 한 번 강의를 다 듣고 두 번 강의를 들으니 처음보다는 훨씬 더 이해가 잘 되었고 과년도 문제를 풀면서 중요한 부분을 파악하였습니다. 드디어 실기시험 시간이 다가왔고 완전한 자신감은 없었지만 실기시험을 보게 되었습니다. 확실히 아는 것이 많이 있었고 많은 문제에 생각나는 답을 기재한 결과 시험에 합격하였다는 문자를 받게 되었습니다. 합격까지의 과정에 온라인강의가 가장 많은 도움이 되었고, 반복해서 학습하는 것이 얼마나 중요한지 새삼 깨닫게 되었습니다. 자격시험에 도전하시는 모든 분들께 저의 합격수기가 조금이나마 도움이 되었으면 하는 바람입니다.

_ 이○인님의 글

성안당 e러닝 bm.cyber.co.kr (031-950-6332) | Yes Media Group 예스미디어 www.ymg.kr (010-3182-1190)

VISION 연속 판매1위

교재 및 인강을 통한 합격 수기

"한번에! 빠르게! 합격하기!!"

소방설비산업기사 안 될 줄 알았는데..., 되네요!

저는 필기부터 공하성 교수님 책을 이용해서 공부하였습니다. 무턱대고 도전해보려고 책을 구입하려 할 때 서점에서 공하성 교수님 책을 추천해주었습니다. 한 달 동안 열심히 공부하고 어쩌다 보니 합격하게 되었고 실기도 한 번에 붙어보자는 생각으로 필기 때 공부하던 공하성 교수님 책을 선택했습니다. 실기에서 혼자 공부해보니 어려운 점이 많았습니다. 특히 전기분야는 가닥수에서 이해하질 못했고 그러다 보니 자연스레 공하성 교수님 인강을 들어야겠다고 판단을 했고 그것은 옳았습니다. 가장 이해하지 못했던 가닥수 문제들을 반복해서 듣다 보니 눈에 익어 쉽게 풀 수 있게 되었습니다. 공부하시는 분들 좋은 결과가 있기를...

_ 박○석님의 글

1년 만에 쌍기사 획득!

저는 소방설비기사 전기 공부를 시작으로 꼭 1년 만에 소방전기와 소방기계 둘 다 한번에 합격하여 너무나 의미 있는 한 해가 되었습니다. 1년 만에 쌍기사를 취득하니 감개무량하고 뿌듯합니다. 제가 이렇게 할 수 있었던 것은 우선 교재의 선택이 탁월했습니다. 무엇보다 쉽고 자세한 강의는 비전공자인 제가 쉽게 접근할 수 있었습니다. 그리고 저의 공부비결은 반복학습이었습니다. 또한 감사한 것은 제 아들이 대학 4학년 전기공학 전공인데 이번에 공하성 교수님 교재를 보고 소방설비기사 전기를 저와 아들 둘 다 합격하여 얼마나 감사한지 모르겠습니다. 여러분도 좋은 교재와 자신의 노력이 더해져 최선을 다한다면 반드시 합격할 수 있습니다. 다시 한 번 감사드립니다.^^

_ 이○자님의 글

소방설비기사 합격!

올해 초에 소방설비기사 시험을 보려고 이런저런 정보를 알아보던 중 친구의 추천으로 성안당 소방필기 책을 구매했습니다. 필기는 독학으로 합격할 수 있을 만큼 자세한 설명과 함께 반복적인 문제에도 문제마다 설명을 자세하게 해주셨습니다. 문제를 풀 때 생각이 나지 않아도 앞으로 다시 돌아가서 볼 필요가 없이 진도를 나갈 수 있게끔 자세한 문제해설을 보면서 많은 도움이 되어 필기를 합격했습니다. 실기는 2회차에 접수를 하고 온라인강의를 보며 많은 도움이 되었습니다. 열심히 안 해서 그런지 4점 차로 낙방을 했습니다. 다시 3회차 실기에 도전하여 열심히 공부를 한 결과 최종합격할 수 있게 되었습니다. 인강은 생소한 소방실기를 쉽게 접할 수 있는 좋은 방법으로서 저처럼 학원에 다닐 여건이 안 되는 사람에게 좋은 공부방법을 제공하는 것 같습니다. 먼저 인강을 한번 보면서 모르는 생소한 용어들을 익힌 후 다시 정리하면서 이해하는 방법으로 공부를 했습니다. 물론 오답노트를 활용하면서 외웠습니다. 소방설비기사에 도전하시는 분들께도 많은 도움이 되었으면 좋겠습니다.

_ 김○국님의 글

성안당 e러닝 bm.cyber.co.kr(031-950-6332) | 예스미디어 www.ymg.kr(010-3182-1190)

VISION 연속 판매1위

교재 및 인강을 통한 합격 수기

"한번에! 빠르게! 합격하기!!"

소방설비산업기사 한번에 합격했습니다!

공하성 교수님의 강의를 추천하시는 분들이 많아 올해 3월에 바로 결제하고 하루에 2시간씩 남는 시간을 투자하여 공부하였습니다. 처음에는 분량이 엄청 많아보였지만 공하성 교수님이 중요한 부분들을 쉽게 외울 수 있는 암기방법들도 알려주시고 요점노트와 초스피드 기억법도 정말 필요한 부분들만 딱딱 집어주셔서 금방 익히게 되었습니다. 문제도 풀어 본 뒤 교수님의 문제풀이 강의를 들으며 문제에 숨겨져 있는 함정들이나 간편하게 풀 수 있는 방법들을 익히게 되었고 강의교재에 나오는 문제들 그대로 실전시험에 나오는 문제들이 많아 아무런 문제없이 술술 풀어나갔습니다. 이해하기 쉽고 재미있는 강의였습니다. 감사합니다.
_ 이○현님의 글

소방설비기사 최종 합격이네요!

비전공이고 해서 실기 때 가닥수 때문에 막막했는데 강의를 듣기 잘한 것 같습니다. 강의를 듣고 가닥수는 완벽하게 이해했거든요.ㅎㅎ 전기분야의 경우 2회차에는 단답 비중이 높아졌긴 했어도 가닥수 배점이 큰 건 사실이니까요. 가닥수 때문에 고민이시라면 공하성 교수님 강의를 수강하시면 도움이 많이 될 것입니다.
_ 진○희님의 글

소방설비기사 합격!

4번씩이나 낙방하여 그만 포기할까 하다가 공하성 교수님 인강과 교재로 공부하면 분명히 합격할 거라고 친구의 추천을 받아 수강하게 되었습니다. 이번 4회 때의 문제를 받고 한참 동안 당황하였습니다. 지금까지의 문제와는 많이 다른 유형으로 출제되어 당황했지만 차근차근 풀이를 하다 보니 몇 문제를 제외하고는 막힘없이 풀었던 것 같습니다. 공하성 교수님의 교재와 강의를 듣지 않았다면 불가능한 일이었겠지요. 시험을 치르고 나올 때 고득점으로 합격하리라 확신하게 되었습니다. 합격자 발표일이 너무 기다려졌는데 합격이라고 쓰여 있어서 정말 희열을 느꼈습니다. 62세의 나이에 결코 쉬운 도전은 아니었으나 합격하고 보니 노력하면 분명히 결실을 보게 된다는 결론이었습니다. 이 모든 결과는 공하성 교수님의 덕분이라고 생각됩니다. 정말 감사합니다. 전기도 기출문제풀이를 공하성 교수님의 강의를 신청하여 공부하고자 합니다. 지금 소방설비기사 기계나 전기를 준비하고 계시는 수험생들은 여기저기 교재와 인강이 많은데 저처럼 헤매지 마시고 처음부터 공하성 교수님의 강의를 선택해서 공부하시면 후회하지 않으실 겁니다. 꼭 추천해드리고 싶습니다. 감사합니다.
_ 채○수님의 글

성안당 e러닝 bm.cyber.co.kr(031-950-6332) | 예스미디어 www.ymg.kr(010-3182-1190)

> "공하성 교수팀의 노하우와 함께 소방자격시험 완전정복!"
> 24년 연속 판매 1위! 한 번에 합격시켜 주는 명품교재!

성안당 소방시리즈!

2026 최신개정판
7개년 과년도 소방설비기사 전기 필기

```
2018. 1. 15.  초 판 1쇄 발행
2018. 1. 25.  초 판 2쇄 발행
2018. 4. 17.  초 판 3쇄 발행
2019. 1.  7.  1차 개정증보 1판 1쇄 발행
2019. 3. 20.  1차 개정증보 1판 2쇄 발행
2019. 8. 23.  1차 개정증보 1판 3쇄 발행
2020. 1.  6.  2차 개정증보 2판 1쇄 발행
2020. 7. 15.  2차 개정증보 2판 2쇄 발행
2020. 9. 10.  2차 개정증보 2판 3쇄 발행
2021. 1.  5.  3차 개정증보 3판 1쇄 발행
2021. 3. 25.  3차 개정증보 3판 2쇄 발행
2021. 4.  5.  3차 개정증보 3판 3쇄 발행
2022. 1.  5.  4차 개정증보 4판 1쇄 발행
2022. 2. 18.  4차 개정증보 4판 2쇄 발행
2022. 8. 12.  4차 개정증보 4판 3쇄 발행
2023. 1. 11.  5차 개정증보 5판 1쇄 발행
2023. 2. 15.  5차 개정증보 5판 2쇄 발행
2023. 8.  2.  5차 개정증보 5판 3쇄 발행
2024. 1.  3.  6차 개정증보 6판 1쇄 발행
2024. 1.  3.  6차 개정증보 6판 1쇄 발행
2024. 2.  6.  6차 개정증보 6판 2쇄 발행
2025. 1.  8.  7차 개정증보 7판 1쇄 발행
2025. 1. 22.  7차 개정증보 7판 2쇄 발행
2025. 5. 21.  7차 개정증보 7판 3쇄 발행
2026. 1.  7.  8차 개정증보 8판 1쇄 발행
2026. 2.  4.  8차 개정증보 8판 2쇄 발행
```

지은이 | 공하성
펴낸이 | 이종춘
펴낸곳 | BM ㈜도서출판 **성안당**
주소 | 04032 서울시 마포구 양화로 127 첨단빌딩 3층(출판기획 R&D 센터)
       10881 경기도 파주시 문발로 112 파주 출판 문화도시(제작 및 물류)
전화 | 02) 3142-0036
       031) 950-6300
팩스 | 031) 955-0510
등록 | 1973. 2. 1. 제406-2005-000046호
출판사 홈페이지 | www.cyber.co.kr
ISBN | 978-89-315-1407-0 (13530)
정가 | 29,500원(해설가리개 포함)

이 책을 만든 사람들
기획 | 최옥현
진행 | 박경희
교정·교열 | 김혜린, 최주연
전산편집 | 이지연
표지 디자인 | 박현정
홍보 | 김계향, 임진성, 김주승, 최정민
국제부 | 이선민, 조혜란
마케팅 | 구본철, 차정욱, 오영일, 나진호, 강호묵
마케팅 지원 | 장상범
제작 | 김유석

이 책의 어느 부분도 저작권자나 BM ㈜도서출판 **성안당** 발행인의 승인 문서 없이 일부 또는 전부를 사진 복사나 디스크 복사 및 기타 정보 재생 시스템을 비롯하여 현재 알려지거나 향후 발명될 어떤 전기적, 기계적 또는 다른 수단을 통해 복사하거나 재생하거나 이용할 수 없음.

※ 잘못된 책은 바꾸어 드립니다.